합격비법

https://rangssem.com

cafe.naver.com/rangssem

교재 인증

※ 위 교재 인증란에 네이버 카페 아이디를 적고 등업 신청 시 첨부하면
랑쌤에듀 카페에서 무료 학습자료를 다운 받을 수 있습니다.

랑쌤에듀 네이버 카페

Contents

차례

- **16년도 기출문제** ··· P. 10

  01. 산업위생관리기사 필기 16년 1회차
  02. 산업위생관리기사 필기 16년 2회차
  03. 산업위생관리기사 필기 16년 3회차

- **17년도 기출문제** ··· P. 100

  01. 산업위생관리기사 필기 17년 1회차
  02. 산업위생관리기사 필기 17년 2회차
  03. 산업위생관리기사 필기 17년 3회차

- **18년도 기출문제** ··· P. 188

  01. 산업위생관리기사 필기 18년 1회차
  02. 산업위생관리기사 필기 18년 2회차
  03. 산업위생관리기사 필기 18년 3회차

- **19년도 기출문제** ··· P. 276

  01. 산업위생관리기사 필기 19년 1회차
  02. 산업위생관리기사 필기 19년 2회차
  03. 산업위생관리기사 필기 19년 3회차

- **20년도 기출문제** ·· P. 364

    01. 산업위생관리기사 필기 20년 1, 2회차
    02. 산업위생관리기사 필기 20년 3회차
    03. 산업위생관리기사 필기 20년 4회차

- **21년도 기출문제** ·· P. 454

    01. 산업위생관리기사 필기 21년 1회차
    02. 산업위생관리기사 필기 21년 2회차
    03. 산업위생관리기사 필기 21년 3회차

- **22년도 기출문제** ·· P. 544

    01. 산업위생관리기사 필기 22년 1회차
    02. 산업위생관리기사 필기 22년 2회차

- **최신 CBT 복원문제** ·· P. 600

    01. 최신 CBT 복원문제 제1회
    02. 최신 CBT 복원문제 제2회
    03. 최신 CBT 복원문제 제3회
    04. 최신 CBT 복원문제 제4회

시험 안내

직무분야	안전관리	중직무분야	안전관리	자격종목	산업위생관리기사	적용기간	2025.1.1~2029.12.31

○직무내용 : 작업장 및 실내 환경의 쾌적한 환경 조성과 근로자의 건강 보호와 증진을 위하여 작업장 및 실내 환경 내에서 발생되는 화학적, 물리적, 생물학적, 그리고 기타 유해요인에 관한 환경 측정, 시료분석 및 평가(작업환경 및 실내 환경)를 통하여 유해 요인의 노출 정도를 분석·평가하고, 그에 따른 대책을 제시하며, 산업 환기 점검, 보호구 관리, 공정별 유해 인자 파악 및 유해 물질 관리 등을 실시하며, 보건 교육 훈련, 근로자의 보건 관리 업무를 통하여 환경 시설에 대한 보건 진단 및 개인에 대한 건강 진단 관리, 건강증진, 개인위생 관리 업무를 수행하는 직무이다.

필기검정방법	객관식	문제수	100	시험시간	2시간 30분

필기 과목명	문제수	주요항목	세부항목
산업위생학개론	20	1. 산업위생	1. 정의 및 목적
			2. 역사
			3. 산업위생 윤리강령
		2. 인간과 작업환경	1. 인간공학
			2. 산업피로
			3. 산업심리
			4. 직업성 질환
		3. 실내 환경	1. 실내오염의 원인
			2. 실내오염의 건강장해
			3. 실내오염 평가 및 관리
		4. 관련 법규	1. 산업안전보건법
			2. 산업위생 관련 고시에 관한 사항
		5. 산업재해	1. 산업재해 발생원인 및 분석
			2. 산업재해 대책
작업위생 측정 및 평가	20	1. 측정 및 분석	1. 시료채취 계획
			2. 시료분석 기술
		2. 유해 인자 측정	1. 물리적 유해 인자 측정
			2. 화학적 유해 인자 측정
			3. 생물학적 유해 인자 측정
		3. 평가 및 통계	1. 통계학 기본 지식
			2. 측정자료 평가 및 해석
작업환경 관리대책	20	1. 산업 환기	1. 환기 원리
			2. 전체 환기
			3. 국소 배기
			4. 환기시스템 설계
			5. 성능검사 및 유지관리
		2. 작업 공정 관리	1. 작업공정관리
		3. 개인보호구	1. 호흡용 보호구
			2. 기타 보호구
물리적 유해 인자관리	20	1. 온열조건	1. 고온
			2. 저온

필기 과목명	문제수	주요항목	세부항목	
산업독성학	20	2. 이상기압	1. 이상기압	
			2. 산소결핍	
		3. 소음진동	1. 소음	
			2. 진동	
		4. 방사선	1. 전리방사선	
			2. 비전리방사선	
			3. 조명	
		1. 입자상 물질	1. 종류, 발생, 성질	
			2. 인체 영향	
		2. 유해 화학 물질	1. 종류, 발생, 성질	
			2. 인체 영향	
		3. 중금속	1. 종류, 발생, 성질	
			2. 인체 영향	
		4. 인체 구조 및 대사	1. 인체구조	
			2. 유해물질 대사 및 축적	
			3. 유해물질 방어기전	
			4. 생물학적 모니터링	

4주만에 합격하기!

산업위생관리기사 필기 최단기 정복 스터디플랜

	1일차	2일차	3일차
1주차	[기출문제 풀이] 16년 1,2과목 17년 1,2과목	18년 1,2과목 19년 1,2과목	20년 1,2과목 21년 1,2과목
	8일차	9일차	10일차
2주차	16, 17, 18, 19년 5과목	20, 21, 22년 5과목	[기출문제 복습] 16년 전과목 복습
	15일차	16일차	17일차
3주차	21년 전과목 복습	22년 전과목 복습	[기출문제 복습 2차] 16년 전과목 복습 17년 전과목 복습
	22일차	23일차	24일차
4주차	최신 CBT 복원 2회 풀이 후 오답정리	최신 CBT 복원 3회 풀이 후 오답정리	최신 CBT 복원 4회 풀이 후 오답정리

4일차	5일차	6일차	7일차
22년 1,2과목 16년 3,4과목	17년 3,4과목 18년 3,4과목	19년 3,4과목 20년 3,4과목	21년 3,4과목 22년 3,4과목
11일차	12일차	13일차	14일차
17년 전과목 복습	18년 전과목 복습	19년 전과목 복습	20년 전과목 복습
18일차	19일차	20일차	21일차
18년 전과목 복습 19년 전과목 복습	20년 전과목 복습 21년 전과목 복습	22년 전과목 복습 복습 내용 총정리	[최신 CBT 복원 풀이] 최신 CBT 복원 1회 풀이 후 오답정리
25일차	26일차	27일차	28일차
[최종 총정리] 16~17년 기출문제 총정리	18~19년 기출문제 총정리	20~21년 기출문제 총정리	22년 기출문제 및 최신 CBT 복원 1~4회 총정리

이 책의 특징

합격비법 시리즈는 다년간의 국가기술 자격증 수험서적의 제작 노하우를 모두 담은 교재로 모든 수험생 여러분의 합격을 위한 교재입니다. 비전공자, 직장인 등 쉽지 않은 공부 환경에 있는 수험생들도 쉽고 빠르게 공부할 수 있는 구성으로 지금까지 많은 합격자를 배출한 교재입니다.

"산업위생관리기사"는 작업장 및 실내 환경의 쾌적한 환경 조성과 근로자의 건강 보호와 증진을 위하여 화학적, 물리적, 생물학적, 그리고 기타 유해요인에 관한 환경 측정, 시료분석 및 평가를 통해 유해 요인의 노출 정도를 분석·평가하고 대책을 제시하는 직무와 연관된 자격증입니다. 산업안전보건법상 '보건관리자'에 선임되기 위해서 취득하는만큼 최근들어 더욱 각광받고 있는 자격증입니다.

합격비법 시리즈는 단순히 교재만을 제공하는 것이 아닌 효율적인 학습을 위한 여러 가지 콘탠츠를 제공합니다.

유투브 "랑쌤에듀" 채널에 해당 교재를 보고 들을 수 있는 무료강의가 업로드 되어있습니다. 이 강의들은 랑쌤에듀 공식 홈페이지에서 판매중인 강의와 동일한 퀄리티로 공부하는데에 큰 도움이 될 것입니다.

카카오톡 오픈채팅 검색창에 "랑쌤에듀"를 검색하면 과목별 오픈채팅방이 나옵니다. 자신에게 맞는 과목의 오픈채팅방에서 자유롭게 질문과 답변을 주고받을 수 있는 환경이 마련돼있습니다. 혼자 공부하는 것보다 다른 수험생들과 정보를 주고받으며 공부하는 것이 더 효율적인 공부 방법이 될 것입니다.

네이버 카페 "랑쌤에듀"에서 교재 등업을 하면 여러 가지 학습자료들을 무료로 이용하실 수 있습니다. 또한 하.세.열(하루 세 번 열문제) 퀴즈, 시험 전 총정리 실시간 강의 일정, 교재 정오표 및 법령 변경 사항 등의 정보도 카페에 수시로 공지를 하고 있습니다.

합격비법 시리즈는 앞으로도 수험생 여러분의 합격을 위해 최선을 다 할 것이며 더 좋은 수험서적을 만들 수 있도록 노력하겠습니다. 목표로 하신 자격증을 취득하는 그 날까지 모든 수험생 여러분들 파이팅 입니다!

2016 1회차

제 1과목 : 산업위생학개론

01

전신피로 정도를 평가하기 위한 측정 수치가 아닌 것은?
(단, 측정 수치는 작업을 마친 직후 회복기의 심박수이다.)

① 작업 종료 후 30 ~ 60초 사이의 평균 맥박수
② 작업 종료 후 60 ~ 90초 사이의 평균 맥박수
③ 작업 종료 후 120 ~ 150초 사이의 평균 맥박수
④ 작업 종료 후 150 ~ 180초 사이의 평균 맥박수

*전신피로의 정도 평가

종류	설명
HR_1	작업종료 후 30~60초 사이의 평균맥박수
HR_2	작업종료 후 60~90초 사이의 평균맥박수
HR_3	작업종료 후 150~180초 사이의 평균맥박수

✔심한 전신피로 상태
HR_1이 110을 초과하고 HR_3과 HR_2의 차이가 10 미만인 경우

02

사망에 대한 근로손실을 7,500일로 산출한 근거는 다음과 같다. ( )에 알맞은 내용으로만 나열한 것은?

① 재해로 인한 사망자의 평균 연령을 (   )세로 본다
② 노동이 가능한 연령을 (   )세로 본다.
③ 1년 동안의 노동일수를 (   )일로 본다.

① 30, 55, 300
② 30, 60, 310
③ 35, 55, 300
④ 35, 60, 310

사망 및 1,2,3급의 근로손실일수는 7500일이며 재해로 인한 사망자의 평균 연령을 30세로 보고 노동이 가능한 연령을 55세로 보며 1년 동안의 노동일수를 300일로 본다.

03

미국산업안전보건연구원(NIOSH)에서 제시한 중량물의 들기작업에 관한 감시기준(Action Limit)과 최대허용기준 (Maximum Permissible Limit)의 관계를 바르게 나타낸 것은?

① $MPL = 3AL$
② $MPL = 5AL$
③ $MPL = 10AL$
④ $MPL = \sqrt{2}AL$

*최대허용기준(MPL)

$MPL = 3AL$

여기서,
AL : 감시기준

04

심리학적 적성검사 중 직무에 관한 기본지식과 숙련도, 사고력 등 직무평가에 관련된 항목을 가지고 추리검사의 형식으로 실시하는 것은?

① 지능검사
② 기능검사
③ 인성검사
④ 직무능검사

*심리학적 적성검사

종류	내용
지능검사	언어, 기억, 추리, 귀납 등에 대한 검사
지각동작검사	운동속도, 형태지각 등에 대한 검사
인성검사	성격, 태도, 정신상태에 대한 검사
기능검사	직무에 관한 기본지식과 숙련도, 사고력 등에 대한 검사

01.③ 02.① 03.① 04.②

05

산업재해를 대비하여 작업근로자가 취해야 할 내용과 거리가 먼 것은?

① 보호구 착용
② 작업방법의 숙지
③ 사업장 내부의 정리정돈
④ 공정과 설비에 대한 검토

공정과 설비에 대한 검토는 사업주가 취해야 할 내용이다.

06

영국에서 최초로 보고된 직업성 암의 종류는?

① 폐암　　　② 골수암
③ 음낭암　　④ 기관지암

*포트(Percivall Pott)
직업성 암을 최초로 보고하였으며, 어린이 굴뚝청소부에게 많이 발생하는 음낭암을 발견하여 암의 원인 물질은 검댕속 여러 종류의 PAH(다환 방향족 탄화수소)으로 이후 1788년에 굴뚝청소부법을 제정하도록 하였다.

07

영상표시단말기(VDT)의 작업자세로 틀린 것은?

① 발의 위치는 앞꿈치만 닿을 수 있도록 한다.
② 눈과 화면의 중심 사이의 거리는 40cm 이상이 되도록 한다.
③ 윗 팔과 아랫 팔이 이루는 각도는 90도 이상이 되도록 한다.
④ 아래팔은 손등과 일직선을 유지하여 손목이 꺾이지 않도록 한다.

발의 전면이 바닥면에 닿는 자세를 취할 것

08

분진의 종류 중 산업안전보건법상 작업환경측정 대상이 아닌 것은?

① 목분진(Wood dust)
② 지분진(Paper dust)
③ 면분진(Cotton dust)
④ 곡물분진(Grain dust)

*작업환경측정대상 유해인자 중 분진의 종류
① 곡물 분진
② 광물성 분진
③ 면 분진
④ 목재 분진
⑤ 용접 흄
⑥ 유리 섬유
⑦ 석면 분진

09

실내공기오염물질 중 석면에 대한 일반적인 설명으로 거리가 먼 것은?

① 석면의 발암성 정보물질의 표기는 1A에 해당한다.
② 과거 내열성, 단열성, 절연성 및 견인력 등 뛰어난 특성 때문에 여러분야에서 사용되었다.
③ 석면의 여러 종류 중 건강에 가장 치명적인 영향을 미치는 것은 사문식 계열의 청석면이다.
④ 작업환경측정에서 석면은 길이가 $5\mu m$ 보다 크고, 길이 대 넓이의 비가 3:1 이상인 섬유만 개수한다.

석면의 여러 종류 중 건강에 가장 치명적인 영향을 미치는 것은 각섬석 계열의 청석면이다.

10
다음 내용이 설명하는 것은?

> 작업 시 소비되는 산소소비량은 초기에 서서히 증가하다가 작업강도에 따라 일정한 양에 도달하고, 작업이 종료된 후 서서히 감소되어 일정 시간 동안 산소가 소비된다.

① 산소 부채
② 산소 심취량
③ 산소 부족량
④ 최대 산소량

*산소 부채
작업이 끝난 후에 남아있는 젖산을 제거하기 위해서는 산소가 더 필요하며, 이때 동원되는 산소소비량이다.

11
미국산업위생학술원에서 채택한 산업위생전문가의 윤리강령 중 기업주와 고객에 대한 책임과 관계될 윤리강령은?

① 기업체의 기밀은 누설하지 않는다.
② 전문적 판단이 타협에 의하여 좌우될 수 있는 상황에는 개입하지 않는다.
③ 근로자, 사회 및 전문 직종의 이익을 위해 과학적 지식을 공개하고 발표한다.
④ 결과와 결론을 뒷받침할 수 있도록 기록을 유지하고 산업위생사업을 전문가답게 운영, 관리한다.

*산업위생전문가의 윤리강령(기업주와 고객에 대한 책임)
① 기업주와 고객보다는 근로자의 건강보호에 궁극적인 책임을 두어 행동한다.
② 쾌적한 작업환경을 조성하기 위하여 산업위생의 이론을 적용하고 책임 있게 행동한다.
③ 신뢰를 바탕으로 정직하게 권하고 성실한 자세로 충고하며 결과와 개선점 및 권고사항을 정확히 보고한다.
④ 결과 및 결론을 뒷받침할 수 있도록 정확한 기록을 유지하고, 산업위생사업을 전문가답게 전문 부서들을 운영·관리한다.

12
온도 $25℃$, 1기압 하에서 분당 $100mL$ 씩 60분 동안 채취한 공기 중에서 벤젠이 $5mg$ 검출되었다. 검출된 벤젠은 약 몇 ppm인가?
(단, 벤젠의 분자량은 78이다.)

① 15.7
② 26.1
③ 157
④ 261

*질량농도(mg/m^3)와 용량농도(ppm)의 환산
$$mg/m^3 = \frac{5mg}{0.1L/min \times 60min \times \left(\frac{1m^3}{1000L}\right)} = 833.33 mg/m^3$$

$$\therefore ppm = mg/m^3 \times \frac{부피}{분자량} = 833.33 \times \frac{24.45}{78} = 261 ppm$$

*참고
- $1m^3 = 1000L$
- $100mL/min = 0.1L/min$
- $1atm, 25℃$의 부피 $= 24.45L$

13
유리제조, 용광로 작업, 세라믹 제조과정에서 발생 가능성이 가장 높은 직업성 질환은?

① 요통
② 근육경련
③ 백내장
④ 레이노현상

*백내장을 유발하는 작업
① 유리제조
② 용광로 작업
③ 세라믹 제조
④ 전기용접 작업

14

근전도(electromyogram, EMG)를 이용하여 국소 피로를 평가할 때 고려하는 사항으로 틀린 것은?

① 총전압의 감소
② 평균 주파수의 감소
③ 저주파수(0 ~ 40Hz) 힘의 증가
④ 고주파수(40 ~ 200Hz) 힘의 감소

*피로한 근육에 나타나는 근전도(EMG) 특징
① 총 전압 증가
② 저주파(0~40Hz) 전압 증가
③ 고주파(40~200Hz) 전압 감소
④ 평균주파수 영역에서 전압 감소

15

물질안전보건자료(MSDS)의 작성원칙에 관한 설명으로 틀린 것은?

① MSDS는 한글로 작성하는 것을 원칙으로 한다.
② 실험실에서 시험·연구목적으로 사용하는 시약으로서 MSDS가 외국어로 작성된 경우에는 한국어로 번역하지 아니할 수 있다.
③ 외국어로 되어 있는 MSDS를 번역 하는 경우에는 자료의 신뢰성이 확보될 수 있도록 최초 작성기관명과 시기를 함께 기재하여야 한다.
④ 각 작성항목을 빠짐없이 작성하여야 하지만 부득이 어느 항목에 대해 관련 정보를 얻을 수 없는 경우에는 작성란에 "해당없음"이라 기재한다.

각 작성항목을 빠짐없이 작성하여야 하지만 부득이 어느 항목에 대해 관련 정보를 얻을 수 없는 경우에는 작성란에 "자료 없음"이라고 기재하고, 적용이 불가능하거나 대상이 되지 않는 경우에는 작성란에 "해당 없음"이라고 기재한다.

16

근로자의 산업안전보건을 위하여 사업주가 취하여야 할 일이 아닌것은?

① 강렬한 소음을 내는 옥내작업장에 대하여 흡음시설을 설치한다.
② 내부환기가 되는 갱에서 내연기관이 부족한 기계를 사용하지 않도록 한다.
③ 인체에 해로운 가스의 옥내 작업장에서 공기 중 함유 농도가 보건상 유해한 정도를 초과하지 않도록 조치한다.
④ 유해물질 취급작업으로 인하여 근로자에게 유해한 작업인 경우 그 원인을 제거하기 위하여 대체물 사용, 작업방법 및 시설의 변경 또는 개선 조치한다.

내부환기가 되지 않는 갱에서 내연기관이 부족한 기계를 사용하지 않도록 한다.

17

교대제를 기업에서 채택되고 있는 이유와 거리가 먼 것은?

① 섬유공업, 건설사업에서 근로자의 고용기회의 확대를 위하여
② 의료, 방송 등 공공사업에서 국민생활과 이용자의 편의를 위하여
③ 화학공업, 석유정제 등 생산과정이 주야로 연속되지 않으면 안 되는 경우
④ 기계공업, 방직공업 등 시설투자의 상각을 조속히 달성코자 생산설비를 완전가동 하고 있는 경우

건설사업은 업무 특성상 어두워지면 업무가 불가능하기 때문에 교대근무가 불가능하다.

14.① 15.④ 16.② 17.①

18

어떤 물질에 대한 작업환경을 측정한 결과 다음과 같은 TWA 결과값을 얻었다. 환산된 TWA는 약 얼마인가?

농도(ppm)	100	150	250	300
발생시간(분)	120	240	60	60

① 169ppm ② 198ppm
③ 220ppm ④ 256ppm

*시간가중평균노출기준(TWA)

$$TWA = \frac{C_1T_1 + C_2T_2 + \cdots + C_nT_n}{8}$$
$$= \frac{100 \times 2 + 150 \times 4 + 250 \times 1 + 300 \times 1}{8} = 169ppm$$

여기서,
C: 유해인자의 측정치[ppm]
T: 유해인자의 발생시간[시간]

19

산업위생의 정의에 나타난 산업위생의 활동 단계 4가지 중 평가(evaluation)에 포함되지 않는 것은?

① 시료의 채취와 분석
② 예비조사의 목적과 범위 결정
③ 노출정도를 노출기준과 통계적인 근거로 비교하여 판정
④ 물리적, 화학적, 생물학적, 인간공학적 유해인자 목록 작성

*평가(Evaluation)
① 시료의 채취와 분석
② 예비조사의 목적과 범위 결정
③ 노출정도를 노출기준과 통계적인 근거로 비교하여 판정
③ 현장조사로 정량적인 유해인자의 양을 측정한다.

✔물리적, 화학적, 생물학적, 인간공학적 유해인자 목록 작성은 평가가 아니라 예측(인지)에 해당된다.

20

직업성 피부질환에 대한 설명으로 틀린 것은?

① 대부분은 화학물질에 의한 접촉피부염이다.
② 접촉피부염의 대부분은 알레르기에 의한 것이다.
③ 정확한 발생빈도와 원인물질의 추정은 거의 불가능하다.
④ 직업성 피부질환의 간접요인으로는 인종, 연령, 계절 등이 있다.

접촉성피부염의 대부분은 외부물질과 접촉에 의하여 발생한다.

제 2과목 : 작업위생측정 및 평가

21

누적소음노출량($D:\%$)을 적용하여 시간가중평균소음수준($TWA:dB(A)$)을 산출하는 공식은?

① $16.61\log(\frac{D}{100})+80$

② $19.81\log(\frac{D}{100})+80$

③ $16.61\log(\frac{D}{100})+90$

④ $19.81\log(\frac{D}{100})+90$

*시간가중평균소음수준(TWA)

$$TWA = 16.61\log\left(\frac{D}{100}\right) + 90$$

여기서,
TWA : 시간가중평균 소음수준$[dB(A)]$
D : 누적소음노출량[%]
100 : 8시간 기준 노출시간/일

22

셀룰로오스 에스테르 막여과지에 관한 설명으로 틀린 것은?

① 산에 쉽게 용해된다.
② 유해물질이 표면에 주로 침착되어 현미경 분석에 유리하다.
③ 흡습성이 적어 중량분석에 주로 적용된다.
④ 중금속 시료채취에 유리하다.

*MCE 막 여과지(셀룰로오스 에스테르 막여과지)
① 산에 쉽게 용해되고 가수분해되며, 습식 회화 되기 때문에 공기 중 입자상 물질 중 금속을 채취하여 원자흡광광도법으로 분석할 때 적당하다.
② 직경 37mm, 여과지 구멍의 크기가 0.45~0.8μm 정도로 작아 금속흄 채취가 가능하다.
③ 흡습성이 높아 오차를 유발할 수 있어 중량분석에 적합하지 않고, 산에 의해 쉽게 회화 되기 때문에 원소분석에 적합하다.
④ 금속, 석면, 살충제, 불소화합물 및 기타 무기물질 분석에 추천한다.
⑤ 유해물질이 여과지의 표면에 주로 침착되어 석면 등 현미경 분석을 위한 시료채취에 유리하다.

23

흡착제를 이용하여 시료채취를 할때 영향을 주는 인자에 관한 설명으로 틀린 것은?

① 온도 : 온도가 높을수록 입자의 활성도가 커져 흡착에 좋으며 저온일수록 흡착능이 감소한다.
② 오염물질 농도 : 공기 중 오염물질 농도가 높을수록 파과 용량은 증가하나 파과 공기량은 감소한다.
③ 흡착제의 크기 : 입자의 크기가 작을수록 표면적이 증가하여 채취효율이 증가하나 압력강하가 심하다.
④ 시료채취속도 : 시료채취속도가 높고 코팅된 흡착제 일수록 파과가 일어나기 쉽다.

*고체흡착제를 이용하여 시료채취할 때 영향인자

영향인자	설명
온도	고온일수록 흡착대상 오염물질과 흡착제의 표면 사이의 반응속도가 증가하여 흡착 성질을 감소하며 파과가 일어나기 쉽다. (흡착은 발열반응이다.)
습도	습도가 높으면 파과공기량이 적어지고, 극성 흡착제를 사용할 때 수증기가 흡착되기 때문에 파과가 일어나기 쉽다.
오염물질 농도	공기 중 오염물질의 농도가 높을수록 파과용량[흡착제에 흡착된 오염물질의 양(mg)]은 증가하나 파과공기량은 감소한다.
시료채취속도 (시료채취유량)	시료채취속도(시료채취유량) 높고 코팅된 흡착제일수록 파과가 일어나기 쉽다.
흡착제의 크기	입자의 크기가 작을수록 표면적이 증가하여 채취효율이 증가하나 압력강하가 심하다.
흡착관의 크기 (튜브의 내경)	흡착제의 양이 많아지면 전체 흡착제의 표면적이 증가하여 채취용량이 증가하므로 쉽게 파과가 발생하지 않는다.
혼합물	혼합기체의 경우 각 기체의 흡착량은 단독성분이 있을 때보다 감소된다.

24

자연 습구온도 31.0℃, 흑구온도 24.0℃, 건구온도 34.0℃, 실내작업장에서 시간당 400칼로리가 소모되며 계속작업을 실시하는 주조공장의 WBGT는?

① 28.9℃
② 29.9℃
③ 30.9℃
④ 31.9℃

*습구흑구온도지수(WBGT)
① 태양광선이 내리쬐는 옥외 장소
$WBGT(℃)$
$= 0.7 × 자연습구온도 + 0.2 × 흑구온도 + 0.1 × 건구온도$

② 태양광선이 내리쬐지 않는 옥내 또는 옥외 장소
$WBGT(℃) = 0.7 × 자연습구온도 + 0.3 × 흑구온도$

$WBGT(℃) = 0.7 × 자연습구온도 + 0.3 × 흑구온도$
$= 0.7 × 31 + 0.3 × 24 = 28.9℃$

25

활성탄관(charcoal tubes)을 사용하여 포집하기에 가장 부적합한 오염물질은?

① 할로겐화 탄화수소류
② 에스테르류
③ 방향족 탄화수소류
④ 니트로 벤젠류

*활성탄관을 사용하여 채취가 용이한 오염물질
① 할로겐화 탄화수소류(할로겐화 지방족 유기용제)
② 에스테르류, 에테르류, 알코올류, 케톤류
③ 방향족 탄화수소류(방향족 유기용제)
④ 비극성류 유기용제

26

표준가스에 대한 법칙 중 [일정한 부피조건에서 압력과 온도는 비례한다.]는 내용은?

① 픽스의 법칙
② 보일의 법칙
③ 샤를의 법칙
④ 게이-루삭의 법칙

*게이-루삭의 법칙
일정한 부피에서 압력과 온도는 비례한다.
$$\frac{P_1}{T_1} = \frac{P_2}{T_2}$$

27

1차, 2차 표준기구에 관한 내용으로 틀린 것은?

① 1차 표준기구란 물리적 차원인 공간의 부피를 직접 측정할 수 있는 기구를 말한다.
② 1차 표준기구로 폐활량계가 사용된다.
③ Wet-test미터, Rota미터, Orifice미터는 2차 표준기구이다.
④ 2차 표준기구는 1차 표준기구를 보정하는 기구를 말한다.

2차 표준기구는 물리적 차원인 공간의 부피를 직접 측정할 수 없으며 1차 표준기구를 기준으로 보정하여 사용할 수 있는 기구(정확도 ±5% 이내) 온도와 압력의 영향을 받으며 유량과 비례 관계가 있는 유속, 압력을 측정하여 유량으로 환산하는 장비이다.

28

입자상 물질을 채취하는 방법 중 직경분립충돌기의 장점으로 틀린것은?

① 호흡기에 부분별로 침착된 입자크기의 자료를 추정할 수 있다.
② 흡입성, 흉곽성, 호흡성 입자의 크기별 분포와 농도를 계산할 수 있다.
③ 시료 채취 준비에 시간이 적게 걸리며 비교적 채취가 용이하다.
④ 입자의 질량크기분포를 얻을 수 있다.

*직경분립 충돌기(=입경분립 충돌기, cascade impactor)
① 흡입성·흉곽성·호흡성 입자상 물질의 크기별로 측정하는 기구이다.
② 공기흐름이 층류일 때 입자가 관성력에 의하여 시료채취가 표면에 충돌하여 채취하는 원리이다.
③ 장점
 ㉠ 입자의 질량 크기 분포를 얻을 수 있다.
 ㉡ 호흡기의 부분별로 침착된 입자 크기의 자료를 추정할 수 있다.
 ㉢ 흡입성·흉곽성·호흡성 입자 크기별로 분포 및 농도를 계산할 수 있다.
④ 단점
 ㉠ 시료채취가 까다롭다.
 ㉡ 비용이 많이 든다.
 ㉢ 채취 준비시간이 많이 든다.
 ㉣ 되튐으로 인한 시료의 손실이 일어나 과소분석 결과를 초래할 수 있어 유량을 2L/min 이하로 채취하여야 한다.

29

유사노출그룹(HEG)에 관한 내용으로 틀린 것은?

① 시료 채취수를 경제적으로 하는데 목적이 있다.
② 유사노출그룹은 우선 유사한 유해인자별로 구분한 후 유해인자의 동질성을 보다 확보하기 위해 조직을 분석한다.
③ 역학조사 수행할 때 사건이 발생된 근로자가 속한 유사노출그룹의 노출농도를 근거로 노출원인 및 농도를 추정할 수 있다.
④ 유사노출그룹은 노출되는 유해인자의 농도와 특성이 유사하거나 동일한 근로자 그룹을 말하며 유해인자의 특성이 동일하다는 것은 노출되는 유해인자가 동일하고 농도가 일정한 변이 내에서 통계적으로 유사하다는 의미이다.

유사노출그룹(HEG)은 조직, 공정, 작업범주 그리고 공정과 작업내용별로 구분하여 설정한다.

30

입자상 물질의 채취를 위한 섬유상 여과지인 유리 섬유여과지에 관한 설명으로 틀린 것은?

① 흡습성이 적고 열에 강하다.
② 결합제 첨가형과 결합제 비첨가형이 있다.
③ 와트만(Whatman) 여과지가 대표적이다.
④ 유해물질이 여과지의 안층에도 채취된다.

> 와트만(Whatman) 여과지는 셀룰로오스여과지의 대표적인 여과지이다.

31

소음측정방법에 관한 내용으로 ( )에 알맞은 내용은?
(단, 고용노동부 고시 기준)

> 소음이 1초 이상의 간격을 유지하면서 최대음압수준이 $120dB(A)$ 이상의 소음인 경우에는 소음수준에 따른 ( ) 동안의 발생횟수를 측정할 것

① 1분 ② 2분
③ 3분 ④ 5분

> 소음이 1초 이상의 간격을 유지하면서 최대음압수준이 120dB(A)이상의 소음인 경우에는 소음수준에 따른 1분 동안의 발생횟수를 측정할 것

32

소음의 변동이 심하지 않은 작업장에서 1시간 간격으로 8회 측정한 산술평균의 소음수준이 $93.5dB(A)$이었을 때 하루 소음노출량$(dose, \%)$은?
(단, 근로자의 작업시간은 8시간)

① 104% ② 135%
③ 162% ④ 234%

> *시간가중평균소음수준(TWA)
> $TWA = 16.61\log\left(\dfrac{D}{100}\right) + 90$
> $93.5 = 16.61\log\left(\dfrac{D}{100}\right) + 90$
> $\therefore D = 162\%$
>
> 여기서,
> TWA : 시간가중평균 소음수준$[dB(A)]$
> D : 누적소음노출량[%]
> 100 : 8시간 기준 노출시간/일

33

작업장 소음수준을 누적소음노출량측정기로 측정할 경우 기기 설정으로 맞는 것은?

① Threshold $= 80dB$, Criteria $= 90dB$, Exchange Rate $= 10dB$
② Threshold $= 90dB$ Criteria $= 80dB$, Exchange Rate $= 10dB$
③ Threshold $= 80dB$, Criteria $= 90dB$, Exchange Rate $= 5dB$
④ Threshold $= 90dB$, Criteria $= 80dB$, Exchange Rate $= 5dB$

> *누적소음노출량 측정기 설정
> ① Criteria : 90dB
> ② Exchange Rate : 5dB
> ③ Threshold : 80dB

34

다음의 유기용제 중 실리카겔에 대한 친화력이 가장 강한 것은?

① 알콜류   ② 알데하이드류
③ 케톤류   ④ 에스테르류

> *실리카겔의 친화력(극성이 강한 순서)
> 물 > 알코올류 > 알데하이드류 > 케톤류 > 에스테르류 > 방향족 탄화수소류 > 올레핀류 > 파라핀류

35

미국 ACGIH에서 정의한 (A) 흉곽성 먼지(Thoracic particulate mass, TPM)와 (B) 호흡성 먼지(Respirable particulate mass, RPM)의 평균입자 크기로 옳은 것은?

① (A) $5\mu m$, (B) $15\mu m$
② (A) $15\mu m$, (B) $5\mu m$
③ (A) $4\mu m$, (B) $10\mu m$
④ (A) $10\mu m$, (B) $4\mu m$

*입자상물질의 입자크기별 분류

분진의 종류	설명
흡입성 입자상 물질 (IPM : Inspirable Particulates Mass)	호흡기 어느부위(비강, 인후두, 기관 등)에 침착하더라도 독성을 유발하는 분진으로 입경범위가 $0~100\mu m$이며, 평균 입경은 $100\mu m$이다.
흉곽성 입자상 물질 (TPM : Thoracic Particulates Mass)	기도나 하기도에 침착하여 독성을 나타내는 물질로 입경범위가 $0~10\mu m$이며, 평균 입경은 $10\mu m$이다.
호흡성 입자상 물질 (RPM : Respirable Particulates Mass)	가스 교환부위, 즉 폐포에 침착할 때 유해한 물질로 입경범위가 $0~4\mu m$이며, 평균 입경은 $4\mu m$이며, 폐포에 침착하여 진폐증을 유발하고, 채취기구는 10mm nylon cyclone이다.

36

흡광광도계에서 빛의 강도가 i_o인 단색광이 어떤 시료용액을 통과할 때 그 빛이 30%가 흡수될 경우, 흡광도는?

① 약 0.30
② 약 0.24
③ 약 0.16
④ 약 0.12

*흡광도

$$흡광도 = \log\frac{1}{투과율} = \log\frac{1}{1-흡수율}$$
$$= \log\frac{1}{1-0.3} = 0.16$$

37

시간당 $200 \sim 300 kcal$의 열량이 소모되는 중등작업 조건에서 WBGT측정치가 $31.2℃$일 때 고열작업 노출기준의 작업휴식조건은?

① 매시간 50% 작업, 50% 휴식 조건
② 매시간 75% 작업, 25% 휴식 조건
③ 매시간 25% 작업, 75% 휴식 조건
④ 계속 작업 조건

*고온의 노출기준(ACGIH) 단위 : ℃, WBGT

작업강도 작업 휴식시간비	경작업	중등작업	중작업
계속작업	30.0	26.7	25.0
매시간 75% 작업, 25% 휴식	30.6	28.0	25.9
매시간 50% 작업, 50% 휴식	31.4	29.4	27.9
매시간 25% 작업, 75% 휴식	32.2	31.1	30.0

① 경작업
200kcal까지의 열량이 소요되는 작업을 말하며, 앉아서 또는 서서 기계의 조정을 하기 위하여 손 또는 팔을 가볍게 쓰는 일 등을 뜻함

② 중등작업
시간당 200~350kcal의 열량이 소요되는 작업을 말하며, 물체를 들거나 털면서 걸어다니는 일 등을 뜻함

③ 중작업
시간당 350~500kcal의 열량이 소요되는 작업을 말하며, 곡괭이질 또는 삽질하는 일 등을 뜻함

35.④ 36.③ 37.③

38

40% 벤젠, 30% 아세톤 그리고 30% 톨루엔의 중량비로 조성된 용제가 증발되어 작업환경을 오염시키고 있다. 이때 각각의 TLV가 각각 $30mg/m^3$, $1780mg/m^3$ 및 $375mg/m^3$ 이라면 이 작업장의 혼합물의 허용농도(mg/m^3)는?
(단, 상가작용 기준)

① 47.9
② 59.9
③ 69.9
④ 76.9

혼합물의 허용농도

혼합물의 허용농도
$$= \frac{f_1+f_2+\cdots+f_n}{\frac{f_1}{TLV_1}+\frac{f_2}{TLV_2}+\cdots+\frac{f_n}{TLV_n}}$$
$$= \frac{40+30+30}{\frac{40}{30}+\frac{30}{1780}+\frac{30}{375}} = 69.9mg/m^3$$

여기서,
f : 액체 혼합물에서의 각 성분 무게(중량, 비율)
TLV : 해당 물질의 노출기준

39

시간가중평균기준(TWA)이 설정되어 있는 대상물질을 측정하는 경우에는 1일 작업시간 동안 6시간 이상 연속 측정하거나 작업시간을 등간격으로 나누어 6시간 이상 연속분리하여 측정하여 한다. 다음중 대상물질의 발생시간동안 측정할 수 있는 경우가 아닌 것은?
(단, 고용노동부 고시 기준)

① 대상물질의 발생시간이 6시간 이하인 경우
② 불규칙작업으로 6시간 이하의 작업
③ 발생원에서의 발생시간이 간헐적인 경우
④ 공정 및 취급인자 변동이 없는 경우

대상물질의 발생시간 동안 측정할 수 있는 경우
① 대상물질의 발생시간이 6시간 이하인 경우
② 불규칙작업으로 6시간 이하의 작업을 하는 경우
③ 발생원에서 발생시간이 간헐적인 경우

40

음압이 10배 증가하면 음압 수준은 몇 dB이 증가하는가?

① $10dB$
② $20dB$
③ $30dB$
④ $40dB$

음압수준(SPL)
$$SPL = 20\log\left(\frac{P}{P_o}\right) = 20\log10 = 20dB$$

2016 1회차
산업위생관리기사 필기 기출문제
제 3과목 : 작업환경관리대책

41

작업장에서 메틸에틸케톤(MEK : 허용기준 $200ppm$) 이 $3L/hr$로 증발하여 작업장을 오염시키고 있다. 전체 (희석)환기를 위한 필요 환기량은?
(단, $K=6$, 분자량$=72$ 메틸에틸케톤 비중 $= 0.805$ $21℃$, 1기압 상태 기준)

① 약 $160m^3/min$ ② 약 $280m^3/min$
③ 약 $330m^3/min$ ④ 약 $410m^3/min$

*노출기준에 따른 전체환기량(Q)

$Q = \dfrac{24.1 \times S \times G \times K \times 10^6}{M \times TLV}$

$= \dfrac{24.1 \times 0.805 \times 3 \times 6 \times 10^6}{72 \times 200}$

$= 24250.63 m^3/hr \times \left(\dfrac{1hr}{60min}\right) = 404.18 ≒ 410 m^3/min$

여기서,
Q : 전체환기량$[m^3/hr]$
S : 유해물질의 비중
G : 유해물질의 시간당 사용량$[L/hr]$
K : 안전계수(혼합계수)
M : 유해물질의 분자량
TLV : 유해물질의 노출기준$[ppm]$
24.1 : $1atm$, $21℃$에서 공기의 부피$[L]$

$\left(온도보정 : 24.1 \times \dfrac{273+t}{273+21}\right)$

여기서, t : 실제공기의 온도$[℃]$

*참고
- 1hr=60min

42

축류송풍기에 관한 설명으로 가장 거리가 먼 것은?

① 전동기와 직결할 수 있고, 또 축방향 흐름이기 때문에 관로 도중에 설치할 수 있다.
② 가볍고 재료비 및 설치비용이 저렴하다.
③ 원통형으로 되어 있다.
④ 규정 풍량 범위가 넓어 가열공기 또는 오염공기의 취급에 유리하다.

규정 풍량 범위가 넓지 않아 가열공기 또는 오염공기의 취급에 부적합하다.

43

작업환경개선 대책 중 격리와 가장 거리가 먼 것은?

① 콘크리트 방호벽의 설치
② 원격조정
③ 자동화
④ 국소배기 장치의 설치

국소배기장치의 설치는 작업환경개선 대책 중 환기이다.

41.④ 42.④ 43.④

44

보호구의 보호 정도를 나타내는 할당보호계수(APF)에 관한 설명으로 가장 거리가 먼 것은?

① 보호구 밖의 유량과 안의 유량 비(Q_o/Q_i)로 표현된다.
② APF를 이용하여 보호구에 대한 최대사용농도를 구할 수 있다.
③ APF가 100인 보호구를 착용하고 작업장에 들어가면 착용자는 외부유해물질로부터 적어도 100배만큼의 보호를 받을 수 있다는 의미이다.
④ 일반적인 PF 개념의 특별한 적용으로 적절히 밀착이 이루어진 호흡기보호구를 훈련된 일련의 착용자들이 작업장에서 착용하였을 때 기대되는 최소 보호정도치를 말한다.

*할당보호계수(APF)

$$APF \geq \frac{C_{air}}{PEL} = HR$$

여기서,
APF : 할당보호계수
C_{air} : 기대되는 공기 중 농도
PEL : 노출기준
HR : 위해비

*보호계수(PF)

$$PF = \frac{C_o}{C_i}$$

여기서,
PF : 보호계수
C_o : 보호구 밖의 농도
C_i : 보호구 안의 농도

45

방진마스크에 대한 설명으로 옳은 것은?

① 무게 중심은 안면에 강한 압박감을 주는 위치여야 한다.
② 흡기 저항 상승률이 높은 것이 좋다.
③ 필터의 여과효율이 높고 흡입저항이 클수록 좋다.
④ 비휘발성 입자에 대한 보호만 가능하고 가스 및 증기의 보호는 안된다.

*방진마스크의 구비조건(선정조건)
① 흡·배기 저항(+상승률)이 낮을 것
② 여과재 포집효율이 높을 것
③ 시야가 확보될 것(하방시야가 60도 이상 될 것)
④ 중량이 가벼울 것
⑤ 안면 밀착성이 클 것
⑥ 피부접촉 부위가 부드러울 것
⑦ 침입률 1% 이하까지 정확히 평가 가능할 것
⑧ 사용 후 손질이 간단할 것
⑨ 무게중심은 안면에 강한 압박감을 주지 않는 위치에 있을 것
⑩ 여과재로서 면, 모, 합성섬유, 유리섬유, 금속섬유 등이 있다.

46

국소환기시설 설계에 있어 정압조절평형법의 장점으로 틀린 것은?

① 예기치 않은 침식 및 부식이나 퇴적문제가 일어나지 않는다.
② 설계 설치된 시설의 개조가 용이하여 장치 변경이나 확장에 대한 유연성이 크다.
③ 설계가 정확할 때에는 가장 효율적인 시설이 된다.
④ 설계시 잘못 설계된 분지관 또는 저항이 제일 큰 분지관을 쉽게 발견 할 수 있다.

*정압조절평형법(정압균형유지법, 유속조절평형법)의 장단점

장점	① 설계가 정확할 때 가장 효율적인 시설이 된다. ② 유속의 범위가 적절하면 덕트의 폐쇄가 일어나지 않는다. ③ 잘못 설계된 분지관, 최대저항 경로선정이 잘못되어도 설계 시 쉽게 발견할 수 있다. ④ 침식·부식·분진퇴적으로 인한 축적현상이 없어 덕트의 폐쇄가 일어나지 않는다.
단점	① 설계가 복잡하고 시간이 오래걸린다. ② 시설 설치 후 잘못된 유량을 고치기 어렵다. ③ 효율 개선 시 전체적으로 수정하여야 한다. ④ 설계유량 산정을 잘못할 경우 수정은 덕트 크기 변경을 필요로 한다. ⑤ 때에 따라 전체 필요한 최소유량보다 더욱 초과될 수 있다.

⑦ 건물 밖으로 배출된 오염공기가 안으로 재유입 되지 않도록 배출 높이를 적절하게 설계하고 창문이나 문 근처에 위치하지 않도록 할 것
⑧ 오염된 공기는 작업자가 호흡하기 전 충분히 희석 되도록 할 것
⑨ 오염원 주위에 다른 작업 공정이 있으면 공기배출량을 공급량보다 약간 크게 하여 음압을 형성하여 주위 근로자에게 오염 물질이 확산 되지 않도록 한다.
⑩ 오염원 주위에 근로자의 작업공간이 존재할 경우에는 배기를 급기보다 약간 많이 한다.

47

작업환경개선을 위해 전체 환기를 적용할 수 있는 일반적인 상황으로 틀린 것은?

① 오염발생원의 유해물질 발생량이 적은 경우
② 작업자가 근무하는 장소로부터 오염발생원이 멀리 떨어져 있는 경우
③ 소량의 오염물질이 일정속도로 작업장으로 배출되는 경우
④ 동일작업장에 오염발생원이 한군데로 집중되어 있는 경우

*전체환기(강제환기) 시설 설치 시 기본원칙
① 오염물질 사용량을 조사하여 필요환기량을 계산할 것
② 배출공기를 보충하기 위하여 청정공기를 공급할 것
③ 오염물질 배출구는 가능한 한 오염원에 가까운 곳에 설치하여 점환기 효과를 얻을 것
④ 공기배출구와 근로자의 작업위치 사이에 오염원이 위치해야할 것
⑤ 필요 환기량은 오염물질이 충분히 희석될 수 있는 양으로 설계할 것
⑥ 공기가 급기구를 통하여 들어와서 오염물질이 있는 영역을 통과하여 배기구로 빠져나가도록 설계할 것

48

직경이 $10cm$인 원형 후드가 있다. 관내를 흐르는 유량이 $0.2m^3/s$라면 후드 입구에서 $20cm$ 떨어진 곳에서의 제어속도(m/s)는?

① 0.29
② 0.39
③ 0.49
④ 0.59

*필요송풍량(Q)

조건	필요송풍량 공식
① 자유공간 위치, 플랜지 미부착	$Q = V(10X^2 + A)$
② 자유공간 위치, 플랜지 부착	$Q = 0.75 V(10X^2 + A)$
③ 바닥면 위치, 플랜지 미부착	$Q = V(5X^2 + A)$
④ 바닥면 위치, 플랜지 부착	$Q = 0.5 V(10X^2 + A)$

여기서,
Q : 필요송풍량$[m^3/min]$
A : 후드의 개구면적$[m^2]$
V : 제어속도$[m/min]$
X : 후드 중심선으로부터 발생원까지의 거리$[m]$

문제에 후드위치 및 플랜지에 대한 언급이 없으므로 기본식인 ①식 사용

$A = \dfrac{\pi d^2}{4} = \dfrac{\pi \times 0.1^2}{4} = 7.85 \times 10^{-3} m^2$

$Q = V(10X^2 + A)$

$\therefore V = \dfrac{Q}{10X^2 + A} = \dfrac{0.2}{10 \times 0.2^2 + 7.85 \times 10^{-3}} = 0.49 m/sec$

47.④ 48.③

49

사무실 직원이 모두 퇴근한 6시30분에 CO_2농도는 $1700ppm$이었다. 4시간이 지난 후 다시 CO_2농도를 측정한 결과 CO_2농도는 $800ppm$이었다면, 사무실의 시간당 공기 교환 횟수는?
(단, 외부공기 중 CO_2농도는 $330ppm$)

① 0.11 ② 0.19
③ 0.27 ④ 0.35

*시간당 공기교환 횟수(ACH)
$$ACH = \frac{\ln(C_1 - C_0) - \ln(C_2 - C_0)}{t}$$
$$= \frac{\ln(1700-330) - \ln(800-330)}{4} = 0.27 ACH$$

여기서,
ACH : 시간당 공기교환 횟수[회/hr]
C_1 : 측정 초기 농도
C_2 : 시간 경과 후 CO_2 농도
C_0 : 외부 CO_2 농도
t : 경과된 시간[hr]

50

A 물질의 증기압이 $50mmHg$이라면 이때 포화증기농도(%)는?
(단, 표준상태 기준)

① 6.6 ② 8.8
③ 10.0 ④ 12.2

*포화증기농도
포화증기농도[%] = $\frac{증기압(분압)}{760mmHg} \times 10^2$
$= \frac{50}{760} \times 10^2 = 6.6\%$

51

다음 보기에서 공기공급시스템(보충용 공기의 공급장치)이 필요한 이유로 옳게 짝지은 것은?

a. 연료를 절약하기 위하여
b. 작업장 내 안전사고를 예방하기 위하여
c. 국소배기장치를 적절하게 가동시키기 위하여
d. 작업장의 교차기류를 유지하기 위하여

① a, b ② a, b, c
③ b, c, d ④ a, b, c, d

*공기공급 시스템이 필요한 이유
① 국소배기장치의 적절한 가동을 위해
② 국소배기장치의 효율 유지를 위해
③ 안전사고 예방을 위해
④ 연료 절약을 위해
⑤ 작업장 내 방해기류가 생기는 것을 방지하기 위해
⑥ 외부 공기가 정화되지 않은 채 건물 내로 유입되는 것을 막기 위해

52

1 기압, 온도 15℃ 조건에서 속도압이 $37.2mmH_2O$일 때 기류의 유속(m/sec)은?
(단, 15℃, 1기압에서 공기의 밀도는 $1.225kg/m^3$이다.)

① 24.4 ② 26.1
③ 28.3 ④ 29.6

*동압(속도압, VP)
밀도가 $1.225kg/m^3$이므로, 비중량은 $1.225kg_f/m^3$이다.
$VP = \frac{\gamma V^2}{2g}$에서,
$\therefore V = \sqrt{\frac{2g VP}{\gamma}} = \sqrt{\frac{2 \times 9.8 \times 37.2}{1.225}} = 24.4 m/sec$

여기서,
VP : 동압 $[mmH_2O]$
V : 속도 $[m/\sec]$
γ : 공기의 비중량 $[kg_f/m^3]$
g : 중력가속도 $[9.8 m/s^2]$

53

사무실에서 일하는 근로자의 건강장해를 예방하기 위해 시간당 공기교환횟수는 6회 이상 되어야한다. 사무실의 체적이 $150 m^3$일 때 최소 필요한 환기량 $(m^3/\min)$은?

① 9 ② 12
③ 15 ④ 18

*시간당 공기교환 횟수(ACH)

$ACH = \dfrac{Q}{V}$ 에서,

$\therefore Q = ACH \times V$
$= 6 \times 150 = 900 m^3/hr \times \left(\dfrac{1hr}{60\min}\right) = 15 m^3/\min$

여기서,
Q : 필요환기량 $[m^3/hr]$
V : 작업장 용적 $[m^3]$

54

관(管)의 안지름이 $200mm$인 직관을 통하여 가스 유량이 $55m^3/$분의 표준공기를 송풍할 때 관내 평균유속 $(m/\sec)$은?

① 약 21.8 ② 약 24.5
③ 약 29.2 ④ 약 32.3

*유량(Q)

$Q = AV = \dfrac{\pi d^2}{4} \times V$ 에서,

$\therefore V = \dfrac{4Q}{\pi d^2}$

$= \dfrac{4 \times 55}{\pi \times 0.2^2} = 1750.7 m/\min \times \left(\dfrac{1\min}{60\sec}\right) = 29.2 m/\sec$

*참고

- 1m=1000mm → 200mm=0.2m
- 1min=60sec

55

송풍량이 $400 m^3/\min$이고 송풍기전압이 $100mm H_2O$인 송풍기를 가동할 때 소요동력(kW)은? (단, 송풍기의 효율은 60% 이다.)

① 약 6.9 ② 약 8.4
③ 약 10.9 ④ 약 12.2

*송풍기 소요동력(H)

$H = \dfrac{Q \times \Delta P}{6120\eta} \times \alpha = \dfrac{400 \times 100}{6120 \times 0.6} \times 1 = 10.9 kW$

여기서,
H : 송풍기 소요동력 $[kW]$
Q : 송풍량 $[m^3/\min]$
ΔP : 송풍기 유효압력 $[mmH_2O]$
η : 송풍기 효율
α : 여유율 (주어지지 않으면, $\alpha = 1$)

56

관내유속이 $1.25m/\sec$, 관직경 $0.05m$ 일 때 Reynolds 수는?
(단, $20℃$, 1기압, 동점성계수 $=1.5\times10^{-5}m^2/\sec$)

① 3257   ② 4167
③ 5387   ④ 6237

*레이놀즈 수

$$Re = \frac{\rho VD}{\mu} = \frac{VD}{\nu} = \frac{1.25\times0.05}{1.5\times10^{-5}} = 4167$$

여기서,
Re : 레이놀즈 수
ρ : 유체 밀도$[kg/m^3]$
V : 유속$[m/s]$
D : 직경$[m]$
μ : 점성계수$[kg/m \cdot s]$
ν : 동점성계수$[m^2/s]$

57

정압회복계수가 0.72이고 정압회복량이 $7.2mmH_2O$인 원형 확대관의 압력손실(mmH_2O)은?

① 4.2   ② 3.6
③ 2.8   ④ 1.3

*확대관 압력손실($\triangle P$)

$SP_2 - SP_1 = R(VP_1 - VP_2)$
$VP_1 - VP_2 = \frac{SP_2 - SP_1}{R} = \frac{7.2}{0.72} = 10 mmH_2O$
$\therefore \triangle P = \xi \times (VP_1 - VP_2) = (1-R)(VP_1 - VP_2)$
$= (1-0.72) \times 10 = 2.8 mmH_2O$

여기서,
$\triangle P$: 압력손실$[mmH_2O]$
SP_1 : 확대 전 정압$[mmH_2O]$
SP_2 : 확대 후 정압$[mmH_2O]$
VP_1 : 확대 전 속도압$[mmH_2O]$
VP_2 : 확대 후 속도압$[mmH_2O]$
ξ : 압력손실계수($\xi = 1-R$)
R : 정압회복계수

58

회전차 외경이 $600mm$인 레이디얼(방사날개형) 송풍기의 풍량은 $300m^3/\min$, 송풍기 전압은 $60 mmH_2O$, 축동력이 $0.70kW$이다. 회전차 외경이 $1000mm$로 상사인 레이디얼(방사날개형) 송풍기가 같은 회전수로 운전될 때 전압(mmH_2O)은?
(단, 공기 비중은 같음)

① 167   ② 182
③ 214   ④ 246

*송풍기 상사법칙

종류	회전수(N)	직경(D)
풍량(Q)	$\frac{Q_2}{Q_1} = \frac{N_2}{N_1}$	$\frac{Q_2}{Q_1} = \left(\frac{D_2}{D_1}\right)^3$
풍압(P)	$\frac{P_2}{P_1} = \left(\frac{N_2}{N_1}\right)^2$	$\frac{P_2}{P_1} = \left(\frac{D_2}{D_1}\right)^2$
동력(H)	$\frac{H_2}{H_1} = \left(\frac{N_2}{N_1}\right)^3$	$\frac{H_2}{H_1} = \left(\frac{D_2}{D_1}\right)^5$

$$\frac{P_2}{P_1} \propto \frac{H_2}{H_1} \propto \frac{\rho_2}{\rho_1} \propto \frac{T_1}{T_2}$$

여기서,
Q_1 : 변경 전 풍량$[m^3/\min]$
Q_2 : 변경 후 풍량$[m^3/\min]$
N_1 : 변경 전 회전수$[rpm]$
N_2 : 변경 후 회전수$[rpm]$
P_1 : 변경 전 풍압$[mmH_2O]$
P_2 : 변경 후 풍압$[mmH_2O]$
D_1 : 변경 전 회전차 직경$[m]$
D_2 : 변경 후 회전차 직경$[m]$
H_1 : 변경 전 동력$[kW]$
H_2 : 변경 후 동력$[kW]$
ρ_1, ρ_2 : 변경 전·후 비중
T_1, T_2 : 변경 전·후 절대온도$[K]$

$\frac{P_2}{P_1} = \left(\frac{D_2}{D_1}\right)^2$ 에서,

$\therefore P_2 = P_1 \times \left(\frac{D_2}{D_1}\right)^2 = 60 \times \left(\frac{1000}{600}\right)^2 = 167 mmH_2O$

59

공기정화장치의 한 종류인 원심력 집진기에서 절단 입경(cut-size, Dc)은 무엇을 의미하는가?

① 100% 분리 포집되는 입자의 최소 입경
② 100% 처리효율로 제거되는 입자크기
③ 90% 이상 처리효율로 제거되는 입자크기
④ 50% 처리효율로 제거되는 입자크기

*절단입경(Cut-Size)
사이클론에서 50% 처리효율로 제거되는 입자 크기 의미

60

어떤 작업장의 음압 수준이 $86 dB(A)$이고, 근로자는 귀덮개를 착용하고 있다. 귀덮개의 차음평가수는 $NRR = 19$이다. 근로자가 노출되는 음압(예측)수준 $(dB(A))$은?
(단, OSHA 기준)

① 74 ② 76
③ 78 ④ 80

*차음효과(OSHA)
차음효과 $= (NRR-7) \times 0.5 = (19-7) \times 0.5 = 6 dB(A)$

· 누출음압수준 = 음압수준 − 차음효과
$= 86 - 6 = 80 dB(A)$

여기서,
NRR : 차음평가수

2016 1회차 산업위생관리기사 필기 기출문제
제 4과목 : 물리적유해인자관리

61
저압 환경상태에서 발생되는 질환이 아닌 것은?

① 폐수종　② 급성 고산병
③ 저산소증　④ 질소가스 마취장해

*저압 환경에서의 생체 영향
① 폐수종
② 산소결핍증(저산소증)
③ 고공증상
④ 고산병 등

62
청력 손실차가 다음과 같을 때, 6분법에 의하여 판정하면 청력손실은 얼마인가?

> 500Hz에서 청력 손실차는 8
> 1000Hz에서 청력 손실차는 12
> 2000Hz에서 청력 손실차는 12
> 4000Hz에서 청력 손실차는 22

① 12　② 13
③ 14　④ 15

*6분법

$$평균청력손실 = \frac{a+2b+2c+d}{6}$$
$$= \frac{8+2\times12+2\times12+22}{6} = 13$$

여기서
a : 옥타브밴드 중심주파수 500Hz에서의 청력손실[dB]
b : 옥타브밴드 중심주파수 1000Hz에서의 청력손실[dB]
c : 옥타브밴드 중심주파수 2000Hz에서의 청력손실[dB]
d : 옥타브밴드 중심주파수 4000Hz에서의 청력손실[dB]

63
빛에 관한 설명으로 틀린 것은?

① 광원으로부터 나오는 빛의 세기를 조도라 한다.
② 단위 평면적에서 발산 또는 반사되는 광량을 휘도라 한다.
③ 루멘은 1촉광의 광원으로부터 단위입체각으로 나가는 광속의 단위이다.
④ 조도는 어떤 면에 들어오는 광속의 양에 비례하고, 입사면의 단면적에 반비례한다.

*칸델라(Cd)
광원으로부터 나오는 빛의 세기인 광도의 단위

64
불활성가스 용접에서는 자외선량이 많아 오존이 발생한다. 염화계 탄화수소에 자외선이 조사되어 분해될 경우 발생하는 유해물질로 맞은 것은?

① $COCl_2$(포스겐)　② HCl(염화수소)
③ NO_3(삼산화질소)　④ $HCHO$(포름알데히드)

*포스겐($COCl_2$)
불활성가스 용접에서는 자외선량이 많아 오존이 발생한다. 염화계 탄화수소에 자외선이 조사되어 분해될 경우 발생하는 유해물질

65
레이저광선에 가장 민감한 인체기관은?

① 눈 ② 소뇌
③ 갑상선 ④ 척수

레이저광선에 가장 민감한 곳은 눈이다.

66
대상음의 음압이 $1.0 N/m^2$일 때 음압레벨(Sound Presssure Level)은 몇 dB 인가?

① 91 ② 94
③ 97 ④ 100

음압수준(SPL)

$$SPL = 20\log\left(\frac{P}{P_o}\right) = 20\log\left(\frac{1}{2\times 10^{-5}}\right) = 94 dB$$

여기서
SPL : 음압수준(음압도, 음압레벨)[dB]
P : 대상음의 음압[N/m^2]
P_o : 기준음압(=$2\times 10^{-5}[N/m^2]$)

67
화학적 질식제로 산소결핍장소에서 보건학적 의의가 가장 큰 것은?

① CO ② CO_2
③ SO_2 ④ NO_2

일산화탄소(CO)는 화학적 질식제로 산소결핍장소에서 보건학적 의의가 가장 크다.

68
조명에 대한 설명으로 틀린 것은?

① 생내부에서의 안구진탕증은 조명부족으로 발생할 수 있다.
② 망막변성 등 기질적 안질환은 조명부족에 의한 영향이 큰 안질환이다.
③ 조명부족하에서 작은 대상물을 장시간 직시하면 근시를 유발할 수 있다.
④ 조명과잉은 망막을 자극해서 잔상을 동반한 시력장해 또는 시력협착을 일으킨다.

망막변성은 조명부족의 영향보단 유전적 안질환이다.

69
고압 환경의 영향에 있어 2차적인 가압현상에 해당하지 않는 것은?

① 질소마취 ② 산소중독
③ 조직의 통증 ④ 이산화탄소 중독

2차적 가압현상(화학적 장해)
고압 하의 대기가스 독성 때문에 나타나는 현상으로, 다음 3가지 현상이 발생한다.

질소 가스 마취	① 공기 중 질소가스는 4기압을 넘으면 마취작용을 일으킨다. ② 사고력, 판단력, 기억력 저하, 불안, 공포감, 마약효과 등 증상이 일어난다. ③ 질소 마취증상은 대기압 조건으로 복귀하면 사라진다. (가역적이다.) ④ 질소가스 마취 증상이 있는 근로자에게 질소를 헬륨으로 대치한 공기를 호흡시키면 예방된다.
산소 중독	① 산소분압이 2기압을 넘으면 산소중독 증상이 일어난다. ② 시력장해, 정신혼란, 근육경련 등 증상이 일어난다. ③ 산소중독 증상은 고압산소에 대한 노출이 중지되면 증상이 즉시 멈춘다.
이산 화탄 소 중독	① 산소의 중독과 질소의 마취작용을 증가시키는 역할을 한다. ② 고압환경에서의 이산화탄소 농도가 0.2%를 초과해서는 안된다.

65.① 66.② 67.① 68.② 69.③

70
가청 주파수 최대 범위로 맞는 것은?

① $10 \sim 80,000 Hz$　　② $20 \sim 2,000 Hz$
③ $20 \sim 20,000 Hz$　　④ $100 \sim 8,000 Hz$

*정상청력을 가진 사람의 가청주파수 영역
$20 \sim 20000 Hz$

71
진동이 발생되는 작업장에서 근로자에게 노출되는 양을 줄이기 위한 관리대책 중 적절하지 못한 것은?

① 진동전파 경로를 차단한다.
② 완충물 등 방진재료를 사용한다.
③ 공진을 확대시켜 진동을 최소화 한다.
④ 작업시간의 단축 및 교대제를 실시한다.

공진을 감소시켜 진동을 최소화한다.

72
한랭작업과 관련된 설명으로 틀린 것은?

① 저체온증은 몸의 심부온도가 35℃ 이하로 내려간 것을 말한다.
② 저온작업에서 손가락, 발가락 등의 말초부위는 피부온도 저하가 가장 심한 부위이다.
③ 혹심한 한냉에 노출됨으로써 피부 및 피하 조직 자체가 동결하여 조직이 손상되는 것을 말한다.
④ 근로자의 발이 한랭에 장기간 노출되고 동시에 지속적으로 습기나 물에 잠기게 되면 '선단자람증'의 원인이 된다.

근로자의 발이 한랭에 장기간 노출되고 동시에 지속적으로 습기나 물에 잠기게 되면 침수족의 원인이 된다.

73
산업장 소음에 대한 차음효과는 벽체의 단위 표면적에 대하여 벽체의 무게를 2배로 할 때 마다 몇 dB씩 증가하는가?

① $2dB$　　② $3dB$
③ $5dB$　　④ $6dB$

*차음 수직입사(질량법칙)
$TL = 20\log(m \times f) - 43$
여기서, 벽체의 무게 2배만 고려한다면 차음재의 면밀도 m만 고려하면 된다.

$\therefore TL = 20\log(m) = 20\log 2 = 6dB$

여기서,
m : 차음재의 면밀도$[kg/m^2]$
f : 입사 주파수$[Hz]$

74
단위시간에 일어나는 방사선 붕괴율을 나타내며, 초당 3.7×10^{10}개의 원자붕괴가 일어나는 방사능 물질의 양으로 정의되는 것은?

① R　　② Ci
③ Gy　　④ Sv

*큐리(Ci)
$1Ci = 3.7 \times 10^{10} Bq$

75
다음의 ( )에 들어갈 가장 적당한 값은?

> 정상적인 공기 중의 산소함유량은 $21\,vol\%$이며 그 절대량, 즉 산소분압에 해면에 있어서는 약 ( )$mmHg$이다.

① 160
② 210
③ 230
④ 380

*분압
산소 분압$[mmHg]$ = $760mmHg \times$ 산소 성분비
= $760 \times 0.21 = 160mmHg$

76
인체와 환경 사이의 열평형에 의하여 인체는 적절한 체온을 유지하려고 노력하는데 기본적인 열평형 방정식에 있어 신체 열용량의 변화가 0보다 크면 생산된 열이 축적되게 되고 체온조절중추인 시상하부에서 혈액온도를 감지하거나 신경망을 통하여 정보를 받아들여 체온 방산작용이 활발히 시작된다. 이러한 것은 무엇이라 하는가?

① 정신적 조절작용(spiritual thermo regulation)
② 물리적 조절작용(physical thermo regulation)
③ 화학적 조절작용(chemical thermo regulation)
④ 생물학적 조절작용(biological thermo regulation)

*물리적 조절작용(Physical Thermo Regulation)
인체와 환경 사이의 열평형에 의하여 인체는 적절한 체온을 유지하려고 노력하는데 기본적인 열평형 방정식에 있어 신체 열용량의 변화가 0보다 크면 생성된 열이 축적되고 체온조절중추인 시상하부에서 혈액온도를 감지하거나 신경망을 통하여 정보를 받아들여 체온 방산작용이 활발히 시작하는 작용

77
열경련(Heat Cramp)을 일으키는 가장 큰 원인은?

① 체온상승
② 중추신경마비
③ 순환기계 부조화
④ 체내수분 및 염분손실

*열경련(Heat Cramp)
① 전형적인 열중증 상태로 고온환경에서 지속적으로 심한 육체노동을 하면 나타나며, 주로 작업 중 사용을 많이하는 근육에 발작적 경련이 발생하며, 특히 수분 및 혈중 염분 손실이 있을 때 발생한다.
② 증상으로는 체온이 정상 또는 약간 상승하며 혈중 염화이온(Cl^-) 농도가 현저히 감소되고, 낮은 혈중 염분 농도와 팔, 다리 근육경련이 일어나며 일시적으로 단백뇨를 배출한다.
③ 치료법으로는 수분이나 염화나트륨($NaCl$)을 보충하고, 바람이 잘 통하는 곳에 눕혀 안정시키며, 증상이 심하면 생리식염수를 정맥주사한다.

78
소음의 생리적 영향으로 볼 수 없는 것은?

① 혈압 감소
② 맥박수 증가
③ 위분비액 감소
④ 집중력 감소

*소음의 생리적 영향
① 혈압 증가, 맥박수 증가, 위분비액 감소, 집중력 감소
② 호흡횟수 증가, 호흡깊이 감소
③ 타액분비량 증가, 위 수축운동 저하, 위액산도 저하
④ 혈당도 상승, 백혈구 수 증가, 아드레날린 증가

75.① 76.② 77.④ 78.①

79

X-선과 동일한 특성을 가지는 전자파 전리방사선으로 원자의 액에서 발생되고 깊은 투과성 때문에 외부노출에 의한 문제점이 지적되고 있는 것은?

① 중성자
② 알파(α)선
③ 베타(β)선
④ 감마(γ)선

*감마선(γ선)
① X-Ray(X선)과 동일한 특성을 가진 전자파 전리방사선으로 입자형태가 아니다.
② 원자핵 전환에 따라 방출되는 자연 발생적 전자파이다.
③ 전리작용은 가장 약하지만, 투과력은 가장 강하다.
④ 때때로 α선이나 β선과 함께 방출된다.
⑤ 파장이 매우 짧은 형태의 전자기파이다.

80

일반적으로 전신진동에 의한 생체반응에 관여하는 인자로 거리가 먼 것은?

① 강도
② 방향
③ 온도
④ 진동수

*전신진동에 의한 생체반응에 관여하는 인자
① 진동수
② 진동방향
③ 진동강도
④ 폭로시간

2016 1회차
산업위생관리기사 필기 기출문제
제 5과목 : 산업독성학

81
다음 설명에 해당하는 중금속의 종류는?

> 이 중금속 중독의 특징적인 증상은 구내염, 정신 증상, 근육 진전이다. 급성 중독 시 우유나 계란의 흰자를 먹이며, 만성 중독시 취급을 즉시 중지하고 BAL을 투여한다.

① 납
② 크롬
③ 수은
④ 카드뮴

*수은(Hg)의 특징
① 상온에서 유일하게 액체상태로 존재하는 금속이다.
② 뇌산 수은(뇌홍)의 제조에 사용된다.
③ 온도계 제조, 농약 및 살충제 제조업, 치과용 아말감 산업, 페인트 제조업 등에 노출된다.
④ 연금술, 의약품 등에 가장 오래 사용해온 중금속 중 하나이며, 17세기 유럽에서 신사용 중절모자를 제작하는 데 사용하여 근육경련을 일으킨 사례가 있다.
⑤ 소화관으로는 2~7% 정도의 소량으로 흡수한다.
⑥ 금속 형태는 뇌, 혈액, 심근에 많이 분포한다.

*수은중독의 증세
① 대표적인 증상은 구내염, 근육진전, 정신증상, 식욕부진, 신기능부전 등이 있다.
② 시신경장애, 정신이상, 보행장애, 수족신경마비, 신기능부전 증상이 있다.
③ 혀가 떨리거나 수전증 증상이 있다.
④ 소화관으로 약 7% 이하 소량으로 흡수되며, 금속 형태는 뇌, 심근, 혈액에 많이 분포되어 있다.
⑤ 주로 신장에 축적된다.
⑥ 유기수은의 독성은 무기수은의 독성보다 훨씬 강하다.
⑦ 메틸수은은 미나마타병을 일으킨다.
⑧ 전리된 수소이온은 단백질을 침전시키고 -SH기를 가진 효소작용을 억제하여 독성을 나타낸다.

*수은중독 치료사항

급성 중독	① 우유와 계란흰자를 먹인다. ② BAL을 투여한다. ③ 위세척을 한다. ④ 마늘을 섭취한다.
만성 중독	① 수은 취급을 즉시 중지한다. ② BAL을 투여한다. ③ N-acetyl-D-penicillamine을 투여한다. ④ 하루 10L 등장식염수를 공급한다. ⑤ 땀을 흘리게 하여 수은배설을 촉진시킨다. ⑥ 진전증세에 genascopalin을 투여한다.

82
유기용제의 화학적 성상에 따른 유기용제의 구분으로 볼 수 없는 것은?

① 신나류
② 글리콜류
③ 케톤류
④ 지방족 탄화수소

*유기용제의 분류

산화함유계열	탄화수소계열	기타
① 케톤류 ② 글리콜류 ③ 알코올류 ④ 에테르류	① 지방족류 ② 방향족류	① 크레졸류 ② 테레핀류 ③ 니트로파라핀류 등

83
건강영향에 따른 분진의 분류와 유발물질의 종류를 잘못 짝지은 것은?

① 유기성 분진 - 목분진, 면, 밀가루
② 알레르기성 분진 - 크롬산, 망간, 황
③ 진폐성 분진 - 규산, 석면, 활석, 흑연
④ 발암성 분진 - 석면, 니켈카보닐, 아민계 색소

81.③ 82.① 83.②

*분진의 종류와 유발물질의 종류

분진의 종류	유발물질의 종류
진폐성 분진	규산, 석면, 활석, 흑연
불활성 분진	석탄, 시멘트, 탄화수소
발암성 분진	석면, 니켈카보닐, 아연계색소
알레르기성 분진	꽃가루, 털, 나뭇가루
유기성 분진	목분진, 면, 밀가루

84
헤모글로빈의 철성분이 어떤 화학물질에 의하여 메트헤모글로빈으로 전환되기도 하는데 이러한 현상은 철성분이 어떠한 화학작용을 받기 때문인가?

① 산화작용
② 환원작용
③ 착화물작용
④ 가수분해작용

헤모글로빈의 철성분은 어떤 화학물질에 의해 산화반응하여 메트헤모글로빈으로 전환된다.

85
작업장 유해인자의 위해도 평가를 위해 고려하여야 할 요인과 거리가 먼 것은?

① 공간적 분포
② 조직적 특성
③ 평가의 합리성
④ 시간적 빈도와 기간

*위해도 평가 고려사항
① 공간적 분포
② 조직적 특성
③ 시간적 빈도와 기간
④ 노출대상의 특성
⑤ 노출상태
⑥ 다른 물질과 복합노출

86
혈액독성의 평가내용으로 거리가 먼 것은?

① 백혈구수가 정상치보다 낮으면 재생 불량성 빈혈이 의심된다.
② 혈색소 정상치보다 높으면 간장질환, 관절염이 의심된다.
③ 혈구용적이 정상치보다 높으면 탈수증과 다혈구증이 의심된다.
④ 혈소판수가 정상치보다 낮으면 골수기능 저하가 의심된다.

혈색소가 정상치보다 높으면 두통, 황달, 홍조증, 낮으면 빈혈증상이 나타난다.

87
유해물질의 흡수에서 배설까지에 관한 설명으로 틀린 것은?

① 흡수된 유해물질은 원래의 형태든, 대사산물의 형태로든 배설되기 위하여 수용성으로 대사된다.
② 흡수된 유해화학물질은 다양한 비특이적 효소에 의하여 이루어지는 유해물질의 대사로 수용성이 증가되어 체외로 배출이 용이하게 된다.
③ 간은 화학물질을 대사시키고 콩팥과 함께 배설시키는 기능을 가지고 있는 것과 관련하여 다른 장기보다도 여러 유해물질의 농도가 낮다.
④ 유해물질은 조직에 분포되기 전에 먼저 몇 개의 막을 통과하여야 하며, 흡수속도는 유해물질의 물리화학적 성상과 막의 특성에 따라 결정된다.

간은 화학물질을 대사시키고 콩팥과 함께 배설시키는 기능을 가지고 있는 것과 관련하여 다른 장기보다도 여러 유해물질의 농도가 높다.

88

유해화학물질의 노출 정보에 관한 설명으로 틀린 것은?

① 위의 산도에 따라서 유해물질이 화학반응을 일으키기도 한다.
② 입으로 들어간 유해물질은 침이나 그 밖의 소화액에 의해 위장관에서 흡수된다.
③ 소화기계통으로 노출되는 경우가 호흡기로 노출되는 경우보다 흡수가 잘 이루어진다.
④ 소화기계통으로 침입하는 것은 위장관에서 산화, 환원, 분해과정을 거치면서 해독되기도 한다.

소화기계통으로 노출되는 경우가 호흡기로 노출되는 경우보다 흡수가 잘 이루어지지 않는다.

89

인체에 미치는 영향에 있어서 석면(asbestos)은 유리규산(free silica)과 거의 비슷하지만 구별되는 특징이 있다. 석면에 의한 특징적 질병 혹은 증상은?

① 폐기종
② 악성중피종
③ 호흡곤란
④ 가슴의 통증

*석면에 의한 건강장해
① 폐암
② 석면폐증
③ 악성중피종

90

유기용제에 대한 생물학적지표로 이용되는 요중 대사산물을 알맞게 짝지은 것은?

① 톨루엔 - 페놀
② 크실렌 - 페놀
③ 노말헥산 - 만델린산
④ 에틸벤젠 - 만델린산

*화학물질의 생물학적 노출지표물질

화학물질	대사산물(측정대상물질)
벤젠	뇨 중 t,t-뮤코닉산(뮤콘산) 뇨 중 S-페닐머캅토산 혈액 중 벤젠
톨루엔	뇨 중 o-크레졸 혈액 중 톨루엔
크실렌	뇨 중 메틸마뇨산
납	혈액 중 납 뇨 중 납 혈액 중 아연 프로토포르피린 뇨 중 델타아미노레불린산
일산화탄소	혈액 중 카복시헤모글로빈(COHb)
트리클로로에틸렌	뇨 중 삼염화초산
에틸벤젠	뇨 중 만델산
노말헥산	뇨 중 2,5-헥산디온
클로로벤젠	뇨 중 총 4-클로로카테콜
페놀	뇨 중 페놀
디메틸포름아미드	뇨 중 N-메틸포름아미드
이황화탄소	뇨 중 TTCA 뇨 중 이황화탄소
크롬	뇨 중 크롬
메틸 노말부틸 케톤	뇨 중 2,5-헥산디온
삼염화에틸렌	뇨 중 삼염화초산 (트리클로로초산) 뇨 중 삼염화에탄올

88.③ 89.② 90.④

91

납에 관한 설명으로 틀린 것은?

① 폐암을 야기하는 발암물질로 확인 되었다.
② 축전지제조업, 광명단제조업 근로자가 노출될 수 있다.
③ 최근의 납의 노출정도는 혈액 중 납 농도로 확인할 수 있다.
④ 납중독을 확인하는 데는 혈액 중 ZPP 농도를 이용할 수 있다.

납은 폐암과 무관하고 중추신경 장애, 근육계통 장애, 위장계통의 장애 등 유발한다.

92

화기 등에 접촉하면 유독성의 포스겐이 발생하여 폐수종을 일으킬 수 있는 유기용제는?

① 벤젠　　　　　② 크실렌
③ 노말헥산　　　④ 염화에틸렌

*염화에틸렌($C_2H_4Cl_2$)
가열하면 유독한 포스겐($COCl_2$)가 발생하여 폐수종을 일으킨다.

93

다음 내용과 가장 관계가 깊은 물질은?

- 요중 코프로포르피린 증가
- 요중 델타 아미노레블린산 증가
- 혈중 프로토포르피린 증가

① 납　　　　　② 비소
③ 수은　　　　④ 카드뮴

*납중독 진단검사
① 혈액검사
② 빈혈검사
③ 뇨중 Coprophyrin(코프로포르피린) 배설량 측정
④ 뇨중 δ-ALA(헴의 전구물질) 측정
⑤ 뇨중 납량 측정
⑥ 혈중 납량 측정
⑦ 혈중 ZPP(Zinc Protoporphyrin) 측정

94

중금속 노출에 의하여 나타나는 금속열은 흄형태의 금속을 흡입하여 발생되는데, 감기증상과 매우 비슷하여 오한, 구토감, 기침, 전신위약감 등의 증상이 있으며, 월요일 출근 후에 심해져서 월요일열이라고도 한다. 다음 중 금속열을 일으키는 물질이 아닌 것은?

① 납　　　　　② 카드뮴
③ 산화아연　　④ 안티몬

*금속열(월요일열)
아연, 마그네슘, 알루미늄, 구리, 망간, 니켈, 카드뮴, 안티몬 등의 흄으로 흡입하면 발생하는 알레르기성 발열

95

폐결핵을 합병증으로 하여 폐하엽 부위에 많이 생기는 증상으로 맞는 것은?

① 면폐증　　　② 철폐증
③ 규폐증　　　④ 석면폐증

*규폐증(Silicosis)
① 이산화규소(SiO_2, 유리규산, 석영) 분진의 흡입에 의해 발생하는 진폐증
② 건축업, 도자기 작업장, 채석장, 석재공장 등에서 많이 발생한다.
③ 폐암, 폐결핵의 합병증을 일으키며 폐하엽 부위에 많이 생긴다.
④ 산화규소결정체
　: 함유율 1% 이하, 노출기준 10mg/m³ 이하
⑤ 결정체 트리폴리 : 노출기준 0.1mg/m³ 이하
⑥ 이집트의 미라에서도 발견된 오랜 질병이다.

96

무색의 휘발성 용액으로서 도금 사업장에서 금속 표면의 탈지 및 세정용으로 사용되며, 간 및 신장 장해를 유발시키는 유기용제는?

① 톨루엔
② 노르말헥산
③ 트리클로로에틸렌
④ 클로르포름

*트리클로로에틸렌(삼염화에틸렌)
무색의 휘발성 용액으로서 도금 사업장에서 금속 표면의 탈지 및 세정용으로 사용되며, 간 및 신장 장해를 유발시키는 유기용제

97

화학물질에 의한 암발생 이론 중 다단계 이론에서 언급되는 단계와 거리가 먼 것은?

① 개시 단계
② 진행 단계
③ 촉진 단계
④ 병리 단계

*화학물질에 의한 다단계 암 발생이론
① 개시 단계
② 진행 단계
③ 촉진 단계
④ 전환 단계

98

생물학적 모니터링을 위한 시료채취시간에 제한이 없는 것은?

① 소변 중 아세톤
② 소변 중 카드뮴
③ 호기 중 일산화탄소
④ 소변 중 총 크롬(6가)

반감기가 긴 물질(중금속)에 대해서 시료채취시기는 중요하지 않다. (카드뮴은 중금속이다.)

99

납의 독성에 대한 인체실험 결과, 안전흡수량이 체중 kg 당 $0.005mg$이었다. 1일 8시간 작업시의 허용농도 (mg/m^3)는?
(단, 근로자의 평균 체중은 $70kg$, 해당 작업시의 폐환기율은 시간당 $1.25m^3$으로 가정한다.)

① 0.030
② 0.035
③ 0.040
④ 0.045

*체내흡수량(안전흡수량, 안전폭로량, SHD)
$SHD = C \times T \times V \times R$

$\therefore C = \dfrac{SHD}{T \times V \times R} = \dfrac{70kg \times 0.005mg/kg}{8hr \times 1.25m^3/hr \times 1.0} = 0.035mg/m^3$

여기서,
C : 농도$[mg/m^3]$
T : 노출시간$[hr]$
V : 폐환기율, 호흡률$[m^3/hr]$
R : 체내잔류율(일반적으로 1.0)
SHD : 체중당흡수량×체중$[mg]$

100

다음 설명의 ( )에 알맞은 내용으로 나열된 것은?

단시간노출기준(STEL)이라 함은 근로자가 1회에 (㉠)분간 유해 인자에 노출되는 경우의 기준으로 이 기준 이하에서는 1회 노출간격이 (㉡) 시간 이상인 경우 1일 작업시간 동안 (㉢)회까지 노출이 허용될 수 있는 기준을 말한다.

① ㉠ : 15, ㉡ : 1, ㉢ : 2
② ㉠ : 15, ㉡ : 1, ㉢ : 4
③ ㉠ : 20, ㉡ : 2, ㉢ : 5
④ ㉠ : 20, ㉡ : 3, ㉢ : 3

*단시간노출기준(STEL)
근로자가 1회에 15분간 유해인자에 노출되는 경우의 기준으로 이 기준 이하에서는 1회 노출 간격이 1시간 이상인 경우에 1일 작업시간 동안 4회까지 노출이 허용될 수 있는 기준을 말한다.

96.③ 97.④ 98.② 99.② 100.②

2016 2회차 — 제 1과목 : 산업위생학개론

01
직업성 질환의 예방에 관한 설명으로 틀린 것은?

① 직업성 질환의 3차 예방은 대개 치료와 재활과정으로, 근로자들이 더 이상 노출되지 않도록 해야 하며 필요시 적절한 의학적 치료를 받아야 한다.
② 직업성 질환의 1차 예방은 원인인자의 제거나 원인이 되는 손상을 막는 것으로, 새로운 유해인자의 통제, 알려진 유해인자의 통제, 노출관리를 통해 할 수 있다.
③ 직업성 질환의 2차 예방은 근로자가 진료를 받기 전 단계인 초기에 질병을 발견하는 것으로, 질병의 선별검사, 감시, 주기적 의학적 검사, 법적인 의학적 검사를 통해 할 수 있다.
④ 직업성 질환은 전체적인 질병 이환율에 비해서는 비교적 높지만, 직업성 질환은 원인인자가 알려져 있고 유해인자에 대한 노출을 조절할 수 없으므로 안전 농도로 유지할 수 있기 때문에 예방대책을 마련할 수 있다.

> 직업성 질환은 물질 하나에 의해 생기는 것보단 여러 독성물질이나 유해한 작업환경에서 노출되어 발생하는 경우가 많아서 진단 시 매우 복잡하다.

02
육체적 작업능력이 $16 kcal/min$인 근로자가 1일 8시간씩 일하고 있다. 이때 작업대사량은 $8 kcal/min$이고, 휴식시의 대사량은 $1.2 kcal/min$이다. 1시간을 기준으로 할 때 이 근로자의 적정휴식시간은 약 얼마인가?

① 18.2분
② 23.4분
③ 25.3분
④ 30.5분

*Hertig의 적정휴식시간·작업시간

$$휴식시간 = 60 \times \frac{\frac{PWC}{3} - 작업대사량}{휴식대사량 - 작업대사량}$$

$$= 60 \times \frac{\frac{16}{3} - 8}{1.2 - 8} = 23.53 분$$

03
미국산업위생학술원(American Academy of Industrial Hygiene)에서 산업위생 분야에 종사하는 사람들이 반드시 지켜야 할 윤리강령 중 전문가로서의 책임부분에 해당하지 않는 것은?

① 기업체의 기밀을 누설하지 않는다.
② 근로자의 건강보호 책임을 최우선으로 한다.
③ 전문 분야로서의 산업위생을 학문적으로 발전시킨다.
④ 과학적 방법의 적용과 자료의 해석에서 객관성을 유지한다.

01.④ 02.② 03.②

*산업위생전문가의 윤리강령(산업위생전문가로서의 책임)
① 성실성과 학문적 실력 면에서 최고 수준을 유지한다.
② 과학적 방법의 적용과 자료의 해석에서 경험을 통한 전문가의 객관성을 유지한다.
③ 전문 분야로서 산업위생을 학문적으로 발전시킨다.
④ 근로자, 사회 및 전문 직종의 이익을 위해 과학적 지식을 공개하고 발표한다.
⑤ 산업위생활동을 통해 얻은 개인 및 기업체의 기밀은 누설하지 않는다.
⑥ 전문적 판단이 타협에 의하여 좌우될 수 있거나 이해관계가 있는 상황에는 개입하지 않는다.
⑦ 쾌적한 작업환경을 만들기 위해 산업위생이론을 적용하고 책임 있게 행동한다.

*시료채취 근로자수
단위작업 장소에서 최고 노출근로자 2명 이상에 대하여 동시에 개인 시료채취 방법으로 측정하되, 단위작업 장소에 근로자가 1명인 경우에는 그러하지 아니하며, 동일 작업근로자수가 10명을 초과하는 경우에는 매 5명당 1명 이상 추가하여 측정하여야 한다. 다만, 동일 작업 근로자수가 100명을 초과하는 경우에는 최대 시료채취 근로자수를 20명으로 조정할 수 있다.

13명이므로 시료채취 근로자수는 3명이다.

04

주로 여름과 초가을에 흔히 발생되고 강제기류 난방장치, 가습장치, 저수조 온수장치 등 공기를 순환시키는 장치들과 냉각탑 등에 기생하며 실내·외로 확산되어 호흡기 질환을 유발시키는 세균은?

① 푸른곰팡이 ② 나이세리아균
③ 바실러스균 ④ 레이오넬라균

*레이오넬라균
주로 여름과 초가을에 흔히 발생되고 강제기류 난방장치, 가습장치, 저수조 온수장치 등 공기를 순환시키는 장치들과 냉각탑 등에 기생하며 실내·외로 확산되어 호흡기 질환을 유발시키는 세균이다.

05

산업안전보건법령상 단위작업장소에서 동일 작업근로자수가 13명일 경우 시료채취 근로자수는 얼마가 되는가?

① 1명 ② 2명
③ 3명 ④ 4명

06

재해예방의 4원칙에 대한 설명으로 틀린 것은?

① 재해발생에는 반드시 그 원인이 있다.
② 재해가 발생하면 반드시 손실도 발생한다.
③ 재해는 원칙적으로 원인만 제거되면 예방이 가능하다.
④ 재해예방을 위한 가능한 안전대책은 반드시 존재한다.

*재해예방의 4원칙

원칙	설명
예방가능의 원칙	천재지변을 제외한 모든 재해는 예방이 가능하다.
손실우연의 원칙	사고의 결과가 생기는 손실은 우연히 발생한다.
대책선정의 원칙	재해는 적합한 대책이 선정되어야 한다.
원인연계의 원칙	재해는 직접원인과 간접원인이 연계되어 일어난다.

04.④ 05.③ 06.②

07

산업위생의 역사에서 직업과 질병의 관계가 있음을 알렸고, 광산에서의 납중독을 보고한 사람은?

① Larigo
② Paracelsus
③ Percival Pott
④ Hippocrates

＊히포크라테스(Hippocrates)
기원전 4세기 때 광산에서 납중독을 보고하여 이것은 역사상 최초로 기록된 직업병이다.

08

직업병의 발생요인 중 직접요인은 크게 환경요인과 작업요인으로 구분되는데 환경요인으로 볼 수 없는 것은?

① 진동현상
② 대기조건의 변화
③ 격렬한 근육운동
④ 화학물질의 취급 또는 발생

＊직업병 발생요인(직접요인)

환경요인	작업요인
① 진동현상	① 격렬한 근육운동
② 대기조건의 변화	② 고속도 작업
③ 화학물질의 취급 또는 발생	③ 단순반복작업
④ 방사선	④ 부자연스러운 자세

09

조건이 고려된 NIOSH에서 제안한 중량물 취급작업의 권고치 중 감시기준(AL)을 구하기 위한 식에 포함된 요소가 아닌 것은?

① 대상 물체의 수평거리
② 대상 물체의 이동거리
③ 대상 물체의 이동속도
④ 중량물 취급작업의 빈도

＊감시기준(AL)

$$AL(kg) = 40\left(\frac{15}{H}\right)(1-0.004|V-75|)\left(0.7+\frac{7.5}{D}\right)\left(1-\frac{F}{12}\right)$$

여기서,
H : 대상물체의 수평거리
V : 대상물체의 수직거리
D : 대상물체의 이동거리
F : 중량물 취급작업의 빈도
F_{max} : 최대 들기작업 빈도

10

우리나라의 화학물질의 노출기준에 관한 설명으로 틀린 것은?

① Skin 이라고 표시된 물질은 피부 자극성을 뜻한다.
② 발암성 정보물질의 표기 중 1A는 사람에게 충분한 발암성 증거가 있는 물질을 의미한다.
③ Skin 표시 물질은 점막과 눈 그리고 경피로 흡수되어 전신 영향을 일으킬 수 있는 물질을 말한다.
④ 화학물질이 IARC 등의 발암성 등급과 NTP의 R 등급을 모두 갖는 경우에는 NTP 의 R 등급은 고려하지 아니한다.

＊skin
"Skin" 표시 물질은 점막과 눈 그리고 경피로 흡수되어 전신 영향을 일으킬 수 있는 물질
(피부자극성을 뜻하는 것이 아님)

11

사무실 공기관리 지침에 정한 사무실 공기의 오염물질에 대한 시료채취시간이 바르게 연결된 것은?

① 미세먼지 : 업무시간 동안 4시간 이상 연속측정
② 포름알데히드 : 업무시간 동안 2시간 단위로 10분간 3회 측정
③ 이산화탄소 : 업무시작 후 1시간 전후 및 종료 전 1시간 전후 각각 30분간 측정
④ 일산화탄소 : 업무시작 후 1시간 전후 및 종료 전 1시간 전후 각각 10분간 측정

*사무실 공기질 측정

오염물질	측정횟수	시료채취시간
미세먼지 (PM10)	연 1회 이상	업무시간 동안 (6시간 이상 연속 측정)
초미세먼지 (PM2.5)	연 1회 이상	업무시간 동안 (6시간 이상 연속 측정)
이산화탄소 (CO_2)	연 1회 이상	업무시작 후 2시간 전후 및 종료 전 2시간 전후 (각각 10분간 측정)
일산화탄소 (CO)	연 1회 이상	업무시작 후 1시간 전후 및 종료 전 1시간 전후 (각각 10분간 측정)
이산화질소 (NO_2)	연 1회 이상	업무시작 후 1시간 ~ 종료 1시간 전 (1시간 측정)
포름알데히드 (HCHO)	연 1회 이상 및 신축(대수선 포함) 건물 입주 전	업무시작 후 1시간 ~ 종료 1시간 전 (30분간 2회 측정)
총휘발성유기화합물 (TVOC)	연 1회 이상 및 신축(대수선 포함) 건물 입주 전	업무시작 후 1시간 ~ 종료 1시간 전 (30분간 2회 측정)
라돈	연 1회 이상	3일 이상 ~ 3개월 이내 연속 측정
총부유세균	연 1회 이상	업무시작 후 1시간 ~ 종료 1시간 전 (최고 실내온도에서 1회 측정)
곰팡이	연 1회 이상	업무시작 후 1시간 ~ 종료 1시간 전 (최고 실내온도에서 1회 측정)

12

근골격계질환 평가 방법 중 JSI(Job Strain Index)에 대한 설명으로 틀린 것은?

① 주로 상지작업 특히 허리와 팔을 중심으로 이루어지는 작업에 유용하게 사용할 수 있다.
② JSI 평가결과의 점수가 7점 이상은 위험한 작업이므로 즉시 작업개선이 필요한 작업으로 관리기준을 제시하게 된다.
③ 이 평가방법은 손목의 특이적인 위험성만을 평가하고 있어 제한적인 작업에 대해서만 평가가 가능하고, 손, 손목부위에서 중요한 진동에 대한 위험요인이 배제되었다는 단점이 있다.
④ 평가과정은 지속적인 힘에 대해 5등급으로 나누어 평가하고, 힘을 필요로 하는 작업의 비율, 손목의 부적절한 작업자세, 반복성, 작업속도, 작업시간 등 총 6가지 요소를 평가한 후 각각의 점수를 곱하여 최종 점수를 산출하게 된다.

주로 상지작업 특히 손과 손목을 중심으로 이루어지는 작업(전자 조립업, 세탁업 등)에 유용하게 적용되어 진다.

13

근로자의 작업에 대한 적성검사 방법 중 심리학적 적성검사에 해당하지 않는 것은?

① 지능검사 ② 감각기능검사
③ 인성검사 ④ 지각동작검사

*적성검사 분류 및 특성

신체검사	생리학적 기능검사	심리학적 기능검사
- 체격검사	- 감각기능검사 - 심폐기능검사 - 체력검사	- 지능검사 - 지각동작검사 - 인성검사 - 기능검사

14
산업위생의 목적과 거리가 먼 것은?

① 작업환경의 개선
② 작업자의 건강보호
③ 직업병 치료와 보상
④ 작업조건의 인간공학적 개선

*산업위생의 목적
① 작업환경개선 및 직업병의 근원적 예방
② 최적의 작업환경・작업조건의 인간공학적 개선
③ 작업자의 건강보호 및 생산성(작업능률) 향상
④ 작업자들의 육체적・정신적・사회적 건강유지 및 증진
⑤ 산업재해의 예방 및 직업성 질환 유소견자의 작업전환

15
산업피로를 가장 적게 하고 생산량을 최고로 올릴 수 있는 경제적인 작업속도를 무엇이라 하는가?

① 지적속도
② 산소섭취속도
③ 산소소비속도
④ 작업효율속도

*지적속도
피로를 가장 적게하고, 생산량을 최고로 올릴 수 있는 경제적인 작업속도

16
연간총근로시간수가 100000시간인 사업장에서 1년 동안 재해가 50건 발생하였으며, 손실된 근로일수가 100일 이었다. 이 사업장의 강도율은 얼마인가?

① 1
② 2
③ 20
④ 40

*강도율
$$강도율 = \frac{근로손실일수}{연근로\ 총시간수} \times 10^3 = \frac{100}{100000} \times 10^3 = 1$$

17
산업피로에 대한 대책으로 거리가 먼 것은?

① 정신신경 작업에 있어서는 몸을 가볍게 움직이는 휴식을 취하는 것이 좋다.
② 단위시간당 적정 작업량을 도모하기 위하여 일 또는 월간 작업량을 적정화하여야 한다.
③ 전신의 근육을 쓰는 작업에서는 휴식시에 체조 등으로 몸을 움직이는 편이 피로회복에 도움이 된다.
④ 작업 자세(물체와 눈과의 거리, 작업에 사용되는 신체 부위의 위치, 높이 등)를 적정하게 유지하는 것이 좋다.

전신의 근육을 쓰는 작업에서는 휴식 시에 안정을 취하는 것이 피로회복에 도움이 된다.

18
국소피로의 평가를 위하여 근전도(EMG)를 측정하였다. 피로한 근육이 정상 근육에 비하여 나타내는 근전도 상의 차이를 설명한 것으로 틀린 것은?

① 총전압이 감소한다.
② 평균주파수가 감소한다.
③ 저주파수$(0 \sim 40Hz)$에서 힘이 증가한다.
④ 고주파수$(40 \sim 200Hz)$에서 힘이 감소한다.

*피로한 근육에 나타나는 근전도(EMG) 특징
① 총 전압 증가
② 저주파(0~40Hz) 전압 증가
③ 고주파(40~200Hz) 전압 감소
④ 평균주파수 영역에서 전압 감소

19

산업안전보건법령상 유해인자의 분류기준에 있어 다음 설명 중 ( )안에 해당하는 내용을 바르게 나열한 것은?

> 급성 독성 물질은 입 또는 피부를 통하여 (A)회 투여 또는 24시간 이내에 여러 차례로 나누어 투여하거나 호흡기를 통하여 (B)시간 동안 흡입하는 경우 유해한 영향을 일으키는 물질을 말한다.

① A : 1, B : 4
② A : 1, B : 6
③ A : 2, B : 4
④ A : 2, B : 6

> 급성 독성 물질은 입 또는 피부를 통하여 1회 투여 또는 24시간 이내에 여러 차례로 나누어 투여하거나 호흡기를 통하여 4시간 동안 흡입하는 경우 유해한 영향을 일으키는 물질을 말한다.

20

산업안전보건법령상 사업주는 몇 kg 이상의 중량을 들어 올리는 작업에 근로자를 종사하도록 할 때 다음과 같은 조치를 취하여야 하는가?

> - 주로 취급하는 물품에 대하여 근로자가 쉽게 알 수 있도록 물품의 중량과 무게중심에 대하여 작업장 주변에 안내표시를 할 것
> - 취급하기 곤란한 물품은 손잡이를 붙이거나 갈고리, 진공빨판 등 적절한 보조도구를 활용할 것

① $3kg$
② $5kg$
③ $10kg$
④ $15kg$

*5kg 이상 중량물을 들어올릴 때 조치사항
① 주로 취급하는 물품에 대하여 근로자가 쉽게 알 수 있도록 물품의 중량과 무게중심에 대하여 작업장 주변에 안내표시를 할 것
② 취급하기 곤란한 물품에 대하여 손잡이를 붙이거나 갈고리·진공빨판 등 적절한 보조도구를 활용할 것

19.① 20.②

2016 2회차 산업위생관리기사 필기 기출문제
제 2과목 : 작업위생측정 및 평가

21
소음측정 시 단위작업장소에서 소음발생시간이 6시간 이내인 경우나 소음발생원에서의 발생시간이 간헐적인 경우의 측정시간 및 횟수 기준으로 옳은 것은? (단, 고용노동부 고시 기준)

① 발생시간 동안 연속 측정하거나 등 간격으로 나누어 2회 이상 측정하여야 한다.
② 발생시간 동안 연속 측정하거나 등 간격으로 나누어 4회 이상 측정하여야 한다.
③ 발생시간 동안 연속 측정하거나 등 간격으로 나누어 6회 이상 측정하여야 한다.
④ 발생시간 동안 연속 측정하거나 등 간격으로 나누어 8회 이상 측정하여야 한다.

*측정시간
① 단위작업 장소에서 소음수준은 규정된 측정위치 및 지점에서 1일 작업시간 동안 6시간 이상 연속 측정하거나 작업시간을 1시간 간격으로 나누어 6회 이상 측정하여야 한다. 다만, 소음의 발생특성이 연속음으로서 측정치가 변동이 없다고 자격자 또는 지정측정기관이 판단한 경우에는 1시간 동안을 등간격으로 나누어 3회 이상 측정할 수 있다.
② 단위작업 장소에서의 소음발생시간이 6시간 이내인 경우나 소음발생원에서의 발생시간이 간헐적인 경우에는 발생시간동안 연속 측정하거나 등간격으로 나누어 4회 이상 측정하여야 한다.

22
누적소음노출량 측정기로 소음을 측정하는 경우에 기기설정으로 적절한 것은? (단, 고용노동부 고시 기준)

① Criteria : $80dB$, Exchange Rate : $10dB$, Threshold : $90dB$
② Criteria : $90dB$, Exchange Rate : $10dB$, Threshold : $80dB$
③ Criteria : $80dB$, Exchange Rate : $5dB$, Threshold : $90dB$
④ Criteria : $90dB$, Exchange Rate : $5dB$, Threshold : $80dB$

*누적소음노출량 측정기 설정
① Criteria : 90dB
② Exchange Rate : 5dB
③ Threshold : 80dB

23
어느 작업장의 소음 측정 결과가 다음과 같았다. 이때의 총음압레벨(음압레벨 합산)은? (단, 기계 음압레벨 측정 기준)

A기계 : $95dB(A)$	B기계 : $90dB(A)$
C기계 : $88dB(A)$	

① 약 $92.3dB(A)$
② 약 $94.6dB(A)$
③ 약 $96.8dB(A)$
④ 약 $98.2dB(A)$

21.② 22.④ 23.③

*합성소음도(L)

$$L = 10\log\left(10^{\frac{L_1}{10}} + 10^{\frac{L_2}{10}} + \cdots + 10^{\frac{L_n}{10}}\right)$$

$$= 10\log\left(10^{\frac{95}{10}} + 10^{\frac{90}{10}} + 10^{\frac{88}{10}}\right) = 96.8 dB(A)$$

L : 합성소음도$[dB]$
$L_1, L_2, \cdots L_n$ = 각 소음원의 소음$[dB(A)]$

24

공기 중 석면을 막여과지에 채취한 후 전처리하여 분석하는 방법으로 다른 방법에 비하여 간편하거나 석면의 감별에 어려움이 있는 측정방법은?

① X선 회절법
② 편광현미경법
③ 위상차현미경법
④ 전자현미경법

*위상차현미경법
공기 중 석면을 막여과지에 채취한 후 전처리하여 분석하는 방법으로 다른 방법에 비하여 간편하거나 석면의 감별에 어려움이 있는 측정법이다.

25

화학시험의 일반사항 중 시약 및 표준물질에 관한 설명으로 틀린 것은?
(단, 고용노동부 고시 기준)

① 분석에 사용하는 시약은 따로 규정이 없는 한 특급 또는 1급 이상이거나 이와 동등한 규격의 것을 사용하여야 한다.
② 분석에 사용되는 표준품은 원칙적으로 1급 이상이거나 이와 동등한 규격의 것을 사용하여야 한다.

③ 시료의 시험, 바탕시험 및 표준액에 대한 시험을 일련의 동일시험으로 행할 때에 사용하는 시약 또는 시액은 동일 로트로 조제된 것을 사용한다.
④ 분석에 사용하는 시약 중 단순히 염산으로 표시하였을 때는 농도 35.0 ~ 37.0%(비중(약)은 1.18)이상의 것을 말한다.

분석에 사용되는 표준품은 원칙적으로 특급시약을 사용하며, 표준용액을 조제하기 위한 표준용 시약은 따로 규정이 없는 한 적절히 보관되어 오염 및 변질이 안 된 상태로 보존된 것을 사용한다.

26

산업위생통계에서 유해물질 농도를 표준화 하려면 무엇을 알아야 하는가?

① 측정치와 노출기준
② 평균치와 표준편차
③ 측정치와 시료수
④ 기하 평균치와 기하 표준편차

*표준화값

$$Y = \frac{TWA \text{ 또는 } STEL}{\text{허용기준(노출기준)}}$$

여기서,
Y : 표준화 값
TWA : 시간가중평균값
$STEL$: 단시간 노출값

24.③ 25.② 26.①

27

ACGIH에서는 입자상물질을 크게 흡입성, 흉곽성, 호흡성으로 제시하고 있다. 다음 설명 중 옳은 것은?

① 흡입성 먼지는 기관지계나 폐포 어느 곳에 침착하더라도 유해한 입자상 물질로 보통 입자크기는 $1 \sim 10\mu m$ 이내의 범위이다.
② 흉곽성 먼지는 가스교환부위인 폐기도에 침착하여 독성을 나타내며 평균 입자크기는 $50\mu m$ 이다.
③ 흉곽성 먼지는 호흡기계 어느 부위에 침착하더라도 유해한 입자상 물질이며 평균입자크기는 $25\mu m$ 이다.
④ 호흡성 먼지는 폐포에 침착하여 독성을 나타내며 평균입자 크기는 $4\mu m$ 이다.

*입자상물질의 입자크기별 분류

분진의 종류	설명
흡입성 입자상 물질 (IPM : Inspirable Particulates Mass)	호흡기 어느부위(비강, 인후두, 기관 등)에 침착하더라도 독성을 유발하는 분진으로 입경범위가 $0 \sim 100\mu m$이며, 평균 입경은 $100\mu m$이다.
흉곽성 입자상 물질 (TPM : Thoracic Particulates Mass)	기도나 하기도에 침착하여 독성을 나타내는 물질로 입경범위가 $0 \sim 10\mu m$이며, 평균 입경은 $10\mu m$이다.
호흡성 입자상 물질 (RPM : Respirable Particulates Mass)	가스 교환부위, 즉 폐포에 침착할 때 유해한 물질로 입경범위가 $0 \sim 4\mu m$이며, 평균 입경은 $4\mu m$이며, 폐포에 침착하여 진폐증을 유발하고, 채취기구는 10mm nylon cyclone이다.

28

작업환경 공기 중에 벤젠($TLV=10ppm$) $4ppm$, 톨루엔($TLV=100ppm$) $40ppm$, 크실렌($TLV=150ppm$) $50ppm$이 공존하고 있는 경우에 이 작업환경 전체로서 노출기준의 초과여부 및 혼합 유기용제의 농도는?

① 노출기준을 초과, 약 $85ppm$
② 노출기준을 초과, 약 $98ppm$
③ 노출기준을 초과하지 않음, 약 $78ppm$
④ 노출기준을 초과하지 않음, 약 $93ppm$

*혼합물의 노출기준(EI)

$$EI = \frac{C_1}{T_1} + \frac{C_2}{T_2} + \cdots + \frac{C_n}{T_n} = \frac{4}{10} + \frac{40}{100} + \frac{50}{150} = 1.13$$

1을 초과하였으므로 ∴노출기준을 초과

여기서,
C: 화학물질 각각의 측정치
T: 화학물질 각각의 노출기준

$EI > 1$: 노출기준을 초과
$EI < 1$: 노출기준을 초과하지 않음

∴혼합물의 $TLV-TWA = \dfrac{C_1 + C_2 + \cdots + C_n}{EI}$

$$= \frac{4+40+50}{1.13} = 83.19 \fallingdotseq 85ppm$$

여기서,
C: 화학물질 각각의 측정치
T: 화학물질 각각의 노출기준
EI: 노출기준

29

고체 흡착제를 이용하여 시료채취를 할 때 영향을 주는 인자에 관한 설명으로 틀린 것은?

① 오염물질 농도 : 공기 중 오염물질의 농도가 높을수록 파과 용량은 증가한다.
② 습도 : 습도가 높으면 극성 흡착제를 사용할 때 파과공기량이 적어진다.
③ 온도 : 모든 흡착은 발열반응이므로 온도가 낮을수록 흡착에 좋은 조건인 것은 열역학적으로 분명하다.
④ 시료채취유량 : 시료채취유량이 높으면 쉽게 파과가 일어나나 코팅된 흡착제인 경우는 그 경향이 약하다.

*고체흡착제를 이용하여 시료채취할 때 영향인자

영향인자	설명
온도	고온일수록 흡착대상 오염물질과 흡착제의 표면 사이의 반응속도가 증가하여 흡착 성질을 감소하며 파과가 일어나기 쉽다. (흡착은 발열반응이다.)
습도	습도가 높으면 파과공기량이 적어지고, 극성 흡착제를 사용할 때 수증기가 흡착되기 때문에 파과가 일어나기 쉽다.
오염물질 농도	공기 중 오염물질의 농도가 높을수록 파과용량[흡착제에 흡착된 오염물질의 양(mg)]은 증가하나 파과공기량은 감소한다.
시료채취속도 (시료채취유량)	시료채취속도가(시료채취유량) 높고 코팅된 흡착제일수록 파과가 일어나기 쉽다.
흡착제의 크기	입자의 크기가 작을수록 표면적이 증가하여 채취효율이 증가하나 압력강하가 심하다.
흡착관의 크기 (튜브의 내경)	흡착제의 양이 많아지면 전체 흡착제의 표면적이 증가하여 채취용량이 증가하므로 쉽게 파과가 발생하지 않는다.
혼합물	혼합기체의 경우 각 기체의 흡착량은 단독 성분이 있을 때보다 감소된다.

30

측정방법의 정밀도를 평가하는 변이계수(coefficient of variation, CV)를 알맞게 나타낸 것은?

① 표준편차/산술평균
② 기하평균/표준편차
③ 표준오차/표준편차
④ 표준편차/표준오차

*변이계수(CV)

$$CV = \frac{표준편차}{평균치(산술평균)} \times 100$$

31

다음은 고열 측정구분에 의한 측정기기와 측정시간에 관한 내용이다. ( )안에 옳은 내용은?
(단, 고용노동부 고시 기준)

> 습구온도 : ( ) 간격의 눈금이 있는 아스만 통풍 건습계, 자연습구온도를 측정할 수 있는 기기 또는 이와 동등 이상의 성능이 있는 측정기기

① 0.1도
② 0.2도
③ 0.5도
④ 1.0도

법 개정으로 인해 정답이 없고, 공부 안하셔도 무방합니다.

29.④ 30.① 31.X

32

작업장에서 입자상 물질은 대개 여과원리에 따라 시료를 채취한다. 여과지의 공극보다 작은 입자가 여과지에 채취되는 기전은 여과이론으로 설명할 수 있는데 다음 중 여과이론에 관여하는 기전과 가장 거리가 먼 것은?

① 차단 ② 확산
③ 흡착 ④ 관성충동

*여과포집원리(채취기전)
① 직접차단(간섭)
② 관성충돌
③ 중력침강
④ 확산
⑤ 정전기침강
⑥ 체질

33

농약공장의 작업환경 내에는 TLV가 $0.1mg/m^3$인 파리티온과 TLV가 $0.5mg/m^3$인 EPN이 $2:3$의 비율로 혼합된 분진이 부유하고 있다. 이러한 혼합분진의 TLV(mg/m^3)는?

① 0.15   ② 0.17
③ 0.19   ④ 0.21

*혼합물의 허용농도
혼합물의 허용농도
$= \dfrac{f_1+f_2+\cdots+f_n}{\dfrac{f_1}{TLV_1}+\dfrac{f_2}{TLV_2}+\cdots+\dfrac{f_n}{TLV_n}}$
$= \dfrac{2+3}{\dfrac{2}{0.1}+\dfrac{3}{0.5}} = 0.19mg/m^3$

여기서,
f : 액체 혼합물에서의 각 성분 무게(중량, 비율)
TLV : 해당 물질의 노출기준

34

흉곽성 먼지(TPM)의 50%가 침착되는 평균입자의 크기는?
(단, ACGIH 기준)

① $0.5\mu m$ ② $2\mu m$
③ $4\mu m$ ④ $10\mu m$

*입자상물질의 입자크기별 분류

분진의 종류	평균 입경
흡입성 입자상 물질 (IPM : Inspirable Particulates Mass)	$100\mu m$
흉곽성 입자상 물질 (TPM : Thoracic Particulates Mass)	$10\mu m$
호흡성 입자상 물질 (RPM : Respirable Particulates Mass)	$4\mu m$

35

종단속도가 $0.632m/hr$인 입자가 있다. 이 입자의 직경이 $3\mu m$라면 비중은?

① 0.65   ② 0.55
③ 0.86   ④ 0.77

*리프만(Lippman) 식에 의한 침강속도
$V = 0.632m/hr \times \dfrac{100cm}{1m} \times \dfrac{1hr}{3600sec} = 0.0176cm/sec$
$V = 0.003\rho d^2$
$\therefore \rho = \dfrac{V}{0.003d^2} = \dfrac{0.0176}{0.003 \times 3^2} = 0.65$

여기서
V : 침강속도$[cm/sec]$
ρ : 입자 밀도$[g/cm^3]$
d : 입자 직경$[\mu m]$

*참고
- $1m = 100cm$
- $1hr = 3600sec$

36

작업장 기본특성 파악을 위한 예비조사 내용 중 유사노출그룹(HEG) 설정에 관한 설명으로 알맞지 않은 것은?

① 조직, 공정, 작업범주 그리고 공정과 작업 내용별로 구분하여 설정한다.
② 역학조사를 수행할 때 사건이 발생된 근로자와 다른 노출그룹의 노출농도를 근거로 사건 발생된 노출농도를 추정할 수 있다.
③ 모든 근로자의 노출농도를 평가하고자 하는데 목적이 있다.
④ 모든 근로자를 유사한 노출그룹별로 구분하고 그룹별로 대표적인 근로자를 선택하여 측정하면 측정하지 않은 근로자의 노출농도까지도 추정할 수 있다.

*동일 노출그룹(유사 노출그룹 : HEG)
어떤 동일한 유해인자에 대하여 통계적으로 비슷한 수준에 노출되는 근로자 그룹을 의미한다.

역학조사를 수행 시 사건이 발생된 근로자와 다른 노출그룹의 노출농도를 근거로 사건이 발생된 노출농도의 추정은 불가능하다.

37

공기유량과 용량을 보정하는 데 사용되는 표준기구 중 1차 표준기구가 아닌 것은?

① 폐활량계 ② 로타미터
③ 비누거품미터 ④ 가스미터

*표준기구의 종류

1차 표준기구	2차 표준기구
① 비누거품미터	① 로터미터
② 폐활량계	② 습식 테스터미터
③ 가스치환병	③ 건식 가스미터
④ 유리피스톤미터	④ 오리피스미터
⑤ 흑연피스톤미터	⑤ 열선기류계
⑥ 피토관(피토튜브)	

38

시료 채취용 막여과지에 관한 설명으로 틀린 것은?

① MCE 막여과지 : 표면에 주로 침착되어 중량분석에 적당함
② PVC 막여과지 : 흡습성이 적음
③ PTFE 막여과지 : 열, 화학물질, 압력에 강한특성이 있음
④ 은막 여과지 : 열적, 화학적 안정성이 있음

*MCE 막 여과지(셀룰로오스 에스테르 막여과지)
① 산에 쉽게 용해되고 가수분해되며, 습식 회화 되기 때문에 공기 중 입자상 물질 중 금속을 채취하여 원자흡광광도법으로 분석할 때 적당하다.
② 직경 37mm, 여과지 구멍의 크기가 0.45~0.8μm 정도로 작아 금속흄 채취가 가능하다.
③ 흡습성이 높아 오차를 유발할 수 있어 중량분석에 적합하지 않고, 산에 의해 쉽게 회화 되기 때문에 원소분석에 적합하다.
④ 금속, 석면, 살충제, 불소화합물 및 기타 무기물질 분석에 추천한다.
⑤ 유해물질이 여과지의 표면에 주로 침착되어 석면 등 현미경 분석을 위한 시료채취에 유리하다.

39

허용농도가 $50ppm$인 트리클로로에틸렌을 취급하는 작업장에 하루 10시간 근무한다면 그 조건에서의 허용 농도치는?
(단, Brief-Scala보정방법 기준)

① $47ppm$ ② $42ppm$
③ $39ppm$ ④ $35ppm$

*Brief와 Scala 보정방법

$$허용기준 = TLV \times \frac{8}{H} \times \frac{24-H}{16}$$
$$= 50 \times \frac{8}{10} \times \frac{24-10}{16} = 35ppm$$

36.② 37.② 38.① 39.④

40
습구온도를 측정하기 위한 측정기기와 측정시간의 기준을 알맞게 나타낸 것은?
(단, 고용노동부 고시 기준)

① 자연습구온도계 : 15분 이상
② 자연습구온도계 : 25분 이상
③ 아스만통풍건습계 : 15분 이상
④ 아스만통풍건습계 : 25분 이상

법 개정으로 인해 정답이 없고, 공부 안하셔도 무방합니다.

2016 2회차 산업위생관리기사 필기 기출문제
제 3과목 : 작업환경관리대책

41

25℃에서 공기의 점성계수 $\mu = 1.607 \times 10^{-4} poise$, 밀도 $\rho = 1.203 kg/m^3$ 이다. 이 때 동점성 계수 $(m^2/\sec)$는?

① 1.336×10^{-5}
② 1.736×10^{-5}
③ 1.336×10^{-6}
④ 1.736×10^{-6}

*동점성계수(ν)
$\mu = 1.607 \times 10^{-4} poise$
$= 1.607 \times 10^{-4} g/cm \cdot \sec \times \left(\frac{100cm}{1m}\right) \times \left(\frac{1kg}{1000g}\right)$
$= 1.607 \times 10^{-5} kg/m \cdot \sec$
$\therefore \nu = \frac{\mu}{\rho} = \frac{1.607 \times 10^{-5}}{1.203} = 1.336 \times 10^{-5} m^2/\sec$

여기서,
ν ; 동점성계수 $[m^2/\sec, stokes]$
μ ; 점성계수 $[kg/m \cdot \sec, poise]$
ρ ; 밀도 $[g/cm^3, kg/m^3]$

42

작업환경 관리의 목적으로 가장 관련이 먼 것은?

① 산업재해 예방
② 작업환경의 개선
③ 작업능률이 향상
④ 직업병 치료

*작업환경 관리의 목적
① 산업재해 예방
② 직업병 예방
③ 작업능률 향상
④ 작업환경 개선
⑤ 근로자 건강 효율적 관리

43

분진이나 섬유유리 등으로부터 피부를 직접보호하기 위해 사용하는 산업용 피부보호제는?

① 수용성 물질차단 피부보호제
② 피막형성형 피부보호제
③ 지용성 물질차단 피부보호제
④ 광과민성 물질차단 피부보호제

*피막형 피부보호제
분진, 유리섬유 등에 대한 장해 예방

44

지적온도(optimum temperature)에 미치는 영향 인자들의 설명으로 가장 거리가 먼 것은?

① 작업량이 클수록 체열 생산량이 많아 지적온도는 낮아진다.
② 여름철이 겨울철보다 지적온도가 높다.
③ 더운 음식물, 알콜, 기름진 음식 등을 섭취하면 지적온도는 낮아진다.
④ 노인들보다 젊은 사람의 지적온도가 높다.

*지적온도의 특징
① 작업량이 클수록 체열 생산량이 많아 지적온도는 낮아진다.
② 여름철이 겨울철보다 지적온도가 높다.
③ 더운 음식물, 알콜, 기름진 음식 등을 섭취하면 지적온도는 낮아진다.
④ 노인들보다 젊은 사람의 지적온도가 낮다.

41.① 42.④ 43.② 44.④

45

보호구에 대한 설명으로 틀린 것은?

① 신체 보호구에는 내열 방화복, 정전복, 위생 보호복, 앞치마 등이 있다.
② 방열의에는 석면제난 섬유에 알루미늄 등을 증착한 알루미나이즈 방열의가 사용된다.
③ 위생복(보호의)에서 방한복, 방한화, 방한모는 $-18℃$ 이하인 급냉동 창고 하역작업 등에 이용된다.
④ 안면 보호구에는 일반 보호면, 용접면, 안전모, 방진 마스크 등이 있다.

안면 보호구에는 보안경, 보안면 등이 있다.

46

덕트직경이 $30cm$이고 공기유속이 $10m/\sec$일 때 레이놀즈 수는?
(단, 공기의 점성계수는 $1.85 \times 10^{-5} kg/\sec \cdot m$, 공기밀도 $1.2 kg/m^3$)

① 195000　　② 215000
③ 235000　　④ 255000

*레이놀즈 수

$$Re = \frac{\rho V D}{\mu} = \frac{1.2 \times 10 \times 0.3}{1.85 \times 10^{-5}} = 194594.59 ≒ 195000$$

여기서,
Re : 레이놀즈 수
ρ : 유체 밀도$[kg/m^3]$
V : 유속$[m/s]$
D : 직경$[m]$
μ : 점성계수$[kg/m \cdot s]$

*참고
• $1m = 100cm$ → $30cm = 0.3m$

47

환기시설 내 기류가 기본적 유체역학적 원리에 의하여 지배되기 위한 전제 조건에 관한 내용으로 틀린 것은?

① 환기시설 내외의 열교환은 무시한다.
② 공기의 압축이나 팽창을 무시한다.
③ 공기는 포화 수증기 상태로 가정한다.
④ 대부분의 환기시설에서는 공기 중에 포함된 유해물질의 무게와 용량을 무시한다.

*유체의 역학적 원리의 전제조건
① 건조공기
② 공기의 비압축성
③ 환기시설 내외의 열교환 무시
④ 환기시설 공기 속 오염물질 질량 및 부피 무시
⑤ 공기는 상대습도 기준

48

청력보호구의 차음효과를 높이기 위한 유의사항 중 틀린 것은?

① 청력보호구는 머리의 모양이나 귓구멍에 잘맞는 것을 사용한다.
② 청력보호구는 잘 고정시켜서 보호구 자체의 진동을 최소한도로 줄여야 한다.
③ 청력보호구는 기공(氣孔)이 많은 재료를 사용하여 제조한다.
④ 귀덮개 형식의 보호구는 머리카락이 길 때와 안경테가 굵어서 잘 밀착되지 않을 때는 사용이 어렵다.

청력보호구는 기공이 적은 재료를 만들어 흡음효과를 높여야 한다.

49

회전차 외경이 $600mm$인 원심 송풍기의 풍량은 $200m^3/\min$이다. 회전차 외경이 $1000mm$인 동류(상사구조)의 송풍기가 동일한 회전수로 운전된다면 이 송풍의 풍량$(m^3/\min)$은?
(단, 두 경우 모두 표준공기를 취급한다.)

① 약 333
② 약 556
③ 약 926
④ 약 2572

*송풍기 상사법칙

종류	회전수(N)	직경(D)
풍량(Q)	$\dfrac{Q_2}{Q_1} = \dfrac{N_2}{N_1}$	$\dfrac{Q_2}{Q_1} = \left(\dfrac{D_2}{D_1}\right)^3$
풍압(P)	$\dfrac{P_2}{P_1} = \left(\dfrac{N_2}{N_1}\right)^2$	$\dfrac{P_2}{P_1} = \left(\dfrac{D_2}{D_1}\right)^2$
동력(H)	$\dfrac{H_2}{H_1} = \left(\dfrac{N_2}{N_1}\right)^3$	$\dfrac{H_2}{H_1} = \left(\dfrac{D_2}{D_1}\right)^5$
	$\dfrac{P_2}{P_1} \propto \dfrac{H_2}{H_1} \propto \dfrac{\rho_2}{\rho_1} \propto \dfrac{T_1}{T_2}$	

여기서,
Q_1 : 변경 전 풍량$[m^3/\min]$
Q_2 : 변경 후 풍량$[m^3/\min]$
N_1 : 변경 전 회전수$[rpm]$
N_2 : 변경 후 회전수$[rpm]$
P_1 : 변경 전 풍압$[mmH_2O]$
P_2 : 변경 후 풍압$[mmH_2O]$
D_1 : 변경 전 회전차 직경$[m]$
D_2 : 변경 후 회전차 직경$[m]$
H_1 : 변경 전 동력$[kW]$
H_2 : 변경 후 동력$[kW]$
ρ_1, ρ_2 : 변경 전·후 비중
T_1, T_2 : 변경 전·후 절대온도$[K]$

$\dfrac{Q_2}{Q_1} = \left(\dfrac{D_2}{D_1}\right)^3$에서,

$\therefore Q_2 = Q_1 \left(\dfrac{D_2}{D_1}\right)^3 = 200 \times \left(\dfrac{1000}{600}\right)^3 = 926 m^3/\min$

50

송풍기 배출구의 총합정압은 $20mmH_2O$이고, 흡입구의 총압전압은 $-90mmH_2O$이며 송풍기 전후의 속도압은 $20mmH_2O$이다. 이 송풍기의 실효정압(mmH_2O)은?

① -130
② -110
③ $+130$
④ $+110$

*송풍기 정압(FSP)
$FSP = SP_{out} - TP_{in} = 20 - (-90) = 110 mmH_2O$

여기서,
SP_{out} : 배출구 정압$[mmH_2O]$
TP_{in} : 흡입구 전압$[mmH_2O]$

51

방진재료로 사용하는 방진고무의 장·단점으로 틀린 것은?

① 공기 중의 오존에 의해 산화된다.
② 내부마찰에 의한 발열 때문에 열화되고 내유 및 내열성이 약하다.
③ 동적배율이 낮아 스프링 정수의 선택범위가 좁다.
④ 고무자체의 내부마찰에 의해 저항을 얻을 수 있고 고주파 진동의 차진에 양호하다.

동적배율이 높아 스프링 정수의 선택범위가 넓다.

52
덕트 내 공기의 압력을 측정하는 데 사용하는 장비는?

① 피토관 ② 타코미터
③ 열선 유속계 ④ 회전날개형 유속계

*국소배기장치의 압력 측정기기
① 피토관
② U자 마노미터
③ 경사 마노미터
④ 아네로이드 게이지
⑤ 마그네헬릭 게이지

53
여과 집진 장치의 장·단점으로 가장 거리가 먼 것은?

① 다양한 용량을 처리할 수 있다.
② 탈진방법과 여과재의 사용에 따른 설계상의 융통성이 있다.
③ 섬유 여포상에서 응축이 일어날 때 습한 가스를 취급할 수 없다.
④ 집진효율이 처리가스의 양과 밀도 변화에 영향이 크다.

*여과집진장치의 장·단점

장점	① 집진효율이 99% 이상으로 높다. ② 다양한 용량을 처리할 수 있다. ③ 설계상의 융통성이 있다. ④ 집진효율이 처리가스의 양과 밀도 변화에 영향이 적다. ⑤ 설치 적용범위가 광범위하다.
단점	① 습한 가스를 취급할 수 없다. ② 집진장치 중 압력손실이 가장 크다. ③ 여과재 교체비용이 들고, 작업방법이 어렵다. ④ 고온 및 산·알칼리 등 부식성 물질의 경우 여과재 수명이 단축된다.

54
보호장구의 재질과 적용화학물질에 관한 내용으로 틀린 것은?

① Butyl 고무는 극성용제에 효과적으로 적용할 수 있다.
② 가죽은 기본적인 찰과상 예방이 되며 용제에는 사용하지 못한다.
③ 천연고무(latex)는 절단 및 찰과상 예방에 좋으며 수용성 용액, 극성 용제에 효과적으로 적용할 수 있다.
④ Vitron은 구조적으로 강하며 극성용제에 효과적으로 사용할 수 있다.

*보호구 재질에 따른 적용물질

보호구 재질	적용물질
Neoprene 고무	비극성용제, 산, 부식성물질
Vitron	비극성용제
Nitrile	비극성용제
Butyl 고무	극성용제
천연고무(Latex)	극성용제, 수용성 용액
가죽	찰과상 예방 (용제에 사용 불가능)
면	고체상물질 (용제에 사용 불가능)
Polyvinyl Chloride(PVC)	수용성 용액
Ethylene Vinyl Alcohol	화학물질 취급 작업

55
길이, 폭, 높이가 각각 $30m, 10m, 4m$ 인 실내공간을 1시간당 12회의 환기를 하고자 한다. 이 실내의 환기를 위한 유량(m^3/min)은?

① 240 ② 290
③ 320 ④ 360

*시간당 공기교환 횟수(ACH)

$ACH = \dfrac{Q}{V}$ 에서,

$Q = ACH \times V = 12 \times (30 \times 10 \times 4) = 14400 m^3/hr$
$= 14400 m^3/hr \times \left(\dfrac{1hr}{60min}\right) = 240 m^3/min$

여기서,
Q : 필요환기량$[m^3/hr]$
V : 작업장 용적$[m^3]$

*참고
- 용적(부피)=길이×폭×높이
- 1hr=60min

56

작업장에서 Methyl Ethyl Ketone을 시간당 1.5리터 사용할 경우 작업장의 필요한 환기량 (m^3/min)은?
(단, MEK의 비중은 0.805, TLV는 200ppm, 분자량은 72.1이고, 안전계수 K는 7로 하며 1기압 21℃ 기준임)

① 약 235
② 약 465
③ 약 565
④ 약 695

*노출기준에 따른 전체환기량(Q)

$$Q = \frac{24.1 \times S \times G \times K \times 10^6}{M \times TLV}$$

$$= \frac{24.1 \times 0.805 \times 1.5 \times 7 \times 10^6}{72.1 \times 200}$$

$$= 14126.58 m^3/hr \times \left(\frac{1hr}{60min}\right) = 235.44 ≒ 235 m^3/min$$

여기서,
Q : 전체환기량$[m^3/hr]$
S : 유해물질의 비중
G : 유해물질의 시간당 사용량$[L/hr]$
K : 안전계수(혼합계수)
M : 유해물질의 분자량
TLV : 유해물질의 노출기준$[ppm]$
24.1 : $1atm$, 21℃에서 공기의 부피$[L]$

$$\left(온도보정 : 24.1 \times \frac{273+t}{273+21}\right)$$

여기서, t : 실제공기의 온도$[℃]$

*참고
- 1hr=60min

57

외부식 후드의 필요송풍량을 절약하는 방법에 대한 설명으로 틀린 것은?

① 가능한 발생원의 형태와 크기에 맞는 후드를 선택하고 그 후드의 개구면을 발생원에 접근시켜 설치한다.
② 발생원의 특성에 맞는 후드의 형식을 선정한다.
③ 후드의 크기는 유해물질이 밖으로 빠져 나가지 않도록 가능한 크게 하는 편이 좋다.
④ 가능하면 발생원의 일부만이라도 후드 개구 안에 들어가도록 설치한다.

후드의 크기는 유해물질이 밖으로 빠져 나가지 않도록 가능한 작게 하는 편이 좋다.

58

연기발생기 이용에 관한 설명으로 가장 거리가 먼 것은?

① 오염물질의 확산이동 관찰
② 공기의 누출입에 의한 음과 축수상자의 이상음 점검
③ 후드로부터 오염물질의 이탈 요인 규명
④ 후드 성능에 미치는 난기류의 영향에 대한 평가

*발연관의 적용
① 오염물질의 확산이동 관찰
② 후드로부터 오염물질의 이탈 요인 규명
③ 후드 성능에 미치는 난기류의 영향에 대한 평가
④ 덕트 접속부 공기 누출입 및 집진장치의 배출부에서 기류 유입 유무 판단
⑤ 작업장 내 공기의 유동현상과 이동방향 파악 가능
⑥ 대략적인 후드 성능의 평가

59
작업환경관리 원칙 중 대치에 관한 설명으로 옳지 않은 것은?

① 야광시계 자판에 Radium을 인으로 대치한다.
② 건조 전에 실시하던 점토배합을 건조 후 실시한다.
③ 금속세척 작업시 TCE를 대신하여 계면활성제를 사용한다.
④ 분체 입자를 큰 입자로 대치한다.

건조 후에 실시하던 점토배합을 건조 전에 실시한다.

60
주관에 45°로 분지관이 연결되어 있다. 주관 입구와 분지관의 속도압은 $20\,mmH_2O$로 같고 압력손실계수는 각각 0.2 및 0.28이다. 주관과 분지관이 합류에 의한 압력손실(mmH_2O)은?

① 약 6
② 약 8
③ 약 10
④ 약 12

*합류관 압력손실($\triangle P$)
$$\triangle P = \triangle P_1 + \triangle P_2 = (\xi VP_1) + (\xi VP_2)$$
$$= (0.2 \times 20) + (0.28 \times 20) = 9.6 ≒ 10\,mmH_2O$$

여기서,
$\triangle P$: 압력손실[mmH_2O]
$\triangle P_1$: 주관의 압력손실[mmH_2O]
$\triangle P_2$: 분지관의 압력손실[mmH_2O]
ξ : 압력손실계수($\xi = 1 - R$)
  R : 정압회복계수
VP : 속도압[mmH_2O]

2016 2회차 — 제 4과목 : 물리적유해인자관리

산업위생관리기사 필기 기출문제

61
전리방사선이 인체에 미치는 영향에 관여하는 인자와 가장 거리가 먼 것은?

① 전리작용
② 회절과 산란
③ 피폭선량
④ 조직의 감수성

*전리방사선이 인체에 미치는 영향인자
① 투과력
② 피폭선량
③ 피폭방법
④ 전리작용
⑤ 조직 감수성

62
저온에 의한 1차적 생리적 영향에 해당하는 것은?

① 말초혈관의 수축
② 혈압의 일시적 상승
③ 근육긴장의 증가와 전율
④ 조직대사의 증진과 식욕항진

*저온에서의 생리적 현상

저온의 1차적 생리적 현상	저온의 2차적 생리적 현상
① 피부혈관 수축 ② 체표면적 감소 ③ 근육긴장의 증가 및 떨림 ④ 화학적 대사작용 증가	① 표면조직 냉각 ② 식욕 항진 ③ 순환기능 감소 ④ 혈압 상승 ⑤ 말초 냉각

63
음(sound)의 용어를 설명한 것으로 틀린 것은?

① 음선 - 음의 진행방향을 나타내는 선으로 파면에 수직한다.
② 파면 - 다수의 음원이 동시에 작용할 때 접촉하는 에너지가 동일한 점들을 연결한 선이다.
③ 음파 - 공기 등의 매질을 통하여 전파하는 소밀파이며, 순음의 경우 정현파적으로 변화한다.
④ 파동 - 음에너지의 전달은 매질의 운동에너지와 위치에너지의 교번작용으로 이루어진다.

*파면
파동의 위상이 같은 점들을 연결한 면

64
전리방사선을 인체 투과력이 큰 것에서부터 작은 순서대로 나열한 것은?

① γ선 > β선 > α선
② β선 > γ선 > α선
③ β선 > α선 > γ선
④ α선 > β선 > γ선

*전리방사선 인체투과력 순서
중성자 > X선 or γ > β > α

61.② 62.③ 63.② 64.①

65

해면 기준에서 정상적인 대기 중의 산소분압은 약 얼마인가?

① $80mmHg$ ② $160mmHg$
③ $300mmHg$ ④ $760mmHg$

*분압
정상적인 공기 중 산소함유량은 21vol%이므로,
∴ 산소 분압$[mmHg]$ = $760mmHg$ × 산소 성분비
= $760 × 0.21 = 160mmHg$

66

일반소음의 차음효과는 벽체의 단위표면적에 대하여 벽체의 무게를 2배로 할 때와 주파수가 2배로 될 때 차음은 몇 dB 증가 하는가?

① $2dB$ ② $6dB$
③ $10dB$ ④ $15dB$

*차음 수직입사(질량법칙)
$TL = 20\log(m × f) - 43$
여기서, 벽체의 무게 2배만 고려한다면 차음재의 면밀도 m만 고려하면 된다.
∴ $TL = 20\log(m) = 20\log 2 = 6dB$

여기서, 주파수 2배만 고려한다면 입사 주파수 f만 고려하면 된다.
∴ $TL = 20\log(f) = 20\log 2 = 6dB$

여기서,
m : 차음재의 면밀도$[kg/m^2]$
f : 입사 주파수$[Hz]$

67

장시간 온열환경에 노출 후 대량의 염분상실을 동반한 땀의 과다로 인하여 발생하는 증상은?

① 열경련 ② 열피로
③ 열사병 ④ 열성발진

*열경련(Heat Cramp)
① 전형적인 열중증 상태로 고온환경에서 지속적으로 심한 육체노동을 하면 나타나며, 주로 작업 중 사용을 많이하는 근육에 발작적 경련이 발생하며, 특히 수분 및 혈중 염분 손실이 있을 때 발생한다.
② 증상으로는 체온이 정상 또는 약간 상승하며 혈중 염화이온(Cl^-) 농도가 현저히 감소되고, 낮은 혈중 염분 농도와 팔, 다리 근육경련이 일어나며 일시적으로 단백뇨를 배출한다.
③ 치료법으로는 수분이나 염화나트륨($NaCl$)을 보충하고, 바람이 잘 통하는 곳에 눕혀 안정시키며, 증상이 심하면 생리식염수를 정맥주사한다.

68

인체에 적당한 기류(온열요소)속도 범위로 맞는 것은?

① $2 \sim 3m/min$
② $6 \sim 7m/min$
③ $12 \sim 13m/min$
④ $16 \sim 17m/min$

*인체에 적당한 기류(온열요소)속도 범위
$6 \sim 7m/min$

69
높은(고)기압에 의한 건강영향의 설명으로 틀린 것은?

① 청력의 저하, 귀의 압박감이 일어나며 심하면 고막파열이 일어날 수 있다.
② 부비강 개구부 감염 혹은 기형으로 폐쇄된 경우 심한구토, 두통 등의 증상을 일으킨다.
③ 압력상승이 급속한 경우 폐 및 혈액으로 탄산가스의 일과성 배출이 일어나 호흡이 억제된다.
④ 3 ~ 4기압의 산소 혹은 이에 상당하는 공기중 산소분압에 의하여 중추신경계의 장해에 기인하는 운동장해를 나타내는 데 이것을 산소중독이라고 한다.

압력상승이 급속한 경우 폐 및 혈액으로 탄산가스 (이산화탄소, CO_2)의 일과성 배출이 억제되어 산소의 독성과 질소의 마취작용을 증가시키는 역할을 한다.

70
다음 설명에 해당하는 방진재료는?

- 여러 가지 형태로 철물에 부착할 수 있다.
- 자체의 내부마찰에 의해 저항을 얻을 수 있다.
- 내구성 및 내약품성이 문제가 될 수 있다.

① 펠트
② 코일용수철
③ 방진고무
④ 공기용수철

*방진고무
① 여러 형태로 철물에 부착이 가능하다.
② 공진 시 진폭이 지나치게 커지지 않는다.
③ 고무 자체 내부 마찰로 적당한 저항을 갖는다.
④ 고주파 진동의 차진에 양호하다.

⑤ 공기 중 오존에 의해 산화된다.
⑥ 내구성, 내유성, 내열성, 내약품성이 약하다.
⑦ 소형, 중형 기계에 많이 사용된다.
⑧ 열화되기 쉽다.

71
$70dB(A)$의 소음을 발생하는 두 개의 기계가 동시에 소음을 발생시킨다면 얼마 정도가 되겠는가?

① $73dB(A)$
② $76dB(A)$
③ $80dB(A)$
④ $140dB(A)$

*합성소음도(L)
$$L = 10\log\left(10^{\frac{L_1}{10}} + 10^{\frac{L_2}{10}} + \cdots + 10^{\frac{L_n}{10}}\right)$$
$$= 10\log\left(10^{\frac{70}{10}} \times 2\right) = 73dB(A)$$

L : 합성소음도$[dB]$
$L_1, L_2, \cdots L_n$ = 각 소음원의 소음$[dB(A)]$

72
소음성 난청 중 청력장해($C_5 - dip$)가 가장 심해지는 소음의 주파수는?

① $2000Hz$
② $4000Hz$
③ $6000Hz$
④ $8000Hz$

*C_5-dip 현상
소음성 난청 초기단계로서 4000Hz에서 청력장애가 커지는 현상

73
레이저(Lasers)에 관한 설명으로 틀린 것은?

① 레이저광에 가장 민감한 표적기관은 눈이다.
② 레이저광은 출력이 대단히 강력하고 극히 좁은 파장범위를 갖기 때문에 쉽게 산란하지 않는다.
③ 파장, 조사량 또는 시간 및 개인의 감수성에 따라 피부에 홍반, 수포형성, 색소침착 등이 생긴다.
④ 레이저광 중 에너지의 양을 지속적으로 축적하여 강력한 파동을 발생시키는 것을 지속파라 한다.

레이저광 중 에너지 양을 지속적으로 축적하여 강력한 파동을 발생시키는 것을 맥동파라 한다.

74
빛과 밝기의 단위에 관한 내용으로 맞는 것은?

① Lumen : 1촉광의 광원으로부터 $1m$ 거리에 $1m^2$ 면적에 투사되는 빛의 양
② 촉광 : 지름이 $10cm$ 되는 촛불이 수평방향으로 비칠 때의 빛의 광도
③ Lux : 1루멘의 빛이 $1m^2$의 구면상에 수직으로 비추어질 때의 그 평면의 빛 밝기
④ Foot-candle : 1촉광의 빛이 $1in^2$의 평면상에 수평 방향으로 비칠 때의 그 평면의 빛의 밝기

① Lumen : 1촉광의 광원으로부터 한 단위 입체각으로 나가는 광속의 단위
② 촉광 : 빛의 세기인 광도를 나타내는 단위
③ Foot-candle : 1lumen의 빛이 $1ft^2$의 평면상에 수직으로 비칠 때 그 평면의 빛 밝기

75
레이노(Raynaud)증후군의 발생 가능성이 가장 큰 작업은?

① 인쇄작업
② 용접작업
③ 보일러 수리 및 가동
④ 공기 해머(hammer)작업

*레이노드 증상(Raynaud)
한랭환경에서 국소진동에 노출되면 발생하는 현상으로 손과 발가락의 감각마비 증상이 나타난다. 청색증이라고도 명칭을 불리우며, 심하면 극심한 통증이 발생한다. 주로 진동공구, 착암기, 해머 등 공구를 장기간 사용한 근로자에게 발생한다.

76
마이크로파의 생체작용과 가장 거리가 먼 것은?

① 체표면은 조기에 온감을 느낀다.
② 두통, 피로감, 기억력 감퇴 등을 나타낸다.
③ $500 \sim 1000Hz$의 마이크로파는 백내장을 일으킨다.
④ 중추신경에 대해서는 $300 \sim 1200Hz$의 주파수 범위에서 가장 민감하다.

$1000 \sim 10000Hz$의 마이크로파는 백내장을 일으킨다.

77

감압과정에서 발생하는 감압병에 관한 설명으로 틀린 것은?

① 증상에 따른 진단은 매우 용이하다.
② 감압병의 치료는 재가압산소요법이 최상이다.
③ 중추신경계 감압병은 고공비행사는 뇌에, 잠수사는 척수에 더 잘 발생한다.
④ 감압병 환자는 수중재가압으로 시행하여 현장에서 즉시 치료하는 것이 바람직하다.

감압병 증상이 발생한 작업자는 바로 원래의 고압환경 상태로 복귀시키거나 인공고압실에서 천천히 감압시킨다.

78

중심주파수가 $8000Hz$인 경우, 하한주파수와 상한주파수로 가장 적절한 것은?
(단, 1/1 옥타브 밴드 기준이다.)

① $5150Hz, 10300Hz$
② $5220Hz, 10500Hz$
③ $5420Hz, 11000Hz$
④ $5650Hz, 11300Hz$

*주파수 관계식

$f_L = \dfrac{f_C}{\sqrt{2}} = \dfrac{8000}{\sqrt{2}} = 5656.85 ≒ 5650Hz$

$f_U = 2f_L = 2 \times 5650 = 11300Hz$

여기서
f_C : 중심 주파수[Hz]
f_L : 하한 주파수[Hz]
f_U : 상한 주파수[Hz]

79

일반적으로 인공조명 시 고려하여야 할 사항으로 가장 적절하지 않은 것은?

① 광색은 백색에 가깝게 한다.
② 가급적 간접 조명이 되도록 한다.
③ 조도는 작업상 충분히 유지시킨다.
④ 조명도는 균등히 유지할 수 있어야 한다.

*인공조명 시 고려사항
① 광원 또는 전등의 휘도를 줄인다.
② 광원을 시선에서 멀리 위치시킨다.
③ 광원 주위를 밝게 하여 광도비를 적정하게 한다.
④ 눈이 부신 물체와 시선과의 각을 크게한다.
⑤ 가급적 간접 조명이 되도록할 것
⑥ 경제적이며 취급이 용이할 것
⑦ 조도는 작업상 충분히 유지시킬 것
⑧ 조도는 균등히 유지할 수 있을 것
⑨ 광색은 주광색에 가깝게 할 것
⑩ 폭발성 또는 발화성이 없을 것

80

고압 및 고압산소요법의 질병 치료기전과 가장 거리가 먼 것은?

① 간장 및 신장 등 내분비계 감수성 증가 효과
② 체내에 형성된 기포의 크기를 감소시키는 압력효과
③ 혈장내 용존산소량을 증가시키는 산소분압 상승효과
④ 모세혈관 신생촉진 및 백혈구의 살균능력 항진 등 창상 치료효과

고압 및 고압산소요법은 간장 및 신장 등 내분비계 감수성 감소 효과가 있다.

77.④ 78.④ 79.① 80.①

2016 2회차 산업위생관리기사 필기 기출문제
제 5과목 : 산업독성학

81
페노바비탈은 디란틴을 비활성화시키는 효소를 유도함으로써 급·만성의 독성이 감소될 수 있다. 이러한 상호작용을 무엇이라고 하는가?

① 상가작용
② 부가작용
③ 단독작용
④ 길항작용

혼합물의 화학적 상호작용

작용	설명
상가작용	두 유해인자의 독성합만큼 독성 결과를 나타내는 작용(3+3=6) ex) 일반적인 화학물질
상승작용	두 유해인자의 독성합보다 결과가 커짐을 나타내는 작용(3+3=20) ex) 에탄올과 사염화탄소 등
길항작용	두 유해인자가 서로의 작용을 방해하는 것(3+3=0) ex) 페노바비탈과 디란틴 등 - 길항작용의 종류 ① 배분적 길항작용 물질의 흡수 및 대사 등에 변화를 일으켜 독성이 낮아진다. ② 화학적 길항작용 화학적인 상호반응에 의해 독성이 낮아진다. ③ 기능적 길항작용 생체 내 서로 반대되는 기능을 가져 독성이 낮아진다. ④ 수용적 길항작용 두 화학물질이 같은 수용체에 결합하여 독성이 낮아진다.
독립작용	두 유해인자가 서로 다른 조직 또는 기관에 영향을 미치는 작용 ex) 톨루엔과 황산, 납과 황산, 질산과 카드뮴 등
가승작용	독성이 없는 물질을 독성이 있는 물질과 혼합하면 독성이 강해지는 작용 (3+0=10) ex) 이소프로필알코올과 사염화탄소 등

82
생물학적 모니터링(Biological monitoring)에 관한 설명으로 틀린 것은?

① 근로자 채용 후 검사 시기를 조정하기 위하여 실시한다.
② 건강에 영향을 미치는 바람직하지 않은 노출상태를 파악하는 것이다.
③ 최근 노출량이나 과거로부터 축적된 노출량을 간접적으로 파악한다.
④ 건강상의 위험은 생물학적 검체에서 물질별 결정인자를 생물학적 노출지수와 비교하여 평가된다.

생물학적 모니터링 정의와 목적

① 정의
근로자의 유해인자에 대한 노출정도를 소변, 호기, 혈액 중에서 그 물질이나 대사산물을 측정 함으로써 노출 정도를 추정하는 방법이며, 측정을 통해 노출의 정도나 건강위험을 평가한다.

② 목적
㉠ 유해물질에 노출된 근로자의 정보 자료의 노출 근거 자료로 활용
㉡ 개인보호구의 효율성, 기술적 대책, 관리 및 평가
㉢ 작업장 근로자 보호 전략 수립
㉣ 건강에 영향을 미치는 바람직하지 않은 노출상태 파악
㉤ 건강상 위험은 생물학적 검체에서 물질별 결정인자를 생물학적 노출지수와 비교하여 평가

83
진폐증을 일으키는 물질이 아닌 것은?

① 철
② 흑연
③ 베릴륨
④ 셀레늄

*분진 종류에 따른 진폐증 분류

무기성(광물성)분진에 의한 진폐증 (교원성 진폐증)	유기성 분진에 의한 진폐증 (비교원성 진폐증)
① 규폐증 ② 규조토폐증 ③ 탄소폐증 ④ 석면폐증 ⑤ 용접공폐증 ⑥ 탄광부 진폐증 ⑦ 베릴륨폐증 ⑧ 철폐증 ⑨ 활석폐증 ⑩ 흑연폐증 ⑪ 주석폐증 ⑫ 칼륨폐증 ⑬ 바륨폐증	① 농부폐증 ② 연초폐증 ③ 면폐증 ④ 설탕폐증 ⑤ 목재분진폐증 ⑥ 모발분진 폐증

84
표와 같은 크롬중독을 스크린하는 검사법을 개발하였던 이 검사법의 특이도는 얼마인가?

구 분		크롬중독진단		합 계
		양성	음성	
검사법	양성	15	9	24
	음성	9	21	30
합 계		24	30	54

① 68%
② 69%
③ 70%
④ 71%

*측정타당도

구분		질병(실제값)		합계
		양성	음성	
검사법	양성	A	B	$A+B$
	음성	C	D	$C+D$
합계		$A+C$	$B+D$	—
비고		① 민감도 $= \dfrac{A}{A+C}$ ② 특이도 $= \dfrac{D}{B+D}$ ③ 가양성률 $= \dfrac{B}{B+D}$ ④ 가음성률 $= \dfrac{C}{A+C}$		

특이도 $= \dfrac{D}{B+D} = \dfrac{21}{30} = 0.7 = 70\%$

85
유해물질이 인체에 미치는 유해성(건강영향)을 좌우하는 인자로 그 영향이 적은 것은?

① 호흡량
② 개인의 감수성
③ 유해물질의 밀도
④ 유해물질의 노출시간

*유해물질의 독성을 결정하는 인자
(인체에 미치는 영향인자)
① 작업강도
② 기상조건
③ 개인 감수성
④ 노출농도
⑤ 노출시간
⑥ 호흡량
⑦ 인체 침입경로

86

유해화학물질이 체내에서 해독되는 중요한 작용을 하는 것은?

① 효소
② 임파구
③ 체표온도
④ 적혈구

*유해물질 흡수, 분포, 대사작용
① 대부분 유해물질은 간에서 대사되며 대사작용에 의해 유해물질 독성이 증가 또는 감소된다.
② 유해물질이 체내에서 해독되는 경우 효소가 가장 중요한 작용을 한다.
③ 흡수된 유해물질은 수용성으로 대사된다.
④ 체내로 흡수된 유해물질은 혈액을 통해 신체 각 부위 조직으로 운반된다.
⑤ 유해물질의 분포량은 혈중농도에 대한 투여량으로 산출된다.
⑥ 반감기 : 유해물질의 혈장농도가 50%로 감소하는데 소요되는 시간

87

자극성 접촉피부염에 관한 설명으로 틀린 것은?

① 작업장에서 발생빈도가 가장 높은 피부질환이다.
② 증상은 다양하지만 홍반과 부종을 동반하는 것이 특징이다.
③ 원인물질은 크게 수분, 합성 화학물질, 생물성 화학물질로 구분할 수 있다.
④ 면역학적 반응에 따라 과거 노출경험이 있을 때 심하게 반응이 나타난다.

접촉피부염은 면역학적 반응에 따라 과거 노출경험과 무관하다.

88

금속열에 관한 설명으로 틀린 것은?

① 고농도의 금속산화물을 흡입함으로써 발병된다.
② 용접, 전기도금, 제련과정에서 발생하는 경우가 많다.
③ 폐렴과 폐결핵의 원인이 되며 증상은 유행성 감기와 비슷하다.
④ 주로 아연과 마그네슘의 증기가 원인이 되지만 다른 금속에 의하여 생기기도 한다.

금속열은 폐렴, 폐결핵과 무관하다.

89

화학적 질식제(chemical asphyxiant)에 심하게 노출되었을 경우 사망에 이르게 되는 이유로 적절한 것은?

① 폐에서 산소를 제거하기 때문
② 심장의 기능을 저하시키기 때문
③ 폐속으로 들어가는 산소의 활용을 방해하기 때문
④ 신진대사 기능을 높여 가용한 산소가 부족해지기 때문

*질식제
조직 내 산화작용을 방해하는 물질

질식제의 구분		
단순 질식제	생리적으로 아무 작용하지 않으나 공기 중에 많이 존재하여 산소분압을 감소시켜 조직에 필요한 산소의 공급부족을 유발한다.	① 이산화탄소(CO_2) ② 메탄(CH_4) ③ 질소(N_2) ④ 수소(H_2) ⑤ 에탄(C_2H_6) ⑥ 프로판(C_3H_8) ⑦ 에틸렌(C_2H_4) ⑧ 아세틸렌(C_2H_2) ⑨ 헬륨(He)
화학적 질식제	산소운반 능력을 방해하거나 조직이 산소를 받아들이는 능력을 저하시켜 내질식을 일으킨다.	① 일산화탄소(CO) ② 황화수소(H_2S) ③ 시안화수소(HCN) ④ 아닐린($C_6H_5NH_2$) ⑤ 염소(Cl) ⑥ 포스겐($COCl_2$)

90

동물실험에서 구해진 역치량을 사람에게 외삽하여 "사람에게 안전한 양"으로 추정한 것을 SHD(Safe Human Dose)라고 하는데 SHD계산에 활용되지 않는 항목은?

① 배설률
② 노출시간
③ 호흡률
④ 폐흡수비율

*체내흡수량(안전흡수량, 안전폭로량, SHD)

$SHD = C \times T \times V \times R$

여기서,
C: 농도$[mg/m^3]$
T: 노출시간$[hr]$
V: 폐환기율, 호흡률$[m^3/hr]$
R: 체내잔류율(일반적으로 1.0)
SHD: 체중당흡수량×체중$[mg]$

91

메탄올이 독성을 나타내는 대사단계를 바르게 나타낸 것은?

① 메탄올 → 에탄올 → 포름산 → 포름알데히드
② 메탄올 → 아세트알데히드 → 아세테이트 → 물
③ 메탄올 → 포름알데히드 → 포름산 → 이산화탄소
④ 메탄올 → 아세트알데히드 → 포름알데히드 → 이산화탄소

*메탄올(CH_3OH)
① 자극적이고 신경독성물질로 시신경장해, 중추신경 억제를 유발한다.
② 플라스틱, 필름제조 등 공업용제로 사용된다.
③ 시각장해의 기전은 메탄올 대사산물인 포름알데히드가 망막조직을 손상 시킨다.
④ 메탄올 중독 시 중탄산염의 투여 및 혈액투석치료를 해야한다.
⑤ 메탄올 시각장해 독성 대사단계
메탄올 → 포름알데히드 → 포름산 → 이산화탄소

92

작업장에서 발생하는 독성물질에 대한 생식독성 평가에 기형발생의 원리에 중요한 요인으로 작용하는 것과 거리가 먼 것은?

① 대사물질 ② 사람의 감수성
③ 노출시기 ④ 원인물질의 용량

*기형 발생의 중요한 요인
① 사람의 감수성
② 노출시기
③ 원인물질의 용량(화학물질의 양)

93

입자의 호흡기계 축적기전이 아닌 것은?

① 충돌 ② 변성
③ 차단 ④ 확산

*여과포집원리(채취기전)
① 직접차단(간섭)
② 관성충돌
③ 중력침강
④ 확산
⑤ 정전기침강
⑥ 체질

94

유기용제의 중추신경계 활성억제의 순위를 바르게 나열한 것은?

① 에스테르 < 알코올 < 유기산 < 알칸 < 알켄
② 에스테르 < 유기산 < 알코올 < 알켄 < 알칸
③ 알칸 < 알켄 < 유기산 < 알코올 < 에스테르
④ 알칸 < 알켄 < 알코올 < 유기산 < 에스테르

*유기용제의 중추신경계 마취작용 순서

작용	순서
억제작용 순서	알칸 < 알켄 < 알코올 < 유기산 < 에스테르 < 에테르 < 할로겐화합물
자극작용 순서	알칸 < 알코올 < 알데히드 < 케톤 < 유기산 < 아민류

95

무기성 납으로 인한 중독 시 원활한 체내 배출을 위해 사용하는 배설촉진제는?

① -BAL ② Ca-EDTA
③ -ALAD ④ 코프로폴피린

*Ca-EDTA
무기성 납으로 인한 중독 시 원활한 체내 배출을 위해 사용하는 배설촉진제이다.
(신장이 나쁜 사람에게는 금지)

96

Haber의 법칙에서 유해물질지수는 노출시간(T)과 무엇의 곱으로 나타내는가?

① 상수(Constant) ② 용량(Capacity)
③ 천정치(Ceiling) ④ 농도(Conentration)

*Haber의 법칙
K(용량, 유해지수) = C(농도) × t(노출시간)

97

동물을 대상으로 양을 투여했을 때 독성을 초래하지는 않지만 대상의 50%가 관찰 가능한 가역적인 반응이 나타나는 작용량을 무엇이라 하는가?

① ED_{50}
② LC_{50}
③ LD_{50}
④ TD_{50}

*ED_{50}
피실험동물 50%가 일정한 반응을 일으키는 양

98

산업위생관리에서 사용되는 용어의 설명으로 틀린 것은?

① STEL은 단시간 노출기준을 의미한다.
② LEL은 생물학적 허용기준을 의미한다.
③ TLV는 유해물질의 허용농도를 의미한다.
④ TWA는 시간가중평균노출기준을 의미한다.

LEL은 폭발하한계를 의미한다.

99

납이 인체 내로 흡수됨으로써 초래되는 현상이 아닌 것은?

① 혈색소 양 저하
② 혈청 내 철 감소
③ 망상적혈구수의 증가
④ 소변 중 코프로포르피린 증가

*납중독의 증세
① 소화기장해(위장계통의 장해)
② 중추신경장해(뇌중독 증상)
③ 신경·근육 계통의 장해
④ 기타 증상
  ㉠ 이미증(Pica) : 극소량의 농도에서 어린아이에게 학습장해 및 기능저하를 초래하며 1~5세 소아 환자에게 발생하기 쉽다.
  ㉡ 납빈혈 및 연산통
  ㉢ 만성신부전
  ㉣ 골수 침입 및 혈청 내 철 증가
  ㉤ 혈색소 양 저하, 망상적혈구수 증가
  ㉥ 적혈구 내 Protoporphyrin(프로토포르피린) 증가
  ㉦ 소변 중 Coprophyrin(코프로포르피린) 증가
  ㉧ 소변 중 δ-ALA 증가
  ㉨ 소변 중 δ-ALAD 활성치 감소

100

methyl n-butyl ketone에 노출된 근로자의 소변 중 배설량으로 생물학적 노출지표에 이용되는 물질은?

① quinol
② phenol
③ 2, 5-hexanedione
④ 8-hydroxy quinone

*화학물질의 생물학적 노출지표물질

화학물질	대사산물(측정대상물질)
벤젠	뇨 중 t,t-뮤코닉산(뮤콘산) 뇨 중 S-페닐머캅토산 혈액 중 벤젠
톨루엔	뇨 중 o-크레졸 혈액 중 톨루엔
크실렌	뇨 중 메틸마뇨산
납	혈액 중 납 뇨 중 납 혈액 중 아연 프로토포르피린 뇨 중 델타아미노레불린산
일산화탄소	혈액 중 카복시헤모글로빈(COHb)
트리클로로 에틸렌	뇨 중 삼염화초산
에틸벤젠	뇨 중 만델산
노말헥산	뇨 중 2,5-헥산디온
클로로벤젠	뇨 중 총 4-클로로카테콜
페놀	뇨 중 페놀
디메틸포름 아미드	뇨 중 N-메틸포름아미드
이황화탄소	뇨 중 TTCA 뇨 중 이황화탄소
크롬	뇨 중 크롬
메틸 노말부틸 케톤	뇨 중 2,5-헥산디온
삼염화 에틸렌	뇨 중 삼염화초산 (트리클로로초산) 뇨 중 삼염화에탄올

Memo

2016 3회차 — 제1과목 : 산업위생학개론

01

1994년에 ACGIH와 AIHA 등에서 제정하여 공포한 산업위생 전문가의 윤리강령에서 사업주에 대한 책임에 해당되지 않는 내용은 무엇인가?

① 결과와 결론을 위해 사용된 모든 자료들을 정확히 기록·유지하여 보관한다.
② 전문가의 의견은 적절한 지식과 명확한 정의에 기초를 두고 있어야 한다.
③ 신뢰를 중요시하고, 정직하게 충고하며, 결과와 권고사항을 정확히 보고한다.
④ 쾌적한 작업환경을 달성하기 위해 산업위생 원리들을 적용할 때 책임감을 갖고 행동한다.

*산업위생전문가의 윤리강령(기업주와 고객에 대한 책임)
① 기업주와 고객보다는 근로자의 건강보호에 궁극적인 책임을 두어 행동한다.
② 쾌적한 작업환경을 조성하기 위하여 산업위생의 이론을 적용하고 책임 있게 행동한다.
③ 신뢰를 바탕으로 정직하게 권하고 성실한 자세로 충고하며 결과와 개선점 및 권고사항을 정확히 보고한다.
④ 결과 및 결론을 뒷받침할 수 있도록 정확한 기록을 유지하고, 산업위생사업을 전문가답게 전문 부서들을 운영·관리한다.

02

산업안전보건법의 '사무실 공기관리 지침'에서 정하는 근로자 1인당 사무실의 환기기준으로 적절한 것은?

① 최소 외기량 : $0.57 m^3/hr$, 환기횟수 : 시간당 2회 이상
② 최소 외기량 : $0.57 m^3/hr$, 환기횟수 : 시간당 4회 이상
③ 최소 외기량 : $0.57 m^3/min$, 환기횟수 : 시간당 2회 이상
④ 최소 외기량 : $0.57 m^3/min$, 환기횟수 : 시간당 4회 이상

*사무실 환기기준
공기정화시설을 갖춘 사무실에서 근로자 1인당 필요한 최소외기량은 $0.57 m^3/min$ 이상이며, 환기횟수는 시간당 4회 이상으로 한다.

03

인간공학적인 의자 설계의 원칙과 거리가 먼 것은?

① 의자의 안전성
② 체중의 분포 설계
③ 의자 좌판의 높이
④ 의자 좌판의 깊이와 폭

*의자의 설계원칙

원칙명	설명
체중 분포	체중이 주로 **좌골 결절**에 실리게끔 설계할 것
의자 좌판의 높이	좌판 앞부분이 대퇴근을 압박하지 않도록 오금 **높이보다 높지 않으며**, 치수는 **5% 오금높이**로 할 것
의자 좌판의 깊이와 폭	**폭은 큰 사람의 기준**으로 설계하고 **깊이는** 장딴지에 여유를 주고 대퇴근을 압박하지 않도록 **작은 사람 기준**으로 설계할 것
몸통의 안정	의자 좌판의 각도 3°, 등판의 각도 100°로 설계할 것

01.② 02.④ 03.①

04

화학물질 및 물리적인자의 노출기준에 있어 2종 이상의 화학물질이 공기 중에 혼재하는 경우, 유해성이 인체의 서로 다른 조직에 영향을 미치는 근거가 없는 한, 유해물질들간의 상호작용은 어떤 것으로 간주하는가?

① 상승작용 ② 강화작용
③ 상가작용 ④ 길항작용

각 유해인자의 노출기준은 해당 유해인자가 단독으로 존재하는 경우의 노출기준을 말하며, 2종 또는 그 이상의 유해인자가 혼재하는 경우에는 각 유해인자의 상가작용으로 유해성이 증가할 수 있으므로 제6조에 따라 산출하는 노출기준을 사용하여야 한다.

05

600명의 근로자가 근무하는 공장에서 1년에 30건의 재해가 발생하였다. 이 가운데 근로자들이 질병, 기타의 사유로 인하여 총근로시간 중 3%를 결근하였다면 이 공장의 도수율은 얼마인가?
(단, 근무는 1주일에 40시간, 연간 50주를 근무한다.)

① 25.77 ② 48.50
③ 49.55 ④ 50.00

*도수율

$$도수율 = \frac{재해건수}{연근로 총시간수} \times 10^6$$
$$= \frac{30}{600 \times 40 \times 50 \times 0.97} \times 10^6 = 25.77$$

06

산업피로의 증상과 가장 거리가 먼 것은?

① 혈액 및 소변의 소견
② 자각증상 및 타각증상
③ 신경기능 및 체온의 변화
④ 순환기능 및 호흡기능의 변화

*산업피로의 증상
① 혈당치가 낮아지고 젖산과 탄산량이 증가한다.
② 호흡이 빨라지고 혈액 중 CO_2의 양이 증가한다.
③ 체온은 처음에 높아지다가 피로가 심해지면 나중에 떨어진다.
④ 혈압은 처음에 높아지나 피로가 진행되면 나중에 떨어진다.
⑤ 졸음과 권태감이 오고 주의력이 산만해지며 식은땀과 입이 마르는 현상이 동반된다.
⑥ 미각, 후각, 시각 등 지각기능이 둔해진다.
⑦ 소변의 양이 줄고 심하면 단백뇨가 나타난다.

07

작업관련 근골격계 장애(Work-related Musculoskeletal Disorders, WMSDs)가 문제로 인식되는 이유 중 가장 적절치 못한 것은?

① WMSDs는 다양한 작업장과 다양한 직무 활동에서 발생한다.
② WMSDs는 생산성을 저하시켜 제품과 서비스의 질을 저하시킨다.
③ WMSDs는 거의 모든 산업 분야에서 예방하기 어려운 상해 내지는 질환이다.
④ WMSDs는 특히 허리가 포함되었을 때 가장 비용이 많이 소요되는 직업성 질환이다.

작업관련 근골격계 장애(WMSDs)는 거의 모든 산업분야에서 예방할 수 있는 질환이다.

08

근로자 건강진단실시 결과 건강관리구분에 따른 내용의 연결이 틀린 것은?

① R : 건강관리상 사후관리가 필요 없는 근로자
② C_1 : 직업성 질병으로 진전될 우려가 있어 추적검사 등 관찰이 필요한 근로자
③ D_1 : 직업성 질병의 소견을 보여 사후관리가 필요한 근로자
④ D_2 : 일반 질병의 소견을 보여 사후관리가 필요한 근로자

*건강진단 결과 건강관리 구분

건강관리 구분		내용
A		건강관리상 사후관리가 필요없는 근로자 (건강한 근로자)
C	C_1	직업성 질병으로 진전될 우려가 있어 추적검사 등 관찰이 필요한 근로자 (직업병 요관찰자)
	C_2	일반질병으로 진전될 우려가 있어 추적 관찰이 필요한 근로자 (일반질병 요관찰자)
D_1		직업성 질병의 소견을 보여 사후관리가 필요한 근로자 (직업병 유소견자)
D_2		일반 질병의 소견을 보여 사후관리가 필요한 근로자 (일반질병 유소견자)
R		건강진단 1차 검사결과 건강수준의 평가가 곤란하거나 질병이 의심되는 근로자 (제2차 건강진단 대상자)

09

화학적 원인에 의한 직업성 질환으로 볼 수 없는 것은?

① 수전증
② 치아산식증
③ 정맥류
④ 시신경장해

정맥류는 격한 육체적 작업에 의한 물리적 원인의 직업성 질환이다.

10

교대제에 대한 설명이 잘못된 것은?

① 산업보건면이나 관리면에서 가장 문제가 되는 것은 3교대제이다.
② 교대근무자와 주간근무자에 있어서 재해 발생율은 거의 비슷한 수준으로 발생한다.
③ 석유정제, 화학공업 등 생산과정이 주야로 연속되지 않으면 안되는 산업에서 교대제를 채택하고 있다.
④ 젊은층의 교대근무자에게 있어서는 체중의 감소가 뚜렷하고 회복은 빠른 반면, 중년층에서는 체중의 변화가 적고 회복은 늦다.

교대근무자와 주간근무자에 있어서 재해 발생율은 교대근무자가 더 많이 발생하는 편이다.

11

직업성 변이(Occupational stigmata)의 정의로 맞는 것은?

① 직업에 따라 체온량의 변화가 일어나는 것이다.
② 직업에 따라 체지방량의 변화가 일어나는 것이다.
③ 직업에 따라 신체 활동량의 변화가 일어나는 것이다.
④ 직업에 따라 신체 형태와 기능에 국소적 변화가 일어나는 것이다.

*직업성 변이(Occupational Stigmata)
직업에 따라 신체 형태와 기능에 국소적 변화가 일어나는 것

12

다음은 사고예방대책의 기본 원리 5단계의 내용이다. 순서대로 나열한 것은?

```
㉠ 조직
㉡ 분석·평가
㉢ 사실의 발견
㉣ 시정책의 적용
㉤ 시정방법의 선정
```

① ㉢→㉡→㉠→㉤→㉣
② ㉢→㉤→㉡→㉠→㉣
③ ㉠→㉡→㉢→㉤→㉣
④ ㉠→㉢→㉡→㉤→㉣

*하인리히의 사고방지 5단계
1단계 : 안전조직
2단계 : 사실의 발견
3단계 : 분석평가
4단계 : 시정방법 선정
5단계 : 시정책 적용

13

아연과 황의 유해성을 주장하고 먼지 방지용마스크로 동물의 방광을 사용토록 주장한이는?

① Pliny
② Ramazzini
③ Galen
④ Paracelsus

*플리니(Pliny the Elder)
기원전 1세기에 황과 아연의 건강 유해성을 주장하였고, 먼지 마스크로 동물의 방광막 사용을 주장하였다.

14

산업안전보건법상 보건관리자의 자격과 선임제도에 관한 설명으로 틀린 것은?

① 상시 근로자 50인 이상 사업장은 보건관리자의 자격기준에 해당하는 자 중 1인 이상을 보건관리자로 선임하여야 한다.
② 보건관리대행은 보건관리자의 직무를 보건관리를 전문으로 행하는 외부기관에 위탁하여 수행하는 제도로 1990년부터 법적근거를 갖고 시행되고 있다.
③ 작업환경상에 유해요인이 상존하는 제조업은 근로자의 수가 2000명을 초과하는 경우에 의사인 보건관리자 1인을 포함하는 3인의 보건관리자를 선임하여야 한다.
④ 보건관리자 자격기준은 의료법에 의한 의사 또는 간호사, 산업안전보건법에 의한 산업위생지도사, 국가기술자격법에 의한 산업위생관리산업기사 또는 환경관리산업기사(대기분야에 한함) 이상이다.

근로자의 수가 3000명 이상인 경우에 의사 또는 간호사 1인을 포함하는 2인의 보건관리자를 선임하여야 한다.

15

산업위생의 정의에 있어 4가지 주요 활동에 해당하지 않는 것은?

① 관리(control)
② 평가(evaluation)
③ 인지(recognition)
④ 보상(compensation)

*산업위생의 정의(AIHA)
근로자나 일반 대중에게 질병, 건강장애와 안녕방해, 심각한 불쾌감 및 능률 저하 등을 초래하는 작업환경요인과 스트레스를 예측, 측정, 평가하고 관리하는 과학과 기술이다.

16

MPWC가 17.5kcal/min인 사람이 1일 8시간 동안 물건 운반 작업을 하고 있다. 이때 작업대사량(에너지소비량)이 8.75kcal/min 이고 휴식할 때 평균대사량이 1.7kcal/min 이라면, 지속작업의 허용시간은 약 몇 분인가?
(단, 작업에 따른 두 가지 상수는 3.720, 0.1949를 적용한다.)

① 88분 ② 103분
③ 319분 ④ 383분

*작업강도에 따른 허용작업시간(T_{end})
$\log T_{end} = 3.720 - 0.1949E = 3.720 - 0.1949 \times 8.75 = 2.015$

$\therefore T_{end} = 10^{2.015} = 103$분

여기서,
E : 작업대사량[kcal/min]

*참고
- $10^{\log T_{end}} = T_{end} 10^{\log} = T_{end}$

17

우리나라 고용노동부에서 지정한 특별관리 물질에 해당하지 않는 것은?

① 페놀 ② 클로로포름
③ 황산 ④ 트리클로로에틸렌

*특별관리물질의 종류

특별관리물질의 종류	
벤젠	포름알데히드
1,3 부타디엔	납 및 그 무기화합물
1-브로모프로판	니켈 및 그 화합물
2-브로모프로판	안티몬 및 그 화합물
사염화탄소	카드뮴 및 그 화합물
에피클로로히드린	6가크롬 및 그 화합물
트리클로로에틸렌	pH 2.0 이하 황산
페놀	산화에틸렌
위의 물질 외 20종	

18

혐기성 대사에 사용되는 에너지원이 아닌 것은?

① 포도당 ② 크레아틴 인산
③ 단백질 ④ 아데노신 삼인산

*근육운동에 필요한 에너지원(근육의 대사과정)

혐기성 대사	호기성 대사
① 근육에 저장된 화학적 에너지 ② 혐기성 대사 순서 ATP(아데노신 삼인산) → CP(크레아틴 인산) → Glycogen(글리코겐) or Glucose(포도당)	① 대사과정을 거쳐 생성된 에너지 ② 호기성 대사 순서 [포도당, 단백질, 지방] + 산소 → 에너지원

19

산업 스트레스 발생요인으로 집단 간의 갈등이 너무 낮은 경우 집단 간의 갈등을 기능적인 수준까지 자극하는 갈등촉진기법에 해당되지 않는 것은?

① 자원의 확대
② 경쟁의 자극
③ 조직구조의 변경
④ 커뮤니케이션의 증대

*갈등촉진기법
① 자원의 축소
② 경쟁의 자극
③ 조직구조의 변경
④ 커뮤니케이션(의사소통)의 증대

20

다아세톤($TLV = 500ppm$) 200ppm**과 톨루엔** ($TLV = 50ppm$) 35ppm **각각 노출되어 있는 실내 작업장에서 노출기준의 초과 여부를 평가한 결과로 맞는 것은?**
(단, 두 물질 간에 유해성이 인체의 서로 다른 부위에 작용한다는 증거가 없는 것으로 간주한다.)

① 노출지수가 약 0.72이므로 노출기준 미만이다.
② 노출지수가 약 0.72이므로 노출기준을 초과하였다.
③ 노출지수가 약 1.1이므로 노출기준 미만이다.
④ 노출지수가 약 1.1이므로 노출기준을 초과하였다.

---

*노출기준(EI)

$$EI = \frac{C_1}{T_1} + \frac{C_2}{T_2} + \cdots + \frac{C_n}{T_n} = \frac{200}{500} + \frac{35}{50} = 1.1$$

1을 초과하였으므로   ∴ 노출기준을 초과

여기서,
C : 화학물질 각각의 측정치
T : 화학물질 각각의 노출기준

$EI > 1$: 노출기준을 초과
$EI < 1$: 노출기준을 초과하지 않음

20.④

2016 3회차 산업위생관리기사 필기 기출문제
제 2과목 : 작업위생측정 및 평가

21

작업장 공기 중 벤젠증기를 활성탄관 흡착제로 채취할 때 작업장 공기 중 페놀이 함께 다량 존재하면 벤젠증기를 효율적으로 채취할 수 없게 되는 이유로 가장 적합한 것은?

① 벤젠과 흡착제와의 결합자리를 페놀이 우선적으로 차지하기 때문
② 실리카겔 흡착제가 벤젠과 페놀이 반응할 수 있는 장소로 이용되어 부산물을 생성하기 때문
③ 페놀이 실리카겔과 벤젠의 결합을 증가시키는 다리역할을 하여 분석 시 벤젠의 탈착을 어렵게 하기 때문
④ 벤젠과 페놀이 공기내에서 서로 반응을 하여 벤젠의 일부가 손실되기 때문

작업장 공기 중 벤젠증기를 활성탄관 흡착제로 채취할 때 작업장 공기 중 페놀이 함께 다량 존재하면 벤젠증기를 효율적으로 채취할 수 없는 이유는 벤젠과 흡착제와의 결합자리를 페놀이 우선적으로 차지하기 때문이다.

22

원자가 가장 낮은 에너지 상태인 바닥에서 에너지를 흡수하면 들뜬 상태가 되고 들뜬 상태의 원자들이 낮은 에너지상태로 돌아올 때 에너지를 방출하게 된다. 금속마다 고유한 방출스펙트럼을 갖고 있으며 이를 측정하여 중금속을 분석하는 장비는?

① 불꽃 원자흡광광도계
② 비불꽃 원자흡광광도계
③ 이온크로마토그래피
④ 유도결합플라즈마분광광도계

*유도결합플라즈마 분광광도계(원자발광분석기)
원자가 가장 낮은 에너지 상태인 바닥에서 에너지를 흡수하면 들뜬 상태가 되고 들뜬 상태의 원자들이 낮은 에너지 상태로 돌아올 때 에너지를 방출하게 되며, 금속마다 이러한 고유한 방출스펙트럼을 가지고 있으며 이를 측정하는 분석기기이다.

23

캐스케이드 임팩터(Cascade Impactor)에 의하여 에어로졸을 포집할 때 관여하는 충돌이론에 대한 설명이 잘못된 것은?

① 충돌이론에 의하여 차단점 직경(cutpoint diameter)을 예측할 수 있다.
② 충돌이론에 의하여 포집효율 곡선의 모양을 예측할 수 있다.
③ 충돌이론은 스토크스 수(stokes number)와 관계 되어 있다.
④ 레이놀즈 수(Reynolds Number)가 200을 초과하게 되면 충돌이론에 미치는 영향은 매우 크게 된다.

레이놀즈 수(Reynolds Number)가 500~3000 사이일 때 충돌이론에 미치는 영향이 매우 크게 되어 분리성능이 우수한 임팩터를 설계가 가능하다.

21.① 22.④ 23.④

24

레이저광의 폭로량을 평가하는 사항에 해당하지 않는 항목은?

① 각막 표면에서의 조사량(J/cm^2) 또는 폭로량을 측정한다.
② 조사량의 서한도는 $1mm$ 구경에 대한 평균치이다.
③ 레이저광과 같은 직사광과 형광등 또는 백열등과 같은 확산광은 구별하여 사용해야 한다.
④ 레이저광에 대한 눈의 허용량은 폭로 시간에 따라 수정되어야 한다.

레이저광에 대한 눈의 허용량은 파장에 따라 수정되어야 한다.

25

저온의 작업환경 공기온도를 측정하려고 한다. 영하 $20℃$ 까지 측정할 수 있는 온도계로 측정하려고 할 때 측정시간으로 가장 적합한 것은?

① 30초 이상
② 1분 이상
③ 3분 이상
④ 5분 이상

*저온 작업환경 공기 측정
영하 $20℃$ 까지 측정할 수 있는 온도계로 측정할 수 있는 측정시간은 5분 이상이 가장 적합하다.

26

1회 분석의 우연오차의 표준편차를 σ라 하였을 때 n회의 평균치의 표준편차는?

① σ/n
② $\sigma\sqrt{n}$
③ $\sqrt{n}/\sigma$
④ $\sigma/\sqrt{n}$

*표준오차(SE)

$$SE = \frac{SD}{\sqrt{N}} = \frac{\sigma}{\sqrt{n}}$$

여기서,
SE : 표준오차
SD : 표준편차
N : 측정치의 개수

27

그라인딩 작업 시 발생되는 먼지를 개인 시료 포집기를 사용하여 유리섬유여과지로 포집하였다. 이 때의 먼지농도(mg/m^3)는?
(단, 포집 전 유속은 $1.5L/min$, 여과지 무게는 $0.436mg$, 4시간의 포집하는 동안 유속 $1.3L/min$, 여과지의 무게는 $0.948mg$)

① 약 1.5
② 약 2.3
③ 약 3.1
④ 약 4.3

*질량농도(mg/m³)

평균 유속 = $\frac{포집 전 유속+포집 후 유속}{2}$

$= \frac{1.5+1.3}{2} = 1.4L/min$

$\therefore mg/m^3 = \frac{(0.948-0.436)mg}{1.4L/min \times 240min \times \left(\frac{1m^3}{1000L}\right)} = 1.5mg/m^3$

*참고
- 4hr=240min
- $1m^3$=1000L

24.④ 25.④ 26.④ 27.①

28

유체가 위쪽으로 흐름에 따라 float도 위로 올라가며 float와 관벽사이의 접촉면에서 발생되는 압력강하가 float를 충분히 지지해줄 때까지 올라간 float의 눈금을 읽어 측정하는 장비는?

① 오리피스미터(orifice meter)
② 벤츄리미터(venturi meter)
③ 로타미터(rotameter)
④ 유출노즐(flow nozzles)

*로터미터
유체가 위쪽으로 흐름에 따라 float도 위로 올라가며 float와 관벽 사이의 접촉면에서 발생되는 압력강하를 float를 충분히 지지해 줄 때까지 올라간 float의 눈금을 읽는 측정기기

29

고열 측정시간에 관한 기준으로 옳지 않은 것은?
(단, 고시 기준)

① 흑구 습 습구흑구온도 측정시간 : 직경이 15센티미터일 경우 25분 이상
② 흑구 및 습구흑구온도 측정시간 : 직경이 7.5센티미터 또는 5센티미터일 경우 5분 이상
③ 습구온도 측정 시간 : 아스만통풍건습계 25분 이상
④ 습구온도 측정시간 : 자연습구온도계 15분 이상

법 개정으로 인해 정답이 없고, 공부 안하셔도 무방합니다.

30

유량, 측정시간, 회수율 및 분석에 의한 오차가 각각 $18\%, 3\%, 9\%, 5\%$ 일 때 누적오차는?

① 약 18%   ② 약 21%
③ 약 24%   ④ 약 29%

*누적오차
$$E_c = \sqrt{E_1^2 + E_2^2 + \cdots + E_n^2}$$
$$= \sqrt{18^2 + 3^2 + 9^2 + 5^2} = 20.95 ≒ 21\%$$

여기서,
$E_1, E_2, \cdots, E_n$: 각 요소에 대한 오차[%]

31

음압레벨이 $105dB(A)$인 연속소음에 대한 근로자 폭로 노출시간(시간/일) 허용기준은?
(단, 우리나라 고용노동부의 허용기준)

① 0.5   ② 1
③ 2   ④ 4

*소음작업
1일 8시간 작업을 기준하여 85dB 이상의 소음이 발생하는 작업

① 강렬한 소음작업

데시벨(이상)	발생시간(1일 기준)
90dB	8시간 이상
95dB	4시간 이상
100dB	2시간 이상
105dB	1시간 이상
110dB	30분 이상
115dB	15분 이상

② 충격 소음작업

데시벨(이상)	발생시간(1일 기준)
120dB	10000회 이상
130dB	1000회 이상
140dB	100회 이상

32

누적소음노출량 측정기로 소음을 측정하는 경우, 기기 설정으로 적절한 것은?
(단, 고시 기준)

① Criteria = $80dB$, Exchange Rate = $5dB$, Threshold = $90dB$
② Criteria = $80dB$, Exchange Rate = $10dB$, Threshold = $90dB$
③ Criteria = $90dB$, Exchange Rate = $5dB$, Threshold = $80dB$
④ Criteria = $90dB$, Exchange Rate = $10dB$, Threshold = $80dB$

> ***누적소음노출량 측정기 설정**
> ① Criteria : 90dB
> ② Exchange Rate : 5dB
> ③ Threshold : 80dB

33

작업장에서 오염물질 농도를 측정하였더니 그 중 일산화탄소(CO)가 0.01%이였다. 이 때 일산화탄소 농도(mg/m^3)는 약 얼마인가?
(단, 25℃, 1기압 기준)

① 95 ② 105
③ 115 ④ 12

> ***질량농도(mg/m³)와 용량농도(ppm)의 환산**
> $ppm = 0.01\% \times \dfrac{10000ppm}{1\%} = 100ppm$
> $\therefore mg/m^3 = ppm \times \dfrac{분자량}{부피} = 100 \times \dfrac{28}{24.45} = 115 mg/m^3$
>
> ***참고**
> - 1=100%=1000000ppm(1%=10000ppm)
> - 일산화탄소(CO)의 분자량 = 12+16 = 28g
> - C의 원자량 : 12g, O의 원자량 : 16g
> - 1atm, 25℃의 부피 = 24.45L

34

어느 작업장 근로자가 $400ppm$의 acetone($TLV=1000ppm$)과 $50ppm$의 secbutyl acetone($TLV=200ppm$)와 2-butanone($TLV=200ppm$)에 폭로되었다. 이 근로자가 허용치 이하로 폭로되기 위해서는 2-butanone에 몇 ppm 이하에 폭로되어야 하는가?
(단, 상가작용하는 것으로 가정함)

① 70ppm   ② 82ppm
③ 114ppm ④ 122ppm

> ***혼합물의 노출기준(EI)**
> 허용치 이하이려면 노출기준(EI) 1기준으로 계산한다.
> $EI = \dfrac{C_1}{T_1} + \dfrac{C_2}{T_2} + \cdots + \dfrac{C_n}{T_n} = \dfrac{400}{1000} + \dfrac{50}{200} + \dfrac{X}{200} = 1$
> $\therefore X = 70ppm$

35

근로자가 일정시간 동안 일정농도의 유해물질에 노출될 때 체내에 흡수되는 유해물질의 양은 다음 식으로 구한다. 인자의 설명이 잘못된 것은?
(단, 체내 흡수량(mg) = $C \times T \times V \times R$)

① C : 공기 중 유해물질농도
② T : 노출시간
③ V : 작업공간 내의 공기체적
④ R : 체내 잔류율

> ***체내흡수량(안전흡수량, 안전폭로량, SHD)**
> $SHD = C \times T \times V \times R$
>
> 여기서,
> C: 농도$[mg/m^3]$
> T: 노출시간$[hr]$
> V: 폐환기율, 호흡률$[m^3/hr]$
> R: 체내잔류율(일반적으로 1.0)
> SHD: 체중당흡수량×체중$[mg]$

32.③ 33.③ 34.① 35.③

36
입경범위가 $0.1 \sim 0.5 \mu m$ 인 입자성 물질이 여과지에 포집될 경우에 관여하는 주된 메커니즘은?

① 충돌과 간섭
② 확산과 간섭
③ 확산과 충돌
④ 충돌

*입자크기별 여과기전
① 입경 $0.1 \mu m$ 미만 입자 : 확산
② 입경 $0.1 \sim 0.5 \mu m$ 입자 : 확산, 직접차단
③ 입경 $0.5 \mu m$ 이상 입자 : 관성충돌, 직접차단

37
소음진동공정시험기준에 따른 환경기준 중 소음측정 방법으로 옳지 않은 것은?

① 소음계의 동특성은 원칙적으로 빠름(fast) 모드로 하여 측정하여야 한다.
② 소음계와 소음도기록기를 연결하여 측정·기록하는 것을 원칙으로 한다.
③ 소음계 및 소음도기록기의 전원과 기기의 동작을 점검하고 매회 교정을 실시하여야 한다.
④ 소음계의 청감보정회로는 C특성에 고정하여 측정하여야 한다.

소음계의 청감보정회로는 A특성에 고정하여 측정하여야 한다.

38
유해인자에 대한 노출평가방법인 위해도평가(Risk assessment)를 설명한 것으로 가장 거리가 먼 것은?

① 위험이 가장 큰 유해인자를 결정하는 것이다.
② 유해인자가 본래 가지고 있는 위해성과 노출요인에 의해 결정된다.
③ 모든 유해인자 및 작업자, 공정을 대상으로 동일한 비중을 두면서 관리하기 위한 방안이다.
④ 노출도 많고 건강상의 영향이 큰 인자인 경우 위해도가 크고 관리해야 할 우선순위가 높게 된다.

위해도평가는 화학물질이 유해인자인 경우 화학물질의 위해성, 공기 중 확산 가능성, 노출근로자 수, 사용시간의 우선순위를 결정하여 중요한 순서 먼저 관리하기 위한 방안이다.

39
산업보건분야에서는 입자상 물질의 크기를 표시하는데 주로 공기역학적(유체역학적) 직경을 사용한다. 공기역학적 직경에 관한 설명으로 옳은 것은?

① 대상먼지와 침강속도가 같고 밀도가 0.1이며 구형인 먼지의 직경으로 환산
② 대상먼지와 침강속도가 같고 밀도가 1이며 구형인 먼지의 직경으로 환산
③ 대상먼지와 침강속도가 다르고 밀도가 0.1이며 구형인 먼지의 직경으로 환산
④ 대상먼지와 침강속도가 다르고 밀도가 1이며 구형인 먼지의 직경으로 환산

*공기역학적 직경
대상먼지와 침강속도가 같고 밀도가 $1g/cm^3$ 이며 구형인 먼지의 직경으로 환산된 직경

40

산업보건분야에서 스토크스의 법칙에 따른 침강속도를 구하는 식을 대신하여 간편하게 계산하는 식으로 적절한 것은?
(단, V : 종단속도(cm/sec), SG : 입자의 비중, d : 입자의 직경(μm), 입자크기는 $1 \sim 50 \mu m$)

① $V = 0.001 \times SG \times d^2$
② $V = 0.003 \times SG \times d^2$
③ $V = 0.005 \times SG \times d^2$
④ $V = 0.009 \times SG \times d^2$

*리프만(Lippman) 식에 의한 침강속도

$V = 0.003 \rho d^2$

여기서
V : 침강속도$[cm/\text{sec}]$
ρ : 입자 밀도$[g/cm^3]$
d : 입자 직경$[\mu m]$

2016 3회차 — 산업위생관리기사 필기 기출문제
제 3과목 : 작업환경관리대책

41
주물사, 고온가스를 취급하는 공정에 환기시설을 설치하고자 할 때, 덕트의 재료로 가장 적당한 것은?

① 아연도금 강판
② 중질 콘크리트
③ 스테인레스 강판
④ 흑피 강판

*덕트(송풍관)의 재질
① 주물사, 고온가스 : 흑피 강판
② 유기용제 : 아연도금 강판
③ 강산, 염소계 용제 : 스테인리스스틸 강판
④ 알칼리 : 강판
⑤ 전리방사선 : 중질 콘크리트

42
작업환경개선 대책 중 대치의 방법을 열거한 것이다. 공정변경의 대책으로 가장 거리가 먼 것은?

① 금속을 두드려서 자르는 대신 톱으로 자름
② 흄 배출용 드래프트 창 대신에 안전유리로 교체함
③ 작은 날개로 고속 회전시키는 송풍기를 큰 날개로 저속 회전시킴
④ 자동차 산업에서 땜질한 납 연마시 고속회전 그라인더의 사용을 저속 Oscillating - typesander로 변경함

흄 배출용 드래프트 창 대신 안전유리로 교체하는 것은 시설변경의 대책이다.

43
주물작업 시 발생되는 유해인자로 가장 거리가 먼 것은?

① 소음 발생
② 금속흄 발생
③ 분진 발생
④ 자외선 발생

*주물작업 시 발생되는 유해인자
① 소음
② 금속흄
③ 분진
④ 고열
⑤ 유해가스

44
귀덮개의 사용 환경으로 가장 옳은 것은?

① 장시간 사용 시
② 간헐적 소음 노출 시
③ 덥고 습한 환경에서 작업 시
④ 다른 보호구와 동시 사용 시

간헐적 소음에 노출될 때는 귀덮개가 적합하다.

41.④ 42.② 43.④ 44.②

45

후드의 유입계수가 0.7이고 속도압이 $20mmH_2O$ 일 때 후드의 유입손실(mmH_2O)은?

① 약 10.5 ② 약 20.8
③ 약 32.5 ④ 약 40.8

*유입손실($\triangle P$)

$$\triangle P = F \times VP = \left(\frac{1}{C_e^2}-1\right) \times VP$$
$$= \left(\frac{1}{0.7^2}-1\right) \times 20 = 20.8 mmH_2O$$

여기서,
$\triangle P$: 유입손실 $[mmH_2O]$
F : 유입손실계수 $\left(=\frac{1}{C_e^2}-1\right)$
C_e : 유입계수 $\left(=\sqrt{\frac{1}{1+F}}\right)$
VP : 속도압 $[mmH_2O]\left(=\frac{\gamma V^2}{2g}\right)$

46

전체환기를 적용하기 부적절한 경우는?

① 오염발생원이 근로자가 근무하는 장소와 근접되어있는 경우
② 소량의 오염물질이 일정한 시간과 속도로 사업장으로 배출되는 경우
③ 오염물질의 독성이 낮은 경우
④ 동일사업장에 다수의 오염발생원이 분산되어 있는 경우

*전체환기의 적용 조건(설치 원칙)
① 발생원이 이동성인 경우
② 유해물질이 증기나 가스인 경우
③ 유해물질의 발생량이 적은 경우
④ 유해물질의 독성이 비교적 낮은 경우
⑤ 유해물질이 시간에 따라 균일하게 발생될 경우
⑥ 국소배기가 불가능한 경우
⑦ 오염원이 근무자가 근무하는 장소로부터 멀리 떨어진 경우
⑧ 동일한 작업장에 다수의 오염원이 분산된 경우
⑨ 소량의 오염물질이 일정속도로 작업장으로 배출되는 경우

47

공기 중의 사염화탄소 농도가 0.3% 라면 정화통의 사용 가능 시간은?
(단, 사염화탄소 0.5%에서 100분간 사용 가능한 정화통 기준)

① 166분 ② 181분
③ 218분 ④ 235분

*방독마스크 유효시간(파과시간)

$$유효시간 = \frac{표준유효시간 \times 시험가스 농도}{작업장 공기 중 유해가스 농도}$$
$$= \frac{100 \times 0.5}{0.3} = 166.67 ≒ 166분$$

48

유해성 유기용매 A가 $7m \times 14m \times 4m$의 체적을 가진 방에 저장되어 있다. 공기를 공급하기 전에 측정한 농도는 $400ppm$이었다. 이 방으로 $60m^3/min$의 공기를 공급한 후 노출기준인 $100ppm$으로 달성되는 데 걸리는 시간은?
(단, 유해성 유기용매 증발 중단, 공급공기의 유해성 유기용매 농도는 0, 희석만 고려)

① 약 3분 ② 약 5분
③ 약 7분 ④ 약 9분

45.② 46.① 47.① 48.④

*농도 C_1에서 C_2까지 감소하는 데 걸린 시간(t)

$V = 7 \times 14 \times 4 = 392m^3$

$$\therefore t = -\frac{V}{Q}\ln\left(\frac{C_2}{C_1}\right)$$

$$= -\frac{392m^3}{60m^3/\min}\ln\left(\frac{100}{400}\right) = 9.06 ≒ 9\min$$

여기서,
C_1 : 유해물질 처음농도
C_2 : 유해물질 노출기준

49

송풍기에 관한 설명으로 옳은 것은?

① 풍량은 송풍기의 회전수에 비례한다.
② 동력은 송풍기의 회전수의 제곱에 비례한다.
③ 풍력은 송풍기의 회전수의 세제곱에 비례한다.
④ 풍압은 송풍기의 회전수의 세제곱에 비례한다.

*송풍기 상사법칙

종류	회전수(N)	직경(D)
풍량(Q)	$\frac{Q_2}{Q_1} = \frac{N_2}{N_1}$	$\frac{Q_2}{Q_1} = \left(\frac{D_2}{D_1}\right)^3$
풍압(P)	$\frac{P_2}{P_1} = \left(\frac{N_2}{N_1}\right)^2$	$\frac{P_2}{P_1} = \left(\frac{D_2}{D_1}\right)^2$
동력[H]	$\frac{H_2}{H_1} = \left(\frac{N_2}{N_1}\right)^3$	$\frac{H_2}{H_1} = \left(\frac{D_2}{D_1}\right)^5$
	$\frac{P_2}{P_1} \propto \frac{H_2}{H_1} \propto \frac{\rho_2}{\rho_1} \propto \frac{T_1}{T_2}$	

여기서,
Q_1 : 변경 전 풍량[$m^3/\min$]
Q_2 : 변경 후 풍량[$m^3/\min$]
N_1 : 변경 전 회전수[rpm]
N_2 : 변경 후 회전수[rpm]
P_1 : 변경 전 풍압[mmH_2O]
P_2 : 변경 후 풍압[mmH_2O]
D_1 : 변경 전 회전차 직경[m]
D_2 : 변경 후 회전차 직경[m]
H_1 : 변경 전 동력[kW]
H_2 : 변경 후 동력[kW]
ρ_1, ρ_2 : 변경 전·후 비중
T_1, T_2 : 변경 전·후 절대온도[K]

50

어떤 송풍기가 송풍기 유효전압 $100mmH_2O$이고 풍량은 $16m^3/\min$의 성능을 발휘한다. 전압효율이 80%일 때 축동력(kW)은?

① 약 0.13
② 약 0.26
③ 약 0.33
④ 약 0.57

*송풍기 소요동력(H)

$$H = \frac{Q \times \triangle P}{6120\eta} \times \alpha = \frac{16 \times 100}{6120 \times 0.8} \times 1 = 0.33kW$$

여기서,
H : 송풍기 소요동력[kW]
Q : 송풍량[$m^3/\min$]
$\triangle P$: 송풍기 유효압력[mmH_2O]
η : 송풍기 효율
α : 여유율 (주어지지 않으면, $\alpha = 1$)

51

용접흄을 포집 제거하기 위해 작업대에 측방 외부식 테이블상 장방형 후드를 설치하고자 한다. 개구면에서 포착점까지의 거리는 $0.7m$, 제어속도가 $0.30m/s$, 개구면적이 $0.7m^2$일 때 필요 송풍량($m^3/\min$)은?
(단, 작업대에 붙여 설치하며 플랜지 미부착)

① 35.3
② 47.8
③ 56.7
④ 68.5

*필요송풍량(Q)

조건	필요송풍량 공식
① 자유공간 위치, 플랜지 미부착	$Q = V(10X^2 + A)$
② 자유공간 위치, 플랜지 부착	$Q = 0.75V(10X^2 + A)$
③ 바닥면 위치, 플랜지 미부착	$Q = V(5X^2 + A)$
④ 바닥면 위치, 플랜지 부착	$Q = 0.5V(10X^2 + A)$

여기서,
Q : 필요송풍량[m^3/min]
A : 후드의 개구면적[m^2]
V : 제어속도[m/min]
X : 후드 중심선으로부터 발생원까지의 거리[m]

$$Q = V(5X^2 + A)$$
$$= 0.3 \times (5 \times 0.7^2 + 0.7)$$
$$= 0.945 m^3/sec \times \left(\frac{60sec}{1min}\right) = 56.7 m^3/min$$

52

작업장에서 Methyl alcohol(비중 = 0.792, 분자량 = 32.04, 허용농도 = $200ppm$)을 시간당 2리터 사용하고 안전계수가 6, 실내온도가 20℃ 일 때 필요환기량(m^3/min)은 약 얼마인가?

① 400　　　　② 600
③ 800　　　　④ 1000

*노출기준에 따른 전체환기량(Q)

$$Q = \frac{24.1 \times S \times G \times K \times 10^6}{M \times TLV}$$
$$= \frac{24.1 \times \frac{273+20}{273+21} \times 0.792 \times 2 \times 6 \times 10^6}{32.04 \times 200}$$
$$= 35622.24 m^3/hr \times \left(\frac{1hr}{60min}\right) = 593.7 ≒ 600 m^3/min$$

여기서,
Q : 전체환기량[m^3/hr]
S : 유해물질의 비중
G : 유해물질의 시간당 사용량[L/hr]
K : 안전계수(혼합계수)
M : 유해물질의 분자량
TLV : 유해물질의 노출기준[ppm]
24.1 : $1atm$, 21℃에서 공기의 부피[L]

$$\left(온도보정 : 24.1 \times \frac{273+t}{273+21}\right)$$
여기서, t : 실제공기의 온도[℃]

*참고
- 1hr = 60min

53

전기집진장치의 장단점으로 틀린 것은?

① 운전 및 유지비가 많이 든다.
② 설치 공간이 많이 든다.
③ 압력손실이 낮다.
④ 고온 가스처리가 가능하다.

*전기집진장치의 장단점

장점	① 집진효율이 99.9% 정도로 높다. (0.01μm 정도 미세분진 포집 용이) ② 광범위한 온도범위에서 적용 가능하다. ③ 고온가스 처리가 가능하여 보일러 등에 설치할 수 있다. ④ 압력손실이 낮다. ⑤ 대용량 가스처리가 가능하다. ⑥ 운전 및 유지비가 저렴하다. ⑦ 넓은 범위 입경과 분진농도에 집진효율이 높다.
단점	① 설치비용이 많이 들고, 설치공간을 많이 차지한다. ② 설치 후 운전조건의 변화를 유연하게 대처하기 어렵다. ③ 기체상 물질제거가 곤란하다. ④ 가연성 입자 처리가 곤란하다.

54

입자의 침강속도에 대한 설명으로 틀린 것은?
(단, stoke's 법칙 기준)

① 입자직경의 제곱에 비례한다.
② 입자의 밀도차에 반비례한다.
③ 중력가속도에 비례한다.
④ 공기의 점성계수에 반비례한다.

*스토크스(Stokes) 법칙에 의한 침강속도

$$V = \frac{gd^2(\rho_1 - \rho)}{18\mu}$$

여기서,
V : 침강속도 $[cm/sec]$
g : 중력가속도 $[= 980 cm/sec^2]$
d : 입자 직경 $[cm]$
ρ_1 : 입자 밀도 $[g/cm^3]$
ρ : 공기 밀도 $[g/cm^3]$
μ : 공기 점성계수 $[g/cm \cdot sec]$

55

정상류가 흐르고 있는 유체 유동에 관한 연속방정식을 설명하는데 적용된 법칙은?

① 관성의 법칙   ② 운동량의 법칙
③ 질량보존의 법칙   ④ 점성의 법칙

*연속 방정식
정상류(비압축성 정상유동)로 흐르는 한 단면의 유체의 무게는 다른 단면을 통과하는 무게와 동일해야 하는 질량보존의 법칙을 적용한 법칙이다.
$Q = AV$, $Q = A_1V_1 = A_2V_2$

56

관성력 제진장치에 관한 설명으로 틀린 것은?

① 충돌 전의 처리가스 속도를 적당히 빠르게 하면 미세입자를 포집할 수 있다.
② 처리 후의 출구가스 속도가 느릴수록 미세입자를 포집할 수 있다.
③ 기류의 방향전환각도가 작을수록 압력손실이 적어져 제진효율이 높아진다.
④ 기류의 방향전환 회수가 많을수록 압력손실은 증가한다.

관성력 제진장치에서 기류의 방향전환 각도가 클수록 제진효율이 높아진다.

57

적용화학물질이 밀랍, 탈수라노린, 파라핀, 유동파라핀, 탄산마그네슘이며 적용용도로는 광산류, 유기산, 염류 및 무기염류 취급작업인 보호크림의 종류로 가장 알맞은 것은?

① 친수성크림   ② 차광크림
③ 소수성크림   ④ 피막형 크림

*소수성 피부보호제
내수성 피막을 만들고 소수성으로 산을 중화하는 방식으로 밀랍, 파라핀, 탄산마그네슘 등에 대한 장해 예방

58

국소환기장치 설계에서 제어풍속에 대한 설명으로 가장 알맞은 것은?

① 작업장내의 평균유속을 말한다.
② 발산되는 유해물질을 후드로 완전히 흡인하는데 필요한 기류속도이다.
③ 덕트내의 기류속도를 말한다.
④ 일명 반송속도라고도 한다.

*제어속도(제어풍속)
발산되는 유해물질을 후드로 완전히 흡인하는데 필요한 기류속도

59

방독마스크를 효과적으로 사용할 수 있는 작업으로 가장 적절한 것은?

① 맨홀 작업
② 오래 방치된 우물 속의 작업
③ 오래 방치된 정화조 내 작업
④ 지상의 유해물질 중독 위험작업

①, ②, ③은 산소가 결핍된 장소로 송기마스크를 사용해야 한다.

60

희석환기를 적용하기에 가장 부적당한 화학물질은?

① Acetone
② Xylene
③ Toluene
④ Ethylene Oxide

산화에틸렌(Ethylene Oxide)은 특별관리대상물질로 완전한 제거를 위해 국소배기가 적당하다.

58.② 59.④ 60.④

2016년 3회차 산업위생관리기사 필기 기출문제
제 4과목 : 물리적유해인자관리

61
자외선으로부터 눈을 보호하기 위한 차광보호구를 선정하고자 하는데 차광도가 큰 것이 없어 두 개를 겹쳐서 사용하였다. 각각의 차광도가 6과 3이었다면 두 개를 겹쳐서 사용한 경우의 차광도는 얼마인가?

① 6 ② 8
③ 9 ④ 18

*차광도
차광도 = 각 차광도의 합 − 1 = 6+3−1 = 8

62
진동에 의한 생체영향과 가장 거리가 먼 것은?

① C_5−dip 현상   ② Raynaud 현상
③ 내분비계 장해   ④ 뼈 및 관절의 장해

*C_5−dip 현상
소음성 난청 초기단계로서 4000Hz에서 청력장애가 커지는 현상

63
감압병의 예방 및 치료의 방법으로 적절하지 않은 것은?

① 잠수 및 감압방법은 특별히 잠수에 익숙한 사람을 제외하고는 1분에 10m 정도씩 잠수하는 것이 안전하다.
② 감압이 끝날 무렵에 순수한 산소를 흡입시키면 예방적 효과와 함께 감압시간을 25% 가량 단축시킬 수 있다.
③ 고압환경에서 작업 시 질소를 헬륨으로 대치할 경우 목소리를 변화시켜 성대에 손상을 입힐 수 있으므로 할로겐 가스로 대치한다.
④ 감압병의 증상을 보일 경우 환자를 원래의 고압환경에 복귀시키거나 인공적 고압실에 넣어 혈관 및 조직 속에 발생한 질소의 기포를 다시 용해시킨 후 천천히 감압한다.

*감압병(잠함병, 케이슨병) 예방 및 치료
① 고압환경에서 작업시간을 제한한다.
② 1분에 10m 정도씩 잠수하는 것이 안전하다.
③ 감압이 끝날 쯤 순수한 산소를 흡입하면 감압시간이 25% 정도 단축된다.
④ 고압환경에서 작업하는 작업자에게 질소 대신 헬륨을 대치한 공기를 호흡시킨다.
⑤ 감압병 증상이 발생한 작업자는 바로 원래의 고압환경 상태로 복귀시키거나 인공고압실에서 천천히 감압시킨다.

61.② 62.① 63.③

64

한랭장해에 대한 예방법으로 적절하지 않은 것은?

① 의복 등은 습기를 제거한다.
② 과도한 피로를 피하고, 충분한 식사를 한다.
③ 가능한 항상 발과 다리를 움직여 혈액순환을 돕는다.
④ 가능한 꼭 맞는 구두, 장갑을 착용하여 한기가 들어오지 않도록 한다.

약간 큰 방한화와 장갑을 착용하여 한랭장해를 예방한다.

65

저기압 상태의 작업환경에서 나타날 수 있는 증상이 아닌 것은?

① 저산소증(Hypoxia)
② 잠함병(Caisson disease)
③ 폐수종(Pulmonary edema)
④ 고산병(mountain sickness)

*저압 환경에서의 생체 영향
① 폐수종
② 산소결핍증(저산소증)
③ 고공증상
④ 고산병 등

66

등청감곡선에 의하면 인간의 청력은 저주파대역에서 둔감한 반응을 보인다. 따라서 작업현장에서 근로자에게 노출되는 소음을 측정할 경우 저주파 대역을 보정한 청감보정회로를 사용해야 하는데 이 때 적합한 청감보정회로는?

① A특성
② B특성
③ C특성
④ Plat특성

*A청감보정회로(A특성)
작업현장에서 근로자에게 노출되는 소음을 측정할 경우 저주파 대역을 보정한 청감보정회로

67

사무실 책상면($1.4m^2$)의 수직으로 광원이 있으며 광도가 $1000cd$(모든 방향으로 일정하다)이다. 이 광원에 대한 책상에서의 조도(intensity of illumination, Lux)는 약 얼마인가?

① 410
② 444
③ 510
④ 544

*조도(Lux)

$$조도[Lux] = \frac{광도[lumen]}{거리^2[m^2]} = \frac{1000}{1.4^2} = 510 Lux$$

68

공기 $1m^3$ 중에 포함된 수증기의 양을 g으로 나타낸 것을 무엇이라 하는가?

① 절대습도
② 상대습도
③ 포화습도
④ 한계습도

*절대습도
공기 $1m^3$ 중 포함된 수증기의 양(g)
수증기량이 일정할 때 온도가 변하더라도 절대습도는 변하지 않는다.

64.④ 65.② 66.① 67.③ 68.①

69

유해한 환경의 산소결핍 장소에 출입 시 착용하여야 할 보호구로 적절하지 않은 것은?

① 방독마스크 ② 송기마스크
③ 공기호흡기 ④ 에어라인마스크

> 방독마스크, 방진마스크는 산소결핍 장소에서 사용이 적합하지 않다.

70

소음성 난청에 영향을 미치는 요소의 설명으로 틀린 것은?

① 음압 수준 : 높을수록 유해하다.
② 소음의 특성 : 고주파음이 저주파음보다 유해하다.
③ 노출시간 : 간헐적 노출이 계속적 노출보다 덜 유해하다.
④ 개인의 감수성 : 소음에 노출된 사람이 똑같이 반응한다.

*소음성 난청에 영향을 미치는 인자

영향인자	설명
소음 크기	음압수준이 클수록 영향이 크다.
개인 감수성	소음에 노출된 사람이 전부 똑같이 반응하지 않으며, 감수성이 높은 사람이 극소수로 존재한다.
소음의 주파수 구성	고주파음이 영향이 크다.
소음의 발생 특성	지속적 소음 노출이 간헐적 소음 노출보다 영향이 크다.

71

이상기압과 건강장해에 대한 설명으로 맞는 것은?

① 고기압 조건은 주로 고공에서 비행업무에 종사하는 사람에게 나타나며 이를 다루는 학문을 항공의학 분야이다.
② 고기압 조건에서의 건강장해는 주로 기후의 변화로 인한 대기압의 변화 때문에 발생하며 휴식이 가장 좋은 대책이다.
③ 고압 조건에서 급격한 압력저하(감압)과정은 혈액과 조직에 녹아있던 질소가 기포를 형성하여 조직과 순환기계 손상을 일으킨다.
④ 고기압 조건에서 주요 건강장해 기전은 산소부족이므로 고기압으로 인한 건강장해의 일차적인 응급치료는 고압산소실에서 치료하는 것이 바람직하다.

> ① 저기압 조건은 주로 고공에서 비행업무에 종사하는 사람에게 나타나며 이를 다루는 학문을 항공의학 분야이다.
> ② 저기압 조건에서의 건강장해는 주로 기후의 변화로 인한 대기압의 변화 때문에 발생하며 휴식이 가장 좋은 대책이다.
> ④ 저기압 조건에서 주요 건강장해 기전은 산소부족이므로 저기압으로 인한 건강장해의 일차적인 응급치료는 고압산소실에서 치료하는 것이 바람직하다.

72

$0.1W$의 음향출력을 발생하는 소형 사이렌의 음향 파워레벨(PWL)은 몇 dB인가?

① 90   ② 100
③ 110   ④ 120

*음향파워레벨(PWL)

$$PWL = 10\log\left(\frac{W}{W_o}\right) = 10\log\frac{0.1}{10^{-12}} = 110dB$$

여기서
PWL : 음향파워레벨(음력수준)[dB]
W : 대상음원의 음향파워[W]
W_o : 기준음향파워($=10^{-12}[W]$)

73
고소음으로 인한 소음성 난청 질환자를 예방하기 위한 작업환경관리방법 중 공학적 개선에 해당되지 않는 것은?

① 소음원의 밀폐
② 보호구의 지급
③ 소음원을 벽으로 격리
④ 작업장 흡음시설의 설치

보호구의 지급은 수동적(2차적) 대책이다.

74
내부마찰로 적당한 저항력을 가지며, 설계 및 부착이 비교적 간결하고, 금속과도 견고하게 접착할 수 있는 방진재료는?

① 코르크
② 펠트(Felt)
③ 방진고무
④ 공기용수철

*방진고무
① 여러 형태로 철물에 부착이 가능하다.
② 공진 시 진폭이 지나치게 커지지 않는다.
③ 고무 자체 내부 마찰로 적당한 저항을 갖는다.
④ 고주파 진동의 차진에 양호하다.
⑤ 공기 중 오존에 의해 산화된다.
⑥ 내구성, 내유성, 내열성, 내약품성이 약하다.
⑦ 소형, 중형 기계에 많이 사용된다.
⑧ 열화되기 쉽다.

75
빛 또는 밝기와 관련된 단위가 아닌 것은?

① cd
② lm
③ nit
④ Wb

*Wb(웨버)
자속 단위로, 테슬라 제곱미터($T \cdot m^2$)와 같다.

76
고온다습 환경에 노출될 때 발생하는 질병 중 뇌 온도의 상승으로 체온조절중추의 기능장해를 초래하는 질환은?

① 열사병
② 열경련
③ 열피로
④ 피부장해

*열사병(Heat Stroke)
① 고온다습 환경에 노출되면 뇌의 온도가 상승하여 신체 내 체온조절 중추에 기능장애를 일으켜 생기는 위급한 상태이다.
② 증상으로는 중추신경계의 장애, 직장온도 상승, 전신 발한 정지 등이 있다.
③ 치료법으로는 체온을 급히 하강하기 위하여 얼음물에 담가서 체온을 39℃까지 내려주어야하고, 호흡 곤란 시 산소를 공급해주며, 울혈방지와 체열이동을 돕기 위하여 사지를 격렬히 마찰시킨다.

73.② 74.③ 75.④ 76.①

77

인간 생체에서 이온화시키는데 필요한 최소에너지를 기준으로 전리방사선과 비전리방사선을 구분한다. 전리방사선과 비전리방사선을 구분하는 에너지의 강도는 약 얼마인가?

① $7eV$
② $12eV$
③ $17eV$
④ $22eV$

*전리방사선과 비전리방사선의 구분
광자에너지의 강도 12eV를 전리방사선과 비전리방사선의 경계선으로 두어, 12eV 이하의 에너지를 가지는 방사선을 비전리방사선(전자파), 12eV 이상이면 전리방사선(이온화방사선)으로 구분한다.

78

자외선에 관한 설명으로 틀린 것은?

① 비전리 방사선이다.
② $200nm$ 이하의 자외선은 망막까지 도달한다.
③ 생체반응으로는 적혈구, 백혈구에 영향을 미친다.
④ $280 \sim 315nm$ 의 자외선을 도르노선(Dornoray)이라고 한다.

270~280nm의 자외선은 망막까지 도달한다.

79

전리방사선의 영향에 대하여 감수성이 가장 큰 인체내의 기관은?

① 폐
② 혈관
③ 근육
④ 골수

*전리방사선에 대한 감수성 순서

$\begin{bmatrix} 골수, 흉선 및 \\ 림프조직(조혈기관) \\ 눈의 수정체, 임파선 \end{bmatrix} > \begin{matrix} 상피세포 \\ 내피세포 \end{matrix} > \begin{matrix} 근육 \\ 세포 \end{matrix} > \begin{matrix} 신경 \\ 조직 \end{matrix}$

80

해머 작업을 하는 작업장에서 발생되는 $93dB(A)$의 소음원이 3개 있다. 이 작업장의 전체 소음은 약 몇 $dB(A)$인가?

① 94.8
② 96.8
③ 97.8
④ 99.4

*합성소음도(L)

$L = 10\log\left(10^{\frac{L_1}{10}} + 10^{\frac{L_2}{10}} + \cdots + 10^{\frac{L_n}{10}}\right)$

$= 10\log\left(10^{\frac{93}{10}} \times 3\right) = 97.8dB$

L : 합성소음도$[dB]$
$L_1, L_2, \cdots L_n$ = 각 소음원의 소음$[dB]$

2016 3회차 제 5과목 : 산업독성학

81
화학물질의 독성 특성을 설명한 것으로 틀린 것은?

① 혈액의 독성물질이란 임파액과 호르몬의 생산이나 그 정상 활동을 방해하는 것을 말한다.
② 중추신경계 독성물질이란 뇌, 척수에 작용하여 마취작용, 신경염, 정신장해 등을 일으킨다.
③ 화학성 질식성 물질이란 혈액중의 혈색소와 결합하여 산소운반능력을 방해하여 질식시키는 물질을 말한다.
④ 단순 질식성 물질이란 그 자체의 독성은 약하나 공기 중에 많이 존재하면 산소분압을 저하시켜 조직에 필요한 산소공급의 부족을 초래하는 물질을 말한다.

혈액의 독성물질이란 여러 가지 의약품이나 화약 약품 또는 어떤 종의 동식물의 독성 물질이 혈액에 작용하여 인체에 중독증세가 일어나는 것으로 임파액과 호르몬의 생산 등과 무관하다.

82
흡인된 분진이 폐 조직에 축적되어 병적인 변화를 일으키는 질환을 총괄적으로 의미하는 용어는?

① 천식   ② 질식
③ 진폐증   ④ 중독증

*진폐증
흡인된 분진이 폐 조직에 축적되어 병적인 변화를 일으키는 질환을 총괄적으로 의미하는 용어

83
고농도로 폭로되면 중추신경계 장해 외에 간장이나 신장에 장해가 일어나 황달, 단백뇨, 혈뇨의 증상을 보이는 할로겐화 탄화수소로 적절한 것은?

① 벤젠   ② 톨루엔
③ 사염화탄소   ④ 파라니트로클로로벤젠

*사염화탄소(CCl_4)
① 피부를 통해 인체에 흡수된다.
② 고농도로 폭로되면 간이나 신장에 장해가 일어나 혈뇨, 단백뇨, 황달의 증상이 생긴다.
③ 간에 대한 독성작용이 심하여 중심소엽성 괴사를 일으킨다.
④ 가열하면 포스겐과 염산(염화수소)로 분해된다.
⑤ 탈지용 용매로 사용된다.

84
금속의 독성에 관한 일반적인 특성을 설명한 것으로 틀린 것은?

① 금속의 대부분은 이온상태로 작용한다.
② 생리과정에 이온상태의 금속이 활용되는 정도는 용해도에 달려있다.
③ 금속이온과 유기화합물 사이의 강한 결합력은 배설율에도 영향을 미치게 한다.
④ 용해성 금속염은 생체 내 여러 가지 물질과 작용하여 수용성 화합물로 전환된다.

용해성 금속염은 생체 내 여러 가지 물질과 작용하여 지용성 화합물로 전환된다.

81.① 82.③ 83.③ 84.④

85

유기용제 중독을 스크린 하는 다음 검사법의 민감도(sensitivity)는 얼마인가?

구 분		실제값(질병)		합계
		양성	음성	
검사법	양성	15	25	40
	음성	5	15	20
합계		20	40	60

① 25.0% ② 37.5%
③ 62.5% ④ 75.0%

*측정타당도

구 분		질병(실제값)		합계
		양성	음성	
검사법	양성	A	B	$A+B$
	음성	C	D	$C+D$
합계		$A+C$	$B+D$	-
비고		① 민감도 = $\dfrac{A}{A+C}$ ② 특이도 = $\dfrac{D}{B+D}$ ③ 가양성률 = $\dfrac{B}{B+D}$ ④ 가음성률 = $\dfrac{C}{A+C}$		

민감도 = $\dfrac{A}{A+C} = \dfrac{15}{20} = 0.75 = 75\%$

86

ACGIH에 의한 입자상 물질의 분진의 이름과 호흡기계 부위별 누적빈도 50%에 해당하는 크기가 연결된 것으로 틀린 것은?

① 폐포성 분진 - $1\mu m$
② 호흡성 분진 - $4\mu m$
③ 흉곽성 분진 - $10\mu m$
④ 흡입성 분진 - $100\mu m$

*입자상물질의 입자크기별 분류

분진의 종류	설명
흡입성 입자상 물질 (IPM : Inspirable Particulates Mass)	호흡기 어느부위(비강, 인후두, 기관 등)에 침착하더라도 독성을 유발하는 분진으로 입경범위가 0~100μm이며, 평균 입경은 100μm이다.
흉곽성 입자상 물질 (TPM : Thoracic Particulates Mass)	기도나 하기도에 침착하여 독성을 나타내는 물질로 입경범위가 0~10μm이며, 평균 입경은 10μm이다.
호흡성 입자상 물질 (RPM : Respirable Particulates Mass)	가스 교환부위, 즉 폐포에 침착할 때 유해한 물질로 입경범위가 0~4μm이며, 평균 입경은 4μm이며, 폐포에 침착하여 진폐증을 유발하고, 채취기구는 10mm nylon cyclone이다.

87

카드뮴의 노출과 영향에 대한 생물학적 지표를 맞게 나열한 것은?

① 혈중 카드뮴 - 혈중 ZPP
② 혈중 카드뮴 - 뇨중 마뇨산
③ 혈중 카드뮴 - 혈중 포프피린
④ 뇨중 카드뮴 - 뇨중 저분자량 단백질

카드뮴 - 뇨중 저분자량 단백질

88
납중독에 대한 치료방법의 일환으로 체내에 축적된 납을 배출하도록 하는데 사용되는 것은?

① DMPS
② 2-PAM
③ Atropin
④ Ca-EDTA

*납중독의 치료사항
① 급성중독
 ㉠ Ca-EDTA를 하루에 1~4g 정맥 내 투여하여 치료(신장이 나쁜 사람에게는 금지)
 ㉡ 섭취한 경우 즉시 3% 황산소다용액으로 위세척
② 만성중독
 ㉠ 배설촉진제인 Ca-EDTA 및 페니실라민(Penicillamine)을 투여(신장이 나쁜 사람에게는 금지)
 ㉡ 안정제, 진정제, 비타민 B_1, B_2 사용

89
유해화학물질의 노출기준을 정하고 있는 기관과 노출기준 명칭의 연결이 맞는 것은?

① OSHA : REL
② AIHA : MAC
③ ACGIH : TLV
④ NIOSH : PEL

① OSHA 노출기준 : PEL
② AIHA 노출기준 : WEEL
④ NIOSH 노출기준 : REL

90
장기간 노출된 경우 간 조직제포에 섬유화증상이 나타나고, 특징적인 악성변화로 간에 혈관육종(hemangio-sarcoma)을 일으키는 물질은?

① 염화비닐
② 삼염화에틸렌
③ 메틸클로로포름
④ 사염화에틸렌

*염화비닐(C_2H_3Cl)
① 간에 혈관육종을 일으킨다.
② 장기간 노출되면 간조직 세포에 섬유화 증상이 발생한다.
③ 장기간 흡입한 작업자에게 레이노 현상이 나타나며 자체 독성보단 대사산물에 의한 독성작용이 있다.

91
다음의 사례에 의심되는 유해인자는?

48세의 이씨는 10년 동안 용접작업을 하였다. 1998년부터 왼쪽 손 떨림, 구음장애, 왼쪽 상지의 근력저하 등의 소견이 나타났고, 주위사람으로부터 걸을 때 팔을 흔들지 않는다는 이야기를 들었다. 몇 개월 후 한의원에서 중풍의 진단을 받고 한 달 동안 치료를 하였으나 증상의 변화는 없었다. 자기공명영상촬영에서 뇌기저핵 부위에 고신호강도 소견이 있었다.

① 크롬
② 망간
③ 톨루엔
④ 크실렌

*망간중독의 증세
① 급성중독
 ㉠ 금속열 유발
 ㉡ 정신병 유발
② 만성중독
 ㉠ 파킨슨증후군 유발
 ㉡ 손 떨림, 중풍 유발
 ㉢ 안면변화 및 배근력 저하
 ㉣ 언어장애 및 균형감각 상실 증상 유발

92
납중독에 대한 대표적인 임상증상으로 볼 수 없는 것은?

① 위장장해　　② 안구장해
③ 중추신경장해　④ 신경 및 근육계통의 장해

*납중독의 증세
① 소화기장해(위장계통의 장해)
② 중추신경장해(뇌중독 증상)
③ 신경·근육 계통의 장해
④ 기타 증상
  ㉠ 이미증(Pica) : 극소량의 농도에서 어린아이에게 학습장해 및 기능저하를 초래하며 1~5세 소아 환자에게 발생하기 쉽다.
  ㉡ 납빈혈 및 연산통
  ㉢ 만성신부전
  ㉣ 골수 침입 및 혈청 내 철 증가
  ㉤ 혈색소 양 저하, 망상적혈구수 증가
  ㉥ 적혈구 내 Protoporphyrin(프로토포르피린) 증가
  ㉦ 소변 중 Coprophyrin(코프로포르피린) 증가
  ㉧ 소변 중 δ-ALA 증가
  ㉨ 소변 중 δ-ALAD 활성치 감소

93
생물학적 노출지수(BEI)에 관한 설명으로 틀린 것은?

① 시료는 소변, 호기 및 혈액 등이 주로 이용된다.
② 혈액에서 휘발성 물질의 생물학적 노출지수는 동맥 중의 농도를 말한다.
③ 유해물질의 대사산물, 유해물질 자체 및 생화학적 변화 등을 총칭한다.
④ 배출이 빠르고 반감기가 5분 이내의 물질에 대해서는 시료재취 시기가 대단히 중요하다.

혈액에서 휘발성 물질의 생물학적 노출지수는 정맥 중의 농도를 말한다.

94
중금속에 중독 되었을 경우에 치료제로 BAL이나 Ca-EDTA 등 금속배설 촉진제를 투여해서는 안되는 중금속은?

① 납　　　　　② 비소
③ 망간　　　　④ 카드뮴

*카드뮴중독의 치료사항
① 안정을 취하고 동시에 산소흡입, 스테로이드를 투여한다.
② 비타민 D를 피하 주사한다.
③ BAL 및 Ca-EDTA 등 배설촉진제는 신장 독성을 증가시키므로 절대 투여를 금지한다.

95
신장을 통한 배설과정에 대한 설명으로 틀린 것은?

① 세뇨관을 통한 분비는 선택적으로 작용하며 능동 및 수동수송 방식으로 이루어진다.
② 신장을 통한 배설은 사구체 여과, 세뇨관, 재흡수, 그리고 세뇨관 분비에 의해 제거된다.
③ 세뇨관 내의 물질은 재흡수에 의해 혈중으로 들어갈 수 있으나, 아미노산 및 독성물질은 재흡수되지 않는다.
④ 사구체를 통한 여과는 심장의 박동으로 생성되는 혈압 등의 정수압(hydrostaticpressure)의 차이에 의하여 일어난다.

세뇨관 내의 물질은 재흡수에 의해 혈중으로 들어가며 아미노산 및 독성물질 등이 재흡수된다.

96

규폐증(silicosis)에 관한 설명으로 틀린 것은?

① 석영 분진에 직업적으로 노출될 때 발생하는 진폐증의 일종이다.
② 채석장 및 모래분사 작업장에 종사하는 작업자들이 잘 걸리는 폐질환이다.
③ 석면의 고농도분진을 단기적으로 흡입할 때 주로 발생되는 질병이다.
④ 역사적으로 보면 이집트의 미이라에서도 발견되는 오랜 질병이다.

*규폐증(Silicosis)
① 이산화규소(SiO_2, 유리규산, 석영) 분진의 흡입에 의해 발생하는 진폐증
② 건축업, 도자기 작업장, 채석장, 석재공장 등에서 많이 발생한다.
③ 폐암, 폐결핵의 합병증을 일으키며 폐하엽 부위에 많이 생긴다.
④ 산화규소결정체
  : 함유율 1% 이하, 노출기준 $10mg/m^3$ 이하
⑤ 결정체 트리폴리 : 노출기준 $0.1mg/m^3$ 이하
⑥ 이집트의 미이라에서도 발견된 오랜 질병이다.

97

카드뮴 중독의 발생 가능성이 가장 큰 산업작업 또는 제품으로만 나열된 것은?

① 니켈, 알루미늄과의 합금, 살균제, 페인트
② 페인트 및 안료의 제조, 도자기 제조, 인쇄업
③ 금, 은의 정련, 청동 주석 등의 도금, 인견제조
④ 가죽제조, 내화벽돌 제조, 시멘트제조업, 화학비료공업

*카드뮴의 특징
① 니켈, 알루미늄과의 합금, 살균제, 페인트, 납광물, 아연 제련, 축전기 전극제조 등에서 노출될 수 있다.
② 1945년 일본에서 이타이이타이병 중독사건이 발생한 적이 있다.

98

비중격천공을 유발시키는 물질은?

① 납(Pb) ② 크롬(Cr)
③ 수은(Hg) ④ 카드뮴(Cd)

*크롬중독의 중세
① 급성중독
신장장해로 과뇨증이 오며 더욱 진전되면 무뇨증을 일으켜 요독증으로 사망가능성이 높아진다.

② 만성중독
폐암, 비강암, 비중격천공증, 접촉성 피부염, 크롬 폐증 등 증상이 있다.

99

산업역학에서 이용되는 "상대위험도 = 1"이 의미하는 것은?

① 질병의 위험이 증가함
② 노출군 전부가 발병하였음
③ 질병에 대한 방어효과가 있음
④ 노출과 질병발생 사이에 연관 없음

*상대위험도(비교위험도)
비노출군에 비해 노출군에서 질병에 걸릴 위험이 얼마나 큰지 나타낸다.

$$상대위험도 = \frac{노출군에서\ 질병발생률}{비노출군에서\ 질병발생률}$$

- 상대위험비=1 : 노출과 질병 사이의 연관성이 없음
- 상대위험비>1 : 위험이 증가
- 상대위험비<1 : 질병에 대한 방어효과가 있음

96.③ 97.① 98.② 99.④

100

유해물질이 인체 내에 침입 시 접촉면적이 큰 순서대로 나열된 것은?

① 소화기 > 피부 > 호흡기
② 호흡기 > 피부 > 소화기
③ 피부 > 소화기 > 호흡기
④ 소화기 > 호흡기 > 피부

*유해물질의 인체 침입 시 접촉면적 큰 순서
호흡기 > 피부 > 소화기

2017 1회차

제 1과목 : 산업위생학개론

01
작업대사량(RMR)을 계산하는 방법이 아닌 것은?

① 작업대사량/기초대사량
② 기초작업대사량/작업대사량
③ 작업시열량소비량−안정시열량소비량/기초대사량
④ 작업시산소소비량−안정시산소소비량/기초대사시산소소비량

*에너지 대사율(작업 대사율, RMR)
$$RMR = \frac{작업대사량(안정\ 시\ 열량)}{기초대사량}$$
$$= \frac{작업\ 시\ 소비에너지 - 안정\ 시\ 소비에너지}{기초대사량}$$

02
정상 작업역을 설명한 것으로 맞는 것은?

① 전박을 뻗쳐서 닿는 작업영역
② 상지를 뻗쳐서 닿는 작업영역
③ 사지를 뻗쳐서 닿는 작업영역
④ 어깨를 뻗쳐서 닿는 작업영역

*정상작업역·최대작업역
① 정상 작업역(표준영역)
  ㉠ 윗팔(상완)을 자연스럽게 수직으로 늘어뜨린 채, 아래팔(전완)만으로 편하게 뻗어 파악할 수 있는 영역
  ㉡ 팔을 가볍게 몸에 붙이고 팔꿈치를 구부린 상태에서 자유롭게 손이 닿는 영역
  ㉢ 움직이지 않고 전박과 손으로 조작할 수 있는 범위

② 최대 작업역(최대영역)
  ㉠ 윗팔(상완)과 아래팔(전완)을 곧게 수평으로 펴서 파악할 수 있는 영역
  ㉡ 어깨에서부터 팔을 뻗어 도달하는 최대영역
  ㉢ 움직이지 않고 상지를 뻗어 닿는 범위

03
방직공장의 면분진 발생 공정에서 측정한 공기 중 면분진 농도가 2시간 $2.5mg/m^3$, 3시간은 $1.8mg/m^3$, 3시간은 $2.6mg/m^3$일 때, 해당 공정의 시간가중 평균노출기준 환산값은 약 얼마인가?

① $0.86mg/m^3$
② $2.28mg/m^3$
③ $2.35mg/m^3$
④ $2.60mg/m^3$

*시간가중평균노출기준(TWA)
$$TWA = \frac{C_1 T_1 + C_2 T_2 + \cdots\cdots + C_n T_n}{8}$$
$$= \frac{2.5 \times 2 + 1.8 \times 3 + 2.6 \times 3}{8} = 2.28 mg/m^3$$

여기서,
C : 유해인자의 측정치 $[mg/m^3]$
T : 유해인자의 발생시간 [시간]

01.② 02.① 03.②

04
산업피로의 발생현상(기전)과 가장 관계가 없는 것은?

① 생체 내 조절기능의 변화
② 체내 생리대사의 물리·화학적 변화
③ 물질대사에 의한 피로물질의 체내 축적
④ 산소와 영양소 등의 에너지원 발생 증가

*피로의 발생기전
① 영양소·산소 등 에너지원 소모
② 피로물질(젖산, 크레아틴 등)의 축적
③ 체내의 항상성 상실
④ 신체조절기능 저하
⑤ 체내 생리대사의 물리·화학적 변화

05
스트레스 관리 방안 중 조직적 차원의 대응책으로 가장 적합하지 않은 것은?

① 직무 재설계
② 적절한 시간 관리
③ 참여 의사 결정
④ 우호적인 직장 분위기 조성

*직무 스트레스 관리

개인 차원의 스트레스 관리기법	집단 차원의 스트레스 관리기법
① 운동 ② 휴식 ③ 취미생활 ④ 긴장이완 훈련(명상 등) ⑤ 신체검사를 통한 스트레스성 질환 평가	① 직결한 직입 ② 휴식 ③ 개인별 특성을 고려한 작업근로환경 제공 ④ 사회적 지원 제공 ⑤ 직무 재설계 ⑥ 우호적인 직장 분위기 조성

06
산업안전보건법상 근로자 건강진단의 종류가 아닌 것은?

① 퇴직후건강진단 ② 특수건강진단
③ 배치전건강진단 ④ 임시건강진단

*건강진단의 종류
① 일반건강진단
② 특수건강진단
③ 배치전건강진단
④ 수시건강진단
⑤ 임시건강진단

07
산업위생의 목적과 가장 거리가 먼 것은?

① 근로자의 건강을 유지·증진시키고 작업능률을 향상시킴
② 근로자들의 육체적, 정신적, 사회적 건강을 유지·증진시킴
③ 유해한 작업환경 및 조건으로 발생한 질병을 진단하고 치료함
④ 작업 환경 및 작업 조건이 최적화되도록 개선하여 질병을 예방함

*산업위생의 목적
① 작업환경개선 및 직업병의 근원적 예방
② 최적의 작업환경·작업조건의 인간공학적 개선
③ 작업자의 건강보호 및 생산성(작업능률) 향상
④ 작업자들의 육체적·정신적·사회적 건강유지 및 증진
⑤ 산업재해의 예방 및 직업성 질환 유소견자의 작업전환

04.④ 05.② 06.① 07.③

08

어떤 사업장에서 70명의 종업원이 1년간 작업하는데 1급 장해 1명, 12급 장해 11명의 신체장해가 발생하였을 때 강도율은?
(단, 연간 근로일수는 290일, 일 근로시간은 8시간이다.)

신체장애 등급	1~3	11	12
근로 손실일수	7500	400	200

① 59.7
② 72.0
③ 124.3
④ 360.0

*강도율

$$강도율 = \frac{근로손실일수}{연근로\ 총시간수} \times 10^3$$

$$= \frac{7500 \times 1 + 200 \times 11}{70 \times 8 \times 290} \times 10^3 = 59.7$$

09

우리나라 산업위생 역사와 관련된 내용 중 맞는 것은?

① 문송면 – 납 중독 사건
② 원진레이온 – 이황화 탄소 중독 사건
③ 근로복지공단 – 작업환경측정기관에 대한 정도관리제도 도입
④ 보건복지부 – 산업안전보건법·시행령·시행규칙의 제정 및 공포

*원진레이온㈜의 이황화탄소(CS_2) 중독 사건
① 1991년에 이황화탄소 중독을 발견하여 1998년에 집단으로 발생함
② 이황화탄소 만성중독으로 뇌경색증, 다발성 신경염, 협심증, 신부전증 등 유발함

① 문송면 – 수은 중독 사건
③ 고용노동부 – 작업환경측정기관에 대한 정도관리제도 제정
④ 고용노동부 – 산업안전보건법·시행령·시행규칙의 제정 및 공포

10

에틸벤젠($TLV-100ppm$)을 사용하는 작업장의 작업시간이 9시간일 때에는 허용기준을 보정하여야 한다. OSHA 보정방법과 Breif&Scala 보정방법을 적용하였을 때 두 보정된 허용기준치 간의 차이는 약 얼마인가?

① 2.2ppm
② 3.3ppm
③ 4.2ppm
④ 5.6ppm

*OSHA 보정방법

$$허용기준 = TLV \times \frac{8}{H}$$

$$= 100 \times \frac{8}{9} = 88.9ppm$$

*Brief와 Scala 보정방법

$$허용기준 = TLV \times \frac{8}{H} \times \frac{24-H}{16}$$

$$= 100 \times \frac{8}{9} \times \frac{24-9}{16} = 83.3ppm$$

∴ 차이 = 88.9 – 83.3 = 5.6ppm

11
산업안전보건법상 제조 등 금지 대상 물질이 아닌 것은?

① 황린 성냥
② 청석면, 갈석면
③ 디클로로벤지딘과 그 염
④ 4-니트로디페닐과 그 염

*제조 등 금지 대상 유해물질의 종류
① β-나프틸아민과 그 염
② 4-니트로디페닐과 그 염
③ 백연을 포함한 페인트
 (포함된 중량의 비율이 2% 이하인 것은 제외)
④ 벤젠을 포함하는 고무풀
 (포함된 중량의 비율이 5% 이하인 것은 제외)
⑤ 석면
⑥ 폴리클로리네이티드 터페닐
⑦ 황린 성냥
⑧ ①, ②, ⑤ 또는 ⑥에 해당하는 물질을 포함한 화합물
 (포함된 중량의 비율이 1% 이하인 것은 제외)
⑨ 그 밖에 보건상 해로운 물질로서 산업재해보상보험 및 예방심의위원회의 심의를 거쳐 고용노동부장관이 정하는 유해물질

12
각 개인의 육체적 작업 능력(PWC, physical work capacity)을 결정하는 요인이라고 볼 수 없는 것은?

① 대사정도   ② 호흡기계 활동
③ 소화기계 활동   ④ 순환기계 활동

*육체적 작업 능력(PWC)을 결정하는 요인
① 대사정도 ② 호흡기계 활동 ③ 순환기계 활동

13
미국산업위생학술원(AAIH)이 채택한 윤리강령 중 기업주와 고객에 대한 책임에 해당하는 내용은?

① 일반 대중에 관한 사항은 정직하게 발표한다.
② 위험 요소와 예방 조치에 관하여 근로자와 상담한다.
③ 성실과 학문적 실력 면에서 최고 수준을 유지한다.
④ 궁극적으로 기업주와 고객보다 근로자의 건강 보호에 있다.

*산업위생전문가의 윤리강령(기업주와 고객에 대한 책임)
① 기업주와 고객보다는 근로자의 건강보호에 궁극적인 책임을 두어 행동한다.
② 쾌적한 작업환경을 조성하기 위하여 산업위생의 이론을 적용하고 책임 있게 행동한다.
③ 신뢰를 바탕으로 정직하게 권하고 성실한 자세로 충고하며 결과와 개선점 및 권고사항을 정확히 보고한다.
④ 결과 및 결론을 뒷받침할 수 있도록 정확한 기록을 유지하고, 산업위생사업을 전문가답게 전문 부서들을 운영·관리한다.

14
산업안전보건법상 입자상 물질의 농도 평가에서 2회 이상 측정한 단시간 노출 농도값이 단시간노출기준과 시간가중평균기준값 사이일 때 노출기준 초과로 평가해야 하는 경우가 아닌 것은?

① 1일 4회를 초과하는 경우
② 15분 이상 연속 노출되는 경우
③ 노출과 노출 사이의 간격이 1시간 이내인 경우
④ 단위작업장소의 넓이가 30평방미터 이상인 경우

*2회 이상 측정한 단시간 노출농도값이 단시간노출기준과 시간가중평균기준값 사이일 때 노출기준 초과로 평가하여야 하는 이유
① 15분 이상 연속 노출되는 경우
② 노출과 노출사이의 간격이 1시간 미만인 경우
③ 1일 4회를 초과하는 경우

15

산업안전보건법상 허용기준 대상 물질에 해당하지 않는 것은?

① 노말헥산 ② 1-브로모프로판
③ 포름알데히드 ④ 디메틸포름아미드

허용기준 대상 물질은 1-브로모프로판이 아닌 2-브로모프로판이다.

16

사무실 등의 실내환경에 대한 공기질 개선 방법으로 가장 적합하지 않은 것은?

① 공기청정기를 설치한다.
② 실내 오염원을 제어한다.
③ 창문 개방 등에 따른 실외 공기의 환기량을 증대시킨다.
④ 친환경적이고 유해공기오염물질의 배출저도가 낮은 건축자재를 사용한다.

창문 개방 등에 따른 실내 공기의 환기량을 증대시킨다.

17

공간의 효율적인 배치를 위해 적용되는 원리로 가장 거리가 먼 것은?

① 기능성 원리 ② 중요도의 원리
③ 사용빈도의 원리 ④ 독립성의 원리

*부품배치의 4원칙

원칙명	설명
중요성의 원칙	부품 작동성능이 목표달성에 중요한 정도에 따라 우선순위를 설정한다.
사용빈도의 원칙	자주 사용하는 부품에 따라 우선순위를 설정한다.
기능별 배치의 원칙	기능적으로 관련된 부품들을 모아서 배치한다.
사용순서의 원칙	사용순서에 따라 부품과 장치들을 배치한다.

18

어떤 유해요인에 노출될 때 얼마만큼의 환자 수가 증가되는지를 설명해 주는 위험도는?

① 상대 위험도 ② 인자 위험도
③ 기여 위험도 ④ 노출 위험도

*기여 위험도
어떤 유해요인에 노출될 때 얼마만큼의 환자 수가 증가되는지를 설명해주는 위험도

19

산업재해가 발생할 급박한 위험이 있거나 중대재해가 발생하였을 경우 취하는 행동으로 적합하지 않은 것은?

① 근로자는 직상급자에게 보고한 후 해당 작업을 즉시 중지시킨다.
② 사업주는 즉시 작업을 중지시키고 근로자를 작업 장소로부터 대피시켜야 한다.
③ 고용노동부 장관은 근로감독관 등으로 하여금 안전·보건진단이나 그 밖의 필요한 조치를 하도록 할 수 있다.
④ 사업주는 급박한 위험에 대한 합리적인 근거가 있을 경우에 작업을 중지하고 대피한 근로자에게 해고 등의 불리한 처우를 해서는 안 된다.

근로자는 바로 즉시 작업을 중지하여야 한다.

20

산업피로에 대한 대책으로 맞는 것은?

① 커피, 홍차, 엽차 및 비타민 B_1은 피로회복에 도움이 되므로 공급한다.
② 피로한 후 장시간 휴식하는 것이 휴식시간을 여러 번으로 나누는 것보다 효과적이다.
③ 움직이는 작업은 피로를 가중시키므로 될수록 정적인 작업으로 전환하도록 한다.
④ 신체 리듬의 적응을 위하여 야간 근무는 연속으로 7일 이상 실시하도록 한다.

*산업피로의 예방과 대책
① 작업과정에 적절한 간격으로 휴식시간을 둔다. (장시간 휴식보다 효과적)
② 각 개인에 따라 작업량을 조절한다.
③ 개인의 숙련도 등에 따라 작업속도를 조절한다.
④ 불필요한 동작을 피하여 에너지 소모를 적게 한다.
⑤ 작업시작 전후에 간단한 체조를 한다.
⑥ 동적인 작업과 정적인 작업을 적절하게 혼합하여 배치한다.
⑦ 커피, 홍차, 엽차 및 비타민 B을 공급한다.
⑧ 야간근무의 연속일수는 2~3일로 한다.
⑨ 작업 환경을 정리, 정돈한다.

2017 1회차 산업위생관리기사 필기 기출문제
제 2과목 : 작업위생측정 및 평가

21
작업장의 현재 총 흡음량은 $600\,sabins$이다. 천장과 벽 부분에 흡음재를 사용하여 작업장의 흡음량을 $3000\,sabins$ 추가하였을 때 흡음 대책에 따른 실내 소음의 저감량(dB)은?

① 약 12 ② 약 8
③ 약 4   ④ 약 3

*실내소음 저감량(NR)

$$NR = SPL_1 - SPL_2 = 10\log\left(\frac{A_2}{A_1}\right) = 10\log\left(\frac{A_1 + A_\alpha}{A_1}\right)$$
$$= 10\log\left(\frac{600 + 3000}{600}\right) = 7.78 \fallingdotseq 8\,dB$$

22
일정한 부피조건에서 압력과 온도가 비례한다는 표준 가스에 대한 법칙은?

① 보일 법칙   ② 샤를 법칙
③ 게이-루삭 법칙 ④ 라울트 법칙

*게이-루삭의 법칙
일정한 부피에서 압력과 온도는 비례한다.
$\dfrac{P_1}{T_1} = \dfrac{P_2}{T_2}$

23
분석기기가 검출할 수 있는 신뢰성을 가질 수 있는 양인 정량한계(LOQ)는?

① 표준편차의 3배   ② 표준편차의 3.3배
③ 표준편차의 5배   ④ 표준편차의 10배

*정량한계(LOQ)
$LOQ = 3 \times 검출한계$ or $3.3 \times 검출한계$
$LOQ = 10 \times 표준편차$

24
작업 환경 측정 결과 측정치가 5, 10, 15, 15, 10, 5, 7, 6, 9, 6의 10개일 때 표준편차는?
(단, 단위 = ppm)

① 약 1.13 ② 약 1.87
③ 약 2.13 ④ 약 3.76

*표준편차(SD)

$$\overline{X} = \frac{5+10+15+15+10+5+7+6+9+6}{10} = 8.8$$

$$\therefore SD = \sqrt{\frac{\sum_{i=1}^{N}(X_i - \overline{X})^2}{N-1}}$$

$$= \sqrt{\frac{\begin{array}{c}(5-8.8)^2+(10-8.8)^2+(15-8.8)^2+\\(15-8.8)^2+(10-8.8)^2+(5-8.8)^2+\\(7-8.8)^2+(6-8.8)^2+(9-8.8)^2+(6-8.8)^2\end{array}}{10-1}}$$

$\fallingdotseq 3.76$

여기서,
X_i : 측정치
$\overline{X}$: 측정치의 산술평균값
N : 측정치의 개수

21.② 22.③ 23.④ 24.④

25

1N-HCl $500mL$를 만들기 위해 필요한 진한 염산(비중 : 1.18, 함량 : 35%)의 부피(mL)는?

① 약 18   ② 약 36
③ 약 44   ④ 약 66

*부피

$$부피 = \frac{몰농도 \times 부피[L] \times 몰질량}{순도 \times 비중}$$
$$= \frac{1 \times 0.5 \times 36.5}{0.35 \times 1.18} = 44mL$$

*참고

- HCl(eq) → H$^+$ + Cl$^-$이므로, 1N=1M(몰질량)
- 염산(HCl)의 분자량 = 1+35.5 = 36.5g
- H의 원자량 : 1g, Cl의 원자량 : 35.5g
- 순도 = $\frac{35}{100}$ = 0.35

26

공장에서 A용제 30%(TLV $1200mg/m^3$), B용제 30%(TLV $1400mg/m^3$) 및 C용제 40%(TLV $1600mg/m^3$)의 중량비로 조성된 액체용제가 증발되어 작업 환경을 오염시킨 경우 이 혼합물의 허용농도(mg/m^3)는?
(단, 상가작용 기준)

① 약 1400   ② 약 1450
③ 약 1500   ④ 약 1550

*혼합물의 허용농도

혼합물의 허용농도
$$= \frac{f_1+f_2+\cdots+f_n}{\frac{f_1}{TLV_1}+\frac{f_2}{TLV_2}+\cdots+\frac{f_n}{TLV_n}}$$
$$= \frac{30+30+40}{\frac{30}{1200}+\frac{30}{1400}+\frac{40}{1600}} = 1400mg/m^3$$

여기서,
f : 액체 혼합물에서의 각 성분 무게(중량, 비율)
TLV : 해당 물질의 노출기준

27

고열 측정구분에 따른 측정기기와 측정 시간을 연결로 틀린 것은?
(단, 고용노동부 고시 기준)

① 습구온도 - 0.5도 간격의 눈금이 있는 아스만 통풍건습계 - 25분 이상
② 습구온도 - 자연습구온도를 측정할 수 있는 기기 - 자연습구온도계 5분 이상
③ 흑구 및 습구흑구온도 - 직경이 5센티미터 이상인 흑구온도계 또는 습구흑구온도를 동시에 측정할 수 있는 기기 - 직경이 15센티미터일 경우 15분 이상
④ 흑구 및 습구흑구온도 - 직경이 5센티미터 이상인 흑구온도계 또는 습구흑구온도를 동시에 측정할 수 있는 기기 - 직경이 7.5센티미터 또는 5센티미터일 경우 5분 이상

법 개정으로 인해 정답이 없고, 공부 안하셔도 무방합니다.

28

유량, 측정시간, 회수율, 분석에 의한 오차가 각각 10, 5, 7, 5%였다. 만약 유량에 의한 오차(10%)를 5%로 개선시켰다면 개선 후의 누적 오차(%)는?

① 약 8.9   ② 약 11.1
③ 약 12.4   ④ 약 14.3

*누적오차

$$E_c = \sqrt{E_1^2 + E_2^2 + \cdots + E_n^2}$$
$$= \sqrt{5^2+5^2+7^2+5^2} = 11.1\%$$

여기서,
$E_1, E_2, \cdots, E_n$: 각 요소에 대한 오차[%]

29

작업장 내 톨루엔 노출농도를 측정하고자 한다. 과거의 노출농도는 평균 $50ppm$이었다. 시료는 활성탄관을 이용하여 $0.2L/min$의 유량으로 채취한다. 톨루엔의 분자량은 92, 가스크로마토 그래피의 정량한계(LOQ)는 시료 당 $0.5mg$이다. 시료를 채취해야 할 최소의 시간(분)은?
(단, 작업장 내 온도는 $25℃$)

① 10.3　　　　　② 13.3
③ 16.3　　　　　④ 19.3

*채취 최소시간

$$mg/m^3 = ppm \times \frac{분자량}{부피} = 50 \times \frac{92}{24.45} = 188.14 mg/m^3$$

$$부피 = \frac{LOQ}{농도} = \frac{0.5mg}{188.14mg/m^3 \times \left(\frac{1m^3}{1000L}\right)} = 2.66L$$

$$\therefore 최초\ 채취시간 = \frac{2.66L}{0.2L/min} = 13.3min$$

여기서, LOQ : 정량한계$[mg]$

*참고

- 1atm, 25℃의 부피 = 24.45L
- $1m^3$ = 1000L

30

직경분립충돌기에 관한 설명으로 틀린 것은?

① 흡입성, 흉곽성, 호흡성 입자의 크기별 분포와 농도를 계산할 수 있다.
② 호흡기의 부분별로 침착된 입자 크기를 추정할 수 있다.
③ 입자의 질량크기분포를 얻을 수 있다.
④ 되튐 또는 과부하로 인한 시료 손실이 없어 비교적 정확한 측정이 가능하다.

*직경분립 충돌기(=입경분립 충돌기, cascade impactor)

① 흡입성·흉곽성·호흡성 입자상 물질의 크기별로 측정하는 기구이다.
② 공기흐름이 층류일 때 입자가 관성력에 의하여 시료채취가 표면에 충돌하여 채취하는 원리이다.
③ 장점
  ㉠ 입자의 질량 크기 분포를 얻을 수 있다.
  ㉡ 호흡기의 부분별로 침착된 입자 크기의 자료를 추정할 수 있다.
  ㉢ 흡입성·흉곽성·호흡성 입자 크기별로 분포 및 농도를 계산할 수 있다.
④ 단점
  ㉠ 시료채취가 까다롭다.
  ㉡ 비용이 많이 든다.
  ㉢ 채취 준비시간이 많이 든다.
  ㉣ 되튐으로 인한 시료의 손실이 일어나 과소분석 결과를 초래할 수 있어 유량을 2L/min 이하로 채취하여야 한다.

31

작업장 내의 오염물질 측정 방법인 검지관법에 관한 설명으로 옳지 않은 것은?

① 민감도가 낮다.
② 특이도가 낮다.
③ 측정 대상 오염물질의 동정 없이 간편하게 측정할 수 있다.
④ 맨홀, 밀폐 공간에서의 산소가 부족하거나 폭발성 가스로 인하여 안전이 문제가 될 때 유용하게 사용될 수 있다.

*검지관 장단점

장점	① 사용이 간편하다. ② 반응시간이 빨라서 빠른 시간에 측정 결과를 알 수 있다. ③ 숙련된 전문가가 아니어도 어느 정도 숙지되면 사용이 가능하다. ④ 맨홀 등 밀폐공간에서 산소가 부족하거나 폭발성 가스로 인해 안전이 문제가 될 때 유용하게 사용이 가능하다.
단점	① 민감도가 낮으며 비교적 고농도에 적용이 가능하다. ② 특이도가 낮다. ③ 단시간 측정만 가능하다. ④ 미리 측정 대상물질이 동정이 되어 있어야 측정이 가능하다. ⑤ 색이 시간에 따라 변화하므로 제조자가 정한 시간에 읽어야 한다. ⑥ 한 검지관으로 단일 물질만 측정할 수 있어 각 오염물질에 맞는 검지관을 선정하여야 한다. ⑦ 색변화가 선명하지 않아 주관적으로 읽을 수 있어 판독자에 따라 변이가 심하다.

32

옥내의 습구흑구온도지수($WBGT$)를 산출하는 공식은?

① $WBGT = 0.7NWB + 0.2GT + 0.1DT$
② $WBGT = 0.7NWB + 0.3GT$
③ $WBGT = 0.7NWB + 0.1GT + 0.2DT$
④ $WBGT = 0.7NWB + 0.1GT$

*습구흑구온도지수(WBGT)
① 태양광선이 내리쬐는 옥외 장소
$WBGT(℃)$
$= 0.7 \times 자연습구온도 + 0.2 \times 흑구온도 + 0.1 \times 건구온도$
② 태양광선이 내리쬐지 않는 옥내 또는 옥외 장소
$WBGT(℃) = 0.7 \times 자연습구온도 + 0.3 \times 흑구온도$

$WBGT(℃) = 0.7 \times 자연습구온도 + 0.3 \times 흑구온도$
$= 0.7 \times 26 + 0.3 \times 36 = 29℃$

33

유기용제 채취 시 적정한 공기채취용량(또는 시료채취시간)을 선정하는 데 고려하여야 하는 조건으로 가장 거리가 먼 것은?

① 공기 중의 예상농도
② 채취 유속
③ 채취 시료 수
④ 분석기기의 최저 정량한계

*적정 공기채취용량(또는 시료채취시간) 선정 시 고려사항
① 공기 중의 예상농도
② 채취 유속(채취 유량)
③ 분석기기의 최저 정량한계

34

가스크로마토그래피(GC)분석에서 분해능(또는 분리도)을 높이기 위한 방법이 아닌 것은?

① 시료의 양을 적게 한다.
② 고정상의 양을 적게 한다.
③ 고체 지지체의 입자 크기를 작게 한다.
④ 분리관(column)의 길이를 짧게 한다.

*분해능(분리도)을 높이기 위한 방법
① 시료의 양을 적게 한다.
② 고정상의 양을 적게 한다.
③ 고체 지지체의 입자 크기를 작게 한다.
④ 분리관(column)의 길이를 길게 한다.

32.② 33.③ 34.④

35

소음 측정에 관한 설명 중 ( )에 알맞은 것은?
(단, 고용노동부 고시 기준)

> 누적소음노출량 측정기로 소음을 측정하는 경우에는 Criteria는 (㉠)dB, ExchanheRate는 $5dB$, Threshold는 (㉡)dB로 기기를 설정할 것

① ㉠ 70, ㉡ 80   ② ㉠ 80, ㉡ 70
③ ㉠ 80, ㉡ 90   ④ ㉠ 90, ㉡ 80

*누적소음노출량 측정기 설정
① Criteria : 90dB
② Exchange Rate : 5dB
③ Threshold : 80dB

36

시료 측정 시 측정하고자 하는 시료의 피크와는 전혀 관계없는 피크가 크로마토그램에 때때로 나타나는 경우가 있는데 이것을 유령피크(Ghost peak)라고 한다. 유령피크의 발생 원인으로 가장 거리가 먼 것은?

① 칼럼이 충분하게 묵힘(aging)되지 않아서 칼럼에 남아 있는 성분들이 배출되는 경우
② 주입부에 있던 오염물질이 증발되어 배출되는 경우
③ 운반기체가 오염된 경우
④ 주입부에 사용하는 격막(septum)에서 오염물질이 방출되는 경우

*유령피크(Ghost Peak) 발생원인
① 칼럼이 충분하게 묵힘(aging)되지 않아서 칼럼에 남아 있는 성분들이 배출되는 경우
② 주입부에 있던 오염물질이 증발되어 배출되는 경우
③ 주입부에 사용하는 격막(septum)에서 오염물질이 방출되는 경우

37

작업장에 소음 발생 기계 4대가 설치되어 있다. 1대 가동 시 소음 레벨을 측정한 결과 $82dB$을 얻었다면 4대 동시 작동 시 소음 레벨(dB)은?
(단, 기타 조건은 고려하지 않음)

① 89   ② 88
③ 87   ④ 86

*합성소음도(L)

$$L = 10\log\left(10^{\frac{L_1}{10}} + 10^{\frac{L_2}{10}} + \cdots + 10^{\frac{L_n}{10}}\right)$$

$$= 10\log\left(10^{\frac{82}{10}} \times 4\right) = 88dB$$

L : 합성소음도[dB]
$L_1, L_2, \cdots L_n$ = 각 소음원의 소음[dB]

38

원자흡광분석기에 적용되어 사용되는 법칙은?

① 반데르발스(Van der Waals)법칙
② 비어-람버트(Beer-Lambert)법칙
③ 보일-샤를(Boyle-Charles)법칙
④ 에너지보존(Energy Conservation)법칙

원자흡광분석기에 적용되는 법칙은 비어-람버트(Beer-Lambert)법칙이다.

39

노출 대수정규분포에서 평균 노출을 가장 잘 나타내는 대푯값은?

① 기하평균   ② 산술평균
③ 기하표준편차   ④ 범위

산술평균 - 평균 노출을 가장 잘 나타내는 대푯값

40

실리카겔 흡착에 대한 설명으로 틀린 것은?

① 실리카겔은 규산나트륨과 황산의 반응에서 유도된 무정형의 물질이다.
② 극성을 띠고 흡습성이 강하므로 습도가 높을수록 파과 용량이 증가한다.
③ 추출액이 화학분석이나 기기분석에 방해물질로 작용하는 경우가 많지 않다.
④ 활성탄으로 채취가 어려운 아닐린, 오르쏘-톨루이딘 등의 아민류나 몇몇 무기물질의 채취도 가능하다.

＊실리카겔관(Silcagel Tube)
① 규산나트륨과 황산과 반응에서 유도된 무정형 물질이 들어간 관이다.
② 극성을 띠고 흡습성이 강하므로 습도가 높으면 파과용량이 감소된다.
③ 실리카 및 알루미나 흡착제는 탄소의 불포화결합을 가진 분자를 선택적으로 흡착한다.
④ 극성 유기용제, 산, 방향족 아민류, 지방족 아민류, 아미노에탄올, 니트로벤젠류, 페놀류, 아미드류 등 포집에 사용된다.
⑤ 극성 물질을 채취한 경우 물, 메탄올 등 다양한 용매로 쉽게 탈착된다.
⑥ 탈착용매가 화학 및 기기분석에 방해물질로 작용하는 경우가 적다.
⑦ 활성탄으로 채취가 불가능한 아닐린 등의 아민류나 몇몇 무기물 채취가 가능하다.
⑧ 매우 유독한 이황화탄소(CS)를 탈착용매로 사용하지 않는다.
⑨ 실리카겔의 친화력(극성이 강한 순서)
물 > 알코올류 > 알데하이드류 > 케톤류 > 에스테르류 > 방향족 탄화수소류 > 올레핀류 > 파라핀류

40.②

2017 1회차 산업위생관리기사 필기 기출문제
제 3과목 : 작업환경관리대책

41
다음의 ( )에 들어갈 내용이 알맞게 조합된 것은?

> 원형직관에서 압력손실은 (㉠)에 비례하고 (㉡)에 반비례하며 속도의 (㉢)에 비례한다.

① ㉠ 송풍관의 길이, ㉡ 송풍관의 직경, ㉢ 제곱
② ㉠ 송풍관의 직경, ㉡ 송풍관의 길이, ㉢ 제곱
③ ㉠ 송풍관의 길이, ㉡ 속도압, ㉢ 세제곱
④ ㉠ 속도압, ㉡ 송풍관의 길이, ㉢ 세제곱

*직선 덕트의 압력손실($\triangle P$)

$$\triangle P = F \times VP = \lambda \times \frac{L}{D} \times \frac{\gamma V^2}{2g}$$

원형직관에서 압력손실은 송풍관의 길이에 비례하고, 송풍관의 직경에 반비례하며 속도의 제곱에 비례한다.

여기서,
$\triangle P$: 압력손실 $[mmH_2O]$
F : 압력손실계수
VP : 속도압 $[mmH_2O]$
λ : 관마찰계수
L : 덕트 길이 $[m]$
D : 덕트 직경 $[m]$

장방형 덕트일 때 : 상당 직경 $D = \frac{2ab}{a+b}$

a : 밑변 $[m]$
b : 높이 $[m]$
γ : 비중 $[kg/m^3]$
V : 속도 $[m/sec]$

42
산업위생보호구와 가장 거리가 먼 것은?

① 내열 방화복
② 안전모
③ 일반 장갑
④ 일반 보호면

안전모는 산업안전보호구이다.

43
방진마스크에 대한 설명으로 가장 거리가 먼 것은?

① 방진마스크는 인체에 유해한 분진, 연무, 흄, 미스트, 스프레이 입자를 작업자가 흡입하지 않도록 하는 보호구이다.
② 방진마스크의 종류에는 격리식과 직결식, 면체여과식이 있다.
③ 방진마스크의 필터에는 활성탄과 실리카겔이 주로 사용된다.
④ 비휘발성 입자에 대한 보호만 가능하며, 가스 및 증기로부터의 보호는 안 된다.

*방진마스크 필터 재질의 종류
① 면
② 모
③ 합성섬유
④ 유리섬유
⑤ 금속섬유

44
전체 환기의 목적에 해당되지 않는 것은?

① 발생된 유해물질을 완전히 제거하여 건강을 유지·증진한다.
② 유해물질의 농도를 감소시켜 건강을 유지·증진한다.
③ 화재나 폭발을 예방한다.
④ 실내의 온도와 습도를 조절한다.

*전체환기의 목적
① 유해물질의 농도를 감소시켜 건강을 유지·증진한다.
② 화재나 폭발을 예방한다.
③ 실내의 온도와 습도를 조절한다.

45
덕트 주관에 45°로 분지관이 연결되어 있다. 주관과 분지관의 반송속도는 모두 $18m/s$이고, 주관의 압력손실계수는 0.2이며, 분지관의 압력손실계수는 0.28이다. 주관과 분지관의 합류에 의한 압력손실(mmH_2O)은?

(단, 공기밀도=$1.2kg/m^3$)

① 9.5 ② 8.5
③ 7.5 ④ 6.5

*합류관 압력손실($\triangle P$)
밀도가 $1.2kg/m^3$이므로, 비중량은 $1.2kg_f/m^3$이다.
$VP = \dfrac{\gamma V^2}{2g} = \dfrac{1.2 \times 18^2}{2 \times 9.8} = 19.84 mmH_2O$
$\therefore \triangle P = \triangle P_1 + \triangle P_2 = (\xi VP_1)+(\xi VP_2)$
$= (0.2 \times 19.84)+(0.28 \times 19.84) = 9.5 mmH_2O$

여기서,
$\triangle P$: 압력손실$[mmH_2O]$
$\triangle P_1$: 주관의 압력손실$[mmH_2O]$
$\triangle P_2$: 분지관의 압력손실$[mmH_2O]$
ξ : 압력손실계수($\xi = 1-R$)
  R : 정압회복계수
VP : 속도압$[mmH_2O]$

46
레이놀즈수(Re)를 산출하는 공식은?
(단, d : 덕트직경(m), v : 공기유속(m/s), u : 공기의 점성계수$(kg/\sec \cdot m)$, p : 공기밀도(kg/m^3))

① $Re = (u \times p \times d)/v$ ② $Re = (p \times v \times u)/d$
③ $Re = (d \times v \times u)/p$ ④ $Re = (p \times d \times v)/u$

*레이놀즈 수
$Re = \dfrac{\rho VD}{\mu} = \dfrac{VD}{\nu}$

여기서,
Re : 레이놀즈 수
ρ : 유체 밀도$[kg/m^3]$
V : 유속$[m/s]$
D : 직경$[m]$
μ : 점성계수$[kg/m \cdot s]$
ν : 동점성계수$[m^2/s]$

47
송풍기의 전압이 $300mmH_2O$이고 풍량이 $400m^3/min$, 효율이 0.6일 때 소요동력(kW)은?

① 약 33 ② 약 45
③ 약 53 ④ 약 65

*송풍기 소요동력(H)
$H = \dfrac{Q \times \triangle P}{6120\eta} \times \alpha = \dfrac{400 \times 300}{6120 \times 0.6} \times 1 = 32.68 ≒ 33kW$

여기서,
H : 송풍기 소요동력$[kW]$
Q : 송풍량$[m^3/min]$
$\triangle P$: 송풍기 유효압력$[mmH_2O]$
η : 송풍기 효율
α : 여유율 (주어지지 않으면, $\alpha = 1$)

44.① 45.① 46.④ 47.①

48

움직이지 않는 공기 중으로 속도 없이 배출되는 작업조건(작업공정 : 탱크에서 증발)의 제어속도 범위 (m/s)는?
(단, ACGIH 권고 기준)

① 0.1~0.3
② 0.3~0.5
③ 0.5~1.0
④ 1.0~1.5

*제어속도 범위(ACGIH)

작업조건	작업공정 사례	제어속도 $[m/s]$
움직이지 않는 공기 중 속도없이 배출되는 작업조건 조용한 대기 중에 실제 거의 속도가 없는 상태로 발산하는 경우의 작업조건	- 탱크에서 증발, 탈지시설 - 액면에서 발생하는 가스나 증기 흄	0.25~0.5
비교적 조용한 대기 중 저속도로 비산하는 작업조건	- 용접, 도금작업 - 스프레이 도장 - 주형을 부수고 모래를 터는 장소	0.5~1.0
발생 기류가 높고 유해물질이 활발하게 발생하는 작업조건	- 스프레이 도장, 용기 충전 - 분쇄기 - 컨베이어 적재	1.0~2.5
초고속 기류가 있는 작업장소에 초고속으로 비산하는 경우	- 회전 연삭작업 - 연마작업 - 블라스트 작업	2.5~10

49

방사날개형 송풍기에 관한 설명으로 틀린 것은?

① 고농도 분지함유 공기나 부식성이 강한 공기를 이송시키는 데 많이 이용된다.
② 깃이 평판으로 되어 있다.
③ 가격이 저렴하고 효율이 높다.
④ 깃의 구조가 분진을 자체 정화 할 수 있도록 되어 있다.

*평판형(방사 날개형, 플레이트형 송풍기)
① 날개가 직선으로 평판모양이며, 강도가 높게 설계되어 있다.
② 날개 구조가 분진 자체 정화할 수 있도록 되어 있다.
③ 시멘트, 미분탄, 곡물, 모래 등 고농도 분진함유 공기, 부식성이 강한 공기를 이송시키는데 많이 이용된다.
④ 습식 집진장치의 배기에 적합하며, 소음은 보통이다.
⑤ 압력과 효율(65%)은 다익형 보다 약간 높으나 터보형보단 낮다.

50

$30000 ppm$의 테트라클로로에틸렌 (tetrachloro-ethylene)이 작업 환경 중의 공기와 완전 혼합되어 있다. 이 혼합물의 유효비중은?
(단, 테트라클로로에틸렌은 공기보다 5.7배 무겁다.)

① 약 1.124
② 약 1.141
③ 약 1.164
④ 약 1.186

*유효비중(혼합비중)
유효비중
$= \dfrac{물질의\ ppm \times 물질의\ 비중 + (10^6 - 물질의\ ppm) \times 1}{10^6}$
$= \dfrac{30000 \times 5.7 + (10^6 - 30000) \times 1}{10^6} = 1.141$

51

귀덮개 착용 시 일반적으로 요구되는 차음 효과는?

① 저음에서 $15dB$ 이상, 고음에서 $30dB$ 이상
② 저음에서 $20dB$ 이상, 고음에서 $45dB$ 이상
③ 저음에서 $25dB$ 이상, 고음에서 $50dB$ 이상
④ 저음에서 $30dB$ 이상, 고음에서 $55dB$ 이상

*귀덮개의 차음효과(방음효과)
① 저음역 20dB 이상
② 고음역 45dB 이상

52

강제 환기를 실시할 때 환기효과를 제고할 수 있는 필요 원칙을 모두 고른 것은?

> ㉠ 배출구가 창문이나 문 근처에 위치하지 않도록 한다.
> ㉡ 배출공기를 보충하기 위하여 청정공기를 공급한다.
> ㉢ 공기 배출구와 근로자의 작업위치 사이에 오염원이 위치하여야 한다.
> ㉣ 오염물질 배출구는 오염원으로부터 가까운 곳에 설치하여 점환기 현상을 방지한다.

① ㉠, ㉡
② ㉠, ㉡, ㉢
③ ㉠, ㉡, ㉣
④ ㉠, ㉡, ㉢, ㉣

*전체환기(강제환기) 시설 설치 시 기본원칙
① 오염물질 사용량을 조사하여 필요환기량을 계산할 것
② 배출공기를 보충하기 위하여 청정공기를 공급할 것
③ 오염물질 배출구는 가능한 한 오염원에 가까운 곳에 설치하여 점환기 효과를 얻을 것
④ 공기배출구와 근로자의 작업위치 사이에 오염원이 위치해야할 것
⑤ 필요 환기량은 오염물질이 충분히 희석될 수 있는 양으로 설계할 것
⑥ 공기가 급기구를 통하여 들어와서 오염물질이 있는 영역을 통과하여 배기구로 빠져나가도록 설계할 것
⑦ 건물 밖으로 배출된 오염공기가 안으로 재유입되지 않도록 배출 높이를 적절하게 설계하고 창문이나 문 근처에 위치하지 않도록 할 것
⑧ 오염된 공기는 작업자가 호흡하기 전 충분히 희석되도록 할 것
⑨ 오염원 주위에 다른 작업 공정이 있으면 공기배출량을 공급량보다 약간 크게 하여 음압을 형성하여 주위 근로자에게 오염 물질이 확산 되지 않도록 한다.
⑩ 오염원 주위에 근로자의 작업공간이 존재할 경우에는 배기를 급기보다 약간 많이 한다.

53

송풍기의 효율이 큰 순서대로 나열된 것은?

① 평판송풍기 > 다익송풍기 > 터보송풍기
② 다익송풍기 > 평판송풍기 > 터보송풍기
③ 터보송풍기 > 다익송풍기 > 평판송풍기
④ 터보송풍기 > 평판송풍기 > 다익송풍기

*송풍기의 효율이 큰 순서
터보송풍기 > 평판송풍기 > 다익송풍기

54

후드로부터 $0.25m$ 떨어진 곳에 있는 공정에서 발생되는 먼지를, 제어속도가 $5m/s$, 후드직경이 $0.4m$인 원형 후드를 이용하여 제거하고자 한다. 이 때 필요환기량 $(m^3/\min)$ 은?
(단, 플랜지 등 기타 조건은 고려하지 않음)

① 약 205
② 약 215
③ 약 225
④ 약 235

*필요송풍량(Q)

조건	필요송풍량 공식
① 자유공간 위치, 플랜지 미부착	$Q = V(10X^2 + A)$
② 자유공간 위치, 플랜지 부착	$Q = 0.75V(10X^2 + A)$
③ 바닥면 위치, 플랜지 미부착	$Q = V(5X^2 + A)$
④ 바닥면 위치, 플랜지 부착	$Q = 0.5V(10X^2 + A)$

여기서,
Q : 필요송풍량 $[m^3/\min]$
A : 후드의 개구면적 $[m^2]$
V : 제어속도 $[m/\min]$
X : 후드 중심선으로부터 발생원까지의 거리 $[m]$

$$A = \frac{\pi d^2}{4} = \frac{\pi \times 0.4^2}{4} = 0.126 m^2$$

$$\therefore Q = V(10X^2 + A) = 5 \times (10 \times 0.25^2 + 0.126)$$
$$= 3.76 m^3/\sec \times \left(\frac{60\sec}{1\min}\right) = 225.6 ≒ 225 m^3/\min$$

52.② 53.④ 54.③

55

배출원이 많아서 여러 개의 후드를 주관에 연결한 경우(분지관의 수가 많고 덕트의 압력손실이 클 때) 총압력손실계산법으로 가장 적절한 방법은?

① 정압조절평형법　② 저항조절평형법
③ 등가조절평형법　④ 속도압평형법

*저항조절평형법(덕트균형유지법, 댐퍼조절평형법)
덕트에 각각 댐퍼를 부착하여 압력을 조정 및 평형을 유지하는 방법으로 총 압력손실 계산할 때 압력손실이 가장 큰 분지관을 기준으로 산정한다.

56

1기압에서 혼합기체가 질소(N_2)66%, 산소(O_2)14%, 탄산가스 20%로 구성되어 있을 때 질소가스의 분압은?
(단, 단위 : $mmHg$)

① 501.6　② 521.6
③ 541.6　④ 560.4

*분압
질소가스 분압[$mmHg$] = $760mmHg$×질소 성분비
= $760 \times 0.66 = 501.6 mmHg$

57

자연환기와 강제환기에 관한 설명으로 옳지 않은 것은?

① 강제환기는 외부 조건에 관계없이 작업환경을 일정하게 유지시킬 수 있다.
② 자연환기는 환기량 예측 자료를 구하기가 용이하다.
③ 자연환기는 적당한 온도 차와 바람이 있다면 비용 면에서 상당히 효과적이다.
④ 자연환기는 외부 기상조건과 내부 작업조건에 따라 환기량 변화가 심하다.

자연환기는 환기량 예측 자료를 구하기가 어렵고, 국소배기가 구하기 쉽다.

58

환기시설 내 기류가 기본적인 유체역학적 원리에 따르기 위한 전제조건과 가장 거리가 먼 것은?

① 환기시설 내외의 열교환은 무시한다.
② 공기의 압축이나 팽창은 무시한다.
③ 공기는 절대습도를 기준으로 한다.
④ 공기 중에 포함된 유해물질의 무게와 용량을 무시한다.

*유체의 역학적 원리의 전제조건
① 건조공기
② 공기의 비압축성
③ 환기시설 내외의 열교환 무시
④ 환기시설 공기 속 오염물질 실량 및 부피 무시
⑤ 공기는 상대습도 기준

59

후드의 유입계수가 0.86, 속도압이 $25mmH_2O$일 때 후드의 압력손실(mmH_2O)은?

① 8.8
② 12.2
③ 15.4
④ 17.2

*유입손실($\triangle P$)

$$\triangle P = F \times VP = \left(\frac{1}{C_e^2} - 1\right) \times VP$$
$$= \left(\frac{1}{0.86^2} - 1\right) \times 25 = 8.8 mmH_2O$$

여기서,
$\triangle P$: 유입손실 $[mmH_2O]$
F : 유입손실계수 $\left(= \frac{1}{C_e^2} - 1\right)$
C_e : 유입계수 $\left(= \sqrt{\frac{1}{1+F}}\right)$
VP : 속도압 $[mmH_2O]$ $\left(= \frac{\gamma V^2}{2g}\right)$

60

슬로트 후드에서 슬로트의 역할은?

① 제어속도를 감소시킴
② 후드 제작에 필요한 재료 절약
③ 공기가 균일하게 흡입되도록 함
④ 제어속도를 증가시킴

*슬롯(Slot)의 역할
공기가 균일하게 흡입되도록 한다.

제 4과목 : 물리적유해인자관리

61
소음에 대한 대책으로 적절하지 않은 것은?

① 차음효과는 밀도가 큰 재질일수록 좋다.
② 흡음효과에 방해를 주지 않기 위해서, 다공질 재료 표면에 종이를 입혀서는 안된다.
③ 흡음효과를 높이기 위해서는 흡음재를 실내의 틈이나 가장자리에 부착하는 것이 좋다.
④ 저주파성분이 큰 공장이나 기계실 내에서는 다공질 재료에 의한 흡음처리가 효과적이다.

> 고주파 성분은 다공질 재료에 의한 흡음처리가 효과적이다.

*자외선의 생물학적 작용

분류	생물학적 작용
피부 장해	- 피부암 발생 • 280~315nm의 파장에서 피부암이 발생할 수 있다. • 옥외 작업을 하면서 콜타르의 유도체, 벤조피렌, 안트라센 화합물과 상호작용하여 피부암을 유발시킨다. - 피부의 비후 : 자외선에 의해 진피 두께가 두꺼워진다. - 피부홍반 형성 및 색소 침착 : 200~290nm에서 홍반작용이 강하게 발생한다.
눈 장해	- 240~310nm 파장에서 백내장 및 결막염을 일으킨다. - 급성각막염 발생 : 자외선 살균취급자, 전기용접자 등에서 자외선에 의한 전광성 안염(전기성 안염)이 발생한다.
비타민 D 생성	- 280~320nm의 파장에서 비타민 D가 생성된다.
살균 작용	- 254~280nm의 파장에서 강한 살균작용을 한다. - 254nm 파장 부근에서 살균작용이 가장 강하다.
전신 건강 장해	- 적혈구, 백혈구, 혈소판이 증가한다. - 2차적 증상으로 두통, 피로, 불면, 흥분, 체온 상승이 나타난다.

62
살균 작용을 하는 자외선의 파장범위는?

① 220 ~ 254mm
② 254 ~ 280mm
③ 280 ~ 315mm
④ 315 ~ 400mm

61.④ 62.②

63

실내에서 박스를 들고 나르는 작업(300kcal/h)을 하고 있다. 온도가 다음과 같을 때 시간당 작업시간과 휴식시간의 비율로 가장 적절한 것은?

- 자연습구온도: 30℃
- 흑구온도: 31℃
- 건구온도: 28℃

① 5분 작업, 55분 휴식
② 15분 작업, 45분 휴식
③ 30분 작업, 30분 휴식
④ 45분 작업, 15분 휴식

*습구흑구온도지수(WBGT)
① 태양광선이 내리쬐는 옥외 장소
$WBGT(℃) = 0.7 \times 자연습구온도 + 0.2 \times 흑구온도 + 0.1 \times 건구온도$

② 태양광선이 내리쬐지 않는 옥내 또는 옥외 장소
$WBGT(℃) = 0.7 \times 자연습구온도 + 0.3 \times 흑구온도$

$WBGT(℃) = 0.7 \times 자연습구온도 + 0.3 \times 흑구온도$
$= 0.7 \times 30 + 0.3 \times 31 = 30.3℃$

아래 표에서 중등작업, 31.1WBGT(℃)의 작업 휴식시간비는 매시간 25% 작업, 75% 휴식이므로, ∴15분 작업, 45분 휴식이다.

*고온의 노출기준(ACGIH)   단위 : ℃, WBGT

작업강도 작업 휴식시간비	경작업	중등작업	중작업
계속작업	30.0	26.7	25.0
매시간 75% 작업, 25% 휴식	30.6	28.0	25.9
매시간 50% 작업, 50% 휴식	31.4	29.4	27.9
매시간 25% 작업, 75% 휴식	32.2	31.1	30.0

① 경작업
200kcal까지의 열량이 소요되는 작업을 말하며, 앉아서 또는 서서 기계의 조정을 하기 위하여 손 또는 팔을 가볍게 쓰는 일 등을 뜻함

② 중등작업
시간당 200~350kcal의 열량이 소요되는 작업을 말하며, 물체를 들거나 털면서 걸어다니는 일 등을 뜻함

③ 중작업
시간당 350~500kcal의 열량이 소요되는 작업을 말하며, 곡괭이질 또는 삽질하는 일 등을 뜻함

64

다음 설명에 해당하는 진동방진재료는?

여러 가지 형태로 된 철물에 견고하게 부착할 수 있는 반면, 내구성, 내약품성이 약하고 공기 중의 오존에 의해 산화 된다는 단점을 가지고 있다.

① 코르크   ② 금속스프링
③ 방진고무   ④ 공기스프링

*방진고무
① 여러 형태로 철물에 부착이 가능하다.
② 공진 시 진폭이 지나치게 커지지 않는다.
③ 고무 자체 내부 마찰로 적당한 저항을 갖는다.
④ 고주파 진동의 차진에 양호하다.
⑤ 공기 중 오존에 의해 산화된다.
⑥ 내구성, 내유성, 내열성, 내약품성이 약하다.
⑦ 소형, 중형 기계에 많이 사용된다.
⑧ 열화되기 쉽다.

65

기류의 측정에 쓰이는 기기에 대한 설명으로 틀린 것은?

① 옥내 기류 측정에는 kata온도계가 쓰인다.
② 풍차풍속계는 $1m/\sec$ 이하의 풍속을 측정하는 데 쓰이는 것으로, 옥외용이다.
③ 열선풍속계는 기온과 정압을 동시에 구할 수 있어 환기시설의 점검에 유용하게 쓰인다.
④ kata온도계의 표면에는 눈금이 아래위로 두 개 있는데 일반용은 아래가 $95°F(35℃)$ 이고 위가 $100°F(37.8℃)$ 이다.

*풍차풍속계
$1\sim150m/\sec$ 범위의 풍속을 측정한다.

66

전리방사선의 영향에 대한 감수성이 가장 큰 인체 내 기관은?

① 혈관
② 뼈 및 근육조직
③ 신경조직
④ 골수 및 임파구

*전리방사선에 대한 감수성 순서
[골수, 흉선 및 림프조직(조혈기관) 눈의 수정체, 임파선] > 상피세포 내피세포 > 근육세포 > 신경조직

67

음압이 $20N/m^2$일 경우 음압수준(sound pressure level)은 얼마인가?

① $100dB$
② $110dB$
③ $120dB$
④ $130dB$

*음압수준(SPL)
$$SPL = 20\log\left(\frac{P}{P_o}\right) = 20\log\frac{20}{2\times10^{-5}} = 120dB$$

여기서,
SPL : 음압수준(음압도, 음압레벨)$[dB]$
P : 대상음의 음압$[N/m^2]$
P_o : 기준음압$(=2\times10^{-5}[N/m^2])$

68

파장이 $400\sim760nm$ 이면 어떤 종류의 비전리방사선인가?

① 적외선
② 라디오파
③ 마이크로파
④ 가시광선

*가시광선 파장 범위
$400\sim760nm(4000\sim7600\text{Å})$

69

마이크로파의 생물학적 작용에 대한 설명 중 틀린 것은?

① 인체에 흡수된 마이크로파는 기본적으로 열로 전환된다.
② 마이크로파의 열작용에 가장 많은 영향을 받는 기관은 생식기와 눈이다.
③ 광선의 파장과 특정 조직의 광선 흡수 능력에 따라 장해 출현 부위가 달라진다.
④ 일반적으로 $150MHz$ 이하의 마이크로파와 라디오파는 흡수되어도 감지되지 않는다.

마이크로파 생물학적 작용은 특정 조직의 광선 흡수 능력뿐만 아니라 파장, 출력, 피폭시간, 피폭조직에 따라 다르다.

70

작업장의 자연채광 계획 수립에 관한 설명으로 맞는 것은?

① 실내의 입사각은 4~5°가 좋다.
② 창의 방향은 많은 채광을 요구할 경우 북향이 좋다.
③ 창의 방향은 조명의 평등을 요하는 작업실인 경우 남향이 좋다.
④ 창의 면적은 일반적으로 바닥 면적의 15~20%가 이상적이다.

*채광 및 조명방법
① 창의 방향은 많은 채광을 요구할 경우 남향이 좋으며 조명이 평등을 요구하는 작업실의 경우 북향 또는 동북향이 좋다.
② 창의 높이는 클수록 효과적이다.
③ 창의 면적은 방바닥의 면적의 15~20%$\left(\frac{1}{5} \sim \frac{1}{7}\right)$가 적당하다.
④ 실내 각점의 개각은 4~5°가 좋으며, 개각이 클수록 실내는 밝다.
⑤ 입사각은 28° 이상이 좋으며, 입사각이 크면 클수록 실내는 밝다.
⑥ 개각 1°가 감소할 때 입사각으로 2~5° 증가가 필요하다.

71

소음에 의한 청력장해가 가장 잘 일어나는 주파수는?

① $1000Hz$
② $2000Hz$
③ $4000Hz$
④ $8000Hz$

*C_5-dip 현상
소음성 난청 초기단계로서 4000Hz에서 청력장애가 커지는 현상

72

25℃일 때, 공기중에서 $1000Hz$인 음의 파장은 약 몇 m인가?

① 0.0035
② 0.35
③ 3.5
④ 35

*음의 파장(λ)
$C = f \times \lambda$
$\therefore \lambda = \frac{C}{f} = \frac{331.42 + 0.6t}{f} = \frac{331.42 + 0.6 \times 25}{1000} = 0.35m$

여기서
C : 음속$[m/sec](=331.42+0.6t)$
f : 주파수$[1/sec = Hz]$
λ : 파장$[m]$
t : 음전달 매질의 온도$[℃]$

73

산업안전보건법상의 이상기압에 대한 설명으로 틀린 것은?

① 이상기압이랑 압력이 제곱센티미터당 1킬로그램 이상인 기압을 말한다.
② 사업주는 잠수작업을 하는 잠수작업자에게 고농도의 산소만을 마시도록 하여야 한다.
③ 사업주는 기압조절실에서 고압작업자에게 가압을 하는 경우 1분 제곱센티미터당 0.8 킬로그램 이하의 속도로 가압하여야 한다.
④ 사업주는 근로자가 고압작업에 종사하는 경우에 작업실 공기의 부피가 근로자 1인당 4세제곱미터 이상이 되도록 하여야 한다.

잠수작업과 같은 고압환경에서 작업하는 작업자에게 질소 대신 헬륨을 대치한 공기를 호흡시킨다.

70.④ 71.③ 72.② 73.②

74

소음에 관한 설명으로 틀린 것은?

① 소음작업자의 영구성 청력손실은 $4000Hz$ 에서 가장 심하다.
② 언어를 구성하는 주파수는 주로 $250 \sim 3000Hz$ 의 범위이다.
③ 젊은 사람의 가청주파수 영역은 $20 \sim 20000Hz$ 의 범위가 일반적이다.
④ 기준음압은 이상적인 청력 조건하에서 들을 수 있는 최소 가청음역으로, $0.02 dyne/cm^2$ 로 잡고 있다.

> 기준음압은 이상적인 청력 조건하에서 들을 수 있는 최소 가청음역으로, $2 \times 10^{-4} dyne/cm^2 (= 2 \times 10^{-5} N/m^2 = 20 \mu Pa)$로 잡고 있다.

75

전신진동에 대한 건강장해의 설명으로 틀린 것은?

① 진동수 $4 \sim 10Hz$에서 압박감과 동통감을 받게 된다.
② 진동수 $60 \sim 90Hz$에서는 두개골의 공명하기 시작하여 안구가 공명한다.
③ 진동수 $20 \sim 30Hz$에서는 시력 및 청력 장애가 나타나기 시작한다.
④ 진동수 $3Hz$이하이면 신체가 함께 움직여 motion sickness와 같은 동요감을 느낀다.

*외부진동의 진동수와 고유장기의 진동수가 일치할 때 나타나는 공명현상

진동수	영향
3Hz 이하	구토, 팽만감, 급성으로 상복부 통증, 멀미(Motion Sickness)
6Hz	가슴, 등 통증
13Hz	머리, 안면, 볼, 눈꺼풀 영향
4~12Hz	복통, 압박감, 옥신거림
9~20Hz	대소변욕구, 무릎탄력감 영향
20~30Hz	두부, 견부, 시각, 청각장애
60~90Hz	안구

76

한랭 환경에서의 생리적 기전이 아닌 것은?

① 피부혈관의 팽창
② 체표면적의 감소
③ 체내 대사율 증가
④ 근육긴장의 증가와 떨림

*저온에서의 생리적 현상

저온의 1차적 생리적 현상	저온의 2차적 생리적 현상
① 피부혈관 수축 ② 체표면적 감소 ③ 근육긴장의 증가 및 떨림 ④ 화학적 대사작용 증가	① 표면조직 냉각 ② 식욕 항진 ③ 순환기능 감소 ④ 혈압 상승 ⑤ 말초 냉각

77

빛의 밝기 단위에 관한 설명 중 틀린 것은?

① 럭스(Lux) - $1ft^2$의 평면에 1루멘의 빛이 비칠 때의 밝기이다.
② 측광(Candle) - 지름이 1인치 되는 촛불이 수평방향으로 비칠 때가 1촉광이다.
③ 루멘(Lumen) - 1촉광의 광원으로부터 한 단위 입체각으로 나가는 광속의 단위이다.
④ 풋캔들(Foot Candle) - 1루멘의 빛이 $1ft^2$의 평면 상에 수직 방향으로 비칠 때 그 평면의 빛의 양이다.

*럭스(Lux)
1lumen의 빛이 $1m^2$의 평면상에 수직으로 비칠 때의 밝기
조도$(Lux) = \dfrac{lumen}{m^2}$

78

산업안전보건법상 산소 결핍, 유해가스로 인한 화재·폭발 등의 위험이 있는 밀폐 공간 내에서 작업할 때의 조치사항으로 적합하지 않은 것은?

① 사업주는 밀폐 공간 보건작업 프로그램을 수립하여 시행하여야 한다.
② 사업주는 밀폐 공간에는 관계 근로자가 아닌 사람의 출입을 금지하고, 그 내용을 보기 쉬운 장소에 게시하여야 한다.
③ 사업주는 근로자가 밀폐 공간에서 작업을 하는 경우 작업을 시작하기 전에 방독마스크를 착용하게 하여야 한다.
④ 사업주는 근로자가 밀폐 공간에서 작업을 하는 경우에 그 장소에 근로자를 입장시키거나 퇴장시킬 때마다 인원을 점검하여야 한다.

사업주는 근로자가 밀폐 공간에서 작업을 하는 경우 작업을 시작하기 전에 공기호흡기 또는 송기마스크를 착용하게 하여야 한다.

79

고압작업에 관한 설명으로 맞는 것은?

① 산소분압이 2기압을 초과하면 산소중독이 나타나 건강장해를 초래한다.
② 일반적으로 고압 환경에서는 산소 분압이 낮기 때문에 저산소증을 유발한다.
③ SCUBA와 같이 호흡장치를 착용하고 잠수하는 것은 고압 환경에 해당되지 않는다.
④ 사람이 절대압 1기압에 이르는 고압환경에 노출되면 개구부가 막혀 귀, 부비강, 치아 등에서 통증이나 압박감을 느끼게 된다.

② 일반적으로 저압 환경에서 저산소증이 발생한다.
③ SCUBA와 같이 호흡장치를 착용하고 잠수하는 것은 고압환경에 해당된다.
④ 사람이 절대압 1기압보다 큰 고압환경에 노출되면 개구부가 막혀 귀, 부비강, 치아 등에서 통증이나 압박감을 느끼게 된다.

80

$5000m$ 이상의 고공에서 비행업무에 종사하는 사람에게 가장 큰 문제가 되는 것은?

① 산소 부족
② 질소 부족
③ 탄산가스
④ 일산화 탄소

5000m 이상의 고공에서 비행업무에 종사하는 사람은 저압환경에 노출되어 산소 부족(저산소증)이 유발될 수 있다.

2017 1회차
산업위생관리기사 필기 기출문제
제 5과목 : 산업독성학

81
이황화탄소(CS_2)에 중독될 가능성이 가장 높은 작업장은?

① 비료 제조 및 초자공 작업장
② 유리 제조 및 농약 제조 작업장
③ 타르, 도장 및 석유 정제 작업장
④ 인조견, 셀로판 및 사염화탄소 생산 작업장

*이황화탄소(CS_2)
① 중추신경장해, 말초신경장해(파킨슨 증후군), 생식기능장해, 두통, 급성마비, 신경행동학적 이상, 기질적 뇌손상(급성 뇌병증), 시·청각 장해 등을 유발한다.
② 상온에서 무색 무취의 휘발성이 높은 액체이며, 폭발의 위험성이 있다.
③ 사염화탄소 제조, 고무제품의 용제, 셀로판 생산, 농약 공장, 인조견 등에 사용된다.

82
유기성 분진에 의한 것으로 체내 반응보다는 직접적인 알레르기 반응을 일으키며 특히 호열성 방선균류의 과민증상이 많은 진폐증은?

① 농부폐증   ② 규폐증
③ 석면폐증   ④ 면폐증

*농부폐증
유기성 분진에 의한 것으로 체내 반응보다는 직접적인 알레르기 반응을 일으키며 특히 호열성 방선균류의 과민증상이 많은 진폐증이다.

83
작업장의 유해물질을 공기 중 허용농도에 의존하는 것 이외에 근로자의 노출상태를 측정하는 방법으로, 근로자들은 조직과 체액 또는 호기를 검사해서 건강장애를 일으키는 일이 없이 노출될 수 있는 양을 규정한 것은?

① LD   ② SHD
③ BEI   ④ STEL

*생물학적 노출지수(폭로지수, BEI)
혈액, 소변, 호기 등 생체시료로부터 유해물질 그 자체 또는 유해물질의 대사산물 및 생화학적 변화를 반영하는 지표를 말하며, 근로자의 전반적인 노출량 평가할 때 이에 대한 기준으로 사용하며, 작업환경 측정에서 설정한 허용기준(TLV)보다 훨씬 적은 기준을 가지고 있다.

84
다핵방향족 화합물(PAH)에 대한 설명으로 틀린 것은?

① 톨루엔, 크실렌 등이 대표적이라 할 수 있다.
② PAH는 벤젠고리가 2개 이상 연결된 것이다.
③ PAH는 배설을 쉽게 하기 위하여 수용성으로 대사된다.
④ PAH는 대사에 관여하는 효소는 시토크롬 P-448로 대사되는 중간산물이 발암성을 나타낸다.

* **다핵(다환) 방향족 탄화수소류(PAHs)**
① 2개 이상의 벤젠고리로 구성된 화합물이다.
② 대사가 거의 되지 않아 방향족 고리로 구성되어 있다.
③ 굴뚝 청소, 아스팔트 포장, 석탄건류, 연소공정, 흡연, 코크스제조공정 등에서 주로 생성된다.
④ 배설하기 쉽게 하기 위하여 수용성으로 대사된다.
⑤ 대사 중에 산화아렌(Arene Oxide)을 생성하고 잠재적 독성이 있다.
⑥ 비극성 지용성 화합물로 소화관을 통해 흡수된다.
⑦ 종류로는 나프탈렌, 벤조피렌 등 20여가지 이상이 있다.
✓ 톨루엔, 크실렌은 1개의 벤젠고리를 가진 방향족 탄화수소이다.

85

크롬으로 인한 피부궤양 발생 시 치료에 사용하는 것과 가장 관계가 먼 것은?

① 10% BAL 용액
② sodium citrate 용액
③ sodium thiosulfate 용액
④ 10% CaNa2EDTA 연고

* **크롬중독의 치료사항**
① 섭취 시 응급조치로 우유 및 비타민C를 섭취한다.
② 크롬 폭로 시 즉시 중단하고 만성 크롬중독인 경우 특별한 치료방법이 없다.
③ 크롬으로 인한 피부궤양 발생 시 Sodium Citrate 용액, Sodium Thiosulfate 용액, 10% CaNa2EDTA 연고 등을 사용하여 치료한다.

86

유해물질과 생물학적 노출지표 물질이 잘못 연결된 것은?

① 납 - 소변 중 납
② 페놀 - 소변 중 총 페놀
③ 크실렌 - 소변 중 메틸마뇨산
④ 일산화탄소 - 소변 중 carboxyhemglobin

* **화학물질의 생물학적 노출지표물질**

화학물질	대사산물(측정대상물질)
벤젠	뇨 중 t,t-뮤코닉산(뮤콘산) 뇨 중 S-페닐머캅토산 혈액 중 벤젠
톨루엔	뇨 중 o-크레졸 혈액 중 톨루엔
크실렌	뇨 중 메틸마뇨산
납	혈액 중 납 뇨 중 납 혈액 중 아연 프로토포르피린 뇨 중 델타아미노레불린산
일산화탄소	혈액 중 카복시헤모글로빈(COHb)
트리클로로에틸렌	뇨 중 삼염화초산
에틸벤젠	뇨 중 만델산
노말헥산	뇨 중 2,5-헥산디온
클로로벤젠	뇨 중 총 4-클로로카테콜
페놀	뇨 중 페놀
디메틸포름아미드	뇨 중 N-메틸포름아미드
이황화탄소	뇨 중 TTCA 뇨 중 이황화탄소
크롬	뇨 중 크롬
메틸 노말부틸 케톤	뇨 중 2,5-헥산디온
삼염화에틸렌	뇨 중 삼염화초산 (트리클로로초산) 뇨 중 삼염화에탄올

87
다음 사례의 근로자에게 의심되는 노출인자는?

> 41세 A씨는 1990년부터 1997년까지 기계공구제조업에서 산소용접작업을 하다가 두통, 관절통, 전신근육통, 가슴답답함, 이가 시리고 아픈 증상이 있어 건강검진을 받았다. 건강검진 결과 단백뇨와 혈뇨가 있어 신장질환 유소견자 진단을 받았다. 이 유해인자의 혈중, 소변 중 농도가 직업병 예방을 위한 생물학적 노출기준을 초과하였다.

① 납
② 망간
③ 수은
④ 카드뮴

*카드뮴중독의 증세
① 급성중독
  ㉠ 폐렴, 간장해, 신장장해, 체중감소, 복통, 근육통, 치통 증상
  ㉡ 초기에 기침, 두통, 인두부 통증 현상이 나타나며 시간이 지날수록 폐수종, 호흡곤란 증상으로 사망에 이를 수 있다.
② 만성중독
  ㉠ 신장기능장해(단백뇨 다량 배설, 신석증 유발 등)
  ㉡ 골격계장해(골절, 골다공증, 골연화증 등)
  ㉢ 폐기능장해(폐기종, 만성폐기능장해 등)
  ㉣ 자각증상(기침, 체중감소, 식욕부진 등)
  ㉤ 칼슘대사장해 : 다량의 칼슘배설

88
인간의 연금술, 의약품 등에 가장 오래 사용해 왔던 중금속 중의 하나로 17세기 유럽에서 신사용 중절모자를 제조하는 데 사용하여 근육경련을 일으킨 물질은?

① 납
② 비소
③ 수은
④ 베릴륨

*수은(Hg)의 특징
① 상온에서 유일하게 액체상태로 존재하는 금속이다.
② 뇌산 수은(뇌홍)의 제조에 사용된다.
③ 온도계 제조, 농약 및 살충제 제조업, 치과용 아말감 산업, 페인트 제조업 등에 노출된다.
④ 연금술, 의약품 등에 가장 오래 사용해온 중금속 중 하나이며, 17세기 유럽에서 신사용 중절모자를 제작하는 데 사용하여 근육경련을 일으킨 사례가 있다.
⑤ 소화관으로는 2~7% 정도의 소량으로 흡수한다.
⑥ 금속 형태는 뇌, 혈액, 심근에 많이 분포한다.

89
직업성 천식에 대한 설명으로 틀린 것은?

① 작업 환경 중 천식을 유발하는 대표물질로 톨루엔 디이소시안산염(TDD, 무수트리멜리트산(TMA)을 들 수 있다.
② 항원공여세포가 탐식되면 T림프구 중 I형 살 T림프구(type I killer T cell)가 특정 알레르기 항원을 인식한다.
③ 일단 질환에 이환하게 되면 작업 환경에서 추후 소량의 동일한 유발물질에 노출되더라도 지속적으로 증상이 발현된다.
④ 직업성 천식은 근무시간에 증상이 점점 심해지고, 휴일 같은 비근무시간에 증상이 완화되거나 없어지는 특징이 있다.

> 직업성 천식은 항원공여세포가 탐식되면 T림프구 중 I형 살 T림프구가 특정 알레르기 항원을 인식하지 못한다.

90
산업안전보건법상 발암성 물질로 확인된 물질(A1)에 포함되어 있지 않은 것은?

① 벤지딘 ② 염화비닐
③ 베릴륨 ④ 에틸벤젠

*발암성 확인물질(A1)
① 석면
② 벤지딘
③ 베릴륨
④ 우라늄
⑤ 염화비닐
⑥ 6가 크롬 화합물
⑦ 아크릴로니트릴
⑧ β-나프탈아민
⑨ 황화니켈 등

91
생물학적 모니터링에 대한 설명으로 틀린 것은?

① 피부, 소화기계를 통한 유해인자의 종합적인 흡수 정도를 평가할 수 있다.
② 생물학적 시료를 분석하는 것은 작업환경측정보다 훨씬 복잡하고 취급이 어렵다.
③ 건강상의 영향과 생물학적 변수와 상관성이 높아 공기 중의 노출기준(TLV)보다 훨씬 많은 생물학적 노출지수(BEI)가 있다.
④ 근로자의 유해인자에 대한 노출 정도를 소변, 호기, 혈액 중에서 그 물질이나 대사산물을 측정함으로써 노출 정도를 추정하는 방법을 의미한다.

생물학적 모니터링에서 건강상의 영향과 생물학적 변수와 상관성이 있는 물질이 적어 공기 중의 노출기준(TLV)보다 훨씬 적은 생물학적 노출지수(BEI)가 있다.

92
입자상 물질의 하나인 흄(fume)의 발생기전 3단계에 해당하지 않는 것은?

① 산화 ② 응축
③ 입자화 ④ 증기화

*흄(fume)의 생성기전
1단계 : 금속의 증기화
2단계 : 증기물의 산화
3단계 : 산화물의 응축

93
대사과정에 의해서 변화된 후에만 발암성을 나타내는 선행발암물질(Procarcinogen)로만 연결된 것은?

① PAH, Nitrosamine
② PAH, methyl nitrosourea
③ Benzo(a)pyrene, dimethyl sulfate
④ Nitrosamine, ethyl methanesulfonate

*선행발암물질(Procarcinogen)의 종류
① PAH
② Nitrosamine

94
직업성 천식을 확진하는 방법이 아닌 것은?

① 작업장 내 유발검사
② Ca-EDTA 이동시험
③ 증상 변화에 따른 추정
④ 특이항원 기관지 유발검사

*직업성 천식 확진법
① 작업장 내 유발검사
② 증상 변화에 따른 추정
③ 특이항원 기관지 유발검사

90.④ 91.③ 92.③ 93.① 94.②

95
산업안전보건법상 기타분진의 산화규소, 결정체 함유율과 노출기준으로 맞는 것은?

① 함유율 : 0.1% 이상, 노출기준 : $5mg/m^3$
② 함유율 : 0.1% 이하, 노출기준 : $10mg/m^3$
③ 함유율 : 1% 이상, 노출기준 : $5mg/m^3$
④ 함유율 : 1% 이하, 노출기준 : $10mg/m^3$

*산화규소결정체
함유율 1% 이하, 노출기준 $10mg/m^3$ 이하

96
다음은 납이 발생되는 환경에서 납 노출을 평가하는 활동이다. 순서가 맞게 나열된 것은?

㉠ 납의 독성과 노출기준 등을 MSDS를 통해 찾아본다.
㉡ 납에 대한 노출을 측정하고 분석한다.
㉢ 납에 노출되는 것은 부적합하므로 시설개선을 해야 한다.
㉣ 납에 대한 노출 정도를 노출기준과 비교한다.
㉤ 납이 어떻게 발생되는지 예비 조사한다.

① ㉠→㉡→㉢→㉣→㉤
② ㉢→㉡→㉠→㉣→㉤
③ ㉤→㉠→㉡→㉣→㉢
④ ㉤→㉡→㉠→㉣→㉢

*납(Pb) 노출 평가활동 분석 순서
① 납이 어떻게 발생되는지 예비 조사한다.
② 납의 독성과 노출기준 등을 MSDS를 통해 찾아본다.
③ 납에 대한 노출을 측정하고 분석한다.
④ 납에 대한 노출 정도를 노출기준과 비교한다.
⑤ 납에 노출되는 것은 부적합하므로 시설개선을 해야 한다.

97
Haber의 법칙을 가장 잘 설명한 공식은?
(단, K는 유해지수, C는 농도, t는 시간이다.)

① $K = C \div t$
② $K = C \times t$
③ $K = t \div C$
④ $K = C^2 \times t$

*Haber의 법칙
K(용량, 유해지수) = C(농도)$\times t$(노출시간)

98
최근 스마트 기기의 등장으로 이를 활용하는 방법이 빠르게 소개되고 있다. 소음측정을 위해 개발된 스마트 기기용 어플리케이션의 민감도(sensitivity)를 확인하려고 한다. $85dB$을 넘는 조건과 그렇지 않은 조건을 어플리케이션과 소음 측정기로 동시에 측정하여 다음과 같은 결과를 얻었다. 이 스마트 기기 어플리케이션의 민감도는 얼마인가?

- 어플리케이션을 이용하였을 때 $85dB$ 이상 30개소, $85dB$미만이 50개소
- 소음측정기를 이용하였을 때 $85dB$이상이 25개소, $85dB$미만이 55개소
- 어플리케이션과 소음측정기 모두 $85dB$이상은 18개소

① 60%
② 72%
③ 78%
④ 86%

*민감도
노출 측정 시 실제 노출된 사람이 해당 측정방법에 의해 '노출된 것'으로 나타날 확률이다.
민감도 = $\dfrac{\text{공통 노출 개소}}{\text{소음측정 개소}} = \dfrac{18}{25} = 0.72 = 72\%$

99

납중독의 대표적인 증상 및 징후로 틀린 것은?

① 간장장해
② 근육계통장해
③ 위장장해
④ 중추신경장해

*납중독의 증세
① 소화기장해(위장계통의 장해)
② 중추신경장해(뇌중독 증상)
③ 신경·근육 계통의 장해
④ 기타 증상
  ㉠ 이미증(Pica) : 극소량의 농도에서 어린아이에게 학습장해 및 기능저하를 초래하며 1~5세 소아 환자에게 발생하기 쉽다.
  ㉡ 납빈혈 및 연산통
  ㉢ 만성신부전
  ㉣ 골수 침입 및 혈청 내 철 증가
  ㉤ 혈색소 양 저하, 망상적혈구수 증가
  ㉥ 적혈구 내 Protoporphyrin(프로토포르피린) 증가
  ㉦ 소변 중 Coprophyrin(코프로포르피린) 증가
  ㉧ 소변 중 δ-ALA 증가
  ㉨ 소변 중 δ-ALAD 활성치 감소

*혼합물의 화학적 상호작용

작용	설명
상가작용	두 유해인자의 독성합만큼 독성 결과를 나타내는 작용(3+3=6) ex) 일반적인 화학물질
상승작용	두 유해인자의 독성합보다 결과가 커짐을 나타내는 작용(3+3=20) ex) 에탄올과 사염화탄소 등
길항작용	두 유해인자가 서로의 작용을 방해하는 것 (3+3=0) ex) 페노바비탈과 디란틴 등 - 길항작용의 종류 ① 배분적 길항작용 물질의 흡수 및 대사 등에 변화를 일으켜 독성이 낮아진다. ② 화학적 길항작용 화학적인 상호반응에 의해 독성이 낮아진다. ③ 기능적 길항작용 생체 내 서로 반대되는 기능을 가져 독성이 낮아진다. ④ 수용적 길항작용 두 화학물질이 같은 수용체에 결합하여 독성이 낮아진다.
독립작용	두 유해인자가 서로 다른 조직 또는 기관에 영향을 미치는 작용 ex) 톨루엔과 황산, 납과 황산, 질산과 카드뮴 등
가승작용	독성이 없는 물질을 독성이 있는 물질과 혼합하면 독성이 강해지는 작용 (3+0=10) ex) 이소프로필알코올과 사염화탄소 등

100

독성물질 간의 상호작용을 잘못 표현한 것은?
(단, 숫자는 독성값을 표현한 것이다.)

① 길항작용 : 3+3=0
② 상승작용 : 3+3=5
③ 상가작용 : 3+3=6
④ 가승작용 : 3+0=10

2017 2회차

산업위생관리기사 필기 기출문제

제 1과목 : 산업위생학개론

01
고용노동부장관은 직업병의 발생원인을 찾아내거나 직업병의 예방을 위하여 필요하다고 인정할 때는 근로자의 질병과 화학물질 등 유해요인과의 상관관계에 관한 어떤 조사를 실시할 수 있는가?

① 역학조사 ② 안전보건진단
③ 작업환경측정 ④ 특수건강진단

*역학조사
고용노동부장관은 직업병의 발생원인을 찾아내거나 직업병의 예방을 위하여 필요하다고 인정할 때는 근로자의 질병과 화학물질 등 유해요인과의 상관관계에 관한 조사이다.

02
NIOSH의 들기 작업에 대한 평가방법은 여러 작업 요인에 근거하여 가장 안전하게 취급할 수 있는 권고기준(Recommended Weight Limit, RWL)을 계산한다. RWL의 계산과정에서 각각의 변수들에 대한 설명으로 틀린 것은?

① 중량물 상수(Load Constant)는 변하지 않는 상수값으로 항상 23kg을 기준으로 한다.
② 운반 거리값(Distance Multiplier)은 최초의 위치에서 최종 운반위치까지의 수직이동 거리(cm)를 의미한다.
③ 허리 비틀림 각도(Asymmetric Multiplier)는 물건을 들어 올릴 때 허리의 비틀림 각도(Asymmetric Multiplier)를 측정하여 $1 - 0.32 \times A$에 대입한다.
④ 수평 위치값(Horizontal Multiplier)은 몸의 수직선상의 중심에서 물체를 잡는 손의 중앙까지의 수평거리(H, cm)를 측정하여 $25/H$로 구한다.

허리 비틀림 각도는 물건을 들어올릴 때 허리의 비틀림각도(A)를 측정하여 $1-0.0032A$에 대입한다.

03
우리나라 산업위생역사에서 중요한 원진레이온 공장에서의 집단적인 직업병 유발물질은 무엇인가?

① 수은 ② 디클로로메탄
③ 벤젠(Benzene) ④ 이황화탄소(CS_2)

*원진레이온㈜의 이황화탄소(CS_2) 중독 사건
① 1991년에 이황화탄소 중독을 발견하여 1998년에 집단으로 발생함
② 이황화탄소 만성중독으로 뇌경색증, 다발성 신경염, 협심증, 신부전증 등 유발함

04
피로의 판정을 위한 평가(검사) 항목(종류)과 가장 거리가 먼 것은?

① 혈액 ② 감각기능
③ 위장기능 ④ 작업성적

*피로 판정을 위한 평가 항목(검사 종류)
① 혈액 ② 감각기능 ③ 작업성적

05

산업위생관리에서 중점을 두어야 하는 구체적인 과제로 적합하지 않은 것은?

① 기계·기구의 방호장치 점검 및 적절한 개선
② 작업근로자의 작업자세와 육체적 부담의 인간공학적 평가
③ 기존 및 신규화학물질의 유해성 평가 및 사용대책의 수립
④ 고령근로자 및 여성근로자의 작업조건과 정신적 조건의 평가

기계·기구의 방호장치 점검 및 적절한 개선은 산업안전관리에서 중점을 두어야 하는 구체적인 과제이다.

06

근골격계질환 작업위험요인의 인간공학적 평가방법이 아닌 것은?

① OWAS
② RULA
③ REBA
④ ICER

*인간공학적 작업분석 및 평가도구
① JSI
② RULA
③ REBA
④ OWAS
⑤ 3DSSPP

07

산업재해에 따른 보상에 있어 보험급여에 해당하지 않는 것은?

① 유족급여
② 직업재활급여
③ 대체인력훈련비
④ 상병(傷病)보상연금

*직접비 · 간접비

직접비	간접비
① 치료비	
② 휴업급여	
③ 요양급여	① 인적손실비
④ 유족급여	② 물적손실비
⑤ 장해급여	③ 생산손실비
⑥ 간병급여	④ 기계·기구 손실비 등
⑦ 직업재활급여	
⑧ 상병보상연금	
⑨ 장의비 등	

08

직업성 질환 중 직업상의 업무에 의하여 1차적으로 발생하는 질환을 무엇이라 하는가?

① 합병증
② 원발성 질환
③ 일반질환
④ 속발성 질환

*원발성 질환
직업상 업무에 의하여 1차적으로 발생하는 질환

09

마이스터(D.Meister)가 정의한 내용으로 시스템으로부터 요구된 작업결과(Performance)와의 차이(Deviation)는 무엇을 의미하는가?

① 무의식 행동
② 인간실수
③ 주변적 동작
④ 지름길 반응

*인간실수의 정의(D.Meister)
시스템으로부터 요구된 작업결과와의 차이

05.① 06.④ 07.③ 08.② 09.②

10

도수율(Frequency Rate of Injury)이 10인 사업장에서 작업자가 평생 동안 작업할 경우 발생할 수 있는 재해의 건수는?
(단, 평생의 총근로시간수는 120000 시간으로 한다.)

① 0.8 건 ② 1.2 건
③ 2.4 건 ④ 12 건

*도수율

$$도수율 = \frac{재해건수}{연근로 총시간수} \times 10^6$$

$$\therefore 재해건수 = \frac{도수율 \times 연근로 총시간수}{10^6}$$

$$= \frac{10 \times 120000}{10^6} = 1.2건$$

11

산업안전보건법상 다음 설명에 해당하는 건강진단의 종류는?

> 특수건강진단대상업무에 종사할 근로자에 대하여 배치 예정업무에 대한 적합성 평가를 위하여 사업주가 실시하는 건강진단

① 일반건강진단 ② 수시건강진단
③ 임시건강진단 ④ 배치전건강진단

*건강진단의 종류 및 정의

종류	내용
일반건강진단	상시 사용하는 근로자의 건강관리를 위하여 사업주가 주기적으로 실시하는 건강진단을 말한다. - 일반건강진단 실시시기 ① 사무직 종사 근로자(판매업무를 종사하는 근로자 제외) : 2년에 1회 이상 ② 그 밖의 근로자 : 1년에 1회 이상
특수건강진단	다음 각 목의 어느 하나에 해당하는 근로자의 건강관리를 위하여 사업주가 실시하는 건강진단을 말한다. ① 특수건강진단대상 유해인자에 노출되는 업무(이하 "특수건강진단대상 업무"라 한다)에 종사하는 근로자 ② 근로자건강진단 실시결과 직업병 소견이 있는 근로자가 판정받아 작업전환을 하거나 작업장소를 변경하여 해당 판정의 원인이 된 특수건강진단 대상 업무에 종사하지 아니하는 사람으로서 해당 유해인자에 대한 건강진단이 필요하다는 의사의 소견이 있는 근로자
배치전건강진단	특수건강진단대상업무에 종사할 근로자에 대하여 배치 예정업무에 대한 적합성 평가를 위하여 사업주가 실시하는 건강진단을 말한다.
수시건강진단	특수건강진단대상 업무로 인하여 해당 유해인자로 인한 것이라고 의심되는 직업성 천식, 직업성 피부염, 그 밖에 건강장애를 보이거나 의학적 소견이 있는 근로자에 대하여 사업주가 실시하는 건강진단을 말한다.
임시건강진단	다음 각 목의 어느 하나에 해당하는 경우에 특수건강진단대상 유해인자 또는 그 밖의 유해인자에 의한 중독 여부, 질병에 걸렸는지 여부 또는 질병의 발생원인 등을 확인하기 위하여 지방고용노동관서의 장의 명령에 따라 사업주가 실시하는 건강진단을 말한다. ① 같은 부서에 근무하는 근로자 또는 같은 유해인자에 노출되는 근로자에게 유사한 질병의 자각·타각 증상이 발생한 경우 ② 직업병 유소견자가 발생하거나 여러 명이 발생할 우려가 있는 경우 ③ 그 밖에 지방고용노동관서의 장이 필요하다고 판단하는 경우

12

어느 사업장에서 톨루엔($C_6H_5CH_3$)의 농도가 0℃일 때 $100ppm$ 이었다. 기압의 변화 없이 기온이 25℃로 올라갈 때 농도는 약 몇 mg/m^3로 예측되는가?

① $325mg/m^3$
② $346mg/m^3$
③ $365mg/m^3$
④ $376mg/m^3$

*질량농도(mg/m^3)와 용량농도(ppm)의 환산
$mg/m^3 = ppm \times \dfrac{분자량}{부피} = 100 \times \dfrac{92}{24.45} = 376mg/m^3$

*참고
- 톨루엔($C_6H_5CH_3$)의 분자량
  $= 12 \times 6 + 1 \times 5 + 12 + 1 \times 3 = 92g$
- C의 원자량 : 12g, H의 원자량 : 1g
- 1atm, 25℃의 부피 = 24.45L

13

새로운 건물이나 새로 지은 집에 입주하기 전 실내를 모두 닫고 30℃ 이상으로 5~6시간 유지시킨 후 1시간 정도 환기를 하는 방식을 여러 번 반복하여 실내의 휘발성 유기화합물이나 포름알데히드의 저감 효과를 얻는 방법을 무엇이라 하는가?

① Bake out
② Heating up
③ Room Heating
④ Burning up

*베이크 아웃(Bake Out)
새로운 건물이나 새로 지은 집에 입주하기 전 실내를 모두 닫고 30℃ 이상으로 5~6시간 유지시킨 후 1시간 정도 환기를 하는 방식을 여러 번 반복하여 실내의 휘발성 유기화합물이나 포름알데히드의 저감 효과를 얻는 방법

14

작업자세는 피로 또는 작업 능률과 밀접한 관계가 있는데, 바람직한 작업자세의 조건으로 보기 어려운 것은?

① 정적 작업을 도모한다.
② 작업에 주로 사용하는 팔은 심장높이에 두도록 한다.
③ 작업물체와 눈과의 거리는 명시거리로 30cm 정도를 유지토록 한다.
④ 근육을 지속적으로 수축시키기 때문에 불안정한 자세는 피하도록 한다.

동적 작업을 늘리고 정적 작업을 줄이는 것이 바람직한 작업자세이다.

15

인간공학에서 고려해야 할 인간의 특성과 가장 거리가 먼 것은?

① 인간의 습성
② 신체의 크기와 작업환경
③ 기술, 집단에 대한 적응능력
④ 인간의 독립성 및 감정적 조화성

*인간공학에서 고려해야 할 인간의 특성
① 감각과 지각
② 운동력과 근력
③ 기술, 집단에 대한 적응능력
④ 인간의 습성
⑤ 신체의 크기와 작업환경
⑥ 민족

12.④ 13.① 14.① 15.④

16
ACGIH TLV 적용 시 주의사항으로 틀린 것은?

① 경험 있는 산업위생가가 적용해야 함
② 독성강도를 비교할 수 있는 지표가 아님
③ 안전과 위험농도를 구분하는 일반적 경계선으로 적용해야 함
④ 정상작업시간을 초과한 노출에 대한 독성평가에는 적용할 수 없음

*ACGIH(미국정부산업위생전문가협의회)의 허용농도 (TLV) 적용상의 주의사항
① 대기오염 평가 및 지표에 사용할 수 없다.
② 안전농도와 위험농도를 정확히 구분하는 경계선이 아니다.
③ 작업조건이 다른나라의 ACGIH-TLV를 그대로 사용할 수 없다.
④ 기존의 질병이나 신체적 조건을 판단하기 위한 척도로 사용할 수 없다.
⑤ 독성의 강도를 비교할 수 있는 지표가 아니다.
⑥ 피부로 흡수되는 양은 고려하지 않은 기준이다.
⑦ 반드시 산업보건 전문가에 의하여 설명, 적용되어야 한다.
⑧ 산업장의 유해조건을 평가하기 위한 지침이다.
⑨ 건강장해를 예방하기 위한 지침이다.
⑩ 24시간 노출 또는 정상 작업시간을 초과한 노출에 대한 독성 평가에는 적용할 수 없다.

17
산업안전보건법상 사무실 공기질의 측정대상물질에 해당하지 않는 것은?

① 곰팡이   ② 일산화질소
③ 일산화탄소   ④ 총부유세균

*사무실 공기관리대상 오염물질의 종류
① 미세먼지(PM10)
② 초미세먼지(PM2.5)
③ 이산화탄소(CO_2)
④ 일산화탄소(CO)
⑤ 이산화질소(NO_2)
⑥ 포름알데히드(HCHO)
⑦ 총휘발성유기화합물(TVOC)
⑧ 라돈
⑨ 총부유세균
⑩ 곰팡이

18
육체적 작업능력(PWC)이 $12kcal/min$인 어느 여성이 8시간 동안 피로를 느끼지 않고 일을 하기 위한 작업강도는 어느 정도인가?

① $3kcal/min$ ② $4kcal/min$
③ $6kcal/min$ ④ $12kcal/min$

하루 8시간 작업강도 $= \dfrac{PWC}{3} = \dfrac{12}{3} = 4kcal/min$

19
근로자가 노동환경에 노출될 때 유해인자에 대한 해치(Hatch)의 양-반응관계곡선의 기관장해 3단계에 해당하지 않는 것은?

① 보상단계   ② 고장단계
③ 회복단계   ④ 항상성 유지단계

*해치(Hatch)의 양-반응곡선관계의 기관장해 3단계
① 항상성 유지단계
② 보상 단계
③ 고장 단계

20

미국산업위생학술원(AAIH)에서 채택한 산업위생분야에 종사하는 사람들이 지켜야 할 윤리강령에 포함되지 않는 것은?

① 국가에 대한 책임
② 전문가로서의 책임
③ 일반대중에 대한 책임
④ 기업주와 고객에 대한 책임

*산업위생전문가의 윤리강령 종류
① 산업위생전문가로서의 책임
② 근로자에 대한 책임
③ 기업주와 고객에 대한 책임
④ 일반 대중에 대한 책임

20.①

제 2과목 : 작업위생측정 및 평가

2017 2회차 산업위생관리기사 필기 기출문제

21
다음 중 1차 표준기구와 가장 거리가 먼 것은?

① 폐활량계
② Pitot 튜브
③ 비누거품미터
④ 습식테스트 미터

*표준기구의 종류

1차 표준기구	2차 표준기구
① 비누거품미터	① 로터미터
② 폐활량계	② 습식 테스터미터
③ 가스치환병	③ 건식 가스미터
④ 유리피스톤미터	④ 오리피스미터
⑤ 흑연피스톤미터	⑤ 열선기류계
⑥ 피토관(피토튜브)	

22
다음 중 활성탄에 흡착된 유기화합물을 탈착하는데 가장 많이 사용하는 용매는?

① 톨루엔
② 이황화탄소
③ 클로로포름
④ 메틸클로로포름

활성탄은 비극성물질의 탈착용매로 이황화탄소(CS_2)을 사용한다.

23
다음 중 작업장의 유해인자에 대한 위해도 평가에 영향을 미치는 것 중 가장 거리가 먼 것은?

① 유해인자의 위해성
② 휴식시간의 배분 정도
③ 유해인자에 노출되는 근로자수
④ 노출되는 시간 및 공간적인 특성과 빈도

*작업장 유해인자에 대한 위해도 평가 영향인자
① 유해인자의 위해성
② 유해인자에 노출되는 근로자 수
③ 노출되는 시간 및 공간적인 특성과 빈도

24
작업환경 측정의 단위 표시로 틀린 것은?
(단, 고용노동부 고시를 기준으로 한다.)

① 석면 농도 : 개/kg
② 분진, 흄의 농도 : mg/m^3 또는 ppm
③ 가스, 증기의 농도 : mg/m^3 또는 ppm
④ 고열(복사열 포함) : 습구·흑구온도지수를 구하여 ℃로 표시

석면 농도의 단위는 개/cm^3, 개/cc, 개/mL 이다.

21.④ 22.② 23.② 24.①

25

작업환경내 $105dB(A)$의 소음이 30분, $110dB(A)$ 소음이 15분, $115dB(A)$ 5분 발생되었을 때, 작업환경의 소음 정도는?
(단, $105dB(A)$, $110dB(A)$, $115dB(A)$의 1일 노출허용시간은 각각 1시간, 30분, 15분이고, 소음은 단속음이다.)

① 허용기준초과
② 허용기준미달
③ 허용기준과 일치
④ 평가할 수 없음(조건부족)

*소음작업
1일 8시간 작업을 기준하여 85dB 이상의 소음이 발생하는 작업
① 강렬한 소음작업

데시벨(이상)	발생시간(1일 기준)
90dB	8시간 이상
95dB	4시간 이상
100dB	2시간 이상
105dB	1시간 이상
110dB	30분 이상
115dB	15분 이상

② 충격 소음작업

데시벨(이상)	발생시간(1일 기준)
120dB	10000회 이상
130dB	1000회 이상
140dB	100회 이상

*노출기준(EI)

$$EI = \frac{C_1}{T_1} + \frac{C_2}{T_2} + \cdots + \frac{C_n}{T_n} = \frac{30}{60} + \frac{15}{30} + \frac{5}{15} = 1.33$$

1을 초과하였으므로 ∴허용기준을 초과

여기서,
C : 소음 각각의 측정치
T : 소음 각각의 노출기준

$EI > 1$: 허용기준을 초과
$EI < 1$: 허용기준을 초과하지 않음

26

연속적으로 일정한 농도를 유지하면서 만드는 방법 중 Dynamic Method에 관한 설명으로 틀린 것은?

① 농도변화를 줄 수 있다.
② 대개 운반용으로 제작된다.
③ 만들기가 복잡하고, 가격이 고가이다.
④ 소량의 누출이나 벽면에 의한 손실은 무시할 수 있다.

*Dynamic Method
① 희석공기와 오염물질을 연속적으로 흘려주어 연속적으로 일정한 농도를 유지하면서 만드는 방법이다.
② 소량의 누출이나 벽면에 의한 손실은 무시할 수 있다.
③ 만들기가 복잡하고, 가격이 고가이다.
④ 다양한 농도범위에서 제조 가능하다.
⑤ 온습도 조절이 가능하다.
⑥ 운반용으로 제작되지 않는다.
⑦ 가스, 증기, 에어로졸 등 다양한 실험이 가능하다.
⑧ 지속적인 모니터링이 필요하다.

27

열, 화학물질, 압력 등에 강한 특성을 가지고 있어 석탄 건류나 증류 등의 고열공정에서 발생하는 다핵방향족탄화수소를 채취하는데 이용되는 여과지는?

① 은막 여과지
② PVC 여과지
③ MCE 여과지
④ PTFE 여과지

*PTFE 막 여과지(테프론)
① 열, 화학물질, 압력 등에 강한 특성을 가지고 있다.
② 석탄건류나 증류 등의 고열 공정에서 발생하는 다핵방향족 탄화수소를 채취하는데 이용한다.
③ 농약, 알칼리성 먼지, 콜타르피치 등을 채취하는데 $1\mu m$, $2\mu m$, $3\mu m$의 여러 가지 구멍 크기를 가지고 있다.

28

작업환경공기 중의 벤젠농도를 측정한 결과 $8mg/m^3$, $5mg/m^3$, $7mg/m^3$, $3ppm$, $6mg/m^3$이었을 때, 기하평균은 약 몇 mg/m^3인가?
(단, 벤젠의 분자량은 78이고, 기온은 25℃ 이다.)

① 7.4
② 6.9
③ 5.3
④ 4.8

> ***기하평균**
> $mg/m^3 = ppm \times \dfrac{분자량}{부피} = 3 \times \dfrac{78}{24.45} = 9.57mg/m^3$
> $\therefore GM = \sqrt[n]{X_1 \times X_2 \times \cdots \times X_n}$
> $= \sqrt[5]{8 \times 5 \times 7 \times 9.57 \times 6} = 6.9mg/m^3$
>
> 여기서,
> X : 측정치
> N : 측정치의 개수
>
> ***참고**
> - 1atm, 25℃의 부피 = 24.45L

29

작업환경측정시 온도 표시에 관한 설명으로 옳지 않은 것은?
(단, 고용노동부 고시를 기준으로 한다.)

① 열수 : 약 100℃
② 상온 : 15 ~ 25℃
③ 온수 : 50 ~ 60℃
④ 미온 : 30 ~ 40℃

> ***온도 표시**
> ① 온도의 표시는 셀시우스(Celcius) 법에 따라 아라비아 숫자의 오른쪽에 ℃를 붙인다. 절대온도는 °K로 표시하고 절대온도 0°K는 -273로 한다.
> ② 상온은 15~25℃, 실온은 1~35℃, 미온은 30~40℃로 하고, 찬 곳은 따로 규정이 없는 한 0~15℃의 곳을 말한다.
> ③ 냉수는 15℃ 이하, 온수는 60~70℃, 열수는 약 100℃를 말한다.

30

다음 중 가스크로마토그래피의 충진분리관에 사용되는 액상의 성질과 가장 거리가 먼 것은?

① 휘발성이 커야 한다.
② 열에 대해 안정해야 한다.
③ 시료 성분을 잘 녹일 수 있어야 한다.
④ 분리관의 최대온도보다 100℃이상에서 끓는 점을 가져야 한다.

> 가스크로마토그래피의 충진분리관에 사용되는 액상의 휘발성과 점성이 작아야 한다.

31

태양광선이 내리쬐지 않는 옥내에서 건구온도가 30℃, 자연습구온도가 32℃, 흑구온도가 35℃ 일 때, 습구흑구온도지수(WBGT)는?
(단, 고용노동부 고시를 기준으로 한다.)

① 32.9℃
② 33.3℃
③ 37.2℃
④ 38.3℃

> ***습구흑구온도지수(WBGT)**
> ① 태양광선이 내리쬐는 옥외 장소
> $WBGT(℃)$
> $= 0.7 \times 자연습구온도 + 0.2 \times 흑구온도 + 0.1 \times 건구온도$
>
> ② 태양광선이 내리쬐지 않는 옥내 또는 옥외 장소
> $WBGT(℃) = 0.7 \times 자연습구온도 + 0.3 \times 흑구온도$
>
> $WBGT(℃) = 0.7 \times 자연습구온도 + 0.3 \times 흑구온도$
> $= 0.7 \times 32 + 0.3 \times 35 = 32.9℃$

28.② 29.③ 30.① 31.①

32

Hexane의 부분압이 $120mmHg$ 이라면 VHR은 약 얼마인가?
(단, Hexane의 $OEL = 500ppm$ 이다.)

① 271
② 284
③ 316
④ 343

*증기 위험비(VHR)

$$VHR = \frac{C}{TLV} = \frac{\frac{P}{760} \times 10^6}{TLV} = \frac{\frac{120}{760} \times 10^6}{500} = 316$$

여기서,
C : 최고농도(포화농도)[ppm] $= \frac{P[mmHg]}{760[mmHg]} \times 10^6$
P : 화학물질의 증기압(분압)[mmHg]
TLV : 노출기준[ppm]

33

NaOH $10g$ 을 $10L$의 용액에 녹였을 때, 이 용액의 몰농도(M)는?
(단, 나트륨 원자량은 23이다.)

① 0.025
② 0.25
③ 0.05
④ 0.5

*몰농도(M)

$$몰농도 = \frac{질량}{부피 \times 분자량} = \frac{10}{10 \times 40} = 0.025M$$

*참고
- 수산화나트륨(NaOH) 분자량 = 23+16+1 = 40g
- O의 원자량 : 16g, H의 원자량 : 1g

34

시간당 약 $150Kcal$의 열량이 소모되는 경작업 조건에서 WBGT 측정치가 $30.6℃$일 때 고열작업 노출기준의 작업휴식조건으로 가장 적절한 것은?

① 계속 작업
② 매시간 25% 작업, 75% 휴식
③ 매시간 50% 작업, 50% 휴식
④ 매시간 75% 작업, 25% 휴식

*고온의 노출기준(ACGIH)   단위 : ℃, WBGT

작업 휴식시간비 \ 작업강도	경작업	중등작업	중작업
계속작업	30.0	26.7	25.0
매시간 75% 작업, 25% 휴식	30.6	28.0	25.9
매시간 50% 작업, 50% 휴식	31.4	29.4	27.9
매시간 25% 작업, 75% 휴식	32.2	31.1	30.0

35

다음 중 대표값에 대한 설명이 잘못된 것은?

① 측정값 중 빈도가 가장 많은 수가 최빈값이다.
② 가중평균은 빈도를 가중치로 택하여 평균값을 계산한다.
③ 중앙값은 측정값을 모두 나열하였을 때 중앙에 위치하는 측정값이다.
④ 기하평균은 n개의 측정값이 있을 때 이들의 합을 개수로 나눈 값으로 산업위생분야에서 많이 사용한다.

산술평균은 n개의 측정값이 있을 때 이들의 합을 개수로 나눈 값이다.

32.③ 33.① 34.④ 35.④

36

두 개의 버블러를 연속적으로 연결하여 시료를 채취할 때, 첫 번째 버블러의 채취효율이 75%이고, 두 번째 버블러의 채취효율이 90%이면 전체 채취효율(%)은?

① 91.5
② 93.5
③ 95.5
④ 97.5

*총집진율(직렬설치)
$\eta_T = \eta_1 + \eta_2(1-\eta_1) = 0.75 + 0.9(1-0.75)$
$= 0.975 = 97.5\%$

여기서,
η_1 : 1차 집진장치 집진율
η_2 : 2차 집진장치 집진율

37

실내공간이 $100m^3$인 빈 실험실에 MEK(methyl ethyl ketone) $2mL$가 기화되어 완전히 혼합되었을 때, 이 때 실내의 MEK농도는 약 몇 ppm인가? (단, MEK 비중은 0.805, 분자량은 72.1, 실내는 25℃, 1기압 기준이다.)

① 2.3
② 3.7
③ 4.2
④ 5.5

*질량농도(mg/m³)와 용량농도(ppm)의 환산
밀도 = 비중×물의 밀도(=1) = 0.805×1 = 0.805g/mL

$mg/m^3 = \dfrac{2mL \times 0.805g/mL \times \left(\dfrac{1000mg}{1g}\right)}{100m^3} = 16.1 mg/m^3$

$\therefore ppm = mg/m^3 \times \dfrac{부피}{분자량} = 16.1 \times \dfrac{24.45}{72.1} = 5.5 ppm$

*참고
- 1g=1000mg
- 1atm, 25℃의 부피 = 24.45L

38

작업장의 소음 측정시 소음계의 청감보정회로는? (단, 고용노동부 고시를 기준으로 한다.)

① A 특성
② B 특성
③ C 특성
④ D 특성

소음계의 청감보정회로는 A특성으로 할 것

39

작업장에 작동되는 기계 두 대의 소음레벨이 각각 $98dB(A)$, $96dB(A)$로 측정되었을 때, 두 대의 기계가 동시에 작동되었을 경우에 소음레벨은 약 몇 $dB(A)$인가?

① 98
② 100
③ 102
④ 104

*합성소음도(L)
$L = 10\log\left(10^{\frac{L_1}{10}} + 10^{\frac{L_2}{10}} + \cdots + 10^{\frac{L_n}{10}}\right)$
$= 10\log\left(10^{\frac{98}{10}} + 10^{\frac{96}{10}}\right) = 100 dB(A)$

L : 합성소음도[dB]
$L_1, L_2, \cdots L_n$ = 각 소음원의 소음[$dB(A)$]

40

용접작업장에서 개인시료 펌프를 이용하여 9시 5분부터 11시 55분까지, 13시 5분부터 16시 23분까지 시료를 채취한 결과 공기량이 787L일 경우 펌프의 유량은 약 몇 $L/\min$인가?

① 1.14　　　　② 2.14
③ 3.14　　　　④ 4.14

*펌프의 유량(Q)

$$Q = \frac{\text{채취 공기량}}{\text{채취 시간}} = \frac{787L}{368\min} = 2.14L/\min$$

*참고

- 9시 5분 ~ 11시 55분 채취 시간 : 170min
- 13시 5분 ~ 16시 23분 채취 시간 : 198min
- 총 채취 시간 : 170+198 = 368min

40.②

2017 2회차 산업위생관리기사 필기 기출문제
제 3과목 : 작업환경관리대책

41
다음 중 유해작업환경에 대한 개선 대책 중 대체(substitution)에 대한 설명과 가장 거리가 먼 것은?

① 페인트 내에 들어 있는 아연을 납 성분으로 전환한다.
② 큰 압축공기식 임펙트렌치를 저소음 유압식 렌치로 교체한다.
③ 소음이 많이 발생하는 리벳팅 작업 대신 너트와 볼트작업으로 전환한다.
④ 유기용제 사용하는 세척공정을 스팀 세척이나, 비눗물을 이용하는 공정으로 전환한다.

페인트 내에 들어 있는 납을 아연 성분으로 전환한다.

42
다음 중 덕트 내 공기에 의한 마찰손실에 영향을 주는 요소와 가장 거리가 먼 것은?

① 덕트 직경
② 공기 점도
③ 덕트의 재료
④ 덕트 면의 조도

*덕트 마찰손실 영향인자
① 공기속도
② 공기밀도
③ 공기점도
④ 덕트 직경
⑤ 덕트면의 성질(조도, 거칠기)

43
다음 중 보호구를 착용하는데 있어서 착용자의 책임으로 가장 거리가 먼 것은?

① 지시대로 착용해야 한다.
② 보호구가 손상되지 않도록 잘 관리해야 한다.
③ 매번 착용할 때마다 밀착도 체크를 실시해야 한다.
④ 노출 위험성의 평가 및 보호구에 대한 검사를 해야 한다.

노출위험성 평가 및 보호구에 대한 검사는 착용자의 책임이 아닌 사업주의 책임사항이다.

44
보호장구의 재질과 적용 물질에 대한 내용으로 틀린 것은?

① 면 : 극성 용제에 효과적이다.
② 가죽 : 용제에는 사용하지 못한다.
③ Nitrile 고무 : 비극성 용제에 효과적이다.
④ 천연고무(latex) : 극성 용제에 효과적이다.

*보호구 재질에 따른 적용물질

보호구 재질	적용물질
Neoprene 고무	비극성용제, 산, 부식성물질
Vitron	비극성용제
Nitrile 고무	비극성용제
Butyl 고무	극성용제
천연고무(Latex)	극성용제, 수용성 용액
가죽	찰과상 예방 (용제에 사용 불가능)
면	고체상물질 (용제에 사용 불가능)
Polyvinyl Chloride(PVC)	수용성 용액
Ethylene Vinyl Alcohol	화학물질 취급 작업

41.① 42.③ 43.④ 44.①

45

보호구를 착용함으로써 유해물질로부터 얼마만큼 보호 되는지를 나타내는 보호계수(PF)산정식은?
(단, Co : 호흡기보호구 밖의 유해물질 농도, Ci : 호흡기보호구 안의 유해물질 농도)

① PF : Ci/Co
② PF : Co/Ci
③ PF : (Co - Ci)/100
④ PF : (Ci - Co)/100

*보호계수(PF)

$$PF = \frac{C_o}{C_i}$$

여기서,
C_o : 보호구 밖의 농도
C_i : 보호구 안의 농도

46

방진마스크에 관한 설명으로 틀린 것은?

① 비휘발성 입자에 대한 보호가 가능하다.
② 형태별로 전면 마스크와 반면 마스크가 있다.
③ 필터의 재질은 면, 모, 합성섬유, 유리섬유, 금속섬유 등이다.
④ 반면 마스크는 안경을 쓴 사람에게 유리하며 밀착성이 우수하다.

반면 마스크는 안경을 쓴 사람에게 불리하며 밀착성이 떨어진다.

47

다음 중 덕트 설치 시 압력손실을 줄이기 위한 주요사항과 가장 거리가 먼 것은?

① 덕트는 가능한 한 상향구배를 만든다.
② 덕트는 가능한 한 짧게 배치하도록 한다.
③ 가능한 한 후드의 가까운 곳에 설치한다.
④ 밴드의 수는 가능한 한 적게 하도록 한다.

*덕트설치 시 주요원칙
① 공기가 아래로 흐르도록 하향구배를 만든다.
② 구부러짐 전후에는 청소구를 만든다.
③ 밴드는 가능하면 완만하게 구부리며, 90°는 피한다.
④ 덕트는 가능한 한 짧게 배치하도록 한다.
⑤ 가급적 원형 덕트를 사용하고, 사각 덕트 사용 시 정방형을 사용한다.
⑥ 가능한 한 후드와 가까운 곳에 설치한다.
⑦ 밴드의 수는 가능한 한 적게 하도록 한다.
⑧ 수분이 응축될 경우 덕트 내로 들어가지 않도록 하며 경사나 배수구를 마련한다.
⑨ 덕트와 송풍기 연결부위는 진동을 고려하여 유연한 재질로 한다.
⑩ 후드는 덕트보다 두꺼운 재질을 선택한다.
⑪ 직경이 다른 덕트 연결 시 경사 30° 이내의 테이퍼를 부착한다.
⑫ 송풍기를 연결할 때 최소 덕트 직경의 6배는 직선구간으로 한다.
⑬ 곡관은 직관보다 0.76mm 정도 두꺼운 재질을 선택한다.
⑭ 곡률반경은 최소 덕트 직경의 1.5 이상, 주로 2.0을 사용한다.

48

원심력 송풍기 중 다익형 송풍기에 관한 설명으로 가장 거리가 먼 것은?

① 송풍기의 임펠러가 다람쥐 쳇바퀴 모양으로 생겼다.
② 큰 압력손실에서 송풍량이 급격하게 떨어지는 단점이 있다.
③ 고강도가 요구되기 때문에 제작비용이 비싸다는 단점이 있다.
④ 다른 송풍기와 비교하여 동일 송풍량을 발생시키기 위한 임펠러 회전속도가 상대적으로 낮기 때문에 소음이 작다.

*다익형 송풍기(전향날개형 송풍기)
① 많은 날개(Blade)를 가지고 있다.
② 송풍기의 임펠러가 다람쥐 쳇바퀴 모양이다.
③ 회전날개가 회전방향과 동일한 방향이다.
④ 임펠러 회전속도가 상대적으로 낮아 소음이 작다.
⑤ 저가로 제작이 가능하다.
⑥ 높은 압력손실에서 송풍량이 급격히 떨어지는 단점이 있다.
⑦ 소형으로 제한된 장소에 사용이 가능하다.(분지관의 송풍에 적합)
⑧ 설계가 간단하다.
⑨ 구조상 고속회전이 불가능하고 효율이 낮다.
⑩ 청소가 곤란하다.
⑪ 큰 동력의 용도에 적합하지 않다.

49

관을 흐르는 유체의 양이 $220m^3/min$일 때 속도압은 약 몇 mmH_2O인가?

(단, 유체의 밀도는 $1.21kg/m^3$, 관의 단면적은 $0.5m^2$, 중력가속도는 $9.8m/s^2$이다.)

① 2.1 ② 3.3
③ 4.6 ④ 5.9

*동압(속도압, VP)
밀도가 $1.21kg/m^3$ 이므로, 비중량은 $1.21kg_f/m^3$이다.
$Q = AV$에서,

$$V = \frac{Q}{A} = \frac{220m^3/min \times \left(\frac{1min}{60sec}\right)}{0.5m^2} = 7.33m/sec$$

$$\therefore VP = \frac{\gamma V^2}{2g} = \frac{1.21 \times 7.33^2}{2 \times 9.8} = 3.3 mmH_2O$$

여기서,
VP : 동압$[mmH_2O]$
γ : 공기의 비중량$[kg_f/m^3]$
g : 중력가속도$[9.8m/s^2]$
Q : 유체의 유량$[m^3/s]$
V : 유체의 속도$[m/s]$
A : 관의 단면적$[m^2]$

50

다음 중 전체 환기를 실시하고자 할 때, 고려해야 하는 원칙과 가장 거리가 먼 것은?

① 필요 환기량은 오염물질이 충분히 희석될 수 있는 양으로 설계한다.
② 오염물질이 발생하는 가장 가까운 위치에 배기구를 설치해야 한다.
③ 오염원 주위에 근로자의 작업공간이 존재할 경우에는 급기를 배기보다 약간 많이 한다.
④ 희석을 위한 공기가 급기구를 통하여 들어와서 오염물질이 있는 영역을 통과하여 배기구로 빠져나가도록 설계해야 한다.

*전체환기(강제환기) 시설 설치 시 기본원칙
① 오염물질 사용량을 조사하여 필요환기량을 계산할 것
② 배출공기를 보충하기 위하여 청정공기를 공급할 것
③ 오염물질 배출구는 가능한 한 오염원에 가까운 곳에 설치하여 점환기 효과를 얻을 것
④ 공기배출구와 근로자의 작업위치 사이에 오염원이 위치해야할 것
⑤ 필요 환기량은 오염물질이 충분히 희석될 수 있는 양으로 설계할 것

⑥ 공기가 급기구를 통하여 들어와서 오염물질이 있는 영역을 통과하여 배기구로 빠져나가도록 설계할 것
⑦ 건물 밖으로 배출된 오염공기가 안으로 재유입되지 않도록 배출 높이를 적절하게 설계하고 창문이나 문 근처에 위치하지 않도록 할 것
⑧ 오염된 공기는 작업자가 호흡하기 전 충분히 희석되도록 할 것
⑨ 오염원 주위에 다른 작업 공정이 있으면 공기배출량을 공급량보다 약간 크게 하여 음압을 형성하여 주위 근로자에게 오염 물질이 확산 되지 않도록 한다.
⑩ 오염원 주위에 근로자의 작업공간이 존재할 경우에는 배기를 급기보다 약간 많이 한다.

51

재순환 공기의 CO_2 농도는 $900ppm$이고 급기의 CO_2 농도는 $700ppm$일 때, 급기 중의 외부공기 포함량은 약 몇 %인가?
(단, 외부공기의 CO_2 농도는 $330ppm$ 이다.)

① 30% ② 35%
③ 40% ④ 45%

*급기 중 외부공기 포함량(Q_A)
$$Q_A = \frac{C_r - C_s}{C_r - C_0} \times 100 = \frac{900 - 700}{900 - 330} \times 100 = 35\%$$

여기서,
Q_A : 급기 중 외부공기 포함량[%]
C_r : 재순환 공기 중 이산화탄소 농도
C_s : 급기 중 이산화탄소 농도
C_0 : 외부 공기 중 이산화탄소 농도

52

작업장에서 작업공구와 재료 등에 적용할 수 있는 진동대책과 가장 거리가 먼 것은?

① 진동공구의 무게는 $10kg$ 이상 초과하지 않도록 만들어야 한다.
② 강철로 코일용수철을 만들면 설계를 자유스럽게 할 수 있으나 oil damper 등의 저항요소가 필요할 수 있다.
③ 방진고무를 사용하면 공진시 진폭이 지나치게 커지지 않지만 내구성, 내약품성이 문제가 될 수 있다.
④ 코르크는 정확하게 설계할 수 있고 고유 진동수가 $20Hz$ 이상이므로 진동방지에 유용하게 사용할 수 있다.

코르크는 정확하게 설계할 수 없고 고유 진동수가 10Hz 전후로 전파방지에 유용하게 사용할 수 있다.

53

층류영역에서 직경이 $2\mu m$이며 비중이 3인 입자상 물질의 침강속도는 약 몇 cm/sec인가?

① 0.032 ② 0.036
③ 0.042 ④ 0.046

*리프만(Lippman) 식에 의한 침강속도
$$\rho = \frac{비중}{물의\ 밀도(=1)} = \frac{3}{1} = 3g/cm^3$$
$$\therefore V = 0.003\rho d^2 = 0.003 \times 3 \times 2^2 = 0.036 cm/sec$$

여기서,
V : 침강속도[cm/sec]
ρ : 입자 밀도[g/cm^3]
d : 입자 직경[μm]

54

다음 중 방독마스크 사용 용도와 가장 거리가 먼 것은?

① 산소결핍장소에서는 사용해서는 안 된다.
② 흡착제가 들어있는 카트리지나 캐니스터를 사용해야 한다.
③ IDLH(immediately dangerous to life and health) 상황에서 사용한다.
④ 일반적으로 흡착제로는 비극성의 유기증기에는 활성탄을, 극성 물질에는 실리카겔을 사용한다.

방독마스크는 (고농도 작업장) 상황에서 절대 사용하여서는 아니된다.

55

일반적인 실내외 공기에서 자연환기의 영향을 주는 요소와 가장 거리가 먼 것은?

① 기압
② 온도
③ 조도
④ 바람

*자연환기 영향요인
① 기압
② 기온(온도)
③ 기류(바람)

56

다음 중 국소배기장치를 반드시 설치해야 하는 경우와 가장 거리가 먼 것은?

① 발생원이 주로 이동하는 경우
② 유해물질의 발생량이 많은 경우
③ 법적으로 국소배기장치를 설치해야 하는 경우
④ 근로자의 작업위치가 유해물질 발생원에 근접해 있는 경우

*국소배기장치를 반드시 설치하여야 하는 경우 (국소배기 적용조건)
① 유해물질 발생량이 많은 경우
② 유해물질 독성이 강한 경우
③ 발생원이 고정된 경우
④ 오염물질 발생주기가 균일하지 않은 경우
⑤ 작업자의 작업위치가 유해물질 발생원에 근접한 경우
⑥ 높은 증기압의 유기용제인 경우
⑦ 법적으로 국소배기장치를 설치하여야 하는 경우

57

다음 중 작업환경개선에서 공학적인 대책과 가장 거리가 먼 것은?

① 환기
② 대체
③ 교육
④ 격리

*작업환경 개선의 공학적 대책
① 대치(대체)
② 격리
③ 환기
④ 교육 - 가장 소극적 대책으로 가장 관계가 적기 때문에 위 4개 중 가장 거리가 멀다.

58

벤젠의 증기발생량이 $400g/h$일 때, 실내 벤젠의 평균농도를 $10ppm$ 이하로 유지하기 위한 필요 환기량은 약 몇 $m^3/\min$인가?
(단, 벤젠 분자량은 78, 25℃ : 1기압 상태 기준, 안전계수는 1이다.)

① 130　　② 150
③ 180　　④ 210

*노출기준에 따른 전체환기량(Q)

사용량$[g/hr] = S \times G \times 10^3$

$\therefore Q = \dfrac{24.1 \times S \times G \times K \times 10^6}{M \times TLV}$

$= \dfrac{24.1 \times 사용량[g/hr] \times K \times 10^3}{M \times TLV}$

$= \dfrac{24.1 \times \dfrac{273+25}{273+21} \times 400 \times 1 \times 10^3}{78 \times 10}$

$= 12538.46 m^3/hr \times \left(\dfrac{1hr}{60\min}\right) = 208.97 ≒ 210 m^3/\min$

여기서,
Q : 전체환기량$[m^3/hr]$
S : 유해물질의 비중
G : 유해물질의 시간당 사용량$[L/hr]$
K : 안전계수(혼합계수)
M : 유해물질의 분자량
TLV : 유해물질의 노출기준$[ppm]$
24.1 : $1atm$, 21℃에서 공기의 부피$[L]$

$\left(\text{온도보정} : 24.1 \times \dfrac{273+t}{273+21}\right)$

여기서, t : 실제공기의 온도[℃]

*참고
・ 1hr=60min

59

다음 중 전기집진기의 설명으로 틀린 것은?

① 설치 공간을 많이 차지한다.
② 가연성 입자의 처리가 용이하다.
③ 넓은 범위의 입경과 분진농도에 집진효율이 높다.
④ 낮은 압력손실로 송풍기의 가동비용이 저렴하다.

*전기집진장치의 장단점

장점	① 집진효율이 99.9% 정도로 높다. (0.01μm 정도 미세분진 포집 용이) ② 광범위한 온도범위에서 적용 가능하다. ③ 고온가스 처리가 가능하여 보일러 등에 설치할 수 있다. ④ 압력손실이 낮다. ⑤ 대용량 가스처리가 가능하다. ⑥ 운전 및 유지비가 저렴하다. ⑦ 넓은 범위 입경과 분진농도에 집진효율이 높다.
단점	① 설치비용이 많이 들고, 설치공간을 많이 차지한다. ② 설치 후 운전조건의 변화를 유연하게 대처하기 어렵다. ③ 기체상 물질제거가 곤란하다. ④ 가연성 입자 처리가 곤란하다.

60

여포집진기에서 처리할 배기 가스량이 $2m^3/\sec$이고 여포집진기의 면적이 $6m^2$일 때 여과속도는 약 몇 $cm/\sec$인가?

① 25　　② 30
③ 33　　④ 36

*유량(Q)
$Q = AV$에서,
$\therefore V = \dfrac{Q}{A} = \dfrac{2}{6} = 0.33 m/\sec \times \left(\dfrac{100cm}{1m}\right) = 33 cm/\sec$

*참고
・ 1m=100cm

58.④ 59.② 60.③

2017년 2회차 산업위생관리기사 필기 기출문제
제 4과목 : 물리적유해인자관리

61

다음 설명 중 ( ) 안에 알맞은 내용은?

> 생체를 이온화시키는 최소에너지를 방사선을 구분하는 에너지 경계선으로 한다. 따라서, ( ) 이상의 광자에너지를 가지는 경우를 이온화방사선이라 부른다.

① $1eV$
② $12eV$
③ $25eV$
④ $50eV$

*전리방사선과 비전리방사선의 구분
광자에너지의 강도 12eV를 전리방사선과 비전리방사선의 경계선으로 두어, 12eV 이하의 에너지를 가지는 방사선을 비전리방사선(전자파), 12eV 이상이면 전리방사선(이온화방사선)으로 구분한다.

62

다음과 같은 작업조건에서 1일 8시간동안 작업하였다면, 1일 근무시간 동안 인체에 누적된 열량은 얼마인가?
(단, 근로자의 체중은 $60kg$이다.)

- 작업대사량 : $+1.5 kcal/kg \cdot hr$
- 대류에 의한 열전달 : $+1.2 kcal/kg \cdot kr$
- 복사열 전달 : $+0.8 kcal/kg \cdot hr$
- 피부에서의 총 땀 증발량 : $300 g/hr$
- 수분증발열 : $580 cal/g$

① $242 kcal$
② $288 kcal$
③ $1152 kcal$
④ $3072 kcal$

*1일 근무시간 동안 인체에 누적된 열량
작업대사량 = $1.5 kcal/kg \cdot hr \times 60kg \times 8hr = 720 kcal$
대류에 의한 열전달 = $1.2 kcal/kg \cdot hr \times 60kg \times 8hr = 576 kcal$
복사열 전달 = $0.8 kcal/kg \cdot hr \times 60kg \times 8hr = 384 kcal$
열량 합계 = $720 + 576 + 384 = 1680 kcal$

증발에 의한 열손실 = $300 g/hr \times 580 cal/g \times \left(\dfrac{1 kcal}{1000 cal}\right) \times 8hr$
= $1392 kcal$

∴ 누적 열량 = 열량 합계 − 증발에 의한 열손실
= $1680 - 1392 = 288 kcal$

63

레이노 현상(Raynaud phenomenon)의 주된 원인이 되는 것은?

① 소음
② 고온
③ 진동
④ 기압

*레이노드 증상(Raynaud)
한랭환경에서 국소진동에 노출되면 발생하는 현상으로 손과 발가락의 감각마비 증상이 나타난다. 청색증이라고도 명칭을 불리우며, 심하면 극심한 통증이 발생한다. 주로 진동공구, 착암기, 해머 등 공구를 장기간 사용한 근로자에게 발생한다.

64

소리의 크기가 $20N/m^2$ 이라면 음압레벨은 몇 $dB(A)$인가?

① 100
② 110
③ 120
④ 130

*음압수준(SPL)

$SPL = 20\log\left(\dfrac{P}{P_o}\right) = 20\log\left(\dfrac{20}{2\times 10^{-5}}\right) = 120 dB$

여기서,
SPL : 음압수준(음압도, 음압레벨)$[dB]$
P : 대상음의 음압$[N/m^2]$
P_o : 기준음압$(=2\times 10^{-5}[N/m^2])$

65

고압환경에서의 2차적 가압현상에 의한 생체변환과 거리가 먼 것은?

① 질소마취
② 산소중독
③ 질소기포의 형성
④ 이산화탄소의 영향

*2차적 가압현상(화학적 장해)
고압 하의 대기가스 독성 때문에 나타나는 현상으로, 다음 3가지 현상이 발생한다.

질소가스마취	① 공기 중 질소가스는 4기압을 넘으면 마취작용을 일으킨다. ② 사고력, 판단력, 기억력 저하, 불안, 공포감, 마약효과 등 증상이 일어난다. ③ 질소 마취증상은 대기압 조건으로 복귀하면 사라진다. (가역적이다.) ④ 질소가스 마취 증상이 있는 근로자에게 질소를 헬륨으로 대치한 공기를 호흡시키면 예방된다.
산소중독	① 산소분압이 2기압을 넘으면 산소중독 증상이 일어난다. ② 시력장애, 정신혼란, 근육경련 등 증상이 일어난다. ③ 산소중독 증상은 고압산소에 대한 노출이 중지되면 증상이 즉시 멈춘다.
이산화탄소중독	① 산소의 중독과 질소의 마취작용을 증가시키는 역할을 한다. ② 고압환경에서의 이산화탄소 농도가 0.2%를 초과해서는 안된다.

66

공기의 구성 성분에서 조성비율이 표준공기와 같을 때, 압력이 낮아져 고용노동부에서 정한 산소결핍 장소에 해당하게 되는데, 이 기준에 해당하는 대기압 조건은 약 얼마인가?

① $650 mmHg$
② $670 mmHg$
③ $690 mmHg$
④ $710 mmHg$

*대기압 조건
$760 mmHg : 21\% = X : 18\%$
$\therefore X = \dfrac{760 mmHg \times 18\%}{21\%} = 651.43 ≒ 650 mmHg$

*참고
- 표준 대기압 = 1atm = 760mmHg
- 표준 산소량 = 21%
- 산소결핍 산소량 기준 = 18%

64.③ 65.③ 66.①

67

1루멘(Lumen)의 빛이 $1m^2$의 평면에 비칠 때의 밝기를 무엇이라 하는가?

① Lambert
② 럭스(Lux)
③ 촉광(candle)
④ 푸트캔들(Foot candle)

*럭스(Lux)
1lumen의 빛이 $1m^2$의 평면상에 수직으로 비칠 때의 밝기
$$조도(Lux) = \frac{lumen}{m^2}$$

68

진동 작업장의 환경관리 대책이나 근로자의 건강보호를 위한 조치로 틀린 것은?

① 발진원과 작업자의 거리를 가능한 멀리한다.
② 작업자의 체온을 낮게 유지시키는 것이 바람직하다.
③ 절연패드의 재질로는 코르크, 펠트(felt), 유리섬유 등을 사용한다.
④ 진동공구의 무게는 $10kg$을 넘지 않게 하며 방진장갑 사용을 권장한다.

작업자의 체온을 따뜻하게 유지시킨다.

69

저온의 이차적 생리적 영향과 거리가 먼 것은?

① 말초냉각
② 식욕변화
③ 혈압변화
④ 피부혈관의 수축

*저온에서의 생리적 현상

저온의 1차적 생리적 현상	저온의 2차적 생리적 현상
① 피부혈관 수축	① 표면조직 냉각
② 체표면적 감소	② 식욕 항진
③ 근육긴장의 증가 및 떨림	③ 순환기능 감소
④ 화학적 대사작용 증가	④ 혈압 상승
	⑤ 말초 냉각

70

질소 기포 형성 효과에 있어 감압에 따른 기포 형성량에 영향을 주는 주요인자와 가장 거리가 먼 것은?

① 감압속도
② 체내 수분량
③ 고기압의 노출정도
④ 연령 등 혈류를 변화시키는 상태

*감압 시 조직 내 질소 기포형성량 영향인자
① 감압속도
② 조직에 용해된 가스량
③ 혈류를 변화시키는 상태
④ 고기압의 노출정도

71

방사선의 단위환산이 잘못된 것은?

① $1rad = 0.1Gy$
② $1rem = 0.01Sv$
③ $1Sv = 100rem$
④ $1Bq = 2.7 \times 10^{-11} Ci$

*흡수선량
방사선이 물질과 상호작용한 결과 그 물질의 단위질량에 흡수된 에너지로, 단위는 Gy, rad이다.
(1Gy=100rad) → 1rad=0.01Gy

72

우리나라의 경우 누적소음노출량 측정기로 소음을 측정할 때 변환율(exchange rate)을 $5dB$로 설정하였다. 만약 소음에 노출되는 시간이 1일 2시간일 때 산업안전보건법에서 정하는 소음의 노출기준은 얼마인가?

① $80dB(A)$ ② $85dB(A)$
③ $95dB(A)$ ④ $100dB(A)$

*소음작업
1일 8시간 작업을 기준하여 85dB 이상의 소음이 발생하는 작업
① 강렬한 소음작업

데시벨(이상)	발생시간(1일 기준)
90dB	8시간 이상
95dB	4시간 이상
100dB	2시간 이상
105dB	1시간 이상
110dB	30분 이상
115dB	15분 이상

② 충격 소음작업

데시벨(이상)	발생시간(1일 기준)
120dB	10000회 이상
130dB	1000회 이상
140dB	100회 이상

73

갱내부 조명부족과 관련한 질환으로 맞는 것은?

① 백내장   ② 망막변성
③ 녹내장   ④ 안구진탕증

*가시광선의 생물학적 작용

분류	생물학적 작용
조명과잉	녹내장, 백내장, 망막변성 등 기질적 안질환을 유발한다.(조명부족과 무관)
조명부족	장시간 조명부족 상태에서 작업하면 근시, 안구진탕증, 안정피로를 유발한다.

74

충격소음에 대한 정의로 맞는 것은?

① 최대음압수준에 $100dB(A)$이상인 소음이 1초 이상의 간격으로 발생하는 것을 말한다.
② 최대음압수준에 $100dB(A)$이상인 소음이 2초 이상의 간격으로 발생하는 것을 말한다.
③ 최대음압수준에 $120dB(A)$이상인 소음이 1초 이상의 간격으로 발생하는 것을 말한다.
④ 최대음압수준에 $130dB(A)$이상인 소음이 2초 이상의 간격으로 발생하는 것을 말한다.

*충격 소음작업
소음이 1초 이상의 간격으로 발생하는 작업으로서 다음 각 목의 어느 하나에 해당하는 작업을 말한다.

데시벨(이상)	발생시간(1일 기준)
120dB	10000회 이상
130dB	1000회 이상
140dB	100회 이상

75

소음성 난청인 $C_5 - dip$ 현상은 어느 주파수에서 잘 일어나는가?

① $2000Hz$ ② $4000Hz$
③ $6000Hz$ ④ $8000Hz$

*C_5-dip 현상
소음성 난청 초기단계로서 4000Hz에서 청력장애가 커지는 현상

72.④ 73.④ 74.③ 75.②

76

피부의 색소침착 등 생물학적 작용이 활발하게 일어나서 Dorno선 이라고 부르는 비전리 방사선은?

① 적외선
② 가시광선
③ 자외선
④ 마이크로파

*자외선의 분류

분류	파장	발생
UV-C	100~280nm (1000~2800 Å)	피부의 색소침착
UV-B (도르노선)	280~315nm (2800~3150 Å)	소독작용, 비타민 D형성 (건강선, 생명선) 피부노화, 홍반, 각막염, 피부암 유발
UV-A (근자외선)	315~400nm (3150~4000 Å)	피부노화 촉진, 백내장

77

습구흑구온도지수(WBGT)에 관한 설명으로 맞는 것은?

① WBGT가 높을수록 휴식시간이 증가되어야 한다.
② WBGT는 건구온도와 습구온도에 비례하고, 흑구온도에 반비례한다.
③ WBGT는 고온 환경을 나타내는 값이므로 실외작업에만 적용한다.
④ WBGT는 복사열을 제외한 고열의 측정단위로 사용되며, 화씨온도(°F)로 표현한다.

② WBGT는 건구온도, 습구온도, 흑구온도에 비례한다.
③ WBGT는 실내, 실외작업 다 적용한다.
④ WBGT는 섭씨온도(℃)로 표현한다.

78

소음발생의 대책으로 가장 먼저 고려해야 할 사항은?

① 소음원밀폐
② 차음보호구착용
③ 소음전파차단
④ 소음노출시간단축

소음발생 감소대책으로 가장 우선적으로 고려하여야 하는 것은 소음원밀폐이다.

79

다음 중 압력이 가장 높은 것은?

① $2atm$
② $760mmHg$
③ $14.7psi$
④ $101325Pa$

*1기압

1기압
$= 1atm = 760mmHg = 10332mmH_2O$
$= 1.0332kg_f/cm^2 = 10332kg_f/m^2 = 14.7psi$
$= 760 Torr = 10332mmAq = 10.332mH_2O$
$= 1013hPa = 1013.25mb = 1.01325bar$
$= 1013250 dyne/cm^2 = 101325Pa$

① 2atm
② 760mmHg = 1atm
③ 14.7psi = 1atm
④ 101325Pa = 1atm

80

비전리방사선으로만 나열한 것은?

① α선, β선, 레이저, 자외선
② 적외선, 레이저, 마이크로파, α선
③ 마이크로파, 중성자, 레이저, 자외선
④ 자외선, 레이저, 마이크로파, 가시광선

*전리방사선과 비전리방사선의 종류

전리방사선	비전리방사선
① α선 ② β선 ③ γ선 ④ X-Ray(X선) ⑤ 중성자	① 자외선 ② 가시광선 ③ 적외선 ④ 마이크로파 ⑤ 라디오파 ⑥ 초저주파 ⑦ 극저주파 ⑧ 레이저

80. ④

2017년 2회차 산업위생관리기사 필기 기출문제
제 5과목 : 산업독성학

81
유해화학물질의 생체막 투과 방법에 대한 다음 내용에 해당하는 것은?

> 운반체의 확산성을 이용하여 생체막을 통과하는 방법으로 운반체는 대부분 단백질로 되어있다. 운반체의 수가 가장 많을 때 통과속도는 최대가 되지만 유사한 대상물질이 많이 존재하면 운반체의 결합에 경합하게 되어 투과속도가 선택적으로 억제된다. 일반적으로 필수영양소가 이 방법에 의하지만 필수영양소와 유사한 화학물질이 침투하여 운반체의 결합에 경합함으로서 생체막에 화학물질이 통과하여 독성이 나타나게 된다.

① 여과
② 촉진확산
③ 단순확산
④ 능동투과

*촉진확산
운반체의 확산성을 이용하여 생체막을 통과하는 방법으로 운반체는 대부분 단백질로 되어있다. 운반체의 수가 가장 많을 때 통과속도는 최대가 되지만 유사한 대상물질이 많이 존재하면 운반체의 결합에 경합하게 되어 투과속도가 선택적으로 억제된다. 일반적으로 필수영양소가 이 방법에 의하지만 필수영양소와 유사한 화학물질이 침투하여 운반체의 결합에 경합함으로서 생체막에 화학물질이 통과하여 독성이 나타나게 된다.

82
단시간 노출기준이 시간가중평균농도(TLV-TWA)와 단기간 노출기준(TLV-STEL) 사이일 경우 충족시켜야 하는 3가지 조건에 해당하지 않는 것은?

① 1일 4회를 초과해서는 안된다.
② 15분 이상 지속 노출되어서는 안된다.
③ 노출과 노출 사이에는 60분 이상의 간격이 있어야 한다.
④ TLV-TWA의 3배 농도에는 30분 이상 노출되어서는 안된다.

*2회 이상 측정한 단시간 노출농도값이 단시간노출기준과 시간가중평균기준값 사이일 때 노출기준 초과로 평가하여야 하는 이유
① 15분 이상 연속 노출되는 경우
② 노출과 노출사이의 간격이 1시간 미만인 경우
③ 1일 4회를 초과하는 경우

83
피부의 표피를 설명한 것으로 틀린 것은?

① 혈관 및 림프관이 분포한다.
② 대부분 각질세포로 구성된다.
③ 멜라닌세포와 랑게르한스세포가 존재한다.
④ 각화세포를 결합하는 조직은 케라틴 단백질이다.

표피는 혈관 및 림프관이 분포하지 않고 대부분 각질세포로 구성되어 있다.

81.② 82.④ 83.①

84

석유정제공장에서 다량의 벤젠을 분리하는 공정의 근로자가 해당 유해물질에 반복적으로 계속해서 노출될 경우 발생 가능성이 가장 높은 직업병은 무엇인가?

① 신장 손상
② 직업성 천식
③ 급성골수성 백혈병
④ 다발성말초신경장해

*벤젠(C_6H_6)
① 방향족 탄화수소 중 저농도에 장기간 노출되어 만성중독을 일으키는 경우에 가장 위험하다.
② 만성장해로서 조혈독해(백혈구 감소, 재생불량성 빈혈 등)를 가장 잘 유발시킨다.
③ 혈액조직에서 벤젠이 유발하는 독성작용은 백혈구 수의 감소로 인한 응고 작용 결핍 등이다.
④ 벤젠은 영구적인 혈액장애를 일으킨다.
⑤ 벤젠은 주로 페놀로 대사되며 페놀은 벤젠의 생물학적 노출지표로 이용된다.
⑥ 벤젠에 지속적으로 노출되면, 급성골수성 백혈병에 걸릴 수 있다.

85

남성 근로자의 생식독성 유발요인이 아닌 것은?

① 흡연 ② 망간
③ 풍진 ④ 카드뮴

*생식독성
생식기능 및 능력에 대한 유해영향을 일으키거나 태아의 발육에 유해한 영향을 주는 성질이다.

남성근로자의 생식독성 유발요인	여성근로자의 생식독성 유발요인
흡연, 음주, 고온, 전리방사선, 망간, 카드뮴, 납, 농약, 염화비닐, 알킬화제, 유기용제, 항암제, 호르몬제, 마취제, 마이크로파 등	흡연, 음주, 납, 카드뮴, 망간, X선, 고열, 풍진, 매독, 알킬화제, 유기인제 농약, 마취제, 항암제, 항생제, 스테로이드계 약물 등

86

유기성 분진에 의한 진폐증에 해당하는 것은?

① 규폐증 ② 탄소폐증
③ 활석폐증 ④ 농부폐증

*분진 종류에 따른 진폐증 분류

무기성(광물성)분진에 의한 진폐증 (교원성 진폐증)	유기성 분진에 의한 진폐증 (비교원성 진폐증)
① 규폐증 ② 규조토폐증 ③ 탄소폐증 ④ 석면폐증 ⑤ 용접공폐증 ⑥ 탄광부 진폐증 ⑦ 베릴륨폐증 ⑧ 철폐증 ⑨ 활석폐증 ⑩ 흑연폐증 ⑪ 주석폐증 ⑫ 칼륨폐증 ⑬ 바륨폐증	① 농부폐증 ② 연초폐증 ③ 면폐증 ④ 설탕폐증 ⑤ 목재분진폐증 ⑥ 모발분진 폐증

87

직업성 천식을 유발하는 물질이 아닌 것은?

① 실리카
② 목분진
③ 무수트리멜리트산(TMA)
④ 톨루엔디이소시안산염(TDI)

*직업성 천식 유발물질
① 독문진
② 무수트리멜리트산(TMA)
③ 톨루엔디이소시안산염(TDI)
④ 메틸렌디페닐디이소사이아네이트(MDI)
⑤ 백금, 니켈, 크롬, 알루미늄
⑥ 항생제, 소화제
⑦ 밀가루, 커피가루, 라텍스, 응애, 진드기, 곡물가루, 쌀겨, 메밀가루, 카레, 동물 털 및 분비물
⑧ 산화무수물, 송진연무, 반응성 및 아조 염료 등

84.③ 85.③ 86.④ 87.①

88

수치로 나타낸 독성의 크기가 각각 2와 3인 두 물질이 화학적 상호작용에 의해 상대적독성이 9로 상승하였다면 이러한 상호작용을 무엇이라 하는가?

① 상가작용 ② 가승작용
③ 상승작용 ④ 길항작용

＊혼합물의 화학적 상호작용

작용	설명
상가작용	두 유해인자의 독성합만큼 독성 결과를 나타내는 작용(3+3=6) ex) 일반적인 화학물질
상승작용	두 유해인자의 독성합보다 결과가 커짐을 나타내는 작용(3+3=20) ex) 에탄올과 사염화탄소 등
길항작용	두 유해인자가 서로의 작용을 방해하는 것 (3+3=0) ex) 페노바비탈과 디란틴 등 - 길항작용의 종류 ① 배분적 길항작용 물질의 흡수 및 대사 등에 변화를 일으켜 독성이 낮아진다. ② 화학적 길항작용 화학적인 상호반응에 의해 독성이 낮아진다. ③ 기능적 길항작용 생체 내 서로 반대되는 기능을 가져 독성이 낮아진다. ④ 수용적 길항작용 두 화학물질이 같은 수용체에 결합하여 독성이 낮아진다.
독립작용	두 유해인자가 서로 다른 조직 또는 기관에 영향을 미치는 작용 ex) 톨루엔과 황산, 납과 황산, 질산과 카드뮴 등
가승작용	독성이 없는 물질을 독성이 있는 물질과 혼합하면 독성이 강해지는 작용 (3+0=10) ex) 이소프로필알코올과 사염화탄소 등

89

직업성 피부질환에 영향을 주는 직접적인 요인에 해당되는 항목은?

① 연령 ② 인종
③ 고온 ④ 피부의 종류

＊직업성 피부질환의 원인

직접원인	간접원인
① 물리적 요인 온도, 진동, 자외선 등 ② 화학적 요인 알레르기성 접촉 피부염물질 등 ③ 생물학적 요인 바이러스, 세균 등	① 계절 ② 성별 ③ 연령 ④ 인종 ⑤ 의복 ⑥ 피부의 종류

90

물에 대하여 비교적 용해성이 낮고 상기도를 통과하여 폐수종을 일으킬 수 있는 자극제는?

① 염화수소 ② 암모니아
③ 불화수소 ④ 이산화질소

＊이산화질소(NO_2)
물에 대하여 비교적 용해성이 낮고 상기도를 통과하여 폐수종을 일으킬 수 있는 자극제

91

근로자의 유해물질 노출 및 흡수 정도를 종합적으로 평가하기 위하여 생물학적 측정이 필요하다. 또한 유해물질 배출 및 축적 속도에 따라 시료 채취시기를 적절히 정해야 하는데, 시료채취 시기에 제한을 가장 작게 받는 것은?

① 요중 납 ② 호기중 벤젠
③ 혈중 총 무기수은 ④ 요중 총 페놀

반감기가 긴 물질(중금속)에 대해서 시료채취시기는 중요하지 않다. (납은 중금속이다.)

92

어느 근로자가 두통, 현기증, 구토, 피로감, 황달, 빈뇨 등의 증세를 보인다면, 어느 물질에 노출 되었다고 볼 수 있는가?

① 납
② 황화수은
③ 수은
④ 사염화탄소

*사염화탄소(CCl_4)
① 피부를 통해 인체에 흡수된다.
② 고농도로 폭로되면 간이나 신장에 장해가 일어나 혈뇨, 단백뇨, 황달의 증상이 생긴다.
③ 간에 대한 독성작용이 심하여 중심소엽성 괴사를 일으킨다.
④ 가열하면 포스겐과 염산(염화수소)로 분해된다.
⑤ 탈지용 용매로 사용된다.

93

인체에 침입한 납(Pb) 성분이 주로 축적되는 곳은?

① 간
② 뼈
③ 신장
④ 근육

*납의 흡수 및 축적
① 인체에 침입한 납(Pb)은 주로 뼈에 축적된다.
② 유기납 : 피부를 통하여 흡수
③ 무기납 : 호흡기, 입, 피부로 흡수되며, 피부로는 흡수효율이 낮은 편이다.
④ 혈중 납 양은 최근에 흡수된 납 양을 말한다.

94

공기역학적 직경(aerodynamic diameter)에 대한 설명과 가장 거리가 먼 것은?

① 역학적 특성, 즉 침강속도 또는 종단속도에 의해 측정되는 먼지 크기이다.
② 직경분립충돌기(cascade impactor)를 이용해 입자의 크기 및 형태 등을 분리한다.
③ 대상 입자와 같은 침강속도를 가지며 밀도가 1인 가상적인 구형의 직경으로 환산한 것이다.
④ 마틴 직경, 페렛 직경 및 등면적 직경 (projected area diameter)의 세 가지로 나누어진다.

*기하학적(물리적) 직경

직경의 종류	설명
마틴 직경	먼지의 면적을 이등분하는 선의 길이로 선의 방향은 항상 일정하여야 하며 과소평가할 수 있는 단점이 있다.
페렛 직경	먼지의 한쪽 끝 가장자리와 다른쪽 끝 가장자리 사이의 거리로 과대평가할 수 있는 단점이 있다.
등면적 직경	먼지의 면적과 같은 면적을 가진 원의 직경으로 가장 정확한 직경으로 측정은 현미경 접안경에 porton reticle을 삽입하여 측정한다.

공기역학적 직경이 아닌 기하학적 직경에 대한 설명이다.

95

합금, 도금 및 전지 등의 제조에 사용되며, 알레르기 반응, 폐암 및 비강암을 유발할 수 있는 중금속은?

① 비소
② 니켈
③ 베릴륨
④ 안티몬

*니켈(Ni)
① 특징
도금, 제강, 전지, 합금 공정 등에 노출될 수 있다.

② 니켈중독의 증세
 ㉠ 급성중독
  접촉성 피부염, 복통, 설사, 두통, 현기증, 폐렴, 폐부종, 전신중독 유발
 ㉡ 만성중독
  폐암, 비강암, 비중격천공증 유발

③ 니켈중독의 치료사항
체내 축적 시 아연, 비타민 E, 셀레늄 등 황 함유 아미노산을 섭취한다.

96

벤젠에 노출되는 근로자 10명이 6개월 동안 근무하였고, 5명이 2년 동안 근무하였을 경우 노출인년(person-years of exposure)은 얼마인가?

① 10 ② 15
③ 20 ④ 25

*노출인년
노출인년
= 노출자수 × 연간 근무시간
= 노출자수 × $\dfrac{조사개월\ 수}{12개월}$
= $10 \times \dfrac{6}{12} + 5 \times \dfrac{24}{12} = 15$

97

수은 중독에 관한 설명 중 틀린 것은?

① 주된 증상은 구내염, 근육진전, 정신증상이 있다.
② 급성중독인 경우의 치료는 10% EDTA를 투여한다.
③ 알킬수은화합물의 독성은 무기수은화합물의 독성보다 훨씬 강하다.
④ 전리된 수은이온이 단백질을 침전시키고 thiol 기(SH)를 가진 효소작용을 억제한다.

*수은(Hg)의 특징
① 상온에서 유일하게 액체상태로 존재하는 금속이다.
② 뇌산 수은(뇌홍)의 제조에 사용된다.
③ 온도계 제조, 농약 및 살충제 제조업, 치과용 아말감 산업, 페인트 제조업 등에 노출된다.
④ 연금술, 의약품 등에 가장 오래 사용해온 중금속 중 하나이며, 17세기 유럽에서 신사용 중절모자를 제작하는 데 사용하여 근육경련을 일으킨 사례가 있다.
⑤ 소화관으로는 2~7% 정도의 소량으로 흡수한다.
⑥ 금속 형태는 뇌, 혈액, 심근에 많이 분포한다.

*수은중독의 증세
① 대표적인 증상은 구내염, 근육진전, 정신증상, 식욕부진, 신기능부전 등이 있다.
② 시신경장애, 정신이상, 보행장애, 수족신경마비, 신기능부전 증상이 있다.
③ 혀가 떨리거나 수전증 증상이 있다.
④ 소화관으로 약 7% 이하 소량으로 흡수되며, 금속 형태는 뇌, 심근, 혈액에 많이 분포되어 있다.
⑤ 주로 신장에 축적된다.
⑥ 유기수은의 독성은 무기수은의 독성보다 훨씬 강하다.
⑦ 메틸수은은 미나마타병을 일으킨다.
⑧ 전리된 수소이온은 단백질을 침전시키고 -SH기를 가진 효소작용을 억제하여 독성을 나타낸다.

*수은중독 치료사항

급성 중독	① 우유와 계란흰자를 먹인다. ② BAL을 투여한다. ③ 위세척을 한다. ④ 마늘을 섭취한다.
만성 중독	① 수은 취급을 즉시 중지한다. ② BAL을 투여한다. ③ N-acetyl-D-penicillamine을 투여한다. ④ 하루 10L 등장식염수를 공급한다. ⑤ 땀을 흘리게 하여 수은배설을 촉진시킨다. ⑥ 진전증세에 genascopalin을 투여한다.

98

납은 적혈구 수명을 짧게 하고, 혈색소 합성에 장애를 발생시킨다. 납이 흡수됨으로 초래되는 결과로 틀린 것은?

① 요중 코프로폴피린 증가
② 혈청 및 요중 δ-ALA 증가
③ 적혈구내 프로토폴피린 증가
④ 혈중 β-마이크로글로빈 증가

*납중독 진단검사
① 혈액검사
② 빈혈검사
③ 뇨중 Coprophyrin(코프로포르피린) 배설량 측정
④ 뇨중 δ-ALA(헴의 전구물질) 측정
⑤ 뇨중 납량 측정
⑥ 혈중 납량 측정
⑦ 혈중 ZPP(Zinc Protoporphyrin) 측정

99

3가 및 6가 크롬의 인체 작용 및 독성에 관한 내용으로 틀린 것은?

① 산업장의 노출의 관점에서 보면 3가 크롬이 더 해롭다.
② 3가 크롬은 피부 흡수가 어려우나 6가 크롬은 쉽게 피부를 통과한다.
③ 세포막을 통과한 6가 크롬은 세포내에서 수 분 내지 수 시간 만에 발암성을 가진 3가 형태로 환원된다.
④ 6가에서 3가로의 환원이 세포질에서 일어나면 독성이 적으나 DNA의 근위부에서 일어나면 강한 변이원성을 나타낸다.

*크롬(Cr)

특징	① 3가 크롬은 피부흡수가 어렵다. ② 6가 크롬은 쉽게 피부를 통과하여 3가 크롬에 비해 더 해로운 편이다. ③ 전기도금공장, 가죽 제조, 용접, 스테인리스강 가공 등에서 노출된다. ④ 체내에 흡수되어 간, 폐, 신장에 축적되어 주로 소변을 통해 배설된다.
중독 증상	① 급성중독 신장장해로 과뇨증이 오며 더욱 진전되면 무뇨증을 일으켜 요독증으로 사망가능성이 높아진다. ② 만성중독 폐암, 비강암, 비중격천공증, 접촉성 피부염, 크롬폐증 등 증상이 있다.
치료 사항	① 섭취 시 응급조치로 우유 및 비타민C를 섭취한다. ② 크롬 폭로 시 즉시 중단하고 만성 크롬중독인 경우 특별한 치료방법이 없다.

100

중독 증상으로 파킨슨 증후군 소견이 나타날 수 있는 중금속은?

① 납   ② 비소
③ 망간   ④ 카드뮴

*망간중독의 증세
① 급성중독
  ㉠ 금속열 유발
  ㉡ 정신병 유발
② 만성중독
  ㉠ 파킨슨증후군 유발
  ㉡ 손 떨림, 중풍 유발
  ㉢ 안면변화 및 배근력 저하
  ㉣ 언어장애 및 균형감각 상실 증상 유발

2017 3회차 - 산업위생관리기사 필기 기출문제
제 1과목 : 산업위생학개론

01
산업피로를 예방하기 위한 작업자세로서 부적당한 것은?

① 불필요한 동작을 피하고 에너지 소모를 줄인다.
② 의자는 높이를 조절할 수 있고 등받이가 있는 것이 좋다.
③ 힘든 노동은 가능한 기계화하여 육체적 부담을 줄인다.
④ 가능한 동적(動的)인 작업보다는 정적(靜的)인 작업을 하도록 한다.

> 동적 작업을 늘리고 정적 작업을 줄이는 것이 바람직한 작업자세이다.

02
수공구를 이용한 작업의 개선 원리로 가장 적합하지 않은 것은?

① 동력동구는 그 무게를 지탱할 수 있도록 매단다.
② 차단이나 진동 패드, 진동 장갑 등으로 손에 전달되는 진동 효과를 줄인다.
③ 손바닥 중앙에 스트레스를 분포시키는 손잡이를 가진 수공구를 선택한다.
④ 가능하면 손가락으로 잡는 pinch grip보다는 손바닥으로 감싸 안아 잡은 power grip을 이용한다.

수공구를 이용한 작업의 개선 원리
① 동력공구는 그 무게를 지탱할 수 있도록 매단다.
② 차단이나 진동패드, 진동장갑 등으로 손에 전달되는 진동효과를 줄인다.
③ 손바닥 전체에 골고루 스트레스를 분포시키는 손잡이를 가진 수공구를 선택한다.
④ 가능하면 손가락으로 잡는 pinch grip보다는 손바닥으로 감싸 안아 잡는 power grip을 이용한다.
⑤ 손잡이 표면에 홈이 파진 수공구를 피한다.

03
작업이 어렵거나 기계·설비에 결함이 있거나 주의력의 집중이 혼란된 경우 및 심신에 근심이 있는 경우에 재해를 일으키는 자는 어느 분류에 속하는가?

① 미숙성 누발자
② 상황성 누발자
③ 소질성 누발자
④ 반복성 누발자

재해 누발자의 종류

종류	내용
상황성 누발자	작업이 어렵거나 기계·설비에 결함이 있거나 주의력의 집중이 혼란된 경우 및 심신에 근심이 있는 경우에 재해를 일으키는 자
소질성 누발자	주의력이 산만 및 지속 불능, 저지능, 주의력 범위의 협소, 불규칙 흐리멍텅, 경시, 경솔, 부정확, 흥분, 도전 결여, 소심적 결여, 감각 운동의 부적당 등인 사람
미숙성 누발자	기능 미숙, 환경 미숙 등인 사람
습관성 누발자	신경 과민, 슬럼프 등인 사람

01.④ 02.③ 03.②

04
하인리히 사고예방대책의 기본원리 5단계를 맞게 나타낸 것은?

① 조직 → 사실의 발견 → 분석·평가 → 시정책의 선정 → 시정책의 적용
② 조직 → 분석·평가 → 사실의 발견 → 시정책의 선정 → 시정책의 적용
③ 사실의 발견 → 조직 → 분석·평가 → 시정책의 선정 → 시정책의 적용
④ 사실의 발견 → 조직 → 시정책의 선정 → 시정책의 적용 → 분석·평가

*하인리히의 사고방지 5단계
1단계 : 안전조직
2단계 : 사실의 발견
3단계 : 분석평가
4단계 : 시정방법 선정
5단계 : 시정책 적용

05
산업안전보건법에 근로자의 건강보호를 위해 사업주가 실시하는 프로그램이 아닌 것은?

① 청력보존 프로그램
② 호흡기보호 프로그램
③ 방사선 예방관리 프로그램
④ 밀폐공간 보건작업 프로그램

방사선 예방관리 프로그램은 존재하지 않는다.

06
공기 중에 분산되어있는 유해물질의 인체 내 침입경로 중 유해물질이 가장 많이 유입되는 경로는 무엇인가?

① 호흡기계통
② 피부계통
③ 소화기계통
④ 신경·생식계통

공기 중 분산되어있는 유해물질의 인체 내 침입경로 중 유해물질의 영향이 큰 순서는 호흡기계통 > 피부계통 > 소화기계통이다.

07
미국산업위생학술원(AAIH)에서 채택한 산업위생전문가의 윤리강령 중 근로자에 대한 책임과 가장 거리가 먼 것은?

① 위험요소와 예방조치에 대하여 근로자와 상담해야 한다.
② 근로자의 건강보호가 산업위생전문가의 1차적인 책임이라는 것을 인식해야 한다.
③ 위험요인의 측정, 평가 및 관리에 있어서 외부의 압력에 굴하지 않고 근로자 중심으로 판단한다.
④ 근로자와 기타 여러 사람의 건강과 안녕이 산업위생전문가의 판단에 좌우된다는 것을 깨달아야 한다.

*산업위생전문가의 윤리강령(근로자에 대한 책임)
① 근로자의 건강보호가 산업위생전문가의 일차적 책임임을 인지한다.
② 근로자와 기타 여러 사람의 건강과 안녕이 산업위생전문가의 판단에 좌우한다는 것을 깨달아야 한다.
③ 위험요인의 측정·평가 및 관리에 있어서 외부 영향력에 굴하지 않고 중립적 태도를 취한다.
④ 건강의 유해요인에 대한 정보와 필요한 예방조치에 대해 근로자와 대화한다.

08
분진발생 공정에서 측정한 호흡성 분진의 농도가 다음과 같을 때 기하평균농도는 약 몇 mg/m^3 인가?

> 측정농도(단위 : mg/m^3) 2.5 2.8 3.1 2.6 2.9

① 2.62   ② 2.77
③ 2.92   ④ 3.03

*기하평균
$$GM = \sqrt[N]{X_1 \times X_2 \times \cdots \times X_n}$$
$$= \sqrt[5]{2.5 \times 2.8 \times 3.1 \times 2.6 \times 2.9} = 2.77 mg/m^3$$

여기서,
X : 측정치
N : 측정치의 개수

09
사업주가 근골격계부담작업에 근로자를 종사하도록 하는 경우 3년마다 실시하여야 하는 조사는?

① 유해요인 조사   ② 근골격계부담 조사
③ 정기부담 조사   ④ 근골격계작업 조사

*근골격계 부담작업 유해요인 조사
사업주는 근로자가 근골격계부담작업을 하는 경우에 3년마다 다음 각 호의 사항에 대한 유해 요인조사를 하여야 한다. 다만, 신설되는 사업장의 경우에는 신설일부터 1년 이내에 최초의 유해요인 조사를 하여야 한다.
① 설비·작업공정·작업량·작업속도 등 작업장 상황
② 작업시간·작업자세·작업방법 등 작업조건
③ 작업과 관련된 근골격계질환 징후와 증상 유무 등

10
작업관련질환은 다양한 원인에 의해 발생할 수 있는 질병으로 개인적인 소인에 직업적요인이 부가되어 발생하는 질병을 말한다. 다음 중 직업관련질환에 해당하는 것은?

① 진폐증   ② 악성중피종
③ 납중독   ④ 근골격계질환

*직업관련질환의 종류
① 근골격계 질환
② 직업관련성 뇌·심혈관 질환

11
정도관리(quality control)에 대한 설명 중 틀린 것은?

① 계통적 오차는 원인을 찾아낼 수 있으며 크기가 계량화되면 보정이 가능하다.
② 정확도란 측정치와 기준값(참값)간의 일치하는 정도라고 할 수 있으며, 정밀도는 여러 번 측정했을 때의 변이의 크기를 의미한다.
③ 정도관리에는 외부 정도관리와 내부 정도관리가 있으며, 우리나라의 정도관리는 작업환경 측정기관을 상대로 실시하고 있는 내부 정도관리에 속한다.
④ 미국 산업위생학회에 따르면 정도관리란 '정확도와 정밀도의 크기를 알고 그것이 수용할만한 분석결과를 확보할 수 있는 작동적 절차를 포함하는 것'이라고 정의하였다.

정도관리는 정기정도관리와 특별정도관리로 구분한다.

12

육체적 작업능력(PWC)이 $15kcal/min$인 어느 근로자가 1일 8시간 동안 물체를 운반 하고 있다. 작업대사량(Etask)이 $6.5kcal/min$, 휴식시의 대사량(Erest)이 $1.5kcal/min$일 때, 매 시간당 휴식시간과 작업시간의 배분으로 맞는 것은?
(단, Hertig의 공식을 이용한다.)

① 12분 휴식, 48분 작업
② 18분 휴식, 42분 작업
③ 24분 휴식, 36분 작업
④ 30분 휴식, 30분 작업

*Hertig의 적정휴식시간·작업시간

$$휴식시간 = 60 \times \frac{\frac{PWC}{3} - 작업대사량}{휴식대사량 - 작업대사량}$$

$$= 60 \times \frac{\frac{15}{3} - 6.5}{1.5 - 6.5} = 18분$$

작업시간 = 60분 - 휴식시간 = 60 - 18 = 42분

13

최대 작업력을 설명한 것으로 맞는 것은?

① 작업자가 작업할 때 전박을 뻗쳐서 닿는 범위
② 작업자가 작업할 때 사지를 뻗쳐서 닿는 범위
③ 작업자가 작업할 때 어깨를 뻗쳐서 닿는 범위
④ 작업자가 작업할 때 상지를 뻗쳐서 닿는 범위

*정상작업역·최대작업역
① 정상 작업역(표준영역)
  ㉠ 윗팔(상완)을 자연스럽게 수직으로 늘어뜨린 채, 아래팔(전완)만으로 편하게 뻗어 파악할 수 있는 영역
  ㉡ 팔을 가볍게 몸에 붙이고 팔꿈치를 구부린 상태에서 자유롭게 손이 닿는 영역
  ㉢ 움직이지 않고 전박과 손으로 조작할 수 있는 범위

② 최대 작업역(최대영역)
  ㉠ 윗팔(상완)과 아래팔(전완)을 곧게 수평으로 펴서 파악할 수 있는 영역
  ㉡ 어깨에서부터 팔을 뻗어 도달하는 최대영역
  ㉢ 움직이지 않고 상지를 뻗어 닿는 범위

14

심한 전신피로 상태로 판단되는 경우는?

① $HR_{30 \sim 60}$이 100을 초과, $HR_{150 \sim 180}$과 $HR_{60 \sim 90}$의 차이가 15미만인 경우
② $HR_{30 \sim 60}$이 105을 초과, $HR_{150 \sim 180}$과 $HR_{60 \sim 90}$의 차이가 10미만인 경우
③ $HR_{30 \sim 60}$이 110을 초과, $HR_{150 \sim 180}$과 $HR_{60 \sim 90}$의 차이가 10미만인 경우
④ $HR_{30 \sim 60}$이 120을 초과, $HR_{150 \sim 180}$과 $HR_{60 \sim 90}$의 차이가 15미만인 경우

*전신피로의 정도 평가

종류	설명
HR_1	작업종료 후 30~60초 사이의 평균맥박수
HR_2	작업종료 후 60~90초 사이의 평균맥박수
HR_3	작업종료 후 150~180초 사이의 평균맥박수

✔심한 전신피로 상태
HR_1이 110을 초과하고 HR_3과 HR_2의 차이가 10 미만인 경우

15

외국의 산업위생역사에 대한 설명 중 인물과 업적이 잘못 연결된 것은?

① Galen – 구리광산에서 산 증기의 위험성 보고
② Georgious Agricola – 저서인 "광물에 관하여"를 남김
③ Pliny the Elder – 분진방지용 마스크로 동물의 방광사용 권장
④ Alice Hamilton – 폐질환의 원인물질을 Hg, S 및 염이라 주장

*해밀턴(Alice Hamilton)
미국의 여의사로 현대적 의미의 최초 산업 위생전문가(혹은 최초 산업의학자)라고 하며 1910년 납공장을 시작으로 40여년간 각종 직업병을 발견하고 작업환경개선에 힘썼으며 하버드 대학 교수로 재직하였다. 그녀의 이름을 인용하여 미국 신시내티에 있는 NIOSH 연구소를 일명 이 사람 연구소라고도 한다.

16

작업시작 및 종료시 호흡의 산소소비량에 대한 설명으로 틀린 것은?

① 산소소비량은 작업부하가 계속 증가하면 일정한 비율로 계속 증가한다.
② 작업이 끝난 후에도 맥박과 호흡수가 작업 개시 수준으로 즉시 돌아오지 않고 서서히 감소한다.
③ 작업부하 수준이 최대 산소소비량 수준보다 높아지게 되면, 젖산의 제거 속도가 생성 속도에 못 미치게 된다.
④ 작업이 끝난 후에 남아 있는 젖산을 제거하기 위해서는 산소가 더 필요하며, 이 때 동원되는 산소소비량을 산소부채(oxygen debt)라 한다.

산소소비량은 작업부하가 계속 증가하면 비례하여 계속 증가하나 작업부하가 일정 한계를 넘을 때 산소소비량은 증가하지 않는다.

17

직업병을 판단할 때 참고하는 자료로 적합하지 않은 것은?

① 업무내용과 종사시간
② 발병 이전의 신체이상과 과거력
③ 기업의 산업재해 통계와 산재보험료
④ 작업환경측정 자료와 취급물질의 유해성 자료

산재보험료는 직업병을 판단하기 어렵다.

18

허용농도 설정의 이론적 배경으로 '인체실험자료'가 있다. 이러한 인체실험 시 반드시 고려해야 할 사항으로 틀린 것은?

① 자발적으로 실험에 참여하는 자를 대상으로 한다.
② 영구적 신체장애를 일으킬 가능성은 없어야 한다.
③ 인류 보건에 기여할 물질에 대해 우선적으로 적용한다.
④ 실험에 참여하는 자는 서명으로 실험에 참여할 것을 동의해야 한다.

*인체실험 시 반드시 고려해야 할 사항
① 자발적으로 실험에 참여하는 자를 대상으로 한다.
② 영구적 신체장애를 일으킬 가능성은 없어야 한다.
③ 최대한 안전한 물질에 대해 우선적으로 적용한다.
④ 실험에 참여하는 자는 서명으로 실험에 참여할 것을 동의해야 한다.

19

다음은 미국 ACGIH에서 제안하는 TLV-STEL을 설명한 것이다. 여기에서 단기간은 몇분인가?

> 근로자가 자극, 만성 또는 불가역적 조직장애, 사고유발, 응급 시 대처능력의 저하 및 작업능률 저하 등을 초래할 정도의 마취를 일으키지 않고 단 시간 동안 노출될 수 있는 농도이다.

① 5분 ② 15분
③ 30분 ④ 60분

*단시간노출기준(STEL)
근로자가 1회에 15분간 유해인자에 노출되는 경우의 기준으로 이 기준 이하에서는 1회 노출 간격이 1시간 이상인 경우에 1일 작업시간 동안 4회까지 노출이 허용될 수 있는 기준을 말한다.

20

직업병이 발생된 원진레이온에서 사용한 원인 물질은?

① 납 ② 사염화탄소
③ 수은 ④ 이황화탄소

*원진레이온㈜의 이황화탄소(CS_2) 중독 사건
① 1991년에 이황화탄소 중독을 발견하여 1998년에 집단으로 발생함
② 이황화탄소 만성중독으로 뇌경색증, 다발성 신경염, 협심증, 신부전증 등 유발함

2017 3회차 — 산업위생관리기사 필기 기출문제
제 2과목 : 작업위생측정 및 평가

21

기기 내의 알콜이 위의 눈금에서 아래 눈금까지 하강하는데 소요되는 시간을 측정하여 기류를 직접적으로 측정하는 기기는?

① 열선 풍속계　　② 카타 온도계
③ 액정 풍속계　　④ 아스만 통풍계

＊카타온도계
기류를 냉각시켜 기류 측정하고, 0.2~0.5m/sec 정도 불감기류 측정 시 기류속도 측정하고, 알코올 눈금이 100℉(37.8℃)에서 95℉(35℃)까지 내려가는데 소요되는 시간을 4~5회 측정, 평균하여 카타 상수값으로 이용 및 간접적으로 풍속 측정

22

분자량이 245인 물질이 표준상태(25℃, 760mmHg)에서 체적농도로 $1.0ppm$일 때, 이 물질의 질량농도는 약 몇 mg/m^3인가?

① 3.1　　② 4.5
③ 10.0　　④ 14.0

＊질량농도(mg/m³)와 용량농도(ppm)의 환산
$$mg/m^3 = ppm \times \frac{분자량}{부피} = 1 \times \frac{245}{24.45} = 10 mg/m^3$$

＊참고
- 1atm(=760mmHg), 25℃의 부피 = 24.45L

23

어떤 음의 발생원의 음력(sound power)이 $0.006W$일 때, 음력수준(sound power level)은 약 몇 dB인가?

① 92　　② 94
③ 96　　④ 98

＊음향파워레벨(PWL)
$$PWL = 10\log\left(\frac{W}{W_o}\right) = 10\log\frac{0.006}{10^{-12}} = 98 dB$$

여기서
PWL : 음향파워레벨(음력수준)$[dB]$
W : 대상음원의 음향파워$[W]$
W_o : 기준음향파워($=10^{-12}[W]$)

24

다음 내용이 설명하는 막여과지는?

- 농약, 알칼리성 먼지, 콜타르피치 등을 채취한다.
- 열, 화학물질, 압력 등에 강한 특성이 있다.
- 석탄건류나 증류 등의 고열 공정에서 발생되는 다핵방향족탄화수소를 채취 하는데 이용된다.

① 은 막여과지　　② PVC 막여과지
③ 섬유상 막여과지　　④ PTFE 막여과지

＊PTFE 막 여과지(테프론)
① 열, 화학물질, 압력 등에 강한 특성을 가지고 있다.
② 석탄건류나 증류 등의 고열 공정에서 발생하는 다핵방향족 탄화수소를 채취하는데 이용한다.
③ 농약, 알칼리성 먼지, 콜타르피치 등을 채취하는데 $1\mu m$, $2\mu m$, $3\mu m$의 여러 가지 구멍 크기를 가지고 있다.

21.② 22.③ 23.④ 24.④

25

가스크로마토그래피의 검출기에 관한 설명으로 옳지 않은 것은?
(단, 고용노동부 고시를 기준으로 한다.)

① 약 850℃까지 작동가능 해야 한다.
② 검출기는 시료에 대하여 선형적으로 감응해야 한다.
③ 검출기는 감도가 좋고 안정성과 재현성이 있어야 한다.
④ 검출기의 온도를 조절할 수 있는 가열기구 및 이를 측정할 수 있는 측정기구가 갖추어져야 한다.

가스크로마토그래피의 검출기는 약 400℃까지 작동가능 해야 한다.

26

다음 고열측정에 관한 내용 중 ( )안에 알맞은 것은?
(단, 고용노동부 고시를 기준으로 한다.)

> 측정은 단위작업장소에서 측정대상이 되는 근로자의 작업행동범위에서 주 작업 위치의 ( )의 위치에서 할 것

① 바닥 면으로부터 50cm 이상, 150cm 이하
② 바닥 면으로부터 80cm 이상, 120cm 이하
③ 바닥 면으로부터 100cm 이상, 120cm 이하
④ 바닥 면으로부터 120cm 이상, 150cm 이하

법 개정으로 인해 정답이 없고, 공부 안하셔도 무방합니다.

27

음파 중 둘 또는 그 이상의 음파의 구조적 간섭에 의해 시간적으로 일정하게 음압의 최고와 최저가 반복되는 패턴의 파는?

① 발산파 ② 구면파
③ 정재파 ④ 평면파

*정재파
둘 또는 그 이상의 음파의 구조적 간섭에 의해 시간적으로 일정하게 음압의 최고와 최저가 반복되는 패턴의 파

28

처음 측정한 측정치는 유량, 측정시간, 회수율, 분석에 의한 오차가 각각 15%, 3%, 10%, 7%이였으나 유량에 의한 오차가 개선되어 10%로 감소되었다면 개선 전 측정치의 누적오차와 개선후의 측정치의 누적오차의 차이는 약 몇%인가?

① 6.5 ② 5.5
③ 4.5 ④ 3.5

*누적오차
$$E_c = \sqrt{E_1^2 + E_2^2 + \cdots + E_n^2}$$
변화 전 누적오차 $= \sqrt{15^2 + 3^2 + 10^2 + 7^2} = 19.57\%$
변화 후 누적오차 $= \sqrt{10^2 + 3^2 + 10^2 + 7^2} = 16.06\%$
∴ 누적오차의 차이 $= 19.57 - 16.06 = 3.51\%$
여기서,
$E_1, E_2, \cdots, E_n$: 각 요소에 대한 오차[%]

25.① 26.X 27.③ 28.④

29
다음 중 수동식 시료채취기(passive sampler)의 포집원리와 가장 관계가 없는 것은?

① 확산 ② 투과
③ 흡착 ④ 흡수

*연속시료채취법 종류

시료 채취법	설명
능동식 시료 채취법	① 공기 시료채취펌프를 이용하여 흡착튜브, 전처리된 여과지, 임펀저와 같이 시료채취미디어를 통해 공기와 오염물질을 채취하는 방법 ② 흡착관을 사용한 능동식 시료채취방법의 일반적 시료 채취 유량 기준은 0.2L/min 이하 ③ 흡수액을 사용한 능동식 시료채취방법의 일반적 시료 채취 유량 기준은 1.0L/min 이하
수동식 시료 채취법	① 가스상 물질의 확산원리를 이용한다. ② 포집원리는 확산, 투과, 흡착 등이 있다. ③ 결핍(Starvation)현상이란 수동식 시료채취기 사용 시 최소의 기류가 있어야 하는데, 최소의 기류가 없을 경우 표면에서 오염물질이 제거되어 농도가 없어지거나 감소하는 현상으로 결핍현상을 방지하기 위해 최소 기류속도 0.05~0.1m/sec를 유지해야 한다.

30
1일 12시간 작업할 때 톨루엔($TLV-100ppm$)의 보정노출기준은 약 몇 ppm인가?
(단, 고용노동부 고시를 기준으로 한다.)

① 25 ② 67
③ 75 ④ 150

*OSHA 보정방법

허용기준 $= TLV \times \dfrac{8}{H}$

$= 100 \times \dfrac{8}{12} = 67ppm$

31
다음 중 2차 표준 보정기구와 가장 거리가 먼 것은?

① 폐활량계 ② 열선기류계
③ 건식가스 미터 ④ 습식테스트 미터

*표준기구의 종류

1차 표준기구	2차 표준기구
① 비누거품미터	① 로터미터
② 폐활량계	② 습식 테스터미터
③ 가스치환병	③ 건식 가스미터
④ 유리피스톤미터	④ 오리피스미터
⑤ 흑연피스톤미터	⑤ 열선기류계
⑥ 피토관(피토튜브)	

32
공장 내부에 소음(1대당 $PWL=85dB$)을 발생시키는 기계가 있을 때, 기계 2대가 동시에 가동된다면 발생하는 PWL의 합은 약 몇 dB인가?

① 86 ② 88
③ 90 ④ 92

*합성소음도(L)

$L = 10\log\left(10^{\frac{L_1}{10}} + 10^{\frac{L_2}{10}} + \cdots + 10^{\frac{L_n}{10}}\right)$

$= 10\log\left(10^{\frac{85}{10}} \times 2\right) = 88dB$

L : 합성소음도[dB]
$L_1, L_2, \cdots L_n$ = 각 소음원의 소음[dB]

33

다음 중 직경이 $5cm$인 흑구 온도계의 온도 측정 시간 기준은 무엇인가?
(단, 고용노동부 고시를 기준으로 한다.)

① 1분 이상 ② 3분 이상
③ 5분 이상 ④ 10분 이상

> 법 개정으로 인해 정답이 없고, 공부 안하셔도 무방합니다.

34

다음 중 빛의 산란 원리를 이용한 직독식 먼지 측정기는?

① 분진광도계 ② 피에조벨런스
③ β-gauge계 ④ 유리섬유여과분진계

> *분진광도계(산란광식)
> 빛의 산란 원리를 이용한 직독식 먼지측정기

35

유기용제 취급 사업장의 메탄올 농도 측정결과가 $100, 89, 94, 99, 120 ppm$일 때, 이 사업장의 메탄올 농도의 기하평균은 약 몇 ppm인가?

① 100.3 ② 102.3
③ 104.3 ④ 106.3

> *기하평균
> $$GM = \sqrt[N]{X_1 \times X_2 \times \cdots \times X_n}$$
> $= \sqrt[5]{100 \times 89 \times 94 \times 99 \times 120} = 99.88 ≒ 100.3 ppm$
> 여기서,
> X : 측정치
> N : 측정치의 개수

36

흡착제를 이용하여 시료를 채취할 때 영향을 주는 인자에 관한 설명으로 옳지 않은 것은?

① 습도가 높으면 파과 공기량(파과가 일어날 때까지의 공기 채취량)이 작아진다.
② 시료채취속도가 낮고 코팅되지 않은 흡착제 일수록 파과가 쉽게 일어난다.
③ 공기 중 오염물질의 농도가 높을수록 파과 용량(흡착제에 흡착된 오염물질의 양)은 증가한다.
④ 고온에서는 흡착대상오염물질과 흡착제의 표면 사이 또는 2종 이상의 흡착 대상 물질 간 반응속도가 증가하여 불리한 조건이 된다.

> *고체흡착제를 이용하여 시료채취할 때 영향인자
>
> | 영향인자 | 설명 |
> |---|---|
> | 온도 | 고온일수록 흡착대상 오염물질과 흡착제의 표면 사이의 반응속도가 증가하여 흡착 성질을 감소하며 파과가 일어나기 쉽다. (흡착은 발열반응이다.) |
> | 습도 | 습도가 높으면 파과공기량이 적어지고, 극성 흡착제를 사용할 때 수중기가 흡착되기 때문에 파과가 일어나기 쉽다. |
> | 오염물질 농도 | 공기 중 오염물질의 농도가 높을수록 파과용량[흡착제에 흡착된 오염물질의 양(mg)]은 증가하나 파과공기량은 감소한다. |
> | 시료채취속도 (시료채취유량) | 시료채취속도가(시료채취유량) 높고 코팅된 흡착제일수록 파과가 일어나기 쉽다. |
> | 흡착제의 크기 | 입자의 크기가 작을수록 표면적이 증가하여 채취효율이 증가하나 압력강하가 심하다. |
> | 흡착관의 크기 (튜브의 내경) | 흡착제의 양이 많아지면 전체 흡착제의 표면적이 증가하여 채취용량이 증가하므로 쉽게 파과가 발생하지 않는다. |
> | 혼합물 | 혼합기체의 경우 각 기체의 흡착량은 단독성분이 있을 때보다 감소된다. |

33. X 34. ① 35. ① 36. ②

37

다음 중 1일 8시간 및 1주일 40시간 동안의 평균 농도를 말하는 것은?

① 천장값
② 허용농도 상한치
③ 시간 가중 평균농도
④ 단시간 노출허용농도

*시간가중 평균농도(TWA)
1일 8시간, 주 40시간 동안 평균농도

38

흡수용액을 이용하여 시료를 포집할 때 흡수효율을 높이는 방법과 거리가 먼 것은?

① 시료채취유량을 낮춘다.
② 용액의 온도를 높여 오염물질을 휘발시킨다.
③ 가는 구멍이 많은 Fritted 버블러 등 채취 효율이 좋은 기구를 사용한다.
④ 두 개 이상의 버블러를 연속적으로 연결하여 용액의 양을 늘린다.

*흡수액의 흡수효율을 높이기 위한 방법
① 채취속도를 낮춘다.(=채취유량을 낮춘다.)
② 흡수액의 양을 늘린다.
③ 액체의 교반을 강하게 한다.
④ 두 개 이상의 임핀저나 버블러를 연속적(직렬)으로 연결한다.
⑤ 가는 구멍이 많은 프리티드(Fritted) 버블러 등을 사용하여 채취효율이 좋은 기구를 사용한다.
⑥ 용액의 온도를 낮추어 오염물질 휘발성을 제한시킨다.
⑦ 기포와 액체의 접촉면적을 크게한다.

39

다음 중 비극성 유기용제 포집에 가장 적합한 흡착제는?

① 활성탄
② 염화칼슘
③ 활성칼슘
④ 실리카겔

활성탄 – 비극성 유기용제 포집
실리카겔 – 극성 유기용제 포집

40

통계집단의 측정값들에 대한 균일성과 정밀성의 정도를 표현하는 것으로 평균값에 대한 표준편차의 크기를 백분율로 나타낸 것은?

① 정확도
② 변이계수
③ 신뢰편차율
④ 신뢰한계율

*변이계수(CV)
통계집단의 측정값들에 대한 균일성과 정밀성의 정도를 표현하는 것으로 평균값에 대한 표준편차의 크기를 백분율로 나타낸 값

2017 3회차
산업위생관리기사 필기 기출문제
제 3과목 : 작업환경관리대책

41

A분진의 노출기준은 $10mg/m^3$이며 일반적으로 반면형 마스크의 할당보호계수(APF)는 10일 때, 반면형 마스크를 착용할 수 있는 작업장 내 A분진의 최대 농도는 얼마인가?

① $1mg/m^3$
② $10mg/m^3$
③ $50mg/m^3$
④ $100mg/m^3$

*할당보호계수(APF)

$$APF \geq \frac{C_{air}}{PEL} = HR$$
$$\therefore C_{air} \leq APF \times PEL = 10 \times 10 = 100mg/m^3$$

여기서,
APF : 할당보호계수
C_{air} : 기대되는 공기 중 농도
PEL : 노출기준
HR : 위해비

42

다음 작업환경관리의 원칙 중 대체에 관한 내용으로 가장 거리가 먼 것은?

① 분체 입자를 큰 입자로 대치한다.
② 성냥 제조시에 황린 대신 적린을 사용한다.
③ 보온재료로 석면 대신 유리섬유나 암면 등을 사용한다.
④ 광산에서 광물을 채취할 때 습식 공정 대신 건식 공정을 사용하여 분진 발생량을 감소시킨다.

광산에서 광물을 채취할 때 건식 공정 대신 습식 공정을 사용하여 분진 발생량을 감소시킨다.

43

후드의 유입계수가 0.86일 때, 압력 손실계수는 약 얼마인가?

① 0.25
② 0.35
③ 0.45
④ 0.55

*압력손실계수(유입손실계수, F)
$$F = \frac{1}{C_e^2} - 1 = \frac{1}{0.86^2} - 1 = 0.35$$

44

다음 중 비극성용제에 대한 효과적인 보호 장구의 재질로 가장 옳은 것은?

① 면
② 천연고무
③ Nitrile 고무
④ Butyl 고무

*보호구 재질에 따른 적용물질

보호구 재질	적용물질
Neoprene 고무	비극성용제, 산, 부식성물질
Vitron	비극성용제
Nitrile	비극성용제
Butyl 고무	극성용제
천연고무(Latex)	극성용제, 수용성 용액
가죽	찰과상 예방 (용제에 사용 불가능)
면	고체상물질 (용제에 사용 불가능)
Polyvinyl Chloride(PVC)	수용성 용액
Ethylene Vinyl Alcohol	화학물질 취급 작업

41.④ 42.④ 43.② 44.③

45

송풍기의 동작점에 관한 설명으로 가장 알맞은 것은?

① 송풍기의 성능곡선과 시스템 동력곡선이 만나는 점
② 송풍기의 정압곡선과 시스템 효율곡선이 만나는 점
③ 송풍기의 성능곡선과 시스템 요구곡선이 만나는 점
④ 송풍기의 정압곡선과 시스템 동압곡선이 만나는 점

*송풍기의 동작점
송풍기의 성능곡선과 시스템의 요구곡선이 만나는 점

46

다음 중 입자상 물질을 처리하기 위한 공기 정화장치와 가장 거리가 먼 것은?

① 사이클론
② 중력집진장치
③ 여과집진장치
④ 촉매산화에 의한 연소장치

*집진장치의 종류(입자상 물질 처리시설의 종류)
① 중력집진장치
② 관성력집진장치
③ 원심력집진장치(사이클론)
④ 세정집진장치
⑤ 여과집진장치
⑥ 전기집진장치

47

덕트 설치 시 주요사항으로 옳은 것은?

① 구부러짐 전, 후에는 청소구를 만든다.
② 공기 흐름은 상향구배를 원칙으로 한다.
③ 덕트는 가능한 한 길게 배치하도록 한다.
④ 밴드의 수는 가능한 한 많게 하도록 한다.

*덕트설치 시 주요원칙
① 공기가 아래로 흐르도록 하향구배를 만든다.
② 구부러짐 전후에는 청소구를 만든다.
③ 밴드는 가능하면 완만하게 구부리며, 90°는 피한다.
④ 덕트는 가능한 한 짧게 배치하도록 한다.
⑤ 가급적 원형 덕트를 사용하고, 사각 덕트 사용 시 정방형을 사용한다.
⑥ 가능한 한 후드와 가까운 곳에 설치한다.
⑦ 밴드의 수는 가능한 한 적게 하도록 한다.
⑧ 수분이 응축될 경우 덕트 내로 들어가지 않도록 하며 경사나 배수구를 마련한다.
⑨ 덕트와 송풍기 연결부위는 진동을 고려하여 유연한 재질로 한다.
⑩ 후드는 덕트보다 두꺼운 재질을 선택한다.
⑪ 직경이 다른 덕트 연결 시 경사 30° 이내의 테이퍼를 부착한다.
⑫ 송풍기를 연결할 때 최소 덕트 직경의 6배는 직선구간으로 한다.
⑬ 곡관은 직관보다 0.76mm 정도 두꺼운 재질을 선택한다.
⑭ 곡률반경은 최소 덕트 직경의 1.5 이상, 주로 2.0을 사용한다.

48

자유공간에 설치한 폭과 높이의 비가 0.5인 사각형 후드의 필요 환기량($Q, m^3/s$)을 구하는 식으로 옳은 것은?
(단, L: 폭(m), W: 높이(m), V: 제어속도(m/s), X: 유해물질과 후드개구부 간의 거리(m), K: 안전계수)

① $Q = V(10X^2 + LW)$
② $Q = V(5.3X^2 + 2.7LW)$
③ $Q = 3.7LVX$
④ $Q = 2.6LVX$

*필요송풍량(Q)

조건	필요송풍량 공식
① 자유공간 위치, 플랜지 미부착	$Q = V(10X^2 + A)$
② 자유공간 위치, 플랜지 부착	$Q = 0.75V(10X^2 + A)$
③ 바닥면 위치, 플랜지 미부착	$Q = V(5X^2 + A)$
④ 바닥면 위치, 플랜지 부착	$Q = 0.5V(10X^2 + A)$

여기서,
Q : 필요송풍량[m^3/min]
A : 후드의 개구면적[m^2]
V : 제어속도[m/min]
X : 후드 중심선으로부터 발생원까지의 거리[m]

자유공간 위치, 플랜지 미부착이므로,
∴ $Q = V(10X^2 + A) = V(10X^2 + LW)$

49

배기덕트로 흐르는 오염공기의 속도압이 $6mmH_2O$일 때, 덕트 내 오염공기의 유속은 약 몇 m/s 인가?
(단, 오염공기밀도는 $1.25kg/m^3$이고, 중력가속도는 $9.8m/s^2$이다.)

① 6.6
② 7.2
③ 8.3
④ 9.7

*동압(속도압, VP)

밀도가 $1.25kg/m^3$이므로, 비중량은 $1.25kg_f/m^3$
$VP = \dfrac{\gamma V^2}{2g}$ 에서,
∴ $V = \sqrt{\dfrac{2gVP}{\gamma}} = \sqrt{\dfrac{2 \times 9.8 \times 6}{1.25}} = 9.7m/s$

여기서,
VP : 동압[mmH_2O]
V : 속도[m/sec]
γ : 공기의 비중량[kg_f/m^3]
g : 중력가속도[$9.8m/s^2$]

50

송풍기의 송풍량이 $200m^3$/min이고, 송풍기 전압이 $150mmH_2O$이다. 송풍기의 효율이 0.8이라면 소요동력은 약 몇 kW인가?

① 4
② 6
③ 8
④ 10

*송풍기 소요동력(H)

$H = \dfrac{Q \times \Delta P}{6120\eta} \times \alpha = \dfrac{200 \times 150}{6120 \times 0.8} \times 1 = 6.13 ≒ 6kW$

여기서,
H : 송풍기 소요동력[kW]
Q : 송풍량[m^3/min]
ΔP : 송풍기 유효압력[mmH_2O]
η : 송풍기 효율
α : 여유율 (주어지지 않으면, $\alpha = 1$)

51

총압력손실 계산법 중 정압조절평형법에 대한 설명과 가장 거리가 먼 것은?

① 설계가 어렵고 시간이 많이 걸린다.
② 예기치 않은 침식 및 부식이나 퇴적문제가 일어난다.
③ 송풍량은 근로자나 운전자의 의도대로 쉽게 변경되지 않는다.
④ 설계시 잘못 설계된 분지관 또는 저항이 가장 큰 분지관을 쉽게 발견할 수 있다.

*정압조절평형법(정압균형유지법, 유속조절평형법)의 장단점

장점	① 설계가 정확할 때 가장 효율적인 시설이 된다. ② 유속의 범위가 적절하면 덕트의 폐쇄가 일어나지 않는다. ③ 잘못 설계된 분지관, 최대저항 경로선정이 잘못되어도 설계 시 쉽게 발견할 수 있다. ④ 침식·부식·분진퇴적으로 인한 축적현상이 없어 덕트의 폐쇄가 일어나지 않는다.
단점	① 설계가 복잡하고 시간이 오래걸린다. ② 시설 설치 후 잘못된 유량을 고치기 어렵다. ③ 효율 개선 시 전체적으로 수정하여야 한다. ④ 설계유량 산정을 잘못할 경우 수정은 덕트 크기 변경을 필요로 한다. ⑤ 때에 따라 전체 필요한 최소유량보다 더욱 초과될 수 있다.

52

덕트 직경이 $30cm$이고 공기유속이 $5m/s$일 때, 레이놀드수는 약 얼마인가?
(단, 공기의 점성계수는 $20℃$에서 1.85×10^{-5} $kg/s \cdot m$, 공기밀도는 $20℃$에서 $1.2kg/m^3$이다.)

① 97300
② 117500
③ 124400
④ 135200

*레이놀즈 수

$$Re = \frac{\rho VD}{\mu} = \frac{1.2 \times 5 \times 0.3}{1.85 \times 10^{-5}} = 97297.3 ≒ 97300$$

여기서,
Re : 레이놀즈 수
ρ : 유체 밀도$[kg/m^3]$
V : 유속$[m/s]$
D : 직경$[m]$
μ : 점성계수$[kg/m \cdot s]$

53

다음 중 차음보호구인 귀마개(Ear Plug)에 대한 설명과 가장 거리가 먼 것은?

① 차음효과는 일반적으로 귀덮개보다 우수하다.
② 외청도에 이상이 없는 경우에 사용이 가능하다.
③ 더러운 손으로 만짐으로써 외청도를 오염시킬 수 있다.
④ 귀덮개와 비교하면 제대로 착용하는데 시간은 걸리나 부피가 작아서 휴대하기 편리하다.

차음효과는 귀덮개가 귀마개보다 우수하다.

54

오염물질의 농도가 $200ppm$까지 도달하였다가 오염물질 발생이 중지되었을 때, 공기중 농도가 $200ppm$에서 $19ppm$으로 감소하는데 거리는 시간은?
(단, 1차 반응으로 가정하고 공간부피, $V=3000\ m^3$, 환기량 $Q=1.17m^3/s$이다.)

① 약 89분
② 약 101분
③ 약 109분
④ 약 115분

*농도 C_1에서 C_2까지 감소하는 데 걸린 시간(t)

$$t = -\frac{V}{Q'}\ln\left(\frac{C_2}{C_1}\right)$$
$$= -\frac{3000m^3}{1.17m^3/\sec \times \left(\frac{60\sec}{1\min}\right)}\ln\left(\frac{19}{200}\right) = 100.59 ≒ 101\min$$

여기서,
C_1 : 유해물질 처음농도
C_2 : 유해물질 노출기준

55

국소배기 시설에서 장치 배치 순서로 가장 적절한 것은?

① 송풍기→공기정화기→후드→덕트→배출구
② 공기정화기→후드→송풍기→덕트→배출구
③ 후드→덕트→공기정화기→송풍기→배출구
④ 후드→송풍기→공기정화기→덕트→배출구

*국소배기장치 시설의 구성
후드 → 덕트 → 공기정화장치 → 송풍기 → 배출구

56

폭 a, 길이 b인 사각형관과 유체학적으로 등가인 원형관(직경 D)의 관계식으로 옳은 것은?

① $D=ab/2(a+b)$
② $D=2(a+b)/ab$
③ $D=2ab/a+b$
④ $D=a+b/2ab$

*상당 직경(D)
$$D = \frac{2ab}{a+b}$$
여기서,
a : 밑변(폭)[m]
b : 높이(길이)[m]

57

국소배기 시스템의 유입계수(Ce)에 관한 설명으로 옳지 않은 것은?

① 후드에서의 압력손실이 유량의 저하로 나타나는 현상이다.
② 유입계수란 실제유량/이론유량의 비율이다.
③ 유입계수는 속도압/후드정압의 제곱근으로 구한다.
④ 손실이 일어나지 않은 이상적인 후드가 있다면 유입계수는 0이 된다.

손실이 일어나지 않은 이상적인 후드가 있다면 유입계수는 1이 된다.

58
국소배기 시설의 투자비용과 운전비를 적게하기 위한 조건으로 옳은 것은?

① 제어속도 증가
② 필요송풍량 감소
③ 후드개구면적 증가
④ 발생원과의 원거리 유지

국소배기 시설의 투자비용과 운전비를 적게하기 위하여 가장 우선적으로 고려하여야 하는 사항은 필요송풍량을 감소하여야 한다.

59
다음 중 자연환기에 대한 설명과 가장 거리가 먼 것은?

① 효율적인 자연환기는 냉방비 절감의 장점이 있다.
② 환기량 예측 자료를 구하기 쉬운 장점이 있다.
③ 운전에 따른 에너지 비용이 없는 장점이 있다.
④ 외부 기상조건과 내부 작업조건에 따라 환기량 변화가 심한 단점이 있다.

자연환기는 환기량 예측 자료를 구하기가 어렵고, 국소배시가 구하기 쉽다.

60
다음 중 방진 마스크의 요구사항과 가장 거리가 먼 것은?

① 포집효율이 높은 것이 좋다.
② 안면 밀착성이 큰 것이 좋다.
③ 흡기, 배기저항이 낮은 것이 좋다.
④ 흡기저항 상승률이 높은 것이 좋다.

*방진마스크의 구비조건(선정조건)
① 흡·배기 저항(+상승률)이 낮을 것
② 여과재 포집효율이 높을 것
③ 시야가 확보될 것(하방시야가 60도 이상 될 것)
④ 중량이 가벼울 것
⑤ 안면 밀착성이 클 것
⑥ 피부접촉 부위가 부드러울 것
⑦ 침입률 1% 이하까지 정확히 평가 가능할 것
⑧ 사용 후 손질이 간단할 것
⑨ 무게중심은 안면에 강한 압박감을 주지 않는 위치에 있을 것
⑩ 여과재로서 면, 모, 합성섬유, 유리섬유, 금속섬유 등이 있다.

2017 3회차 — 산업위생관리기사 필기 기출문제
제 4과목 : 물리적유해인자관리

61
음향출력이 $1000\,W$인 음원이 반자유공간(반구면파)에 있을 때 $20m$ 떨어진 지점에서의 음의 세기는 약 얼마인가?

① $0.2\,W/m^3$
② $0.4\,W/m^3$
③ $2.0\,W/m^3$
④ $4.0\,W/m^3$

*음의 세기(I)
$$I = \frac{음향출력}{2\pi R^2} = \frac{1000}{2\pi \times 20^2} = 0.4\,W/m^2$$

62
밀폐공간에서는 산소결핍이 발생할 수 있다. 산소결핍의 원인 중 소모(consumption)에 해당 하지 않는 것은?

① 용접, 절단, 불 등에 의한 연소
② 금속의 산화, 녹 등의 화학반응
③ 제한된 공간 내에서 사람의 호흡
④ 질소, 아르곤, 헬륨 등의 불활성 가스 사용

질소, 아르곤, 헬륨 등의 불활성 가스 사용은 산소결핍의 원인이 아니다.

63
고압환경에 의한 영향으로 거리가 먼 것은?

① 저산소증
② 질소의 마취작용
③ 산소독성
④ 근육통 및 관절통

*고압(가압)환경의 인체작용

1차적 가압현상	2차적 가압현상
근육통, 관절통, 출혈, 부종	① 질소의 마취작용 ② 산소중독 ③ 이산화탄소의 작용

저산소증은 저압환경의 인체작용이다.

64
산업안전보건법상 상시 작업을 실시하는 장소에 대한 작업면의 조도 기준으로 맞는 것은?

① 초정밀 작업 : 1000럭스 이상
② 정밀 작업 : 500럭스 이상
③ 보통 작업 : 150럭스 이상
④ 그 밖의 작업 : 50럭스 이상

*조도 기준

작업의 종류	조도
초정밀작업	750Lux 이상
정밀작업	300Lux 이상
보통작업	150Lux 이상
그 밖의 작업	75Lux 이상

61.② 62.④ 63.① 64.③

65

전신진동이 인체에 미치는 영향이 가장 큰 진동의 주파수 범위는?

① $2 \sim 100 Hz$
② $140 \sim 250 Hz$
③ $275 \sim 500 Hz$
④ $4000 Hz$ 이상

*진동수에 따른 구분
① 전신진동 : 2~100Hz (공해진동 : 1~90Hz)
② 국소진동 : 8~1500Hz
③ 인간이 느끼는 최소 진동역치 : 55±5dB
④ 수직진동 : 4~8Hz
⑤ 수평진동 : 1~2Hz
⑥ 전신은 4Hz, 두부와 견부는 20~30Hz, 안구는 60~90Hz 진동에 공명한다.

66

고온의 노출기준을 나타낼 경우 중등작업의 계속 작업 시 노출기준은 몇 ℃(WBGT)인가?

① 26.7
② 28.3
③ 29.7
④ 31.4

*고온의 노출기준(ACGIH)   단위 : ℃, WBGT

작업강도 작업 휴식시간비	경작업	중등작업	중작업
계속작업	30.0	26.7	25.0
매시간 75% 작업, 25% 휴식	30.6	28.0	25.9
매시간 50% 작업, 50% 휴식	31.4	29.4	27.9
매시간 25% 작업, 75% 휴식	32.2	31.1	30.0

① 경작업
200kcal까지의 열량이 소요되는 작업을 말하며, 앉아서 또는 서서 기계의 조정을 하기 위하여 손 또는 팔을 가볍게 쓰는 일 등을 뜻함

② 중등작업
시간당 200~350kcal의 열량이 소요되는 작업을 말하며, 물체를 들거나 밀면서 걸어다니는 일 등을 뜻함

③ 중작업
시간당 350~500kcal의 열량이 소요되는 작업을 말하며, 곡괭이질 또는 삽질하는 일 등을 뜻함

67

비전리 방사선에 대한 서령으로 틀린 것은?

① 적외선(IR)은 $700nm \sim 1mm$의 파장을 갖는 전자파로서 열선이라고 부른다.
② 자외선(UV)은 X-선과 가시광선 사이의 파장($100nm \sim 400nm$)을 갖는 전자파이다.
③ 가시광선은 $400 \sim 700nm$의 파장을 갖는 전자파이며 망막을 자극해서 광각을 일으킨다.
④ 레이저는 극히 좁은 파장범위이기 때문에 쉽게 산란되며 강력하고 예리한 지향성을 지닌 특징이 있다.

레이저는 극히 좁은 파장범위이기 때문에 쉽게 산란되지 않고 강력하고 예리한 지향성을 지닌 특징이 있다.

68
다음 설명에 해당하는 전리방사선의 종류는?

- 원자핵에서 방출되는 입자로서 헬륨원자의 핵과 같은 두 개의 양자와 두 개의 중성자로 구성되어 있다.
- 질량과 하전여부에 따라서 그 위험성이 결정된다.
- 투과력은 가장 약하나 전리작용은 가장 강하다.

① X 선 ② γ 선
③ α 선 ④ β 선

*알파선(α선)
① 원자핵으로부터 방출되는 고속의 헬륨 원자핵으로 중성자 2개와 양성자 2개로 구성되어 있어 질량수는 4AMU이며, 전기적인 전하량은 +2이다.
② 투과력은 가장 약하지만, 전리작용은 가장 강하다.
③ 피부나 인체 내 오염이 발생하면 알파선이 가지고 있는 모든 에너지를 인체에 전달하게 되므로 위험성이 커지게 된다.
④ 외부조사보다 체내 흡입 및 섭취로 인한 내부조사의 피해가 가장 큰 전리방사선이다.

69
방사선단위 "rem"에 대한 설명과 가장 거리가 먼 것은?

① 생체실효선량(dose-equivalent)이다.
② $rem = rad \times RBE$(상대적 생물학적 효과)로 나타낸다.
③ rem은 Roentgen Equivalent Man의 머리글자이다.
④ 피조사체 $1g$에 $100erg$의 에너지를 흡수한다는 의미이다.

피조사체 1g에 100erg의 에너지를 흡수를 일으키는 방사선량은 래드(rad)이다.

70
$1000Hz$에서 $40dB$의 음향레벨을 갖는 순음의 크기를 1로 하는 소음의 단위는?

① $sone$ ② $phon$
③ NRN ④ $dB(C)$

*sone
감각적인 음의 크기를 나타내는 양으로 1000Hz의 순음의 음 세기레벨 40dB의 음의 크기를 1sone으로 정의하고 있다.

71
이상기압에 의해서 발생하는 직업병에 영향을 주는 유해인자가 아닌 것은?

① 산소(O_2)   ② 이산화황(SO_2)
③ 질소(N_2)   ④ 이산화탄소(CO_2)

*2차적 가압현상(화학적 장해)
고압 하의 대기가스 독성 때문에 나타나는 현상으로, 다음 3가지 현상이 발생한다.

질소 가스 마취	① 공기 중 질소가스는 4기압을 넘으면 마취작용을 일으킨다. ② 사고력, 판단력, 기억력 저하, 불안, 공포감, 마약효과 등 증상이 일어난다. ③ 질소 마취증상은 대기압 조건으로 복귀하면 사라진다. (가역적이다.) ④ 질소가스 마취 증상이 있는 근로자에게 질소를 헬륨으로 대치한 공기를 호흡시키면 예방된다.
산소 중독	① 산소분압이 2기압을 넘으면 산소중독 증상이 일어난다. ② 시력장애, 정신혼란, 근육경련 등 증상이 일어난다. ③ 산소중독 증상은 고압산소에 대한 노출이 중지되면 증상이 즉시 멈춘다.
이산화탄소 중독	① 산소의 중독과 질소의 마취작용을 증가시키는 역할을 한다. ② 고압환경에서의 이산화탄소 농도가 0.2%를 초과해서는 안된다.

68.③ 69.④ 70.① 71.②

72
귀마개의 차음평가수(NRR)가 27일 경우 그 보호구의 차음 효과는 얼마가 되겠는가?
(단, OSHA의 계산방법을 따른다.)

① 6dB ② 8dB
③ 10dB ④ 12dB

＊차음효과(OSHA)
차음효과 = (NRR−7)×0.5 = (27−7)×0.5 = 10dB

여기서,
NRR : 차음평가수

73
해수면의 산소분압은 약 얼마인가?
(단, 표준상태 기준이며, 공기중 산소함유량은 21vol%이다.)

① 90mmHg ② 160mmHg
③ 210mmHg ④ 230mmHg

＊분압
산소 분압[mmHg] = 760mmHg×산소 성분비
= 760×0.21 = 160mmHg

74
진동 발생원에 대한 대책으로 가장 적극적인 방법은?

① 발생원의 격리 ② 보호구 착용
③ 발생원의 제거 ④ 발생원의 재배치

발생원 제거는 가장 적극적인 대책이다.

75
비이온화 방사선의 파장별 건강영향으로 틀린 것은?

① UV−A : 315〜400nm − 피부노화 촉진
② IR−B : 780〜1400nm − 백내장, 각막화상
③ UV−B : 280〜315nm − 발진, 피부암, 광결막염
④ 가시광선 : 400〜700nm − 광화학적이거나 열에 의한 각막손상, 피부화상

IR−B : 1400nm〜3000nm − 각막화상

76
WBGT(Wet Bulb Globe Temperature index)의 고려 대상으로 볼 수 없는 것은?

① 기온 ② 상대습도
③ 복사열 ④ 작업대사량

＊WBGT 고려대상
① 기온
② 상대습도
③ 복사열
④ 기류

77
음압실효치가 $0.2N/m^2$일 때 음압수준(SPL : Sound Pressure Level)은 얼마인가?
(단, 기준음압은 $2×10^{-5}N/m^2$으로 계산한다.)

① 40dB ② 60dB
③ 80dB ④ 100dB

* 음압수준(SPL)

$$SPL = 20\log\left(\frac{P}{P_o}\right) = 20\log\frac{0.2}{2\times 10^{-5}} = 80 dB$$

여기서,
SPL : 음압수준(음압도, 음압레벨)$[dB]$
P : 대상음의 음압$[N/m^2]$
P_o : 기준음압($=2\times 10^{-5}[N/m^2]$)

* 난청

난청	설명
일시적 청력손실 (TTS)	4000~6000Hz에서 가장 많이 발생하는 강력한 소음에 노출되어 생기는 난청이다. 영구적 소음성 난청의 예비신호이다.
영구적 청력손실 (PTS)	4000Hz에서 가장 심하게 발생하는 소음성 난청으로 비가역적 청력저하, 강렬한 소음 및 지속적인 소음 노출에 의해 영구적인 청력저하가 발생한다.
노인성 난청	6000Hz에서 난청이 시작되는 노화에 의한 퇴행성 질환이다.

78

저온환경에서 나타나는 일차적인 생리적 반응이 아닌 것은?

① 호흡의 증가
② 피부혈관의 수축
③ 근육긴장의 증가와 떨림
④ 화학적 대사작용의 증가

* 저온에서의 생리적 현상

저온의 1차적 생리적 현상	저온의 2차적 생리적 현상
① 피부혈관 수축 ② 체표면적 감소 ③ 근육긴장의 증가 및 떨림 ④ 화학적 대사작용 증가	① 표면조직 냉각 ② 식욕 항진 ③ 순환기능 감소 ④ 혈압 상승 ⑤ 말초 냉각

79

소음성 난청에 대한 설명으로 틀린 것은?

① 소음성 난청의 초기 단계를 C_5-dip 현상이라 한다.
② 영구적인 난청(PTS)은 노인성 난청과 같은 현상이다.
③ 일시적인 난청(TTS)은 코르티기관의 피로에 의해 발생한다.
④ 주로 $4000Hz$ 부근에서 가장 많은 장해를 유발하며 진행되면 주파수영역으로 확대된다.

80

빛의 단위 중 광도(luminance)의 단위에 해당하지 않는 것은?

① nit
② $Lambert$
③ cd/m^2
④ $lumen/m^2$

$lumen/m^2$은 조도의 단위이다.

78.① 79.② 80.④

2017년 3회차 산업위생관리기사 필기 기출문제
제 5과목 : 산업독성학

81

최근 사회적 이슈가 되었던 유해인자와 그 직업병의 연결이 잘못된 것은?

① 석면 – 악성중피종
② 메탄올 – 청신경장애
③ 노말헥산 – 앉은뱅이 증후군
④ 트리클로로에틸렌 – 스티븐슨존슨 증후군

*유기용제별 특이증상
① 벤젠 – 조혈장애
② 염화탄수소, 염화비닐 – 간장애
③ 메틸부틸케톤 – 말초신경장애
④ 이황화탄소 – 중추신경 및 말초신경장애, 생식기능장애
⑤ 메탄올(메틸알코올) – 시신경장애
⑥ 노말헥산 – 다발성 신경애(앉은뱅이 증후군)
⑦ 톨루엔 – 중추신경장애
⑧ 에틸렌글리콜에테르 – 생식기장애
⑨ 알코올, 에테르류, 케톤류 – 마취작용
⑩ 트리클로로에틸렌 – 스티븐슨존슨 증후군
⑪ 석면 – 악성중피종, 석면폐증, 폐암
⑫ 크실렌 – 중추신경장애, 간장애, 생식기장애

82

노출에 대한 생물학적 모니터링의 단점이 아닌 것은?

① 시료채취의 어려움
② 근로자의 생물학적 차이
③ 유기시료의 특이성과 복잡성
④ 호흡기를 통한 노출만을 고려

*생물학적 모니터링 장단점

장점	① 모든 침입경로에 의한 섭취량 평가 가능 ② 운동량에 의한 섭취량 증가에 대응 가능 ③ 작업시간 영향의 반영 가능 ④ 방독마스크 착용 전후의 유해물 노출량의 평가 가능 ⑤ 건강상의 위험에 대해서 보다 정확한 평가를 할 수 있다. ⑥ 작업환경측정(개인시료)보다 더 직접적으로 근로자 노출을 추정할 수 있다.
단점	① 시료채취가 어렵다. ② 각 작업자의 생물학적 차이가 나타날 수 있다. ③ 유기시료의 특이성이 존재하며 복잡하다. ④ 분석의 어려움 및 분석 시 오염에 노출될 가능성이 있다.

83

수은중독 증상으로만 나열된 것은?

① 구내염, 근육진전
② 비중격천공, 인두염
③ 급성뇌증, 신근쇠약
④ 단백뇨, 칼슘대사 장애

*수은중독의 증세
① 대표적인 증상은 구내염, 근육진전, 정신증상, 식욕부진, 신기능부전 등이 있다.
② 시신경장애, 정신이상, 보행장애, 수족신경마비, 신기능부전 증상이 있다.
③ 혀가 떨리거나 수전증 증상이 있다.
④ 소화관으로 약 7% 이하 소량으로 흡수되며, 금속형태는 뇌, 심근, 혈액에 많이 분포되어 있다.
⑤ 주로 신장에 축적된다.
⑥ 유기수은의 독성은 무기수은의 독성보다 훨씬 강하다.
⑦ 메틸수은은 미나마타병을 일으킨다.
⑧ 전리된 수소이온은 단백질을 침전시키고 –SH기를 가진 효소작용을 억제하여 독성을 나타낸다.

81.② 82.④ 83.①

84
급성독성과 관련이 있는 용어는?

① TWA
② C(Ceiling)
③ ThD0(Threshold Dose)
④ NOEL(No Observed Effect Level)

*TLV-C(최고노출기준)
근로자가 1일 작업시간동안 잠시라도 노출되어서는 아니 되는 기준을 말하며, 노출기준 앞에 "C"를 붙여 표시한다.

85
포르피린과 헴(heme)의 합성에 관여하는 효소를 억제하며, 소화기계 및 조혈계에 영향을 주는 물질은?

① 납
② 수은
③ 카드뮴
④ 베릴륨

*납(Pb)
포르피린과 헴(heme)의 합성에 관여하는 효소를 억제하며, 소화기계 및 조혈계에 영향을 준다.

86
다음 중 금속열을 일으키는 물질과 가장 거리가 먼 것은?

① 구리
② 아연
③ 수은
④ 마그네슘

*금속열(월요일열)
아연, 마그네슘, 알루미늄, 구리, 망간, 니켈, 카드뮴, 안티몬 등의 흄으로 흡입하면 발생하는 알레르기성 발열으로 12시간~24시간 또는 24시간~48시간 후에는 자연적으로 치유된다.

87
유해물질의 노출기준에 있어서 주의해야 할 사항이 아닌 것은?

① 노출기준은 피부로 흡수되는 양은 고려하지 않았다.
② 노출기준은 생활환경에 있어서 대기오염 정도의 판단기준으로 사용되기에는 적합하지 않다.
③ 노출기준은 1일 8시간 평균농도이므로 1일 8시간을 초과하여 작업을 하는 경우 그대로 적용할 수 없다.
④ 노출기준은 작업장에서 일하는 근로자의 건강장해를 예방하기 위해 안전 또는 위험의 한계를 표시하는 지침이다.

*ACGIH의 허용농도(TLV) 적용상 주의사항
① 대기오염 평가 및 지표에 사용할 수 없다.
② 안전농도와 위험농도를 정확히 구분하는 경계선이 아니다.
③ 작업조건이 다른나라의 ACGIH-TLV를 그대로 사용할 수 없다.
④ 기존의 질병이나 신체적 조건을 판단하기 위한 척도로 사용할 수 없다.
⑤ 독성의 강도를 비교할 수 있는 지표가 아니다.
⑥ 피부로 흡수되는 양은 고려하지 않은 기준이다.
⑦ 반드시 산업보건 전문가에 의하여 설명, 적용되어야 한다.
⑧ 산업장의 유해조건을 평가하기 위한 지침이다.
⑨ 건강장해를 예방하기 위한 지침이다.
⑩ 24시간 노출 또는 정상 작업시간을 초과한 노출에 대한 독성 평가에는 적용할 수 없다.

88
크실렌의 생물학적 노출지표로 이용되는 대사산물은? (단, 소변에 의한 측정기준이다.)

① 페놀
② 만델린산
③ 마뇨산
④ 메틸마뇨산

84.② 85.① 86.③ 87.④ 88.④

*화학물질의 생물학적 노출지표물질

화학물질	대사산물(측정대상물질)
벤젠	뇨 중 t,t-뮤코닉산(뮤콘산) 뇨 중 S-페닐머캅토산 혈액 중 벤젠
톨루엔	뇨 중 o-크레졸 혈액 중 톨루엔
크실렌	뇨 중 메틸마뇨산
납	혈액 중 납 뇨 중 납 혈액 중 아연 프로토포르피린 뇨 중 델타아미노레불린산
일산화탄소	혈액 중 카복시헤모글로빈(COHb)
트리클로로에틸렌	뇨 중 삼염화초산
에틸벤젠	뇨 중 만델산
노말헥산	뇨 중 2,5-헥산디온
클로로벤젠	뇨 중 총 4-클로로카테콜
페놀	뇨 중 페놀
디메틸포름아미드	뇨 중 N-메틸포름아미드
이황화탄소	뇨 중 TTCA 뇨 중 이황화탄소
크롬	뇨 중 크롬
메틸노말부틸케톤	뇨 중 2,5-헥산디온
삼염화에틸렌	뇨 중 삼염화초산 (트리클로로초산) 뇨 중 삼염화에탄올

89

납중독을 확인하는데 이용하는 시험으로 적절하지 않은 것은?

① 혈중의 납
② EDTA 흡착능
③ 신경전달속도
④ 헴(heme)의 대사

*납중독 확인 시험사항
① 혈중 납 농도
② 헴(Heme)의 대사
③ 말초신경의 신경 전달속도
④ Ca-EDTA 이동시험
⑤ ALA(Amino Levulinic Acid) 축적

90

망간에 관한 설명으로 틀린 것은?

① 호흡기 노출이 주경로이다.
② 언어장애, 균형감각상실 등의 증세를 보인다.
③ 전기용접봉 제조업, 도자기 제조업에서 발생된다.
④ 만성중독은 3가 이상의 망간화합물에 의해서 주로 발생한다.

망간의 만성중독은 7가 이상의 망간화합물에 의해서 주로 발생한다.

91

체내에서 유해물질을 분해하는데 가장 중요한 역할을 하는 것은?

① 혈압
② 효소
③ 백혈구
④ 적혈구

*효소
체내에서 유해물질을 분해(해독)하는데 가장 중요한 역할

89.② 90.④ 91.②

92

접촉에 의한 알레르기성 피부감작을 증명하기 위한 시험으로 가장 적절한 것은?

① 첩포시험
② 진균시험
③ 조직시험
④ 유발시험

*첩포시험
알레르기성 접촉 피부염의 진단 방법이며 가장 중요한 임상시험이다.

93

일산화탄소 중독과 관련이 없는 것은?

① 고압산소설
② 카나리아새
③ 식염의 다량투여
④ 카르복시헤모글로빈(carboxyhemoglobin)

식염의 다량투여는 고열장애(고온장애)와 연관있다.

94

금속의 일반적인 독성기전으로 틀린 것은?

① 효소의 억제
② 금속 평형의 파괴
③ DNA 염기의 대체
④ 필수 금속성분의 대체

*중금속의 독성기전

독성기전	설명
효소의 억제	대부분의 중금속은 단백질과 직접적으로 반응하여 효소구조 및 기능을 변화시킨다.
금속 평형의 파괴	어떠한 중금속이 지나치게 공급되면 생물학적 단계의 필수금속이 과잉 및 고갈된다.
필수 금속성분 대체	필수금속과 화학적으로 유사한 중금속이 필수금속을 대체한다.
간접 영향	대부분의 중금속은 세포성분의 역할을 변화시킨다.

95

유해물질의 생리적 작용에 의한 분류에서 질식제를 단순 질식제와 화학적 질식제로 구분할 때, 화학적 질식제에 해당하는 것은?

① 수소(H_2)
② 메탄(CH_4)
③ 헬륨(He)
④ 일산화탄소(CO)

*질식제
조직 내 산화작용을 방해하는 물질

질식제의 구분	
단순 질식제	생리적으로 아무 작용하지 않으나 공기 중에 많이 존재하여 산소분압을 감소시켜 조직에 필요한 산소의 공급부족을 유발한다. ① 이산화탄소(CO_2) ② 메탄(CH_4) ③ 질소(N_2) ④ 수소(H_2) ⑤ 에탄(C_2H_6) ⑥ 프로판(C_3H_8) ⑦ 에틸렌(C_2H_4) ⑧ 아세틸렌(C_2H_2) ⑨ 헬륨(He)
화학적 질식제	산소운반 능력을 방해하거나 조직이 산소를 받아들이는 능력을 저하시켜 내질식을 일으킨다. ① 일산화탄소(CO) ② 황화수소(H_2S) ③ 시안화수소(HCN) ④ 아닐린($C_6H_5NH_2$) ⑤ 염소(Cl) ⑥ 포스겐($COCl_2$)

92.① 93.③ 94.③ 95.④

96

유기용제의 중추신경 활성억제의 순위를 큰것에서부터 작은 순으로 나타낸 것 중 맞는 것은?

① 알켄 > 알칸 > 알코올
② 에테르 > 알코올 > 에스테르
③ 할로겐화합물 > 에스테르 > 알켄
④ 할로겐화합물 > 유기산 > 에테르

*유기용제의 중추신경계 마취작용 순서

작용	순서
억제 작용 순서	알칸 < 알켄 < 알코올< 유기산 < 에스테르 < 에테르 < 할로겐화합물
자극 작용 순서	알칸 < 알코올 < 알데히드 < 케톤 < 유기산 < 아민류

97

사람에 대한 안전용량(SHD)을 산출하는데 필요하지 않은 항목은?

① 독성량(TD)
② 안전인자(SF)
③ 사람의 표준 몸무게
④ 독성물질에 대한 역치(THD0)

독성량(TD)는 피실험동물의 독성을 나타내는 양을 의미하며 사람에 대한 안전용량을 산출하는데 무관하다.

98

피부독성평가에서 고려해야 할 사항과 가장 거리가 먼 것은?

① 음주·흡연
② 피부 흡수 특성
③ 열·습기 등의 작업환경
④ 사용물질의 상호작용에 따른 독성학적 특성

*피부독성 평가 시 고려사항
① 피부흡수 특성
② 열, 습기 등 작업환경
③ 사용물질의 상호작용에 따른 독성학적 특성

99

규폐증을 일으키는 원인 물질로 가장 관계가 깊은 것은?

① 매연
② 암석분진
③ 일반부유분진
④ 목재분진

*규폐증(Silicosis)
① 이산화규소(SiO_2, 유리규산, 석영) 분진의 흡입에 의해 발생하는 진폐증
② 건축업, 도자기 작업장, 채석장, 석재공장 등에서 많이 발생한다.
③ 폐암, 폐결핵의 합병증을 일으키며 폐하엽 부위에 많이 생긴다.
④ 산화규소결정체
  : 함유율 1% 이하, 노출기준 $10mg/m^3$ 이하
⑤ 결정체 트리폴리 : 노출기준 $0.1mg/m^3$ 이하
⑥ 이집트의 미라에서도 발견된 오랜 질병이다.

100

석면 및 내화성 세라믹 섬유의 노출기준 표시단위로 맞는 것은?

① %
② ppm
③ 개/cm^3
④ mg/m^3

*석면 및 내화성 세라믹 섬유의 노출기준 표시단위
개/cm^3, 개/mL, 개/cc

2018 1회차

제 1과목 : 산업위생학개론

01

전신피로의 정도를 평가하기 위하여 맥박을 측정한 값이 심한 전신피로 상태라고 판단되는 경우는?

① $HR_{30\sim60} = 107$, $HR_{150\sim180} = 89$, $HR_{60\sim90} = 101$
② $HR_{30\sim60} = 110$, $HR_{150\sim180} = 95$, $HR_{60\sim90} = 108$
③ $HR_{30\sim60} = 114$, $HR_{150\sim180} = 92$, $HR_{60\sim90} = 118$
④ $HR_{30\sim60} = 116$, $HR_{150\sim180} = 102$, $HR_{60\sim90} = 108$

*전신피로의 정도 평가

종류	설명
HR_1	작업종료 후 30~60초 사이의 평균맥박수
HR_2	작업종료 후 60~90초 사이의 평균맥박수
HR_3	작업종료 후 150~180초 사이의 평균맥박수
✔심한 전신피로 상태	
HR_1이 110을 초과하고 HR_3과 HR_2의 차이가 10 미만인 경우	

④을 제외하고 전부 조건에 부합하지 않는다.

02

산업위생전문가들이 지켜야 할 윤리강령에 있어 전문가로서의 책임에 해당하는 것은?

① 일반 대중에 관한 사항은 정직하게 발표한다.
② 위험요소와 예방조치에 관하여 근로자와 상담한다.
③ 과학적 방법의 적용과 자료의 해석에서 객관성을 유지한다.
④ 위험요인의 측정, 평가 및 관리에 있어서 외부의 압력에 굴하지 않고 중립적 태도를 취한다.

*산업위생전문가의 윤리강령(산업위생전문가로서의 책임)

① 성실성과 학문적 실력 면에서 최고 수준을 유지한다.
② 과학적 방법의 적용과 자료의 해석에서 경험을 통한 전문가의 객관성을 유지한다.
③ 전문 분야로서 산업위생을 학문적으로 발전시킨다.
④ 근로자, 사회 및 전문 직종의 이익을 위해 과학적 지식을 공개하고 발표한다.
⑤ 산업위생활동을 통해 얻은 개인 및 기업체의 기밀은 누설하지 않는다.
⑥ 전문적 판단이 타협에 의하여 좌우될 수 있거나 이해관계가 있는 상황에는 개입하지 않는다.
⑦ 쾌적한 작업환경을 만들기 위해 산업위생이론을 적용하고 책임 있게 행동한다.

03

Diethyl ketone($TLV = 200ppm$)을 사용하는 근로자의 작업시간이 9시간일 때 허용기준을 보정하였다. OSHA 보정법과 Brief and Scala 보정법을 적용하였을 경우 보정된 허용기준치 간의 차이는 약 몇 ppm인가?

① 5.05
② 11.11
③ 22.22
④ 33.33

*OSHA 보정방법

허용기준 $= TLV \times \dfrac{8}{H}$

$= 200 \times \dfrac{8}{9} = 177.78 ppm$

*Brief와 Scala 보정방법

허용기준 $= TLV \times \dfrac{8}{H} \times \dfrac{24-H}{16}$

$= 200 \times \dfrac{8}{9} \times \dfrac{24-9}{16} = 166.67 ppm$

∴ 차이 $= 177.78 - 166.67 = 11.11 ppm$

04

18세기 영국의 외과의사 Pott에 의해 직업성 암(癌)으로 보고되었고, 오늘날 검댕 속의 다환방향족 탄화수소가 원인인 것으로 밝혀진 질병은?

① 폐암
② 방광암
③ 중피종
④ 음낭암

＊포트(Percivall Pott)
직업성 암을 최초로 보고하였으며, 어린이 굴뚝청소부에게 많이 발생하는 음낭암을 발견하여 암의 원인물질은 검댕속 여러 종류의 PAH(다환 방향족 탄화수소)으로 이후 1788년에 굴뚝청소부법을 제정하도록 하였다.

05

산업안전보건법의 목적을 설명한 것으로 맞는 것은?

① 헌법에 의하여 근로조건의 기준을 정함으로써 근로자의 기본적 생활을 보장, 향상시키며 균형있는 국가경제의 발전을 도모함
② 헌법의 평등이념에 따라 고용에서 남녀의 평등한 기회와 대우를 보장하고 모성보호와 작업능력을 개발하여 근로여성의 지위향상과 복지증진에 기여함
③ 산업안전·보건에 관한 기준을 확립하고 그 책임의 소재를 명확하게 하여 산업재해를 예방하고 쾌적한 작업환경을 조성함으로써 근로자의 안전과 보건을 유지·증진함
④ 모든 근로자가 각자의 능력을 개발, 발휘할 수 있는 직업에 취직할 기회를 제공하고, 산업에 필요한 노동력의 충족을 지원함으로써 근로자의 직업안정을 도모하고 균형있는 국민경제의 발전에 이바지함

＊산업안전보건법 목적
① 근로자의 안전보건을 유지·증진하기 위함
② 산업재해 예방 및 쾌적한 작업환경

06

방사성 기체로 폐암 발생의 원인이 되는 실내공기 중 오염물질은?

① 석면
② 오존
③ 라돈
④ 포름알데히드

＊라돈
① 라듐이 α-붕괴되어 생성되는 물질이다.
② 방사성 기체로 폐암을 일으키는 물질이다.
③ 건축자재로부터 방출되거나 하수도, 벽의 틈새 및 방바닥 갈라진 부분, 인광석이나 산업폐기물을 포함하는 토양, 석재, 각종 콘크리트 등에서 실내로 유입 되기도 한다.
④ 무색, 무취, 무미한 가스로 인간의 감각에 의해 감지할 수 없다.
⑤ 우라늄 계열의 붕괴과정 일부에서 생성될 수 있다.

07

육체적작업능력(PWC)이 $16 kcal/\min$인 근로자가 1일 8시간 동안 물체를 운반하고 있다. 이때의 작업 대사량은 $10 kcal/\min$이고, 휴식시의 대사량은 $1.5 kcal/\min$이다. 이 사람이 쉬지 않고 계속하여 일할 수 있는 최대 허용시간은 약 몇 분인가?
(단, $\log T_{end} = b_0 + b_1 \cdot E$, $b_0 = 3.720$, $b_1 = -0.1949$ 이다.)

① 60분
② 90분
③ 120분
④ 150분

＊작업강도에 따른 허용작업시간(T_{end})
$\log T_{end} = 3.720 - 0.1949E = 3.720 - 0.1949 \times 10 = 1.771$

$\therefore T_{end} = 10^{1.771} = 59.02$분 ≒ 약 60분

여기서,
E : 작업대사량[$kcal/\min$]

＊참고
- $10^{\log T_{end}} = T_{end} 10^{\log} = T_{end}$

04.④ 05.③ 06.③ 07.①

08

산업재해의 기본원인인 4M에 해당되지 않는 것은?

① 방식(Mode) ② 설비(Machine)
③ 작업(Media) ④ 관리(Management)

*4M 위험성평가 기법

4M의 종류	설명
Man (사람)	작업자의 불안전 행동을 유발시키는 인적위험 평가
Machine (설비)	모든 생산설비의 불안전 상태를 유발시키는 설계, 제작, 안전장치 등 포함한 기계자체 및 기계주변의 위험 평가
Media (작업)	소음, 분진, 유해물질 등 작업환경 평가
Management (관리)	안전의식 해이로 사고를 유발시키는 관리적인 사항 평가

09

보건관리자를 반드시 두어야 하는 사업장이 아닌 것은?

① 도금업 ② 축산업
③ 연탄 생산업 ④ 축전지(납 포함) 제조업

축산업은 보건관리자를 반드시 두어야 하는 사업장이 아니다.

10

고용노동부장관은 건강장해를 발생할 수 있는 업무에 일정기간 이상 종사한 근로자에 대하여 건강관리수첩을 교부하여야 한다. 건강관리수첩교부 대상 업무가 아닌 것은?

① 벤지딘염산염(중량비율 1% 초과 제제 포함) 제조 취급업무
② 벤조트리클로리드 제조(태양광선에 의한 염소화반응에 제조)업무
③ 제철용 코크스 또는 제철용 가스발생로 가스제조시 로상부 또는 근접작업
④ 크롬산, 중크롬산, 또는 이들 염(중량 비율 0.1% 초과 제제 포함)을 제조하는 업무

크롬산, 중크롬산, 또는 이들 염(중량 비율 1% 초과 제제 포함)을 제조하는 업무

11

직업성 질환에 관한 설명으로 틀린 것은?

① 직업성 질환과 일반 질환은 그 한계가 뚜렷하다.
② 직업성 질환은 재해성 질환과 직업병으로 나눌 수 있다.
③ 직업성 질환이란 어떤 직업에 종사함으로써 발생하는 업무상 질병을 의미한다.
④ 직업병은 저농도 또는 저수준의 상태로 장시간 걸쳐 반복노출로 생긴 질병을 의미한다.

직업성 질환과 일반 질환은 구분 및 한계가 뚜렷하지 않다.

12

교대근무제에 관한 설명으로 맞는 것은?

① 야간근무 종료 후 휴식은 24시간 전후로 한다.
② 야근은 가면(假眠)을 하더라도 10시간 이내가 좋다.
③ 신체적 적응을 위하여 야간근무의 연속일 수는 대략 1주일로 한다.
④ 누적 피로를 회복하기 위해서는 정교대 방식보다는 역교대 방식이 좋다.

08.① 09.② 10.④ 11.① 12.②

***교대근무제 관리원칙(바람직한 교대제)**
① 작업시간은 하루 8시간, 1주 40시간을 원칙으로 가급적 준수한다.
② 근무시간의 간격은 15~16시간 이상으로 하여야 한다.
③ 3조 3교대 근무나 4조 3교대 근무가 바람직 하다.
④ 교대작업자 특히, 야간작업자는 주간작업자보다 연간 쉬는 날이 더 많아야 한다.
⑤ 근무반 교대방향은 아침반 → 저녁반 → 야간반으로 정방향 순환이 되도록 한다.
⑥ 교대근무에 대한 일주기 리듬의 생리적·심리적 적응은 불완전하므로 생산적 이유 외 교대제는 하지 않는다.
⑦ 야간근무의 연속일수는 2~3일로 한다.
⑧ 야간근무 교대시간은 상오 0시(자정) 이전에 하는 것이 좋다.
⑨ 야간근무시 가면시간은 근무시간에 따라 2~4시간으로 하는 것이 좋다.
⑩ 야간근무시 다음 반으로 가는 간격은 48시간 이상으로 한다.

13
300명의 근로자가 근무하는 A사업장에서 지난 한 해 동안 신체장애 12등급 4명과, 3급 1명의 재해자가 발생하였다. 신체장애 등급별 근로손실일수가 다음 표와 같을 때 해당 사업장의 강도율은 약 얼마인가?
(단, 연간 52주, 주당 5일, 1일 8시간을 근무하였다.)

신체장애 등급	근로손실 일수	신체장애 등급	근로손실 일수
1~3급	7500일	9급	1000일
4급	5500일	10급	600일
5급	4000일	11급	400일
6급	3000일	12급	200일
7급	2200일	13급	100일
8급	1500일	14급	50일

① 0.33
② 13.30
③ 25.02
④ 52.35

***강도율**
$$강도율 = \frac{근로손실일수}{연근로 총시간수} \times 10^3$$
$$= \frac{200 \times 4 + 7500 \times 1}{300 \times 8 \times 5 \times 52} \times 10^3 = 13.30$$

14
근골격계 질환에 관한 설명으로 틀린 것은?

① 점액낭염(bursitis)은 관절 사이의 윤활액을 싸고 있는 윤활낭에 염증이 생기는 질병이다.
② 건초염(tenosynovitis)은 건막에 염증이 생긴 질환이며, 건염(tendonitis)은 건의 염증으로, 건염과 건초염을 정확히 구분하기 어렵다.
③ 수근관 증후군(carpal tunnel sysdrome)은 반복적이고, 지속적인 손목의 압박, 무리한 힘 등으로 인해 수근관 내부에 정중신경이 손상되어 발생한다.
④ 근염(myositis)은 근육이 잘못된 자세, 외부의 충격, 과도한 스트레스 등으로 수축되어 굳어지면 근섬유의 일부가 띠처럼 단단하게 변하여 근육의 특정 부위에 압통, 방사통, 목부위 운동제한, 두통 등의 증상이 나타난다.

***상완부 근육의 근막통 증후군**
잘못된 자세, 외부의 충격, 과도한 스트레스 등으로 수축되어 굳어지면 근섬유의 일부가 띠처럼 단단하게 변하여 근육의 특정 부위에 압통, 방사통, 목부위 운동제한, 두통 등의 증상이 나타난다.

✔근염은 근육조직의 염증이다.

15
유해인자와 그로 인하여 발생되는 직업병의 연결이 틀린 것은?

① 크롬 – 폐암 ② 이상기압 – 폐수종
③ 망간 – 신장염 ④ 수은 – 악성중피종

수은 – 무뇨증, 미나마타병
석면 – 악성중피종, 석면폐증, 폐암

16
작업강도에 영향을 미치는 요인으로 틀린 것은?

① 작업밀도가 적다.
② 대인 접촉이 많다.
③ 열량소비량이 크다.
④ 작업대상의 종류가 많다.

*작업강도에 영향을 미치는 요인
① 작업밀도가 많을 때
② 대인 접촉이 많을 때
③ 열량 소비량이 클 때
④ 정밀작업일 때
⑤ 작업속도가 빠를 때
⑥ 작업이 복잡할 때
⑦ 작업인원이 감소할 때
⑧ 위험부담을 느꼈을 때
⑨ 판단을 요구할 때
⑩ 작업대상의 종류가 많을 때

17
산업안전보건법령상 작업환경측정에 관한 내용으로 틀린 것은?

① 모든 측정은 개인시료채취방법으로만 실시하여야 한다.
② 작업환경측정을 실시하기 전에 예비조사를 실시하여야 한다.
③ 작업환경측정자는 그 사업장에 소속된 사람으로 산업위생관리산업기사 이상의 자격을 가진 사람이다.
④ 작업이 정상적으로 이루어져 작업시간과 유해인자에 대한 근로자의 노출정도를 정확히 평가할 수 있을 때 실시하여야 한다.

작업환경 측정은 개인시료채취방법을 원칙으로 하며, 해당 채취방법이 곤란할 경우에는 지역시료채취방법을 실시할 수 있다.

18
중량물 취급작업시 NIOSH에서 제시하고 있는 최대 허용기준(MPL)에 대한 설명으로 틀린 것은?
(단, AL은 감시기준이다.)

① 역학조사 결과 MPL을 초과하는 직업에서 대부분의 근로자들에게 근육, 골격 장애가 나타났다.
② 노동생리학적 연구결과, MPL에 해당되는 작업에서 요구되는 에너지 대사량은 $5kcal/min$를 초과하였다.
③ 인간공학적 연구결과 MPL에 해당되는 작업에서 디스크에 $3400N$의 압력이 부과되어 대부분의 근로자들이 이 압력에 견딜 수 없었다.
④ MPL은 $3AL$에 해당되는 값으로 정신물리학적 연구결과, 남성근로자의 25%미만과 여성 근로자의 1%미만에서만 MPL수준의 작업을 수행할 수 있었다.

*최대허용기준(MPL)

MPL(Maximum Permissible Limit)은 AL의 3배로서 최대 허용 무게로서 다음 기준을 가진다.

기준	설명
역학적 조사	MPL 이상의 조건에서 작업하게 되면 근골격계질환의 발생이 증가함
생체역학적 기준	L5/S1 디스크에 650kg(6400N)의 생체역학적 부하가 걸리고 대부분의 작업자가 견딜 수 없음
생리학적 기준	대사율이 5.0kcal/min을 넘음
심물리학적 기준	여자의 1%, 남자의 25%만 작업 가능

역학조사 결과 MPL을 초과하는 작업에서 대부분의 근로자들에게 근육, 골격 장애가 나타났다.

20

산업위생 전문가의 과제가 아닌 것은?

① 작업환경의 조사
② 작업환경조사 결과의 해석
③ 유해물질과 대기오염 상관성 조사
④ 유해인자가 있는 곳의 경고 주의판 부착

*산업위생 전문가의 과제
① 작업환경의 조사
② 작업환경조사 결과의 해석
③ 유해물질과 근로자 건강과의 상관성 조사
④ 유해인자가 있는 곳의 경고 주의판 부착 등

19

심리학적 적성검사에서 지능검사 대상에 해당되는 항목은?

① 성격, 태도, 정신상태
② 언어, 기억, 추리, 귀납
③ 수족협조능, 운동속도능, 형태지각능
④ 직무에 관련된 기본지식과 숙련도, 사고력

*심리학적 적성검사

종류	내용
지능검사	언어, 기억, 추리, 귀납 등에 대한 검사
지각동작검사	운동속도, 형태지각 등에 대한 검사
인성검사	성격, 태도, 정신상태에 대한 검사
기능검사	직무에 관한 기본지식과 숙련도, 사고력 등에 대한 검사

19.② 20.③

2018 1회차
산업위생관리기사 필기 기출문제
제 2과목 : 작업위생측정 및 평가

21

입자상물질의 크기 표시를 하는 방법 중 입자의 면적을 이등분하는 직경으로 과소평가의 위험성이 있는 것은?

① 마틴직경
② 페렛직경
③ 스톡크직경
④ 등면적직경

*기하학적(물리적) 직경

직경의 종류	설명
마틴 직경	먼지의 면적을 이등분하는 선의 길이로 선의 방향은 항상 일정하여야 하며 과소평가할 수 있는 단점이 있다.
페렛 직경	먼지의 한쪽 끝 가장자리와 다른쪽 끝 가장자리 사이의 거리로 과대평가할 수 있는 단점이 있다.
등면적 직경	먼지의 면적과 같은 면적을 가진 원의 직경으로 가장 정확한 직경으로 측정은 현미경 접안경에 porton reticle을 삽입하여 측정한다.

22

시료채취 대상 유해물질과 시료 채취 여과지를 잘못 짝지은 것은?

① 유리규산 - PVC여과지
② 납, 철, 등 금속 = MCE 여과지
③ 농약, 알칼리성 먼지 - 은막 여과지
④ 다핵방향족탄화수소(PAHs) - PTFE 여과지

농약, 알칼리성 먼지 - PTFE 막 여과지

23

작업환경 내 유해물질 노출로 인한 위해도의 결정 요인은 무엇인가?

① 반응성과 사용량
② 위해성과 노출량
③ 허용농도와 노출량
④ 반응성과 허용농도

*위해도 결정요인
위해성과 노출량

24

흡광도 측정에서 최초광의 70%가 흡수될 경우 흡광도는 약 얼마인가?

① 0.28
② 0.35
③ 0.46
④ 0.52

*흡광도

$$흡광도 = \log\frac{1}{투과율} = \log\frac{1}{1-흡수율}$$
$$= \log\frac{1}{1-0.7} = 0.52$$

21.① 22.③ 23.② 24.④

25

포집기를 이용하여 납을 분석한 결과 $0.00189g$이 였을 때, 공기 중 납 농도는 약 몇 mg/m^3인가? (단, 포집기의 유량 $2.0L/min$, 측정시간 3시간 2분, 분석기기의 회수율은 100%이다.)

① 4.61　　　　　② 5.19
③ 5.77　　　　　④ 6.35

*질량농도(mg/m³)

$$mg/m^3 = \frac{0.00189g \times \left(\frac{1000mg}{1g}\right)}{2L/min \times 182min \times 1 \times \left(\frac{1m^3}{1000L}\right)} = 5.19 mg/m^3$$

*참고
- 1g=1000mg
- 1m³=1000L
- 3시간 2분 = 182min
- 100%=1

26

접착공정에서 본드를 사용하는 작업장에서 톨루엔을 측정하고자 한다. 노출기준의 10%까지 측정하고자 할 때, 최소 시료채취 시간은 약 몇 분인가? (단, $25℃$, 1기압 기준이며 톨루엔의 분자량은 92.14, 기체크로마토그래피의 분석에서 톨루엔의 정량한계는 $0.5mg$, 노출기준은 $100ppm$, 채취유량은 $0.15L/$분이다.)

① 13.3　　　　　② 39.6
③ 88.5　　　　　④ 182.5

*채취 최소시간

노출기준 10% = $100ppm \times 0.1 = 10ppm$

$mg/m^3 = ppm \times \frac{분자량}{부피} = 10 \times \frac{92.14}{24.45} = 37.69 mg/m^3$

부피 = $\frac{LOQ}{농도} = \frac{0.5mg}{37.69mg/m^3 \times \left(\frac{1m^3}{1000L}\right)} = 13.27L$

∴ 최초 채취시간 = $\frac{13.27L}{0.15L/min}$ = 88.5min

여기서, LOQ : 정량한계$[mg]$

*참고
- 1atm, 25℃의 부피 = 24.45L
- 1m³=1000L

27

다음 중 검지관법에 대한 설명과 가장 거리가 먼 것은?

① 반응시간이 빨라서 빠른 시간에 측정결과를 알 수 있다.
② 민감도가 낮기 때문에 비교적 고농도에만 적용이 가능하다.
③ 한 검지관으로 여러 물질을 동시에 측정할 수 있는 장점이 있다.
④ 오염물질의 농도에 비례한 검지관의 변색층 길이를 읽어 농도를 측정하는 방법과 검지관 안에서 색변화와 표준 색표를 비교하여 농도를 결정하는 방법이 있다.

*검지관 장단점

장점	① 사용이 간편하다. ② 반응시간이 빨라서 빠른 시간에 측정 결과를 알 수 있다. ③ 숙련된 전문가가 아니여도 어느 정도 숙지되면 사용이 가능하다. ④ 맨홀 등 밀폐공간에서 산소가 부족하거나 폭발성 가스로 인해 안전이 문제가 될 때 유용하게 사용이 가능하다.
단점	① 민감도가 낮으며 비교적 고농도에 적용이 가능하다. ② 특이도가 낮다. ③ 단시간 측정만 가능하다. ④ 미리 측정 대상물질이 동정이 되어 있어야 측정이 가능하다. ⑤ 색이 시간에 따라 변화하므로 제조자가 정한 시간에 읽어야 한다. ⑥ 한 검지관으로 단일 물질만 측정할 수 있어 각 오염물질에 맞는 검지관을 선정하여야 한다. ⑦ 색변화가 선명하지 않아 주관적으로 읽을 수 있어 판독자에 따라 변이가 심하다.

25.② 26.③ 27.③

28

공장 내 지면에 설취된 한 기계로부터 $10m$ 떨어진 지점의 소음이 $70dB(A)$일 때, 기계의 소음이 $50dB(A)$로 들리는 지점은 기계에서 몇 m 떨어진 곳인가?
(단, 점음원을 기준으로 하고, 기타 조건은 고려하지 않는다.)

① 50   ② 100
③ 200   ④ 400

*거리감쇠(점음원 기준)

$$SPL_1 - SPL_2 = 20\log\left(\frac{r_2}{r_1}\right)$$

$$70 - 50 = 20\log\frac{r_2}{10}$$

$$\therefore r_2 = 100m$$

여기서,
SPL_1 : 음원으로부터 r_1 떨어진 지점의 음압레벨$[dB]$
SPL_2 : 음원으로부터 r_2 떨어진 지점의 음압레벨$[dB]$
$(r_2 > r_1)$
$SPL_1 - SPL_2$: 거리감쇠치$[dB]$

29

태양광선이 내리쬐지 않는 옥외 작업장에서 온도를 측정결과, 건구온도는 $30℃$, 자연습구온도는 $30℃$, 흑구온도는 $34℃$이었을 때 습구흑구온도지수(WBGT)는 약 몇 ℃인가?
(단, 고용노동부 고시를 기준으로 한다.)

① 30.4   ② 30.8
③ 31.2   ④ 31.6

*습구흑구온도지수(WBGT)
① 태양광선이 내리쬐는 옥외 장소
$WBGT(℃)$
$= 0.7 \times$ 자연습구온도 $+ 0.2 \times$ 흑구온도 $+ 0.1 \times$ 건구온도

② 태양광선이 내리쬐지 않는 옥내 또는 옥외 장소
$WBGT(℃) = 0.7 \times$ 자연습구온도 $+ 0.3 \times$ 흑구온도
$= 0.7 \times 30 + 0.3 \times 34 = 31.2℃$

30

온도표시에 관한 내용으로 틀린 것은?

① 냉수는 $4℃$ 이하를 말한다.
② 실온은 $1 \sim 35℃$를 말한다.
③ 미온은 $30 \sim 40℃$를 말한다.
④ 온수는 $60 \sim 70℃$를 말한다.

*온도 표시
① 온도의 표시는 셀시우스(Celcius) 법에 따라 아라비아 숫자의 오른쪽에 ℃를 붙인다. 절대온도는 °K로 표시하고 절대온도 0°K는 $-273℃$로 한다.
② 상온은 $15 \sim 25℃$, 실온은 $1 \sim 35℃$, 미온은 $30 \sim 40℃$로 하고, 찬 곳은 따로 규정이 없는 한 0 $\sim 15℃$의 곳을 말한다.
③ 냉수는 $15℃$ 이하, 온수는 $60 \sim 70℃$, 열수는 약 $100℃$를 말한다.

31

다음 중 복사기, 전기기구, 플라즈마 이온방식의 공기청정기 등에서 공통적으로 발생할 수 있는 유해물질로 가장 적절한 것은?

① 오존   ② 이산화질소
③ 일산화탄소   ④ 포름알데히드

*오존(O_3)
① 농도가 높은 오존은 자극적인 냄새가 난다.
② 인쇄기·복사기·전기기구·플라즈마 이온식 공기청정기와 같은 생활용품 등에서 발생한다.
③ 호흡기능에 영향을 미쳐 기침·부종·출혈·천식 등을 일으킨다.

28.② 29.③ 30.① 31.①

32

'여러성분이 있는 용액에서 증기가 나올 때, 증기의 각 성분의 부분압은 용액의 분압과 평형을 이룬다'는 내용의 법칙은?

① 라울의 법칙
② 픽스의 법칙
③ 게이-루삭의 법칙
④ 보일-샤를의 법칙

*라울의 법칙
여러성분이 있는 요액에서 증기가 나올 때, 증기의 각 성분의 부분압은 용액의 분압과 평형을 이룬다는 법칙

33

소음의 측정시간 및 횟수의 기준에 관한 내용으로 ( )에 들어갈 것으로 옳은 것은?
(단, 고용노동부 고시를 기준으로 한다.)

> 단위작업장소에서의 소음발생시간이 6시간 이내인 경우나 소음발생원에서의 발생시간이 간헐적인 경우에는 발생시간 동안 연속 측정하거나 등간격으로 나누어 ( )이상 측정하여야 한다.

① 2회
② 3회
③ 4회
④ 6회

*측정시간
① 단위작업 장소에서 소음수준은 규정된 측정위치 및 지점에서 1일 작업시간 동안 6시간 이상 연속 측정하거나 작업시간을 1시간 간격으로 나누어 6회 이상 측정하여야 한다. 다만, 소음의 발생특성이 연속음으로서 측정치가 변동이 없다고 자격자 또는 지정측정기관이 판단한 경우에는 1시간 동안을 등간격으로 나누어 3회 이상 측정할 수 있다.
② 단위작업 장소에서의 소음발생시간이 6시간 이내인 경우나 소음발생원에서의 발생시간이 간헐적인 경우에는 발생시간동안 연속 측정하거나 등간격으로 나누어 4회 이상 측정하여야 한다.

34

측정값이 17, 5, 3, 13, 8, 7, 12, 10일 때, 통계적인 대표값 9.0은 다음 중 어느 통계치에 해당되는가?

① 최빈값
② 중앙값
③ 산술평균
④ 기하평균

*중앙값(중앙치)
여러 개의 측정치를 크기 순서로 배열했을 때 중앙에 위치하는 값을 말하며, 측정치가 짝수일 때에는 중앙에 위치한 두 값의 평균을 내어 중앙값으로 계산한다.
3, 5, 7, 8, 10, 12, 13, 17

$$\therefore 중앙값 = \frac{8+10}{2} = 9$$

35

전자기 복사선의 파장범위 중에서 자외선-A의 파장 영역으로 가장 적절한 것은?

① $100 \sim 280nm$
② $280 \sim 315nm$
③ $315 \sim 400nm$
④ $400 \sim 760nm$

*자외선의 분류

분류	파장	발생
UV-C	$100\sim280nm$ ($1000\sim2800 Å$)	피부의 색소침착
UV-B (도르노선)	$280\sim315nm$ ($2800\sim3150 Å$)	소독작용, 비타민 D형성 (건강선, 생명선) 피부노화, 홍반, 각막염, 피부암 유발
UV-A (근자외선)	$315\sim400nm$ ($3150\sim4000 Å$)	피부노화 촉진, 백내장

32.① 33.③ 34.② 35.③

36

금속도장 작업장의 공기 중에 혼합된 기체의 농도와 TLV가 다음 표와 같을 때, 이 작업장의 노출기준(EI)은 얼마인가?
(단, 상가 작용 기준이며 농도 및 TLV의 단위는 ppm이다.)

기체명	기체의 농도	TLV
Toluene	55	100
MIBK	25	50
Acetone	280	750
MEK	90	200

① 1.573
② 1.673
③ 1.773
④ 1.873

*혼합물의 노출기준(EI)

$$EI = \frac{C_1}{T_1} + \frac{C_2}{T_2} + \cdots + \frac{C_n}{T_n}$$
$$= \frac{55}{100} + \frac{25}{50} + \frac{280}{750} + \frac{90}{200} = 1.873$$

여기서,
C : 화학물질 각각의 측정치
T : 화학물질 각각의 노출기준

37

석면측정방법 중 전자 현미경법에 관한 설명으로 틀린 것은?

① 석면의 감별분석이 가능하다.
② 분석시간이 짧고 비용이 적게 소요된다.
③ 공기 중 석면시료분석에 가장 정확한 방법이다.
④ 위상차현미경으로 볼 수 없는 매우 가는 섬유도 관찰이 가능하다.

전자 현미경법은 분석시간이 길고 비용이 많이 든다.

38

작업장 소음에 대한 1일 8시간 노출 시 허용기준은 몇 $dB(A)$인가?
(단, 미국 OSHA의 연속소음에 대한 노출기준으로 한다.)

① 45
② 60
③ 75
④ 90

*소음에 대한 노출기준
① 강렬한 소음작업(국내기준, OSHA기준)
기준 : 90dB(A), 5dB 변화

1일 노출시간[hr]	소음수준[dB(A)]
8	90
4	95
2	100
1	105
$\frac{1}{2}$	110
$\frac{1}{4}$	115

② 강렬한 소음작업(ACGIH기준)
기준 : 85dB(A), 3dB 변화

1일 노출시간[hr]	소음수준[dB(A)]
8	85
4	88
2	91
1	94
$\frac{1}{2}$	97
$\frac{1}{4}$	100

36.④ 37.② 38.④

39

다음 중 작업환경의 기류측정 기기와 가장 거리가 먼 것은?

① 풍차풍속계
② 열선풍속계
③ 카타온도계
④ 냉온풍속계

*공기의 기류(유속) 측정기기의 종류
① 피토관
② 열선 풍속계
③ 풍향 풍속계
④ 풍차 풍속계
⑤ 카타온도계
⑥ 회전 날개형 풍속계
⑦ 그네 날개형 풍속계

40

두 집단의 어떤 유해물질의 측정값이 아래 도표와 같을 때 두 집단의 표준편차의 크기 비교에 대한 설명 중 옳은 것은?

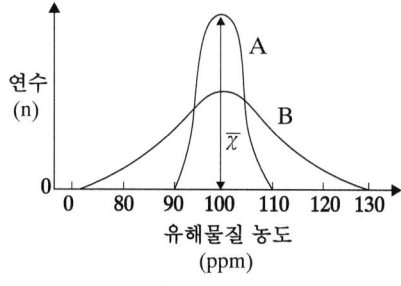

① A집단과 B집단은 서로 같다.
② A집단의 경우가 B집단의 경우보다 크다.
③ A집단의 경우가 B집단의 경우보다 작다.
④ 주어진 도표만으로 판단하기 어렵다.

표준편차가 클수록 측정값 중 평균에서 떨어진 값이 많이 존재한다. B집단은 A집단보다 평균에서 떨어진 값이 많이 존재하기 때문에,

∴ A집단의 경우가 B집단의 경우보다 작다.

2018 1회차 — 산업위생관리기사 필기 기출문제
제 3과목 : 작업환경관리대책

41
작업환경 개선의 기본원칙으로 짝지어 진 것은?

① 대체, 시설, 환기
② 격리, 공정, 물질
③ 물질, 공정, 시설
④ 격리, 대체, 환기

*작업환경 개선의 공학적 대책
① 대치(대체)
② 격리
③ 환기
④ 교육 - 가장 소극적 대책

42
다음 중 $0.01\mu m$ 정도의 미세분진까지 처리할 수 있는 집진기로 가장 적합한 것은?

① 중력 집진기
② 전기 집진기
③ 세정식 집진기
④ 원심력 집진기

*전기집진장치의 장단점

장점	① 집진효율이 99.9% 정도로 높다. (0.01μm 정도 미세분진 포집 용이) ② 광범위한 온도범위에서 적용 가능하다. ③ 고온가스 처리가 가능하여 보일러 등에 설치할 수 있다. ④ 압력손실이 낮다. ⑤ 대용량 가스처리가 가능하다. ⑥ 운전 및 유지비가 저렴하다. ⑦ 넓은 범위 입경과 분진농도에 집진효율이 높다.
단점	① 설치비용이 많이 들고, 설치공간을 많이 차지한다. ② 설치 후 운전조건의 변화를 유연하게 대처하기 어렵다. ③ 기체상 물질제거가 곤란하다. ④ 가연성 입자 처리가 곤란하다.

43
송풍기에 연결된 환기 시스템에서 송풍량에 따른 압력손실 요구량을 나타내는 $Q-P$ 특성곡선 중 Q와 P의 관계는?
(단, Q는 풍량, P는 풍압이며, 유동조건은 난류형태이다.)

① $P \propto Q$
② $P^2 \propto Q$
③ $P \propto Q^2$
④ $P^2 \propto Q^3$

*송풍기 상사법칙

종류	회전수(N)	직경(D)
풍량(Q)	$\dfrac{Q_2}{Q_1} = \dfrac{N_2}{N_1}$	$\dfrac{Q_2}{Q_1} = \left(\dfrac{D_2}{D_1}\right)^3$
풍압(P)	$\dfrac{P_2}{P_1} = \left(\dfrac{N_2}{N_1}\right)^2$	$\dfrac{P_2}{P_1} = \left(\dfrac{D_2}{D_1}\right)^2$
동력(H)	$\dfrac{H_2}{H_1} = \left(\dfrac{N_2}{N_1}\right)^3$	$\dfrac{H_2}{H_1} = \left(\dfrac{D_2}{D_1}\right)^5$

$$\dfrac{P_2}{P_1} \propto \dfrac{H_2}{H_1} \propto \dfrac{\rho_2}{\rho_1} \propto \dfrac{T_1}{T_2}$$

여기서,
Q_1 : 변경 전 풍량 $[m^3/min]$
Q_2 : 변경 후 풍량 $[m^3/min]$
N_1 : 변경 전 회전수 $[rpm]$
N_2 : 변경 후 회전수 $[rpm]$
P_1 : 변경 전 풍압 $[mmH_2O]$
P_2 : 변경 후 풍압 $[mmH_2O]$
D_1 : 변경 전 회전차 직경 $[m]$
D_2 : 변경 후 회전차 직경 $[m]$
H_1 : 변경 전 동력 $[kW]$
H_2 : 변경 후 동력 $[kW]$
ρ_1, ρ_2 : 변경 전·후 비중
T_1, T_2 : 변경 전·후 절대온도 $[K]$

풍량(Q)은 회전수에 비례하고, 풍압(P)는 회전수의 제곱에 비례하기 때문에,

$$\therefore P \propto Q^2$$

41.④ 42.② 43.③

44

공기 중의 포화증기압이 $1.52mmHg$인 유기용제가 공기 중에 도달할 수 있는 포화농도는 약 몇 ppm인가?

① 2000
② 4000
③ 6000
④ 8000

*포화증기농도

포화증기농도$[ppm] = \dfrac{증기압(분압)}{760mmHg} \times 10^6$

$= \dfrac{1.52}{760} \times 10^6 = 2000 ppm$

45

그림과 같은 작업에서 상방흡인형의 외부식후드의 설치를 계획하였을 때 필요한 송풍량은 약 $m^3/\min$인가?
(단, 기온에 따른 상승기류는 무시함, $P=2(L+W)$, $V_c=1m/s$)

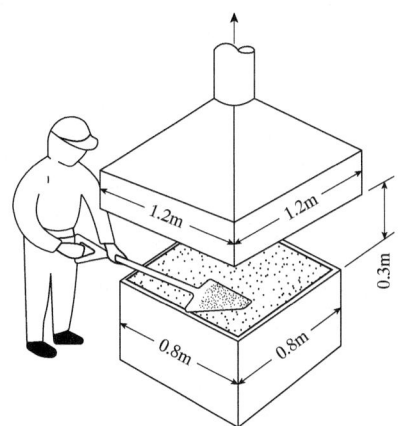

① 100
② 110
③ 120
④ 130

*$H/L \leq 0.3$인 외부형 캐노피 후드의 필요송풍량(Q)

$H/L = \dfrac{0.3}{1.2} = 0.25$

$P = 2(L+W) = 2(1.2+1.2) = 4.8m$

$\therefore Q = 1.4 PHV$

$= 1.4 \times 4.8 \times 0.3 \times 1 = 2.016 m^3/\sec \times \left(\dfrac{60\sec}{1\min}\right)$

$= 120.96 ≒ 120 m^3/\min$

여기서,
Q : 필요송풍량$[m^3/\min]$
H : 개구면에서 배출원 사이의 높이$[m]$
V : 제어속도$[m^3/\min]$
P : 캐노피 둘레길이$[m]$ → $P=2(L+W)$
L : 캐노피 장변$[m]$
W : 캐노피 직경(단변)$[m]$

46

작업대 위에서 용접할 때 흄을 포집 제거하기 위해 작업면에 고정된 플랜지가 붙은 외부식 사각형 후드를 설치하였다면 소요 송풍량은 약 몇 $m^3/\min$인가?
(단, 개구면에서 작업지점까지의 거리는 $0.25m$, 제어속도는 $0.5m/s$, 후드 개구면적은 $0.5m^2$이다.)

① 0.281
② 8.430
③ 16.875
④ 26.425

*필요송풍량(Q)

조건	필요송풍량 공식
① 자유공간 위치, 플랜지 미부착	$Q = V(10X^2 + A)$
② 자유공간 위치, 플랜지 부착	$Q = 0.75 V(10X^2 + A)$
③ 바닥면 위치, 플랜지 미부착	$Q = V(5X^2 + A)$
④ 바닥면 위치, 플랜지 부착	$Q = 0.5 V(10X^2 + A)$

여기서,
Q : 필요송풍량$[m^3/\min]$
A : 후드의 개구면적$[m^2]$
V : 제어속도$[m/\min]$
X : 후드 중심선으로부터 발생원까지의 거리$[m]$

바닥면 위치, 플랜지 부착이므로,

$\therefore Q = 0.5 V(10X^2 + A) = 0.5 \times 0.5 \times (10 \times 0.25^2 + 0.5)$

$= 0.28125 m^3/\sec \times \left(\dfrac{60\sec}{1\min}\right) = 16.875 m^3/\min$

47

후드의 압력 손실계수가 0.45이고 속도압이 20 mmH_2O일 때 압력손실(mmH_2O)은?

① 9
② 12
③ 20.45
④ 42.25

＊유입손실(△P)

$\triangle P = F \times VP = 0.45 \times 20 = 9 mmH_2O$

여기서,
$\triangle P$: 유입손실[mmH_2O]
F : 유입손실계수 $\left(= \dfrac{1}{C_e^2} - 1\right)$
C_e : 유입계수 $\left(= \sqrt{\dfrac{1}{1+F}}\right)$
VP : 속도압[mmH_2O] $\left(= \dfrac{\gamma V^2}{2g}\right)$

48

화학공장에서 작업환경을 측정하였더니 TCE농도가 $10000ppm$이었을 때 오염공기의 유효비중은?
(단, TCE의 증기비중은 5.7, 공기비중은 1.0이다.)

① 1.028
② 1.047
③ 1.059
④ 1.087

＊유효비중(혼합비중)

유효비중
$= \dfrac{물질의\ ppm \times 물질의\ 비중 + (10^6 - 물질의\ ppm) \times 1}{10^6}$
$= \dfrac{10000 \times 5.7 + (10^6 - 10000) \times 1}{10^6} = 1.047$

49

그림과 같은 국소배기장치의 명칭은?

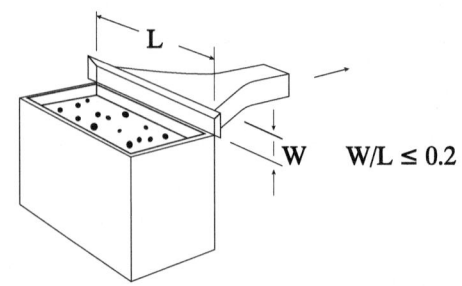

① 수형 후드
② 슬롯 후드
③ 포위형 후드
④ 하방형 후드

＊슬롯(Slot) 후드

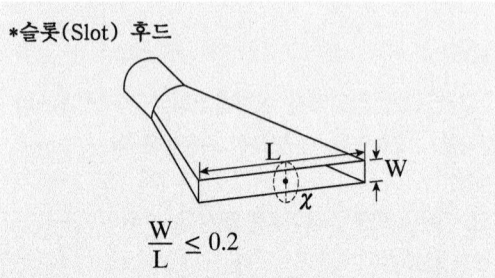

가로세로 비가 0.2 이하로 세로가 좁고 가로가 긴 형태의 후드

50

다음 중 유해성이 적은 물질로 대체한 예와 가장 거리가 먼 것은?

① 분체의 원료는 입자가 큰 것으로 바꾼다.
② 야광시계의 자판에 라듐 대신 인을 사용한다.
③ 아조염료의 합성에서 디클로로벤지딘 대신 벤지딘을 사용한다.
④ 단열재 석면을 대신하여 유리섬유나 스티로폼을 대체한다.

아조염료의 합성에서 벤지딘 대신 디클로로벤지딘을 사용한다.

47.① 48.② 49.② 50.③

51

입자상 물질을 처리하기 위한 장치 중 고효율 집진이 가능하며 원리가 직접차단, 관성충돌, 확산, 중력침강 및 정전기력 등이 복합적으로 작용하는 장치는?

① 여과집진장치　　② 전기집진장치
③ 원심력집진장치　④ 관성력집진장치

여과집진장치(Bag Filter)
입자상 물질을 처리하기 위한 장치 중 고효율 집진이 가능하며 원리가 직접차단, 관성충돌, 확산, 중력침강 및 정전기력 등이 복합적으로 작용하는 집진장치

52

직경이 $5\mu m$이고 밀도가 $2g/cm^3$인 입자의 종단속도는 약 몇 $cm/\sec$인가?

① 0.07　　② 0.15
③ 0.23　　④ 0.33

리프만(Lippman) 식에 의한 침강속도
$V = 0.003\rho d^2 = 0.003 \times 2 \times 5^2 = 0.15 cm/s$

여기서,
V : 침강속도 $[cm/\sec]$
ρ : 입자 밀도 $[g/cm^3]$
d : 입자 직경 $[\mu m]$

53

다음 중 가지덕트를 주덕트에 연결하고자 할 때, 각도로 가장 적합한 것은?

① 30°　　② 50°
③ 70°　　④ 90°

분지관(가지덕트)을 주덕트(주관)에 연결하려할 때 30°에 가깝게 한다.

54

공기 중의 사염화탄소 농도가 0.2%일 때, 방독면의 사용 가능한 시간은 몇 분인가?
(단, 방독면 정화통의 정화능력이 사염화탄소 0.5%에서 60분간 사용 가능하다.)

① 110　　② 130
③ 150　　④ 180

방독마스크 유효시간(파과시간)
유효시간 = $\dfrac{\text{표준유효시간} \times \text{시험가스 농도}}{\text{작업장 공기 중 유해가스 농도}}$
$= \dfrac{60 \times 0.5}{0.2} = 150분$

55

어느 관내의 속도압이 $3.5 mmH_2O$일 때, 유속은 약 몇 $m/\min$인가?
(단, 공기의 밀도 $1.21 kg/m^3$이고 중력가속도는 $9.8 m/s^2$이다.)

① 352　　② 381
③ 415　　④ 452

동압(속도압, VP)
밀도가 $1.21 kg/m^3$이므로, 비중량은 $1.21 kg_f/m^3$이다.
$VP = \dfrac{\gamma V^2}{2g}$ 에서,
$\therefore V = \sqrt{\dfrac{2gVP}{\gamma}} = \sqrt{\dfrac{2 \times 9.8 \times 3.5}{1.21}}$
$= 7.53 m/\sec \times \left(\dfrac{60\sec}{1\min}\right) = 451.8 ≒ 452 m/\min$

여기서,
VP : 동압 $[mmH_2O]$
V : 속도 $[m/\sec]$
γ : 공기의 비중량 $[kg_f/m^3]$
g : 중력가속도 $[9.8 m/s^2]$

51.① 52.② 53.① 54.③ 55.④

56

호흡기 보호구의 밀착도 검사(fit test)에 대한 설명이 잘못된 것은?

① 정량적인 방법에는 냄새, 맛, 자극물질 등을 이용한다.
② 밀착도 검사란 얼굴피부 접촉면과 보호구 안면부가 적합하게 밀착되는지를 측정하는 것이다.
③ 밀착도 검사를 하는 것은 작업자가 작업장에 들어가기 전 누설정도를 최소화시키기 위함이다.
④ 어떤 형태의 마스크가 작업자에게 적합한지 마스크를 선택하는데 도움을 주어 작업자의 건강을 보호한다.

*밀착도 검사(Fit Test)
얼굴피부 접촉면과 보호구 안면부가 적합하게 밀착되는지를 측정하는 것이며, 작업자가 작업장에 들어가기 전 누설정도를 최소화시키기 위해 하는 검사이며, 어떤 형태의 마스크가 작업자에게 적합한지 마스크를 선택하는데 도움을 주어 작업자의 건강을 보호한다.
① 정성적인 방법 : 냄새, 맛, 자극물질 등 이용
② 정량적인 방법 : 보호구 안·밖의 농도, 압력 차이

57

다음 중 방독마스크에 관한 설명과 가장 거리가 먼 것은?

① 일시적인 작업 또는 긴급용으로 사용하여야 한다.
② 산소농도가 15%인 작업장에서는 사용하면 안 된다.
③ 방독마스크이 정화통은 유해물질별로 구분하여 사용하도록 되어 있다.
④ 방독마스크 필터는 압축된 면, 모, 합성섬유 등의 재질이며 여과효율이 우수하여야 한다.

방독마스크 필터는 정화통이며, 면, 모, 합성섬유 등의 필터를 사용하는 것은 방진마스크 필터이다.

58

연속 방정식 $Q = AV$의 적용조건은?
(단, Q=유량, A=단면적, V=평균속도이다.)

① 압축성 정상유동
② 압축성 비정상유동
③ 비압축성 정상유동
④ 비압축성 비정상유동

*연속 방정식
정상류(비압축성 정상유동)로 흐르는 한 단면의 유체의 무게는 다른 단면을 통과하는 무게와 동일해야 하는 질량보존의 법칙을 적용한 법칙이다.
$Q = AV$, $Q = A_1 V_1 = A_2 V_2$

59

공기의 유속을 측정할 수 있는 기구가 아닌 것은?

① 열선 유속계
② 로터미터형 유속계
③ 그네 날개형 유속계
④ 회전 날개형 유속계

*공기의 기류(유속) 측정기기의 종류
① 피토관
② 열선 풍속계
③ 풍향 풍속계
④ 풍차 풍속계
⑤ 카타온도계
⑥ 회전 날개형 풍속계
⑦ 그네 날개형 풍속계

60

슬롯의 길이가 $2.4m$, 폭이 $0.4m$인 플랜지부착 슬롯형 후드가 설치되어 있을 때, 필요 송풍량은 약 몇 $m^3/\min$인가?
(단, 제어거리가 $0.5m$, 제어속도가 $0.75m/s$이다.)

① 135　　　　　　② 140
③ 145　　　　　　④ 150

---

*슬롯 후드의 필요송풍량(Q)
플랜지 부착에 우리나라는 ACGIH 기준을 따르므로,
$Q = CLVX$
$\quad = 2.6 \times 2.4 \times 0.75 \times 0.5$
$\quad = 2.34 m^3/\sec \times \left(\dfrac{60\sec}{1\min}\right) = 140.4 ≒ 140 m^3/\min$

여기서,
Q : 필요송풍량 $[m^3/\min]$
C : 형상계수
V : 제어속도 $[m^3/\min]$
L : 슬롯 개구면의 길이 $[m]$
X : 포집점까지의 거리 $[m]$

조건	형상계수
전원주 (플랜지 미부착)	5.0 (ACGIH 기준 : 3.7)
3/4 원주	4.1
1/2 원주 (플랜지 부착)	2.8 (ACGIH 기준 : 2.6)
1/4 원주	1.6

60.②

2018년 1회차 산업위생관리기사 필기 기출문제
제 4과목 : 물리적유해인자관리

61
전리방사선에 관한 설명으로 틀린 것은?

① α선은 투과력은 약하나, 전리작용은 강하다.
② β입자는 핵에서 방출되는 양자의 흐름이다.
③ γ선은 원자핵 전환에 따라 방출되는 자연 발생적인 전자파이다.
④ 양자는 조직 전리작용이 있으며 비정(飛程) 거리는 같은 에너지의 α입자보다 길다.

*베타선(β선)
① 핵에서 방출되는 전자의 흐름으로, 전리작용은 약하지만, 투과력이 강하다.
② 외부조사도 잠재적 위험이 되지만 내부조사가 훨씬 큰 건강상 위해를 일으킨다.

62
제2도 동상의 증상으로 적절한 것은?

① 따갑고 가려운 느낌이 생긴다.
② 혈관이 확장하여 발적이 생긴다.
③ 수포를 가진 광범위한 삼출성 염증이 생긴다.
④ 심부조직까지 동결되면 조직의 괴사와 괴저가 일어난다.

*동상(Frostbite)

동상의 종류	설명
제1도 동상 (발적)	홍반성 동상이라고도 하며, 초반에 말단부위의 혈행이 정체되어 국소성 빈혈이 생기며, 환부의 피부는 창백하게 되어 동통 또는 지각 이상을 발생
제2도 동상 (수포 형성과 염증)	수포성 동상이라고도 하며, 피부가 벗겨지거나 물집이 생기는 결빙
제3도 동상 (조직괴사로 괴저 발생)	괴사성 동상이라고도 하며, 장시간 한랭 노출에 의해 혈행이 완전히 정지되어 동시에 조직성분이 붕괴되어 해당 부분이 괴사되는 동상

63
저기압의 작업환경에 대한 인체의 영향을 설명한 것으로 틀린 것은?

① 고도 $18000ft$ 이상이 되면 21%이상의 산소를 필요로 하게 된다.
② 인체내 산소 소모가 줄어들게 되어 호흡수, 맥박수가 감소한다.
③ 고도 $10000ft$까지는 시력, 협조운동의 가벼운 장해 및 피로를 유발한다.
④ 고도상승으로 기압이 저하되면 공기의 산소 분압이 저하되고 동시에 폐포내 산소분압도 저하된다.

저기압의 작업환경에서는 산소결핍을 보충하기 위하여 호흡수, 맥박수가 증가한다.

64
일반소음에 대한 차음효과는 벽체의 단위표면적에 대하여 벽체의 무게가 2배될 때마다 몇 dB씩 증가하는가?
(단, 벽체 무게 이외의 조건은 동일하다.)

① 4
② 6
③ 8
④ 10

*차음 수직입사(질량법칙)
$TL = 20\log(m \times f) - 43$
여기서, 벽체의 무게 2배만 고려한다면 차음재의 면밀도 m만 고려하면 된다.

$\therefore TL = 20\log(m) = 20\log 2 = 6dB$

여기서,
m : 차음재의 면밀도 $[kg/m^2]$
f : 입사 주파수 $[Hz]$

61.② 62.③ 63.② 64.②

65
음의 세기가 10배로 되면 음의 세기수준은?

① 2dB 증가 ② 3dB 증가
③ 6dB 증가 ④ 10dB 증가

*음의 세기레벨(SIL)

$$SIL = 10\log\left(\frac{I}{I_o}\right) = 10\log 10 = 10dB$$

여기서,
SIL : 음의 세기레벨(음의 강도)[dB]
I : 대상음의 세기 [W/m^2]
I_o : 최소가청음세기(= 10^{-12} [W/m^2])

66
생체 내에서 산소공급정지가 몇 분 이상이 되면 활동성이 회복되지 않을 뿐만 아니라 비가역적인 파괴가 일어나는가?

① 1분 ② 1.5분
③ 2분 ④ 3분

산소공급정지가 2분 이상이 되면 활동성이 회복되지 않을 뿐만 아니라 비가역적인 파괴가 일어난다.

67
방사능의 방어대책으로 볼 수 없는 것은?

① 방사선을 차폐한다.
② 노출시간을 줄인다.
③ 발생량을 감소시킨다.
④ 거리를 가능한 한 멀리한다.

*방사능의 방어대책
① 방사선을 차폐한다.
② 노출시간을 줄인다.
③ 거리를 가능한 한 멀리한다.

68
마이크로파의 생물학적 작용과 거리가 먼 것은?

① 500cm 이상의 파장은 인체 조직을 투과한다.
② 3cm 이하 파장은 외피에 흡수된다.
③ 3 ~ 10cm 파장은 1mm ~ 1cm 정도 피부내로 투과한다.
④ 25 ~ 200cm 파장은 세포 조직과 신체기관까지 투과한다.

파장 200cm 이상의 마이크로파는 대부분의 모든 인체 조직을 투과한다.

69
적외선의 생체작용에 관한 설명으로 틀린 것은?

① 조직에서의 흡수는 수분함량에 따라 다르다.
② 적외선이 조직에 흡수되면 화학반응을 일으켜 조직의 온도가 상승한다.
③ 적외선이 신체에 조사되면 일부는 피부에서 반사되고 나머지는 조직에 흡수된다.
④ 조사부위의 온도가 오르면 혈관이 확장되어 혈류가 증가되며 심하면 홍반을 유발하기도 한다.

적외선이 조직에 흡수되면 구성분자의 운동에너지를 증가시켜 조직의 온도가 상승한다.

65.④ 66.③ 67.③ 68.① 69.②

70
산업안전보건법령상 이상기압에 의한 건강장해의 예방에 있어 사용되는 용어의 정의로 틀린 것은?

① 압력이란 절대압과 게이지압의 합을 말한다.
② 이상기압이란 압력이 제곱센티미터당 1킬로그램 이상인 기압을 말한다.
③ 고압작업이란 이상기압에서 잠함공법이나 그 외의 압기공법으로 하는 작업을 말한다.
④ 잠수작업이란 물속에서 공기압축기나 호흡용 공기통을 이용하여 하는 작업을 말한다.

*압력
완전한 진공 상태를 압력 0으로하고, 이를 기준으로 측정한 값으로 일반적으로 압력은 절대 압력을 사용하며 이 절대압력은 게이지압력과 대기압의 합을 말한다.

71
전신진동에 관한 설명으로 틀린 것은?

① 말초혈관이 수축되고, 혈압상승과 맥박증가를 보인다.
② 산소소비량은 전신진동으로 증가되고, 폐환기도 촉진된다.
③ 전신진동의 영향이나 장애는 자율신경 특히 순환기에 크게 나타난다.
④ 두부와 견부는 50~60Hz 진동에 공명하고, 안구는 10~20Hz 진동에 공명한다.

*진동수에 따른 구분
① 전신진동 : 2~100Hz (공해진동 : 1~90Hz)
② 국소진동 : 8~1500Hz
③ 인간이 느끼는 최소 진동역치 : 55±5dB
④ 수직진동 : 4~8Hz
⑤ 수평진동 : 1~2Hz
⑥ 전신은 4Hz, 두부와 견부는 20~30Hz, 안구는 60~90Hz 진동에 공명한다.

72
고온노출에 의한 장애 중 열사병에 관한 설명과 거리가 가장 먼 것은?

① 중추성 체온조절 기능장애이다.
② 지나친 발한에 의한 탈수와 염분손실이 발생한다.
③ 고온다습한 환경에서 격심한 육체노동을 할 때 발병한다.
④ 응급조치 방법으로 얼음물에 담가서 체온을 39℃ 정도까지 내려주어야 한다.

지나친 발한에 의한 탈수와 염분손실이 발생하는 것은 열사병이 아닌 열경련을 의미한다.

73
고압 환경의 생체작용과 가장 거리가 먼 것은?

① 고공성 폐수종
② 이산화탄소(CO_2) 중독
③ 귀, 부비강, 치아의 압통
④ 손가락과 발가락의 작열통과 같은 산소 중독

고공성 폐수종은 저압환경에서 발생한다.

74

0.01 W의 소리에너지를 발생시키고 있는 음원의 음향파워레벨(PWL, dB)은 얼마인가?

① 100
② 120
③ 140
④ 150

음향파워레벨(PWL)

$$PWL = 10\log\left(\frac{W}{W_o}\right) = 10\log\left(\frac{0.01}{10^{-12}}\right) = 100 dB$$

여기서,
W : 대상음원의 음향파워 [W]
W_o : 기준음향파워 (= 10^{-12} [W])

75

빛과 밝기의 단위에 관한 설명으로 틀린 것은?

① 반사율은 조도에 대한 휘도의 비로 표시한다.
② 광원으로부터 나오는 빛의 양을 광속이라고 하며 단위는 루멘을 사용한다.
③ 입사면의 단면적에 대한 광도의 비를 조도라 하며 단위는 촉광을 사용한다.
④ 광원으로부터 나오는 빛의세기를 광도라고 하며 단위는 칸델라를 사용한다.

입사면의 단면적에 대한 광속의 비를 조도라 하며 단위는 럭스(Lux)를 사용한다.

76

음의 세기(I)와 음압(P) 사이의 관계는 어떠한 비례 관계가 있는가?

① 음의 세기는 음압에 정비례
② 음의 세기는 음압에 반비례
③ 음의 세기는 음압의 제곱에 비례
④ 음의 세기는 음압의 역수에 반비례

음의 세기(I)

$I \propto P^2$

여기서,
I : 음의 세기
P : 음압

77

소음성 난청에 대한 설명으로 틀린 것은?

① 손상된 섬모세포는 수일 내에 회복이 된다.
② 강렬한 소음에 노출되면 일시적으로 난청이 발생될 수 있다.
③ 일주일 정도가 지나도록 회복되지 않는 청력치의 감소부분은 영구적 난청에 해당된다.
④ 강한 소음은 달팽이관 주변의 모세혈관 수축을 일으켜 이 부근에 저산소증을 유발한다.

소음성 난청은 코르티기관의 섬유세포 손상으로 회복되지 않는 영구적인 청력저하가 발생한다.

78

실내 자연 채광에 관한 설명으로 틀린 것은?

① 입사각은 28° 이상이 좋다.
② 조명의 균등에는 북창이 좋다.
③ 실내각점의 개각은 40~50°가 좋다.
④ 창면적은 방바닥의 15~20%가 좋다.

74.① 75.③ 76.③ 77.① 78.③

*채광 및 조명방법
① 창의 방향은 많은 채광을 요구할 경우 남향이 좋으며 조명이 평등을 요구하는 작업실의 경우 북향 또는 동북향이 좋다.
② 창의 높이는 클수록 효과적이다.
③ 창의 면적은 방바닥의 면적의 15~20%$\left(\frac{1}{5} \sim \frac{1}{7}\right)$가 적당하다.
④ 실내 각점의 개각은 4~5°가 좋으며, 개각이 클수록 실내는 밝다.
⑤ 입사각은 28° 이상이 좋으며, 입사각이 크면 클수록 실내는 밝다.
⑥ 개각 1°가 감소할 때 입사각으로 2~5° 증가가 필요하다.

*인체와 환경 간의 열교환에 관여하는 온열인자
① 작업대사량(체내 열생산량)
② 전도
③ 대류
④ 복사
⑤ 증발

79

흡음재의 종류 중 다공질 재료에 해당되지 않는 것은?

① 암면
② 펠트(felt)
③ 발포 수지재료
④ 석고보드

*다공질형 흡음재 종류
① 석면(펠트, Felt)
② 섬유
③ 암면
④ 유리솜
⑤ 발포수지 재료

80

인체와 환경 간의 열교환에 관여하는 온열조건 인자가 아닌 것은?

① 대류
② 증발
③ 복사
④ 기압

2018 1회차
산업위생관리기사 필기 기출문제
제 5과목 : 산업독성학

81

다음의 설명 중 ( )안에 내용을 올바르게 나열한 것은?

> 단시간노출기준(STEL)이란 (㉠)간의 시간가중 평균노출값으로서 노출농도가 시간가중평균노출기준(TWA)을 초과하고 단시간노출기준(STEL) 이하인 경우에는 (㉡) 노출 지속시간이 15분 미만이어야 한다. 이러한 상태가 1일 (㉢) 이하로 발생하여야 하며, 각 노출의 간격은 (㉣) 이상이어야 한다.

① ㉠:5분, ㉡:1회, ㉢:6회, ㉣:30분
② ㉠:15분, ㉡:1회, ㉢:4회, ㉣:60분
③ ㉠:15분, ㉡:2회, ㉢:4회, ㉣:30분
④ ㉠:15분, ㉡:2회, ㉢:6회, ㉣:60분

*단시간노출기준(STEL)
근로자가 1회에 15분간 유해인자에 노출되는 경우의 기준으로 이 기준 이하에서는 1회 노출 간격이 1시간 이상인 경우에 1일 작업시간 동안 4회까지 노출이 허용될 수 있는 기준을 말한다.

82

인체 내 주요 장기 중 화학물질 대사능력이 가장 높은 기관은?

① 폐
② 간장
③ 소화기관
④ 신장

*간(간장)
화학물질 대사능력이 가장 높다.

83

벤젠에 관한 설명으로 틀린 것은?

① 벤젠은 백혈병을 유발하는 것으로 확인된 물질이다.
② 벤젠은 지방족 화합물로서 재생불량성 빈혈을 일으킨다.
③ 벤젠은 골수독성(myelotoxin)물질이라는 점에서 다른 유기용제와 다르다.
④ 혈액조직에서 벤젠이 유발하는 가장 일반적인 독성은 백혈구 수의 감소로 인한 응고작용 결핍 등이다.

*벤젠(C_6H_6)
① 방향족 탄화수소 중 저농도에 장기간 노출되어 만성중독을 일으키는 경우에 가장 위험하다.
② 만성장해로서 조혈장해(백혈구 감소, 재생불량성 빈혈 등)를 가장 잘 유발시킨다.
③ 혈액조직에서 벤젠이 유발하는 독성작용은 백혈구 수의 감소로 인한 응고 작용 결핍 등이다.
④ 벤젠은 영구적인 혈액장애를 일으킨다.
⑤ 벤젠은 주로 페놀로 대사되며 페놀은 벤젠의 생물학적 노출지표로 이용된다.
⑥ 벤젠에 지속적으로 노출되면, 급성골수성 백혈병에 걸릴 수 있다.

84

2000년대 외국인 근로자에게 다발성말초신경병증을 집단으로 유발한 노말헥산(n-Hexane)은 체내 대사과정을 거쳐 어떤 물질로 배설되는가?

① 2-Hexanone
② 2,5-Hexanedione
③ Hexachlorophene
④ Hexachloroethane

81.② 82.② 83.② 84.②

*화학물질의 생물학적 노출지표물질

화학물질	대사산물(측정대상물질)
벤젠	뇨 중 t,t-뮤코닉산(뮤콘산) 뇨 중 S-페닐머캅토산 혈액 중 벤젠
톨루엔	뇨 중 o-크레졸 혈액 중 톨루엔
크실렌	뇨 중 메틸마뇨산
납	혈액 중 납 뇨 중 납 혈액 중 아연 프로토포르피린 뇨 중 델타아미노레불린산
일산화탄소	혈액 중 카복시헤모글로빈(COHb)
트리클로로 에틸렌	뇨 중 삼염화초산
에틸벤젠	뇨 중 만델산
노말헥산	뇨 중 2,5-헥산디온
클로로벤젠	뇨 중 총 4-클로로카테콜
페놀	뇨 중 페놀
디메틸포름 아미드	뇨 중 N-메틸포름아미드
이황화탄소	뇨 중 TTCA 뇨 중 이황화탄소
크롬	뇨 중 크롬
메틸 노말부틸 케톤	뇨 중 2,5-헥산디온
삼염화 에틸렌	뇨 중 삼염화초산 (트리클로로초산) 뇨 중 삼염화에탄올

85

공기 중 입자상 물질의 호흡기계 축적기전에 해당하지 않는 것은?

① 교환　　　② 충돌
③ 침전　　　④ 확산

*여과포집원리(채취기전)
① 직접차단(간섭)
② 관성충돌
③ 중력침강
④ 확산
⑤ 정전기침강
⑥ 체질

86

독성실험단계에 있어 제1단계(동물에 대한 급성노출시험)에 관한 내용과 가장 거리가 먼 것은?

① 생식독성과 최기형성 독성실험을 한다.
② 눈과 피부에 대한 자극성 실험을 한다.
③ 변이원성에 대하여 1차적인 스크리닝 실험을 한다.
④ 치사성과 기관장해에 대한 양-반응곡선을 작성한다.

*독성실험 단계

단계	설명
제1단계 (동물에 대한 급성노 출실험)	① 눈과 피부에 대한 자극성 실험을 진행한다. ② 변이원성에 대하여 1차적인 스크리닝 실험을 진행한다. ③ 치사성과 기관장해에 대한 양-반응곡선을 작성한다.
제2단계 (동물에 대한 만성노 출실험)	① 장기독성 실험을 진행한다. ② 행동특성 실험을 진행한다. ③ 변이원성에 대하여 2차적인 스크리닝 실험을 진행한다. ④ 상승작용과 가승작용, 상쇄작용에 대하여 실험을 진행한다. ⑤ 생식영향과 산아장해 실험을 진행한다.

87
단순 질식제로 볼 수 없는 것은?

① 메탄
② 질소
③ 오존
④ 헬륨

*질식제
조직 내 산화작용을 방해하는 물질

질식제의 구분	
단순 질식제	생리적으로 아무 작용하지 않으나 공기 중에 많이 존재하여 산소분압을 감소시켜 조직에 필요한 산소의 공급부족을 유발한다. ① 이산화탄소(CO_2) ② 메탄(CH_4) ③ 질소(N_2) ④ 수소(H_2) ⑤ 에탄(C_2H_6) ⑥ 프로판(C_3H_8) ⑦ 에틸렌(C_2H_4) ⑧ 아세틸렌(C_2H_2) ⑨ 헬륨(He)
화학적 질식제	산소운반 능력을 방해하거나 조직이 산소를 받아들이는 능력을 저하시켜 내질식을 일으킨다. ① 일산화탄소(CO) ② 황화수소(H_2S) ③ 시안화수소(HCN) ④ 아닐린($C_6H_5NH_2$) ⑤ 염소(Cl) ⑥ 포스겐($COCl_2$)

88
화학물질의 투여에 의한 독성범위를 나타내는 안전역을 맞게 나타낸 것은?
(단, LD는 치사량, TD는 중독량 ED는 유효량이다.)

① 안전역 = ED_1/TD_{99}
② 안전역 = TD_1/ED_{99}
③ 안전역 = ED_1/LD_{99}
④ 안전역 = LD_1/ED_{99}

*안전역
화학물질 투여에 의한 독성 범위

$$안전역 = \frac{중독량}{유효량} = \frac{TD_{50}}{ED_{50}} = \frac{LD_{01}}{ED_{99}}$$

안전역이 1 이상일 경우 안전하다고 평가

89
작업환경에서 발생되는 유해물질과 암의 종류를 연결한 것으로 틀린 것은?

① 벤젠 – 백혈병
② 비소 – 피부암
③ 포름알데히드 – 신장암
④ 1,3 부타디엔 – 림프육종

포름알데히드 – 비인두암, 비강암, 혈액암

90
다음 표는 A작업장의 백혈병과 벤젠에 대한 코호트 연구를 수행한 결과이다. 이 때 벤젠의 백혈병에 대한 상대위험비는 약 얼마인가?

	백혈병	백혈병없음	합계
벤젠노출	5	14	19
벤젠비노출	2	25	27
합계	7	39	46

① 3.29
② 3.55
③ 4.64
④ 4.82

*상대위험도(비교위험도)

상대위험도
$= \dfrac{\text{노출군에서 질병발생률}}{\text{비노출군에서 질병발생률}}$
$= \dfrac{\left(\dfrac{5}{19}\right)}{\left(\dfrac{2}{27}\right)} = 3.55$

87.③ 88.④ 89.③ 90.②

91
탈지용 용매로 사용되는 물질로 간장, 신장에 만성적인 영향을 미치는 것은?

① 크롬
② 유리규산
③ 메탄올
④ 사염화탄소

*사염화탄소(CCl_4)
① 피부를 통해 인체에 흡수된다.
② 고농도로 폭로되면 간이나 신장에 장해가 일어나 혈뇨, 단백뇨, 황달의 증상이 생긴다.
③ 간에 대한 독성작용이 심하여 중심소엽성 괴사를 일으킨다.
④ 가열하면 포스겐과 염산(염화수소)로 분해된다.
⑤ 탈지용 용매로 사용된다.

92
단백질을 침전시키며 thiol(-SH)기를 가진 효소의 작용을 억제하여 독성을 나타내는 것은?

① 수은
② 구리
③ 아연
④ 코발트

*수은중독의 증세
① 대표적인 증상은 구내염, 근육진전, 정신증상, 식욕부진, 신기능부전 등이 있다.
② 시신경장애, 정신이상, 보행장애, 수족신경마비, 신기능부전 증상이 있다.
③ 혀가 떨리거나 수전증 증상이 있다.
④ 소화관으로 약 7% 이하 소량으로 흡수되니, 음녹 형태는 뇌, 심근, 혈액에 많이 분포되어 있다.
⑤ 주로 신장에 축적된다.
⑥ 유기수은의 독성은 무기수은의 독성보다 훨씬 강하다.
⑦ 메틸수은은 미나마타병을 일으킨다.
⑧ 전리된 수소이온은 단백질을 침전시키고 -SH기를 가진 효소작용을 억제하여 독성을 나타낸다.

93
무기성 분진에 의한 진폐증이 아닌 것은?

① 면폐증
② 규폐증
③ 철폐증
④ 용접공폐증

*분진 종류에 따른 진폐증 분류

무기성(광물성)분진에 의한 진폐증 (교원성 진폐증)	유기성 분진에 의한 진폐증 (비교원성 진폐증)
① 규폐증	① 농부폐증
② 규조토폐증	② 연초폐증
③ 탄소폐증	③ 면폐증
④ 석면폐증	④ 설탕폐증
⑤ 용접공폐증	⑤ 목재분진폐증
⑥ 탄광부 진폐증	⑥ 모발분진 폐증
⑦ 베릴륨폐증	
⑧ 철폐증	
⑨ 활석폐증	
⑩ 흑연폐증	
⑪ 주석폐증	
⑫ 칼륨폐증	
⑬ 바륨폐증	

94
사업장에서 사용되는 벤젠은 중독증상을 유발시킨다. 벤젠중독의 특이증상으로 가장 적절한 것은?

① 조혈기관의 장해
② 간과 신장의 장해
③ 피부염과 피부암발생
④ 호흡기계 질환 및 폐암 발생

*벤젠(C_6H_6)
① 방향족 탄화수소 중 저농도에 장기간 노출되어 만성중독을 일으키는 경우에 가장 위험하다.
② 만성장해로서 조혈장해(백혈구 감소, 재생불량성 빈혈 등)를 가장 잘 유발시킨다.
③ 혈액조직에서 벤젠이 유발하는 독성작용은 백혈구 수의 감소로 인한 응고 작용 결핍 등이다.
④ 벤젠은 영구적인 혈액장애를 일으킨다.
⑤ 벤젠은 주로 페놀로 대사되며 페놀은 벤젠의 생물학적 노출지표로 이용된다.
⑥ 벤젠에 지속적으로 노출되면, 급성골수성 백혈병에 걸릴 수 있다.

95

가스상 물질의 호흡기계 축적을 결정하는 가장 중요한 인자는?

① 물질의 농도차
② 물질의 입자분포
③ 물질의 발생기전
④ 물질의 수용성 정도

*가스상 물질 호흡기계 축적 결정인자
물질의 수용성 정도

96

수은의 배설에 관한 설명으로 틀린 것은?

① 유기수은화합물은 땀으로 배설된다.
② 유기수은화합물은 주로 대변으로 배설된다.
③ 금속수은은 대변보다 소변으로 배설이 잘 된다.
④ 금속수은 및 무기수은의 배설경로는 서로 상이하다.

*수은배설
① 금속수은은 대변보다 소변으로 배설이 잘 된다.
② 금속수은 및 무기수은의 배설경로는 서로 상이하지 않다.
③ 유기수은 화합물은 땀, 대변으로 배설된다.
④ 유기수은은 담즙을 통하여 소화관으로 배설되기도 하지만 소화관에서 재흡수되기도 한다.

97

생물학적 노출지표(BEIs) 검사 중 1차 항목 검사에서 당일작업 종료 시 채취해야 하는 유해인자가 아닌 것은?

① 크실렌
② 디클로로메탄
③ 트리클로로에틸렌
④ N,N-디메틸포름아미드

트리클로로에틸렌의 시료채취 시기는 주말작업 종료 직후 이다.

98
납 중독의 초기증상으로 볼 수 없는 것은?

① 권태, 체중감소
② 식욕저하, 변비
③ 연산통, 관절염
④ 적혈구 감소, Hb의 저하

*납중독의 증세
① 소화기장해(위장계통의 장해)
② 중추신경장해(뇌중독 증상)
③ 신경·근육 계통의 장해
④ 기타 증상
  ㉠ 이미증(Pica) : 극소량의 농도에서 어린아이에게 학습장해 및 기능저하를 초래하며 1~5세 소아 환자에게 발생하기 쉽다.
  ㉡ 납빈혈 및 연산통
  ㉢ 만성신부전
  ㉣ 골수 침입 및 혈청 내 철 증가
  ㉤ 혈색소 양 저하, 망상적혈구수 증가
  ㉥ 적혈구 내 Protoporphyrin(프로토포르피린) 증가
  ㉦ 소변 중 Coprophyrin(코프로포르피린) 증가
  ㉧ 소변 중 δ-ALA 증가
  ㉨ 소변 중 δ-ALAD 활성치 감소

*화학물질의 생물학적 노출지표물질

화학물질	대사산물(측정대상물질)
벤젠	뇨 중 t,t-뮤코닉산(뮤콘산) 뇨 중 S-페닐머캅토산 혈액 중 벤젠
톨루엔	뇨 중 o-크레졸 혈액 중 톨루엔
크실렌	뇨 중 메틸마뇨산
납	혈액 중 납 뇨 중 납 혈액 중 아연 프로토포르피린 뇨 중 델타아미노레불린산
일산화탄소	혈액 중 카복시헤모글로빈(COHb)
트리클로로에틸렌	뇨 중 삼염화초산
에틸벤젠	뇨 중 만델산
노말헥산	뇨 중 2,5-헥산디온
클로로벤젠	뇨 중 총 4-클로로카테콜
페놀	뇨 중 페놀
디메틸포름아미드	뇨 중 N-메틸포름아미드
이황화탄소	뇨 중 TTCA 뇨 중 이황화탄소
크롬	뇨 중 크롬
메틸 노말부틸 케톤	뇨 중 2,5-헥산디온
삼염화에틸렌	뇨 중 삼염화초산 (트리클로로초산) 뇨 중 삼염화에탄올

99
유해물질과 생물학적 노출지표와의 연결이 잘못된 것은?

① 벤젠 - 소변 중 t,t-뮤코닉산
② 톨루엔 - 소변 중 o-크레졸
③ 크실렌 - 소변 중 카테콜
④ 스티렌 - 소변 중 만델린산

100

중추신경계에 억제 작용이 가장 큰 것은?

① 알칸족
② 알코올족
③ 알켄족
④ 할로겐족

*유기용제의 중추신경계 마취작용 순서

작용	순서
억제 작용 순서	알칸 < 알켄 < 알코올 < 유기산 < 에스테르 < 에테르 < 할로겐화합물
자극 작용 순서	알칸 < 알코올 < 알데히드 < 케톤 < 유기산 < 아민류

100.④

2018년 2회차 산업위생관리기사 필기 기출문제
제 1과목 : 산업위생학개론

01

미국산업위생학술원(AAIH)에서 채택한 산업위생전문가로서의 책임에 해당되지 않는 것은?

① 직업병을 평가하고 관리한다.
② 성실성과 학문적 실력에서 최고 수준을 유지한다.
③ 과학적 방법의 적용과 자료 해석의 객관성 유지
④ 전문분야로서의 산업위생을 학문적으로 발전시킨다.

*산업위생전문가의 윤리강령(산업위생전문가로서의 책임)
① 성실성과 학문적 실력 면에서 최고 수준을 유지한다.
② 과학적 방법의 적용과 자료의 해석에서 경험을 통한 전문가의 객관성을 유지한다.
③ 전문 분야로서 산업위생을 학문적으로 발전시킨다.
④ 근로자, 사회 및 전문 직종의 이익을 위해 과학적 지식을 공개하고 발표한다.
⑤ 산업위생활동을 통해 얻은 개인 및 기업체의 기밀은 누설하지 않는다.
⑥ 전문적 판단이 타협에 의하여 좌우될 수 있거나 이해관계가 있는 상황에는 개입하지 않는다.
⑦ 쾌적한 작업환경을 만들기 위해 산업위생이론을 적용하고 책임 있게 행동한다.

02

산업안전보건법상 작업장의 체적이 $150m^3$ 이면 납의 1시간당 허용소비량(1시간당 소비하는 관리대상 유해물질의 양)은 얼마인가?

① $1g$
② $10g$
③ $15g$
④ $30g$

*관리대상 유해물질의 시간당 허용소비량[g]

$$시간당\ 허용소비량 = \frac{작업장의\ 부피}{15} = \frac{150}{15} = 10g$$

03

산업 스트레스의 반응에 따른 심리적 결과에 해당되지 않는 것은?

① 가정문제
② 돌발적사고
③ 수면방해
④ 성(性)적 역기능

*산업 스트레스 반응결과

종류	결과
행동적 결과	① 식욕 감퇴 ② 음주 및 약물 남용 ③ 돌발적 사고 ④ 흡연
심리적 결과	① 가정문제 ② 수면방해 ③ 성적 역기능
생리적 결과	① 심혈관계 질환 ② 위장관계 질환 ③ 두통, 피부 등 기타질환

01.① 02.② 03.②

04

화학물질의 노출기준에 관한 설명으로 맞는 것은?

① 발암성 정보물질의 표기로 "2A"는 사람에게 충분한 발암성 증거가 있는 물질을 의미한다.
② "Skin" 표시 물질은 점막과 눈 그리고 경피로 흡수되어 전신 영향을 일으킬 수 있는 물질을 의미한다.
③ 발암성 정보물질의 표기로 "2B"는 시험동물에서 발암성 증거가 충분히 있는 물질을 의미한다.
④ 발암성 정보물질의 표기로 "1"은 사람이나 동물에서 제한된 증거가 있지만, 구분 "2"로 분류하기에는 증거가 충분하지 않은 물질을 의미한다.

＊발암성 정보물질의 표기

표기	내용
1A	사람에게 충분한 발암성 증거가 있는 물질
1B	시험동물에서 발암성 증거가 충분히 있거나, 시험동물과 사람 모두에서 제한된 발암성 증거가 있는 물질
2	사람이나 동물에서 제한된 증거가 있지만, 구분1로 분류하기에는 증거가 불충분한 물질

05

산업재해 발생의 역학적 특성에 대한 설명으로 틀린 것은?

① 여름과 겨울에 빈발한다.
② 손상종류로는 골절이 가장 많다.
③ 작은 규모의 산업체에서 재해율이 높다.
④ 오전 11~12시, 오후 2~3시에 빈발한다.

산업재해 발생은 봄과 가을에 빈발한다.

06

재해예방의 4원칙에 해당하지 않은 것은?

① 손실 우연의 원칙
② 예방 가능의 원칙
③ 대책 선정의 원칙
④ 원인 조사의 원칙

＊재해예방의 4원칙

원칙	설명
예방가능의 원칙	천재지변을 제외한 모든 재해는 예방이 가능하다.
손실우연의 원칙	사고의 결과가 생기는 손실은 우연히 발생한다.
대책선정의 원칙	재해는 적합한 대책이 선정되어야 한다.
원인연계의 원칙	재해는 직접원인과 간접원인이 연계되어 일어난다.

07

실내 환경과 관련된 질환의 종류에 해당되지 않는 것은?

① 빌딩증후군(SBS)
② 새집증후군(SHS)
③ 시각표시단말증후군(VDTS)
④ 복합 화학물질 과민증(MCS)

＊실내오염 관련 질환
① 빌딩 증후군(SBS)
② 복합 화학물질 민감 증후군(MCS)
③ 새집증후군(SHS)
④ 헌집증후군(SHS)
⑤ 건물관련질병현상(BRI)

08

누적외상성장애(CTDs : Cumulative Trauma Disorders)의 원인이 아닌 것은?

① 불안전한 자세에서 장기간 고정된 한 가지 작업
② 고온 작업장에서 갑작스럽게 힘을 주는 전신작업
③ 작업속도가 빠른 상태에서 힘을 주는 반복 작업
④ 작업내용의 변화가 없거나 휴식시간 없이 손과 팔을 과도하게 사용하는 작업

*근골격계 질환(누적외상성 질환)
반복적인 동작·부적절한 작업자세·무리한 힘의 사용·날카로운 면과의 신체접촉·진동 및 온도 등에 의해 상·하지의 신경근육 및 그 주변에 발생하는 질환이다.

그러므로 고온 작업장에서 갑작스럽게 힘을 주는 전신작업과는 무관하다.

09

실내공기질관리법상 다중이용시설의 실내공기질 권고기준 항목이 아닌 것은?

① 곰팡이
② 이산화질소
③ 라돈
④ 일산화탄소

*실내공기질 권고기준 오염물질 항목
① 라돈
② 곰팡이
③ 이산화질소
④ 총휘발성 유기화합물

10

산업위생의 정의에 포함되지 않는 것은?

① 예측
② 평가
③ 관리
④ 보상

*산업위생의 정의(AIHA)
근로자나 일반 대중에게 질병, 건강장애와 안녕방해, 심각한 불쾌감 및 능률 저하 등을 초래하는 작업 환경요인과 스트레스를 예측, 측정, 평가하고 관리하는 과학과 기술이다.

11

PWC가 $16 kcal/min$인 근로자가 1일 8시간 동안 물체를 운반하고 있다. 이때 작업대사량은 $6 kcal/min$이고, 휴식시의 대사량은 $2 kcal/min$이다. 작업시간은 어떻게 배분하는 것이 이상적인가?

① 5분 휴식, 55분 작업
② 10분 휴식, 50분 작업
③ 15분 휴식, 45분 작업
④ 25분 휴식, 35분 작업

*Hertig의 적정휴식시간·작업시간

$$휴식시간 = 60 \times \frac{\frac{PWC}{3} - 작업대사량}{휴식대사량 - 작업대사량}$$

$$= 60 \times \frac{\frac{16}{3} - 6}{2 - 6} = 10분$$

작업시간 = 60분 − 휴식시간 = 60 − 10 = 50분

12

전신피로 정도를 평가하기 위해 작업 직후의 심박수를 측정한다. 작업종료 후 30 ~ 60초, 60 ~ 90초, 150 ~ 180초 사이의 평균 맥박수가 각각 $HR_{30~60}$, $HR_{60~90}$, $HR_{150~180}$일 때, 심한 전신피로 상태로 판단되는 경우는?

① $HR_{30~60}$이 110을 초과하고, $HR_{150~180}$와 $HR_{60~90}$의 차이가 10 미만인 경우
② $HR_{60~90}$이 110을 초과하고, $HR_{150~180}$와 $HR_{30~60}$의 차이가 10 미만인 경우
③ $HR_{150~180}$이 110을 초과하고, $HR_{30~60}$와 $HR_{60~90}$의 차이가 10 미만인 경우
④ $HR_{30~60}$, $HR_{150~180}$의 차이가 10 이상이고, $HR_{150~180}$와 $HR_{60~90}$의 차이가 10 미만인 경우

*전신피로의 정도 평가

종류	설명
HR_1	작업종료 후 30~60초 사이의 평균맥박수
HR_2	작업종료 후 60~90초 사이의 평균맥박수
HR_3	작업종료 후 150~180초 사이의 평균맥박수

✔심한 전신피로 상태
HR_1이 110을 초과하고 HR_3과 HR_2의 차이가 10 미만인 경우

13

매년 "화학물질과 물리적 인자에 대한 노출기준 및 생물학적 노출지수"를 발간하여 노출기준 제정에 있어서 국제적으로 선구적인 역할을 담당하고 있는 기관은?

① 미국산업위생학회(AIHA)
② 미국직업안전위생관리국(OSHA)
③ 미국국립산업안전보건연구원(NIOSH)
④ 미국정부산업위생전문가협의회(ACGIH)

*미국정부산업위생전문가협의회(ACGIH)
매년 "화학물질과 물리적 인자에 대한 노출기준 및 생물학적 노출지수"를 발간하여 노출기준 제정에 있어서 국제적으로 선구적인 역할을 담당하는 기관

14

알레르기성 접촉 피부염의 진단법은 무엇인가?

① 첩포시험   ② X-ray검사
③ 세균검사   ④ 자외선검사

*첩포시험
알레르기성 접촉 피부염의 진단 방법이며 가장 중요한 임상시험이다.

15

직업병의 예방대책 중 일반적인 작업환경관리의 원칙이 아닌 것은?

① 대치
② 환기
③ 격리 또는 밀폐
④ 정리정돈 및 청결유지

*작업환경 개선의 공학적 대책
① 대치
② 격리
③ 환기
④ 교육 - 가장 소극적 대책

16

신체의 생활기능을 조절하는 영양소이며 작용면에서 조절소로만 나열된 것은?

① 비타민, 무기질, 물
② 비타민, 단백질, 물
③ 단백질, 무기질, 물
④ 단백질, 지방, 탄수화물

*영양소 작용에 대한 종류

작용	영양소의 종류
체내에서 산화연소하여 에너지 공급	탄수화물, 단백질, 지방 (3대 영양소)
여러 영양소의 영양 작용의 매개가 되고 생활기능을 조절	비타민, 무기질, 물 (에너지원 ×)
체성분 구성 및 소비되는 물질의 공급원으로 작용	단백질, 무기질, 물
근육에 호기적 산화를 촉진시켜 근육 열량공급을 원활하게 해주는 비타민	비타민 B1
치아 및 골격 구성	칼슘

✓ 3대 영양소 : 탄수화물, 단백질, 지방
✓ 5대 영양소 : 탄수화물, 단백질, 지방, 무기질, 비타민

17

산업안전보건법령상 물질안전보건자료(MSDS) 작성 시 포함되어야 할 항목이 아닌 것은?

① 유해성, 위험성
② 안전성 및 반응성
③ 사용빈도 및 타당성
④ 노출방지 및 개인보호구

*물질안전보건자료(MSDS) 작성항목
① 화학제품과 회사에 관한 정보
② 유해성·위험성
③ 구성성분의 명칭 및 함유량
④ 응급조치요령
⑤ 폭발·화재시 대처방법
⑥ 누출사고시 대처방법
⑦ 취급 및 저장방법
⑧ 노출방지 및 개인보호구
⑨ 물리화학적 특성
⑩ 안정성 및 반응성
⑪ 독성에 관한 정보
⑫ 환경에 미치는 영향
⑬ 폐기 시 주의사항
⑭ 운송에 필요한 정보
⑮ 법적규제 현황
⑯ 그 밖의 참고사항

18

앉아서 운전작업을 하는 사람들의 주의사항에 대한 설명으로 틀린 것은?

① 큰 트럭에서 내릴 때는 뛰어내려서는 안된다.
② 차나 트랙터를 타고 내릴 때 몸을 회전해서는 안된다.
③ 운전대를 잡고 있을 때에서 최대한 앞으로 기울이는 것이 좋다.
④ 방석과 수건을 말아서 허리에 받쳐 최대한 척추가 자연곡선을 유지하도록 한다.

운전대를 잡고 있을 때 상체를 앞으로 심하게 기울이지 않는다.

19

체중이 $60kg$인 사람이 1일 8시간 작업 시 안전흡수량이 $1mg/kg$인 물질의 체내 흡수를 안전흡수량 이하로 유지하려면 공기중 농도를 몇 mg/m^3 이하로 하여야 하는가?
(단, 작업시 폐환기율은 $1.25m^3/hr$, 체내 잔류율은 1.0으로 가정한다)

① $0.06mg/m^3$
② $0.6mg/m^3$
③ $6mg/m^3$
④ $60mg/m^3$

*체내흡수량(안전흡수량, 안전폭로량, SHD)
$SHD = C \times T \times V \times R$

$$\therefore C = \frac{SHD}{T \times V \times R} = \frac{60kg \times 1mg/kg}{8hr \times 1.25m^3/hr \times 1.0} = 6mg/m^3$$

여기서,
C: 농도$[mg/m^3]$
T: 노출시간$[hr]$
V: 폐환기율, 호흡률$[m^3/hr]$
R: 체내잔류율(일반적으로 1.0)
SHD: 체중당흡수량×체중$[mg]$

20

산업안전보건법령상 보건관리자의 자격에 해당하지 않는 사람은?

① 「의료법」에 따른 의사
② 「의료법」에 따른 간호사
③ 「국가기술자격법」에 따른 산업안전기사
④ 「산업안전보건법」에 따른 산업보건지도사

*보건관리자의 자격
① 산업보건지도사
② 「의료법」에 따른 의사
③ 「의료법」에 따른 간호사
④ 「국가기술자격법」에 따른 산업위생관리산업기사 또는 대기환경산업기사 이상의 자격을 취득한 사람
⑤ 「국가기술자격법」에 따른 인간공학기사 이상의 자격을 취득한 사람
⑥ 「고등교육법」에 따른 전문대학 이상의 학교에서 산업보건 또는 산업위생 분야의 학위를 취득한 사람

2018년 2회차 산업위생관리기사 필기 기출문제
제 2과목 : 작업위생측정 및 평가

21
다음중 원자흡광광도계에 대한 설명과 가장 거리가 먼 것은?

① 증기발생 방식은 유기용제 분석에 유리하다.
② 흑연로장치는 감도가 좋으므로 생물학적 시료분석에 유리하다.
③ 원자화방법는 불꽃방식, 비불꽃방식, 증기발생 방식이 있다.
④ 광원, 원자화장치, 단색화장치, 검출기, 기록계 등으로 구성되어 있다.

원자흡광광도계의 증기발생 방식은 금속 분석에 적합하며, 유기용제 분석에는 불리하다.

22
어느 작업장의 n-Hexane의 농도를 측정한 결과가 $24.5ppm$, $20.2ppm$, $25.1ppm$, $22.4ppm$, $23.9ppm$ 일 때, 기하 평균값은 약 몇 ppm인가?

① 21.2
② 22.8
③ 23.2
④ 24.1

*기하평균
$GM = \sqrt[N]{X_1 \times X_2 \times \cdots \times X_n}$
$= \sqrt[5]{24.5 \times 20.2 \times 25.1 \times 22.4 \times 23.9} = 23.2ppm$

여기서,
X : 측정치
N : 측정치의 개수

23
다음 유기용제 중 실리카겔에 대한 친화력이 가장 강한 것은?

① 케톤류
② 알콜류
③ 올레핀류
④ 에스테르류

*실리카겔의 친화력(극성이 강한 순서)
물 > 알코올류 > 알데하이드류 > 케톤류 > 에스테르류 > 방향족 탄화수소류 > 올레핀류 > 파라핀류

24
레이저광의 노출량을 평가할 때 주의사항이 아닌 것은?

① 직사광과 확산광을 구별하여 사용한다.
② 각막 표면에서의 조사량 또는 노출량을 측정한다.
③ 눈의 노출기준은 그 파장과 관계없이 측정한다.
④ 조사량의 노출기순은 $1mm$ 구경에 대한 평균치이다.

눈의 노출기준은 파장에 따라 달리 측정한다.

21.① 22.③ 23.② 24.③

25

화학적인자에 대한 작업환경측정 순서를 [보기]를 참고하여 올바르게 나열한 것은?

```
A : 예비조사
B : 시료채취 전 유량보정
C : 시료채취 후 유량보정
D : 시료채취
E : 시료채취전략수립
F : 분석
```

① A→B→C→D→E→F
② A→B→E→D→C→F
③ A→E→D→B→C→F
④ A→E→B→D→C→F

*작업환경 측정의 흐름도
예비조사 → 시료채취 전략수립 → 시료채취 전 유량보정 → 시료채취 및 유량보정 → 시료 운반 후 분석실 제출 → 분석 및 처리 → 평가

26

다음 화학적 인자 중 농도의 단위가 다른 것은?

① 흄
② 석면
③ 분진
④ 미스트

*단위 비교
① 흄 : mg/m^3
② 석면 : 개/cm^3, 개/cc, 개/mL
③ 분진 : mg/m^3
④ 미스트 : mg/m^3

27

옥외(태양광선이 내리쬐지 않는 장소)의 온열조건이 다음과 같은 경우에 습구흑구온도 지수(WBGT)는?

```
건구온도 : 30℃, 흑구온도 : 40℃
자연습구온도 : 25℃
```

① 28.5℃
② 29.5℃
③ 30.5℃
④ 31.0℃

*습구흑구온도지수(WBGT)
① 태양광선이 내리쬐는 옥외 장소
$WBGT(℃)$
$= 0.7 \times 자연습구온도 + 0.2 \times 흑구온도 + 0.1 \times 건구온도$

② 태양광선이 내리쬐지 않는 옥내 또는 옥외 장소
$WBGT(℃) = 0.7 \times 자연습구온도 + 0.3 \times 흑구온도$

$WBGT(℃) = 0.7 \times 자연습구온도 + 0.3 \times 흑구온도$
$= 0.7 \times 25 + 0.3 \times 40 = 29.5℃$

28

다음 중 파과 용량에 영향을 미치는 요인과 가장 거리가 먼 것은?

① 포집된 오염물질의 종류
② 작업장의 온도
③ 탈착에 사용하는 용매의 종류
④ 작업장의 습도

*파과현상(Breakthrough)에 영향을 미치는 요인
① 온도 및 습도
② 포집을 끝마친 후부터 분석까지의 시간
③ 포집된 오염물질의 종류
④ 시료채취속도(시료채취량)

25.④ 26.② 27.② 28.③

29

음압이 $10 N/m^2$일때, 음압수준은 약 몇 dB인가?
(단, 기준음압은 $0.00002 N/m^2$이다.)

① 94 ② 104
③ 114 ④ 124

* **음압수준(SPL)**

$$SPL = 20\log\left(\frac{P}{P_o}\right) = 20\log\frac{10}{2\times 10^{-5}} = 114 dB$$

여기서,
SPL : 음압수준(음압도, 음압레벨)[dB]
P : 대상음의 음압[N/m^2]
P_o : 기준음압($=2\times 10^{-5}[N/m^2]$)

30

흡광광도계에서 단색광이 어떤 시료용액을 통과할 때 그 빛의 60%가 흡수될 경우, 흡광도는 약 얼마인가?

① 0.22 ② 0.37
③ 0.40 ④ 1.60

* **흡광도**

$$흡광도 = \log\frac{1}{투과율} = \log\frac{1}{1-흡수율}$$
$$= \log\frac{1}{1-0.6} = 0.4$$

31

분진 채취 전후의 여과지 무게가 각각 $21.3 mg$, $25.8 mg$이고, 개인시료채취기로 포집한 공기량이 $450 L$일 경우 분진농도는 약 몇 mg/m^3인가?

① 1 ② 10
③ 20 ④ 25

* **질량농도(mg/m^3)**

$$mg/m^3 = \frac{(25.8-21.3) mg}{450 L \times \left(\frac{1 m^3}{1000 L}\right)} = 10 mg/m^3$$

* **참고**
  - $1 m^3 = 1000 L$

32

다음 중 일정한 온도조건에서 가스의 부피와 압력이 반비례하는 것과 가장 관계가 있는 것은?

① 보일의 법칙 ② 샤를의 법칙
③ 라울의 법칙 ④ 게이-루삭의 법칙

* **보일의 법칙**

일정한 온도조건에서 부피와 압력은 반비례한다.
$P_1 V_1 = P_2 V_2$

33

다음 중 유도결합 플라스마 원자발광분석기의 특징과 가장 거리가 먼 것은?

① 분광학적 방해 영향이 전혀 없다.
② 검량선의 직선성 범위가 넓다.
③ 동시에 여러 성분의 분석이 가능하다.
④ 아르곤 가스를 소비하기 때문에 유지비용이 많이 든다.

분광학적 방해 영향이 있다.

34

다음 2차 표준기구중 주로 실험실에서 사용하는 것은?

① 비누거품 미터 ② 폐활량계
③ 유리 피스톤 미터 ④ 습식테스트 미터

> 습식 테스터미터 - 주로 실험실에서 사용
> 건식 가스미터 - 주로 현장에서 사용

35

소음수준의 측정 방법에 관한 설명으로 옳지 않은 것은?
(단, 고용노동부 고시를 기준으로 한다.)

① 소음계의 청감보정회로는 A특성으로 하여야 한다.
② 연속음 측정 시 소음계 지시침의 동작은 빠른(Fast) 상태로 한다.
③ 측정위치는 지역시료채취 방법의 경우에 소음측정기를 측정대상이 되는 근로자의 주 작업행동 범위의 작업근로자 귀 높이에 설치한다.
④ 측정시간은 1일 작업시간동안 6시간 이상 연속 측정하거나 작업시간을 1시간 간격으로 나누어 6회 이상 측정한다.

> 연속음 측정 시 소음계 지시침의 동작은 느린(Slow) 상태로 한다.

36

다음 중 직독식 기구에 대한 설명과 가장 거리가 먼 것은?

① 측정과 작동이 간편하여 인력과 분석비를 절감할 수 있다.
② 연속적인 시료채취전략으로 작업시간 동안 완전한 시료채취에 해당된다.
③ 현장에서 실제 작업시간이나 어떤 순간에서 유해인자의 수준과 변화를 쉽게 알 수 있다.
④ 현장에서 즉각적인 자료가 요구될 때 민감성과 특이성이 있는 경우 매우 유용하게 사용될 수 있다.

> 연속적인 시료채취전략으로 작업시간 동안 완전한 시료채취에 해당하는 것은 직독식 기구가 아니라 능동식 채취기구에 해당한다.

37

산업위생 통계에 적용되는 용어 정의에 대한 내용으로 옳지 않은 것은?

① 상대오차=[(근사값-참값)/참값]으로 표현된다.
② 우발오차란 측정기기 또는 분석기기의 미비로 기인되는 오차이다.
③ 유효숫자란 측정 및 분석 값의 정밀도를 표시하는 데 필요한 숫자이다.
④ 조화평균이란 상이한 빈응을 보이는 집단의 중심경향을 파악하고자 할 때 유용하게 이용된다.

> *우발오차
> 참값의 변이가 기준값에 비해 불규칙하게 변하는 오차

34.④ 35.② 36.② 37.②

38

kata 온도계로 불감기류를 측정하는 방법에 대한 설명으로 틀린 것은?

① kata 온도계의 구(球)부를 50~60℃ 의 온수에 넣어 구부의 알콜을 팽창시켜 관의 상부 눈금까지 올라가게 한다.
② 온도계를 온수에서 꺼내어 구(球)부를 완전히 닦아내고 스탠드에 고정한다.
③ 알콜의 눈금이 100°F서 65°F까지 내려가는데 소요되는 시간을 초시계 4~5회 측정하여 평균을 낸다.
④ 눈금 하강에 소요되는 시간으로 kata 상수를 나눈 값 H는 온도계의 구부 $1cm^2$ 에서 1초 동안에 방산되는 열량을 나타낸다.

*카타온도계
기류를 냉각시켜 기류 측정하고, 0.2~0.5m/sec 정도 불감기류 측정 시 기류속도 측정하고, 알코올 눈금이 100°F(37.8℃)에서 95°F(35℃)까지 내려가는데 소요되는 시간을 4~5회 측정, 평균하여 카타 상수값으로 이용 및 간접적으로 풍속 측정

39

50% 톨루엔, 10% 벤젠, 40% 노말헥산으로 혼합된 원료를 사용 할 때, 이 혼합물이 공기중으로 증발한다면 공기 중 허용농도는 약 몇 mg/m^3 인가? (단, 각각의 노출기준은 톨루엔 $375mg/m^3$, 벤젠 $30mg/m^3$, 노말헥산 $180mg/m^3$ 이다)

① 115　　② 125
③ 135　　④ 145

*혼합물의 허용농도
$$\text{혼합물의 허용농도} = \frac{f_1+f_2+\cdots+f_n}{\frac{f_1}{TLV_1}+\frac{f_2}{TLV_2}+\cdots+\frac{f_n}{TLV_n}}$$
$$= \frac{50+10+40}{\frac{50}{375}+\frac{10}{30}+\frac{40}{180}} = 145ppm$$

여기서,
f : 액체 혼합물에서의 각 성분 무게(중량, 비율)
TLV : 해당 물질의 노출기준

40

어느 작업장에서 소음의 음압수준(dB)을 측정한 결과 85, 87, 84, 86, 89, 81, 82, 84, 83, 88 일 때, 중앙값은 몇 dB인가?

① 83.5　　② 84
③ 84.5　　④ 84.9

*중앙값(중앙치)
여러 개의 측정치를 크기 순서로 배열했을 때 중앙에 위치하는 값을 말하며, 측정치가 짝수일 때에는 중앙에 위치한 두 값의 평균을 내어 중앙값으로 계산한다.
81, 82, 83, 84, 84, 85, 86, 87, 88, 89
$\therefore$ 중앙값 $= \frac{84+85}{2} = 84.5 dB$

2018 2회차
산업위생관리기사 필기 기출문제
제 3과목 : 작업환경관리대책

41
다음 중 사용물질과 덕트 재질의 연결이 옳지 않은 것은?

① 알칼리 - 강판
② 전리방사선 - 중질 콘크리트
③ 주물사, 고온가스 - 흑피 강판
④ 강산, 염소계 용제 - 아연도금 강판

*덕트(송풍관)의 재질
① 주물사, 고온가스 : 흑피 강판
② 유기용제 : 아연도금 강판
③ 강산, 염소계 용제 : 스테인리스스틸 강판
④ 알칼리 : 강판
⑤ 전리방사선 : 중질 콘크리트

42
속도압에 대한 설명으로 틀린 것은?

① 속도압은 항상 양압 상태이다.
② 속도압은 속도에 비례한다.
③ 속도압은 중력가속도에 반비례한다.
④ 속도압은 정지상태에 있는 공기에 작용하여 속도 또는 가속을 일으키게 함으로써 공기를 이동하게 하는 압력이다.

*동압(속도압, VP)

$$VP = \frac{\gamma V^2}{2g}$$

속도압(VP)은 속도(V)의 제곱에 비례한다.

43
후드로부터 $0.25m$ 떨어진 곳에 있는 금속제품의 연마 공정에서 발생되는 금속먼지를 제거하기 위해 원형후드를 설치하였다면, 환기량은 약 몇 $m^3/\sec$ 인가?
(단, 제어속도는 $2.5m/\sec$, 후드직경은 $0.4m$ 이고, 플랜지는 부착되지 않았다.)

① 1.9
② 2.3
③ 3.2
④ 4.1

*필요송풍량(Q)

조건	필요송풍량 공식
① 자유공간 위치, 플랜지 미부착	$Q = V(10X^2 + A)$
② 자유공간 위치, 플랜지 부착	$Q = 0.75V(10X^2 + A)$
③ 바닥면 위치, 플랜지 미부착	$Q = V(5X^2 + A)$
④ 바닥면 위치, 플랜지 부착	$Q = 0.5V(10X^2 + A)$

여기서,
Q : 필요송풍량$[m^3/min]$
A : 후드의 개구면적$[m^2]$
V : 제어속도$[m/min]$
X : 후드 중심선으로부터 발생원까지의 거리$[m]$

자유공간 위치, 플랜지 미부착이므로,

$$A = \frac{\pi d^2}{4} = \frac{\pi \times 0.4^2}{4} = 0.126 m^2$$

$$\therefore Q = V(10X^2 + A) = 2.5(10 \times 0.25^2 + 0.126) = 1.9 m^3/\sec$$

41.④ 42.② 43.①

44

온도 125℃, 800mmHg인 관내로 100m³/min의 유량의 기체가 흐르고 있다. 표준상태에서 기체의 유량은 약 몇 m^3/min 인가?
(단, 표준상태는 20℃, 760mmHg로 한다.)

① 52
② 69
③ 77
④ 83

＊유량 보정
$Q = AV$이므로, $Q \propto V$ 비례관계 이다.
$$\frac{P_1 V_1}{T_1} = \frac{P_2 V_2}{T_2} \Rightarrow \frac{P_1 Q_1}{T_1} = \frac{P_2 Q_2}{T_2}$$ 에서,
$$\therefore Q_2 = \frac{P_1 Q_1 T_2}{T_1 P_2}$$
$$= \frac{800 \times 100 \times (273+20)}{(273+125) \times 760} = 77.49 ≒ 77 m^3/min$$

45

다음중 국소배기시설의 필요 환기량을 감소시키기 위한 방법과 가장 거리가 먼 것은?

① 가급적 공정의 포위를 최소화한다.
② 후드 개구면에서 기류가 균일하게 분포되도록 설계한다.
③ 포집형이나 레시버형 후드를 사용할 때에는 가급적 후드를 배출 오염원에 가깝게 설치한다.
④ 공정에서 발생 또는 배출되는 오염물질의 절대량을 감소시킨다.

＊필요송풍량을 감소시키는 방법(후드가 갖추어야 할 사항)
① 후드는 가능한 한 오염물질 발생원에 가까이 설치할 것
② 후드는 가급적이면 공정을 많이 포위할 것
③ 후드 개구면에서 기류가 균일하게 분포하도록 설계할 것
④ 제어속도는 작업조건을 고려하여 적정하게 선정할 것
⑤ 작업이 방해되지 않도록 설치할 것
⑥ 오염물질 발생특성을 고려하여 설계할 것
⑦ 공정에서 발생 또는 배출되는 오염물질 절대량을 감소시킬 것

46

다음 중 보호구의 보호 정도를 나타내는 할당보호계수(APF)에 관한 설명으로 가장 거리가 먼 것은?

① 보호구 밖의 유량과 안의 유량 비(Q_o/Q_i)로 표현된다.
② APF를 이용하여 보호구에 대한 최대사용농도를 구할 수 있다.
③ APF가 100인 보호구를 착용하고 작업장에 들어가면 착용자는 외부 유해물질로부터 적어도 100배 만큼의 보호를 받을 수 있다는 의미이다.
④ 일반적인 보호계수 개념의 특별한 적용으로서 적절히 밀착된 호흡기보호구를 훈련된 일련의 착용자들이 작업장에서 착용하였을 때 기대되는 최소 보호정도치를 말한다.

＊할당보호계수(APF)
$$APF \geq \frac{C_{air}}{PEL} = HR$$

여기서,
APF : 할당보호계수
C_{air} : 기대되는 공기 중 농도
PEL : 노출기준
HR : 위해비

＊보호계수(PF)
$$PF = \frac{C_o}{C_i}$$

여기서,
PF : 보호계수
C_o : 보호구 밖의 농도
C_i : 보호구 안의 농도

44.③ 45.① 46.①

47

A용제가 $800m^3$ 체적을 가진 방에 저장되어 있다. 공기를 공급하기 전에 측정한 농도가 $400ppm$이었을 때, 이 방을 환기량 $40m^3$/분으로 환기한다면 A용제의 농도가 $100ppm$으로 줄어드는데 걸리는 시간은?
(단, 유해물질은 추가적으로 발생하지 않고 고르게 분포되어 있다고 가정한다.)

① 약16분 ② 약28분
③ 약34분 ④ 약42분

*농도 C_1에서 C_2까지 감소하는 데 걸린 시간(t)

$$t = -\frac{V}{Q'}\ln\left(\frac{C_2}{C_1}\right)$$
$$= -\frac{800m^3}{40m^3/\min}\ln\left(\frac{100}{400}\right) = 27.73 ≒ 28\min$$

여기서,
C_1 : 유해물질 처음농도
C_2 : 유해물질 노출기준

48

산업위생보호구의 점검, 보수 및 관리방법에 관한 설명 중 틀린 것은?

① 보호구의 수는 사용하여야 할 근로자의 수 이상으로 준비한다.
② 호흡용보호구는 사용 전, 사용 후 여재의 성능을 점검하여 성능이 저하된 것은 폐기, 보수, 교환 등의 조치를 위한다.
③ 보호구의 정결 유지에 노력하고, 보관할 때에는 건조한 장소와 분진이나 가스 등에 영향을 받지 않는 일정한 장소에 보관한다.
④ 호흡용 보호구나 귀마개 등은 특정 유해물질 취급이나 소음에 노출될 때 사용하는 것으로서 그 목적에 따라 반드시 공용으로 사용해야 한다.

호흡용 보호구나 귀마개 등은 특정 유해물질 취급이나 소음에 노출될 때 사용하는 것으로서 그 목적에 따라 반드시 개인 전용으로 사용해야 한다.

49

국소배기장치를 설계하고 현장에서 효율적으로 적용하기 위해서는 적절한 제어속도가 필요하다. 이때 제어속도의 의미로 가장 적절한 것은?

① 공기정화기의 내부 공기의 속도
② 발생원에서 배출되는 오염물질의 발생 속도
③ 발생원에서 오염물질의 자유공간으로 확산되는 속도
④ 오염물질을 후드 안쪽으로 흡인하기 위하여 필요한 최소한의 속도

*제어속도(제어풍속)
발산되는 유해물질을 후드로 완전히 흡인하는데 필요한 기류속도

50

덕트의 속도압이 $35mmH_2O$, 후드의 압력 손실이 $15mmH_2O$일 때, 후드의 유입계수는 약 얼마인가?

① 0.54 ② 0.68
③ 0.75 ④ 0.84

*유입손실($\triangle P$)

$$\triangle P = F \times VP = \left(\frac{1}{C_e^2} - 1\right) \times VP$$
$$15 = \left(\frac{1}{C_e^2} - 1\right) \times 35$$
$$\therefore C_e = 0.84$$

여기서,
$\triangle P$: 유입손실$[mmH_2O]$
F : 유입손실계수$\left(=\dfrac{1}{C_e^2}-1\right)$
C_e : 유입계수$\left(=\sqrt{\dfrac{1}{1+F}}\right)$
VP : 속도압$[mmH_2O]\left(=\dfrac{\gamma V^2}{2g}\right)$

51

다음 중 stokes 침강법칙에서 침강속도에 대한 설명으로 옳지 않은 것은?
(단, 자유공간에서 구형의 분진 입자를 고려한다.)

① 기체와 분진입자의 밀도 차에 반비례한다.
② 중력 가속도에 비례한다.
③ 기체의 점성에 반비례한다.
④ 분자입자 직경의 제곱에 비례한다.

*스토크스(Stokes) 법칙에 의한 침강속도

$$V=\dfrac{gd^2(\rho_1-\rho)}{18\mu}$$

여기서,
V : 침강속도$[cm/sec]$
g : 중력가속도$[=980cm/sec^2]$
d : 입자 직경$[cm]$
ρ_1 : 입자 밀도$[g/cm^3]$
ρ : 공기 밀도$[g/cm^3]$
μ : 공기 점성계수$[g/cm \cdot sec]$

52

A물질의 증기압이 $50mmHg$일 때, 포화증기농도(%)는?
(단, 표준상태를 기준으로 한다.)

① 4.8 ② 6.6
③ 10.0 ④ 12.2

*포화증기농도

$$포화증기농도[\%]=\dfrac{증기압(분압)}{760mmHg}\times 10^2$$
$$=\dfrac{50}{760}\times 10^2 = 6.6\%$$

53

작업환경의 관리원칙 중 대치로 적절하지 않은 것은?

① 성냥 제조시에 황린 대신 적린을 사용한다.
② 분말로 출하되는 원료로 고형상태의 원료로 출하한다.
③ 광산에서 광물을 채취할 때 습식 공정 대신 건식 공정을 사용한다.
④ 단열재석면을 대신하여 유리섬유나 암면 또는 스티로폼 등을 사용한다.

광산에서 광물을 채취할 때 건식 공정 대신 습식 공정을 사용한다.

54

작업환경에서 환기시설 내 기류에는 유체역학적 원리가 적용된다. 다음 중 유체역학적 원리의 전체조건과 가장 거리가 먼 것은?

① 공기는 건조하다고 가정한다.
② 공기의 압축과 팽창은 무시한다.
③ 환기시설 내외의 열교환은 무시한다.
④ 대부분 환기시설에서는 공기 중에 포함된 유해물질의 무게와 용량을 고려한다.

*유체의 역학적 원리의 전제조건
① 건조공기
② 공기의 비압축성
③ 환기시설 내외의 열교환 무시
④ 환기시설 공기 속 오염물질 질량 및 부피 무시
⑤ 공기는 상대습도 기준

55

산업위생관리를 작업환경관리, 작업관리, 건강관리로 나눠서 구분할 때, 다음 중 작업환경관리와 가장 거리가 먼 것은?

① 유해 공정의 격리
② 유해 설비의 밀폐화
③ 전체환기에 의한 오염물질의 희석 배출
④ 보호구 사용에 의한 유해물질의 인체 침입 방지

보호구 사용에 의한 유해물질의 인체 침입 방지는 건강관리와 관련되어 있다.

56

원심력집진장치에 관한 설명 중 옳지 않은 것은?

① 비교적 적은 비용으로 집진이 가능하다.
② 분진의 농도가 낮을수록 집진효율이 증가한다.
③ 함진가스에 선회류를 일으키는 원심력을 이용한다.
④ 입자의 크기가 크고 모양이 구체에 가까울수록 집진효율이 증가한다.

원심력집진장치에서 분진의 농도와 집진의 효율의 상관관계는 무관하다.

57

송풍기의 송풍량이 $2m^3/\text{sec}$ 이고, 전압이 $100\ mmH_2O$일 때, 송풍기의 소요동력은 약 몇 kW 인가? (단, 송풍기의 효율이 75% 이다.)

① 1.7 ② 2.6
③ 4.4 ④ 5.3

* 송풍기 소요동력(H)

$Q = 2m^3/\text{sec} \times \left(\dfrac{60\text{sec}}{1\text{min}}\right) = 120 m^3/\text{min}$

$\therefore H = \dfrac{Q \times \triangle P}{6120\eta} \times \alpha = \dfrac{120 \times 100}{6120 \times 0.75} \times 1 = 2.6 kW$

여기서,
H : 송풍기 소요동력$[kW]$
Q : 송풍량$[m^3/\text{min}]$
$\triangle P$: 송풍기 유효압력$[mmH_2O]$
η : 송풍기 효율
α : 여유율 (주어지지 않으면, $\alpha = 1$)

* 참고
- 1min=60sec

58

보호구의 재질에 따른 효과적 보호가 가능한 화학물질을 잘못 짝지은 것은?

① 가죽 - 알콜
② 천연고무 - 물
③ 면 - 고체상 물질
④ 부틸고무 - 알콜

* 보호구 재질에 따른 적용물질

보호구 재질	적용물질
Neoprene 고무	비극성용제, 산, 부식성물질
Vitron	비극성용제
Nitrile	비극성용제
Butyl 고무	극성용제
천연고무(Latex)	극성용제, 수용성 용액
가죽	찰과상 예방 (용제에 사용 불가능)
면	고체상물질 (용제에 사용 불가능)
Polyvinyl Chloride(PVC)	수용성 용액
Ethylene Vinyl Alcohol	화학물질 취급 작업

55.④ 56.② 57.② 58.①

59
다음 중 장기간 사용하지 않았던 오래된 우물속으로 작업을 위하여 들어갈 때 가장 적절한 마스크는?

① 호스마스크
② 특급의 방진마스크
③ 유기가스용 방독마스크
④ 일산화탄소용 방독마스크

오래된 우물속은 산소가 결핍된 장소이므로 송기마스크인 호스마스크 또는 에어라인마스크를 사용한다.

60
전기집진장치의 장점으로 옳지 않은 것은?

① 가연성 입자의 처리에 효율적이다.
② 넓은 범위의 입경과 분진농도에 집진효율이 높다.
③ 압력손실이 낮으므로 송풍기의 가동비용이 저렴하다.
④ 고온 가스를 처리할 수 있어 보일러와 철강로 등에 설치할 수 있다.

*전기집진장치의 장단점

장점	① 집진효율이 99.9% 정도로 높다. (0.01μm 정도 미세분진 포집 용이) ② 광범위한 온도범위에서 적용 가능하다. ③ 고온가스 처리가 가능하여 보일러 등에 설치할 수 있다. ④ 압력손실이 낮다. ⑤ 대용량 가스처리가 가능하다. ⑥ 운전 및 유지비가 저렴하다. ⑦ 넓은 범위 입경과 분진농도에 집진효율이 높다.
단점	① 설치비용이 많이 들고, 설치공간을 많이 차지한다. ② 설치 후 운전조건의 변화를 유연하게 대처하기 어렵다. ③ 기체상 물질제거가 곤란하다. ④ 가연성 입자 처리가 곤란하다.

2018 2회차 산업위생관리기사 필기 기출문제
제 4과목 : 물리적유해인자관리

61
한랭노출 시 발생하는 신체적 장해에 대한 설명으로 틀린 것은?

① 동상은 조직의 동결을 말하며, 피부의 이론상 동결온도는 약 −1℃ 정도이다.
② 전신 체온강하는 장시간의 한랭 노출과 체열 상실에 따라 발생하는 급성 중증장해이다.
③ 참호족은 동결 온도 이하의 찬공기에 단기간 접촉으로 급격한 동결이 발생하는 장애이다.
④ 침수족은 부종, 저림, 작열감, 소양감 및 심한 동통을 수반하며, 수포, 궤양이 형성되기도 한다.

*참호족(침수족, Trench Foot, Immersion Foot)
① 참호족과 침수족은 국소 부위의 산소결핍 때문이며, 한랭에 의한 모세혈관벽이 손상이 발생한다.
② 참호족과 침수족의 임상증상은 거의 비슷하다.
③ 참호족은 근로자의 발이 한랭에 장기간 노출됨과 동시에 지속적으로 습기나 물에 잠기게 되면 발생한다.
④ 참호족은 직장온도가 35℃ 수준 이하로 저하되는 경우를 의미하며, 체온이 35~32.2℃에 이르면 신경학적 억제 증상으로 운동실조, 자극에 대한 반응도 저하와 언어이상 등이 온다. 27℃에서는 떨림이 멎고 혼수에 빠지게 되고, 23~25℃에 이르면 사망하게 된다.

62
다음 중 방진재인 금속스프링의 특징이 아닌 것은?

① 공진 시에 전달율이 좋지 않다.
② 환경요소에 대한 저항이 크다.
③ 저주파 차진에 좋으며 감쇠가 거의 없다.
④ 다양한 형상으로 제작이 가능하며 내구성이 좋다.

*금속스프링 특징
① 공진 시 전달률이 매우 크다.
② 환경요소에 대한 저항성이 크다.
③ 저주파 차진에 좋으며, 감쇠가 거의 없다.
④ 다양한 형상으로 제작이 가능하며, 내구성이 좋다.
⑤ 로킹이 일어난다.

63
비전리 방사선 중 보통광선과는 달리 단일파장이고 강력하고 예리한 지향성을 지닌 광선은 무엇인가?

① 적외선
② 마이크로파
③ 가시광선
④ 레이저광선

*레이저(Laser)
양자역학을 응용하여 아주 짧은 파장의 전자기파를 증폭 또는 발진하여 발생시키며, 단일파장이고 위상이 고르며 간섭현상이 일어나기 쉬운 특성이 있는 비전리방사선

64
감압에 따른 인체의 기포 형성량을 좌우하는 요인과 가장 거리가 먼 것은?

① 감압속도
② 산소공급량
③ 조직에 용해된 가스량
④ 혈류를 변화시키는 상태

*감압 시 조직 내 질소 기포형성량 영향인자
① 감압속도
② 조직에 용해된 가스량
③ 혈류를 변화시키는 상태
④ 고기압의 노출정도

61.③ 62.① 63.④ 64.②

65

감압병 예방을 위한 이상기압 환경에 대한 대책으로 적절하지 않은 것은?

① 작업시간을 제한한다.
② 가급적 빨리 감압시킨다.
③ 순환기에 이상이 있는 사람은 취업 또는 작업을 제한한다.
④ 고압환경에서 작업 시 헬륨-산소혼합가스 등으로 대체하여 이용한다.

*감압병(잠함병, 케이슨병) 예방 및 치료
① 고압환경에서 작업시간을 제한한다.
② 1분에 10m 정도씩 잠수하는 것이 안전하다.
③ 감압이 끝날 쯤 순수한 산소를 흡입하면 감압시간이 25% 정도 단축된다.
④ 고압환경에서 작업하는 작업자에게 질소 대신 헬륨을 대치한 공기를 호흡시킨다.
⑤ 감압병 증상이 발생한 작업자는 바로 원래의 고압환경 상태로 복귀시키거나 인공고압실에서 천천히 감압시킨다.

66

정밀작업과 보통작업을 동시에 수행하는 작업장의 적정 조도는?

① 150럭스 이상
② 300럭스 이상
③ 450럭스 이상
④ 750럭스 이상

*조도 기준

작업의 종류	조도
초정밀작업	750Lux 이상
정밀작업	300Lux 이상
보통작업	150Lux 이상
그 밖의 작업	75Lux 이상

67

전기성 안염(전광선 안염)과 가장 관련이 깊은 비전리 방사선은?

① 자외선
② 가시광선
③ 적외선
④ 마이크로파

*자외선의 생물학적 작용

분류	생물학적 작용
피부 장해	- 피부암 발생 • 280~315nm의 파장에서 피부암이 발생할 수 있다. • 옥외 작업을 하면서 콜타르의 유도체, 벤조피렌, 안트라센 화합물과 상호작용하여 피부암을 유발시킨다. - 피부의 비후 : 자외선에 의해 진피 두께가 두꺼워진다. - 피부홍반 형성 및 색소 침착 : 200~290nm에서 홍반작용이 강하게 발생한다.
눈 장해	- 240~310nm 파장에서 백내장 및 결막염을 일으킨다. - 급성각막염 발생 : 자외선 살균취급자, 전기용접자 등에서 자외선에 의한 전광성 안염(전기성 안염)이 발생한다.
비타민 D 생성	- 280~320nm의 파장에서 비타민 D가 생성된다.
살균 작용	- 254~280nm의 파장에서 강한 살균작용을 한다. - 254nm 파장 부근에서 살균작용이 가장 강하다.
전신 건강 장해	- 적혈구, 백혈구, 혈소판이 증가한다. - 2차적 증상으로 두통, 피로, 불면, 흥분, 체온 상승이 나타난다.

68

고압환경의 영향 중 2차적인 가압현상에 관한 설명으로 틀린 것은?

① 4기압 이상에서 공기 중의 질소 가스는 마취 작용을 나타낸다.
② 이산화탄소의 증가는 산소의 독성과 질소의 마취작용을 촉진시킨다.
③ 산소의 분압이 2기압을 넘으면 산소중독 증세가 나타난다.
④ 산소중독은 고압산소에 대한 노출이 중지되어도 근육경련, 환청 등 후유증이 장기간 계속된다.

*2차적 가압현상(화학적 장해)
고압 하의 대기가스 독성 때문에 나타나는 현상으로, 다음 3가지 현상이 발생한다.

질소 가스 마취	① 공기 중 질소가스는 4기압을 넘으면 마취 작용을 일으킨다. ② 사고력, 판단력, 기억력 저하, 불안, 공포감, 마약효과 등 증상이 일어난다. ③ 질소 마취증상은 대기압 조건으로 복귀하면 사라진다. (가역적이다.) ④ 질소가스 마취 증상이 있는 근로자에게 질소를 헬륨으로 대치한 공기를 호흡시키면 예방된다.
산소 중독	① 산소분압이 2기압을 넘으면 산소중독 증상이 일어난다. ② 시력장애, 정신혼란, 근육경련 등 증상이 일어난다. ③ 산소중독 증상은 고압산소에 대한 노출이 중지되면 증상이 즉시 멈춘다.
이산 화탄 소 중독	① 산소의 중독과 질소의 마취작용을 증가시키는 역할을 한다. ② 고압환경에서의 이산화탄소 농도가 0.2%를 초과해서는 안된다.

69
현재 총흡음량이 $2000\,sabins$인 작업장의 천장에 흡음물질을 첨가하여 $3000\,sabins$을 더할 경우 소음 감소는 어느 정도가 예측되겠는가?

① $4dB$ ② $6dB$
③ $7dB$ ④ $10dB$

*실내소음 저감량(NR)
$NR = SPL_1 - SPL_2 = 10\log\left(\dfrac{A_2}{A_1}\right) = 10\log\left(\dfrac{A_1 + A_\alpha}{A_1}\right)$
$= 10\log\left(\dfrac{2000+3000}{2000}\right) = 3.98 ≒ 4dB$

70
인체와 작업환경 사이의 열교환이 이루어지는 조건에 해당되지 않는 것은?

① 대류에 의한 열교환
② 복사에 의한 열교환
③ 증발에 의한 열교환
④ 기온에 의한 열교환

*열평형 방정식
$\triangle S = M \pm C \pm R - E$

여기서,
$\triangle S$: 생체 열용량 변화
M : 작업대사량
C : 대류에 의한 열교환
R : 복사에 의한 열교환
E : 증발에 의한 열교환

71
산업안전보건법령상 적정공기의 범위에 해당하는 것은?

① 산소농도 18%미만
② 이황화탄소 10%미만
③ 탄산가스 농도 10%미만
④ 황화수소의 농도 10ppm 미만

*적정공기
산소농도의 범위가 18% 이상 23.5% 미만, 탄산가스의 농도가 1.5% 미만, 일산화탄소의 농도가 30ppm 미만, 황화수소의 농도가 10ppm 미만인 수준의 공기를 말한다.

72
국소진동에 의하여 손가락의 창백, 청색증, 저림, 냉감, 동통이 나타나는 장해를 무엇이라 하는가?

① 레이노드 증후군
② 수근관통증 증후군
③ 브라운세커드 증후군
④ 스터브블래스 증후군

*레이노드 증상(Raynaud)
한랭환경에서 국소진동에 노출되면 발생하는 현상으로 손과 발가락의 감각마비 증상이 나타난다. 청색증이라고도 명칭을 불리우며, 심하면 극심한 통증이 발생한다. 주로 진동공구, 착암기, 해머 등 공구를 장기간 사용한 근로자에게 발생한다.

69.① 70.④ 71.④ 72.①

73
1000Hz에서의 음압레벨을 기준으로 하여 등청감곡선을 나타내는 단위로 사용되는 것은?

① mel
② bell
③ phon
④ sone

*phon
감각적인 음의 크기를 나타내는 양으로 1000Hz의 순음의 크기와 평균적으로 같은 크기로 느끼는 1000Hz 순음의 음 세기레벨을 1phon으로 정의하고 있으며, 등청감곡선을 나타내는 단위이다.

74
빛과 밝기에 관한 설명으로 틀린 것은?

① 광도의 단위로는 칸델라(candela)를 사용한다.
② 광원으로부터 한 방향으로 나오는 빛의 세기를 광속이라 한다.
③ 루멘(Lumen)은 1촉광의 광원으로부터 단위 입체각으로 나가는 광속의 단위이다.
④ 조도는 어떤 면에 들어오는 광속의 양에 비례하고, 입사면의 단면적에 반비례한다.

*루멘(Lumen, 광속)
1촉광의 광원으로부터 한 단위 입체각으로 나가는 광속의 단위

75
$A = Q/V = 0.1m^2$인 경우 덕트의 관경은 얼마인가?

① 352mm
② 355mm
③ 357mm
④ 359mm

*원형 단면적(A)
$A = \frac{\pi D^2}{4}$에서,
$\therefore D = \sqrt{\frac{4A}{\pi}} = \sqrt{\frac{4 \times 0.1}{\pi}} = 0.357m ≒ 357mm$

76
이온화 방사선 중 입자 방사선으로만 나열된 것은?

① α선, β선, γ선
② α선, β선, X선
③ α선, β선, 중성자
④ α선, β선, γ선, 중성자

*전리방사선의 종류

전자기 방사선	입자 방사선
① γ선 ② X-Ray(X선)	① α선 ② β선 ③ 중성자

77
방사선의 투과력이 큰 것부터 작은 순으로 올바르게 나열한 것은?

① X > β > γ
② α > X > γ
③ X > β > α
④ γ > α > β

*전리방사선 인체투과력 순서
중성자 > X선 or γ > β > α

78

소음이 발생하는 작업장에서 1일 8시간 근무하는 동안 $100dB$에 30분, $95dB$에 1시간 30분, $90dB$에 3시간 노출되었다면 소음노출지수는 얼마인가?

① 1.0
② 1.1
③ 1.2
④ 1.3

*소음작업
1일 8시간 작업을 기준하여 85dB 이상의 소음이 발생하는 작업
① 강렬한 소음작업

데시벨(이상)	발생시간(1일 기준)
90dB	8시간 이상
95dB	4시간 이상
100dB	2시간 이상
105dB	1시간 이상
110dB	30분 이상
115dB	15분 이상

② 충격 소음작업

데시벨(이상)	발생시간(1일 기준)
120dB	10000회 이상
130dB	1000회 이상
140dB	100회 이상

*노출기준(EI)

$$EI = \frac{C_1}{T_1} + \frac{C_2}{T_2} + \cdots + \frac{C_n}{T_n} = \frac{0.5}{2} + \frac{1.5}{4} + \frac{3}{8} = 1.0$$

여기서,
C: 소음 각각의 측정치
T: 소음 각각의 노출기준

79

소음성 난청에 영향을 미치는 요소에 대한 설명으로 틀린 것은?

① 음압수준이 높을수록 유해하다.
② 저주파음이 고주파음보다 더 유해하다.
③ 지속적 노출이 간헐적 노출보다 더 유해하다.
④ 개인의 감수성에 따라 소음반응이 다양하다.

고주파음이 저주파음보다 더 유해하다.

80

열경련(Heat Cramp)을 일으키는 가장 큰 원인은?

① 체온상승
② 중추신경마비
③ 순환기계 부조화
④ 체내수분 및 염분손실

*열경련(Heat Cramp)
① 전형적인 열중증 상태로 고온환경에서 지속적으로 심한 육체노동을 하면 나타나며, 주로 작업 중 사용을 많이하는 근육에 발작적 경련이 발생하며, 특히 수분 및 혈중 염분 손실이 있을 때 발생한다.
② 증상으로는 체온이 정상 또는 약간 상승하며 혈중 염화이온(Cl^-) 농도가 현저히 감소되고, 낮은 혈중 염분 농도와 팔, 다리 근육경련이 일어나며 일시적으로 단백뇨를 배출한다.
③ 치료법으로는 수분이나 염화나트륨($NaCl$)을 보충하고, 바람이 잘 통하는 곳에 눕혀 안정시키며, 증상이 심하면 생리식염수를 정맥주사한다.

78.① 79.② 80.④

2018년 2회차 산업위생관리기사 필기 기출문제
제 5과목 : 산업독성학

81
산화규소는 폐암 등의 발암성이 확인된 유해인자이다. 종류에 따른 호흡성 분진의 노출기준을 연결한 것으로 맞는 것은?

① 결정체 석영 − $0.1mg/m^3$
② 결정체 tripoli − $0.1mg/m^3$
③ 비결정체 규소 − $0.01mg/m^3$
④ 결정체 tridymite − $0.5mg/m^3$

*결정체 트리폴리(Tripoil) 노출기준
$0.1mg/m^3$ 이하

82
입자상물질의 종류 중 액체나 고체의 2가지 상태로 존재할 수 있는 것은?

① 흄(fume)
② 미스트(mist)
③ 증기(vapor)
④ 스모크(smoke)

*스모크(연기, smoke)
유해물질의 불완전연소로 만들어진 에어로졸의 혼합체이며, 액체나 고체의 2가지 상태로 존재할 수 있다.

83
카드뮴의 인체 내 축적기관으로만 나열된 것은?

① 뼈, 근육
② 간, 신장
③ 뇌, 근육
④ 혈액, 모발

*카드뮴중독의 증세
① 급성중독
 ㉠ 폐렴, 간장해, 신장장해, 체중감소, 복통, 근육통, 치통 증상
 ㉡ 초기에 기침, 두통, 인두부 통증 현상이 나타나며 시간이 지날수록 폐수종, 호흡곤란 증상으로 사망에 이를 수 있다.
② 만성중독
 ㉠ 신장기능장해(단백뇨 다량 배설, 신석증 유발 등)
 ㉡ 골격계장해(골절, 골다공증, 골연화증 등)
 ㉢ 폐기능장해(폐기종, 만성폐기능장해 등)
 ㉣ 자각증상(기침, 체중감소, 식욕부진 등)
 ㉤ 칼슘대사장해 : 다량의 칼슘배설
✔ 간, 신장, 장관벽에 축적된다.

84
적혈구의 산소운반 단백질을 무엇이라 하는가?

① 백혈구
② 단구
③ 혈소판
④ 헤모글로빈

*헤모글로빈
적혈구에서 철이 포함된 산소를 운반하는 붉은색 단백질이다.

85
다음 중 노출기준이 가장 낮은 것은?

① 오존(O_3)
② 암모니아(NH_3)
③ 염소(Cl_2)
④ 일산화탄소(CO)

오존(0.08ppm) < 염소(0.5ppm) < 암모니아(25ppm) < 일산화탄소(30ppm)

81.② 82.④ 83.② 84.④ 85.①

86

유해물질의 경구투여용량에 따른 반응범위를 결정하는 독성검사에서 얻은 용량-반응곡선(dose-response curve)에서 실험동물군의 50%가 일정시간 동안 죽는 치사량을 나타내는 것은?

① LC_{50}
② LD_{50}
③ ED_{50}
④ TD_{50}

*LD_{50}
피실험동물의 50%가 죽게 되는 양

87

골수장애로 재생불량성 빈혈을 일으키는 물질이 아닌 것은?

① 벤젠(benzene)
② 2-브로모프로판(2-bromopropane)
③ TNT(trinitrotoluene)
④ 2,4-TDI(Toluene-2,4-diisocyanate)

2,4-TDI(Toluene-2,3-diisocyanate)는 재생불량성 빈혈이 아닌 직업성 천식을 유발하는 유해물질이다.

88

ACGIH에서 발암물질을 분류하는 설명으로 틀린 것은?

① Group A1 : 인체발암성 확인물질
② Group A2 : 인체발암성 의심물질
③ Group A3 : 동물발암성 확인물질, 인체발암성 모름
④ Group A4 : 인체발암성 미의심 물질

*미국산업위생전문가협의회(ACGIH)의 발암물질 구분

구분	설명
A1	- 인체 발암 확인물질 - 석면, 베릴륨, 우라늄, 벤지딘, 염화비닐 등
A2	- 인체 발암이 의심되는 물질
A3	- 동물 발암성 확인물질
A4	- 인체 발암성 미분류 물질
A5	- 인체 발암성 미의심 물질

89

ACGIH에서 발암성 구분이 "A1"으로 정하고 있는 물질이 아닌 것은?

① 석면
② 텅스텐
③ 우라늄
④ 6가크롬 화합물

*발암성 확인물질(A1)
① 석면
② 벤지딘
③ 베릴륨
④ 우라늄
⑤ 염화비닐
⑥ 6가 크롬 화합물
⑦ 아크릴로니트릴
⑧ β-나프탈아민
⑨ 황화니켈 등

90

벤젠을 취급하는 근로자를 대상으로 벤젠에 대한 노출량을 추정하기 위해 호흡기 주변에서 벤젠 농도를 측정함과 동시에 생물학적 모니터링을 실시하였다. 벤젠 노출로 인한 대사산물의 결정인자(determinant)로 맞는 것은?

① 호기 중의 벤젠
② 소변 중의 마뇨산
③ 소변 중의 뮤콘산
④ 혈액 중의 만델리산

86.② 87.④ 88.④ 89.② 90.③

*화학물질의 생물학적 노출지표물질

화학물질	대사산물(측정대상물질)
벤젠	뇨 중 t,t-뮤코닉산(뮤콘산) 뇨 중 S-페닐머캅토산 혈액 중 벤젠
톨루엔	뇨 중 o-크레졸 혈액 중 톨루엔
크실렌	뇨 중 메틸마뇨산
납	혈액 중 납 뇨 중 납 혈액 중 아연 프로토포르피린 뇨 중 델타아미노레불린산
일산화탄소	혈액 중 카복시헤모글로빈(COHb)
트리클로로 에틸렌	뇨 중 삼염화초산
에틸벤젠	뇨 중 만델산
노말헥산	뇨 중 2,5-헥산디온
클로로벤젠	뇨 중 총 4-클로로카테콜
페놀	뇨 중 페놀
디메틸포름 아미드	뇨 중 N-메틸포름아미드
이황화탄소	뇨 중 TTCA 뇨 중 이황화탄소
크롬	뇨 중 크롬
메틸 노말부틸 케톤	뇨 중 2,5-헥산디온
삼염화 에틸렌	뇨 중 삼염화초산 (트리클로로초산) 뇨 중 삼염화에탄올

91

중금속 취급에 의한 직업성 질환을 나타낸 것으로 서로 관련이 가장 적은 것은?

① 니켈 중독 - 백혈병, 재생불량성 빈혈
② 납 중독 - 골수침입, 빈혈, 소화기장애
③ 수은 중독 - 구내염, 수전증, 정신장애
④ 망간 중독 - 신경염, 신장염, 중추신경장해

*니켈중독의 증세
① 급성중독
접촉성 피부염, 복통, 설사, 두통, 현기증, 폐렴, 폐부종, 전신중독 유발

② 만성중독
폐암, 비강암, 비중격천공증 유발

92

다음 표과 같은 망간 중독을 스크린하는 검사법을 개발하였다면, 이 검사법의 특이도는 얼마인가?

구분		망간중독진단		합계
		양성	음성	
검사법	양성	17	7	24
	음성	5	25	30
합계		22	32	54

① 70.8%
② 77.3%
③ 78.1%
④ 83.3%

*측정타당도

구분		질병(실제값)		합계
		양성	음성	
검사법	양성	A	B	$A+B$
	음성	C	D	$C+D$
합계		$A+C$	$B+D$	—
비고		① 민감도 = $\frac{A}{A+C}$ ② 특이도 = $\frac{D}{B+D}$ ③ 가양성률 = $\frac{B}{B+D}$ ④ 가음성률 = $\frac{C}{A+C}$		

특이도 = $\frac{D}{B+D} = \frac{25}{32} = 0.781 = 78.1\%$

93

동일한 독성을 가진 화학물질이 합류하여 각 물질의 독성의 합보다 큰 독성을 나타내는 작용은?

① 상승작용
② 상가작용
③ 강화작용
④ 길항작용

*혼합물의 화학적 상호작용

작용	설명
상가 작용	두 유해인자의 독성합만큼 독성 결과를 나타내는 작용(3+3=6) ex) 일반적인 화학물질
상승 작용	두 유해인자의 독성합보다 결과가 커짐을 나타내는 작용(3+3=20) ex) 에탄올과 사염화탄소 등
길항 작용	두 유해인자가 서로의 작용을 방해하는 것(3+3=0) ex) 페노바비탈과 디란틴 등 - 길항작용의 종류 ① 배분적 길항작용 물질의 흡수 및 대사 등에 변화를 일으켜 독성이 낮아진다. ② 화학적 길항작용 화학적인 상호반응에 의해 독성이 낮아진다. ③ 기능적 길항작용 생체 내 서로 반대되는 기능을 가져 독성이 낮아진다. ④ 수용적 길항작용 두 화학물질이 같은 수용체에 결합하여 독성이 낮아진다.
독립 작용	두 유해인자가 서로 다른 조직 또는 기관에 영향을 미치는 작용 ex) 톨루엔과 황산, 납과 황산, 질산과 카드뮴 등
가승 작용	독성이 없는 물질을 독성이 있는 물질과 혼합하면 독성이 강해지는 작용 (3+0=10) ex) 이소프로필알코올과 사염화탄소 등

94

진폐증의 독성병리기전에 대한 설명으로 틀린 것은?

① 진폐증의 대표적인 병리소견은 섬유증(fibrosis)이다.
② 섬유증이 동반되는 진폐증의 원인물질로는 석면, 알루미늄, 베릴륨, 석탄부진, 실리카 등이 있다.
③ 폐포탐식세포는 분진탐식 과정에서 활성산소유리기에 의한 폐포상피세포의 증식을 유도한다.
④ 콜라겐 섬유가 증식하면 폐의 탄력성이 떨어져 호흡곤란, 지속적인 기침, 폐기능 저하를 가져온다.

92.③ 93.① 94.③

*폐포탐식세포
분식탐식 과정에서 활성산소유리기에 의한 섬유모세포의 증식을 유도한다.

95
자극성 가스이면서 화학질식제라 할 수 있는 것은?

① H_2S
② NH_3
③ Cl_2
④ CO_2

*질식제
조직 내 산화작용을 방해하는 물질

질식제의 구분	
단순 질식제	생리적으로 아무 작용하지 않으나 공기 중에 많이 존재하여 산소분압을 감소시켜 조직에 필요한 산소의 공급부족을 유발한다. ① 이산화탄소(CO_2) ② 메탄(CH_4) ③ 질소(N_2) ④ 수소(H_2) ⑤ 에탄(C_2H_6) ⑥ 프로판(C_3H_8) ⑦ 에틸렌(C_2H_4) ⑧ 아세틸렌(C_2H_2) ⑨ 헬륨(He)
화학적 질식제	산소운반 능력을 방해하거나 조직이 산소를 받아들이는 능력을 저하시켜 내질식을 일으킨다. ① 일산화탄소(CO) ② 황화수소(H_2S) ③ 시안화수소(HCN) ④ 아닐린($C_6H_5NH_2$) ⑤ 염소(Cl) ⑥ 포스겐($COCl_2$)

96
입자상 물질의 호흡기계 침착기전 중 길이가 긴 입자가 호흡기계로 들어오면 그 입자의 가장자리가 기도의 표면을 스치게 됨으로써 침착하는 현상은?

① 충돌
② 침전
③ 차단
④ 확산

*차단(직접차단, 간섭)
길이가 긴 입자가 호흡기계로 들어오면 그 입자의 가장자리가 기도의 표면을 스치게 됨으로써 침착하는 현상

97
생물학적 모니터링을 위한 시료가 아닌 것은?

① 공기 중 유해인자
② 요 중의 유해인자나 대사산물
③ 혈액 중의 유해인자나 대사산물
④ 호기(Exhaled Air)중의 유해인자나 대사산물

*생물학적 모니터링
근로자의 유해인자에 대한 노출정도를 소변, 호기, 혈액 중에서 그 물질이나 대사산물을 측정 함으로써 노출 정도를 추정하는 방법이며, 측정을 통해 노출의 정도나 건강위험을 평가한다.

98
다음 중 납중독에서 나타날 수 있는 증상을 모두 나열한 것은?

```
ㄱ. 빈혈
ㄴ. 신장장해
ㄷ. 중추 및 말초신경장해
ㄹ. 소화기 장해
```

① ㄱ, ㄷ
② ㄱ, ㄴ, ㄷ
③ ㄴ, ㄹ
④ ㄱ, ㄴ, ㄷ, ㄹ

*납중독의 증세
① 소화기장해(위장계통의 장해)
② 중추신경장해(뇌중독 증상)
③ 신경·근육 계통의 장해
④ 기타 증상

95.① 96.③ 97.① 98.④

㉠ 이미증(Pica) : 극소량의 농도에서 어린아이에게 학습장해 및 기능저하를 초래하며 1~5세 소아환자에게 발생하기 쉽다.
㉡ 납빈혈 및 연산통
㉢ 만성신부전
㉣ 골수 침입 및 혈청 내 철 증가
㉤ 혈색소 양 저하, 망상적혈구수 증가
㉥ 적혈구 내 Protoporphyrin(프로토포르피린) 증가
㉦ 소변 중 Coprophyrin(코프로포르피린) 증가
㉧ 소변 중 δ-ALA 증가
㉨ 소변 중 δ-ALAD 활성치 감소

+신장장해

99
남성근로자의 생식독성 유발 유해인자와 가장 거리가 먼 것은?

① 고온
② 저혈압증
③ 항암제
④ 마이크로파

*생식독성
생식기능 및 능력에 대한 유해영향을 일으키거나 태아의 발육에 유해한 영향을 주는 성질이다.

남성근로자의 생식독성 유발요인	여성근로자의 생식독성 유발요인
흡연, 음주, 고온, 전리방사선, 망간, 카드뮴, 납, 농약, 염화비닐, 알킬화제, 유기용제, 항암제, 호르몬제, 마취제, 마이크로파 등	흡연, 음주, 납, 카드뮴, 망간, X선, 고열, 풍진, 매독, 알킬화제, 유기인제 농약, 마취제, 항암제, 항생제, 스테로이드계 약물 등

100
금속열에 관한 설명으로 틀린 것은?

① 금속열이 발생하는 작업장에서는 개인 보호용구를 착용해야 한다.
② 금속 흄에 노출된 후 일정 시간의 잠복기를 지나 감기와 비슷한 증상이 나타난다.
③ 금속열은 하루정도가 지나면 증상은 회복되나 후유증으로 호흡기, 시신경 장애등을 일으킨다.
④ 아연, 마그네슘 등 비교적 융점이 낮은 금속의 제련, 용해, 용접 시 발생하는 산화금속 흄을 흡입 할 경우 생기는 발열성 질병이다.

*금속열(월요일열)
아연, 마그네슘, 알루미늄, 구리, 망간, 니켈, 카드뮴, 안티몬 등의 흄으로 흡입하면 발생하는 알레르기성 발열으로 12시간~24시간 또는 24시간~48시간 후에는 자연적으로 치유된다.

2018 3회차 — 제 1과목 : 산업위생학개론

01
작업장에서 누적된 스트레스를 개인차원에서 관리하는 방법에 대한 설명으로 틀린 것은?

① 신체검사를 통하여 스트레스성 질환을 평가한다.
② 자신의 한계와 문제의 징후를 인식하여 해결방안을 도출한다.
③ 명상, 요가, 선(禪) 등의 긴장 이완훈련을 통하여 생리적 휴식상태를 점검한다.
④ 규칙적인 운동을 피하고, 직무외적인 취미, 휴식, 즐거운 활동 등에 참여하여 대처능력을 함양한다.

규칙적인 운동을 하여 스트레스를 줄이고 직무 외적인 취미, 휴식, 즐거운 활동 등에 참여하여 대처능력을 함양한다.

02
중대재해 또는 산업재해가 다발하는 사업장을 대상으로 유사사례를 감소시켜 관리하기 위하여 잠재적 위험성의 발견과 그 개선대책의 수립을 목적으로 고용노동부장관이 지정하는 자가 실시하는 조사·평가를 무엇이라 하는가?

① 안전·보건진단
② 사업장 역학조사
③ 안전·위생진단
④ 유해·위험성 평가

*안전·보건진단
중대재해 또는 산업재해가 다발하는 사업장을 대상으로 유사사례를 감소시켜 관리하기 위하여 잠재적 위험성의 발견과 그 개선대책의 수립을 목적으로 고용노동부장관이 지정하는 자가 실시하는 조사·평가

03
상시근로자수가 100명인 A 사업장의 연간 재해발생 건수가 15건이다. 이때의 사상자가 20명 발생하였다면 이 사업장의 도수율은 약 얼마인가?
(단, 근로자는 1인당 연간 2200시간을 근무하였다.)

① 68.18
② 90.91
③ 150.00
④ 200.00

*도수율

$$\text{도수율} = \frac{\text{재해건수}}{\text{연근로 총시간수}} \times 10^6$$
$$= \frac{15}{100 \times 2200} \times 10^6 = 68.18$$

04
1800년대 산업보건에 관한 법률로서 실제로 효과를 거둔 영국의 공장법의 내용과 거리가 가장 먼 것은?

① 감독관을 임명하여 공장을 감독한다.
② 근로자에게 교육을 시키도록 의무화한다.
③ 18세 미만 근로자의 야간작업을 금지한다.
④ 작업할 수 있는 연령을 8세 이상으로 제한한다.

*공장법 주요 내용
① 감독관 임명하여 공장을 감독한다.
② 근로자에게 교육을 시키도록 의무화한다.
③ 18세 미만 근로자의 야간작업을 금지한다.
④ 작업할 수 있는 연령을 13세 이상으로 제한한다.
⑤ 주간작업시간 48시간으로 제한한다.

01.④ 02.① 03.① 04.④

05

사무실 등 실내 환경의 공기질 개선에 관한 설명으로 틀린 것은?

① 실내 오염원을 감소한다.
② 방출되는 물질이 없거나 매우 낮은(기준에 적합한) 건축자재를 사용한다.
③ 실외 공기의 상태와 상관없이 창문 개폐 횟수를 증가하여 실외 공기의 유입을 통한 환기 개선이 될 수 있도록 한다.
④ 단기적 방법은 베이크 아웃(bake-out)으로 새 건물에 입주하기 전에 보일러 등으로 실내를 가열하여 각종 유해물질이 빨리 나오도록 한 후 이를 충분히 환기시킨다.

> 실외 공기의 상태에 따라 창문 개폐횟수를 조절하여 실외 공기의 유입을 통한 환기 개선이 될 수 있도록 한다.

06

실내 공기오염과 가장 관계가 적은 인체 내의 증상은?

① 광과민증(photosensitization)
② 빌딩증후군(sick building syndrome)
③ 건물관련질병(building related disease)
④ 복합화합물질민감증(multiple chemical sensitivity)

> *실내오염 관련 질환
> ① 빌딩 증후군(SBS)
> ② 복합 화학물질 민감 증후군(MCS)
> ③ 새집증후군(SHS)
> ④ 헌집증후군(SHS)
> ⑤ 건물관련질병현상(BRI)

07

육체적 작업능력(PWC)이 $16 kcal/min$인 근로자가 1일 8시간 동안 물체를 운반하고 있고, 이때의 작업대사량은 $9 kcal/min$이고, 휴식 시의 대사량은 $1.5 kcal/min$이다. 적정휴식시간과 작업시간으로 가장 적합한 것은?

① 매시간당 25분 휴식, 35분 작업
② 매시간당 29분 휴식, 31분 작업
③ 매시간당 35분 휴식, 25분 작업
④ 매시간당 39분 휴식, 21분 작업

> *Hertig의 적정휴식시간·작업시간
>
> $$\text{휴식시간} = 60 \times \frac{\frac{PWC}{3} - \text{작업대사량}}{\text{휴식대사량} - \text{작업대사량}}$$
>
> $$= 60 \times \frac{\frac{16}{3} - 9}{1.5 - 9} = 29.33\text{분} ≒ 29\text{분}$$
>
> 작업시간 = 60분 − 휴식시간 = 60 − 29 = 31분

08

국소피로를 평가하기 위하여 근전도(EMG)검사를 실시하였다. 피로한 근육에서 측정된 현상을 설명한 것으로 맞는 것은?

① 총전압의 증가
② 평균 주파수 영역에서 힘(전압)의 증가
③ 저주파수(0~40Hz) 영역에서 힘(전압)의 감소
④ 고주파수(40~200Hz) 영역에서 힘(전압)의 증가

> *피로한 근육에 나타나는 근전도(EMG) 특징
> ① 총 전압 증가
> ② 저주파(0~40Hz) 전압 증가
> ③ 고주파(40~200Hz) 전압 감소
> ④ 평균주파수 영역에서 전압 감소

05.③ 06.① 07.② 08.①

09

다음은 A전철역에서 측정한 오존의 농도이다. 기하평균농도는 약 몇 ppm인가?

			단위 : ppm	
4.42	5.58	1.26	0.57	5.82

① 2.07 ② 2.21
③ 2.53 ④ 2.74

*기하평균

$$GM = \sqrt[N]{X_1 \times X_2 \times \cdots \times X_n}$$
$$= \sqrt[5]{4.42 \times 5.58 \times 1.26 \times 0.57 \times 5.82} = 2.53 ppm$$

여기서,
X : 측정치
N : 측정치의 개수

10

정상작업에 대한 설명으로 맞는 것은?

① 두 다리를 뻗어 닿는 범위이다.
② 손목이 닿을 수 있는 범위이다.
③ 전박(前膊)과 손으로 조작할 수 있는 범위이다.
④ 상지(上肢)와 하지(下肢)를 곧게 뻗어 닿는 범위이다.

*정상작업역·최대작업역
① 정상 작업역(표준영역)
  ㉠ 윗팔(상완)을 자연스럽게 수직으로 늘어뜨린 채, 아래팔(전완)만으로 편하게 뻗어 파악할 수 있는 영역
  ㉡ 팔을 가볍게 몸에 붙이고 팔꿈치를 구부린 상태에서 자유롭게 손이 닿는 영역
  ㉢ 움직이지 않고 전박과 손으로 조작할 수 있는 범위

② 최대 작업역(최대영역)
  ㉠ 윗팔(상완)과 아래팔(전완)을 곧게 수평으로 펴서 파악할 수 있는 영역
  ㉡ 어깨에서부터 팔을 뻗어 도달하는 최대영역
  ㉢ 움직이지 않고 상지를 뻗어 닿는 범위

11

산업재해 보상에 관한 설명으로 틀린 것은?

① 업무상의 재해란 업무상의 사유에 따른 근로자의 부상·질병·장해 또는 사망을 의미한다.
② 유족이란 사망한 자의 손자녀·조부모 또는 형제자매를 제외한 가족의 기본구성인 배우자·자녀·부모를 의미한다.
③ 장해란 부상 또는 질병이 치유되었으나 정신적 또는 육체적 훼손으로 인하여 노동능력이 상실되거나 감소된 상태를 의미한다.
④ 치유란 부상 또는 질병이 완치되거나 치료의 효과를 더 이상 기대할 수 없고 그 증상이 고정된 상태에 이르게 된 것을 의미한다.

*유족
사망한 자의 배우자, 부모, 손자녀, 조부모 또는 형제자매를 의미한다.

12

산업피로의 예방대책으로 틀린 것은?

① 작업과정에 따라 적절한 휴식을 삽입한다.
② 불필요한 동작을 피하여 에너지 소모를 적게 한다.
③ 충분한 수면은 피로회복에 대한 최적의 대책이다.
④ 작업시간 중 또는 작업 전·후의 휴식시간을 이용하여 축구, 농구 등의 운동시간을 삽입한다.

산업피로의 예방과 대책
① 작업과정에 적절한 간격으로 휴식시간을 둔다.
② 각 개인에 따라 작업량을 조절한다.
③ 개인의 숙련도 등에 따라 작업속도를 조절한다.
④ 불필요한 동작을 피하여 에너지 소모를 적게 한다.
⑤ 작업시작 전후에 간단한 체조를 한다.
⑥ 동적인 작업과 정적인 작업을 적절하게 혼합하여 배치한다.
⑦ 커피, 홍차, 엽차 및 비타민 B을 공급한다.
⑧ 야간근무의 연속일수는 2~3일로 한다.
⑨ 작업 환경을 정리, 정돈한다.

정상작업역・최대작업역
① 정상 작업역(표준영역)
 ㉠ 윗팔(상완)을 자연스럽게 수직으로 늘어뜨린 채, 아래팔(전완)만으로 편하게 뻗어 파악할 수 있는 영역
 ㉡ 팔을 가볍게 몸에 붙이고 팔꿈치를 구부린 상태에서 자유롭게 손이 닿는 영역
 ㉢ 움직이지 않고 전박과 손으로 조작할 수 있는 범위
② 최대 작업역(최대영역)
 ㉠ 윗팔(상완)과 아래팔(전완)을 곧게 수평으로 펴서 파악할 수 있는 영역
 ㉡ 어깨에서부터 팔을 뻗어 도달하는 최대영역
 ㉢ 움직이지 않고 상지를 뻗어 닿는 범위

13

신체적 결함과 그 원인이 되는 작업이 가장 적합하게 연결된 것은?

① 평발 - VDT 작업
② 진폐증 - 고압, 저압작업
③ 중추신경 장해 - 광산작업
④ 경견완증후군 - 타이핑작업

① 평발 - 서서 하는 작업
② 진폐증 - 광산작업
③ 중추신경 장해 - 진동작업
④ 경견완증후군 - 타이핑작업

14

작업자의 최대 작업영역(maximum working area)이란 무엇인가?

① 하지(下肢)를 뻗어서 닿는 작업영역
② 상지(上肢)를 뻗어서 닿는 작업영역
③ 전박(前膊)을 뻗어서 닿는 작업영역
④ 후박(後膊)을 뻗어서 닿는 작업영역

15

산업안전보건법령에 따라 작업환경 측정방법에 있어 동일 작업근로자수가 100명을 초과하는 경우 최대 시료채취 근로자수는 몇 명으로 조정할 수 있는가?

① 10명   ② 15명
③ 20명   ④ 50명

시료채취 근로자수
단위작업 장소에서 최고 노출근로자 2명 이상에 대하여 동시에 개인 시료채취 방법으로 측정하되, 단위작업 장소에 근로자가 1명인 경우에는 그러하지 아니하며, 동일 작업근로자수가 10명을 초과하는 경우에는 매 5명당 1명 이상 추가하여 측정하여야 한다. 다만, 동일 작업 근로자수가 100명을 초과하는 경우에는 최대 시료채취 근로자수를 20명으로 조정할 수 있다.

16

미국산업위생학회 등에서 산업위생전문가들이 지켜야 할 윤리강령을 채택한 바 있는데, 전문가로서의 책임에 해당하는 것은?

① 일반 대중에 관한 사항은 정직하게 발표한다.
② 성실성과 학문적 실력 측면에서 최고 수준을 유지한다.
③ 위험요소와 예방 조치에 관하여 근로자와 상담한다.
④ 신뢰를 존중하여 정직하게 권고하고, 결과와 개선점을 정확히 보고한다.

*산업위생전문가의 윤리강령(산업위생전문가로서의 책임)
① 성실성과 학문적 실력 면에서 최고 수준을 유지한다.
② 과학적 방법의 적용과 자료의 해석에서 경험을 통한 전문가의 객관성을 유지한다.
③ 전문 분야로서 산업위생을 학문적으로 발전시킨다.
④ 근로자, 사회 및 전문 직종의 이익을 위해 과학적 지식을 공개하고 발표한다.
⑤ 산업위생활동을 통해 얻은 개인 및 기업체의 기밀은 누설하지 않는다.
⑥ 전문적 판단이 타협에 의하여 좌우될 수 있거나 이해관계가 있는 상황에는 개입하지 않는다.
⑦ 쾌적한 작업환경을 만들기 위해 산업위생이론을 적용하고 책임 있게 행동한다.

17

사업주가 관계 근로자 외에는 출입을 금지시키고 그 뜻을 보기 쉬운 장소에 게시하여야 하는 작업 장소가 아닌 것은?

① 산소농도가 18% 미만인 장소
② 탄산가스의 농도가 1.5%를 초과하는 장소
③ 일산화탄소의 농도가 30ppm을 초과하는 장소
④ 황화수소 농도가 100만분의 1을 초과하는 장소

*적정공기
산소농도의 범위가 18% 이상 23.5% 미만, 탄산가스의 농도가 1.5% 미만, 일산화탄소의 농도가 30ppm 미만, 황화수소의 농도가 10ppm 미만인 수준의 공기를 말한다.

18

여러 기관이나 단체 중에서 산업위생과 관계가 가장 먼 기관은?

① EPA
② ACGIH
③ BOHS
④ KOSHA

*EPA
미국환경보호청으로 산업위생과 관련이 없다.

19

직업병의 진단 또는 판정시 유해요인 노출 내용과 정도에 대한 평가가 반드시 이루어져야 한다. 이와 관련한 사항과 가장 거리가 먼 것은?

① 작업환경측정
② 과거 직업력
③ 생물학적 모니터링
④ 노출의 추정

*과거 직업력
직업성 질환을 인정할 때의 고려사항이고, 직업병의 진단 또는 판정시 유해요인 노출 내용과 정도에 대한 평가내용과 무관하다.

20
요통이 발생되는 원인 중 작업동작에 의한 것이 아닌 것은?

① 작업 자세의 불량
② 일정한 자세의 지속
③ 정적인 작업으로 전환
④ 체력의 과신에 따른 무리

정적인 작업으로 전환은 근골격계 질환의 원인이다.

20.③

제 2과목 : 작업위생측정 및 평가

21

태양광선이 내리 쬐는 옥외작업장에서 온도가 다음과 같을 때, 습구흑구 온도지수는 약 몇 ℃인가? (단, 고용노동부 고시를 기준으로 한다.)

> 건구온도 : 30℃
> 흑구온도 : 32℃
> 자연습구온도 : 28℃

① 27 ② 28
③ 29 ④ 31

※ 습구흑구온도지수(WBGT)
① 태양광선이 내리쬐는 옥외 장소
$WBGT(℃) = 0.7 \times 자연습구온도 + 0.2 \times 흑구온도 + 0.1 \times 건구온도$

② 태양광선이 내리쬐지 않는 옥내 또는 옥외 장소
$WBGT(℃) = 0.7 \times 자연습구온도 + 0.3 \times 흑구온도$

$WBGT(℃) = 0.7 \times 자연습구온도 + 0.2 \times 흑구온도 + 0.1 \times 건구온도$
$= 0.7 \times 28 + 0.2 \times 32 + 0.1 \times 30 = 29℃$

22

다음 1차 표준 기구 중 일반적인 사용범위가 $10 \sim 500mL/분$이고, 정확도가 $\pm 0.05 \sim 0.25\%$로 높아 실험실에서 주로 사용하는 것은?

① 폐활량계 ② 가스치환병
③ 건식가스미터 ④ 습식테스트 미터

※ 1차 표준기구 종류

1차 표준기구 종류	일반적인 사용범위	정확도
비누거품미터	1mL/분 ~ 30L/분	±1% 이내
폐활량계	100 ~ 600L	±1% 이내
가스치환병	10 ~ 500mL/분	±0.05 ~ 0.25%
유리피스톤미터	10 ~ 200mL/분	±2% 이내
흑연피스톤미터	1mL/분 ~ 50L/분	±1~2%
피토관(피토튜브)	15mL/분 이하	±1% 이내

23

다음 중 고열장해와 가장 거리가 먼 것은?

① 열사병 ② 열경련
③ 열호족 ④ 열발진

※ 고열장해의 종류
① 열사병
② 열경련
③ 열발진
④ 열피로
⑤ 열실신
⑥ 열쇠약

21.③ 22.② 23.③

24

수은의 노출기준이 $0.05 mg/m^3$이고 증기압이 0.0018 $mmHg$인 경우, VHR(Vapor Hazard Ratio)는 약 얼마인가?
(단, $25℃$, 1기압 기준이며, 수은 원자량은 200.59이다.)

① 306
② 321
③ 354
④ 389

*증기 위험비(VHR)

$$VHR = \frac{C}{TLV} = = \frac{\frac{P}{760} \times 10^6}{TLV}$$

$$= \frac{\frac{0.0018}{760} \times 10^6}{0.05 \times \frac{24.45}{200.59}} = 388.61 ≒ 389$$

여기서,
C: 최고농도(포화농도)$[ppm] = \frac{P[mmHg]}{760[mmHg]} \times 10^6$
P: 화학물질의 증기압(분압)$[mmHg]$
TLV: 노출기준$[ppm]$

*참고

- $ppm = mg/m^3 \times \frac{부피}{분자량}$
- 1atm, $25℃$의 부피 $= 24.45L$

25

다음 중 6가 크롬 시료 채취에 가장 적합한 것은?

① 밀리포어 여과지
② 증류수를 넣은 버블러
③ 휴대용 IR
④ PVC막 여과지

*PVC 막 여과지
① 흡습성이 낮아 분진의 중량분석에 적합하다.
② 유리규산을 채취하여 X선 회절법으로 분석이 적합하고 6가 크롬 그리고 아연화합물의 채취에 이용한다.
③ 수분의 영향이 크지않아 공해성 먼지 등의 중량분석을 위한 측정에 사용한다.
④ 채취 시 입자를 반발하여 채취효율(포집효율)을 떨어뜨리는 단점이 있어 채취필터를 세정 용액으로 세정하여 오차를 줄일 수 있다.

26

한 공정에서 음압수준이 $75dB$인 소음이 발생되는 장비 1대와 $81dB$인 소음이 발생되는 장비 1대가 각각 설치되어 있을 때, 이 장비들이 동시에 가동되는 경우 발생되는 소음의 음압수준은 약 몇 dB인가?

① 82
② 84
③ 86
④ 88

*합성소음도(L)

$$L = 10\log\left(10^{\frac{L_1}{10}} + 10^{\frac{L_2}{10}} + \cdots + 10^{\frac{L_n}{10}}\right)$$

$$= 10\log\left(10^{\frac{75}{10}} + 10^{\frac{81}{10}}\right) = 82dB$$

L: 합성소음도$[dB]$
$L_1, L_2, \cdots L_n =$ 각 소음원의 소음$[dB]$

24.④ 25.④ 26.①

27

제관공장에서 오염물질 A를 측정한 결과가 다음과 같다면, 노출농도에 대한 설명으로 옳은 것은?

| 오염물질 A의 측정값 : $5.27 mg/m^3$ |
| 오염물질 A의 노출기준 : $5.0 mg/m^3$ |
| SAE(시료채취 분석오차) : 0.12 |

① 허용농도를 초과한다.
② 허용농도를 초과할 가능성이 있다.
③ 허용농도를 초과하지 않는다.
④ 허용농도를 평가할 수 없다.

*시료채취 분석오차 고려
$TWA(1-SAE) \sim TWA(1+SAE)$
$5.27(1-0.12) \sim 5.27(1+0.12)$
$4.64 \sim 5.90$

노출기준이,
$4.64 \downarrow$: 초과하지 않음
$4.64 \sim 5.90$: 초과 가능
$5.90 \uparrow$: 초과

$5.0 mg/m^3$이므로, ∴ 초과 가능

28

근로자에게 노출되는 호흡성먼지를 측정한 결과 다음과 같았다. 이 때 기하평균농도는?
(단, 단위는 mg/m^3)

| 2.4 | 1.9 | 4.5 | 3.5 | 5.0 |

① 3.04 ② 3.24
③ 3.54 ④ 3.74

*기하평균
$GM = \sqrt[N]{X_1 \times X_2 \times \cdots \times X_n}$
$= \sqrt[5]{2.4 \times 1.9 \times 4.5 \times 3.5 \times 5.0} = 3.24 ppm$

여기서,
X : 측정치
N : 측정치의 개수

29

어떤 작업장에서 액체혼합물이 A가 30%, B가 50%, C가 20%인 중량비로 구성되어 있다면, 이 작업장의 혼합물의 허용 농도는 몇 mg/m^3인가?
(단, 각 물질의 TLV는 A의 경우 $1600 mg/m^3$, B의 경우 $720 mg/m^3$, C의 경우 $670 mg/m^3$이다.)

① 101 ② 257
③ 847 ④ 1151

*혼합물의 허용농도
혼합물의 허용농도
$$= \frac{f_1 + f_2 + \cdots + f_n}{\frac{f_1}{TLV_1} + \frac{f_2}{TLV_2} + \cdots + \frac{f_n}{TLV_n}}$$
$$= \frac{30 + 50 + 20}{\frac{30}{1600} + \frac{50}{720} + \frac{20}{670}} = 847 mg/m^3$$

여기서,
f : 액체 혼합물에서의 각 성분 무게(중량, 비율)
TLV : 해당 물질의 노출기준

30

작업장에서 $5000 ppm$의 사염화에틸렌이 공기 중에 함유되었다면 이 작업장 공기의 비중은 얼마인가?
(단, 표준기압, 온도이며 공기의 분자량은 29이고, 사염화에틸렌의 분자량은 166이다.)

① 1.024 ② 1.032
③ 1.047 ④ 1.054

*유효비중(혼합비중)

유효비중
$= \dfrac{\text{물질의 } ppm \times \text{물질의 비중} + (10^6 - \text{물질의 } ppm) \times 1}{10^6}$

$= \dfrac{5000 \times \dfrac{166}{29} + (10^6 - 5000) \times 1}{10^6} = 1.024$

여기서,

물질의 비중 $= \dfrac{\text{물질의 분자량}}{29(= \text{공기의 분자량})}$

공기의 비중 $= 1$

*직경분립 충돌기(=입경분립 충돌기, cascade impactor)
① 흡입성·흉곽성·호흡성 입자상 물질의 크기별로 측정하는 기구이다.
② 공기흐름이 층류일 때 입자가 관성력에 의하여 시료채취가 표면에 충돌하여 채취하는 원리이다.
③ 장점
 ㉠ 입자의 질량 크기 분포를 얻을 수 있다.
 ㉡ 호흡기의 부분별로 침착된 입자 크기의 자료를 추정할 수 있다.
 ㉢ 흡입성·흉곽성·호흡성 입자 크기별로 분포 및 농도를 계산할 수 있다.
④ 단점
 ㉠ 시료채취가 까다롭다.
 ㉡ 비용이 많이 든다.
 ㉢ 채취 준비시간이 많이 든다.
 ㉣ 되튐으로 인한 시료의 손실이 일어나 과소분석 결과를 초래할 수 있어 유량을 2L/min 이하로 채취하여야 한다.

31
일산화탄소 $0.1m^3$가 밀폐된 차고에 방출되었다면, 이때 차고 내 공기중 일산화탄소의 농도는 몇 ppm 인가?
(단, 방출전 차고 내 일산화탄소 농도는 $0ppm$이며, 밀폐된 차고의 체적은 $100000m^3$이다.)

① 0.1 ② 1
③ 10 ④ 100

*용량농도(ppm)
$ppm = \dfrac{0.1m^3}{100000m^3} \times 10^6 = 1ppm$

32
입자상 물질을 입자의 크기별로 측정하고자 할 때 사용할 수 있는 것은?

① 가스크로마토크래피 ② 사이클론
③ 원자발광분석기 ④ 직경분립충돌기

33
어느 작업장에 있는 기계의 소음 측정 결과가 다음과 같을 때, 이 작업장에 음압레벨 합산은 약 몇 dB인가?

A기계 : $92dB$, B기계 : $90dB$, C기계 : $88dB$

① 92.3 ② 93.7
③ 95.1 ④ 98.2

*합성소음도(L)
$L = 10\log\left(10^{\frac{L_1}{10}} + 10^{\frac{L_2}{10}} + \cdots + 10^{\frac{L_n}{10}}\right)$

$= 10\log\left(10^{\frac{92}{10}} + 10^{\frac{90}{10}} + 10^{\frac{88}{10}}\right) = 95.1dB$

L : 합성소음도$[dB]$
$L_1, L_2, \cdots L_n$ = 각 소음원의 소음$[dB]$

31.② 32.④ 33.③

34

작업장 소음수준을 누적소음노출량 측정기로 측정할 경우 기기 설정으로 옳은 것은?
(단, 고용노동부 고시를 기준으로 한다.)

① Threshold = 80dB, Criteria = 90dB, Exchange Rate = 5dB
② Threshold = 80dB, Criteria = 90dB, Exchange Rate = 10dB
③ Threshold = 90dB, Criteria = 90dB, Exchange Rate = 10dB
④ Threshold = 90dB, Criteria = 90dB, Exchange Rate = 5dB

*누적소음노출량 측정기 설정
① Criteria : 90dB
② Exchange Rate : 5dB
③ Threshold : 80dB

35

로타미터에 관한 설명으로 옳지 않은 것은?

① 유량을 측정하는 데 가장 흔히 사용되는 기기이다.
② 바닥으로 갈수록 점점 가늘어지는 수직관과 그 안에서 자유롭게 상하로 움직이는 부자로 이루어져 있다.
③ 관은 유리나 투명 플라스틱으로 되어 있으며 눈금이 새겨져 있다.
④ 최대 유량과 최소 유량의 비율이 100:1 범위이고 ±0.5% 이내의 정확성을 나타낸다.

로터미터는 최대 유량과 최소 유량의 비율이 10:1 범위이고 대부분 ±5% 이내의 정확성을 나타낸다.

36

어느 작업장에서 샘플러를 사용하여 분진농도를 측정한 결과, 샘플링 전, 후의 필터의 무게가 각각 $32.4mg$, $44.7mg$이었을 때, 이 작업장의 분진 농도는 몇 mg/m^3인가?
(단, 샘플링에 사용된 펌프의 유량은 $20L/\min$이고, 2시간 동안 시료를 채취하였다.)

① 1.6
② 5.1
③ 6.2
④ 12.3

*질량농도(mg/m³)
$$mg/m^3 = \frac{(44.7-32.4)mg}{20L/\min \times 120\min \times \left(\frac{1m^3}{1000L}\right)} = 5.1mg/m^3$$

*참고
- 1m³ = 1000L
- 1hr = 120min

37

온도 표시에 대한 설명으로 틀린 것은?
(단, 고용노동부 고시를 기준으로 한다.)

① 절대온도는 K로 표시하고 절대온도 $0K$는 -273℃로 한다.
② 실온은 1~35℃, 미온은 30~40℃로 한다.
③ 온도의 표시는 셀시우스(Celcius)법에 따라 아라비아 숫자의 오른쪽에 ℃를 붙인다.
④ 냉수는 5℃이하, 온수는 60~70℃를 말한다.

*온도 표시
① 온도의 표시는 셀시우스(Celcius) 법에 따라 아라비아 숫자의 오른쪽에 ℃를 붙인다. 절내온도는 °K로 표시하고 절대온도 0°K는 -273℃로 한다.
② 상온은 15~25℃, 실온은 1~35℃, 미온은 30~40℃로 하고, 찬 곳은 따로 규정이 없는 한 0~15℃의 곳을 말한다.
③ 냉수는 15℃ 이하, 온수는 60~70℃, 열수는 약 100℃를 말한다.

38

다음은 가스상 물질의 측정횟수에 관한 내용이다. ( )안에 들어갈 내용으로 옳은 것은?

> 가스상 물질을 검지관 방식으로 측정하는 경우에는 1일 작업시간 동안 1시간 간격으로 ( ) 이상 측정하되 매측정시간 마다 2회 이상 반복 측정하여 평균값을 산출하여야 한다.

① 2회
② 4회
③ 6회
④ 8회

검지관방식으로 측정하는 경우에는 1일 작업시간 동안 1시간 간격으로 6회 이상 측정하되 측정시간 마다 2회 이상 반복 측정하여 평균값을 산출하여야 한다. 다만, 가스상 물질의 발생시간이 6시간 이내일 때에는 작업시간 동안 1시간 간격으로 나누어 측정하여야 한다.

39

측정값이 1, 7, 5, 3, 9일 때, 변이 계수는 약 몇 %인가?

① 13
② 63
③ 133
④ 183

변이계수(CV)

$$\overline{X} = \frac{1+7+5+3+9}{5} = 5$$

$$SD = \sqrt{\frac{\sum_{i=1}^{N}(X_i - \overline{X})^2}{N-1}}$$

$$= \sqrt{\frac{(1-5)^2 + (7-5)^2 + (5-5)^2 + (3-5)^2 + (9-5)^2}{5-1}}$$

$$= 3.16$$

여기서,
X_i : 측정치
$\overline{X}$: 측정치의 산술평균값
N : 측정치의 개수

$$\therefore CV = \frac{표준편차}{평균치(산술평균)} \times 100 = \frac{3.16}{5} \times 100 = 63\%$$

40

허용기준 대상 유해인자의 노출농도 측정 및 분석 방법에 관한 내용으로 틀린 것은?
(단, 고용노동부 고시를 기준으로 한다.)

① 바탕시험을 하여 보정한다 : 시료에 대한 처리 및 측정을 할 때, 시료를 사용하지 않고 같은 방법으로 조작한 측정치를 빼는 것을 말한다.
② 감압 또는 진공 : 따로 규정이 없는 한 $760mmHg$ 이하를 뜻한다.
③ 검출한계 : 분석기기가 검출할 수 있는 가장 작은 양을 말한다.
④ 정량한계 : 분석기기가 정량할 수 있는 가장 작은 양을 말한다.

감압 또는 진공
따로 규정이 없는 한 15mmHg 이하를 뜻한다.

38.③ 39.② 40.②

2018 3회차 — 산업위생관리기사 필기 기출문제
제 3과목 : 작업환경관리대책

41

직경이 $400mm$인 환기시설을 통해서 $50m^3/min$의 표준 상태의 공기를 보낼 때, 이 덕트 내의 유속은 약 몇 m/sec인가?

① 3.3
② 4.4
③ 6.6
④ 8.8

유량(Q)

$Q = AV = \dfrac{\pi d^2}{4} \times V$ 에서,

$\therefore V = \dfrac{4Q}{\pi d^2}$

$= \dfrac{4 \times 50}{\pi \times 0.4^2} = 397.89 m/min \times \left(\dfrac{1min}{60sec}\right) = 6.6 m/sec$

참고

- 1m = 1000mm → 400mm = 0.4m
- 1min = 60sec

42

개구면적이 $0.6m^2$인 외부식 사각형 후드가 자유공간에 설치되어 있다. 개구면과 유해물질 사이의 거리는 $0.5m$이고 제어속도가 $0.8m/s$ 일 때, 필요한 송풍량은 약 몇 m^3/min인가?
(단, 플랜지를 부착하지 않은 상태이다.)

① 126
② 149
③ 164
④ 182

필요송풍량(Q)

조건	필요송풍량 공식
① 자유공간 위치, 플랜지 미부착	$Q = V(10X^2 + A)$
② 자유공간 위치, 플랜지 부착	$Q = 0.75 V(10X^2 + A)$
③ 바닥면 위치, 플랜지 미부착	$Q = V(5X^2 + A)$
④ 바닥면 위치, 플랜지 부착	$Q = 0.5 V(10X^2 + A)$

여기서,
Q : 필요송풍량 $[m^3/min]$
A : 후드의 개구면적 $[m^2]$
V : 제어속도 $[m/min]$
X : 후드 중심선으로부터 발생원까지의 거리 $[m]$

자유공간 위치, 플랜지 미부착이므로,

$Q = V(10X^2 + A)$
$= 0.8 \times (10 \times 0.5^2 + 0.6)$
$= 2.48 m^3/sec \times \left(\dfrac{60sec}{1min}\right) = 149 m^3/min$

43

테이블에 붙여서 설치한 사각형 후드의 필요환기량 $(m^3/\min)$을 구하는 식으로 적절한 것은?
(단, 플렌지는 부착되지 않았고, $A(m^2)$는 개구면적, $X(m)$는 개구부와 오염원 사이의 거리, $V(m/\sec)$는 제어속도이다.)

① $Q = V \times (5X^2 + A)$
② $Q = V \times (7X^2 + A)$
③ $Q = 60 \times V \times (5X^2 + A)$
④ $Q = 60 \times V \times (7X^2 + A)$

*필요송풍량(Q)

조건	필요송풍량 공식
① 자유공간 위치, 플랜지 미부착	$Q = V(10X^2 + A)$
② 자유공간 위치, 플랜지 부착	$Q = 0.75V(10X^2 + A)$
③ 바닥면 위치, 플랜지 미부착	$Q = V(5X^2 + A)$
④ 바닥면 위치, 플랜지 부착	$Q = 0.5V(10X^2 + A)$

여기서,
Q : 필요송풍량 $[m^3/\min]$
A : 후드의 개구면적 $[m^2]$
V : 제어속도 $[m/\min]$
X : 후드 중심선으로부터 발생원까지의 거리 $[m]$

바닥면 위치, 플랜지 미부착이므로,
$Q[m^3/\sec] = V(5X^2 + A)$
$\therefore Q[m^3/\min] = 60V(5X^2 + A)$

44

다음 중 강제환기의 설계에 관한 내용과 가장 거리가 먼 것은?

① 공기가 배출되면서 오염장소를 통과하도록 공기배출구와 유입구의 위치를 선정한다.
② 공기배출구와 근로자의 작업위치 사이에 오염원이 위치하지 않도록 주의하여야 한다.
③ 오염물질 배출구는 가능한 한 오염원으로부터 가까운 곳에 설치하여 '점 환기'의 효과를 얻는다.
④ 오염원 주위에 다른 작업 공정이 있으면 공기배출량을 공급량보다 약간 크게 하여 음압을 형성하여 주위 근로자에게 오염물질이 확산되지 않도록 한다.

*전체환기(강제환기) 시설 설치 시 기본원칙
① 오염물질 사용량을 조사하여 필요환기량을 계산할 것
② 배출공기를 보충하기 위하여 청정공기를 공급할 것
③ 오염물질 배출구는 가능한 한 오염원에 가까운 곳에 설치하여 점환기 효과를 얻을 것
④ 공기배출구와 근로자의 작업위치 사이에 오염원이 위치해야할 것
⑤ 필요 환기량은 오염물질이 충분히 희석될 수 있는 양으로 설계할 것
⑥ 공기가 급기구를 통하여 들어와서 오염물질이 있는 영역을 통과하여 배기구로 빠져나가도록 설계할 것
⑦ 건물 밖으로 배출된 오염공기가 안으로 재유입되지 않도록 배출 높이를 적절하게 설계하고 창문이나 문 근처에 위치하지 않도록 할 것
⑧ 오염된 공기는 작업자가 호흡하기 전 충분히 희석되도록 할 것
⑨ 오염원 주위에 다른 작업 공정이 있으면 공기배출량을 공급량보다 약간 크게 하여 음압을 형성하여 주위 근로자에게 오염 물질이 확산 되지 않도록 한다.
⑩ 오염원 주위에 근로자의 작업공간이 존재할 경우에는 배기를 급기보다 약간 많이 한다.

45

다음 중 작업환경 개선의 기본원칙인 대체의 방법과 가장 거리가 먼 것은?

① 시간의 변경 ② 시설의 변경
③ 공정의 변경 ④ 물질의 변경

*작업환경 개선의 기본원칙인 대체(대치)의 방법
① 공정의 변경
② 시설의 변경
③ 물질의 변경

43.③ 44.② 45.①

46

다음 중 대체 방법으로 유해작업환경을 개선한 경우와 가장 거리가 먼 것은?

① 유연 휘발유를 무연 휘발유로 대체한다.
② 블라스팅 재료로서 모래를 철구슬로 대체한다.
③ 야광시계의 자판을 인에서 라듐으로 대체한다.
④ 보온재료의 석면을 유리섬유나 암면으로 대체한다.

야광시계의 자판을 라듐 대신 인으로 대체한다.

47

조용한 대기 중에 실제로 거의 속도가 없는 상태로 가스, 증기, 흄이 발생할 때, 국소환기에 필요한 제어속도범위로 가장 적절한 것은?

① $0.25 \sim 0.5 m/\sec$
② $0.1 \sim 0.25 m/\sec$
③ $0.05 \sim 0.1 m/\sec$
④ $0.01 \sim 0.05 m/\sec$

*제어속도 범위(ACGIH)

작업조건	작업공정 사례	제어 속도 [m/s]
움직이지 않는 공기 중 속도없이 배출되는 작업조건 조용한 대기 중에 실제 거의 속도가 없는 상태로 발산하는 경우의 작업조건	- 탱크에서 증발, 탈지시설 - 액면에서 발생하는 가스나 증기 흄	0.25~ 0.5
비교적 조용한 대기 중 저속도로 비산하는 작업조건	- 용접, 도금작업 - 스프레이 도장 - 주형을 부수고 모래를 터는 장소	0.5~ 1.0
발생 기류가 높고 유해물질이 활발하게 발생하는 작업조건	- 스프레이 도장, 용기 충전 - 분쇄기 - 컨베이어 적재	1.0~ 2.5
초고속 기류가 있는 작업장소에 초고속으로 비산하는 경우	- 회전 연삭작업 - 연마작업 - 블라스트 작업	2.5~ 10

48

직경이 $2\mu m$ 이고 비중이 3.5인 산화철 흄의 침강속도는?

① $0.023cm/s$
② $0.036cm/s$
③ $0.042cm/s$
④ $0.054cm/s$

*리프만(Lippman) 식에 의한 침강속도
$\rho = $ 비중 $\times$ 물의 밀도$(=1) = 3.5 \times 1 = 3.5 g/cm^3$
$\therefore V = 0.003\rho d^2 = 0.003 \times 3.5 \times 2^2 = 0.042 cm/\sec$

여기서,
V : 침강속도$[cm/\sec]$
ρ : 입자 밀도$[g/cm^3]$
d : 입자 직경$[\mu m]$

49

다음 중 덕트의 설치 원칙과 가장 거리가 먼 것은?

① 가능한 한 후드와 먼 곳에 설치한다.
② 덕트는 가능한 한 짧게 배치하도록 한다.
③ 밴드의 수는 가능한 한 적게 하도록 한다.
④ 공기가 아래로 흐르도록 하양구배를 만든다.

*덕트설치 시 주요원칙
① 공기가 아래로 흐르도록 하향구배를 만든다.
② 구부러짐 전후에는 청소구를 만든다.
③ 밴드는 가능하면 완만하게 구부리며, 90°는 피한다.
④ 덕트는 가능한 한 짧게 배치하도록 한다.
⑤ 가급적 원형 덕트를 사용하고, 사각 덕트 사용 시 정방형을 사용한다.
⑥ 가능한 한 후드와 가까운 곳에 설치한다.
⑦ 밴드의 수는 가능한 한 적게 하도록 한다.
⑧ 수분이 응축될 경우 덕트 내로 들어가지 않도록 하며 경사나 배수구를 마련한다.
⑨ 덕트와 송풍기 연결부위는 진동을 고려하여 유

연한 재질로 한다.
⑩ 후드는 덕트보다 두꺼운 재질을 선택한다.
⑪ 직경이 다른 덕트 연결 시 경사 30° 이내의 테이퍼를 부착한다.
⑫ 송풍기를 연결할 때 최소 덕트 직경의 6배는 직선구간으로 한다.
⑬ 곡관은 직관보다 0.76mm 정도 두꺼운 재질을 선택한다.
⑭ 곡률반경은 최소 덕트 직경의 1.5 이상, 주로 2.0을 사용한다.

50

송풍기의 송풍량이 $4.17m^3/\sec$이고 송풍기 전압이 $300mmH_2O$인 경우 소요 동력은 약 몇 kW인가?
(단, 송풍기 효율은 0.85이다.)

① 5.8 ② 14.4
③ 18.2 ④ 20.6

*송풍기 소요동력(H)

$Q = 4.17m^3/\sec \times \left(\dfrac{60\sec}{1\min}\right) = 250.2m^3/\min$

$\therefore H = \dfrac{Q \times \triangle P}{6120\eta} \times \alpha = \dfrac{250.2 \times 300}{6120 \times 0.85} \times 1 = 14.4kW$

여기서,
H : 송풍기 소요동력[kW]
Q : 송풍량[$m^3/\min$]
$\triangle P$: 송풍기 유효압력[mmH_2O]
η : 송풍기 효율
α : 여유율 (주어지지 않으면, $\alpha=1$)

51

다음 중 전기집진장치의 특징으로 옳지 않은 것은?

① 가연성 입자의 처리가 용이하다.
② 넓은 범위의 입경과 분진농도에 집진효율이 높다.

③ 압력손실이 낮아 송풍기의 가동비용이 저렴하다.
④ 고온 가스를 처리할 수 있어 보일러와 철강로 등에 설치할 수 있다.

*전기집진장치의 장단점

장점	① 집진효율이 99.9% 정도로 높다. (0.01μm 정도 미세분진 포집 용이) ② 광범위한 온도범위에서 적용 가능하다. ③ 고온가스 처리가 가능하여 보일러 등에 설치할 수 있다. ④ 압력손실이 낮다. ⑤ 대용량 가스처리가 가능하다. ⑥ 운전 및 유지비가 저렴하다. ⑦ 넓은 범위 입경과 분진농도에 집진효율이 높다.
단점	① 설치비용이 많이 들고, 설치공간을 많이 차지한다. ② 설치 후 운전조건의 변화를 유연하게 대처하기 어렵다. ③ 기체상 물질제거가 곤란하다. ④ 가연성 입자 처리가 곤란하다.

52

다음 중 밀어당김형 후드(push-pull hood)가 가장 효과적인 경우는?

① 오염원의 발산량이 많은 경우
② 오염원의 발산농도가 낮은 경우
③ 오염원의 발산농도가 높은 경우
④ 오염원 발산면의 폭이 넓은 경우

*Push-Pull 후드(밀어 당김형 후드)
도금조의 같이 상부가 개방되어 있고 그 면적이 넓어 한쪽 방향에 후드를 설치하여, 개방조 한 변에서 압축공기를 밀어주고 반대쪽에서 당겨주는 방법으로 오염물질을 배출한다. 오염원의 발산면의 폭이 넓은 경우 가장 효과적으로 사용할 수 있는 후드이다.

50.② 51.① 52.④

53

다음 중 국소배기장치에서 공기공급 시스템이 필요한 이유와 가장 거리가 먼 것은?

① 에너지 절감
② 안전사고 예방
③ 작업장의 교차기류 유지
④ 국소배기장치의 효율 유지

*공기공급 시스템이 필요한 이유
① 국소배기장치의 적절한 가동을 위해
② 국소배기장치의 효율 유지를 위해
③ 안전사고 예방을 위해
④ 연료 절약을 위해
⑤ 작업장 내 방해기류가 생기는 것을 방지하기 위해
⑥ 외부 공기가 정화되지 않은 채 건물 내로 유입되는 것을 막기 위해

54

화재 및 폭발방지 목적으로 전체 환기시설을 설치할 때, 필요 환기량 계산에 필요 없는 것은?

① 안전 계수
② 유해물질의 분자량
③ TLV(Threshold Limit Value)
④ LEL(Lower Explosive Limit)

*화재 및 폭발방지를 위한 필요환기량(Q)

$$Q = \frac{24.1 \times S \times G \times K \times 10^2}{M \times LEL \times B}$$

여기서,
Q : 필요환기량$[m^3/hr]$
S : 유해물질의 비중
G : 유해물질의 시간당 사용량$[L/hr]$
K : 안전계수(혼합계수)
M : 유해물질의 분자량
LEL : 폭발하한계$[\%]$
B : 온도에 따른 상수

(120℃ 미만 : 1.0, 120℃ 이상 : 0.7)
24.1 : 1atm, 21℃에서 공기의 부피$[L]$

$$\left(온도보정 : 24.1 \times \frac{273+t}{273+21}\right)$$

여기서, t : 실제공기의 온도$[℃]$

55

다음 호흡용 보호구 중 안면밀착형인 것은?

① 두건형   ② 반면형
③ 의복형   ④ 헬멧형

*안면밀착형 호흡용 보호구
안면부 전체를 가리는 형태로 반드시 호흡용 보호구 밀착 점검을 실시해야 한다. 종류로는 안면부 여과식 또는 반면형 호흡 보호구 등이 있다.

56

분리식 특급 방진 마스크의 여과재 포집 효율은 몇 %이상인가?

① 80.0   ② 94.0
③ 99.0   ④ 99.95

*여과재 분진 등 포집효율

종류	등급	염화나트륨($NaCl$) 및 파라핀 오일 시험
분리식	특급	99.95% 이상
	1급	94% 이상
	2급	80% 이상
안면부 여과식	특급	99% 이상
	1급	94% 이상
	2급	80% 이상

57

다음 중 유해물질별 송풍관의 적정 반송속도로 옳지 않은 것은?

① 가스상 물질 - 10m/sec
② 무거운 물질 - 25m/sec
③ 일반 공업 물질 - 20m/sec
④ 가벼운 건조 물질 - 30m/sec

**조건에 따른 반송속도*

유해물질 발생형태	유해물질 종류	반송속도 [m/sec]
가스, 증기, 흄 및 극히 가벼운 물질	가스, 증기, 솜먼지, 고무분, 합성수지분, 산화아연 및 산화알루미늄 등의 흄 등	10
가벼운 건조먼지	곡물분, 고무, 원면, 플라스틱, 경금속 분진, 대패 밥	15
일반 공업먼지	털, 샌드블라스트, 대패 및 나무부스러기, 그라인더 분진, 내화벽돌 분진	20
무거운 먼지	납 분진, 주물사 먼지, 선반작업 발생먼지	25
무겁고 비교적 큰 입자의 젖은 먼지	젖은 주조작업 먼지, 젖은 납 분진	25 이상

58

후드의 정압이 $12.00mmH_2O$이고 덕트의 속도압이 $0.80mmH_2O$일 때, 유입계수는 얼마인가?

① 0.129 ② 0.194
③ 0.258 ④ 0.387

**후드의 정압(SP_h)*

$$SP_h = VP(1+F) = VP\left(1+\frac{1}{C_e^2}-1\right) = \frac{VP}{C_e^2}$$

$$C_e = \sqrt{\frac{VP}{SP_h}} = \sqrt{\frac{0.8}{12}} = 0.258$$

여기서,
SP_h : 후드의 정압 $[mmH_2O]$
VP : 속도압(동압) $[mmH_2O]$
F : 압력손실계수 $\left(=\frac{1}{C_e^2}-1\right)$
C_e : 유입계수 $\left(=\sqrt{\frac{1}{1+F}}\right)$

59

21℃의 기체를 취급하는 어떤 송풍기의 송풍량이 $20m^3/\min$일 때, 이 송풍기가 동일한 조건에서 50℃의 기체를 취급한다면 송풍량은 몇 $m^3/\min$ 인가?

① 10 ② 15
③ 20 ④ 25

동일한 조건에서 작동되므로 송풍량은 온도변화와 무관하므로 20m³/min으로 값이 동일하다.
(송풍량은 온도변화와 무관, 유량은 온도변화와 관련됨)

57.④ 58.③ 59.③

60

다음 중 방진마스크에 대한 설명으로 옳지 않은 것은?

① 포집효율이 높은 것이 좋다.
② 흡기저항 상승률이 높은 것이 좋다.
③ 비휘발성 입자에 대한 보호가 가능하다.
④ 여과효율이 우수하려면 필터에 사용되는 섬유의 직경이 작고 조밀하게 압축되어야 한다.

*방진마스크의 구비조건(선정조건)
① 흡·배기 저항(+상승률)이 낮을 것
② 여과재 포집효율이 높을 것
③ 시야가 확보될 것(하방시야가 60도 이상 될 것)
④ 중량이 가벼울 것
⑤ 안면 밀착성이 클 것
⑥ 피부접촉 부위가 부드러울 것
⑦ 침입률 1% 이하까지 정확히 평가 가능할 것
⑧ 사용 후 손질이 간단할 것
⑨ 무게중심은 안면에 강한 압박감을 주지 않는 위치에 있을 것
⑩ 여과재로서 면, 모, 합성섬유, 유리섬유, 금속섬유 등이 있다.

2018 3회차
산업위생관리기사 필기 기출문제
제 4과목 : 물리적유해인자관리

61
작업장의 습도를 측정한 결과 절대습도는 $4.57\,mmHg$, 포화습도는 $18.25\,mmHg$이었다. 이 작업장의 습도 상태에 대한 설명으로 맞는 것은?

① 적당하다.
② 너무 건조하다.
③ 습도가 높은 편이다.
④ 습도가 포화상태이다.

*상대습도

상대습도[%] = $\frac{절대습도}{포화\ 습도} \times 100$
= $\frac{4.57}{18.25} \times 100 = 25.04\%$

사람이 활동하기 좋은 상대습도는 30~60%이므로, 25.04%면 ∴ 너무 건조하다.

62
소음에 의한 인체의 장해 정도(소음성난청)에 영향을 미치는 요인이 아닌 것은?

① 소음의 크기
② 개인의 감수성
③ 소음 발생 장소
④ 소음의 주파수 구성

*소음성 난청에 영향을 미치는 인자

영향인자	설명
소음 크기	음압수준이 클수록 영향이 크다.
개인 감수성	소음에 노출된 사람이 전부 똑같이 반응하지 않으며, 감수성이 높은 사람이 극소수로 존재한다.
소음의 주파수 구성	고주파음이 영향이 크다.
소음의 발생 특성	지속적 소음 노출이 간헐적 소음 노출보다 영향이 크다.

63
소독작용, 비타민 D형성, 피부색소침착 등 생물학적 작용이 강한 특성을 가진 자외선(Dorno 선)의 파장 범위는?

① 1000Å ~ 2800Å
② 2800Å ~ 3150Å
③ 3150Å ~ 4000Å
④ 4000Å ~ 4700Å

*자외선의 분류

분류	파장	발생
UV-C	100~280nm (1000~2800Å)	피부의 색소침착
UV-B (도르노선)	280~315nm (2800~3150Å)	소독작용, 비타민 D형성 (건강선, 생명선) 피부노화, 홍반, 각막염, 피부암 유발
UV-A (근자외선)	315~400nm (3150~4000Å)	피부노화 촉진, 백내장

64
이온화 방사선의 건강영향을 설명한 것으로 틀린 것은?

① α입자는 투과력이 작아 우리 피부를 직접 통과하지 못하기 때문에 피부를 통한 영향은 매우 작다.
② 방사선은 생체내 구성원자나 분자에 결합되어 전자를 유리시켜 이온화하고 원자의 들뜸현상을 일으킨다.
③ 반응성이 매우 큰 자유라디칼이 생성되어 단백질, 지질, 탄수화물, 그리고 DNA 등 생체 구성 성분을 손상시킨다.
④ 방사선에 의한 분자수준의 손상은 방사선 조사 후 1시간 이후에 나타나고, 24시간 이후 DNA 손상이 나타난다.

방사선에 의한 분자수준의 손상은 초단위로 발생한다.

61.② 62.③ 63.② 64.④

65

음의 세기레벨이 $80dB$에서 $85dB$로 증가하면 음의 세기는 약 몇 배가 증가하겠는가?

① 1.5배 ② 1.8배
③ 2.2배 ④ 2.4배

*음의 세기레벨(SIL)

$$SIL = 10\log\left(\frac{I}{I_o}\right)$$

$$80 = 10\log\left(\frac{I_A}{10^{-12}}\right) \Rightarrow I_A = 10^{-4}\,W/m^2$$

$$85 = 10\log\left(\frac{I_B}{10^{-12}}\right) \Rightarrow I_B = 3.16\times 10^{-4}\,W/m^2$$

$$\therefore 증가 = \frac{I_B - I_A}{I_A} = \frac{3.16\times 10^{-4} - 10^{-4}}{10^{-4}} = 2.2배$$

여기서,
SIL : 음의 세기레벨(음의 강도)$[dB]$
I : 대상음의 세기$[W/m^2]$
I_o : 최소가청음세기$(=10^{-12}[W/m^2])$

66

전신진동 노출에 따른 건강 장애에 대한 설명으로 틀린 것은?

① 평형감각에 영향을 줌
② 산소 소비량과 폐환기량 증가
③ 작업수행 능력과 집중력 저하
④ 레이노드 증후군(Raynaud's phenomenon) 유발

*레이노드 증상(Raynaud)
한랭환경에서 국소진동에 노출되면 발생하는 현상으로 손과 발가락의 감각마비 증상이 나타난다. 청색증이라고도 명칭을 불리우며, 심하면 극심한 통증이 발생한다. 주로 진동공구, 착암기, 해머 등 공구를 장기간 사용한 근로자에게 발생한다.

67

반향시간(reververation time)에 관한 설명으로 맞는 것은?

① 반향시간과 작업장의 공간부피만 알면 흡음량을 추정할 수 있다.
② 소음원에서 소음발생이 중지한 후 소음의 감소는 시간의 제곱에 반비례하여 감소한다.
③ 반향시간은 소음이 닿는 면적을 계산하기 어려운 실외에서의 흡음량을 추정하기 위하여 주로 사용한다.
④ 소음원에서 발생하는 소음과 배경소음간의 차이가 $40dB$인 경우에는 $60dB$만큼 소음이 감소하지 않기 때문에 반향시간을 측정할 수 없다.

*잔향시간(반향시간, T)

$$T = \frac{0.161\,V}{A} = \frac{0.161\,V}{\bar{a}\,S}$$

여기서,
T : 잔향시간$[sec]$
V : 실내 체적$[m^3]$
A : 실내면의 총 흡음력$[m^2, sabin]$
S : 실내면의 총 표면적$[m^2]$
$\bar{a}$: 실내 평균흡음률

68

소음의 종류에 대한 설명으로 맞는 것은?

① 연속음은 소음의 간격이 1초 이상을 유지하면서 계속적으로 발생하는 소음을 의미한다.
② 충격소음은 소음이 1초 미만의 간격으로 발생하면서, 1회 최대 허영기준은 $120dB(A)$이다.
③ 충격소음은 최대음압수준이 $120dB(A)$ 이상인 소음이 1초 이상의 간격으로 발생하는 것을 의미한다.
④ 단속음은 1일 작업 중 노출되는 여러 가지 음압수준을 나타내며 소음의 반복음의 간격이 3초 보다 큰 경우를 의미한다.

※충격 소음작업
소음이 1초 이상의 간격으로 발생하는 작업으로서 다음 각 목의 어느 하나에 해당하는 작업을 말한다.

데시벨(이상)	발생시간(1일 기준)
120dB	10000회 이상
130dB	1000회 이상
140dB	100회 이상

69

진동에 대한 설명으로 틀린 것은?

① 전신진동에 대해 인체는 대략 $0.01m/s^2$까지의 진동 가속도를 느낄 수 있다.
② 진동 시스템을 구성하는 3가지 요소는 질량(mass), 탄성(elasticity)과 댐핑(damping)이다.
③ 심한 진동에 노출될 경우 일부 노출군에서 뼈, 관절 및 신경, 근육, 혈관 등 연부조직에 병변이 나타난다.
④ 간헐적인 노출시간(주당 1일)에 대해 노출 기준치를 초과하는 주파수-보정, 실효치, 성분가속도에 대한 급성노출은 반드시 더 유해하다.

간헐적인 노출시간(주당 1일)에 대해 노출 기준치를 초과하는 주파수-보정, 실효치, 성분가속도에 대한 급성노출은 반드시 더 유해하진 않는다.

70

극저주파 방사선(Extremely Low Frequency Fields)에 대한 설명으로 틀린 것은?

① 상한 선기상의 발생원은 고선류상비와 같은 높은 전류와 관련이 있으며 강한 자기장의 발생원은 고전압장비와 같은 높은 전하와 관련이 있다.
② 작업장에서 발전, 송전, 전기 사용에 의해 발생되며 이들 경로에 있는 발전기에서 전력선, 전기설비, 기계, 기구 등도 잠재적인 노출원이다.
③ 주파수가 1 ~ 3000Hz에 해당되는 것으로 정의되며, 이 범위 중 50 ~ 60Hz의 전력선과 관련한 주파수의 범위가 건강과 밀접한 연관이 있다.
④ 특히 교류전기는 1초에 60번씩 극성이 바뀌는 60Hz의 저주파를 나타내므로 이에 대한 노출평가, 생물학적 및 인체영향 연구가 많이 이루어져 왔다.

※전기장·자기장 발생원
① 전기장 발생원 : 고전압장비
② 자기장 발생원 : 고전류장비

71

전리방사선에 해당하는 것은?

① 마이크로파　　② 극저주파
③ 레이져광선　　④ X선

※전리방사선과 비전리방사선의 종류

전리방사선	비전리방사선
① α선 ② β선 ③ γ선 ④ X-Ray(X선) ⑤ 중성자	① 자외선 ② 가시광선 ③ 적외선 ④ 마이크로파 ⑤ 라디오파 ⑥ 초저주파 ⑦ 극저주파 ⑧ 레이저

69.④ 70.① 71.④

72

음력이 $2watt$인 소음원으로부터 $50m$ 떨어진 지점에서의 음압수준(sound pressure level)은 약 몇 dB인가?

(단, 공기의 밀도는 $1.2kg/m^3$, 공기에서의 음속은 $344m/s$로 가정한다.)

① 76.60
② 78.02
③ 79.40
④ 80.70

*음압수준(SPL)과 음향파워레벨(PWL)의 관계식
[무지향성 점음원, 자유공간(공중, 구면파)]

$SPL = PWL - 20\log r - 11$
$= 10\log \dfrac{W}{W_o} - 20\log r - 11$
$= 10\log \dfrac{2}{10^{-12}} - 20\log 50 - 11 = 78.02 dB$

여기서,
SPL : 음압수준[dB]
PWL : 음향파워레벨[dB]
r : 소음원으로부터의 거리[m]
W : 대상음원의 음향파워[W]
W_o : 기준음향파워($=10^{-12}[W]$)

73

소음에 관한 설명으로 맞는 것은?

① 소음의 원래 정의는 매우 크고 자극적인 음을 일컫는다.
② 소음과 소음이 아닌 것은 소음계를 사용하면 구분할 수 있다.
③ 작업환경에서 노출되는 소음은 크게 연속음, 단속음, 충격음 및 폭발음으로 구분할 수 있다.
④ 소음으로 인한 피해는 정신적, 심리적인 것이며 신체에 직접적인 피해를 주는 것은 아니다.

③ 소음의 종류는 3가지로 연속음, 충격음, 단속음으로 구분할 수 있다.

74

다음 그림과 같이 복사체, 열차단판, 흑구온도계, 벽체의 순서로 배열하였을 때 열차단판의 조건이 어떤 경우에 흑구온도계의 온도가 가장 낮겠는가?

① 열차단판 양면을 흑색으로 한다.
② 열차단판 양면을 알루미늄으로 한다.
③ 복사체 쪽은 알루미늄, 온도계 쪽은 흑색으로 한다.
④ 복사체 쪽은 흑색, 온도계 쪽은 알루미늄으로 한다.

열반사율이 큰 알루미늄을 열차단판 양면으로 이용하면 복사열 차단에 매우 효과적으로 흑구온도계의 온도가 가장 낮게 측정될 것이다.

75

작업장의 조도를 균등하게 하기 위하여 국소조명과 전체조명이 병용될 때, 일반적으로 전체조명의 조도는 국부조명의 어느 정도가 적당한가?

① $\frac{1}{20} \sim \frac{1}{10}$
② $\frac{1}{10} \sim \frac{1}{5}$
③ $\frac{1}{5} \sim \frac{1}{3}$
④ $\frac{1}{3} \sim \frac{1}{2}$

전체조명의 조도는 국부조명에 의한 조도의 $\frac{1}{10} \sim \frac{1}{5}$ 정도 되도록 조절한다.

76

동상의 종류와 증상이 잘못 연결된 것은?

① 1도 : 발적
② 2도 : 수포형성과 염증
③ 3도 : 조직괴사로 괴저발생
④ 4도 : 출혈

*동상(Frostbite)

동상의 종류	설명
제1도 동상 (발적)	홍반성 동상이라고도 하며, 초반에 말단부로의 혈행이 정체되어 국소성 빈혈이 생기며, 환부의 피부는 창백하게 되어 동통 또는 지각 이상을 발함
제2도 동상 (수포 형성과 염증)	수포성 동상이라고도 하며, 피부가 벗겨지거나 물집이 생기는 결빙
제3도 동상 (조직괴사로 괴저 발생)	괴사성 동상이라고도 하며, 장시간 한랭 노출에 의해 혈행이 완전히 정지되어 동시에 조직성분이 붕괴되어 해당 부분이 괴사되는 동상

77

1기압(atm)에 관한 설명으로 틀린 것은?

① 약 $1kgf/cm^2$과 동일하다.
② torr로는 0.76에 해당한다.
③ 수은주로 $760mmHg$과 동일하다.
④ 수주(水柱)로 $10332mmH_2O$에 해당한다.

*1기압
1기압
$= 1atm = 760mmHg = 10332mmH_2O$
$= 1.0332kg_f/cm^2 = 10332kg_f/m^2 = 14.7psi$
$= 760 Torr = 10332mmAq = 10.332mH_2O$
$= 1013hPa = 1013.25mb = 1.01325bar$
$= 1013250dyne/cm^2 = 101325Pa$

78

산소농도가 6% 이하인 공기 중의 산소분압으로 맞는 것은?
(단, 표준상태이며, 부피기준이다.)

① $45mmHg$ 이하
② $55mmHg$ 이하
③ $65mmHg$ 이하
④ $75mmHg$ 이하

*분압
산소 분압$[mmHg] = 760mmHg \times$산소 성분비
$= 760 \times 0.06 = 45.6 ≒ 45mmHg$

79

감압과 관련된 다음 설명 중 ( )안에 알맞은 내용으로 나열한 것은?

> 깊은 물에서 올라오거나 감압실 내에서 감압을 하는 도중에 폐압박의 경우와는 반대로 폐 속에 공기가 팽창한다. 이때는 감압에 의한 (㉠)과 (㉡)의 두 가지 건강상 문제가 발생한다.

① ㉠ 폐수종, ㉡ 저산소증
② ㉠ 질소기포형성, ㉡ 산소중독
③ ㉠ 가스팽창, ㉡ 질소기포형성
④ ㉠ 가스압축, ㉡ 이산화탄소중독

*감압환경 인체작용
깊은 물에서 올라오거나 감압실 내에서 감압을 하는 도중에 폐압박의 경우와는 반대로 폐속에 공기가 팽창한다. 이때는 감압에 의한 가스팽창과 질소기포형성의 두 가지 건강상 문제가 발생한다.

80

고압환경에서 발생할 수 있는 화학적인 인체 작용이 아닌 것은?

① 일산화탄소 중독에 의한 호흡곤란
② 질소마취작용에 의한 작업력 저하
③ 산소중독증상으로 간질 모양의 경련
④ 이산화탄소 불압증가에 의한 동통성 관절 장애

*고압(가압)환경의 인체적용

1차적 가압현상	2차적 가압현상
근육통, 관절통, 출혈, 부종	① 질소의 마취작용 ② 산소중독 ③ 이산화탄소의 작용

2018 3회차 산업위생관리기사 필기 기출문제
제 5과목 : 산업독성학

81
금속물질인 니켈에 대한 건강상의 영향이 아닌 것은?

① 접촉성 피부염이 발생한다.
② 폐나 비강에 발암작용이 나타난다.
③ 호흡기 장해와 전신중독이 발생한다.
④ 비타민 D를 피하주사하면 효과적이다.

*니켈(Ni)
① 특징
도금, 제강, 전지, 합금 공정 등에 노출될 수 있다.

② 니켈중독의 증세
㉠ 급성중독
접촉성 피부염, 복통, 설사, 두통, 현기증, 폐렴, 폐부종, 전신중독 유발

㉡ 만성중독
폐암, 비강암, 비중격천공증 유발

③ 니켈중독의 치료사항
체내 축적 시 아연, 비타민 E, 셀레늄 등 황 함유 아미노산을 섭취한다.

82
급성중독 시 우유와 계란의 흰자를 먹여 단백질과 해당 물질을 결합시켜 침전시키거나, BAL(dimercaprol)을 근육주사로 투여하여야 하는 물질은?

① 납
② 크롬
③ 수은
④ 카드뮴

*수은중독 치료사항

급성 중독	① 우유와 계란흰자를 먹인다. ② BAL을 투여한다. ③ 위세척을 한다. ④ 마늘을 섭취한다.
만성 중독	① 수은 취급을 즉시 중지한다. ② BAL을 투여한다. ③ N-acetyl-D-penicillamine을 투여한다. ④ 하루 10L 등장식염수를 공급한다. ⑤ 땀을 흘리게 하여 수은배설을 촉진시킨다. ⑥ 진전증세에 genascopalin을 투여한다.

83
염료, 합성고무경화제의 제조에 사용되며 급성중독으로 피부염, 급성방광염을 유발하며, 만성중독으로는 방광, 요로계 종양을 유발하는 유해물질은?

① 벤지딘
② 이황화탄소
③ 노말헥산
④ 이염화메틸렌

*벤지딘
급성중독으로 피부염, 급성방광염과 만성중독으로 방광암, 요로계 종양을 유발하는 유해물질

84
작업환경측정과 비교한 생물학적 모니터링의 장점이 아닌 것은?

① 모든 노출경로에 의한 흡수정도를 나타낼 수 있다.
② 분석 수행이 용이하고 결과 해석이 명확하다.
③ 건강상의 위험에 대해서 보다 정확한 평가를 할 수 있다.
④ 작업환경측정(개인시료)보다 더 직접적으로 근로자 노출을 추정할 수 있다.

81.④ 82.③ 83.① 84.②

*생물학적 모니터링 장단점

장점	① 모든 침입경로에 의한 섭취량 평가 가능 ② 운동량에 의한 섭취량 증가에 대응 가능 ③ 작업시간 영향의 반영 가능 ④ 방독마스크 착용 전후의 유해물 노출량의 평가 가능 ⑤ 건강상의 위험에 대해서 보다 정확한 평가를 할 수 있다. ⑥ 작업환경측정(개인시료)보다 더 직접적으로 근로자 노출을 추정할 수 있다.
단점	① 시료채취가 어렵다. ② 각 작업자의 생물학적 차이가 나타날 수 있다. ③ 유기시료의 특이성이 존재하며 복잡하다. ④ 분석의 어려움 및 분석 시 오염에 노출될 가능성이 있다.

85

납중독에 관한 설명으로 틀린 것은?

① 혈청 내 철이 감소한다.
② 요 중 δ-ALAD 활성치가 저하된다.
③ 적혈구 내 프로토포르피린이 증가한다.
④ 임상증상은 위장계통장해, 신경근육계통의 장해, 중추신경계통의 장해 등 크게 3가지로 나눌 수 있다.

*납중독의 증세
① 소화기장해(위장계통의 장해)
② 중추신경장해(뇌중독 증상)
③ 신경·근육 계통의 장해
④ 기타 증상
  ㉠ 이미증(Pica) : 극소량의 농도에서 어린아이에게 학습장해 및 기능저하를 초래하며 1~5세 소아 환자에게 발생하기 쉽다.
  ㉡ 납빈혈 및 연산통
  ㉢ 만성신부전
  ㉣ 골수 침입 및 혈청 내 철 증가
  ㉤ 혈색소 양 저하, 망상적혈구수 증가
  ㉥ 적혈구 내 Protoporphyrin(프로토포르피린) 증가
  ㉦ 소변 중 Coprophyrin(코프로포르피린) 증가
  ㉧ 소변 중 δ-ALA 증가
  ㉨ 소변 중 δ-ALAD 활성치 감소

86

직업성 천식이 유발될 수 있는 근로자와 거리가 가장 먼 것은?

① 채석장에서 돌을 가공하는 근로자
② 목분진에 과도하게 노출되는 근로자
③ 빵집에서 밀가루에 노출되는 근로자
④ 폴리우레탄 페인트 생산에 TDI를 사용하는 근로자

*직업성 천식 유발물질
① 목분진
② 무수트리멜리트산(TMA)
③ 톨루엔디이소시안산염(TDI)
④ 메틸렌디페닐디이소사이아네이트(MDI)
⑤ 백금, 니켈, 크롬, 알루미늄
⑥ 항생제, 소화제
⑦ 밀가루, 커피가루, 라텍스, 응애, 진드기, 곡물가루, 쌀겨, 메밀가루, 카레, 동물 털 및 분비물
⑧ 산화무수물, 송진연무, 반응성 및 아조 염료 등

87

무기성분진에 의한 진폐증이 아닌 것은?

① 규폐증(silicosis)
② 연초폐증(tabacosis)
③ 흑연폐증(graphite lung)
④ 용접공폐증(welder's lung)

*분진 종류에 따른 진폐증 분류

무기성(광물성)분진에 의한 진폐증 (교원성 진폐증)	유기성 분진에 의한 진폐증 (비교원성 진폐증)
① 규폐증 ② 규조토폐증 ③ 탄소폐증 ④ 석면폐증 ⑤ 용접공폐증 ⑥ 탄광부 진폐증 ⑦ 베릴륨폐증 ⑧ 철폐증 ⑨ 활석폐증 ⑩ 흑연폐증 ⑪ 주석폐증 ⑫ 칼륨폐증 ⑬ 바륨폐증	① 농부폐증 ② 연초폐증 ③ 면폐증 ④ 설탕폐증 ⑤ 목재분진폐증 ⑥ 모발분진 폐증

88
작업장에서 생물학적 모니터링의 결정인자를 선택하는 근거를 설명한 것으로 틀린 것은?

① 충분히 특이적이다.
② 적절한 민감도를 갖는다.
③ 분석적인 변이나 생물학적 변이가 타당해야 한다.
④ 톨루엔에 대한 건강위험 평가는 크레졸보다 마뇨산이 신뢰성이 있는 결정인자이다.

톨루엔에 대한 건강위험평가는 뇨 중 o-크레졸, 혈액, 호기에서 톨루엔이 신뢰성이 있는 결정인자이다.

89
피부 독성에 있어 경피흡수에 영향을 주는 인자와 가장 거리가 먼 것은?

① 온도
② 화학물질
③ 개인의 민감도
④ 용매(vehicle)

*피부 독성에 있어 경피흡수의 영향인자
① 개인의 민감도
② 용매
③ 화학물질

90
할로겐화탄화수소에 관한 설명으로 틀린 것은?

① 대개 중추신경계의 억제에 의한 마취작용이 나타난다.
② 가연성과 폭발의 위험성이 높으므로 취급시 주의하여야 한다.
③ 일반적으로 할로겐화탄화수소의 독성의 정도는 화합물의 분자량이 커질수록 증가한다.
④ 일반적으로 할로겐화탄화수소의 독성의 정도는 할로겐원소의 수가 커질수록 증가한다.

할로겐탄화수소는 불연성으로 폭발의 위험성이 낮다.

91
유리규산(석영) 분진에 의한 규폐성 결정과 폐포벽 파괴 등 망상 내피계 반응은 분진입자의 크기가 얼마일 때 자주 일어나는가?

① $0.1 \sim 0.5 \mu m$
② $2 \sim 5 \mu m$
③ $10 \sim 15 \mu m$
④ $15 \sim 20 \mu m$

유리규산(석영) 분진에 의한 규폐성 결정과 폐포벽 파괴 등 망상 내피계 반응은 분자입자의 크기가 $2 \sim 5 \mu m$일 때 자주 일어난다.

92
피부는 표피와 진피로 구분하는데, 진피에만 있는 구조물이 아닌 것은?

① 혈관
② 모낭
③ 땀샘
④ 멜라닌 세포

피부는 표피와 진피로 구분하는데, 표피에는 색소침착이 가능한 멜라닌 세포와 링거한스세포가 존재한다.

93
호흡기계 발암성과의 관련성이 가장 낮은 것은?

① 석면
② 크롬
③ 용접흄
④ 황산니켈

용접흄은 호흡기계 발암성과 관련이 낮다.

94
화학적 질식제에 대한 설명으로 맞는 것은?

① 뇌순환 혈관에 존재하면서 농도에 비례하여 중추신경 작용을 억제한다.
② 피부와 점막에 작용하여 부식작용을 하거나 수포를 형성하는 물질로 고농도 하에서 호흡이 정지되고 구강내 치아산식증 등을 유발한다.
③ 공기 중에 다량 존재하여 산소분압을 저하시켜 조직 세포에 필요한 산소를 공급하지 못하게 하여 산소부족 현상을 발생시킨다.
④ 혈액 중에서 혈색조와 결합한 후에 혈액의 산소운반 능력을 방해하거나, 또는 조직세포에 있는 철 산화요소를 불활성화 시켜 세포의 산소수용 능력을 상실시킨다.

*질식제
조직 내 산화작용을 방해하는 물질

질식제의 구분	
단순 질식제	생리적으로 아무 작용하지 않으나 공기 중에 많이 존재하여 산소분압을 감소시켜 조직에 필요한 산소의 공급부족을 유발한다. ① 이산화탄소(CO_2) ② 메탄(CH_4) ③ 질소(N_2) ④ 수소(H_2) ⑤ 에탄(C_2H_6) ⑥ 프로판(C_3H_8) ⑦ 에틸렌(C_2H_4) ⑧ 아세틸렌(C_2H_2) ⑨ 헬륨(He)
화학적 질식제	산소운반 능력을 방해하거나 조직이 산소를 받아들이는 능력을 저하시켜 내질식을 일으킨다. ① 일산화탄소(CO) ② 황화수소(H_2S) ③ 시안화수소(HCN) ④ 아닐린($C_6H_5NH_2$) ⑤ 염소(Cl) ⑥ 포스겐($COCl_2$)

95
생물학적 모니터링을 위한 시료가 아닌 것은?

① 공기 중의 바이오 에어로졸
② 요 중의 유해인자나 대사산물
③ 혈액 중의 유해인자나 대사산물
④ 호기(exhaled air)중의 유해인자나 대사산물

*생물학적 모니터링 정의와 목적
① 정의
근로자의 유해인자에 대한 노출정도를 소변, 호기, 혈액 중에서 그 물질이나 대사산물을 측정 함으로써 노출 정도를 추정하는 방법이며, 측정을 통해 노출의 정도나 건강위험을 평가한다.

② 목적
㉠ 유해물질에 노출된 근로자의 정보 자료의 노출 근거 자료로 활용
㉡ 개인보호구의 효율성, 기술적 대책, 관리 및 평가
㉢ 작업장 근로자 보호 전략 수립
㉣ 건강에 영향을 미치는 바람직하지 않은 노출 상태 파악
㉤ 건강상 위험은 생물학적 검체에서 물질별 결정 인자를 생물학적 노출지수와 비교하여 평가

96
전신(계통)적 장애를 일으키는 금속 물질은?

① 납　　　　　　② 크롬
③ 아연　　　　　④ 산화철

*아연(Zn)
금속열로 인해 전신(계통)적 장애를 일으킨다.

97
단순 질식제에 해당되는 물질은?

① 탄산가스　　　② 아닐린가스
③ 니트로벤젠가스　④ 황화수소가스

*질식제
조직 내 산화작용을 방해하는 물질

질식제의 구분		
단순 질식제	생리적으로 아무 작용하지 않으나 공기 중에 많이 존재하여 산소분압을 감소시켜 조직에 필요한 산소의 공급부족을 유발한다.	① 이산화탄소(CO_2) ② 메탄(CH_4) ③ 질소(N_2) ④ 수소(H_2) ⑤ 에탄(C_2H_6) ⑥ 프로판(C_3H_8) ⑦ 에틸렌(C_2H_4) ⑧ 아세틸렌(C_2H_2) ⑨ 헬륨(He)
화학적 질식제	산소운반 능력을 방해하거나 조직이 산소를 받아들이는 능력을 저하시켜 내질식을 일으킨다.	① 일산화탄소(CO) ② 황화수소(H_2S) ③ 시안화수소(HCN) ④ 아닐린($C_6H_5NH_2$) ⑤ 염소(Cl) ⑥ 포스겐($COCl_2$)

✔ 탄산가스=이산화탄소

98

공기 중 일산화탄소 농도가 $10mg/m^3$인 작업장에서 1일 8시간 동안 작업하는 근로자가 흡입하는 일산화탄소의 양은 몇 mg인가?
(단, 근로자의 시간당 평균 흡기량은 $1250L$이다.)

① 10 ② 50
③ 100 ④ 500

*흡입하는 일산화탄소
흡입 일산화탄소
$= 10mg/m^3 \times 1250L/hr \times 8hr \times \left(\dfrac{1m^3}{1000L}\right)$
$= 100mg$

*참고
• $1m^3 = 1000L$

99

직업성 피부질환 유발에 관여하는 인자 중 간접적 인자와 가장 거리가 먼 것은?

① 땀 ② 인종
③ 연령 ④ 성별

*직업성 피부질환의 원인

직접원인	간접원인
① 물리적 요인 온도, 진동, 자외선 등 ② 화학적 요인 알레르기성 접촉 피부염물질 등 ③ 생물학적 요인 바이러스, 세균 등	① 계절 ② 성별 ③ 연령 ④ 인종 ⑤ 의복 ⑥ 피부의 종류

100

미국정부산업위생전문가협의회(ACGI)의 발암물질 구분으로 동물 발암성 확인물질, 인체 발암성 모름에 해당되는 Group은?

① A2 ② A3
③ A4 ④ A5

*미국산업위생전문가협의회(ACGIH)의 발암물질 구분

구분	설명
A1	- 인체 발암 확인물질 - 석면, 베릴륨, 우라늄, 벤지딘, 염화비닐 등
A2	- 인체 발암이 의심되는 물질
A3	- 동물 발암성 확인물질
A4	- 인체 발암성 미분류 물질
A5	- 인체 발암성 미의심 물질

98.③ 99.① 100.②

2019 1회차

산업위생관리기사 필기 기출문제

제 1과목 : 산업위생학개론

01
신체적 결함과 이에 따른 부적합 작업을 짝지은 것으로 틀린 것은?

① 심계항진 – 정밀작업
② 간기능 장해 – 화학공업
③ 빈혈증 – 유기용제 취급작업
④ 당뇨증 – 외상받기 쉬운 작업

심계항진 - 고소작업, 격심작업

02
OSHA가 의미하는 기관의 명칭으로 맞는 것은?

① 세계보건기구
② 영국보건안전부
③ 미국산업위생협회
④ 미국산업안전보건청

*OSHA(미국산업안전보건청)
PEL 기준을 사용하며, 미국직업안전위생관리국이라고도 한다.

03
사고예방대책의 기본원리 5단계를 순서대로 나열한 것으로 맞는 것은?

① 사실의 발견→조직→분석→시정책(대책)의 선정→시정책(대책)의 적용
② 조직→분석→사실의 발견→시정책(대책)의 선정→시정책(대책)의 적용
③ 조직→사실의 발견→분석→시정책(대책)의 선정→시정책(대책)의 적용
④ 사실의 발견→분석→조직→시정책(대책)의 선정→시정책(대책)의 적용

*하인리히의 사고방지 5단계
1단계 : 안전조직
2단계 : 사실의 발견
3단계 : 분석평가
4단계 : 시정방법 선정
5단계 : 시정책 적용

04
실내공기의 오염에 따른 건강상의 영향을 나타내는 용어가 아닌 것은?

① 새집증후군
② 헌집증후군
③ 화학물질과민증
④ 스티븐슨존슨증후군

*스티븐슨존슨 증후군
피부병이 악화된 상태로 피부의 탈락을 유발하는 심각한 급성 피부 점막 전신 질환으로 대부분 약물에 의해 발생하며, 실내공기의 오염에 따른 건강상의 영향과 무관하다.

01.① 02.④ 03.③ 04.④

05

국가 및 기관별 허용기준에 대한 사용 명칭을 잘못 연결한 것은?

① 영국 HSE – OEL
② 미국 OSHA – PEL
③ 미국 ACGIH – TLV
④ 한국 – 화학물질 및 물리적 인자의 노출기준

영국 HSE – WEL

06

물체의 실제무게를 미국 NIOSH의 권고중량물한계기준(RWL)으로 나누어 준 값을 무엇이라 하는가?

① 중량상수(LC)
② 빈도승수(FM)
③ 비대칭승수(AM)
④ 중량물 취급지수(LI)

*중량물 취급지수(LI)

$$LI = \frac{물체\ 무게[kg]}{RWL[kg]}$$

07

1994년 AIHA에서 채택된 산업위생전문가의 윤리강령 내용으로 틀린 것은?

① 산업위생 활동을 통해 얻은 개인 및 기업의 정보는 누설하지 않는다.
② 과학적 방법의 적용과 자료의 해석에서 경험을 통한 전문가의 주관성을 유지한다.
③ 전문적 판단이 타협에 의하여 좌우될 수 있거나 이해관계가 있는 상황에는 개입하지 않는다.
④ 쾌적한 작업환경을 만들기 위해 산업위생이론을 적용하고 책임 있게 행동한다.

*산업위생전문가의 윤리강령(산업위생전문가로서의 책임)
① 성실성과 학문적 실력 면에서 최고 수준을 유지한다.
② 과학적 방법의 적용과 자료의 해석에서 경험을 통한 전문가의 객관성을 유지한다.
③ 전문 분야로서 산업위생을 학문적으로 발전시킨다.
④ 근로자, 사회 및 전문 직종의 이익을 위해 과학적 지식을 공개하고 발표한다.
⑤ 산업위생활동을 통해 얻은 개인 및 기업체의 기밀은 누설하지 않는다.
⑥ 전문적 판단이 타협에 의하여 좌우될 수 있거나 이해관계가 있는 상황에는 개입하지 않는다.
⑦ 쾌적한 작업환경을 만들기 위해 산업위생이론을 적용하고 책임 있게 행동한다.

08

최대작업영역(maximum working area)에 대한 설명으로 맞는 것은?

① 양팔을 곧게 폈을 때 도달할 수 있는 최대영역
② 팔을 위 방향으로만 움직이는 경우에 도달할 수 있는 작업영역
③ 팔을 아래 방향으로만 움직이는 경우에 도달할 수 있는 작업영역
④ 팔을 가볍게 몸체에 붙이고 팔꿈치를 구부린 상태에서 자유롭게 손이 닿는 영역

*정상작업역·최대작업역
① 정상 작업역(표준영역)
 ㉠ 윗팔(상완)을 자연스럽게 수직으로 늘어뜨린 채, 아래팔(전완)만으로 편하게 뻗어 파악할 수 있는 영역
 ㉡ 팔을 가볍게 몸에 붙이고 팔꿈치를 구부린 상태에서 자유롭게 손이 닿는 영역
 ㉢ 움직이지 않고 전박과 손으로 조작할 수 있는 범위
② 최대 작업역(최대영역)
 ㉠ 윗팔(상완)과 아래팔(전완)을 곧게 수평으로 펴서 파악할 수 있는 영역
 ㉡ 어깨에서부터 팔을 뻗어 도달하는 최대영역
 ㉢ 움직이지 않고 상지를 뻗어 닿는 범위

05.① 06.④ 07.② 08.①

09

산업안전보건법령상 석면에 대한 작업환경측정결과 측정치가 노출기준을 초과하는 경우 그 측정일로부터 몇 개월에 몇 회 이상의 작업환경측정을 하여야 하는가?

① 1개월에 1회 이상 ② 3개월에 1회 이상
③ 6개월에 1회 이상 ④ 12개월에 1회 이상

*작업환경측정 주기 및 횟수
사업주는 작업장 또는 작업공정이 신규로 가동 되거나 변경되는 등으로 작업환경측정 대상 작업장이 된 경우에는 그 날부터 30일 이내에 작업환경 측정을 하고, 그 후 반기에 1회 이상 정기적으로 작업환경을 측정해야 한다. 다만, 작업환경측정 결과가 다음 각 호의 어느 하나에 해당하는 작업장 또는 작업공정은 해당 유해인자에 대하여 그 측정일부터 3개월에 1회 이상 작업환경측정을 해야 한다.
① 화학적 인자(고용노동부장관이 정하여 고시하는 물질만 해당한다)의 측정치가 노출기준을 초과하는 경우
② 화학적 인자(고용노동부장관이 정하여 고시하는 물질은 제외한다)의 측정치가 노출기준을 2배 이상 초과하는 경우

10

미국산업위생학회(AHIA)에서 정한 산업위생의 정의로 옳은 것은?

① 작업장에서 인종, 정치적 이념, 종교적 갈등을 배제하고 작업자의 알권리를 최대한 확보해주는 사회과학적 기술이다.
② 작업자가 단순하게 허약하지 않거나 질병이 없는 상태가 아닌 육체적, 정신적 및 사회적인 안녕 상태를 유지하도록 관리하는 과학과 기술이다.
③ 근로자 및 일반대중에게 질병, 건강장애, 불쾌감을 일으킬 수 있는 작업 환경요인과 스트레스를 예측, 측정, 평가 및 관리하는 과학이며
④ 노동 생산성보다는 인권이 소중하다는 이념 하에 노사간 갈등을 최소화하고 협력을 도모하여 최대한 쾌적한 작업환경을 유지 증진하는 사회과학이며 자연과학이다.

*산업위생의 정의(AIHA)
근로자나 일반 대중에게 질병, 건강장애와 안녕방해, 심각한 불쾌감 및 능률 저하 등을 초래하는 작업 환경요인과 스트레스를 예측, 측정, 평가하고 관리하는 과학과 기술이다.

11

직업성 질환의 범위에 대한 설명으로 틀린 것은?

① 합병증이 원발성 질환과 불가분의 관계를 가지는 경우를 포함한다.
② 직업상 업무에 기인하여 1차적으로 발생하는 원발성 질환은 제외한다.
③ 원발성 질환과 합병 작용하여 제2의 질환을 유발하는 경우를 포함한다.
④ 원발성 질환부위가 아닌 다른 부위에서도 동일한 원인에 의하여 제2의 질환을 일으키는 경우를 포함한다.

직업상 업무에 기인하여 1차적으로 발생하는 원발성 질환은 포함한다.

12

산업피로에 대한 설명으로 틀린 것은?

① 산업피로는 원천적으로 일종의 질병이며 비가역적 생체변화이다.
② 산업피로는 건강장해에 대한 경고반응이라고 할 수 있다.
③ 육체적, 정신적 노동부하에 반응하는 생체의 태도이다.
④ 산업피로는 생산성의 저하뿐만 아니라 재해와 질병의 원인이 된다.

산업피로는 원천적으로 질병이 아니며 가역적 생체변화이다.

13

산업안전보건법상 사무실 공기관리에 있어 오염물질에 대한 관리 기준이 잘못 연결된 것은?

① 오존 - $0.1ppm$ 이하
② 일산화탄소 - $10ppm$ 이하
③ 이산화탄소 - $1000ppm$ 이하
④ 포름알데히드(HCHO) - $100\mu m^3$ 이하

*오염물질 관리기준

오염물질	관리기준
미세먼지 (PM10)	$100\mu g/m^3$
초미세먼지 (PM2.5)	$50\mu g/m^3$
이산화탄소 (CO_2)	$1000ppm$
일산화탄소 (CO)	$10ppm$
이산화질소 (NO_2)	$0.1ppm$
포름알데히드 (HCHO)	$100\mu g/m^3$
총휘발성유기화합물 (TVOC)	$500\mu g/m^3$
라돈	$148Bq/m^3$
총부유세균	$800CFU/m^3$
곰팡이	$500CFU/m^3$

14

밀폐공간과 관련된 설명으로 틀린 것은?

① 산소결핍이란 공기 중의 산소농도가 16% 미만인 상태를 말한다.
② 산소결핍증이란 산소가 결핍된 공기를 들이마심으로써 생기는 증상을 말한다.
③ 유해가스란 탄산가스, 일산화탄소, 황화수소 등의 기체로서 인체에 유해한 영향을 미치는 물질을 말한다.
④ 적정공기란 산소농도의 범위가 18%이상 23.5%미만, 탄산가스의 농도가 1.5%미만, 일산화탄소의 농도가 30ppm 미만, 황화수소의 농도가 10ppm 미만인 수준의 공기를 말한다.

*산소결핍 : 공기 중의 산소농도가 18% 미만인 상태

15

산업피로의 대책으로 적합하지 않은 것은?

① 불필요한 동작을 피하고 에너지 소모를 적게 한다.
② 작업과정에 따라 적절한 휴식시간을 가져야 한다.
③ 작업능력에는 개인별 차이가 있으므로 각 개인마다 작업량을 조정해야 한다.
④ 동적인 작업은 피로를 더하게 하므로 가능한 한 정적인 작업으로 전환한다.

*산업피로의 예방과 대책
① 작업과정에 적절한 간격으로 휴식시간을 둔다.
② 각 개인에 따라 작업량을 조절한다.
③ 개인의 숙련도 등에 따라 작업속도를 조절한다.
④ 불필요한 동작을 피하여 에너지 소모를 적게 한다.
⑤ 작업시작 전후에 간단한 체조를 한다.
⑥ 동적인 작업과 정적인 작업을 적절하게 혼합하여 배치한다.
⑦ 커피, 홍차, 엽차 및 비타민 B를 공급한다.
⑧ 야간근무의 연속일수는 2~3일로 한다.
⑨ 작업 환경을 정리, 정돈한다.

16

산업안전보건법에서 정하는 중대재해라고 볼 수 없는 것은?

① 사망자가 1명 이상 발생한 재해
② 부상자 또는 직업성질병자가 동시에 10명 이상 발생한 재해
③ 3개월 이상의 요양을 요하는 부상자가 동시에 2명 이상 발생한 재해
④ 재산피해액 5천만원 이상의 재해

*중대재해
① 사망자가 1명 이상 발생한 재해
② 3개월 이상 요양이 필요한 부상자가 동시에 2명 이상 발생한 재해
③ 부상자 또는 직업성 질병자가 동시에 10명 이상 발생한 재해

17

상시 근로자 수가 1000명인 사업장에 1년 동안 6건의 재해로 8명의 재해자가 발생하였고, 이로 인한 근로손실일수는 80일이었다. 근로자가 1일 8시간씩 매월 25일씩 근무하였다면, 이 사업장의 도수율은 얼마인가?

① 0.03 ② 2.50
③ 4.00 ④ 8.00

*도수율

$$도수율 = \frac{재해건수}{연근로 총시간수} \times 10^6$$
$$= \frac{6}{1000 \times 8 \times 25 \times 12} \times 10^6 = 2.5$$

18

근육운동의 에너지원 중에서 혐기성대사의 에너지원에 해당되는 것은?

① 지방   ② 포도당
③ 글리코겐 ④ 단백질

*근육운동에 필요한 에너지원(근육의 대사과정)

혐기성 대사	호기성 대사
① 근육에 저장된 화학적 에너지 ② 혐기성 대사 순서 ATP(아데노신 삼인산) → CP(크레아틴 인산) → Glycogen(글리코겐) or Glucose(포도당)	① 대사과정을 거쳐 생성된 에너지 ② 호기성 대사 순서 [포도당, 단백질, 지방] + 산소 → 에너지원

포도당보다 글리코겐이 에너지원으로서 우선순위가 높기 때문에 답은 ③이다.

19

산업안전보건법에서 산업재해를 예방하기 위하여 잠재적 위험성을 발견하고 그 개선대책을 수립할 목적으로 고용노동부장관이 지정하는 조사 평가를 무엇이라 하는가?

① 위험성평가
② 작업환경측정, 평가
③ 안전, 보건진단
④ 유해성, 위험성 조사

*안전·보건진단
산업재해를 예방하기 위하여 잠재적 위험성을 발견하고 그 개선대책을 수립할 목적으로 고용노동부장관이 지정하는 자가 하는 조사·평가이다.

20

육체적 작업능력(PWC)이 $15kcal/\min$인 근로자가 1일 8시간 물체를 운반하고 있다. 이 때의 작업대사율이 $6.5kcal/\min$이고, 휴식시의 대사량이 $1.5kcal/\min$일 때 매 시간당 적정 휴식시간은 약 얼마인가?
(단, Hering의 식을 적용한다.)

① 18분　　　　　　② 25분
③ 30분　　　　　　④ 42분

*Hertig의 적정휴식시간·작업시간

$$휴식시간 = 60 \times \frac{\frac{PWC}{3} - 작업대사량}{휴식대사량 - 작업대사량}$$

$$= 60 \times \frac{\frac{15}{3} - 6.5}{1.5 - 6.5} = 18분$$

20.①

2019 1회차 - 제 2과목 : 작업위생측정 및 평가

21
유기용제 작업장에서 측정한 톨루엔 농도는 65, 150, 175, 63, 83, 112, 58, 49, 205, 178 ppm 일 때, 산술평균과 기하평균값은 약 몇 ppm인가?

① 산술평균 108.4, 기하평균 100.4
② 산술평균 108.4, 기하평균 117.6
③ 산술평균 113.8, 기하평균 100.4
④ 산술평균 113.8, 기하평균 117.6

*산술평균·기하평균
산술평균
$= \dfrac{65+150+175+63+83+112+58+49+205+178}{10}$
$= 113.8 ppm$

$GM = \sqrt[N]{X_1 \times X_2 \times \cdots \times X_n}$
$= \sqrt[10]{65 \times 150 \times 175 \times 63 \times 83 \times 112 \times 58 \times 49 \times 205 \times 178}$
$= 100.4 ppm$

여기서,
X : 측정치
N : 측정치의 개수

22
유사노출그룹에 대한 설명으로 틀린 것은?

① 유사노출그룹은 노출되는 유해인자의 농도와 특성이 유사하거나 동일한 근로자 그룹을 말한다.
② 역학조사를 수행할 때 사건이 발생된 근로자가 속한 유사노출그룹의 노출농도를 근거로 노출원인을 추정할 수 있다.
③ 유사노출그룹 설정을 위해 시료채취수가 과다해지는 경우가 있다.
④ 유사노출그룹은 모든 근로자의 노출 상태를 측정하는 효과를 가진다.

유사노출그룹(HEG) 설정을 위해 시료채취 수를 경제적으로 한다.

23
입자의 가장자리를 이등분한 직경으로 과대평가될 가능성이 있는 직경은?

① 마틴 직경
② 페렛 직경
③ 공기역학 직경
④ 등면적 직경

*기하학적(물리적) 직경

직경의 종류	설명
마틴 직경	먼지의 면적을 이등분하는 선의 길이로 선의 방향은 항상 일정하여야 하며 과소평가할 수 있는 단점이 있다.
페렛 직경	먼지의 한쪽 끝 가장자리와 다른쪽 끝 가장자리 사이의 거리로 과대평가할 수 있는 단점이 있다.
등면적 직경	먼지의 면적과 같은 면적을 가진 원의 직경으로 가장 정확한 직경으로 측정은 현미경 접안경에 porton reticle을 삽입하여 측정한다.

24
다음 중 1차 표준기구가 아닌 것은?

① 오리피스 미터
② 폐활량계
③ 가스치환병
④ 유리 피스톤 미터

21.③ 22.③ 23.② 24.①

*표준기구의 종류

1차 표준기구	2차 표준기구
① 비누거품미터 ② 폐활량계 ③ 가스치환병 ④ 유리피스톤미터 ⑤ 흑연피스톤미터 ⑥ 피토관(피토튜브)	① 로터미터 ② 습식 테스터미터 ③ 건식 가스미터 ④ 오리피스미터 ⑤ 열선기류계

*유량(Q)

$$Q = \frac{단면적 \times 이동거리}{이동시간} = \frac{\frac{\pi}{4} \times 4^2 \times 30}{10} = 37.7 cm^3/sec$$

*참고

· 원형 단면적 공식 : $\frac{\pi}{4} \times 지름^2$

25
온도 표시에 대한 설명으로 틀린 것은?
(단, 고용노동부고시를 기준으로 한다.)

① 절대온도는 K로 표시하고 절대온도 $0K$는 $-273℃$로 한다.
② 실온은 $1 \sim 35℃$, 미온은 $30 \sim 40℃$로 한다.
③ 온도의 표시는 셀시우스(Celcius)법에 따라 아라비아 숫자의 오른쪽에 ℃를 붙인다.
④ 냉수는 $4℃$ 이하, 온수는 $60 \sim 70℃$를 말한다.

*온도 표시
① 온도의 표시는 셀시우스(Celcius) 법에 따라 아라비아 숫자의 오른쪽에 ℃를 붙인다. 절대온도는 °K로 표시하고 절대온도 0°K는 -273℃로 한다.
② 상온은 15~25℃, 실온은 1~35℃, 미온은 30~40℃로 하고, 찬 곳은 따로 규정이 없는 한 0~15℃의 곳을 말한다.
③ 냉수는 15℃ 이하, 온수는 60~70℃, 열수는 약 100℃를 말한다.

26
원통형 비누거품미터를 이용하여 공기시료채취기의 유량을 보정하고자 한다. 원통형 비누거품미터의 내경은 $4cm$이고 거품막이 $30cm$의 거리를 이동하는데 10초의 시간이 걸렸다면 이 공기시료채취기의 유량은 약 몇 (cm^3/sec)인가?

① 37.7 ② 16.5
③ 8.2   ④ 2.2

27
출력이 $0.4W$의 작은 점음원에서 $10m$ 떨어진 곳의 음압수준은 약 몇 dB인가?
(단, 공기의 밀도는 $1.18kg/m^3$이고, 공기에서 음속은 $344.4m/sec$이다.)

① 80 ② 85
③ 90 ④ 95

*음압수준(SPL)과 음향파워레벨(PWL)의 관계식
[무지향성 점음원, 자유공간(공중, 구면파)]

$SPL = PWL - 20\log r - 11$
$\quad = 10\log\frac{W}{W_o} - 20\log r - 11$
$\quad = 10\log\frac{0.4}{10^{-12}} - 20\log 10 - 11 = 85dB$

여기서,
SPL : 음압수준$[dB]$
PWL : 음향파워레벨$[dB]$
r : 소음원으로부터의 거리$[m]$
W : 대상음원의 음향파워$[W]$
W_o : 기준음향파워$(=10^{-12}[W])$

28
입자의 크기에 따라 여과기전 및 채취효율이 다르다. 입자크기가 $0.1 \sim 0.5 \mu m$일 때 주된 여과 기전은?

① 충돌과 간섭 ② 확산과 간섭
③ 차단과 간섭 ④ 침강과 간섭

25.④ 26.① 27.② 28.②

*입자크기별 여과기전
① 입경 0.1μm 미만 입자 : 확산
② 입경 0.1~0.5μm 입자 : 확산, 직접차단(간섭)
③ 입경 0.5μm 이상 입자 : 관성충돌, 직접차단(간섭)

29
입경이 20μm이고 입자비중이 1.5인 입자의 침강속도는 약 몇 $cm/\sec$인가?

① 1.8 ② 2.4
③ 12.7 ④ 36.2

*리프만(Lippman) 식에 의한 침강속도
ρ = 비중 × 물의 밀도(=1) = 1.5 × 1 = 1.5g/cm^3
∴ $V = 0.003\rho d^2 = 0.003 \times 1.5 \times 20^2 = 1.8 cm/\sec$

여기서,
V : 침강속도[$cm/\sec$]
ρ : 입자 밀도[g/cm^3]
d : 입자 직경[μm]

30
측정결과를 평가하기 위하여 "표준화 값"을 산정할 때 필요한 것은?
(단, 고용노동부고시를 기준으로 한다.)

① 시간가중평균값(단시간 노출값)과 허용기준
② 평균농도와 표준편차
③ 측정농도과 시료채취분석오차
④ 시간가중평균값(단시간 노출값)과 평균농도

*표준화 값(Y)
$Y = \dfrac{TWA(시간가중평균값) \text{ 또는 } STEL(측정농도)}{허용기준(노출기준)}$

31
다음은 가스상 물질을 측정 및 분석하는 방법에 대한 내용이다. ( )안에 알맞은 것은?
(단, 고용노동부 고시를 기준으로 한다.)

가스상 물질을 검지관 방식으로 측정하는 경우에 1일 작업시간 동안 1시간 간격으로 (㉠)회 이상 측정하되 매 측정시간 마다 (㉡)회 이상 반복 측정하여 평균값을 산출하여야한다.

① ㉠ : 6 ㉡ : 2 ② ㉠ : 6 ㉡ : 3
③ ㉠ : 8 ㉡ : 2 ④ ㉠ : 8 ㉡ : 3

검지관방식으로 측정하는 경우에는 1일 작업시간 동안 1시간 간격으로 6회 이상 측정하되 측정시간마다 2회 이상 반복 측정하여 평균값을 산출하여야 한다. 다만, 가스상 물질의 발생시간이 6시간 이내일 때에는 작업시간 동안 1시간 간격으로 나누어 측정하여야 한다.

32
에틸렌글리콜이 20℃, 1기압에서 공기 중에서 증기압이 0.05$mmHg$라면, 20℃, 1기압에서 공기 중 포화농도는 약 몇 ppm인가?

① 55.4 ② 65.8
③ 73.2 ④ 82.1

*용량농도(ppm)
$ppm = \dfrac{P}{760} \times 10^6 = \dfrac{0.05}{760} \times 10^6 = 65.8 ppm$

여기서,
P : 증기압[$mmHg$]

33
입자상 물질을 채취하기 위해 사용하는 막여과지에 관한 설명으로 틀린 것은?

① MCE 막여과지 : 산에 쉽게 용해되므로 입자상 물질 중의 금속을 채취하여 원자흡광광도법으로 분석하는데 적당하다.
② PVC 막여과지 : 유리규산을 채취하여 X-선 회절법으로 분석하는데 적절하다.
③ PTFE 막여과지 : 농약, 알칼리성 먼지, 콜타르피치 등을 채취하는데 사용한다.
④ 은막 여과지 : 금속은, 결합제, 섬유 등을 소결하여 만든 것으로 코크스오븐에 대한 저항이 약한 단점이 있다.

*은막 여과지(Silver Membrane Filter)
① 금속은을 소결하여 만들며 열적, 화학적 안정성이 있다.
② 코크스 제조공정에서 발생되는 코크스 오븐 배출물질 또는 다핵방향족 탄화수소 등을 채취 하는데 사용한다.
③ 결합제나 섬유가 포함되어 있지 않다.

34
유량, 측정시간, 회수율 및 분석에 의한 오차가 각각 18%, 3%, 9%, 5%일 때, 누적오차는 약 몇 %인가?

① 18
② 21
③ 24
④ 29

*누적오차
$E_c = \sqrt{E_1^2 + E_2^2 + \cdots + E_n^2}$
$= \sqrt{18^2 + 3^2 + 9^2 + 5^2} = 21\%$
여기서,
$E_1, E_2, \cdots, E_n$: 각 요소에 대한 오차[%]

35
옥외(태양광선이 내리쬐는 장소)에서 습구흑구온도지수(WBGT)의 산출식은?

① (0.7×자연습구온도)+(0.2×건구온도)+(0.1×흑구온도)
② (0.7×자연습구온도)+(0.2×흑구온도)+(0.1×건구온도)
③ (0.7×자연습구온도)+(0.3×흑구온도)
④ (0.7×자연습구온도)+(0.2×건구온도)

*습구흑구온도지수(WBGT)
① 태양광선이 내리쬐는 옥외 장소
$WBGT(℃)$
$= 0.7×자연습구온도+0.2×흑구온도+0.1×건구온도$
② 태양광선이 내리쬐지 않는 옥내 또는 옥외 장소
$WBGT(℃) = 0.7×자연습구온도+0.3×흑구온도$

36
다음 중 78℃와 동등한 온도는?

① 351K
② 189°F
③ 26°F
④ 195K

*온도 변환
$℃ = \frac{5}{9}(°F - 32)$ $°F = \frac{9}{5}℃ + 32$ $K = ℃ + 273$

$\therefore 78℃ = \frac{9}{5} × 78 + 32 = 172.4°F$
$\therefore 78℃ = 78 + 273 = 351K$

33.④ 34.② 35.② 36.①

37

이황화탄소(CS_2)가 배출되는 작업장에서 시료분석 농도가 3시간에 $3.5ppm$, 2시간에 $15.2ppm$, 3시간에 $5.8ppm$일 때, 시간가중평균값은 약 몇 ppm인가?

① 3.7 ② 6.4
③ 7.3 ④ 8.9

*시간가중평균노출기준(TWA)

$$TWA = \frac{C_1T_1 + C_2T_2 + \cdots + C_nT_n}{8}$$
$$= \frac{3.5 \times 3 + 15.2 \times 2 + 5.8 \times 3}{8} = 7.3 mg/m^3$$

여기서,
C : 유해인자의 측정치$[mg/m^3]$
T : 유해인자의 발생시간[시간]

38

소음측정방법에 관한 내용으로 ( )에 알맞은 것은? (단, 고용노동부 고시 기준)

소음이 1초 이상의 간격을 유지하면서 최대음압수준이 $120dB(A)$ 이상의 소음인 경우에는 소음수준에 따른 (　　) 동안의 발생횟수를 측정할 것

① 1분 ② 2분
③ 3분 ④ 5분

소음이 1초 이상의 간격을 유지하면서 최대음압수준이 120dB(A)이상의 소음인 경우에는 소음수준에 따른 1분 동안의 발생횟수를 측정할 것

39

측정에서 변이계수를 알맞게 나타낸 것은?

① 표준편차/산술평균
② 기하평균/표준편차
③ 표준오차/표준편차
④ 표준편차/표준오차

*변이계수(CV)

$$CV = \frac{표준편차}{평균치(산술평균)} \times 100$$

40

다음 중 자외선에 관한 내용과 가장 거리가 먼 것은?

① 비전리 방사선이다.
② 인체와 관련된 Dorno선을 포함한다.
③ $100 \sim 1000nm$ 사이의 파장을 갖는 전자파를 총칭하는 것으로 열선이라고도 한다.
④ UV-B는 약 $280 \sim 315nm$의 파장의 자외선이다.

자외선은 100~400nm(1000~4000Å) 사이의 파장을 갖는 전자파를 총칭하는 것으로 화학선이라고도 한다.

2019 1회차

산업위생관리기사 필기 기출문제
제 3과목 : 작업환경관리대책

41
후드의 유입계수가 0.7이고 속도압이 $20mmH_2O$일 때, 후드의 유입손실은 약 몇 mmH_2O인가?

① 10.5 ② 20.8
③ 32.5 ④ 40.8

*유입손실($\triangle P$)

$$\triangle P = F \times VP = \left(\frac{1}{C_e^2} - 1\right) \times VP$$

$$= \left(\frac{1}{0.7^2} - 1\right) \times 20 = 20.8 mmH_2O$$

여기서,
$\triangle P$: 유입손실 $[mmH_2O]$
F : 유입손실계수 $\left(= \frac{1}{C_e^2} - 1\right)$
C_e : 유입계수 $\left(= \sqrt{\frac{1}{1+F}}\right)$
VP : 속도압 $[mmH_2O]$ $\left(= \frac{\gamma V^2}{2g}\right)$

42
주물작업 시 발생되는 유해인자로 가장 거리가 먼 것은?

① 소음 발생 ② 금속흄 발생
③ 분진 발생 ④ 자외선 발생

*주물작업 시 발생되는 유해인자
① 소음
② 금속흄
③ 분진
④ 고열
⑤ 유해가스

43
보호구의 보호정도와 한계를 나타내는데 필요한 보호계수(PF)를 산정하는 공식으로 옳은 것은?
(단, 보호구 밖의 농도는 C0이고, 보호구 안의 농도는 C1이다.)

① PF = C0 / C1
② PF = C1 / C0
③ PF = (C1 / C0) × 100
④ PF = (C1 / C0) × 0.5

*보호계수(PF)

$$PF = \frac{C_o}{C_i}$$

여기서,
C_o : 보호구 밖의 농도
C_i : 보호구 안의 농도

44
국소배기시설의 일반적 배열순서로 가장 적절한 것은?

① 후드→덕트→송풍기→공기정화장치→배기구
② 후드→송풍기→공기정화장치→덕트→배기구
③ 후드→덕트→공기정화장치→송풍기→배기구
④ 후드→공기정화장치→덕트→송풍기→배기구

*국소배기장치 시설의 구성
후드 → 덕트 → 공기정화장치 → 송풍기 → 배출구

41.② 42.④ 43.① 44.③

45

작업장이 음압수준이 $86dB(A)$이고, 근로자는 귀덮개(차음평가지수=19)를 착용하고 있을 때 근로자에게 노출되는 음압수준은 약 몇 $dB(A)$인가?

① 74
② 76
③ 78
④ 80

*차음효과(OSHA)
차음효과 $= (NRR-7)\times 0.5 = (19-7)\times 0.5 = 6dB(A)$
∴ 노출음압수준 = 음압수준 - 차음효과
$= 86 - 6 = 80dB(A)$

여기서,
NRR : 차음평가수

46

작업장에 설치된 후드가 $100m^3/min$으로 환기되도록 송풍기를 설치하였다. 사용함에 따라 정압이 절반으로 줄었을 때, 환기량의 변화로 옳은 것은? (단, 상사법칙을 적용한다.)

① 환기량이 $33.3m^3/min$으로 감소하였다.
② 환기량이 $50m^3/min$으로 감소하였다.
③ 환기량이 $57.7m^3/min$으로 감소하였다.
④ 환기량이 $70.7m^3/min$으로 감소하였다.

*유량 보정
정압이 절반으로 줄었으므로, $SP_2 = 0.5SP_1$
$\therefore Q_2 = Q_1\sqrt{\dfrac{SP_2}{SP_1}} = Q_1\sqrt{\dfrac{0.5SP_1}{SP_1}}$
$= 100\sqrt{0.5} = 70.7m^3/min$

여기서,
Q_2 : 보정유량$[m^3/min]$
Q_1 : 설계유량$[m^3/min]$
SP_2 : 압력손실이 큰 관의 정압$[mmH_2O]$
SP_1 : 압력손실이 작은 관의 정압$[mmH_2O]$

47

회전수가 $600rpm$이고, 동력은 $5kW$인 송풍기의 회전수를 $800rpm$으로 상향조정하였을 때, 동력은 약 몇 kW인가?

① 6
② 9
③ 12
④ 15

*송풍기 상사법칙

종류	회전수(N)	직경(D)
풍량(Q)	$\dfrac{Q_2}{Q_1} = \dfrac{N_2}{N_1}$	$\dfrac{Q_2}{Q_1} = \left(\dfrac{D_2}{D_1}\right)^3$
풍압(P)	$\dfrac{P_2}{P_1} = \left(\dfrac{N_2}{N_1}\right)^2$	$\dfrac{P_2}{P_1} = \left(\dfrac{D_2}{D_1}\right)^2$
동력[H]	$\dfrac{H_2}{H_1} = \left(\dfrac{N_2}{N_1}\right)^3$	$\dfrac{H_2}{H_1} = \left(\dfrac{D_2}{D_1}\right)^5$

$$\dfrac{P_2}{P_1} \propto \dfrac{H_2}{H_1} \propto \dfrac{\rho_2}{\rho_1} \propto \dfrac{T_1}{T_2}$$

여기서,
Q_1 : 변경 전 풍량$[m^3/min]$
Q_2 : 변경 후 풍량$[m^3/min]$
N_1 : 변경 전 회전수$[rpm]$
N_2 : 변경 후 회전수$[rpm]$
P_1 : 변경 전 풍압$[mmH_2O]$
P_2 : 변경 후 풍압$[mmH_2O]$
D_1 : 변경 전 회전차 직경$[m]$
D_2 : 변경 후 회전차 직경$[m]$
H_1 : 변경 전 동력$[kW]$
H_2 : 변경 후 동력$[kW]$
ρ_1, ρ_2 : 변경 전·후 비중
T_1, T_2 : 변경 전·후 절대온도$[K]$

$\dfrac{H_2}{H_1} = \left(\dfrac{N_2}{N_1}\right)^3$ 에서,
$\therefore H_2 = H_1\left(\dfrac{N_2}{N_1}\right)^3 = 5\times\left(\dfrac{800}{600}\right)^3 = 11.85 \fallingdotseq 12kW$

48
작업환경개선 대책 중 격리와 가장 거리가 먼 것은?

① 국소배기 장치의 설치
② 원격 조정 장치의 설치
③ 특수 저장 창고의 설치
④ 콘크리트 방호벽의 설치

국소배기 장치의 설치는 작업환경개선 대책 중 환기에 속한다.

49
주물사, 고온가스를 취급하는 공정에 환기시설을 설치하고자 할 때, 다음 중 덕트의 재료로 가장 적절한 것은?

① 아연도금 강판   ② 중질 콘크리트
③ 스테인레스 강판   ④ 흑피 강판

*덕트(송풍관)의 재질
① 주물사, 고온가스 : 흑피 강판
② 유기용제 : 아연도금 강판
③ 강산, 염소계 용제 : 스테인리스스틸 강판
④ 알칼리 : 강판
⑤ 전리방사선 : 중질 콘크리트

50
보호구의 재질과 적용 대상 화학물질에 대한 내용으로 잘못 짝지어진 것은?

① 천연고무 - 극성 용제
② Butyl 고무 - 비극성 용제
③ Nitrile 고무 - 비극성 용제
④ Neoprene 고무 - 비극성 용제

*보호구 재질에 따른 적용물질

보호구 재질	적용물질
Neoprene 고무	비극성용제, 산, 부식성물질
Vitron	비극성용제
Nitrile	비극성용제
Butyl 고무	극성용제
천연고무(Latex)	극성용제, 수용성 용액
가죽	찰과상 예방 (용제에 사용 불가능)
면	고체상물질 (용제에 사용 불가능)
Polyvinyl Chloride(PVC)	수용성 용액
Ethylene Vinyl Alcohol	화학물질 취급 작업

51
다음 중 덕트 합류시 댐퍼를 이용한 균형유지법의 특징과 가장 거리가 먼 것은?

① 임의로 댐퍼 조정 시 평형 상태가 깨진다.
② 시설 설치 후 변경이 어렵다.
③ 설계계산이 상대적으로 간단하다.
④ 설치 후 부적당한 배기유량의 조절이 가능하다.

*저항조절평형법(덕트균형유지법, 댐퍼조절평형법)의 장단점

장점	① 시설 설치 후 변경이 유연하게 대처 가능하다. ② 설계 계산이 간편하고 고도의 지식을 요구하지 않는다. ③ 설치 후 송풍량 조절이 용이하다. ④ 최소 설계풍량은 평형유지가 가능하다. ⑤ 공장 내부 작업공정에 따라 적절한 덕트의 위치 변경이 가능하다.
단점	① 임의의 댐퍼 조정 시 평형상태 파괴의 원인이 된다. ② 평형상태 시설에 댐퍼를 잘못 설치 시 평형상태 파괴의 원인이 된다. ③ 부분적 폐쇄댐퍼는 침식 및 분진퇴적의 원인이 된다. ④ 최대 저항경로 선정이 잘못되어도 설계 시 발견하기 어렵다.

52

작업장 내 열부하량이 $5000kcal/h$이며, 외기온도 $20℃$, 작업장 내 온도는 $35℃$이다. 이 때 전체 환기를 위한 필요 환기량은 약 몇 $m^3/\min$인가? (단, 정압비열은 $0.3kcal/(m^3 \cdot ℃)$이다.)

① 18.5
② 37.1
③ 185
④ 1111

*발열 시 필요환기량(Q)

$$Q = \frac{H_s}{C_p \times \Delta t} = \frac{5000kcal/hr \times \left(\frac{1hr}{60\min}\right)}{0.3 \times (35-20)} = 18.5 m^3/\min$$

여기서,
Q : 필요환기량$[m^3/hr]$
H_s : 발열량$[kcal/hr]$
C_p : 공기의 비열$[kcal/hr \cdot ℃]$
  (주어지지 않으면 $C_p = 0.3$)
Δt : 외부공기와 작업장 내 온도차$[℃]$

*참고

- 1hr=60min

53

공기가 $20℃$의 송풍관 내에서 $20m/\sec$의 유속으로 흐를 때, 공기의 속도압은 약 몇 mmH_2O인가?

(단, 공기밀도는 $1.2kg/m^3$)

① 15.5
② 24.5
③ 33.5
④ 40.2

*동압(속도압, VP)

$$VP = \frac{\gamma V^2}{2g} = \frac{1.2 \times 20^2}{2 \times 9.8} = 24.5 mmH_2O$$

여기서,
VP : 동압$[mmH_2O]$
V : 속도$[m/\sec]$
γ : 공기의 비중량$[kg_f/m^3]$
g : 중력가속도$[9.8m/s^2]$

54

다음 중 전체 환기를 적용할 수 있는 상황과 가장 거리가 먼 것은?

① 유해물질의 독성이 높은 경우
② 작업장 특성상 국소배기장치의 설치가 불가능한 경우
③ 동일 사업장에 다수의 오염발생원이 분산되어 있는 경우
④ 오염발생원이 근로자가 작업하는 장소로부터 멀리 떨어져 있는 경우

*전체환기의 적용 조건(설치 원칙)
① 발생원이 이동성인 경우
② 유해물질이 증기나 가스인 경우
③ 유해물질의 발생량이 적은 경우
④ 유해물질의 독성이 비교적 낮은 경우
⑤ 유해물질이 시간에 따라 균일하게 발생될 경우
⑥ 국소배기가 불가능한 경우
⑦ 오염원이 근무자가 근무하는 장소로부터 멀리 떨어진 경우
⑧ 동일한 작업장에 다수의 오염원이 분산된 경우
⑨ 소량의 오염물질이 일정속도로 작업장으로 배출되는 경우

55

환기량을 $Q(m^3/hr)$, 작업장 내 체적을 $V(m^3)$라고 할 때, 시간당 환기 횟수(회/hr)로 옳은 것은?

① 시간당 환기 횟수 = $Q \times V$
② 시간당 환기 횟수 = V/Q
③ 시간당 환기 횟수 = Q/V
④ 시간당 환기 횟수 = $Q \times \sqrt{V}$

*시간당 공기교환 횟수(ACH)

$$ACH = \frac{Q}{V}$$

여기서,
Q : 필요환기량$[m^3/hr]$
V : 작업장 용적$[m^3]$

56

푸쉬풀 후드(push-pull hood)에 대한 설명으로 적합하지 않은 것은?

① 도금조와 같이 폭이 넓은 경우에 사용하면 포집효율을 증가시키면서 필요유량을 감소시킬 수 있다.
② 공정에서 작업물체를 처리조에 넣거나 꺼내는 중에 발생되는 공기막 파괴현상을 사전에 방지할 수 있다.
③ 개방조 한 변에서 압축공기를 이용하여 오염물질이 발생하는 표면에 공기를 불어 반대쪽에 오염물질이 도달하게 한다.
④ 제어속도는 푸쉬 제트기류에 의해 발생한다.

공정에서 작업물체를 처리조에 넣거나 꺼내는 중에 공기막이 파괴되어 오염물질이 발생한다.

57

덕트 직경이 $30cm$이고 공기유속이 $10m/sec$일 때, 레이놀드 수는 약 얼마인가?
(단, 공기의 점성계수는 $1.85 \times 10^{-5} kg/sec \cdot m$, 공기밀도는 $1.2 kg/m^3$이다.)

① 195000 ② 215000
③ 235000 ④ 255000

*레이놀즈 수

$$Re = \frac{\rho VD}{\mu} = \frac{1.2 \times 10 \times 0.3}{1.85 \times 10^{-5}} = 194594.59 ≒ 195000$$

여기서,
Re : 레이놀즈 수
ρ : 유체 밀도$[kg/m^3]$
V : 유속$[m/s]$
D : 직경$[m]$
μ : 점성계수$[kg/m \cdot s]$

*참고
• $1m = 100cm$ → $30cm = 0.3m$

58

다음 중 도금조와 사형주조에 사용되는 후드형식으로 가장 적절한 것은?

① 부스식   ② 포위식
③ 외부식   ④ 강갑부착상지식

도금조와 사형주조 작업할 때 작업에 방해가 없는 외부식 후드를 사용한다.

55.③ 56.② 57.① 58.③

59

사이클론 집진장치의 블로우 다운에 대한 설명으로 옳은 것은?

① 유효 원심력을 감소시켜 선회기류의 흐트러짐을 방지한다.
② 관 내 분진부착으로 인한 장치의 폐쇄현상을 방지한다.
③ 부분적 난류 증가로 집진된 입자가 재비산된다.
④ 처리배기량의 50% 정도가 재유입되는 현상이다.

*블로다운(Blow-Down)
사이클론 하부의 분진박스에서 유입유량의 일부에 상당하는 함진가스를 추출시켜주는 방식이며, 사이클론의 집진효율을 증대, 사이클론 내 난류현상을 억제함으로써 집진된 먼지의 비산을 방지, 장치 내 먼지퇴적을 억제하여 장치의 폐쇄현상을 방지하는 효과가 있다.

60

다음 중 개인보호구에서 귀덮개의 장점과 가장 거리가 먼 것은?

① 귀 안에 염증이 있어도 사용 가능하다.
② 동일한 크기의 귀 덮개를 대부분의 근로자가 사용할 수 있다.
③ 멀리서도 착용 유무를 확인할 수 있다.
④ 고온에서 사용해도 불편이 없다.

*귀덮개의 장단점

장점	① 귀마개보다 차음효과가 크다. ② 귀마개보다 차음효과 개인차가 적다. ③ 귀마개보다 일관성 있는 차음효과를 얻을 수 있다. ④ 귀마개보다 착용이 쉽다. ⑤ 고음영역의 차음효과가 탁월하다. ⑥ 귀에 염증이 있더라도 착용 가능하다. ⑦ 대부분의 근로자가 동일한 크기의 귀덮개 사용이 가능하다. ⑧ 멀리서도 착용 유무를 확인할 수 있다. ⑨ 크기를 여러 가지로 할 필요가 없다.
단점	① 고온 환경에서 사용이 불편하다. ② 장시간 사용하면 불편하다. ③ 보안경이나 안전모를 착용하는 근로자는 사용 시 불편하며 차음효과가 떨어진다. ④ 귀마개보다 가격이 비싸다. ⑤ 귀덮개를 오래 사용하여 귀덮개의 귀걸이가 휘거나 탄력성이 떨어지면 차음효과가 떨어진다.

59.② 60.④

2019 1회차 산업위생관리기사 필기 기출문제
제 4과목 : 물리적유해인자관리

61

진동증후군(HAVS)에 대한 스톡홀름 워크숍의 분류로서 틀린 것은?

① 진동증후군의 단계를 0부터 4까지 5단계로 구분하였다.
② 1단계는 가벼운 증상으로 하나 또는 그 이상의 손가락 끝부분이 하얗게 변하는 증상을 의미한다.
③ 3단계는 심각한 증상으로 하나 또는 그 이상의 손가락 가운뎃마디 부분까지 하얗게 변하는 증상이 나타나는 단계이다.
④ 4단계는 매우 심각한 증상으로 대부분의 손가락이 하얗게 변하는 증상과 함께 손끝에서 땀의 분비가 제대로 일어나지 않는 등의 변화가 나타나는 단계이다.

*진동증후군(HAVS)에 대한 스톡홀름 워크숍 분류

단계	증상 및 징후
0단계	- 증상이 없음
1단계	- 가벼운 증상 - 하나 이상의 손가락 끝부분이 하얗게 변하는 증상
2단계	- 보통 증상 - 하나 이상의 손가락 중간부위 이상이 때때로 나타나는 증상
3단계	- 심각한 증상 - 대부분 수지들 전체에 빈번하게 나타나는 증상
4단계	- 매우 심각한 증상 - 대부분의 손가락이 하얗게 변하는 증상 - 위의 증상과 동시에 손끝에서 땀의 분비가 제대로 일어나지 않는 등 변화

62

다음 중 피부 투과력이 가장 큰 것은?

① X선   ② α선
③ β선   ④ 레이저

*전리방사선 인체투과력 순서
중성자 > X선 or γ > β > α

63

다음의 빛과 밝기의 단위로 설명한 것으로 ㉠, ㉡에 해당하는 용어로 맞는 것은?

> 1루멘의 빛이 $1 ft^2$의 평면상에 수직방향으로 비칠 때, 그 평면의 빛의 양, 즉 조도를 (㉠)(이)라 하고, $1 m^2$의 평면에 1루멘의 빛이 비칠 때의 밝기를 1(㉡)(이)라고 한다.

① ㉠ : 캔들(Candle), ㉡ : 럭스(Lux)
② ㉠ : 럭스(Lux), ㉡ : 캔들(Candle)
③ ㉠ : 럭스(Lux), ㉡ : 푸트캔들(Footcandle)
④ ㉠ : 푸트캔들(Footcandle), ㉡ : 럭스(Lux)

*풋 캔들(Foot Candle)
1lumen의 빛이 $1ft^2$의 평면상에 수직으로 비칠 때 그 평면의 빛 밝기이다.
풋 캔들$(ft\ cd) = \dfrac{lumen}{ft^2}$

*럭스(Lux)
1lumen의 빛이 $1m^2$의 평면상에 수직으로 비칠 때의 밝기
조도$(Lux) = \dfrac{lumen}{m^2}$

61.③ 62.① 63.④

64
저기압의 영향에 관한 설명으로 틀린 것은?

① 산소결핍을 보충하기 위하여 호흡수, 맥박수가 증가된다.
② 고도 18000ft(5468m) 이상이 되면 21% 이상의 산소가 필요하게 된다.
③ 고도 10000ft(3048m)까지는 시력, 협조운동의 가벼운 장해 및 피로를 유발한다.
④ 고도의 상승으로 기압이 저하되면 공기의 산소분압이 상승하여 폐포 내의 산소분압도 상승한다.

> 고도의 상승으로 기압이 저하되면 공기의 산소분압이 감소하여 폐포 내의 산소분압도 감소한다.

65
온열지수(WBGT)를 측정하는데 있어 관련이 없는 것은?

① 기습
② 기류
③ 전도열
④ 복사열

> *WBGT 고려대상
> ① 기온
> ② 상대습도
> ③ 복사열
> ④ 기류

66
열사병(heat stroke)에 관한 설명으로 맞는 것은?

① 피부가 차갑고 습한 상태로 된다.
② 보온을 시키고, 더운 커피를 마시게 한다.
③ 지나친 발한에 의한 탈수와 염분소실이 원인이다.
④ 뇌 온도 상승으로 체온조절중추의 기능이 장해를 받게 된다.

> *열사병(Heat Stroke)
> ① 고온다습 환경에 노출되면 뇌의 온도가 상승하여 신체 내 체온조절 중추에 기능장애를 일으켜 생기는 위급한 상태이다.
> ② 증상으로는 중추신경계의 장애, 직장온도 상승, 전신 발한 정지 등이 있다.
> ③ 치료법으로는 체온을 급히 하강하기 위하여 얼음물에 담가서 체온을 39℃까지 내려주어야하고, 호흡곤란 시 산소를 공급해주며, 울혈방지와 체열이동을 돕기 위하여 사지를 격렬히 마찰시킨다.

67
자연조명에 관한 설명으로 틀린 것은?

① 창의 면적은 바닥 면적의 15~20% 정도가 이상적이다.
② 개각은 4~5°가 좋으며, 개각이 작을수록 실내는 밝다.
③ 균일한 조명을 요하는 작업실은 동북 또는 북창이 좋다.
④ 입사각은 28° 이상이 좋으며, 입사각이 클수록 실내는 밝다.

> *채광 및 조명방법
> ① 창의 방향은 많은 채광을 요구할 경우 남향이 좋으며 조명이 평등을 요구하는 작업실의 경우 북향 또는 동북향이 좋다.
> ② 창의 높이는 클수록 효과적이다.
> ③ 창의 면적은 방바닥의 면적의 $15\sim20\% \left(\frac{1}{5} \sim \frac{1}{7}\right)$가 적당하다.
> ④ 실내 각점의 개각은 4~5°가 좋으며, 개각이 클수록 실내는 밝다.
> ⑤ 입사각은 28° 이상이 좋으며, 입사각이 크면 클수록 실내는 밝다.
> ⑥ 개각 1°가 감소할 때 입사각으로 2~5° 증가가 필요하다.

68

다음 중 저온에 의한 장해에 관한 내용으로 틀린 것은?

① 근육 긴장이 증가하고 떨림이 발생한다.
② 혈압은 변화되지 않고 일정하게 유지된다.
③ 피부 표면의 혈관들과 피하조직이 수축된다.
④ 부종, 저림, 가려움, 심한 통증 등이 생긴다.

*한랭환경(저온)에 의한 장해
① 근육 긴장이 증가하고 떨림이 발생한다.
② 혈압이 일시적으로 감소되며 신체 내 열을 보호한다.
③ 피부 표면의 혈관들과 피하조직이 수축된다.
④ 부종, 저림, 가려움, 심한 통증 등이 생긴다.
⑤ 말초혈관이 수축된다.
⑥ 갑상선을 자극하여 호르몬 분비가 증가한다.
⑦ 피부의 급성 일과성 염증반응은 한랭에 대한 폭로를 중지하면 2~3시간 이내에 없어진다.
⑧ 피부나 피하조직을 냉각시키는 환경온도 이하에서는 감염에 대한 저항력이 떨어지며 회복과정에 장해가 온다.
⑨ 저온환경에서는 근육활동, 조직대사가 증가되어 식욕이 항진된다.

69

다음 중 적외선의 생체작용에 대한 설명으로 틀린 것은?

① 조직에 흡수된 적외선은 화학반응을 일으키는 것이 아니라 구성분자의 운동에너지를 증대시킨다.
② 만성노출에 따라 눈장해인 백내장을 일으킨다.
③ $700nm$ 이하의 적외선은 눈의 각막을 손상시킨다.
④ 적외선이 체외에서 조사되면 일부는 피부에서 반사되고 나머지만 흡수된다.

각막을 손상시키는 것은 적외선보단 270~280nm의 자외선에서 크게 발생한다.

70

다음의 설명에서 ( )안에 들어갈 알맞은 숫자는?

( )기압 이상에서 공기 중의 질소가스는 마취작용을 나타내서 작업력의 저하, 기분의 변환, 여러 정도의 다행증(多幸症)이 일어난다.

① 2   ② 4
③ 6   ④ 8

*2차적 가압현상(화학적 장해)
고압 하의 대기가스 독성 때문에 나타나는 현상으로, 다음 3가지 현상이 발생한다.

질소 가스 마취	① 공기 중 질소가스는 4기압을 넘으면 마취 작용을 일으킨다. ② 사고력, 판단력, 기억력 저하, 불안, 공포감, 마약효과 등 증상이 일어난다. ③ 질소 마취증상은 대기압 조건으로 복귀하면 사라진다. (가역적이다.) ④ 질소가스 마취 증상이 있는 근로자에게 질소를 헬륨으로 대치한 공기를 호흡시키면 예방된다.
산소 중독	① 산소분압이 2기압을 넘으면 산소중독 증상이 일어난다. ② 시력장애, 정신혼란, 근육경련 등 증상이 일어난다. ③ 산소중독 증상은 고압산소에 대한 노출이 중지되면 증상이 즉시 멈춘다.
이산화탄소 중독	① 산소의 중독과 질소의 마취작용을 증가시키는 역할을 한다. ② 고압환경에서의 이산화탄소 농도가 0.2%를 초과해서는 안된다.

71

방사선 용어 중 조직(또는 물질)의 단위질량당 흡수된 에너지를 나타낸 것은?

① 등가선량   ② 흡수선량
③ 유효선량   ④ 노출선량

*흡수선량
방사선이 물질과 상호작용한 결과 그 물질의 단위 질량에 흡수된 에너지로, 단위는 Gy, rad이다. (1Gy=100rad)

68.② 69.③ 70.② 71.②

72
감압병의 예방 및 치료에 관한 설명으로 틀린 것은?

① 고압환경에서의 작업시간을 제한한다.
② 감압이 끝날 무렵에 순수한 산소를 흡입시키면 감압시간을 25%가량 단축시킬 수 있다.
③ 특별히 잠수에 익숙한 사람을 제외하고는 $10m/min$ 속도 정도로 잠수하는 것이 안전하다.
④ 헬륨은 질소보다 확산속도가 작고 체내에서 불안정적이므로 질소를 헬륨으로 대치한 공기로 호흡시킨다.

*감압병(잠함병, 케이슨병) 예방 및 치료
① 고압환경에서 작업시간을 제한한다.
② 1분에 10m 정도씩 잠수하는 것이 안전하다.
③ 감압이 끝날 쯤 순수한 산소를 흡입하면 감압시간이 25% 정도 단축된다.
④ 고압환경에서 작업하는 작업자에게 질소 대신 헬륨을 대치한 공기를 호흡시킨다.
⑤ 감압병 증상이 발생한 작업자는 바로 원래의 고압환경 상태로 복귀시키거나 인공고압실에서 천천히 감압시킨다.

73
사람이 느끼는 최소 진동역치로 맞는 것은?

① $35 \pm 5dB$
② $45 \pm 5dB$
③ $55 \pm 5dB$
④ $65 \pm 5dB$

*진동수에 따른 구분
① 전신진동 : 2~100Hz (공해진동 : 1~90Hz)
② 국소진동 : 8~1500Hz
③ 인간이 느끼는 최소 진동역치 : 55±5dB
④ 수직진동 : 4~8Hz
⑤ 수평진동 : 1~2Hz
⑥ 전신은 4Hz, 두부와 견부는 20~30Hz, 안구는 60~90Hz 진동에 공명한다.

74
비전리 방사선이 아닌 것은?

① 감마선
② 극저주파
③ 자외선
④ 라디오파

*전리방사선과 비전리방사선의 종류

전리방사선	비전리방사선
① α선 ② β선 ③ γ선(=감마선) ④ X-Ray(X선) ⑤ 중성자	① 자외선 ② 가시광선 ③ 적외선 ④ 마이크로파 ⑤ 라디오파 ⑥ 초저주파 ⑦ 극저주파 ⑧ 레이저

75
소음성 난청에 관한 설명으로 틀린 것은?

① 소음성 난청은 $4000 \sim 6000Hz$ 정도에서 가장 많이 발생한다.
② 일시적 청력 변화 때의 각 주파수에 대한 청력 손실의 양상은 같은 소리에 의하여 생긴 영구적 청력 변화 때의 청력손실 양상과는 다르다.
③ 심한 소음에 노출되면 처음에는 일시적 청력 변화를 초래하는데, 이것은 소음 노출을 중단하면 다시 노출 전의 상태로 회복되는 변화이다.
④ 심한 소음에 반복하여 노출되면 일시적 청력 변화는 영구적 청력 변화로 변하며 코르티 기관에 손상이 온 것이므로 회복이 불가능하다.

*난청

난청	설명
일시적 청력손실 (TTS)	4000~6000Hz에서 가장 많이 발생하는 강력한 소음에 노출되어 생기는 난청이다. 영구적 소음성 난청의 예비신호이다.
영구적 청력손실 (PTS)	4000Hz에서 가장 심하게 발생하는 소음성 난청으로 비가역적 청력저하, 강렬한 소음 및 지속적인 소음 노출에 의해 영구적인 청력저하가 발생한다.
노인성 난청	6000Hz에서 난청이 시작되는 노화에 의한 퇴행성 질환이다.

76
정상인이 들을 수 있는 가장 낮은 이론적 음압은 몇 dB 인가?

① 0
② 5
③ 10
④ 20

*가청 소음도
0~130dB

77
소음의 흡음 평가 시 적용되는 반향시간(Reverberation time)에 관한 설명으로 맞는 것은?

① 반향시간은 실내공간의 크기에 비례한다.
② 실내 흡음량을 증가시키면 반향시간도 증가한다.
③ 반향시간은 음압수준이 $30dB$ 감소하는데 소요되는 시간이다.
④ 반향시간을 측정하려면 실내 배경소음이 $90dB$ 이상 되어야 한다.

*잔향시간(반향시간, T)

$$T = \frac{0.161\,V}{A} = \frac{0.161\,V}{\bar{a}\,S}$$

여기서,
T : 잔향시간[sec]
V : 실내 체적$[m^3]$
A : 실내면의 총 흡음력$[m^2, sabin]$
S : 실내면의 총 표면적$[m^2]$
$\bar{a}$: 실내 평균흡음률

∴ 반향시간은 실내공간의 크기에 비례한다.

78
사무실 실내환경의 이산화탄소 농도를 측정하였더니 $750ppm$ 이었다. 이산화탄소가 $750ppm$인 사무실 실내환경의 직접적 건강영향은?

① 두통
② 피로
③ 호흡곤란
④ 직접적 건강영향은 없다.

*오염물질 관리기준

오염물질	관리기준
미세먼지 (PM10)	$100\mu g/m^3$
초미세먼지 (PM2.5)	$50\mu g/m^3$
이산화탄소 (CO_2)	$1000ppm$
일산화탄소 (CO)	$10ppm$
이산화질소 (NO_2)	$0.1ppm$
포름알데히드 (HCHO)	$100\mu g/m^3$
총휘발성유기화합물 (TVOC)	$500\mu g/m^3$
라돈	$148Bq/m^3$
총부유세균	$800CFU/m^3$
곰팡이	$500CFU/m^3$

$1000ppm$보다 적으므로 직접적 건강영향은 없다.

76.① 77.① 78.④

79

각각 $90dB$, $90dB$, $95dB$, $100dB$의 음압수군을 발생하는 소음원이 있다. 이 소음원들이 동시에 가동될 때 발생되는 음압수준은?

① $99dB$
② $102dB$
③ $105dB$
④ $108dB$

*합성소음도(L)

$$L = 10\log\left(10^{\frac{L_1}{10}} + 10^{\frac{L_2}{10}} + \cdots + 10^{\frac{L_n}{10}}\right)$$

$$= 10\log\left(10^{\frac{90}{10}} + 10^{\frac{90}{10}} + 10^{\frac{95}{10}} + 10^{\frac{100}{10}}\right) = 101.81 ≒ 102dB$$

L : 합성소음도$[dB]$
$L_1, L_2, \cdots L_n$ = 각 소음원의 소음$[dB]$

80

일반적으로 소음계의 A특성치는 몇 $phon$의 등감곡선과 비슷하게 주파수에 따른 반응을 보정하여 측정한 음압수준을 말하는가?

① 40
② 70
③ 100
④ 140

*청감보정회로
① A특성 : 40phon
② B특성 : 70phon
③ C특성 : 100phon

2019 1회차
산업위생관리기사 필기 기출문제
제 5과목 : 산업독성학

81
유해물질의 분류에 있어 질식제로 분류되지 않는 것은?

① H_2
② N_2
③ O_3
④ H_2S

*질식제
조직 내 산화작용을 방해하는 물질

질식제의 구분	
단순 질식제	생리적으로 아무 작용하지 않으나 공기 중에 많이 존재하여 산소분압을 감소시켜 조직에 필요한 산소의 공급부족을 유발한다. ① 이산화탄소(CO_2) ② 메탄(CH_4) ③ 질소(N_2) ④ 수소(H_2) ⑤ 에탄(C_2H_6) ⑥ 프로판(C_3H_8) ⑦ 에틸렌(C_2H_4) ⑧ 아세틸렌(C_2H_2) ⑨ 헬륨(He)
화학적 질식제	산소운반 능력을 방해하거나 조직이 산소를 받아들이는 능력을 저하시켜 내질식을 일으킨다. ① 일산화탄소(CO) ② 황화수소(H_2S) ③ 시안화수소(HCN) ④ 아닐린($C_6H_5NH_2$) ⑤ 염소(Cl) ⑥ 포스겐($COCl_2$)

82
작업장 내 유해물질 노출에 따른 위험성을 결정하는 주요 인자로만 나열된 것은?

① 독성과 노출량
② 배출농도와 사용량
③ 노출기준과 노출량
④ 노출기준과 노출농도

*유해물질 노출에 따른 위험성 결정 주요인자
① 유해물질 독성
② 유해물질 노출량

83
베릴륨 중독에 관한 설명으로 틀린 것은?

① 베릴륨의 만성중독은 Neighborhood cases 라고도 불리운다.
② 예방을 위해 X선 촬영과 폐기능 검사가 포함된 정기 건강검진이 필요하다.
③ 염화물, 황화물, 불화물과 같은 용해성 베릴륨 화합물은 급성중독을 일으킨다.
④ 치료는 BAL 등 금속배설 촉진제를 투여하며, 피부병소에는 BAL 연고를 바른다.

*베릴륨중독의 치료사항
① 급성 베릴륨폐증이면 즉시 작업을 중단한다.
② 금속배출촉진제 Chelating Agent를 투여한다.
③ BAL 등 금속배설 촉진제와 BAL연고는 절대 투여를 금지시킨다.

81.③ 82.① 83.④

84

다음 중 인체에 흡수된 대부분의 중금속을 배설, 제거하는 데 가장 중요한 역할을 담당하는 기관은 무엇인가?

① 대장　　　　　② 소장
③ 췌장　　　　　④ 신장

*신장
중금속의 가장 중요한 배설경로이다.

85

납의 독성에 대한 인체실험 결과, 안전흡수량이 체중(kg)당 $0.005mg/m^3$이었다. 1일 8시간 작업 시의 허용농도(mg/m^3)는? (단, 근로자의 평균 체중은 $70kg$, 해당 작업시의 폐환기량(또는 호흡량)은 시간당 $1.25m^3$으로 가정한다.)

① 0.030　　　　② 0.035
③ 0.040　　　　④ 0.045

*체내흡수량(안전흡수량, 안전폭로량, SHD)

$SHD = C \times T \times V \times R$

$\therefore C = \dfrac{SHD}{T \times V \times R} = \dfrac{70kg \times 0.005mg/kg}{8hr \times 1.25m^3/hr \times 1.0}$

$= 0.035mg/m^3$

여기서,
C: 농도[mg/m^3]
T: 노출시간[hr]
V: 폐환기율, 호흡률[m^3/hr]
R: 체내잔류율(일반적으로 1.0)
SHD: 체중당흡수량×체중[mg]

86

체내에 소량 흡수된 카드뮴은 체내에서 해독되는데 이들 반응에 중요한 작용을 하는 것은?

① 효소　　　　　② 임파구
③ 간과 신장　　　④ 백혈구

간과 신장은 소량의 카드뮴을 해독하는 데 중요한 작용을 한다.

87

수은중독의 예방대책이 아닌 것은?

① 수은 주입과정을 밀폐공간 안에서 자동화 한다.
② 작업장 내에서 음식물 섭취와 흡연 등의 행동을 금지한다.
③ 수은취급 근로자의 비점막 궤양 생성여부를 면밀히 관찰한다.
④ 작업장에 흘린 수은은 신체가 닿지 않는 방법으로 즉시 제거한다.

*수은중독 예방대책
① 수은 주입과정을 밀폐공간 안에서 자동화
② 작업장 내 음식물 먹거나 흡연 금지
③ 작업장에 흘린 수은은 신체가 닿지 않는 방법으로 즉시 제거
④ 채용 시 및 정기적 건강진단 실시
⑤ 수은에 대한 교육 실시
⑥ 고농도 작업 시 호흡용 보호구 착용
⑦ 작업 후 목욕하고 작업복 매일 새것 착용
⑧ 수거한 수은은 물통에 보관
⑨ 수은이 외부로 노출되는 것을 방지
⑩ 실내 온도를 가능한 한 낮추고 일정하게 유지
⑪ 수은증기 발생 상방에 국소배기장치 설치
⑫ 공정은 수은을 사용하지 않는 공정으로 변경

88

이황화탄소를 취급하는 근로자를 대상으로 생물학적 모니터링을 하는데 이용될 수 있는 생체 내 대사산물은?

① 소변 중 마뇨산
② 소변 중 메탄올
③ 소변 중 메틸마뇨산
④ 소변 중 TTCA(2-thiothiazolidine-4-carboxylic acid)

*화학물질의 생물학적 노출지표물질

화학물질	대사산물(측정대상물질)
벤젠	뇨 중 t,t-뮤코닉산(뮤콘산) 뇨 중 S-페닐머캅토산 혈액 중 벤젠
톨루엔	뇨 중 o-크레졸 혈액 중 톨루엔
크실렌	뇨 중 메틸마뇨산
납	혈액 중 납 뇨 중 납 혈액 중 아연 프로토포르피린 뇨 중 델타아미노레불린산
일산화탄소	혈액 중 카복시헤모글로빈(COHb)
트리클로로에틸렌	뇨 중 삼염화초산
에틸벤젠	뇨 중 만델산
노말헥산	뇨 중 2,5-헥산디온
클로로벤젠	뇨 중 총 4-클로로카테콜
페놀	뇨 중 페놀
디메틸포름아미드	뇨 중 N-메틸포름아미드
이황화탄소	뇨 중 TTCA 뇨 중 이황화탄소
크롬	뇨 중 크롬
메틸노말부틸케톤	뇨 중 2,5-헥산디온
삼염화에틸렌	뇨 중 삼염화초산 (트리클로로초산) 뇨 중 삼염화에탄올

89

폐에 침착된 먼지의 정화과정에 대한 설명으로 틀린 것은?

① 어떤 먼지는 폐포벽을 통과하여 림프계나 다른 부위로 들어가기도 한다.
② 먼지는 세포가 방출하는 효소에 의해 융해되지 않으므로 점액층에 의한 방출 이외에는 체내에 축적된다.
③ 폐에 침착된 먼지는 식세포에 의하여 포위되어, 포위된 먼지의 일부는 미세 기관지로 운반되고 점액 섬모운동에 의하여 정화된다.
④ 폐에서 먼지를 포위하는 식세포는 수명이 다한 후 사멸하고 다시 새로운 식세포가 먼지를 포위하는 과정이 계속적으로 일어난다.

*인체 방어기전(제거기전)
① 점액 섬모운동
기초적인 방어기전이며 점액 섬모운동에 의한 배출 시스템으로 폐포로 이동하는 과정에서 이물질을 제거하는 과정이며, 기관지에서의 방어기전을 의미한다.

② 대식세포에 의한 정화(작용)
대식세포가 방출하는 효소에 의해 용해되어 이물질을 제거하는 과정이며, 폐포에 방어기전을 의미하고, 대식세포에 융해되지 않은 대표적 독성물질은 유리규산, 석면 등이 있다.

90

메탄올에 관한 설명으로 틀린 것은?

① 특징적인 악성변화는 간 혈관육종이다.
② 자극성이 있고, 중추신경계를 억제한다.
③ 플라스틱, 필름제조와 휘발유첨가제 등에 이용된다.
④ 시각장해의 기전은 메탄올의 대사산물인 포름알데히드가 망막조직을 손상시키는 것이다.

메탄올의 특징적인 악성변화는 시신경장해이고 염화비닐의 특징적인 악성변화가 간 혈관육종이다.

91
납중독을 확인하는 시험이 아닌 것은?

① 혈중의 납농도
② 소변 중 단백질
③ 말초신경의 신경전달 속도
④ ALA(Amino Levulinic Acid) 축적

*납중독 확인 시험사항
① 혈중 납 농도
② 헴(Heme)의 대사
③ 말초신경의 신경 전달속도
④ Ca-EDTA 이동시험
⑤ ALA(Amino Levulinic Acid) 축적

92
유기용제의 종류에 따른 중추신경계 억제작용을 작은 것부터 큰 것으로 순서대로 나타낸 것은?

① 에스테르<유기산<알코올<알켄<알칸
② 에스테르<알칸<알켄<알코올<유기산
③ 알칸<알켄<알코올<유기산<에스테르
④ 알켄<알코올<에스테르<알칸<유기산

*유기용제의 중추신경계 마취작용 순서

작용	순서
억제작용 순서	알칸 < 알켄 < 알코올 < 유기산 < 에스테르 < 에테르 < 할로겐화합물
자극작용 순서	알칸 < 알코올 < 알데히드 < 케톤 < 유기산 < 아민류

93
메탄올의 시각장애 독성을 나타내는 대사단계의 순서로 맞는 것은?

① 메탄올→에탄올→포름산→포름알데히드
② 메탄올→아세트알데히드→아세테이트→물
③ 메탄올→아세트알데히드→포름알데히드→이산화탄소
④ 메탄올→포름알데히드→포름산→이산화탄소

*메탄올(CH_3OH)
① 자극적이고 신경독성물질로 시신경장해, 중추신경 억제를 유발한다.
② 플라스틱, 필름제조 등 공업용제로 사용된다.
③ 시각장해의 기전은 메탄올 대사산물인 포름알데히드가 망막조직을 손상 시킨다.
④ 메탄올 중독 시 중탄산염의 투여 및 혈액투석치료를 해야한다.
⑤ 메탄올 시각장해 독성 대사단계
   메탄올 → 포름알데히드 → 포름산 → 이산화탄소

94
주고 비강, 인후두, 기관 등 호흡기의 기도 부위에 축적됨으로써 호흡기계 독성을 유발하는 분진은?

① 흡입성 분진
② 호흡성 분진
③ 흉곽성 분진
④ 총부유 분진

*입자상물질의 입자크기별 분류

분진의 종류	설명
흡입성 입자상 물질 (IPM : Inspirable Particulates Mass)	호흡기 어느부위(비강, 인후두, 기관 등)에 침착하더라도 독성을 유발하는 분진으로 입경범위가 0~100μm이며, 평균 입경은 100μm이다.
흉곽성 입자상 물질 (TPM : Thoracic Particulates Mass)	기도나 하기도에 침착하여 독성을 나타내는 물질로 입경범위가 0~10μm이며, 평균 입경은 10μm이다.
호흡성 입자상 물질 (RPM : Respirable Particulates Mass)	가스 교환부위, 즉 폐포에 침착할 때 유해한 물질로 입경범위가 0~4μm이며, 평균 입경은 4μm이며, 폐포에 침착하여 진폐증을 유발하고, 채취기구는 10mm nylon cyclone이다.

91.② 92.③ 93.④ 94.①

95

유기용제에 의한 장해의 설명으로 틀린 것은?

① 유기용제의 중추신경계 작용으로 잘 알려진 것은 마취 작용이다.
② 사염화탄소는 간장과 신장을 침범하는 데 반하며 이황화탄소는 중추신경계통을 침해한다.
③ 벤젠은 노출초기에는 빈혈증을 나타내고 장기간 노출되면 혈소판 감소, 백혈구 감소를 초래한다.
④ 대부분의 유기용제는 유독성의 포스겐을 발생시켜 장기간 노출 시 폐수종을 일으킬 수 있다.

유기용제 장기간 노출 시 중추신경계의 활성억제 작용이 일어난다.

96

할로겐화 탄화수소의 사염화탄소에 관한 설명으로 틀린 것은?

① 생식기에 대한 독성작용이 특히 심하다.
② 고농도에 노출되면 중추신경계 장애 외에 간장과 신장장애를 유발한다.
③ 신장장애 증상으로 감뇨, 혈뇨 등이 발생하며 완전 무뇨증이 되면 사망할 수도 있다.
④ 초기 증상으로는 지속적인 두통, 구역 또는 구토, 복부선통과 설사, 간압통 등이 나타난다.

*사염화탄소(CCl_4)
① 피부를 통해 인체에 흡수된다.
② 고농도로 폭로되면 간이나 신장에 장해가 일어나 혈뇨, 단백뇨, 황달의 증상이 생긴다.
③ 간에 대한 독성작용이 심하여 중심소엽성 괴사를 일으킨다.
④ 가열하면 포스겐과 염산(염화수소)로 분해된다.
⑤ 탈지용 용매로 사용된다.
⑥ 두통, 구역 또는 구토, 복부선통과 설사, 간압통 등이 나타난다.

✔ 생식기에 대한 독성작용이 심한 것은 카드뮴이다.

97

다음의 설명에서 ㉠~㉢에 해당하는 내용이 맞는 것은?

단시간노출기준(STEL)이란 (㉠)분 간의 시간가중평균노출값으로서 노출농도가 시간가중평균노출기준(TWA)을 초과하고 단시간노출기준(STEL) 이하인 경우에는 1회 노출 지속시간이 (㉡)분 미만이어야 하고, 이러한 상태가 1일 (㉢)회 이하로 발생하여야 하며, 각 노출의 간격은 60분 이상이어야 한다.

① ㉠ : 15, ㉡ : 20, ㉢ : 2
② ㉠ : 15, ㉡ : 15, ㉢ : 4
③ ㉠ : 20, ㉡ : 15, ㉢ : 2
④ ㉠ : 20, ㉡ : 20, ㉢ : 4

*단시간노출기준(STEL)
근로자가 1회에 15분간 유해인자에 노출되는 경우의 기준으로 이 기준 이하에서는 1회 노출 간격이 1시간 이상인 경우에 1일 작업시간 동안 4회까지 노출이 허용될 수 있는 기준을 말한다.

98

페니실린을 비롯한 약품을 정제하기 위한 추출제 혹은 냉동제 및 합성수지에 이용되는 물질로 가장 적절한 것은?

① 벤젠   ② 클로로포름
③ 브롬화메틸   ④ 핵사클로로나프탈렌

*클로로포름($CHCl_3$)
페니실린을 비롯한 약품을 정제하기 위하여 추출제 혹은 냉동제 및 합성수지에 이용된다.

95.④ 96.① 97.② 98.②

99
채석장 및 모래 분사 작업장 작업자들이 석영을 과도하게 흡입하여 발생하는 질병은?

① 규폐증　　② 탄폐증
③ 면폐증　　④ 석면폐증

*규폐증(Silicosis)
① 이산화규소(SiO_2, 유리규산, 석영) 분진의 흡입에 의해 발생하는 진폐증
② 건축업, 도자기 작업장, 채석장, 석재공장 등에서 많이 발생한다.
③ 폐암, 폐결핵의 합병증을 일으키며 폐하엽 부위에 많이 생긴다.
④ 산화규소결정체
　: 함유율 1% 이하, 노출기준 $10mg/m^3$ 이하
⑤ 결정체 트리폴리 : 노출기준 $0.1mg/m^3$ 이하
⑥ 이집트의 미라에서도 발견된 오랜 질병이다.

100
근로자의 화학물질에 대한 노출을 평가하는 방법으로 가장 거리가 먼 것은?

① 개인시료 측정
② 생물학적 모니터링
③ 유해성확인 및 독성평가
④ 건강감시(Medical Surveillance)

*근로자의 화학물질에 대한 노출평가방법
① 개인시료 측정
② 생물학적 모니터링
③ 건강감시(Medical Surveillance)

Memo

2019 2회차 산업위생관리기사 필기 기출문제
제 1과목 : 산업위생학개론

01
산업안전보건법상 최근 1년간 작업공정에서 공정 설비의 변경, 작업방법의 변경, 설비의 이전, 사용 화학물질의 변경 등으로 작업환경측정 결과에 영향을 주는 변화가 없는 경우 작업공정 내 소음 외의 다른 모든 인자의 작업환경측정 결과가 최근 2회 연속 노출기준 미만인 사업장은 몇 년에 1회 이상 측정할 수 있는가?

① 6월
② 1년
③ 2년
④ 3년

*작업환경측정 주기 및 횟수
사업주는 최근 1년간 작업공정에서 공정 설비의 변경, 작업방법의 변경, 설비의 이전, 사용화학물질의 변경 등으로 작업환경 측정 결과에 영향을 주는 변화가 없는 경우 1년에 1회 이상 작업환경 측정을 할 수 있는 경우

① 작업공정 내 소음의 작업환경 측정결과가 최근 2회 연속 85dB 미만인 경우
② 작업공정 내 소음 외의 다른 모든 인자의 작업환경 측정결과가 최근 2회 연속 노출기준 미만인 경우

02
해외 국가의 노출기준 연결이 틀린 것은?

① 영국 - WEL(Workplace Exposure Limit)
② 독일 - REL(Recommended Exposure Limit)
③ 스웨덴 - OEL(Occupational Exposure Limit)
④ 미국(ACGIH) - TLV(Threshold Limit Value)

독일 - MAK(Maximal Arbeitsplatz Konzentration)

03
L_5/S_1 디스크에 얼마 정도의 압력이 초과되면 대부분의 근로자에게 장해가 나타나는가?

① 3400N
② 4400N
③ 5400N
④ 6400N

*최대허용기준(MPL)
MPL(Maximum Permissible Limit)은 AL의 3배로서 최대 허용 무게로서 다음 기준을 가진다.

기준	설명
역학적 조사	MPL 이상의 조건에서 작업하게 되면 근골격계질환의 발생이 증가함
생체역학적 기준	L5/S1 디스크에 650kg(6400N)의 생체역학적 부하가 걸리고 대부분의 작업자가 견딜 수 없음
생리학적 기준	대사율이 5.0kcal/min을 넘음
심물리학적 기준	여자의 1%, 남자의 25%만 작업 가능

04
Flex - Time 제도의 설명으로 맞는 것은?

① 하루 중 자기가 편한 시간을 정하여 자유롭게 출·퇴근 하는 제도
② 주휴 2일제로 주당 40시간 이상의 근무를 원칙으로 하는 제도
③ 연중 4주간 년차 휴가를 정하여 근로자가 원하는 시기에 휴가를 갖는 제도
④ 작업상 전 근로자가 일하는 중추시간(core time)을 제외하고 주당 40시간 내외의 근로조건하에서 자유롭게 출·퇴근 하는 제도

01.② 02.② 03.④ 04.④

*FLEX-TIME제
작업장의 기계화, 생산의 조직화, 기업의 경제성을 고려하여 모든 근로자가 근무를 하지 않으면 안되는 중추시간(core time)을 설정하고, 지정된 주간 근무시간(예를 들어, 주 40시간) 내에서 자유 출퇴근을 인정하는 제도

05

하인리히의 사고연쇄반응 이론(도미노 이론)에서 사고가 발생하기 바로 직전의 단계에 해당하는 것은?

① 개인적 결함
② 사회적 환경
③ 선진 기술의 미적용
④ 불안전한 행동 및 상태

*하인리히의 사고발생 도미노 5단계
1단계 : 선천적 결함(사회적 환경 및 유전적 요소)
2단계 : 개인적 결함
3단계 : 불안전한 행동·불안전한 상태(인적원인과 물적원인)
4단계 : 사고
5단계 : 상해(재해)

06

화학물질의 국내 노출기준에 관한 설명으로 틀린 것은?

① 1일 8시간을 기준으로 한다.
② 직업병 진단 기준으로 사용할 수 없다.
③ 대기오염의 평가나 관리상 지표로 사용할 수 없다.
④ 직업성 질병의 이환에 대한 반증자료로 사용할 수 있다.

직업성 질병의 이환에 대한 반증자료로 사용할 수 없다.

07

사업장에서의 산업보건관리업무는 크게 3가지로 구분될 수 있다. 산업보건관리 업무와 가장 관련이 적은 것은?

① 안전관리   ② 건강관리
③ 환경관리   ④ 작업관리

*산업보건관리 업무 3가지
① 건강관리
② 환경관리
③ 작업관리

✔ 안전관리는 산업안전관리 업무 중 하나이다.

08

최근 실내공기질에서 문제가 되고 있는 방사성 물질인 라돈에 관한 설명으로 옳지 않은 것은?

① 무색, 무취, 무미한 가스로 인간의 감각에 의해 감지할 수 없다.
② 인광석이나 산업폐기물을 포함하는 토양, 석재, 각종 콘크리트 등에서 발생할 수 있다.
③ 라돈의 감마(γ)-붕괴에 의하여 라돈의 딸핵종이 생성되며 이것이 기관지에 부착되어 감마선을 방출하여 폐암을 유발한다.
④ 우라늄 계열의 붕괴과정 일부에서 생성될 수 있다.

*라돈
① 라듐이 α-붕괴되어 생성되는 물질이다.
② 방사성 기체로 폐암을 일으키는 물질이다.
③ 건축자재로부터 방출되거나 하수도, 벽의 틈새 및 방바닥 갈라진 부분, 인광석이나 산업폐기물을 포함하는 토양, 석재, 각종 콘크리트 등에서 실내로 유입 되기도 한다.
④ 무색, 무취, 무미한 가스로 인간의 감각에 의해 감지할 수 없다.
⑤ 우라늄 계열의 붕괴과정 일부에서 생성될 수 있다.

09

어느 공장에서 경미한 사고가 3건이 발생하였다. 그렇다면 이 공장의 무상해 사고는 몇 건이 발생하는가?
(단, 하인리히의 법칙을 활용한다.)

① 25 ② 31
③ 36 ④ 40

*하인리히의 재해 발생비율(1 : 29 : 300 법칙)
총 330건 사고를 분석 하였을 때

① 중상 또는 사망 : 1건
② 경상(경미한 사고) : 29건
③ 무상해 사고 : 300건

여기서,
경상(경미한 사고)가 3건이라면 비례식을 세우면,
29 : 300 = 3 : x

$\therefore x = \dfrac{300 \times 3}{29} = 31$건

10

인간공학에서 고려해야 할 인간의 특성과 가장 거리가 먼 것은?

① 감각과 지각
② 운동과 근력
③ 감정과 생산능력
④ 기술, 집단에 대한 적응능력

*인간공학에서 고려해야 할 인간의 특성
① 감각과 지각
② 운동력과 근력
③ 기술, 집단에 대한 적응능력
④ 인간의 습성
⑤ 신체의 크기와 작업환경
⑥ 민족

11

산업위생 분야에 종사하는 사람들이 반드시 지켜야 할 윤리강령의 전문가로서의 책임에 대한 설명 중 틀린 것은?

① 기업체의 기밀은 누설하지 않는다.
② 과학적 방법의 적용과 자료의 해석에서 객관성을 유지한다.
③ 근로자, 사회 및 전문직종의 이익을 위해 과학적 지식을 공개하고 발표한다.
④ 전문적 판단이 타협에 의하여 좌우될 수 있거나 이해관계가 있는 상황에는 적극적으로 개입한다.

*산업위생전문가의 윤리강령(산업위생전문가로서의 책임)
① 성실성과 학문적 실력 면에서 최고 수준을 유지한다.
② 과학적 방법의 적용과 자료의 해석에서 경험을 통한 전문가의 객관성을 유지한다.
③ 전문 분야로서 산업위생을 학문적으로 발전시킨다.
④ 근로자, 사회 및 전문 직종의 이익을 위해 과학적 지식을 공개하고 발표한다.
⑤ 산업위생활동을 통해 얻은 개인 및 기업체의 기밀은 누설하지 않는다.
⑥ 전문적 판단이 타협에 의하여 좌우될 수 있거나 이해관계가 있는 상황에는 개입하지 않는다.
⑦ 쾌적한 작업환경을 만들기 위해 산업위생이론을 적용하고 책임 있게 행동한다.

12

직업성 질환의 범위에 해당되지 않는 것은?

① 합병증 ② 속발성 질환
③ 선천적 질환 ④ 원발성 질환

선천적 질환은 직업성 질환의 범위에 해당되지 않는다.

13
단기간 휴식을 통해서는 회복될 수 없는 발병단계의 피로를 무엇이라 하는가?

① 곤비 ② 정신피로
③ 과로 ④ 전신피로

*피로의 종류(3단계)

종류	설명
1단계 보통피로	하룻밤 자고나면 다음날 완전히 회복
2단계 과로	다음날까지도 피로상태가 계속 유지
3단계 곤비	과로상태가 축적되어 단기간에 휴식을 취하여도 회복될 수 없는 병적인 상태이며 심하면 사망에 이름

14
NIOSH의 권고중량한계(Recommended Weight Limit, RWL)에 사용되는 승수(multiplier)가 아닌 것은?

① 들기거리(Lift Multiplier)
② 이동거리(Distance Multiplier)
③ 수평거리(Horizontal Multiplier)
④ 비대칭각도(Asymmetry Multiplier)

*권고중량물한계기준(RWL)
$RWL[kg] = LC \times HM \times VM \times DM \times AM \times FM \times CM$

여기서,
LC : 중량상수($23kg$)
HM : 수평계수
VM : 수직계수
DM : 거리계수
AM : 비대칭계수
FM : 빈도계수
CM : 커플링계수

15
인간공학에서 최대작업영역(maximum area)에 대한 설명으로 가장 적절한 것은?

① 허리에 불편 없이 적절히 조작할 수 있는 영역
② 팔과 다리를 이용하여 최대한 도달할 수 있는 영역
③ 어깨에서부터 팔을 뻗어 도달할 수 있는 최대 영역
④ 상완을 자연스럽게 몸에 붙인 채로 전완을 움직일 때 도달하는 영역

*정상작업역 · 최대작업역
① 정상 작업역(표준영역)
  ㉠ 윗팔(상완)을 자연스럽게 수직으로 늘어뜨린 채, 아래팔(전완)만으로 편하게 뻗어 파악할 수 있는 영역
  ㉡ 팔을 가볍게 몸에 붙이고 팔꿈치를 구부린 상태에서 자유롭게 손이 닿는 영역
  ㉢ 움직이지 않고 전박과 손으로 조작할 수 있는 범위

② 최대 작업역(최대영역)
  ㉠ 윗팔(상완)과 아래팔(전완)을 곧게 수평으로 펴서 파악할 수 있는 영역
  ㉡ 어깨에서부터 팔을 뻗어 도달하는 최대영역
  ㉢ 움직이지 않고 상지를 뻗어 닿는 범위

16
심리학적 적성검사와 가장 거리가 먼 것은?

① 감각기능검사 ② 지능검사
③ 지각동작검사 ④ 인성검사

*적성검사 분류 및 특성

신체검사	생리학적 기능검사	심리학적 기능검사
- 체격검사	- 감각기능검사 - 심폐기능검사 - 체력검사	- 지능검사 - 지각동작검사 - 인성검사 - 기능검사

13.① 14.① 15.③ 16.①

17

한 근로자가 트리클로로에틸렌($TLV\ 50ppm$)이 담긴 탈지탱크에서 금속가공 제품의 표면에 존재하는 절삭유 등의 기름 성분을 제거하기 위해 탈지작업을 수행하였다. 또 이 과정을 마치고 포장단계에서 표면 세척을 위해 아세톤($TLV\ 500ppm$)을 사용하였다. 이 근로자의 작업환경 측정 결과는 트리클로로에틸렌이 $45ppm$, 아세톤이 $100ppm$ 이었을 때, 노출 지수와 노출기준에 관한 설명으로 맞는 것은?
(단, 두 물질은 상가작용을 한다.)

① 노출지수는 0.9이며, 노출기준 미만이다.
② 노출지수는 1.1이며, 노출기준을 초과하고 있다.
③ 노출지수는 6.1이며, 노출기준을 초과하고 있다.
④ 트리클로로에틸렌의 노출지수는 0.9, 아세톤의 노출지수는 0.2이며, 혼합물로써 노출기준 미만이다.

*노출기준(EI)

$$EI = \frac{C_1}{T_1} + \frac{C_2}{T_2} + \cdots + \frac{C_n}{T_n} = \frac{45}{50} + \frac{100}{500} = 1.1$$

1을 초과하였으므로 ∴ 노출기준을 초과

여기서,
C : 화학물질 각각의 측정치
T : 화학물질 각각의 노출기준

$EI > 1$: 노출기준을 초과
$EI < 1$: 노출기준을 초과하지 않음

18

산업안전법령상 사무실 공기관리의 관리대상 오염물질의 종류에 해당하지 않는 것은?

① 라돈
② 총부유세균
③ 호흡성분진(RPM)
④ 일산화탄소(CO)

*사무실 공기관리대상 오염물질의 종류
① 미세먼지(PM10)
② 초미세먼지(PM2.5)
③ 이산화탄소(CO_2)
④ 일산화탄소(CO)
⑤ 이산화질소(NO_2)
⑥ 포름알데히드(HCHO)
⑦ 총휘발성유기화합물(TVOC)
⑧ 라돈
⑨ 총부유세균
⑩ 곰팡이

19

산업위생 역사에서 영국의 외과의사 Percivall Pott에 대한 내용 중 틀린 것은?

① 직업성 암을 최초로 보고하였다.
② 산업혁명 이전의 산업위생 역사이다.
③ 어린이 굴뚝 청소부에게 많이 발생하던 음낭암(scrotal cancer)의 원인물질을 검댕(soot)이라고 규명하였다.
④ Pott의 노력으로 1788년 영국에서는 도제건강 및 도덕법(Health and Morals of Apprentices Act)이 통과되었다.

*포트(Percivall Pott)
직업성 암을 최초로 보고하였으며, 어린이 굴뚝청소부에게 많이 발생하는 음낭암을 발견하여 암의 원인물질은 검댕속 여러 종류의 PAH(다환 방향족 탄화수소)으로 이후 1788년에 굴뚝청소부법을 제정하도록 하였다.

20

젊은 근로자의 약한 쪽 손의 힘은 평균 $50kp$이고, 이 근로자가 무게 $10kg$인 상자를 두손으로 들어올릴 경우에 한 손의 작업강도($\%MS$)는 얼마인가? (단, $1kp$는 질량 $1kg$을 중력의 크기로 당기는 힘을 말한다.)

① 5　　　　　　② 10
③ 15　　　　　　④ 20

*작업강도(%MS)

$$\%MS = \frac{RF}{MS} \times 100 = \frac{10 \div 2}{50} \times 100 = 10\%MS$$

여기서,
RF : 작업 시 한 손에 요구되는 힘
MS : 근로자가 가지고 있는 약한 손의 최대 힘

20.②

2019 2회차

산업위생관리기사 필기 기출문제

제 2과목 : 작업위생측정 및 평가

21

어느 작업장에 9시간 작업시간 동안 측정한 유해인자의 농도는 $0.045mg/m^3$일 때, 95%의 신뢰도를 가진 하한치는 얼마인가?
(단, 유해인자의 노출기준은 $0.05mg/m^3$, 시료채취 분석오차는 0.132이다.)

① 0.768
② 0.929
③ 1.032
④ 1.258

※95%의 신뢰도를 가진 하한치(LCL)

$Y = \dfrac{TWA \text{ 또는 } STEL}{\text{허용기준(노출기준)}} = \dfrac{0.045}{0.05} = 0.9$

$\therefore LCL = Y - SAE = 0.9 - 0.132 = 0.768$

여기서,
Y : 표준화 값
TWA : 시간가중평균값
$STEL$: 단시간 노출값
SAE : 시료채취 분석오차

22

옥내 작업장에서 측정한 건구온도 73℃이고 자연습구온도 65℃, 흑구온도 81℃일 때, 습구흑구온도지수는?

① 64.4℃
② 67.4℃
③ 69.8℃
④ 71.0℃

※습구흑구온도지수(WBGT)

① 태양광선이 내리쬐는 옥외 장소
$WBGT(℃)$
$= 0.7 × 자연습구온도 + 0.2 × 흑구온도 + 0.1 × 건구온도$

② 태양광선이 내리쬐지 않는 옥내 또는 옥외 장소
$WBGT(℃) = 0.7 × 자연습구온도 + 0.3 × 흑구온도$

$WBGT(℃) = 0.7 × 자연습구온도 + 0.3 × 흑구온도$
$= 0.7 × 65 + 0.3 × 81 = 69.8℃$

23

다음 중 수동식 채취기에 적용되는 이론으로 가장 적절한 것은?

① 침강원리, 분산원리
② 확산원리, 투과원리
③ 침투원리, 흡착원리
④ 충돌원리, 전달원리

※연속시료채취법 종류

시료채취법	설명
능동식 시료 채취법	① 공기 시료채취펌프를 이용하여 흡착튜브, 전처리된 여과지, 임펀저와 같이 시료채취미디어를 통해 공기와 오염물질을 채취하는 방법 ② 흡착관을 사용한 능동식 시료채취방법의 일반적 시료 채취 유량 기준은 0.2L/min 이하 ③ 흡수액을 사용한 능동식 시료채취방법의 일반적 시료 채취 유량 기준은 1.0L/min 이하
수동식 시료 채취법	① 가스상 물질의 확산원리를 이용한다. ② 포집원리는 확산, 투과, 흡착 등이 있다. ③ 결핍(Starvation)현상이란 수동식 시료채취기 사용 시 최소의 기류가 있어야 하는데, 최소의 기류가 없을 경우 표면에서 오염물질이 제거되어 농도가 없어지거나 감소하는 현상으로 결핍현상을 방지하기 위해 최소 기류속도 0.05~0.1m/sec를 유지해야 한다.

24

다음 중 흡착관인 실리카겔관에 사용되는 실리카겔에 관한 설명과 가장 거리가 먼 것은?

① 이황화탄소를 탈착용매로 사용하지 않는다.
② 극성 물질을 채취한 경우 물 또는 메탄올을 용매로 쉽게 탈착된다.
③ 추출용액이 화학분석이나 기기분석에 방해물질로 작용하는 경우가 많지 않다.
④ 파라핀류가 케톤류 보다 극성이 강하기 때문에 실리카겔에 대한 친화력도 강하다.

21.① 22.③ 23.② 24.④

*실리카겔의 친화력(극성이 강한 순서)
물 > 알코올류 > 알데하이드류 > 케톤류 > 에스테르류 > 방향족 탄화수소류 > 올레핀류 > 파라핀류

25

다음 중 PVC막 여과지에 관한 설명과 가장 거리가 먼 것은?

① 수분에 대한 영향이 크지 않다.
② 공해성 먼지, 총 먼지 등의 중량분석을 위한 측정에 이용된다.
③ 유리규산을 채취하여 X-선 회절법으로 분석하는데 적절하다.
④ 코크스 제조공정에서 발생되는 코크스 오븐 배출물질을 채취하는데 이용된다.

*PVC 막 여과지
① 흡습성이 낮아 분진의 중량분석에 적합하다.
② 유리규산을 채취하여 X선 회절법으로 분석이 적합하고 6가 크롬 그리고 아연화합물의 채취에 이용한다.
③ 수분의 영향이 크지않아 공해성 먼지 등의 중량분석을 위한 측정에 사용한다.
④ 채취 시 입자를 반발하여 채취효율(포집효율)을 떨어뜨리는 단점이 있어 채취필터를 세정 용액으로 세정하여 오차를 줄일 수 있다.

코크스 제조공정에서 발생되는 코크스 오븐 배출물질을 채취하는데 이용되는건 은막 여과지이다.

26

입자상물질의 측정 및 분석방법으로 틀린 것은?
(단, 고용노동부 고시를 기준으로 한다.)

① 석면의 농도는 여과채취방법에 의한 계수방법으로 측정한다.
② 규산염은 분립장치 또는 입자의 크기를 파악할 수 있는 기기를 이용한 여과채취방법으로 측정한다.
③ 광물성 분진은 여과채취방법에 따라 석영, 크리스토바라이트, 트리디마이트를 분석할 수 있는 적합한 분석방법으로 측정한다.
④ 용접흄은 여과채취방법으로 하되 용접보안면을 착용한 경우에는 그 내부에서 채취하고 중량분석방법과 원자 흡광분광기 또는 유도결합플라즈마를 이용한 분석방법으로 측정한다.

규산염과 같은 기타 광물성 분진은 중량분석방법으로 측정하여야 한다.

27

화학공장의 작업장 내에 먼지 농도를 측정하였더니 5, 6, 5, 6, 6, 6, 4, 8, 9, 8 ppm 일 때, 측정치의 기하평균은 약 몇 ppm 인가?

① 5.13 ② 5.83
③ 6.13 ④ 6.83

*기하평균
$$GM = \sqrt[N]{X_1 \times X_2 \times \cdots \times X_n}$$
$$= \sqrt[10]{5 \times 6 \times 5 \times 6 \times 6 \times 6 \times 4 \times 8 \times 9 \times 8} = 6.13 ppm$$

여기서,
X: 측정치
N: 측정치의 개수

28

어느 작업환경에서 발생되는 소음원 1개의 음압수준이 $92dB$이라면, 이와 동일한 소음원이 8개일 때의 전체음압수준은?

① $101dB$
② $103dB$
③ $105dB$
④ $107dB$

*합성소음도(L)

$$L = 10\log\left(10^{\frac{L_1}{10}} + 10^{\frac{L_2}{10}} + \cdots + 10^{\frac{L_n}{10}}\right)$$

$$= 10\log\left(10^{\frac{92}{10}} \times 8\right) = 101dB$$

L : 합성소음도[dB]
$L_1, L_2, \cdots L_n$ = 각 소음원의 소음[dB]

29

다음은 작업장 소음측정에서 관한 고용노동부 고시 내용이다. ( )안에 내용으로 옳은 것은?

> 누적소음 노출량 측정기로 소음을 측정하는 경우에는 Criteria $90dB$, Exchange Rate $5dB$, Threshold ( )dB로 기기를 설정한다.

① 50
② 60
③ 70
④ 80

*누적소음노출량 측정기 설정
① Criteria : 90dB
② Exchange Rate : 5dB
③ Threshold : 80dB

30

원자흡광광도계의 구성요소와 역할에 대한 설명 중 옳지 않은 것은?

① 광원은 속빈음극램프를 주로 사용한다.
② 광원은 분석 물질이 반사할 수 있는 표준 파장의 빛을 방출한다.
③ 단색화 장치는 특정 파장만 분리하여 검출기로 보내는 역할을 한다.
④ 원자화장치에서 원자화방법에는 불꽃방식, 흑연로방식, 증기화방식이 있다.

광원은 분석 물질이 흡수할 수 있는 표준 파장의 빛을 방출한다.

31

고체 흡착제를 이용하여 시료채취를 할 때 영향을 주는 인자에 관한 설명으로 옳지 않은 것은?

① 온도 : 고온일수록 흡착 성질이 감소하며 파과가 일어나기 쉽다.
② 오염물질농도 : 공기 중 오염물질의 농도가 높을수록 파과공기량이 증가한다.
③ 흡착제의 크기 : 입자의 크기가 작을수록 채취효율이 증가하나 압력강하가 심하다.
④ 시료채취유량 : 시료채취유량이 높으면 파과가 일어나기 쉬우며 코팅된 흡착제일수록 그 경향이 강하다.

*고체흡착제를 이용하여 시료채취할 때

영향인자	설명
온도	고온일수록 흡착대상 오염물질과 흡착제의 표면 사이의 반응속도가 증가하여 흡착 성질을 감소하며 파과가 일어나기 쉽다. (흡착은 발열반응이다.)
습도	습도가 높으면 파과공기량이 적어지고, 극성 흡착제를 사용할 때 수증기가 흡착되기 때문에 파과가 일어나기 쉽다.
오염물질 농도	공기 중 오염물질의 농도가 높을수록 파과용량[흡착제에 흡착된 오염물질의 양(mg)]은 증가하나 파과공기량은 감소한다.
시료채취속도 (시료채취유량)	시료채취속도가(시료채취유량) 높고 코팅된 흡착제일수록 파과가 일어나기 쉽다.
흡착제의 크기	입자의 크기가 작을수록 표면적이 증가하여 채취효율이 증가하나 압력강하가 심하다.
흡착관의 크기 (튜브의 내경)	흡착제의 양이 많아지면 전체 흡착제의 표면적이 증가하여 채취용량이 증가하므로 쉽게 파과가 발생하지 않는다.
혼합물	혼합기체의 경우 각 기체의 흡착량은 단독 성분이 있을 때보다 감소된다.

32

다음 중 조선소에서 용접작업 시 발생 가능한 유해인자와 가장 거리가 먼 것은?

① 오존
② 자외선
③ 황산
④ 망간 흄

*조선소에서 용접작업 시 발생 유해인자
① 오존
② 자외선
③ 망간 흄
④ 이산화질소
⑤ 소음

33

상온에서 벤젠(C_6H_6)의 농도 $20mg/m^3$는 부피단위 농도로 약 몇 ppm인가?

① 0.06
② 0.6
③ 6
④ 60

*질량농도(mg/m^3)와 용량농도(ppm)의 환산
$$ppm = mg/m^3 \times \frac{부피}{분자량} = 20 \times \frac{24.45}{78} = 6.27 ≒ 6ppm$$

*참고
- 벤젠(C_6H_6)의 분자량 $= 12 \times 6 + 1 \times 6 = 78g$
- C의 원자량 : 12g, H의 원자량 : 1g
- 1atm, 25℃의 부피 = 24.45L

34

다음 중 비누거품방법(Bubble Meter Method)을 이용해 유량을 보정할 때의 주의사항과 가장 거리가 먼 것은?

① 측정시간의 정확성은 ±5초 이내이어야 한다.
② 측정장비 및 유량보정계는 Tygon Tube로 연결한다.
③ 보정을 시작하기 전에 충분히 충전된 펌프를 5분간 작동한다.
④ 표준뷰렛 내부면을 세척제 용액으로 씻어서 비누거품이 쉽게 상승하도록 한다.

*1차 표준기구 종류

1차 표준기구 종류	일반적인 사용범위	정확도
비누거품미터	1mL/분 ~ 30L/분	±1% 이내
폐활량계	100 ~ 600L	±1% 이내
가스치환병	10 ~ 500mL/분	±0.05 ~ 0.25%
유리피스톤미터	10 ~ 200mL/분	±2% 이내
흑연피스톤미터	1mL/분 ~ 50L/분	±1~2%
피토관 (피토튜브)	15mL/분 이하	±1% 이내

35

시료공기를 흡수, 흡착 등의 과정을 거치지 않고 진공채취병 등의 채취용기에 물질을 채취하는 방법은?

① 직접채취방법
② 여과채취방법
③ 고체채취방법
④ 액체채취방법

*직접채취방법
시료공기를 흡수, 흡착 등의 과정을 거치지 않고 진공채취병 등의 채취용기에 물질을 채취하는 방법

36

어느 작업장에서 A물질의 농도를 측정한 결과가 각각 23.9ppm, 21.6ppm, 22.4ppm, 24.1ppm, 22.7ppm, 25.4ppm을 얻었다. 측정 결과에서 중앙값(median)은 몇 ppm인가?

① 23.0
② 23.1
③ 23.3
④ 23.5

***중앙값(중앙치)**
여러 개의 측정치를 크기 순서로 배열했을 때 중앙에 위치하는 값을 말하며, 측정치가 짝수일 때에는 중앙에 위치한 두 값의 평균을 내어 중앙값으로 계산한다.
21.6, 22.4, 22.7, 23.9, 24.1, 25.4
∴ 중앙값 = $\dfrac{22.7 + 23.9}{2} = 23.3 ppm$

37

소음의 측정방법으로 틀린 것은?
(단, 고용노동부 고시를 기준으로 한다.)

① 소음계의 청감보정회로는 A특성으로 한다.
② 소음계 지시침의 동작은 느린(Slow)상태로 한다.
③ 소음계의 지시치가 변동하지 않는 경우에는 해당 지시치를 그 측정점에서의 소음수준으로 한다.
④ 소음이 1초 이상의 간격을 유지하면서 최대음압수준이 $120dB(A)$ 이상의 소음인 경우에는 소음수준에 따른 10분 동안의 발생횟수를 측정한다.

소음이 1초 이상의 간격을 유지하면서 최대음압수준이 120dB(A)이상의 소음인 경우에는 소음수준에 따른 1분 동안의 발생횟수를 측정할 것

38

온도 표시에 대한 내용으로 틀린 것은?
(단, 고용노동부 고시를 기준으로 한다.)

① 미온은 20~30℃를 말한다.
② 온수(溫水)는 60~70℃를 말한다.
③ 냉수(冷水)는 15℃ 이하를 말한다.
④ 상온은 15~25℃, 실온은 1~35℃을 말한다.

*온도 표시
① 온도의 표시는 셀시우스(Celcius) 법에 따라 아라비아 숫자의 오른쪽에 ℃를 붙인다. 절대온도는 °K로 표시하고 절대온도 0°K는 −273℃로 한다.
② 상온은 15~25℃, 실온은 1~35℃, 미온은 30~40℃로 하고, 찬 곳은 따로 규정이 없는 한 0~15℃의 곳을 말한다.
③ 냉수는 15℃ 이하, 온수는 60~70℃, 열수는 약 100℃를 말한다.

39

작업환경측정대상이 되는 작업장 또는 공정에서 정상적인 작업을 수행하는 동일노출집단의 근로자가 작업하는 장소는?
(단, 고용노동부 고시를 기준으로 한다.)

① 동일작업장소
② 단위작업장소
③ 노출측정장소
④ 측정작업장소

*단위작업장소
작업환경측정대상이 되는 작업장 또는 공정에서 정상적인 작업을 수행하는 동일 노출집단의 근로자가 작업을 하는 장소

40

다음 중 작업환경측정치의 통계처리에 활용되는 변이계수에 관한 설명과 가장 거리가 먼 것은?

① 평균값의 크기가 0에 가까울수록 변이계수의 의의는 작아진다.
② 측정단위와 무관하게 독립적으로 산출되며 백분율로 나타낸다.
③ 단위가 서로 다른 집단이나 특성값의 상호 산포도를 비교하는데 이용될 수 있다.
④ 편차의 제곱 합들의 평균값으로 통계집단의 측정값들에 대한 균일성, 정밀성 정도를 표현한다.

*변이계수(CV)
통계집단의 측정값들에 대한 균일성과 정밀성의 정도를 표현한 값

① 정밀도를 평가하는 계수이고, 측정자료가 데이터로서 가치가 있음을 나타내는 자료이다.
② 평균값의 크기가 0에 가까울수록 변이계수의 의미는 작아진다.
③ 단위가 서로 다른 집단이나 특성값의 상호 산포도를 비교하는 데 이용된다.
④ 변이계수가 작을수록 자료들이 평균 주위에 가깝게 분포한다는 의미를 나타낸다.
⑤ 측정단위와 무관하게 독립적으로 산출되며 백분율로 나타낸다.

2019년 2회차 산업위생관리기사 필기 기출문제
제 3과목 : 작업환경관리대책

41
다음 중 오염물질을 후드로 유입하는데 필요한 기류의 속도인 제어속도에 영향을 주는 인자와 가장 거리가 먼 것은?

① 덕트의 재질
② 후드의 모양
③ 후드에서 오염원까지의 거리
④ 오염물질의 종류 및 확산상태

*제어속도 결정 시 고려사항
① 후드의 형식(후드의 모양)
② 유해물질의 비산방향
③ 유해물질의 비산거리(후드에서 오염원까지 거리)
④ 유해물질의 종류 및 확산상태
⑤ 작업장 내 방해 기류

42
다음 중 국소배기장치에 관한 주의사항과 가장 거리가 먼 것은?

① 유독물질의 경우에는 굴뚝에 흡인장치를 보강할 것
② 흡인되는 공기가 근로자의 호흡기를 거치지 않도록 할 것
③ 배기관은 유해물질이 발산하는 부위의 공기를 모두 흡입할 수 있는 성능을 갖출 것
④ 먼지를 제거할 때에는 공기속도를 조절하여 배기관 안에서 먼지가 일어나도록 할 것

국소배기장치에서 먼지를 제거할 때에는 공기속도를 조절하여 배기관 안에서 먼지가 일어나지 않도록 할 것

43
송풍기에 관한 설명으로 옳은 것은?

① 풍량은 송풍기의 회전수에 비례한다.
② 동력은 송풍기의 회전수의 제곱에 비례한다.
③ 풍력은 송풍기의 회전수의 세제곱에 비례한다.
④ 풍압은 송풍기의 회전수의 세제곱에 비례한다.

*송풍기 상사법칙

종류	회전수(N)	직경(D)
풍량(Q)	$\dfrac{Q_2}{Q_1} = \dfrac{N_2}{N_1}$	$\dfrac{Q_2}{Q_1} = \left(\dfrac{D_2}{D_1}\right)^3$
풍압(P)	$\dfrac{P_2}{P_1} = \left(\dfrac{N_2}{N_1}\right)^2$	$\dfrac{P_2}{P_1} = \left(\dfrac{D_2}{D_1}\right)^2$
동력(H)	$\dfrac{H_2}{H_1} = \left(\dfrac{N_2}{N_1}\right)^3$	$\dfrac{H_2}{H_1} = \left(\dfrac{D_2}{D_1}\right)^5$
$\dfrac{P_2}{P_1} \propto \dfrac{H_2}{H_1} \propto \dfrac{\rho_2}{\rho_1} \propto \dfrac{T_1}{T_2}$		

여기서,
Q_1 : 변경 전 풍량[$m^3/\min$]
Q_2 : 변경 후 풍량[$m^3/\min$]
N_1 : 변경 전 회전수[rpm]
N_2 : 변경 후 회전수[rpm]
P_1 : 변경 전 풍압[mmH_2O]
P_2 : 변경 후 풍압[mmH_2O]
D_1 : 변경 전 회전차 직경[m]
D_2 : 변경 후 회전차 직경[m]
H_1 : 변경 전 동력[kW]
H_2 : 변경 후 동력[kW]
ρ_1, ρ_2 : 변경 전·후 비중
T_1, T_2 : 변경 전·후 절대온도[K]

41.① 42.④ 43.①

44

정압이 $3.5 cm H_2O$인 송풍기의 회전속도를 $180 rpm$에서 $360 rpm$으로 증가시켰다면, 송풍기의 정압은 약 몇 $cm H_2O$인가?
(단, 기타 조건은 같다고 가정한다.)

① 16
② 14
③ 12
④ 10

*송풍기 상사법칙

종류	회전수(N)	직경(D)
풍량(Q)	$\dfrac{Q_2}{Q_1} = \dfrac{N_2}{N_1}$	$\dfrac{Q_2}{Q_1} = \left(\dfrac{D_2}{D_1}\right)^3$
풍압(P)	$\dfrac{P_2}{P_1} = \left(\dfrac{N_2}{N_1}\right)^2$	$\dfrac{P_2}{P_1} = \left(\dfrac{D_2}{D_1}\right)^2$
동력(H)	$\dfrac{H_2}{H_1} = \left(\dfrac{N_2}{N_1}\right)^3$	$\dfrac{H_2}{H_1} = \left(\dfrac{D_2}{D_1}\right)^5$
	$\dfrac{P_2}{P_1} \propto \dfrac{H_2}{H_1} \propto \dfrac{\rho_2}{\rho_1} \propto \dfrac{T_1}{T_2}$	

여기서,
Q_1 : 변경 전 풍량[m^3/min]
Q_2 : 변경 후 풍량[m^3/min]
N_1 : 변경 전 회전수[rpm]
N_2 : 변경 후 회전수[rpm]
P_1 : 변경 전 풍압[mmH_2O]
P_2 : 변경 후 풍압[mmH_2O]
D_1 : 변경 전 회전차 직경[m]
D_2 : 변경 후 회전차 직경[m]
H_1 : 변경 전 동력[kW]
H_2 : 변경 후 동력[kW]
ρ_1, ρ_2 : 변경 전·후 비중
T_1, T_2 : 변경 전·후 절대온도[K]

$\dfrac{P_2}{P_1} = \left(\dfrac{N_2}{N_1}\right)^2$ 에서,

$\therefore P_2 = P_1\left(\dfrac{N_2}{N_1}\right)^2 = 3.5 \times \left(\dfrac{360}{180}\right)^2 = 14 cm H_2O$

45

입자의 침강속도에 대한 설명으로 틀린 것은?
(단, 스토크스 식을 기준으로 한다.)

① 입자직경의 제곱에 비례한다.
② 공기와 입자 사이의 밀도차에 반비례한다.
③ 중력가속도에 비례한다.
④ 공기의 점성계수에 반비례한다.

*스토크스(Stokes) 법칙에 의한 침강속도

$$V = \dfrac{gd^2(\rho_1 - \rho)}{18\mu}$$

여기서,
V : 침강속도[cm/sec]
g : 중력가속도[$= 980 cm/sec^2$]
d : 입자 직경[cm]
ρ_1 : 입자 밀도[g/cm^3]
ρ : 공기 밀도[g/cm^3]
μ : 공기 점성계수[$g/cm \cdot sec$]

46

환기시설 내 기류가 기본적인 유체역학적 원리에 따르기 위한 전제조건과 가장 거리가 먼 것은?

① 공기는 절대습도를 기준으로 한다.
② 환기시설 내외의 열교환은 무시한다.
③ 공기의 압축이나 팽창은 무시한다.
④ 공기 중에 포함된 유해물질의 무게와 용량을 무시한다.

*유체의 역학적 원리의 전제조건
① 건조공기
② 공기의 비압축성
③ 환기시설 내외의 열교환 무시
④ 환기시설 공기 속 오염물질 질량 및 부피 무시
⑤ 공기는 상대습도 기준

44.② 45.② 46.①

47

작업환경의 관리원칙인 대체 중 물질의 변경에 따른 개선 예와 가장 거리가 먼 것은?

① 성냥 제조 시 황린 대신 적린을 사용하였다.
② 세척작업에서 사염화탄소 대신 트리클로로에틸렌을 사용하였다.
③ 야광시계의 자판에서 인 대신 라듐을 사용하였다.
④ 보온 재료 사용에서 석면 대신 유리섬유를 사용하였다.

야광시계의 자판에서 라듐 대신 인을 사용하였다.

48

다음 중 작업환경개선을 위해 전체 환기를 적용할 수 있는 상황과 가장 거리가 먼 것은?

① 오염발생원의 유해물질 발생량이 적은 경우
② 작업자가 근무하는 장소로부터 오염발생원이 멀리 떨어져 있는 경우
③ 소량의 오염물질이 일정속도로 작업장으로 배출되는 경우
④ 동일작업장에 오염발생원이 한군데로 집중되어 있는 경우

*전체환기의 적용 조건(설치 원칙)
① 발생원이 이동성인 경우
② 유해물질이 증기나 가스인 경우
③ 유해물질의 발생량이 적은 경우
④ 유해물질의 독성이 비교적 낮은 경우
⑤ 유해물질이 시간에 따라 균일하게 발생될 경우
⑥ 국소배기가 불가능한 경우
⑦ 오염원이 근무자가 근무하는 장소로부터 멀리 떨어진 경우
⑧ 동일한 작업장에 다수의 오염원이 분산된 경우
⑨ 소량의 오염물질이 일정속도로 작업장으로 배출되는 경우

49

20℃의 송풍관 내부에 $480m/\min$으로 공기가 흐르고 있을 때, 속도압은 약 몇 mmH_2O인가?
(단, 0℃ 공기 밀도는 $1.296kg/m^3$로 가정한다.)

① 2.3 ② 3.9
③ 4.5 ④ 7.3

*동압(속도압, VP)

$V = 480m/\min \times \left(\dfrac{1\min}{60\sec}\right) = 8m/\sec$

밀도가 $1.296kg/m^3$이므로, 비중량은 $1.296kg_f/m^3$이다.
보일-샤를의 법칙을 이용하여 비중량을 보정하면,
$\dfrac{P_1V_1}{T_1} = \dfrac{P_2V_2}{T_2}$ $[P_1 = P_2]$

$\dfrac{V_1}{T_1} = \dfrac{V_2}{T_2}$ [부피(V)와 비중량(γ)은 반비례 관계]

$\dfrac{1}{T_1\gamma_1} = \dfrac{1}{T_2\gamma_2}$ 에서,

$\gamma_2 = \dfrac{T_1\gamma_1}{T_2} = \dfrac{(273+0)\times 1.296}{(273+20)} = 1.208kg_f/m^3$

$\therefore VP = \dfrac{\gamma V^2}{2g} = \dfrac{1.208 \times 8^2}{2 \times 9.8} = 3.9mmH_2O$

여기서,
VP : 동압$[mmH_2O]$
V : 속도$[m/\sec]$
γ : 공기의 비중량$[kg_f/m^3]$
g : 중력가속도$[9.8m/s^2]$

*참고
- 1min=60sec
- 밀도∝비중량, 밀도=$\dfrac{질량}{부피}$, 비중량∝$\dfrac{1}{부피}$
- 절대온도(K)=273+섭씨온도(℃)

47.③ 48.④ 49.②

50

체적이 $1000m^3$이고 유효환기량이 $50m^3/min$인 작업장에 메틸클로로포름 증기가 발생하여 $100ppm$의 상태로 오염되었다. 이 상태에서 증기발생이 중지되었다면 $25ppm$까지 농도를 감소시키는데 걸리는 시간은?

① 약 17분 ② 약 28분
③ 약 32분 ④ 약 41분

*농도 C_1에서 C_2까지 감소하는 데 걸린 시간(t)

$$t = -\frac{V}{Q}\ln\left(\frac{C_2}{C_1}\right)$$

$$= -\frac{1000m^3}{50m^3/min}\ln\left(\frac{25}{100}\right) = 27.73 ≒ 28min$$

여기서,
C_1 : 유해물질 처음농도
C_2 : 유해물질 노출기준

51

다음은 분진발생 작업환경에 대한 대책이다. 옳은 것을 모두 고른 것은?

> ㉠ 연마작업에서는 국소배기장치가 필요하다.
> ㉡ 암석 굴진작업, 분쇄작업에서는 연속적인 살수가 필요하다.
> ㉢ 샌드블라스팅에 사용되는 모래를 철사나 금강사로 대치한다.

① ㉠, ㉡ ② ㉡, ㉢
③ ㉠, ㉢ ④ ㉠, ㉡, ㉢

㉠ 연마작업에서는 발생분진 비산의 방지를 위해 국소배기장치가 필요하다.
㉡ 암석 굴진작업, 분쇄작업에서는 분진의 비산을 방지하기 위해 작업공정을 습식화 하기 위하여 연속적인 살수가 필요하다.
㉢ 샌드블라스팅에 사용되는 모래는 비산이 잘되기 때문에 철사나 금강사로 대치하여 방지한다.

52

보호 장구의 재질과 대상 화학물질이 잘못 짝지어진 것은?

① 부틸고무 - 극성용제
② 면 - 고체상 물질
③ 천연고무(latex) - 수용성 용액
④ Vitron - 극성용제

*보호구 재질에 따른 적용물질

보호구 재질	적용물질
Neoprene 고무	비극성용제, 산, 부식성물질
Vitron	비극성용제
Nitrile	비극성용제
Butyl 고무	극성용제
천연고무(Latex)	극성용제, 수용성 용액
가죽	찰과상 예방 (용제에 사용 불가능)
면	고체상물질 (용제에 사용 불가능)
Polyvinyl Chloride(PVC)	수용성 용액
Ethylene Vinyl Alcohol	화학물질 취급 작업

53

다음 그림이 나타내는 국소배기장치의 후드 형식은?

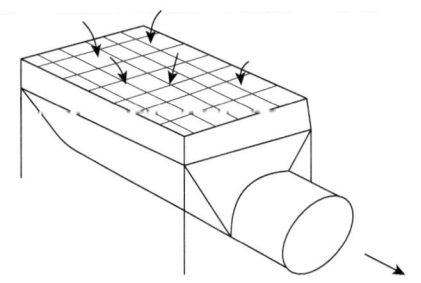

① 측방형 ② 포위형
③ 하방형 ④ 슬롯형

50.② 51.④ 52.④ 53.③

*국소배기장치의 후드 형식

후드 형식	그림
측방형	
포위형	
하방형	
슬롯형	

*필요송풍량(Q)

조건	필요송풍량 공식
① 자유공간 위치, 플랜지 미부착	$Q = V(10X^2 + A)$
② 자유공간 위치, 플랜지 부착	$Q = 0.75\,V(10X^2 + A)$
③ 바닥면 위치, 플랜지 미부착	$Q = V(5X^2 + A)$
④ 바닥면 위치, 플랜지 부착	$Q = 0.5\,V(10X^2 + A)$

여기서,
Q : 필요송풍량 $[m^3/\min]$
A : 후드의 개구면적 $[m^2]$
V : 제어속도 $[m/\min]$
X : 후드 중심선으로부터 발생원까지의 거리 $[m]$

자유공간 위치, 플랜지 미부착이므로,
$$A = \frac{\pi d^2}{4} = \frac{\pi \times 0.4^2}{4} = 0.126\,m^2$$
$$\therefore Q = V(10X^2 + A) = 5 \times (10 \times 0.25^2 + 0.126)$$
$$= 3.755\,m^3/\sec \times \left(\frac{60\sec}{1\min}\right) = 225\,m^3/\min$$

55

슬로트 후드에서 슬로트의 역할은?

① 제어속도를 감소시킨다.
② 후드 제작에 필요한 재료를 절약한다.
③ 공기가 균일하게 흡입되도록 한다.
④ 제어속도를 증가시킨다.

*슬롯(Slot)의 역할
공기가 균일하게 흡입되도록 한다.

54

후드로부터 $0.25m$ 떨어진 곳에 있는 공정에서 발생되는 먼지를, 제어속도가 $5m/s$, 후드직경이 $0.4m$인 원형 후드를 이용하여 제거할 때, 필요 환기량은 약 몇 $m^3/\min$인가?
(단, 플랜지 등 기타 조건은 고려하지 않음)

① 205　② 215
③ 225　④ 235

56

1기압에서 혼합기체가 질소(N_2) 50vol%, 산소(O_2) 50vol%, 탄산가스 30vol%로 구성되어 있을 때, 질소(N_2)의 분압은?

① $380mmHg$　② $228mmHg$
③ $152mmHg$　④ $740mmHg$

*분압
질소가스 분압$[mmHg]$ = $760mmHg$ × 질소 성분비
= $760 × 0.5 = 380mmHg$

57
어떤 작업장의 음압수준이 $80dB(A)$이고 근로자가 NRR이 19인 귀마개를 착용하고 있다면, 차음효과는 몇 $dB(A)$인가?
(단, OSHA 방법 기준)

① 4   ② 6
③ 60   ④ 70

*차음효과(OSHA)
차음효과 = $(NRR - 7) × 0.5 = (19 - 7) × 0.5 = 6dB(A)$

여기서,
NRR : 차음평가수

58
방진마스크에 관한 설명으로 옳지 않은 것은?

① 일반적으로 활성탄 필터가 많이 사용된다.
② 종류에는 격리식, 직결식, 면체여과식이 있다.
③ 흡기저항 상승률은 낮은 것이 좋다.
④ 비휘발성 입자에 대한 보호가 가능하다.

*방진마스크 필터 재질의 종류
① 면
② 모
③ 합성섬유
④ 유리섬유
⑤ 금속섬유

59
작업장에서 Methylene chloride(비중=1.336, 분자량=84.94, $TLV = 500ppm$)를 $500g/hr$를 사용할 때, 필요한 환기량은 약 몇 $m^3/\min$인가?
(단, 안전계수는 7이고, 실내온도는 21℃ 이다.)

① 26.3   ② 33.1
③ 42.0   ④ 51.3

*노출기준에 따른 전체환기량(Q)
사용량$[g/hr] = S × G × 10^3$
$$\therefore Q = \frac{24.1 × S × G × K × 10^6}{M × TLV}$$
$$= \frac{24.1 × 사용량[g/hr] × K × 10^3}{M × TLV}$$
$$= \frac{24.1 × 500 × 7 × 10^3}{84.94 × 500}$$
$$= 1986.11 m^3/hr × \left(\frac{1hr}{60\min}\right) = 33.1 m^3/\min$$

여기서,
Q : 전체환기량$[m^3/hr]$
S : 유해물질의 비중
G : 유해물질의 시간당 사용량$[L/hr]$
K : 안전계수(혼합계수)
M : 유해물질의 분자량
TLV : 유해물질의 노출기준$[ppm]$
24.1 : $1atm$, 21℃에서 공기의 부피$[L]$
$$\left(온도보정 : 24.1 × \frac{273 + t}{273 + 21}\right)$$
여기서, t : 실제공기의 온도$[℃]$

*참고
• $1hr = 60\min$

57.② 58.① 59.②

60

흡인 풍량이 $200m^3/\text{min}$, 송풍기 유효전압이 $150\,mmH_2O$, 송풍기 효율이 80%인 송풍기의 소요 동력은?

① $3.5kW$
② $4.8kW$
③ $6.1kW$
④ $9.8kW$

*송풍기 소요동력(H)

$$H = \frac{Q \times \triangle P}{6120\eta} \times \alpha = \frac{200 \times 150}{6120 \times 0.8} \times 1 = 6.1kW$$

여기서,
H : 송풍기 소요동력$[kW]$
Q : 송풍량$[m^3/\text{min}]$
$\triangle P$: 송풍기 유효압력$[mmH_2O]$
η : 송풍기 효율
α : 여유율 (주어지지 않으면, $\alpha = 1$)

2019 2회차 — 제 4과목 : 물리적유해인자관리

61

작업장에서 사용하는 트리클로로에틸렌을 독성이 강한 포스겐으로 전환시킬 수 있는 광화학 작용을 하는 유해 광선은?

① 적외선 ② 자외선
③ 감마선 ④ 마이크로파

*자외선
트리클로로에틸렌을 독성이 강한 포스겐($COCl_2$)으로 전환시킬 수 있는 광화학 작용을 하는 방사선이다.

62

다음 중 투과력이 커서 노출 시 인체 내부에도 영향을 미칠 수 있는 방사선의 종류는?

① γ선 ② α선
③ β선 ④ 자외선

*전리방사선 인체투과력 순서
중성자 > X선 or γ > β > α

63

산업안전보건법령상, 소음의 노출기준에 따르면 몇 $dB(A)$의 연속소음에 노출되어서는 안되는가? (단, 충격소음은 제외한다.)

① 85 ② 90
③ 100 ④ 115

*소음작업
1일 8시간 작업을 기준하여 85dB 이상의 소음이 발생하는 작업
① 강렬한 소음작업

데시벨(이상)	발생시간(1일 기준)
90dB	8시간 이상
95dB	4시간 이상
100dB	2시간 이상
105dB	1시간 이상
110dB	30분 이상
115dB	15분 이상

✔ 115dB(A)을 초과하는 소음수준에 노출되어서는 아니된다.

② 충격 소음작업

데시벨(이상)	발생시간(1일 기준)
120dB	10000회 이상
130dB	1000회 이상
140dB	100회 이상

64

인공호흡용 혼합가스 중 헬륨 - 산소 혼합가스에 관한 설명으로 틀린 것은?

① 헬륨은 고압하에서 마취작용이 약하다.
② 헬륨은 분자량이 작아서 호흡저항이 적다.
③ 헬륨은 질소보다 확산속도가 작아 인체 흡수속도를 줄일 수 있다.
④ 헬륨은 체외로 배출되는 시간이 질소에 비하여 50%정도 밖에 걸리지 않는다.

헬륨은 질소보다 확산속도가 크므로 인체 흡수속도를 높일 수 있다.

61.② 62.① 63.④ 64.③

65

개인의 평균 청력 손실을 평가하기 위하여 6분법을 적용하였을 때, 500Hz에서 6dB, 1000Hz에서 10dB, 2000Hz에서 10dB, 4000Hz에서 20dB이면 이때의 청력 손실을 얼마인가?

① 10dB ② 11dB
③ 12dB ④ 13dB

*6분법

$$평균청력손실 = \frac{a+2b+2c+d}{6}$$
$$= \frac{6+2\times10+2\times10+20}{6} = 11dB$$

여기서
a : 옥타브밴드 중심주파수 500Hz에서의 청력손실[dB]
b : 옥타브밴드 중심주파수 1000Hz에서의 청력손실[dB]
c : 옥타브밴드 중심주파수 2000Hz에서의 청력손실[dB]
d : 옥타브밴드 중심주파수 4000Hz에서의 청력손실[dB]

66

옥타브밴드로 소음의 주파수를 분석하였다. 낮은 쪽의 주파수가 250Hz이고, 높은 쪽의 주파수가 2배인 경우 중심주파수는 약 몇 Hz인가?

① 250 ② 300
③ 354 ④ 375

*주파수 관계식

$$f_L = \frac{f_C}{\sqrt{2}} \text{에서,}$$
$$\therefore f_C = \sqrt{2}f_L = \sqrt{2}\times 250 = 354Hz$$

여기서
f_C : 중심 주파수[Hz]
f_L : 하한 주파수[Hz]

67

다음 중 체온의 상승에 따라 체온조절중추인 시상하부에서 혈액온도를 감지하거나 신경망을 통하여 정보를 받아 들여 체온 방산작용이 활발해지는 작용은?

① 정신적 조절작용(spiritual thermo regulation)
② 물리적 조절작용(physical thermo regulation)
③ 화학적 조절작용(chemical thermo regulation)
④ 생물학적 조절작용(biological thermo regulation)

*물리적 조절작용(Physical Thermo Regulation)
인체와 환경 사이의 열평형에 의하여 인체는 적절한 체온을 유지하려고 노력하는데 기본적인 열평형 방정식에 있어 신체 열용량의 변화가 0보다 크면 생성된 열이 축적되고 체온조절중추인 시상하부에서 혈액온도를 감지하거나 신경망을 통하여 정보를 받아들여 체온 방산작용이 활발히 시작하는 작용

68

질소마취 증상과 가장 연관이 많은 작업은?

① 잠수작업 ② 용접작업
③ 냉동작업 ④ 금속제조작업

질소마취 증상이 있는 것은 고압 환경에서 작업하는 잠수작업이다.

69

사무실 책상면으로부터 수직으로 1.4m의 거리에 1000cd(모든 방향으로 일정하다.)의 광도를 가지는 광원이 있다. 이 광원에 대한 책상에서의 조도(intensity of illumination, Lux)는 약 얼마인가?

① 410 ② 444
③ 510 ④ 544

*조도(Lux)
$$조도[Lux] = \frac{광도[lumen]}{거리^2[m^2]} = \frac{1000}{1.4^2} = 510 Lux$$

70
이상기압과 건강장해에 대한 설명으로 맞는 것은?

① 고기압 조건은 주로 고공에서 비행업무에 종사하는 사람에게 나타나며 이를 다루는 학문을 항공의학 분야이다.
② 고기압 조건에서의 건강장해는 주로 기후의 변화로 인한 대기압의 변화 때문에 발생하며 휴식이 가장 좋은 대책이다.
③ 고압 조건에서 급격한 압력저하(감압)과정은 혈액과 조직에 녹아있던 질소가 기포를 형성하여 조직과 순환기계 손상을 일으킨다.
④ 고기압 조건에서 주요 건강장해 기전은 산소부족이므로 일차적인 응급치료는 고압산소실에서 치료하는 것이 바람직하다.

① 고공에서 비행업무를 종사하는 사람은 저기압 조건이다.
② 고기압 조건에서의 건강장해는 주로 대기가스 독성에 의해 발생한다.
④ 고기압 조건에서 주요 건강장해 기전은 혈액과 조직 내 질소기포의 증가이다.

71
다음 중 단기간 동안 자외선(UV)에 초과 노출될 경우 발생할 수 있는 질병은?

① Hypothermia
② Welder's flash
③ Phossy jaw
④ White fingers syndrome

*광각 결막염(Welder's Flash)
단기간 동안 자외선(UV)에 초과 노출될 경우 발생하는 질병이다.

72
일반적으로 전신진동에 의한 생체반응에 관여하는 인자로 가장 거리가 먼 것은?

① 온도
② 강도
③ 방향
④ 진동수

*전신진동에 의한 생체반응에 관여하는 인자
① 진동수
② 진동방향
③ 진동강도
④ 폭로시간

73
저기압 환경에서 발생하는 증상으로 옳은 것은?

① 이산화탄소에 의한 산소중독증상
② 폐 압박
③ 질소마취 증상
④ 우울감, 두통, 식욕상실

①, ②, ③항은 고기압 환경에서 발생하는 증상이고, 저기압 환경에서 발생하는 증상으로는 급성고산병이 있고 극도의 우울감, 두통, 식욕상실, 구토 증상이 보이는 임상증상이다.

74
다음 중 진동에 의한 장해를 최소화시키는 방법과 거리가 먼 것은?

① 진동의 발생원을 격리시킨다.
② 진동의 노출시간을 최소화시킨다.
③ 훈련을 통하여 신체의 적응력을 향상시킨다.
④ 진동을 최소화하기 위하여 공학적으로 설계 및 관리한다.

70.③ 71.② 72.① 73.④ 74.③

훈련을 통하여 신체의 적응력을 향상하여도 진동에 의한 장해를 최소화 하기는 어렵다.

실내소음 저감량(NR)

$$NR = SPL_1 - SPL_2 = 10\log\left(\frac{A_2}{A_1}\right) = 10\log\left(\frac{A_1 + A_\alpha}{A_1}\right)$$
$$= 10\log\left(\frac{1000 + 4000}{1000}\right) = 6.99 \risingdotseq 7dB$$

75
전리방사선에 대한 감수성이 가장 큰 조직은?

① 간 ② 골수세포
③ 연골 ④ 신장

*전리방사선에 대한 감수성 순서

[골수, 흉선 및 림프조직(조혈기관) 눈의 수정체, 임파선] > 상피세포 내피세포 > 근육세포 > 신경조직

78
빛 또는 밝기와 관련된 단위가 아닌 것은?

① weber ② candela
③ lumen ④ footlambert

*웨버(Weber)
자기선속의 국제단위

76
고온환경에 노출된 인체의 생리적 기전과 가장 거리가 먼 것은?

① 수분 부족
② 피부혈관 확장
③ 근육 이완
④ 갑상선자극호르몬 분비 증가

갑상선자극호르몬 분비 감소

79
다음 중 음의 세기라벨을 나타내는 dB의 계산식으로 옳은 것은?
(단, I_0 =기준음향의 세기, I=발생음의 세기)

① $dB = 10\log\dfrac{I}{I_0}$ ② $dB = 20\log\dfrac{I}{I_0}$

③ $dB = 10\log\dfrac{I_0}{I}$ ④ $dB = 20\log\dfrac{I_0}{I}$

77
현재 총흡음량이 $1000 sabins$인 작업장에 흡음을 보강하여 $4000 sabins$을 더할 경우, 총 소음감소는 약 얼마인가?
(단, 소수점 첫째자리에서 반올림)

① $5dB$ ② $6dB$
③ $7dB$ ④ $8dB$

*음의 세기레벨(SIL)

$$SIL = 10\log\left(\frac{I}{I_o}\right)$$

여기서,
SIL : 음의 세기레벨(음의 강도)[dB]
I : 대상음의 세기[W/m^2]
I_o : 최소가청음세기($=10^{-12}[W/m^2]$)

80

참호족에 관한 설명으로 맞는 것은?

① 직장온도가 35℃ 수준 이하로 저하되는 경우를 말한다.
② 체온이 35 ~ 32.2℃에 이르면 신경학적 억제 증상으로 운동실조, 자극에 대한 반응도 저하와 언어이상 등이 온다.
③ 27℃에서는 떨림이 멎고 혼수에 빠지게 되고, 23 ~ 25℃ 이르면 사망하게 된다.
④ 근로자의 발이 한랭에 장기간 노출됨과 동시에 지속적으로 습기나 물에 잠기게 되면 발생한다.

①, ②, ③ - 침수족에 관한 내용
④ - 참호족에 관한 내용

2019 2회차 산업위생관리기사 필기 기출문제
제 5과목 : 산업독성학

81
다음 중 생물학적 모니터링에서 사용되는 약어의 의미가 틀린 것은?

① B- background, 직업적으로 노출되지 않은 근로자의 검체에서 동일한 결정인자가 검출될 수 있다는 의미
② Sc- susceptibility(감수성), 화학물질의 영향으로 감수성이 커질 수 도 있다는 의미
③ Nq - nonqualitative, 결정인자가 동 화학물질에 노출되었다는 지표일 뿐이고 측정치를 정량적으로 해석하는 것은 곤란하다는 의미
④ Ns - nonspecific(비특이적), 특정 화학물질 노출에서 뿐만 아니라 다른 화학물질에 의해서도 이 결정인자가 나타날 수 있다는 의미

*생물학적 모니터링 약어(사용용어)
① B - Background
② Sc : Susceptibility
③ Nq : Nonquantitatively
④ Ns : Nonspecific
⑤ Sq : Semiquantitatively

82
다음 중 직업성 피부질환에 관한 설명으로 틀린 것은?

① 가장 빈번한 직업성 피부질환은 접촉성 피부염이다.
② 알레르기성 접촉 피부염은 일반적인 보호기구로도 개선 효과가 좋다.
③ 첩포시험은 알레르기성 접촉 피부염의 감작물질을 색출하는 임상시험이다.
④ 일부 화학물질과 식물은 광선에 의해서 활성화되어 피부반응을 보일 수 있다.

알레르기성 접촉피부염은 일반적인 보호기구로는 개선효과가 좋지 않다.

83
다음 중 석면작업의 주의사항으로 적절하지 않은 것은?

① 석면 등을 사용하는 작업은 가능한 한 습식으로 하도록 한다.
② 석면을 사용하는 작업장이나 공정 등은 격리시켜 근로자의 노출을 막는다.
③ 근로자가 상시 접근할 필요가 없는 석면 취급설비는 밀폐실에 넣어 양압을 유지한다.
④ 공정상 밀폐가 곤란한 경우, 적절한 형식과 기능을 갖춘 국소배기장치를 설치한다.

근로자가 상시 접근할 필요가 없는 석면 취급설비는 밀폐실에 넣어 음압을 유지한다.

84
노말헥산이 체내 대사과정을 거쳐 변환되는 물질로, 노말헥산에 폭로된 근로자의 생물학적 노출지표로 이용되는 물질로 옳은 것은?

① hippuric acid
② 2,5 - hexanedione
③ hydroquonone
④ 9 - hydroxyquinoline

81.③ 82.② 83.③ 84.②

*화학물질의 생물학적 노출지표물질

화학물질	대사산물(측정대상물질)
벤젠	뇨 중 t,t-뮤코닉산(뮤콘산) 뇨 중 S-페닐머캅토산 혈액 중 벤젠
톨루엔	뇨 중 o-크레졸 혈액 중 톨루엔
크실렌	뇨 중 메틸마뇨산
납	혈액 중 납 뇨 중 납 혈액 중 아연 프로토포르피린 뇨 중 델타아미노레불린산
일산화탄소	혈액 중 카복시헤모글로빈(COHb)
트리클로로 에틸렌	뇨 중 삼염화초산
에틸벤젠	뇨 중 만델산
노말헥산	뇨 중 2,5-헥산디온
클로로벤젠	뇨 중 총 4-클로로카테콜
페놀	뇨 중 페놀
디메틸포름 아미드	뇨 중 N-메틸포름아미드
이황화탄소	뇨 중 TTCA 뇨 중 이황화탄소
크롬	뇨 중 크롬
메틸 노말부틸 케톤	뇨 중 2,5-헥산디온
삼염화 에틸렌	뇨 중 삼염화초산 (트리클로로초산) 뇨 중 삼염화에탄올

*카드뮴중독의 증세
① 급성중독
  ㉠ 폐렴, 간장해, 신장장해, 체중감소, 복통, 근육통, 치통 증상
  ㉡ 초기에 기침, 두통, 인두부 통증 현상이 나타나며 시간이 지날수록 폐수종, 호흡곤란 증상으로 사망에 이를 수 있다.

② 만성중독
  ㉠ 신장기능장해(단백뇨 다량 배설, 신석증 유발 등)
  ㉡ 골격계장해(골절, 골다공증, 골연화증 등)
  ㉢ 폐기능장해(폐기종, 만성폐기능장해 등)
  ㉣ 자각증상(기침, 체중감소, 식욕부진 등)
  ㉤ 칼슘대사장해 : 다량의 칼슘배설

*카드뮴중독의 치료사항
① 안정을 취하고 동시에 산소흡입, 스테로이드를 투여한다.
② 비타민 D를 피하 주사한다.
③ BAL 및 Ca-EDTA 등 배설촉진제는 신장 독성을 증가시키므로 절대 투여를 금지한다.

85

다음 중 카드뮴의 중독, 치료 및 예방대책에 관한 설명으로 틀린 것은?

① 소변 속의 카드뮴 배설량은 카드뮴 흡수를 나타내는 지표가 된다.
② BAL 또는 Ca-EDTA등을 투여하여 신장에 대한 독작용을 제거한다.
③ 칼슘대사에 장해를 주어 신결석을 동반한 증후군이 나타나고 다량의 칼슘배설이 일어난다.
④ 폐활량 감소, 잔기량 증가 및 호흡곤란의 폐증세가 나타나며, 이 증세는 노출기간과 노출농도에 의해 좌우된다.

86
산업독성학에서 LC_{50}의 설명으로 맞는 것은?

① 실험동물의 50%가 죽게 되는 양이다.
② 실험동물의 50%가 죽게 되는 농도이다.
③ 실험동물의 50%가 살아남을 비율이다.
④ 실험동물의 50%가 살아남을 확률이다.

*LC_{50}
피실험동물의 50%가 죽게 되는 유해물질의 농도

87
다음 중 크롬에 관한 설명으로 틀린 것은?

① 6가 크롬은 발암성물질이다.
② 주로 소변을 통하여 배설된다.
③ 형광등 제조, 치과용 아말감 산업이 원인이 된다.
④ 만성 크롬중독인 경우 특별한 치료방법이 없다.

형광등 제조, 치과용 아말감 산업이 원인이 되는 중금속은 수은(Hg)이다.

88
납중독을 확인하기 위한 시험방법과 가장 거리가 먼 것은?

① 혈액 중 납 농도 측정
② 헴(Heme)합성과 관련된 효소의 혈중농도 측정
③ 신경전달속도 측정
④ β-ALA이동 측정

*납중독 확인 시험사항
① 혈중 납 농도
② 헴(Heme)의 대사
③ 말초신경의 신경 전달속도
④ Ca-EDTA 이동시험
⑤ ALA(Amino Levulinic Acid) 축적

89
동물실험에서 구해진 역치량을 사람에게 외삽하여 "사람에게 안전한 양"으로 추정한 것을 SHD(Safe Human Dose)라고 하는데 SHD 계산에 필요하지 않는 항목은?

① 배설률   ② 노출시간
③ 호흡률   ④ 폐흡수비율

*체내흡수량(안전흡수량, 안전폭로량, SHD)
$SHD = C \times T \times V \times R$

여기서,
C : 농도$[mg/m^3]$
T : 노출시간$[hr]$
V : 폐환기율, 호흡률$[m^3/hr]$
R : 체내잔류율(일반적으로 1.0)
SHD : 체중당흡수량×체중$[mg]$

90
자동차 정비업체에서 우레탄 도료를 사용하는 도장 작업 근로자에게서 직업성 천식이 발생되었을 때, 원인 물질로 추측할 수 있는 것은?

① 시너(thinner)
② 벤젠(benzene)
③ 크실렌(Xylene)
④ TDI(Toluene diisocyanate)

*직업성 천식 유발물질
① 목분진
② 무수트리멜리트산(TMA)
③ 톨루엔디이소시안산염(TDI)
④ 메틸렌디페닐디이소사이아네이트(MDI)
⑤ 백금, 니켈, 크롬, 알루미늄
⑥ 항생제, 소화제
⑦ 밀가루, 커피가루, 라텍스, 응애, 진드기, 곡물가루, 쌀겨, 메밀가루, 카레, 동물 털 및 분비물
⑧ 산화무수물, 송진연무, 반응성 및 아조 염료 등

91

다음 중 유해물질의 독성 또는 건강영향을 결정하는 인자로 가장 거리가 먼 것은?

① 작업강도
② 인체 내 침입경로
③ 노출농도
④ 작업장 내 근로자수

*유해물질의 독성을 결정하는 인자
(인체에 미치는 영향인자)
① 작업강도
② 기상조건
③ 개인 감수성
④ 노출농도
⑤ 노출시간
⑥ 호흡량
⑦ 인체 침입경로

92

소변 중 화학물질 A의 농도는 $28mg/mL$, 단위시간(분)당 배설되는 소변의 부피는 $1.5mL/min$, 혈장 중 화학물질 A의 농도가 $0.2mg/mL$라면 단위시간(분)당 화학물질 A의 제거율(mL/min)은 얼마인가?

① 120
② 180
③ 210
④ 250

*화학물질 제거율

$$제거율 = \frac{뇨 중 화학물질 농도 \times 분당 소변 배설량}{혈장 중 화학물질 농도}$$

$$= \frac{28 \times 1.5}{0.2} = 210 mL/min$$

93

다음 중 피부의 색소침착(pigmentation)이 가능한 표피층 내의 세포는?

① 기저세포
② 멜라닌세포
③ 각질세포
④ 피하지방세포

피부는 표피와 진피로 구분하는데, 표피에는 색소침착이 가능한 멜라닌 세포와 랑거한스세포가 존재한다.

94

다음 중 조혈장해를 일으키는 물질은?

① 납
② 망간
③ 수은
④ 우라늄

납은 조혈장해를 일으킨다.

95

다음 중 다핵방향족 탄화수소(PAHs)에 대한 설명으로 틀린 것은?

① 철강제조업의 석탄 건류공정에서 발생된다.
② PAHs의 대사에 관여하는 효소는 시토크롬 P-448이다.
③ PAHs의 배설을 쉽게 하기 위하여 수용성으로 대사된다.
④ 벤젠고리가 2개 이상인 것으로 톨루엔이나 크실렌 등이 있다.

*다핵(다환) 방향족 탄화수소류(PAHs)
① 2개 이상의 벤젠고리로 구성된 화합물이다.
② 대사가 거의 되지 않아 방향족 고리로 구성되어 있다.
③ 굴뚝 청소, 아스팔트 포장, 석탄건류, 연소공정, 흡연, 코크스제조공정 등에서 주로 생성된다.
④ 배설하기 쉽게 하기 위하여 수용성으로 대사된다.
⑤ 대사 중에 산화아렌(Arene Oxide)을 생성하고 잠재적 독성이 있다.
⑥ 비극성 지용성 화합물로 소화관을 통해 흡수된다.
⑦ 종류로는 나프탈렌, 벤조피렌 등 20여가지 이상이 있다.
✓톨루엔, 크실렌은 1개의 벤젠고리를 가진 방향족 탄화수소이다.

96
다음 중 납중독의 주요 증상에 포함되지 않는 것은?

① 혈중의 methallothionein 증가
② 적혈구 내 protoporphyrin 증가
③ 혈색소량 저하
④ 혈청 내 철 증가

*납중독의 증세
① 소화기장해(위장계통의 장해)
② 중추신경장해(뇌중독 증상)
③ 신경·근육 계통의 장해
④ 기타 증상
  ㉠ 이미증(Pica) : 극소량의 농도에서 어린아이에게 학습장해 및 기능저하를 초래하며 1~5세 소아 환자에게 발생하기 쉽다.
  ㉡ 납빈혈 및 연산통
  ㉢ 만성신부전
  ㉣ 골수 침입 및 혈청 내 철 증가
  ㉤ 혈색소 양 저하, 망상적혈구수 증가
  ㉥ 적혈구 내 Protoporphyrin(프로토포르피린) 증가
  ㉦ 소변 중 Coprophyrin(코프로포르피린) 증가
  ㉧ 소변 중 δ-ALA 증가
  ㉨ 소변 중 δ-ALAD 활성치 감소

97
화학적 질식제(chemical asphyxiant)에 심하게 노출되었을 경우 사망에 이르게 되는 이유로 적절한 것은?

① 폐에서 산소를 제거하기 때문
② 심장의 기능을 저하시키기 때문
③ 폐속으로 들어가는 산소의 활용을 방해하기 때문
④ 신진대사 기능을 높여 가용한 산소가 부족해지기 때문

*질식제
조직 내 산화작용을 방해하는 물질

질식제의 구분	
단순 질식제	생리적으로 아무 작용하지 않으나 공기 중에 많이 존재하여 산소분압을 감소시켜 조직에 필요한 산소의 공급부족을 유발한다. ① 이산화탄소(CO_2) ② 메탄(CH_4) ③ 질소(N_2) ④ 수소(H_2) ⑤ 에탄(C_2H_6) ⑥ 프로판(C_3H_8) ⑦ 에틸렌(C_2H_4) ⑧ 아세틸렌(C_2H_2) ⑨ 헬륨(He)
화학적 질식제	산소운반 능력을 방해하거나 조직이 산소를 받아들이는 능력을 저하시켜 내질식을 일으킨다. ① 일산화탄소(CO) ② 황화수소(H_2S) ③ 시안화수소(HCN) ④ 아닐린($C_6H_5NH_2$) ⑤ 염소(Cl) ⑥ 포스겐($COCl_2$)

98
다음 중 유해화학물질에 의한 간의 중요한 장해인 중심소엽성 괴사를 일으키는 물질로 옳은 것은?

① 수은   ② 사염화탄소
③ 이황화탄소 ④ 에틸렌글리콜

*사염화탄소(CCl_4)
① 피부를 통해 인체에 흡수된다.
② 고농도로 폭로되면 간이나 신장에 장해가 일어나 혈뇨, 단백뇨, 황달의 증상이 생긴다.
③ 간에 대한 독성작용이 심하여 중심소엽성 괴사를 일으킨다.
④ 가열하면 포스겐과 염산(염화수소)로 분해된다.
⑤ 탈지용 용매로 사용된다.

96.① 97.③ 98.②

99

다음 중 유해물질의 흡수에서 배설까지의 과정에 대한 설명으로 옳지 않은 것은?

① 흡수된 유해물질은 원래의 형태든, 대사산물의 형태로든 배설되기 위하여 수용성으로 대사된다.
② 흡수된 유해화학물질은 다양한 비특이적 효소에 의한 유해물질의 대사로 수용성이 증가되어 체외로의 배출이 용이하게 된다.
③ 간은 화학물질을 대사시키고 콩팥과 함께 배설시키는 기능을 담당하여, 다른 장기보다도 여러 유해물질의 농도가 낮다.
④ 유해물질은 조직에 분포되기 전에 먼저 몇 개의 막을 통과하여야 하며, 흡수속도는 유해물질의 물리화학적 성상과 막의 특성에 따라 결정된다.

간은 화학물질을 대사시키고 콩팥과 함께 배설시키는 기능을 가지고 있는 것과 관련하여 다른 장기보다도 여러 유해물질의 농도가 높다.

100

다음 중 중금속에 의한 폐기능의 손상에 관한 설명으로 틀린 것은?

① 철폐증(siderosis)은 철분진 흡입에 의한 암 발생(A1)이며, 중피종과 관련이 없다.
② 화학적 폐렴은 베릴륨, 산화카드뮴 에어로솔 노출에 의하여 발생하며 발열, 기침, 폐기종이 동반된다.
③ 금속열은 금속이 용융점 이상으로 가열될 때 형성되는 산화금속을 흄 형태로 흡입할 경우 발생한다.
④ 6가 크롬은 폐암과 비강암 유발인자로 작용한다.

철폐증은 철분진 흡입에 의한 병적 증상을 나타내며 중피종과 관련이 있다.

2019 3회차 — 산업위생관리기사 필기 기출문제
제 1과목 : 산업위생학개론

01
다음 중 재해예방의 4원칙에 관한 설명으로 옳지 않은 것은?

① 재해발생과 손실의 관계는 우연적이므로 사고의 예방이 가장 중요하다.
② 재해발생에는 반드시 원인이 있으며, 사고와 원인의 관계는 필연적이다.
③ 재해는 예방이 불가능하므로 지속적인 교육이 필요하다.
④ 재해예방을 위한 가능한 안전대책은 반드시 존재한다.

*재해예방의 4원칙

원칙	설명
예방가능의 원칙	천재지변을 제외한 모든 재해는 예방이 가능하다.
손실우연의 원칙	사고의 결과가 생기는 손실은 우연히 발생한다.
대책선정의 원칙	재해는 적합한 대책이 선정되어야 한다.
원인연계의 원칙	재해는 직접원인과 간접원인이 연계되어 일어난다.

02
다음 중 실내환경 공기를 오염시키는 요소로 볼 수 없는 것은?

① 라돈
② 포름알데히드
③ 연소가스
④ 체온

상식적으로 체온이 실내환경 공기를 오염시키면 이미 사람은 멸망해야 합니다.

03
300명의 근로자가 1주일에 40시간, 연간 50주를 근무하는 사업장에서 1년 동안 50건의 재해로 60명의 재해자가 발생하였다. 이 사업장의 도수율은 약 얼마인가?
(단, 근로자들은 질병, 기타 사유로 인하여 총 근로시간의 5%를 결근하였다.)

① 93.33
② 87.72
③ 83.33
④ 77.72

*도수율

$$도수율 = \frac{재해건수}{연근로 총시간수} \times 10^6 = \frac{50}{300 \times 40 \times 50 \times 0.95} \times 10^6 = 87.72$$

04
다음 근육운동에 동원되는 주요 에너지 생산방법 중 혐기성 대사에 사용되는 에너지원이 아닌 것은?

① 아데노신 삼인산
② 크레아틴 인산
③ 지방
④ 글리코겐

*근육운동에 필요한 에너지원(근육의 대사과정)

혐기성 대사	호기성 대사
① 근육에 저장된 화학적 에너지	① 대사과정을 거쳐 생성된 에너지
② 혐기성 대사 순서 ATP(아데노신 삼인산) → CP(크레아틴 인산) → Glycogen(글리코겐) or Glucose(포도당)	② 호기성 대사 순서 [포도당, 단백질, 지방] + 산소 → 에너지원

01.③ 02.④ 03.② 04.③

05

다음 중 피로에 관한 설명으로 틀린 것은?

① 일반적인 피로감은 근육 내 글리코겐의 고갈, 혈중 글루코오스의 증가, 혈중 젖산의 감소와 일치하고 있다.
② 충분한 영양섭취와 휴식은 피로의 예방에 유효한 방법이다.
③ 피로의 주관적 측정방법으로는 CMI(Cornel Medical Index)를 이용한다.
④ 피로는 질병이 아니고 원래 가역적인 생체 반응이며 건강장해에 대한 경고적 반응이다.

일반적인 피로감은 근육 내 글리코겐의 고갈, 혈중 글루코오스의 감소, 혈중 젖산의 증가와 일치하고 있다.

06

다음 중 산업안전보건법령상 물질안전보건자료(MSDS)의 작성 원칙에 관한 설명으로 가장 거리가 먼 것은?

① MSDS의 작성단위는 「계량에 관한 법률」이 정하는 바에 의한다.
② MSDS는 한글로 작성하는 것을 원칙으로 하되 화학물질명, 외국기관명 등의 고유명사는 영어로 표기할 수 있다.
③ 각 작성항목은 빠짐없이 작성하여야 하며, 부득이 어느 항목에 대해 관련 정보를 얻을 수 없는 경우, 작성란은 공란으로 둔다.
④ 외국어로 되어 있는 MSDS를 번역하는 경우에는 자료의 신뢰성이 확보될 수 있도록 최초 작성기관명 및 시기를 함께 기재하여야 한다.

각 작성항목을 빠짐없이 작성하여야 하지만 부득이 어느 항목에 대해 관련 정보를 얻을 수 없는 경우에는 작성란에 "자료 없음"이라고 기재하고, 적용이 불가능하거나 대상이 되지 않는 경우에는 작성란에 "해당 없음"이라고 기재한다.

07

산업안전보건법령상 사무실 공기관리에 대한 설명으로 옳지 않은 것은?

① 관리기준은 8시간 시간가중평균농도 기준이다.
② 이산화탄소와 일산화탄소는 비분산적외선 검출기의 연속 측정에 의한 직독식 분석 방법에 의한다.
③ 이산화탄소의 측정결과 평가는 각 지점에서 측정한 측정치 중 평균값을 기준으로 비교·평가한다.
④ 공기의 측정시료는 사무실 안에서 공기질이 가장 나쁠 것으로 예상되는 2곳 이상에서 채취하고, 측정은 사무실 바닥면으로부터 $0.9 \sim 1.5m$ 의 높이에서 한다.

사무실 공기질의 측정결과는 측정치 전체에 대한 평균값을 오염물질별 관리기준과 비교하여 평가한다. 다만, 이산화탄소는 각 지점에서 측정한 최고값을 기준으로 비교 평가한다.

08

영국에서 최초로 직업성 암을 보고하여, 1788년에 굴뚝 청소부법이 통과되도록 노력한 사람은?

① Ramazzini ② Paracelsus
③ Percivall Pott ④ Robert Owen

*포트(Percivall Pott)
직업성 암을 최초로 보고하였으며, 어린이 굴뚝청소부에게 많이 발생하는 음낭암을 발견하여 암의 원인 물질은 검댕속 여러 종류의 PAH(다환 방향족 탄화수소)으로 이후 1788년에 굴뚝청소부법을 제정하도록 하였다.

09

미국산업안전보건연구원(NIOSH)의 중량물 취급 작업 기준 중, 들어 올리는 물체의 폭에 대한 기준은 얼마인가?

① 55cm 이하 ② 65cm 이하
③ 75cm 이하 ④ 85cm 이하

> 미국산업안전보건연구원(NIOSH)의 중량물 취급 작업 기준 중, 들어 올리는 물체의 폭에 대한 기준은 75cm 이하이다.

10

다음 중 작업종류별 바람직한 작업시간과 휴식시간을 배분한 것으로 옳지 않은 것은?

① 사무작업 : 오전 4시간 중에 2회, 오후 1시에서 4시 사이에 1회, 평균 10~20분 휴식
② 정신집중작업 : 가장 효과적인 것은 60분 작업에 5분간 휴식
③ 신경운동성의 경속도 작업 : 40분간 작업과 20분간 휴식
④ 중근작업 : 1회 계속작업을 1시간 정도로 하고, 20~30분씩 오전에 3회, 오후에 2회 정도 휴식

> *정신집중작업
> 가장 효과적인 것은 30분 작업에 5분간 휴식

11

"근로자 또는 일반대중에게 질병, 건강장해, 불편함, 심한 불쾌감 및 능률 저하 등을 초래하는 작업요인과 스트레스를 예측, 측정, 평가하고 관리하는 과학과 기술"이라고 산업위생을 정의하는 기관은?

① 미국산업위생학회(AIHA)
② 국제노동기구(ILO)
③ 세계보건기구(WHO)
④ 산업안전보건청(OSHA)

> *산업위생의 정의(AIHA)
> 근로자나 일반 대중에게 질병, 건강장애와 안녕방해, 심각한 불쾌감 및 능률 저하 등을 초래하는 작업환경요인과 스트레스를 예측, 측정, 평가하고 관리하는 과학과 기술이다.

12

다음 중 노동의 적응과 장애에 관련된 내용으로 적절하지 않은 것은?

① 인체는 환경에서 오는 여러 자극(stress)에 대하여 적응하려는 반응을 일으킨다.
② 인체에 적응이 일어나는 과정은 뇌하수체와 부신피질을 중심으로 한 특유의 반응이 일어나는데 이를 부적응증상군이라고 한다.
③ 직업에 따라 신체 형태와 기능에 국소적 변화가 일어나는데 이것을 직업성변이(occupational stigmata)라고 한다.
④ 외부의 환경변화나 신체활동이 반복되면 조절기능이 원활해지며, 이에 숙련 습득된 상태를 순화라고 한다.

> 인체에 적응이 일어나는 과정은 뇌하수체와 부신피질을 중심으로 한 특유의 반응이 일어나는데 이를 적응증상군이라고 한다.

13

산업안전보건법령에 따라 단위작업장소에서 동일 작업근로자가 13명을 대상으로 시료를 채취할 때의 최초 시료채취 근로자수는 몇 명인가?

① 1명
② 2명
③ 3명
④ 4명

*시료채취 근로자수
단위작업 장소에서 최고 노출근로자 2명 이상에 대하여 동시에 개인 시료채취 방법으로 측정하되, 단위작업 장소에 근로자가 1명인 경우에는 그러하지 아니하며, 동일 작업근로자수가 10명을 초과하는 경우에는 매 5명당 1명 이상 추가하여 측정하여야 한다. 다만, 동일 작업 근로자수가 100명을 초과하는 경우에는 최대 시료채취 근로자수를 20명으로 조정할 수 있다.

13명이므로 시료채취 근로자수는 3명이다.

14

미국산업위생학술원(AAIH)이 채택한 윤리강령 중 산업위생전문가가 지켜야 할 책임과 거리가 먼 것은?

① 기업체의 기밀은 누설하지 않는다.
② 과학적 방법의 적용과 자료의 해석에서 객관성을 유지한다.
③ 근로자, 사회 및 전문 직종의 이익을 위해 과학적 지식을 공개하고 발표한다.
④ 전문적 판단이 타협에 의하여 좌우될 수 있는 상황에 개입하여 객관적 자료로 판단한다.

*산업위생전문가의 윤리강령(산업위생전문가로서의 책임)
① 성실성과 학문적 실력 면에서 최고 수준을 유지한다.
② 과학적 방법의 적용과 자료의 해석에서 경험을 통한 전문가의 객관성을 유지한다.
③ 전문 분야로서 산업위생을 학문적으로 발전시킨다.
④ 근로자, 사회 및 전문 직종의 이익을 위해 과학적 지식을 공개하고 발표한다.
⑤ 산업위생활동을 통해 얻은 개인 및 기업체의 기밀은 누설하지 않는다.
⑥ 전문적 판단이 타협에 의하여 좌우될 수 있거나 이해관계가 있는 상황에는 개입하지 않는다.
⑦ 쾌적한 작업환경을 만들기 위해 산업위생이론을 적용하고 책임 있게 행동한다.

15

다음 중 직업병 예방을 위하여 설비 개선 등의 조치로는 어려운 경우 가장 마지막으로 적용하는 방법은?

① 격리 및 밀폐
② 개인보호구의 지급
③ 환기시설 등의 설치
④ 공정 또는 물질의 변경, 대치

직업병 예방을 위하여 설비 개선 등의 조치로는 어려운 경우 가장 마지막으로 적용하는 방법은 개인보호구의 지급이다.

16

다음 중 ACGIH에서 권고하는 TLV-TWA(시간 가중 평균치)에 대한 근로자 노출의 상한치와 노출 가능시간의 연결로 옳은 것은?

① TLV-TWA의 3배 : 30분 이하
② TLV-TWA의 3배 : 60분 이하
③ TLV-TWA의 5배 : 5분 이하
④ TLV-TWA의 5배 : 15분 이하

*노출상한선과 노출시간 권고사항
① TLV-TWA의 3배 : 30분 이하의 노출 권고
② TLV-TWA의 5배 : 잠시라도 노출 금지

13.③ 14.④ 15.② 16.①

17

정상 작업영역에 대한 정의로 옳은 것은?

① 위팔은 몸통 옆에 자연스럽게 내린 자세에서 아래팔의 움직임에 의해 편안하게 도달 가능한 작업영역
② 어깨로부터 팔을 뻗어 도달 가능한 작업영역
③ 어깨로부터 팔을 머리 위로 뻗어 도달 가능한 작업영역
④ 위팔은 몸통 옆에 자연스럽게 내린 자세에서 손에 쥔 수공구의 끝부분이 도달 가능한 작업영역

*정상작업역・최대작업역
① 정상 작업역(표준영역)
  ㉠ 윗팔(상완)을 자연스럽게 수직으로 늘어뜨린 채, 아래팔(전완)만으로 편하게 뻗어 파악할 수 있는 영역
  ㉡ 팔을 가볍게 몸에 붙이고 팔꿈치를 구부린 상태에서 자유롭게 손이 닿는 영역
  ㉢ 움직이지 않고 전박과 손으로 조작할 수 있는 범위
② 최대 작업역(최대영역)
  ㉠ 윗팔(상완)과 아래팔(전완)을 곧게 수평으로 펴서 파악할 수 있는 영역
  ㉡ 어깨에서부터 팔을 뻗어 도달하는 최대영역
  ㉢ 움직이지 않고 상지를 뻗어 닿는 범위

18

산업안전보건법령상의 "충격소음작업"은 몇 dB 이상의 소음이 1일 100회 이상 발생되는 작업을 말하는가?

① 110 ② 120
③ 130 ④ 140

*소음작업
1일 8시간 작업을 기준하여 85dB 이상의 소음이 발생하는 작업

① 강렬한 소음작업

데시벨(이상)	발생시간(1일 기준)
90dB	8시간 이상
95dB	4시간 이상
100dB	2시간 이상
105dB	1시간 이상
110dB	30분 이상
115dB	15분 이상

② 충격 소음작업

데시벨(이상)	발생시간(1일 기준)
120dB	10000회 이상
130dB	1000회 이상
140dB	100회 이상

19

다음 중 전신피로에 관한 설명으로 틀린 것은?

① 작업에 의한 근육 내 글리코겐 농도의 변화는 작업자의 훈련유무에 따라 차이를 보인다.
② 작업강도가 증가하면 근육 내 글리코겐량이 비례적으로 증가되어 근육피로가 발생된다.
③ 작업강도가 높을수록 혈중 포도당 농도는 급속히 저하하며, 이에 따라 피로감이 빨리 온다.
④ 작업대사량의 증가에 따라 산소소비량도 비례하여 증가하나, 작업대사량이 일정한계를 넘으면 산소소비량은 증가하지 않는다.

작업강도가 증가하면 근육 내 글리코겐량이 비례적으로 감소되어 근육피로가 발생된다.

20

크롬에 노출되지 않은 집단의 질병발생율은 1.0 이었고, 노출된 집단의 질병발생율은 1.2 였을 때, 다음 설명으로 옳지 않은 것은?

① 크롬의 노출에 대한 귀속위험도는 0.2 이다.
② 크롬의 노출에 대한 비교위험도는 1.2 이다.
③ 크롬에 노출된 집단의 위험도가 더 큰 것으로 나타났다.
④ 비교위험도는 크롬의 노출이 기여하는 절대적인 위험률의 정도를 의미한다.

① 귀속위험도(기여위험도) = 1.2 − 1.0 = 0.2
② 비교위험도(상대위험도) = $\frac{1.2}{1.0}$ = 1.2
③ 크롬에 노출된 집단의 귀속위험도가 양수이고, 비교위험도가 1보다 크므로 위험도가 더 큰 것으로 나타났다.
④ 귀속위험도(기여위험도)는 크롬의 노출이 기여하는 절대적인 위험률의 정도를 의미한다.

20. ④

2019 3회차
산업위생관리기사 필기 기출문제
제 2과목 : 작업위생측정 및 평가

21
자연습구온도는 31℃, 흑구온도는 24℃, 건구온도는 34℃인 실내작업장에서 시간당 400칼로리가 소모된다면 계속작업을 실시하는 주조공장의 WBGT는 몇 ℃ 인가?
(단, 고용노동부 고시를 기준으로 한다.)

① 28.9
② 29.9
③ 30.9
④ 31.9

*습구흑구온도지수(WBGT)
① 태양광선이 내리쬐는 옥외 장소
$WBGT(℃)$
$= 0.7 \times 자연습구온도 + 0.2 \times 흑구온도 + 0.1 \times 건구온도$

② 태양광선이 내리쬐지 않는 옥내 또는 옥외 장소
$WBGT(℃) = 0.7 \times 자연습구온도 + 0.3 \times 흑구온도$

$WBGT(℃) = 0.7 \times 자연습구온도 + 0.3 \times 흑구온도$
$= 0.7 \times 31 + 0.3 \times 24 = 28.9℃$

22
작업환경측정의 단위표시로 틀린 것은?
(단, 고용노동부 고시를 기준으로 한다.)

① 미스트, 흄의 농도는 ppm, mg/mm^3로 표시한다.
② 소음수준의 측정단위는 $dB(A)$로 표시한다.
③ 석면의 농도표시는 섬유개수(개/cm^3)로 표시한다.
④ 고열(복사열 포함)의 측정단위는 섭씨온도(℃)로 표시한다.

미스트, 흄, 분진의 농도는 mg/m³ 이다.

23
공기시료채취 시 공기유량과 용량을 보정하는 표준기구 중 1차 표준기구는?

① 흑연 피스톤 미터
② 로타 미터
③ 습식테스트 미터
④ 건식가스 미터

*표준기구의 종류

1차 표준기구	2차 표준기구
① 비누거품미터	① 로터미터
② 폐활량계	② 습식 테스터미터
③ 가스치환병	③ 건식 가스미터
④ 유리피스톤미터	④ 오리피스미터
⑤ 흑연피스톤미터	⑤ 열선기류계
⑥ 피토관(피토튜브)	

24
고열 측정방법에 관한 내용이다. ( ) 안에 들어갈 내용으로 맞는 것은?
(단, 고용노동부 고시를 기준으로 한다.)

측정기기를 설치한 후 일정시간 안정화 시킨 후 측정을 실시하고, 고열작업에 대해 측정하고자 할 경우에는 1일 작업시간 중 최대로 높은 고열에 노출되고 있는 (㉠)시간을 (㉡)분 간격으로 연속하여 측정한다.

① ㉠ : 1, ㉡ : 5
② ㉠ : 2, ㉡ : 5
③ ㉠ : 1, ㉡ : 10
④ ㉠ : 2, ㉡ : 10

측정기기를 설치한 후 일정시간 안정화 시킨 후 측정을 실시하고, 고열작업에 대해 측정하고자 할 경우에는 1일 작업시간 중 최대로 높은 고열에 노출되고 있는 1시간을 10분 간격으로 연속하여 측정한다.

21.① 22.① 23.① 24.③

25

흉곽성 입자상물질(TPM)의 평균입경(μm)은? (단, ACGIH 기준)

① 1 ② 4
③ 10 ④ 50

*입자상물질의 입자크기별 분류

분진의 종류	설명
흡입성 입자상 물질 (IPM : Inspirable Particulates Mass)	호흡기 어느부위(비강, 인후두, 기관 등)에 침착하더라도 독성을 유발하는 분진으로 입경범위가 0~100μm이며, 평균 입경은 100μm이다.
흉곽성 입자상 물질 (TPM : Thoracic Particulates Mass)	기도나 하기도에 침착하여 독성을 나타내는 물질로 입경범위가 0~10μm이며, 평균 입경은 10μm이다.
호흡성 입자상 물질 (RPM : Respirable Particulates Mass)	가스 교환부위, 즉 폐포에 침착할 때 유해한 물질로 입경범위가 0~4μm이며, 평균 입경은 4μm이며, 폐포에 침착하여 진폐증을 유발하고, 채취기구는 10mm nylon cyclone이다.

26

일반적으로 소음계는 A, B, C 세가지 특성에서 측정할 수 있도록 보정되어 있다. 그 중 A특성치는 몇 $phon$의 등감곡선에 기준한 것인가?

① 20$phon$ ② 40$phon$
③ 70$phon$ ④ 100$phon$

*청감보정회로
① A특성 : 40phon
② B특성 : 70phon
③ C특성 : 100phon

27

입자상 물질인 흄(fume)에 관한 설명으로 옳지 않은 것은?

① 용접공정에서 흄이 발생한다.
② 일반적으로 흄은 모양이 불규칙하다.
③ 흄의 입자크기는 먼지보다 매우 커 폐포에 쉽게 도달하지 않는다.
④ 흄은 상온에서 고체상태의 물질이 고온으로 액체화된 다음 증기화되고, 증기물의 응축 및 산화로 생기는 고체상의 미립자이다.

흄의 입자크기는 먼지보다 매우 작아 폐포에 쉽게 도달하여 진폐증을 유발한다.

28

다음의 유기용제 중 실리카겔에 대한 친화력이 가장 강한 것은?

① 알코올류 ② 케톤류
③ 올레핀류 ④ 에스테르류

*실리카겔의 친화력(극성이 강한 순서)
물 > 알코올류 > 알데하이드류 > 케톤류 > 에스테르류 > 방향족 탄화수소류 > 올레핀류 > 파라핀류

29

다음 중 $0.2 \sim 0.5 m/sec$ 이하의 실내기류를 측정하는데 사용할 수 있는 온도계는?

① 금속온도계 ② 건구온도계
③ 카타온도계 ④ 습구온도계

*카타온도계
기류를 냉각시켜 기류 측정하고, 0.2~0.5m/sec 정도 불감기류 측정 시 기류속도 측정하고, 알코올 눈금이 100°F(37.8℃)에서 95°F(35℃)까지 내려가는데 소요되는 시간을 4~5회 측정, 평균하여 카타 상수값으로 이용 및 간접적으로 풍속 측정

25.③ 26.② 27.③ 28.① 29.③

30

누적소음노출량(D, %)을 적용하여 시간가중평균소음기준(TWA, $dB(A)$)을 산출하는 식은?
(단, 고용노동부 고시를 기준으로 한다.)

① $TWA = 61.16\log(\frac{D}{100}) + 70$

② $TWA = 16.61\log(\frac{D}{100}) + 70$

③ $TWA = 16.61\log(\frac{D}{100}) + 90$

④ $TWA = 61.16\log(\frac{D}{100}) + 90$

*시간가중평균소음수준(TWA)

$TWA = 16.61\log(\frac{D}{100}) + 90$

여기서,
TWA : 시간가중평균 소음수준$[dB(A)]$
D : 누적소음노출량[%]
100 : 8시간 기준 노출시간/일

31

다음 소음의 측정시간에 관련한 내용에서 ( )에 들어갈 수치로 알맞은 것은?
(단, 고용노동부 고시를 기준으로 한다.)

단위작업장소에서의 소음발생시간이 6시간 이내인 경우나 소음발생원에서의 발생시간이 간헐적인 경우에는 발생시간동안 연속 측정하거나 등간격으로 나누어 ( )회 이상 측정하여야 한다.

① 2 ② 4
③ 6 ④ 8

*측정시간
① 단위작업 장소에서 소음수준은 규정된 측정위치 및 지점에서 1일 작업시간 동안 6시간 이상 연속 측정하거나 작업시간을 1시간 간격으로 나누어 6회 이상 측정하여야 한다. 다만, 소음의 발생특성이 연속음으로서 측정치가 변동이 없다고 자격자 또는 지정측정기관이 판단한 경우에는 1시간 동안을 등간격으로 나누어 3회 이상 측정할 수 있다.
② 단위작업 장소에서의 소음발생시간이 6시간 이내인 경우나 소음발생원에서의 발생시간이 간헐적인 경우에는 발생시간동안 연속 측정하거나 등간격으로 나누어 4회 이상 측정하여야 한다.

32

작업환경공기 중 A물질($TLV\ 10ppm$) $5ppm$, B물질($TLV\ 100ppm$)이 $50ppm$, C물질($TLV\ 100ppm$)이 $60ppm$ 있을 때, 혼합물의 허용농도는 약 몇 ppm 인가?
(단, 상가작용 기준)

① 78 ② 72
③ 68 ④ 64

*혼합물의 허용농도
혼합물의 허용농도
$= \dfrac{f_1 + f_2 + \cdots + f_n}{\dfrac{f_1}{TLV_1} + \dfrac{f_2}{TLV_2} + \cdots + \dfrac{f_n}{TLV_n}}$
$= \dfrac{5 + 50 + 60}{\dfrac{5}{10} + \dfrac{50}{100} + \dfrac{60}{100}} = 72ppm$

여기서,
f : 액체 혼합물에서의 각 성분 무게(중량, 비율)
TLV : 해당 물질의 노출기준

33

입자상물질을 채취하는데 이용되는 PVC 여과지에 대한 설명으로 틀린 것은?

① 유리규산을 채취하여 X-선 회절분석법에 적합하다.
② 수분에 대한 영향이 크지 않다.
③ 공해성 먼지, 총 먼지 등의 중량분석에 용이하다.
④ 산에 쉽게 용해되어 금속 채취에 적당하다.

*PVC 막 여과지
① 흡습성이 낮아 분진의 중량분석에 적합하다.
② 유리규산을 채취하여 X선 회절법으로 분석이 적합하고 6가 크롬 그리고 아연화합물의 채취에 이용한다.
③ 수분의 영향이 크지않아 공해성 먼지 등의 중량분석을 위한 측정에 사용한다.
④ 채취 시 입자를 반발하여 채취효율(포집효율)을 떨어뜨리는 단점이 있어 채취필터를 세정 용액으로 세정하여 오차를 줄일 수 있다.

산에 쉽게 용해되어 금속 채취에 적당한건 MCE 막 여과지이다.

34
절삭작업을 하는 작업장의 오일미스트 농도 측정 결과가 아래표와 같다면 오일미스트의 TWA는 얼마인가?

측정시간	오일미스트농도(mg/m^3)
09:00 - 10:00	0
10:00 - 11:00	1.0
11:00 - 12:00	1.5
13:00 - 14:00	1.5
14:00 - 15:00	2.0
15:00 - 17:00	4.0
17:00 - 18:00	5.0

① $3.24 mg/m^3$ ② $2.38 mg/m^3$
③ $2.16 mg/m^3$ ④ $1.78 mg/m^3$

*시간가중평균노출기준(TWA)
$$TWA = \frac{C_1 T_1 + C_2 T_2 + \cdots\cdots + C_n T_n}{8}$$
$$= \frac{(0\times1)+(1.0\times1)+(1.5\times1)+(1.5\times1)+(2.0\times1)+(4.0\times2)+(5\times1)}{8}$$
$$= 2.38 mg/m^3$$

여기서,
C: 유해인자의 측정치[mg/m^3]
T: 유해인자의 발생시간[시간]

35
작업장에서 오염물질 농도를 측정했을 때 일산화탄소(CO)가 0.01% 이었다면 이 때 일산화탄소 농도(mg/m^3)는 약 얼마인가? (단, 25℃, 1기압 기준이다.)

① 95   ② 105
③ 115   ④ 125

*질량농도(mg/m³)와 용량농도(ppm)의 환산
$$ppm = 0.01\% \times \frac{10000 ppm}{1\%} = 100 ppm$$
$$\therefore mg/m^3 = ppm \times \frac{분자량}{부피} = 100 \times \frac{28}{24.45} = 115 mg/m^3$$

*참고
- 1=100%=1000000ppm(1%=10000ppm)
- 일산화탄소(CO)의 분자량 = 12+16 = 28g
- C의 원자량 : 12g, O의 원자량 : 16g
- 1atm, 25℃의 부피 = 24.45L

36
다음 중 석면을 포집하는데 적합한 여과지는?

① 은막 여과지   ② 섬유상 막여과지
③ PTEE 막여과지   ④ MCE 막여과지

*MCE 막 여과지(셀룰로오스 에스테르 막여과지)
① 산에 쉽게 용해되고 가수분해되며, 습식 회화 되기 때문에 공기 중 입자상 물질 중 금속을 채취하여 원자흡광광도법으로 분석할 때 적당하다.
② 직경 37mm, 여과지 구멍의 크기가 0.45~0.8μm 정도로 작아 금속흄 채취가 가능하나.
③ 흡습성이 높아 오차를 유발할 수 있어 중량분석에 적합하지 않고, 산에 의해 쉽게 회화 되기 때문에 원소분석에 적합하다.
④ 금속, 석면, 살충제, 불소화합물 및 기타 무기물질 분석에 추천한다.
⑤ 유해물질이 여과지의 표면에 주로 침착되어 석면 등 현미경 분석을 위한 시료채취에 유리하다.

34.② 35.③ 36.④

37

작업 환경 측정 결과 측정치가 다음과 같을 때, 평균편차가 얼마인가?

$$7, 5, 15, 20, 8$$

① 2.8
② 5.2
③ 11
④ 17

*평균편차

$$\overline{X} = \frac{7+5+15+20+8}{5} = 11$$

$$\therefore 평균편차 = \frac{\sum_{i=1}^{N}|X_i - \overline{X}|}{N}$$

$$= \frac{|7-11|+|5-11|+|15-11|+|20-11|+|8-11|}{5} = 5.2$$

38

초기 무게가 $1.260g$ 인 깨끗한 PVC 여과지를 하이볼륨(High-volume) 시료 채취기에 장착하여 작업장에서 오전 9시부터 오후 5시까지 $2.5L/$분의 유량으로 시료 채취기를 작동시킨 후 여과지의 무게를 측정한 결과가 $1.280g$ 이었다면 채취한 입자상 물질의 작업장 내 평균농도(mg/m^3)는?

① 7.8
② 13.4
③ 16.7
④ 19.2

*질량농도(mg/m^3)

$$mg/m^3 = \frac{(1.280-1.260)g \times \left(\frac{1000mg}{1g}\right)}{2.5L/min \times 480min \times \left(\frac{1m^3}{1000L}\right)} = 16.7 mg/m^3$$

*참고
- $1g = 1000mg$
- $1m^3 = 1000L$
- 오전 9시 ~ 오후 5시 작업: $8hr = 480min$

39

다음 중 표본에서 얻은 표준편차와 표본의 수만 가지고 얻을 수 있는 것은?

① 산술평균치
② 분산
③ 변이계수
④ 표준오차

*표준오차(SE)

$$SE = \frac{SD}{\sqrt{N}} = \frac{\sigma}{\sqrt{n}}$$

여기서,
SE : 표준오차
SD : 표준편차
N : 측정치의 개수

40

누적소음노출량 측정기로 소음을 측정하는 경우, 기기 설정으로 적절한 것은?
(단, 고용노동부 고시를 기준으로 한다.)

① Criteria = $80dB$, Exchange Rate = $5dB$, Threshold = $90dB$
② Criteria = $80dB$, Exchange Rate = $10dB$, Threshold = $90dB$
③ Criteria = $90dB$, Exchange Rate = $10dB$, Threshold = $80dB$
④ Criteria = $90dB$, Exchange Rate = $5dB$, Threshold = $80dB$

*누적소음노출량 측정기 설정
① Criteria : 90dB
② Exchange Rate : 5dB
③ Threshold : 80dB

2019 3회차 — 산업위생관리기사 필기 기출문제
제 3과목 : 작업환경관리대책

41
후드의 정압이 $50mmH_2O$ 이고 덕트 속도압이 $20mmH_2O$ 일 때, 후드의 압력손실계수는?

① 1.5
② 2.0
③ 2.5
④ 3.0

*후드의 정압(SP_h)
$SP_h = VP(1+F)$
$\therefore F = \dfrac{SP_h}{VP} - 1 = \dfrac{50}{20} - 1 = 1.5$

여기서,
SP_h : 후드의 정압 $[mmH_2O]$
VP : 속도압(동압) $[mmH_2O]$
F : 압력손실계수 $\left(= \dfrac{1}{C_e^2} - 1\right)$
C_e : 유입계수 $\left(= \sqrt{\dfrac{1}{1+F}}\right)$

42
내경 $15mm$ 인 관에 $40m/min$ 의 속도로 비압축성 유체가 흐르고 있다. 같은 조건에서 내경만 $10 mm$ 로 변화하였다면, 유속은 약 몇 m/min 인가? (단, 관 내 유체의 유량은 같다.)

① 90
② 120
③ 160
④ 210

*연속 방정식
$Q = A_1 V_1 = A_2 V_2$
$\therefore V_2 = \dfrac{A_1 V_1}{A_2} = \dfrac{\frac{\pi \times 0.015^2}{4} \times 40}{\frac{\pi \times 0.01^2}{4}} = 90 m/min$

43
0℃, 1기압에서 A기체의 밀도가 $1.415 kg/m^3$ 일 때, 100℃, 1기압에서 A기체의 밀도는 몇 kg/m^3 인가?

① 0.903
② 1.036
③ 1.085
④ 1.411

*밀도 보정
보일-샤를의 법칙 공식에서 압력이 동일하므로,
$\dfrac{P_1 V_1}{T_1} = \dfrac{P_2 V_2}{T_2} \Rightarrow \dfrac{V_1}{T_1} = \dfrac{V_2}{T_2}$
$\rho(밀도) = \dfrac{m(질량)}{V(부피)}$ 관계에 따라 밀도와 부피는 반비례 관계이므로,
$\dfrac{1}{T_1 \rho_1} = \dfrac{1}{T_2 \rho_2}$ 에서,
$\therefore \rho_2 = \dfrac{T_1 \rho_1}{T_2} = \dfrac{(273+0) \times 1.415}{(273+100)} = 1.036 kg/m^3$

*참고
- 절대온도(K) = 273 + 섭씨온도(℃)
- Sm^3 에서 S는 Standard, 즉 표준상태(1atm, 0℃)를 의미한다.

44
다음 중 덕트 내 공기의 압력을 측정할 때 사용하는 장비로 가장 적절한 것은?

① 피토관
② 타코메타
③ 열선유속계
④ 회전날개형 유속계

41.① 42.① 43.② 44.①

*국소배기장치의 압력 측정기기
① 피토관
② U자 마노미터
③ 경사 마노미터
④ 아네로이드 게이지
⑤ 마그네헬릭 게이지

45

다음 중 귀마개의 특징과 가장 거리가 먼 것은?

① 제대로 착용하는데 시간이 걸린다.
② 보안경 사용 시 차음효과가 감소한다.
③ 착용여부 파악이 곤란하다.
④ 귀마개 오염에 따른 감염 가능성이 있다.

보안경 사용 시 차음효과가 감소하는 것은 귀덮개이다.

46

다음 중 국소배기장치에서 공기공급시스템이 필요한 이유와 가장 거리가 먼 것은?

① 에너지 절감
② 안전사고 예방
③ 작업장의 교차기류 촉진
④ 국소배기장치의 효율 유지

*공기공급 시스템이 필요한 이유
① 국소배기장치의 적절한 가동을 위해
② 국소배기장치의 효율 유지를 위해
③ 안전사고 예방을 위해
④ 연료 절약을 위해
⑤ 작업장 내 방해기류가 생기는 것을 방지하기 위해
⑥ 외부 공기가 정화되지 않은 채 건물 내로 유입되는 것을 막기 위해

47

오후 6시 20분에 측정한 사무실 내 이산화탄소의 농도는 $1200ppm$, 사무실이 빈상태로 1시간이 경과한 오후 7시 20분에 측정한 이산화탄소의 농도는 $400ppm$ 이었다. 이 사무실의 시간당 공기교환 횟수는?
(단, 외부공기 중의 이산화탄소의 농도는 $330ppm$ 이다.)

① 0.56   ② 1.22
③ 2.52   ④ 4.26

*시간당 공기교환 횟수(ACH)
$$ACH = \frac{\ln(C_1 - C_0) - \ln(C_2 - C_0)}{t}$$
$$= \frac{\ln(1200-330) - \ln(400-330)}{1} = 2.52 ACH$$

여기서,
ACH : 시간당 공기교환 횟수[회/hr]
C_1 : 측정 초기 농도
C_2 : 시간 경과 후 CO_2 농도
C_0 : 외부 CO_2 농도
t : 경과된 시간[hr]

48

안지름이 $200mm$인 관을 통하여 공기를 $55m^3/min$의 유량으로 송풍할 때, 관 내 평균유속은 약 몇 $m/\sec$ 인가?

① 21.8   ② 24.5
③ 29.2   ④ 32.2

*유량(Q)
$Q = AV = \frac{\pi d^2}{4} \times V$ 에서,
$$\therefore V = \frac{4Q}{\pi d^2}$$
$$= \frac{4 \times 55}{\pi \times 0.2^2} = 1750.7 m/min \times \left(\frac{1min}{60\sec}\right) = 29.2 m/\sec$$

*참고
• 1m=1000mm → 200mm=0.2m
• 1min=60sec

49

슬롯 길이가 $3m$ 이고, 제어속도가 $2m/\text{sec}$ 인 슬롯 후드에서 오염원이 $2m$ 떨어져 있을 경우 필요 환기량은 몇 m^3/min 인가?
(단, 공간에 설치하며 플랜지는 부착되어 있지 않다.)

① 1434
② 2664
③ 3734
④ 4864

*슬롯 후드의 필요송풍량(Q)
플랜지 미부착에 우리나라는 ACGIH 기준을 따르므로,
$Q = CLVX$
$= 3.7 \times 3 \times 2 \times 2$
$= 44.4 m^3/\text{sec} \times \left(\frac{60\text{sec}}{1\text{min}}\right) = 2664 m^3/\text{min}$

여기서,
Q : 필요송풍량$[m^3/\text{min}]$
C : 형상계수
V : 제어속도$[m^3/\text{min}]$
L : 슬롯 개구면의 길이$[m]$
X : 포집점까지의 거리$[m]$

조건	형상계수
전원주 (플랜지 미부착)	5.0 (ACGIH 기준 : 3.7)
3/4 원주	4.1
1/2 원주 (플랜지 부착)	2.8 (ACGIH 기준 : 2.6)
1/4 원주	1.6

50

방진마스크에 대한 설명으로 옳은 것은?

① 흡기 저항 상승률이 높은 것이 좋다.
② 형태에 따라 전면형 마스크와 후면형 마스크가 있다.
③ 필터의 여과효율이 낮고 흡입저항이 클수록 좋다.
④ 비휘발성 입자에 대한 보호가 가능하고 가스 및 증기의 보호는 안 된다.

① 흡기저항 상승률이 낮은 것이 좋다.
② 형태에 따라 전면형 마스크와 반면형 마스크가 있다.
③ 필터의 여과효율이 높고 흡입저항이 낮을수록 좋다.

51

한랭작업장에서 일하고 있는 근로자의 관리에 대한 내용으로 옳지 않은 것은?

① 가장 따뜻한 시간대에 작업을 실시한다.
② 노출된 피부나 전신의 온도가 떨어지지 않도록 온도를 높이고 기류의 속도는 낮추어야 한다.
③ 신발은 발을 압박하지 않고 습기가 있는 것을 신는다.
④ 외부 액체가 스며들지 않도록 방수 처리된 의복을 입는다.

신발은 발을 압박하지 않고 습기가 없는 것을 신는다.

52

스토크스 식에 근거한 중력침강속도에 대한 설명으로 틀린 것은?
(단, 공기 중의 입자를 고려한다.)

① 중력가속도에 비례한다.
② 입자직경의 제곱에 비례한다.
③ 공기의 점성계수에 반비례한다.
④ 입자와 공기의 밀도차에 반비례한다.

*스토크스(Stokes) 법칙에 의한 침강속도
$$V = \frac{gd^2(\rho_1 - \rho)}{18\mu}$$

여기서,
V : 침강속도$[cm/\text{sec}]$
g : 중력가속도$[= 980 cm/\text{sec}^2]$
d : 입자 직경$[cm]$
ρ_1 : 입자 밀도$[g/cm^3]$
ρ : 공기 밀도$[g/cm^3]$
μ : 공기 점성계수$[g/cm \cdot \text{sec}]$

53

다음 중 국소배기장치 설계의 순서로 가장 적절한 것은?

① 소요풍량 계산 → 후드형식 선정 → 제어속도 결정
② 제어속도 결정 → 소요풍량 계산 → 후드형식 선정
③ 후드형식 선정 → 제어속도 결정 → 소요풍량 계산
④ 후드형식 선정 → 소요풍량 계산 → 제어속도 결정

*국소배기장치 설계 순서
후드 형식 선정 → 제어속도 결정 → 소요풍량 계산 → 반송속도 결정 → 배관내경 산출 → 후드 크기 결정 → 배관 배치 및 설치장소 선정 → 공기정화장치 선정 → 국소배기 계통도 및 배치도 작성 → 총 압력손실량 계산 → 송풍기 선정

54

다음 중 방독마스크의 카트리지의 수명에 영향을 미치는 요소와 가장 거리가 먼 것은?

① 흡착제의 질과 양 ② 상대습도
③ 온도 ④ 분진 입자의 크기

*방독마스크 정화통(카트리지) 수명 영향인자
① 흡착제의 질과 양
② 상대습도
③ 온도
④ 착용자의 호흡률
⑤ 오염물질 농도
⑥ 포장의 균일성 및 밀도
⑦ 다른 가스 및 증기와 혼합 유무

55

원심력 송풍기인 방사 날개형 송풍기에 관한 설명으로 틀린 것은?

① 깃이 평판으로 되어 있다.
② 플레이트형 송풍기라고도 한다.
③ 깃의 구조가 분진을 자체 정화할 수 있도록 되어 있다.
④ 큰 압력손실에서 송풍량이 급격히 떨어지는 단점이 있다.

*평판형(방사 날개형, 플레이트형 송풍기)
① 날개가 직선으로 평판모양이며, 강도가 높게 설계되어있다.
② 날개 구조가 분진 자체 정화할 수 있도록 되어있다.
③ 시멘트, 미분탄, 곡물, 모래 등 고농도 분진함유 공기, 부식성이 강한 공기를 이송시키는데 많이 이용된다.
④ 습식 집진장치의 배기에 적합하며, 소음은 보통이다.
⑤ 압력과 효율(65%)은 다익형 보다 약간 높으나 터보형보단 낮다.

56

작업환경개선을 위한 물질의 대체로 적절하지 않은 것은?

① 주물공정에서 실리카모래 대신 그린모래로 주형을 채우도록 한다.
② 보온재로 석면 대신 유리섬유나 암면 등 사용한다.
③ 금속표면을 블라스팅할 때 사용재료를 철구슬 대신 모래를 사용한다.
④ 야광시계 자판의 라듐을 인으로 대체하여 사용한다.

금속표면을 블라스팅할 때 사용재료를 모래 대신 철구슬을 사용한다.

57

원심력 송풍기의 종류 중 전향 날개형 송풍기에 관한 설명으로 옳지 않은 것은?

① 다익형 송풍기라고도 한다.
② 큰 압력손실에도 송풍량의 변동이 적은 장점이 있다.
③ 송풍기의 임펠러가 다람쥐 쳇바퀴 모양이며, 송풍기 깃이 회전방향과 동일한 방향으로 설계되어 있다.
④ 동일 송풍량을 발생시키기 위한 임펠러 회전속도가 상대적으로 낮아 소음문제가 거의 발생하지 않는다.

*다익형 송풍기(전향날개형 송풍기)
① 많은 날개(Blade)를 가지고 있다.
② 송풍기의 임펠러가 다람쥐 쳇바퀴 모양이다.
③ 회전날개가 회전방향과 동일한 방향이다.
④ 임펠러 회전속도가 상대적으로 낮아 소음이 작다.
⑤ 저가로 제작이 가능하다.
⑥ 높은 압력손실에서 송풍량이 급격히 떨어지는 단점이 있다.
⑦ 소형으로 제한된 장소에 사용이 가능하다.(분지관의 송풍에 적합)
⑧ 설계가 간단하다.
⑨ 구조상 고속회전이 불가능하고 효율이 낮다.
⑩ 청소가 곤란하다.
⑪ 큰 동력의 용도에 적합하지 않다.

58

필요 환기량을 감소시키는 방법으로 옳지 않은 것은?

① 가급적이면 공정이 많이 포위되지 않도록 하여야 한다.
② 후드 개구면에서 기류가 균일하게 분포되도록 설계한다.
③ 공정에서 발생 또는 배출되는 오염물질의 절대량을 감소시킨다.
④ 포집형이나 레시버형 후드를 사용할 때는 가급적 후드를 배출 오염원에 가깝게 설치한다.

*필요송풍량을 감소시키는 방법(후드가 갖추어야 할 사항)
① 후드는 가능한 한 오염물질 발생원에 가까이 설치할 것
② 후드는 가급적이면 공정을 많이 포위할 것
③ 후드 개구면에서 기류가 균일하게 분포하도록 설계할 것
④ 제어속도는 작업조건을 고려하여 적정하게 선정할 것
⑤ 작업이 방해되지 않도록 설치할 것
⑥ 오염물질 발생특성을 고려하여 설계할 것
⑦ 공정에서 발생 또는 배출되는 오염물질 절대량을 감소시킬 것

59

국소배기시스템 설계에서 송풍기 전압이 $136mmH_2O$ 이고, 송풍량은 $184m^3/min$ 일 때, 필요한 송풍기 소요 동력은 약 몇 kW 인가?
(단, 송풍기의 효율은 60% 이다.)

① 2.7
② 4.8
③ 6.8
④ 8.7

*송풍기 소요동력(H)

$$H = \frac{Q \times \triangle P}{6120\eta} \times \alpha = \frac{184 \times 136}{6120 \times 0.6} \times 1 = 6.8kW$$

여기서,
H : 송풍기 소요동력$[kW]$
Q : 송풍량$[m^3/\min]$
$\triangle P$: 송풍기 유효압력$[mmH_2O]$
η : 송풍기 효율
α : 여유율 (주어지지 않으면, $\alpha = 1$)

60

다음 중 작업환경관리의 목적과 가장 거리가 먼 것은?

① 산업재해 예방
② 작업환경의 개선
③ 작업능률의 향상
④ 직업병 치료

*작업환경 관리의 목적
① 산업재해 예방
② 직업병 예방
③ 작업능률 향상
④ 작업환경 개선
⑤ 근로자 건강 효율적 관리

2019 3회차

산업위생관리기사 필기 기출문제
제 4과목 : 물리적유해인자관리

61

흑구온도가 $260K$ 이고, 기온이 $251K$ 일 때 평균 복사온도는?
(단, 기류속도는 $1m/s$ 이다.)

① 227.8
② 260.7
③ 287.2
④ 300.6

*평균복사온도(T_w)
$$T_w = 100\sqrt[4]{\left(\frac{T_{흑구온도}}{100}\right)^4 + 2.48 \times V_{기류}(T_{흑구온도} - T_{기온})}$$
$$= 100\sqrt[4]{\left(\frac{260}{100}\right)^4 + 2.48 \times 1 \times (260-251)} = 287.2K$$

62

산업안전보건법령상 적정한 공기에 해당하는 것은? (단, 다른 성분의 조건은 적정한 것으로 가정한다.)

① 탄산가스가 1.0%인 공기
② 산소농도가 16%인 공기
③ 산소농도가 25%인 공기
④ 황화수소 농도가 $25ppm$인 공기

*적정공기
① 산소농도의 범위가 18% 이상 23.5% 미만인 수준의 공기
② 탄산가스의 농도가 1.5% 미만인 수준의 공기
③ 일산화탄소의 농도가 30ppm 미만인 수준의 공기
④ 황화수소의 농도가 10ppm 미만인 수준의 공기

63

높은(고)기압에 의한 건강영향의 설명으로 틀린 것은?

① 청력의 저하, 귀의 압박감이 일어나며 심하면 고막파열이 일어날 수 있다.
② 부비강 개구부 감염 혹은 기형으로 폐쇄된 경우 심한구토, 두통 등의 증상을 일으킨다.
③ 압력상승이 급속한 경우 폐 및 혈액으로 탄산가스의 일과성 배출이 일어나 호흡이 억제된다.
④ 3~4 기압의 산소 혹은 이에 상당하는 공기 중 산소분압에 의하여 중추신경계의 장해에 기인하는 운동장해를 나타내는 데 이것을 산소중독이라고 한다.

압력상승이 급속한 경우 호흡이 빨라진다.

64

적외선의 생물학적 영향에 관한 설명으로 틀린 것은?

① 근적외선은 급성 피부화상, 색소침착 등을 일으킨다.
② 적외선이 흡수되면 화학반응에 의하여 조직온도가 상승한다.
③ 조사 부위의 온도가 흐르면 홍반이 생기고, 혈관이 확장된다.
④ 장기간 조사 시 두통, 자극작용이 있으며, 강력한 적외선은 뇌막자극 증상을 유발할 수 있다.

적외선이 흡수되면 열작용에 의하여 조직온도가 상승한다.

61.③ 62.① 63.③ 64.②

65
피부로 감지할 수 없는 불감기류의 최고 기류범위는 얼마인가?

① 약 $0.5m/s$ 이하
② 약 $1.0m/s$ 이하
③ 약 $1.3m/s$ 이하
④ 약 $1.5m/s$ 이하

*불감기류
0.5m/sec 이하의 기류

66
소음작업장에서 각 음원의 음압레벨이 $A=110dB$, $B=80dB$, $C=70dB$ 이다. 음원이 동시에 가동될 때 음압레벨(SPL)은?

① $87dB$
② $90dB$
③ $95dB$
④ $110dB$

*합성소음도(L)
$$L = 10\log\left(10^{\frac{L_1}{10}} + 10^{\frac{L_2}{10}} + \cdots + 10^{\frac{L_n}{10}}\right)$$
$$= 10\log\left(10^{\frac{110}{10}} + 10^{\frac{80}{10}} + 10^{\frac{70}{10}}\right) = 110dB$$
L : 합성소음도[dB]
$L_1, L_2, \cdots L_n$ = 각 소음원의 소음[dB]

67
한랭환경으로 인하여 발생되거나 악화되는 질병과 가장 거리가 먼 것은?

① 동상(Frist bote)
② 지단자람증(Acrocyanosis)
③ 케이슨병(Caisson disease)
④ 레이노드씨 병(Raynaud's disease)

*감압병(잠함병, 케이슨병, Decompression)
급격한 감압 시 혈액 속 질소가 혈액과 조직에 기포를 형성하여 혈액순환 장해와 조직 손상을 일으킨다.

68
진동에 의한 생체영향과 가장 거리가 먼 것은?

① C_5-dip 현상
② Raynaud 현상
③ 내분비계 장해
④ 뼈 및 관절의 장해

*C_5-dip 현상
소음성 난청 초기단계로서 4000Hz에서 청력장애가 커지는 현상

69
소음의 생리적 영향으로 볼 수 없는 것은?

① 혈압 감소
② 맥박수 증가
③ 위분비액 감소
④ 집중력 감소

*소음의 생리적 영향
① 혈압 증가, 맥박수 증가, 위분비액 감소, 집중력 감소
② 호흡횟수 증가, 호흡깊이 감소
③ 타액분비량 증가, 위 수축운동 저하, 위액산도 저하
④ 혈당도 상승, 백혈구 수 증가, 아드레날린 증가

70
자유공간에 위치한 점음원의 음향파워레벨(PWL)이 $110dB$ 일 때, 이 점음원으로부터 $100m$ 떨어진 곳의 음압레벨(SPL)은?

① $49dB$
② $59dB$
③ $69dB$
④ $79dB$

*음압수준(SPL)과 음향파워레벨(PWL)의 관계식
[무지향성 점음원, 자유공간(공중, 구면파)]

$SPL = PWL - 20\log r - 11$
$= 110 - 20\log 100 - 11 = 59 dB$

여기서,
SPL : 음압수준$[dB]$
PWL : 음향파워레벨$[dB]$
r : 소음원으로부터의 거리$[m]$
W : 대상음원의 음향파워$[W]$
W_o : 기준음향파워$(=10^{-12}[W])$

71

방사선을 전리방사선과 비전리방사선으로 분류하는 인자가 아닌 것은?

① 파장
② 주파수
③ 이온화하는 성질
④ 투과력

*전리방사선과 비전리방사선으로 분류하는 인자
① 파장
② 주파수
③ 이온화하는 성질

72

기류의 측정에 사용되는 기구가 아닌 것은?

① 흑구온도계
② 열선풍속계
③ 카타온도계
④ 풍차풍속계

*기류 측정기기의 종류
① 풍차풍속계
② 카타온도계
③ 열선풍속계
④ 가열온도풍속계
⑤ 피토관
⑥ 회전날개형 풍속계
⑦ 그네날개형 풍속계

73

전리방사선의 단위에 관한 설명으로 틀린 것은?

① rad – 조사량과 관계없이 인체조직에 흡수된 량을 의미한다.
② rem – 1rad의 X선 혹은 감마선이 인체조직에 흡수된 양을 의미한다.
③ curie – 1초 동안에 3.7×10^{10}개의 원자붕괴가 일어나는 방사능 물질의 양을 의미한다.
④ Roentgen(R) – 공기 중에 방사선에 의해 생성되는 이온의 양으로 주로 X선 및 감마선의 조사량을 표시할 때 쓰인다.

*렘(rem)
선당량(생체실효선량)의 단위이다.

$rem = rad \times RBE$

여기서,
rem : 생체실효선량
rad : 흡수선량
RBE : 상대적 생물학적 효과비
– X선, γ선, β선 : RBE = 1 (기준)
– 열중성자 : RBE = 2.5
– 느린중성자 : RBE = 5
– α선, 양자, 고속중성자 : RBE = 10

74

국소진동에 노출된 경우에 인체에 장애를 발생시킬 수 있는 주파수 범위로 알맞은 것은?

① $10 \sim 150 Hz$
② $10 \sim 300 Hz$
③ $8 \sim 500 Hz$
④ $8 \sim 1500 Hz$

*진동수에 따른 구분
① 전신진동 : 2~100Hz (공해진동 : 1~90Hz)
② 국소진동 : 8~1500Hz
③ 인간이 느끼는 최소 진동역치 : 55±5dB
④ 수직진동 : 4~8Hz
⑤ 수평진동 : 1~2Hz
⑥ 전신은 4Hz, 두부와 견부는 20~30Hz, 안구는 60~90Hz 진동에 공명한다.

75
소음 평가치의 단위로 가장 적절한 것은?

① Hz
② NRR
③ phon
④ NRN

NRN : 소음평가지수

76
조명을 작업환경의 한 요인으로 볼 때, 고려해야 할 사항이 아닌 것은?

① 빛의 색
② 조명 시간
③ 눈부심과 휘도
④ 조도와 조도의 분포

*조명 선택 시 고려사항
① 빛의 색
② 눈부심과 휘도
③ 조도와 조도의 분포

77
감압에 따른 기포형성량을 좌우하는 요인이 아닌 것은?

① 감압속도
② 체내 가스의 팽창 정도
③ 조직에 용해된 가스량
④ 혈류를 변화시키는 상태

*감압 시 조직 내 질소 기포형성량 영향인자
① 감압속도
② 조직에 용해된 가스량
③ 혈류를 변화시키는 상태
④ 고기압의 노출정도

78
도르노선(Dorno-ray)에 대한 내용으로 맞는 것은?

① 가시광선의 일종이다.
② 280 ~ 315Å 파장의 자외선을 의미한다.
③ 소독작용, 비타민 D 형성 등 생물학적 작용이 강하다.
④ 절대온도 이상의 모든 물체는 온도에 비례하여 방출한다.

*자외선의 분류

분류	파장	발생
UV-C	100~280nm (1000~2800Å)	피부의 색소침착
UV-B (도르노선)	280~315nm (2800~3150Å)	소독작용, 비타민 D형성 (건강선, 생명선) 피부노화, 홍반, 각막염, 피부암 유발
UV-A (근자외선)	315~400nm (3150~4000Å)	피부노화 촉진, 백내장

79
일반적인 작업장의 인공조명 시 고려사항으로 적절하지 않은 것은?

① 조명도를 균등히 유지할 것
② 경제적이며 취급이 용이할 것
③ 가급적 직접조명이 되도록 설치할 것
④ 폭발성 또는 발화성이 없으며 유해가스를 발생하지 않을 것

*인공조명 시 고려사항
① 광원 또는 전등의 휘도를 줄인다.
② 광원을 시선에서 멀리 위치시킨다.
③ 광원 주위를 밝게 하여 광도비를 적정하게 한다.
④ 눈이 부신 물체와 시선과의 각을 크게한다.
⑤ 가급적 간접 조명이 되도록할 것
⑥ 경제적이며 취급이 용이할 것
⑦ 조도는 작업상 충분히 유지시킬 것
⑧ 조도는 균등히 유지할 수 있을 것
⑨ 광색은 주광색에 가깝게 할 것
⑩ 폭발성 또는 발화성이 없을 것

75.④ 76.② 77.② 78.③ 79.③

80
미국(EPA)의 차음평가수를 의미하는 것은?

① NRR　　　② TL
③ SNR　　　④ SLC80

＊차음효과(OSHA)
차음효과 = $(NRR - 7) \times 0.5$

여기서,
NRR : 차음평가수

2019 3회차 제 5과목 : 산업독성학

81
다음 중 카드뮴에 관한 설명으로 틀린 것은?

① 카드뮴은 부드럽고 연성이 있는 금속으로 납광물이나 아연광물을 제련할 때 부산물로 얻어진다.
② 흡수된 카드뮴은 혈장단백질과 결합하여 최종적으로 신장에 축적된다.
③ 인체 내에서 철을 필요로 하는 효소와의 결합반응으로 독성을 나타낸다.
④ 카드뮴 흄이나 먼지에 급성 노출되면 호흡기가 손상되며 사망에 이르기도 한다.

카드뮴은 인체 내 -SH기와 결합반응하여 조직세포에 독성으로 작용한다.

82
다음 중 실험동물을 대상으로 투여 시 독성을 초래하지는 않지만 관찰 가능한 가역적인 반응이 나타나는 양을 의미하는 용어는?

① 유효량(ED)   ② 치사량(LD)
③ 독성량(TD)   ④ 서한량(PD)

*유효량(ED)
실험동물을 대상으로 투여 시 독성을 초래하지는 않지만 관찰 가능한 가역적인 반응이 나타나는 양

83
다음 중 진폐증 발생에 관여하는 인자와 가장 거리가 먼 것은?

① 분진의 노출기간   ② 분진의 분자량
③ 분진의 농도   ④ 분진의 크기

*진폐증 발생의 관여요인
① 분진의 크기
② 분진의 농도
③ 분진의 노출기간
④ 분진의 종류

84
유해화학물질의 노출기준으로 정하고 있는 기관과 노출기준 명칭의 연결이 옳은 것은?

① OSHA – REL   ② AIHA – MAC
③ ACGIH – TLV   ④ NIOSH - PEL

① OSHA 노출기준 - PEL
② AIHA 노출기준 - WEEL
③ NIOSH 노출기준 - REL

85
다음 중 생물학적 모니터링에 관한 설명으로 적절하지 않은 것은?

① 생물학적 모니터링은 작업자의 생물학적 시료에서 화학물질의 노출 정도를 추정하는 것을 말한다.

81.③ 82.① 83.② 84.③ 85.④

② 근로자 노출 평가와 건강상의 영향 평가 두 가지 목적으로 모두 사용될 수 있다.
③ 내재용량은 최근에 흡수된 화학물질의 양을 말한다.
④ 내재용량은 여러 신체 부분이나 몸 전체에서 저장된 화학물질의 양을 말하는 것은 아니다.

*내재용량(체내 노출량)의 개념
① 최근 흡수된 화학물질의 양
② 과거 수개월 동안 흡수된 화학물질의 양
③ 체내 주요 조직이나 부위의 작용과 결합한 화학물질의 양

86
다음 중 생체 내에서 혈액과 화학작용을 일으켜서 질식을 일으키는 물질은?

① 수소
② 헬륨
③ 질소
④ 일산화탄소

*일산화탄소(CO)
생체 내 혈액과 화학작용을 일으켜서 질식을 일으키는 물질이고, 혈색소와 친화도가 산소보다 강하며 $COHb$를 형성하여 조직에서 산소공급을 억제하며, 혈 중 $COHb$의 농도가 높아지면 HbO_2의 해리작용을 방해하는 물질

87
다음 중 핵산 하나를 탈락시키거나 첨가함으로써 돌연변이를 일으키는 물질은?

① 아세톤(acetone)
② 아닐린(aniline)
③ 아크리딘(acridine)
④ 아세토니트릴(acetonitrile)

*아크리딘($C_{13}H_9N$)
특정한 파장의 광선과 작용하여 광알러지성 피부염을 일으키는 물질

88
직업적으로 벤지딘(Benzidine)에 장기간 노출되었을 때 암이 발생될 수 있는 인체 부위로 가장 적절한 것은?

① 피부
② 뇌
③ 폐
④ 방광

*벤지딘
급성중독으로 피부염, 급성방광염과 만성중독으로 방광암, 요로계 종양을 유발하는 유해물질

89
다음 표와 같은 크롬중독을 스크린하는 검사법을 개발하였다면 이 검사법의 특이도는 얼마인가?

구 분		크롬중독진단		합계
		양성	음성	
검사법	양성	15	9	24
	음성	9	21	30
합 계		24	30	54

① 68%
② 69%
③ 70%
④ 71%

*측정타당도

구분		질병(실제값)		합계
		양성	음성	
검사법	양성	A	B	$A+B$
	음성	C	D	$C+D$
합계		$A+C$	$B+D$	-
비고		① 민감도 = $\dfrac{A}{A+C}$ ② 특이도 = $\dfrac{D}{B+D}$ ③ 가양성률 = $\dfrac{B}{B+D}$ ④ 가음성률 = $\dfrac{C}{A+C}$		

특이도 = $\dfrac{D}{B+D} = \dfrac{21}{30} = 0.7 = 70\%$

90
다음 중 수은중독에 관한 설명으로 틀린 것은?

① 수은은 주로 골 조직과 신경에 많이 축적된다.
② 무기수은염류는 호흡기나 경구적 어느 경로라도 흡수된다.
③ 수은중독의 특징적인 증상은 구내염, 근육진전 등이 있다.
④ 전리된 수은이온은 단백질을 침전시키고, thiol기(SH)를 가진 효소작용을 억제한다.

수은은 주로 간 및 신장에 고농도로 축적된다.

91
다음 중 인체 순환기계에 대한 설명으로 틀린 것은?

① 인체의 각 구성세포에 영양소를 공급하며, 노폐물 등을 운반한다.
② 혈관계의 동맥은 심장에서 말초혈관으로 이동하는 원심성 혈관이다.
③ 림프관은 체내에서 들어온 감염성 미생물 및 이물질을 살균 또는 식균하는 역할을 한다.
④ 신체방어에 필요한 혈액응고효소 등을 손상받은 부위로 수송한다.

*림프절
체내에서 들어온 감염성 미생물 및 이물질을 살균 또는 식균하는 역할을 한다.

92
다음 중 달걀 썩는 것 같은 심한 부패성 냄새가 나는 물질로, 노출 시 중추신경의 억제와 후각의 마비 증상을 유발하며, 치료를 위하여 100% O_2를 투여하는 등의 조치가 필요한 물질은?

① 암모니아 ② 포스겐
③ 오존   ④ 황화수소

*황화수소(H_2S)
달걀 썩는 것 같은 심한 부패성 냄새가 나는 물질로, 천연가스, 석유정제산업, 지하석탄광업 등을 통해서 노출되며, 중추신경의 억제와 후각의 마비 증상을 유발하며, 치료로는 100% 산소(O_2)를 투여하는 등의 조치가 필요한 화학적 질식제이다.

93
다음 중 수은중독환자의 치료 방법으로 적합하지 않은 것은?

① Ca-EDTA 투여
② BAL(British Anti-Lewisite) 투여
③ N-acetyl-D-penicillamine 투여
④ 우유와 계란의 흰자를 먹인 후 위 세척

*수은중독 치료사항

급성 중독	① 우유와 계란흰자를 먹인다. ② BAL을 투여한다. ③ 위세척을 한다. ④ 마늘을 섭취한다.
만성 중독	① 수은 취급을 즉시 중지한다. ② BAL을 투여한다. ③ N-acetyl-D-penicillamine을 투여한다. ④ 하루 10L 등장식염수를 공급한다. ⑤ 땀을 흘리게 하여 수은배설을 촉진시킨다. ⑥ 진전증세에 genascopalin을 투여한다.

94
ACGIH에 의하여 구분된 입자상 물질의 명칭과 입경을 연결된 것으로 틀린 것은?

① 폐포성 입자상 물질 - 평균입경이 $1\mu m$
② 호흡성 입자상 물질 - 평균입경이 $4\mu m$
③ 흉곽성 입자상 물질 - 평균입경이 $10\mu m$
④ 흡입성 입자상 물질 - 평균입경이 $0 \sim 100\mu m$

90.① 91.③ 92.④ 93.① 94.①

*입자상물질의 입자크기별 분류

분진의 종류	평균 입경
흡입성 입자상 물질 (IPM : Inspirable Particulates Mass)	$100\mu m$
흉곽성 입자상 물질 (TPM : Thoracic Particulates Mass)	$10\mu m$
호흡성 입자상 물질 (RPM : Respirable Particulates Mass)	$4\mu m$

95

다음 중 ACGIH의 발암물질 구분 중 인체 발암성 미분류 물질 구분으로 알맞은 것은?

① A2
② A3
③ A4
④ A5

*미국산업위생전문가협의회(ACGIH)의 발암물질 구분

구분	설명
A1	- 인체 발암 확인물질 - 석면, 베릴륨, 우라늄, 벤지딘, 염화비닐 등
A2	- 인체 발암이 의심되는 물질
A3	- 동물 발암성 확인물질
A4	- 인체 발암성 미분류 물질
A5	- 인체 발암성 미의심 물질

*화학물질의 생물학적 노출지표물질

화학물질	대사산물(측정대상물질)
벤젠	뇨 중 t,t-뮤코닉산(뮤콘산) 뇨 중 S-페닐머캅토산 혈액 중 벤젠
톨루엔	뇨 중 o-크레졸 혈액 중 톨루엔
크실렌	뇨 중 메틸마뇨산
납	혈액 중 납 뇨 중 납 혈액 중 아연 프로토포르피린 뇨 중 델타아미노레불린산
일산화탄소	혈액 중 카복시헤모글로빈(COHb)
트리클로로에틸렌	뇨 중 삼염화초산
에틸벤젠	뇨 중 만델산
노말헥산	뇨 중 2,5-헥산디온
클로로벤젠	뇨 중 총 4-클로로카테콜
페놀	뇨 중 페놀
디메틸포름아미드	뇨 중 N-메틸포름아미드
이황화탄소	뇨 중 TTCA 뇨 중 이황화탄소
크롬	뇨 중 크롬
메틸 노말부틸 케톤	뇨 중 2,5-헥산디온
삼염화에틸렌	뇨 중 삼염화초산 (트리클로로초산) 뇨 중 삼염화에탄올

96

벤젠 노출근로자의 생물학적 모니터링을 위하여 소변시료를 확보하였다. 다음 중 분석해야 하는 대사산물로 맞는 것은?

① 마뇨산(hippuric acid)
② t,t-뮤코닉산(t,t-Muconic acid)
③ 메틸마뇨산(Methylhippuric acid)
④ 트리클로로아세트산(trichloroacetic acid)

97

산업안전보건법령상 기타 분진의 산화규소결정체 함유율과 노출기준으로 맞는 것은?

① 함유율 : 0.1% 이상, 노출기준 : $5mg/m^3$
② 함유율 : 0.1% 이하, 노출기준 : $10mg/m^3$
③ 함유율 : 1% 이상, 노출기준 : $5mg/m^3$
④ 함유율 : 1% 이하, 노출기준 : $10mg/m^3$

*산화규소결정체
함유율 1% 이하, 노출기준 $10mg/m^3$ 이하

98

다음 중 혈색소와 친화도가 산소보다 강하여 $COHb$를 형성하여 조직에서 산소공급을 억제하며, 혈 중 $COHb$의 농도가 높아지면 HbO_2의 해리작용을 방해하는 물질은?

① 일산화탄소　　② 에탄올
③ 리도카인　　　④ 염소산염

*일산화탄소(CO)
생체 내 혈액과 화학작용을 일으켜서 질식을 일으키는 물질이고, 혈색소와 친화도가 산소보다 강하며 COHb를 형성하여 조직에서 산소공급을 억제하며, 혈 중 COHb의 농도가 높아지면 HbO_2의 해리작용을 방해하는 물질

99

할로겐화 탄화수소에 속하는 삼염화에틸렌(trichloroethylene)은 호흡기를 통하여 흡수된다. 삼염화에틸렌의 대사 산물은?

① 삼염화에탄올　② 메틸마뇨산
③ 사염화에틸렌　④ 페놀

*화학물질의 생물학적 노출지표물질

화학물질	대사산물(측정대상물질)
벤젠	뇨 중 t,t-뮤코닉산(뮤콘산) 뇨 중 S-페닐머캅토산 혈액 중 벤젠
톨루엔	뇨 중 o-크레졸 혈액 중 톨루엔
크실렌	뇨 중 메틸마뇨산
납	혈액 중 납 뇨 중 납 혈액 중 아연 프로토포르피린 뇨 중 델타아미노레불린산
일산화탄소	혈액 중 카복시헤모글로빈(COHb)
트리클로로에틸렌	뇨 중 삼염화초산
에틸벤젠	뇨 중 만델산
노말헥산	뇨 중 2,5-헥산디온
클로로벤젠	뇨 중 총 4-클로로카테콜
페놀	뇨 중 페놀
디메틸포름아미드	뇨 중 N-메틸포름아미드
이황화탄소	뇨 중 TTCA 뇨 중 이황화탄소
크롬	뇨 중 크롬
메틸 노말부틸 케톤	뇨 중 2,5-헥산디온
삼염화에틸렌	뇨 중 삼염화초산 (트리클로로초산) 뇨 중 삼염화에탄올

97.④ 98.① 99.①

100
직업성 천식의 발생기전과 관계가 없는 것은?

① Metallothionein
② 항원공여세포
③ IgG
④ Histamine

Metallotionein(혈당단백질)은 직업성 천식과 관계가 없으며, 카드뮴이 체내에 들어가면서 간에서 생합성이 촉진하여 폭로된 중금속의 독성을 감소시키는 역할을 한다.

Memo

2020 1, 2회차

산업위생관리기사 필기 기출문제
제 1과목 : 산업위생학개론

01

직업성 질환 발생의 요인을 직접적인 원인과 간접적인 원인으로 구분할 때 직접적인 원인에 해당되지 않는 것은?

① 물리적 환경요인
② 화학적 환경요인
③ 작업강도와 작업시간적 요인
④ 부자연스런 자세와 단순 반복 작업 등의 작업요인

*직업성 질환의 원인

직접원인	간접원인
① 물리적 환경요인 ② 화학적 환경요인 ③ 부자연스러운 자세와 단순 반복 작업 등의 작업요인	① 작업강도와 작업시간 ② 고온다습한 작업환경 ③ 성별 ④ 연령 ⑤ 인종 ⑥ 피부의 종류

*고온의 노출기준(ACGIH)   단위 : ℃, WBGT

작업강도 작업 휴식시간비	경작업	중등작업	중작업
계속작업	30.0	26.7	25.0
매시간 75% 작업, 25% 휴식	30.6	28.0	25.9
매시간 50% 작업, 50% 휴식	31.4	29.4	27.9
매시간 25% 작업, 75% 휴식	32.2	31.1	30.0

① 경작업
200kcal까지의 열량이 소요되는 작업을 말하며, 앉아서 또는 서서 기계의 조정을 하기 위하여 손 또는 팔을 가볍게 쓰는 일 등을 뜻함

② 중등작업
시간당 200~350kcal의 열량이 소요되는 작업을 말하며, 물체를 들거나 밀면서 걸어다니는 일 등을 뜻함

③ 중작업
시간당 350~500kcal의 열량이 소요되는 작업을 말하며, 곡괭이질 또는 삽질하는 일 등을 뜻함

02

산업안전보건법령상 시간당 $200 \sim 350kcal$의 열량이 소요되는 작업을 매시간 50%작업, 50%휴식 시의 고온노출 기준(WBGT)은?

① 26.7℃　　② 28.0℃
③ 28.4℃　　④ 29.4℃

03

산업안전보건법령상 사무실 오염물질에 대한 관리기준으로 옳지 않은 것은?

① 라돈 : $148Bq/m^3$ 이하
② 일산화탄소 : $10ppm$ 이하
③ 이산화질소 : $0.1ppm$ 이하
④ 포름알데히드 : $500\mu g/m^3$ 이하

*사무실 오염물질의 관리기준

오염물질	관리기준
미세먼지(PM10)	$100\mu g/m^3$ 이하
초미세먼지(PM2.5)	$50\mu g/m^3$ 이하
이산화탄소(CO_2)	1000ppm 이하
일산화탄소(CO)	10ppm 이하
이산화질소(NO_2)	0.1ppm 이하
포름알데히드(HCHO)	$100\mu g/m^3$ 이하
총휘발성 유기화합물(TVOC)	$500\mu g/m^3$ 이하
라돈	$148Bq/m^3$ 이하
총부유세균	$800CFU/m^3$ 이하
곰팡이	$500CFU/m^3$ 이하

04

유해인자와 그로 인하여 발생되는 직업병이 올바르게 연결된 것은?

① 크롬 – 간암
② 이상기압 – 침수족
③ 망간 – 비중격천공
④ 석면 – 악성중피종

① 크롬 - 폐암, 비강암, 비중격천공증
② 이상기압 – 폐수종
③ 망간 – 신장염, 신경염, 파킨슨증후군
④ 석면 – 악성중피종

05

근골격계 부담작업으로 인한 건강장해 예방을 위한 조치 항목으로 옳지 않은 것은?

① 근골격계 질환 예방관리 프로그램을 작성·시행 할 경우에는 노사협의를 거쳐야 한다.
② 근골격계 질환 예방관리 프로그램에는 유해요인조사, 작업환경개선, 교육·훈련 및 평가 등이 포함되어 있다.
③ 사업주는 25kg 이상의 중량물을 들어 올리는 작업에 대하여 중량과 무게중심에 대하여 안내표시를 하여야 한다.
④ 근골격계 부담작업에 해당하는 새로운 작업·설비 등을 도입한 경우, 지체 없이 유해요인조사를 실시하여야 한다.

*5kg 이상 중량물을 들어올릴 때 조치사항
① 주로 취급하는 물품에 대하여 근로자가 쉽게 알 수 있도록 물품의 중량과 무게중심에 대하여 작업장 주변에 안내표시를 할 것
② 취급하기 곤란한 물품에 대하여 손잡이를 붙이거나 갈고리·진공빨판 등 적절한 보조도구를 활용할 것

06

연평균 근로자수가 5000명인 사업장에서 1년 동안에 125건의 재해로 인하여 250명의 사상자가 발생하였다면, 이 사업장의 연천인율은 얼마인가?
(단, 이 사업장의 근로자 1인당 연간 근로시간은 2400시간이다.)

① 10 ② 25
③ 50 ④ 200

*연천인율
$$연천인율 = \frac{연간\ 재해자수}{연평균\ 근로자수}\times 10^3 = \frac{250}{5000}\times 10^3 = 50$$

07

영국의 외과의사 Pott에 의하여 발견된 직업성 암은?

① 비암 ② 폐암
③ 간암 ④ 음낭암

*포트(Percivall Pott)
직업성 암을 최초로 보고하였으며, 어린이 굴뚝청소부에게 많이 발생하는 음낭암을 발견하여 암의 원인 물질은 검댕속 여러 종류의 PAH(다환 방향족 탄화수소)으로 이후 1788년에 굴뚝청소부법을 제정하도록 하였다.

08

산업피로(industrial fatigue)에 관한 설명으로 옳지 않은 것은?

① 산업피로의 유발원인으로는 작업부하, 작업환경조건, 생활조건 등이 있다.
② 작업과정 사이에 짧은 휴식보다 장시간의 휴식시간을 삽입하여 산업피로를 경감시킨다.
③ 산업피로의 검사방법은 한 가지 방법으로 판정하기는 어려우므로 여러 가지 검사를 종합하여 결정한다.
④ 산업피로란 일반적으로 작업현장에서 고단하다는 주관적인 느낌이 있으면서, 작업능률이 떨어지고, 생체기능의 변화를 가져오는 현상이라고 정의할 수 있다.

*산업피로의 예방과 대책
① 작업과정에 적절한 간격으로 휴식시간을 둔다. (장시간 휴식보다 효과적)
② 각 개인에 따라 작업량을 조절한다.
③ 개인의 숙련도 등에 따라 작업속도를 조절한다.
④ 불필요한 동작을 피하여 에너지 소모를 적게 한다.
⑤ 작업시작 전후에 간단한 체조를 한다.
⑥ 동적인 작업과 정적인 작업을 적절하게 혼합하여 배치한다.
⑦ 커피, 홍차, 엽차 및 비타민 B을 공급한다.
⑧ 야간근무의 연속일수는 2~3일로 한다.
⑨ 작업 환경을 정리, 정돈한다.

09

산업안전보건법령상 사무실 공기의 시료채취 방법이 잘못 연결된 것은?

① 일산화탄소 - 전기화학검출기에 의한 채취
② 이산화질소 - 캐니스터(canister)를 이용한 채취
③ 이산화탄소 - 비분산적외선검출기에 의한 채취
④ 총부유세균 - 충돌법을 이용한 부유세균 채취기로 채취

*시료채취 및 분석방법

오염물질	시료채취방법	분석방법
미세먼지 (PM10)	PM10샘플러를 장착한 고용량 시료채취기에 의한 채취	중량분석(천칭의 해독도 : $10\mu g$)
초미세먼지 (PM2.5)	PM2.5샘플러를 장착한 고용량 시료채취기에 의한 채취	중량분석(천칭의 해독도 : $10\mu g$)
이산화탄소 (CO_2)	비분산적외선검출기에 의한 채취	검출기의 연속 측정에 의한 직독식 분석
일산화탄소 (CO)	비분산적외선검출기 또는 전기화학검출기에 의한 채취	검출기의 연속 측정에 의한 직독식 분석
이산화질소 (NO_2)	고체흡착관에 의한 시료채취	분광광도계로 분석
포름알데히드 (HCHO)	2,4-DNPH가 코팅된 실리카겔관이 장착된 시료채취기에 의한 채취	2,4-DNPH - 포름알데히드 유도체를 HPLC UVD 또는 GC-NPD로 분석
총휘발성 유기화합물 (TVOC)	고체흡착관 또는 캐니스터로 채취	① 고체흡착열탈착법 또는 고체흡착용매 추출법을 이용한 GC로 분석 ② 캐니스터를 이용한 GC 분석
라돈	라돈 연속 검출기(자동형), 알파트랙(수동형), 충전막 전리함(수동형)측정 등	3일 이상 3개월 이내 연속 측정 후 방사능감지를 통한 분석
총부유세균	충돌법을 이용한 부유세균채취기로 채취	채취·배양된 균주를 새어 공기체적 당 균주 수로 산출
곰팡이	충돌법을 이용한 부유세균채취기로 채취	채취·배양된 균주를 새어 공기체적 당 균주 수로 산출

10

재해예방의 4원칙에 대한 설명으로 옳지 않은 것은?

① 재해발생에는 반드시 그 원인이 있다.
② 재해가 발생하면 반드시 손실도 발생한다.
③ 재해는 원인 제거를 통하여 예방이 가능하다.
④ 재해예방을 위한 가능한 안전대책은 반드시 존재한다.

*재해예방의 4원칙

원칙	설명
예방가능의 원칙	천재지변을 제외한 모든 재해는 예방이 가능하다.
손실우연의 원칙	사고의 결과가 생기는 손실은 우연히 발생한다.
대책선정의 원칙	재해는 적합한 대책이 선정되어야 한다.
원인연계의 원칙	재해는 직접원인과 간접원인이 연계되어 일어난다.

11

작업환경측정기관이 작업환경측정을 한 경우 결과를 시료채취를 마친 날부터 며칠 이내에 관할 지방고용노동관서의 장에게 제출하여야 하는가?
(단, 제출기간의 연장은 고려하지 않는다.)

① 30일
② 60일
③ 90일
④ 120일

작업환경측정 결과보고서는 시료채취를 마친 날부터 30일 이내에 지방고용노동관서의 장에게 제출하여야 한다.

12

산업안전보건법령상 보건관리자의 업무가 아닌 것은?
(단, 그 밖에 작업관리 및 작업환경관리에 관한 사항은 제외한다.)

① 물질안전보건자료의 게시 또는 비치에 관한 보좌 및 지도·조언
② 보건교육계획의 수립 및 보건교육 실시에 관한 보좌 및 지도·조언
③ 안전인증대상기계등 보건과 관련된 보호구의 점검, 지도, 유지에 관한 보좌 및 지도·조언
④ 전체 환기장치 등에 관한 설비의 점검과 작업방법의 공학적 개선에 관한 보좌 및 지도·조언

*보건관리자의 업무
① 산업안전보건위원회 또는 노사협의체에서 심의·의결한 업무와 안전보건관리규정 및 취업 규칙에서 정한 업무
② 안전인증대상기계등과 자율안전확인대상기계등 중 보건과 관련된 보호구 구입 시 적격품 선정에 관한 보좌 및 지도·조언
③ 위험성평가에 관한 보좌 및 지도·조언
④ 작성된 물질안전보건자료의 게시 또는 비치에 관한 보좌 및 지도·조언
⑤ 산업보건의의 직무
⑥ 해당 사업장 보건교육계획의 수립 및 보건교육 실시에 관한 보좌 및 지도·조언
⑦ 해당 사업장의 근로자를 보호하기 위한 다음 각목의 조치에 해당하는 의료행위
  ㉠ 자주 발생하는 가벼운 부상에 대한 치료
  ㉡ 응급처치가 필요한 사람에 대한 처치
  ㉢ 부상·질병의 악화를 방지하기 위한 처치
  ㉣ 건강진단 결과 발견된 질병자의 요양 지도 및 관리
  ㉤ 가목부터 라목까지의 의료행위에 따르는 의약품의 투여
⑧ 작업장 내에서 사용되는 전체 환기장치 및 국소배기장치 등에 관한 설비의 점검과 작업 방법의 공학적 개선에 관한 보좌 및 지도·조언
⑨ 사업장 순회점검, 지도 및 조치 건의
⑩ 산업재해 발생의 원인 조사·분석 및 재발 방지를 위한 기술적 보좌 및 지도·조언
⑪ 산업재해에 관한 통계의 유지·관리·분석을 위한 보좌 및 지도·조언
⑫ 법 또는 법에 따른 명령으로 정한 보건에 관한 사항의 이행에 관한 보좌 및 지도·조언
⑬ 업무 수행 내용의 기록·유지
⑭ 그 밖에 보건과 관련된 작업관리 및 작업환경관리에 관한 사항으로서 고용노동부장관이 정하는 사항

13

인간공학에서 고려해야 할 인간의 특성과 가장 거리가 먼 것은?

① 인간의 습성
② 신체의 크기와 작업환경
③ 기술, 집단에 대한 적응능력
④ 인간의 독립성 및 감정적 조화성

*인간공학에서 고려해야 할 인간의 특성
① 감각과 지각
② 운동력과 근력
③ 기술, 집단에 대한 적응능력
④ 인간의 습성
⑤ 신체의 크기와 작업환경
⑥ 민족

14

산업안전보건법령상 유해위험방지계획서의 제출 대상이 되는 사업이 아닌 것은?
(단, 모두 전기 계약용량이 300킬로와트 이상이다.)

① 항만운송사업 ② 반도체 제조업
③ 식료품 제조업 ④ 전자부품 제조업

*유해위험방지계획서의 제출 대상이 되는 사업
(단, 전기 계약용량이 300kW 이상이다.)
① 1차 금속 제조업
② 가구 제조업
③ 식료품 제조업
④ 반도체 제조업
⑤ 전자부품 제조업
⑥ 고무제품 및 플라스틱제품 제조업
⑦ 목재 및 나무제품 제조업
⑧ 기타 제품 제조업
⑨ 금속가공제품 제조업(기계 및 가구는 제외)
⑩ 비금속 광물제품 제조업
⑪ 화학물질 및 화학제품 제조업
⑫ 기타 기계 및 장비 제조업
⑬ 자동차 및 트레일러 제조업

15

산업위생전문가의 윤리강령 중 "전문가로서의 책임"에 해당하지 않는 것은?

① 기업체의 기밀은 누설하지 않는다.
② 과학적 방법의 적용과 자료의 해석에서 객관성을 유지한다.
③ 근로자, 사회 및 전문 직종의 이익을 위해 과학적 지식은 공개하거나 발표하지 않는다.
④ 전문적 판단이 타협에 의하여 좌우될 수 있는 상황에는 개입하지 않는다.

*산업위생전문가의 윤리강령(산업위생전문가로서의 책임)
① 성실성과 학문적 실력 면에서 최고 수준을 유지한다.
② 과학적 방법의 적용과 자료의 해석에서 경험을 통한 전문가의 객관성을 유지한다.
③ 전문 분야로서 산업위생을 학문적으로 발전시킨다.
④ 근로자, 사회 및 전문 직종의 이익을 위해 과학적 지식을 공개하고 발표한다.
⑤ 산업위생활동을 통해 얻은 개인 및 기업체의 기밀은 누설하지 않는다.
⑥ 전문적 판단이 타협에 의하여 좌우될 수 있거나 이해관계가 있는 상황에는 개입하지 않는다.
⑦ 쾌적한 작업환경을 만들기 위해 산업위생이론을 적용하고 책임 있게 행동한다.

16

작업자세는 피로 또는 작업 능률과 밀접한 관계가 있는데, 바람직한 작업자세의 조건으로 보기 어려운 것은?

① 정적 작업을 도모한다.
② 작업에 주로 사용하는 팔은 심장높이에 두도록 한다.
③ 작업물체와 눈과의 거리는 명시거리로 $30cm$ 정도를 유지토록 한다.
④ 근육을 지속적으로 수축시키기 때문에 불안정한 자세는 피하도록 한다.

동적 작업을 늘리고 정적 작업을 줄이는 것이 바람직한 작업자세이다.

17

지능검사, 기능검사, 인성검사는 직업 적성검사 중 어느 검사항목에 해당되는가?

① 감각적 기능검사
② 생리적 적성검사
③ 신체적 적성검사
④ 심리적 적성검사

*적성검사 분류 및 특성

신체검사	생리학적 기능검사	심리학적 기능검사
- 체격검사	- 감각기능검사 - 심폐기능검사 - 체력검사	- 지능검사 - 지각동작검사 - 인성검사 - 기능검사

18

산업위생 활동 중 유해인자의 양적, 질적인 정도가 근로자들의 건강에 어떤 영향을 미칠 것인지 판단하는 의사결정단계는?

① 인지
② 예측
③ 측정
④ 평가

*평가 단계
산업위생 활동 중 유해인자의 양적, 질적인 정도가 근로자들의 건강에 어떤 영향을 미칠 것인지 판단하는 의사결정단계이다.

19

근로자에 있어서 약한 손(왼손잡이의 경우 오른손)의 힘은 평균 $45kp$라고 한다. 이 근로자가 무게 $18kg$인 박스를 두 손으로 들어 올리는 작업을 할 경우의 작업강도($\%MS$)는?

① 15%
② 20%
③ 25%
④ 30%

*작업강도(%MS)

$$\%MS = \frac{RF}{MS} \times 100 = \frac{18 \div 2}{45} \times 100 = 20\%MS$$

여기서,
RF : 작업 시 한 손에 요구되는 힘
MS : 근로자가 가지고 있는 약한 손의 최대 힘

20

물체 무게가 $2kg$, 권고중량한계가 $4kg$일 때 NIOSH의 중량물 취급지수(LI, Lifting Index)는?

① 0.5
② 1
③ 2
④ 4

*중량물 취급지수(LI)

$$LI = \frac{물체\ 무게[kg]}{RWL[kg]} = \frac{2}{4} = 0.5$$

17.④ 18.④ 19.② 20.①

2020 1, 2회차
산업위생관리기사 필기 기출문제
제 2과목 : 작업위생측정 및 평가

21
시료채취기를 근로자에게 착용시켜 가스·증기·미스트·흄 또는 분진 등을 호흡기 위치에서 채취하는 것을 무엇이라고 하는가?

① 지역시료채취
② 개인시료채취
③ 작업시료채취
④ 노출시료채취

**개인시료채취*
개인시료채취기를 이용하여 가스·증기·분진·흄·미스트 등을 근로자의 호흡위치(호흡기를 중심으로 반경 30cm인 반구)에서 채취하는 것

22
공장 내 지면에 설치된 한 기계로부터 $10m$ 떨어진 지점의 소음이 $70dB(A)$일 때, 기계의 소음이 $50dB(A)$로 들리는 지점은 기계에서 몇 m 떨어진 곳인가?
(단, 점음원을 기준으로 하고, 기타 조건은 고려하지 않는다.)

① 50
② 100
③ 200
④ 400

**거리감쇠(점음원 기준)*

$$SPL_1 - SPL_2 = 20\log\left(\frac{r_2}{r_1}\right)$$

$$70 - 50 = 20\log\frac{r_2}{10}$$

$$\therefore r_2 = 100m$$

여기서,
SPL_1 : 음원으로부터 r_1 떨어진 지점의 음압레벨$[dB]$
SPL_2 : 음원으로부터 r_2 떨어진 지점의 음압레벨$[dB]$
$(r_2 > r_1)$
$SPL_1 - SPL_2$: 거리감쇠치$[dB]$

23
Low Volume Air Sampler로 작업장 내 시료를 측정한 결과 $2.55mg/m^3$이고, 상대농도계로 10분간 측정한 결과 155이고, dark count가 6일 때 질량농도의 변환계수는?

① 0.27
② 0.36
③ 0.64
④ 0.85

**질량농도 변환계수(K)*

$$K = \frac{중량분석\ 실측값}{\frac{측정\ 결과값}{측정\ 시간} - dark\ count\ 수치}$$

$$= \frac{2.55}{\frac{155}{10} - 6} = 0.27mg/m^3$$

24
소음작업장에서 두 기계 각각의 음압레벨이 $90dB$로 동일하게 나타났다면 두 기계가 모두 가동되는 이 작업장의 음압레벨(dB)은?
(단, 기타 조건은 같다.)

① 93
② 95
③ 97
④ 99

**합성소음도(L)*

$$L = 10\log\left(10^{\frac{L_1}{10}} + 10^{\frac{L_2}{10}} + \cdots + 10^{\frac{L_n}{10}}\right)$$

$$= 10\log\left(10^{\frac{90}{10}} \times 2\right) = 93dB$$

L : 합성소음도$[dB]$
$L_1, L_2, \cdots L_n$ = 각 소음원의 소음$[dB]$

21.② 22.② 23.① 24.①

25

대푯값에 대한 설명 중 틀린 것은?

① 측정값 중 빈도가 가장 많은 수가 최빈값이다.
② 가중평균은 빈도를 가중치로 택하여 평균 값을 계산한다.
③ 중앙값은 측정값을 모두 나열하였을 때 중앙에 위치하는 측정값이다.
④ 기하평균은 n개의 측정값이 있을 때 이들의 합을 개수로 나눈 값으로 산업위생분야에서 많이 사용한다.

> 산술평균은 n개의 측정값이 있을 때 이들의 합을 개수로 나눈 값이다.

26

금속도장 작업장의 공기 중에 혼합된 기체의 농도와 TLV가 다음 표와 같을 때, 이 작업장의 노출기준(EI)은 얼마인가?
(단, 상가 작용 기준이며 농도 및 TLV의 단위는 ppm 이다.)

기체명	기체의 농도	TLV
Toluene	55	100
MBK	25	50
Acetone	280	750
MEK	90	200

① 1.573
② 1.673
③ 1.773
④ 1.873

> *혼합물의 노출기준(EI)
> $$EI = \frac{C_1}{T_1} + \frac{C_2}{T_2} + \cdots + \frac{C_n}{T_n}$$
> $$= \frac{55}{100} + \frac{25}{50} + \frac{280}{750} + \frac{90}{200} = 1.873$$
> 여기서,
> C : 화학물질 각각의 측정치
> T : 화학물질 각각의 노출기준

27

허용농도(TLV) 적용상 주의할 사항으로 틀린 것은?

① 대기오염평가 및 관리에 적용될 수 없다.
② 기존의 질병이나 육체적 조건을 판단하기 위한 척도로 사용될 수 없다.
③ 사업장의 유해조건을 평가하고 개선하는 지침으로 사용될 수 없다.
④ 안전농도와 위험농도를 정확히 구분하는 경계선이 아니다.

> *ACGIH의 허용농도(TLV) 적용상 주의사항
> ① 대기오염 평가 및 지표에 사용할 수 없다.
> ② 안전농도와 위험농도를 정확히 구분하는 경계선이 아니다.
> ③ 작업조건이 다른나라의 ACGIH-TLV를 그대로 사용할 수 없다.
> ④ 기존의 질병이나 신체적 조건을 판단하기 위한 척도로 사용할 수 없다.
> ⑤ 독성의 강도를 비교할 수 있는 지표가 아니다.
> ⑥ 피부로 흡수되는 양은 고려하지 않은 기준이다.
> ⑦ 반드시 산업보건 전문가에 의하여 설명, 적용되어야 한다.
> ⑧ 산업장의 유해조건을 평가하기 위한 지침이다.
> ⑨ 건강장해를 예방하기 위한 지침이다.
> ⑩ 24시간 노출 또는 정상 작업시간을 초과한 노출에 대한 독성 평가에는 적용할 수 없다.

28

소음 측정을 위한 소음계(Sound level meter)는 주파수에 따른 사람의 느낌을 감안하여 세 가지 특성 즉 A, B 및 C 특성에서 음압을 측정 할 수 있다. 다음 내용에서 A, B 및 C 특성에서 음압을 측정 할 수 있다. 다음 내용에서 A, B 및 C 특성에 대한 설명이 바르게 된 것은?

① A특성 보정치는 $4000Hz$ 수준에서 가장 크다.
② B특성 보정치와 C특성 보정치는 각각 $70phon$ 과 $40phon$ 의 등감곡선과 비슷하게 보정하여 측정한 값이다.
③ B특성 보정치(dB)는 $2000Hz$ 에서 값이 0이다.
④ A특성 보정치(dB)는 $1000Hz$ 에서 값이 0이다.

25.④ 26.④ 27.③ 28.④

① A특성 보정치는 저주파에서 크다.
② B특성 보정치와 C특성 보정치는 각각 70phon과 100phon의 등감각곡선과 비슷하게 보정하여 측정한 값이다.
③ B특성 보정치(dB)는 1000Hz에서 값이 0이다.

29
작업환경측정 및 정도관리 등에 관한 고시상 원자흡광광도법(AAS)으로 분석할 수 있는 유해인자가 아닌 것은?

① 코발트
② 구리
③ 산화철
④ 카드뮴

코발트는 원자흡광광도법(AAS)으로 분석할 수 없고, 유도결합플라즈마 분광광도계(ICP)으로 분석한다.

30
불꽃 방식 원자흡광광도계가 갖는 특징으로 틀린 것은?

① 분석시간이 흑연으로 장치에 비하여 적게 소요된다.
② 혈액이나 소변 등 생물학적 시료의 유해금속 분석에 주로 많이 사용된다.
③ 일반적으로 흑연로장치나 유도결합플라즈마-원자발광분석기에 비하여 저렴하다.
④ 용질이 고농도로 용해되어 있는 경우 버너의 슬롯을 막을 수 있으며 점성이 큰 용액이 분무가 어려워 분무구멍을 막아버릴 수 있다.

혈액이나 소변 등 생물학적 시료의 유해금속 분석에 주로 많이 사용되는 것은 불꽃방식이 아니라 흑연로방식(전열고온로법) 원자흡광광도계이다.

31
작업환경측정결과를 통계처리시 고려해야 할 사항으로 적절하지 않은 것은?

① 대표성
② 불변성
③ 통계적 평가
④ 2차 정규분포 여부

*작업환경측정결과를 통계처리 시 고려사항
① 대표성
② 불변성
③ 통계적 평가

32
1N-HCl($F=1.000$) $500mL$를 만들기 위해 필요한 진한 염산의 부피(mL)는?
(단, 진한 염산의 물성은 비중 1.18, 함량 35%이다.)

① 약 18
② 약 36
③ 약 44
④ 약 66

*부피

$$부피 = \frac{몰농도 \times 부피[L] \times 몰질량}{순도 \times 비중}$$
$$= \frac{1 \times 0.5 \times 36.5}{0.35 \times 1.18} = 44mL$$

*참고
- HCl(eq) → H^+ + Cl^- 이므로, 1N=1M(몰질량)
- 염산(HCl)의 분자량 = 1+35.5 = 36.5g
- H의 원자량 : 1g, Cl의 원자량 : 35.5g
- 순도 = $\frac{35}{100}$ = 0.35

29.① 30.② 31.④ 32.③

33

고온의 노출기준에서 작업자가 경작업을 할 때, 휴식 없이 계속 작업할 수 있는 기준에 위배되는 온도는?
(단, 고용노동부 고시를 기준으로 한다.)

① 습구흑구온도지수: 30℃
② 태양광이 내리쬐는 옥외장소
  자연습구온도: 28℃
  흑구온도: 32℃
  건구온도: 40℃
③ 태양광이 내리쬐는 옥외장소
  자연습구온도: 29℃
  흑구온도: 33℃
  건구온도: 33℃
④ 태양광이 내리쬐는 옥외 장소
  자연습구온도: 30℃
  흑구온도: 30℃
  건구온도: 30℃

*고온의 노출기준(ACGIH)   단위 : ℃, WBGT

작업강도 작업 휴식시간비	경작업	중등작업	중작업
계속작업	30.0	26.7	25.0
매시간 75% 작업, 25% 휴식	30.6	28.0	25.9
매시간 50% 작업, 50% 휴식	31.4	29.4	27.9
매시간 25% 작업, 75% 휴식	32.2	31.1	30.0

① 경작업
200kcal까지의 열량이 소요되는 작업을 말하며, 앉아서 또는 서서 기계의 조정을 하기 위하여 손 또는 팔을 가볍게 쓰는 일 등을 뜻함
② 중등작업
시간당 200~350kcal의 열량이 소요되는 작업을 말하며, 물체를 들거나 밀면서 걸어다니는 일 등을 뜻함
③ 중작업
시간당 350~500kcal의 열량이 소요되는 작업을 말하며, 곡괭이질 또는 삽질하는 일 등을 뜻함

여기서, ③의 습구흑구온도지수[WBGT(℃)]을 구하면,

태양광선이 내리쬐는 옥외 장소
$WBGT(℃)$
$= 0.7 \times 자연습구온도 + 0.2 \times 흑구온도 + 0.1 \times 건구온도$
$= 0.7 \times 29 + 0.2 \times 33 + 0.1 \times 33 = 30.2℃$

③(30.2℃)은 기준온도 30℃보다 큰 값으로 위배된다.

34

다음 중 고열 측정기기 및 측정방법 등에 관한 내용으로 틀린 것은?

① 고열은 습구흑구온도지수를 측정할 수 있는 기기 또는 이와 동등 이상의 성능을 가진 기기를 사용한다.
② 고열을 측정하는 경우 측정기 제조자가 지정한 방법과 시간을 준수하여 사용한다.
③ 고열작업에 대한 측정은 1일 작업시간 중 최대로 고열에 노출되고 있는 1시간을 30분 간격으로 연속하여 측정한다.
④ 측정기의 위치는 바닥 면으로부터 $50cm$ 이상, $150cm$ 이하의 위치에서 측정한다.

*고열작업 측정방법
1일 작업시간 중 최대로 고열에 노출되고 있는 1시간을 10분 간격으로 연속 측정한다.

35

다음 중 활성탄에 흡착된 유기화합물을 탈착하는데 가장 많이 사용하는 용매는?

① 톨루엔   ② 이황화탄소
③ 클로로포름 ④ 메틸클로로포름

활성탄은 비극성물질의 탈착용매로 이황화탄소(CS_2)을 사용한다.

33.③ 34.③ 35.②

36

입경이 $50\mu m$이고 비중이 1.32인 입자의 침강속도 (cm/s)는 얼마인가?

① 8.6
② 9.9
③ 11.9
④ 13.6

*리프만(Lippman) 식에 의한 침강속도

ρ = 비중×물의 밀도(=1) = 1.32×1 = $1.32g/cm^3$
$\therefore V = 0.003\rho d^2 = 0.003 \times 1.32 \times 50^2 = 9.9 cm/s$

여기서,
V : 침강속도[cm/sec]
ρ : 입자 밀도[g/cm^3]
d : 입자 직경[μm]

37

작업자가 유해물질에 노출된 정도를 표준화하기 위한 계산식으로 옳은 것은?
(단, 고용노동부 고시를 기준으로 하며, C는 유해물질의 농도, T는 노출시간을 의미한다.)

① $\dfrac{\sum_{n=1}^{m}(C_n \times T_n)}{8}$
② $\dfrac{8}{\sum_{n=1}^{m}(C_n) \times T_n}$
③ $\dfrac{\sum_{n=1}^{m}(C_n) \times T_n}{8}$
④ $\dfrac{\sum_{n=1}^{m}(C_n) + T_n}{8}$

*시간가중평균노출기준(TWA)
1일 8시간 작업을 기준으로 하여 유해인자의 측정치에 발생시간을 곱하여 8시간으로 나눈 값을 말하며, 다음식에 따라 산출한다.

$TWA = \dfrac{C_1T_1 + C_2T_2 + \cdots + C_nT_n}{8}$

여기서,
C: 유해인자의 측정치[ppm]
T: 유해인자의 발생시간[시간]

38

원자흡광분광법의 기본 원리가 아닌 것은?

① 모든 원자들은 빛을 흡수한다.
② 빛을 흡수할 수 있는 곳에서 빛은 각 화학적 원소에 대한 특정파장을 갖는다.
③ 흡수되는 빛의 양은 시료에 함유되어 있는 원자의 농도에 비례한다.
④ 컬럼 안에서 시료들이 충진제와 친화력에 의해서 상호 작용하게 된다.

컬럼 안에서 시료들이 충진제와 친화력에 의해서 상호 작용하게 되는 것은 원자흡광분광법과 관련이 없고 가스크로마토그래피의 기본 원리이다.

39

다음 ( )안에 들어갈 수치는?

단시간노출기준(STEL)
: ( )분간의 시간 가중평균노출값

① 10
② 15
③ 20
④ 40

*단시간노출기준(STEL)
근로자가 1회에 15분간 유해인자에 노출되는 경우의 기준으로 이 기준 이하에서는 1회 노출 간격이 1시간 이상인 경우에 1일 작업시간 동안 4회까지 노출이 허용될 수 있는 기준을 말한다.

40

흡수액 측정법에 주로 사용되는 주요 기구로 옳지 않은 것은?

① 테드라 백(Tedlar bag)
② 프리티드 버블러(Fritted bubbler)
③ 간이 가스 세척병(Simple gas washing bottle)
④ 유리구 충진분리관(Packed glass bead column)

＊테드라 백(Tedlar bag)
악취 및 가스 포집을 위한 포집백이며, 셉텀 포트가 장착되어 가스타이트 실린지로 미량의 샘플 채취가 가능한 기구로 흡수액 측정법에 사용되지 않는다.

40.①

2020년 1, 2회차 산업위생관리기사 필기 기출문제
제 3과목 : 작업환경관리대책

41
무거운 분진(납분진, 주물사, 금속가루분진)의 일반적인 반송속도로 적절한 것은?

① 5 m/s
② 10 m/s
③ 15 m/s
④ 25 m/s

*조건에 따른 반송속도

유해물질 발생형태	유해물질 종류	반송속도 [m/sec]
가스, 증기, 흄 및 극히 가벼운 물질	가스, 증기, 솜먼지, 고무분, 합성수지분, 산화아연 및 산화알루미늄 등의 흄 등	10
가벼운 건조먼지	곡물분, 고무, 원면, 플라스틱, 경금속 분진, 대패 밥	15
일반 공업먼지	털, 샌드블라스트, 대패 및 나무부스러기, 그라인더 분진, 내화벽돌 분진	20
무거운 먼지	납 분진, 주물사 먼지, 선반작업 발생먼지	25
무겁고 비교적 큰 입자의 젖은 먼지	젖은 주조작업 먼지, 젖은 납 분진	25 이상

42
여과제진장치의 설명 중 옳은 것은?

㉠ 여과속도가 클수록 미세입자포집에 유리하다.
㉡ 연속식은 고농도 함진 배기가스처리에 적합하다.
㉢ 습식제진에 유리하다.
㉣ 조작 불량을 조기에 발견할 수 있다.

① ㉠, ㉢
② ㉡, ㉣
③ ㉡, ㉢
④ ㉠, ㉡

㉠ 여과속도가 클수록 미세입자포집에 불리하다.
㉢ 습식 제진에 불리하다.

43
호흡기 보호구의 밀착도 검사(fit test)에 대한 설명이 잘못된 것은?

① 정량적인 방법에는 냄새, 맛, 자극물질 등을 이용한다.
② 밀착도 검사란 얼굴피부 접촉면과 보호구 안면부가 적합하게 밀착되는지를 측정하는 것이다.
③ 밀착도 검사를 하는 것은 작업자가 작업장에 들어가기 전 누설정도를 최소화시키기 위함이다.
④ 어떤 형태의 마스크가 작업자에게 적합한지 마스크를 선택하는데 도움을 주어 작업자의 건강을 보호한다.

41. ④ 42. ② 43. ①

밀착도 검사(Fit Test)
얼굴피부 접촉면과 보호구 안면부가 적합하게 밀착되는지를 측정하는 것이며, 작업자가 작업장에 들어가기 전 누설정도를 최소화시키기 위해 하는 검사이며, 어떤 형태의 마스크가 작업자에게 적합한지 마스크를 선택하는데 도움을 주어 작업자의 건강을 보호한다.
① 정성적인 방법 : 냄새, 맛, 자극물질 등 이용
② 정량적인 방법 : 보호구 안·밖의 농도, 압력 차이

44
어떤 공장에서 접착공정이 유기용제 중독의 원인이 되었다. 직업병 예방을 위한 작업환경관리 대책이 아닌 것은?

① 신선한 공기에 의한 희석 및 환기실시
② 공정의 밀폐 및 격리
③ 조업방법의 개선
④ 보건교육 미실시

보건교육 실시이다.

45
후드의 개구(opening) 내부로 작업환경의 오염공기를 흡인시키는데 필요한 압력차에 관한 설명 중 적합하지 않은 것은?

① 정지상태의 공기가속에 필요한 것 이상의 에너지이어야 한다.
② 개구에서 발생되는 난류손실을 보전할 수 있는 에너지이어야 한다.
③ 개구에서 발생되는 난류손실은 형태나 재질에 무관하게 일정하다.
④ 공기의 가속에 필요한 에너지는 공기의 이동에 필요한 속도압과 같다.

개구에서 발생되는 난류 손실은 형태나 재질에 영향을 받는다.

46
90° 곡관의 반경비가 2.0일 때 압력손실계수는 0.27이다. 속도압이 $14 mmH_2O$라면 곡관의 압력손실(mmH_2O)은?

① 7.6
② 5.5
③ 3.8
④ 2.7

곡관의 압력손실($\triangle P$)
$$\triangle P = \left(\xi \times \frac{\theta}{90}\right) VP = \left(0.27 \times \frac{90}{90}\right) \times 14 = 3.8 mmH_2O$$

여기서,
ξ : 압력손실계수($\xi = 1 - R$) R : 정압회복계수
θ : 곡관의 각도[°]
VP : 속도압[mmH_2O]

47
용기충진이나 컨베이어 적재와 같이 발생기류가 높고 유해물질이 활발하게 발생하는 작업조건의 제어속도로 가장 알맞는 것은?
(단, ACGIH 권고 기준)

① 2.0m/s
② 3.0m/s
③ 4.0m/s
④ 5.0m/s

*제어속도 범위(ACGIH)

작업조건	작업공정 사례	제어속도 [m/s]
움직이지 않는 공기 중 속도없이 배출되는 작업조건 조용한 대기 중에 실제 거의 속도가 없는 상태로 발산하는 경우의 작업조건	- 탱크에서 증발, 탈지시설 - 액면에서 발생하는 가스나 증기 흄	0.25~0.5
비교적 조용한 대기 중 저속도로 비산하는 작업조건	- 용접, 도금작업 - 스프레이 도장 - 주형을 부수고 모래를 터는 장소	0.5~1.0
발생 기류가 높고 유해물질이 활발하게 발생하는 작업조건	- 스프레이 도장, 용기 충전 - 분쇄기 - 컨베이어 적재	1.0~2.5
초고속 기류가 있는 작업장소에 초고속으로 비산하는 경우	- 회전 연삭작업 - 연마작업 - 블라스트 작업	2.5~10

48
귀덮개의 장점을 모두 짝지은 것으로 가장 옳은 것은?

A. 귀마개보다 쉽게 착용 할 수 있다.
B. 귀마개보다 일관성 있는 차음 효과를 얻을 수 있다.
C. 크기를 여러 가지로 할 필요가 없다.
D. 착용여부를 쉽게 확인할 수 있다.

① A, B, D
② A, B, C
③ A, C, D
④ A, B, C, D

*귀덮개의 장단점

장점	① 귀마개보다 차음효과가 크다. ② 귀마개보다 차음효과 개인차가 적다. ③ 귀마개보다 일관성 있는 차음효과를 얻을 수 있다. ④ 귀마개보다 착용이 쉽다. ⑤ 고음영역의 차음효과가 탁월하다. ⑥ 귀에 염증이 있더라도 착용 가능하다. ⑦ 대부분의 근로자가 동일한 크기의 귀덮개 사용이 가능하다. ⑧ 멀리서도 착용 유무를 확인할 수 있다. ⑨ 크기를 여러 가지로 할 필요가 없다.
단점	① 고온 환경에서 사용이 불편하다. ② 장시간 사용하면 불편하다. ③ 보안경이나 안전모를 착용하는 근로자는 사용 시 불편하며 차음효과가 떨어진다. ④ 귀마개보다 가격이 비싸다. ⑤ 귀덮개를 오래 사용하여 귀덮개의 귀걸이가 휘거나 탄력성이 떨어지면 차음효과가 떨어진다.

49
강제환기의 효과를 제고하기 위한 원칙으로 틀린 것은?

① 오염물질 배출구는 가능한 한 오염원으로부터 가까운 곳에 설치하여 점 환기 현상을 방지한다.
② 공기배출구와 근로자의 작업위치 사이에 오염원이 위치하여야 한다.
③ 공기가 배출되면서 오염장소를 통과하도록 공기배출구와 유입구의 위치를 선정한다.
④ 오염원 주위에 다른 작업 공정이 있으면 공기배출량을 공급량보다 약간 크게 하여 음압을 형성하여 주위 근로자에게 오염물질이 확산 되지 않도록 한다.

*전체환기(강제환기) 시설 설치 시 기본원칙
① 오염물질 사용량을 조사하여 필요환기량을 계산할 것
② 배출공기를 보충하기 위하여 청정공기를 공급할 것
③ 오염물질 배출구는 가능한 한 오염원에 가까운 곳에 설치하여 점환기 효과를 얻을 것
④ 공기배출구와 근로자의 작업위치 사이에 오염원이 위치해야할 것
⑤ 필요 환기량은 오염물질이 충분히 희석될 수 있는 양으로 설계할 것

⑥ 공기가 급기구를 통하여 들어와서 오염물질이 있는 영역을 통과하여 배기구로 빠져나가도록 설계할 것
⑦ 건물 밖으로 배출된 오염공기가 안으로 재유입되지 않도록 배출 높이를 적절하게 설계하고 창문이나 문 근처에 위치하지 않도록 할 것
⑧ 오염된 공기는 작업자가 호흡하기 전 충분히 희석되도록 할 것
⑨ 오염원 주위에 다른 작업 공정이 있으면 공기배출량을 공급량보다 약간 크게 하여 음압을 형성하여 주위 근로자에게 오염 물질이 확산 되지 않도록 한다.
⑩ 오염원 주위에 근로자의 작업공간이 존재할 경우에는 배기를 급기보다 약간 많이 한다.

*다익형 송풍기(전향날개형 송풍기)
① 많은 날개(Blade)를 가지고 있다.
② 송풍기의 임펠러가 다람쥐 쳇바퀴 모양이다.
③ 회전날개가 회전방향과 동일한 방향이다.
④ 임펠러 회전속도가 상대적으로 낮아 소음이 작다.
⑤ 저가로 제작이 가능하다.
⑥ 높은 압력손실에서 송풍량이 급격히 떨어지는 단점이 있다.
⑦ 소형으로 제한된 장소에 사용이 가능하다.(분지관의 송풍에 적합)
⑧ 설계가 간단하다.
⑨ 구조상 고속회전이 불가능하고 효율이 낮다.
⑩ 청소가 곤란하다.
⑪ 큰 동력의 용도에 적합하지 않다.

50
후드 흡인기류의 불량상태를 점검할때 필요하지 않은 측정기기는?

① 열선풍속계 ② Threaded thermometer
③ 연기발생기 ④ Pitot tube

나사산 온도계(Threaded thermometer)는 온도 측정기기이다.

51
원심력 송풍기 중 다익형 송풍기에 관한 설명으로 가장 거리가 먼 것은?

① 송풍기의 임펠러가 다람쥐 쳇바퀴 모양으로 생겼다.
② 큰 압력손실에서 송풍량이 급격하게 떨어지는 단점이 있다.
③ 고강도가 요구되기 때문에 제작비용이 비싸다는 단점이 있다.
④ 다른 송풍기와 비교하여 동일 송풍량을 발생시키기 위한 임펠러 회전속도가 상대적으로 낮기 때문에 소음이 작다.

52
덕트(duct)의 압력손실에 관한 설명으로 옳지 않은 것은?

① 직관에서의 마찰손실과 형태에 따른 압력손실로 구분할 수 있다.
② 압력손실은 유체의 속도압에 반비례한다.
③ 덕트 압력손실은 배관의 길이와 정비례한다.
④ 덕트 압력손실은 관직경과 반비례한다.

*직선 덕트의 압력손실($\triangle P$)
$$\triangle P = F \times VP = \lambda \times \frac{L}{D} \times \frac{\gamma V^2}{2g}$$

압력손실은 유체의 속도압에 비례한다.
여기서,
$\triangle P$: 압력손실$[mmH_2O]$
F : 압력손실계수
VP : 속도압$[mmH_2O]$
λ : 관마찰계수
L : 덕트 길이$[m]$
D : 덕트 직경$[m]$
　장방형 덕트일 때 : 상당 직경 $D = \frac{2ab}{a+b}$
　a : 밑변$[m]$
　b : 높이$[m]$
γ : 비중$[kg/m^3]$
V : 속도$[m/sec]$

53

송풍기 깃이 회전방향 반대편으로 경사지게 설계되어 충분한 압력을 발생시킬 수 있고, 원심력송풍기 중 효율이 가장 좋은 송풍기는?

① 후향날개형 송풍기
② 방사날개형 송풍기
③ 전향날개형 송풍기
④ 안내깃이 붙은 축류 송풍기

*터보형(후향 날개형, 한계부하형) 송풍기
① 송풍기의 날이 회전방향에 반대되는 쪽으로 기울어진 모양이다.
② 송풍량이 증가하여도 동력이 증가하지 않는다.
③ 압력 변동이 있어도 풍량의 변화가 비교적 적다.
④ 하향구배 특성으로 풍압이 바뀌어도 풍량의 변화가 적다.
⑤ 소음이 크며, 구조가 가장 크다.
⑥ 고농도 분진 함유 공기를 이송시킬 경우 깃 뒷면에 분진이 퇴적하여 효율이 떨어진다.
⑦ 장소의 제약을 받지 않으며 송풍기 중 효율이 가장 좋은 편이다.
⑧ 송풍기를 병렬로 배치해도 풍량에 지장이 없다.

54

전기집진장치의 장점으로 옳지 않은 것은?

① 가연성 입자의 처리에 효율적이다.
② 넓은 범위의 입경과 분진농도에 집진효율이 높다.
③ 압력손실이 낮으므로 송풍기의 가동비용이 저렴하다.
④ 고온 가스를 처리할 수 있어 보일러와 철강로 등에 설치할 수 있다.

*전기집진장치의 장단점

장점	① 집진효율이 99.9% 정도로 높다. ($0.01\mu m$ 정도 미세분진 포집 용이) ② 광범위한 온도범위에서 적용 가능하다. ③ 고온가스 처리가 가능하여 보일러 등에 설치할 수 있다. ④ 압력손실이 낮다. ⑤ 대용량 가스처리가 가능하다. ⑥ 운전 및 유지비가 저렴하다. ⑦ 넓은 범위 입경과 분진농도에 집진효율이 높다.
단점	① 설치비용이 많이 들고, 설치공간을 많이 차지한다. ② 설치 후 운전조건의 변화를 유연하게 대처하기 어렵다. ③ 기체상 물질제거가 곤란하다. ④ 가연성 입자 처리가 곤란하다.

55

어떤 원형덕트에 유체가 흐르고 있다. 덕트의 직경을 1/2로 하면 직관부분의 압력손실은 몇 배로 되는가? (단, 달시의 방정식을 적용한다.)

① 4배 ② 8배
③ 16배 ④ 32배

*직선 덕트의 압력손실($\triangle P$)

$$Q = AV \Rightarrow V = \frac{Q}{A} = \frac{4Q}{\pi D^2}$$

$$\triangle P_1 = F \times VP = \lambda \times \frac{L}{D} \times \frac{\gamma V^2}{2g} = \lambda \times \frac{L}{D} \times \frac{\gamma \left(\frac{4Q}{\pi D^2}\right)^2}{2g}$$

$$\triangle P_1 \propto \frac{1}{D^5}$$

$$\triangle P_2 \propto \frac{1}{\left(\frac{1}{2}D\right)^5} = \frac{32}{D^5}$$

$$\therefore \frac{\triangle P_2}{\triangle P_1} = \frac{\frac{32}{D^5}}{\frac{1}{D^5}} = 32배$$

여기서,
$\triangle P$: 압력손실$[mmH_2O]$
F : 압력손실계수
VP : 속도압$[mmH_2O]$
λ : 관마찰계수
L : 덕트 길이$[m]$

53.① 54.① 55.④

56

눈 보호구에 관한 설명으로 틀린 것은?
(단, KS 표준 기준)

① 눈을 보호하는 보호구는 유해광선 차광 보호구와 먼지나 이물을 막아주는 방진안경이 있다.
② 400A 이상의 아크 용접 시 차광도 번호 14의 차광도 보호안경을 사용하여야 한다.
③ 눈, 지붕등으로부터 반사광을 받는 작업에서는 차광도 번호 1.2-3 정도의 차광도 보호안경을 사용하는 것이 알맞다.
④ 단순히 눈의 외상을 막는데 사용되는 보호안경은 열처리를 하거나 색깔을 넣은 렌즈를 사용할 필요가 없다.

> 단순히 눈의 외상을 막는데 사용되는 보호안경은 열처리를 하거나 색깔을 넣은 렌즈를 사용하여 눈을 보호하여야 한다.

57

소음 작업장에 소음수준을 줄이기 위하여 흡음을 중심으로 하는 소음저감대책을 수립한 후, 그 효과를 측정하였다. 소음 감소효과가 있었다고 보기 어려운 경우는?

① 음의 잔향시간을 측정하였더니 잔향시간이 약간이지만 증가한 것으로 나타났다.
② 대책 후의 총흡음량이 약간 증가하였다.
③ 소음 음으로 부터 거리가 멀어질수록 소음수준이 낮아지는 정도가 대책수립 전보다 커졌다.
④ 실내상수 R을 계산해보니 R값이 대책 수립전보다 커졌다.

> 음의 잔향시간이 증가하여도 소음 감소효과는 거의 없다.

58

국소환기시설에 필요한 공기송풍량을 계산하는 공식 중 점흡인에 해당하는 것은?

① $Q = 4\pi \times x^2 \times V_c$
② $Q = 2\pi \times L \times x \times V_c$
③ $Q = 60 \times 0.75 \times V_c(10x^2 + A)$
④ $Q = 60 \times 0.5 \times V_c(10x^2 + A)$

> **점흡인 송풍량(Q)**
> $Q = 4\pi x^2 V_c$
>
> 여기서,
> x : 발생원과 후드 사이의 거리
> V_c : 제어속도

59

확대각이 10°인 원형 확대관에서 입구직관의 정압은 $-15 mmH_2O$, 속도압은 $35 mmH_2O$이고, 확대된 출구직관의 속도압은 $25 mmH_2O$이다. 확대측의 정압(mmH_2O)은?
(단, 확대각이 10°일 때 압력손실계수(ζ)는 0.28이다.)

① 7.8
② 15.6
③ -7.8
④ -15.6

> **확대관 압력손실($\triangle P$)**
> $SP_2 - SP_1 = R(VP_1 - VP_2)$
> $\therefore SP_2 = SP_1 + R(VP_1 - VP_2)$
> $\quad = SP_1 + (1-\zeta)(VP_1 - VP_2)$
> $\quad = -15 + (1-0.28)(35-25) = -7.8 mmH_2O$
>
> 여기서,
> $\triangle P$: 압력손실[mmH_2O]
> SP_1 : 확대 전 정압[mmH_2O]
> SP_2 : 확대 후 정압[mmH_2O]
> VP_1 : 확대 전 속도압[mmH_2O]
> VP_2 : 확대 후 속도압[mmH_2O]
> ξ : 압력손실계수($\xi = 1-R$)
> R : 정압회복계수

56.④ 57.① 58.① 59.③

60

목재분진을 측정하기 위한 시료채취장치로 가장 적합한 것은?

① 활성탄관(charcoal tube)
② 흡입성분진 시료채취기(IOM sampler)
③ 호흡성분진 시료채취기(aluminum cyclone)
④ 실리카겔관(silica gel tube)

목재분진은 입경범위가 0~100μm이므로 흡입성 입자상 물질 채취기인 IOM Sampler를 이용하여 채취하여야 한다.

2020 1, 2회차
산업위생관리기사 필기 기출문제
제 4과목 : 물리적유해인자관리

61
질식우려가 있는 지하 맨홀 작업에 앞서서 준비해야 할 장비나 보호구로 볼 수 없는 것은?

① 안전대
② 방독 마스크
③ 송기 마스크
④ 산소농도 측정기

방독마스크, 방진마스크는 산소결핍 장소에서 사용이 적합하지 않다.

62
진동 발생원에 대한 대책으로 가장 적극적인 방법은?

① 발생원의 격리
② 보호구 착용
③ 발생원의 제거
④ 발생원의 재배치

발생원 제거는 가장 적극적인 대책이다.

63
전리방사선에 의한 장해에 해당하지 않는 것은?

① 참호족
② 피부장해
③ 유전적 장해
④ 조혈기능 장해

*참호족(침수족, Trench Foot, Immersion Foot)
① 참호족과 침수족은 국소 부위의 산소결핍 때문이며, 한랭에 의한 모세혈관벽이 손상이 발생한다.
② 참호족과 침수족의 임상증상은 거의 비슷하다.
③ 참호족은 근로자의 발이 한랭에 장기간 노출됨과 동시에 지속적으로 습기나 물에 잠기게 되면 발생한다.
④ 참호족은 직장온도가 35℃ 수준 이하로 저하되는 경우를 의미하며, 체온이 35~32.2℃에 이르면 신경학적 억제 증상으로 운동실조, 자극에 대한 반응도 저하와 언어이상 등이 온다. 27℃에서는 떨림이 멎고 혼수에 빠지게 되고, 23~25℃에 이르면 사망하게 된다.

64
고소음으로 인한 소음성 난청 질환자를 예방하기 위한 작업환경관리방법 중 공학적 개선에 해당되지 않는 것은?

① 소음원의 밀폐
② 보호구의 지급
③ 소음원의 벽으로 격리
④ 작업장 흡음시설의 설치

보호구의 지급은 수동적(2차적) 대책이다.

65
비이온화 방사선의 파장별 건강에 미치는 영향으로 옳지 않은 것은?

① UV-A : 315 ~ 400nm – 피부노화촉진
② IR-B : 780 ~ 1400nm – 백내장, 각막화상
③ UV-B : 280 ~ 315nm – 발진, 피부암, 광결막염
④ 가시광선 : 400 ~ 700nm – 광화학적이거나 열에 의한 각막손상, 피부화상

IR-B : 1400nm~3000nm - 각막화상

66

WBGT에 대한 설명으로 옳지 않은 것은?

① 표시단위는 절대온도(K)이다.
② 기온, 기습, 기류 및 복사열을 고려하여 계산된다.
③ 태양광선이 있는 옥외 및 태양광선이 없는 옥내로 구분된다.
④ 고온에서의 작업휴식시간비를 결정하는 지표로 활용된다.

*습구흑구온도지수(WBGT)
① 태양광선이 내리쬐는 옥외 장소
$WBGT(℃)$
$= 0.7 \times$ 자연습구온도 $+ 0.2 \times$ 흑구온도 $+ 0.1 \times$ 건구온도

② 태양광선이 내리쬐지 않는 옥내 또는 옥외 장소
$WBGT(℃) = 0.7 \times$ 자연습구온도 $+ 0.3 \times$ 흑구온도

∴ 표시단위는 섭씨온도($℃$)이다.

67

작업자 A의 4시간 작업 중 소음노출량이 76%일 때, 측정시간에 있어서의 평균치는 약 몇 $dB(A)$인가?

① 88
② 93
③ 98
④ 103

*시간가중평균소음수준(TWA)
$TWA = 16.61\log\left(\dfrac{D}{100}\right) + 90$
$TWA = 16.61\log\left(\dfrac{D}{12.5T}\right) + 90$
∴ $TWA = 16.61\log\left(\dfrac{76}{12.5 \times 4}\right) + 90 = 93 dB(A)$

여기서,
TWA : 시간가중평균 소음수준$[dB(A)]$
D : 누적소음노출량[%]
100 : 8시간 기준 노출시간/일
T : 작업시간$[hr]$

68

이온화 방사선과 비이온화 방사선을 구분하는 광자에너지는?

① $1eV$
② $4eV$
③ $12eV$
④ $15.6eV$

*전리방사선과 비전리방사선의 구분
광자에너지의 강도 12eV를 전리방사선과 비전리방사선의 경계선으로 두어, 12eV 이하의 에너지를 가지는 방사선을 비전리방사선(전자파), 12eV 이상이면 전리방사선(이온화방사선)으로 구분한다.

69

이상기압에 의하여 발생하는 직업병에 영향을 미치는 유해인자가 아닌 것은?

① 산소(O_2)
② 이산화황(SO_2)
③ 질소(N_2)
④ 이산화탄소(CO_2)

*2차적 가압현상(화학적 장해)
고압 하의 대기가스 독성 때문에 나타나는 현상으로, 다음 3가지 현상이 발생한다.

질소 가스 마취	① 공기 중 질소가스는 4기압을 넘으면 마취작용을 일으킨다. ② 사고력, 판단력, 기억력 저하, 불안, 공포감, 마약효과 등 증상이 일어난다. ③ 질소 마취증상은 대기압 조건으로 복귀하면 사라진다. (가역적이다.) ④ 질소가스 마취 증상이 있는 근로자에게 질소를 헬륨으로 대치한 공기를 호흡시키면 예방된다.
산소 중독	① 산소분압이 2기압을 넘으면 산소중독 증상이 일어난다. ② 시력장애, 정신혼란, 근육경련 등 증상이 일어난다. ③ 산소중독 증상은 고압산소에 대한 노출이 중지되면 증상이 즉시 멈춘다.
이산 화탄 소 중독	① 산소의 중독과 질소의 마취작용을 증가시키는 역할을 한다. ② 고압환경에서의 이산화탄소 농도가 0.2%를 초과해서는 안된다.

70

채광계획에 관한 설명으로 옳지 않은 것은?

① 창의 면적은 방바닥 면적의 15 ~ 20%가 이상적이다.
② 조도의 평등을 요하는 작업실은 남향으로 하는 것이 좋다.
③ 실내 각점의 개각은 4 ~ 5°, 입사각은 28° 이상이 되어야 한다.
④ 유리창은 청결한 상태여도 10 ~ 15% 조도가 감소되는 점을 고려한다.

*채광 및 조명방법
① 창의 방향은 많은 채광을 요구할 경우 남향이 좋으며 조명이 평등을 요구하는 작업실의 경우 북향 또는 동북향이 좋다.
② 창의 높이는 클수록 효과적이다.
③ 창의 면적은 방바닥의 면적의 15~20%$\left(\frac{1}{5} \sim \frac{1}{7}\right)$가 적당하다.
④ 실내 각점의 개각은 4~5°가 좋으며, 개각이 클수록 실내는 밝다.
⑤ 입사각은 28° 이상이 좋으며, 입사각이 크면 클수록 실내는 밝다.
⑥ 개각 1°가 감소할 때 입사각으로 2~5° 증가가 필요하다.

71

빛에 관한 설명으로 옳지 않은 것은?

① 광원으로부터 나오는 빛의 세기를 조도라 한다.
② 단위 평면적에서 발산 또는 반사되는 광량을 휘도라 한다.
③ 루멘은 1촉광의 광원으로부터 단위 입체각으로 나가는 광속의 단위이다.
④ 조도는 어떤 면에 들어오는 광속의 양에 비례하고, 입사면의 단면적에 반비례한다.

*칸델라(Cd)
광원으로부터 나오는 빛의 세기인 광도의 단위

72

태양으로부터 방출되는 복사 에너지의 52% 정도를 차지하고 피부조직 온도를 상승시켜 충혈, 혈관확장, 각막손상, 두부장해를 일으키는 유해광선은?

① 자외선   ② 적외선
③ 가시광선 ④ 마이크로파

*적외선(열선)
① 태양복사에너지 52%를 차지한다.
② 절대온도 이상의 어떠한 물체든 적외선을 복사한다.
③ 용접, 제강, 야금공정, 레이저, 가열램프 작업, 초자제조공정 등에서 발생한다.
④ 피부조직 온도를 증가시켜 충혈, 혈관확장, 두부장해, 각막손상을 일으킨다.

73

감압병의 예방 및 치료의 방법으로 옳지 않은 것은?

① 감압이 끝날 무렵에 순수한 산소를 흡입시키면 예방적 효과와 함께 감압시간을 단축시킬 수 있다.
② 잠수 및 감압방법은 특별히 잠수에 익숙한 사람을 제외하고는 1분에 10m 정도씩 잠수하는 것이 안전하다.
③ 고압환경에서 작업 시 질소를 헬륨으로 대치하면 성대에 손상을 입힐 수 있으므로 할로겐 가스로 대치한다.
④ 감압병의 증상을 보일 경우 환자를 인공적 고압실에 넣어 혈관 및 조직 속에 발생한 질소의 기포를 다시 용해시킨 후 천천히 감압한다.

*감압병(잠함병, 케이슨병) 예방 및 치료
① 고압환경에서 작업시간을 제한한다.
② 1분에 10m 정도씩 잠수하는 것이 안전하다.
③ 감압이 끝날 쯤 순수한 산소를 흡입하면 감압시간이 25% 정도 단축된다.

④ 고압환경에서 작업하는 작업자에게 질소 대신 헬륨을 대치한 공기를 호흡시킨다.
⑤ 감압병 증상이 발생한 작업자는 바로 원래의 고압환경 상태로 복귀시키거나 인공고압실에서 천천히 감압시킨다.

74

흑구온도는 32℃, 건구온도는 27℃, 자연습구온도는 30℃인 실내작업장의 습구·흑구온도지수는?

① 33.3℃
② 32.6℃
③ 31.3℃
④ 30.6℃

*습구흑구온도지수(WBGT)
① 태양광선이 내리쬐는 옥외 장소
$WBGT(℃)$
$= 0.7×자연습구온도 + 0.2×흑구온도 + 0.1×건구온도$

② 태양광선이 내리쬐지 않는 옥내 또는 옥외 장소
$WBGT(℃) = 0.7×자연습구온도 + 0.3×흑구온도$

$WBGT(℃) = 0.7×자연습구온도 + 0.3×흑구온도$
$= 0.7×30 + 0.3×32 = 30.6℃$

75

저온환경에서 나타나는 일차적인 생리적 반응이 아닌 것은?

① 체표면적의 증가
② 피부혈관의 수축
③ 근육긴장의 증가와 떨림
④ 화학적 대사작용의 증가

*저온에서의 생리적 현상

저온의 1차적 생리적 현상	저온의 2차적 생리적 현상
① 피부혈관 수축 ② 체표면적 감소 ③ 근육긴장의 증가 및 떨림 ④ 화학적 대사작용 증가	① 표면조직 냉각 ② 식욕 항진 ③ 순환기능 감소 ④ 혈압 상승 ⑤ 말초 냉각

76

소음에 의하여 발생하는 노인성 난청의 청력손실에 대한 설명으로 옳은 것은?

① 고주파영역으로 갈수록 큰 청력손실이 예상된다.
② $2000Hz$에서 가장 큰 청력장애가 예상된다.
③ $1000Hz$ 이하에서는 $20~30dB$의 청력손실이 예상된다.
④ $1000~8000Hz$ 영역에서는 $0~20dB$의 청력손실이 예상된다.

*난청

난청	설명
일시적 청력손실 (TTS)	4000~6000Hz에서 가장 많이 발생하는 강력한 소음에 노출되어 생기는 난청이다. 영구적 소음성 난청의 예비신호이다.
영구적 청력손실 (PTS)	4000Hz에서 가장 심하게 발생하는 소음성 난청으로 비가역적 청력저하, 강력한 소음 및 지속적인 소음 노출에 의해 영구적인 청력저하가 발생한다.
노인성 난청	6000Hz에서 난청이 시작되는 노화에 의한 퇴행성 질환이다.

노인성난청은 고주파영역으로 갈수록 큰 청력손실이 예상된다.

77

고압환경에서 발생할 수 있는 생체증상으로 볼 수 없는 것은?

① 부종
② 압치통
③ 폐압박
④ 폐수종

폐수종 - 저압환경에서 발생하는 생체증상

78
음(sound)에 관한 설명으로 옳지 않은 것은?

① 음(음파)이란 대기압보다 높거나 낮은 압력의 파동이고, 매질을 타고 전달되는 진동에너지이다.
② 주파수란 1초 동안에 음파로 발생되는 고압력 부분과 저압력 부분을 포함한 압력변화의 완전한 주기를 말한다.
③ 음의 단위는 물리적 단위를 쓰는 것이 아니라 감각수준인 데시벨(dB)이라는 무차원의 비교단위를 사용한다.
④ 사람이 대기압에서 들을 수 있는 음압은 0.000002N/m^2에서부터 20N/m^2까지 광범위한 영역이다.

사람이 대기압에서 들을 수 있는 음압은 0.000002N/m² 에서부터 60N/m²까지 광범위한 영역이다.

79
흡음재의 종류 중 다공질 재료에 해당되지 않는 것은?

① 암면
② 펠트(felt)
③ 석고보드
④ 발포 수지재료

*다공질형 흡음재 종류
① 석면(펠트, Felt)
② 섬유
③ 암면
④ 유리솜
⑤ 발포수지 재료

80
$6N/m^2$의 음압은 약 몇 dB의 음압수준인가?

① 90
② 100
③ 110
④ 120

*음압수준(SPL)

$$SPL = 20\log\left(\frac{P}{P_o}\right) = 20\log\left(\frac{6}{2\times 10^{-5}}\right) = 109.54 ≒ 110 dB$$

여기서
SPL : 음압수준(음압도, 음압레벨)$[dB]$
P : 대상음의 음압$[N/m^2]$
P_o : 기준음압($=2\times 10^{-5}[N/m^2]$)

2020 1, 2회차 산업위생관리기사 필기 기출문제
제 5과목 : 산업독성학

81
metallothionein에 대한 설명으로 옳지 않은 것은?

① 방향족 아미노산이 없다.
② 주로 간장과 신장에 많이 축적된다.
③ 카드뮴과 결합하면 독성이 강해진다.
④ 시스테인이 주성분인 아미노산으로 구성된다.

> 카드뮴이 체내에 노출되면 metallothionein 이라는 단백질을 합성하여 노출된 중금속의 독성을 감소시킨다.

82
직업병의 유병율이란 발생율에서 어떠한 인자를 제거한 것인가?

① 기간   ② 집단수
③ 장소   ④ 질병종류

> *유병율(유병률)
> 발생률에서 기간을 제거한 의미

83
투명한 휘발성 액체로 페인트, 시너, 잉크 등의 용제로 사용되며 장기간 노출될 경우 말초신경장해가 초래되어 사지의 지각상실과 신근마비 등 다발성 신경장해를 일으키는 파라핀계 탄화수소의 대표적인 유해물질은?

① 벤젠   ② 노말헥산
③ 톨루엔   ④ 클로로포름

> *노말헥산(n-헥산)
> ① 투명한 휘발성 액체로 사지의 지각상실과 신근마비 등 다발성 신경장해를 일으키는 파라핀계 탄화수소의 종류이다.
> ② 체내 대사과정을 거쳐 2,5-hexanedione 물질로 배설한다.
> ③ 페인트, 시너, 잉크 등의 용제로 사용된다.
> ④ 장기간 폭로 시 다발성 말초신경장해(앉은뱅이 증후군)을 유발한다.

84
급성 전신중독을 유발하는데 있어 그 독성이 가장 강한 방향족 탄화수소는?

① 벤젠(Benzene)   ② 크실렌(Xylene)
③ 톨루엔(Toluene)   ④ 에틸렌(Ethylene)

> *톨루엔($C_6H_5CH_3$)
> ① 방향족 탄화수소 중 급성전신중독을 일으키는데 독성이 가장 강하다.
> ② 벤젠보다 더 강력한 중추신경억제이다.
> ③ 영구적인 혈액장애나 골수장애가 일어나지 않는다.
> ④ 주로 간에서 o-크레졸로 되어 뇨로 배설된다.

85
사업장에서 노출되는 금속의 일반적인 독성기전이 아닌 것은?

① 효소억제
② 금속평형의 파괴
③ 중추신경계 활성억제
④ 필수금속 성분의 대체

81.③ 82.① 83.② 84.③ 85.③

*중금속의 독성기전

독성기전	설명
효소의 억제	대부분의 중금속은 단백질과 직접적으로 반응하여 효소구조 및 기능을 변화시킨다.
금속 평형의 파괴	어떠한 중금속이 지나치게 공급되면 생물학적 단계의 필수금속이 과잉 및 고갈된다.
필수 금속성분 대체	필수금속과 화학적으로 유사한 중금속이 필수금속을 대체한다.
간접 영향	대부분의 중금속은 세포성분의 역할을 변화시킨다.

86

무기성분진에 의한 진폐증에 해당하는 것은?

① 면폐증
② 농부폐증
③ 규폐증
④ 목재분진폐증

*분진 종류에 따른 진폐증 분류

무기성(광물성)분진에 의한 진폐증 (교원성 진폐증)	유기성 분진에 의한 진폐증 (비교원성 진폐증)
① 규폐증 ② 규조토폐증 ③ 탄소폐증 ④ 석면폐증 ⑤ 용접공폐증 ⑥ 탄광부 진폐증 ⑦ 베릴륨폐증 ⑧ 철폐증 ⑨ 활석폐증 ⑩ 흑연폐증 ⑪ 주석폐증 ⑫ 칼륨폐증 ⑬ 바륨폐증	① 농부폐증 ② 연초폐증 ③ 면폐증 ④ 설탕폐증 ⑤ 목재분진폐증 ⑥ 모발분진 폐증

87

생물학적 모니터링에 대한 설명으로 옳지 않은 것은?

① 화학물질의 종합적인 흡수 정도를 평가할 수 있다.
② 노출기준을 가진 화학물질의 수보다 BEI를 가지는 화학물질의 수가 더 많다.
③ 생물학적 시료를 분석하는 것은 작업환경측정보다 훨씬 복잡하고 취급이 어렵다.
④ 근로자의 유해인자에 대한 노출 정도를 소변, 호기, 혈액 중에서 그 물질이나 대사산물을 측정함으로써 노출 정도를 추정하는 방법을 의미한다.

*생물학적 노출지수(폭로지수, BEI)
혈액, 소변, 호기 등 생체시료로부터 유해물질 그 자체 또는 유해물질의 대사산물 및 생화학적 변화를 반영하는 지표를 말하며, 근로자의 전반적인 노출량 평가할 때 이에 대한 기준으로 사용하며, 작업환경측정에서 설정한 허용기준(TLV)보다 훨씬 적은 기준을 가지고 있다.

88

니트로벤젠의 화학물질의 영향에 대한 생물학적 모니터링 대상으로 옳은 것은?

① 요에서의 마뇨산
② 적혈구에서의 ZPP
③ 요에서의 저분자량 단백질
④ 혈액에서의 메트헤모글로빈

*니트로벤젠($C_6H_5NO_2$) 생물학적 모니터링 대상
혈액에서의 메트헤모글로빈

89

직업성 천식을 유발하는 대표적인 물질로 나열된 것은?

① 알루미늄, 2-Bromopropane
② TDI(Toluene Diisocyanate), Asbestos
③ 실리카, DBCP(1,2-dibromo-3-chloropropane)
④ TDI(Toluene Diisocyanate), TMA(Trimellitic Anhydride)

86.③ 87.② 88.④ 89.④

*직업성 천식 유발물질
① 목분진
② 무수트리멜리트산(TMA)
③ 톨루엔디이소시안산염(TDI)
④ 메틸렌디페닐디이소사이아네이트(MDI)
⑤ 백금, 니켈, 크롬, 알루미늄
⑥ 항생제, 소화제
⑦ 밀가루, 커피가루, 라텍스, 응애, 진드기, 곡물가루, 쌀겨, 메밀가루, 카레, 동물 털 및 분비물
⑧ 산화무수물, 송진연무, 반응성 및 아조 염료 등

90
생리적으로는 아무 작용도 하지 않으나 공기 중에 많이 존재하여 산소분압을 저하시켜 조직에 필요한 산소의 공급부족을 초래하는 질식제는?

① 단순 질식제
② 화학적 질식제
③ 물리적 질식제
④ 생물학적 질식제

*질식제
조직 내 산화작용을 방해하는 물질

질식제의 구분		
단순 질식제	생리적으로 아무 작용하지 않으나 공기 중에 많이 존재하여 산소분압을 감소시켜 조직에 필요한 산소의 공급부족을 유발한다.	① 이산화탄소(CO_2) ② 메탄(CH_4) ③ 질소(N_2) ④ 수소(H_2) ⑤ 에탄(C_2H_6) ⑥ 프로판(C_3H_8) ⑦ 에틸렌(C_2H_4) ⑧ 아세틸렌(C_2H_2) ⑨ 헬륨(He)
화학적 질식제	산소운반 능력을 방해하거나 조직이 산소를 받아들이는 능력을 저하시켜 내질식을 일으킨다.	① 일산화탄소(CO) ② 황화수소(H_2S) ③ 시안화수소(HCN) ④ 아닐린($C_6H_5NH_2$) ⑤ 염소(Cl) ⑥ 포스겐($COCl_2$)

91
크롬화합물 중독에 대한 설명으로 옳지 않은 것은?

① 크롬중독은 뇨 중의 크롬양을 검사하여 진단한다.
② 크롬 만성중독의 특징은 코, 폐 및 위장에 병변을 일으킨다.
③ 중독치료는 배설촉진제인 Ca-EDTA를 투약하여야 한다.
④ 정상인보다 크롬취급자는 폐암으로 인한 사망률이 약 13~31 배나 높다고 보고된 바 있다.

*크롬중독의 치료사항
① 섭취 시 응급조치로 우유 및 비타민C를 섭취한다.
② 크롬 폭로 시 즉시 중단하고 만성 크롬중독인 경우 특별한 치료방법이 없다.
③ 크롬으로 인한 피부궤양 발생 시 Sodium Citrate 용액, Sodium Thiosulfate 용액, 10% CaNa2EDTA 연고 등을 사용하여 치료한다.

92
자극성 접촉피부염에 대한 설명으로 옳지 않은 것은?

① 홍반과 부종을 동반하는 것이 특징이다.
② 작업장에서 발생빈도가 가장 높은 피부질환이다.
③ 진정한 의미의 알레르기 반응이 수반되는 것은 포함시키지 않는다.
④ 항원에 노출되고 일정시간이 지난 후에 다시 노출되었을 때 세포매개성 과민반응에 의하여 나타나는 부작용의 결과이다.

*알레르기성 접촉피부염
항원에 노출되고 일정시간이 지난 후에 다시 노출되었을 때 세포매개성 과민반응에 의하여 나타나는 부작용의 결과

93

기관지와 폐포 등 폐 내부의 공기통로와 가스교환 부위에 침착되는 먼지로서 공기역학적 지름이 $30\mu m$ 이하의 크기를 가지는 것은?

① 흉곽성 먼지
② 호흡성 먼지
③ 흡입성 먼지
④ 침착성 먼지

*입자상물질의 입자크기별 분류

분진의 종류	설명
흡입성 입자상 물질 (IPM : Inspirable Particulates Mass)	호흡기 어느부위(비강, 인후두, 기관 등)에 침착하더라도 독성을 유발하는 분진으로 입경범위가 $0~100\mu m$이며, 평균 입경은 $100\mu m$이다.
흉곽성 입자상 물질 (TPM : Thoracic Particulates Mass)	기도나 하기도에 침착하여 독성을 나타내는 물질로 입경범위가 $0~10\mu m$이며, 평균 입경은 $10\mu m$이다. (공기역학적 $30\mu m$ 이하의 크기)
호흡성 입자상 물질 (RPM : Respirable Particulates Mass)	가스 교환부위, 즉 폐포에 침착할 때 유해한 물질로 입경범위가 $0~4\mu m$이며, 평균 입경은 $4\mu m$이며, 폐포에 침착하여 진폐증을 유발하고, 채취기구는 10mm nylon cyclone이다.

94

중금속과 중금속이 인체에 미치는 영향을 연결한 것으로 옳지 않은 것은?

① 크롬-폐암
② 수은-파킨슨병
③ 납-소아의 IQ 저하
④ 카드뮴-호흡기의 손상

망간 - 파킨슨병
수은 - 구내염, 근육진전, 정신증상, 식욕부진 등

95

작업환경에서 발생될 수 있는 망간에 관한 설명으로 옳지 않은 것은?

① 주로 철합금으로 사용되며, 화학공업에서는 건전지 제조업에 사용된다.
② 만성노출시 언어가 느려지고 무표정하게 되며, 파킨슨 증후군 등의 증상이 나타나기도 한다.
③ 망간은 호흡기, 소화기 및 피부를 통하여 흡수되며, 이 중에서 호흡기를 통한 경로가 가장 많고 위험하다.
④ 급성중독 시 신장장애를 일으켜 요독증(uremia)으로 8 ~ 10일 이내 사망하는 경우도 있다.

*망간중독의 증세
① 급성중독
  ㉠ 금속열 유발
  ㉡ 정신병 유발

② 만성중독
  ㉠ 파킨슨증후군 유발
  ㉡ 손 떨림, 중풍 유발
  ㉢ 안면변화 및 배근력 저하
  ㉣ 언어장애 및 균형감각 상실 증상 유발

✔급성중독 시 신장장애를 일으켜 요독증으로 8~10일 이내 사망하는 것은 크롬(Cr)중독 증세이다.

96

유해물질을 생리적 작용에 의하여 분류한 자극제에 관한 설명으로 옳지 않은 것은?

① 상기도의 점막에 작용하는 자극제는 크롬산, 사회에틸렌 등이 해당된다.
② 상기도 점막과 호흡기관지에 작용하는 자극제는 불소, 요오드 등이 해당된다.
③ 호흡기관의 종말기관지와 폐포점막에 작용하는 자극제는 수용성 높아 심각한 영향을 준다.
④ 피부와 점막에 작용하여 부식작용을 하거나 수포를 형성하는 물질을 자극제라고 하며 고농도로 눈에 들어가면 결막염과 각막염을 일으킨다.

호흡기관의 종말기관지와 폐포점막에 작용하는 자극제는 수용성이 높지 않아 상기도에 용해되지 않고 폐 속 깊이 침투하여 폐조직에 심각한 영향을 준다.

97

어떤 물질의 독성에 관한 인체실험 결과 안전흡수량이 체중 $1kg$ 당 $0.15mg$ 이었다. 체중이 $70kg$인 근로자가 1일 8시간 작업할 경우, 이 물질의 체내 흡수를 안전흡수량 이하로 유지 하려면, 공기 중 농도를 약 얼마 이하로 하여야 하는가?
(단, 작업 시 폐환기율(또는 호흡률)은 $1.3m^3/h$, 체내 잔류율은 1.0으로 한다.)

① $0.52mg/m^3$
② $1.01mg/m^3$
③ $1.57mg/m^3$
④ $2.02mg/m^3$

*체내흡수량(안전흡수량, 안전폭로량, SHD)
$SHD = C \times T \times V \times R$

$\therefore C = \dfrac{SHD}{T \times V \times R} = \dfrac{70kg \times 0.15mg/kg}{8hr \times 1.3m^3/hr \times 1.0} = 1.01mg/m^3$

여기서,
C : 농도$[mg/m^3]$
T : 노출시간$[hr]$
V : 폐환기율, 호흡률$[m^3/hr]$
R : 체내잔류율(일반적으로 1.0)
SHD : 체중당흡수량×체중$[mg]$

98

ACGIH에서 규정한 유해물질 허용기준에 관한 사항으로 옳지 않은 것은?

① TLV-C : 최고 노출기준
② TLV-STEL : 단기간 노출기준
③ TLV-TWA : 8시간 평균 노출기준
④ TLV-TLM : 시간가중 한계농도기준

TLV-TLM이란 자체가 없는 용어이다.

99

먼지가 호흡기계로 들어올 때 인체가 가지고 있는 방어기전으로 가장 적정하게 조합된 것은?

① 면역작용과 폐내의 대사 작용
② 폐포의 활발한 가스교환과 대사 작용
③ 점액 섬모운동과 가스교환에 의한 정화
④ 점액 섬모운동과 폐포의 대식세포의 작용

*인체 방어기전(제거기전)
① 점액 섬모운동
기초적인 방어기전이며 점액 섬모운동에 의한 배출 시스템으로 폐포로 이동하는 과정에서 이물질을 제거하는 과정이며, 기관지에서의 방어기전을 의미한다.

② 대식세포에 의한 정화(작용)
대식세포가 방출하는 효소에 의해 용해되어 이물질을 제거하는 과정이며, 폐포에 방어기전을 의미하고, 대식세포에 용해되지 않은 대표적 독성물질은 유리규산, 석면 등이 있다.

100

공기 중 입자상 물질의 호흡기계 축적기전에 해당하지 않는 것은?

① 교환
② 충돌
③ 침전
④ 확산

*여과포집원리(채취기전)
① 직접차단(간섭)
② 관성충돌
③ 중력침강
④ 확산
⑤ 정전기침강
⑥ 체질

Memo

2020 3회차

산업위생관리기사 필기 기출문제
제 1과목 : 산업위생학개론

01
주로 정적인 자세에서 인체의 특정부위를 지속적, 반복적으로 사용하거나 부적합한 자세로 장기간 작업할 때 나타나는 질환을 의미하는 것이 아닌 것은?

① 반복성긴장장애
② 누적외상성질환
③ 작업관련성 신경계질환
④ 작업관련성 근골격계질환

>***근골격계 질환**
>반복적인 동작·부적절한 작업자세·무리한 힘의 사용· 날카로운 면과의 신체접촉·진동 및 온도 등에 의해 상·하지의 신경근육 및 그 주변에 발생하는 질환이다.
>
>① 누적외상성 질환(CTDs)
>② 근골격계 질환(MSDs)
>③ 반복성 긴장장애(RSI)
>④ 경견완 증후군

02
육체적 작업 시 혐기성 대사에 의해 생성되는 에너지원에 해당하지 않은 것은?

① 산소(Oxygen)
② 포도당(Glucose)
③ 크레아틴 인산(CP)
④ 아데노신 삼인산(ATP)

>***근육운동에 필요한 에너지원(근육의 대사과정)**
>
>| 혐기성 대사 | 호기성 대사 |
>|---|---|
>| ① 근육에 저장된 화학적 에너지
② 혐기성 대사 순서
ATP(아데노신 삼인산)
→ CP(크레아틴 인산)
→ Glycogen(글리코겐)
or Glucose(포도당) | ① 대사과정을 거쳐 생성된 에너지
② 호기성 대사 순서
[포도당, 단백질, 지방]
+ 산소 → 에너지원 |

03
산업안전보건법령상 발암성 정보물질의 표기법 중 '사람에게 충분한 발암성 증거가 있는 물질'에 대한 표기방법으로 옳은 것은?

① 1　　　　　② 1A
③ 2A　　　　④ 2B

>***발암성 정보물질의 표기**
>
>| 표기 | 내용 |
>|---|---|
>| 1A | 사람에게 충분한 발암성 증거가 있는 물질 |
>| 1B | 시험동물에서 발암성 증거가 충분히 있거나, 시험동물과 사람 모두에서 제한된 발암성 증거가 있는 물질 |
>| 2 | 사람이나 동물에서 제한된 증거가 있지만, 구분1로 분류하기에는 증거가 불충분한 물질 |

01.③ 02.① 03.②

04

산업안전보건법령상 작업환경측정에 대한 설명으로 옳지 않은 것은?

① 작업환경측정의 방법, 횟수 등의 필요사항은 사업주가 판단하여 정할 수 있다.
② 사업주는 작업환경의 측정 중 시료의 분석을 작업환경측정기관에 위탁할 수 있다.
③ 사업주는 작업환경측정 결과를 해당 작업장의 근로자에게 알려야한다.
④ 사업주는 근로자대표가 요구할 경우 작업환경측정 시 근로자대표를 참석시켜야 한다.

> 작업환경측정의 방법, 횟수 등의 필요사항은 고용노동부령으로 정한다.

05

온도 25℃, 1기압 하에서 분당 100mL씩 60분 동안 채취한 공기 중에서 벤젠이 5mg 검출되었다면 검출된 벤젠은 약 몇 ppm인가?
(단, 벤젠의 분자량은 78이다.)

① 15.7 ② 26.1
③ 157   ④ 261

> *질량농도(mg/m³)와 용량농도(ppm)의 환산
>
> $$mg/m^3 = \frac{5mg}{0.1L/min \times 60min \times \left(\frac{1m^3}{1000L}\right)} = 833.33 mg/m^3$$
>
> $$\therefore ppm = mg/m^3 \times \frac{부피}{분자량} = 833.33 \times \frac{24.45}{78} = 261 ppm$$
>
> *참고
> - $1m^3 = 1000L$
> - $100mL/min = 0.1L/min$
> - 1atm, 25℃의 부피 = 24.45L

06

화학적 원인에 의한 직업성 질환으로 볼 수 없는 것은?

① 정맥류   ② 수전증
③ 치아산식증 ④ 시신경 장해

> 정맥류는 물리적 원인에 의한 직업성 질환이다.

07

다음 ( )안에 들어갈 알맞은 것은?

> 산업안전보건법령상 확학물질 및 물리적 인자의 노출기준에서 "시간가중평균노출기준(TWA)"이란 1일 (A)시간 작업을 기준으로 하여 유해인자의 측정치에 발생시간을 곱하여 (B)시간으로 나눈 값을 말한다.

① A : 6, B : 6   ② A : 6, B : 8
③ A : 8, B : 6   ④ A : 8, B : 8

> *시간가중평균노출기준(TWA)
> 1일 8시간 작업을 기준으로 하여 유해인자의 측정치에 발생시간을 곱하여 8시간으로 나눈 값을 말하며, 다음식에 따라 산출한다.
>
> $$TWA = \frac{C_1 T_1 + C_2 T_2 + \cdots\cdots + C_n T_n}{8}$$
>
> 여기서,
> C : 유해인자의 측정치[ppm]
> T : 유해인자의 발생시간[시간]

08

산업위생전문가의 윤리강령 중 "근로자에 대한 책임"에 해당하는 것은?

① 적절하고도 확실한 사실을 근거로 전문적인 견해를 발표한다.
② 기업주에 대하여는 실현 가능한 개선점으로 선별하여 보고한다.
③ 이해관계가 있는 상황에서는 고객의 입장에서 관련 자료를 제시한다.
④ 근로자의 건강보호가 산업위생전문가의 1차적인 책임이라는 것을 인식한다.

*산업위생전문가의 윤리강령(근로자에 대한 책임)
① 근로자의 건강보호가 산업위생전문가의 일차적 책임임을 인지한다.
② 근로자와 기타 여러 사람의 건강과 안녕이 산업위생전문가의 판단에 좌우한다는 것을 깨달아야 한다.
③ 위험요인의 측정·평가 및 관리에 있어서 외부 영향력에 굴하지 않고 중립적 태도를 취한다.
④ 건강의 유해요인에 대한 정보와 필요한 예방조치에 대해 근로자와 대화한다.

09

주요 실내 오염물질의 발생원으로 보기 어려운 것은?

① 호흡
② 흡연
③ 자외선
④ 연소기기

*주요 실내 오염물질의 발생원
① 호흡(CO_2)
② 흡연
③ 연소기기(CO)
④ 석면
⑤ 라돈
⑥ 포름알데히드
⑦ 미생물

10

산업피로의 종류에 대한 설명으로 옳지 않은 것은?

① 근육의 일부 부위에만 발생하는 국소피로와 전신에 나타나는 전신피로가 있다.
② 신체피로는 육체적 노동에 의한 근육의 피로를 말하는 것으로 근육노동을 할 경우 주로 발생된다.
③ 피로는 그 정도에 따라 보통피로, 과로 및 곤비로 분류할 수 있으며 가장 경증의 피로단계는 곤비이다.
④ 정신피로는 중추신경계의 피로를 말하는 것으로 정밀작업 등과 같은 정신적 긴장을 요하는 작업 시에 발생된다.

*피로의 종류(3단계)

종류	설명
1단계 보통피로	하룻밤 자고나면 다음날 완전히 회복
2단계 과로	다음날까지도 피로상태가 계속 유지
3단계 곤비	과로상태가 축적되어 단기간에 휴식을 취하여도 회복될 수 없는 병적인 상태이며 심하면 사망에 이름

11

산업안전보건법령상 사업주가 사업을 할 때 근로자의 건강장해를 예방하기 위하여 필요한 보건상의 조치를 하여야 할 항목이 아닌 것은?

① 사업장에서 배출되는 기계·액체 또는 찌꺼기 등에 의한 건강장해
② 폭발성, 발화성 및 인화성 물질 등에 의한 위협 작업의 건강장해
③ 계측감시, 컴퓨터 단말기 조작, 정밀공작 등의 작업에 의한 건강장해
④ 단순반복작업 또는 인체에 과도한 부담을 주는 작업에 의한 건강장해

*보건조치 항목
① 원재료·가스·증기·분진·흄·미스트·산소결핍·병원체 등에 의한 건강장해
② 방사선·유해광선·고온·저온·초음파·소음·진동·이상기압 등에 의한 건강장해
③ 사업장에서 배출되는 기체·액체 또는 찌꺼기 등에 의한 건강장해
④ 계측감시, 컴퓨터 단말기 조작, 정밀공작 등의 작업에 의한 건강장해
⑤ 단순반복작업 또는 인체에 과도한 부담을 주는 작업에 의한 건강장해
⑥ 환기·채광·조명·보온·방습·청결 등의 적정 기준을 유지하지 아니하여 발생하는 건강장해

*OSHA 보정방법

허용기준 $= TLV \times \dfrac{8}{H}$

$= 200 \times \dfrac{8}{9} = 177.78 ppm$

*Brief와 Scala 보정방법

허용기준 $= TLV \times \dfrac{8}{H} \times \dfrac{24-H}{16}$

$= 200 \times \dfrac{8}{9} \times \dfrac{24-9}{16} = 166.67 ppm$

∴ 차이 $= 177.78 - 166.67 = 11.11 ppm$

12

육체적 작업능력(PWC)이 $16 kcal/\min$인 남성 근로자가 1일 8시간 동안 물체를 운반하는 작업을 하고 있다. 이 때 작업대사율은 $10 kcal/\min$이고, 휴식 시 대사율은 $2 kcal/\min$이다. 매 시간마다 적정한 휴식 시간은 약 몇 분인가?
(단, Hertig의 공식을 적용하여 계산한다.)

① 15분 ② 25분
③ 35분 ④ 45분

*Hertig의 적정휴식시간·작업시간

휴식시간 $= 60 \times \dfrac{\dfrac{PWC}{3} - 작업대사량}{휴식대사량 - 작업대사량}$

$= 60 \times \dfrac{\dfrac{16}{3} - 10}{2 - 10} = 35분$

13

Diethyl ketone($TLV = 200 ppm$)을 사용하는 근로자의 작업시간이 9시간일 때 허용기준을 보정하였다. OSHA 보정법과 Brief and Scala 보정법을 적용하였을 경우 보정된 허용기준 치간의 차이는 약 몇 ppm인가?

① 5.05 ② 11.11
③ 22.22 ④ 33.33

14

산업위생의 역사에서 직업과 질병의 관계가 있음을 알렸고, 광산에서의 납중독을 보고한 인물은?

① Larigo ② Paracelsus
③ Percival Pott ④ Hippocrates

*히포크라테스(Hippocrates)
기원전 4세기 때 광산에서 납중독을 보고하여 이것은 역사상 최초로 기록된 직업병이다.

15

피로의 예방대책으로 적절하지 않은 것은?

① 충분한 수면을 갖는다.
② 작업 환경을 정리, 정돈한다.
③ 정적인 자세를 유지하는 작업을 동적인 작업을 전환하도록 한다.
④ 작업과정 사이에 여러 번 나누어 휴식하는 것보다 장시간의 휴식을 취한다.

12.③ 13.② 14.④ 15.④

*산업피로의 예방과 대책
① 작업과정에 적절한 간격으로 휴식시간을 둔다. (장시간 휴식보다 효과적)
② 각 개인에 따라 작업량을 조절한다.
③ 개인의 숙련도 등에 따라 작업속도를 조절한다.
④ 불필요한 동작을 피하여 에너지 소모를 적게 한다.
⑤ 작업시작 전후에 간단한 체조를 한다.
⑥ 동적인 작업과 정적인 작업을 적절하게 혼합하여 배치한다.
⑦ 커피, 홍차, 엽차 및 비타민 B을 공급한다.
⑧ 야간근무의 연속일수는 2~3일로 한다.
⑨ 작업 환경을 정리, 정돈한다.

16

직업성 변이(occupational stigmata)의 정의로 옳은 것은?

① 직업에 따라 체온량의 변화가 일어나는 것이다.
② 직업에 따라 체지방량의 변화가 일어나는 것이다.
③ 직업에 따라 신체 활동량의 변화가 일어나는 것이다.
④ 직업에 따라 신체 형태와 기능에 국소적 변화가 일어나는 것이다.

*직업성 변이(Occupational Stigmata)
직업에 따라 신체 형태와 기능에 국소적 변화가 일어나는 것

17

생체와 환경과의 열교환 방정식을 올바르게 나타낸 것은?
(단, $\triangle S$: 생체 내 열용량의 변화, M: 대사에 의한 열 생산, E: 수분증발에 의한 열 방산, R: 복사에 의한 열 득실, C: 대류 및 전도에 의한 열 득실이다.)

① $\triangle S = M + E \pm R - C$
② $\triangle S = M - E \pm R \pm C$
③ $\triangle S = R + M + C + E$
④ $\triangle S = C - M - R - E$

*열평형 방정식
$\triangle S = M \pm C \pm R - E$

$\triangle S$: 생체 열용량 변화
M : 작업대사량
C : 대류에 의한 열교환
R : 복사에 의한 열교환
E : 증발에 의한 열교환

18

작업적성에 대한 생리적 적성검사 항목에 해당하는 것은?

① 체력 검사
② 지능 검사
③ 인성 검사
④ 지각동작 검사

*적성검사 분류 및 특성

신체검사	생리학적 기능검사	심리학적 기능검사
- 체격검사	- 감각기능검사 - 심폐기능검사 - 체력검사	- 지능검사 - 지각동작검사 - 인성검사 - 기능검사

19

다음 ( )안에 들어갈 알맞은 용어는?

> ( )은/는 근로자나 일반대중에게 질병, 건강장해와 능률저하 등을 초래하는 작업환경 요연과 스트레스를 예측, 인식(측정), 평가, 관리하는 과학인 동시에 기술을 말한다.

① 유해인자 ② 산업위생
③ 위생인식 ④ 인간공학

＊산업위생의 정의(AIHA)
근로자나 일반 대중에게 질병, 건강장애와 안녕방해, 심각한 불쾌감 및 능률 저하 등을 초래하는 작업 환경요인과 스트레스를 예측, 측정, 평가하고 관리하는 과학과 기술이다.

20

근로시간 1000시간당 발생한 재해에 의하여 손실된 총 근로 손실일수로 재해자의 수나 발생빈도와 관계없이 재해의 내용(상해정도)을 측정하는 척도로 사용되는 것은?

① 건수율 ② 연천인율
③ 재해 강도율 ④ 재해 도수율

＊강도율
근로시간 1000시간당 발생한 재해에 의하여 손실된 총 근로 손실일수로 재해자의 수나 발생빈도와 관계없이 재해의 내용(상해정도)을 측정하는 척도

$$강도율 = \frac{근로손실일수}{연근로 총시간수} \times 10^3$$

여기서,
근로손실일수
$= 휴업일수(요양일수, 입원일수) \times \frac{연근로일수}{365}$

19.② 20.③

2020 3회차
산업위생관리기사 필기 기출문제
제 2과목 : 작업위생측정 및 평가

21
분석용어에 대한 설명 중 틀린 것은?

① 이동상이란 시료를 이동시키는데 필요한 유동체로서 기체일 경우를 GC라고 한다.
② 크로마토그램이란 유해물질이 검출기에서 반응하여 띠 모양으로 나타낸 것을 말한다.
③ 전처리는 분석물질 이외의 것들을 제거하거나 분석에 방해되지 않도록 하는 과정으로서 분석기기에 의한 정량을 포함한다.
④ AAS분석원리는 원자가 갖고 있는 고유한 흡수파장을 이용한 것이다.

*전처리
특정 분석이나 처리 업무 시 그 기능을 충분히 발휘하고 안정적인 결과를 확보하기 위해서 앞 단에 자료를 적정한 상태로 준비하거나 처리하는 방법

22
벤젠으로 오염된 작업장에서 무작위로 15개 지점의 벤젠의 농도를 측정하여 다음과 같은 결과를 얻었을 때, 이 작업장의 표준편차는?

8, 10, 15, 12, 9, 13, 16, 15, 11, 9, 12, 8, 13, 15, 14

① 4.7 ② 3.7
③ 2.7 ④ 0.7

*표준편차(SD)

$$\overline{X} = \frac{8+10+15+12+9+13+16+15+11+9+12+8+13+15+14}{15} = 12$$

$$\therefore SD = \sqrt{\frac{\sum_{i=1}^{N}(X_i - \overline{X})^2}{N-1}}$$

$$= \sqrt{\frac{\begin{array}{l}(8-12)^2+(10-12)^2+(15-12)^2+(12-12)^2+\\(9-12)^2+(13-12)^2+(16-12)^2+(15-12)^2+\\(11-12)^2+(9-12)^2+(12-12)^2+(8-12)^2+\\(13-12)^2+(15-12)^2+(14-12)^2\end{array}}{15-1}}$$

$$= 2.7$$

여기서,
X_i : 측정치
$\overline{X}$: 측정치의 산술평균값
N : 측정치의 개수

23
방사선이 물질과 상호작용한 결과 그 물질의 단위 질량에 흡수된 에너지(gray; Gy)의 명칭은?

① 조사선량 ② 등가선량
③ 유효선량 ④ 흡수선량

*흡수선량
방사선이 물질과 상호작용한 결과 그 물질의 단위 질량에 흡수된 에너지로, 단위는 Gy, rad이다.
(1Gy=100rad)

21.③ 22.③ 23.④

24

두 개의 버블러를 연속적으로 연결하여 시료를 채취할 때, 첫 번째 버블러의 채취효율이 75%이고, 두 번째 버블러의 채취효율이 90%이면 전체 채취효율(%)은?

① 91.5
② 93.5
③ 95.5
④ 97.5

*총집진율(직렬설치)
$$\eta_T = \eta_1 + \eta_2(1-\eta_1)$$
$$= 0.75 + 0.9(1-0.75) = 0.975 = 97.5\%$$
여기서,
η_1 : 1차 집진장치 집진율
η_2 : 2차 집진장치 집진율

25

시료채취매체와 해당 매체로 포집할 수 있는 유해인자의 연결로 가장 거리가 먼 것은?

① 활성탄관 – 메탄올
② 유리섬유여과지 – 캡탄
③ PVC여과지 – 석탄분진
④ MCE막여과지 – 석면

실리카겔관 – 메탄올

26

작업환경측정 및 정도관리 등에 관한 고시상 시료채취 근로자수에 대한 설명 중 옳은 것은?

① 단위작업 장소에서 최고 노출근로자 2명 이상에 대하여 동시에 개인 시료채취 방법으로 측정하되, 단위작업 장소에 근로자가 1명인 경우에는 그러하지 아니하며, 동일 작업근로자수가 20명을 초과하는 경우에는 매 5명당 1명 이상 추가하여 측정하여야 한다.
② 단위작업 장소에서 최고 노출근로자 2명 이상에 대하여 동시에 개인 시료채취 방법으로 측정하되, 동일 작업근로자수가 100명을 초과하는 경우에는 최대 시료채취 근로자수를 20명으로 조정할 수 있다.
③ 지역 시료채취 방법으로 측정을 하는 경우 단위작업장소 내에서 3개 이상의 지점에 대하여 동시에 측정하여야 한다.
④ 지역 시료채취 방법으로 측정을 하는 경우 단위작업 장소의 넓이가 60평방미터 이상인 경우에는 매 30평방미터마다 1개 지점 이상을 추가로 측정하여야 한다.

*시료채취 근로자수
단위작업 장소에서 최고 노출근로자 2명 이상에 대하여 동시에 개인 시료채취 방법으로 측정하되, 단위작업 장소에 근로자가 1명인 경우에는 그러하지 아니하며, 동일 작업근로자수가 10명을 초과하는 경우에는 매 5명당 1명 이상 추가하여 측정하여야 한다. 다만, 동일 작업 근로자수가 100명을 초과하는 경우에는 최대 시료채취 근로자수를 20명으로 조정할 수 있다.

지역 시료채취 방법으로 측정을 하는 경우 단위작업장소 내에서 2개 이상의 지점에 대하여 동시에 측정하여야 한다. 다만, 단위작업 장소의 넓이가 50평방미터 이상인 경우에는 매 30평방미터마다 1개 지점 이상을 추가로 측정하여야 한다.

27

고성능 액체크로마토그래피(HPLC)에 관한 설명으로 틀린 것은?

① 주 분석대상 화학물질은 PCB 등의 유기화학물질이다.
② 장점으로 빠른 분석 속도, 해상도, 민감도를 들 수 있다.
③ 분석물질이 이동상에 녹아야 하는 제한점이 있다.
④ 이동상인 운반가스의 친화력에 따라 용리법, 치환법으로 구분된다.

24.④ 25.① 26.② 27.④

이동상을 사용하는 방법과 시료를 주입하는 실험 조작 방법에 따라 용리법, 치환법으로 구분된다.

28

$18℃$ $770mmHg$인 작업장에서 methylethyl ketone의 농도가 $26ppm$일 때 mg/m^3단위로 환산된 농도는?
(단, Methylethyl ketone의 분자량은 $72g/mol$이다.)

① 64.5　　　　　　　② 79.4
③ 87.3　　　　　　　④ 93.2

*질량농도(mg/m³)와 용량농도(ppm)의 환산
$18℃$, $770mmHg$에 대한 부피 보정(보일-샤를의 법칙)
$\dfrac{P_1 V_1}{T_1} = \dfrac{P_2 V_2}{T_2}$ 에서,
$V_2 = \dfrac{P_1 V_2 T_2}{T_1 P_2} = \dfrac{760 \times 22.4 \times (273+18)}{(273+0) \times 770} = 23.57L$
$\therefore mg/m^3 = ppm \times \dfrac{분자량}{부피} = 26 \times \dfrac{72}{23.57} = 79.4 mg/m^3$

*참고

- 문제 조건은 일반대기이므로,
  - 초기압력(P_1): 1atm(=760mmHg)
  - 초기온도(T_1): 0℃[=(273+0)K]
  - 초기부피(V_1): 22.4L

29

작업장에 작동되는 기계 두 대의 소음레벨이 각각 $98dB(A)$, $96dB(A)$로 측정되었을 때, 두 대의 기계가 동시에 작동되었을 경우에 소음레벨($dB(A)$)은?

① 98　　　　　　　② 100
③ 102　　　　　　　④ 104

*합성소음도(L)
$L = 10\log\left(10^{\frac{L_1}{10}} + 10^{\frac{L_2}{10}} + \cdots + 10^{\frac{L_n}{10}}\right)$
$= 10\log\left(10^{\frac{98}{10}} + 10^{\frac{96}{10}}\right) = 100 dB(A)$
L: 합성소음도[dB]
$L_1, L_2, \cdots L_n$ = 각 소음원의 소음[$dB(A)$]

30

어떤 작업자에 50% acetone, 30% benzene, 20% xylene의 중량비로 조성된 용제가 증발하여 작업환경을 오염시키고 있을 때, 이 용제의 허용농도(TLV; mg/m^3)는?
(단, Actone, benzene, xylene의 TVL는 각각 1600, 720, 670mg/m^3이고, 용제의 각 성분은 상가작용을 하며, 성분 간 비휘발도 차이는 고려하지 않는다.)

① 873　　　　　　　② 973
③ 1073　　　　　　　④ 1173

*혼합물의 허용농도
혼합물의 허용농도
$= \dfrac{f_1 + f_2 + \cdots + f_n}{\dfrac{f_1}{TLV_1} + \dfrac{f_2}{TLV_2} + \cdots + \dfrac{f_n}{TLV_n}}$
$= \dfrac{50 + 30 + 20}{\dfrac{50}{1600} + \dfrac{30}{720} + \dfrac{20}{670}} = 973 mg/m^3$

여기서,
f: 액체 혼합물에서의 각 성분 무게(중량, 비율)
TLV: 해당 물질의 노출기준

31

시간당 약 $150kcal$의 열량이 소모되는 작업조건에서 WBGT 측정치가 $30.6℃$일 때 고온의 노출기준에 따른 작업휴식조건으로 적절한 것은?

① 매시간 75% 작업, 25% 휴식
② 매시간 50% 작업, 50% 휴식
③ 매시간 25% 작업, 75% 휴식
④ 계속 작업

*고온의 노출기준(ACGIH)   단위 : ℃, WBGT

작업강도 작업 휴식시간비	경작업	중등작업	중작업
계속작업	30.0	26.7	25.0
매시간 75% 작업, 25% 휴식	30.6	28.0	25.9
매시간 50% 작업, 50% 휴식	31.4	29.4	27.9
매시간 25% 작업, 75% 휴식	32.2	31.1	30.0

① 경작업
200kcal까지의 열량이 소요되는 작업을 말하며, 앉아서 또는 서서 기계의 조정을 하기 위하여 손 또는 팔을 가볍게 쓰는 일 등을 뜻함

② 중등작업
시간당 200~350kcal의 열량이 소요되는 작업을 말하며, 물체를 들거나 떨면서 걸어다니는 일 등을 뜻함

③ 중작업
시간당 350~500kcal의 열량이 소요되는 작업을 말하며, 곡괭이질 또는 삽질하는 일 등을 뜻함

*검지관 장단점

장점	① 사용이 간편하다. ② 반응시간이 빨라서 빠른 시간에 측정 결과를 알 수 있다. ③ 숙련된 전문가가 아니여도 어느 정도 숙지되면 사용이 가능하다. ④ 맨홀 등 밀폐공간에서 산소가 부족하거나 폭발성 가스로 인해 안전이 문제가 될 때 유용하게 사용이 가능하다.
단점	① 민감도가 낮으며 비교적 고농도에 적용이 가능하다. ② 특이도가 낮다. ③ 단시간 측정만 가능하다. ④ 미리 측정 대상물질이 동정이 되어 있어야 측정이 가능하다. ⑤ 색이 시간에 따라 변화하므로 제조자가 정한 시간에 읽어야 한다. ⑥ 한 검지관으로 단일 물질만 측정할 수 있어 각 오염물질에 맞는 검지관을 선정하여야 한다. ⑦ 색변화가 선명하지 않아 주관적으로 읽을 수 있어 판독자에 따라 변이가 심하다.

32

검지관의 장·단점으로 틀린 것은?

① 측정대상물질의 동정이 미리 되어 있지 않아도 측정이 가능하다.
② 민감도가 낮으며 비교적 고농도에 적용이 가능하다.
③ 특이도가 낮다. 즉, 다른 방해물질의 영향을 받기 쉬워 오차가 크다.
④ 색이 시간에 따라 변화하므로 제조자가 정한 시간에 읽어야 한다.

33

MCE여과지를 사용하여 금속성분을 측정, 분석한다. 샘플링에 끝난 시료를 전처리하기 위해 회화용액(ashing acid)을 사용하는 데 다음 중 NIOSH에서 제시한 금속별 전처리 용액 중 적절하지 않은 것은?

① 납 : 질산
② 크롬 : 염산 + 인산
③ 카드뮴 : 질산, 염산
④ 다성분금속 : 질산 + 과염소산

크롬 : 염산 + 질산

32.① 33.②

34

kata 온도계로 불감기류를 측정하는 방법에 대한 설명으로 틀린 것은?

① kata 온도계의 구(球)부를 50~60℃의 온수에 넣어 구부의 알코올을 팽창시켜 관의 상부 눈금까지 올라가게 한다.
② 온도계를 온수에서 꺼내어 구(球)부를 완전히 닦아내고 스탠드에 고정한다.
③ 알코올의 눈금이 100°F에서 65°F까지 내려가는데 소요되는 시간을 초시계로 4~5회 측정하여 평균을 낸다.
④ 눈금 하강에 소요되는 시간으로 kata 상수를 나눈 값 H는 온도계의 구부 $1cm^2$에서 1초 동안에 방산되는 열량을 나타낸다.

*카타온도계
기류를 냉각시켜 기류 측정하고, 0.2~0.5m/sec 정도 불감기류 측정 시 기류속도 측정하고, 알코올 눈금이 100°F(37.8℃)에서 95°F(35℃)까지 내려가는데 소요되는 시간을 4~5회 측정, 평균하여 카타 상수값으로 이용 및 간접적으로 풍속 측정

35

실리카겔 흡착에 대한 설명으로 틀린 것은?

① 실리카겔은 규산나트륨과 황산의 반응에서 유도된 무정형의 물질이다.
② 극성을 띠고 흡습성이 강하므로 습도가 높을수록 파과 용량이 증가한다.
③ 추출액이 화학분석이나 기기분석에 방해물질로 작용하는 경우가 많지 않다.
④ 활성탄으로 채취가 어려운 아닐린, 오르쏘-톨루이딘 등의 아민류나 몇몇 무기물질의 채취도 가능하다.

*실리카겔관(Silcagel Tube)
① 규산나트륨과 황산과 반응에서 유도된 무정형 물질이 들어간 관이다.
② 극성을 띠고 흡습성이 강하므로 습도가 높으면 파과용량이 감소된다.
③ 실리카 및 알루미나 흡착제는 탄소의 불포화결합을 가진 분자를 선택적으로 흡착한다.
④ 극성 유기용제, 산, 방향족 아민류, 지방족 아민류, 아미노에탄올, 니트로벤젠류, 페놀류, 아미드류 등 포집에 사용된다.
⑤ 극성 물질을 채취한 경우 물, 메탄올 등 다양한 용매로 쉽게 탈착된다.
⑥ 탈착용매가 화학 및 기기분석에 방해물질로 작용하는 경우가 적다.
⑦ 활성탄으로 채취가 불가능한 아닐린 등의 아민류나 몇몇 무기물 채취가 가능하다.
⑧ 매우 유독한 이황화탄소(CS)를 탈착용매로 사용하지 않는다.
⑨ 실리카겔의 친화력(극성이 강한 순서)
물 > 알코올류 > 알데하이드류 > 케톤류 > 에스테르류 > 방향족 탄화수소류 > 올레핀류 > 파라핀류

36

작업장에서 어떤 유해물질의 농도를 무작위로 측정한 결과가 아래와 같을 때, 측정값에 대한 기하평균(GM)은?

5, 10, 28, 46, 90, 200 (단위: ppm)

① 11.4 ② 32.4
③ 63.2 ④ 104.5

*기하평균
$$GM = \sqrt[N]{X_1 \times X_2 \times \cdots \times X_n}$$
$$= \sqrt[6]{5 \times 10 \times 28 \times 46 \times 90 \times 200} = 32.4ppm$$

여기서,
X: 측정치
N: 측정치의 개수

37

접착공정에서 본드를 사용하는 작업장에서 톨루엔을 측정하고자 한다. 노출기준의 10%까지 측정하고자 할 때, 최소시료채취시간(min)은?
(단, 작업장은 25℃, 1기압이며, 톨루엔의 분자량은 92.14, 기체크로마토그래피의 분석에서 톨루엔의 정량한계는 0.5mg, 노출 기준은 100ppm, 채취유량은 0.15L/분이다.)

① 13.3　　② 39.6
③ 88.5　　④ 182.5

*채취 최소시간

노출기준 10% = 100ppm × 0.1 = 10ppm

$mg/m^3 = ppm \times \dfrac{분자량}{부피} = 10 \times \dfrac{92.14}{24.45} = 37.69 mg/m^3$

$부피 = \dfrac{LOQ}{농도} = \dfrac{0.5mg}{37.69mg/m^3 \times \left(\dfrac{1m^3}{1000L}\right)} = 13.27L$

∴ 최초 채취시간 = $\dfrac{13.27L}{0.15L/min}$ = 88.5min

여기서, LOQ : 정량한계[mg]

*참고
- 1atm, 25℃의 부피 = 24.45L
- $1m^3$ = 1000L

38

셀룰로오스 에스테르 막여과지에 관한 설명으로 옳지 않은 것은?

① 산에 쉽게 용해된다.
② 중금속 시료채취에 유리하다.
③ 유해물질이 표면에 주로 침착된다.
④ 흡습성이 적어 중량분석에 적당하다.

*MCE 막 여과지(셀룰로오스 에스테르 막여과지)
① 산에 쉽게 용해되고 가수분해되며, 습식 회화 되기 때문에 공기 중 입자상 물질 중 금속을 채취하여 원자흡광광도법으로 분석할 때 적당하다.
② 직경 37mm, 여과지 구멍의 크기가 0.45~0.8μm 정도로 작아 금속흄 채취가 가능하다.
③ 흡습성이 높아 오차를 유발할 수 있어 중량분석에 적합하지 않고, 산에 의해 쉽게 회화 되기 때문에 원소분석에 적합하다.
④ 금속, 석면, 살충제, 불소화합물 및 기타 무기물질 분석에 추천한다.
⑤ 유해물질이 여과지의 표면에 주로 침착되어 석면 등 현미경 분석을 위한 시료채취에 유리하다.

39

작업장 소음에 대한 1일 8시간 노출 시 허용기준 (dB(A))은?
(단, 미국 OSHA의 연속소음에 대한 노출기준으로 한다.)

① 45　　② 60
③ 86　　④ 90

*소음에 대한 노출기준
① 강렬한 소음작업(국내기준, OSHA기준)
기준 : 90dB(A), 5dB 변화

1일 노출시간[hr]	소음수준[dB(A)]
8	90
4	95
2	100
1	105
$\frac{1}{2}$	110
$\frac{1}{4}$	115

② 강렬한 소음작업(ACGIH기준)
기준 : 85dB(A), 3dB 변화

1일 노출시간[hr]	소음수준[dB(A)]
8	85
4	88
2	91
1	94
$\frac{1}{2}$	97
$\frac{1}{4}$	100

37.③ 38.④ 39.④

40
코크스 제조공정에서 발생되는 코크스오븐 배출물질을 채취할 때, 다음 중 가장 적합한 여과지는?

① 은막 여과지
② PVC 여과지
③ 유리섬유 여과지
④ PTFE 여과지

*은막 여과지(Silver Membrane Filter)
① 금속은을 소결하여 만들며 열적, 화학적 안정성이 있다.
② 코크스 제조공정에서 발생되는 코크스 오븐 배출 물질 또는 다핵방향족 탄화수소 등을 채취 하는데 사용한다.
③ 결합제나 섬유가 포함되어 있지 않다.

2020 3회차
산업위생관리기사 필기 기출문제
제 3과목 : 작업환경관리대책

41
덕트에서 평균속도압이 $25mmH_2O$일 때, 반송속도(m/s)는?

① 101.1   ② 50.5
③ 20.2   ④ 10.1

*동압(속도압, VP)
문제에서 별다른 조건이 없으므로 표준공기로 가정한다.
∴ $V = 4.043\sqrt{VP} = 4.043\sqrt{25} = 20.2m/s$

42
덕트 합류 시 댐퍼를 이용한 균형유지 방법의 장점이 아닌 것은?

① 시설 설치 후 변경에 유연하게 대처 가능
② 설치 후 부적당한 배기유량 조절가능
③ 임의로 유량을 조절하기 어려움
④ 설계 계산이 상대적으로 간단함

*저항조절평형법(덕트균형유지법, 댐퍼조절평형법)의 장단점

장점	① 시설 설치 후 변경이 유연하게 대처 가능하다. ② 설계 계산이 간편하고 고도의 지식을 요구하지 않는다. ③ 설치 후 송풍량 조절이 용이하다. ④ 최소 설계풍량은 평형유지가 가능하다. ⑤ 공장 내부 작업공정에 따라 적절한 덕트의 위치 변경이 가능하다.	
단점	① 임의의 댐퍼 조정 시 평형상태 파괴의 원인이 된다. ② 평형상태 시설에 댐퍼를 잘못 설치 시 평형상태 파괴의 원인이 된다. ③ 부분적 폐쇄댐퍼는 침식 및 분진퇴적의 원인이 된다. ④ 최대 저항경로 선정이 잘못되어도 설계 시 발견하기 어렵다.	

43
송풍기의 송풍량과 회전수의 관계에 대한 설명 중 옳은 것은?

① 송풍량과 회전수는 비례한다.
② 송풍량과 회전수의 제곱에 비례한다.
③ 송풍량과 회전수의 세제곱에 비례한다.
④ 송풍량과 회전수는 역비례한다.

*송풍기 상사법칙

종류	회전수(N)	직경(D)
풍량(Q)	$\frac{Q_2}{Q_1} = \frac{N_2}{N_1}$	$\frac{Q_2}{Q_1} = \left(\frac{D_2}{D_1}\right)^3$
풍압(P)	$\frac{P_2}{P_1} = \left(\frac{N_2}{N_1}\right)^2$	$\frac{P_2}{P_1} = \left(\frac{D_2}{D_1}\right)^2$
동력[H]	$\frac{H_2}{H_1} = \left(\frac{N_2}{N_1}\right)^3$	$\frac{H_2}{H_1} = \left(\frac{D_2}{D_1}\right)^5$

$$\frac{P_2}{P_1} \propto \frac{H_2}{H_1} \propto \frac{\rho_2}{\rho_1} \propto \frac{T_1}{T_2}$$

여기서,
Q_1 : 변경 전 풍량[m^3/min]
Q_2 : 변경 후 풍량[m^3/min]
N_1 : 변경 전 회전수[rpm]
N_2 : 변경 후 회전수[rpm]
P_1 : 변경 전 풍압[mmH_2O]
P_2 : 변경 후 풍압[mmH_2O]
D_1 : 변경 전 회전차 직경[m]
D_2 : 변경 후 회전차 직경[m]
H_1 : 변경 전 동력[kW]
H_2 : 변경 후 동력[kW]
ρ_1, ρ_2 : 변경 전·후 비중
T_1, T_2 : 변경 전·후 절대온도[K]

41.③ 42.③ 43.①

44

동일한 두께로 벽체를 만들었을 경우에 차음효과가 가장 크게 나타나는 재질은?
(단, 2000Hz 소음을 기준으로 하며, 공극률 등 기타 조건은 동일하다 가정한다.)

① 납
② 석고
③ 알루미늄
④ 콘크리트

재질의 비중(밀도)이 클수록 차음효과가 크다.
① 납 비중 : 11.3
② 석고 비중 : 2.2
③ 알루미늄 비중 : 2.7
④ 콘크리트 비중 : 2.4

45

다음 보기 중 공기공급시스템(보충용 공기의 공급장치)이 필요한 이유가 모두 선택된 것은?

> a. 연료를 절약하기 위해서
> b. 작업장 내 안전사고를 예방하기 위해서
> c. 국소배기장치를 적절하게 가동시키기 위해서
> d. 작업장의 교차기류를 유지하기 위해서

① a, b
② a, b, c
③ b, c, d
④ a, b, c, d

*공기공급 시스템이 필요한 이유
① 국소배기장치의 적절한 가동을 위해
② 국소배기장치의 효율 유지를 위해
③ 안전사고 예방을 위해
④ 연료 절약을 위해
⑤ 작업장 내 방해기류가 생기는 것을 방지하기 위해
⑥ 외부 공기가 정화되지 않은 채 건물 내로 유입되는 것을 막기 위해

46

동력과 회전수의 관계로 옳은 것은?

① 동력은 송풍기 회전속도에 비례한다.
② 동력은 송풍기 회전속도의 제곱에 비례한다.
③ 동력은 송풍기 회전속도의 세제곱에 비례한다.
④ 동력은 송풍기 회전속도에 반비례한다.

*송풍기 상사법칙

종류	회전수(N)	직경(D)
풍량(Q)	$\frac{Q_2}{Q_1} = \frac{N_2}{N_1}$	$\frac{Q_2}{Q_1} = \left(\frac{D_2}{D_1}\right)^3$
풍압(P)	$\frac{P_2}{P_1} = \left(\frac{N_2}{N_1}\right)^2$	$\frac{P_2}{P_1} = \left(\frac{D_2}{D_1}\right)^2$
동력(H)	$\frac{H_2}{H_1} = \left(\frac{N_2}{N_1}\right)^3$	$\frac{H_2}{H_1} = \left(\frac{D_2}{D_1}\right)^5$

$$\frac{P_2}{P_1} \propto \frac{H_2}{H_1} \propto \frac{\rho_2}{\rho_1} \propto \frac{T_1}{T_2}$$

여기서,
Q_1 : 변경 전 풍량[m^3/min]
Q_2 : 변경 후 풍량[m^3/min]
N_1 : 변경 전 회전수[rpm]
N_2 : 변경 후 회전수[rpm]
P_1 : 변경 전 풍압[mmH_2O]
P_2 : 변경 후 풍압[mmH_2O]
D_1 : 변경 전 회전차 직경[m]
D_2 : 변경 후 회전차 직경[m]
H_1 : 변경 전 동력[kW]
H_2 : 변경 후 동력[kW]
ρ_1, ρ_2 : 변경 전·후 비중
T_1, T_2 : 변경 전·후 절대온도[K]

47

강제환기를 실시할 때 환기효과를 제고하기 위해 따르는 원칙으로 옳지 않은 것은?

① 배출공기를 보충하기 위하여 청정공기를 공급할 수 있다.
② 공기배출구와 근로자의 작업위치 사이에 오염원이 위치하여야 한다.
③ 오염물질 배출구는 가능한 한 오염원으로부터 가까운 곳에 설치하여 점환기 현상을 방지한다.
④ 오염원 주위에 다른 작업공정이 있으면 공기배출량을 공급량보다 약간 크게 하여 음압을 형성하여 주위 근로자에게 오염물질이 확산되지 않도록 한다.

*전체환기(강제환기) 시설 설치 시 기본원칙
① 오염물질 사용량을 조사하여 필요환기량을 계산할 것
② 배출공기를 보충하기 위하여 청정공기를 공급할 것
③ 오염물질 배출구는 가능한 한 오염원에 가까운 곳에 설치하여 점환기 효과를 얻을 것
④ 공기배출구와 근로자의 작업위치 사이에 오염원이 위치해야할 것
⑤ 필요 환기량은 오염물질이 충분히 희석될 수 있는 양으로 설계할 것
⑥ 공기가 급기구를 통하여 들어와서 오염물질이 있는 영역을 통과하여 배기구로 빠져나가도록 설계할 것
⑦ 건물 밖으로 배출된 오염공기가 안으로 재유입되지 않도록 배출 높이를 적절하게 설계하고 창문이나 문 근처에 위치하지 않도록 할 것
⑧ 오염된 공기는 작업자가 호흡하기 전 충분히 희석되도록 할 것
⑨ 오염원 주위에 다른 작업 공정이 있으면 공기배출량을 공급량보다 약간 크게 하여 음압을 형성하여 주위 근로자에게 오염 물질이 확산 되지 않도록 한다.
⑩ 오염원 주위에 근로자의 작업공간이 존재할 경우에는 배기를 급기보다 약간 많이 한다.

48

점음원과 $1m$ 거리에서 소음을 측정한 결과 $95dB$로 측정되었다. 소음수준을 $90dB$로 하는 제한구역을 설정할 때, 제한구역의 반경(m)은?

① 3.16
② 2.20
③ 1.78
④ 1.39

*거리감쇠(점음원 기준)
$$SPL_1 - SPL_2 = 20\log\left(\frac{r_2}{r_1}\right)$$
$$95 - 90 = 20\log\frac{r_2}{1}$$
$$\therefore r_2 = 1.78m$$

여기서,
SPL_1 : 음원으로부터 r_1 떨어진 지점의 음압레벨$[dB]$
SPL_2 : 음원으로부터 r_2 떨어진 지점의 음압레벨$[dB]$
$(r_2 > r_1)$
$SPL_1 - SPL_2$: 거리감쇠치$[dB]$

49

층류영역에서 직경이 $2\mu m$이며 비중이 3인 입자상 물질의 침강속도(cm/s)는?

① 0.032
② 0.036
③ 0.042
④ 0.046

*리프만(Lippman) 식에 의한 침강속도
$\rho = $ 비중 $\times$ 물의 밀도$(=1) = 3 \times 1 = 3g/cm^3$
$\therefore V = 0.003\rho d^2 = 0.003 \times 3 \times 2^2 = 0.036 cm/sec$

여기서,
V : 침강속도$[cm/sec]$
ρ : 입자 밀도$[g/cm^3]$
d : 입자 직경$[\mu m]$

50
입자상 물질을 처리하기 위한 공기정화장치로 가장 거리가 먼 것은?

① 사이클론
② 중력집진장치
③ 여과집진장치
④ 촉매산화에 의한 연소장치

*집진장치의 종류(입자상 물질 처리시설의 종류)
① 중력집진장치
② 관성력집진장치
③ 원심력집진장치(사이클론)
④ 세정집진장치
⑤ 여과집진장치
⑥ 전기집진장치

51
공기가 흡인되는 덕트관 또는 공기가 배출되는 덕트관에서 음압이 될 수 없는 압력의 종류는?

① 속도압(VP)
② 정압(SP)
③ 확대압(EP)
④ 전압(TP)

속도압(동압, VP)은 항상 0 또는 양압을 갖는 압력이다.

52
다음의 보호장구의 재질 중 극성용제에 가장 효과적인 것은?

① Viton
② Nitrile 고무
③ Neoprene 고무
④ Butyl 고무

*보호구 재질에 따른 적용물질

보호구 재질	적용물질
Neoprene 고무	비극성용제, 산, 부식성물질
Vitron	비극성용제
Nitrile	비극성용제
Butyl 고무	극성용제
천연고무(Latex)	극성용제, 수용성 용액
가죽	찰과상 예방 (용제에 사용 불가능)
면	고체상물질 (용제에 사용 불가능)
Polyvinyl Chloride(PVC)	수용성 용액
Ethylene Vinyl Alcohol	화학물질 취급 작업

53
귀덮개 착용 시 일반적으로 요구되는 차음 효과는?

① 저음에서 15dB 이상, 고음에서 30dB 이상
② 저음에서 20dB 이상, 고음에서 45dB 이상
③ 저음에서 25dB 이상, 고음에서 50dB 이상
④ 저음에서 30dB 이상, 고음에서 55dB 이상

*귀덮개의 차음효과(방음효과)
① 저음역 20dB 이상
② 고음역 45dB 이상

54
움직이지 않는 공기 중으로 속도 없이 배출되는 작업조건(예시: 탱크에서 증발)의 제어 속도 범위 (m/s)는?
(단, ACGIH 권고 기준)

① 0.1 ~ 0.3
② 0.3 ~ 0.5
③ 0.5 ~ 1.0
④ 1.0 ~ 1.5

50.④ 51.① 52.④ 53.② 54.②

*제어속도 범위(ACGIH)

작업조건	작업공정 사례	제어속도 [m/s]
움직이지 않는 공기 중 속도없이 배출되는 작업조건 조용한 대기 중에 실제 거의 속도가 없는 상태로 발산하는 경우의 작업조건	- 탱크에서 증발, 탈지시설 - 액면에서 발생하는 가스나 증기 흄	0.25~0.5
비교적 조용한 대기 중 저속도로 비산하는 작업조건	- 용접, 도금작업 - 스프레이 도장 - 주형을 부수고 모래를 터는 장소	0.5~1.0
발생 기류가 높고 유해물질이 활발하게 발생하는 작업조건	- 스프레이 도장, 용기 충전 - 분쇄기 - 컨베이어 적재	1.0~2.5
초고속 기류가 있는 작업장소에 초고속으로 비산하는 경우	- 회전 연삭작업 - 연마작업 - 블라스트 작업	2.5~10

55

기류를 고려하지 않고 감각온도(effective temperature)의 근사치로 널리 사용되는 지수는?

① WBGT
② Radiation
③ Evaporation
④ Glove Temperature

*WBGT(습구흑구온도지수)
기류를 고려하지 않고 감각온도의 근사치로 널리 사용되는 지수

56

안전보건규칙상 국소배기장치의 덕트 설치 기준으로 틀린 것은?

① 가능하면 길이는 짧게 하고 굴곡부의 수는 적게 할 것
② 접속부의 안쪽은 돌출된 부분이 없도록 할 것
③ 덕트 내부에 오염물질이 쌓이지 않도록 이송속도를 유지할 것
④ 연결 부위 등은 내부 공기가 들어오지 않도록 할 것

*덕트설치 시 주요원칙
① 공기가 아래로 흐르도록 하향구배를 만든다.
② 구부러짐 전후에는 청소구를 만든다.
③ 밴드는 가능하면 완만하게 구부리며, 90°는 피한다.
④ 덕트는 가능한 한 짧게 배치하도록 한다.
⑤ 가급적 원형 덕트를 사용하고, 사각 덕트 사용 시 정방형을 사용한다.
⑥ 가능한 한 후드와 가까운 곳에 설치한다.
⑦ 밴드의 수는 가능한 한 적게 하도록 한다.
⑧ 수분이 응축될 경우 덕트 내로 들어가지 않도록 하며 경사나 배수구를 마련한다.
⑨ 덕트와 송풍기 연결부위는 진동을 고려하여 유연한 재질로 한다.
⑩ 후드는 덕트보다 두꺼운 재질을 선택한다.
⑪ 직경이 다른 덕트 연결 시 경사 30° 이내의 테이퍼를 부착한다.
⑫ 송풍기를 연결할 때 최소 덕트 직경의 6배는 직선구간으로 한다.
⑬ 곡관은 직관보다 0.76mm 정도 두꺼운 재질을 선택한다.
⑭ 곡률반경은 최소 덕트 직경의 1.5 이상, 주로 2.0을 사용한다.

55.① 56.④

57

Stokes 침강법칙에서 침강속도에 대한 설명으로 옳지 않은 것은?
(단, 자유공간에서 구형의 분진 입자를 고려한다.)

① 기체와 분진입자의 밀도 차에 반비례한다.
② 중력 가속도에 비례한다.
③ 기체의 점도에 반비례한다.
④ 분진입자 직경의 제곱에 비례한다.

*스토크스(Stokes) 법칙에 의한 침강속도

$$V = \frac{gd^2(\rho_1 - \rho)}{18\mu}$$

여기서,
V : 침강속도[cm/sec]
g : 중력가속도[$= 980cm/sec^2$]
d : 입자 직경[cm]
ρ_1 : 입자 밀도[g/cm^3]
ρ : 공기 밀도[g/cm^3]
μ : 공기 점성계수[$g/cm \cdot sec$]

58

호흡용 보호구 중 마스크의 올바른 사용법이 아닌 것은?

① 마스크를 착용할 때는 반드시 밀착성에 유의해야 한다.
② 공기정화식 가스마스크(방독마스크)는 방진마스크와는 달리 산소 결핍 작업장에서도 사용이 가능하다.
③ 정화통 혹은 흡수통(canister)은 한번 개봉하면 재사용을 피하는 것이 좋다.
④ 유해물질의 농도가 극히 높으면 자기공급식장치를 사용한다.

공기정화식 가스마스크(방독마스크)는 방진마스크와 마찬가지로 산소 결핍 작업장에서 사용을 금한다.

59

21℃, 1기압의 어느 작업장에서 톨루엔과 이소프로필알코올을 각각 $100g/h$씩 사용(증발)할 때, 필요 환기량(m^3/h)은?
(단, 두 물질은 상가작용을 하며, 톨루엔의 분자량은 92, TLV는 $50ppm$, 이소프로필알코올의 분자량은 60, TLV는 $200ppm$이고, 각 물질의 여유계수는 10으로 동일하다.)

① 약 6250   ② 약 7250
③ 약 8650   ④ 약 9150

*노출기준에 따른 전체환기량(Q)
사용량[g/hr] $= S \times G \times 10^3$
톨루엔의 필요환기량(Q_1)

$$Q_1 = \frac{24.1 \times S \times G \times K \times 10^6}{M \times TLV}$$

$$= \frac{24.1 \times 사용량[g/hr] \times K \times 10^3}{M \times TLV}$$

$$= \frac{24.1 \times 100 \times 10 \times 10^3}{92 \times 50} = 5239 m^3/hr$$

이소프로필알코올의 필요환기량(Q_2)

$$Q_2 = \frac{24.1 \times S \times G \times K \times 10^6}{M \times TLV}$$

$$= \frac{24.1 \times 사용량[g/hr] \times K \times 10^3}{M \times TLV}$$

$$= \frac{24.1 \times 100 \times 10 \times 10^3}{60 \times 200} = 2008 m^3/hr$$

두 물질은 상가작용을 하므로,
$\therefore Q = Q_1 + Q_2 = 5239 + 2008 = 7247 ≒ 7250 m^3/h$

여기서,
Q : 전체환기량[m^3/hr]
S : 유해물질의 비중
G : 유해물질의 시간당 사용량[L/hr]
K : 안전계수(혼합계수)
M : 유해물질의 분자량
TLV : 유해물질의 노출기준[ppm]
24.1 : $1atm$, 21℃에서 공기의 부피[L]

$$\left(온도보정 : 24.1 \times \frac{273+t}{273+21}\right)$$

여기서, t : 실제공기의 온도[℃]

60

덕트에서 속도압 및 정압을 측정할 수 있는 표준 기기는?

① 피토관
② 풍차풍속계
③ 열선풍속계
④ 임펀저관

피토관(Pitot Tube)는 전압과 정압을 구하여 속도압(동압)=전압-정압으로 속도압까지 구할 수 있는 측정기기이다.

2020 3회차 산업위생관리기사 필기 기출문제
제 4과목 : 물리적유해인자관리

61
지적환경(potimum working environment)을 평가하는 방법이 아닌 것은?

① 생산적(productive) 방법
② 생리적(physiological) 방법
③ 정신적(psychological) 방법
④ 생물역학적(biomechanical) 방법

*지적환경 평가법
① 생리적 방법
② 생산적 방법
③ 정신적 방법

62
감압환경의 설명 및 인체에 미치는 영향으로 옳은 것은?

① 인체와 환경사이의 기압차이 때문으로 부종, 출혈, 동통 등을 동반한다.
② 화학적 장해로 작업력의 저하, 기분의 변환, 여러 종류의 다행중이 일어난다.
③ 대기가스의 독성 때문으로 시력장애, 정신혼란, 간질 모양의 경련을 나타낸다.
④ 용해질소의 기포형성 때문으로 동통성 관절장애, 호흡곤란, 무균성 골괴사 등을 일으킨다.

고압에서 저압으로가는 감압환경은 용해질소의 기포형성 때문으로 동통성 관절장애, 호흡곤란, 무균성 골괴사 등을 일으킨다.

63
진동의 강도를 표현하는 방법으로 옳지 않은 것은?

① 속도(velocity)
② 투과(transmission)
③ 변위(displacement)
④ 가속도(acceleration)

*진동의 강도 표현방법
① 변위
② 속도
③ 가속도

64
전리방사선의 흡수선량이 생체에 영향을 주는 정도를 표시하는 선당량(생체실효선량)의 단위는?

① R
② Ci
③ Sv
④ Gy

*Sv(Sievert)
선당량(생체실효선량)의 단위이며, 1Sv=100rem이다.

65
실효음압이 $2 \times 10^{-3} N/m^2$인 음의 음압수준은 몇 dB인가?

① 40
② 50
③ 60
④ 70

61.④ 62.④ 63.② 64.③ 65.①

*음압수준(SPL)

$$SPL = 20\log\left(\frac{P}{P_o}\right) = 20\log\left(\frac{2\times 10^{-3}}{2\times 10^{-5}}\right) = 40dB$$

여기서
SPL : 음압수준(음압도, 음압레벨)[dB]
P : 대상음의 음압[N/m^2]
P_o : 기준음압(= $2\times 10^{-5}[N/m^2]$)

66
고압 작업환경만으로 나열된 것은?

① 고소작업, 등반작업
② 용접작업, 고소작업
③ 탈지작업, 샌드블라스트(sand blast)작업
④ 잠함(caisson)작업, 광산의 수직갱 내 작업

*고압 작업환경
① 잠함작업
② 광산의 수직갱 내 작업
③ 하저의 터널작업 등

67
다음 ( )안에 들어갈 내용으로 옳은 것은?

| 일반적으로 (　　　)의 마이크로파는 신체를 완전히 투과하며 흡수되어도 감지되지 않는다. |

① 150MHz 이하   ② 300MHz 이하
③ 500MHz 이하   ④ 1000MHz 이하

일반적으로 150MHz의 마이크로파는 신체를 완전히 투과하며 흡수되어도 감지되지 않는다.

68
저온에 의한 1차적인 생리적 영향에 해당하는 것은?

① 말초혈관의 수축
② 혈압의 일시적 상승
③ 근육긴장의 증가와 전율
④ 조직대사의 증진과 식욕항진

*저온에서의 생리적 현상

저온의 1차적 생리적 현상	저온의 2차적 생리적 현상
① 피부혈관 수축 ② 체표면적 감소 ③ 근육긴장의 증가 및 떨림 ④ 화학적 대사작용 증가	① 표면조직 냉각 ② 식욕 항진 ③ 순환기능 감소 ④ 혈압 상승 ⑤ 말초 냉각

69
실내 작업장에서 실내 온도 조건이 다음과 같을 때 WBGT(℃)는?

| - 흑구온도 32℃
- 건구온도 27℃
- 자연습구온도 30℃ |

① 30.1   ② 30.6
③ 30.8   ④ 31.6

*습구흑구온도지수(WBGT)
① 태양광선이 내리쬐는 옥외 장소
WBGT(℃)
= 0.7×자연습구온도+0.2×흑구온도+0.1×건구온도

② 태양광선이 내리쬐지 않는 옥내 또는 옥외 장소
WBGT(℃) = 0.7×자연습구온도+0.3×흑구온도

WBGT(℃) = 0.7×자연습구온도+0.3×흑구온도
       = 0.7×30+0.3×32 = 30.6℃

66.④ 67.① 68.③ 69.②

70

고압환경의 인체작용에 있어 2차적 가압현상에 해당하지 않는 것은?

① 산소 중독 ② 질소 마취
③ 공기 전색 ④ 이산화탄소 중독

*2차적 가압현상(화학적 장해)
고압 하의 대기가스 독성 때문에 나타나는 현상으로, 다음 3가지 현상이 발생한다.

질소 가스 마취	① 공기 중 질소가스는 4기압을 넘으면 마취작용을 일으킨다. ② 사고력, 판단력, 기억력 저하, 불안, 공포감, 마약효과 등 증상이 일어난다. ③ 질소 마취증상은 대기압 조건으로 복귀하면 사라진다. (가역적이다.) ④ 질소가스 마취 증상이 있는 근로자에게 질소를 헬륨으로 대치한 공기를 호흡시키면 예방된다.
산소 중독	① 산소분압이 2기압을 넘으면 산소중독 증상이 일어난다. ② 시력장애, 정신혼란, 근육경련 등 증상이 일어난다. ③ 산소중독 증상은 고압산소에 대한 노출이 중지되면 증상이 즉시 멈춘다.
이산 화탄 소 중독	① 산소의 중독과 질소의 마취작용을 증가시키는 역할을 한다. ② 고압환경에서의 이산화탄소 농도가 0.2%를 초과해서는 안된다.

71

다음 중 살균력이 가장 센 파장영역은?

① 1800 ~ 2100 Å ② 2800 ~ 3100 Å
③ 3800 ~ 4100 Å ④ 4800 ~ 5100 Å

*자외선의 분류

분류	파장	발생
UV-C	100~280nm (1000~2800 Å)	피부의 색소침착
UV-B (도르노선)	280~315nm (2800~3150 Å)	소독작용, 비타민 D형성 (건강선, 생명선) 피부노화, 홍반, 각막염, 피부암 유발
UV-A (근자외선)	315~400nm (3150~4000 Å)	피부노화 촉진, 백내장

소독작용을 하는 UV-B가 살균력이 가장 센 파장영역이다.

72

다음 중 차음평가지수를 나타내는 것은?

① sone ② NRN
③ NRR   ④ phon

*차음효과(OSHA)
차음효과 = $(NRR - 7) \times 0.5$

여기서,
NRR : 차음평가수

73

소음성 난청에 대한 내용으로 옳지 않은 것은?

① 내이의 세포 변성이 원인이다.
② 음이 강해짐에 따라 정상인에 비해 음이 급격하게 크게 들린다.
③ 청력손실은 초기에 $4000Hz$ 부근에서 영향이 현저하다.
④ 소음 노출과 관계없이 연령이 증가함에 따라 발생하는 청력장애를 말한다.

소음 노출과 관계없이 연령이 증가함에 따라 발생하는 청력장애는 노인성 난청이다.

74

소음계(sound level meter)로 소음측정 시 A 및 C특성으로 측정하였다. 만약 C특성으로 측정한 값이 A특성으로 측정한 값보다 훨씬 크다면 소음의 주파수영역은 어떻게 추정이 되겠는가?

① 저주파수가 주성분이다.
② 중주파수가 주성분이다.
③ 고주파수가 주성분이다.
④ 중 및 고주파수가 주성분이다.

*소음의 주파수 영역
$dB(A) \ll dB(C)$: 저주파 성분
$dB(A) \approx dB(C)$: 고주파 성분

75
전리방사선 방어의 궁극적 목적은 가능한 한 방사선에 불필요하게 노출되는 것을 최소화 하는 데 있다. 국제방사선방호위원회(ICRP)가 노출을 최소화하기 위해 정한 원칙 3가지에 해당하지 않는 것은?

① 작업의 최적화
② 작업의 다양성
③ 작업의 정당성
④ 개개인의 노출량의 한계

*국제방사선방호위원회(ICRP)의 노출 최소화 원칙 3가지
① 작업의 최적화
② 작업의 정당성
③ 개개인의 노출량의 한계

76
현재 총 흡음량이 $1200 sabins$인 작업장의 천장에 흡음물질을 첨가하여 $2800 sabins$을 더할 경우 예측되는 소음감소량(dB)은 약 얼마인가?

① 3.5
② 4.2
③ 4.8
④ 5.2

*실내소음 저감량(NR)
$NR = SPL_1 - SPL_2 = 10\log\left(\frac{A_2}{A_1}\right) = 10\log\left(\frac{A_1 + A_\alpha}{A_1}\right)$
$= 10\log\left(\frac{1200 + 2800}{1200}\right) = 5.2 dB$

77
레이노 현상(Raynaud's phenomenon)과 관련이 없는 것은?

① 방사선
② 국소진동
③ 혈액순환장애
④ 저온환경

*레이노드 증상(Raynaud)
한랭환경에서 국소진동에 노출되면 발생하는 현상으로 손과 발가락의 감각마비 증상(혈액순환장애)이 나타난다. 청색증이라고도 명칭을 불리우며, 심하면 극심한 통증이 발생한다. 주로 진동공구, 착암기, 해머 등 공구를 장기간 사용한 근로자에게 발생한다.

78
작업장 내 조명방법에 관한 내용으로 옳지 않은 것은?

① 형광등은 백색에 가까운 빛을 얻을 수 있다.
② 나트륨등은 색을 식별하는 작업장에 가장 적합하다.
③ 수은등은 형광물질의 종류에 따라 임의의 광색을 얻을 수 있다.
④ 시계공장 등 작은 물건을 식별하는 작업을 하는 곳은 국소조명이 적합하다.

나트륨등은 색을 식별하는 작업장에 적합하지 않다.

79
럭스(lux)의 정의로 옳은 것은?

① $1m^2$의 평면에 1루멘의 빛이 비칠 때의 밝기를 의미한다.
② 1촉광의 광원으로부터 한 단위 입체각으로 나가는 빛의 밝기 단위이다.
③ 지름이 1인치되는 촛불이 수평방향으로 비칠 때의 빛의 광도를 나타내는 단위이다.
④ 1루멘의 빛이 $1ft^2$의 평면상에 수직방향으로 비칠 때 그 평면의 빛의 양을 의미한다.

*럭스(Lux)
1lumen의 빛이 $1m^2$의 평면상에 수직으로 비칠 때의 밝기
$$조도(Lux) = \frac{lumen}{m^2}$$

80
유해한 환경의 산소결핍 장소에 출입 시 착용하여야 할 보호구와 가장 거리가 먼 것은?

① 방독마스크
② 송기마스크
③ 공기호흡기
④ 에어라인마스크

방독마스크, 방진마스크는 산소결핍 장소에서 사용이 적합하지 않다.

2020 3회차 제 5과목 : 산업독성학

산업위생관리기사 필기 기출문제

81
유해물질의 생리적 작용에 의한 분류에서 질식제를 단순 질식제와 화학적 질식제로 구분할 때 화학적 질식제에 해당하는 것은?

① 수소(H_2)
② 메탄(CH_4)
③ 헬륨(He)
④ 일산화탄소(CO)

*질식제
조직 내 산화작용을 방해하는 물질

질식제의 구분	
단순 질식제	생리적으로 아무 작용하지 않으나 공기 중에 많이 존재하여 산소분압을 감소시켜 조직에 필요한 산소의 공급부족을 유발한다. ① 이산화탄소(CO_2) ② 메탄(CH_4) ③ 질소(N_2) ④ 수소(H_2) ⑤ 에탄(C_2H_6) ⑥ 프로판(C_3H_8) ⑦ 에틸렌(C_2H_4) ⑧ 아세틸렌(C_2H_2) ⑨ 헬륨(He)
화학적 질식제	산소운반 능력을 방해하거나 조직이 산소를 받아들이는 능력을 저하시켜 내질식을 일으킨다. ① 일산화탄소(CO) ② 황화수소(H_2S) ③ 시안화수소(HCN) ④ 아닐린($C_6H_5NH_2$) ⑤ 염소(Cl) ⑥ 포스겐($COCl_2$)

82
화학물질 및 물리적 인자의 노출기준에서 근로자가 1일 작업시간동안 잠시라도 노출되어서는 아니 되는 기준을 나타내는 것은?

① TLV-C
② TLV-skin
③ TLV-TWA
④ TLV-STEL

*TLV-C(최고노출기준)
근로자가 1일 작업시간동안 잠시라도 노출되어서는 아니 되는 기준을 말하며, 노출기준 앞에 "C"를 붙여 표시한다.

83
생물학적 모니터링을 위한 시료가 아닌 것은?

① 공기 중 유해인자
② 요 중의 유해인자나 대사산물
③ 혈액 중의 유해인자나 대사산물
④ 호기(exhaled air)중의 유해인자나 대사산물

*생물학적 모니터링
근로자의 유해인자에 대한 노출정도를 소변, 호기, 혈액 중에서 그 물질이나 대사산물을 측정 함으로써 노출 정도를 추정하는 방법이며, 측정을 통해 노출의 정도나 건강위험을 평가한다.

81.④ 82.① 83.①

84

흡인분진의 종류에 의한 진폐증의 분류 중 무기성 분진에 의한 진폐증이 아닌 것은?

① 규폐증
② 면폐증
③ 철폐증
④ 용접공폐증

*분진 종류에 따른 진폐증 분류

무기성(광물성)분진에 의한 진폐증 (교원성 진폐증)	유기성 분진에 의한 진폐증 (비교원성 진폐증)
① 규폐증 ② 규조토폐증 ③ 탄소폐증 ④ 석면폐증 ⑤ 용접공폐증 ⑥ 탄광부 진폐증 ⑦ 베릴륨폐증 ⑧ 철폐증 ⑨ 활석폐증 ⑩ 흑연폐증 ⑪ 주석폐증 ⑫ 칼륨폐증 ⑬ 바륨폐증	① 농부폐증 ② 연초폐증 ③ 면폐증 ④ 설탕폐증 ⑤ 목재분진폐증 ⑥ 모발분진 폐증

85

3가 및 6가 크롬의 인체 작용 및 독성에 관한 내용으로 옳지 않은 것은?

① 산업장의 노출의 관점에서 보면 3가 크롬이 6가 크롬보다 더 해롭다.
② 3가 크롬은 피부 흡수가 어려우나 6가 크롬은 쉽게 피부를 통과한다
③ 세포막을 통과한 6가 크롬은 세포내에서 수 분 내지 수 시간 만에 발암성을 가진 3가 형태로 환원된다.
④ 6가에서 3가로의 환원이 세포질에서 일어나면 독성이 적으나 DNA의 근위부에서 일어나면 강한 변이원성을 나타낸다.

*크롬(Cr)

특징	① 3가 크롬은 피부흡수가 어렵다. ② 6가 크롬은 쉽게 피부를 통과하여 3가 크롬에 비해 더 해로운 편이다. ③ 전기도금공장, 가죽 제조, 용접, 스테인리스강 가공 등에서 노출된다. ④ 체내에 흡수되어 간, 폐, 신장에 축적되어 주로 소변을 통해 배설된다.
중독 증상	① 급성중독 신장장해로 과뇨증이 오며 더욱 진전되면 무뇨증을 일으켜 요독증으로 사망가능성이 높아진다. ② 만성중독 폐암, 비강암, 비중격천공증, 접촉성 피부염, 크롬폐증 등 증상이 있다.
치료 사항	① 섭취 시 응급조치로 우유 및 비타민C를 섭취한다. ② 크롬 폭로 시 즉시 중단하고 만성 크롬중독인 경우 특별한 치료방법이 없다.

86

다음 중 만성중독 시 코, 폐 및 위장의 점막에 병변을 일으키며, 장기간 흡입하는 경우 원발성 기관지암과 폐암이 발생하는 것으로 알려진 대표적인 중금속은?

① 납(Pb)
② 수은(Hg)
③ 크롬(Cr)
④ 베릴륨(Be)

*크롬중독의 증세
① 급성중독
신장장해로 과뇨증이 오며 더욱 진전되면 무뇨증을 일으켜 요독증으로 사망가능성이 높아진다.

② 만성중독
폐암, 비강암, 비중격천공증, 접촉성 피부염, 크롬폐증 등 증상이 있다.

87
독성물질 생체내 변환에 관한 설명으로 옳지 않은 것은?

① 1상 반응은 산화, 환원, 가수분해 등의 과정을 통해 이루어진다.
② 2상 반응은 2상 반응이 불가능한 물질에 대한 추가적 축합반응이다.
③ 생체변환의 기전은 기존의 화합물보다 인체에서 제거하기 쉬운 대사물질로 변화시키는 것이다.
④ 생체 내 변환은 독성물질이나 약물의 제거에 대한 첫 번째 기전이며, 1상 반응과 2상 반응으로 구분된다.

2상 반응은 1상 반응을 거친 물질을 더욱 수용성으로 만드는 포합반응이다.

88
다음 중금속 취급에 의한 대표적인 직업성 질환을 연결한 것으로 서로 관련이 가장 적은 것은?

① 니켈 중독 - 백혈병, 재생불량성 빈혈
② 납 중독 - 골수침입, 빈혈, 소화기장해
③ 수은 중독 - 구내염, 수전증, 정신장해
④ 망간 중독 - 신경염, 신장염, 중추신경장해

*니켈중독의 증세
① 급성중독
접촉성 피부염, 복통, 설사, 두통, 현기증, 폐렴, 폐부종, 전신중독 유발

② 만성중독
폐암, 비강암, 비중격천공증 유발

89
다음 중 가스상 물질의 호흡기계 축적을 결정하는 가장 중요한 인자는?

① 물질의 농도차 ② 물질의 입자분포
③ 물질의 발생기전 ④ 물질의 수용성 정도

*가스상 물질 호흡기계 축적 결정인자
물질의 수용성 정도

90
중금속에 중독되었을 경우에 치료제로 BAL이나 Ca-EDTA 등 금속배설 촉진제를 투여해서는 안되는 중금속은?

① 납   ② 비소
③ 망간   ④ 카드뮴

*카드뮴중독의 치료사항
① 안정을 취하고 동시에 산소흡입, 스테로이드를 투여한다.
② 비타민 D를 피하 주사한다.
③ BAL 및 Ca-EDTA 등 배설촉진제는 신장 독성을 증가시키므로 절대 투여를 금지한다.

91
산업안전보건법령상 석면 및 내화성 세라믹 섬유의 노출기준 표시단위로 옳은 것은?

① %   ② ppm
③ $개/cm^3$ ④ mg/m^3

*석면 및 내화성 세라믹 섬유의 노출기준 표시단위
$개/cm^3$, 개/mL, 개/cc

87.② 88.① 89.④ 90.④ 91.③

92
피부독성 반응의 설명으로 옳지 않은 것은?

① 가장 빈번한 피부반응은 접촉성 피부염이다.
② 알레르기성 접촉피부염은 면역반응과 관계가 없다.
③ 광독성 반응은 홍반·부종·착색을 동반하기도 한다.
④ 담마진 반응은 접촉 후 보통 30~60분 후에 발생한다.

알레르기성 접촉피부염은 면역반응과 관계되어 있다.

93
산업안전보건법령상 사람에게 충분한 발암성 증거가 있는 물질(1A)에 포함되어 있지 않은 것은?

① 벤지딘(Benzidine)
② 베릴륨(Beryllium)
③ 에틸벤젠(Ethyl benzene)
④ 염화비닐(Vinyl chloride)

*발암성 확인물질(A1)
① 석면
② 벤지딘
③ 베릴륨
④ 우라늄
⑤ 염화비닐
⑥ 6가 크롬 화합물
⑦ 아크릴로니트릴
⑧ β-나프탈아민
⑨ 황화니켈 등

94
단백질을 침전시키며 thiol(-SH)기를 가진 효소의 작용을 억제하여 독성을 나타내는 것은?

① 수은
② 구리
③ 아연
④ 코발트

*수은중독의 증세
① 대표적인 증상은 구내염, 근육진전, 정신증상, 식욕부진, 신기능부전 등이 있다.
② 시신경장애, 정신이상, 보행장애, 수족신경마비, 신기능부전 증상이 있다.
③ 혀가 떨리거나 수전증 증상이 있다.
④ 소화관으로 약 7% 이하 소량으로 흡수되며, 금속 형태는 뇌, 심근, 혈액에 많이 분포되어 있다.
⑤ 주로 신장에 축적된다.
⑥ 유기수은의 독성은 무기수은의 독성보다 훨씬 강하다.
⑦ 메틸수은은 미나마타병을 일으킨다.
⑧ 전리된 수소이온은 단백질을 침전시키고 -SH기를 가진 효소작용을 억제하여 독성을 나타낸다.

95
동물을 대상으로 약물을 투여했을 때 독성을 초래하지는 않지만 대상의 50%가 관찰 가능한 가역적인 반응이 나타나는 작용량을 무엇이라 하는가?

① LC_{50}
② ED_{50}
③ LD_{50}
④ TD_{50}

*ED_{50}
피실험동물 50%가 일정한 반응을 일으키는 양

96
이황화탄소(CS_2)에 중독될 가능성이 가장 높은 작업장은?

① 비료 제조 및 초자공 작업장
② 유리 제조 및 농약 제조 작업장
③ 타르, 도장 및 석유 정제 작업장
④ 인조견, 셀로판 및 사염화탄소 생산 작업장

*이황화탄소(CS_2)
① 중추신경장해, 말초신경장해(파킨슨 증후군), 생식기능장해, 두통, 급성마비, 신경행동학적 이상, 기질적 뇌손상(급성 뇌병증), 시·청각 장해 등을 유발한다.
② 상온에서 무색 무취의 휘발성이 높은 액체이며, 폭발의 위험성이 있다.
③ 사염화탄소 제조, 고무제품의 용제, 셀로판 생산, 농약 공장, 인조견 등에 사용된다.

97
다음 사례의 근로자에게서 의심되는 노출인자는?

> 41세 A씨는 1990년부터 1997년까지 기계공구제조업에서 산소용접작업을 하다가 두통, 관절통, 전신근육통, 가슴 답답함, 이가 시리고 아픈 증상이 있어 건강검진을 받았다. 건강검진 결과 단백뇨와 혈뇨가 있어 신장질환 유소견자 진단을 받았다. 이 유해인자의 혈중, 소변 중 농도가 직업병 예방을 위한 생물학적 노출기준을 초과하였다.

① 납　　　　　② 망간
③ 수은　　　　④ 카드뮴

*카드뮴중독의 증세
① 급성중독
 ㉠ 폐렴, 간장해, 신장장해, 체중감소, 복통, 근육통, 치통 증상
 ㉡ 초기에 기침, 두통, 인두부 통증 현상이 나타나며 시간이 지날수록 폐수종, 호흡곤란 증상으로 사망에 이를 수 있다.
② 만성중독
 ㉠ 신장기능장해(단백뇨 다량 배설, 신석증 유발 등)
 ㉡ 골격계장해(골절, 골다공증, 골연화증 등)
 ㉢ 폐기능장해(폐기종, 만성폐기능장해 등)
 ㉣ 자각증상(기침, 체중감소, 식욕부진 등)
 ㉤ 칼슘대사장해 : 다량의 칼슘배설

98
유기용제의 중추신경 활성억제의 순위를 큰 것에서부터 작은 순으로 나타낸 것 중 옳은 것은?

① 알켄＞알칸＞알코올
② 에테르＞알코올＞에스테르
③ 할로겐화합물＞에스테르＞알켄
④ 할로겐화합물＞유기산＞에테르

*유기용제의 중추신경계 마취작용 순서

작용	순서
억제 작용 순서	알칸 ＜ 알켄 ＜ 알코올 ＜ 유기산 ＜ 에스테르 ＜ 에테르 ＜ 할로겐화합물
자극 작용 순서	알칸 ＜ 알코올 ＜ 알데히드 ＜ 케톤 ＜ 유기산 ＜ 아민류

99
다음 입자상 물질의 종류 중 액체나 고체의 2가지 상태로 존재할 수 있는 것은?

① 흄(fume)　　　② 증기(vapor)
③ 미스트(mist)　④ 스모크(smoke)

*스모크(연기, smoke)
유해물질의 불완전연소로 만들어진 에어로졸의 혼합체이며, 액체나 고체의 2가지 상태로 존재할 수 있다.

100
벤젠을 취급하는 근로자를 대상으로 벤젠에 대한 노출량을 추정하기 위해 호흡기 주변에서 벤젠 농도를 측정함과 동시에 생물학적 모니터링을 실시하였다. 벤젠 노출로 인한 대사산물의 결정인자(determinant)로 옳은 것은?

① 호기 중의 벤젠　② 소변 중의 마뇨산
③ 소변 중의 뮤콘산　④ 혈액 중의 만델리산

*화학물질의 생물학적 노출지표물질

화학물질	대사산물(측정대상물질)
벤젠	뇨 중 t,t-뮤코닉산(뮤콘산) 뇨 중 S-페닐머캅토산 혈액 중 벤젠
톨루엔	뇨 중 o-크레졸 혈액 중 톨루엔
크실렌	뇨 중 메틸마뇨산
납	혈액 중 납 뇨 중 납 혈액 중 아연 프로토포르피린 뇨 중 델타아미노레불린산
일산화탄소	혈액 중 카복시헤모글로빈(COHb)
트리클로로에틸렌	뇨 중 삼염화초산
에틸벤젠	뇨 중 만델산
노말헥산	뇨 중 2,5-헥산디온
클로로벤젠	뇨 중 총 4-클로로카테콜
페놀	뇨 중 페놀
디메틸포름아미드	뇨 중 N-메틸포름아미드
이황화탄소	뇨 중 TTCA 뇨 중 이황화탄소
크롬	뇨 중 크롬
메틸 노말부틸 케톤	뇨 중 2,5-헥산디온
삼염화에틸렌	뇨 중 삼염화초산 (트리클로로초산) 뇨 중 삼염화에탄올

2020 4회차
산업위생관리기사 필기 기출문제
제 1과목 : 산업위생학개론

01
미국산업위생학술원(AAIH)에서 채택한 산업위생전문가의 윤리강령 중 기업주와 고객에 대한 책임과 관계된 윤리강령은?

① 기업체의 기밀은 누설하지 않는다.
② 전문적 판단이 타협의 의하여 좌우될 수 있는 상황에는 개입하지 않는다.
③ 근로자, 사회 및 전문 직종의 이익을 위해 과학적 지식을 공개하고 발표한다.
④ 결과와 결론을 뒷받침할 수 있도록 기록을 유지하고 산업위생사업을 전문가답게 운영, 관리한다.

*산업위생전문가의 윤리강령(기업주와 고객에 대한 책임)
① 기업주와 고객보다는 근로자의 건강보호에 궁극적인 책임을 두어 행동한다.
② 쾌적한 작업환경을 조성하기 위하여 산업위생의 이론을 적용하고 책임 있게 행동한다.
③ 신뢰를 바탕으로 정직하게 권하고 성실한 자세로 충고하며 결과와 개선점 및 권고사항을 정확히 보고한다.
④ 결과 및 결론을 뒷받침할 수 있도록 정확한 기록을 유지하고, 산업위생사업을 전문가답게 전문 부서들을 운영·관리한다.

02
산업안전보건법령상 보건관리자의 자격에 해당되지 않는 것은?

① 「의료법」에 따른 의사
② 「의료법」에 따른 간호사
③ 「국가기술자격법」에 따른 산업위생관리 산업기사이상의 자격을 취득한 사람
④ 「국가기술자격법」에 따른 대기환경 기사 이상의 자격을 취득한 사람

*보건관리자의 자격
① 산업보건지도사
② 「의료법」에 따른 의사
③ 「의료법」에 따른 간호사
④ 「국가기술자격법」에 따른 산업위생관리산업기사 또는 대기환경산업기사 이상의 자격을 취득한 사람
⑤ 「국가기술자격법」에 따른 인간공학기사 이상의 자격을 취득한 사람
⑥ 「고등교육법」에 따른 전문대학 이상의 학교에서 산업보건 또는 산업위생 분야의 학위를 취득한 사람

03
근육과 뼈를 연결하는 섬유조직을 무엇이라 하는가?

① 건(tendon) ② 관절(joint)
③ 뉴런(neuron) ④ 인대(ligament)

*건(힘줄, tendon)
근육과 뼈를 연결하는 섬유조직

04
다음 중 18세기 영국에서 최초로 보고하였으며, 어린이 굴뚝청소부에게 많이 발생하였고, 원인물질이 검댕(soot) 이라고 규명된 직업성 암은?

① 폐암 ② 후두암
③ 음낭암 ④ 피부암

*포트(Percivall Pott)
직업성 암을 최초로 보고하였으며, 어린이 굴뚝청소부에게 많이 발생하는 음낭암을 발견하여 암의 원인 물질은 검댕속 여러 종류의 PAH(다환 방향족 탄화수소)으로 이후 1788년에 굴뚝청소부법을 제정하도록 하였다.

01.④ 02.④ 03.① 04.③

05

다음은 직업성 질환과 그 원인이 되는 직업이 가장 적합하게 연결된 것은?

① 편평족 – VDT 작업
② 진폐증 – 고압, 저압작업
③ 중추신경 장해 – 광산작업
④ 목위팔(경견완)증후군 – 타이핑작업

① 편평족 – 서서 하는 작업
② 진폐증 – 광산작업
③ 중추신경 장해 – 진동작업
④ 경견완증후군 – 타이핑작업

06

산업안전보건법령상 제조 등이 금지되는 유해물질이 아닌 것은?

① 석면　　　　② 염화비닐
③ β – 나프틸아민　④ 4 – 니트로디페닐

*제조 등 금지 대상 유해물질의 종류
① β-나프틸아민과 그 염
② 4-니트로디페닐과 그 염
③ 백연을 포함한 페인트
　 (포함된 중량의 비율이 2% 이하인 것은 제외)
④ 베제을 포함하는 고무풀
　 (포함된 중량의 비율이 5% 이하인 것은 제외)
⑤ 석면
⑥ 폴리클로리네이티드 터페닐
⑦ 황린 성냥
⑧ ①, ②, ⑤ 또는 ⑥에 해당하는 물질을 포함한 화합물
　 (포함된 중량의 비율이 1% 이하인 것은 제외)
⑨ 그 밖에 보건상 해로운 물질로서 산업재해보상보험 및 예방심의위원회의 심의를 거쳐 고용노동부장관이 정하는 유해물질

07

재해발생의 주요 원인에서 불안전한 행동에 해당하는 것은?

① 보호구 미착용
② 방호장치 미설치
③ 시끄러운 주변 환경
④ 경고 및 위험표지 미설치

②, ③, ④는 불안전한 상태이다.

08

효과적인 교대근무제의 운용방법에 대한 내용으로 옳은 것은?

① 야근근무 종료 후 휴식은 24시간 전후로 한다.
② 야근은 가면(假眠)을 하더라도 10시간 이내가 좋다.
③ 신체적 적응을 위하여 야근근무의 연속일 수는 대략 1주일로 한다.
④ 누적 피로를 회복하기 위해서는 정교대 방식보다는 역교대 방식이 좋다.

*교대근무제 관리원칙(바람직한 교대제)
① 작업시간은 하루 8시간, 1주 40시간을 원칙으로 가급적 준수한다.
② 근무시간의 간격은 15~16시간 이상으로 하여야 한다.
③ 3조 3교대 근무나 4조 3교대 근무가 바람직 하다.
④ 교대작업자 특히, 야간작업자는 주간작업자보다 연간 쉬는 날이 더 많아야 한다.
⑤ 근무반 교대방향은 아침반 → 저녁반 → 야간반으로 정방향 순환이 되도록 한다.
⑥ 교대근무에 대한 일주기 리듬의 생리적·심리적 적응은 불완전하므로 생산적 이유 외 교대제는 하지 않는다.
⑦ 야간근무의 연속일수는 2~3일로 한다.
⑧ 야간근무 교대시간은 상오 0시(자정) 이전에 하는 것이 좋다.
⑨ 야간근무시 가면시간은 근무시간에 따라 2~4시간으로 하는 것이 좋다.
⑩ 야간근무시 다음 반으로 가는 간격은 48시간 이상으로 한다.

09

산업안전보건법령상 입자상 물질의 농도 평가에서 2회 이상 측정한 단시간 노출농도값이 단시간노출기준과 시간가중평균기준값 사이일 때 노출기준 초과로 평가해야 하는 경우가 아닌 것은?

① 1일 4회를 초과하는 경우
② 15분 이상 연속 노출되는 경우
③ 노출과 노출 사이의 간격이 1시간 이내인 경우
④ 단위작업장소의 넓이가 80평방미터 이상인 경우

*2회 이상 측정한 단시간 노출농도값이 단시간노출기준과 시간가중평균기준값 사이일 때 노출기준 초과로 평가하여야 하는 이유
① 15분 이상 연속 노출되는 경우
② 노출과 노출사이의 간격이 1시간 미만인 경우
③ 1일 4회를 초과하는 경우

10

다음 산업위생의 정의 중 ( )안에 들어갈 내용으로 볼 수 없는 것은?

산업위생이란, 근로자나 일반 대중에게 질병, 건강장애 등을 초래하는 작업환경 요인과 스트레스를 ( )하는 과학과 기술이다.

① 보상　　② 예측
③ 평가　　④ 관리

*산업위생의 정의(AIHA)
근로자나 일반 대중에게 질병, 건강장애와 안녕방해, 심각한 불쾌감 및 능률 저하 등을 초래하는 작업환경요인과 스트레스를 예측, 측정, 평가하고 관리하는 과학과 기술이다.

11

산업안전보건법령상 영상표시단말기(VDT) 취급 근로자의 작업자세로 옳지 않은 것은?

① 팔꿈치의 내각은 90° 이상이 되도록 한다.
② 근로자의 발바닥 전면이 바닥면에 닿는 자세를 기본으로 한다.
③ 무릎의 내각(Knee Angle)은 90° 전후가 되도록 한다.
④ 근로자의 시선은 수평선상으로부터 10~15° 위로 가도록 한다.

근로자의 시선은 수평선상으로부터 10~15° 아래로 가도록 한다.

12

직업성 질환에 관한 설명으로 옳지 않은 것은?

① 직업성 질환과 일반 질환은 경계가 뚜렷하다.
② 직업성 질환은 재해성 질환과 직업병으로 나눌 수 있다.
③ 직업성 질환이란 어떤 작업에 종사함으로써 발생하는 업무상 질병을 의미한다.
④ 직업병은 저농도 또는 저수준의 상태로 장시간 걸쳐 반복노출로 생긴 질병을 의미한다.

직업성 질환과 일반 질환은 구분 및 한계가 뚜렷하지 않다.

13

사고예방대책 기본 원리 5단계를 올바르게 나열한 것은?

① 사실의 발견 → 조직 → 분석·평가 → 시정방법의 선정 → 시정책의 적용
② 사실의 발견 → 조직 → 시정방법의 선정 → 시정책의 적용 → 분석·평가

③ 조직 → 사실의 발견 → 분석·평가 → 시정방법의 선정 → 시정책의 적용
④ 조직 → 분석·평가 → 사실의 발견 → 시정방법의 선정 → 시정책의 적용

*하인리히의 사고방지 5단계
1단계 : 안전조직
2단계 : 사실의 발견
3단계 : 분석평가
4단계 : 시정방법 선정
5단계 : 시정책 적용

14
유해물질의 생물학적 노출지수 평가를 위한 소변 시료채취방법 중 채취시간에 제한없이 채취할 수 있는 유해물질은 무엇인가?
(단, ACGIH 권장기준이다.)

① 벤젠   ② 카드뮴
③ 일산화탄소   ④ 트리클로로에틸렌

긴 반감기를 가진 중금속(화학물질)은 시료채취시간이 별로 중요하지 않아 제한없이 채취할 수 있다.

카드뮴은 중금속이다.

15
A유해물질의 노출기준은 $100ppm$이다. 잔업으로 인하여 작업시간이 8시간에서 10시간으로 늘었다면 이 기준치는 몇 ppm으로 보정해 주어야 하는가?
(단, Brief와 Scala의 보정방법을 적용하며 1일 노출시간을 기준으로 한다.)

① 60   ② 70
③ 80   ④ 90

*Brief와 Scala 보정방법
허용기준 = $TLV \times \dfrac{8}{H} \times \dfrac{24-H}{16}$
= $100 \times \dfrac{8}{10} \times \dfrac{24-10}{16} = 70ppm$

16
젊은 근로자의 약한 손(오른손잡이일 경우 왼손)의 힘이 평균 $45kp$일 경우 이 근로자가 무게 $10kg$인 상자를 두 손으로 들어 올릴 경우의 작업강도 ($\%MS$)는 약 얼마인가?

① 1.1   ② 8.5
③ 11.1   ④ 21.1

*작업강도(%MS)
$\%MS = \dfrac{RF}{MS} \times 100 = \dfrac{10 \div 2}{45} \times 100 = 11.1\%MS$

여기서,
RF : 작업 시 한 손에 요구되는 힘
MS : 근로자가 가지고 있는 약한 손의 최대 힘

17
다음 최대 작업역(maximum area)에 대한 설명으로 옳은 것은?

① 작업자가 작업할 때 팔과 다리를 모두 이용하여 닿는 영역
② 작업자가 작업을 할 때 아래팔을 뻗어 파악할 수 있는 영역
③ 작업자가 작업할 때 상체를 기울여 손이 닿는 영역
④ 작업자가 작업할 때 윗팔과 아래팔을 곧게 펴서 파악할 수 있는 영역

* **정상작업역 · 최대작업역**
① 정상 작업역(표준영역)
  ㉠ 윗팔(상완)을 자연스럽게 수직으로 늘어뜨린 채, 아래팔(전완)만으로 편하게 뻗어 파악할 수 있는 영역
  ㉡ 팔을 가볍게 몸에 붙이고 팔꿈치를 구부린 상태에서 자유롭게 손이 닿는 영역
  ㉢ 움직이지 않고 전박과 손으로 조작할 수 있는 범위
② 최대 작업역(최대영역)
  ㉠ 윗팔(상완)과 아래팔(전완)을 곧게 수평으로 펴서 파악할 수 있는 영역
  ㉡ 어깨에서부터 팔을 뻗어 도달하는 최대영역
  ㉢ 움직이지 않고 상지를 뻗어 닿는 범위

18
산업 스트레스의 반응에 따른 심리적 결과에 해당되지 않는 것은?

① 가정문제
② 수면방해
③ 돌발적사고
④ 성(性)적 역기능

* **산업 스트레스 반응결과**

종류	결과
행동적 결과	① 식욕 감퇴 ② 음주 및 약물 남용 ③ 돌발적 사고 ④ 흡연
심리적 결과	① 가정문제 ② 수면방해 ③ 성적 역기능
생리적 결과	① 심혈관계 질환 ② 위장관계 질환 ③ 두통, 피부 등 기타질환

19
전신피로의 원인으로 볼 수 없는 것은?

① 산소공급의 부족
② 작업강도의 증가
③ 혈중포도당 농도의 저하
④ 근육내 글리코겐 양의 증가

* **피로의 원인**
① 혈중 포도당 농도 저하
② 혈중 젖산 농도 증가
③ 근육 내 글리코겐 양 감소
④ 작업강도 증가
⑤ 산소공급 부족
⑥ 항상성의 상실

20
공기 중의 혼합물로서 아세톤 $400ppm(TLV=750ppm)$, 메틸에틸케톤 $100ppm(TLV=200ppm)$이 서로 상가작용을 할 때 이 혼합물의 노출기준(EI)은 약 얼마인가?

① 0.82
② 1.03
③ 1.10
④ 1.45

* **노출기준(EI)**
$$EI = \frac{C_1}{T_1} + \frac{C_2}{T_2} + \cdots + \frac{C_n}{T_n} = \frac{400}{750} + \frac{100}{200} = 1.03$$

여기서,
C : 화학물질 각각의 측정치
T : 화학물질 각각의 노출기준

2020 4회차 산업위생관리기사 필기 기출문제

제 2과목 : 작업위생측정 및 평가

21

공기 중에 카본 테트라클로라이드($TLV=10ppm$) 8ppm, 1,2-디클로로에탄($TLV=50ppm$) 40ppm, 1,2-디브로모에탄($TLV=20ppm$) 10ppm으로 오염되었을 때, 이 작업장 환경의 허용기준 농도(ppm)는?
(단, 상가작용을 기준으로 한다.)

① 24.5
② 27.6
③ 29.6
④ 58.0

※혼합물의 허용농도

혼합물의 허용농도
$$= \frac{f_1+f_2+\cdots+f_n}{\frac{f_1}{TLV_1}+\frac{f_2}{TLV_2}+\cdots+\frac{f_n}{TLV_n}}$$
$$= \frac{8+40+10}{\frac{8}{10}+\frac{40}{50}+\frac{10}{20}} = 27.6ppm$$

여기서,
f : 액체 혼합물에서의 각 성분 무게(중량, 비율)
TLV : 해당 물질의 노출기준

22

시간당 200~300$kcal$의 열량이 소요되는 중등작업 조건에서 WBGT 측정치가 31.1℃일 때 고열작업 노출기준의 작업휴식조건으로 가장 적절한 것은?

① 계속 작업
② 매시간 25% 작업, 75% 휴식
③ 매시간 50% 작업, 50% 휴식
④ 매시간 75% 작업, 25% 휴식

※고온의 노출기준(ACGIH) 단위 : ℃, WBGT

작업휴식시간비 \ 작업강도	경작업	중등작업	중작업
계속작업	30.0	26.7	25.0
매시간 75% 작업, 25% 휴식	30.6	28.0	25.9
매시간 50% 작업, 50% 휴식	31.4	29.4	27.9
매시간 25% 작업, 75% 휴식	32.2	31.1	30.0

① 경작업
200kcal까지의 열량이 소요되는 작업을 말하며, 앉아서 또는 서서 기계의 조정을 하기 위하여 손 또는 팔을 가볍게 쓰는 일 등을 뜻함

② 중등작업
시간당 200~350kcal의 열량이 소요되는 작업을 말하며, 물체를 들거나 털면서 걸어다니는 일 등을 뜻함

③ 중작업
시간당 350~500kcal의 열량이 소요되는 작업을 말하며, 곡괭이질 또는 삽질하는 일 등을 뜻함

23

다음 중 직독식 기구로만 나열된 것은?

① AAS, ICP, 가스모니터
② AAS, 휴대용 GC, GC
③ 휴대용 GC, ICP, 가스검지관
④ 가스모니터, 가스검지관, 휴대용 GC

※직독식 기구의 종류
① 가스모니터
② 가스검지관
③ 휴대용 GC
④ 입자상물질 측정기
⑤ 적외선 분광광도계

21.② 22.② 23.④

24

입자상 물질을 채취하는데 사용하는 여과지 중 막 여과지(membrane filter)가 아닌 것은?

① MCE 여과지
② PVC 여과지
③ 유리섬유 여과지
④ PTFE 여과지

*막여과지 종류
① MCE 막 여과지
② PVC 막 여과지
③ PTFE 막 여과지
④ 은막 여과지
⑤ Nuleopore 여과지

25

연속적으로 일정한 농도를 유지하면서 만드는 방법 중 Dynamic Method에 관한 설명으로 틀린 것은?

① 농도변화를 줄 수 있다.
② 대개 운반용으로 제작된다.
③ 만들기가 복잡하고, 가격이 고가이다.
④ 소량의 누출이나 벽면에 의한 손실은 무시할 수 있다.

*Dynamic Method
① 희석공기와 오염물질을 연속적으로 흘려주어 연속적으로 일정한 농도를 유지하면서 만드는 방법이다.
② 소량의 누출이나 벽면에 의한 손실은 무시할 수 있다.
③ 만들기가 복잡하고, 가격이 고가이다.
④ 다양한 농도범위에서 제조 가능하다.
⑤ 온습도 조절이 가능하다.
⑥ 운반용으로 제작되지 않는다.
⑦ 가스, 증기, 에어로졸 등 다양한 실험이 가능하다.
⑧ 지속적인 모니터링이 필요하다.

26

다음 중 활성탄관과 비교한 실리카겔관의 장점과 가장 거리가 먼 것은?

① 수분을 잘 흡수하여 습도에 대한 민감도가 높다.
② 매우 유독한 이황화탄소를 탈착용매로 사용하지 않는다.
③ 극성물질을 채취한 경우 물, 에탄올 등 다양한 용매로 쉽게 탈착된다.
④ 추출액이 화학분석이나 기기분석에 방해물질로 작용하는 경우가 많지 않다.

실리카겔은 친수성이기 때문에 수분을 잘 흡수하여 습도에 대한 민감도가 낮다.

27

호흡성 먼지에 관한 내용으로 옳은 것은?
(단, ACGIH를 기준으로 한다.)

① 평균 입경은 $1\mu m$이다.
② 평균 입경은 $4\mu m$이다.
③ 평균 입경은 $10\mu m$이다.
④ 평균 입경은 $50\mu m$이다.

*입자상물질의 입자크기별 분류

분진의 종류	평균 입경
흡입성 입자상 물질 (IPM : Inspirable Particulates Mass)	$100\mu m$
흉곽성 입자상 물질 (TPM : Thoracic Particulates Mass)	$10\mu m$
호흡성 입자상 물질 (RPM : Respirable Particulates Mass)	$4\mu m$

28

셀룰로오스 에스테르 막여과지에 대한 설명으로 틀린 것은?

① 산에 쉽게 용해된다.
② 유해물질이 표면에 주로 침착되어 현미경 분석에 유리하다.
③ 흡습성이 적어 중량분석에 주로 적용된다.
④ 중금속 시료채취에 유리하다.

*MCE 막 여과지(셀룰로오스 에스테르 막여과지)
① 산에 쉽게 용해되고 가수분해되며, 습식 회화 되기 때문에 공기 중 입자상 물질 중 금속을 채취하여 원자흡광광도법으로 분석할 때 적당하다.
② 직경 37mm, 여과지 구멍의 크기가 0.45~0.8μm 정도로 작아 금속흄 채취가 가능하다.
③ 흡습성이 높아 오차를 유발할 수 있어 중량분석에 적합하지 않고, 산에 의해 쉽게 회화 되기 때문에 원소분석에 적합하다.
④ 금속, 석면, 살충제, 불소화합물 및 기타 무기물질 분석에 추천한다.
⑤ 유해물질이 여과지의 표면에 주로 침착되어 석면 등 현미경 분석을 위한 시료채취에 유리하다.

29

작업장의 유해인자에 대한 위해도 평가에 영향을 미치는 것과 가장 거리가 먼 것은?

① 유해인자의 위해성
② 휴식시간의 배분 정도
③ 유해인자에 노출되는 근로자수
④ 노출되는 시간 및 공간적인 특성과 빈도

*작업장 유해인자에 대한 위해도 평가 영향인자
① 유해인자의 위해성
② 유해인자에 노출되는 근로자 수
③ 노출되는 시간 및 공간적인 특성과 빈도

30

직경이 $5\mu m$, 비중이 1.8인 원형 입자의 침강속도($cm/\min$)는?
(단, 공기의 밀도는 $0.0012g/cm^3$, 공기의 점도는 $1.807 \times 10^{-4} poise$이다.)

① 6.1   ② 7.1
③ 8.1   ④ 9.1

*스토크스(Stokes) 법칙에 의한 침강속도
$\rho_1 = 비중 \times 물의 밀도(=1) = 1.8 \times 1 = 1.8 g/cm^3$
$\therefore V = \frac{gd^2(\rho_1 - \rho)}{18\mu}$
$= \frac{980 cm/sec^2 \times (5 \times 10^{-4} cm)^2 \times (1.8 - 0.0012)g/cm^3}{18 \times 1.807 \times 10^{-4} g/cm \cdot sec}$
$= 0.1355 cm/sec \times \left(\frac{60 sec}{1 min}\right) = 8.1 cm/min$

여기서,
V : 침강속도[cm/sec]
g : 중력가속도[$= 980 cm/sec^2$]
d : 입자 직경[cm]
ρ_1 : 입자 밀도[g/cm^3]
ρ : 공기 밀도[g/cm^3]
μ : 공기 점성계수[$g/cm \cdot sec$]

*참고
- $1m = 100cm = 10^6 \mu m \rightarrow 1\mu m = 10^{-4} cm$
- $1 poise = 1 g/cm \cdot sec$
- $1 min = 60 sec$

31

어느 작업장의 소음 측정 결과가 다음과 같을 때, 총 음압레벨($dB(A)$)은?
(단, A, B, C 기계는 동시에 작동된다.)

| A기계: $81 dB(A)$ |
| B기계: $85 dB(A)$ |
| C기계: $88 dB(A)$ |

① 84.7   ② 86.5
③ 88.0   ④ 90.3

*합성소음도(L)

$$L = 10\log\left(10^{\frac{L_1}{10}} + 10^{\frac{L_2}{10}} + \cdots + 10^{\frac{L_n}{10}}\right)$$

$$= 10\log\left(10^{\frac{81}{10}} + 10^{\frac{85}{10}} + 10^{\frac{88}{10}}\right) = 90.3 dB(A)$$

L : 합성소음도 $[dB]$
$L_1, L_2, \cdots L_n$ = 각 소음원의 소음 $[dB(A)]$

32

작업환경측정방법 중 소음측정시간 및 횟수에 관한 내용 중 ( )안에 들어갈 내용으로 옳은 것은?
(단, 고용노동부 고시를 기준으로 한다.)

단위작업 장소에서의 소음발생시간이 6시간 이내인 경우나 소음발생원에서의 발생시간이 간헐적인 경우에는 발생시간동안 연속 측정하거나 등간격으로 나누어 ( )회 이상 측정하여야 한다.

① 2
② 3
③ 4
④ 6

*측정시간
① 단위작업 장소에서 소음수준은 규정된 측정위치 및 지점에서 1일 작업시간 동안 6시간 이상 연속측정하거나 작업시간을 1시간 간격으로 나누어 6회 이상 측정하여야 한다. 다만, 소음의 발생특성이 연속음으로서 측정치가 변동이 없다고 자격 또는 지정측정기관이 판단한 경우에는 1시간 동안을 등간격으로 나누어 3회 이상 측정할 수 있다.
② 단위작업 장소에서의 소음발생시간이 6시간 이내인 경우나 소음발생원에서의 발생시간이 간헐적인 경우에는 발생시간동안 연속 측정하거나 등간격으로 나누어 4회 이상 측정하여야 한다.

33

레이저광의 폭로량을 평가하는 사항에 해당하지 않는 항목은?

① 각막 표면에서의 조사량(J/cm^2) 또는 폭로량을 측정한다.
② 조사량의 서한도는 $1mm$ 구경에 대한 평균치이다.
③ 레이저광과 같은 직사광파 형광등 또는 백열등과 같은 확산광은 구별하여 사용해야 한다.
④ 레이저광에 대한 눈의 허용량은 폭로 시간에 따라 수정되어야 한다.

레이저광에 대한 눈의 허용량은 파장에 따라 수정되어야 한다.

34

분석 기기에서 바탕선량(background)과 구별하여 분석될 수 있는 최소의 양은?

① 검출한계
② 정량한계
③ 정성한계
④ 정도한계

*검출한계(LOD)
분석 기기에서 바탕선량(Background)과 구별하여 분석될 수 있는 최소의 양

35

작업장의 온도 측정결과가 다음과 같을 때, 측정결과의 기하평균은?

5, 7, 12, 18, 25, 13 (단위 : ℃)

① 11.6℃
② 12.4℃
③ 13.3℃
④ 15.7℃

기하평균

$$GM = \sqrt[N]{X_1 \times X_2 \times \cdots \times X_n}$$
$$= \sqrt[5]{5 \times 7 \times 12 \times 18 \times 25 \times 13} = 11.6℃$$

여기서,
X : 측정치
N : 측정치의 개수

36

금속제품을 탈지 세정하는 공정에서 사용하는 유기용제인 트리클로로에틸렌이 근로자에게 노출되는 농도를 측정하고자 한다. 과거의 노출농도를 조사해 본 결과, 평균 $50ppm$이었을 때, 활성탄관 ($100mg/50mg$)을 이용하여 $0.4L/min$으로 채취하였다면 채취해야 할 시간(min)은?
(단, 트리클로로에틸렌의 분자량은 131.39이고 기체크로마토그래피의 정량한계는 시료당 $0.5mg$, 1기압, $25℃$ 기준으로 기타 조건은 고려하지 않는다.)

① 2.4　　　② 3.2
③ 4.7　　　④ 5.3

채취 최소시간

$$mg/m^3 = ppm \times \frac{분자량}{부피} = 50 \times \frac{131.39}{24.45} = 268.69 mg/m^3$$

$$부피 = \frac{LOQ}{농도} = \frac{0.5mg}{268.69 mg/m^3 \times \left(\frac{1m^3}{1000L}\right)} = 1.86L$$

$$\therefore 최초 채취시간 = \frac{1.86L}{0.4L/min} = 4.7min$$

여기서, LOQ : 정량한계 [mg]

참고
- 1atm, 25℃의 부피 = 24.45L
- $1m^3 = 1000L$

37

$5M$ 황산을 이용하여 $0.004M$ 황산용액 $3L$를 만들기 위해 필요한 $5M$ 황산의 부피(mL)는?

① 5.6　　　② 4.8
③ 3.1　　　④ 2.4

중화적정

$$NV = N'V'$$
$$\therefore V' = \frac{NV}{N'} = \frac{0.004 \times 3000}{5} = 2.4mL$$

여기서,
N : 농도, V : 부피

참고
- 1L = 1000L

38

작업환경공기 중의 물질A($TLV\ 50ppm$)가 $55ppm$이고, 물질B($TLV\ 50ppm$)가 $47ppm$이며, 물질C ($TLV\ 50ppm$)가 $52ppm$이었다면, 공기의 노출농도 초과도는?
(단, 상가작용을 기준으로 한다.)

① 3.62　　　② 3.08
③ 2.73　　　④ 2.33

혼합물의 노출기준(EI)

$$EI = \frac{C_1}{T_1} + \frac{C_2}{T_2} + \cdots + \frac{C_n}{T_n} = \frac{55}{50} + \frac{47}{50} + \frac{52}{50} = 3.08$$

39

다음 중 정밀도를 나타내는 통계적 방법과 가장 거리가 먼 것은?

① 오차　　　② 산포도
③ 표준편차　　　④ 변이계수

오차는 정밀도를 나타내는 통계적 방법이 아니다.

40

빛의 파장의 단위로 사용되는 $Å(Ångström)$을 국제표준 단위계(SI)로 나타낸 것은?

① $10^{-6} m$
② $10^{-8} m$
③ $10^{-10} m$
④ $10^{-12} m$

* $Å(Angstrom)$
$Å = 10^{-10} m$

2020년 4회차 산업위생관리기사 필기 기출문제
제 3과목 : 작업환경관리대책

41

두 분지관이 동일 합류점에서 만나 합류관을 이루도록 설계되어 있다. 한쪽 분지관의 송풍량은 $200m^3/min$, 합류점에서의 이 관의 정압은 $-34mmH_2O$이며, 다른쪽 분지관의 송풍량은 $160m^3/min$, 합류점에서의 이 관의 정압은 $-30mmH_2O$이다. 합류점에서 유량의 균형을 유지하기 위해서는 압력손실이 더 적은 관을 통해 흐르는 송풍량(m^3/min)을 얼마로 해야 하는가?

① 165
② 170
③ 175
④ 180

정압비

정압비 $= \dfrac{SP_2}{SP_1} = \dfrac{-34}{-30} = 1.13$

정압비가 1.2 이하인 경우에는 정압이 낮은 쪽의 유량을 증가시켜 압력을 조정한다.

$\therefore Q_2 = Q_1 \sqrt{\dfrac{SP_2}{SP_1}} = 160 \times \sqrt{\dfrac{-34}{-30}} = 170 m^3/min$

여기서,
Q_2 : 보정유량[m^3/min]
Q_1 : 설계유량[m^3/min]
SP_2 : 압력손실이 큰 관의 정압[mmH_2O]
SP_1 : 압력손실이 작은 관의 정압[mmH_2O]

42

페인트 도장이나 농약 살포와 같이 공기 중에 가스 및 증기상 물질과 분진이 동시에 존재하는 경우 호흡 보호구에 이용되는 가장 적절한 공기 정화기는?

① 필터
② 만능형 캐니스터
③ 요오드를 입힌 활성탄
④ 금속산화물을 도포한 활성탄

만능형 캐니스터
방진마스크와 방독마스크의 기능을 합한 공기정화기로, 페인트 도장이나 농약 살포와 같이 공기 중에 가스 및 증기상 물질과 분진이 동시에 존재하는 경우 사용된다.

43

전체환기시설을 설치하기 위한 기본원칙으로 가장 거리가 먼 것은?

① 오염물질 사용량을 조사하여 필요 환기량을 계산한다.
② 공기배출구와 근로자의 작업위치 사이에 오염원이 위치해야 한다.
③ 오염물질 배출구는 가능한 한 오염원으로부터 가까운 곳에 설치하여 점환기 효과를 얻는다.
④ 오염원 주위에 다른 작업공정이 있으면 공기공급량을 배출량보다 크게 하여 양압을 형성시킨다.

41.② 42.② 43.④

※전체환기(강제환기) 시설 설치 시 기본원칙
① 오염물질 사용량을 조사하여 필요환기량을 계산할 것
② 배출공기를 보충하기 위하여 청정공기를 공급할 것
③ 오염물질 배출구는 가능한 한 오염원에 가까운 곳에 설치하여 점환기 효과를 얻을 것
④ 공기배출구와 근로자의 작업위치 사이에 오염원이 위치해야할 것
⑤ 필요 환기량은 오염물질이 충분히 희석될 수 있는 양으로 설계할 것
⑥ 공기가 급기구를 통하여 들어와서 오염물질이 있는 영역을 통과하여 배기구로 빠져나가도록 설계할 것
⑦ 건물 밖으로 배출된 오염공기가 안으로 재유입되지 않도록 배출 높이를 적절하게 설계하고 창문이나 문 근처에 위치하지 않도록 할 것
⑧ 오염된 공기는 작업자가 호흡하기 전 충분히 희석되도록 할 것
⑨ 오염원 주위에 다른 작업 공정이 있으면 공기배출량을 공급량보다 약간 크게 하여 음압을 형성하여 주위 근로자에게 오염 물질이 확산 되지 않도록 한다.
⑩ 오염원 주위에 근로자의 작업공간이 존재할 경우에는 배기를 급기보다 약간 많이 한다.

44

송풍관(duct) 내부에서 유속이 가장 빠른 곳은? (단, d는 송풍관의 직경을 의미한다.)

① 위에서 $1/10 \cdot d$ 지점
② 위에서 $1/5 \cdot d$ 지점
③ 위에서 $1/3 \cdot d$ 지점
④ 위에서 $1/2 \cdot d$ 지점

파이프(관) 단면상에 유체의 유속이 가장 부분은 관 중심부$\left(\frac{1}{2}d\right)$이다.

45

작업장 용적이 $10m \times 3m \times 40m$이고 필요 환기량이 $120m^3/min$일 때 시간당 공기교환 횟수는?

① 360회
② 60회
③ 6회
④ 0.6회

※시간당 공기교환 횟수(ACH)

$$\therefore ACH = \frac{Q}{V} = \frac{120m^3/min \times \left(\frac{60min}{1hr}\right)}{10m \times 3m \times 40m} = 6ACH$$

여기서,
Q : 필요환기량$[m^3/hr]$
V : 작업장 용적$[m^3]$

※참고

- 용적(부피)=길이×폭×높이
- 1hr=60min

46

국소배기시설이 희석환기시설보다 오염물질을 제거하는데 효과적이므로 선호도가 높다. 이에 대한 이유가 아닌 것은?

① 설계가 잘된 경우 오염물질의 제거가 거의 완벽하다.
② 오염물질의 발생 즉시 배기시키므로 필요 공기량이 적다.
③ 오염 발생원의 이동성이 큰 경우에도 적용 가능하다.
④ 오염물질 독성이 클 때도 효과적 제거가 가능하다.

오염 발생원의 이동성이 큰 경우에는 희석환기(전체환기)를 적용하는 것이 더욱 효과적이다.

47

산업안전보건법령상 관리대상 유해물질 관련 국소배기장치 후드의 제어풍속(m/s)의 기준으로 옳은 것은?

① 가스상태(포위식 포위형): 0.4
② 가스상태(외부식 상방흡인형): 0.5
③ 입자상태(포위식 포위형): 1.0
④ 입자상태(외부식 상방흡인형): 1.5

*관리대상 유해물질 관련 국소배기장치 후드 제어풍속

물질 상태	후드 형식	제어풍속[m/s]
가스상태	포위식 포위형	0.4
	외부식 측방흡인형	0.5
	외부식 하방흡인형	0.5
	외부식 상방흡인형	1.0
입자상태	포위식 포위형	0.7
	외부식 측방흡인형	1.0
	외부식 하방흡인형	1.0
	외부식 상방흡인형	1.2

*외부식 후드(포집형 후드)의 특징
① 다른 후드 형식에 비해 작업자가 방해를 받지 않고 작업이 가능하다.
② 포위식에 비하여 필요 송풍량이 많이 든다.
③ 작업장 내 난기류의 영향을 받아 흡인효과가 저하된다.
④ 기류속도가 후드 주변에서 매우 빠르므로 유기용제나 미세 원료분말 등과 같은 물질의 손실이 크다.

48

총흡음량이 $900\,sabins$인 소음발생작업장에 흡음재를 천장에 설치하여 $2000\,sabins$ 더 추가하였다. 이 작업장에서 기대되는 소음 감소치($NR;\,dB(A)$)는?

① 약 3 ② 약 5
③ 약 7 ④ 약 9

*실내소음 저감량(NR)

$$NR = SPL_1 - SPL_2 = 10\log\left(\frac{A_2}{A_1}\right) = 10\log\left(\frac{A_1+A_\alpha}{A_1}\right)$$
$$= 10\log\left(\frac{900+2000}{900}\right) = 5.08 ≒ 5dB$$

49

외부식 후드(포집형 후드)의 단점이 아닌 것은?

① 포위식 후드보다 일반적으로 필요송풍량이 많다.
② 외부 난기류의 영향을 받아서 흡인효과가 떨어진다.
③ 근로자가 발생원과 환기시설 사이에서 작업하게 되는 경우가 많다.
④ 기류속도가 후드 주변에서 매우 빠르므로 쉽게 흡인되는 물질의 손실이 크다.

50

송풍기의 효율이 큰 순서대로 나열된 것은?

① 평판송풍기 > 다익송풍기 > 터보송풍기
② 다익송풍기 > 평판송풍기 > 터보송풍기
③ 터보송풍기 > 다익송풍기 > 평판송풍기
④ 터보송풍기 > 평판송풍기 > 다익송풍기

*송풍기의 효율이 큰 순서
터보송풍기 > 평판송풍기 > 다익송풍기

51

송풍기 입구 전압이 $280mmH_2O$이고 송풍기 출구 정압이 $100mmH_2O$이다. 송풍기 출구 속도압이 $200mmH_2O$일 때, 전압(mmH_2O)은?

① 20 ② 40
③ 80 ④ 180

*송풍기 전압(FTP)
$$FTP = TP_{out} - TP_{in}$$
$$= (SP_{out} + VP_{out}) - TP_{in}$$
$$= (100+200) - 280 = 20mmH_2O$$

여기서,
TP_{out} : 배출구 전압[mmH_2O]
TP_{in} : 흡입구 전압[mmH_2O]
SP_{out} : 배출구 정압[mmH_2O]
VP_{out} : 배출구 속도압[mmH_2O]

52
플레넘형 환기시설의 장점이 아닌 것은?

① 연마분진과 같이 끈적거리거나 보풀거리는 분진의 처리가 용이하다.
② 주관의 어느 위치에서도 분지관을 추가하거나 제거할 수 있다.
③ 주관은 입경이 큰 분진을 제거할 수 있는 침강식의 역할이 가능하다.
④ 분지관으로부터 송풍기까지 낮은 압력손실을 제공하여 운전동력을 최소화할 수 있다.

> 플레넘형 환기시설은 연마분진과 같이 끈적거리거나 보풀거리는 분진의 처리가 곤란하다.

53
레시버식 캐노피형 후드를 설치할 때, 적절한 H/E 는?
(단, E는 배출원의 크기이고, H는 후드면과 배출원 간의 거리를 의미한다.)

① 0.7 이하 ② 0.8 이하
③ 0.9 이하 ④ 1.0 이하

> 레시버식 캐노피형 후드를 설치할 때 후드면과 배출원 간의 거리(H)의 비 H/E는 0.7 이하로 설계하는 것이 적절하다.

54
귀덮개의 차음성능기준상 중심주파수가 $1000Hz$인 음원의 차음치(dB)는?

① 10 이상 ② 20 이상
③ 25 이상 ④ 35 이상

> 귀덮개의 차음성능기준상 중심주파수가 1000Hz인 음원의 차음치는 25dB 이상이다.

55
다음 중 작업장에서 거리, 시간, 공정, 작업자 전체를 대상으로 실시하는 대책은?

① 대체 ② 격리
③ 환기 ④ 개인보호구

> *격리(Isolation)
> ① 공정의 격리
> ② 시설의 격리
> ③ 저장물질의 격리
> ④ 작업자의 격리

56
작업대 위에서 용접할 때 흄(fume)을 포집 제거하기 위해 작업면에 고정된 플랜지가 붙은 외부식 사각형 후드를 설치하였다면 소요 송풍량(m^3/min)은?
(단, 개구면에서 작업지점까지의 거리는 $0.25m$, 제어속도는 $0.5m/s$, 후드 개구면적은 $0.5m^2$이다.)

① 0.281 ② 8.430
③ 16.875 ④ 26.425

> *필요송풍량(Q)
>
> | 조건 | 필요송풍량 공식 |
> |---|---|
> | ① 자유공간 위치, 플랜지 미부착 | $Q = V(10X^2 + A)$ |
> | ② 자유공간 위치, 플랜지 부착 | $Q = 0.75V(10X^2 + A)$ |
> | ③ 바닥면 위치, 플랜지 미부착 | $Q = V(5X^2 + A)$ |
> | ④ 바닥면 위치, 플랜지 부착 | $Q = 0.5V(10X^2 + A)$ |
>
> 여기서,
> Q : 필요송풍량[m^3/min]
> A : 후드의 개구면적[m^2]
> V : 제어속도[m/min]
> X : 후드 중심선으로부터 발생원까지의 거리[m]
>
> 바닥면 위치, 플랜지 부착이므로,
> $\therefore Q = 0.5V(10X^2 + A) = 0.5 \times 0.5 \times (10 \times 0.25^2 + 0.5)$
> $= 0.28125 m^3/sec \times \left(\frac{60sec}{1min}\right) = 16.875 m^3/min$

57

산업위생보호구의 점검, 보수 및 관리방법에 관한 설명 중 틀린 것은?

① 보호구의 수는 사용하여야 할 근로자의 수 이상으로 준비한다.
② 호흡용보호구는 사용 전, 사용 후 여재의 성능을 점검하여 성능이 저하된 것은 폐기, 보수, 교환 등의 조치를 취한다.
③ 보호구의 청결 유지에 노력하고, 보관할 때에는 건조한 장소와 분진이나 가스 등에 영향을 받지 않는 일정한 장소에 보관한다.
④ 호흡용 보호구나 귀마개 등은 특정 유해물질 취급이나 소음에 노출될 때 사용하는 것으로서 그 목적에 따라 반드시 공용으로 사용해야 한다.

> 호흡용 보호구나 귀마개 등은 특정 유해물질 취급이나 소음에 노출될 때 사용하는 것으로서 그 목적에 따라 반드시 개인 전용으로 사용해야 한다.

58

세정제진장치의 특징으로 틀린 것은?

① 배출수의 재가열이 필요없다.
② 포집효율을 변화시킬 수 있다.
③ 유출수가 수질오염을 야기할 수 있다.
④ 가연성, 폭발성 분진을 처리할 수 있다.

*세정식 집진장치(스크러버)

장점	① 인화성, 가열성, 폭발성 입자 처리가 가능하다. ② 습한 가스, 점착성 입자를 폐색없이 처리 가능하다. ③ 설치면적이 작은 편으로 초기 비용이 적게 든다. ④ 고온가스 취급이 용이하다. ⑤ 단일장치로 입자상 외 가스상 오염물질의 제거가 가능하다. ⑥ 포집효율을 변화시킬 수 있다.
단점	① 폐수가 발생한다. ② 폐슬러지 처리비용이 든다. ③ 공업용수를 과다하게 사용한다. ④ 포집된 분진은 오염 가능성이 있으며 회수하기도 어렵다. ⑤ 추운 경우 동결방지장치를 필요로 한다. ⑥ 배출수의 재가열이 필요하다.

59

다음은 직관의 압력손실에 관한 설명으로 잘못된 것은?

① 직관의 마찰계수에 비례한다.
② 직관의 길이에 비례한다.
③ 직관의 직경에 비례한다.
④ 속도(관내유속)의 제곱에 비례한다.

*직선 덕트의 압력손실($\triangle P$)

$$\triangle P = F \times VP = \lambda \times \frac{L}{D} \times \frac{\gamma V^2}{2g}$$

여기서,
$\triangle P$: 압력손실$[mmH_2O]$
F : 압력손실계수
VP : 속도압$[mmH_2O]$
λ : 관마찰계수
L : 덕트 길이$[m]$
D : 덕트 직경$[m]$

장방형 덕트일 때 : 상당 직경 $D = \dfrac{2ab}{a+b}$

a : 밑변$[m]$
b : 높이$[m]$
γ : 비중$[kg/m^3]$
V : 속도$[m/\sec]$

60

덕트의 설치 원칙과 가장 거리가 먼 것은?

① 가능한 한 후드와 먼 곳에 설치한다.
② 덕트는 강한 한 짧게 배치하도록 한다.
③ 밴드의 수는 가능한 한 적게 하도록 한다.
④ 공기가 아래로 흐르도록 하향구배를 만든다.

*덕트설치 시 주요원칙
① 공기가 아래로 흐르도록 하향구배를 만든다.
② 구부러짐 전후에는 청소구를 만든다.
③ 밴드는 가능하면 완만하게 구부리며, 90°는 피한다.
④ 덕트는 가능한 한 짧게 배치하도록 한다.
⑤ 가급적 원형 덕트를 사용하고, 사각 덕트 사용 시 정방형을 사용한다.
⑥ 가능한 한 후드와 가까운 곳에 설치한다.
⑦ 밴드의 수는 가능한 한 적게 하도록 한다.
⑧ 수분이 응축될 경우 덕트 내로 들어가지 않도록 하며 경사나 배수구를 마련한다.
⑨ 덕트와 송풍기 연결부위는 진동을 고려하여 유연한 재질로 한다.
⑩ 후드는 덕트보다 두꺼운 재질을 선택한다.
⑪ 직경이 다른 덕트 연결 시 경사 30° 이내의 테이퍼를 부착한다.
⑫ 송풍기를 연결할 때 최소 덕트 직경의 6배는 직선구간으로 한다.
⑬ 곡관은 직관보다 0.76mm 정도 두꺼운 재질을 선택한다.
⑭ 곡률반경은 최소 덕트 직경의 1.5 이상, 주로 2.0을 사용한다.

2020 4회차 산업위생관리기사 필기 기출문제
제 4과목 : 물리적유해인자관리

61
다음에서 설명하고 있는 측정기구는?

> 작업장의 환경에서 기류의 방향이 일정하지 않거나 실내 $0.2~0.5m/s$ 정도의 불감기류를 측정할 때 사용되며 온도에 따른 알코올의 팽창, 수축원리를 이용하여 기류속도를 측정한다.

① 풍차풍속계
② 카타(Kata)온도계
③ 가열온도풍속계
④ 습구흡구온도계(WBGT)

*카타온도계
기류를 냉각시켜 기류 측정하고, 0.2~0.5m/sec 정도 불감기류 측정 시 기류속도 측정하고, 알코올 눈금이 100°F(37.8℃)에서 95°F(35℃)까지 내려가는데 소요되는 시간을 4~5회 측정, 평균하여 카타 상수값으로 이용 및 간접적으로 풍속 측정

62
진동에 의한 작업자의 건강장해를 예방하기 위한 대책으로 옳지 않은 것은?

① 공구의 손잡이를 세게 잡지 않는다.
② 가능한 한 무거운 공구를 사용하여 진동을 최소화한다.
③ 진동공구를 사용하는 작업시간을 단축시킨다.
④ 진동공구와 손 사이 공간에 방진재료를 채워 놓는다.

> 가능한 한 공구는 기계적으로 지지할 수 있는 것을 사용하여 진동을 최소화한다.

63
마이크로파가 인체에 미치는 영향으로 옳지 않은 것은?

① $1000 ~ 10000Hz$의 마이크로파는 백내장을 일으킨다.
② 두통, 피로감, 기억력 감퇴 등의 증상을 유발시킨다.
③ 마이크로파의 열작용에 많은 영향을 받는 기관은 생식기와 눈이다.
④ 중추신경계는 $1400 ~ 2800Hz$ 마이크로파 범위에서 가장 영향을 많이 받는다.

> 중추신경계는 300~1200Hz 마이크로파 범위에서 가장 영향을 많이 받는다.

64
감압에 따르는 조직내 질소기포 형성량에 영향을 주는 요인인 조직에 용해된 가스량을 결정하는 인자로 가장 적절한 것은?

① 감압 속도
② 혈류의 변화정도
③ 노출정도와 시간 및 체내 지방량
④ 폐내의 이산화탄소 농도

*조직에 용해된 가스량 결정인자
① 노출정도
② 노출시간
③ 체내 지방량

61.② 62.② 63.④ 64.③

65

다음 중 전리방사선에 대한 감수성이 가장 낮은 인체조직은?

① 골수
② 생식선
③ 신경조직
④ 임파조직

*전리방사선에 대한 감수성 순서

[골수, 흉선 및 림프조직(조혈기관), 눈의 수정체, 임파선] > 상피세포 내피세포 > 근육세포 > 신경조직

66

비전리 방사선 중 유도방출에 의한 광선을 증폭시킴으로서 얻는 복사선으로, 쉽게 산란하지 않으며 강력하고 예리한 지향성을 지닌 것은?

① 적외선
② 마이크로파
③ 가시광선
④ 레이저광선

*레이저(Laser)
레이저는 극히 좁은 파장범위이기 때문에 쉽게 산란되지 않고 강력하고 예리한 지향성을 지닌 특징이 있다.

67

한랭환경에서 발생할 수 있는 건강장해에 관한 설명으로 옳지 않은 것은?

① 혈관의 이상은 저온 노출로 유발되거나 악화된다.
② 참호족과 침수족은 지속적인 국소의 산소결핍 때문이며, 모세혈관 벽이 손상되는 것이다.
③ 전신체온강화는 단시간의 한랭폭로에 따른 일시적 체온상실에 따라 발생하는 중증장해에 속한다.
④ 동상에 대한 저항은 개인에 따라 차이가 있으나 중증환자의 경우 근육 및 신경조직 등 심부조직이 손상된다.

전신체온강하는 장시간의 한랭폭로에 따른 일시적 체온상실에 따라 발생하는 중증장해에 속한다.

68

일반소음의 차음효과는 벽체의 단위표적면에 대하여 벽체의 무게를 2배로 할 때 또는 주파수가 2배로 증가될 때 차음은 몇 dB 증가 하는가?

① $2dB$
② $6dB$
③ $10dB$
④ $15dB$

*차음 수직입사(질량법칙)
$TL = 20\log(m \times f) - 43$
여기서, 벽체의 무게 2배만 고려한다면 차음재의 면밀도 m만 고려하면 된다.
∴ $TL = 20\log(m) = 20\log2 = 6dB$

여기서, 주파수 2배만 고려한다면 입사 주파수 f만 고려하면 된다.
∴ $TL = 20\log(f) = 20\log2 = 6dB$

여기서,
m : 차음재의 면밀도 $[kg/m^2]$
f : 입사 주파수 $[Hz]$

69

$3N/m^2$의 음압은 약 몇 dB의 음압수준인가?

① 95
② 104
③ 110
④ 1115

*음압수준(SPL)
$SPL = 20\log\left(\dfrac{P}{P_o}\right) = 20\log\left(\dfrac{3}{2 \times 10^{-5}}\right) = 104dB$

여기서
SPL : 음압수준(음압도, 음압레벨)$[dB]$
P : 대상음의 음압 $[N/m^2]$
P_o : 기준음압($= 2 \times 10^{-5} [N/m^2]$)

70

손가락의 말초혈관운동의 장애로 인한 혈액순환장애로 손가락의 감각이 마비되고, 창백해지며, 추운 환경에서 더욱 심해지는 레이노(Raynaud) 현상의 주요 원인으로 옳은 것은?

① 진동
② 소음
③ 조명
④ 기압

*레이노드 증상(Raynaud)
한랭환경에서 국소진동에 노출되면 발생하는 현상으로 손과 발가락의 감각마비 증상이 나타난다. 청색증이라고도 명칭을 불리우며, 심하면 극심한 통증이 발생한다. 주로 진동공구, 착암기, 해머 등 공구를 장기간 사용한 근로자에게 발생한다.

71

고열장해에 대한 내용으로 옳지 않은 것은?

① 열경련(heat cramps) : 고온 환경에서 고된 육체적인 작업을 하면서 땀을 많이 흘릴 때 많은 물을 마시지만 신체의 염분 손실을 충당하지 못할 경우 발생한다.
② 열허탈(heat collapse) : 고열작업에 순화되지 못해 말초혈관이 확장되고, 신체 말단에 혈액이 과다하게 저류되어 뇌의 산소부족이 나타난다.
③ 열소모(heat exhaustion) : 과다발한으로 수분/염분손실에 의하여 나타나며, 두통, 구역감, 현기증 등이 나타나지만 체온은 정상이거나 조금 높아진다.
④ 열사병(heat stroke) : 작업환경에서 가장 흔히 발생하는 피부장해로서 땀에 젖은 피부 각질층이 떨어져 땀구멍을 막아 염증성 반응을 일으켜 붉은 구진 형태로 나타난다.

*열사병(Heat Stroke)
① 고온다습 환경에 노출되면 뇌의 온도가 상승하여 신체 내 체온조절 중추에 기능장애를 일으켜 생기는 위급한 상태이다.
② 증상으로는 중추신경계의 장애, 직장온도 상승, 전신 발한 정지 등이 있다.
③ 치료법으로는 체온을 급히 하강하기 위하여 얼음물에 담가서 체온을 39℃까지 내려주어야하고, 호흡곤란 시 산소를 공급해주며, 울혈방지와 체열이동을 돕기 위하여 사지를 격렬히 마찰시킨다.

72

이상기압의 대책에 관한 내용으로 옳지 않은 것은?

① 고압실 내의 작업에서는 탄산가스의 분압이 증가하지 않도록 신선한 공기를 송기한다.
② 고압환경에서 작업하는 근로자에게는 질소의 양을 증가시킨 공기를 호흡시킨다.
③ 귀 등의 장해를 예방하기 위하여 압력을 가하는 속도를 매 분당 $0.8 kg/cm^2$ 이하가 되도록 한다.
④ 감압병의 증상이 발생하였을 때에는 환자를 바로 원래의 고압환경 상태로 복귀시키거나, 인공고압실에서 천천히 감압한다.

고압환경에서 작업하는 근로자에게는 질소를 대신하여 마취작용이 적은 헬륨 등 불활성 기체들로 대치한 공기를 호흡시킨다.

73

산소농도가 6% 이하인 공기 중의 산소분압으로 옳은 것은?
(단, 표준상태이며, 부피기준이다.)

① $45 mmHg$ 이하
② $55 mmHg$ 이하
③ $65 mmHg$ 이하
④ $75 mmHg$ 이하

*분압
산소 분압$[mmHg]$ = $760 mmHg$ × 산소 성분비
= $760 × 0.06 = 45.6 ≒ 45 mmHg$

70.① 71.④ 72.② 73.①

74

$1fc$(foot candle)은 약 몇 럭스(lux)인가?

① 3.9
② 8.9
③ 10.8
④ 13.4

풋 캔들(Foot Candle)
1lumen의 빛이 $1ft^2$의 평면상에 수직으로 비칠 때 그 평면의 빛 밝기이다.

풋 캔들$(ft\ cd) = \dfrac{lumen}{ft^2}$

$1ft\ cd = 10.8 Lux$
$1Lux = 0.093 ft\ cd$

75

작업장 내의 직접조명에 관한 설명으로 옳은 것은?

① 장시간 작업에도 눈이 부시지 않는다.
② 조명기구가 간단하고, 조명기구의 효율이 좋다.
③ 벽이나 천정의 색조에 좌우되는 경향이 있다.
④ 작업장 내의 균일한 조도의 확보가 가능하다.

①, ③, ④항은 간접조명에 관한 설명이다.

76

고압 환경의 생체작용과 가장 거리가 먼 것은?

① 고공성 폐수종
② 이산화탄소(CO_2) 중독
③ 귀, 부비강, 치아의 압통
④ 손가락과 발가락의 작열통과 같은 산소 중독

고공성 폐수종은 저압환경에서 발생한다.

77

음압이 $20N/m^2$일 경우 음압수준(sound pressure level)은 얼마인가?

① $100dB$
② $110dB$
③ $120dB$
④ $130dB$

음압수준(SPL)

$SPL = 20\log\left(\dfrac{P}{P_o}\right) = 20\log\left(\dfrac{20}{2 \times 10^{-5}}\right) = 120 dB$

여기서
SPL : 음압수준(음압도, 음압레벨)$[dB]$
P : 대상음의 음압$[N/m^2]$
P_o : 기준음압($= 2 \times 10^{-5}[N/m^2]$)

78

25℃일 때, 공기 중에서 $1000Hz$인 음의 파장은 약 몇 m인가?
(단, 0℃, 1기압에서의 음속은 $331.5m/s$이다.)

① 0.035
② 0.35
③ 3.5
④ 35

음의 파장(λ)

$C = f \times \lambda$

$\therefore \lambda = \dfrac{C}{f} = \dfrac{331.42 + 0.6t}{f} = \dfrac{331.5 + 0.6 \times 25}{1000} = 0.35m$

여기서
C : 음속$[m/sec]$($= 331.42 + 0.6t$)
f : 주파수$[1/sec = Hz]$
λ : 파장$[m]$
t : 음전달 매질의 온도$[℃]$

79

난청에 관한 설명으로 옳지 않은 것은?

① 일시적 난청은 청력의 일시적인 피로현상이다.
② 영구적 난청은 노인성 난청과 같은 현상이다.
③ 일반적으로 초기청력 손실을 C_5-dip 현상이라 한다.
④ 소음성 난청은 내이의 세포변성을 원인으로 볼 수 있다.

*난청

난청	설명
일시적 청력손실 (TTS)	4000~6000Hz에서 가장 많이 발생하는 강력한 소음에 노출되어 생기는 난청이다. 영구적 소음성 난청의 예비신호이다.
영구적 청력손실 (PTS)	4000Hz에서 가장 심하게 발생하는 소음성 난청으로 비가역적 청력저하, 강렬한 소음 및 지속적인 소음 노출에 의해 영구적인 청력저하가 발생한다.
노인성 난청	6000Hz에서 난청이 시작되는 노화에 의한 퇴행성 질환이다.

*C_5-dip 현상
소음성 난청 초기단계로서 4000Hz에서 청력장애가 커지는 현상

80

다음 전리방사선 중 투과력이 가장 약한 것은?

① 중성자 ② γ선
③ β선 ④ α선

*전리방사선 인체투과력 순서
중성자 > X선 or γ > β > α

2020 4회차

산업위생관리기사 필기 기출문제

제 5과목 : 산업독성학

81

물질 A의 독성에 관한 인체실험 결과, 안전흡수량이 체중 kg당 $0.1mg$이었다. 체중이 $50kg$인 근로자가 1일 8시간 작업할 경우 이 물질의 체내 흡수를 안전 흡수량 이하로 유지하려면 공기 중 농도를 몇 mg/m^3 이하로 하여야 하는가?
(단, 작업시 폐환기율은 $1.25m^3/h$, 체내 잔류율은 1.0으로 한다.)

① 0.5
② 1.0
③ 1.5
④ 2.0

체내흡수량(안전흡수량, 안전폭로량, SHD)
$SHD = C \times T \times V \times R$

$\therefore C = \dfrac{SHD}{T \times V \times R} = \dfrac{50kg \times 0.1mg/kg}{8hr \times 1.25m^3/hr \times 1.0} = 0.5mg/m^3$

여기서,
C : 농도$[mg/m^3]$
T : 노출시간$[hr]$
V : 폐환기율, 호흡률$[m^3/hr]$
R : 체내잔류율(일반적으로 1.0)
SHD : 체중당흡수량 × 체중$[mg]$

82

소변을 이용한 생물학적 모니터링의 특징으로 옳지 않은 것은?

① 비파괴적 시료채취 방법이다.
② 많은 양의 시료확보가 가능하다.
③ EDTA와 같은 항응고제를 첨가한다.
④ 크레아티닌 농도 및 비중으로 보정이 필요하다.

생체시료로 사용한 소변의 특징
① 비파괴적 시료채취방법이다.
② 많은 양의 시료 확보가 가능하다.
③ 크레아티닌 농도 및 비중으로 보정이 필요하다.
④ 불규칙한 소변 배설량으로 농도보정이 필요하다.
⑤ 시료채취과정에서 오염될 가능성이 높다.
⑥ 채취시료는 신속하게 검사한다.
⑦ 냉동상태로 보존하는 것이 원칙이다.

83

생물학적 모니터링 방법 중 생물학적 결정인자로 보기 어려운 것은?

① 체액의 화학물질 또는 그 대사산물
② 표적조직에 작용하는 활성 화학물질의 양
③ 건강상의 영향을 초래하지 않은 부위나 조직
④ 처음으로 접촉하는 부위에 직접 독성영향을 야기하는 물질

생물학적 모니터링 방법 분류
① 표적분자에 실제 활성인 화학물질에 대한 측정
② 건강상 악영향을 초래하지 않은 내재용량의 측정
③ 근로자의 체액에서 화학물질이나 대사산물의 측정

84

톨루엔(Toluene)의 노출에 대한 생물학적 모니터링 지표 중 소변에서 확인 가능한 대사산물은?

① thiocyante
② glucuronate
③ ortho-cresol
④ organic sulfate

81.① 82.③ 83.④ 84.③

*화학물질의 생물학적 노출지표물질

화학물질	대사산물(측정대상물질)
벤젠	뇨 중 t,t-뮤코닉산(뮤콘산) 뇨 중 S-페닐머캅토산 혈액 중 벤젠
톨루엔	뇨 중 o-크레졸 혈액 중 톨루엔
크실렌	뇨 중 메틸마뇨산
납	혈액 중 납 뇨 중 납 혈액 중 아연 프로토포르피린 뇨 중 델타아미노레불린산
일산화탄소	혈액 중 카복시헤모글로빈(COHb)
트리클로로에틸렌	뇨 중 삼염화초산
에틸벤젠	뇨 중 만델산
노말헥산	뇨 중 2,5-헥산디온
클로로벤젠	뇨 중 총 4-클로로카테콜
페놀	뇨 중 페놀
디메틸포름아미드	뇨 중 N-메틸포름아미드
이황화탄소	뇨 중 TTCA 뇨 중 이황화탄소
크롬	뇨 중 크롬
메틸 노말부틸 케톤	뇨 중 2,5-헥산디온
삼염화에틸렌	뇨 중 삼염화초산 (트리클로로초산) 뇨 중 삼염화에탄올

✔ortho-cresol : o-크레졸

85
작업환경 내의 유해물질과 그로 인한 대표적인 장애를 잘못 연결한 것은?

① 벤젠 - 시신경 장애
② 염화비닐 - 간 장애
③ 톨루엔 - 중추신경계 억제
④ 이황화탄소 - 생식기능 장애

벤젠 - 조혈장애
메탄올(메틸알코올) - 시신경 장애

86
독성을 지속기간에 따라 분류할 때 만성독성(chronic toxicity)에 해당되는 독성물질 투여(노출)기간은? (단, 실험동물에 외인성 물질을 투여하는 경우로 한정한다.)

① 1일 이상 ~ 14일 정도
② 30일 이상 ~ 60일 정도
③ 3개월 이상 ~ 1년 정도
④ 1년 이상 ~ 3년 정도

*유해화학물질의 노출기간에 따른 분류
① 급성독성물질 : 1~14일의 단기간
② 아급성독성물질 : 1년 이상의 장기간
③ 만성독성물질: 3개월~1년 정도

87
단시간 노출기준이 시간가중평균농도(TLV-TWA)와 단기간 노출기준(TLV-STEL) 사이일 경우 충족시켜야 하는 3가지 조건에 해당하지 않는 것은?

① 1일 4회를 초과해서는 안 된다.
② 15분 이상 지속 노출되어서는 안 된다.
③ 노출과 노출 사이에는 60분 이상의 간격이 있어야 한다.
④ TLV-TWA의 3배 농도에는 30분 이상 노출되어서는 안 된다.

*2회 이상 측정한 단시간 노출농도값이 단시간노출기준과 시간가중평균기준값 사이일 때 노출기준 초과로 평가하여야 하는 이유
① 15분 이상 연속 노출되는 경우
② 노출과 노출사이의 간격이 1시간 미만인 경우
③ 1일 4회를 초과하는 경우

85.① 86.③ 87.④

88
직업성 폐암을 일으키는 물질을 가장 거리가 먼 것은?

① 니켈 ② 석면
③ β-나프틸아민 ④ 결정형 실리카

β-나프탈아민은 폐암을 일으키지 않고, 방광암, 췌장암 등을 일으키는 물질이다.

89
비중격 천공을 유발시키는 물질은?

① 납 ② 크롬
③ 수은 ④ 카드뮴

*크롬중독의 증세
① 급성중독
신장장해로 과뇨증이 오며 더욱 진전되면 무뇨증을 일으켜 요독증으로 사망가능성이 높아진다.

② 만성중독
폐암, 비강암, 비중격천공증, 접촉성 피부염, 크롬 폐증 등 증상이 있다.

90
2000년대 외국인 근로자에게 다발성말초신경병증을 집단으로 유발한 노말헥산(n-hexane)은 체내 대사 과정을 거쳐 어떤 물질로 배설되는가?

① 2-hexanone ② 2,5-hexanedione
③ hexachlorophene ④ hexachloroethane

*화학물질의 생물학적 노출지표물질

화학물질	대사산물(측정대상물질)
벤젠	뇨 중 t,t-뮤코닉산(뮤콘산) 뇨 중 S-페닐머캅토산 혈액 중 벤젠
톨루엔	뇨 중 o-크레졸 혈액 중 톨루엔
크실렌	뇨 중 메틸마뇨산
납	혈액 중 납 뇨 중 납 혈액 중 아연 프로토포르피린 뇨 중 델타아미노레불린산
일산화탄소	혈액 중 카복시헤모글로빈(COHb)
트리클로로에틸렌	뇨 중 삼염화초산
에틸벤젠	뇨 중 만델산
노말헥산	뇨 중 2,5-헥산디온
클로로벤젠	뇨 중 총 4-클로로카테콜
페놀	뇨 중 페놀
디메틸포름아미드	뇨 중 N-메틸포름아미드
이황화탄소	뇨 중 TTCA 뇨 중 이황화탄소
크롬	뇨 중 크롬
메틸 노말부틸 케톤	뇨 중 2,5-헥산디온
삼염화 에틸렌	뇨 중 삼염화초산 (트리클로로초산) 뇨 중 삼염화에탄올

91
진폐증의 독성병리기전과 거리가 먼 것은?

① 천식
② 섬유증
③ 폐 탄력성 저하
④ 콜라겐 섬유 증식

*진폐증의 독성 병리기전
① 진폐증의 대표 병리소견은 섬유증이다.
② 섬유증이 동반되는 진폐증의 대표 원인물질은 석면, 베릴륨, 실리카, 알루미늄, 석탄분진 등이 있다.
③ 콜라겐 섬유가 증식하면 폐 탄력성이 떨어져 호흡곤란, 폐기능 저하, 지속적 기침을 가져온다.
④ 폐포 대식세포는 분진탐식 과정에서 활성산소유리기에 의한 섬유모세포의 증식을 유도한다.

92
중금속 노출에 의하여 나타나는 금속열은 흄 형태의 금속을 흡입하여 발생되는데, 감기증상과 매우 비슷하여 오한, 구토감, 기침, 전신위약감 등의 증상이 있으며 월요일 출근 후에 심해져서 월요일열(monday fever)이라고도 한다. 다음 중 금속열을 일으키는 물질이 아닌 것은?

① 납
② 카드뮴
③ 안티몬
④ 산화아연

*금속열(월요일열)
아연, 마그네슘, 알루미늄, 구리, 망간, 니켈, 카드뮴, 안티몬 등의 흄으로 흡입하면 발생하는 알레르기성 발열으로 12시간~24시간 또는 24시간~48시간 후에는 자연적으로 치유된다.

93
독성물질의 생체과정인 흡수, 분포, 생전환, 배설 등에 변화를 일으켜 독성이 낮아지는 길항작용(antagonism)은?

① 화학적 길항작용
② 기능적 길항작용
③ 배분적 길항작용
④ 수용체 길항작용

*길항작용의 종류

종류	설명
배분적 길항작용	물질의 흡수 및 대사 등에 변화를 일으켜 독성이 낮아진다.
화학적 길항작용	화학적인 상호반응에 의해 독성이 낮아진다.
기능적 길항작용	생체 내 서로 반대되는 기능을 가져 독성이 낮아진다.
수용적 길항작용	두 화학물질이 같은 수용체에 결합하여 독성이 낮아진다.

94
합금, 도금 및 전지 등의 제조에 사용되며, 알레르기 반응, 폐암 및 비강암을 유발할 수 있는 중금속은?

① 비소
② 니켈
③ 베릴륨
④ 안티몬

*니켈(Ni)
① 특징
도금, 제강, 전지, 합금 공정 등에 노출될 수 있다.

② 니켈중독의 증세
㉠ 급성중독
접촉성 피부염, 복통, 설사, 두통, 현기증, 폐렴, 폐부종, 전신중독 유발

㉡ 만성중독
폐암, 비강암, 비중격천공증 유발

③ 니켈중독의 치료사항
체내 축적 시 아연, 비타민 E, 셀레늄 등 황 함유 아미노산을 섭취한다.

95
독성실험단계에 있어 제1단계(동물에 대한 급성노출 시험)에 관한 내용과 가장 거리가 먼 것은?

① 생식독성과 최기형성 독성실험을 한다.
② 눈과 피부에 대한 자극성 실험을 한다.
③ 변이원성에 대하여 1차적인 스크리닝 실험을 한다.
④ 치사성과 기관장해에 대한 양-반응곡선을 작성한다.

*독성실험 단계

단계	설명
제1단계 (동물에 대한 급성노출실험)	① 눈과 피부에 대한 자극성 실험을 진행한다. ② 변이원성에 대하여 1차적인 스크리닝 실험을 진행한다. ③ 치사성과 기관장해에 대한 양-반응곡선을 작성한다.
제2단계 (동물에 대한 만성노출실험)	① 장기독성 실험을 진행한다. ② 행동특성 실험을 진행한다. ③ 변이원성에 대하여 2차적인 스크리닝 실험을 진행한다. ④ 상승작용과 가승작용, 상쇄작용에 대하여 실험을 진행한다. ⑤ 생식영향과 산아장해 실험을 진행한다.

96
암모니아(NH_3)가 인체에 미치는 영향으로 가장 적합한 것은?

① 전구증상이 없이 치사량에 이를 수 있으며, 심한 경우 호흡부전에 빠질 수 있다.
② 고농도일 때 기도의 염증, 폐수종, 치아산식증, 위장장해 등을 초래한다.
③ 용해도가 낮아 하기도까지 침투하며, 급성증상으로는 기침, 천명, 흉부압박감 외에 두통, 오심 등이 온다.
④ 피부, 점막에 작용하며 눈의 결막, 각막을 자극하며 폐부종, 성대경련, 호흡장애 및 기관지경련 등을 초래한다.

*암모니아(NH_3)가 인체에 미치는 영향
피부, 점막에 작용하며 눈의 결막, 각막을 자극하며 폐부종, 성대경련, 호흡장애 및 기관지경련 등을 초래한다.

97
지방족 할로겐화 탄화수소물 중 인체 노출 시, 간의 장해인 중심소엽성 괴사를 일으키는 물질은?

① 톨루엔 ② 노말헥산
③ 사염화탄소 ④ 트리클로로에틸렌

*사염화탄소(CCl_4)
① 피부를 통해 인체에 흡수된다.
② 고농도로 폭로되면 간이나 신장에 장해가 일어나 혈뇨, 단백뇨, 황달의 증상이 생긴다.
③ 간에 대한 독성작용이 심하여 중심소엽성 괴사를 일으킨다.
④ 가열하면 포스겐과 염산(염화수소)로 분해된다.
⑤ 탈지용 용매로 사용된다.

98
납중독을 확인하는데 이용하는 시험으로 옳지 않은 것은?

① 혈중 납 농도 ② EDTA 흡착능
③ 신경전달속도 ④ 헴(heme)의 대사

*납중독 확인 시험사항
① 혈중 납 농도
② 헴(Heme)의 대사
③ 말초신경의 신경 전달속도
④ Ca-EDTA 이동시험
⑤ ALA(Amino Levulinic Acid) 축적

99
유기용제 중 벤젠에 대한 설명으로 옳지 않은 것은?

① 벤젠은 백혈병을 일으키는 원인물질이다.
② 벤젠은 만성장해로 조혈장해를 유발하지 않는다.
③ 벤젠은 빈혈을 일으켜 혈액의 모든 세포 성분이 감소한다.
④ 벤젠은 주로 페놀로 대사되며 페놀은 벤젠의 생물학적 노출지표로 이용된다.

벤젠은 만성장해로 조혈장해를 유발한다.

96.④ 97.③ 98.② 99.②

100

근로자의 유해물질 노출 및 흡수 정도를 종합적으로 평가하기 위하여 생물학적 측정이 필요하다. 또한 유해물질 배출 및 축적 속도에 따라 시료 채취 시기를 적절히 정해야 하는데, 시료채취 시기에 제한을 가장 작게 받는 것은?

① 요중 납
② 호기중 벤젠
③ 요중 총 페놀
④ 혈중 총 무기수은

> 반감기가 긴 물질(중금속)에 대해서 시료채취시기는 중요하지 않다. (납은 중금속이다.)

100. ①

2021 1회차 산업위생관리기사 필기 기출문제
제 1과목 : 산업위생학개론

01
산업재해의 원인을 직접원인(1차원인)과 간접원인(2차원인)으로 구분할 때 직접원인에 대한 설명으로 옳지 않은 것은?

① 불안전한 상태와 불안전한 행위로 나눌 수 있다.
② 근로자의 신체적 원인(두통, 현기증, 만취상태 등)이 있다.
③ 근로자의 방심, 태만, 무모한 행위에서 비롯되는 인적 원인이 있다.
④ 작업장소의 결함, 보호장구의 결함 등의 물적 원인이 있다.

근로자의 신체적 원인은 간접원인(2차원인)에 속한다.

02
작업장에서 누적된 스트레스를 개인차원에서 관리하는 방법에 대한 설명으로 옳지 않은 것은?

① 신체검사를 통하여 스트레스성 질환을 평가한다.
② 자신의 한계와 문제의 징후를 인식하여 해결방안을 도출한다.
③ 규칙적인 운동을 삼가하고 흡연, 음주 등을 통해 스트레스를 관리한다.
④ 명상, 요가 등의 긴장 이완훈련을 통하여 생리적 휴식상태를 점검한다.

규칙적인 운동을 하여 스트레스를 줄이고 직무 외적인 취미, 휴식, 즐거운 활동 등에 참여하여 대처 능력을 함양한다.

03
어느 사업장에서 톨루엔($C_6H_5CH_3$)의 농도가 0℃일 때 $100ppm$이었다. 기압의 변화 없이 기온이 25℃로 올라갈 때 농도는 약 몇 mg/m^3인가?

① $325mg/m^3$
② $346mg/m^3$
③ $365mg/m^3$
④ $376mg/m^3$

*질량농도(mg/m^3)와 용량농도(ppm)의 환산
$$mg/m^3 = ppm \times \frac{분자량}{부피} = 100 \times \frac{92}{24.45} = 376mg/m^3$$

*참고
- 톨루엔($C_6H_5CH_3$)의 분자량
  $= 12 \times 6 + 1 \times 5 + 12 + 1 \times 3 = 92g$
- C의 원자량 : 12g, H의 원자량 : 1g
- 1atm, 25℃의 부피 = 24.45L

04
인체의 항상성(homeostasis) 유지기전의 특성에 해당하지 않는 것은?

① 확산성(diffusion)
② 보상성(compensatory)
③ 자가조절성(self-regulatory)
④ 되먹이기전(feedback mechanism)

*인체의 항상성 유지기전의 특성
① 보상성(compensatory)
② 자가조절성(self-regulatory)
③ 되먹이기전(feedback mechanism)

01.② 02.③ 03.④ 04.①

05

산업안전보건법령상 밀폐공간작업으로 인한 건강장해의 예방에 있어 다음 각 용어의 정의로 옳지 않은 것은?

① "밀폐공간"이란 산소결핍, 유해가스로 인한 화재, 폭발 등의 위험이 있는 장소이다.
② "산소결핍"이란 공기 중의 산소농도가 16% 미만인 상태를 말한다.
③ "적정한 공기"란 산소농도의 범위가 18% 이상 23.5% 미만, 탄산가스 농도가 1.5% 미만, 황화수소의 농도가 10ppm 미만인 수준의 공기를 말한다.
④ "유해가스"란 탄산가스·일산화탄소·황화수소 등의 기체로서 인체에 유해한 영향을 미치는 물질을 말한다.

*산소결핍
공기 중의 산소농도가 18% 미만인 상태

06

AIHA(American Industrial Hygiene Association)에서 정의하고 있는 산업위생의 범위에 해당하지 않는 것은?

① 근로자의 작업 스트레스를 예측하여 관리하는 기술
② 작업장 내 기계의 품질 향상을 위해 관리하는 기술
③ 근로자에게 비능률을 초래하는 작업환경요인을 예측하는 기술
④ 지역사회 주민들에게 건강장애를 초래하는 작업환경요인을 평가하는 기술

*산업위생의 정의(AIHA)
근로자나 일반 대중에게 질병, 건강장애와 안녕방해, 심각한 불쾌감 및 능률 저하 등을 초래하는 작업환경요인과 스트레스를 예측, 측정, 평가하고 관리하는 과학과 기술이다.

07

하인리히의 사고예방대책의 기본원리 5단계를 순서대로 나타낸 것은?

① 조직 → 사실의 발견 → 분석·평가 → 시정책의 선정 → 시정책의 적용
② 조직 → 분석·평가 → 사실의 발견 → 시정책의 선정 → 시정책의 적용
③ 사실의 발견 → 조직 → 분석·평가 → 시정책의 선정 → 시정책의 적용
④ 사실의 발견 → 조직 → 시정책의 선정 → 시정책의 적용 → 분석·평가

*하인리히의 사고방지 5단계
1단계 : 안전조직
2단계 : 사실의 발견
3단계 : 분석평가
4단계 : 시정방법 선정
5단계 : 시정책 적용

08

혈액을 이용한 생물학적 모니터링의 단점으로 옳지 않은 것은?

① 보관, 처치에 주의를 요한다.
② 시료채취 시 오염되는 경우가 많다.
③ 시료채취 시 근로자가 부담을 가질 수 있다.
④ 약물동력학적 변이 요인들의 영향을 받는다.

*혈액을 이용한 생물학적 모니터링
① 보관, 처치에 주의를 요한다.
② 시료채취 시 오염될 가능성이 적다.
③ 시료채취 시 근로자가 부담을 가질 수 있다.
④ 약물동력학적 변이요인들의 영향을 받는다.
⑤ 휘발성 물질 시료 손실 방지를 위해 최대용량을 채취해야 한다.
⑥ 분석방법 선택 시 특정 물질의 단백질 결합을 고려해야 한다.
⑦ 채취 시 고무마개의 혈액흡착을 고려해야 한다.
⑧ 생물학적 기준치는 정맥혈이며, 동맥혈을 적용 불가능하다.

09

산업안전보건법령상 위험성평가를 실시하여야 하는 사업장의 사업주가 위험성평가의 결과와 조치사항을 기록할 때 포함되어야 하는 사항으로 볼 수 없는 것은?

① 위험성 결정의 내용
② 위험성평가 대상의 유해·위험요인
③ 위험성 평가에 소요된 기간, 예산
④ 위험성 결정에 따른 조치의 내용

*위험성평가의 결과와 조치사항을 기록할 때 포함사항
① 위험성 결정의 내용
② 위험성평가 대상의 유해·위험요인
③ 위험성 결정에 따른 조치의 내용
④ 그 밖에 위험성 평가의 실시내용을 확인하기 위하여 필요한 사항

10

단순반복동작 작업으로 손, 손가락 또는 손목의 부적절한 작업방법과 자세 등으로 주로 손목 부위에 주로 발생하는 근골격계질환은?

① 테니스엘보
② 회전근개손상
③ 수근관증후군
④ 흉곽출구증후군

*수근관증후군
단순반복동작 작업으로 손, 손가락 또는 손목의 부적절한 작업방법과 자세 등으로 주로 손목 부위에 주로 발생하는 근골격계질환

11

작업자의 최대 작업역(maximum area)이란?

① 어깨에서부터 팔을 뻗쳐 도달하는 최대 영역
② 위팔과 아래팔을 상, 하로 이동할 때 닿는 최대 범위
③ 상체를 좌, 우로 이동하여 최대한 닿을 수 있는 범위
④ 위팔을 상체에 붙인 채 아래팔과 손으로 조작할 수 있는 범위

*정상작업역·최대작업역
① 정상 작업역(표준영역)
  ㉠ 윗팔(상완)을 자연스럽게 수직으로 늘어뜨린 채, 아래팔(전완)만으로 편하게 뻗어 파악할 수 있는 영역
  ㉡ 팔을 가볍게 몸에 붙이고 팔꿈치를 구부린 상태에서 자유롭게 손이 닿는 영역
  ㉢ 움직이지 않고 전박과 손으로 조작할 수 있는 범위
② 최대 작업역(최대영역)
  ㉠ 윗팔(상완)과 아래팔(전완)을 곧게 수평으로 펴서 파악할 수 있는 영역
  ㉡ 어깨에서부터 팔을 뻗어 도달하는 최대영역
  ㉢ 움직이지 않고 상지를 뻗어 닿는 범위

12

미국산업위생학술원(AAIH)에서 정한 산업위생전문가들이 지켜야 할 윤리강령 중 전문가로서의 책임에 해당되지 않는 것은?

① 기업체의 기밀을 누설하지 않는다.
② 전문 분야로서의 산업위생 발전에 기여한다.
③ 근로자, 사회 및 전문분야의 이익을 위해 과학적 지식을 공개하고 발표한다.
④ 위험요인의 측정, 평가 및 관리에 있어서 외부의 압력에 굴하지 않고 중립적 태도를 취한다.

*산업위생전문가의 윤리강령(산업위생전문가로서의 책임)
① 성실성과 학문적 실력 면에서 최고 수준을 유지한다.
② 과학적 방법의 적용과 자료의 해석에서 경험을 통한 전문가의 객관성을 유지한다.
③ 전문 분야로서 산업위생을 학문적으로 발전시킨다.
④ 근로자, 사회 및 전문 직종의 이익을 위해 과학적 지식을 공개하고 발표한다.
⑤ 산업위생활동을 통해 얻은 개인 및 기업체의 기밀은 누설하지 않는다.
⑥ 전문적 판단이 타협에 의하여 좌우될 수 있거나 이해관계가 있는 상황에는 개입하지 않는다.
⑦ 쾌적한 작업환경을 만들기 위해 산업위생이론을 적용하고 책임 있게 행동한다.

13

턱뼈의 괴사를 유발하여 영국에서 사용 금지된 최초의 물질은?

① 벤지딘(benzidine)
② 청석면(crocidolite)
③ 적린(red phosphorus)
④ 황린(yellow phosphorus)

*황린
턱뼈의 인산칼슘과 반응하여 턱뼈의 괴사를 유발하여 영국에서 사용 금지된 최초의 물질

14

산업안전보건법령상 강렬한 소음작업에 대한 정의로 옳지 않은 것은?

① 90데시벨 이상의 소음이 1일 8시간 이상 발생하는 작업
② 105데시벨 이상의 소음이 1일 1시간 이상 발생하는 작업
③ 110데시벨 이상의 소음이 1일 30분 이상 발생하는 작업
④ 115데시벨 이상의 소음이 1일 10분 이상 발생하는 작업

*소음작업
1일 8시간 작업을 기준하여 85dB 이상의 소음이 발생하는 작업

① 강렬한 소음작업

데시벨(이상)	발생시간(1일 기준)
90dB	8시간 이상
95dB	4시간 이상
100dB	2시간 이상
105dB	1시간 이상
110dB	30분 이상
115dB	15분 이상

② 충격 소음작업

데시벨(이상)	발생시간(1일 기준)
120dB	10000회 이상
130dB	1000회 이상
140dB	100회 이상

15

38세 된 남성근로자의 육체적 작업능력(PWC)은 $15 kcal/min$이다. 이 근로자가 1일 8시간 동안 물체를 운반하고 있으며 이때의 작업대사량이 $7 kcal/min$이고, 휴식 시 대사량이 $1.2 kcal/min$일 경우 이 사람이 쉬지 않고 계속하여 일을 할 수 있는 최대 허용시간(Tend)은?
(단, $\log T_{end} = 3.720 - 0.1949E$ 이다.)

① 7분 ② 98분
③ 227분 ④ 3063분

*작업강도에 따른 허용작업시간(T_{end})
$\log T_{end} = 3.720 - 0.1949E = 3.720 - 0.1949 \times 7 = 2.356$

$\therefore T_{end} = 10^{2.356} = 226.99분 ≒ 약 227분$

여기서,
E : 작업대사량[kcal/min]

*참고
- $10^{\log T_{end}} = T_{end} 10^{\log} = T_{end}$

16

다음 중 직업병의 발생 원인으로 볼 수 없는 것은?

① 국소 난방 ② 과도한 작업량
③ 유해물질의 취급 ④ 불규칙한 작업시간

국소 난방은 직업병의 발생 원인으로 볼 수 없다.

17

온도 25℃, 1기압 하에서 분당 $100mL$씩 60분 동안 채취한 공기 중에서 벤젠이 $3mg$ 검출되었다면 이 때 검출된 벤젠은 약 몇 ppm인가? (단, 벤젠의 분자량은 78이다.)

① 11
② 15.7
③ 111
④ 157

*질량농도(mg/m³)와 용량농도(ppm)의 환산

$$mg/m^3 = \frac{3mg}{0.1L/min \times 60min \times \left(\frac{1m^3}{1000L}\right)} = 500mg/m^3$$

$$\therefore ppm = mg/m^3 \times \frac{부피}{분자량}$$
$$= 500 \times \frac{24.45}{78} = 156.73 ≒ 157ppm$$

*참고
- $1m^3 = 1000L$
- $100mL/min = 0.1L/min$
- $1atm, 25℃$의 부피 $= 24.45L$

18

교대 근무제의 효과적인 운영방법으로 옳지 않은 것은?

① 업무효율을 위해 연속근무를 실시한다.
② 근무 교대시간은 근로자의 수면을 방해하지 않도록 정해야 한다.
③ 근무시간은 8시간을 주기로 교대하며 야간 근무 시 충분한 휴식을 보장해주어야 한다.
④ 교대작업은 피로회복을 위해 역교대 근무 방식보다 전진근무 방식(주간근무→저녁근무→야간근무→주간근무)으로 하는 것이 좋다.

*교대근무제 관리원칙(바람직한 교대제)
① 작업시간은 하루 8시간, 1주 40시간을 원칙으로 가급적 준수한다.
② 근무시간의 간격은 15~16시간 이상으로 하여야 한다.
③ 3조 3교대 근무나 4조 3교대 근무가 바람직 하다.
④ 교대작업자 특히, 야간작업자는 주간작업자보다 연간 쉬는 날이 더 많아야 한다.
⑤ 근무반 교대방향은 아침반 → 저녁반 → 야간반 으로 정방향 순환이 되도록 한다.
⑥ 교대근무에 대한 일주기 리듬의 생리적·심리적 적응은 불완전하므로 생산적 이유 외 교대제는 하지 않는다.
⑦ 야간근무의 연속일수는 2~3일로 한다.
⑧ 야간근무 교대시간은 상오 0시(자정) 이전에 하는 것이 좋다.
⑨ 야간근무시 가면시간은 근무시간에 따라 2~4시간 으로 하는 것이 좋다.
⑩ 야간근무시 다음 반으로 가는 간격은 48시간 이상 으로 한다.

✓업무효율을 위해 근무 분할을 적정하게 진행한다.

19

다음 물질에 관한 생물학적 노출지수를 측정하려 할 때 시료의 채취시기가 다른 하나는?

① 크실렌
② 이황화탄소
③ 일산화탄소
④ 트리클로로에틸렌

① 크실렌 - 작업종료 시
② 이황화탄소 - 작업종료 시
③ 일산화탄소 - 작업종료 시
④ 트리클로로에틸렌 - 주말작업종료 시

20
심한 작업이나 운동 시 호흡조절에 영향을 주는 요인과 거리가 먼 것은?

① 산소 ② 수소이온
③ 혈중 포도당 ④ 이산화탄소

*호흡조절 영향요인
① 산소
② 수소이온
③ 이산화탄소

20.③

2021 1회차

산업위생관리기사 필기 기출문제

제 2과목 : 작업위생측정 및 평가

21

어느 작업장에서 소음의 음압수준(dB)을 측정한 결과가 85, 87, 84, 86, 89, 81, 82, 84, 83, 88일 때, 측정 결과의 중앙값(dB)은?

① 83.5
② 84.0
③ 84.5
④ 84.9

※ 중앙값(중앙치)
여러 개의 측정치를 크기 순서로 배열했을 때 중앙에 위치하는 값을 말하며, 측정치가 짝수일 때에는 중앙에 위치하는 두 값의 평균을 내어 중앙값으로 계산한다.
81, 82, 83, 84, 84, 85, 86, 87, 88, 89

$$\therefore 중앙값 = \frac{84+85}{2} = 84.5 dB$$

22

직경 $25mm$ 여과지(유효면적 $385mm^2$)를 사용하여 백석면을 채취하여 분석한 결과 단위 시야 당 시료는 3.15개, 공시료는 0.05개였을 때 석면의 농도(개/cc)는?
(단, 측정시간은 100분, 펌프유량은 $2.0L/min$, 단위 시야의 면적은 $0.00785mm^2$이다.)

① 0.74
② 0.76
③ 0.78
④ 0.80

여기서
C_s : 단위 시야당 시료[개]
C_b : 공시료[개]
A_s : 유효면적[mm^2]
A_f : 단위 시야의 면적($= 0.00785mm^2$)
T : 측정시간[min]
R : 펌프 유량[L/min]

23

측정기구와 측정하고자하는 물리적 인자의 연결이 틀린 것은?

① 피토관 - 정압
② 흑구온도 - 복사온도
③ 아스만통풍건습계 - 기류
④ 가이거뮬러카운터 - 방사능

아스만통풍건습계 - 습구온도

24

양자역학을 응용하여 아주 짧은 파장의 전자기파를 증폭 또는 발진하여 발생시키며, 단일파장이고 위상이 고르며 간섭현상이 일어나기 쉬운 특성이 있는 비전리방사선은?

① X-ray
② Microwave
③ Laser
④ gamma-ray

※ 레이저(Laser)
양자역학을 응용하여 아주 짧은 파장의 전자기파를 증폭 또는 발진하여 발생시키며, 단일파장이고 위상이 고르며 간섭현상이 일어나기 쉬운 특성이 있는 비전리방사선

※ 석면 농도

석면 농도 $= \dfrac{(C_s - C_b) \times A_s}{A_f \times T \times R \times 1000}$

$= \dfrac{(3.15 - 0.05) \times 385}{0.00785 \times 100 \times 2 \times 1000} = 0.76$개/$cc$

25

태양광선이 내리쬐지 않는 옥외 장소의 습구흑구온도지수(WBGT)를 산출하는 식은?

① WBGT = 0.7 × 자연습구온도 + 0.3 × 흑구온도
② WBGT = 0.3 × 자연습구온도 + 0.7 × 흑구온도
③ WBGT = 0.3 × 자연습구온도 + 0.7 × 건구온도
④ WBGT = 0.7 × 자연습구온도 + 0.3 × 건구온도

*습구흑구온도지수(WBGT)
① 태양광선이 내리쬐는 옥외 장소
$WBGT(℃)$
$= 0.7×자연습구온도+0.2×흑구온도+0.1×건구온도$

② 태양광선이 내리쬐지 않는 옥내 또는 옥외 장소
$WBGT(℃) = 0.7×자연습구온도+0.3×흑구온도$

26

일정한 온도조건에서 가스의 부피와 압력이 반비례하는 것과 가장 관계가 있는 법칙은?

① 보일의 법칙   ② 샤를의 법칙
③ 라울의 법칙   ④ 게이-루삭의 법칙

*보일의 법칙
일정한 온도조건에서 부피와 압력은 반비례한다.
$P_1 V_1 = P_2 V_2$

27

소음의 단위 중 음원에서 발생하는 에너지를 의미하는 음력(sound power)의 단위는?

① dB ② $Phon$
③ W ④ Hz

*와트(Watt, W)
음원에서 발생하는 에너지를 의미하는 음력의 단위

28

산업안전보건법령상 유해인자와 단위의 연결이 틀린 것은?

① 소음 - dB
② 흄 - mg/m^3
③ 석면 - $개/cm^3$
④ 고열 - 습구·흑구온도지수, ℃

소음 - dB(A)

29

작업장의 기본적인 특성을 파악하는 예비조사의 목적으로 가장 적절한 것은?

① 유사노출그룹 설정
② 노출기준 초과여부 판정
③ 작업장과 공정의 특성파악
④ 발생되는 유해인자 특성조사

*예비조사의 목적
① 동일노출그룹(유사노출그룹) 설정
② 정확한 시료채취 전략 수립

30

유기용제 취급 사업장의 메탄올 농도 측정 결과가 100, 89, 94, 99, 120ppm일 때, 이 사업장의 메탄올 농도 기하평균(ppm)은?

① 99.4   ② 99.9
③ 100.4   ④ 102.3

25.① 26.① 27.③ 28.① 29.① 30.②

*기하평균

$$GM = \sqrt[N]{X_1 \times X_2 \times \cdots \times X_n}$$
$$= \sqrt[5]{100 \times 89 \times 94 \times 99 \times 120} = 99.9ppm$$

여기서,
X : 측정치
N : 측정치의 개수

31

소음의 변동이 심하지 않은 작업장에서 1시간 간격으로 8회 측정한 산술평균의 소음수준이 $93.5dB(A)$이었을 때, 작업시간이 8시간인 근로자의 하루 소음노출량($Noise\ dose$; %)은?
(단, 기준소음노출시간과 수준 및 exchange rate은 OHSA 기준을 준용한다.)

① 104　　② 135
③ 162　　④ 234

*시간가중평균소음수준(TWA)

$$TWA = 16.61\log\left(\frac{D}{100}\right) + 90$$
$$93.5 = 16.61\log\left(\frac{D}{100}\right) + 90$$
$$\therefore D = 162\%$$

여기서,
TWA : 시간가중평균 소음수준[$dB(A)$]
D : 누적소음노출량[%]
100 : 8시간 기준 노출시간/일

32

흡착제를 이용하여 시료채취를 할 때 영향을 주는 인자에 관한 설명으로 틀린 것은?

① 흡착제의 크기: 입자의 크기가 작을수록 표면적이 증가하여 채취효율이 증가하나 압력강하가 심하다.
② 흡착관의 크기: 흡착관의 크기가 커지면 전체 흡착제의 표면적이 증가하여 채취용량이 증가하므로 파과가 쉽게 발생되지 않는다.
③ 습도: 극성 흡착제를 사용할 때 수증기가 흡착되기 때문에 파과가 일어나기 쉽다.
④ 온도: 온도가 높을수록 기공활동이 활발하여 흡착능이 증가하나 흡착제의 변형이 일어날 수 있다.

*고체흡착제를 이용하여 시료채취할 때 영향인자

영향인자	설명
온도	고온일수록 흡착대상 오염물질과 흡착제의 표면 사이의 반응속도가 증가하여 흡착 성질을 감소하며 파과가 일어나기 쉽다. (흡착은 발열반응이다.)
습도	습도가 높으면 파과공기량이 적어지고, 극성 흡착제를 사용할 때 수증기가 흡착되기 때문에 파과가 일어나기 쉽다.
오염물질 농도	공기 중 오염물질의 농도가 높을수록 파과용량[흡착제에 흡착된 오염물질의 양(mg)]은 증가하나 파과공기량은 감소한다.
시료채취속도 (시료채취유량)	시료채취속도가(시료채취량) 높고 코팅된 흡착제일수록 파과가 일어나기 쉽다.
흡착제의 크기	입자의 크기가 작을수록 표면적이 증가하여 채취효율이 증가하나 압력강하가 심하다.
흡착관의 크기 (튜브의 내경)	흡착제의 양이 많아지면 전체 흡착제의 표면적이 증가하여 채취용량이 증가하므로 쉽게 파과가 발생하지 않는다.
혼합물	혼합기체의 경우 각 기체의 흡착량은 단독성분이 있을 때보다 감소된다.

33

$0.04M\ HCl$이 2% 해리되어 있는 수용액의 pH는?

① 3.1　　② 3.3
③ 3.5　　④ 3.7

*pH
$$pH = -\log[H^+]$$
$$= -\log[C \times a] = -\log[0.04 \times 0.02] = 3.1$$

31.③ 32.④ 33.①

34

표집효율이 90%와 50%의 임핀저(impinger)를 직렬로 연결하여 작업장 내 가스를 포집할 경우 전체 포집효율(%)은?

① 93
② 95
③ 97
④ 99

*총집진율(직렬설치)

$$\eta_T = \eta_1 + \eta_2(1-\eta_1) = 0.9 + 0.5(1-0.9) = 0.95 = 95\%$$

여기서,
η_1 : 1차 집진장치 집진율
η_2 : 2차 집진장치 집진율

35

먼지를 크기별 분포로 측정한 결과를 가지고 기하표준편차(GSD)를 계산하고자 할 때 필요한 자료가 아닌 것은?

① 15.9%의 분포를 가진 값
② 18.1%의 분포를 가진 값
③ 50.0%의 분포를 가진 값
④ 84.1%의 분포를 가진 값

*기하표준편차(GSD)

$$GSD = \frac{84.1\%에\ 해당하는\ 값}{50\%에\ 해당하는\ 값} = \frac{50\%에\ 해당하는\ 값}{15.9\%에\ 해당하는\ 값}$$

36

복사기, 전기기구, 플라즈마 이온방식의 공기청정기 등에서 공통적으로 발생할 수 있는 유해물질로 가장 적절한 것은?

① 오존
② 이산화질소
③ 일산화탄소
④ 포름알데히드

*오존(O_3)
① 농도가 높은 오존은 자극적인 냄새가 난다.
② 인쇄기·복사기·전기기구·플라즈마 이온식 공기청정기와 같은 생활용품 등에서 발생한다.
③ 호흡기능에 영향을 미쳐 기침·부종·출혈·천식 등을 일으킨다.

37

벤젠이 배출되는 작업장에서 채취한 시료의 벤젠 농도 분석 결과가 3시간 동안 4.5ppm, 2시간 동안 12.8ppm, 1시간 동안 6.8ppm일 때, 이 작업장의 벤젠 TWA(ppm)는?

① 4.5
② 5.7
③ 7.4
④ 9.8

*시간가중평균노출기준(TWA)

$$TWA = \frac{C_1T_1 + C_2T_2 + \cdots + C_nT_n}{8}$$

$$= \frac{4.5 \times 3 + 12.8 \times 2 + 6.8 \times 1 + 0 \times 2}{8} = 5.7ppm$$

여기서,
C : 유해인자의 측정치[ppm]
T : 유해인자의 발생시간[시간]

38

산업안전보건법령상 고열 측정 시간과 간격으로 옳은 것은?

① 작업시간 중 노출되는 고열의 평균온도에 해당하는 1시간, 10분 간격
② 작업시간 중 노출되는 고열의 평균온도에 해당하는 1시간, 5분 간격
③ 작업시간 중 가장 높은 고열에 노출되는 1시간, 5분 간격
④ 작업시간 중 가장 높은 고열에 노출되는 1시간, 10분 간격

*고열작업 측정방법
1일 작업시간 중 최대로 고열에 노출되고 있는 1시간을 10분 간격으로 연속 측정한다.

34.② 35.② 36.① 37.② 38.④

39
입자상 물질의 여과원리와 가장 거리가 먼 것은?

① 차단
② 확산
③ 흡착
④ 관성충돌

*여과포집원리(채취기전)
① 직접차단(간섭)
② 관성충돌
③ 중력침강
④ 확산
⑤ 정전기침강
⑥ 체질

40
산화마그네슘, 망간, 구리 등의 금속 분진을 분석하기 위한 장비로 가장 적절한 것은?

① 자외선/가시광선 분광광도계
② 가스크로마토그래피
③ 핵자기공명분광계
④ 원자흡광광도계

*원자흡광광도계
빛이 원자증기층을 통과할 때 기저상태의 원자가 특유 파장의 빛을 흡수하는 현상을 이용하여 검체 중 피검원소의 양(농도)를 측정하고, 산화마그네슘, 망간, 구리 등의 금속 분진을 분석하기 위한 측정 장비이다.

2021 1회차

산업위생관리기사 필기 기출문제
제 3과목 : 작업환경관리대책

41
유해물질의 증기 발생률에 영향을 미치는 요소로 가장 거리가 먼 것은?

① 물질의 비중
② 물질의 사용량
③ 물질의 증기압
④ 물질의 노출기준

※유해물질의 증기 발생률의 영향인자
① 물질의 비중
② 물질의 사용량
③ 물질의 증기압

42
회전차 외경이 600mm인 원심 송풍기의 풍량은 $200m^3/min$이다. 회전차 외경이 1000mm인 동류(상사구조)의 송풍기가 동일한 회전수로 운전된다면 이 송풍기의 풍량(m^3/min)은?
(단, 두 경우 모두 표준공기를 취급한다.)

① 333
② 556
③ 926
④ 2572

※송풍기 상사법칙

종류	회전수(N)	직경(D)
풍량(Q)	$\dfrac{Q_2}{Q_1}=\dfrac{N_2}{N_1}$	$\dfrac{Q_2}{Q_1}=\left(\dfrac{D_2}{D_1}\right)^3$
풍압(P)	$\dfrac{P_2}{P_1}=\left(\dfrac{N_2}{N_1}\right)^2$	$\dfrac{P_2}{P_1}=\left(\dfrac{D_2}{D_1}\right)^2$
동력[H]	$\dfrac{H_2}{H_1}=\left(\dfrac{N_2}{N_1}\right)^3$	$\dfrac{H_2}{H_1}=\left(\dfrac{D_2}{D_1}\right)^5$
	$\dfrac{P_2}{P_1}\propto\dfrac{H_2}{H_1}\propto\dfrac{\rho_2}{\rho_1}\propto\dfrac{T_1}{T_2}$	

여기서,
Q_1 : 변경 전 풍량[m^3/min]
Q_2 : 변경 후 풍량[m^3/min]
N_1 : 변경 전 회전수[rpm]
N_2 : 변경 후 회전수[rpm]
P_1 : 변경 전 풍압[mmH_2O]
P_2 : 변경 후 풍압[mmH_2O]
D_1 : 변경 전 회전차 직경[m]
D_2 : 변경 후 회전차 직경[m]
H_1 : 변경 전 동력[kW]
H_2 : 변경 후 동력[kW]
ρ_1, ρ_2 : 변경 전·후 비중
T_1, T_2 : 변경 전·후 절대온도[K]

$\dfrac{Q_2}{Q_1}=\left(\dfrac{D_2}{D_1}\right)^3$ 에서,

$\therefore Q_2 = Q_1\left(\dfrac{D_2}{D_1}\right)^3 = 200\times\left(\dfrac{1000}{600}\right)^3 = 926 m^3/min$

43
후드의 유입계수가 0.82, 속도압이 $50mmH_2O$일 때 후드의 유입손실(mmH_2O)은?

① 22.4
② 24.4
③ 26.4
④ 28.4

41.④ 42.③ 43.②

*유입손실($\triangle P$)

$$\triangle P = F \times VP = \left(\frac{1}{C_e^2} - 1\right) \times VP$$

$$= \left(\frac{1}{0.82^2} - 1\right) \times 50 = 24.4 mmH_2O$$

여기서,
$\triangle P$: 유입손실[mmH_2O]
F : 유입손실계수$\left(= \frac{1}{C_e^2} - 1\right)$
C_e : 유입계수$\left(= \sqrt{\frac{1}{1+F}}\right)$
VP : 속도압[mmH_2O]$\left(= \frac{\gamma V^2}{2g}\right)$

44

길이, 폭, 높이가 각각 $25m$, $10m$, $3m$인 실내에 시간당 18회의 환기를 하고자 한다. 직경 $50cm$의 개구부를 통하여 공기를 공급하고자 하면 개구부를 통과하는 공기의 유속(m/s)은?

① 13.7 ② 15.3
③ 17.2 ④ 19.1

*시간당 공기교환 횟수(ACH)

$ACH = \frac{Q}{V}$ 에서,

$Q = ACH \times V = 18 \times (25 \times 10 \times 3) = 13500 m^3/hr$
$= 13500 m^3/hr \times \left(\frac{1hr}{3600sec}\right) = 3.75 m^3/sec$

$Q = AV_{(유속)}$ 에서,

$\therefore V_{(유속)} = \frac{Q}{A} = \frac{Q}{\frac{\pi d^2}{4}} = \frac{3.75}{\frac{\pi \times 0.5^2}{4}} = 19.1 m/sec$

여기서,
Q : 필요환기량[m^3/hr]
V : 작업장 용적[m^3]
$A\left(= \frac{\pi d^2}{4}\right)$: 개구부의 원형 단면적[m^2]
d : 개구부의 직경[m]

*참고
- 용적(부피)=길이×폭×높이
- 1hr=3600sec

45

입자상 물질 집진기의 집진원리를 설명한 것이다. 아래의 설명에 해당하는 집진원리는?

> 분진의 입경이 클 때, 분진은 가스흐름의 궤도에서 벗어나게 된다. 즉 입자의 크기에 따라 비교적 큰 분진은 가스통과 경로를 따라 발산하지 못하고, 작은 분진은 가스와 같이 발산한다.

① 직접차단 ② 관성충돌
③ 원심력   ④ 확산

*관성충돌(Inertial Impaction)
분진의 입경이 클 때, 분진은 가스흐름의 궤도에서 벗어나게 된다. 즉 입자의 크기에 따라 비교적 큰 분진은 가스통과 경로를 따라 발산하지 못하고, 작은 분진은 가스와 같이 발산한다.

46

철재 연마공정에서 생기는 철가루의 비산을 방지하기 위해 가로 $50cm$, 높이 $20cm$인 직사각형 후드를 플랜지를 부착하여 공간에 설치하고자 할 때, 필요환기량(m^3/min)은?
(단, 제어풍속은 ACGIH 권고치 기준의 하한으로 설정하며, 제어풍속이 미치는 최대거리는 개구면으로부터 $30cm$라 가정한다.)

① 112 ② 119
③ 253 ④ 238

*필요송풍량(Q)

조건	필요송풍량 공식
① 자유공간 위치, 플랜지 미부착	$Q = V(10X^2 + A)$
② 자유공간 위치, 플랜지 부착	$Q = 0.75V(10X^2 + A)$
③ 바닥면 위치, 플랜지 미부착	$Q = V(5X^2 + A)$
④ 바닥면 위치, 플랜지 부착	$Q = 0.5V(10X^2 + A)$

여기서,
Q : 필요송풍량$[m^3/min]$
A : 후드의 개구면적$[m^2]$
V : 제어속도$[m/min]$
X : 후드 중심선으로부터 발생원까지의 거리$[m]$

*제어속도 범위(ACGIH)

작업조건	작업공정 사례	제어속도 $[m/s]$
움직이지 않는 공기 중 속도없이 배출되는 작업조건 조용한 대기 중에 실제 거의 속도가 없는 상태로 발산하는 경우의 작업조건	– 탱크에서 증발, 탈지시설 – 액면에서 발생하는 가스나 증기흄	0.25~0.5
비교적 조용한 대기 중 저속도로 비산하는 작업조건	– 용접, 도금작업 – 스프레이 도장 – 주형을 부수고 모래를 터는 장소	0.5~1.0
발생 기류가 높고 유해물질이 활발하게 발생하는 작업조건	– 스프레이 도장, 용기 충전 – 분쇄기 – 컨베이어 적재	1.0~2.5
초고속 기류가 있는 작업장소에 초고속으로 비산하는 경우	– 회전 연삭작업 – 연마작업 – 블라스트 작업	2.5~10

철재 연마공정의 하한 제어속도 $V = 2.5m/s$이고,
자유공간 위치, 플랜지 부착이므로,
$A = 0.5m \times 0.2m = 0.1m^2$
$\therefore Q = 0.75V(10X^2 + A) = 0.75 \times 2.5 \times (10 \times 0.3^2 + 0.1)$
$= 1.875m^3/sec \times \left(\dfrac{60sec}{1min}\right) = 112.5 ≒ 112m^3/min$

47

다음 중 위생보호구에 대한 설명과 가장 거리가 먼 것은?

① 사용자는 손질방법 및 착용방법을 숙지해야 한다.
② 근로자 스스로 폭로대책으로 사용할 수 있다.
③ 규격에 적합한 것을 사용해야 한다.
④ 보호구 착용으로 유해물질로부터의 모든 신체적 장해를 막을 수 있다.

보호구 착용으로 유해물질로부터의 모든 신체적 장애를 막을 순 없다.

48

곡관에서 곡률반경비(R/D)가 1.0일 때 압력손실 계수 값이 가장 작은 곡관의 종류는?

① 2조각 관   ② 3조각 관
③ 4조각 관   ④ 5조각 관

곡관에서 곡률반경비(R/D)가 동일하면 조각관의 수가 많을수록 압력손실계수가 작아지는 반비례 관계이다.

49

작업 중 발생하는 먼지에 대한 설명으로 옳지 않은 것은?

① 일반적으로 특별한 유해성이 없는 먼지는 불활성 먼지 또는 공해성 먼지라고 하며, 이러한 먼지에 노출된 경우 일반적으로 폐용량에 이상이 나타나지 않으며, 먼지에 노출될 경우 일반적으로 폐용량에 이상이 나타나지 않으며, 먼지에 대한 폐의 조직반응은 가역적이다.
② 결정형 유리규산(free silica)은 규산의 종류에 따라 Cristobalite, Quartz, Tridymite, Tripoli가 있다.

③ 용융규산(fused silica)은 비결정형 규산으로 노출기준은 총먼지로 $10mg/m^3$이다.
④ 일반적으로 호흡성 먼지란 종말 모세기관 지나 폐포 영역의 가스교환이 이루어지는 영역까지 도달하는 미세먼지를 말한다.

> 용융규산(Fused Silica)은 비결정형 규산으로 노출기준은 총먼지로 $0.1mg/m^3$이다.

50

고열 배출원이 아닌 탱크 위에 한 변이 $2m$인 정방형 모양의 캐노피형 후드를 3측면이 개방되도록 설치하고자 한다. 제어속도가 $0.25m/s$, 개구면과 배출원 사이의 높이가 $1.0m$일 때 필요 송풍량 $(m^3/\min)$은?

① 2.44
② 146.46
③ 249.15
④ 435.81

> *3측면 개방 외부식 캐노피 후드 필요송풍량(Q)
> $Q = 8.5H^{1.8}W^{0.2}V = 8.5 \times 1^{1.8} \times 2^{0.2} \times 0.25$
> $= 2.441 m^3/\sec \times \left(\dfrac{60\sec}{1\min}\right) = 146.46 m^3/\min$
>
> 여기서,
> Q : 필요송풍량$[m^3/\min]$
> H : 개구면에서 배출원 사이의 높이$[m]$
> W : 캐노피 직경(단변)$[m]$
> V : 제어속도$[m^3/\min]$

51

그림과 같은 형태로 설치하는 후드는?

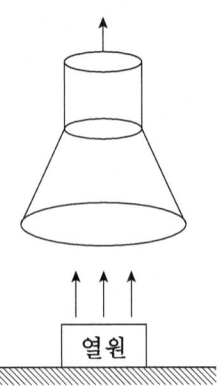

① 레시버식 캐노피형(Receiving Canopy Hoods)
② 포위식 커버형(Enclosures cover Hoods)
③ 부스식 드래프트 챔버형(Boooth Draft Chamber Hoods)
④ 외부식 그리드형(Exterior Capturing Grid Hoods)

> *레시버식 캐노피(천개형) 후드
>
>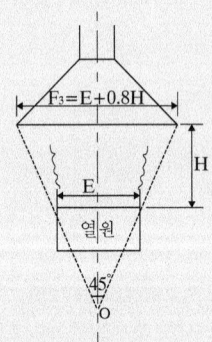
>
> 밀폐형 열처리로의 덮개를 열때에는 로 내부의 열기와 함께 가스 및 분진이 배출되며 로덮개로 막았을 때에도 덮개와 본체와의 틈에서 약간의 가스가 열기와 함께 배출될 때 적절하게 적용할 수 있는 후드이며 가열로, 연마, 연삭, 단조, 용융로 등에 적용한다.

52

산업안전보건법령상 안전인증 방독마스크에 안전인증 표시 외에 추가로 표시되어야할 항목이 아닌 것은?

① 포집효율
② 파과곡선도
③ 사용시간 기록카드
④ 사용상의 주의사항

*방독마스크 안전인증 표시 외 추가 표시사항
① 파과곡선도
② 사용시간 기록카드
③ 정화통 외부 측면의 표시색
④ 사용상의 주의사항

53

에틸벤젠의 농도가 $400ppm$인 $1000m^3$체적의 작업장의 환기를 위해 $90m^3/min$ 속도로 외부 공기를 유입한다고 할 때, 이 작업장의 에틸벤젠 농도가 노출기준(TLV) 이하로 감소되기 위한 최소소요시간(min)은?
(단, 에틸벤젠의 TLV는 $100ppm$이고 외부유입공기 중 에틸벤젠의 농도는 $0ppm$이다.)

① 11.8
② 15.4
③ 19.2
④ 23.6

*농도 C_1에서 C_2까지 감소하는 데 걸린 시간(t)
$$t = -\frac{V}{Q'}\ln\left(\frac{C_2}{C_1}\right) = -\frac{1000m^3}{90m^3/min}\ln\left(\frac{100}{400}\right) = 15.4min$$
여기서,
C_1 : 유해물질 처음농도
C_2 : 유해물질 노출기준

54

덕트에서 공기 흐름의 평균속도압이 $25mmH_2O$였다면 덕트에서의 공기의 반송속도(m/s)는?

① 10
② 15
③ 20
④ 25

밀도가 $1.21kg/m^3$이면, 비중량도 $1.21kg/m^3$이다.
$$\therefore V = \sqrt{\frac{2gVP}{\gamma}} = \sqrt{\frac{2\times 9.8\times 25}{1.21}} = 20.12 ≒ 20m/s$$

55

강제환기를 실시할 때 환기효과를 제고시킬 수 있는 방법이 아닌 것은?

① 공기배출구와 근로자의 작업위치 사이에 오염원이 위치하지 않도록 하여야 한다.
② 배출구가 창문이나 문 근처에 위치하지 않도록 한다.
③ 오염물질 배출구는 가능한 한 오염원으로부터 가까운 곳에 설치하여 점환기 효과를 얻는다.
④ 공기가 배출되면서 오염장소를 통과하도록 공기배출구와 유입구의 위치를 선정한다.

*전체환기(강제환기) 시설 설치 시 기본원칙
① 오염물질 사용량을 조사하여 필요환기량을 계산할 것
② 배출공기를 보충하기 위하여 청정공기를 공급할 것
③ 오염물질 배출구는 가능한 한 오염원에 가까운 곳에 설치하여 점환기 효과를 얻을 것
④ 공기배출구와 근로자의 작업위치 사이에 오염원이 위치해야할 것
⑤ 필요 환기량은 오염물질이 충분히 희석될 수 있는 양으로 설계할 것
⑥ 공기가 급기구를 통하여 들어와서 오염물질이 있는 영역을 통과하여 배기구로 빠져나가도록 설계할 것

⑦ 건물 밖으로 배출된 오염공기가 안으로 재유입 되지 않도록 배출 높이를 적절하게 설계하고 창문이나 문 근처에 위치하지 않도록 할 것
⑧ 오염된 공기는 작업자가 호흡하기 전 충분히 희석되도록 할 것
⑨ 오염원 주위에 다른 작업 공정이 있으면 공기배출량을 공급량보다 약간 크게 하여 음압을 형성하여 주위 근로자에게 오염 물질이 확산 되지 않도록 한다.
⑩ 오염원 주위에 근로자의 작업공간이 존재할 경우에는 배기를 급기보다 약간 많이 한다.

57

산업위생관리를 작업환경관리, 작업관리, 건강관리로 나눠서 구분할 때, 다음 중 작업환경관리와 가장 거리가 먼 것은?

① 유해 공정의 격리
② 유해 설비의 밀폐화
③ 전체환기에 의한 오염물질의 회석 배출
④ 보호구 사용에 의한 유해물질의 인체 침입방지

보호구 사용에 의한 유해물질의 인체 침입 방지는 건강관리와 관련되어 있다.

56

전기집진장치의 장·단점으로 틀린 것은?

① 운전 및 유지비가 많이 든다.
② 고온가스처리가 가능하다.
③ 설치 공간이 많이 든다.
④ 압력손실이 낮다.

*전기집진장치의 장단점

장점	① 집진효율이 99.9% 정도로 높다. (0.01μm 정도 미세분진 포집 용이) ② 광범위한 온도범위에서 적용 가능하다. ③ 고온가스 처리가 가능하여 보일러 등에 설치할 수 있다. ④ 압력손실이 낮다. ⑤ 대용량 가스처리가 가능하다. ⑥ 운전 및 유지비가 저렴하다. ⑦ 넓은 범위 입경과 분진농도에 집진효율이 높다.
단점	① 설치비용이 많이 들고, 설치공간을 많이 차지한다. ② 설치 후 운전조건의 변화를 유연하게 대처하기 어렵다. ③ 기체상 물질제거가 곤란하다. ④ 가연성 입자 처리가 곤란하다.

58

국소환기시스템의 슬롯(slot) 후드에 설치된 충만실(plenum chamber)에 관한 설명 중 옳지 않은 것은?

① 후드가 크게 되면 충만실의 공기속도 손실도 고려해야 한다.
② 제어속도는 슬롯속도와는 관계가 없어 슬롯속도가 높다고 흡인력을 증가시키지는 않는다.
③ 슬롯에서의 병목현상으로 인하여 유체의 에너지가 손실된다.
④ 충만실의 목적은 슬롯의 공기유속을 결과적으로 일정하게 상승시키는 것이다.

*충만실(플레넘, Plenum)
후드 뒷부분에 위치하여 압력과 공기흐름을 균일하게 형성하는데 필요한 장치

59

귀마개에 관한 설명으로 가장 거리가 먼 것은?

① 휴대가 편하다.
② 고온작업장에서도 불편 없이 사용할 수 있다.
③ 근로자들이 착용하였는지 쉽게 확인할 수 있다.
④ 제대로 착용하는데 시간이 걸리고 요령을 습득해야 한다.

*귀마개 장단점

장점	① 착용이 간편하다. ② 부피가 작아 휴대하기 쉽다. ③ 가격이 저렴하다. ④ 보안경이나 안전모 착용에 방해되지 않는다. ⑤ 고온작업 시 사용이 가능하다. ⑥ 좁은 장소에서 사용이 가능하다.
단점	① 귀질환이 있는 근로자는 사용할 수 없다. ② 차음효과가 귀덮개에 비해 떨어진다. ③ 사람에 따라 차음효과의 차이가 크다. ④ 제대로 착용하기 위해 시간이 걸리고 착용 요령을 습득해야 한다. ⑤ 땀이 많이 나는 여름에는 외이도염을 유발할 수 있다. ⑥ 더러운 손으로 귀마개를 만지면 외이도가 오염될 수 있다. ⑦ 착용여부 파악이 곤란하다. ⑧ 보안경 착용시 차음효과가 감소 한다.

60

덕트 설치시 고려해야할 사항으로 가장 거리가 먼 것은?

① 직경이 다른 덕트를 연결할 때는 경사 30° 이내의 테이퍼를 부착한다.
② 곡관의 곡률반경은 최대 덕트 직경의 3.0 이상으로 하며 주로 4.0을 사용한다.
③ 송풍기를 연결할 때에는 최소 덕트 직경의 6배 정도는 직선구간으로 한다.
④ 가급적 원형덕트를 사용하여 부득이 사각형 덕트를 사용할 경우는 가능한 한 정방형을 사용한다.

*덕트설치 시 주요원칙
① 공기가 아래로 흐르도록 하향구배를 만든다.
② 구부러짐 전후에는 청소구를 만든다.
③ 밴드는 가능하면 완만하게 구부리며, 90°는 피한다.
④ 덕트는 가능한 한 짧게 배치하도록 한다.
⑤ 가급적 원형 덕트를 사용하고, 사각 덕트 사용 시 정방형을 사용한다.
⑥ 가능한 한 후드와 가까운 곳에 설치한다.
⑦ 밴드의 수는 가능한 한 적게 하도록 한다.
⑧ 수분이 응축될 경우 덕트 내로 들어가지 않도록 하며 경사나 배수구를 마련한다.
⑨ 덕트와 송풍기 연결부위는 진동을 고려하여 유연한 재질로 한다.
⑩ 후드는 덕트보다 두꺼운 재질을 선택한다.
⑪ 직경이 다른 덕트 연결 시 경사 30° 이내의 테이퍼를 부착한다.
⑫ 송풍기를 연결할 때 최소 덕트 직경의 6배는 직선구간으로 한다.
⑬ 곡관은 직관보다 0.76mm 정도 두꺼운 재질을 선택한다.
⑭ 곡률반경은 최소 덕트 직경의 1.5 이상, 주로 2.0을 사용한다.

59.③ 60.②

2021 1회차

산업위생관리기사 필기 기출문제
제 4과목 : 물리적유해인자관리

61

귀마개의 차음평가수(NRR)가 27일 경우 이 귀마개의 차음 효과는 얼마인가?
(단, OSHA의 계산방법을 따른다.)

① 6dB
② 8dB
③ 10dB
④ 12dB

차음효과(OSHA)
차음효과 = $(NRR-7) \times 0.5 = (27-7) \times 0.5 = 10dB(A)$

여기서,
NRR : 차음평가수

62

소음성 난청에 영향을 미치는 요소의 설명으로 옳지 않은 것은?

① 음압 수준 : 높을수록 유해하다.
② 소음의 특성 : 저주파음이 고주파음보다 유해하다.
③ 노출시간 : 간헐적 노출이 계속적 노출보다 덜 유해하다.
④ 개인의 감수성 : 소음에 노출된 사람이 똑같이 반응하지는 않으며, 감수성이 매우 높은 사람이 극소수 존재한다.

소음성 난청에 영향을 미치는 인자

영향인자	설명
소음 크기	음압수준이 클수록 영향이 크다.
개인 감수성	소음에 노출된 사람이 전부 똑같이 반응하지 않으며, 감수성이 높은 사람이 극소수로 존재한다.
소음의 주파수 구성	고주파음이 영향이 크다.
소음의 발생 특성	지속적 소음 노출이 간헐적 소음 노출보다 영향이 크다.

63

진동 작업장의 환경관리 대책이나 근로자의 건강보호를 위한 조치로 옳지 않은 것은?

① 발진원과 작업자의 거리를 가능한 멀리한다.
② 작업자의 체온을 낮게 유지시키는 것이 바람직하다.
③ 절연패드의 재질로는 코르크, 펠트(felt), 유리섬유 등을 사용한다.
④ 진동공구의 무게는 10kg을 넘지 않게 하며 방진장갑 사용을 권장한다.

작업자의 체온을 따뜻하게 유지시킨다.

64

한랭환경에 의한 건강장해에 대한 설명으로 옳지 않은 것은?

① 레이노씨 병과 같은 혈관 이상이 있을 경우에는 증상이 악화된다.
② 제2도 동상은 수포와 함께 광범위한 삼출성 염증이 일어나는 경우를 의미한다.
③ 참호족은 지속적인 국소의 영양결핍 때문이며, 한랭에 의한 신경조직의 손상이 발생한다.
④ 전신 저체온의 첫 증상은 억제하기 어려운 떨림과 냉(冷)감각이 생기고 심박동이 불규칙하고 느려지며, 맥박은 약해지고 혈압이 낮아진다.

61.③ 62.② 63.② 64.③

*참호족(침수족, Trench Foot, Immersion Foot)
① 참호족과 침수족은 국소 부위의 산소결핍 때문이며, 한랭에 의한 모세혈관벽이 손상이 발생한다.
② 참호족은 직장온도가 35℃ 이하로 저하되는 경우이며 조직 내부의 온도가 10℃에 도달하면 조직 표면이 얼게되는 현상이다.
③ 침수족은 작업자의 발이 한랭환경에 장시간 노출되는 것과 동시에 지속적으로 습기 또는 물에 잠기게 되면 발생하는 현상이다.
④ 참호족과 침수족의 임상증상은 거의 비슷하나, 발생시간은 침수족이 참호족에 비해 긴 편이다.

65

다음 중 피부에 강한 특이적 홍반작용과 색소침착, 피부암 발생 등의 장해를 모두 일으키는 것은?

① 가시광선
② 적외선
③ 마이크로파
④ 자외선

*자외선의 생물학적 작용

분류	생물학적 작용
피부 장해	- 피부암 발생 • 280~315nm의 파장에서 피부암이 발생할 수 있다. • 옥외 작업을 하면서 콜타르의 유도체, 벤조피렌, 안트라센 화합물과 상호작용하여 피부암을 유발시킨다. - 피부의 비후 : 자외선에 의해 진피 두께가 두꺼워진다. - 피부홍반 형성 및 색소 침착 : 200~290nm에서 홍반작용이 강하게 발생한다.
눈 장해	- 240~310nm 파장에서 백내장 및 결막염을 일으킨다. - 급성각막염 발생 ; 자외선 살균취급자, 전기용접자 등에서 자외선에 의한 전광성 안염(전기성 안염)이 발생한다.
비타민 D 생성	- 280~320nm의 파장에서 비타민 D가 생성된다.
살균 작용	- 254~280nm의 파장에서 강한 살균작용을 한다. - 254nm 파장 부근에서 살균작용이 가장 강하다.
전신 건강 장해	- 적혈구, 백혈구, 혈소판이 증가한다. - 2차적 증상으로 두통, 피로, 불면, 홍분, 체온 상승이 나타난다.

66

인체에 미치는 영향이 가장 큰 전신진동의 주파수 범위는?

① $2 \sim 100Hz$
② $140 \sim 250Hz$
③ $275 \sim 500Hz$
④ $4000Hz$ 이상

*진동수에 따른 구분
① 전신진동 : 2~100Hz (공해진동 : 1~90Hz)
② 국소진동 : 8~1500Hz
③ 인간이 느끼는 최소 진동역치 : 55±5dB
④ 수직진동 : 4~8Hz
⑤ 수평진동 : 1~2Hz
⑥ 전신은 4Hz, 두부와 견부는 20~30Hz, 안구는 60~90Hz 진동에 공명한다.

67

음력이 $1.2W$인 소음원으로부터 $35m$ 되는 자유공간 지점에서의 음압수준(dB)은 약 얼마인가?

① 62
② 74
③ 79
④ 121

*음압수준(SPL)과 음향파워레벨(PWL)의 관계식
[무지향성 점음원, 자유공간(공중, 구면파)]

$SPL = PWL - 20\log r - 11$
$= 10\log \dfrac{W}{W_o} - 20\log r - 11$
$= 10\log \dfrac{1.2}{10^{-12}} - 20\log 35 - 11 = 78.91 ≒ 79dB$

여기서,
SPL : 음압수준$[dB]$
PWL : 음향파워레벨$[dB]$
r : 소음원으로부터의 거리$[m]$
W : 대상음원의 음향파워$[W]$
W_o : 기준음향파워($=10^{-12}[W]$)

65.④ 66.① 67.③

68

극저주파 방사선(extremely low frequency fields)에 대한 설명으로 옳지 않은 것은?

① 강한 전기장의 발생원은 고전류장비와 같은 높은 전류와 관련이 있으며 강한 자기장의 발생원은 고전압장비와 같은 높은 전하와 관련이 있다.
② 작업장에서 발전, 송전, 전기 사용에 의해 발생되며 이들 경로에 있는 발전기에서 전력선, 전기설비, 기계, 기구 등도 잠재적인 노출원이다.
③ 주파수가 1~3000Hz에 해당되는 것으로 정의되며, 이 범위 중 50~60Hz의 전력선과 관련한 주파수의 범위가 건강과 밀접한 연관이 있다.
④ 교류전기는 1초에 60번씩 극성이 바뀌는 60Hz의 저주파를 나타내므로 이에 대한 노출평가, 생물학적 및 인체영향 연구가 많이 이루어져 왔다.

*전기장·자기장 발생원
① 전기장 발생원 : 고전압장비
② 자기장 발생원 : 고전류장비

69

다음 중 전리방사선의 영향에 대하여 감수성이 가장 큰 인체 내의 기관은?

① 폐 ② 혈관
③ 근육 ④ 골수

*전리방사선에 대한 감수성 순서
골수, 흉선 및 림프조직(조혈기관), 눈의 수정체, 임파선 > 상피세포, 내피세포 > 근육세포 > 신경조직

70

1 루멘의 빛이 1ft^2의 평면상에 수직방향으로 비칠 때 그 평면의 빛 밝기를 나타내는 것은?

① 1lux ② 1$candela$
③ 1촉광 ④ 1$foot\ candle$

*풋 캔들(Foot Candle)
1lumen의 빛이 1ft²의 평면상에 수직으로 비칠 때 그 평면의 빛 밝기이다.
풋 캔들($ft\ cd$) = $\dfrac{lumen}{ft^2}$

71

인체와 환경 간의 열교환에 관여하는 온열조건 인자로 볼 수 없는 것은?

① 대류 ② 증발
③ 복사 ④ 기압

*인체와 환경 간의 열교환에 관여하는 온열인자
① 작업대사량(체내 열생산량)
② 전도
③ 대류
④ 복사
⑤ 증발

72

감압병의 증상에 대한 설명으로 옳지 않은 것은?

① 관절, 심부 근육 및 뼈에 동통이 일어나는 것을 bends라 한다.
② 흉통 및 호흡곤란은 흔하지 않은 특수형 질식이다.
③ 산소의 기포가 뼈의 소동맥을 막아서 후유증으로 무균성 골괴사를 일으킨다.
④ 마비는 감압증에서 보는 중증 합병증이며 하지의 강직성 마비가 나타나는데 이는 척수나 그 혈관에 기포가 형성되어 일어난다.

질소의 기포가 뼈의 소동맥을 막아서 후유증으로 무균성 골괴사를 일으킨다.

73

작업환경 조건을 측정하는 기기 중 기류를 측정하는 것이 아닌 것은?

① Kata 온도계
② 풍차풍속계
③ 열선풍속계
④ Assmann 통풍건습계

*기류 측정기기의 종류
① 풍차풍속계
② 카타온도계
③ 열선풍속계
④ 가열온도풍속계
⑤ 피토관
⑥ 회전날개형 풍속계
⑦ 그네날개형 풍속계

74

음의 세기(I)와 음압(P) 사이의 관계로 옳은 것은?

① 음의 세기는 음압에 정비례
② 음의 세기는 음압에 반비례
③ 음의 세기는 음압의 제곱에 비례
④ 음의 세기는 음압의 세제곱에 비례

*음의 세기(I)
$I \propto P^2$

여기서,
I : 음의 세기
P : 음압

75

고압환경의 인체작용에 있어 2차적인 가압현상에 대한 내용이 아닌 것은?

① 흉곽이 잔기량보다 적은 용량까지 압축되면 폐압박 현상이 나타난다.
② 4기압 이상에서 공기 중의 질소가스는 마취 작용을 나타낸다.
③ 산소의 분압이 2기압을 넘으면 산소중독 증세가 나타난다.
④ 이산화탄소는 산소의 독성과 질소의 마취 작용을 증가시킨다.

*2차적 가압현상(화학적 장해)
고압 하의 대기가스 독성 때문에 나타나는 현상으로, 다음 3가지 현상이 발생한다.

질소 가스 마취	① 공기 중 질소가스는 4기압을 넘으면 마취 작용을 일으킨다. ② 사고력, 판단력, 기억력 저하, 불안, 공포감, 마약효과 등 증상이 일어난다. ③ 질소 마취증상은 대기압 조건으로 복귀하면 사라진다. (가역적이다.) ④ 질소가스 마취 증상이 있는 근로자에게 질소를 헬륨으로 대치한 공기를 호흡시키면 예방된다.
산소 중독	① 산소분압이 2기압을 넘으면 산소중독 증상이 일어난다. ② 시력장애, 정신혼란, 근육경련 등 증상이 일어난다. ③ 산소중독 증상은 고압산소에 대한 노출이 중지되면 증상이 즉시 멈춘다.
이산화 탄소 중독	① 산소의 중독과 질소의 마취작용을 증가시키는 역할을 한다. ② 고압환경에서의 이산화탄소 농도가 0.2%를 초과해서는 안된다.

73.④ 74.③ 75.①

76

작업장에 흔히 발생하는 일반 소음의 차음효과(transmission loss)를 위해서 장벽을 설치한다. 이때 장벽의 단위 표면적당 무게를 2배씩 증가함에 따라 차음효과는 약 얼마씩 증가하는가?

① $2dB$
② $6dB$
③ $10dB$
④ $16dB$

*차음 수직입사(질량법칙)
$TL = 20\log(m \times f) - 43$
여기서, 벽체의 무게 2배만 고려한다면 차음재의 면밀도 m만 고려하면 된다.
$\therefore TL = 20\log(m) = 20\log 2 = 6dB$
여기서, 주파수 2배만 고려한다면 입사 주파수 f만 고려하면 된다.
$\therefore TL = 20\log(f) = 20\log 2 = 6dB$

여기서,
m : 차음재의 면밀도$[kg/m^2]$
f : 입사 주파수$[Hz]$

77

산업안전보건법령상 상시 작업을 실시하는 장소에 대한 작업면의 조도 기준으로 옳은 것은?

① 초정밀 작업 : 1000 럭스 이상
② 정밀 작업 : 500 럭스 이상
③ 보통 작업 : 150 럭스 이상
④ 그 밖의 작업 : 50 럭스 이상

*조도 기준

작업의 종류	조도
초정밀작업	750Lux 이상
정밀작업	300Lux 이상
보통작업	150Lux 이상
그 밖의 작업	75Lux 이상

78

인간 생체에서 이온화시키는데 필요한 최소에너지를 기준으로 전리방사선과 비전리방사선을 구분한다. 전리방사선과 비전리방사선을 구분하는 에너지의 강도는 약 얼마인가?

① $7eV$
② $12eV$
③ $17eV$
④ $22eV$

*전리방사선과 비전리방사선의 구분
광자에너지의 강도 12eV를 전리방사선과 비전리방사선의 경계선으로 두어, 12eV 이하의 에너지를 가지는 방사선을 비전리방사선(전자파), 12eV 이상이면 전리방사선(이온화방사선)으로 구분한다.

79

산업안전보건법령상 근로자가 밀폐공간에서 작업을 하는 경우, 사업주가 조치해야할 사항으로 옳지 않은 것은?

① 사업주는 밀폐공간 작업 프로그램을 수립하여 시행하여야 한다.
② 사업주는 사업장 특성상 환기가 곤란한 경우 방독마스크를 지급하여 착용하도록 하고 환기를 하지 않을 수 있다.
③ 사업주는 근로자가 밀폐공간에서 작업을 하는 경우에 그 장소에 근로자를 입장시킬 때와 퇴장시킬 때마다 인원을 점검하여야 한다.
④ 사업주는 밀폐공간에는 관계 근로자가 아닌 사람의 출입을 금지하고, 출입금지 표지를 밀폐공간 근처의 보기 쉬운 장소에 게시하여야 한다.

사업주는 사업장 특성상 환기가 곤란한 경우 송기마스크를 지급하여 착용하도록 하고 환기를 하지 않을 수 있다.

80

고온환경에서 심한 육체노동을 할 때 잘 발생하며, 그 기전은 지나친 발한에 의한 탈수와 염분소실로 나타나는 건강장해는?

① 열경련(heat cramps)
② 열피로(heat fatigue)
③ 열실신(heat syncope)
④ 열발진(heat rashes)

＊열경련(Heat Cramp)
① 전형적인 열중증 상태로 고온환경에서 지속적으로 심한 육체노동을 하면 나타나며, 주로 작업 중 사용을 많이하는 근육에 발작적 경련이 발생하며, 특히 수분 및 혈중 염분 손실이 있을 때 발생한다.
② 증상으로는 체온이 정상 또는 약간 상승하며 혈중 염화이온(Cl^-) 농도가 현저히 감소되고, 낮은 혈중 염분 농도와 팔, 다리 근육경련이 일어나며 일시적으로 단백뇨를 배출한다.
③ 치료법으로는 수분이나 염화나트륨($NaCl$)을 보충하고, 바람이 잘 통하는 곳에 눕혀 안정시키며, 증상이 심하면 생리식염수를 정맥주사한다.

80.①

제 5과목 : 산업독성학

81
호흡기에 대한 자극작용은 유해물질의 용해도에 따라 구분되는데 다음 중 상기도 점막 자극제에 해당하지 않는 것은?

① 염화수소 ② 아황산가스
③ 암모니아 ④ 이산화질소

*자극제
흡입하거나 피부, 눈과 접촉 시 자극을 유발하는 물질

호흡기 자극성 물질 구분	
상기도 점막 자극제	① 암모니아 ② 염산(염화수소) ③ 아황산가스 ④ 포름알데히드 ⑤ 아크로레인 ⑥ 아세트알데히드 ⑦ 산화에틸렌 ⑧ 불산 ⑨ 크롬산
상기도 점막 및 폐조직 자극제	① 불소 ② 브롬 ③ 오존 ④ 염소 ⑤ 요오드
종말 기관지 및 폐포적막 자극제	① 이산화질소 ② 포스겐 ③ 염화비소

82
납중독에 대한 치료방법의 일환으로 체내에 축적된 납을 배출하도록 하는데 사용되는 것은?

① Ca-EDTA ② DMPS
③ 2-PAM ④ Atropin

*납중독의 치료사항
① 급성중독
  ㉠ Ca-EDTA를 하루에 1~4g 정맥 내 투여하여 치료(신장이 나쁜 사람에게는 금지)
  ㉡ 섭취한 경우 즉시 3% 황산소다용액으로 위세척
② 만성중독
  ㉠ 배설촉진제인 Ca-EDTA 및 페니실라민(Penicillamine)을 투여(신장이 나쁜 사람에게는 금지)
  ㉡ 안정제, 진정제, 비타민 B_1, B_2 사용

83
다음에서 설명하고 있는 유해물질 관리기준은?

이것은 유해물질에 폭로된 생체시료 중의 유해물질 또는 그 대사물질 등에 대한 생물학적 감시(monitoring)를 실시하여 생체 내에 침입한 유해물질의 총량 또는 유해물질에 의하여 일어난 생체변화의 강도를 지수로서 표현한 것이다.

① TLV(threshold limit value)
② BEI(biological exposure indices)
③ THP(total health promotion plan)
④ STEL(short term exposure limit)

*생물학적 노출지수(폭로지수, BEI)
혈액, 소변, 호기 등 생체시료로부터 유해물질 그 자체 또는 유해물질의 대사산물 및 생화학적 변화를 반영하는 지표를 말하며, 근로자의 전반적인 노출량 평가할 때 이에 대한 기준으로 사용하며, 작업환경측정에서 설정한 허용기준(TLV)보다 훨씬 적은 기준을 가지고 있다.

81.④ 82.① 83.②

84

수치로 나타낸 독성의 크기가 각각 2와 3인 두 물질이 화학적 상호작용에 의해 상대적 독성이 9로 상승하였다면 이러한 상호작용을 무엇이라 하는가?

① 상가작용
② 가승작용
③ 상승작용
④ 길항작용

*혼합물의 화학적 상호작용

작용	설명
상가작용	두 유해인자의 독성합만큼 독성 결과를 나타내는 작용(3+3=6) ex) 일반적인 화학물질
상승작용	두 유해인자의 독성합보다 결과가 커짐을 나타내는 작용(3+3=20) ex) 에탄올과 사염화탄소 등
길항작용	두 유해인자가 서로의 작용을 방해하는 것(3+3=0) ex) 페노바비탈과 디란틴 등 - 길항작용의 종류 ① 배분적 길항작용 물질의 흡수 및 대사 등에 변화를 일으켜 독성이 낮아진다. ② 화학적 길항작용 화학적인 상호반응에 의해 독성이 낮아진다. ③ 기능적 길항작용 생체 내 서로 반대되는 기능을 가져 독성이 낮아진다. ④ 수용적 길항작용 두 화학물질이 같은 수용체에 결합하여 독성이 낮아진다.
독립작용	두 유해인자가 서로 다른 조직 또는 기관에 영향을 미치는 작용 ex) 톨루엔과 황산, 납과 황산, 질산과 카드뮴 등
가승작용	독성이 없는 물질을 독성이 있는 물질과 혼합하면 독성이 강해지는 작용 (3+0=10) ex) 이소프로필알코올과 사염화탄소 등

85

화학물질 및 물리적 인자의 노출기준 상 산화규소 종류와 노출기준이 올바르게 연결된 것은?
(단, 노출기준은 TWA기준이다.)

① 결정체 석영 - $0.1mg/m^3$
② 결정체 트리폴리 - $0.1mg/m^3$
③ 비결정체 규소 - $0.01mg/m^3$
④ 결정체 트리디마이트 - $0.01mg/m^3$

*결정체 트리폴리(Tripoil) 노출기준
$0.1mg/m^3$ 이하

86

노출에 대한 생물학적 모니터링의 단점이 아닌 것은?

① 시료채취의 어려움
② 근로자의 생물학적 차이
③ 유기시료의 특이성과 복잡성
④ 호흡기를 통한 노출만을 고려

*생물학적 모니터링 장단점

장점	① 모든 침입경로에 의한 섭취량 평가 가능 ② 운동량에 의한 섭취량 증가에 대응 가능 ③ 작업시간 영향의 반영 가능 ④ 방독마스크 착용 전후의 유해물 노출량이 평가 가능 ⑤ 건강상의 위험에 대해서 보다 정확한 평가를 할 수 있다. ⑥ 작업환경측정(개인시료)보다 더 직접적으로 근로자 노출을 추정할 수 있다.
단점	① 시료채취가 어렵다. ② 각 작업자의 생물학적 차이가 나타날 수 있다. ③ 유기시료의 특이성이 존재하며 복잡하다. ④ 분석의 어려움 및 분석 시 오염에 노출될 가능성이 있다.

84.③ 85.② 86.④

87

인체 내 주요 장기 중 화학물질 대사능력이 가장 높은 기관은?

① 폐
② 간장
③ 소화기관
④ 신장

*간(간장)
화학물질 대사능력이 가장 높다.

88

중추신경계에 억제 작용이 가장 큰 것은?

① 알칸족
② 알켄족
③ 알코올족
④ 할로겐족

*유기용제의 중추신경계 마취작용 순서

작용	순서
억제 작용 순서	알칸 < 알켄 < 알코올 < 유기산 < 에스테르 < 에테르 < 할로겐화합물
자극 작용 순서	알칸 < 알코올 < 알데히드 < 케톤 < 유기산 < 아민류

89

망간중독에 대한 설명으로 옳지 않은 것은?

① 금속망간의 직업성 노출은 철강제조 분야에서 많다.
② 망간의 만성중독을 일으키는 것은 2가의 망간화합물이다.
③ 치료제는 Ca-EDTA가 있으며 중독 시 신경이나 뇌세포 손상 회복에 효과가 크다.
④ 이산화망간 흄에 급성 폭로되면 열, 오한, 호흡곤란 등의 증상을 특징으로 하는 금속열을 일으킨다.

망간중독의 치료 및 예방방법은 망간에 폭로되지 않도록 격리하고 초기증상에서는 킬레이트 제재를 사용하여 어느 정도 효과는 보나, 망간에 의한 신경손상이 진행되어 증상이 고정되면 회복이 어렵다.

90

다음 단순 에스테르 중 독성이 가장 높은 것은?

① 초산염
② 개미산염
③ 부틸산염
④ 프로피온산염

단순 에스테르 중 독성이 가장 높은 것은 부틸산염이다.

91

작업장에서 생물학적 모니터링의 결정인자를 선택하는 기준으로 옳지 않은 것은?

① 검체의 채취나 검사과정에서 대상자에게 불편을 주지 않아야 한다.
② 적절한 민감도(sensitivity)를 가진 결정인자이어야 한다.
③ 검사에 대한 분석적인 변이나 생물학적 변이가 타당해야 한다.
④ 결정인자는 노출된 화학물질로 인해 나타나는 결과가 특이하지 않고 평범해야 한다.

*생물학적 모니터링의 결정인자 선택기준
① 결정인자가 충분히 특이적일 것
② 적절한 민감도를 가질 것
③ 분석적인 변이나 생물학적 변이가 타당할 것
④ 채취 및 검사과정에서 불편함을 주지 않을 것
⑤ 건강위험을 평가하는 유용성을 고려할 것

92

카드뮴의 만성중독 증상으로 볼 수 없는 것은?

① 폐기능 장해
② 골격계의 장해
③ 신장기능 장해
④ 시각기능 장해

*카드뮴중독의 증세
① 급성중독
  ㉠ 폐렴, 간장해, 신장장해, 체중감소, 복통, 근육통, 치통 증상
  ㉡ 초기에 기침, 두통, 인두부 통증 현상이 나타나며 시간이 지날수록 폐수종, 호흡곤란 증상으로 사망에 이를 수 있다.
② 만성중독
  ㉠ 신장기능장해(단백뇨 다량 배설, 신석증 유발 등)
  ㉡ 골격계장해(골절, 골다공증, 골연화증 등)
  ㉢ 폐기능장해(폐기종, 만성폐기능장해 등)
  ㉣ 자각증상(기침, 체중감소, 식욕부진 등)
  ㉤ 칼슘대사장해 : 다량의 칼슘배설

93

인체에 흡수된 납(Pb) 성분이 주로 축적되는 곳은?

① 간
② 뼈
③ 신장
④ 근육

*납의 흡수 및 축적
① 인체에 침입한 납(Pb)은 주로 뼈에 축적된다.
② 유기납 : 피부를 통하여 흡수
③ 무기납 : 호흡기, 입, 피부로 흡수되며, 피부로는 흡수효율이 낮은 편이다.
④ 혈중 납 양은 최근에 흡수된 납 양을 말한다.

94

작업자의 소변에서 o-크레졸이 검출되었다. 이 작업자는 어떤 물질을 취급하였다고 볼 수 있는가?

① 톨루엔
② 에탄올
③ 클로로벤젠
④ 트리클로로에틸렌

*화학물질의 생물학적 노출지표물질

화학물질	대사산물(측정대상물질)
벤젠	뇨 중 t,t-뮤코닉산(뮤콘산) 뇨 중 S-페닐머캅토산 혈액 중 벤젠
톨루엔	뇨 중 o-크레졸 혈액 중 톨루엔
크실렌	뇨 중 메틸마뇨산
납	혈액 중 납 뇨 중 납 혈액 중 아연 프로토포르피린 뇨 중 델타아미노레불린산
일산화탄소	혈액 중 카복시헤모글로빈(COHb)
트리클로로에틸렌	뇨 중 삼염화초산
에틸벤젠	뇨 중 만델산
노말헥산	뇨 중 2,5-헥산디온
클로로벤젠	뇨 중 총 4-클로로카테콜
페놀	뇨 중 페놀
디메틸포름아미드	뇨 중 N-메틸포름아미드
이황화탄소	뇨 중 TTCA 뇨 중 이황화탄소
크롬	뇨 중 크롬
메틸 노말부틸 케톤	뇨 중 2,5-헥산디온
삼염화에틸렌	뇨 중 삼염화초산 (트리클로로초산) 뇨 중 삼염화에탄올

92.④ 93.② 94.①

95

중금속의 노출 및 독성기전에 대한 설명으로 옳지 않은 것은?

① 작업환경 중 작업자가 흡입하는 금속형태는 흄과 먼지 형태이다.
② 대부분의 금속이 배설되는 가장 중요한 경로는 신장이다.
③ 크롬은 6가크롬보다 3가크롬이 체내흡수가 많이 된다.
④ 납에 노출될 수 있는 업종은 축전지 제조, 합금업체, 전자산업 등이다.

*크롬(Cr)

특징	① 3가 크롬은 피부흡수가 어렵다. ② 6가 크롬은 쉽게 피부를 통과하여 3가 크롬에 비해 더 해로운 편이다. ③ 전기도금공장, 가죽 제조, 용접, 스테인리스강 가공 등에서 노출된다. ④ 체내에 흡수되어 간, 폐, 신장에 축적되어 주로 소변을 통해 배설된다.
중독 증상	① 급성중독 신장장해로 과뇨증이 오며 더욱 진전되면 무뇨증을 일으켜 요독증으로 사망가능성이 높아진다. ② 만성중독 폐암, 비강암, 비중격천공증, 접촉성 피부염, 크롬폐증 등 증상이 있다.
치료 사항	① 섭취 시 응급조치로 우유 및 비타민C를 섭취한다. ② 크롬 폭로 시 즉시 중단하고 만성 크롬중독인 경우 특별한 치료방법이 없다.

96

약품 정제를 하기 위한 추출제 등에 이용되는 물질로 간장, 신장의 암발생에 주로 영향을 미치는 것은?

① 크롬   ② 벤젠
③ 유리규산   ④ 클로로포름

*클로로포름($CHCl_3$)
페니실린을 비롯한 약품을 정제하기 위하여 추출제 혹은 냉동제 및 합성수지에 이용된다.

97

다음 중 악성 중피종(mesothelioma)을 유발시키는 대표적인 인자는?

① 석면   ② 주석
③ 아연   ④ 크롬

*석면에 의한 직업병
① 악성중피종   ② 석면폐증   ③ 폐암

98

유리규산(석영) 분진에 의한 규폐성 결정과 폐포벽 파괴 등 망상 내피계 반응은 분진입자의 크기가 얼마일 때 자주 일어나는가?

① $0.1 \sim 0.5 \mu m$ ② $2 \sim 5 \mu m$
③ $10 \sim 15 \mu m$ ④ $15 \sim 20 \mu m$

유리규산(석영) 분진에 의한 규폐성 결정과 폐포벽 파괴 등 망상 내피계 반응은 분자입자의 크기가 $2 \sim 5 \mu m$일 때 자주 일어난다.

99

입자상 물질의 호흡기계 침착기전 중 길이가 긴 입자가 호흡기계로 들어오면 그 입자의 가장자리가 기도의 표면을 스치게 됨으로써 침착하는 현상은?

① 충돌   ② 침전
③ 차단   ④ 확산

*차단(직접차단, 간섭)
길이가 긴 입자가 호흡기계로 들어오면 그 입자의 가장자리가 기도의 표면을 스치게 됨으로써 침착하는 현상

100
다음에서 설명하는 물질은?

> 이것은 소방제나 세척액 등으로 사용되었으나 현재는 강한 독성 대문에 이용되지 않으며 고농도의 이 물질에 노출되면 중추신경계 장애 외에 간장과 신장 장애를 유발한다. 대표적인 초기증상으로는 두통, 구토, 설사 등이 있으며 그 후에 알부민뇨, 혈뇨, 혈중 urea 수치의 상승 등의 증상이 있다.

① 납
② 수은
③ 황화수은
④ 사염화탄소

***사염화탄소(CCl_4)**
① 피부를 통해 인체에 흡수된다.
② 고농도로 폭로되면 간이나 신장에 장해가 일어나 혈뇨, 단백뇨, 황달의 증상이 생긴다.
③ 간에 대한 독성작용이 심하여 중심소엽성 괴사를 일으킨다.
④ 가열하면 포스겐과 염산(염화수소)로 분해된다.
⑤ 탈지용 용매로 사용된다.

100.④

제 1과목 : 산업위생학개론

2021년 2회차 산업위생관리기사 필기 기출문제

01
다음 중 최초로 기록된 직업병은?

① 규폐증
② 폐질환
③ 음낭암
④ 납중독

> *히포크라테스(Hippocrates)
> 기원전 4세기 때 광산에서 납중독을 보고하여 이것은 역사상 최초로 기록된 직업병이다.

02
근골격계질환에 관한 설명으로 옳지 않은 것은?

① 점액낭염(bursitis)은 관절 사이의 윤활액을 싸고 있는 윤활낭에 염증이 생기는 질병이다.
② 건초염(tendosynovitis)은 건막에 염증이 생긴 질환이며, 건염(tendonitis)은 건의 염증으로, 건염과 건초염을 정확히 구분하기 어렵다.
③ 수근관 증후군(carpal tunnel syndrome)은 반복적이고, 지속적인 손목의 압박, 무리한 힘 등으로 인해 수근관 내부에 정중신경이 손상되어 발생한다.
④ 요추 염좌(lumbar sprain)는 근육이 잘못된 자세, 외부의 충격, 과도한 스트레스 등으로 수축되어 굳어지면 근섬유의 일부가 띠처럼 단단하게 변하여 근육의 특정 부위에 압통, 방사통, 목부위 운동제한, 두통 등의 증상이 나타난다.

> *상완부 근육의 근막통 증후군
> 잘못된 자세, 외부의 충격, 과도한 스트레스 등으로 수축되어 굳어지면 근섬유의 일부가 띠처럼 단단하게 변하여 근육의 특정 부위에 압통, 방사통, 목부위 운동제한, 두통 등의 증상이 나타난다.
>
> ✔요추 염좌는 요추부위의 뼈와 뼈를 이어주는 섬유조직인 인대가 손상되어 통증이 생기는 상태

03
근로자가 노동환경에 노출될 때 유해인자에 대한 해치(Hatch)의 양-반응관계곡선의 기관장해 3단계에 해당하지 않는 것은?

① 보상단계
② 고장단계
③ 회복단계
④ 항상성 유지단계

> *해치(Hatch)의 양-반응곡선관계의 기관장해 3단계
> ① 항상성 유지단계
> ② 보상 단계
> ③ 고장 단계

04
산업피로의 용어에 관한 설명으로 옳지 않은 것은?

① 곤비란 단시간의 휴식으로 회복될 수 있는 피로를 말한다.
② 다음 날까지도 피로상태가 계속되는 것을 과로라 한다.
③ 보통 피로는 하룻밤 잠을 자고 나면 다음 날 회복되는 정도이다.
④ 정신피로는 중추신경계의 피로를 말하는 것으로 정밀작업 등과 같은 정신적 긴장을 요하는 작업시에 발생된다.

01.④ 02.④ 03.③ 04.①

*피로의 종류(3단계)

종류	설명
1단계 보통피로	하룻밤 자고나면 다음날 완전히 회복
2단계 과로	다음날까지도 피로상태가 계속 유지
3단계 곤비	과로상태가 축적되어 단기간에 휴식을 취하여도 회복될 수 없는 병적인 상태이며 심하면 사망에 이름

05

산업안전보건법령에서 정하고 있는 제조 등이 금지되는 유해물질에 해당되지 않는 것은?

① 석면(Asbestos)
② 크롬산 아연(Zinc chromates)
③ 황린 성냥(Yellow phosphorus match)
④ β-나프틸아민과 그 염(β-Naphthylamine and its salts)

*제조 등 금지 대상 유해물질의 종류
① β-나프틸아민과 그 염
② 4-니트로디페닐과 그 염
③ 백연을 포함한 페인트
 (포함된 중량의 비율이 2% 이하인 것은 제외)
④ 벤젠을 포함하는 고무풀
 (포함된 중량의 비율이 5% 이하인 것은 제외)
⑤ 석면
⑥ 폴리클로리네이티드 터페닐
⑦ 황린 성냥
⑧ ①, ②, ⑤ 또는 ⑥에 해당하는 물질을 포함한 화합물
 (포함된 중량의 비율이 1% 이하인 것은 제외)
⑨ 그 밖에 보건상 해로운 물질로서 산업재해보상보험 및 예방심의위원회의 심의를 거쳐 고용노동부장관이 정하는 유해물질

06

사무실 공기관리 지침에 관한 내용으로 옳지 않은 것은?
(단, 고용노동부 고시를 기준으로 한다.)

① 오염물질인 미세먼지(PM10)의 관리기준은 $100\mu g/m^3$이다.
② 사무실 공기의 관리기준은 8시간 시간가중 평균농도를 기준으로 한다.
③ 총부유세균의 시료채취방법은 충돌법을 이용한 부유세균채취기(bioair sampler)로 채취한다.
④ 사무실 공기질의 모든 항목에 대한 측정결과는 측정치 전체에 대한 평균값을 이용하여 평가한다.

사무실 공기질의 측정결과는 측정치 전체에 대한 평균값을 오염물질별 관리기준과 비교하여 평가한다. 다만, 이산화탄소는 각 지점에서 측정한 최고값을 기준으로 비교 평가한다.

07

산업안전보건법령상 물질안전보건자료 대상물질을 제조·수입하려는 자가 물질안전보건자료에 기재해야하는 사항에 해당되지 않는 것은?
(단, 그 밖에 고용노동부장관이 정하는 사항은 제외한다.)

① 응급조치 요령
② 물리·화학적 특성
③ 안전관리자의 직무범위
④ 폭발·화재 시의 대처방법

*물질안전보건자료(MSDS) 작성항목
① 화학제품과 회사에 관한 정보
② 유해성·위험성
③ 구성성분의 명칭 및 함유량
④ 응급조치요령
⑤ 폭발·화재시 대처방법
⑥ 누출사고시 대처방법

⑦ 취급 및 저장방법
⑧ 노출방지 및 개인보호구
⑨ 물리화학적 특성
⑩ 안정성 및 반응성
⑪ 독성에 관한 정보
⑫ 환경에 미치는 영향
⑬ 폐기 시 주의사항
⑭ 운송에 필요한 정보
⑮ 법적규제 현황
⑯ 그 밖의 참고사항

*산업피로의 예방과 대책
① 작업과정에 적절한 간격으로 휴식시간을 둔다. (장시간 휴식보다 효과적)
② 각 개인에 따라 작업량을 조절한다.
③ 개인의 숙련도 등에 따라 작업속도를 조절한다.
④ 불필요한 동작을 피하여 에너지 소모를 적게 한다.
⑤ 작업시작 전후에 간단한 체조를 한다.
⑥ 동적인 작업과 정적인 작업을 적절하게 혼합하여 배치한다.
⑦ 커피, 홍차, 엽차 및 비타민 B을 공급한다.
⑧ 야간근무의 연속일수는 2~3일로 한다.
⑨ 작업 환경을 정리, 정돈한다.

08
산업안전보건법령상 근로자에 대해 실시하는 특수건강진단 대상 유해인자에 해당되지 않는 것은?

① 에탄올(Ethanol)
② 가솔린(Gasoline)
③ 니트로벤젠(Nitrobenzene)
④ 디에틸 에테르(Diethyl ether)

*특수건강진단 대상 유해인자(유기화합물)
① 가솔린
② 니트로벤젠
③ 디에틸에테르 외 106종

09
산업피로에 대한 대책으로 옳은 것은?

① 커피, 홍차, 엽차 및 비타민 B_1은 피로 회복에 도움이 되므로 공급한다.
② 신체 리듬의 적응을 위하여 야간 근무는 연속으로 7일 이상 실시하도록 한다.
③ 움직이는 작업은 피로를 가중시키므로 될 수록 정적인 작업으로 전환하도록 한다.
④ 피로한 후 장시간 휴식하는 것이 휴식시간을 여러 번으로 나누는 것보다 효과적이다.

10
직업성 질환 중 직업상의 업무에 의하여 1차적으로 발생하는 질환은?

① 합병증   ② 일반 질환
③ 원발성 질환   ④ 속발성 질환

*원발성 질환
직업상 업무에 의하여 1차적으로 발생하는 질환

11
재해예방의 4원칙에 해당되지 않는 것은?

① 손실 우연의 원칙   ② 예방 가능의 원칙
③ 대책 선정의 원칙   ④ 원인 조사의 원칙

*재해예방의 4원칙

원칙	설명
예방가능의 원칙	천재지변을 제외한 모든 재해는 예방이 가능하다.
손실우연의 원칙	사고의 결과가 생기는 손실은 우연히 발생한다.
대책선정의 원칙	재해는 적합한 대책이 선정되어야 한다.
원인연계의 원칙	재해는 직접원인과 간접원인이 연계되어 일어난다.

12

토양이나 암석 등에 존재하는 우라늄의 자연적 붕괴로 생성되어 건물의 균열을 통해 실내공기로 유입되는 발암성 오염물질은?

① 라돈
② 석면
③ 알레르겐
④ 포름알데히드

*라돈
① 라듐이 α-붕괴되어 생성되는 물질이다.
② 방사성 기체로 폐암을 일으키는 물질이다.
③ 건축자재로부터 방출되거나 하수도, 벽의 틈새 및 방바닥 갈라진 부분, 인광석이나 산업폐기물을 포함하는 토양, 석재, 각종 콘크리트 등에서 실내로 유입 되기도 한다.
④ 무색, 무취, 무미한 가스로 인간의 감각에 의해 감지할 수 없다.
⑤ 우라늄 계열의 붕괴과정 일부에서 생성될 수 있다.

13

미국산업위생학술원(American Academy of Industrial Hygiene)에서 산업위생 분야에 종사하는 사람들이 반드시 지켜야 할 윤리강령 중 전문가로서의 책임부분에 해당하지 않는 것은?

① 기업체의 기밀은 누설하지 않는다.
② 근로자의 건강보호 책임을 최우선으로 한다.
③ 전문 분야로서의 산업위생을 학문적으로 발전시킨다.
④ 과학적 방법의 적용과 자료의 해석에서 객관성을 유지한다.

*산업위생전문가의 윤리강령(산업위생전문가로서의 책임)
① 성실성과 학문적 실력 면에서 최고 수준을 유지한다.
② 과학적 방법의 적용과 자료의 해석에서 경험을 통한 전문가의 객관성을 유지한다.
③ 전문 분야로서 산업위생을 학문적으로 발전시킨다.
④ 근로자, 사회 및 전문 직종의 이익을 위해 과학적 지식을 공개하고 발표한다.

⑤ 산업위생활동을 통해 얻은 개인 및 기업체의 기밀은 누설하지 않는다.
⑥ 전문적 판단이 타협에 의하여 좌우될 수 있거나 이해관계가 있는 상황에는 개입하지 않는다.
⑦ 쾌적한 작업환경을 만들기 위해 산업위생이론을 적용하고 책임 있게 행동한다.

14

NIOSH에서 제시한 권장무게한계가 $6kg$이고, 근로자가 실제 작업하는 중량물의 무게가 $12kg$일 경우 중량물 취급지수(LI)는?

① 0.5
② 1.0
③ 2.0
④ 6.0

*중량물 취급지수(LI)
$$LI = \frac{물체\ 무게[kg]}{RWL[kg]} = \frac{12}{6} = 2$$

15

근육운동을 하는 동안 혐기성 대사에 동원되는 에너지원과 가장 거리가 먼 것은?

① 글리코겐
② 아세트알데히드
③ 크레아틴인산(CP)
④ 아데노신삼인산(ATP)

*근육운동에 필요한 에너지원(근육의 대사과정)

혐기성 대사	호기성 대사
① 근육에 저장된 화학적 에너지 ② 혐기성 대사 순서 ATP(아데노신 삼인산) → CP(크레아틴 인산) → Glycogen(글리코겐) or Glucose(포도당)	① 대사과정을 거쳐 생성된 에너지 ② 호기성 대사 순서 [포도당, 단백질, 지방] + 산소 → 에너지원

12.① 13.② 14.③ 15.②

16
산업안전보건법령상 중대재해에 해당되지 않는 것은?

① 사망자가 2명이 발생한 재해
② 상해는 없으나 재산피해 정도가 심각한 재해
③ 4개월의 요양이 필요한 부상자가 동시에 2명이 발생한 재해
④ 부상자 또는 직업성 질병자가 동시에 12명이 발생한 재해

*중대재해
① 사망자가 1명 이상 발생한 재해
② 3개월 이상 요양이 필요한 부상자가 동시에 2명 이상 발생한 재해
③ 부상자 또는 직업성 질병자가 동시에 10명 이상 발생한 재해

17
마이스터(D.Meister)가 정의한 내용으로 시스템으로부터 요구된 작업결과(Performance)와의 차이(Deviation)가 의미하는 것은?

① 인간실수　　② 무의식 행동
③ 주변적 동작　④ 지름길 반응

*인간실수의 정의(D.Meister)
시스템으로부터 요구된 작업결과와의 차이

18
작업대사율이 3인 강한작업을 하는 근로자의 실동률(%)은?

① 50　　② 60
③ 70　　④ 80

*실동률
실동률 $= 85 - (5 \times RMR) = 85 - (5 \times 3) = 70\%$

19
산업위생활동 중 평가(Evaluation)의 주요과정에 대한 설명으로 옳지 않은 것은?

① 시료를 채취하고 분석한다.
② 예비조사의 목적과 범위를 결정한다.
③ 현장조사로 정량적인 유해인자의 양을 측정한다.
④ 바람직한 작업환경을 만드는 최종적인 활동이다.

*평가(Evaluation)
① 시료의 채취와 분석
② 예비조사의 목적과 범위 결정
③ 노출정도를 노출기준과 통계적인 근거로 비교하여 판정
③ 현장조사로 정량적인 유해인자의 양을 측정한다.

✔바람직한 작업환경을 만드는 최종적인 활동은 평가가 아니라 관리에 해당된다.

20
톨루엔($TLV = 50ppm$)을 사용하는 작업장의 작업시간이 10시간일 때 허용기준을 보정하여야 한다. OSHA 보정법과 Brief and Scala 보정법을 적용하였을 경우 보정된 허용기준치 간의 차이는?

① $1ppm$　　② $2.5ppm$
③ $5ppm$　　④ $10ppm$

*OSHA 보정방법
허용기준 $= TLV \times \dfrac{8}{H}$
$= 50 \times \dfrac{8}{10} = 40ppm$

*Brief와 Scala 보정방법
허용기준 $= TLV \times \dfrac{8}{H} \times \dfrac{24-H}{16}$
$= 50 \times \dfrac{8}{10} \times \dfrac{24-10}{16} = 35ppm$

∴ 차이 $= 40 - 35 = 5ppm$

16.② 17.① 18.③ 19.④ 20.③

제 2과목 : 작업위생측정 및 평가

21

가스상 물질의 분석 및 평가를 위한 열탈착에 관한 설명으로 틀린 것은?

① 이황화탄소를 활용한 용매 탈착은 독성 및 인화성이 크고 작업이 번잡하여 열탈착이 보다 간편한 방법이다.
② 활성탄관을 이용하여 시료를 채취한 경우, 열탈착에 300℃ 이상의 온도가 필요하므로 사용이 제한된다.
③ 열탈착은 용매탈착에 비하여 흡착제에 채취된 일부 분석물질만 기기로 주입되어 감도가 떨어진다.
④ 열탈착은 대개 자동으로 수행되며 탈착된 분석물질이 가스크로마토그래피로 직접 주입되도록 되어 있다.

열탈착은 한 번에 모든 분석물질이 주입된다.

22

정량한계에 관한 설명으로 옳은 것은?

① 표준편차의 3배 또는 검출한계의 5배(또는 5.5배)로 정의
② 표준편차의 3배 또는 검출한계의 10배(또는 10.3배)로 정의
③ 표준편차의 5배 또는 검출한계의 3배(또는 3.3배)로 정의
④ 표준편차의 10배 또는 검출한계의 3배(또는 3.3배)로 정의

*정량한계(LOQ)
$LOQ = 3 \times 검출한계$ or $3.3 \times 검출한계$
$LOQ = 10 \times 표준편차$

23

고온의 노출기준을 구분하는 작업강도 중 중등작업에 해당하는 열량($kcal/h$)은?
(단, 고용노동부 고시를 기준으로 한다.)

① 130   ② 221
③ 365   ④ 445

*고온의 노출기준(ACGIH)   단위 : ℃, WBGT

작업강도 작업 휴식시간비	경작업	중등작업	중작업
계속작업	30.0	26.7	25.0
매시간 75% 작업, 25% 휴식	30.6	28.0	25.9
매시간 50% 작업, 50% 휴식	31.4	29.4	27.9
매시간 25% 작업, 75% 휴식	32.2	31.1	30.0

① 경작업
200kcal까지의 열량이 소요되는 작업을 말하며, 앉아서 또는 서서 기계의 조정을 하기 위하여 손 또는 팔을 가볍게 쓰는 일 등을 뜻함

② 중등작업
시간당 200~350kcal의 열량이 소요되는 작업을 말하며, 물체를 들거나 밀면서 걸어다니는 일 등을 뜻함

③ 중작업
시간당 350~500kcal의 열량이 소요되는 작업을 말하며, 곡괭이질 또는 삽질하는 일 등을 뜻함

24

고열(Heat stress) 환경의 온열 측정과 관련된 내용으로 틀린 것은?

① 흑구온도와 기온과의 차를 실효복사온도라 한다.
② 실제 환경의 복사온도를 평가할 때는 평균복사온도를 이용한다.
③ 고열로 인한 환경적인 요인은 기온, 기류, 습도 및 복사열이다.
④ 습구흑구온도지수(WBGT) 계산 시에는 반드시 기류를 고려하여야 한다.

습구흑구온도지수(WBGT) 계산 시에는 반드시 기류를 고려하는건 아니다.

25

입경범위가 $0.1 \sim 0.5 \mu m$인 입자상 물질이 여과지에 포집될 경우에 관여하는 주된 메커니즘은?

① 충돌과 간섭   ② 확산과 간섭
③ 확산과 충돌   ④ 충돌

*입자크기별 여과기전
① 입경 $0.1\mu m$ 미만 입자 : 확산
② 입경 $0.1 \sim 0.5 \mu m$ 입자 : 확산, 직접차단(간섭)
③ 입경 $0.5 \mu m$ 이상 입자 : 관성충돌, 직접차단(간섭)

26

접착공정에서 본드를 사용하는 작업장에서 톨루엔을 측정하고자 한다. 노출기준의 10%까지 측정하고자 할 때, 최소시료채취시간$(\min)$은?
(단, 작업장은 $25℃$, 1기압이며, 톨루엔의 분자량은 92.14, 기체크로마토그래피의 분석에서 톨루엔의 정량한계는 $0.5mg$, 노출 기준은 $100ppm$, 채취유량은 $0.15L/$분이다.)

① 13.3   ② 39.6
③ 88.5   ④ 182.5

*채취 최소시간
노출기준 10% = $100ppm \times 0.1 = 10ppm$
$mg/m^3 = ppm \times \dfrac{분자량}{부피} = 10 \times \dfrac{92.14}{24.45} = 37.69mg/m^3$

부피 = $\dfrac{LOQ}{농도} = \dfrac{0.5mg}{37.69mg/m^3 \times \left(\dfrac{1m^3}{1000L}\right)} = 13.27L$

∴ 최초 채취시간 = $\dfrac{13.27L}{0.15L/\min} = 88.5\min$

여기서, LOQ : 정량한계$[mg]$

*참고
- 1atm, 25℃의 부피 = 24.45L
- $1m^3 = 1000L$

27

1% Sodium bisulfite의 흡수액 $20mL$를 취한 유리제품의 미드젯임핀져를 고속시료포집 펌프에 연결하여 공기시료 $0.480m^3$를 포집하였다. 가시광선흡광광도계를 사용하여 시료를 실험실에서 분석한 값이 표준검량선의 외삽법에 의하여 $50\mu g/mL$가 지시되었다. 표준상태에서 시료포집기간동안의 공기 중 포름알데히드 증기의 농도(ppm)는?
(단, 포름알데히드 분자량은 $30g/mol$이다.)

① 1.7   ② 2.5
③ 3.4   ④ 4.8

*질량농도(mg/m³)와 용량농도(ppm)의 환산
$mg/m^3 = \dfrac{50\mu g/mL \times 20mL \times \left(\dfrac{1mg}{1000\mu g}\right)}{0.480m^3} = 2.08mg/m^3$

∴ $ppm = mg/m^3 \times \dfrac{부피}{분자량} = 2.08 \times \dfrac{24.45}{30} = 1.7ppm$

*참고
- $1g = 1000mg = 1000000\mu g$ → $1mg = 1000\mu g$
- 1atm, 25℃의 부피 = 24.45L

28

고체흡착관의 뒷층에서 분석된 양이 앞층의 25%였다. 이에 대한 분석자의 결정으로 바람직하지 않은 것은?

① 파과가 일어났다고 판단하였다.
② 파과실험의 중요성을 인식하였다.
③ 시료채취과정에서 오차가 발생되었다고 판단하였다.
④ 분석된 앞층과 뒷층을 합하여 분석결과로 이용하였다.

> 앞층 100mg, 뒷층 50mg의 두 개 층으로 활성탄을 충전하여 뒷층의 흡착량이 앞층의 흡착량의 10%를 초과하면 파과가 일어났다고 판단하여 측정결과를 이용할 수 없다.

29

옥내의 습구흑구온도지수(WBGT)를 계산하는 식으로 옳은 것은?

① WBGT=0.1×자연습구온도+0.9×흑구온도
② WBGT=0.9×자연습구온도+0.1×흑구온도
③ WBGT=0.3×자연습구온도+0.7×흑구온도
④ WBGT=0.7×자연습구온도+0.3×흑구온도

> *습구흑구온도지수(WBGT)
> ① 태양광선이 내리쬐는 옥외 장소
> $WBGT(℃)$
> $= 0.7×자연습구온도+0.2×흑구온도+0.1×건구온도$
>
> ② 태양광선이 내리쬐지 않는 옥내 또는 옥외 장소
> $WBGT(℃) = 0.7×자연습구온도+0.3×흑구온도$

30

활성탄관에 대한 설명으로 틀린 것은?

① 흡착관은 길이 $7cm$, 외경 $6mm$인 것을 주로 사용한다.
② 흡입구 방향으로 가장 앞쪽에는 유리섬유가 장착되어 있다.
③ 활성탄 입자는 크기가 $20 \sim 40 mesh$인 것을 선별하여 사용한다.
④ 앞층과 뒷층을 우레탄 폼으로 구분하며 뒷층이 100mg으로 앞층 보다 2배 정도 많다.

> 앞층과 뒷층을 우레탄 폼으로 구분하며 앞층이 100 mg으로 뒷층(50mg)보다 2배 정도 많다.

31

처음 측정한 측정치는 유량, 측정시간, 회수율, 분석에 의한 오차가 각각 15%, 3%, 10%, 7%였으나 유량에 의한 오차가 개선되어 10%로 감소되었다면 개선 전 측정치의 누적오차와 개선 후 측정치의 누적오차의 차이(%)는?

① 6.5　　② 5.5
③ 4.5　　④ 3.5

> *누적오차
> $E_c = \sqrt{E_1^2 + E_2^2 + \cdots + E_n^2}$
>
> 변화 전 누적오차 $= \sqrt{15^2+3^2+10^2+7^2} = 19.6\%$
> 변화 후 누적오차 $= \sqrt{10^2+3^2+10^2+7^2} = 16.1\%$
>
> ∴ 누적오차의 차이 $= 19.6-16.1 = 3.5\%$
>
> 여기서,
> $E_1, E_2, \cdots, E_n$: 각 요소에 대한 오차[%]

32

산업위생통계에서 적용하는 변이계수에 대한 설명으로 틀린 것은?

① 표준오차에 대한 평균값의 크기를 나타낸 수치이다.
② 통계집단의 측정값들에 대한 균일성, 정밀성 정도를 표현하는 것이다.
③ 단위가 서로 다른 집단이나 특성값의 상호 산포도를 비교하는데 이용될 수 있다.
④ 평균값의 크기가 0에 가까울수록 변이계수의 의의가 작아지는 단점이 있다.

*변이계수(CV)
$$CV = \frac{표준편차}{평균치(산술평균)} \times 100$$
표준편차를 평균으로 나눈 수치이다.

33

누적소음노출량 측정기로 소음을 측정할 때의 기기 설정값으로 옳은 것은?
(단, 고용노동부 고시를 기준으로 한다.)

① Threshold = 80dB, Criteria = 90dB, Exchange Rate = 5dB
② Threshold = 80dB, Criteria = 90dB, Exchange Rate = 10dB
③ Threshold = 90dB, Criteria = 80dB, Exchange Rate = 10dB
④ Threshold = 90dB, Criteria = 80dB, Exchange Rate = 5dB

*누적소음노출량 측정기 설정
① Criteria : 90dB
② Exchange Rate : 5dB
③ Threshold : 80dB

34

석면농도를 측정하는 방법에 대한 설명 중 ( )안에 들어갈 적절한 기체는?
(단, NIOSH 방법 기준)

공기 중 석면농도를 측정하는 방법으로 충전식 휴대용펌프를 이용하여 여과지를 통하여 공기를 통과시켜 시료를 채취한 다음, 이 여과지에 (A)증기를 씌우고 (B)시약을 가한 후 위상차현미경으로 400 ~ 450배의 배율에서 섬유수를 계수한다.

① 솔벤트, 메틸에틸케톤
② 아황산가스, 클로로포름
③ 아세톤, 트리아세틴
④ 트리클로로에탄, 트리클로로에틸렌

공기 중 석면농도를 측정하는 방법으로 충전식 휴대용펌프를 이용하여 여과지를 통하여 공기를 통과시켜 시료를 채취한 다음, 이 여과지에 아세톤증기를 씌우고 트리아세틴시약을 가한 후 위상차현미경으로 400 ~ 450배의 배율에서 섬유수를 계수한다.

35

방사성 물질의 단위에 대한 설명이 잘못된 것은?

① 방사능의 SI단위는 Becquerel(Bq)이다.
② 1Bq는 $3.7 \times 10^{10} dps$이다.
③ 물질에 조사되는 선량은 röntgen(R)으로 표시한다.
④ 방사선의 흡수선량은 Gray(Gy)로 표시한다.

1Bq=2.7×10^{-11}Ci
1Ci=3.7×10^{10}Bq

36

세 개의 소음원의 소음수준을 한 지점에서 각각 측정해보니 첫 번째 소음원만 가동될 때 $88dB$, 두 번째 소음원만 가동될 때 $86dB$, 세 번째 소음원만이 가동될 때 $91dB$이었다. 세 개의 소음원이 동시에 가동될 때 측정 지점에서의 음압수준(dB)은?

① 91.6　　　　　② 93.6
③ 95.4　　　　　④ 100.2

＊합성소음도(L)

$$L = 10\log\left(10^{\frac{L_1}{10}} + 10^{\frac{L_2}{10}} + \cdots + 10^{\frac{L_n}{10}}\right)$$

$$= 10\log\left(10^{\frac{88}{10}} + 10^{\frac{86}{10}} + 10^{\frac{91}{10}}\right) = 93.6dB$$

L : 합성소음도[dB]
$L_1, L_2, \cdots L_n$ = 각 소음원의 소음[dB]

37

채취시료 $10mL$를 채취하여 분석한 결과 납(Pb)의 양이 $8.5\mu g$이고 Blank 시료도 동일한 방법으로 분석한 결과 납의 양이 $0.7\mu g$이다. 총 흡인 유량이 $60L$일 때 작업환경 중 납의 농도(mg/m^3)는?
(단, 탈착효율은 0.95이다.)

① 0.14　　　　　② 0.21
③ 0.65　　　　　④ 0.70

＊질량농도(mg/m³)

$$mg/m^3 = \frac{분석량}{공기채취량 \times 탈착효율}$$

$$= \frac{(8.5-0.7)\mu g \times \left(\frac{10^{-3}mg}{1\mu g}\right)}{60L \times 0.95 \times \left(\frac{10^{-3}m^3}{1L}\right)} = 0.14mg/m^3$$

＊참고
- $1g = 1000mg = 1000000\mu g \rightarrow 1\mu g = 10^{-3}mg$
- $1m^3 = 1000L \rightarrow 1L = 10^{-3}m^3$

38

작업환경 내 $105dB(A)$의 소음이 30분, $110dB(A)$ 소음이 15분, $115dB(A)$ 5분 발생하였을 때, 작업환경의 소음 정도는?
(단, 105, 110, $115dB(A)$의 1일 노출허용 시간은 각각 1시간, 30분, 15분이고, 소음은 단속음이다.)

① 허용기준 초과
② 허용기준과 일치
③ 허용기준 미만
④ 평가할 수 없음(조건부족)

＊소음작업

1일 8시간 작업을 기준하여 85dB 이상의 소음이 발생하는 작업

① 강렬한 소음작업

데시벨(이상)	발생시간(1일 기준)
90dB	8시간 이상
95dB	4시간 이상
100dB	2시간 이상
105dB	1시간 이상
110dB	30분 이상
115dB	15분 이상

② 충격 소음작업

데시벨(이상)	발생시간(1일 기준)
120dB	10000회 이상
130dB	1000회 이상
140dB	100회 이상

＊노출기준(EI)

$$EI = \frac{C_1}{T_1} + \frac{C_2}{T_2} + \cdots + \frac{C_n}{T_n} = \frac{30}{60} + \frac{15}{30} + \frac{5}{15} = 1.33$$

1을 초과하였으므로　　∴허용기준을 초과

여기서,
C : 소음 각각의 측정치
T : 소음 각각의 노출기준

$EI > 1$: 허용기준을 초과
$EI < 1$: 허용기준을 초과하지 않음

36.② 37.① 38.①

39

금속가공유를 사용하는 절단작업 시 주로 발생할 수 있는 공기 중 부유물질의 형태로 가장 적합한 것은?

① 미스트(mist) ② 먼지(dust)
③ 가스(gas)   ④ 흄(fume)

*미스트(Mist)
금속가공유를 사용하는 절단작업 시 주로 발생하는 공기 중 부유물질의 형태인 액체 미립자

40

두 집단의 어떤 유해물질의 측정값이 아래 도표와 같을 때 두 집단의 표준편차의 크기 비교에 대한 설명 중 옳은 것은?

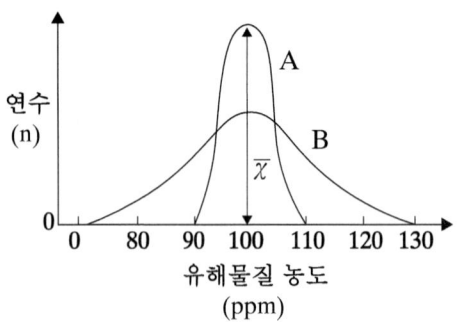

① A집단과 B집단은 서로 같다.
② A집단의 경우가 B집단의 경우보다 크다.
③ A집단의 경우가 B집단의 경우보다 작다.
④ 주어진 도표만으로 판단하기 어렵다.

표준편차가 클수록 측정값 중 평균에서 떨어진 값이 많이 존재한다. B집단은 A집단보다 평균에서 떨어진 값이 많이 존재하기 때문에,

∴ A집단의 경우가 B집단의 경우보다 작다.

2021 2회차
산업위생관리기사 필기 기출문제
제 3과목 : 작업환경관리대책

41
다음 중 특급 분리식 방진마스크의 여과재 분진 등의 포집효율은?
(단, 고용노동부 고시를 기준으로 한다.)

① 80% 이상
② 94% 이상
③ 99.0% 이상
④ 99.95% 이상

*여과재 분진 등 포집효율

종류	등급	염화나트륨($NaCl$) 및 파라핀 오일 시험
분리식	특급	99.95% 이상
	1급	94% 이상
	2급	80% 이상
안면부 여과식	특급	99% 이상
	1급	94% 이상
	2급	80% 이상

42
방진마스크에 대한 설명으로 가장 거리가 먼 것은?

① 방진마스크의 필터에는 활성탄과 실리카겔이 주로 사용된다.
② 방진마스크는 인체에 유해한 분진, 연무, 흄, 미스트, 스프레이 입자가 작업자가 흡입하지 않도록 하는 보호구이다.
③ 방진마스크의 종류에는 격리식과 직결식, 면체여과식이 있다.
④ 비휘발성 입자에 대한 보호만 가능하며, 가스 및 증기로부터의 보호는 안 된다.

*방진마스크 필터 재질의 종류
① 면
② 모
③ 합성섬유
④ 유리섬유
⑤ 금속섬유

43
지름이 $100cm$인 원형 후드 입구로부터 $200cm$ 떨어진 지점에 오염물질이 있다. 제어풍속이 $3m/s$일 때, 후드의 필요 환기량(m^3/s)은?
(단, 자유공간에 위치하며 플랜지는 없다.)

① 143
② 122
③ 103
④ 83

*필요송풍량(Q)

조건	필요송풍량 공식
① 자유공간 위치, 플랜지 미부착	$Q = V(10X^2 + A)$
② 자유공간 위치, 플랜지 부착	$Q = 0.75V(10X^2 + A)$
③ 바닥면 위치, 플랜지 미부착	$Q = V(5X^2 + A)$
④ 바닥면 위치, 플랜지 부착	$Q = 0.5V(10X^2 + A)$

여기서,
Q : 필요송풍량[m^3/min]
A : 후드의 개구면적[m^2]
V : 제어속도[m/min]
X : 후드 중심선으로부터 발생원까지의 거리[m]

$A = \dfrac{\pi d^2}{4} = \dfrac{\pi \times 1^2}{4} = 0.785 m^2$

$\therefore Q = V(10X^2 + A) = 3 \times (10 \times 2^2 + 0.785)$
$= 122.36 ≒ 122 m^3/s$

44
보호구의 재질과 적용 물질에 대한 내용으로 틀린 것은?

① 면: 고체상 물질에 효과적이다.
② 부틸(Butyl) 고무: 극성 용제에 효과적이다.
③ 니트릴(Nitrile) 고무: 비극성 용제에 효과적이다.
④ 천연 고무(latex): 비극성 용제에 효과적이다.

41.④ 42.① 43.② 44.④

*보호구 재질에 따른 적용물질

보호구 재질	적용물질
Neoprene 고무	비극성용제, 산, 부식성물질
Vitron	비극성용제
Nitrile	비극성용제
Butyl 고무	극성용제
천연고무(Latex)	극성용제, 수용성 용액
가죽	찰과상 예방 (용제에 사용 불가능)
면	고체상물질 (용제에 사용 불가능)
Polyvinyl Chloride(PVC)	수용성 용액
Ethylene Vinyl Alcohol	화학물질 취급 작업

45
국소환기장치 설계에서 제어속도에 대한 설명으로 옳은 것은?

① 작업장 내의 평균유속을 말한다.
② 발산되는 유해물질을 후드로 흡인하는데 필요한 기류속도이다.
③ 덕트 내의 기류속도를 말한다.
④ 일명 반송속도라고도 한다.

*제어속도(제어풍속)
발산되는 유해물질을 후드로 완전히 흡인하는데 필요한 기류속도

46
흡인 풍량이 $200m^3/min$, 송풍기 유효전압이 150 mmH_2O, 송풍기 효율이 80%인 송풍기의 소요동력(kW)은?

① 4.1 ② 5.1
③ 6.1 ④ 7.1

*송풍기 소요동력(H)
$$H = \frac{Q \times \triangle P}{6120\eta} \times \alpha = \frac{200 \times 150}{6120 \times 0.8} \times 1 = 6.1kW$$

여기서,
H : 송풍기 소요동력[kW]
Q : 송풍량[m^3/min]
$\triangle P$: 송풍기 유효압력[mmH_2O]
η : 송풍기 효율
α : 여유율 (주어지지 않으면, $\alpha=1$)

47
덕트 내 공기흐름에서의 레이놀즈수(Reynolds Number)를 계산하기 위해 알아야 하는 모든 요소는?

① 공기속도, 공기점성계수, 공기밀도, 덕트의 직경
② 공기속도, 공기밀도, 중력가속도
③ 공기속도, 공기온도, 덕트의 길이
④ 공기속도, 공기점성계수, 덕트의 길이

*레이놀즈 수
$$Re = \frac{\rho VD}{\mu} = \frac{VD}{\nu}$$

여기서,
Re : 레이놀즈 수
ρ : 유체 밀도[kg/m^3]
V : 유속[m/s]
D : 직경[m]
μ : 점성계수[$kg/m \cdot s$]
ν : 동점성계수[m^2/s]

48
작업환경관리 대책 중 물질의 대체에 해당되지 않는 것은?

① 성냥을 만들 때 백린을 적린으로 교체한다.
② 보온 재료인 유리섬유를 석면으로 교체한다.
③ 야광시계의 자판에 라듐 대신 인을 사용한다.
④ 분체 입자를 큰 입자로 대체한다.

보온 재료인 석면을 유리섬유로 교체한다.

49

$7m \times 14m \times 3m$의 체적을 가진 방에 톨루엔이 저장되어 있고 공기를 공급하기 전에 측정한 농도가 $300ppm$이었다. 이 방으로 $10m^3/\min$의 환기량을 공급한 후 노출기준인 $100ppm$으로 도달하는데 걸리는 시간($\min$)은?

① 12
② 16
③ 24
④ 32

*농도 C_1에서 C_2까지 감소하는 데 걸린 시간(t)

$V = 7 \times 14 \times 3 = 294m^3$

$\therefore t = -\dfrac{V}{Q'} \ln\left(\dfrac{C_2}{C_1}\right)$

$= -\dfrac{294m^3}{10m^3/\min} \ln\left(\dfrac{100}{300}\right) = 32.3 ≒ 32\min$

여기서,
C_1 : 유해물질 처음농도
C_2 : 유해물질 노출기준

50

후드의 선택에서 필요 환기량을 최소화하기 위한 방법이 아닌 것은?

① 측면 조절판 또는 커텐 등으로 가능한 공정을 둘러 쌀 것
② 후드를 오염원에 가능한 가깝게 설치할 것
③ 후드 개구부로 유입되는 기류속도 분포가 균일하게 되도록 할 것
④ 공정 중 발생되는 오염물질의 비산속도를 크게할 것

*필요송풍량을 감소시키는 방법(후드가 갖추어야 할 사항)
① 후드는 가능한 한 오염물질 발생원에 가까이 설치할 것
② 후드는 가급적이면 공정을 많이 포위할 것
③ 후드 개구면에서 기류가 균일하게 분포하도록 설계할 것
④ 제어속도는 작업조건을 고려하여 적정하게 선정할 것
⑤ 작업이 방해되지 않도록 설치할 것
⑥ 오염물질 발생특성을 고려하여 설계할 것
⑦ 공정에서 발생 또는 배출되는 오염물질 절대량을 감소시킬 것

51

송풍기의 회전수 변화에 따른 풍량, 풍압 및 동력에 대한 설명으로 옳은 것은?

① 풍량은 송풍기의 회전수에 비례한다.
② 풍압은 송풍기의 회전수에 반비례한다.
③ 동력은 송풍기의 회전수에 비례한다.
④ 동력은 송풍기 회전수의 제곱에 비례한다.

*송풍기 상사법칙

종류	회전수(N)	직경(D)
풍량(Q)	$\dfrac{Q_2}{Q_1} = \dfrac{N_2}{N_1}$	$\dfrac{Q_2}{Q_1} = \left(\dfrac{D_2}{D_1}\right)^3$
풍압(P)	$\dfrac{P_2}{P_1} = \left(\dfrac{N_2}{N_1}\right)^2$	$\dfrac{P_2}{P_1} = \left(\dfrac{D_2}{D_1}\right)^2$
동력(H)	$\dfrac{H_2}{H_1} = \left(\dfrac{N_2}{N_1}\right)^3$	$\dfrac{H_2}{H_1} = \left(\dfrac{D_2}{D_1}\right)^5$

$\dfrac{P_2}{P_1} \propto \dfrac{H_2}{H_1} \propto \dfrac{\rho_2}{\rho_1} \propto \dfrac{T_1}{T_2}$

여기서,
Q_1 : 변경 전 풍량$[m^3/\min]$
Q_2 : 변경 후 풍량$[m^3/\min]$
N_1 : 변경 전 회전수$[rpm]$
N_2 : 변경 후 회전수$[rpm]$
P_1 : 변경 전 풍압$[mmH_2O]$
P_2 : 변경 후 풍압$[mmH_2O]$
D_1 : 변경 전 회전차 직경$[m]$
D_2 : 변경 후 회전차 직경$[m]$
H_1 : 변경 전 동력$[kW]$
H_2 : 변경 후 동력$[kW]$
ρ_1, ρ_2 : 변경 전·후 비중
T_1, T_2 : 변경 전·후 절대온도$[K]$

52

1기압에서 혼합기체의 부피비가 질소 71%, 산소 14%, 탄산가스 15%로 구성되어 있을 때, 질소의 분압(mmH_2O)은?

① 433.2
② 539.6
③ 646.0
④ 653.6

*분압
질소가스 분압$[mmHg]$ = $760mmHg \times$ 질소 성분비
$= 760 \times 0.71 = 539.6mmHg$

49.④ 50.④ 51.① 52.②

53

공기정화장치의 한 종류인 원심력집진기에서 절단 입경의 의미로 옳은 것은?

① 100% 분리 포집되는 입자의 최소 크기
② 100% 처리효율로 제거되는 입자크기
③ 90% 이상 처리효율로 제거되는 입자크기
④ 50% 처리효율로 제거되는 입자크기

*절단입경(Cut-Size)
사이클론에서 50% 처리효율로 제거되는 입자 크기 의미

54

작업환경개선에서 공학적인 대책과 가장 거리가 먼 것은?

① 교육 ② 환기
③ 대체 ④ 격리

*작업환경 개선의 공학적 대책
① 대치(대체)
② 격리
③ 환기
④ 교육 - 가장 소극적 대책으로 가장 관계가 적기 때문에 위 4개 중 가장 거리가 멀다.

55

유입계수가 0.82인 원형 후드가 있다. 원형 덕트의 면적이 $0.0314m^2$이고 필요 환기량이 $30m^3/min$이라고 할 때, 후드의 정압(mmH_2O)은?
(단, 공기밀도는 $1.2kg/m^3$이다.)

① 16 ② 23
③ 32 ④ 37

*후드의 정압(SP_h)
$Q = AV$에서,
$V = \dfrac{Q}{A} = \dfrac{30}{0.0314} = 955.41 m/min \times \left(\dfrac{1min}{60sec}\right) = 15.92 m/sec$
밀도가 $1.2kg/m^3$이므로, 비중량은 $1.2kg_f/m^3$이다.
$VP = \dfrac{\gamma V^2}{2g} = \dfrac{1.2 \times 15.92^2}{2 \times 9.8} = 15.52 mmH_2O$
$\therefore SP_h = VP(1+F) = VP\left(1 + \dfrac{1}{C_e^2} - 1\right)$
$= 15.52\left(1 + \dfrac{1}{0.82^2} - 1\right) = 23 mmH_2O$

여기서,
SP_h : 후드의 정압$[mmH_2O]$
VP : 속도압(동압)$[mmH_2O]$
F : 압력손실계수$\left(= \dfrac{1}{C_e^2} - 1\right)$
C_e : 유입계수$\left(= \sqrt{\dfrac{1}{1+F}}\right)$

56

방사형 송풍기에 관한 설명과 가장 거리가 먼 것은?

① 고농도 분진함유 공기나 부식성이 강한 공기를 이송시키는데 많이 이용된다.
② 깃이 평판으로 되어 있다.
③ 가격이 저렴하고 효율이 높다.
④ 깃의 구조가 분진을 자체 정화할 수 있도록 되어 있다.

*평판형(방사 날개형, 플레이트형 송풍기)
① 날개가 직선으로 평판모양이며, 강도가 높게 설계되어 있다.
② 날개 구조가 분진 자체 정화할 수 있도록 되어있다.
③ 시멘트, 미분탄, 곡물, 모래 등 고농도 분진함유 공기, 부식성이 강한 공기를 이송시키는데 많이 이용된다.
④ 습식 집진장치의 배기에 적합하며, 소음은 보통이다.
⑤ 압력과 효율(65%)은 다익형 보다 약간 높으나 터보형보단 낮다.

57

플랜지 없는 외부식 사각형 후드가 설치되어 있다. 성능을 높이기 위해 플랜지 있는 외부식 사각형 후드로 작업대에 부착했을 때, 필요환기량의 변화로 옳은 것은?
(단, 포촉거리, 개구면적, 제어속도는 같다.)

① 기존 대비 10%로 줄어든다.
② 기존 대비 25%로 줄어든다.
③ 기존 대비 50%로 줄어든다.
④ 기존 대비 75%로 줄어든다.

*필요송풍량(Q)

조건	필요송풍량 공식
① 자유공간 위치, 플랜지 미부착	$Q = V(10X^2 + A)$
② 자유공간 위치, 플랜지 부착	$Q = 0.75V(10X^2 + A)$
③ 바닥면 위치, 플랜지 미부착	$Q = V(5X^2 + A)$
④ 바닥면 위치, 플랜지 부착	$Q = 0.5V(10X^2 + A)$

여기서,
Q : 필요송풍량 $[m^3/min]$
A : 후드의 개구면적 $[m^2]$
V : 제어속도 $[m/min]$
X : 후드 중심선으로부터 발생원까지의 거리 $[m]$

① 플랜지 없는 외부식 사각형 후드
→ 자유공간 위치, 플랜지 미부착
$Q_A = V(10X^2 + A)$

② 플랜지 있는 외부식 사각형 후드로 작업대에 부착
→ 바닥면 위치, 플랜지 부착
$Q_B = 0.5V(10X^2 + A)$

∴ $\triangle Q = Q_A - Q_B = 1 - 0.5 = 0.5 = 50\%$

58

50℃의 송풍관에 $15m/s$의 유속으로 흐르는 기체의 속도압(mmH_2O)은?
(단, 기체의 밀도는 $1.293kg/m^3$이다.)

① 32.4 ② 22.6
③ 14.8 ④ 7.2

*동압(속도압, VP)

$$VP = \frac{\gamma V^2}{2g} = \frac{1.293 \times 15^2}{2 \times 9.8} = 14.8 mmH_2O$$

여기서,
VP : 동압$[mmH_2O]$
V : 속도$[m/sec]$
γ : 공기의 비중량$[kg_f/m^3]$
g : 중력가속도$[9.8m/s^2]$

59

온도 50℃인 기체가 관을 통하여 $20m^3/min$으로 흐르고 있을 때, 같은 조건의 0℃에서 유량(m^3/min)은?
(단, 관내압력 및 기타 조건은 일정하다.)

① 14.7 ② 16.9
③ 20.0 ④ 23.7

*유량 보정

$Q = AV$이므로, $Q \propto V$ 비례관계이고,
압력은 동일하므로 $P_1 = P_2$이다.

$\frac{P_1 V_1}{T_1} = \frac{P_2 V_2}{T_2} \Rightarrow \frac{Q_1}{T_1} = \frac{Q_2}{T_2}$ 에서,

∴ $Q_2 = \frac{Q_1 T_2}{T_1} = \frac{20 \times (273+0)}{(273+50)} = 16.9 m^3/min$

*참고
- 절대온도(K) = 273 + 섭씨온도(℃)

60

원심력 송풍기 중 다익형 송풍기에 관한 설명과 가장 거리가 먼 것은?

① 큰 압력손실에서도 송풍량이 안정적이다.
② 송풍기의 임펠러가 다람쥐 쳇바퀴 모양으로 생겼다.
③ 강도가 크게 요구되지 않기 때문에 적은 비용으로 제작가능하다.
④ 다른 송풍기와 비교하여 동일 송풍량을 발생시키기 위한 임펠러 회전속도가 상대적으로 낮기 때문에 소음이 작다.

*다익형 송풍기(전향날개형 송풍기)
① 많은 날개(Blade)를 가지고 있다.
② 송풍기의 임펠러가 다람쥐 쳇바퀴 모양이다.
③ 회전날개가 회전방향과 동일한 방향이다.
④ 임펠러 회전속도가 상대적으로 낮아 소음이 작다.
⑤ 저가로 제작이 가능하다.
⑥ 높은 압력손실에서 송풍량이 급격히 떨어지는 단점이 있다.
⑦ 소형으로 제한된 장소에 사용이 가능하다.(분지관의 송풍에 적합)
⑧ 설계가 간단하다.
⑨ 구조상 고속회전이 불가능하고 효율이 낮다.
⑩ 청소가 곤란하다.
⑪ 큰 동력의 용도에 적합하지 않다.

제 4과목 : 물리적유해인자관리

61
진동증후군(HAVS)에 대한 스톡홀름 워크숍의 분류로서 옳지 않은 것은?

① 진동증후군의 단계를 0부터 4까지 5단계로 구분하였다.
② 1단계는 가벼운 증상으로 1개 또는 그 이상의 손가락 끝부분이 하얗게 변하는 증상을 의미한다.
③ 3단계는 심각한 증상으로 1개 또는 그 이상의 손가락 가운뎃마디 부분까지 하얗게 변하는 증상이 나타나는 단계이다.
④ 4단계는 매우 심각한 증상을 대부분의 손가락이 하얗게 변하는 증상과 함께 손끝에서 땀의 분비가 제대로 일어나지 않는 등의 변화가 나타나는 단계이다.

*진동증후군(HAVS)에 대한 스톡홀름 워크숍 분류

단계	증상 및 징후
0단계	- 증상이 없음
1단계	- 가벼운 증상 - 하나 이상의 손가락 끝부분이 하얗게 변하는 증상
2단계	- 보통 증상 - 하나 이상의 손가락 중간부위 이상이 때때로 나타나는 증상
3단계	- 심각한 증상 - 대부분 수지들 전체에 빈번하게 나타나는 증상
4단계	- 매우 심각한 증상 - 대부분의 손가락이 하얗게 변하는 증상 - 위의 증상과 동시에 손끝에서 땀의 분비가 제대로 일어나지 않는 등 변화

62
인체와 작업환경과의 사이에 열교환의 영향을 미치는 것으로 가장 거리가 먼 것은?

① 대류(convection)
② 열복사(radiation)
③ 증발(evaporation)
④ 열순응(acclimatization to heat)

*열평형 방정식
$$\triangle S = M \pm C \pm R - E$$

여기서,
$\triangle S$: 생체 열용량 변화
M : 작업대사량
C : 대류에 의한 열교환
R : 복사에 의한 열교환
E : 증발에 의한 열교환

63
비전리방사선의 종류 중 옥외작업을 하면서 콜타르의 유도체, 벤조피렌, 안트라센 화합물과 상호작용하여 피부암을 유발시키는 것으로 알려진 비전리방사선은?

① γ선
② 자외선
③ 적외선
④ 마이크로파

*자외선
옥외작업을 하면서 콜타르의 유도체, 벤조피렌, 안트라센 화합물과 상호작용하여 피부암을 유발시키는 비전리방사선

61.③ 62.④ 63.②

64

소독작용, 비타민D형성, 피부색소 침착 등 생물학적 작용이 강한 특성을 가진 자외선(Dorno선)의 파장 범위는 약 얼마인가?

① 1000 ~ 2800 Å
② 2800 ~ 3150 Å
③ 3150 ~ 4000 Å
④ 4000 ~ 4700 Å

**자외선의 분류*

분류	파장	발생
UV-C	100~280nm (1000~2800 Å)	피부의 색소침착
UV-B (도르노선)	280~315nm (2800~3150 Å)	소독작용, 비타민 D형성 (건강선, 생명선) 피부노화, 홍반, 각막염, 피부암 유발
UV-A (근자외선)	315~400nm (3150~4000 Å)	피부노화 촉진, 백내장

65

전리방사선 중 전자기방사선에 속하는 것은?

① α선
② β선
③ γ선
④ 중성자

**전리방사선의 종류*

전자기 방사선	입자 방사선
① γ선 ② X-Ray(X선)	① α선 ② β선 ③ 중성자

66

다음 중 이상기압의 인체작용으로 2차적인 가압현상과 가장 거리가 먼 것은?
(단, 화학적 장해를 말한다.)

① 질소 마취
② 산소 중독
③ 이산화탄소의 중독
④ 일산화탄소의 작용

**2차적 가압현상(화학적 장해)*

고압 하의 대기가스 독성 때문에 나타나는 현상으로, 다음 3가지 현상이 발생한다.

질소 가스 마취	① 공기 중 질소가스는 4기압을 넘으면 마취작용을 일으킨다. ② 사고력, 판단력, 기억력 저하, 불안, 공포감, 마약효과 등 증상이 일어난다. ③ 질소 마취증상은 대기압 조건으로 복귀하면 사라진다. (가역적이다.) ④ 질소가스 마취 증상이 있는 근로자에게 질소를 헬륨으로 대치한 공기를 호흡시키면 예방된다.
산소 중독	① 산소분압이 2기압을 넘으면 산소중독 증상이 일어난다. ② 시력장애, 정신혼란, 근육경련 등 증상이 일어난다. ③ 산소중독 증상은 고압산소에 대한 노출이 중지되면 증상이 즉시 멈춘다.
이산화탄소 중독	① 산소의 중독과 질소의 마취작용을 증가시키는 역할을 한다. ② 고압환경에서의 이산화탄소 농도가 0.2%를 초과해서는 안된다.

67

출력이 $10\,Watt$의 작은 점음원으로부터 자유공간의 $10m$ 떨어져 있는 곳의 음압레벨(Sound Pressure Level)은 몇 dB정도인가?

① 89
② 99
③ 161
④ 229

**음압수준(SPL)과 음향파워레벨(PWL)의 관계식 [무지향성 점음원, 자유공간(공중, 구면파)]*

$$SPL = PWL - 20\log r - 11$$
$$= 10\log \frac{W}{W_o} - 20\log r - 11$$
$$= 10\log \frac{10}{10^{-12}} - 20\log 10 - 11 = 99dB$$

여기서,
SPL : 음압수준[dB]
PWL : 음향파워레벨[dB]
r : 소음원으로부터의 거리[m]
W : 대상음원의 음향파워[W]
W_o : 기준음향파워($=10^{-12}[W]$)

68

1sone이란 몇 Hz에서, 몇 dB의 음압레벨을 갖는 소음의 크기를 말하는가?

① 1000Hz, 40dB
② 1200Hz, 45dB
③ 1500Hz, 45dB
④ 2000Hz, 48dB

*sone
감각적인 음의 크기를 나타내는 양으로 1000Hz의 순음의 음 세기레벨 40dB의 음의 크기를 1sone으로 정의하고 있다.

69

자연조명에 관한 설명으로 옳지 않은 것은?

① 창의 면적은 바닥 면적의 15 ~ 20% 정도가 이상적이다.
② 개각은 4 ~ 5°가 좋으며, 개각이 작을수록 실내는 밝다.
③ 균일한 조명을 요구하는 작업실은 동북 또는 북창이 좋다.
④ 입사각은 28° 이상이 좋으며, 입사각이 클수록 실내는 밝다.

*채광 및 조명방법
① 창의 방향은 많은 채광을 요구할 경우 남향이 좋으며 조명이 평등을 요구하는 작업실의 경우 북향 또는 동북향이 좋다.
② 창의 높이는 클수록 효과적이다.
③ 창의 면적은 방바닥의 면적의 15~20%$\left(\frac{1}{5} \sim \frac{1}{7}\right)$가 적당하다.
④ 실내 각점의 개각은 4~5°가 좋으며, 개각이 클수록 실내는 밝다.
⑤ 입사각은 28° 이상이 좋으며, 입사각이 크면 클수록 실내는 밝다.
⑥ 개각 1°가 감소할 때 입사각으로 2~5° 증가가 필요하다.

70

전신진동 노출에 따른 인체의 영향에 대한 설명으로 옳지 않은 것은?

① 평형감각에 영향을 미친다.
② 산소 소비량과 폐환기량이 증가한다.
③ 작업수행 능력과 집중력이 저하된다.
④ 저속노출 시 레이노드 증후군(Raynaud's phenomenon)을 유발한다.

*레이노드 증상(Raynaud)
한랭환경에서 국소진동에 노출되면 발생하는 현상으로 손과 발가락의 감각마비 증상이 나타난다. 청색증이라고도 명칭을 불리우며, 심하면 극심한 통증이 발생한다. 주로 진동공구, 착암기, 해머 등 공구를 장기간 사용한 근로자에게 발생한다.

71

소음에 의한 인체의 장해 정도(소음성난청)에 영향을 미치는 요인이 아닌 것은?

① 소음의 크기
② 개인의 감수성
③ 소음 발생 장소
④ 소음의 주파수 구성

*소음성 난청에 영향을 미치는 인자

영향인자	설명
소음 크기	음압수준이 클수록 영향이 크다.
개인 감수성	소음에 노출된 사람이 전부 똑같이 반응하지 않으며, 감수성이 높은 사람이 극소수로 존재한다.
소음의 주파수 구성	고주파음이 영향이 크다.
소음의 발생 특성	지속적 소음 노출이 간헐적 소음 노출보다 영향이 크다.

68.① 69.② 70.④ 71.③

72
다음 중 전리방사선에 대한 감수성의 크기를 올바른 순서대로 나열한 것은?

```
ㄱ. 상피세포
ㄴ. 골수, 흉선 및 림프조직(조혈기관)
ㄷ. 근육세포
ㄹ. 신경조직
```

① ㄱ>ㄴ>ㄷ>ㄹ
② ㄱ>ㄹ>ㄴ>ㄷ
③ ㄴ>ㄱ>ㄷ>ㄹ
④ ㄴ>ㄷ>ㄹ>ㄱ

*전리방사선에 대한 감수성 순서

[골수, 흉선 및 림프조직(조혈기관) 눈의 수정체, 임파선] > [상피세포 내피세포] > [근육세포] > [신경조직]

73
한랭 환경에서 인체의 일차적 생리적 반응으로 볼 수 없는 것은?

① 피부혈관의 팽창
② 체표면적의 감소
③ 화학적 대사작용의 증가
④ 근육긴장의 증가와 떨림

*저온에서의 생리적 현상

저온의 1차적 생리적 현상	저온의 2차적 생리적 현상
① 피부혈관 수축	① 표면조직 냉각
② 체표면적 감소	② 식욕 항진
③ 근육긴장의 증가 및 떨림	③ 순환기능 감소
④ 화학적 대사작용 증가	④ 혈압 상승
	⑤ 말초 냉각

74
10시간 동안 측정한 누적 소음노출량이 300%일 때 측정시간 평균 소음 수준은 약 얼마인가?

① $94.2dB(A)$
② $96.3dB(A)$
③ $97.4dB(A)$
④ $98.6dB(A)$

*시간가중평균소음수준(TWA)

$$TWA = 16.61\log\left(\frac{D}{100}\right) + 90$$

$$TWA = 16.61\log\left(\frac{D}{12.5T}\right) + 90$$

$$\therefore TWA = 16.61\log\left(\frac{300}{12.5 \times 10}\right) + 90 = 96.3dB(A)$$

여기서,
TWA : 시간가중평균 소음수준$[dB(A)]$
D : 누적소음노출량$[\%]$
100 : 8시간 기준 노출시간/일
T : 작업시간$[hr]$

75
감압에 따른 인체의 기포 형성량을 좌우하는 요인과 가장 거리가 먼 것은?

① 감압속도
② 산소공급량
③ 조직에 용해된 가스량
④ 혈류를 변화시키는 상태

*감압 시 조직 내 질소 기포형성량 영향인자
① 감압속도
② 조직에 용해된 가스량
③ 혈류를 변화시키는 상태
④ 고기압의 노출정도

76

다음에서 설명하는 고열장해는?

> 이것은 작업환경에서 가장 흔히 발생하는 피부장해로서 땀띠(prickly heat)라고도 말하며, 땀에 젖은 피부 각질층이 떨어져 땀구멍을 막아 한선 내에 땀의 압력으로 염증성 반응을 일으켜 붉은 구진(papules) 형태로 나타난다.

① 열사병(heat stroke)
② 열 허탈(heat collapse)
③ 열 경련(heat cramps)
④ 열 발진(heat rashes)

*열발진(열성발진, Heat Rashes)
이것은 작업환경에서 가장 흔히 발생하는 피부장해로서 땀띠(prickly heat)라고도 말하며, 땀에 젖은 피부 각질층이 떨어져 땀구멍을 막아 한선 내에 땀의 압력으로 염증성 반응을 일으켜 붉은 구진(papules) 형태로 나타난다.

77

소음의 흡음 평가 시 적용되는 반향시간(reverberation time)에 관한 설명으로 옳은 것은?

① 반향시간은 실내공간의 크기에 비례한다.
② 실내 흡음량을 증가시키면 반향시간도 증가한다.
③ 반향시간은 음압수준이 $30dB$ 감소하는데 소요되는 시간이다.
④ 반향시간을 측정하려면 실내 배경소음이 $90dB$ 이상 되어야 한다.

*잔향시간(반향시간, T)
$$T = \frac{0.161V}{A} = \frac{0.161V}{\bar{a}S}$$

여기서,
T : 잔향시간[sec]
V : 실내 체적[m^3]
A : 실내면의 총 흡음력[m^2, sabin]
S : 실내면의 총 표면적[m^2]
$\bar{a}$: 실내 평균흡음률
∴ 반향시간은 실내공간의 크기에 비례한다.

78

1촉광의 광원으로부터 한 단위 입체각으로 나가는 광속의 단위를 무엇이라 하는가?

① 럭스(Lux)   ② 램버트(Lambert)
③ 캔들(Candle)   ④ 루멘(Lumen)

*루멘(Lumen, 광속)
1촉광의 광원으로부터 한 단위 입체각으로 나가는 광속의 단위

79

밀폐공간에서 산소결핍의 원인을 소모(consumption), 치환(displacement), 흡수(absorption)로 구분할 때 소모에 해당하지 않는 것은?

① 용접, 설단, 불 등에 의한 연소
② 금속의 산화, 녹 등의 화학반응
③ 제한된 공간 내에서 사람의 호흡
④ 질소, 아르곤, 헬륨 등의 불활성 가스 사용

질소, 아르곤, 헬륨 등의 불화성 가스 사용은 산소결핍의 원인이 아니다.

76.④ 77.① 78.④ 79.④

80

산업안전보건법령상 이상기압에 의한 건강장해의 예방에 있어 사용되는 용어의 정의로 옳지 않은 것은?

① 압력이란 절대압과 게이지압의 합을 말한다.
② 고압작업이란 고기압에서 잠함공법이나 그 외의 압기공법으로 하는 작업을 말한다.
③ 기압조절실이란 고압작업을 하는 근로자 또는 잠수작업을 하는 근로자가 가압 또는 감압을 받는 장소를 말한다.
④ 표면공급식 잠수작업이란 수면 위의 공기 압축기 또는 호흡용 기체통에서 압축된 호흡용 기체를 공급받으면서 하는 작업을 말한다.

＊압력
완전한 진공 상태를 압력 0으로하고, 이를 기준으로 측정한 값으로 일반적으로 압력은 절대 압력을 사용하며 이 절대압력은 게이지압력과 대기압의 합을 말한다.

2021 2회차
산업위생관리기사 필기 기출문제
제 5과목 : 산업독성학

81
건강영향에 따른 분진의 분류와 유발물질의 종류를 잘못 짝지은 것은?

① 유기성 분진 - 목분진, 면, 밀가루
② 알레르기성 분진 - 크롬산, 망간, 황
③ 진폐성 분진 - 규산, 석면, 활석, 흑연
④ 발암성 분진 - 석면, 니켈카보닐, 아민계 색소

*분진의 종류와 유발물질의 종류

분진의 종류	유발물질의 종류
진폐성 분진	규산, 석면, 활석, 흑연
불활성 분진	석탄, 시멘트, 탄화수소
발암성 분진	석면, 니켈카보닐, 아연계색소
알레르기성 분진	꽃가루, 털, 나뭇가루
유기성 분진	목분진, 면, 밀가루

82
다음 중 칼슘대사에 장해를 주어 신결석을 동반한 신증후군이 나타나고 다량의 칼슘배설이 일어나 뼈의 통증, 골연화증 및 골수공증과 같은 골격계 장해를 유발하는 중금속은?

① 망간
② 수은
③ 비소
④ 카드뮴

*카드뮴중독의 증세
① 급성중독
 ㉠ 폐렴, 간장해, 신장장해, 체중감소, 복통, 근육통, 치통 증상
 ㉡ 초기에 기침, 두통, 인두부 통증 현상이 나타나며 시간이 지날수록 폐수종, 호흡곤란 증상으로 사망에 이를 수 있다.

② 만성중독
 ㉠ 신장기능장해(단백뇨 다량 배설, 신석증 유발 등)
 ㉡ 골격계장해(골절, 골다골증, 골연화증 등)
 ㉢ 폐기능장해(폐기종, 만성폐기능장해 등)
 ㉣ 자각증상(기침, 체중감소, 식욕부진 등)
 ㉤ 칼슘대사장해 : 다량의 칼슘배설

83
폐에 침착된 먼지의 정화과정에 대한 설명으로 옳지 않은 것은?

① 어떤 먼지는 폐포벽을 통과하여 림프계나 다른 부위로 들어가기도 한다.
② 먼지는 세포가 방출하는 효소에 의해 용해되지 않으므로 점액층에 의한 방출 이외에는 체내에 축적된다.
③ 폐에 침착된 먼지는 식세포에 의하여 포위되어, 포위된 먼지의 일부는 미세 기관지로 운반되고 점액 섬모운동에 의하여 정화된다.
④ 폐에서 먼지를 포위하는 식세포는 수명이 다한 후 사멸하고 다시 새로운 식세포가 먼지를 포위하는 과정이 계속적으로 일어난다.

*인체 방어기전(제거기전)
① 점액 섬모운동
기초적인 방어기전이며 점액 섬모운동에 의한 배출 시스템으로 폐포로 이동하는 과정에서 이물질을 제거하는 과정이며, 기관지에서의 방어기전을 의미한다.

② 대식세포에 의한 정화(작용)
대식세포가 방출하는 효소에 의해 용해되어 이물질을 제거하는 과정이며, 폐포에 방어기전을 의미하고, 대식세포에 용해되지 않은 대표적 독성물질은 유리규산, 석면 등이 있다.

81.② 82.④ 83.②

84
카드뮴이 체내에 흡수되었을 경우 주로 축적되는 곳은?

① 뼈, 근육
② 뇌, 근육
③ 간, 신장
④ 혈액, 모발

*카드뮴 축적
간, 신장, 장관벽에 축적된다.

85
생물학적 모니터링(biological monitoring)에 관한 설명으로 옳지 않은 것은?

① 주목적은 근로자 채용 시기를 조정하기 위하여 실시한다.
② 건강에 영향을 미치는 바람직하지 않은 노출상태를 파악하는 것이다.
③ 최근의 노출량이나 과거로부터 축적된 노출량을 파악한다.
④ 건강상의 위험은 생물학적 검체에서 물질별 결정인자를 생물학적 노출지수와 비교하여 평가된다.

*생물학적 모니터링 정의와 목적
① 정의
근로자의 유해인자에 대한 노출정도를 소변, 호기, 혈액 중에서 그 물질이나 대사산물을 측정 함으로써 노출 정도를 추정하는 방법이며, 측정을 통해 노출의 정도나 건강위험을 평가한다.

② 목적
㉠ 유해물질에 노출된 근로자의 정보 자료의 노출 근거 자료로 활용
㉡ 개인보호구의 효율성, 기술적 대책, 관리 및 평가
㉢ 작업장 근로자 보호 전략 수립
㉣ 건강에 영향을 미치는 바람직하지 않은 노출 상태 파악
㉤ 건강상 위험은 생물학적 검체에서 물질별 결정인자를 생물학적 노출지수와 비교하여 평가

86
흡입분진의 종류에 따른 진폐증의 분류 중 유기성 분진에 의한 진폐증에 해당하는 것은?

① 규폐증
② 활석폐증
③ 연초폐증
④ 석면폐증

*분진 종류에 따른 진폐증 분류

무기성(광물성)분진에 의한 진폐증 (교원성 진폐증)	유기성 분진에 의한 진폐증 (비교원성 진폐증)
① 규폐증 ② 규조토폐증 ③ 탄소폐증 ④ 석면폐증 ⑤ 용접공폐증 ⑥ 탄광부 진폐증 ⑦ 베릴륨폐증 ⑧ 철폐증 ⑨ 활석폐증 ⑩ 흑연폐증 ⑪ 주석폐증 ⑫ 칼륨폐증 ⑬ 바륨폐증	① 농부폐증 ② 연초폐증 ③ 면폐증 ④ 설탕폐증 ⑤ 목재분진폐증 ⑥ 모발분진 폐증

87
다음 중 중추신경의 자극작용이 가장 강한 유기용제는?

① 아민
② 알코올
③ 알칸
④ 알데히드

*유기용제의 중추신경계 마취작용 순서

작용	순서
억제 작용 순서	알칸 < 알켄 < 알코올 < 유기산 < 에스테르 < 에테르 < 할로겐화합물
자극 작용 순서	알칸 < 알코올 < 알데히드 < 케톤 < 유기산 < 아민류

88

화학물질의 상호작용인 길항작용 중 독성물질의 생체과정인 흡수, 대사 등에 변화를 일으켜 독성이 감소되는 것을 무엇이라 하는가?

① 화학적 길항작용
② 배분적 길항작용
③ 수용체 길항작용
④ 기능적 길항작용

*길항작용의 종류

종류	설명
배분적 길항작용	물질의 흡수 및 대사 등에 변화를 일으켜 독성이 낮아진다.
화학적 길항작용	화학적인 상호반응에 의해 독성이 낮아진다.
기능적 길항작용	생체 내 서로 반대되는 기능을 가져 독성이 낮아진다.
수용적 길항작용	두 화학물질이 같은 수용체에 결합하여 독성이 낮아진다.

89

직업성 천식에 관한 설명으로 옳지 않은 것은?

① 작업 환경 중 천식을 유발하는 대표물질로 톨루엔 디이소시안산염(TDI), 무수 트리멜리트산(TMA)이 있다.
② 일단 질환에 이환하게 되면 작업 환경에서 추후 소량의 동일한 유발물질에 노출되더라도 지속적으로 증상이 발현된다.
③ 항원공여세포가 탐식되면 T림프구 중 I형 T림프구(type I killer T cell)가 특정 알레르기 항원을 인식한다.
④ 직업성 천식은 근무시간에 증상이 점점 심해지고, 휴일 같은 비근무시간에 증상이 완화되거나 없어지는 특징이 있다.

직업성 천식은 항원공여세포가 탐식되면 T림프구 중 I형 살 T림프구가 특정 알레르기 항원을 인식하지 못한다.

90

다음 중 납중독에서 나타날 수 있는 증상을 모두 나열한 것은?

> ㄱ. 빈혈
> ㄴ. 신장장해
> ㄷ. 중추 및 말초신경장해
> ㄹ. 소화기 장해

① ㄱ, ㄷ
② ㄴ, ㄹ
③ ㄱ, ㄴ, ㄷ
④ ㄱ, ㄴ, ㄷ, ㄹ

*납중독의 증세
① 소화기장해(위장계통의 장해)
② 중추신경장해(뇌중독 증상)
③ 신경·근육 계통의 장해
④ 기타 증상
 ㉠ 이미증(Pica) : 극소량의 농도에서 어린아이에게 학습장해 및 기능저하를 초래하며 1~5세 소아 환자에게 발생하기 쉽다.
 ㉡ 납빈혈 및 연산통
 ㉢ 만성신부전
 ㉣ 골수 침입 및 혈청 내 철 증가
 ㉤ 혈색소 양 저하, 망상적혈구수 증가
 ㉥ 적혈구 내 Protoporphyrin(프로토포르피린) 증가
 ㉦ 소변 중 Coprophyrin(코프로포르피린) 증가
 ㉧ 소변 중 δ-ALA 증가
 ㉨ 소변 중 δ-ALAD 활성치 감소

+신장장해

91

이황화탄소를 취급하는 근로자를 대상으로 생물학적 모니터링을 하는데 이용될 수 있는 생체 내 대사산물은?

① 소변 중 마뇨산
② 소변 중 메탄올
③ 소변 중 메틸마뇨산
④ 소변 중 TTCA(2-thiothiazolidine-4-carboxylic acid)

88.② 89.③ 90.④ 91.④

화학물질의 생물학적 노출지표물질

화학물질	대사산물(측정대상물질)
벤젠	뇨 중 t,t-뮤코닉산(뮤콘산) 뇨 중 S-페닐머캅토산 혈액 중 벤젠
톨루엔	뇨 중 o-크레졸 혈액 중 톨루엔
크실렌	뇨 중 메틸마뇨산
납	혈액 중 납 뇨 중 납 혈액 중 아연 프로토포르피린 뇨 중 델타아미노레불린산
일산화탄소	혈액 중 카복시헤모글로빈(COHb)
트리클로로 에틸렌	뇨 중 삼염화초산
에틸벤젠	뇨 중 만델산
노말헥산	뇨 중 2,5-헥산디온
클로로벤젠	뇨 중 총 4-클로로카테콜
페놀	뇨 중 페놀
디메틸포름 아미드	뇨 중 N-메틸포름아미드
이황화탄소	뇨 중 TTCA 뇨 중 이황화탄소
크롬	뇨 중 크롬
메틸 노말부틸 케톤	뇨 중 2,5-헥산디온
삼염화 에틸렌	뇨 중 삼염화초산 (트리클로로초산) 뇨 중 삼염화에탄올

단시간노출기준(STEL)
근로자가 1회에 15분간 유해인자에 노출되는 경우의 기준으로 이 기준 이하에서는 1회 노출 간격이 1시간 이상인 경우에 1일 작업시간 동안 4회까지 노출이 허용될 수 있는 기준을 말한다.

92

산업안전보건법령상 다음의 설명에서 ㉠~㉢에 해당하는 내용으로 옳은 것은?

> 단시간노출기준(STEL)이란 (㉠)분간의 시간 가중평균노출값으로서 노출농도가 시간가중평균노출기준(TWA)을 초과하고 단시간노출기준(STEL)이하인 경우에는 1회 노출 지속시간이 (㉡)분 미만이어야 하고, 이러한 상태가 1일 (㉢)회 이하로 발생하여야 하며, 각 노출의 간격은 60분 이상이어야 한다.

① ㉠:15, ㉡:20, ㉢:2
② ㉠:20, ㉡:15, ㉢:2
③ ㉠:15, ㉡:15, ㉢:4
④ ㉠:20, ㉡:20, ㉢:4

93

사염화탄소에 관한 설명으로 옳지 않은 것은?

① 생식기에 대한 독성작용이 특히 심하다.
② 고농도에 노출되면 중추신경계 장애 외에 간장과 신장장애를 유발한다.
③ 신장장애 증상으로 감뇨, 혈뇨 등이 발생하며, 완전 무뇨증이 되면 사망할 수도 있다.
④ 초기 증상으로는 지속적인 두통, 구역 또는 구토, 복부선통과 설사, 간압통 등이 나타난다.

＊사염화탄소(CCl₄)
① 피부를 통해 인체에 흡수된다.
② 고농도로 폭로되면 간이나 신장에 장해가 일어나 혈뇨, 단백뇨, 황달의 증상이 생긴다.
③ 간에 대한 독성작용이 심하여 중심소엽성 괴사를 일으킨다.
④ 가열하면 포스겐과 염산(염화수소)로 분해된다.
⑤ 탈지용 용매로 사용된다.
⑥ 두통, 구역 또는 구토, 복부선통과 설사, 간압통 등이 나타난다.

✔ 생식기에 대한 독성작용이 심한 것은 카드뮴이다.

94
단순 질식제에 해당되는 물질은?

① 아닐린　　　　② 황화수소
③ 이산화탄소　　④ 니트로벤젠

＊질식제
조직 내 산화작용을 방해하는 물질

질식제의 구분		
단순 질식제	생리적으로 아무 작용하지 않으나 공기 중에 많이 존재하여 산소분압을 감소시켜 조직에 필요한 산소의 공급부족을 유발한다.	
	① 이산화탄소(CO_2) ② 메탄(CH_4) ③ 질소(N_2) ④ 수소(H_2) ⑤ 에탄(C_2H_6) ⑥ 프로판(C_3H_8) ⑦ 에틸렌(C_2H_4) ⑧ 아세틸렌(C_2H_2) ⑨ 헬륨(He)	
화학적 질식제	산소운반 능력을 방해하거나 조직이 산소를 받아들이는 능력을 저하시켜 내질식을 일으킨다.	
	① 일산화탄소(CO) ② 황화수소(H_2S) ③ 시안화수소(HCN) ④ 아닐린($C_6H_5NH_2$) ⑤ 염소(Cl) ⑥ 포스겐($COCl_2$)	

95
상기도 점막 자극제로 볼 수 없는 것은?

① 포스겐　　　　② 크롬산
③ 암모니아　　　④ 염화수소

＊자극제
흡입하거나 피부, 눈과 접촉 시 자극을 유발하는 물질

호흡기 자극성 물질 구분	
상기도 점막 자극제	① 암모니아 ② 염산(염화수소) ③ 아황산가스 ④ 포름알데히드 ⑤ 아크로레인 ⑥ 아세트알데히드 ⑦ 산화에틸렌 ⑧ 불산 ⑨ 크롬산
상기도 점막 및 폐조직 자극제	① 불소 ② 브롬 ③ 오존 ④ 염소 ⑤ 요오드
종말 기관지 및 폐포적막 자극제	① 이산화질소 ② 포스겐 ③ 염화비소

96
적혈구의 산소운반 단백질을 무엇이라 하는가?

① 백혈구　　　　② 단구
③ 혈소판　　　　④ 헤모글로빈

＊헤모글로빈
적혈구에서 철이 포함된 산소를 운반하는 붉은색 단백질이다.

97

할로겐화탄화수소에 관한 설명으로 옳지 않은 것은?

① 대개 중추신경계의 억제에 의한 마취작용이 나타난다.
② 가연성과 폭발의 위험성이 높으므로 취급 시 주의하여야 한다.
③ 일반적으로 할로겐화탄화수소의 독성 정도는 화합물의 분자량이 커질수록 증가한다.
④ 일반적으로 할로겐화탄화수소의 독성 정도는 할로겐원소의 수가 커질수록 증가한다.

할로겐탄화수소는 불연성으로 폭발의 위험성이 낮다.

98

다음 표는 A작업장의 백혈병과 벤젠에 대한 코호트 연구를 수행한 결과이다. 이 때 벤젠의 백혈병에 대한 상대위험비는 약 얼마인가?

	백혈병 발생	백혈병 비발생	합계(명)
벤젠 노출군	5	14	19
벤젠 비노출군	2	25	27
합계	7	39	46

① 3.29
② 3.55
③ 4.64
④ 4.82

*상대위험도(비교위험도)

$$\text{상대위험도} = \frac{\text{노출군에서 질병발생률}}{\text{비노출군에서 질병발생률}} = \frac{\left(\frac{5}{19}\right)}{\left(\frac{2}{27}\right)} = 3.55$$

99

다음 중 중절모자를 만드는 사람들에게 처음으로 발견되어 hatter's shake라고 하며 근육경련을 유발하는 중금속은?

① 카드뮴
② 수은
③ 망간
④ 납

*수은(Hg)의 특징
① 상온에서 유일하게 액체상태로 존재하는 금속이다.
② 뇌산 수은(뇌홍)의 제조에 사용된다.
③ 온도계 제조, 농약 및 살충제 제조업, 치과용 아말감 산업, 페인트 제조업 등에 노출된다.
④ 연금술, 의약품 등에 가장 오래 사용해온 중금속 중 하나이며, 17세기 유럽에서 신사용 중절모자를 제작하는 데 사용하여 근육경련을 일으킨 사례가 있다.
⑤ 소화관으로는 2~7% 정도의 소량으로 흡수한다.
⑥ 금속 형태는 뇌, 혈액, 심근에 많이 분포한다.

100

유기용제별 중독의 대표적인 증상으로 올바르게 연결된 것은?

① 벤젠 - 간장해
② 크실렌 - 조혈장해
③ 염화탄화수소 - 시신경장해
④ 에틸렌글리콜에테르 - 생식기능장해

*유기용제별 특이증상
① 벤젠 - 조혈장애
② 염화탄화수소, 염화비닐 - 간장애
③ 메틸부틸케톤 - 말초신경장애
④ 이황화탄소 - 중추신경 및 말초신경장애, 생식기능장애
⑤ 메탄올(메틸알코올) - 시신경장애
⑥ 노말헥산 - 다발성 신경장애(앉은뱅이 증후군)
⑦ 톨루엔 - 중추신경장애
⑧ 에틸렌글리콜에테르 - 생식기장애
⑨ 알코올, 에테르류, 케톤류 - 마취작용
⑩ 트리클로로에틸렌 - 스티븐슨존슨 증후군
⑪ 석면 - 악성중피종, 석면폐증, 폐암
⑫ 크실렌 - 중추신경장애, 간장애, 생식기장애

2021 3회차 산업위생관리기사 필기 기출문제
제 1과목 : 산업위생학개론

01

화학물질 및 물리적 인자의 노출기준상 사람에게 충분한 발암성 증거가 있는 물질의 표기는?

① 1A
② 1B
③ 2C
④ 1D

*발암성 정보물질의 표기

표기	내용
1A	사람에게 충분한 발암성 증거가 있는 물질
1B	시험동물에서 발암성 증거가 충분히 있거나, 시험동물과 사람 모두에서 제한된 발암성 증거가 있는 물질
2	사람이나 동물에서 제한된 증거가 있지만, 구분1로 분류하기에는 증거가 불충분한 물질

02

미국산업안전보건연구원(NIOSH)에서 제시한 중량물의 들기작업에 관한 감시기준(Action Limit)과 최대허용기준(Maximum Permissible Limit)의 관계를 바르게 나타낸 것은?

① $MPL = 5AL$
② $MPL = 3AL$
③ $MPL = 10AL$
④ $MPL = \sqrt{2}\,AL$

*최대허용기준(MPL)

$MPL = 3AL$

여기서,
AL : 감시기준

03

산업안전보건법령상 작업환경측정에 관한 내용으로 옳지 않은 것은?

① 모든 측정은 지역 시료채취방법을 우선으로 실시하여야 한다.
② 작업환경측정을 실시하기 전에 예비조사를 실시하여야 한다.
③ 작업환경측정자는 그 사업장에 소속된 사람으로 산업위생관리산업기사 이상의 자격을 가진 사람이다.
④ 작업이 정상적으로 이루어져 작업시간과 유해인자에 대한 근로자의 노출 정도를 정확히 평가할 수 있을 때 실시하여야 한다.

작업환경 측정은 개인시료채취방법을 원칙으로 하며, 해당 채취방법이 곤란할 경우에는 지역시료채취방법을 실시할 수 있다.

04

근골격계질환 평가 방법 중 JSI(Job Strain Index)에 대한 설명으로 옳지 않은 것은?

① 특히 허리와 팔을 중심으로 이루어지는 작업 평가에 유용하게 사용된다.
② JSI 평가결과의 점수가 7점 이상은 위험한 작업이므로 즉시 작업개선이 필요한 작업으로 관리기준을 제시하게 된다.
③ 이 기법은 힘, 근육사용 기간, 작업 자세, 하루 작업시간 등 6개의 위험요소로 구성되어, 이를 곱한 값으로 상지질환의 위험성을 평가한다.

④ 이 평가방법은 손목의 특이적인 위험성만을 평가하고 있어 제한적인 작업에 대해서만 평가가 가능하고, 손, 손목 부위에서 중요한 진동에 대한 위험요인이 배제되었다는 단점이 있다.

> 주로 상지작업 특히 손과 손목을 중심으로 이루어지는 작업(전자 조립업, 세탁업 등)에 유용하게 적용되어 진다.

05

휘발성 유기화합물의 특징이 아닌 것은?

① 물질에 따라 인체에 발암성을 보이기도 한다.
② 대기 중에 반응하여 광화학 스모그를 유발한다.
③ 증기압이 낮아 대기 중으로 쉽게 증발하지 않고 실내에 장기간 머무른다.
④ 지표면 부근 오존 생성에 관여하여 결과적으로 지구온난화에 간접적으로 기여한다.

> 휘발성 유기화합물(VOCs)은 증기압이 높아 대기 중으로 쉽게 증발한다.

06

체중이 $60kg$인 사람이 1일 8시간 작업 시 안전흡수량이 $1mg/kg$인 물질의 체내 흡수를 안전흡수량 이하로 유지하려면 공기 중 유해물질 농도를 몇 mg/m^3 이하로 하여야 하는가?
(단, 작업 시 폐환기율은 $1.25m^3/hr$, 체내 잔류율은 1로 가정한다.)

① 0.06
② 0.6
③ 6
④ 60

> *체내흡수량(안전흡수량, 안전폭로량, SHD)
> $SHD = C \times T \times V \times R$
> $\therefore C = \dfrac{SHD}{T \times V \times R} = \dfrac{60kg \times 1mg/kg}{8hr \times 1.25m^3/hr \times 1.0} = 6mg/m^3$
>
> 여기서,
> C: 농도 $[mg/m^3]$
> T: 노출시간 $[hr]$
> V: 폐환기율, 호흡률 $[m^3/hr]$
> R: 체내잔류율(일반적으로 1.0)
> SHD: 체중당흡수량×체중 $[mg]$

07

업무상 사고나 업무상 질병을 유발할 수 있는 불안전한 행동의 직접원인에 해당되지 않는 것은?

① 지식의 부족
② 기능의 미숙
③ 태도의 불량
④ 의식의 우회

> 의식의 우회는 간접원인이다.

08

산업위생의 목적과 가장 거리가 먼 것은?

① 근로자의 건강을 유지시키고 작업능률을 향상시킴
② 근로자들의 육체적, 정신적, 사회적 건강을 증진시킴
③ 유해한 작업환경 및 조건으로 발생한 질병을 진단하고 치료함
④ 작업 환경 및 작업 조건이 최적화되도록 개선하여 질병을 예방함

> *산업위생의 목적
> ① 작업환경개선 및 직업병의 근원적 예방
> ② 최적의 작업환경·작업조건의 인간공학적 개선
> ③ 작업자의 건강보호 및 생산성(작업능률) 향상
> ④ 작업자들의 육체적·정신적·사회적 건강유지 및 증진
> ⑤ 산업재해의 예방 및 직업성 질환 유소견자의 작업전환

09

교대근무에 있어 야간작업의 생리적 현상으로 옳지 않은 것은?

① 체중의 감소가 발생한다.
② 체온이 주간보다 올라간다.
③ 주간 근무에 비하여 피로를 쉽게 느낀다.
④ 수면 부족 및 식사시간의 불규칙으로 위장 장애를 유발한다.

*야간작업의 생리적 현상
① 체중의 감소가 발생한다.
② 체온이 주간보다 내려간다.
③ 주간 근무에 비하여 피로를 쉽게 느낀다.
④ 수면 부족 및 식사시간의 불규칙으로 위장 장애를 유발한다.

10

미국에서 1910년 납(lead) 공장에 대한 조사를 시작으로 레이온 공장의 이황화탄소 중독, 구리 광산에서 규폐증, 수은 광산에서의 수은 중독 등을 조사하여 미국의 산업보건 분야에 크게 공헌한 선구자는?

① Leonard Hill
② Max Von Pettenkofer
③ Edward Chadwick
④ Alice Hamilton

*해밀턴(Alice Hamilton)
미국의 여의사로 현대적 의미의 최초 산업 위생전문가(혹은 최초 산업의학자)라고 하며 1910년 납공장을 시작으로 40여년간 각종 직업병을 발견하고 작업환경개선에 힘썼으며 하버드 대학 교수로 재직하였다. 그녀의 이름을 인용하여 미국 신시내티에 있는 NIOSH 연구소를 일명 이 사람 연구소라고도 한다.

11

산업안전보건법령상 작업환경측정 대상 유해인자(분진)에 해당하지 않는 것은?
(단, 그 밖에 고용노동부장관이 정하여 고시하는 인체에 해로운 유해인자는 제외한다.)

① 면 분진(Cotton dusts)
② 목재 분진(Wood dusts)
③ 지류 분진(Paper dusts)
④ 곡물 분진(Grain dusts)

*작업환경측정대상 유해인자 중 분진의 종류
① 곡물 분진
② 광물성 분진
③ 면 분진
④ 목재 분진
⑤ 용접 흄
⑥ 유리 섬유
⑦ 석면 분진

12

RMR이 10인 격심한 작업을 하는 근로자의 실동률(A)과 계속작업의 한계시간(B)으로 옳은 것은?
(단, 실동률은 사이또 오시마식을 적용한다.)

① A: 55%, B: 약 7분
② A: 45%, B: 약 5분
③ A: 35%, B: 약 3분
④ A: 25%, B: 약 1분

*실동률・계속작업 한계시간(CMT)
실동률 $= 85 - (5 \times RMR) = 85 - (5 \times 10) = 35\%$

$\log CMT = 3.724 - 3.25 \log RMR$
$= 3.724 - 3.25 \log 10 = 0.474$
$\therefore CMT = 10^{0.474} = 2.98 ≒ 3분$

09.② 10.④ 11.③ 12.③

13

다음 중 산업안전보건법령상 제조 등이 허가되는 유해물질에 해당하는 것은?

① 석면(Asbestos)
② 베릴륨(Beryllium)
③ 황린 성냥(Yellow phosphorus match)
④ β-나프틸아민과 그 염(β-Naphthylamine and its salts)

*제조 등 금지 대상 유해물질의 종류
① β-나프틸아민과 그 염
② 4-니트로디페닐과 그 염
③ 백연을 포함한 페인트
   (포함된 중량의 비율이 2% 이하인 것은 제외)
④ 벤젠을 포함하는 고무풀
   (포함된 중량의 비율이 5% 이하인 것은 제외)
⑤ 석면
⑥ 폴리클로리네이티드 터페닐
⑦ 황린 성냥
⑧ ①, ②, ⑤ 또는 ⑥에 해당하는 물질을 포함한 화합물
   (포함된 중량의 비율이 1% 이하인 것은 제외)
⑨ 그 밖에 보건상 해로운 물질로서 산업재해보상보험 및 예방심의위원회의 심의를 거쳐 고용노동부장관이 정하는 유해물질

14

직업병 진단 시 유해요인 노출 내용과 정도에 대한 평가 요소와 가장 거리가 먼 것은?

① 성별
② 노출의 추정
③ 작업환경측정
④ 생물학적 모니터링

성별은 직업병 진단 시 유해요인 노출 내용과 정도에 대한 평가 요소와 관련이 없다.

15

직업적성검사 중 생리적 기능검사에 해당하지 않는 것은?

① 체력검사
② 감각기능검사
③ 심폐기능검사
④ 지각동작검사

*적성검사 분류 및 특성

신체검사	생리학적 기능검사	심리학적 기능검사
- 체격검사	- 감각기능검사 - 심폐기능검사 - 체력검사	- 지능검사 - 지각동작검사 - 인성검사 - 기능검사

16

산업재해 통계 중 재해발생건수(100만 배)를 총 연인원의 근로시간수로 나누어 산정하는 것으로 재해발생의 정도를 표현하는 것은?

① 강도율
② 도수율
③ 발생율
④ 연천인율

*도수율
재해발생건수(100만 배)를 총 연인원의 근로시간 수로 나누어 산정하는 것으로 재해발생의 정도를 표현한 것

17

직업병 및 작업관련성 질환에 관한 설명으로 옳지 않은 것은?

① 작업관련성 질환은 작업에 의하여 악화되거나 작업과 관련하여 높은 발병률을 보이는 질병이다.
② 직업병은 일반적으로 단일요인에 의해, 작업관련성 질환은 다수의 원인 요인에 의해서 발병된다.

13.② 14.① 15.④ 16.② 17.③

③ 직업병은 직업에 의해 발생된 질병으로서 직업 환경 노출과 특정 질병 간에 인과관계는 불분명하다.
④ 작업관련성 질환은 작업환경과 업무수행상의 요인들이 다른 위험요인과 함께 질병발생의 복합적 병인 중 한 요인으로서 기여한다.

직업병은 직업에 의해 발생된 질병으로 직업적 노출과 특정 질병 간에 비교적 명확한 인과관계가 존재한다.

18

미국산업위생학술원(AAIH)이 채택한 윤리강령 중 사업주에 대한 책임에 해당되는 내용은?

① 일반 대중에 관한 사항은 정직하게 발표한다.
② 위험 요소와 예방 조치에 관하여 근로자와 상담한다.
③ 성실성과 학문적 실력 면에서 최고 수준을 유지한다.
④ 근로자의 건강에 대한 궁극적인 책임은 사업주에게 있음을 인식시킨다.

*산업위생전문가의 윤리강령(기업주와 고객에 대한 책임)
① 기업주와 고객보다는 근로자의 건강보호에 궁극적인 책임을 두어 행동한다.
② 쾌적한 작업환경을 조성하기 위하여 산업위생의 이론을 적용하고 책임 있게 행동한다.
③ 신뢰를 바탕으로 정직하게 권하고 성실한 자세로 충고하며 결과와 개선점 및 권고사항을 정확히 보고한다.
④ 결과 및 결론을 뒷받침할 수 있도록 정확한 기록을 유지하고, 산업위생사업을 전문가답게 전문 부서들을 운영·관리한다.

19

단기간의 휴식에 의하여 회복될 수 없는 병적상태를 일컫는 용어는?

① 곤비
② 과로
③ 국소피로
④ 전신피로

*피로의 종류(3단계)

종류	설명
1단계 보통피로	하룻밤 자고나면 다음날 완전히 회복
2단계 과로	다음날까지도 피로상태가 계속 유지
3단계 곤비	과로상태가 축적되어 단기간에 휴식을 취하여도 회복될 수 없는 병적인 상태이며 심하면 사망에 이름

20

사무실 공기관리 지침 상 오염물질과 관리기준이 잘못 연결된 것은?
(단, 관리기준은 8시간 시간가중평균농도이며, 고용노동부 고시를 따른다.)

① 총부유세균 - $800 CFU/m^3$
② 일산화탄소(CO) - $10 ppm$
③ 초미세먼지(PM2.5) - $50 \mu g/m^3$
④ 포름알데히드(HCHO) - $150 \mu g/m^3$

*사무실 오염물질의 관리기준

오염물질	관리기준
미세먼지(PM10)	$100 \mu g/m^3$ 이하
초미세먼지(PM2.5)	$50 \mu g/m^3$ 이하
이산화탄소(CO_2)	1000ppm 이하
일산화탄소(CO)	10ppm 이하
이산화질소(NO_2)	0.1ppm 이하
포름알데히드(HCHO)	$100 \mu g/m^3$ 이하
총휘발성 유기화합물(TVOC)	$500 \mu g/m^3$ 이하
라돈	$148 Bq/m^3$ 이하
총부유세균	$800 CFU/m^3$ 이하
곰팡이	$500 CFU/m^3$ 이하

2021 3회차

산업위생관리기사 필기 기출문제

제 2과목 : 작업위생측정 및 평가

21
금속탈지 공정에서 측정한 trichloroethylene의 농도(ppm)가 아래와 같을 때, 기하평균 농도(ppm)는?

> 101, 45, 51, 87, 36, 54, 40

① 49.7
② 54.7
③ 55.2
④ 57.2

*기하평균

$$GM = \sqrt[N]{X_1 \times X_2 \times \cdots \times X_n}$$
$$= \sqrt[7]{101 \times 45 \times 51 \times 87 \times 36 \times 54 \times 40} = 55.2 ppm$$

여기서,
X : 측정치
N : 측정치의 개수

22
공기 중 먼지를 채취하여 채취된 입자 크기의 중앙값(median)은 $1.12\mu m$이고 84%에 해당하는 크기가 $2.68\mu m$일 때, 기하표준편차 값은?
(단, 채취된 입경의 분포는 대수정규분포를 따른다.)

① 0.42
② 0.94
③ 2.25
④ 2.39

*기하표준편차(GSD)

$$GSD = \frac{84.1\%에 해당하는 값}{50\%에 해당하는 값} = \frac{50\%에 해당하는 값}{15.9\%에 해당하는 값}$$
$$= \frac{2.68}{1.12} = 2.39$$

23
입경이 $20\mu m$이고 입자비중이 1.5인 입자의 침강속도(cm/s)는?

① 1.8
② 2.4
③ 12.7
④ 36.2

*리프만(Lippman) 식에 의한 침강속도

ρ = 비중 × 물의 밀도(=1) = 1.5 × 1 = $1.5g/cm^3$
$\therefore V = 0.003\rho d^2 = 0.003 \times 1.5 \times 20^2 = 1.8 cm/sec$

여기서,
V : 침강속도[cm/sec]
ρ : 입자 밀도[g/cm^3]
d : 입자 직경[μm]

24
어느 작업장에서 시료채취기를 사용하여 분진 농도를 측정한 결과 시료채취 전/후 여과지의 무게가 각각 $32.4/44.7mg$일 때, 이 작업장의 분진 농도(mg/m^3)는?
(단, 시료채취를 위해 사용된 펌프의 유량은 $20L/\min$이고, 2시간 동안 시료를 채취하였다.)

① 5.1
② 6.2
③ 10.6
④ 12.3

*질량농도(mg/m^3)

$$mg/m^3 = \frac{(44.7 - 32.4)mg}{20L/\min \times 120\min \times \left(\frac{1m^3}{1000L}\right)} = 5.1 mg/m^3$$

*참고

- $1m^3 = 1000L$
- $2hr = 120\min$

21.③ 22.④ 23.① 24.①

25

근로자 개인의 청력 손실 여부를 알기 위해 사용하는 청력 측정용 기기는?

① Audiometer
② Noise dosimeter
③ Sound level meter
④ Impact sound level meter

*측정용 기기
① Audiometer
근로자 개인의 청력 손실 여부를 알기 위하여 사용하는 청력 측정용 기기
② Noise Dosimeter
근로자 개인의 노출량을 측정하는 기기

26

Fick법칙이 적용된 확산포집방법에 의하여 시료가 포집될 경우, 포집량에 영향을 주는 요인과 가장 거리가 먼 것은?

① 공기 중 포집대상물질 농도와 포집매체에 함유된 포집대상물질의 농도 차이
② 포집기의 표면이 공기에 노출된 시간
③ 대상물질과 확산매체와의 확산계수 차이
④ 포집기에서 오염물질이 포집되는 면적

대상물질과 확산매체와의 확산계수 차이는 포집량에 영향을 주는 요인과 무관하다.

27

옥내의 습구흑구온도지수(WBGT)를 산출하는 식은?

① WBGT(℃)=0.7×자연습구온도+0.3×흑구온도
② WBGT(℃)=0.4×자연습구온도+0.6×흑구온도
③ WBGT(℃)=0.7×자연습구온도+0.1×흑구온도 +0.2×건구온도
④ WBGT(℃)=0.7×자연습구온도+0.2×흑구온도 +0.1×건구온도

*습구흑구온도지수(WBGT)
① 태양광선이 내리쬐는 옥외 장소
$WBGT(℃) = 0.7×자연습구온도+0.2×흑구온도+0.1×건구온도$

② 태양광선이 내리쬐지 않는 옥내 또는 옥외 장소
$WBGT(℃) = 0.7×자연습구온도+0.3×흑구온도$

28

87℃와 동등한 온도는?
(단, 정수로 반올림한다.)

① $351K$ ② $189°F$
③ $700°R$ ④ $186K$

*온도 변환
$℃ = \frac{5}{9}(°F-32)$ $°F = \frac{9}{5}℃+32$ $K = ℃+273$

$\therefore 87℃ = \frac{9}{5}×87+32 = 189°F$
$\therefore 87℃ = 87+273 = 360K$

29

입자상 물질을 채취하는 방법 중 직경분립충돌기의 장점으로 틀린 것은?

① 호흡기에 부분별로 침착된 입자크기의 자료를 수집할 수 있다.
② 흡입성, 흉곽성, 호흡성 입자의 크기별 분포와 농도를 계산할 수 있다.
③ 시료 채취 준비에 시간이 적게 걸리며 비교적 채취가 용이하다.
④ 입자의 질량크기분포를 얻을 수 있다.

*직경분립 충돌기(=입경분립 충돌기, cascade impactor)
① 흡입성·흉곽성·호흡성 입자상 물질의 크기별로 측정하는 기구이다.
② 공기흐름이 층류일 때 입자가 관성력에 의하여 시료채취 표면에 충돌하여 채취하는 원리이다.
③ 장점
  ㉠ 입자의 질량 크기 분포를 얻을 수 있다.
  ㉡ 호흡기의 부분별로 침착된 입자 크기의 자료를 추정할 수 있다.
  ㉢ 흡입성·흉곽성·호흡성 입자 크기별로 분포 및 농도를 계산할 수 있다.
④ 단점
  ㉠ 시료채취가 까다롭다.
  ㉡ 비용이 많이 든다.
  ㉢ 채취 준비시간이 많이 든다.
  ㉣ 되튐으로 인한 시료의 손실이 일어나 과소분석 결과를 초래할 수 있어 유량을 2L/min 이하로 채취하여야 한다.

30

공기 중 유기용제 시료를 활성탄관으로 채취하였을 때 가장 적절한 탈착용매는?

① 황산
② 사염화탄소
③ 중크롬산칼륨
④ 이황화탄소

활성탄은 비극성물질의 탈착용매로 이황화탄소(CS_2)을 사용한다.

31

산업안전보건법령상 소음 측정방법에 관한 내용이다. (Ⓐ)안에 맞는 내용은?

소음이 1초 이상의 간격을 유지하면서 최대음압수준이 (Ⓐ)$dB(A)$이상의 소음인 경우에는 소음수준에 따른 1분 동안의 발생횟수를 측정할 것

① 110
② 120
③ 130
④ 140

소음이 1초 이상의 간격을 유지하면서 최대음압수준이 120dB(A)이상의 소음인 경우에는 소음수준에 따른 1분 동안의 발생횟수를 측정할 것

32

산업안전보건법령상 단위작업장소에서 작업근로자수가 17명일 때, 측정해야 할 근로자수는?
(단, 시료채취는 개인 시료채취로 한다.)

① 1
② 2
③ 3
④ 4

*시료채취 근로자수
단위작업 장소에서 최고 노출근로자 2명 이상에 대하여 동시에 개인 시료채취 방법으로 측정하되, 단위작업 장소에 근로자가 1명인 경우에는 그러하지 아니하며, 동일 작업근로자수가 10명을 초과하는 경우에는 매 5명당 1명 이상 추가하여 측정하여야 한다. 다만, 동일 작업 근로자수가 100명을 초과하는 경우에는 최대 시료채취 근로자수를 20명으로 조정할 수 있다.

17명이므로 시료채취 근로자수는 4명이다.

33

실리카겔과 친화력이 가장 큰 물질은?

① 알데하이드류
② 올레핀류
③ 파라핀류
④ 에스테르류

*실리카겔의 친화력(극성이 강한 순서)
물 > 알코올류 > 알데하이드류 > 케톤류 > 에스테르류 > 방향족 탄화수소류 > 올레핀류 > 파라핀류

30.④ 31.② 32.④ 33.①

34

시료채취방법 중 유해물질에 따른 흡착제의 연결이 적절하지 않은 것은?

① 방향족 유기용제류 - Charcoal tube
② 방향족 아민류 - Silicagel tube
③ 니트로벤젠 - Silicagel tube
④ 알코올류 - Amberlite(XAD-2)

알코올류 - Charcoal tube(활성탄관)

35

직독식 기구에 대한 설명과 가장 거리가 먼 것은?

① 측정과 작동이 간편하여 인력과 분석비를 절감할 수 있다.
② 연속적인 시료채취전략으로 작업시간 동안 하나의 완전한 시료채취에 해당된다.
③ 현장에서 실제 작업시간이나 어떤 순간에서 유해인자의 수준과 변화를 쉽게 알 수 있다.
④ 현장에서 즉각적인 자료가 요구될 때 민감성과 특이성이 있는 경우 매우 유용하게 사용될 수 있다.

직독식 기구는 채취와 분석이 짧은 시간에 이루어져 작업장의 순간농도를 측정하는 방식이다.

36

측정값이 1, 7, 5, 3, 9일 때, 변이계수(%)는?

① 183
② 133
③ 63
④ 13

*변이계수(CV)

$$\overline{X} = \frac{1+7+5+3+9}{5} = 5$$

$$SD = \sqrt{\frac{\sum_{i=1}^{N}(X_i - \overline{X})^2}{N-1}}$$

$$= \sqrt{\frac{(1-5)^2 + (7-5)^2 + (5-5)^2 + (3-5)^2 + (9-5)^2}{5-1}}$$

$$= 3.16$$

여기서,
X_i : 측정치
$\overline{X}$: 측정치의 산술평균값
N : 측정치의 개수

$$\therefore CV = \frac{표준편차}{평균치(산술평균)} \times 100 = \frac{3.16}{5} \times 100 = 63\%$$

37

어느 작업장에서 작동하는 기계 각각의 소음 측정 결과가 아래와 같을 때, 총 음압수준(dB)은? (단, A, B, C기계는 동시에 작동된다.)

A기계: $93dB$, B기계: $89dB$, C기계: $88dB$

① 91.5
② 92.7
③ 95.3
④ 96.8

*합성소음도(L)

$$L = 10\log\left(10^{\frac{L_1}{10}} + 10^{\frac{L_2}{10}} + \cdots + 10^{\frac{L_n}{10}}\right)$$

$$= 10\log\left(10^{\frac{93}{10}} + 10^{\frac{89}{10}} + 10^{\frac{88}{10}}\right) = 95.3dB$$

L : 합성소음도[dB]
$L_1, L_2, \cdots L_n$ = 각 소음원의 소음[dB]

38

검지관의 장·단점에 관한 내용으로 옳지 않은 것은?

① 사용이 간편하고, 복잡한 분석실 분석이 필요 없다.
② 산소결핍이나 폭발성 가스로 인한 위험이 있는 경우에도 사용이 가능하다.
③ 민감도 및 특이도가 낮고 색변화가 선명하지 않아 판독자에 따라 변이가 심하다.
④ 측정대상물질의 동정이 미리 되어 있지 않아도 측정을 용이하게 할 수 있다.

*검지관 장단점

장점	① 사용이 간편하다. ② 반응시간이 빨라서 빠른 시간에 측정 결과를 알 수 있다. ③ 숙련된 전문가가 아니어도 어느 정도 숙지되면 사용이 가능하다. ④ 맨홀 등 밀폐공간에서 산소가 부족하거나 폭발성 가스로 인해 안전이 문제가 될 때 유용하게 사용이 가능하다.
단점	① 민감도가 낮으며 비교적 고농도에 적용이 가능하다. ② 특이도가 낮다. ③ 단시간 측정만 가능하다. ④ 미리 측정 대상물질이 동정이 되어 있어야 측정이 가능하다. ⑤ 색이 시간에 따라 변화하므로 제조자가 정한 시간에 읽어야 한다. ⑥ 한 검지관으로 단일 물질만 측정할 수 있어 각 오염물질에 맞는 검지관을 선정하여야 한다. ⑦ 색변화가 선명하지 않아 주관적으로 읽을 수 있어 판독자에 따라 변이가 심하다.

39

어떤 작업장의 8시간 작업 중 연속음 소음 100 $dB(A)$가 1시간, $95dB(A)$가 2시간 발생하고 그 외 5시간은 기준 이하의 소음이 발생되었을 때, 이 작업장의 누적소음도에 대한 노출기준 평가로 옳은 것은?

① 0.75로 기준 이하였다.
② 1.0으로 기준과 같았다.
③ 1.25로 기준을 초과하였다.
④ 1.50으로 기준을 초과하였다.

*소음작업
1일 8시간 작업을 기준하여 85dB 이상의 소음이 발생하는 작업
① 강렬한 소음작업

데시벨(이상)	발생시간(1일 기준)
90dB	8시간 이상
95dB	4시간 이상
100dB	2시간 이상
105dB	1시간 이상
110dB	30분 이상
115dB	15분 이상

② 충격 소음작업

데시벨(이상)	발생시간(1일 기준)
120dB	10000회 이상
130dB	1000회 이상
140dB	100회 이상

*노출기준(EI)

$$EI = \frac{C_1}{T_1} + \frac{C_2}{T_2} + \cdots + \frac{C_n}{T_n} = \frac{1}{2} + \frac{2}{4} = 1$$

$EI=1$이므로, ∴기준과 같다.

여기서,
C: 소음 각각의 측정치
T: 소음 각각의 노출기준

$EI > 1$: 허용기준을 초과
$EI < 1$: 허용기준을 초과하지 않음

40

유해인자에 대한 노출평가방법인 위해도평가(Risk assessment)를 설명한 것으로 가장 거리가 먼 것은?

① 위험이 가장 큰 유해인자를 결정하는 것이다.
② 유해인자가 본래 가지고 있는 위해성과 노출요인에 의해 결정된다.
③ 모든 유해인자 및 작업자, 공정을 대상으로 동일한 비중을 두면서 관리하기 위한 방안이다.
④ 노출량이 높고 건강상의 영향이 큰 유해인자인 경우 관리해야 할 우선순위도 높게 된다.

위해도평가는 화학물질이 유해인자인 경우 화학물질의 위해성, 공기 중 확산 가능성, 노출근로자 수, 사용시간의 우선순위를 결정하여 중요한 순서 먼저 관리하기 위한 방안이다.

2021 3회차 산업위생관리기사 필기 기출문제
제 3과목 : 작업환경관리대책

41
호흡기 보호구에 대한 설명으로 옳지 않은 것은?

① 호흡기 보호구를 선정할 때는 기대되는 공기중의 농도를 노출기준으로 나눈 값을 위해비(HR)라 하는데, 위해비보다 할당보호계수(APF)가 작은 것을 선택한다.
② 할당보호계수(APF)가 100인 보호구를 착용하고 작업장에 들어가면 외부 유해물질로부터 적어도 100배 만큼의 보호를 받을 수 있다는 의미이다.
③ 보호구를 착용함으로써 유해물질로부터 얼마만큼 보호해주는지 나타내는 것은 보호계수(PF)이다.
④ 보호계수(PF)는 보호구 밖의 농도(C_o)와 안의 농도(C_i)의 비(C_o/C_i)로 표현할 수 있다.

*할당보호계수(APF)

$$APF \geq \frac{C_{air}}{PEL} = HR$$

여기서,
APF : 할당보호계수
C_{air} : 기대되는 공기 중 농도
PEL : 노출기준
HR : 위해비

✔호흡용 보호구 선정 시 HR보다 APF가 큰 것을 선택 해야 한다.

42
흡입관의 정압 및 속도압은 $-30.5 mmH_2O$, $7.2 mmH_2O$이고, 배출관의 정압 및 속도압은 $20.0 mmH_2O$, $15 mmH_2O$일 때, 송풍기의 유효전압(mmH_2O)은?

① 58.3
② 64.2
③ 72.3
④ 81.1

*송풍기 전압(FTP)
$$\begin{aligned}FTP &= TP_{out} - TP_{in} \\ &= (SP_{out} + VP_{out}) - (SP_{in} + VP_{in}) \\ &= (20+15) - (-30.5+7.2) = 58.3 mmH_2O\end{aligned}$$

여기서,
TP_{out} : 배출구 전압$[mmH_2O]$
TP_{in} : 흡입구 전압$[mmH_2O]$
SP_{out} : 배출구 정압$[mmH_2O]$
VP_{out} : 배출구 속도압$[mmH_2O]$

43
환기시설 내 기류가 기본적 유체역학적 원리에 의하여 지배되기 위한 전제 조건에 관한 내용으로 틀린 것은?

① 환기시설 내외의 열교환은 무시한다.
② 공기의 압축이나 팽창을 무시한다.
③ 공기는 포화 수증기 상태로 가정한다.
④ 대부분의 환기시설에서는 공기 중에 포함된 유해물질의 무게와 용량을 무시한다.

41.① 42.① 43.③

*유체의 역학적 원리의 전제조건
① 건조공기
② 공기의 비압축성
③ 환기시설 내외의 열교환 무시
④ 환기시설 공기 속 오염물질 질량 및 부피 무시
⑤ 공기는 상대습도 기준

44
전기도금 공정에 가장 적합한 후드 형태는?

① 캐노피 후드　　② 슬롯 후드
③ 포위식 후드　　④ 종형 후드

*후드의 형식과 적용작업

식	형	적용작업의 예
포위식	- 포위형 - 장갑부착 상자형	- 분쇄, 공작기계, 마무리작업, 체분저조 - 농약 등 유독성물질 또는 독성가스 취급
부스식	- 드래프트 챔버형 - 건축부스형	- 연마, 연삭, 동위원소 취급, 화학분석 및 실험, 포장 - 산 세척, 분무도장
외부식	- 슬롯형 - 루바형 - 그리드형 - 원형 또는 장방형	- 도금, 주조, 용해, 분무도장, 마무리작업 - 주물의 모래털기 작업 - 도장, 분쇄, 주형 해체 - 용해, 분쇄, 용접, 체분, 목공기계
레시버식	- 캐노피형 - 포위형 - 원형 또는 장방형	- 가열로, 용융, 단조, 소입 - 연삭, 연마 - 가열로, 용융, 탁상 그라인더

슬롯형 후드의 적용작업은 도금(전기도금), 주조, 용해, 분무도장, 마무리작업 등이다.

45
보호구의 재질에 따른 효과적 보호가 가능한 화학물질을 잘못 짝지은 것은?

① 가죽 - 알코올　　② 천연고무 - 물
③ 면 - 고체상 물질　④ 부틸고무 - 알코올

*보호구 재질에 따른 적용물질

보호구 재질	적용물질
Neoprene 고무	비극성용제, 산, 부식성물질
Vitron	비극성용제
Nitrile	비극성용제
Butyl 고무	극성용제
천연고무(Latex)	극성용제, 수용성 용액
가죽	찰과상 예방 (용제에 사용 불가능)
면	고체상물질 (용제에 사용 불가능)
Polyvinyl Chloride(PVC)	수용성 용액
Ethylene Vinyl Alcohol	화학물질 취급 작업

46
슬롯(Slot) 후드의 종류 중 전원주형의 배기량은 1/4원주형 대비 약 몇 배인가?

① 2배　　② 3배
③ 4배　　④ 5배

*슬롯 후드의 형상계수

조건	형상계수
전원주 (플랜지 미부착)	5.0 (ACGIH 기준 : 3.7)
3/4 원주	4.1
1/2 원주 (플랜지 부착)	2.8 (ACGIH 기준 : 2.6)
1/4 원주	1.6

$$\frac{전원주\ 형상계수}{1/4원주\ 형상계수} = \frac{5.0}{1.6} = 3.13 ≒ 3배$$

47
터보(Turbo) 송풍기에 관한 설명으로 틀린 것은?

① 후향날개형 송풍기라고도 한다.
② 송풍기의 깃이 회전방향 반대편으로 경사지게 설계되어 있다.
③ 고농도 분진함유 공기를 이송시킬 경우, 집진기 후단에 설치하여 사용해야 한다.
④ 방사날개형이나 전향날개형 송풍기에 비해 효율이 떨어진다.

터보형(후향 날개형, 한계부하형) 송풍기
① 송풍기의 날이 회전방향에 반대되는 쪽으로 기울어진 모양이다.
② 송풍량이 증가하여도 동력이 증가하지 않는다.
③ 압력 변동이 있어도 풍량의 변화가 비교적 적다.
④ 하향구배 특성으로 풍압이 바뀌어도 풍량의 변화가 적다.
⑤ 소음이 크며, 구조가 가장 크다.
⑥ 고농도 분진 함유 공기를 이송시킬 경우 깃 뒷면에 분진이 퇴적하여 효율이 떨어진다.
⑦ 장소의 제약을 받지 않으며 송풍기 중 효율이 가장 좋은 편이다.
⑧ 송풍기를 병렬로 배치해도 풍량에 지장이 없다.

확대관 압력손실(△P)

$$SP_2 - SP_1 = R(VP_1 - VP_2)$$
$$VP_1 - VP_2 = \frac{SP_2 - SP_1}{R} = \frac{7.2}{0.72} = 10 mmH_2O$$
$$\therefore \triangle P = \xi \times (VP_1 - VP_2) = (1-R)(VP_1 - VP_2)$$
$$= (1-0.72) \times 10 = 2.8 mmH_2O$$

여기서,
$\triangle P$: 압력손실$[mmH_2O]$
SP_1 : 확대 전 정압$[mmH_2O]$
SP_2 : 확대 후 정압$[mmH_2O]$
VP_1 : 확대 전 속도압$[mmH_2O]$
VP_2 : 확대 후 속도압$[mmH_2O]$
ξ : 압력손실계수$(\xi = 1-R)$
R : 정압회복계수

48

밀도가 $1.225 kg/m^3$인 공기가 $20 m/s$의 속도로 덕트를 통과하고 있을 때 동압(mmH_2O)은?

① 15　　② 20
③ 25　　④ 30

동압(속도압, VP)

$$VP = \frac{\gamma V^2}{2g} = \frac{1.255 \times 20^2}{2 \times 9.8} = 25 mmH_2O$$

여기서,
VP : 동압$[mmH_2O]$
V : 속도$[m/sec]$
γ : 공기의 비중량$[kg_f/m^3]$
g : 중력가속도$[9.8 m/s^2]$

49

정압회복계수가 0.72이고 정압회복량이 $7.2 mmH_2O$인 원형 확대관의 압력손실(mmH_2O)은?

① 4.2　　② 3.6
③ 2.8　　④ 1.3

50

유기용제 취급 공정의 작업환경관리대책으로 가장 거리가 먼 것은?

① 근로자에 대한 정신건강관리 프로그램 운영
② 유기용제의 대체사용과 작업공정 배치
③ 유기용제 발산원의 밀폐등 조치
④ 국소배기장치의 설치 및 관리

근로자에 대한 정신건강관리 프로그램 운영은 작업환경관리와 무관하고 건강관리에 해당한다.

51

송풍기의 풍량조절기법 중에서 풍량(Q)을 가장 크게 조절할 수 있는 것은?

① 회전수 조절법　　② 안내익 조절법
③ 댐퍼부착 조절법　　④ 흡입압력 조절법

48.③ 49.③ 50.① 51.①

*송풍기 풍량 조절법

조절법	설명
회전수 조절법	풍량을 크게 바꾸려 할 때 가장 적절한 방법
안내익 조절법	송풍기 흡입구에 방사상 블레이드를 부착하여 그 각도를 변경하여 풍량을 조절하는 방법
댐퍼 부착법	배관 내 댐퍼를 설치하여 송풍량을 조절하기 가장 쉬운 방법

52

회전차 외경이 $600mm$인 원심 송풍기의 풍량은 $200m^3/\min$이다. 회전차 외경이 $1200mm$인 동류(상사구조)의 송풍기가 동일한 회전수로 운전된다면 이 송풍기의 풍량($m^3/\min$)은?
(단, 두 경우 모두 표준공기를 취급한다.)

① 1000　　② 1200
③ 1400　　④ 1600

*송풍기 상사법칙

종류	회전수(N)	직경(D)
풍량(Q)	$\dfrac{Q_2}{Q_1}=\dfrac{N_2}{N_1}$	$\dfrac{Q_2}{Q_1}=\left(\dfrac{D_2}{D_1}\right)^3$
풍압(P)	$\dfrac{P_2}{P_1}=\left(\dfrac{N_2}{N_1}\right)^2$	$\dfrac{P_2}{P_1}=\left(\dfrac{D_2}{D_1}\right)^2$
동력[H]	$\dfrac{H_2}{H_1}=\left(\dfrac{N_2}{N_1}\right)^3$	$\dfrac{H_2}{H_1}=\left(\dfrac{D_2}{D_1}\right)^5$

$$\dfrac{P_2}{P_1}\propto\dfrac{H_2}{H_1}\propto\dfrac{\rho_2}{\rho_1}\propto\dfrac{T_1}{T_2}$$

여기서,
Q_1 : 변경 전 풍량[$m^3/\min$]
Q_2 : 변경 후 풍량[$m^3/\min$]
N_1 : 변경 전 회전수[rpm]
N_2 : 변경 후 회전수[rpm]
P_1 : 변경 전 풍압[mmH_2O]
P_2 : 변경 후 풍압[mmH_2O]
D_1 : 변경 전 회전차 직경[m]
D_2 : 변경 후 회전차 직경[m]
H_1 : 변경 전 동력[kW]
H_2 : 변경 후 동력[kW]
ρ_1, ρ_2 : 변경 전·후 비중
T_1, T_2 : 변경 전·후 절대온도[K]

$\dfrac{Q_2}{Q_1}=\left(\dfrac{D_2}{D_1}\right)^3$ 에서,

$\therefore Q_2=Q_1\left(\dfrac{D_2}{D_1}\right)^3=200\times\left(\dfrac{1200}{600}\right)^3=1600m^3/\min$

53

송풍기 축의 회전수를 측정하기 위한 측정기구는?

① 열선풍속계(Hot wire anemometer)
② 타코미터(Tachometer)
③ 마노미터(Manometer)
④ 피토관(Pitot tube)

*타코미터(회전속도계)
엔진 축의 회전수(회전속도)를 지시하는 측정기

54

20℃, 1기압에서 공기유속은 $5m/s$, 원형덕트의 단면적은 $1.13m^2$일 때, Reynolds 수는?
(단, 공기의 점성계수는 $1.8\times10^{-5}kg/s\cdot m$이고, 공기의 밀도는 $1.2kg/m^3$이다.)

① 4.0×10^5　　② 3.0×10^5
③ 2.0×10^5　　④ 1.0×10^5

*레이놀즈 수
$A=\dfrac{\pi D^2}{4}\Rightarrow\therefore D=\sqrt{\dfrac{4A}{\pi}}=\sqrt{\dfrac{4\times1.13}{\pi}}=1.2m$

$\therefore Re=\dfrac{\rho VD}{\mu}=\dfrac{1.2\times5\times1.2}{1.8\times10^{-5}}=400000=4.0\times10^5$

여기서,
Re : 레이놀즈 수
ρ : 유체 밀도[kg/m^3]
V : 유속[m/s]
D : 직경[m]
μ : 점성계수[$kg/m\cdot s$]

55

유해물질별 송풍관의 적정 반송속도로 옳지 않은 것은?

① 가스상 물질: 10m/s
② 무거운 물질: 25m/s
③ 일반 공업물질: 20m/s
④ 가벼운 건조 물질: 30m/s

*조건에 따른 반송속도

유해물질 발생형태	유해물질 종류	반송속도 [m/sec]
가스, 증기, 흄 및 극히 가벼운 물질	가스, 증기, 솜먼지, 고무분, 합성수지분, 산화아연 및 산화알루미늄 등의 흄 등	10
가벼운 건조먼지	곡물분, 고무, 원면, 플라스틱, 경금속 분진, 대패 밥	15
일반 공업먼지	털, 샌드블라스트, 대패 및 나무부스러기, 그라인더 분진, 내화벽돌 분진	20
무거운 먼지	납 분진, 주물사 먼지, 선반작업 발생먼지	25
무겁고 비교적 큰 입자의 젖은 먼지	젖은 주조작업 먼지, 젖은 납 분진	25 이상

56

신체 보호구에 대한 설명으로 틀린 것은?

① 정전복은 마찰에 의하여 발생되는 정전기의 대전을 방지하기 위하여 사용된다.
② 방열의에는 석면제나 섬유에 알루미늄 등을 중착한 알루미나이즈 방열의가 사용된다.
③ 위생복(보호의)에서 방한복, 방한화, 방한모는 -18℃ 이하인 급냉동 창고 하역작업 등에 이용된다.
④ 안면 보호구에는 일반 보호면, 용접면, 안전모, 방진 마스크 등이 있다.

안면 보호구에는 보안경, 보안면 등이 있다.

57

국소환기시설 설계에 있어 정압조절평형법의 장점으로 틀린 것은?

① 예기치 않은 침식 및 부식이나 퇴적문제가 일어나지 않는다.
② 설치된 시설의 개조가 용이하여 장치변경이나 확장에 대한 유연성이 크다.
③ 설계가 정확할 때에는 가장 효율적인 시설이 된다.
④ 설계 시 잘못 설계된 분지관 또는 저항이 제일 큰 분지관을 쉽게 발견할 수 있다.

*정압조절평형법(정압균형유지법, 유속조절평형법)의 장단점

장점	① 설계가 정확할 때 가장 효율적인 시설이 된다. ② 유속의 범위가 적절하면 덕트의 폐쇄가 일어나지 않는다. ③ 잘못 설계된 분지관, 최대저항 경로선정이 잘못되어도 설계 시 쉽게 발견할 수 있다. ④ 침식·부식·분진퇴적으로 인한 축적현상이 없어 덕트의 폐쇄가 일어나지 않는다.
단점	① 설계가 복잡하고 시간이 오래걸린다. ② 시설 설치 후 잘못된 유량을 고치기 어렵다. ③ 효율 개선 시 전체적으로 수정하여야 한다. ④ 설계유량 산정을 잘못할 경우 수정은 덕트 크기 변경을 필요로 한다. ⑤ 때에 따라 전체 필요한 최소유량보다 더욱 초과될 수 있다.

58

전체 환기의 목적에 해당되지 않는 것은?

① 발생된 유해물질을 완전히 제거하여 건강을 유지·증진한다.
② 유해물질의 농도를 희석시켜 건강을 유지·증진한다.
③ 실내의 온도와 습도를 조절한다.
④ 화재나 폭발을 예방한다.

*전체환기의 목적
① 유해물질의 농도를 감소시켜 건강을 유지·증진한다.
② 화재나 폭발을 예방한다.
③ 실내의 온도와 습도를 조절한다.

59
심한 난류상태의 덕트 내에서 마찰계수를 결정하는데 가장 큰 영향을 미치는 요소는?

① 덕트의 직경
② 공기점도와 밀도
③ 덕트의 표면조도
④ 레이놀즈수

*달시마찰계수(λ)
레이놀즈수(Re)와 상대조도$\left(=\dfrac{\text{덕트의 표면조도}}{\text{덕트의 직경}}\right)$의 함수이다.

60
호흡용 보호구 중 방독/방진 마스크에 대한 설명 중 옳지 않은 것은?

① 방진 마스크의 흡기저항과 배기저항은 모두 낮은 것이 좋다.
② 방진 마스크의 포집효율과 흡기저항 상승률은 모두 높은 것이 좋다.
③ 방독 마스크는 사용 중에 조금이라도 가스 냄새가 나는 경우 새로운 정화통으로 교체하여야 한다.
④ 방독 마스크의 흡수제는 활성탄, 실리카겔, sodalime 등이 사용된다.

방진 마스크의 포집효율과 흡기저항 상승률은 모두 낮은 것이 좋다.

2021 3회차
산업위생관리기사 필기 기출문제
제 4과목 : 물리적유해인자관리

61
다음 파장 중 살균 작용이 가장 강한 자외선의 파장범위는?

① 220 ~ 234nm
② 254 ~ 280nm
③ 290 ~ 315nm
④ 325 ~ 400nm

*자외선의 생물학적 작용

분류	생물학적 작용
피부 장해	– 피부암 발생 • 280~315nm의 파장에서 피부암이 발생할 수 있다. • 옥외 작업을 하면서 콜타르의 유도체, 벤조피렌, 안트라센 화합물과 상호작용하여 피부암을 유발시킨다. – 피부의 비후 : 자외선에 의해 진피 두께가 두꺼워진다. – 피부홍반 형성 및 색소 침착 : 200~290nm에서 홍반작용이 강하게 발생한다.
눈 장해	– 240~310nm 파장에서 백내장 및 결막염을 일으킨다. – 급성각막염 발생 : 자외선 살균취급자, 전기용접자 등에서 자외선에 의한 전광성 안염(전기성 안염)이 발생한다.
비타민 D 생성	– 280~320nm의 파장에서 비타민 D가 생성된다.
살균 작용	– 254~280nm의 파장에서 강한 살균작용을 한다. – 254nm 파장 부근에서 살균작용이 가장 강하다.
전신 건강 장해	– 적혈구, 백혈구, 혈소판이 증가한다. – 2차적 증상으로 두통, 피로, 불면, 흥분, 체온 상승이 나타난다.

62
산업안전보건법령상 고온의 노출기준 중 중등작업의 계속작업 시 노출기준은 몇 ℃($WBGT$)인가?

① 26.7
② 28.3
③ 29.7
④ 31.4

*고온의 노출기준(ACGIH)   단위 : ℃, WBGT

작업강도 작업 휴식시간비	경작업	중등작업	중작업
계속작업	30.0	26.7	25.0
매시간 75% 작업, 25% 휴식	30.6	28.0	25.9
매시간 50% 작업, 50% 휴식	31.4	29.4	27.9
매시간 25% 작업, 75% 휴식	32.2	31.1	30.0

① 경작업
200kcal까지의 열량이 소요되는 작업을 말하며, 앉아서 또는 서서 기계의 조정을 하기 위하여 손 또는 팔을 가볍게 쓰는 일 등을 뜻함
② 중등작업
시간당 200~350kcal의 열량이 소요되는 작업을 말하며, 물체를 들거나 털면서 걸어다니는 일 등을 뜻함
③ 중작업
시간당 350~500kcal의 열량이 소요되는 작업을 말하며, 곡괭이질 또는 삽질하는 일 등을 뜻함

63
다음 중 레이노 현상(Raynaud's phenomenon)의 주요 원인으로 옳은 것은?

① 국소진동
② 전신진동
③ 고온환경
④ 다습환경

*레이노드 증상(Raynaud)
한랭환경에서 국소진동에 노출되면 발생하는 현상으로 손과 발가락의 감각마비 증상이 나타난다. 청색증이라고도 명칭을 불리우며, 심하면 극심한 통증이 발생한다. 주로 진동공구, 착암기, 해머 등 공구를 장기간 사용한 근로자에게 발생한다.

61.② 62.① 63.①

64

전기성 안염(전광선 안염)과 가장 관련이 깊은 비전리 방사선은?

① 자외선
② 적외선
③ 가시광선
④ 마이크로파

*자외선의 생물학적 작용

분류	생물학적 작용
피부 장해	- 피부암 발생 • 280~315nm의 파장에서 피부암이 발생할 수 있다. • 옥외 작업을 하면서 콜타르의 유도체, 벤조피렌, 안트라센 화합물과 상호작용하여 피부암을 유발시킨다. - 피부의 비후 : 자외선에 의해 진피 두께가 두꺼워진다. - 피부홍반 형성 및 색소 침착 : 200~290nm에서 홍반작용이 강하게 발생한다.
눈 장해	- 240~310nm 파장에서 백내장 및 결막염을 일으킨다. - 급성각막염 발생 : 자외선 살균취급자, 전기용접자 등에서 자외선에 의한 전광성 안염(전기성 안염)이 발생한다.
비타민 D 생성	- 280~320nm의 파장에서 비타민 D가 생성된다.
살균 작용	- 254~280nm의 파장에서 강한 살균작용을 한다. - 254nm 파장 부근에서 살균작용이 가장 강하다.
전신 건강 장해	- 적혈구, 백혈구, 혈소판이 증가한다. - 2차적 증상으로 두통, 피로, 불면, 흥분, 체온 상승이 나타난다.

65

일반소음에 대한 차음효과는 벽체의 단위표면적에 대하여 벽체의 무게가 2배될 때마다 약 몇 dB씩 증가하는가?
(단, 벽체 무게 이외의 조건은 동일하다.)

① 4
② 6
③ 8
④ 10

*차음 수직입사(질량법칙)

$TL = 20\log(m \times f) - 43$

여기서, 벽체의 무게 2배만 고려한다면 차음재의 면밀도 m만 고려하면 된다.

$\therefore TL = 20\log(m) = 20\log2 = 6dB$

여기서,
m : 차음재의 면밀도$[kg/m^2]$
f : 입사 주파수$[Hz]$

66

한랭노출 시 발생하는 신체적 장해에 대한 설명으로 옳지 않은 것은?

① 동상은 조직의 동결을 말하며, 피부의 이론상 동결온도는 약 $-1℃$ 정도이다.
② 전신 체온강하는 장시간의 한랭노출과 체열 상실에 따라 발생하는 급성 중증 장해이다.
③ 참호족은 동결 온도 이하의 찬공기에 단기간의 접촉으로 급격한 동결이 발생하는 장해이다.
④ 침수족은 부종, 저림, 작열감, 소양감 및 심한 동통을 수반하며, 수포, 궤양이 형성되기도 한다.

*참호족(침수족, Trench Foot, Immersion Foot)
① 참호족과 침수족은 국소 부위의 산소결핍 때문이며, 한랭에 의한 모세혈관벽이 손상이 발생한다.
② 참호족은 직장온도가 35℃ 이하로 저하되는 경우이며 조직 내부의 온도가 10℃에 도달하면 조직 표면이 얼게되는 현상이다.
③ 침수족은 작업자의 발이 한랭환경에 장시간 노출되는 것과 동시에 지속적으로 습기 또는 물에 잠기게 되면 발생하는 현상이다.
④ 참호족과 침수족의 임상증상은 거의 비슷하나, 발생시간은 침수족이 참호족에 비해 긴 편이다.

64.① 65.② 66.③

67
산업안전보건법령상 "적정한 공기"에 해당하지 않는 것은?
(단, 다른 성분의 조건은 적정한 것으로 가정한다.)

① 탄산가스 농도 1.5% 미만
② 일산화탄소 농도 100ppm 미만
③ 황화수소 농도 10ppm 미만
④ 산소 농도 18% 이상 23.5% 미만

*적정공기
① 산소농도의 범위가 18% 이상 23.5% 미만인 수준의 공기
② 탄산가스의 농도가 1.5% 미만인 수준의 공기
③ 일산화탄소의 농도가 30ppm 미만인 수준의 공기
④ 황화수소의 농도가 10ppm 미만인 수준의 공기

68
인체와 작업환경 사이의 열교환이 이루어지는 조건에 해당되지 않는 것은?

① 대류에 의한 열교환
② 복사에 의한 열교환
③ 증발에 의한 열교환
④ 기온에 의한 열교환

*열평형 방정식
$\triangle S = M \pm C \pm R - E$

여기서,
$\triangle S$: 생체 열용량 변화
M : 작업대사량
C : 대류에 의한 열교환
R : 복사에 의한 열교환
E : 증발에 의한 열교환

69
심한 소음에 반복 노출되면, 일시적인 청력변화는 영구적 청력변화로 변하게 되는데, 이는 다음 중 어느 기관의 손상으로 인한 것인가?

① 원형창
② 삼반규반
③ 유스타키오관
④ 코르티기관

심한 소음에 반복 노출되면 코르티기관 손상으로 인해 일시적인 청력 변화는 영구적 청력변화로 변한다.

70
방진재료로 적절하지 않은 것은?

① 방진고무
② 코르크
③ 유리섬유
④ 코일 용수철

*방진재료의 종류
① 방진고무
② 코르크
③ 코일 용수철(금속 스프링)
④ 공기 스프링

71
전리방사선이 인체에 미치는 영향에 관여하는 인자와 가장 거리가 먼 것은?

① 전리작용
② 피폭선량
③ 회질파 산탄
④ 조직의 감수성

*전리방사선이 인체에 미치는 영향인자
① 투과력
② 피폭선량
③ 피폭방법
④ 전리작용
⑤ 조직 감수성

67.② 68.④ 69.④ 70.③ 71.③

72
산업안전보건법령상 소음작업의 기준은?

① 1일 8시간 작업을 기준으로 80데시벨 이상의 소음이 발생하는 작업
② 1일 8시간 작업을 기준으로 85데시벨 이상의 소음이 발생하는 작업
③ 1일 8시간 작업을 기준으로 90데시벨 이상의 소음이 발생하는 작업
④ 1일 8시간 작업을 기준으로 95데시벨 이상의 소음이 발생하는 작업

*소음작업
1일 8시간 작업을 기준하여 85dB 이상의 소음이 발생하는 작업

① 강렬한 소음작업

데시벨(이상)	발생시간(1일 기준)
90dB	8시간 이상
95dB	4시간 이상
100dB	2시간 이상
105dB	1시간 이상
110dB	30분 이상
115dB	15분 이상

② 충격 소음작업

데시벨(이상)	발생시간(1일 기준)
120dB	10000회 이상
130dB	1000회 이상
140dB	100회 이상

73
비전리 방사선이 아닌 것은?

① 적외선　　　　② 레이저
③ 라디오파　　　④ 알파(α)선

*전리방사선과 비전리방사선의 종류

전리방사선	비전리방사선
① α선 ② β선 ③ γ선 ④ X-Ray(X선) ⑤ 중성자	① 자외선 ② 가시광선 ③ 적외선 ④ 마이크로파 ⑤ 라디오파 ⑥ 초저주파 ⑦ 극저주파 ⑧ 레이저

74
음원으로부터 $40m$ 되는 지점에서 음압수준이 $75dB$로 측정되었다면 $10m$ 되는 지점에서의 음압수준(dB)은 약 얼마인가?

① 84　　　　② 87
③ 90　　　　④ 93

*거리감쇠(점음원 기준)

$$SPL_1 - SPL_2 = 20\log\left(\frac{r_2}{r_1}\right)$$

$$SPL_1 - 75 = 20\log\frac{40}{10}$$

$$\therefore SPL_1 = 75 + 20\log\frac{40}{10} = 87dB$$

여기서,
SPL_1 : 음원으로부터 r_1 떨어진 지점의 음압레벨[dB]
SPL_2 : 음원으로부터 r_2 떨어진 지점의 음압레벨[dB]
　　　　($r_2 > r_1$)
$SPL_1 - SPL_2$: 거리감쇠치[dB]

75
산업안전보건법령상 정밀작업을 수행하는 작업장의 조도기준은?

① 150럭스 이상　　② 300럭스 이상
③ 450럭스 이상　　④ 750럭스 이상

*조도 기준

작업의 종류	조도
초정밀작업	750Lux 이상
정밀작업	300Lux 이상
보통작업	150Lux 이상
그 밖의 작업	75Lux 이상

76
고압환경의 2차적인 가압현상 중 산소중독에 관한 내용으로 옳지 않은 것은?

① 일반적으로 산소의 분압이 2기압이 넘으면 산소중독증세가 나타난다.
② 산소중독에 따른 증상은 고압산소에 대한 노출이 중지되면 멈추게 된다.
③ 산소의 중독작용은 운동이나 중등량의 이산화탄소의 공급으로 다소 완화될 수 있다.
④ 수지와 족지의 작열통, 시력장해, 정신혼란, 근육경련 등의 증상을 보이며 나아가서는 간질 모양의 경련을 나타낸다.

*2차적 가압현상(화학적 장해)
고압 하의 대기가스 독성 때문에 나타나는 현상으로, 다음 3가지 현상이 발생한다.

질소가스마취	① 공기 중 질소가스는 4기압을 넘으면 마취작용을 일으킨다. ② 사고력, 판단력, 기억력 저하, 불안, 공포감, 마약효과 등 증상이 일어난다. ③ 질소 마취증상은 대기압 조건으로 복귀하면 사라진다. (가역적이다.) ④ 질소가스 마취 증상이 있는 근로자에게 질소를 헬륨으로 대치한 공기를 호흡시키면 예방된다.
산소중독	① 산소분압이 2기압을 넘으면 산소중독 증상이 일어난다. ② 시력장해, 정신혼란, 근육경련 등 증상이 일어난다. ③ 산소중독 증상은 고압산소에 대한 노출이 중지되면 증상이 즉시 멈춘다.
이산화탄소중독	① 산소의 중독과 질소의 마취작용을 증가시키는 역할을 한다. ② 고압환경에서의 이산화탄소 농도가 0.2%를 초과해서는 안된다.

77
빛과 밝기에 관한 설명으로 옳지 않은 것은?

① 광도의 단위로는 칸델라(candela)를 사용한다.
② 광원으로부터 한 방향으로 나오는 빛의 세기를 광속이라 한다.
③ 루멘(Lumen)은 1촉광의 광원으로부터 단위입체각으로 나가는 광속의 단위이다.
④ 조도는 어떤 면에 들어오는 광속의 양에 비례하고, 입사면의 단면적에 반비례한다.

*광도
광원으로부터 한 방향으로 나오는 빛의 세기

78
감압병의 예방대책으로 적절하지 않은 것은?

① 호흡용 혼합가스의 산소에 대한 질소의 비율을 증가시킨다.
② 호흡기 또는 순환기에 이상이 있는 사람은 작업에 투입하지 않는다.
③ 감압병 발생 시 원래의 고압환경으로 복귀시키거나 인공 고압실에 넣는다.
④ 고압실 작업에서는 탄산가스의 분압이 증가하지 않도록 신선한 공기를 송기한다.

*감압병(잠함병, 케이슨병) 예방 및 치료
① 고압환경에서 작업시간을 제한한다.
② 1분에 10m 정도씩 잠수하는 것이 안전하다.
③ 감압이 끝날 쯤 순수한 산소를 흡입하면 감압시간이 25% 정도 단축된다.
④ 고압환경에서 작업하는 작업자에게 질소 대신 헬륨을 대치한 공기를 호흡시킨다.
⑤ 감압병 증상이 발생한 작업자는 바로 원래의 고압 환경 상태로 복귀시키거나 인공고압실에서 천천히 감압시킨다.

79

이상기압의 영향으로 발생되는 고공성 폐수종에 관한 설명으로 옳지 않은 것은?

① 어른보다 아이들에게서 많이 발생된다.
② 고공 순화된 사람이 해면에 돌아올 때에도 흔히 일어난다.
③ 산소공급과 해면 귀환으로 급속히 소실되며, 증세가 반복되는 경향이 있다.
④ 진해성 기침과 과호흡이 나타나고 폐동맥 혈압이 급격히 낮아진다.

고공성 폐수종은 진해성 기침과 호흡성 곤란이 나타나고 폐동맥 혈압이 상승하여 구토, 실신 등이 발생한다.

80

$1000Hz$ 에서의 음압레벨을 기준으로 하여 등청감곡선을 나타내는 단위로 사용되는 것은?

① mel
② bell
③ sone
④ phon

*phon
감각적인 음의 크기를 나타내는 양으로 1000Hz의 순음의 크기와 평균적으로 같은 크기로 느끼는 1000Hz 순음의 음 세기레벨을 1phon으로 정의하고 있으며, 등청감곡선을 나타내는 단위이다.

2021 3회차 산업위생관리기사 필기 기출문제
제 5과목 : 산업독성학

81
다음 중 무기연에 속하지 않는 것은?

① 금속연
② 일산화연
③ 사산화삼연
④ 4메틸연

4메틸연은 유기연(납)에 속하고, 유기납은 피부를 통하여 인체 내 침입하고, 무기납은 호흡기와 소화기로 인체 내 침입한다.

82
접촉에 의한 알레르기성 피부감작을 증명하기 위한 시험으로 가장 적절한 것은?

① 첩포시험
② 진균시험
③ 조직시험
④ 유발시험

*첩포시험
알레르기성 접촉 피부염의 진단 방법이며 가장 중요한 임상시험이다.

83
피부는 표피와 진피로 구분하는데, 진피에만 있는 구조물이 아닌 것은?

① 혈관
② 모낭
③ 땀샘
④ 멜라닌 세포

피부는 표피와 진피로 구분하는데, 표피에는 색소침착이 가능한 멜라닌 세포와 랑거한스세포가 존재한다.

84
카드뮴의 중독, 치료 및 예방대책에 관한 설명으로 옳지 않은 것은?

① 소변 속의 카드뮴 배설량은 카드뮴 흡수를 나타내는 지표가 된다.
② BAL 또는 Ca-EDTA 등을 투여하여 신장에 대한 독작용을 제거한다.
③ 칼슘대사에 장해를 주어 신결석을 동반한 증후군이 나타나고 다량의 칼슘배설이 일어난다.
④ 폐활량 감소, 잔기량 증가 및 호흡곤란의 폐증세가 나타나며, 이 증세는 노출기간과 노출농도에 의해 좌우된다.

*카드뮴중독의 치료사항
① 안정을 취하고 동시에 산소흡입, 스테로이드를 투여한다.
② 비타민 D를 피하 주사한다.
③ BAL 및 Ca-EDTA 등 배설촉진제는 신장 독성을 증가시키므로 절대 투여를 금지한다.

85
근로자의 소변 속에서 o-크레졸(ortho-cresol)이 다량검출 되었다면 이 근로자는 다음 중 어떤 유해물질에 폭로되었다고 판단되는가?

① 클로로포름
② 초산메틸
③ 벤젠
④ 톨루엔

81.④ 82.① 83.④ 84.② 85.④

*화학물질의 생물학적 노출지표물질

화학물질	대사산물(측정대상물질)
벤젠	뇨 중 t,t-뮤코닉산(뮤콘산) 뇨 중 S-페닐머캅토산 혈액 중 벤젠
톨루엔	뇨 중 o-크레졸 혈액 중 톨루엔
크실렌	뇨 중 메틸마뇨산
납	혈액 중 납 뇨 중 납 혈액 중 아연 프로토포르피린 뇨 중 델타아미노레불린산
일산화탄소	혈액 중 카복시헤모글로빈(COHb)
트리클로로에틸렌	뇨 중 삼염화초산
에틸벤젠	뇨 중 만델산
노말헥산	뇨 중 2,5-헥산디온
클로로벤젠	뇨 중 총 4-클로로카테콜
페놀	뇨 중 페놀
디메틸포름아미드	뇨 중 N-메틸포름아미드
이황화탄소	뇨 중 TTCA 뇨 중 이황화탄소
크롬	뇨 중 크롬
메틸노말부틸케톤	뇨 중 2,5-헥산디온
삼염화에틸렌	뇨 중 삼염화초산 (트리클로로초산) 뇨 중 삼염화에탄올

86

접촉성 피부염의 특징으로 옳지 않은 것은?

① 작업장에서 발생빈도가 높은 피부질환이다.
② 증상은 다양하지만 홍반과 부종을 동반하는 것이 특징이다.
③ 원인물질은 크게 수분, 합성화학물질, 생물성 화학물질로 구분할 수 있다.
④ 면역학적 반응에 따라 과거 노출경험이 있어야만 반응이 나타난다.

접촉피부염은 면역학적 반응에 따라 과거 노출경험과 무관하다.

87

대사과정에 의해서 변화된 후에만 발암성을 나타내는 간접 발암원으로만 나열된 것은?

① benzo(a)pyrene, ethylbromide
② PAH, methyl nitrosourea
③ benzo(a)pyrene, dimethyl sulfate
④ nitrosamine, ethyl methanesulfonate

*간접발암물질의 종류
① Benzo(a)pyrene
② Ethylbromide

88

직업성 피부질환에 영향을 주는 직접적인 요인에 해당되는 것은?

① 연령   ② 인종
③ 고온   ④ 피부의 종류

*직업성 질환의 원인

직접원인	간접원인
① 물리적 환경요인(고온) ② 화학적 환경요인 ③ 부자연스러운 자세와 단순 반복 작업 등의 작업요인	① 작업강도와 작업시간 ② 고온다습한 작업환경 ③ 성별 ④ 연령 ⑤ 인종 ⑥ 피부의 종류

*화학물질의 생물학적 노출지표물질

화학물질	대사산물(측정대상물질)
벤젠	뇨 중 t,t-뮤코닉산(뮤콘산) 뇨 중 S-페닐머캅토산 혈액 중 벤젠
톨루엔	뇨 중 o-크레졸 혈액 중 톨루엔
크실렌	뇨 중 메틸마뇨산
납	혈액 중 납 뇨 중 납 혈액 중 아연 프로토포르피린 뇨 중 델타아미노레불린산
일산화탄소	혈액 중 카복시헤모글로빈(COHb)
트리클로로에틸렌	뇨 중 삼염화초산
에틸벤젠	뇨 중 만델산
노말헥산	뇨 중 2,5-헥산디온
클로로벤젠	뇨 중 총 4-클로로카테콜
페놀	뇨 중 페놀
디메틸포름아미드	뇨 중 N-메틸포름아미드
이황화탄소	뇨 중 TTCA 뇨 중 이황화탄소
크롬	뇨 중 크롬
메틸 노말부틸 케톤	뇨 중 2,5-헥산디온
삼염화에틸렌	뇨 중 삼염화초산 (트리클로로초산) 뇨 중 삼염화에탄올

89

호흡기계로 들어온 입자상 물질에 대한 제거기전의 조합으로 가장 적절한 것은?

① 면역작용과 대식세포의 작용
② 폐포의 활발한 가스교환과 대식세포의 작용
③ 점액 섬모운동과 대식세포에 의한 정화
④ 점액 섬모운동과 면역작용에 의한 정화

*인체 방어기전(제거기전)
① 점액 섬모운동
기초적인 방어기전이며 점액 섬모운동에 의한 배출 시스템으로 폐포로 이동하는 과정에서 이물질을 제거하는 과정이며, 기관지에서의 방어기전을 의미한다.

② 대식세포에 의한 정화(작용)
대식세포가 방출하는 효소에 의해 용해되어 이물질을 제거하는 과정이며, 폐포에 방어기전을 의미하고, 대식세포에 용해되지 않은 대표적 독성물질은 유리규산, 석면 등이 있다.

90

노말헥산이 체내 대사과정을 거쳐 변환되는 물질로 노말헥산에 폭로된 근로자의 생물학적 노출지표로 이용되는 물질로 옳은 것은?

① hippuric acid
② 2,5-hexanedione
③ hydroquinone
④ 9-hydroxyquinoline

89.③ 90.②

91

근로자가 1일 작업시간동안 잠시라도 노출되어서는 아니 되는 기준을 나타내는 것은?

① TLV-C
② TLV-STEL
③ TLV-TWA
④ TLV-skin

*TLV-C(최고노출기준)
근로자가 1일 작업시간동안 잠시라도 노출되어서는 아니 되는 기준을 말하며, 노출기준 앞에 "C"를 붙여 표시한다.

92

대상 먼지와 침강속도가 같고, 밀도가 1이며 구형인 먼지의 직경으로 환산하여 표현하는 입자상 물질의 직경을 무엇이라 하는가?

① 입체적 직경
② 등면적 직경
③ 기하학적 직경
④ 공기역학적 직경

*공기역학적 직경
대상먼지와 침강속도가 같고 밀도가 $1g/cm^3$이며 구형인 먼지의 직경으로 환산된 직경

93

다음 중 규폐증(silicosis)을 일으키는 원인 물질과 가장 관계가 깊은 것은?

① 매연
② 암석분진
③ 일반부유분진
④ 목재분진

*규폐증(Silicosis)
① 이산화규소(SiO_2, 유리규산, 석영, 암석) 분진의 흡입에 의해 발생하는 진폐증
② 건축업, 도자기 작업장, 채석장, 석재공장 등에서 많이 발생한다.
③ 폐암, 폐결핵의 합병증을 일으키며 폐하엽 부위에 많이 생긴다.
④ 산화규소결정체
  : 함유율 1% 이하, 노출기준 $10mg/m^3$ 이하
⑤ 결정체 트리폴리 : 노출기준 $0.1mg/m^3$ 이하
⑥ 이집트의 미라에서도 발견된 오랜 질병이다.

94

방향족 탄화수소 중 만성노출에 의한 조혈장해를 유발 시키는 것은?

① 벤젠
② 톨루엔
③ 클로로포름
④ 나프탈렌

*방향족 탄화수소의 종류

종류	설명
벤젠	① 방향족 탄화수소 중 저농도에 장기간 노출되어 만성중독을 일으키는 경우에 가장 위험하다. ② 만성장해로서 조혈장해(백혈구 감소, 재생불량성 빈혈 등)를 가장 잘 유발시킨다. ③ 혈액조직에서 벤젠이 유발하는 독성작용은 백혈구 수의 감소로 인한 응고 작용 결핍 등이다. ④ 벤젠은 영구적인 혈액장애를 일으킨다. ⑤ 벤젠은 주로 페놀로 대사되며 페놀은 벤젠의 생물학적 노출지표로 이용된다.
톨루엔	① 방향족 탄화수소 중 급성전신중독을 일으키는데 독성이 가장 강하다. ② 벤젠보다 더 강력한 중추신경억제제이다. ③ 영구적인 혈액장애나 골수장애가 일어나지 않는다. ④ 주로 간에서 o-크레졸로 되어 뇨로 배설된다.

95

금속열에 관한 설명으로 옳지 않은 것은?

① 금속열이 발생하는 작업장에서는 개인 보호용구를 착용해야 한다.
② 금속 흄에 노출된 후 일정 시간의 잠복기를 지나 감기와 비슷한 증상이 나타난다.
③ 금속열은 일주일 정도가 지나면 증상은 회복되나 후유증으로 호흡기, 시신경 장애 등을 일으킨다.
④ 아연, 마그네슘 등 비교적 융점이 낮은 금속의 제련, 용해, 용접 시 발생하는 산화금속 흄을 흡입할 경우 생기는 발열성 질병이다.

*금속열(월요일열)
아연, 마그네슘, 알루미늄, 구리, 망간, 니켈, 카드뮴, 안티몬 등의 흄으로 흡입하면 발생하는 알레르기성 발열으로 12시간~24시간 또는 24시간~48시간 후에는 자연적으로 치유된다.

96
납이 인체에 흡수됨으로 초래되는 결과로 옳지 않은 것은?

① δ-ALAD 활성치 저하
② 혈청 및 요중 δ-ALA 증가
③ 망상적혈구수의 감소
④ 적혈구내 프로토폴피린 증가

*납중독의 증세
① 소화기장해(위장계통의 장해)
② 중추신경장해(뇌중독 증상)
③ 신경·근육 계통의 장해
④ 기타 증상
  ㉠ 이미증(Pica) : 극소량의 농도에서 어린아이에게 학습장해 및 기능저하를 초래하며 1~5세 소아 환자에게 발생하기 쉽다.
  ㉡ 납빈혈 및 연산통
  ㉢ 만성신부전
  ㉣ 골수 침입 및 혈청 내 철 증가
  ㉤ 혈색소 양 저하, 망상적혈구수 증가
  ㉥ 적혈구 내 Protoporphyrin(프로토포르피린) 증가
  ㉦ 소변 중 Coprophyrin(코프로포르피린) 증가
  ㉧ 소변 중 δ-ALA 증가
  ㉨ 소변 중 δ-ALAD 활성치 감소

97
유해물질의 경구투여용량에 따른 반응범위를 결정하는 독성검사에서 얻은 용량-반응곡선(dose-response curve)에서 실험동물군의 50%가 일정시간 동안 죽는 치사량을 나타내는 것은?

① LC_{50}
② LD_{50}
③ ED_{50}
④ TD_{50}

*LD_{50}
피실험동물의 50%가 죽게 되는 양

98
카드뮴에 노출되었을 때 체내의 주요 축적 기관으로만 나열한 것은?

① 간, 신장
② 심장, 뇌
③ 뼈, 근육
④ 혈액, 모발

*카드뮴 축적
간, 신장, 장관벽에 축적된다.

99
무색의 휘발성 용액으로서 도금 사업장에서 금속 표면의 탈지 및 세정용, 드라이클리닝, 접착제 등으로 사용되며, 간 및 신장 장해를 유발시키는 유기용제는?

① 톨루엔
② 노르말헥산
③ 클로르포름
④ 트리클로로에틸렌

*트리클로로에틸렌(삼염화에틸렌)
무색의 휘발성 용액으로서 도금 사업장에서 금속 표면의 탈지 및 세정용으로 사용되며, 간 및 신장 장해를 유발시키는 유기용제

100
인체 내에서 독성이 강한 화학물질과 무독한 화학물질이 상호작용하여 독성이 증가되는 현상을 무엇이라 하는가?

① 상가작용
② 상승작용
③ 가승작용
④ 길항작용

96.③ 97.② 98.① 99.④ 100.③

*혼합물의 화학적 상호작용

작용	설명
상가 작용	두 유해인자의 독성합만큼 독성 결과를 나타내는 작용(3+3=6) ex) 일반적인 화학물질
상승 작용	두 유해인자의 독성합보다 결과가 커짐을 나타내는 작용(3+3=20) ex) 에탄올과 사염화탄소 등
길항 작용	두 유해인자가 서로의 작용을 방해하는 것(3+3=0) ex) 페노바비탈과 디란틴 등 - 길항작용의 종류 ① 배분적 길항작용 물질의 흡수 및 대사 등에 변화를 일으켜 독성이 낮아진다. ② 화학적 길항작용 화학적인 상호반응에 의해 독성이 낮아진다. ③ 기능적 길항작용 생체 내 서로 반대되는 기능을 가져 독성이 낮아진다. ④ 수용적 길항작용 두 화학물질이 같은 수용체에 결합하여 독성이 낮아진다.
독립 작용	두 유해인자가 서로 다른 조직 또는 기관에 영향을 미치는 작용 ex) 톨루엔과 황산, 납과 황산, 질산과 카드뮴 등
가승 작용	독성이 없는 물질을 독성이 있는 물질과 혼합하면 독성이 강해지는 작용 (3+0=10) ex) 이소프로필알코올과 사염화탄소 등

2022 1회차

산업위생관리기사 필기 기출문제

제 1과목 : 산업위생학개론

01

중량물 취급으로 인한 요통발생에 관여하는 요인으로 볼 수 없는 것은?

① 근로자의 육체적 조건
② 작업빈도와 대상의 무게
③ 습관성 약물의 사용 유무
④ 작업습관과 개인적인 생활태도

습관성 약물의 사용 유무는 중량물 취급으로 인한 요통발생과 무관하다.

02

산업위생의 기본적인 과제에 해당하지 않는 것은?

① 작업환경이 미치는 건강장애에 관한 연구
② 작업능률 저하에 따른 작업조건에 관한 연구
③ 작업환경의 유해물질이 대기오염에 미치는 영향에 관한 연구
④ 작업환경에 의한 신체적 영향과 최적환경의 연구

★산업위생의 기본적인 과제
① 작업환경이 미치는 건강장애에 관한 연구
② 작업능률 저하에 따른 작업조건에 관한 연구
③ 작업환경에 의한 신체적 영향과 최적환경의 연구
④ 노동력의 재생산성과 사회·경제적 조건에 관한 연구

03

작업시작 및 종료 시 호흡의 산소소비량에 대한 설명으로 옳지 않은 것은?

① 산소소비량은 작업부하가 계속 증가하면 일정한 비율로 계속 증가한다.
② 작업이 끝난 후에도 맥박과 호흡수가 작업 개시 수준으로 즉시 돌아오지 않고 서서히 감소한다.
③ 작업부하 수준이 최대 산소소비량 수준보다 높아지게 되면, 젖산의 제거 속도가 생성 속도에 못 미치게 된다.
④ 작업이 끝난 후에 남아 있는 젖산을 제거하기 위해서는 산소가 더 필요하며, 이 때 동원되는 산소소비량을 산소부채(oxygen debt)라 한다.

산소소비량은 작업부하가 계속 증가하면 비례하여 계속 증가하나 작업부하가 일정 한계를 넘을 때 산소소비량은 증가하지 않는다.

04

38세 된 남성근로자의 육체적 작업능력(PWC)은 $15 kcal/min$이다. 이 근로자가 1일 8시간 동안 물체를 운반하고 있으며 이때의 작업 대사량은 $7 kcal/min$이고, 휴식 시 대사량은 $1.2 kcal/min$이다. 이 사람의 적정 휴식시간과 작업시간의 배분(매시간별)은 어떻게 하는 것이 이상적인가?

① 12분 휴식 48분 작업
② 17분 휴식 43분 작업
③ 21분 휴식 39분 작업
④ 27분 휴식 33분 작업

*Hertig의 적정휴식시간·작업시간

$$휴식시간 = 60 \times \frac{\frac{PWC}{3} - 작업대사량}{휴식대사량 - 작업대사량}$$

$$= 60 \times \frac{\frac{15}{3} - 7}{1.2 - 7} = 20.69분 ≒ 21분$$

작업시간 = 60분 − 휴식시간 = 60 − 21 = 39분

05

산업위생의 역사에 있어 주요 인물과 업적의 연결이 올바른 것은?

① Percivall Pott − 구리광산의 산 증기 위험성 보고
② Hippocrates − 역사상 최초의 직업병(납중독) 보고
③ G. Agricola − 검댕에 의한 직업성 암의 최초 보고
④ Bernardino Ramazzini − 금속 중독과 수은의 위험성 규명

*히포크라테스(Hippocrates)
기원전 4세기 때 광산에서 납중독을 보고하여 이것은 역사상 최초로 기록된 직업병이다.

06

산업안전보건법령상 자격을 갖춘 보건관리자가 해당 사업장의 근로자를 보호하기 위한 조치에 해당하는 의료행위를 모두 고른 것은?
(단, 보건관리자는 의료법에 따른 의사로 한정한다.)

가. 자주 발생하는 가벼운 부상에 대한 치료
나. 응급처치가 필요한 사람에 대한 처치
다. 부상·질병의 악화를 방지하기 위한 처치
라. 건강진단 결과 발견된 질병자의 요양지도 및 관리

① 가, 나
② 가, 다
③ 가, 다, 라
④ 가, 나, 다, 라

*보건관리자가 해당 사업장의 근로자를 보호하기 위한 조치에 해당하는 의료행위
① 자주 발생하는 가벼운 부상에 대한 치료
② 응급처치가 필요한 사람에 대한 처치
③ 부상·질병의 악화를 방지하기 위한 처치
④ 건강진단 결과 발견된 질병자의 요양 지도 및 관리
⑤ ①~④ 까지의 의료행위에 따르는 의약품의 투여

07

온도 $25℃$, 1기압 하에서 분당 $100mL$ 씩 60분 동안 채취한 공기 중에서 벤젠이 $5mg$ 검출되었다면 검출된 벤젠은 약 몇 ppm 인가?
(단, 벤젠의 분자량은 78 이다.)

① 15.7
② 26.1
③ 157
④ 261

*질량농도(mg/m³)와 용량농도(ppm)의 환산

$$mg/m^3 = \frac{5mg}{0.1L/min \times 60min \times \left(\frac{1m^3}{1000L}\right)} = 833.33 mg/m^3$$

$$\therefore ppm = mg/m^3 \times \frac{부피}{분자량} = 833.33 \times \frac{24.45}{78} = 261 ppm$$

*참고
- $1m^3 = 1000L$
- $100mL/min = 0.1L/min$
- 1atm, 25℃의 부피 = 24.45L

05.② 06.④ 07.④

08

산업위생전문가들이 지켜야 할 윤리강령에 있어 전문가로서의 책임에 해당하는 것은?

① 일반 대중에 관한 사항은 정직하게 발표한다.
② 위험요소와 예방조치에 관하여 근로자와 상담한다.
③ 과학적 방법의 적용과 자료의 해석에서 객관성을 유지한다.
④ 위험요인의 측정, 평가 및 관리에 있어서 외부의 압력에 굴하지 않고 중립적 태도를 취한다.

*산업위생전문가의 윤리강령(산업위생전문가로서의 책임)
① 성실성과 학문적 실력 면에서 최고 수준을 유지한다.
② 과학적 방법의 적용과 자료의 해석에서 경험을 통한 전문가의 객관성을 유지한다.
③ 전문 분야로서 산업위생을 학문적으로 발전시킨다.
④ 근로자, 사회 및 전문 직종의 이익을 위해 과학적 지식을 공개하고 발표한다.
⑤ 산업위생활동을 통해 얻은 개인 및 기업체의 기밀은 누설하지 않는다.
⑥ 전문적 판단이 타협에 의하여 좌우될 수 있거나 이해관계가 있는 상황에는 개입하지 않는다.
⑦ 쾌적한 작업환경을 만들기 위해 산업위생이론을 적용하고 책임 있게 행동한다.

09

어떤 플라스틱 제조 공장에 200명의 근로자가 근무하고 있다. 1년에 40건의 재해가 발생하였다면 이 공장의 도수율은?
(단, 1일 8시간, 연간 290일 근무기준이다.)

① 200
② 86.2
③ 17.3
④ 4.4

*도수율
$$도수율 = \frac{재해건수}{연근로 총시간수} \times 10^6$$
$$= \frac{40}{200 \times 8 \times 290} \times 10^6 = 86.2$$

10

산업스트레스에 대한 반응을 심리적 결과와 행동적 결과로 구분할 때 행동적 결과로 볼 수 없는 것은?

① 수면 방해
② 약물 남용
③ 식욕 부진
④ 돌발 행동

*산업 스트레스 반응결과

종류	결과
행동적 결과	① 식욕 감퇴 ② 음주 및 약물 남용 ③ 돌발적 사고 ④ 흡연
심리적 결과	① 가정문제 ② 수면방해 ③ 성적 역기능
생리적 결과	① 심혈관계 질환 ② 위장관계 질환 ③ 두통, 피부 등 기타질환

11

산업안전보건법령상 충격소음의 강도가 $130dB(A)$일 때 1일 노출회수 기준으로 옳은 것은?

① 50
② 100
③ 500
④ 1000

*소음작업
1일 8시간 작업을 기준하여 85dB 이상의 소음이 발생하는 작업

① 강렬한 소음작업

데시벨(이상)	발생시간(1일 기준)
90dB	8시간 이상
95dB	4시간 이상
100dB	2시간 이상
105dB	1시간 이상
110dB	30분 이상
115dB	15분 이상

② 충격 소음작업

데시벨(이상)	발생시간(1일 기준)
120dB	10000회 이상
130dB	1000회 이상
140dB	100회 이상

12
다음 중 일반적인 실내공기질 오염과 가장 관련이 적은 질환은?

① 규폐증(silicosis)
② 가습기 열(humidifier fever)
③ 레지오넬라병 (legionnaires disease)
④ 과민성 폐렴(hypersensitivity pneumonitis)

> 규폐증은 일반적인 실내공기질 오염과 관계가 없고, 채석, 채광작업 또는 갱내 착암작업을 할 때 발생하는 직업성 질환이다.

13
물체의 실제무게를 미국 NIOSH의 권고 중량물한계기준(RWL : recommended weight limit)으로 나누어 준 값을 무엇이라 하는가?

① 중량상수(LC)
② 빈도승수(FM)
③ 비대칭승수(AM)
④ 중량물 취급지수(LI)

> *중량물 취급지수(LI)
> $$LI = \frac{물체\ 무게[kg]}{RWL[kg]}$$

14
산업안전보건법령상 사업주가 위험성평가의 결과와 조치사항을 기록·보존할 때 포함되어야 할 사항이 아닌 것은?
(단, 그 밖에 위험성평가의 실시내용을 확인하기 위하여 필요한 사항은 제외한다.)

① 위험성 결정의 내용
② 유해위험방지계획서 수립 유무
③ 위험성 결정에 따른 조치의 내용
④ 위험성평가 대상의 유해·위험요인

> *위험성평가의 결과와 조치사항을 기록할 때 포함사항
> ① 위험성 결정의 내용
> ② 위험성평가 대상의 유해·위험요인
> ③ 위험성 결정에 따른 조치의 내용
> ④ 그 밖에 위험성 평가의 실시내용을 확인하기 위하여 필요한 사항

15
다음 중 규폐증을 일으키는 주요 물질은?

① 면분진
② 석탄 분진
③ 유리규산
④ 납흄

> 규폐증을 일으키는 주요 물질은 유리규산이다.

16
화학물질 및 물리적 인자의 노출기준 고시상 다음 ( )에 들어갈 유해물질들 간의 상호작용은?

> (노출기준 사용상의 유의사항) 각 유해인자의 노출기준은 해당 유해인자가 단독으로 존재하는 경우의 노출기준을 말하며, 2종 또는 그 이상의 유해인자가 혼재하는 경우에는 각 유해인자의 ( )으로 유해성이 증가할 수 있으므로 법에 따라 산출하는 노출기준을 사용하여야 한다.

① 상승작용
② 강화작용
③ 상가작용
④ 길항작용

> 각 유해인자의 노출기준은 해당 유해인자가 단독으로 존재하는 경우의 노출기준을 말하며, 2종 또는 그 이상의 유해인자가 혼재하는 경우에는 각 유해인자의 상가작용으로 유해성이 증가할 수 있으므로 제6조에 따라 산출하는 노출기준을 사용하여야 한다.

17

A사업장에서 중대재해인 사망사고가 1년간 4건 발생하였다면 이 사업장의 1년간 4일 미만의 치료를 요하는 경미한 사고건수는 몇 건이 발생하는지 예측되는가?
(단, Heinrich의 이론에 근거하여 추정한다.)

① 116 ② 120
③ 1160 ④ 1200

*하인리히의 재해 발생비율(1 : 29 : 300 법칙)
총 330건 사고를 분석 하였을 때

① 중상 또는 사망 : 1건
② 경상(경미한 사고) : 29건
③ 무상해 사고 : 300건

여기서,
사망이 4건이라면 비례식을 세우면,
$1 : 29 = 4 : x$
$\therefore x = \dfrac{29 \times 4}{1} = 116$건

18

교대작업이 생기게 된 배경으로 옳지 않은 것은?

① 사회 환경의 변화로 국민생활과 이용자들의 편의를 위한 공공사업의 증가
② 의학의 발달로 인한 생체주기 등의 건강상 문제 감소 및 의료기관의 증가
③ 석유화학 및 제철업 등과 같이 공정상 조업 중단이 불가능한 산업의 증가
④ 생산설비의 완전가동을 통해 시설투자비용을 조속히 회수하려는 기업의 증가

의학의 발달로 인한 생체주기 등의 건강상 문제 감소 및 의료기관의 증가는 교대작업이 생기게 된 배경과 무관하다.

19

작업장에 존재하는 유해인자와 직업성 질환의 연결이 옳지 않은 것은?

① 망간 - 신경염
② 무기 분진 - 진폐증
③ 6가크롬 - 비중격천공
④ 이상기압 - 레이노씨 병

이상기압 - 폐수종

20

심한 노동 후의 피로 현상으로 단기간의 휴식에 의해 회복될 수 없는 병적상태를 무엇이라 하는가?

① 곤비 ② 과로
③ 전신피로 ④ 국소피로

*피로의 종류(3단계)

종류	설명
1단계 보통피로	하룻밤 자고나면 다음날 완전히 회복
2단계 과로	다음날까지도 피로상태가 계속 유지
3단계 곤비	과로상태가 축적되어 단기간에 휴식을 취하여도 회복될 수 없는 병적인 상태이며 심하면 사망에 이름

2022 1회차

산업위생관리기사 필기 기출문제

제 2과목 : 작업위생측정 및 평가

21

고체 흡착제를 이용하여 시료채취를 할 때 영향을 주는 인자에 관한 설명으로 틀린 것은?

① 오염물질 농도 : 공기 중 오염물질의 농도가 높을수록 파과 용량은 증가한다.
② 습도 : 습도가 높으면 극성 흡착제를 사용할 때 파과 공기량이 적어진다.
③ 온도 : 일반적으로 흡착은 발열 반응이므로 열역학적으로 온도가 낮을수록 흡착에 좋은 조건이다.
④ 시료 채취유량 : 시료 채취유량이 높으면 쉽게 파과가 일어나나 코팅된 흡착제인 경우는 그 경향이 약하다.

*고체흡착제를 이용하여 시료채취할 때 영향인자

영향 인자	설명
온도	고온일수록 흡착대상 오염물질과 흡착제의 표면 사이의 반응속도가 증가하여 흡착 성질을 감소하며 파과가 일어나기 쉽다. (흡착은 발열반응이다.)
습도	습도가 높으면 파과공기량이 적어지고, 극성 흡착제를 사용할 때 수증기가 흡착되기 때문에 파과가 일어나기 쉽다.
오염물 질 농도	공기 중 오염물질의 농도가 높을수록 파과용량[흡착제에 흡착된 오염물질의 양(mg)]은 증가하나 파과공기량은 감소한다.
시료채 취속도 (시료채 취유량)	시료채취속도가(시료채취유량) 높고 코팅된 흡착제일수록 파과가 일어나기 쉽다.
흡착제 의 크기	입자의 크기가 작을수록 표면적이 증가하여 채취효율이 증가하나 압력강하가 심하다.
흡착관 의 크기 (튜브의 내경)	흡착제의 양이 많아지면 전체 흡착제의 표면적이 증가하여 채취용량이 증가하므로 쉽게 파과가 발생하지 않는다.
혼합물	혼합기체의 경우 각 기체의 흡착량은 단독성분이 있을 때보다 감소된다.

22

불꽃방식의 원자흡광광도계의 특징으로 옳지 않은 것은?

① 조작이 쉽고 간편하다.
② 분석시간이 흑연로장치에 비하여 적게 소요된다.
③ 주입 시료액의 대부분이 불꽃부분으로 보내지므로 감도가 높다.
④ 고체 시료의 경우 전처리에 의하여 매트릭스를 제거해야 한다.

주입 시료액의 대부분이 불꽃부분으로 보내지므로 감도가 높은건 불꽃방식이 아니라 흑연로장치 원자흡광광도계이다.

23

산업안전보건법령상 소음의 측정시간에 관한 내용 중 A에 들어갈 숫자는?

단위작업 속에서 소음수준은 규정된 측정위치 및 지점에서 1일 작업시간 동안 A시간 이상 연속 측정하거나 작업시간을 1시간 간격으로 나누어 A회 이상 측정하여야 한다. 다만, ……(후략)

① 2　　　　② 4
③ 6　　　　④ 8

*측정시간
① 단위작업 장소에서 소음수준은 규정된 측정위치 및 지점에서 1일 작업시간 동안 6시간 이상 연속 측정하거나 작업시간을 1시간 간격으로 나누어 6회 이상 측정하여야 한다. 다만, 소음의 발생특성이 연속음으로서 측정치가 변동이 없다고 자격자 또는

21.④ 22.③ 23.③

지정측정기관이 판단한 경우에는 1시간 동안을 등간격으로 나누어 3회 이상 측정할 수 있다.
② 단위작업 장소에서의 소음발생시간이 6시간 이내인 경우나 소음발생원에서의 발생시간이 간헐적인 경우에는 발생시간동안 연속 측정하거나 등간격으로 나누어 4회 이상 측정하여야 한다.

*시간가중평균노출기준(TWA)
$$TWA = \frac{C_1T_1 + C_2T_2 + \cdots + C_nT_n}{8}$$
$$= \frac{10 \times 1 + 15 \times 2 + 17.5 \times 4 + 0 \times 1}{8} = 13.8 ppm$$

여기서,
C : 유해인자의 측정치[ppm]
T : 유해인자의 발생시간[시간]

24
산업안전보건법령상 다음과 같이 정의되는 용어는?

작업환경측정・분석 결과에 대한 정확성과 정밀도를 확보하기 위하여 작업환경측정기관의 측정・분석능력을 확인하고, 그 결과에 따라 지도・교육 등 측정・분석능력 향상을 위하여 행하는 모든 관리적 수단

① 정밀관리 ② 정확관리
③ 적정관리 ④ 정도관리

*정도관리
작업환경측정.분석 결과에 대한 정확성과 정밀도를 확보하기 위하여 작업환경측정기관의 측정.분석능력을 확인하고, 그 결과에 따라 지도.교육 등 측정.분석능력 향상을 위하여 행하는 모든 관리적 수단

25
한 근로자가 하루 동안 TCE에 노출되는 것을 측정한 결과가 아래와 같을 때, 8시간 시간가중 평균치($TWA; ppm$)는?

측정시간	노출농도(ppm)
1시간	10.0
2시간	15.0
4시간	17.5
1시간	0.0

① 15.7 ② 14.2
③ 13.8 ④ 10.6

26
피토관(Pitot tube)에 대한 설명 중 옳은 것은? (단, 측정 기체는 공기이다.)

① Pitot tube의 정확성에는 한계가 있어 정밀한 측정에서는 경사마노미터를 사용한다.
② Pitot tube를 이용하여 곧바로 기류를 측정할 수 있다.
③ Pitot tube를 이용하여 총압과 속도압을 구하여 정압을 계산한다.
④ 속도압이 $25mmH_2O$ 일 때 기류속도는 $28.58m/s$ 이다.

② Pitot tube를 이용하여 곧바로 기류를 측정할 수 없고 변환이 필요하다.
③ Pitot tube를 이용하여 총압과 정압을 구하여 속도압을 계산한다.
④ $V = 4.043\sqrt{VP} = 4.043\sqrt{25} = 20.21 m/s$

27
산업안전보건법령상 작업환경측정 대상이 되는 작업장 또는 공정에서 정상적인 작업을 수행하는 동일 노출집단의 근로자가 작업을 하는 장소를 지칭하는 용어는?

① 동일작업 장소 ② 단위작업 장소
③ 노출측정 장소 ④ 측정작업 장소

*단위작업장소
작업환경측정대상이 되는 작업장 또는 공정에서 정상적인 작업을 수행하는 동일 노출집단의 근로자가 작업을 하는 장소

28

근로자가 일정시간 동안 일정 농도의 유해물질에 노출될 때 체내에 흡수되는 유해물질의 양은 아래의 식을 적용하여 구한다. 각 인자에 대한 설명이 틀린 것은?

$$\text{체내 흡수량}(mg) = C \times T \times R \times V$$

① C : 공기 중 유해물질 농도
② T : 노출시간
③ R : 체내 잔류율
④ V : 작업공간 공기의 부피

*체내흡수량(안전흡수량, 안전폭로량, SHD)

$SHD = C \times T \times V \times R$

여기서,
C: 농도$[mg/m^3]$
T: 노출시간$[hr]$
V: 폐환기율, 호흡률$[m^3/hr]$
R: 체내잔류율(일반적으로 1.0)
SHD : 체중당흡수량×체중$[mg]$

29

고열 (Heat stress)의 작업환경 평가와 관련된 내용으로 틀린 것은?

① 가장 일반적인 방법은 습구흑구온도(WBGT)를 측정하는 방법이다.
② 자연습구온도는 대기온도를 측정하긴 하지만 습도와 공기의 움직임에 영향을 받는다.
③ 흑구온도는 복사열에 의해 발생하는 온도이다.
④ 습도가 높고 대기 흐름이 적을 때 낮은 습구온도가 발생한다.

습도가 높고 대기 흐름이 적을 때 높은 습구온도가 발생한다.

30

같은 작업 장소에서 동시에 5개의 공기시료를 동일한 채취조건하에서 채취하여 벤젠에 대해 아래의 도표와 같은 분석결과를 얻었다. 이 때 벤젠농도 측정의 변이계수($CV\%$)는?

공기시료번호	벤젠농도(ppm)
1	5.0
2	4.5
3	4.0
4	4.6
5	4.4

① 8%   ② 14%
③ 56%   ④ 96%

*변이계수(CV)

$$\overline{X} = \frac{5+4.5+4+4.6+4.4}{5} = 4.5 ppm$$

$$SD = \sqrt{\frac{\sum_{i=1}^{N}(X_i - \overline{X})^2}{N-1}}$$

$$= \sqrt{\frac{(5-4.5)^2 + (4.5-4.5)^2 + (4-4.5)^2 + (4.6-4.5)^2 + (4.4-4.5)^2}{5-1}}$$

$$= 0.36 ppm$$

여기서,
X_i : 측정치
$\overline{X}$: 측정치의 산술평균값
N : 측정치의 개수

$$\therefore CV = \frac{\text{표준편차}}{\text{평균치(산술평균)}} \times 100 = \frac{0.36}{4.5} \times 100 = 8\%$$

31

작업장 내 다습한 공기에 포함된 비극성 유기증기를 채취하기 위해 이용할 수 있는 흡착제의 종류로 가장 적절한 것은?

① 활성탄(Activated charcoal)
② 실리카겔(Silica Gel)
③ 분자체(Molecular sieve)
④ 알루미나(Alumina)

28.④ 29.④ 30.① 31.①

*활성탄관을 사용하여 채취가 용이한 오염물질
① 할로겐화 탄화수소류(할로겐화 지방족 유기용제)
② 에스테르류, 에테르류, 알코올류, 케톤류
③ 방향족 탄화수소류(방향족 유기용제)
④ 비극성류 유기용제

32

산업안전보건법령상 가스상 물질의 측정에 관한 내용 중 일부이다. ( )에 들어갈 내용으로 옳은 것은?

> 검지관방식으로 측정하는 경우에는 1일 작업시간동안 1시간 간격으로 ( )회 이상 측정하되 측정시간마다 2회 이상 반복 측정하여 평균값을 산출하여야 한다. 다만, … 후략

① 2　　② 4
③ 6　　④ 8

검지관방식으로 측정하는 경우에는 1일 작업시간 동안 1시간 간격으로 6회 이상 측정하되 측정시간마다 2회 이상 반복 측정하여 평균값을 산출하여야 한다. 다만, 가스상 물질의 발생시간이 6시간 이내일 때에는 작업시간 동안 1시간 간격으로 나누어 측정하여야 한다.

33

벤젠과 톨루엔이 혼합된 시료를 길이 $30cm$, 내경 $3mm$인 충진관이 장치된 기체크로마토그래피로 분석한 결과가 아래와 같을 때, 혼합 시료의 분리효율을 99.7%로 증가시키는 데 필요한 충진관의 길이 (cm)는?
(단, N, H, L, W, R_s, t_R은 각각 이론단수, 높이$(HETP)$, 길이, 봉우리 너비, 분리계수, 머무름 시간을 의미하며, 문자 위 "-"(bar)는 평균값을, 하첨자 A와 B는 각각의 물질을 의미하며, 분리효율이 99.7%가 되기 위한 R_s는 1.5이다.)

[크로마토그램 결과]

분석물질	머무름 시간 (Retention time)	봉우리 너비 (Peak width)
벤젠	16.4분	1.15분
톨루엔	17.6분	1.25분

[크로마토그램 관계식]
$$N=16\left(\frac{t_R}{W}\right)^2, \quad H=\frac{L}{N}$$
$$R_s = \frac{2(t_{R,A}-t_{R,B})}{W_A+W_B}, \quad \frac{\overline{N_1}}{\overline{N_2}}=\frac{R_{s,1}^2}{R_{s,2}^2}$$

① 60　　② 62.5
③ 67.5　　④ 72.5

*충진관의 길이

벤젠 이론단수 : $N_A = 16\left(\frac{t_{RA}}{W_A}\right)^2 = 16\times\left(\frac{16.4}{1.15}\right)^2 = 3253.96$

톨루엔 이론단수 : $N_B = 16\left(\frac{t_{RB}}{W_B}\right)^2 = 16\times\left(\frac{17.6}{1.25}\right)^2 = 3171.94$

평균 이론단수 : $\overline{N} = \frac{N_A+N_B}{2} = \frac{3253.96+3171.94}{2} = 3212.95$

분리계수 : $R_s = \frac{2(t_{RA}-t_{RB})}{W_A+W_B} = \frac{2(16.4-17.6)}{1.15+1.25} = -1$

$\frac{\overline{N_1}}{\overline{N_2}} = \frac{R_{s,1}^2}{R_{s,2}^2}$ 에서,

$\overline{N_2} = \overline{N_1}\times\frac{R_{s,2}^2}{R_{s,1}^2} = 3212.95\times\frac{1.5^2}{(-1)^2} = 7229.14$

$H = \frac{L}{\overline{N_1}} = \frac{30}{3212.95} = 9.34\times10^{-3}cm$

$\overline{N_1}, \overline{N_2}$ 둘 다 H는 같다.

$H = \frac{L}{\overline{N_2}} \Rightarrow \therefore L = H\overline{N_2} = 9.34\times10^{-3}\times7229.14$
$= 67.5cm$

34

단위작업 장소에서 소음의 강도가 불규칙적으로 변동하는 소음을 누적소음 노출량측정기로 측정하였다. 누적소음 노출량이 300%인 경우, 시간가중평균소음수준$(dB(A))$은?

① 92　　② 98
③ 103　　④ 106

*시간가중평균소음수준(TWA)

$$TWA = 16.61\log\left(\frac{D}{100}\right) + 90$$
$$= 16.61\log\frac{300}{100} + 90 = 98dB(A)$$

여기서,
TWA : 시간가중평균 소음수준[dB(A)]
D : 누적소음노출량[%]
100 : 8시간 기준 노출시간/일

35

공장에서 A용제 30%(TLV $1200mg/m^3$), B용제 30%(TLV $1400mg/m^3$) 및 C용제 40%(TLV $1600mg/m^3$)의 중량비로 조성된 액체용제가 증발되어 작업 환경을 오염시킨 경우 이 혼합물의 허용농도(mg/m^3)는?
(단, 상가작용 기준)

① 1400
② 1450
③ 1500
④ 1550

*혼합물의 허용농도

혼합물의 허용농도
$$= \frac{f_1 + f_2 + \cdots + f_n}{\frac{f_1}{TLV_1} + \frac{f_2}{TLV_2} + \cdots + \frac{f_n}{TLV_n}}$$
$$= \frac{30 + 30 + 40}{\frac{30}{1200} + \frac{30}{1400} + \frac{40}{1600}} = 1400 mg/m^3$$

여기서,
f : 액체 혼합물에서의 각 성분 무게(중량, 비율)
TLV : 해당 물질의 노출기준

36

WBGT 측정기의 구성요소로 적절하지 않은 것은?

① 습구온도계
② 건구온도계
③ 카타온도계
④ 흑구온도계

*습구흑구온도지수(WBGT) 측정기의 구성요소
① 습구온도계
② 건구온도계
③ 흑구온도계

37

유량, 측정시간, 회수율 및 분석에 의한 오차가 각각 18%, 3%, 9%, 5%일 때, 누적 오차(%)는?

① 18
② 21
③ 24
④ 29

*누적오차

$$E_c = \sqrt{E_1^2 + E_2^2 + \cdots + E_n^2}$$
$$= \sqrt{18^2 + 3^2 + 9^2 + 5^2} = 20.95 ≒ 21\%$$

여기서,
$E_1, E_2, \cdots, E_n$: 각 요소에 대한 오차[%]

38

흡광광도법에 관한 설명으로 틀린 것은?

① 광원에서 나오는 빛을 단색화 장치를 통해 넓은 파장 범위의 단색 빛으로 변화시킨다.
② 선택된 파장의 빛을 시료액 층으로 통과시킨 후 흡광도를 측정하여 농도를 구한다.
③ 분석의 기초가 되는 법칙은 램버트-비어의 법칙이다.
④ 표준액에 대한 흡광도와 농도의 관계를 구한 후, 시료의 흡광도를 측정하여 농도를 구한다.

광원에서 나오는 빛을 단색화 장치를 통해 좁은 파장 범위의 단색 빛으로 변화시킨다.

39
작업환경 중 분진의 측정 농도가 대수정규분포를 할 때, 측정 자료의 대표치에 해당되는 용어는?

① 기하평균치
② 산술평균치
③ 최빈치
④ 중앙치

작업환경 중 분진의 측정 농도가 대수정규분포를 할 때, 측정 자료의 대표치는 기하평균치이다.

40
진동을 측정하기 위한 기기는?

① 충격측정기(Impulse meter)
② 레이저판독판(Laser readout)
③ 가속측정기(Accelerometer)
④ 소음측정기(Sound level meter)

*진동 측정기기
① 가속측정기
② 속도측정기
③ 변위측정기

제 3과목 : 작업환경관리대책

2022 1회차 산업위생관리기사 필기 기출문제

41
국소배기 시설에서 장치 배치 순서로 가장 적절한 것은?

① 송풍기 → 공기정화기 → 후드 → 덕트 → 배출구
② 공기정화기 → 후드 → 송풍기 → 덕트 → 배출구
③ 후드 → 덕트 → 공기정화기 → 송풍기 → 배출구
④ 후드 → 송풍기 → 공기정화기 → 덕트 → 배출구

*국소배기장치 시설의 구성
후드 → 덕트 → 공기정화장치 → 송풍기 → 배출구

42
금속을 가공하는 음압수준이 $98dB(A)$인 공정에서 NRR이 17인 귀마개를 착용했을 때의 차음효과($dB(A)$)는?
(단, OSHA의 차음효과 예측방법을 적용한다.)

① 2　　② 3
③ 5　　④ 7

*차음효과(OSHA)
차음효과 $= (NRR-7) \times 0.5 = (17-7) \times 0.5 = 5dB(A)$

여기서,
NRR : 차음평가수

43
다음 중 중성자의 차폐(shielding) 효과가 가장 적은 물질은?

① 물　　② 파라핀
③ 납　　④ 흑연

중성자 차폐 : 물, 파라핀, 흑연, 붕소, 콘크리트 등
γ선 차폐 : 납 등

44
테이블에 붙여서 설치한 사각형 후드의 필요환기량 $Q(m^3/\min)$를 구하는 식으로 적절한 것은?
(단, 플랜지는 부착되지 않았고, $A(m^2)$는 개구면적, $X(m)$는 개구부와 오염원 사이의 거리, $V(m/s)$는 제어 속도를 의미한다.)

① $Q = V \times (5X^2 + A)$
② $Q = V \times (7X^2 + A)$
③ $Q = 60 \times V \times (5X^2 + A)$
④ $Q = 60 \times V \times (7X^2 + A)$

*필요송풍량(Q)

조건	필요송풍량 공식
① 자유공간 위치, 플랜지 미부착	$Q = V(10X^2 + A)$
② 자유공간 위치, 플랜지 부착	$Q = 0.75V(10X^2 + A)$
③ 바닥면 위치, 플랜지 미부착	$Q = V(5X^2 + A)$
④ 바닥면 위치, 플랜지 부착	$Q = 0.5V(10X^2 + A)$

여기서,
Q : 필요송풍량 $[m^3/\min]$
A : 후드의 개구면적 $[m^2]$
V : 제어속도 $[m/\min]$
X : 후드 중심선으로부터 발생원까지의 거리 $[m]$

41.③ 42.③ 43.③ 44.③

바닥면 위치, 플랜지 미부착이므로,
$Q[m^3/\text{sec}] = V(5X^2 + A)$
$\therefore Q[m^3/\text{min}] = 60V(5X^2 + A)$

45

원심력집진장치에 관한 설명 중 옳지 않은 것은?

① 비교적 적은 비용으로 집진이 가능하다.
② 분진의 농도가 낮을수록 집진효율이 증가한다.
③ 함진가스에 선회류를 일으키는 원심력을 이용한다.
④ 입자의 크기가 크고 모양이 구체에 가까울수록 집진효율이 증가한다.

*원심력 집진장치(사이클론)
① 함진가스에 선회류를 일으키는 원심력을 이용한다.
② 비교적 적은 비용으로 제진이 가능하다.
③ 가동 부분이 적은 것이 기계적인 특징이다.
④ 원심력과 중력을 동시에 이용하기 때문에 입경이 크면 효율적이다.
⑤ 설치장소에 구애받지 않고, 고온가스 및 고농도에 운전이 가능하며, 설치비가 낮다.
⑥ 미세입자에 대한 집진효율이 낮고 먼지부하 및 유량변동에 민감하다.
⑦ 먼지 퇴적에서 재유입 및 재비산 가능성이 있다.
⑧ 점착성.마모성.조해성.부식성 가스에 부적합하다.
⑨ 분진의 농도가 높을수록 집진효율이 증가한다.

46

직경이 $38cm$, 유효높이 $2.5m$의 원통형 백필터를 사용하여 $60m^3/\text{min}$의 함진 가스를 처리할 때 여과 속도(cm/s)는?

① 25
② 32
③ 50
④ 64

*유량(Q)
$Q = AV$에서,
$\therefore V = \dfrac{Q}{A} = \dfrac{Q}{\pi DL} = \dfrac{60}{\pi \times 0.38 \times 2.5}$
$= 20.1 m/\text{min} \times \left(\dfrac{100cm}{1m}\right) \times \left(\dfrac{1\text{min}}{60\text{sec}}\right) = 33.5 ≒ 32cm/s$

*참고

- 1m=100cm
- 1min=60sec

47

표준상태(STP; 0℃, 1기압)에서 공기의 밀도가 $1.293 kg/m^3$일 때, 40℃, 1기압에서 공기의 밀도(kg/m^3)는?

① 1.040
② 1.128
③ 1.185
④ 1.312

*밀도 보정
보일-샤를의 법칙 공식에서 압력이 동일하므로,
$\dfrac{P_1 V_1}{T_1} = \dfrac{P_2 V_2}{T_2} \Rightarrow \dfrac{V_1}{T_1} = \dfrac{V_2}{T_2}$

$\rho(\text{밀도}) = \dfrac{m(\text{질량})}{V(\text{부피})}$ 관계에 따라 밀도와 부피는 반비례 관계이므로,

$\dfrac{1}{T_1 \rho_1} = \dfrac{1}{T_2 \rho_2}$에서,

$\therefore \rho_2 = \dfrac{T_1 \rho_1}{T_2} = \dfrac{(273+0) \times 1.293}{(273+40)} = 1.128 kg/m^3$

*참고

- 절대온도(K)=273+섭씨온도(℃)

48

국소배기장치로 외부식 측방형 후드를 설치할 때, 제어 풍속을 고려하여야 할 위치는?

① 후드의 개구면
② 작업자의 호흡 위치
③ 발산되는 오염 공기 중의 중심위치
④ 후드의 개구면으로부터 가장 먼 작업 위치

후드의 개구면으로부터 가장 먼 작업 위치에서 제어 풍속(제어 속도)를 고려하여야 한다.

49

작업장에서 작업공구와 재료 등에 적용할 수 있는 진동대책과 가장 거리가 먼 것은?

① 진동공구의 무게는 10kg 이상 초과하지 않도록 만들어야 한다.
② 강철로 코일용수철을 만들면 설계를 자유스럽게 할 수 있으나 oil damper 등의 저항요소가 필요할 수 있다.
③ 방진고무를 사용하면 공진 시 진폭이 지나치게 커지지 않지만 내구성, 내약품성이 문제가 될 수 있다.
④ 코르크는 정확하게 설계할 수 있고 고유진동수가 20Hz 이상이므로 진동방지에 유용하게 사용할 수 있다.

코르크는 정확하게 설계할 수 없고 고유 진동수가 10Hz 전후로 전파방지에 유용하게 사용할 수 있다.

50

여과 집진 장치의 여과지에 대한 설명으로 틀린 것은?

① 0.1μm 이하의 입자는 주로 확산에 의해 채취된다.
② 압력강하가 적으면 여과지의 효율이 크다.
③ 여과지의 특성을 나타내는 항목으로 기공의 크기, 여과지의 두께 등이 있다.
④ 혼합섬유 여과지로 가장 많이 사용되는 것은 microsorban 여과지이다.

혼합섬유 여과지로 가장 많이 사용되는 polyethylene 여과지이다.

51

일반적인 후드 설치의 유의사항으로 가장 거리가 먼 것은?

① 오염원 전체를 포위시킬 것
② 후드는 오염원에 가까이 설치할 것
③ 오염 공기의 성질, 발생상태, 발생원인을 파악할 것
④ 후드의 흡인 방향과 오염 가스의 이동방향은 반대로 할 것

후드의 흡인 방향과 오염 가스의 이동방향이 같아야 원활하게 국소배기가 된다.

52

앞으로 구부리고 수행하는 작업공정에서 올바른 작업자세라고 볼 수 없는 것은?

① 작업 점의 높이는 팔꿈치보다 낮게 한다.
② 바닥의 얼룩을 닦을 때에는 허리를 구부리지 말고 다리를 구부려서 작업한다.
③ 상체를 구부리고 작업을 하다가 일어설 때는 무릎을 굴절시켰다가 다리 힘으로 일어난다.
④ 신체의 중심이 물체의 중심보다 뒤쪽에 있도록 한다.

신체의 중심이 물체의 중심에 위치하여야 한다.

53

호흡기 보호구의 사용 시 주의사항과 가장 거리가 먼 것은?

① 보호구의 능력을 과대평가 하지 말아야 한다.
② 보호구 내 유해물질 농도는 허용기준 이하로 유지해야 한다.
③ 보호구를 사용할 수 있는 최대 사용가능농도는 노출기준에 할당보호계수를 곱한 값이다.

④ 유해물질의 농도가 즉시 생명에 위태로울 정도인 경우는 공기 정화식 보호구를 착용해야 한다.

> 유해물질의 농도가 즉시 생명에 위태로울 정도인 경우는 공기호흡기, 송기마스크를 사용한다.

54
흡인구와 분사구의 등속선에서 노즐의 분사구 개구면 유속을 100%라고 할 때 유속이 10% 수준이 되는 지점은 분사구 내경(d)의 몇 배 거리인가?

① $5d$
② $10d$
③ $30d$
④ $40d$

> 유속이 10% 수준이 되는 지점은 분사구 내경의 30배 거리이다.

55
방진마스크의 성능 기준 및 사용 장소에 대한 설명 중 옳지 않은 것은?

① 방진마스크 등급 중 2급은 포집효율이 분리식과 안면부 여과식 모두 90% 이상이어야 한다.
② 방진마스크 등급 중 특급의 포집효율은 분리식의 경우 99.95% 이상, 안면부 여과식의 경우 99.0% 이상이어야 한다.
③ 베릴륨 등과 같이 독성이 강한 물질들을 함유한 분진이 발생하는 장소에서는 특급 방진마스크를 착용하여야 한다.
④ 금속흄 등과 같이 열적으로 생기는 분진이 발생하는 장소에서는 1급 방진마스크를 착용하여야 한다.

> *여과재 분진 등 포집효율
>
> | 종류 | 등급 | 염화나트륨($NaCl$) 및 파라핀 오일 시험 |
> |---|---|---|
> | 분리식 | 특급 | 99.95% 이상 |
> | | 1급 | 94% 이상 |
> | | 2급 | 80% 이상 |
> | 안면부 여과식 | 특급 | 99% 이상 |
> | | 1급 | 94% 이상 |
> | | 2급 | 80% 이상 |

56
레시버식 캐노피형 후드 설치에 있어 열원 주위 상부의 퍼짐각도는?
(단, 실내에는 다소의 난기류가 존재한다.)

① 20°
② 40°
③ 60°
④ 90°

> 레시버식 캐노피형 후드 설치에 있어 열원 주위 상부의 퍼짐각도는 40°~45°이다.

57
국소배기 시설의 투자비용과 운전비를 작게 하기 위한 조건으로 옳은 것은?

① 제어속도 증가
② 필요송풍량 감소
③ 후드개구면적 증가
④ 발생원과의 원거리 유지

> 국소배기 시설의 투자비용과 운전비를 적게하기 위하여 가장 우선적으로 고려하여야 하는 사항은 필요송풍량을 감소하여야 한다.

58
정상류가 흐르고 있는 유체 유동에 관한 연속 방정식을 설명하는데 적용된 법칙은?

① 관성의 법칙
② 운동량의 법칙
③ 질량보존의 법칙
④ 점성의 법칙

> *연속 방정식
> 정상류(비압축성 정상유동)로 흐르는 한 단면의 유체의 무게는 다른 단면을 통과하는 무게와 동일해야 하는 질량보존의 법칙을 적용한 법칙이다.
> $Q = AV$, $Q = A_1 V_1 = A_2 V_2$

59

공기 중의 포화증기압이 $1.52mmHg$인 유기용제가 공기 중에 도달할 수 있는 포화농도(ppm)는?

① 2000
② 4000
③ 6000
④ 8000

*포화증기농도

$$포화증기농도[ppm] = \frac{증기압(분압)}{760mmHg} \times 10^6$$
$$= \frac{1.52}{760} \times 10^6 = 2000 ppm$$

60

표준공기$(21℃)$에서 동압이 $5mmHg$일 때 유속(m/s)은?

① 9
② 15
③ 33
④ 45

*동압(속도압, VP)

$$VP = 5mmHg \times \left(\frac{10332mmH_2O}{760mmHg}\right) = 67.97mmH_2O$$
$$\therefore V = 4.043\sqrt{VP} = 4.043\sqrt{67.97} = 33 m/s$$

*참고

- 1atm=760mmHg=10332mmH$_2$O

59.① 60.③

2022 1회차
산업위생관리기사 필기 기출문제
제 4과목 : 물리적유해인자관리

61
일반적으로 전신진동에 의한 생체반응에 관여하는 인자와 가장 거리가 먼 것은?

① 온도
② 진동 강도
③ 진동 방향
④ 진동수

*전신진동에 의한 생체반응에 관여하는 인자
① 진동수
② 진동방향
③ 진동강도
④ 폭로시간

62
반향시간(reverberation time)에 관한 설명으로 옳은 것은?

① 반향시간과 작업장의 공간부피만 알면 흡음량을 추정할 수 있다.
② 소음원에서 소음발생이 중지한 후 소음의 감소는 시간의 제곱에 반비례하여 감소한다.
③ 반향시간은 소음이 닿는 면적을 계산하기 어려운 실외에서의 흡음량을 추정하기 위하여 주로 사용한다.
④ 소음원에서 발생하는 소음과 배경소음간의 차이가 $40dB$ 인 경우에는 $60dB$ 만큼 소음이 감소하지 않기 때문에 반향시간을 측정할 수 없다.

*잔향시간(반향시간, T)
$$T = \frac{0.161V}{A} = \frac{0.161V}{\bar{a}S}$$

여기서,
T : 잔향시간[sec]
V : 실내 체적[m^3]
A : 실내면의 총 흡음력[m^2, sabin]
S : 실내면의 총 표면적[m^2]
$\bar{a}$: 실내 평균흡음률

63
산업안전보건법령상 이상기압과 관련된 용어의 정의가 옳지 않은 것은?

① 압력이란 게이지 압력을 말한다.
② 표면공급식 잠수작업은 호흡용 기체통을 휴대하고 하는 작업을 말한다.
③ 고압작업이란 고기압에서 잠함공법이나 그 외의 압기 공법으로 하는 작업을 말한다.
④ 기압조절실이란 고압작업을 하는 근로자가 가압 또는 감압을 받는 장소를 말한다.

*잠수작업
① 표면공급식 잠수작업
수면 위의 공기압축기 또는 호흡용 기체통에서 압축된 호흡용 기체를 공급받으면서 하는 작업
② 스쿠버 잠수작업
호흡용 기체통을 휴대하고 하는 작업

64
빛과 밝기의 단위에 관한 설명으로 옳지 않은 것은?

① 반사율은 조도에 대한 휘도의 비로 표시한다.
② 광원으로부터 나오는 빛의 양을 광속이라고 하며 단위는 루멘을 사용한다.
③ 입사면의 단면적에 대한 광도의 비를 조도라 하며 단위는 촉광을 사용한다.
④ 광원으로부터 나오는 빛의 세기를 광도라고

61.① 62.① 63.② 64.③

하며 단위는 칸델라를 사용한다.

*럭스(Lux, 조도)
1lumen의 빛이 1m²의 평면상에 수직으로 비칠 때의 밝기

65
전리방사선의 종류에 해당하지 않는 것은?

① γ선 ② 중성자
③ 레이저 ④ β선

*전리방사선과 비전리방사선의 종류

전리방사선	비전리방사선
① α선 ② β선 ③ γ선 ④ X-Ray(X선) ⑤ 중성자	① 자외선 ② 가시광선 ③ 적외선 ④ 마이크로파 ⑤ 라디오파 ⑥ 초저주파 ⑦ 극저주파 ⑧ 레이저

66
다음 중 방사선에 감수성이 가장 큰 인체조직은?

① 눈의 수정체 ② 뼈 및 근육조직
③ 신경조직 ④ 결합조직과 지방조직

*전리방사선에 대한 감수성 순서
골수, 흉선 및 림프조직(조혈기관), 눈의 수정체, 임파선 > 상피세포·내피세포 > 근육세포 > 신경조직

67
산소결핍이 진행되면서 생체에 나타나는 영향을 순서대로 나열한 것은?

㉠ 가벼운 어지러움 ㉡ 사망
㉢ 대뇌피질의 기능 저하 ㉣ 중추성 기능장애

① ㉠ → ㉢ → ㉣ → ㉡
② ㉠ → ㉣ → ㉢ → ㉡
③ ㉢ → ㉠ → ㉣ → ㉡
④ ㉢ → ㉣ → ㉠ → ㉡

*산소결핍에 의한 생체에 나타나는 영향 순서
가벼운 어지러움 → 대뇌피질의 기능 저하 → 중추성 기능 장애 → 사망

68
자외선으로부터 눈을 보호하기 위한 차광보호구를 선정하고자 하는데 차광도가 큰것이 없어 두 개를 겹쳐서 사용하였다. 각각의 보호구의 차광도가 6과 3이었다면 두 개를 겹쳐서 사용한 경우의 차광도는?

① 6 ② 8
③ 9 ④ 18

*차광도
차광도 = 각 차광도의 합 - 1 = 6 + 3 - 1 = 8

69
체온의 상승에 따라 체온조절중추인 시상하부에서 혈액온도를 감지하거나 신경망을 통하여 정보를 받아 들여 체온방산작용이 활발해지는 작용은?

① 정신적 조절작용(spiritual thermoregulation)
② 화학적 조절작용(chemical themoregulation)
③ 생물학적 조절작용(biological thermoregulation)
④ 물리적 조절작용(physical thermoregulation)

*물리적 조절작용(Physical Thermo Regulation)
인체와 환경 사이의 열평형에 의하여 인체는 적절한 체온을 유지하려고 노력하는데 기본적인 열평형 방정식에 있어 신체 열용량의 변화가 0보다 크면 생성된 열이 축적되고 체온조절중추인 시상하부에서 혈액온도를 감지하거나 신경망을 통하여 정보를 받아들여 체온 방산작용이 활발히 시작하는 작용

70
다음 중 진동에 의한 장해를 최소화시키는 방법과 거리가 먼 것은?

① 진동의 발생원을 격리시킨다.
② 진동의 노출시간을 최소화시킨다.
③ 훈련을 통하여 신체의 적응력을 향상시킨다.
④ 진동을 최소화하기 위하여 공학적으로 설계 및 관리한다.

훈련을 통하여 신체의 적응력을 향상하여도 진동에 의한 장해를 최소화 하기는 어렵다.

71
저온 환경에 의한 장해의 내용으로 옳지 않은 것은?

① 근육 긴장이 증가하고 떨림이 발생한다.
② 혈압은 변화되지 않고 일정하게 유지된다.
③ 피부 표면의 혈관들과 피하조직이 수축된다.
④ 부종, 저림, 가려움, 심한 통증 등이 생긴다.

*한랭환경(저온)에 의한 장해
① 근육 긴자이 증가하고 떨림이 발생한다.
② 혈압이 일시적으로 감소되며 신체 내 열을 보호한다.
③ 피부 표면의 혈관들과 피하조직이 수축된다.
④ 부종, 저림, 가려움, 심한 통증 등이 생긴다.
⑤ 말초혈관이 수축된다.
⑥ 갑상선을 자극하여 호르몬 분비가 증가한다.
⑦ 피부의 급성 일과성 염증반응은 한랭에 대한 폭로를 중지하면 2~3시간 이내에 없어진다.
⑧ 피부나 피하조직을 냉각시키는 환경온도 이하에서는 감염에 대한 저항력이 떨어지며 회복과정에 장해가 온다.
⑨ 저온환경에서는 근육활동, 조직대사가 증가되어 식욕이 항진된다.

72
작업장의 조도를 균등하게 하기 위하여 국소조명과 전체조명이 병용될 때, 일반적으로 전체 조명의 조도는 국부조명의 어느 정도가 적당한가?

① $\frac{1}{20} \sim \frac{1}{10}$
② $\frac{1}{10} \sim \frac{1}{5}$
③ $\frac{1}{5} \sim \frac{1}{3}$
④ $\frac{1}{3} \sim \frac{1}{2}$

전체조명의 조도는 국부조명에 의한 조도의 $\frac{1}{5} \sim \frac{1}{10}$ 정도 되도록 조절한다.

73
다음 중 소음에 의한 청력장해가 가장 잘 일어나는 주파수 대역은?

① $1000Hz$
② $2000Hz$
③ $4000Hz$
④ $8000Hz$

*C_5-dip 현상
소음성 난청 초기단계로서 4000Hz에서 청력장애가 커지는 현상

74
다음 중 감압과정에서 감압속도가 너무 빨라서 나타나는 종격기종, 기흉의 원인이 되는 것은?

① 질소
② 이산화탄소
③ 산소
④ 일산화탄소

질소의 감압속도가 너무 빠르면 종격기종, 기흉 등의 원인이 된다.

75

음향출력이 $1000W$ 인 음원이 반자유공간(반구면파)에 있을 때 $20m$ 떨어진 지점에서의 음의 세기는 약 얼마인가?

① $0.2\,W/m^2$ ② $0.4\,W/m^2$
③ $2.0\,W/m^2$ ④ $4.0\,W/m^2$

*음의 세기(I)

$$I = \frac{음향출력}{2\pi R^2} = \frac{1000}{2\pi \times 20^2} = 0.4\,W/m^2$$

76

다음에서 설명하는 고열 건강장해는?

> 고온 환경에서 강한 육체적 노동을 할 때 잘 발생하며, 지나친 발한에 의한 탈수와 염분소실이 발생하며 수의근의 유통성 경련증상이 나타나는 것이 특징이다.

① 열성 발진(heat rashes)
② 열사병(heat stroke)
③ 열 피로(heat fatigue)
④ 열 경련(heat cramps)

*열경련(Heat Cramp)
① 전형적인 열중증 상태로 고온환경에서 지속적으로 심한 육체노동을 하면 나타나며, 주로 작업 중 사용을 많이하는 근육에 발작적 경련이 발생하며, 특히 수분 및 혈중 염분 손실이 있을 때 발생한다.
② 증상으로는 체온이 정상 또는 약간 상승하며 혈중 염화이온(Cl^-) 농도가 현저히 감소되고, 낮은 혈중 염분 농도와 팔, 다리 근육경련이 일어나며 일시적으로 단백뇨를 배출한다.
③ 치료법으로는 수분이나 염화나트륨($NaCl$)을 보충하고, 바람이 잘 통하는 곳에 눕혀 안정시키며, 증상이 심하면 생리식염수를 정맥주사한다.

77

마이크로파와 라디오파에 관한 설명으로 옳지 않은 것은?

① 마이크로파의 주파수 대역은 $100 \sim 3000MHz$ 정도이며, 국가(지역)에 따라 범위의 규정이 각각 다르다.
② 라디오파의 파장은 $1MHz$와 자외선 사이의 범위를 말한다.
③ 마이크로파와 라디오파의 생체작용 중 대표적인 것은 온감을 느끼는 열작용이다.
④ 마이크로파의 생물학적 작용은 파장 뿐만 아니라 출력, 노출시간, 노출된 조직에 따라 다르다.

라디오파의 파장은 $10^2 Hz \sim 10^6 Hz$ 사이의 범위이다.

78

$18℃$ 공기 중에서 $800Hz$인 음의 파장은 약 몇 m인가?

① 0.35   ② 0.43
③ 3.5   ④ 4.3

*음의 파장(λ)

$C = f \times \lambda$

$$\therefore \lambda = \frac{C}{f} = \frac{331.42 + 0.6t}{f} = \frac{331.42 + 0.6 \times 18}{800} = 0.43m$$

여기서
C : 음속$[m/sec]$ ($= 331.42 + 0.6t$)
f : 주파수$[1/sec = Hz]$
λ : 파장$[m]$
t : 음전달 매질의 온도$[℃]$

75.② 76.④ 77.② 78.②

79

음압이 2배로 증가하면 음압레벨(sound pressure level)은 몇 dB 증가하는가?

① 2
② 3
③ 6
④ 12

＊음압수준(SPL)

$SPL = 20\log\left(\dfrac{P}{P_o}\right) = 20\log 2 = 6 dB$

80

고압환경의 영향 중 2차적인 가압 현상(화학적 장해)에 관한 설명으로 옳지 않은 것은?

① 4기압 이상에서 공기 중의 질소 가스는 마취 작용을 나타낸다
② 이산화탄소의 증가는 산소의 독성과 질소의 마취작용을 촉진시킨다.
③ 산소의 분압이 2기압을 넘으면 산소 중독 증세가 나타난다.
④ 산소중독은 고압산소에 대한 노출이 중지되어도 근육경련, 환청 등 후유증이 장기간 계속된다.

＊2차적 가압현상(화학적 장해)
고압 하의 대기가스 독성 때문에 나타나는 현상으로, 다음 3가지 현상이 발생한다.

질소 가스 마취	① 공기 중 질소가스는 4기압을 넘으면 마취 작용을 일으킨다. ② 사고력, 판단력, 기억력 저하, 불안, 공포감, 마약효과 등 증상이 일어난다. ③ 질소 마취증상은 대기압 조건으로 복귀하면 사라진다. (가역적이다.) ④ 질소가스 마취 증상이 있는 근로자에게 질소를 헬륨으로 대치한 공기를 호흡시키면 예방된다.
산소 중독	① 산소분압이 2기압을 넘으면 산소중독 증상이 일어난다. ② 시력장애, 정신혼란, 근육경련 등 증상이 일어난다. ③ 산소중독 증상은 고압산소에 대한 노출이 중지되면 증상이 즉시 멈춘다.
이산 화탄 소 중독	① 산소의 중독과 질소의 마취작용을 증가시키는 역할을 한다. ② 고압환경에서의 이산화탄소 농도가 0.2%를 초과해서는 안된다.

2022 1회차 산업위생관리기사 필기 기출문제
제 5과목 : 산업독성학

81
산업안전보건법령상 사람에게 충분한 발암성 증거가 있는 유해물질에 해당하지 않는 것은?

① 석면(모든 형태)
② 크롬광 가공(크롬산)
③ 알루미늄(용접 흄)
④ 황화니켈(흄 및 분진)

*발암성 확인물질(A1)
① 석면
② 벤지딘
③ 베릴륨
④ 우라늄
⑤ 염화비닐
⑥ 6가 크롬 화합물
⑦ 아크릴로니트릴
⑧ β-나프탈아민
⑨ 황화니켈 등

82
다음 설명에 해당하는 중금속은?

- 뇌홍의 제조에 사용
- 소화관으로는 2~7% 정도의 소량흡수
- 금속 형태는 뇌, 혈액, 심근에 많이 분포
- 만성노출시 식욕부진, 신기능부전, 구내염 발생

① 납(Pb)   ② 수은(Hg)
③ 카드뮴(Cd)   ④ 안티몬(Sb)

*수은(Hg)의 특징
① 상온에서 유일하게 액체상태로 존재하는 금속이다.
② 뇌산 수은(뇌홍)의 제조에 사용된다.
③ 온도계 제조, 농약 및 살충제 제조업, 치과용 아말감 산업, 페인트 제조업 등에 노출된다.
④ 연금술, 의약품 등에 가장 오래 사용해온 중금속 중 하나이며, 17세기 유럽에서 신사용 중절모자를 제작하는 데 사용하여 근육경련을 일으킨 사례가 있다.
⑤ 소화관으로는 2~7% 정도의 소량으로 흡수한다.
⑥ 금속 형태는 뇌, 혈액, 심근에 많이 분포한다.

83
골수장애로 재생불량성 빈혈을 일으키는 물질이 아닌 것은?

① 벤젠(benzene)
② 2-브로모프로판(2-bromopropane)
③ TNT(trinitrotoluene)
④ 2,4-TDI(Toluene-2,4-diisocyanate)

2,4-TDI(Toluene-2,3-diisocyanate)는 재생불량성 빈혈이 아닌 직업성 천식을 유발하는 유해물질이다.

84
호흡성 먼지(Respirable particulate mass)에 대한 미국 ACGIH의 정의로 옳은 것은?

① 크기가 10 ~ 100μm 도 코와 인후두를 통하여 기관지나 폐에 침착한다.
② 폐포에 도달하는 먼지로 입경이 7.1μm 미만인 먼지를 말한다.
③ 평균 입경이 4μm 이고, 공기역학적 직경이 10μm 미만인 먼지를 말한다.
④ 평균 입경이 10μm 인 먼지로 흉곽성(thoracic) 먼지라고도 한다.

*입자상물질의 입자크기별 분류

분진의 종류	설명
흡입성 입자상 물질 (IPM : Inspirable Particulates Mass)	호흡기 어느부위(비강, 인후두, 기관 등)에 침착하더라도 독성을 유발하는 분진으로 입경범위가 0~100μm이며, 평균 입경은 100μm이다.
흉곽성 입자상 물질 (TPM : Thoracic Particulates Mass)	기도나 하기도에 침착하여 독성을 나타내는 물질로 입경범위가 0~10μm이며, 평균 입경은 10μm이다.
호흡성 입자상 물질 (RPM : Respirable Particulates Mass)	가스 교환부위, 즉 폐포에 침착할 때 유해한 물질로 입경범위가 0~4μm이며, 평균 입경은 4μm이며, 폐포에 침착하여 진폐증을 유발하고, 채취기구는 10mm nylon cyclone이다.

85

무기성 분진에 의한 진폐증이 아닌 것은?

① 규폐증(silicosis)
② 연초폐증(tabacosis)
③ 흑연폐증(graphite lung)
④ 용접공폐증(welder's lung)

*분진 종류에 따른 진폐증 분류

무기성(광물성)분진에 의한 진폐증 (교원성 진폐증)	유기성 분진에 의한 진폐증 (비교원성 진폐증)
① 규폐증 ② 규조토폐증 ③ 탄소폐증 ④ 석면폐증 ⑤ 용접공폐증 ⑥ 탄광부 진폐증 ⑦ 베릴륨폐증 ⑧ 철폐증 ⑨ 활석폐증 ⑩ 흑연폐증 ⑪ 주석폐증 ⑫ 칼륨폐증 ⑬ 바륨폐증	① 농부폐증 ② 연초폐증 ③ 면폐증 ④ 설탕폐증 ⑤ 목재분진폐증 ⑥ 모발분진 폐증

86

생물학적 모니터링에 관한 설명으로 옳지 않은 것을 모두 고른 것은?

(A) : 생물학적 검체인 호기, 소변, 혈액 등에서 결정인자를 측정하여 노출 정도를 추정하는 방법이다.
(B) : 결정인자는 공기 중에서 흡수된 화학물질이나 그것의 대사산물 또는 화학물질에 의해 생긴 비가역적인 생화학적 변화이다.
(C) : 공기 중의 농도를 측정하는 것이 개인의 건강위험을 보다 직접적으로 평가할 수 있다.
(D) : 목적은 화학물질에 대한 현재나 과거의 노출이 안전한 것인지를 확인하는 것이다.
(E) : 공기 중 노출기준이 설정된 화학물질의 수만큼 생물학적 노출기준(BEI)이 있다.

① (A), (B), (C)
② (A), (C), (D)
③ (B), (C), (E)
④ (B), (D), (E)

(B)
결정인자는 공기 중에서 흡수된 화학물질이나 그것의 대사산물 또는 화학물질에 의해 생긴 가역적인 생화학적 변화이다.
(C)
공기 중의 농도를 측정하는 것이 개인의 건강위험을 보다 간접적으로 평가할 수 있다.
(E)
공기 중 노출기준이 설정된 화학물질의 수가 생물학적 노출기준(BEI)보다 많다.

87

체내에 노출되면 metallothionein 이라는 단백질을 합성하여 노출된 중금속의 독성을 감소시키는 경우가 있는데 이에 해당되는 중금속은?

① 납
② 니켈
③ 비소
④ 카드뮴

카드뮴이 체내에 노출되면 metallothionein 이라는 단백질을 합성하여 노출된 중금속의 독성을 감소시킨다.

88

산업안전보건법령상 다음 유해물질 중 노출기준 (ppm)이 가장 낮은 것은?
(단, 노출기준은 TWA기준이다.)

① 오존(O_3)
② 암모니아(NH_3)
③ 염소(Cl_2)
④ 일산화탄소(CO)

*노출기준 비교

유해물질	노출기준[ppm]
오존(O_3)	0.08
암모니아(NH_3)	25
염소(Cl_2)	0.5
일산화탄소(CO)	30

89

유해인자에 노출된 집단에서의 질병 발생률과 노출되지 않은 집단에서 질병 발생률과의 비를 무엇이라 하는가?

① 교차비
② 발병비
③ 기여위험도
④ 상대위험도

*상대위험도(비교위험도)
비노출군에 비해 노출군에서 질병에 걸릴 위험이 얼마나 큰지 나타낸다.

$$상대위험도 = \frac{노출군에서\ 질병발생률}{비노출군에서\ 질병발생률}$$

- 상대위험비=1 : 노출과 질병 사이의 연관성이 없음
- 상대위험비>1 : 위험이 증가
- 상대위험비<1 : 질병에 대한 방어효과가 있음

90

수은중독의 예방대책이 아닌 것은?

① 수은 주입과정을 밀폐공간 안에서 자동화한다.
② 작업장 내에서 음식물 섭취와 흡연 등의 행동을 금지한다.
③ 수은취급 근로자의 비점막 궤양 생성여부를 면밀히 관찰한다.
④ 작업장에 흘린 수은은 신체가 닿지 않는 방법으로 즉시 제거한다.

*수은중독 예방대책
① 수은 주입과정을 밀폐공간 안에서 자동화
② 작업장 내 음식물 먹거나 흡연 금지
③ 작업장에 흘린 수은은 신체가 닿지 않는 방법으로 즉시 제거
④ 채용 시 및 정기적 건강진단 실시
⑤ 수은에 대한 교육 실시
⑥ 고농도 작업 시 호흡용 보호구 착용
⑦ 작업 후 목욕하고 작업복 매일 새것 착용
⑧ 수거한 수은은 물통에 보관
⑨ 수은이 외부로 노출되는 것을 방지
⑩ 실내 온도를 가능한 한 낮추고 일정하게 유지
⑪ 수은증기 발생 상방에 국소배기장치 설치
⑫ 공정은 수은을 사용하지 않는 공정으로 변경

91

일산화탄소 중독과 관련이 없는 것은?

① 고압산소실
② 카나리아새
③ 식염의 다량투여
④ 카르복시헤모글로빈(carboxyhemoglobin)

식염의 다량투여는 고열장애(고온장애)와 연관있다

92

유해물질이 인체에 미치는 영향을 결정하는 인자와 가장 거리가 먼 것은?

① 개인의 감수성
② 유해물질의 독립성
③ 유해물질의 농도
④ 유해물질의 노출시간

*유해물질의 독성을 결정하는 인자
(인체에 미치는 영향인자)
① 작업강도
② 기상조건
③ 개인 감수성
④ 노출농도
⑤ 노출시간
⑥ 호흡량
⑦ 인체 침입경로

93

유기용제의 흡수 및 대사에 관한 설명으로 옳지 않은 것은?

① 유기용제가 인체로 들어오는 경로는 호흡기를 통한 경우가 가장 많다.
② 대부분의 유기용제는 물에 용해되어 지용성 대사산물로 전환되어 체외로 배설된다.
③ 유기용제는 휘발성이 강하기 때문에 호흡기를 통하여 들어간 경우에 다시 호흡기로 상당량이 배출된다.
④ 체내로 들어온 유기용제는 산화, 환원, 가수분해로 이루어지는 생전환과 포합체를 형성하는 포합반응인 두 단계의 대사과정을 거친다.

대부분의 유기용제는 간에서 대사하고 지용성 용제는 수용성의 대사물질로 전환되어 신장을 통해 체외로 배설된다.

94

벤젠의 생물학적 지표가 되는 대사물질은?

① Phenol
② Coproporphyrin
③ Hydroquinone
④ 1,2,4 - Trihydroxybenzene

*방향족 탄화수소의 종류

종류	설명
벤젠	① 방향족 탄화수소 중 저농도에 장기간 노출되어 만성중독을 일으키는 경우에 가장 위험하다. ② 만성장해로서 조혈장해(백혈구 감소, 재생불량성 빈혈 등)를 가장 잘 유발시킨다. ③ 혈액조직에서 벤젠이 유발하는 독성작용은 백혈구 수의 감소로 인한 응고 작용 결핍 등이다. ④ 벤젠은 영구적인 혈액장애를 일으킨다. ⑤ 벤젠은 주로 페놀로 대사되며 페놀은 벤젠의 생물학적 노출지표로 이용된다.
톨루엔	① 방향족 탄화수소 중 급성전신중독을 일으키는데 독성이 가장 강하다. ② 벤젠보다 더 강력한 중추신경억제제이다. ③ 영구적인 혈액장애나 골수장애가 일어나지 않는다. ④ 주로 간에서 o-크레졸로 되어 뇨로 배설된다.

95

다핵방향족 탄화수소(PAHs)에 대한 설명으로 옳지 않은 것은?

① 벤젠고리가 2개 이상이다.
② 대사가 활발한 다핵 고리화합물로 되어있으며 수용성이다.
③ 시토크롬(cytochrome) P-450의 준개체단에 의하여 대사된다.
④ 철강 제조업에서 석탄을 건류할 때나 아스팔트를 콜타르 피치로 포장할 때 발생된다.

*다핵(다환) 방향족 탄화수소류(PAHs)
① 2개 이상의 벤젠고리로 구성된 화합물이다.
② 대사가 거의 되지 않아 방향족 고리로 구성되어 있다.
③ 굴뚝 청소, 아스팔트 포장, 석탄건류, 연소공정, 흡연, 코크스제조공정 등에서 주로 생성된다.

92.② 93.② 94.① 95.②

④ 배설하기 쉽게 하기 위하여 수용성으로 대사된다.
⑤ 대사 중에 산화아렌(Arene Oxide)을 생성하고 잠재적 독성이 있다.
⑥ 비극성 지용성 화합물로 소화관을 통해 흡수된다.
⑦ 종류로는 나프탈렌, 벤조피렌 등 20여가지 이상이 있다.

96

증상으로는 무력증, 식욕감퇴, 보행장해 등의 증상을 나타내며, 계속적인 노출시에는 파킨슨씨 증상을 초래하는 유해물질은?

① 망간
② 카드뮴
③ 산화칼륨
④ 산화마그네슘

*망간중독의 증세
① 급성중독
  ㉠ 금속열 유발
  ㉡ 정신병 유발
② 만성중독
  ㉠ 파킨슨증후군 유발
  ㉡ 손 떨림, 중풍 유발
  ㉢ 안면변화 및 배근력 저하
  ㉣ 언어장애 및 균형감각 상실 증상 유발

97

다음 중 중추신경 활성억제 작용이 가장 큰 것은?

① 알칸
② 알코올
③ 유기산
④ 에테르

*유기용제의 중추신경계 마취작용 순서

작용	순서
억제 작용 순서	알칸 < 알켄 < 알코올< 유기산 < 에스테르 < 에테르 < 할로겐화합물
자극 작용 순서	알칸 < 알코올 < 알데히드 < 케톤 < 유기산 < 아민류

98

산업안전보건법령상 기타 분진의 산화규소 결정체 함유율과 노출기준으로 옳은 것은?

① 함유율: 0.1% 이상, 노출기준: $5mg/m^3$
② 함유율: 0.1% 이하, 노출기준: $10mg/m^3$
③ 함유율: 1% 이상, 노출기준: $5mg/m^3$
④ 함유율: 1% 이하, 노출기준: $10mg/m^3$

*산화규소결정체
함유율 1% 이하, 노출기준 $10mg/m^3$ 이하

99

단순 질식제로 볼 수 없는 것은?

① 오존
② 메탄
③ 질소
④ 헬륨

*질식제
조직 내 산화작용을 방해하는 물질

질식제의 구분	
단순 질식제	생리적으로 아무 작용하지 않으나 공기 중에 많이 존재하여 산소분압을 감소시켜 조직에 필요한 산소의 공급부족을 유발한다. ① 이산화탄소(CO_2) ② 메탄(CH_4) ③ 질소(N_2) ④ 수소(H_2) ⑤ 에탄(C_2H_6) ⑥ 프로판(C_3H_8) ⑦ 에틸렌(C_2H_4) ⑧ 아세틸렌(C_2H_2) ⑨ 헬륨(He)
화학적 질식제	산소운반 능력을 방해하거나 조직이 산소를 받아들이는 능력을 저하시켜 내질식을 일으킨다. ① 일산화탄소(CO) ② 황화수소(H_2S) ③ 시안화수소(HCN) ④ 아닐린($C_6H_5NH_2$) ⑤ 염소(Cl) ⑥ 포스겐($COCl_2$)

96.① 97.④ 98.④ 99.①

100
금속의 일반적인 독성작용 기전으로 옳지 않은 것은?

① 효소의 억제
② 금속평형의 파괴
③ DNA 염기의 대체
④ 필수 금속성분의 대체

*중금속의 독성기전

독성기전	설명
효소의 억제	대부분의 중금속은 단백질과 직접적으로 반응하여 효소구조 및 기능을 변화시킨다.
금속 평형의 파괴	어떠한 중금속이 지나치게 공급되면 생물학적 단계의 필수금속이 과잉 및 고갈된다.
필수 금속성분 대체	필수금속과 화학적으로 유사한 중금속이 필수금속을 대체한다.
간접 영향	대부분의 중금속은 세포성분의 역할을 변화시킨다.

2022 2회차

산업위생관리기사 필기 기출문제
제 1과목 : 산업위생학개론

01
현재 총 흡음량이 $1200 sabins$인 작업장의 천장에 흡음 물질을 첨가하여 $2400 sabins$를 추가할 경우 예측되는 소음감음량은(NR)은 약 몇 dB인가?

① 2.6 ② 3.5
③ 4.8 ④ 5.2

*실내소음 저감량(NR)

$$NR = SPL_1 - SPL_2 = 10\log\left(\frac{A_2}{A_1}\right) = 10\log\left(\frac{A_1 + A_\alpha}{A_1}\right)$$
$$= 10\log\left(\frac{1200 + 2400}{1200}\right) = 4.8 dB$$

02
젊은 근로자에 있어서 약한 쪽 손의 힘은 평균 $45kp$라고 한다. 이러한 근로자가 무게 $8kg$인 상자를 양손으로 들어 올릴 경우 작업강도 ($\%MS$)는 약 얼마인가?

① 17.8% ② 8.9%
③ 4.4%   ④ 2.3%

*작업강도(%MS)

$$\%MS = \frac{RF}{MS} \times 100 = \frac{8 \div 2}{45} \times 100 = 8.9\% MS$$

여기서,
RF : 작업 시 한 손에 요구되는 힘
MS : 근로자가 가지고 있는 약한 손의 최대 힘

03
누적외상성 질환(CTDs) 또는 근골격계질환(MSDs)에 속하는 것으로 보기 어려운 것은?

① 건초염(Tendosynoitis)
② 스티븐스존슨증후군(Stevens Johnson syndrome)
③ 손목뼈터널증후군(Carpal tunnel syndrome)
④ 기용터널증후군(Guyon tunnel syndrome)

*스티븐슨존슨 증후군
피부병이 악화된 상태로 피부의 탈락을 유발하는 심각한 급성 피부 점막 전신 질환으로 대부분 약물에 의해 발생하며, 누적외상성질환(CTDs) 또는 근골격계질환(MSDs)와 무관하다.

04
심리학적 적성검사에 해당하는 것은?

① 지각동작검사 ② 감각기능검사
③ 심폐기능검사 ④ 체력검사

*적성검사 분류 및 특성

신체검사	생리학적 기능검사	심리학적 기능검사
- 체격검사	- 감각기능검사 - 심폐기능검사 - 체력검사	- 지능검사 - 지각동작검사 - 인성검사 - 기능검사

01.③ 02.② 03.② 04.①

05

산업위생의 4가지 주요 활동에 해당하지 않는 것은?

① 예측 ② 평가
③ 관리 ④ 제거

> ***산업위생의 정의(AIHA)**
> 근로자나 일반 대중에게 질병, 건강장애와 안녕방해, 심각한 불쾌감 및 능률 저하 등을 초래하는 작업환경요인과 스트레스를 예측, 측정, 평가하고 관리하는 과학과 기술이다.

06

사고예방대책의 기본원리 5단계를 순서대로 나열한 것으로 옳은 것은?

① 사실의 발견 → 조직 → 분석 → 시정책(대책)의 선정 → 시정책(대책)의 적용
② 조직 → 분석 → 사실의 발견 → 시정책(대책)의 선정 → 시정책(대책)의 적용
③ 조직 → 사실의 발견 → 분석 → 시정책(대책)의 선정 → 시정책(대책)의 적용
④ 사실의 발견 → 분석 → 조직 → 시정책(대책)의 선정 → 시정책(대책)의 적용

> ***하인리히의 사고방지 5단계**
> 1단계 : 안전조직
> 2단계 : 사실의 발견
> 3단계 : 분석평가
> 4단계 : 시정방법 선정
> 5단계 : 시정책 적용

07

산업안전보건법령상 보건관리자의 자격 기준에 해당하지 않는 사람은?

① 「의료법」에 따른 의사
② 「의료법」에 따른 간호사
③ 「국가기술자격법」에 따른 환경기능사
④ 「산업안전보건법」에 따른 산업보건지도사

> ***보건관리자의 자격**
> ① 산업보건지도사
> ② 「의료법」에 따른 의사
> ③ 「의료법」에 따른 간호사
> ④ 「국가기술자격법」에 따른 산업위생관리산업기사 또는 대기환경산업기사 이상의 자격을 취득한 사람
> ⑤ 「국가기술자격법」에 따른 인간공학기사 이상의 자격을 취득한 사람
> ⑥ 「고등교육법」에 따른 전문대학 이상의 학교에서 산업보건 또는 산업위생 분야의 학위를 취득한 사람

08

근육운동의 에너지원 중 혐기성대사의 에너지원에 해당되는 것은?

① 지방 ② 포도당
③ 단백질 ④ 글리코겐

> ***근육운동에 필요한 에너지원(근육의 대사과정)**
>
> | 혐기성 대사 | 호기성 대사 |
> |---|---|
> | ① 근육에 저장된 화학적 에너지 | ① 대사과정을 거쳐 생성된 에너지 |
> | ② 혐기성 대사 순서 ATP(아데노신 삼인산) → CP(크레아틴 인산) → Glycogen(글리코겐) or Glucose(포도당) | ② 호기성 대사 순서 [포도당, 단백질, 지방] + 산소 → 에너지원 |

09

산업재해의 기본원인을 4M(Management, Machine, Media, Man)이라고 할 때 다음 중 Man(사람)에 해당되는 것은?

① 안전교육과 훈련의 부족
② 인간관계·의사소통의 불량
③ 부하에 대한 지도·감독부족
④ 작업자세·작업동작의 결함

*4M 위험성평가 기법

4M의 종류	설명
Man (사람)	작업자의 불안전 행동을 유발시키는 인적위험 평가
Machine (설비)	모든 생산설비의 불안전 상태를 유발시키는 설계, 제작, 안전장치 등 포함한 기계자체 및 기계주변의 위험 평가
Media (작업)	소음, 분진, 유해물질 등 작업환경 평가
Management (관리)	안전의식 해이로 사고를 유발시키는 관리적인 사항 평가

인간관계·의사소통의 불량 - Man

10

직업성 질환의 범위에 해당되지 않는 것은?

① 합병증
② 속발성 질환
③ 선천적 질환
④ 원발성 질환

선천적 질환은 직업성 질환의 범위에 해당되지 않는다.

11

18세기에 Percivall Pott가 어린이 굴뚝청소부에게서 발견한 직업성 질환은?

① 백혈병
② 골육종
③ 진폐증
④ 음낭암

*포트(Percivall Pott)
직업성 암을 최초로 보고하였으며, 어린이 굴뚝청소부에게 많이 발생하는 음낭암을 발견하여 암의 원인물질은 검댕속 여러 종류의 PAH(다환 방향족 탄화수소)으로 이후 1788년에 굴뚝청소부법을 제정하도록 하였다.

12

산업피로의 대책으로 적합하지 않은 것은?

① 불필요한 동작을 피하고 에너지 소모를 적게 한다.
② 작업과정에 따라 적절한 휴식시간을 가져야 한다.
③ 작업능력에는 개인별 차이가 있으므로 각 개인마다 작업량을 조정해야 한다.
④ 동적인 작업은 피로를 더하게 하므로 가능한 한 정적인 작업으로 전환한다.

*산업피로의 예방과 대책
① 작업과정에 적절한 간격으로 휴식시간을 둔다.
② 각 개인에 따라 작업량을 조절한다.
③ 개인의 숙련도 등에 따라 작업속도를 조절한다.
④ 불필요한 동작을 피하여 에너지 소모를 적게 한다.
⑤ 작업시작 전후에 간단한 체조를 한다.
⑥ 동적인 작업과 정적인 작업을 적절하게 혼합하여 배치한다.
⑦ 커피, 홍차, 엽차 및 비타민 B을 공급한다.
⑧ 야간근무의 연속일수는 2~3일로 한다.
⑨ 작업 환경을 정리, 정돈한다.

13

미국산업위생학술원(AAIH)에서 채택한 산업위생분야에 종사하는 사람들이 지켜야 할 윤리강령에 포함되지 않는 것은?

① 국가에 대한 책임
② 전문가로서의 책임
③ 일반 대중에 대한 책임
④ 기업주와 고객에 대한 책임

*산업위생전문가의 윤리강령 종류
① 산업위생전문가로서의 책임
② 근로자에 대한 책임
③ 기업주와 고객에 대한 책임
④ 일반 대중에 대한 책임

14
사무실 공기관리 지침상 근로자가 건강장해를 호소하는 경우 사무실 공기관리 상태를 평가하기 위해 사업주가 실시해야 하는 조사 항목으로 옳지 않은 것은?

① 사무실 조명의 조도 조사
② 외부의 오염물질 유입경로 조사
③ 공기정화시설 환기량의 적정여부 조사
④ 근로자가 호소하는 증상(호흡기, 눈, 피부자극 등)에 대한 조사

*사무실 공기관리 상태 평가방법
① 외부의 오염물질 유입경로의 조사
② 공기정화시설의 환기량이 적정한지 조사
③ 근로자가 호소하는 증상에 대한 조사
④ 사무실 내 오염물질 조사

15
ACGIH에서 제정한 TLVs(Threshold Limit Values)의 설정근거가 아닌 것은?

① 동물실험자료   ② 인체실험자료
③ 사업장 역학조사   ④ 선진국 허용기준

*ACGIH에서 TLV 설정, 개정 시에 이용되는 자료
① 사업장 역학조사 자료
② 동물실험 자료
③ 인체실험 자료

16
다음 중 점멸 – 융합 테스트(Flicker test)의 용도로 가장 적합한 것은?

① 진동 측정   ② 소음 측정
③ 피로도 측정   ④ 열중증 판정

*점멸-융합 테스트(Flicker Test)
피로의 생리학적 측정방법의 하나이며 인간의 지각기능을 측정하는 검사이다.

17
산업안전보건법령상 물질안전보건자료 작성 시 포함되어야 할 항목이 아닌 것은?
(단, 그 밖의 참고사항은 제외한다.)

① 유해성·위험성
② 안정성 및 반응성
③ 사용빈도 및 타당성
④ 노출방지 및 개인보호구

*물질안전보건자료(MSDS) 작성항목
① 화학제품과 회사에 관한 정보
② 유해성·위험성
③ 구성성분의 명칭 및 함유량
④ 응급조치요령
⑤ 폭발·화재시 대처방법
⑥ 누출사고시 대처방법
⑦ 취급 및 저장방법
⑧ 노출방지 및 개인보호구
⑨ 물리화학적 특성
⑩ 안정성 및 반응성
⑪ 독성에 관한 정보
⑫ 환경에 미치는 영향
⑬ 폐기 시 주의사항
⑭ 운송에 필요한 정보
⑮ 법적규제 현황
⑯ 그 밖의 참고사항

18

직업병의 원인이 되는 유해요인, 대상 직종과 직업병 종류의 연결이 잘못된 것은?

① 면분진 - 방직공 - 면폐증
② 이상기압 - 항공기조종 - 잠함병
③ 크롬 - 도금 - 피부점막 궤양, 폐암
④ 납 - 축전지제조 - 빈혈, 소화기장애

이상기압 - 항공기조종 - 항공치통, 항공이염, 항공부비감염 등

19

산업안전보건법령상 특수건강진단 대상자에 해당하지 않는 것은?

① 고온환경 하에서 작업하는 근로자
② 소음환경 하에서 작업하는 근로자
③ 자외선 및 적외선을 취급하는 근로자
④ 저기압 하에서 작업하는 근로자

*특수건강진단 대상자(물리적 인자)
① 소음환경 하에서 작업하는 근로자
② 진동환경 하에서 작업하는 근로자
③ 방사선환경 하에서 작업하는 근로자
④ 저기압 또는 고기압 하에서 작업하는 근로자
⑤ 유해광선(자외선, 적외선, 마이크로파 및 라디오파) 환경 하에서 작업하는 근로자

20

방직공장의 면분진 발생 공정에서 측정한 공기 중 면분진 농도가 2시간은 $2.5mg/m^3$, 3시간은 $1.8mg/m^3$, 3시간은 $2.6mg/m^3$ 일 때, 해당 공정의 시간가중평균노출기준 환산값은 약 얼마인가?

① $0.86mg/m^3$ ② $2.28mg/m^3$
③ $2.35mg/m^3$ ④ $2.60mg/m^3$

*시간가중평균노출기준(TWA)
$$TWA = \frac{C_1T_1 + C_2T_2 + \cdots\cdots + C_nT_n}{8}$$
$$= \frac{2.5 \times 2 + 1.8 \times 3 + 2.6 \times 3}{8} = 2.28mg/m^3$$

여기서,
C: 유해인자의 측정치$[mg/m^3]$
T: 유해인자의 발생시간[시간]

18.② 19.① 20.②

제 2과목 : 작업위생측정 및 평가

21
작업환경측정치의 통계처리에 활용되는 변이계수에 관한 설명과 가장 거리가 먼 것은?

① 평균값의 크기가 0에 가까울수록 변이계수의 의의는 작아진다.
② 측정단위와 무관하게 독립적으로 산출되며 백분율로 나타낸다.
③ 단위가 서로 다른 집단이나 특성값의 상호 산포도를 비교하는데 이용될 수 있다.
④ 편차의 제곱 합들의 평균값으로 통계집단의 측정값들에 대한 균일성, 정밀도 정도를 표현한다.

*변이계수(CV)
통계집단의 측정값들에 대한 균일성과 정밀성의 정도를 표현한 값

① 정밀도를 평가하는 계수이고, 측정자료가 데이터로서 가치가 있음을 나타내는 자료이다.
② 평균값의 크기가 0에 가까울수록 변이계수의 의미는 작아진다.
③ 단위가 서로 다른 집단이나 특성값의 상호 산포도를 비교하는 데 이용된다.
④ 변이계수가 작을수록 자료들이 평균 주위에 가깝게 분포한다는 의미를 나타낸다.
⑤ 측정단위와 무관하게 독립적으로 산출되며 백분율로 나타낸다.

22
산업안전보건법령상 1회라도 초과노출되어서는 안 되는 충격소음의 음압수준($dB(A)$) 기준은?

① 120 ② 130
③ 140 ④ 150

*소음작업
1일 8시간 작업을 기준하여 85dB 이상의 소음이 발생하는 작업

① 강렬한 소음작업

데시벨(이상)	발생시간(1일 기준)
90dB	8시간 이상
95dB	4시간 이상
100dB	2시간 이상
105dB	1시간 이상
110dB	30분 이상
115dB	15분 이상

② 충격 소음작업

데시벨(이상)	발생시간(1일 기준)
120dB	10000회 이상
130dB	1000회 이상
140dB	100회 이상

23
예비조사 시 유해인자 특성파악에 해당되지 않는 것은?

① 공정보고서 작성
② 유해인자의 목록 작성
③ 월별 유해물질 사용량 조사
④ 물질별 유해성 자료 조사

*예비조사 시 유해인자 특성파악
① 유해인자의 목록 작성
② 월별 유해물질 사용량 조사
③ 물질별 유해성 자료 조사

21.④ 22.③ 23.①

24

분석에서 언급되는 용어에 대한 설명으로 옳은 것은?

① LOD는 LOQ의 10배로 정의하기도 한다.
② LOQ는 분석결과가 신뢰성을 가질 수 있는 양이다.
③ 회수율(%)은 첨가량/분석량×100으로 정의된다.
④ LOQ란 검출한계를 말한다.

> ① LOQ는 LOD의 3배 또는 3.3배이다.
> ③ 회수율[%] = $\frac{\text{분석량}}{\text{첨가량}} \times 100$
> ④ LOQ란 정량한계를 말한다.

25

작업환경 내 유해물질 노출로 인한 위험성(위해도)의 결정 요인은?

① 반응성과 사용량
② 위해성과 노출요인
③ 노출기준과 노출량
④ 반응성과 노출기준

> *위해도 결정요인
> 위해성과 노출요인

26

AIHA에서 정한 유사노출군(SEG)별로 노출농도 범위, 분포 등을 평가하며 역학조사에 가장 유용하게 활용되는 측정방법은?

① 진단모니터링
② 기초모니터링
③ 순응도(허용기준 초과여부)모니터링
④ 공정안전조사

> *기초모니터링
> AIHA에서 정한 유사노출군(SEG)별로 노출농도 범위, 분포 등을 평가하며 역학조사에 가장 유용하게 활용되는 측정방법

27

알고 있는 공기 중 농도를 만드는 방법인 Dynamic Method에 관한 내용으로 틀린 것은?

① 만들기가 복잡하고 가격이 고가이다.
② 온습도 조절이 가능하다.
③ 소량의 누출이나 벽면에 의한 손실은 무시할 수 있다.
④ 대개 운반용으로 제작하기가 용이하다.

> *Dynamic Method
> ① 희석공기와 오염물질을 연속적으로 흘려주어 연속적으로 일정한 농도를 유지하면서 만드는 방법이다.
> ② 소량의 누출이나 벽면에 의한 손실은 무시할 수 있다.
> ③ 만들기가 복잡하고, 가격이 고가이다.
> ④ 다양한 농도범위에서 제조 가능하다.
> ⑤ 온습도 조절이 가능하다.
> ⑥ 운반용으로 제작되지 않는다.
> ⑦ 가스, 증기, 에어로졸 등 다양한 실험이 가능하다.
> ⑧ 지속적인 모니터링이 필요하다.

28

기체크로마토그래피 검출기 중 PCBs나 할로겐 원소가 포함된 유기계 농약성분을 분석할 때 가장 적당한 것은?

① NPD(질소 인 검출기)
② ECD(전자포획 검출기)
③ FID(불꽃 이온화 검출기)
④ TCD(열전도 검출기)

> *ECD(전자포획 검출기)
> PCBs나 할로겐 원소가 포함된 유기계 농약성분 등을 분석할 때 사용하는 검출기

29

호흡성 먼지(RPM)의 입경(μm) 범위는?
(단, 미국 ACGIH 정의 기준)

① 0 ~ 10　　② 0 ~ 20
③ 0 ~ 25　　④ 10 ~ 100

*입자상물질의 입자크기별 분류

분진의 종류	설명
흡입성 입자상 물질 (IPM : Inspirable Particulates Mass)	호흡기 어느부위(비강, 인후두, 기관 등)에 침착하더라도 독성을 유발하는 분진으로 입경범위가 0~100μm이며, 평균 입경은 100μm이다.
흉곽성 입자상 물질 (TPM : Thoracic Particulates Mass)	기도나 하기도에 침착하여 독성을 나타내는 물질로 입경범위가 0~10μm이며, 평균 입경은 10μm이다.
호흡성 입자상 물질 (RPM : Respirable Particulates Mass)	가스 교환부위, 즉 폐포에 침착할 때 유해한 물질로 입경범위가 0~4μm이며, 평균 입경은 4μm이며, 폐포에 침착하여 진폐증을 유발하고, 채취기구는 10mm nylon cyclone이다.

보기 중 가장 근사한 답은 1번이다.

30

원자흡광광도계의 표준시약으로서 적당한 것은?

① 순도가 1급 이상인 것
② 풍화에 의한 농도변화가 있는 것
③ 조해에 의한 농도변화가 있는 것
④ 화학변화 등에 의한 농도변화가 있는 것

원자흡광광도계의 표준시약으로 순도가 1급 이상인 것이 적당하다.

31

공기 중 acetone $500 ppm$, sec-butyl acetate $100 ppm$ 및 methyl ketone $150 ppm$이 혼합물로서 존재할 때 복합노출지수(ppm)는?
(단, acetone, sec-butyl acetate 및 methyl ethyl ketone의 TLV는 각각 750, 200, 200ppm이다.)

① 1.25　　② 1.56
③ 1.74　　④ 1.92

*혼합물의 노출기준(EI)

$$EI = \frac{C_1}{T_1} + \frac{C_2}{T_2} + \cdots + \frac{C_n}{T_n} = \frac{500}{750} + \frac{100}{200} + \frac{150}{200} = 1.92$$

32

화학공장의 작업장 내에 Toluene 농도를 측정하였더니 5, 6, 5, 6, 6, 6, 4, 8, 9, 20ppm일 때, 측정치의 기하표준편차(GSD)는?

① 1.6　　② 3.2
③ 4.8　　④ 6.4

*기하표준편차(GSD)

$$GM = \sqrt[N]{X_1 \times X_2 \times \cdots \times X_n}$$

$$= \sqrt[10]{5 \times 6 \times 5 \times 6 \times 6 \times 6 \times 4 \times 8 \times 9 \times 20} = 6.72 ppm$$

$\therefore GSD$

$$= \sqrt{\frac{(\log X_1 - \log GM)^2 + \cdots (\log X_N - \log GM)^2}{N-1}}$$

$$= \sqrt{\frac{\begin{array}{l}(\log 5 - \log 6.72)^2 + (\log 6 - \log 6.72)^2 + (\log 5 - \log 6.72)^2 + \\ (\log 6 - \log 6.72)^2 + (\log 6 - \log 6.72)^2 + (\log 6 - \log 6.72)^2 + \\ (\log 4 - \log 6.72)^2 + (\log 8 - \log 6.72)^2 + (\log 9 - \log 6.72)^2 + \\ (\log 20 - \log 6.72)^2\end{array}}{10-1}}$$

$= 0.206$
$\therefore GSD = 10^{0.206} = 1.6$

여기서,
X : 측정치
N : 측정치의 개수
GSD : 기하표준편차
GM : 기하평균

33
고열장해와 가장 거리가 먼 것은?

① 열사병　　　　② 열경련
③ 열호족　　　　④ 열발진

*고열장해의 종류
① 열사병
② 열경련
③ 열발진
④ 열피로
⑤ 열실신
⑥ 열쇠약

34
산업안전보건법령상 누적소음노출량 측정기로 소음을 측정하는 경우의 기기설정값은?

- Criteria (Ⓐ)dB
- Exchange Rate (Ⓑ)dB
- Threshold (Ⓒ)dB

① Ⓐ : 80, Ⓑ : 10, Ⓒ : 90
② Ⓐ : 90, Ⓑ : 10, Ⓒ : 80
③ Ⓐ : 80, Ⓑ : 4, Ⓒ : 90
④ Ⓐ : 90, Ⓑ : 5, Ⓒ : 80

*누적소음노출량 측정기 설정
① Criteria : 90dB
② Exchange Rate : 5dB
③ Threshold : 80dB

35
직경분립충돌기에 관한 설명으로 틀린 것은?

① 흡입성, 흉곽성, 호흡성 입자의 크기별 분포와 농도를 계산할 수 있다.
② 호흡기의 부분별로 침착된 입자 크기를 추정할 수 있다.
③ 입자의 질량크기분포를 얻을 수 있다.
④ 되튐 또는 과부하로 인한 시료 손실이 비교적 정확한 측정이 가능하다.

*직경분립 충돌기(=입경분립 충돌기, cascade impactor)
① 흡입성·흉곽성·호흡성 입자상 물질의 크기별로 측정하는 기구이다.
② 공기흐름이 층류일 때 입자가 관성력에 의하여 시료채취가 표면에 충돌하여 채취하는 원리이다.
③ 장점
　㉠ 입자의 질량 크기 분포를 얻을 수 있다.
　㉡ 호흡기의 부분별로 침착된 입자 크기의 자료를 추정할 수 있다.
　㉢ 흡입성·흉곽성·호흡성 입자 크기별로 분포 및 농도를 계산할 수 있다.
④ 단점
　㉠ 시료채취가 까다롭다.
　㉡ 비용이 많이 든다.
　㉢ 채취 준비시간이 많이 든다.
　㉣ 되튐으로 인한 시료의 손실이 일어나 과소분석 결과를 초래할 수 있어 유량을 2L/min 이하로 채취하여야 한다.

36
옥외(태양광선이 내리쬐지 않는 장소)의 온열조건이 아래와 같을 때, WBGT(℃)는?

[조건]
- 건구온도 : 30℃
- 흑구온도 : 40℃
- 자연습구온도 : 25℃

① 26.5　　　　② 29.5
③ 33　　　　　④ 55.5

*습구흑구온도지수(WBGT)

① 태양광선이 내리쬐는 옥외 장소
$WBGT(℃)$
$= 0.7×자연습구온도+0.2×흑구온도+0.1×건구온도$

② 태양광선이 내리쬐지 않는 옥내 또는 옥외 장소
$WBGT(℃) = 0.7×자연습구온도+0.3×흑구온도$

$WBGT(℃) = 0.7×자연습구온도+0.3×흑구온도$
$= 0.7×25+0.3×40 = 29.5℃$

*중앙값(중앙치)

여러 개의 측정치를 크기 순서로 배열했을 때 중앙에 위치하는 값을 말하며, 측정치가 짝수일 때에는 중앙에 위치한 두 값의 평균을 내어 중앙값으로 계산한다.

21.6, 22.4, 22.7, 23.9, 24.1, 25.4

∴ 중앙값 $= \dfrac{22.7+23.9}{2} = 23.3 ppm$

37

여과지에 관한 설명으로 옳지 않은 것은?

① 막 여과지에서 유해물질은 여과지 표면이나 그 근처에서 채취된다.
② 막 여과지는 섬유상 여과지에 비해 공기 저항이 심하다.
③ 막 여과지는 여과지 표면에 채취된 입자의 이탈이 없다.
④ 섬유상 여과지는 여과지 표면뿐 아니라 단면 깊게 입자상 물질이 들어가므로 더 많은 입자상 물질을 채취할 수 있다.

막 여과지는 여과지 표면에 채취된 입자의 이탈이 있다.

38

어느 작업장에서 A물질의 농도를 측정한 결과가 아래와 같을 때, 측정결과의 중앙값(median; ppm)은?

단위: ppm

| 23.9, 21.6, 22.4, 24.1, 22.7, 25.4 |

① 22.7
② 23.0
③ 23.3
④ 23.9

39

복사선(Radiation)에 관한 설명 중 틀린 것은?

① 복사선은 전리작용의 유무에 따라 전리복사선과 비전리복사선으로 구분한다.
② 비전리복사선에는 자외선, 가시광선, 적외선 등이 있고, 전리복사선에는 X선, γ선 등이 있다.
③ 비전리복사선은 에너지 수준이 낮아 분자구조나 생물학적 세포조직에 영향을 미치지 않는다.
④ 전리복사선이 인체에 영향을 미치는 정도에 복사선의 형태, 조사량, 신체조직, 연령 등에 따라 다르다.

비전리복사선은 에너지 수준이 높아 분자구조나 생물학적 세포조직에 영향을 미친다.

40

산업안전보건법령에서 사용하는 용어의 정의로 틀린 것은?

① 신뢰도란 분석치가 참값에 얼마나 접근하였는가 하는 수치상의 표현을 말한다.
② 가스상 물질이란 화학적인자가 공기중으로 가스·증기의 형태로 발생되는 물질을 말한다.
③ 정도관리란 작업환경측정·분석 결과에 대한 정확성과 정밀도를 확보하기 위하여 작업환경측정기관의 측정·분석능력을 확인하고, 그 결과에 따라 지도·교육 등 측정·분석능력 향상을 위하여 행하는 모든 관리적 수단을 말한다.
④ 정밀도란 일정한 물질에 대해 반복측정·분석을 했을 때 나타나는 자료 분석치의 변동크기가 얼마나 작은가 하는 수치상의 표현을 말한다.

정확도란 분석치가 참값에 얼마나 접근하였는가 하는 수치상의 표현을 말한다.

제 3과목 : 작업환경관리대책

41
후드 제어속도에 대한 내용 중 틀린 것은?

① 제어속도는 오염물질의 증발속도와 후드 주위의 난기류 속도를 합한 것과 같아야 한다.
② 포위식 후드의 제어속도를 결정하는 지점은 후드의 개구면이 된다.
③ 외부식 후드의 제어속도를 결정하는 지점은 유해물질이 흡인되는 범위 안에서 후드의 개구면으로부터 가장 멀리 떨어진 지점이 된다.
④ 오염물질의 발생상황에 따라서 제어속도는 달라진다.

*제어속도(제어풍속)
발산되는 유해물질을 후드로 완전히 흡인하는데 필요한 기류속도
(오염물질 증발속도와 난기류 속도의 합이 아니다.)

42
전기 집진장치에 대한 설명 중 틀린 것은?

① 초기 설치비가 많이 든다.
② 운전 및 유지비가 비싸다.
③ 가연성 입자의 처리가 곤란하다.
④ 고온가스를 처리할 수 있어 보일러와 철강로 등에 설치 할 수 있다.

*전기집진장치의 장단점

장점	① 집진효율이 99.9% 정도로 높다. (0.01μm 정도 미세분진 포집 용이) ② 광범위한 온도범위에서 적용 가능하다. ③ 고온가스 처리가 가능하여 보일러 등에 설치할 수 있다. ④ 압력손실이 낮다. ⑤ 대용량 가스처리가 가능하다. ⑥ 운전 및 유지비가 저렴하다. ⑦ 넓은 범위 입경과 분진농도에 집진효율이 높다.
단점	① 설치비용이 많이 들고, 설치공간을 많이 차지한다. ② 설치 후 운전조건의 변화를 유연하게 대처하기 어렵다. ③ 기체상 물질제거가 곤란하다. ④ 가연성 입자 처리가 곤란하다.

43
후드의 유입계수 0.86, 속도압 $25mmH_2O$일 때 후드의 압력손실(mmH_2O)은?

① 8.8
② 12.2
③ 15.4
④ 17.2

*유입손실($\triangle P$)
$$\triangle P = F \times VP = \left(\frac{1}{C_e^2} - 1\right) \times VP$$
$$= \left(\frac{1}{0.86^2} - 1\right) \times 25 = 8.8 mmH_2O$$

여기서,
$\triangle P$: 유입손실$[mmH_2O]$
F : 유입손실계수$\left(= \frac{1}{C_e^2} - 1\right)$
C_e : 유입계수$\left(= \sqrt{\frac{1}{1+F}}\right)$
VP : 속도압$[mmH_2O]\left(= \frac{\gamma V^2}{2g}\right)$

41.① 42.② 43.①

44

국소배기시스템 설계과정에서 두 덕트가 한 합류점에서 만났다. 정압(절대치)이 낮은 쪽 대 정압이 높은 쪽의 정압비가 1 : 1.1로 나타났을 때, 적절한 설계는?

① 정압이 낮은 쪽의 유량을 증가시킨다.
② 정압이 낮은 쪽의 덕트직경을 줄여 압력 손실을 증가시킨다.
③ 정압이 높은 쪽의 덕트직경을 늘려 압력 손실을 감소시킨다.
④ 정압의 차이를 무시하고 높은 정압을 지배 정압으로 계속 계산해 나간다.

*정압비
정압비가 1.2 이하인 경우에는 정압이 낮은 쪽의 유량을 증가시켜 압력을 조정한다.

45

어떤 사업장의 산화 규소 분진을 측정하기 위한 방법과 결과가 아래와 같을 때, 다음 설명 중 옳은 것은?
(단, 산화규소(결정체 석영)의 호흡성 분진 노출기준은 $0.045mg/m^3$이다.)

시료 채취 방법 및 결과		
사용장치	시료채취시간 (min)	무게측정결과 (μg)
10mm 나일론 사이클론(1.7 LPM)	480	38

① 8시간 시간가중평가노출기준을 초과한다.
② 공기채취유량을 알 수가 없이 농도계산이 불가능하므로 위의 자료로는 측정결과를 알 수가 없다.
③ 산화규소(결정체 석영)는 진폐증을 일으키는 분진이므로 흡입성 먼지를 측정하는 것이 바람직하므로 먼지시료를 채취하는 방법이 잘못됐다.
④ $38\mu g$은 $0.038mg$이므로 단시간 노출 기준을 초과하지 않는다.

*노출기준(EI)

$$C[mg/m^3] = \frac{38\mu g \times \left(\frac{10^{-3}mg}{1\mu g}\right)}{1.7 L/min \times \left(\frac{10^{-3}m^3}{1L}\right) \times 480} = 0.047 mg/m^3$$

$$EI = \frac{C}{T} = \frac{0.047}{0.045} = 1.04$$

1보다 크므로, ∴노출기준 초과

여기서,
C : 화학물질 측정치
T : 화학물질 노출기준

$EI > 1$: 노출기준을 초과
$EI < 1$: 노출기준을 초과하지 않음

*참고
- $1g = 10^3 mg = 10^6 \mu g \Rightarrow 1\mu g = 10^{-3}mg$
- $1L = 10^{-3} m^3$
- Lpm : Liter per minute = L/min

46

마스크 본체 자체가 필터 역할을 하는 방진마스크의 종류는?

① 격리식 방진마스크
② 직결식 방진마스크
③ 안면부 여과식 마스크
④ 전동식 마스크

*안면부 여과식 마스크

마스크 본체 자체가 필터 역할을 하는 방진마스크

47

샌드 블라스트(sand blast) 그라인더 분진 등 보통 산업분진을 덕트로 운반할 때의 최소설계속도 (m/s)로 가장 적절한 것은?

① 10　　　　　　　② 15
③ 20　　　　　　　④ 25

조건에 따른 반송속도

유해물질 발생형태	유해물질 종류	반송속도 [m/sec]
가스, 증기, 흄 및 극히 가벼운 물질	가스, 증기, 솜먼지, 고무분, 합성수지분, 산화아연 및 산화알루미늄 등의 흄 등	10
가벼운 건조먼지	곡물분, 고무, 원면, 플라스틱, 경금속 분진, 대패 밥	15
일반 공업먼지	털, 샌드블라스트, 대패 및 나무부스러기, 그라인더 분진, 내화벽돌 분진	20
무거운 먼지	납 분진, 주물사 먼지, 선반작업 발생먼지	25
무겁고 비교적 큰 입자의 젖은 먼지	젖은 주조작업 먼지, 젖은 납 분진	25 이상

48

입자의 침강속도에 대한 설명으로 틀린 것은?
(단, 스토크스 식을 기준으로 한다.)

① 입자직경의 제곱에 비례한다.
② 공기와 입자 사이의 밀도차에 반비례한다.
③ 중력가속도에 비례한다.
④ 공기의 점성계수에 반비례한다.

스토크스(Stokes) 법칙에 의한 침강속도

$$V = \frac{gd^2(\rho_1 - \rho)}{18\mu}$$

여기서,
V : 침강속도 $[cm/sec]$
g : 중력가속도 $[= 980 cm/sec^2]$
d : 입자 직경 $[cm]$
ρ_1 : 입자 밀도 $[g/cm^3]$
ρ : 공기 밀도 $[g/cm^3]$
μ : 공기 점성계수 $[g/cm \cdot sec]$

49

어떤 공장에서 1시간에 $0.2L$의 벤젠이 증발되어 공기를 오염시키고 있다. 전체환기를 위해 필요한 환기량 (m^3/s)은?
(단, 벤젠의 안전계수, 밀도 및 노출기준은 각각 6, $0.879 g/mL$, $0.5 ppm$이며, 환기량은 21℃, 1기압을 기준으로 한다.)

① 82　　　　　　　② 91
③ 146　　　　　　④ 181

노출기준에 따른 전체환기량(Q)

비중$(S) = \dfrac{\rho}{\text{물의 밀도}(=1)} = \dfrac{0.879}{1} = 0.879$

$$Q = \frac{24.1 \times S \times G \times K \times 10^6}{M \times TLV}$$

$$= \frac{24.1 \times 0.879 \times 0.2 \times 6 \times 10^6}{78 \times 0.5}$$

$$= 651812.31 m^3/hr \times \left(\frac{1hr}{3600 sec}\right) = 181.06 ≒ 181 m^3/s$$

여기서,
Q : 전체환기량 $[m^3/hr]$
S : 유해물질의 비중
G : 유해물질의 시간당 사용량 $[L/hr]$
K : 안전계수(혼합계수)
M : 유해물질의 분자량
TLV : 유해물질의 노출기준 $[ppm]$
24.1 : $1atm$, 21℃에서 공기의 부피 $[L]$

$\left(\text{온도보정} : 24.1 \times \dfrac{273+t}{273+21}\right)$

여기서, t : 실제공기의 온도 $[℃]$

참고
- 1hr = 3600sec

50
환기시스템에서 포착속도(capture velocity)에 대한 설명 중 틀린 것은?

① 먼지나 가스의 성상, 확산조건, 발생원 주변 기류 등에 따라서 크게 달라질 수 있다.
② 제어풍속이라고도 하며 후드 앞 오염원에서의 기류로서 오염공기를 후드로 흡인하는데 필요하며, 방해기류를 극복해야 한다.
③ 유해물질의 발생기류가 높고 유해물질이 활발하게 발생할 때는 대략 $15 \sim 20m/s$이다.
④ 유해물질이 낮은 기류로 발생하는 도금 또는 용접 작업공정에서는 대략 $0.5 \sim 1.0m/s$이다.

*제어속도 범위(ACGIH)

작업조건	작업공정 사례	제어속도 $[m/s]$
움직이지 않는 공기 중 속도없이 배출되는 작업조건 조용한 대기 중에 실제 거의 속도가 없는 상태로 발산하는 경우의 작업조건	- 탱크에서 증발, 탈지시설 - 액면에서 발생하는 가스나 증기 흡	0.25~0.5
비교적 조용한 대기 중 저속도로 비산하는 작업조건	- 용접, 도금작업 - 스프레이 도장 - 주형을 부수고 모래를 터는 장소	0.5~1.0
발생 기류가 높고 유해물질이 활발하게 발생하는 작업조건	- 스프레이 도장, 용기 충전 - 분쇄기 - 컨베이어 적재	1.0~2.5
초고속 기류가 있는 작업장소에 초고속으로 비산하는 경우	- 회전 연삭작업 - 연마작업 - 블라스트 작업	2.5~10

51
국소배기시설에서 필요 환기량을 감소시키기 위한 방법으로 틀린 것은?

① 후드 개구면에서 기류가 균일하게 분포되도록 설계한다.
② 공정에서 발생 또는 배출되는 오염물질의 절대량을 감소시킨다.
③ 포집형이나 레시버형 후드를 사용할 때에는 가급적 후드를 배출 오염원에 가깝게 설치한다.
④ 공정 내 측면부착 차폐막이나 커튼 사용을 줄여 오염물질의 희석을 유도한다.

공정 내 측면부착 차폐막이나 커튼을 사용하여 필요환기량을 감소시킨다.

52
다음 중 도금조와 사형주조에 사용되는 후드형식으로 가장 적절한 것은?

① 부스식   ② 포위식
③ 외부식   ④ 장갑부착상자식

*후드의 형식과 적용작업

식	형	적용작업의 예
포위식	- 포위형 - 장갑부착상자형	- 분쇄, 공작기계, 마무리작업, 체분조조 - 농약 등 유독성물질 또는 독성가스 취급
부스식	- 드래프트 챔버형 - 건축부스형	- 연마, 연삭, 동위원소 취급, 화학분석 및 실험, 포장 - 산 세척, 분무도장
외부식	- 슬롯형 - 루바형 - 그리드형 - 원형 또는 장방형	- 도금, 주조, 용해, 분무도장, 마무리작업 - 주물의 모래털기 작업 - 도장, 분쇄, 주형 해체 - 용해, 분쇄, 용접, 체분, 목공기계
레시버식	- 캐노피형 - 포위형 - 원형 또는 장방형	- 가열로, 용융, 단조, 소입 - 연삭, 연마 - 가열로, 용융, 탁상 그라인더

53

차음보호구인 귀마개(Ear Plug)에 대한 설명으로 가장 거리가 먼 것은?

① 차음효과는 일반적으로 귀덮개보다 우수하다.
② 외청도에 이상이 없는 경우에 사용이 가능하다.
③ 더러운 손으로 만짐으로써 외청도를 오염시킬 수 있다.
④ 귀덮개와 비교하면 제대로 착용하는데 시간은 걸리나 부피가 작아서 휴대하기가 편리하다.

*귀마개 장단점

장점	① 착용이 간편하다. ② 부피가 작아 휴대하기 쉽다. ③ 가격이 저렴하다. ④ 보안경이나 안전모 착용에 방해되지 않는다. ⑤ 고온작업 시 사용이 가능하다. ⑥ 좁은 장소에서 사용이 가능하다.
단점	① 귀질환이 있는 근로자는 사용할 수 없다. ② 차음효과가 귀덮개에 비해 떨어진다. ③ 사람에 따라 차음효과의 차이가 크다. ④ 제대로 착용하기 위해 시간이 걸리고 착용요령을 습득해야 한다. ⑤ 땀이 많이 나는 여름에는 외이도염을 유발할 수 있다. ⑥ 더러운 손으로 귀마개를 만지면 외이도가 오염될 수 있다. ⑦ 착용여부 파악이 곤란하다. ⑧ 보안경 착용시 차음효과가 감소 한다.

54

$760mmH_2O$를 $mmHg$로 환산한 것으로 옳은 것은?

① 5.6
② 56
③ 560
④ 760

$$760mmH_2O \times \left(\frac{760mmHg}{10332mmH_2O}\right) = 56mmHg$$

*참고
- 1atm=760mmHg=10332mmH₂O

55

정압이 $-1.6cmH_2O$이고, 전압이 $-0.7cmH_2O$로 측정되었을 때, 속도압(VP, cmH_2O)과 유속 ($u : m/s$)은?

① VP: 0.9, u : 3.8
② VP: 0.9, u : 12
③ VP: 2.3, u : 3.8
④ VP: 2.3, u : 12

*동압
전압(TP) = 정압(SP) + 속도압(VP)
∴ $VP = TP - SP = -0.7 - (-1.6) = 0.9 cmH_2O$
문제에서 별다른 조건이 없으므로 표준공기로 가정한다.
$VP = 0.9 cmH_2O = 9 mmH_2O$
∴ $u = 4.043\sqrt{VP} = 4.043\sqrt{9} = 12 m/s$

56

사이클론 설계 시 블로우다운 시스템에 적용되는 처리량으로 가장 적절한 것은?

① 처리 배기량의 1~2%
② 처리 배기량의 5~10%
③ 처리 배기량의 40~50%
④ 처리 배기량의 80~90%

블로다운(Blow Down) 시스템에 적용되는 처리량은 처리 배기량의 5~10%이다.

57

레시버식 캐노피형 후드의 유량비법에 의한 필요 송풍량(Q)을 구하는 식에서 "A"는?
(단, q는 오염원에서 발생하는 오염기류의 양을 의미한다.)

$$Q = q \times (1 + "A")$$

① 열상승 기류량
② 누입한계 유량비
③ 설계 유량비
④ 유도 기류량

*레시버식 캐노피(천개형) 후드의 필요송풍량(Q)

조건	필요송풍량 공식
난기류가 없을 경우	$Q = Q_1 + Q_2 = Q_1\left(1 + \dfrac{Q_2}{Q_1}\right) = Q_1(1 + K_L)$
난기류가 있을 경우	$Q = Q_1[1 + (m \times K_L)] = Q_1(1 + K_D)$

여기서,
Q : 필요송풍량[m^3/min]
Q_1 : 열상승기류량[m^3/min]
Q_2 : 유도기류량[m^3/min]
K_L : 누입한계 유량비
m : 누출안전계수
K_D : 설계 유량비 → $K_D = m \times K_L$

58

방진마스크에 대한 설명 중 틀린 것은?

① 공기중에 부유하는 미세 입자 물질을 흡입함으로써 인체에 장해의 우려가 있는 경우에 사용한다.
② 방진마스크의 종류에는 격리식과 직결식이 있고, 그 성능에 따라 특급, 1급 및 2급으로 나누어 진다.
③ 장시간 사용 시 분진의 포집효율이 증가하고 압력강하는 감소한다.
④ 베릴륨, 석면 등에 대해서는 특급을 사용하여야 한다.

방진마스크를 장시간 사용 시 분진의 포집효율이 감소한다.

59

오염물질의 농도가 $200ppm$까지 도달하였다가 오염물질 발생이 중지되었을 때, 공기 중 농도가 $200ppm$에서 $19ppm$으로 감소하는 데 걸리는 시간(min)은?
(단, 환기를 통한 오염물질의 농도는 시간에 대한 지수함수(1차 반응)로 근사된다고 가정하고 환기가 필요한 공간의 부피는 $3000m^3$, 환기 속도는 $1.17 m^3/s$이다.)

① 89
② 101
③ 109
④ 115

*농도 C_1에서 C_2까지 감소하는 데 걸린 시간(t)

$$t = -\frac{V}{Q'}\ln\left(\frac{C_2}{C_1}\right)$$

$$= -\frac{3000m^3}{1.17m^3/\sec \times \left(\dfrac{60\sec}{1\min}\right)}\ln\left(\frac{19}{200}\right) = 100.59 \fallingdotseq 101\min$$

여기서,
C_1 : 유해물질 처음농도
C_2 : 유해물질 노출기준

60

길이가 $2.4m$, 폭이 $0.4m$인 플랜지 부착 슬롯형 후드가 바닥에 설치되어 있다. 포착점까지의 거리가 $0.5m$, 제어속도가 $0.4m/s$일 때 필요 송풍량(m^3/min)은?
(단, 형상계수 C는 1.6을 적용하시오.)

① 20.2
② 46.1
③ 80.6
④ 161.3

※슬롯 후드의 필요송풍량(Q)

$Q = CLVX$ 에서,

$\therefore Q = 1.6 \times 2.4 \times 0.4 \times 0.5$
$= 0.768 m^3/\sec \times \left(\dfrac{60\sec}{1\min}\right) = 46.1 m^3/\min$

여기서,
Q : 필요송풍량 $[m^3/\min]$
C : 형상계수
V : 제어속도 $[m^3/\min]$
L : 슬롯 개구면의 길이 $[m]$
X : 포집점까지의 거리 $[m]$

조건	형상계수
전원주 (플랜지 미부착)	5.0 (ACGIH 기준 : 3.7)
3/4 원주	4.1
1/2 원주 (플랜지 부착)	2.8 (ACGIH 기준 : 2.6)
1/4 원주	1.6

※참고

- 1min=60sec

2022 2회차
산업위생관리기사 필기 기출문제
제 4과목 : 물리적유해인자관리

61
전기성 안염(전광선 안염)과 가장 관련이 깊은 비전리 방사선은?

① 자외선
② 적외선
③ 가시광선
④ 마이크로파

*자외선의 생물학적 작용

분류	생물학적 작용
피부 장해	- 피부암 발생 • 280~315nm의 파장에서 피부암이 발생할 수 있다. • 옥외 작업을 하면서 콜타르의 유도체, 벤조피렌, 안트라센 화합물과 상호작용하여 피부암을 유발시킨다. - 피부의 비후 : 자외선에 의해 진피 두께가 두꺼워진다. - 피부홍반 형성 및 색소 침착 : 200~290nm에서 홍반작용이 강하게 발생한다.
눈 장해	- 240~310nm 파장에서 백내장 및 결막염을 일으킨다. - 급성각막염 발생 : 자외선 살균취급자, 전기용접자 등에서 자외선에 의한 전광성 안염(전기성 안염)이 발생한다.
비타민 D 생성	- 280~320nm의 파장에서 비타민 D가 생성된다.
살균 작용	- 254~280nm의 파장에서 강한 살균작용을 한다. - 254nm 파장 부근에서 살균작용이 가장 강하다.
전신 건강 장해	- 적혈구, 백혈구, 혈소판이 증가한다. - 2차적 증상으로 두통, 피로, 불면, 흥분, 체온 상승이 나타난다.

62
방사선의 투과력이 큰 것에서부터 작은 순으로 올바르게 나열한 것은?

① X > β > γ
② X > β > α
③ α > X > γ
④ γ > α > β

*전리방사선 인체투과력 순서
중성자 > X선 or γ > β > α

63
소음에 의한 인체의 장해(소음성난청)에 영향을 미치는 요인이 아닌 것은?

① 소음의 크기
② 개인의 감수성
③ 소음 발생 장소
④ 소음의 주파수 구성

*소음성 난청에 영향을 미치는 인자

영향인자	설명
소음 크기	음압수준이 클수록 영향이 크다.
개인 감수성	소음에 노출된 사람이 전부 똑같이 반응하지 않으며, 감수성이 높은 사람이 극소수로 존재한다.
소음의 주파수 구성	고주파음이 영향이 크다.
소음의 발생 특성	지속적 소음 노출이 간헐적 소음 노출보다 영향이 크다.

64
일반적으로 눈을 부시게 하지 않고 조도가 균일하여 눈의 피로를 줄이는데 가장 효과적인 조명 방법은?

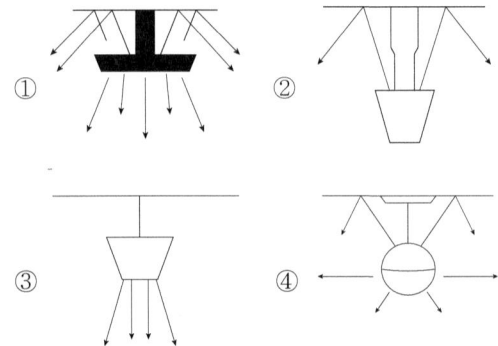

정답 61.① 62.② 63.③ 64.②

*간접조명

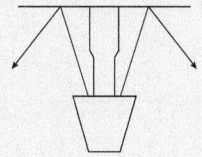

일반적으로 눈을 부시게 하지 않고 조도가 균일하여 눈의 피로를 줄이는데 가장 효과적인 조명 방법

65

도르노선(Dorno-ray)에 대한 내용으로 옳은 것은?

① 가시광선의 일종이다.
② 280 ~ 315Å 파장의 자외선을 의미한다.
③ 소독작용, 비타민 D 형성 등 생물학적 작용이 강하다.
④ 절대온도 이상의 모든 물체는 온도에 비례하여 방출한다.

*자외선의 분류

분류	파장	발생
UV-C	100~280nm (1000~2800Å)	피부의 색소침착
UV-B (도르노선)	280~315nm (2800~3150Å)	소독작용, 비타민 D형성 (건강선, 생명선) 피부노화, 홍반, 각막염, 피부암 유발
UV-A (근자외선)	315~400nm (3150~4000Å)	피부노화 촉진, 백내장

66

산업안전보건법령상 충격소음의 노출기준과 관련된 내용으로 옳은 것은?

① 충격소음의 강도가 $120dB(A)$일 경우 1일 최대 노출 회수는 1000회이다.
② 충격소음의 강도가 $130dB(A)$일 경우 1일 최대 노출 회수는 100회이다.
③ 최대 음압수준이 $135dB(A)$를 초과하는 충격소음에 노출되어서는 안 된다.
④ 충격소음이란 최대 음압수준에 $120dB(A)$ 이상인 소음이 1초 이상의 간격으로 발생하는 것을 말한다.

*충격 소음작업
소음이 1초 이상의 간격으로 발생하는 작업으로서 다음 각 목의 어느 하나에 해당하는 작업을 말한다.

데시벨(이상)	발생시간(1일 기준)
120dB	10000회 이상
130dB	1000회 이상
140dB	100회 이상

67

감압에 따른 인체의 기포 형성량을 좌우하는 요인과 가장 거리가 먼 것은?

① 감압속도
② 산소공급량
③ 조직에 용해된 가스량
④ 혈류를 변화시키는 상태

*감압 시 조직 내 질소 기포형성량 영향인자
① 감압속도
② 조직에 용해된 가스량
③ 혈류를 변화시키는 상태
④ 고기압의 노출정도

68

작업환경측정 및 정도관리 등에 관한 고시상 고열 측정방법으로 옳지 않은 것은?

① 예비조사가 목적인 경우 검지관방식으로 측정할 수 있다.
② 측정은 단위작업 장소에서 측정대상이 되는 근로자의 주 작업 위치에서 측정한다.
③ 측정기의 위치는 바닥면으로부터 $50cm$ 이상 $150cm$ 이하의 위치에서 측정한다.
④ 측정기를 설치한 후 충분히 안정화 시킨 상태에서 1일 작업시간 중 가장 높은 고열에 노출되는 1시간을 10분 간격으로 연속하여 측정한다.

예비조사가 목적인 경우 검지관방식으로 측정할 수 있는 것은 고열이 아닌 가스상 물질 측정방법이다.

65.③ 66.④ 67.② 68.①

69
지적환경(optimum working environment)을 평가하는 방법이 아닌 것은?

① 생산적(productive) 방법
② 생리적(physiological) 방법
③ 정신적(psychological) 방법
④ 생물역학적(biomechanical) 방법

*지적환경 평가법
① 생리적 방법
② 생산적 방법
③ 정신적 방법

70
한랭작업과 관련된 설명으로 옳지 않은 것은?

① 저체온증은 몸의 심부온도가 35℃ 이하로 내려간 것을 말한다.
② 손가락의 온도가 내려가면 손동작의 정밀도가 떨어지고 시간이 많이 걸려 작업능률이 저하된다.
③ 동상은 혹심한 한냉에 노출됨으로써 피부 및 피하조직 자체가 동결하여 조직이 손상되는 것을 말한다.
④ 근로자의 발이 한랭에 장기간 노출되고 동시에 지속적으로 습기나 물에 잠기게 되면 '선단자람증'의 원인이 된다.

근로자의 발이 한랭에 장기간 노출되고 동시에 지속적으로 습기나 물에 잠기게 되면 침수족의 원인이 된다.

71
다음 방사선 중 입자방사선으로만 나열된 것은?

① α선, β선, γ선
② α선, β선, X선
③ α선, β선, 중성자
④ α선, β선, γ선, X선

*전리방사선의 종류

전자기 방사선	입자 방사선
① γ선 ② X-Ray(X선)	① α선 ② β선 ③ 중성자

72
다음 계측기기 중 기류 측정기가 아닌 것은?

① 흑구온도계
② 카타온도계
③ 풍차풍속계
④ 열선풍속계

*기류 측정기기의 종류
① 풍차풍속계
② 카타온도계
③ 열선풍속계
④ 가열온도풍속계
⑤ 피토관
⑥ 회전날개형 풍속계
⑦ 그네날개형 풍속계

73
다음은 빛과 밝기의 단위를 설명한 것으로 ㉠, ㉡에 해당하는 용어로 옳은 것은?

1루멘의 빛이 $1ft^2$의 평면상에 수직방향으로 비칠 때, 그 평면의 빛의 양, 즉 조도를 (㉠)(이)라하고, $1m^2$의 평면에 1루멘의 빛이 비칠 때의 밝기를 1(㉡)(이)라고 한다.

① ㉠ : 캔들(Candle), ㉡ : 럭스(Lux)
② ㉠ : 럭스(Lux), ㉡ : 캔들(Candle)
③ ㉠ : 럭스(Lux), ㉡ : 푸트캔들(Footcandle)
④ ㉠ : 푸트캔들(Footcandle), ㉡ : 럭스(Lux)

*풋 캔들(Foot Candle)
1lumen의 빛이 $1ft^2$의 평면상에 수직으로 비칠 때

그 평면의 빛 밝기이다.

풋 캔들$(ft\ cd) = \dfrac{lumen}{ft^2}$

$1ft\ cd = 10.8Lux$
$1Lux = 0.093ft\ cd$

*럭스(Lux)
1lumen의 빛이 $1m^2$의 평면상에 수직으로 비칠 때의 밝기

조도$(Lux) = \dfrac{lumen}{m^2}$

74

고압환경에서의 2차적 가압현상(화학적 장해)에 의한 생체 영향과 거리가 먼 것은?

① 질소 마취
② 산소 중독
③ 질소기포 형성
④ 이산화탄소 중독

*2차적 가압현상(화학적 장해)
고압 하의 대기가스 독성 때문에 나타나는 현상으로, 다음 3가지 현상이 발생한다.

질소가스마취	① 공기 중 질소가스는 4기압을 넘으면 마취 작용을 일으킨다. ② 사고력, 판단력, 기억력 저하, 불안, 공포감, 마약효과 등 증상이 일어난다. ③ 질소 마취증상은 대기압 조건으로 복귀하면 사라진다. (가역적이다.) ④ 질소가스 마취 증상이 있는 근로자에게 질소를 헬륨으로 대치한 공기를 호흡시키면 예방된다.
산소중독	① 산소분압이 2기압을 넘으면 산소중독 증상이 일어난다. ② 시력장애, 정신혼란, 근육경련 등 증상이 일어난다. ③ 산소중독 증상은 고육산소에 대한 노출이 중지되면 증상이 즉시 멈춘다.
이산화탄소중독	① 산소의 중독과 질소의 마취작용을 증가시키는 역할을 한다. ② 고압환경에서의 이산화탄소 농도가 0.2%를 초과해서는 안된다.

75

다음 중 공장내부에 기계 및 설비가 복잡하게 설치되어 있는 경우에 작업장 기계에 의한 흡음이 고려되지 않아 실제흡음보다 과소평가되기 쉬운 흡음 측정방법은?

① Sabin method
② Reverberation time method
③ Sound power method
④ Loss due to distance method

*Sabin Method(사빈 측정법)
공장내부에 기계 및 설비가 복잡하게 설치되어 있는 경우에 작업장 기계에 의한 흡음이 고려되지 않아 실제흡음보다 과소평가되기 쉬운 흡음 측정방법

76

작업자 A의 4시간 작업 중 소음노출량이 76%일 때, 측정시간에 있어서의 평균치는 약 몇 $dB(A)$인가?

① 88
② 93
③ 98
④ 103

*시간가중평균소음수준(TWA)

$TWA = 16.61\log\left(\dfrac{D}{100}\right) + 90$

$TWA = 16.61\log\left(\dfrac{D}{12.5T}\right) + 90$

$\therefore TWA = 16.61\log\left(\dfrac{76}{12.5\times 4}\right) + 90 = 93dB(A)$

여기서,
TWA : 시간가중평균 소음수준$[dB(A)]$
D : 누적소음노출량[%]
100 : 8시간 기준 노출시간/일
T : 작업시간$[hr]$

77

진동이 인체에 미치는 영향에 관한 설명으로 옳지 않은 것은?

① 맥박수가 증가한다.
② 1~3Hz에서 호흡이 힘들고 산소소비가 증가한다.
③ 13Hz에서 허리, 가슴 및 등 쪽에 감각적으로 가장 심한 통증을 느낀다.
④ 신체의 공진형상은 앉아 있을 때가 서 있을 때보다 심하게 나타난다.

6Hz에서 허리, 가슴 및 등 쪽에 감각적으로 가장 심한 통증을 느낀다.

78

공장 내 각기 다른 3대의 기계에서 각각 $90dB(A)$, $95dB(A)$, $88dB(A)$의 소음이 발생된다면 동시에 기계를 가동시켰을 때의 합산 소음$(dB(A))$은 약 얼마인가?

① 96　　② 97
③ 98　　④ 99

*합성소음도(L)

$L = 10\log\left(10^{\frac{L_1}{10}} + 10^{\frac{L_2}{10}} + \cdots + 10^{\frac{L_n}{10}}\right)$

$= 10\log\left(10^{\frac{90}{10}} + 10^{\frac{95}{10}} + 10^{\frac{88}{10}}\right) = 96.81 ≒ 97dB(A)$

L : 합성소음도$[dB]$
$L_1, L_2, \cdots L_n$ = 각 소음원의 소음$[dB(A)]$

79

사람이 느끼는 최소 진동역치로 옳은 것은?

① $35 \pm 5dB$　　② $45 \pm 5dB$
③ $55 \pm 5dB$　　④ $65 \pm 5dB$

*진동수에 따른 구분
① 전신진동 : 2~100Hz (공해진동 : 1~90Hz)
② 국소진동 : 8~1500Hz
③ 인간이 느끼는 최소 진동역치 : 55±5dB
④ 수직진동 : 4~8Hz
⑤ 수평진동 : 1~2Hz
⑥ 전신은 4Hz, 두부와 견부는 20~30Hz, 안구는 60~90Hz 진동에 공명한다.

80

산업안전보건법령상 적정공기의 범위에 해당하는 것은?

① 산소농도 18% 미만
② 일산화탄소 농도 50ppm 미만
③ 탄산가스 농도 10% 미만
④ 황화수소 농도 10ppm 미만

*적정공기
① 산소농도의 범위가 18% 이상 23.5% 미만인 수준의 공기
② 탄산가스의 농도가 1.5% 미만인 수준의 공기
③ 일산화탄소의 농도가 30ppm 미만인 수준의 공기
④ 황화수소의 농도가 10ppm 미만인 수준의 공기

2022 2회차 산업위생관리기사 필기 기출문제
제 5과목 : 산업독성학

81
규폐증(silicosis)에 관한 설명으로 옳지 않은 것은?

① 직업적으로 석영 분진에 노출될 때 발생하는 진폐증의 일종이다.
② 석면의 고농도분진을 단기적으로 흡입할 때 주로 발생되는 질병이다.
③ 채석장 및 모래분사 작업장에 종사하는 작업자들이 잘 걸리는 폐질환이다.
④ 역사적으로 보면 이집트의 미이라에서도 발견되는 오래된 질병이다.

*규폐증(Silicosis)
① 이산화규소(SiO_2, 유리규산, 석영) 분진의 흡입에 의해 발생하는 진폐증
② 건축업, 도자기 작업장, 채석장, 석재공장 등에서 많이 발생한다.
③ 폐암, 폐결핵의 합병증을 일으키며 폐하엽 부위에 많이 생긴다.
④ 산화규소결정체
   : 함유율 1% 이하, 노출기준 10mg/m³ 이하
⑤ 결정체 트리폴리 : 노출기준 0.1mg/m³ 이하
⑥ 이집트 미라에서도 발견된 오랜 질병이다.
⑦ 석면의 고농도분진을 장기적으로 흡입할 때 주로 발생되는 질병이다.

82
입자상 물질의 하나인 흄(fume)의 발생기전 3단계에 해당하지 않는 것은?

① 산화   ② 입자화
③ 응축   ④ 증기화

*흄(fume)의 생성기전
1단계 : 금속의 증기화
2단계 : 증기물의 산화
3단계 : 산화물의 응축

83
다음 중 20년간 석면을 사용하여 자동차 브레이크 라이닝과 패드를 만들었던 근로자가 걸릴 수 있는 대표적인 질병과 거리가 가장 먼 것은?

① 폐암   ② 석면폐증
③ 악성중피종   ④ 급성골수성백혈병

*석면에 의한 직업병
① 악성중피종   ② 석면폐증   ③ 폐암

84
유해물질의 생체내 배설과 관련된 설명으로 옳지 않은 것은?

① 유해물질은 대부분 위(胃)에서 대사된다.
② 흡수된 유해물질은 수용성으로 대사된다.
③ 유해물질의 분포량은 혈중농도에 대한 투여량으로 산출된다.
④ 유해물질의 혈장농도가 50%로 감소하는데 소요되는 시간을 반감기라고 한다.

유해물질은 대부분 신장, 폐, 간에서 대사된다.

81.② 82.② 83.④ 84.①

85
다음 중 조혈장기에 장해를 입히는 정도가 가장 낮은 것은?

① 망간 ② 벤젠
③ 납 ④ TNT

*망간중독의 증세
① 급성중독
  ㉠ 금속열 유발
  ㉡ 정신병 유발
② 만성중독
  ㉠ 파킨슨증후군 유발
  ㉡ 손 떨림, 중풍 유발
  ㉢ 안면변화 및 배근력 저하
  ㉣ 언어장애 및 균형감각 상실 증상 유발

✔ 망간은 조혈장애에 영향이 적은 편이다.

86
화학물질을 투여한 실험동물의 50%가 관찰 가능한 가역적인 반응을 나타내는 양을 의미하는 것은?

① ED_{50} ② LC_{50}
③ LE_{50} ④ TE_{50}

*ED_{50}
피실험동물 50%가 일정한 반응을 일으키는 양

87
금속의 독성에 관한 일반적인 특성을 설명한 것으로 옳지 않은 것은?

① 금속의 대부분은 이온상태로 작용된다.
② 생리과정에 이온상태의 금속이 활용되는 정도는 용해도에 달려있다.
③ 금속이온과 유기화합물 사이의 강한 결합력은 배설율에도 영향을 미치게 한다.
④ 용해성 금속염은 생체 내 여러 가지 물질과 작용하여 수용성 화합물로 전환된다.

용해성 금속염은 생체 내 여러 가지 물질과 작용하여 지용성 화합물로 전환된다.

88
작업자가 납 흄에 장기간 노출되어 혈액 중 납의 농도가 높아졌을 때 일어나는 혈액 내 현상이 아닌 것은?

① K^+와 수분이 손실된다.
② 삼투압에 의하여 적혈구가 위축된다.
③ 적혈구 생존시간이 감소한다.
④ 적혈구 내 전해질이 급격히 증가한다.

*혈액 중 납 농도가 높아질 때의 현상
① K^+와 수분이 손실된다.
② 삼투압에 의하여 적혈구가 위축된다.
③ 적혈구 생존시간이 감소한다.
④ 적혈구 내 전해질이 급격히 감소한다.

89
화학물질의 생리적 작용에 의한 분류에서 종말기관지 및 폐포점막 자극제에 해당되는 유해가스는?

① 불화수소 ② 이산화질소
③ 염화수소 ④ 아황산가스

*이산화질소(NO_2)
물에 대하여 비교적 용해성이 낮고 상기도를 통과하여 폐수종을 일으킬 수 있는 자극제

90
단시간노출기준(STEL)은 근로자가 1회 몇 분 동안 유해인자에 노출되는 경우의 기준을 말하는가?

① 5분 ② 10분
③ 15분 ④ 30분

＊단시간노출기준(STEL)
근로자가 1회에 15분간 유해인자에 노출되는 경우의 기준으로 이 기준 이하에서는 1회 노출 간격이 1시간 이상인 경우에 1일 작업시간 동안 4회까지 노출이 허용될 수 있는 기준을 말한다.

91
폴리비닐 중합체를 생산하는 데 많이 쓰이며, 간장해와 발암작용이 있다고 알려진 물질은?

① 납
② PCB
③ 염화비닐
④ 포름알데히드

＊염화비닐(C_2H_3Cl)
① 간에 혈관육종을 일으킨다.
② 장기간 노출되면 간조직 세포에 섬유화 증상이 발생한다.
③ 장기간 흡입한 작업자에게 레이노 현상이 나타나며 자체 독성보단 대사산물에 의한 독성작용이 있다.

92
알레르기성 접촉 피부염에 관한 설명으로 옳지 않은 것은?

① 알레르기성 반응은 극소량 노출에 의해서도 피부염이 발생할 수 있는 것이 특징이다.
② 알레르기 반응을 일으키는 관련세포는 대식세포, 림프구, 랑거한스 세포로 구분된다.
③ 항원에 노출되고 일정시간이 지난 후에 다시 노출되었을 때 세포매개성 과민반응에 의하여 나타나는 부작용의 결과이다.
④ 알레르기원에 노출되고 이 물질이 알레르기원으로 작용하기 위해서는 일정기간이 소요되며 그 기간을 휴지기라 한다.

＊유도기
알레르기원에 노출되고 이 물질이 알레르기원으로 작용하기 위한 일정 소요기간

93
망간중독에 관한 설명으로 옳지 않은 것은?

① 호흡기 노출이 주경로이다.
② 언어장애, 균형감각상실 등의 증세를 보인다.
③ 전기용접봉 제조업, 도자기 제조업에서 빈번하게 발생된다.
④ 만성중독은 3가 이상의 망간화합물에 의해서 주로 발생한다.

망간의 만성중독은 7가 이상의 망간화합물에 의해서 주로 발생한다.

94
남성 근로자의 생식독성 유발요인이 아닌 것은?

① 풍진
② 흡연
③ 망간
④ 카드뮴

＊생식독성
생식기능 및 능력에 대한 유해영향을 일으키거나 태아의 발육에 유해한 영향을 주는 성질이다.

남성근로자의 생식독성 유발요인	여성근로자의 생식독성 유발요인
흡연, 음주, 고온, 전리방사선, 망간, 카드뮴, 납, 농약, 염화비닐, 알킬화제, 유기용제, 항암제, 호르몬제, 마취제, 마이크로파 등	흡연, 음주, 납, 카드뮴, 망간, X선, 고열, 풍진, 매독, 알킬화제, 유기인제 농약, 마취제, 항암제, 항생제, 스테로이드계 약물 등

95
연(납)의 인체 내 침입경로 중 피부를 통하여 침입하는 것은?

① 일산화연
② 4메틸연
③ 아질산연
④ 금속연

4메틸연은 유기연(납)에 속하고, 유기납은 피부를 통하여 인체 내 침입하고, 무기납은 호흡기와 소화기로 인체 내 침입한다.

96

산업역학에서 상대위험도의 값이 1인 경우가 의미하는 것은?

① 노출되면 위험하다.
② 노출되어서는 절대 안된다.
③ 노출과 질병발생 사이에는 연관이 없다.
④ 노출되면 질병에 대하여 방어효과가 있다.

> ***상대위험도(비교위험도)**
> 비노출군에 비해 노출군에서 질병에 걸릴 위험이 얼마나 큰지 나타낸다.
>
> $$상대위험도 = \frac{노출군에서\ 질병발생률}{비노출군에서\ 질병발생률}$$
>
> - 상대위험비=1 : 노출과 질병 사이의 연관성이 없음
> - 상대위험비>1 : 위험이 증가
> - 상대위험비<1 : 질병에 대한 방어효과가 있음

97

다음 중 중추신경 억제작용이 가장 큰 것은?

① 알칸   ② 에테르
③ 알코올   ④ 에스테르

> ***유기용제의 중추신경계 마취작용 순서**
>
> | 작용 | 순서 |
> |---|---|
> | 억제 작용 순서 | 알칸 < 알켄 < 알코올 < 유기산 < 에스테르 < 에테르 < 할로겐화합물 |
> | 자극 작용 순서 | 알칸 < 알코올 < 알데히드 < 케톤 < 유기산 < 아민류 |

98

다음 설명에 해당하는 중금속의 종류는?

> 이 중금속 중독의 특징적인 증상은 구내염, 정신 증상 근육 진전이다. 급성 중독 시 우유나 계란의 흰자를 먹이며, 만성중독 시 취급을 즉시 중지하고 BAL을 투여한다.

① 납   ② 크롬
③ 수은   ④ 카드뮴

> ***수은중독 치료사항**
>
> | | |
> |---|---|
> | 급성 중독 | ① 우유와 계란흰자를 먹인다. ② BAL을 투여한다. ③ 위세척을 한다. ④ 마늘을 섭취한다. |
> | 만성 중독 | ① 수은 취급을 즉시 중지한다. ② BAL을 투여한다. ③ N-acetyl-D-penicillamine을 투여한다. ④ 하루 10L 등장식염수를 공급한다. ⑤ 땀을 흘리게 하여 수은배설을 촉진시킨다. ⑥ 진전증세에 genascopalin을 투여한다. |

99

납에 노출된 근로자가 납중독 되었는지를 확인하기 위하여 소변을 시료로 채취하였을 경우 측정할 수 있는 항목이 아닌 것은?

① 델타-ALA   ② 납 정량
③ coproporphyrin   ④ protoporphyrin

> ***납중독 진단검사**
> ① 혈액검사
> ② 빈혈검사
> ③ 뇨중 Coprophyrin(코프로포르피린) 배설량 측정
> ④ 뇨중 δ-ALA(헴의 전구물질) 측정
> ⑤ 뇨중 납량 측정
> ⑥ 혈중 납량 측정
> ⑦ 혈중 ZPP(Zinc Protoporphyrin) 측정

100

유해물질과 생물학적 노출지표와의 연결이 잘못된 것은?

① 벤젠 - 소변 중 t,t-뮤코닉산
② 크실렌 - 소변 중 카테콜
③ 스티렌 - 소변 중 만델린산
④ 트리클로로에틸렌 - 소변 중 삼연화초산

*화학물질의 생물학적 노출지표물질

화학물질	대사산물(측정대상물질)
벤젠	뇨 중 t,t-뮤코닉산(뮤콘산) 뇨 중 S-페닐머캅토산 혈액 중 벤젠
톨루엔	뇨 중 o-크레졸 혈액 중 톨루엔
크실렌	뇨 중 메틸마뇨산
납	혈액 중 납 뇨 중 납 혈액 중 아연 프로토포르피린 뇨 중 델타아미노레불린산
일산화탄소	혈액 중 카복시헤모글로빈(COHb)
트리클로로에틸렌	뇨 중 삼염화초산
에틸벤젠	뇨 중 만델산
노말헥산	뇨 중 2,5-헥산디온
클로로벤젠	뇨 중 총 4-클로로카테콜
페놀	뇨 중 페놀
디메틸포름아미드	뇨 중 N-메틸포름아미드
이황화탄소	뇨 중 TTCA 뇨 중 이황화탄소
크롬	뇨 중 크롬
메틸 노말부틸 케톤	뇨 중 2,5-헥산디온
삼염화에틸렌	뇨 중 삼염화초산 (트리클로로초산) 뇨 중 삼염화에탄올

제 1과목 : 산업위생학개론

01
다음 중 육체적 작업능력에 영향을 미치는 요소와 내용을 잘못 연결한 것은?

① 작업특징 – 동기
② 육체적 조건 – 연령
③ 환경 요소 – 온도
④ 정신적 요소 – 태도

*육체적 작업능력에 영향을 미치는 요소 및 내용
① 작업특징 : 강도, 시간, 기술, 위치, 계획
② 육체적 조건 : 연령, 성별, 체격
③ 환경 요소 : 온도, 소음, 고도, 고기압
④ 정신적 요소 : 동기, 태도

02
1980~1990년대 우리나라에 대표적으로 집단 직업병을 유발시켰던 이 물질은 비스코스레이온 합성에 사용되며 급성으로 고농도 노출 시 사망할 수 있고, 1,000ppm 수준에서는 환상을 보는 정신이상을 유발한다. 만성독성으로는 뇌경색증, 다발성 신경염, 협심증, 신부전증 등을 유발하는 이 물질은 무엇인가?

① 벤젠   ② 이황화탄소
③ 카드뮴   ④ 2-브로모프로판

*원진레이온㈜의 이황화탄소(CS_2) 중독 사건
① 1991년에 이황화탄소 중독을 발견하여 1998년에 집단으로 발생함
② 이황화탄소 만성중독으로 뇌경색증, 다발성 신경염, 협심증, 신부전증 등 유발함

03
산업안전보건법령상 사업주가 근로자의 건강장애 예방을 위하여 작업시간 중 적정한 휴식을 주어야 하는 고열, 한랭 또는 다습한 옥내작업장에 해당하지 않는 것은? (단, 기타 고용노동부장관이 별도로 인정하는 장소는 제외한다.)

① 녹인 유리로 유리제품을 성형하는 장소
② 도자기나 기와 등을 소성(燒成)하는 장소
③ 다량의 기화공기, 얼음 등을 취급하는 장소
④ 다량의 증기를 사용하여 가죽을 탈지(脫脂)하는 장소

*작업시간 중 적정한 휴식을 주어야 하는 옥내작업장
(1) 고열작업 – ①, ②
(2) 한랭작업
(3) 다습작업 – ④

04
다음 중 중량물 취급 시 주의사항으로 틀린 것은?

① 몸을 회전하면서 작업한다.
② 허리를 곧게 펴서 작업한다.
③ 다릿심을 이용하여 서서히 일어선다.
④ 운반체 가까이 접근하여 운반물을 손 전체로 꽉 쥔다.

중량물 취급 시 몸을 중심을 가능한 중량물에 가깝게 하고, 몸을 회전하면서 작업하는 것을 피해야 한다.

01.① 02.② 03.③ 04.①

05

산업피로의 검사방법 중에서 CMI(Cornell Medical Index) 조사에 해당하는 것은?

① 생리적 기능검사
② 생화학적 검사
③ 동작분석
④ 피로자각증상

*CMI(Cornell Medical Index)
산업피로의 주관적 측정을 위하여 사용하는 측정법

06

이탈리아의 의사인 Ramazzini는 1700년에 "직업인의 질병(De Morbis Artificum Diatriba)"을 발간하였는데, 이 사람이 제시한 직업병의 원인과 가장 거리가 먼 것은?

① 근로자들의 과격한 동작
② 작업장을 관리하는 체계
③ 작업장에서 사용하는 유해물질
④ 근로자들의 불안전한 작업자세

*라마찌니(Bernardino Ramazzini)
직업병의 원인으로 작업환경 중 유해물질과 부자연스러운 작업자세를 명시하였고, 직업병 연구와 노동자 보호의 선구자이며 "직업인의 병(De Morbis Artificum Diatriba)"를 저술하였다.

*Ramazzini가 제시한 직업병 원인
① 근로자들의 과격한 동작
② 근로자들의 불안전한 작업자세
③ 작업자에서 사용하는 유해물질

07

다음 [표]를 이용하여 산출한 권장무게한계(RWL)는 약 얼마인가? (단, 개정된 NIOSH의 들기작업 권고기준에 따른다.)

계수 구분	값
수평계수	0.5
수직계수	0.955
거리계수	0.91
비대칭계수	1
빈도계수	0.45
커플링계수	0.95

① 4.27kg
② 8.55kg
③ 12.82kg
④ 21.36kg

*권고중량물한계기준(RWL)

$$RWL[kg] = LC \times HM \times VM \times DM \times AM \times FM \times CM$$
$$= 23 \times 0.5 \times 0.955 \times 0.91 \times 1 \times 0.45 \times 0.95$$
$$= 4.27kg$$

여기서,
LC: 중량상수(23kg)
HM: 수평계수
VM: 수직계수
DM: 거리계수
AM: 비대칭계수
FM: 빈도계수
CM: 커플링계수

08

사업주가 신규 화학물질의 안전보건자료를 작성함에 있어 인용할 수 있는 자료가 아닌 것은?

① 국내외에서 발간되는 저작권법상의 문헌에 등재되어 있는 유해성·위험성 조사자료
② 유해성·위험성 시험 전문연구기관에서 실시한 유해성·위험성 조사자료
③ 관련 전문학회지에 기재된 유해성·위험성 조사자료
④ OPEC 회원국의 정부기관에서 인정하는 유해성·위험성 조사자료

*신규 화학물질의 안전보건자료를 작성 시 인용자료
① 국내외에서 발간되는 저작권법상의 문헌에 등재되어 있는 유해성·위험성 조사자료

05.④ 06.② 07.① 08.④

② 유해성·위험성 시험 전문연구기관에서 실시한 유해성·위험성 조사자료
③ 관련 전문학회지에 기재된 유해성·위험성 조사 자료
④ OECD(경제협력개발기구) 회원국의 정부기관 및 국제연합기구에서 인정하는 유해성·위험성 조사자료

*강도율

$$강도율 = \frac{근로손실일수}{연근로 총시간수} \times 10^3 = \frac{180}{120000} \times 10^3 = 1.5일$$

*참고

- 연근로일수가 주어지지 않으면 산업안전보건법 기준으로 300일로 본다. – 암기사항

09

보건관리자가 보건관리업무에 지장이 없는 범위 내에서 다른 업무를 겸할 수 있는 사업장은 상시근로자 몇 명 미만에서 가능한가?

① 100명 ② 200명
③ 300명 ④ 400명

보건관리자가 보건관리업무에 지장이 없는 범위 내에서 다른 업무를 겸할 수 있는 사업장은 상시 근로자 300명 미만에서 가능하다.

10

50명의 근로자가 있는 사업장에서 1년 동안에 6명의 부상자가 발생하였고 총 휴업일수가 219일이라면 근로손실일수와 강도율은 각각 얼마인가? (단, 연간근로시간수는 120,000시간이다.)

① 근로손실일수 : 180일, 강도율 : 1.5일
② 근로손실일수 : 190일, 강도율 : 1.5일
③ 근로손실일수 : 180일, 강도율 : 2.5일
④ 근로손실일수 : 190일, 강도율 : 2.5일

*근로손실일수

$$근로손실일수 = 휴업일수 \times \frac{연근로일수}{365}$$
$$= 219 \times \frac{300}{365} = 180일$$

11

다음 중 작업강도에 영향을 미치는 요인으로 틀린 것은?

① 작업밀도가 적다.
② 대인 접촉이 많다.
③ 열량소비량이 크다.
④ 작업대상의 종류가 많다.

*작업강도에 영향을 미치는 요인
① 작업밀도가 많을 때
② 대인 접촉이 많을 때
③ 열량 소비량이 클 때
④ 정밀작업일 때
⑤ 작업속도가 빠를 때
⑥ 작업이 복잡할 때
⑦ 작업인원이 감소할 때
⑧ 위험부담을 느꼈을 때
⑨ 판단을 요구할 때
⑩ 작업대상의 종류가 많을 때

12

다음 중 전신피로에 있어 생리학적 원인에 속하지 않는 것은?

① 젖산의 감소
② 산소공급의 부족
③ 글리코겐량의 감소
④ 혈중 포도당 농도의 저하

*피로의 원인
① 혈중 포도당 농도 저하
② 혈중 젖산 농도 증가
③ 근육 내 글리코겐 양 감소
④ 작업강도 증가
⑤ 산소공급 부족
⑥ 항상성의 상실

13

다음 중 산업위생의 정의를 가장 올바르게 설명한 것은?

① 근로자와 일반 대중의 건강점검과 질병의 치료를 연구하는 학문이다.
② 인간과 주위의 생화학적 관계를 조사하여 질병의 원인을 분석하는 기술이다.
③ 인간과 직업, 기계, 환경, 노동의 관계를 과학적으로 연구하는 학문이다.
④ 근로자나 일반 대중에게 질병 등을 초래하는 작업환경 요인과 스트레스를 예측, 인식, 평가, 관리하는 과학과 기술이다.

*산업위생의 정의(AIHA)
근로자나 일반 대중에게 질병, 건강장애와 안녕방해, 심각한 불쾌감 및 능률 저하 등을 초래하는 작업환경요인과 스트레스를 예측, 측정, 평가하고 관리하는 과학과 기술이다.

14

다음 중 산업피로를 줄이기 위한 바람직한 교대근무에 관한 내용으로 틀린 것은?

① 근무시간의 간격은 15~16시간 이상으로 하여야 한다.
② 야간근무 교대시간은 상오 0시 이전에 하는 것이 좋다.
③ 야간근무는 4일 이상 연속해야 피로에 적응할 수 있다.
④ 야간근무시 가면(假免)시간은 근무시간에 따라 2~4시간으로 하는 것이 좋다.

*교대근무제 관리원칙(바람직한 교대제)
① 작업시간은 하루 8시간, 1주 40시간을 원칙으로 가급적 준수한다.
② 근무시간의 간격은 15~16시간 이상으로 하여야 한다.
③ 3조 3교대 근무나 4조 3교대 근무가 바람직 하다.
④ 교대작업자 특히, 야간작업자는 주간작업보다 연간 쉬는 날이 더 많아야 한다.
⑤ 근무반 교대방향은 아침반 → 저녁반 → 야간반으로 정방향 순환이 되도록 한다.
⑥ 교대근무에 대한 일주기 리듬의 생리적·심리적 적응은 불완전하므로 생산적 이유 외 교대제는 하지 않는다.
⑦ 야간근무의 연속일수는 2~3일로 한다.
⑧ 야간근무 교대시간은 상오 0시(자정) 이전에 하는 것이 좋다.
⑨ 야간근무시 가면시간은 근무시간에 따라 2~4시간으로 하는 것이 좋다.
⑩ 야간근무시 다음 반으로 가는 간격은 48시간 이상으로 한다.

15

산업안전보건법령에서 정하는 중대재해라고 볼 수 없는 것은?

① 사망자가 1명 이상 발생한 재해
② 3개월 이상의 요양을 요하는 부상자가 동시에 2명 이상 발생한 재해
③ 6개월 이상의 요양을 요하는 부상자가 동시에 1명 이상 발생한 재해
④ 부상자 또는 직업성질병자가 동시에 10명 이상 발생한 재해

*중대재해
① 사망자가 1명 이상 발생한 재해
② 3개월 이상 요양이 필요한 부상자가 동시에 2명 이상 발생한 재해
③ 부상자 또는 직업성 질병자가 동시에 10명 이상 발생한 재해

13.④ 14.③ 15.③

16

산업안전보건법령상 밀폐공간 작업으로 인한 건강장해 예방을 위하여 "적정한 공기"의 조성 조건으로 옳은 것은?

① 산소농도가 28% 이상 21% 미만, 탄산가스 농도가 1.5% 미만, 황화수소 농도가 10ppm 미만 수준의 공기
② 산소농도가 16% 이상 23.5% 미만, 탄산가스 농도가 3% 미만, 황화수소 농도가 5ppm 미만 수준의 공기
③ 산소농도가 18% 이상 21% 미만, 탄산가스 농도가 1.5% 미만, 황화수소 농도가 5ppm 미만 수준의 공기
④ 산소농도가 18% 이상 23.5% 미만, 탄산가스 농도가 1.5% 미만, 황화수소 농도가 10ppm 미만 수준의 공기

*적정공기
산소농도의 범위가 18% 이상 23.5% 미만, 탄산가스의 농도가 1.5% 미만, 일산화탄소의 농도가 30ppm 미만, 황화수소의 농도가 10ppm 미만인 수준의 공기를 말한다.

17

전신피로 정도를 평가하기 위한 측정 수치가 아닌 것은?
(단, 측정 수치는 작업을 마친 직후 회복기의 심박수이다.)

① 작업 종료 후 30 ~ 60초 사이의 평균 맥박수
② 작업 종료 후 60 ~ 90초 사이의 평균 맥박수
③ 작업 종료 후 120 ~ 150초 사이의 평균 맥박수
④ 작업 종료 후 150 ~ 180초 사이의 평균 맥박수

*전신피로의 정도 평가

종류	설명
HR_1	작업종료 후 30~60초 사이의 평균맥박수
HR_2	작업종료 후 60~90초 사이의 평균맥박수
HR_3	작업종료 후 150~180초 사이의 평균맥박수

✔심한 전신피로 상태
HR_1이 110을 초과하고 HR_3과 HR_2의 차이가 10 미만인 경우

18

사망에 대한 근로손실을 7,500일로 산출한 근거는 다음과 같다. ( )에 알맞은 내용으로만 나열한 것은?

① 재해로 인한 사망자의 평균 연령을 ( )세로 본다
② 노동이 가능한 연령을 ( )세로 본다.
③ 1년 동안의 노동일수를 ( )일로 본다.

① 30, 55, 300　　② 30, 60, 310
③ 35, 55, 300　　④ 35, 60, 310

사망 및 1,2,3급의 근로손실일수는 7500일이며 재해로 인한 사망자의 평균 연령을 30세로 보고 노동이 가능한 연령을 55세로 보며 1년 동안의 노동일수를 300일로 본다.

19

육체적 작업능력이 $16kcal/min$인 근로자가 1일 8시간씩 일하고 있다. 이때 작업대사량은 $8kcal/min$이고, 휴식시의 대사량은 $1.2kcal/min$이다. 1시간을 기준으로 할 때 이 근로자의 적정휴식시간은 약 얼마인가?

① 18.2분　　② 23.4분
③ 25.3분　　④ 30.5분

*Hertig의 적정휴식시간·작업시간

$$휴식시간 = 60 \times \frac{\frac{PWC}{3} - 작업대사량}{휴식대사량 - 작업대사량}$$

$$= 60 \times \frac{\frac{16}{3} - 8}{1.2 - 8} = 23.53분$$

20

조건이 고려된 NIOSH에서 제안한 중량물 취급작업의 권고치 중 감시기준(AL)을 구하기 위한 식에 포함된 요소가 아닌 것은?

① 대상 물체의 수평거리
② 대상 물체의 이동거리
③ 대상 물체의 이동속도
④ 중량물 취급작업의 빈도

*감시기준(AL)

$$AL(kg) = 40\left(\frac{15}{H}\right)(1 - 0.004|V - 75|)\left(0.7 + \frac{7.5}{D}\right)\left(1 - \frac{F}{12}\right)$$

여기서,
H : 대상물체의 수평거리
V : 대상물체의 수직거리
D : 대상물체의 이동거리
F : 중량물 취급작업의 빈도
F_{max} : 최대 들기작업 빈도

20.③

CBT 복원 제 1회

산업위생관리기사 필기 기출문제

제 2과목 : 작업위생측정 및 평가

21

다음 설명에 해당하는 용기는? (단, 고용노동부 고시 기준)

> 물질을 취급 또는 보관하는 동안에 기체 또는 미생물이 침입하지 않도록 내용물을 보호하는 용기

① 밀폐용기 ② 기밀용기
③ 밀봉용기 ④ 차광용기

*밀봉용기
물질을 취급 또는 보관하는 동안에 기체 또는 미생물이 침입하지 않도록 내용물을 보호하는 용기

22

석면 측정방법인 전자현미경법에 관한 설명으로 옳지 않은 것은?

① 분석시간이 짧고, 비용이 적게 소요된다.
② 공기 중 석면시료분석에 가장 정확한 방법이다.
③ 석면의 감별분석이 가능하다.
④ 위상차현미경으로 볼 수 없는 매우 가는 섬유도 관찰이 가능하다.

*전자현미경법
① 분석시간이 길고, 비용이 많이 소요된다.
② 공기 중 석면시료분석에 가장 정확한 방법이다.
③ 석면의 감별분석이 가능하다.
④ 위상차현미경으로 볼 수 없는 매우 가는 섬유도 관찰이 가능하다.

23

순수한 물의 몰(M)농도는? (단, 표준상태 기준)

① 35.2 ② 45.3
③ 55.6 ④ 65.7

*순수한 물의 몰(M)농도
55.6mol/L(M)

24

유사노출그룹(HEG)에 대한 설명 중 잘못된 것은?

① 시료채취수를 경제적으로 하는 데 활용한다.
② 역학조사를 수행할 때 사건이 발생된 근로자가 속한 HEG의 노출농도를 근거로 노출원인을 추정할 수 있다.
③ 모든 근로자의 노출정도를 추정하는 데 활용하기는 어렵다.
④ HEG는 조직, 공정, 작업범주, 그리고 작업(업무)내용별로 구분하여 설정할 수 있다.

*동일노출그룹(=유사노출그룹, HEG)의 설정 목적
① 시료채취수를 경제적으로 하는 데 활용한다.
② 역학조사를 수행할 때 사건이 발생된 근로자가 속한 HEG의 노출농도를 근거로 노출원인을 추정할 수 있다.
③ 모든 근로자의 노출정도를 추정하는 데 활용하는 것이 가능하다.
④ HEG는 조직, 공정, 작업범주, 그리고 작업(업무)내용별로 구분하여 설정할 수 있다.

25

용접작업자의 노출수준을 침착되는 부위에 따라 호흡성, 흉곽성, 흡입성 분진으로 구분하여 측정하고자 한다면 준비해야 할 측정기구로 가장 적절한 것은?

① 임핀저
② cyclone
③ cascade impactor
④ 여과집진기

*직경분립 충돌기(=입경분립 충돌기, cascade impactor)
① 흡입성·흉곽성·호흡성 입자상 물질의 크기별로 측정하는 기구이다.
② 공기흐름이 층류일 때 입자가 관성력에 의하여 시료채취가 표면에 충돌하여 채취하는 원리이다.
③ 장점
  ㉠ 입자의 질량 크기 분포를 얻을 수 있다.
  ㉡ 호흡기의 부분별로 침착된 입자 크기의 자료를 추정할 수 있다.
  ㉢ 흡입성·흉곽성·호흡성 입자 크기별로 분포 및 농도를 계산할 수 있다.
④ 단점
  ㉠ 시료채취가 까다롭다.
  ㉡ 비용이 많이 든다.
  ㉢ 채취 준비시간이 많이 든다.
  ㉣ 되튐으로 인한 시료의 손실이 일어나 과소분석 결과를 초래할 수 있어 유량을 2L/min 이하로 채취하여야 한다.

26

다음은 산업위생 분석 용어에 관한 내용이다. ( ) 안에 가장 적절한 내용은?

> ( )는(은) 검출한계가 정량분석에서 만족스런 개념을 제공하지 못하기 때문에 검출한계의 개념을 보충하기 위해 도입되었다. 이는 통계적인 개념보다는 일종의 약속이다.

① 변이계수
② 오차한계
③ 표준편차
④ 정량한계

*정량한계(LOQ)
검출한계가 정량분석에서 만족스런 개념을 제공하지 못하기 때문에 검출한계의 개념을 보충하기 위해 도입되었다. 이는 통계적인 개념보다는 일종의 약속이다.

$LOQ = 3 \times 검출한계$ or $3.3 \times 검출한계$
$LOQ = 10 \times 표준편차$

27

측정결과의 통계처리를 위한 산포도 측정방법에는 변량 상호간의 차이에 의하여 측정하는 방법과 평균값에 대한 변량의 편차에 의한 측정방법이 있다. 다음 중 변량 상호간의 차이에 의하여 산포도를 측정하는 방법으로 가장 옳은 것은?

① 평균차
② 분산
③ 변이계수
④ 표준편차

*변량 상호간의 차이에 의한 산포도 측정 방법
① 평균차
② 범위

28

분석기기인 가스크로마토그래피의 검출기에 관한 설명으로 옳지 않은 것은? (단, 고용노동부 고시 기준)

① 검출기는 시료에 대하여 선형적으로 감응해야 한다.
② 검출기의 온도를 조절할 수 있는 가열기구 및 이를 측정할 수 있는 측정기구가 갖추어져야 한다.
③ 검출기는 감도가 좋고 안정성과 재현성이 있어야 한다.
④ 약 500~850℃까지 작동 가능해야 한다.

가스크로마토그래피의 검출기는 약 400°C까지 작동 가능해야 한다.

*순간시료채취방법을 적용할 수 없는 경우
① 오염물질의 농도가 시간에 따라 변할 때
② 시간가중평균치를 구하고자 할 때
③ 공기 중 유해물질의 농도가 낮을 때

29

다음 중 활성탄의 제한점에 관한 설명으로 맞는 것은?

① 휘발성이 매우 작은 고분자량의 탄화수소 화합물의 채취 효율이 떨어짐
② 암모니아, 염화수소와 같은 저비점 화합물에 비효과적임
③ 케톤의 경우 활성탄 표면에서 물을 포함하지 않는 반응에 의해 탈착률은 양호하나 안정성이 부적절함
④ 표면의 흡착력으로 인해 반응성이 작은 mercaptan과 aldehyde 포집에 부적합함

*활성탄의 제한점
① 휘발성이 큰 저분자량의 탄화수소화합물의 채취효율이 떨어짐
② 암모니아, 염화수소, 에틸렌, 포름알데히드 증기와 같은 저비점 화합물에 비효과적임
③ 케톤의 경우 활성탄 표면에서 물을 포함하는 반응에 의해 탈착률과 안정성에 부적절함
④ 표면의 산화력으로 인해 반응성이 큰 mercaptan과 aldehyde 포집에 부적합함

30

가스상 물질을 측정하기 위한 '순간시료채취방법을 사용할 수 없는 경우'와 가장 거리가 먼 것은?

① 유해물질의 농도가 시간에 따라 변할 때
② 작업장의 기류속도 변화가 없을 때
③ 시간가중평균치를 구하고자 할 때
④ 공기 중 유해물질의 농도가 낮을 때

31

검지관 사용시 장단점으로 가장 거리가 먼 것은?

① 숙련된 산업위생전문가가 아니더라도 어느 정도만 숙지하면 사용할 수 있다.
② 민감도가 낮아 비교적 고농도에 적용이 가능하다.
③ 특이도가 낮아 다른 방해물질의 영향을 받기 쉽다.
④ 측정대상물질의 동정 없이 측정이 용이하다.

*검지관 장단점

장점	① 사용이 간편하다. ② 반응시간이 빨라서 빠른 시간에 측정 결과를 알 수 있다. ③ 숙련된 전문가가 아니여도 어느 정도 숙지되면 사용이 가능하다. ④ 맨홀 등 밀폐공간에서 산소가 부족하거나 폭발성 가스로 인해 안전이 문제가 될 때 유용하게 사용이 가능하다.
단점	① 민감도가 낮으며 비교적 고농도에 적용이 가능하다. ② 특이도가 낮다. ③ 단시간 측정만 가능하다. ④ 미리 측정 대상물질이 동정이 되어 있어야 측정이 가능하다. ⑤ 색이 시간에 따라 변화하므로 제조자가 정한 시간에 읽어야 한다. ⑥ 한 검지관으로 단일 물질만 측정할 수 있어 각 오염물질에 맞는 검지관을 선정하여야 한다. ⑦ 색변화가 선명하지 않아 주관적으로 읽을 수 있어 판독자에 따라 변이가 심하다.

32

정량한계(LOQ)에 관한 설명으로 가장 옳은 것은?

① 검출한계의 2배로 정의
② 검출한계의 3배로 정의
③ 검출한계의 5배로 정의
④ 검출한계의 10배로 정의

*정량한계(LOQ)
$LOQ = 3 \times$ 검출한계 or $3.3 \times$ 검출한계
$LOQ = 10 \times$ 표준편차

33

처음 측정한 측정치는 유량, 측정시간, 회수율 및 분석 등에 의한 오차가 각각 15%, 3%, 9%, 5% 였으나 유량에 의한 오차가 개선되어 10%로 감소되었다면 개선 전 측정치의 누적오차와 개선후의 측정치의 누적오차의 차이(%)는?

① 6.6% ② 5.6%
③ 4.6% ④ 3.8%

*누적오차
$E_c = \sqrt{E_1^2 + E_2^2 + \cdots + E_n^2}$

변화 전 누적오차 $= \sqrt{15^2 + 3^2 + 9^2 + 5^2} = 18.44\%$
변화 후 누적오차 $= \sqrt{10^2 + 3^2 + 9^2 + 5^2} = 14.66\%$
∴ 누적오차의 차이 $= 18.44 - 14.66 = 3.78 ≒ 3.8\%$
여기서,
$E_1, E_2, \cdots, E_n$: 각 요소에 대한 오차[%]

34

1차 표준 기구 중 일반적 사용범위가 $10 \sim 500 mL/$분, 정확도는 $0.05 \sim 0.25\%$ 인 것은?

① 폐활량계 ② 가스치환병
③ 건식가스미터 ④ 습식테스트미터

*1차 표준기구 종류

1차 표준기구 종류	일반적인 사용범위	정확도
비누거품미터	1mL/분 ~ 30L/분	±1% 이내
폐활량계	100 ~ 600L	±1% 이내
가스치환병	10 ~ 500mL/분	±0.05 ~ 0.25%
유리피스톤미터	10 ~ 200mL/분	±2% 이내
흑연피스톤미터	1mL/분 ~ 50L/분	±1~2%
피토관 (피토튜브)	15mL/분 이하	±1% 이내

35

작업환경공기중 벤젠(TLV $10ppm$)이 $5ppm$, 톨루엔(TLV $100ppm$)이 $50ppm$ 및 크실렌(TLV $100ppm$)이 $60ppm$으로 공존하고 있다고 하면 혼합물의 허용농도는?
(단, 상가작용 기준)

① $78ppm$ ② $72ppm$
③ $68ppm$ ④ $64ppm$

*혼합물의 허용농도
혼합물의 허용농도
$= \dfrac{f_1 + f_2 + \cdots + f_n}{\dfrac{f_1}{TLV_1} + \dfrac{f_2}{TLV_2} + \cdots + \dfrac{f_n}{TLV_n}}$
$= \dfrac{5 + 50 + 60}{\dfrac{5}{10} + \dfrac{50}{100} + \dfrac{60}{100}} = 72ppm$

32.② 33.④ 34.② 35.②

36

활성탄관을 연결한 저유량 공기 시료채취펌프를 이용하여 벤젠증기($MW = 78g/mol$)을 $0.038m^3$ 채취하였다. GC를 이용하여 분석한 결과 $478\mu g$의 벤젠이 검출되었다면 벤젠 증기의 농도(ppm)는? (단, 온도 $25℃$, 1기압 기준, 기타 조건 고려 안함)

① 1.87　　　　　　　② 2.34
③ 3.94　　　　　　　④ 4.78

*질량농도(mg/m³)와 용량농도(ppm)의 환산

$$mg/m^3 = \frac{478 \times 10^{-3}}{0.038} = 12.58 mg/m^3$$

$$\therefore ppm = mg/m^3 \times \frac{부피}{분자량} = 12.58 \times \frac{24.45}{78} = 3.94 ppm$$

*참고
- $1\mu g = 10^{-3} mg = 10^{-6} g$
- $1atm, 25℃$의 부피 $= 24.45L$

37

흡착제를 이용하여 시료채취를 할때 영향을 주는 인자에 관한 설명으로 틀린 것은?

① 온도 : 온도가 높을수록 입자의 활성도가 커져 흡착에 좋으며 저온일수록 흡착능이 감소한다.
② 오염물질 농도 : 공기 중 오염물질 농도가 높을수록 파과 용량은 증가하나 파과 공기량은 감소한다.
③ 흡착제의 크기: 입자의 크기가 작을수록 표면적이 증가하여 채취효율이 증가하나 압력강하가 심하다.
④ 시료채취도 : 시료채취도가 높고 코팅된 흡착제 일수록 파과가 일어나기 쉽다.

*고체흡착제를 이용하여 시료채취할 때 영향인자

영향인자	설명
온도	고온일수록 흡착대상 오염물질과 흡착제의 표면 사이의 반응속도가 증가하여 흡착 성질을 감소하며 파과가 일어나기 쉽다. (흡착은 발열반응이다.)
습도	습도가 높으면 파과공기량이 적어지고, 극성 흡착제를 사용할 때 수증기가 흡착되기 때문에 파과가 일어나기 쉽다.
오염물질 농도	공기 중 오염물질의 농도가 높을수록 파과용량[흡착제에 흡착된 오염물질의 양(mg)]은 증가하나 파과공기량은 감소한다.
시료채취속도 (시료채취유량)	시료채취속도가(시료채취유량) 높고 코팅된 흡착제일수록 파과가 일어나기 쉽다.
흡착제의 크기	입자의 크기가 작을수록 표면적이 증가하여 채취효율이 증가하나 압력강하가 심하다.
흡착관의 크기 (튜브의 내경)	흡착제의 양이 많아지면 전체 흡착제의 표면적이 증가하여 채취용량이 증가하므로 쉽게 파과가 발생하지 않는다.
혼합물	혼합기체의 경우 각 기체의 흡착량은 단독 성분이 있을 때보다 감소된다.

38

소음의 변동이 심하지 않은 작업장에서 1시간 간격으로 8회 측정한 산술평균의 소음수준이 $93.5dB(A)$이었을 때 하루 소음노출량($dose, \%$)은? (단, 근로자의 작업시간은 8시간)

① 104%　　　　　　② 135%
③ 162%　　　　　　④ 234%

*시간가중평균소음수준(TWA)

$$TWA = 16.61\log\left(\frac{D}{100}\right) + 90$$

$$93.5 = 16.61\log\left(\frac{D}{100}\right) + 90$$

$$\therefore D = 162\%$$

여기서,
TWA : 시간가중평균 소음수준[$dB(A)$]
D : 누적소음노출량[%]
100 : 8시간 기준 노출시간/일

39

작업환경 공기 중에 벤젠($TLV=10ppm$) $4ppm$, 톨루엔($TLV=100ppm$) $40ppm$, 크실렌($TLV=150ppm$) $50ppm$이 공존하고 있는 경우에 이 작업환경 전체로서 노출기준의 초과여부 및 혼합 유기용제의 농도는?

① 노출기준을 초과, 약 $85ppm$
② 노출기준을 초과, 약 $98ppm$
③ 노출기준을 초과하지 않음, 약 $78ppm$
④ 노출기준을 초과하지 않음, 약 $93ppm$

*혼합물의 노출기준(EI)

$$EI = \frac{C_1}{T_1} + \frac{C_2}{T_2} + \cdots + \frac{C_n}{T_n} = \frac{4}{10} + \frac{40}{100} + \frac{50}{150} = 1.13$$

1을 초과하였으므로 ∴노출기준을 초과

여기서,
C: 화학물질 각각의 측정치
T: 화학물질 각각의 노출기준

$EI > 1$: 노출기준을 초과
$EI < 1$: 노출기준을 초과하지 않음

$$\therefore 혼합물의\ TLV-TWA = \frac{C_1+C_2+\cdots+C_n}{EI}$$
$$= \frac{4+40+50}{1.13} = 83.19 ≒ 85ppm$$

여기서,
C: 화학물질 각각의 측정치
T: 화학물질 각각의 노출기준
EI: 노출기준

*리프만(Lippman) 식에 의한 침강속도

$$V = 0.632 m/hr \times \frac{100cm}{1m} \times \frac{1hr}{3600sec} = 0.0176 cm/sec$$
$$V = 0.003\rho d^2$$
$$\therefore \rho = \frac{V}{0.003d^2} = \frac{0.0176}{0.003 \times 3^2} = 0.65$$

여기서
V : 침강속도$[cm/sec]$
ρ : 입자 밀도$[g/cm^3]$
d : 입자 직경$[\mu m]$

*참고
- $1m = 100cm$
- $1hr = 3600sec$

40

종단속도가 $0.632 m/hr$인 입자가 있다. 이 입자의 직경이 $3\mu m$라면 비중은?

① 0.65
② 0.55
③ 0.86
④ 0.77

제 3과목 : 작업환경관리대책

41

다음과 같은 조건에서 오염물질의 농도가 $200ppm$ 까지 도달하였다가 오염물질 발생이 중지되었을때, 공기 중 농도가 $200ppm$ 에서 $19ppm$ 으로 감소하는데 얼마나 걸리는가?
(단, 1차반응, 공간부피 $V=3000m^3$, 환기량 $Q=1.17m^3/\text{sec}$)

① 약 89분 ② 약 100분
③ 약 109분 ④ 약 115분

*농도 C_1에서 C_2까지 감소하는 데 걸린 시간(t)
$$t = -\frac{V}{Q}\ln\left(\frac{C_2}{C_1}\right)$$
$$= -\frac{3000m^3}{1.17m^3/\text{sec}\times\left(\frac{60\text{sec}}{1\text{min}}\right)}\ln\left(\frac{19}{200}\right) = 100.59 ≒ 100\text{min}$$

여기서,
C_1 : 유해물질 처음농도
C_2 : 유해물질 노출기준

42

덕트 합류시 균형유지 방법 중 설계에 의한 정압 균형유지법의 장·단점이 아닌 것은?

① 설계시 잘못된 유량을 고치기가 용이함
② 설계가 복잡하고 시간이 걸림
③ 최대 저항 경로 선정이 잘못되어도 설계시 쉽게 발견할 수 있음
④ 때에 따라 전체 필요한 최소유량 보다 더 초과될 수 있음

*정압조절평형법(정압균형유지법, 유속조절평형법)의 장단점

장점	① 설계가 정확할 때 가장 효율적인 시설이 된다. ② 유속의 범위가 적절하면 덕트의 폐쇄가 일어나지 않는다. ③ 잘못 설계된 분지관, 최대저항 경로선정이 잘못되어도 설계 시 쉽게 발견할 수 있다. ④ 침식·부식·분진퇴적으로 인한 축적현상이 없어 덕트의 폐쇄가 일어나지 않는다.
단점	① 설계가 복잡하고 시간이 오래걸린다. ② 시설 설치 후 잘못된 유량을 고치기 어렵다. ③ 효율 개선 시 전체적으로 수정하여야 한다. ④ 설계유량 산정을 잘못할 경우 수정은 덕트 크기 변경을 필요로 한다. ⑤ 때에 따라 전체 필요한 최소유량보다 더욱 초과될 수 있다.

43

유입계수 $C_e = 0.82$인 원형 후드가있다. 덕트의 원 면적이 $0.0314m^2$이고 필요 환기량 Q는 $30m^3/\text{min}$ 이라고 할 때 후드정압은?
(단, 공기밀도 $1.2kg/m^3$ 기준)

① $16mmH_2O$ ② $23mmH_2O$
③ $32mmH_2O$ ④ $37mmH_2O$

*후드의 정압(SP_h)
$Q=AV$에서,
$V = \frac{Q}{A} = \frac{30}{0.0314}$
$= 955.41m/\text{min}\times\left(\frac{1\text{min}}{60\text{sec}}\right) = 15.92m/\text{sec}$
밀도가 $1.2kg/m^3$이므로, 비중량은 $1.2kg_f/m^3$이다.
$VP = \frac{\gamma V^2}{2g} = \frac{1.2\times 15.92^2}{2\times 9.8} = 15.52mmH_2O$
$\therefore SP_h = VP(1+F) = VP\left(1+\frac{1}{C_e^2}-1\right)$
$= 15.52\left(1+\frac{1}{0.82^2}-1\right) = 23mmH_2O$

41.② 42.① 43.②

여기서,
SP_h : 후드의 정압 $[mmH_2O]$
VP : 속도압(동압) $[mmH_2O]$
F : 압력손실계수 $\left(=\dfrac{1}{C_e^2}-1\right)$
C_e : 유입계수 $\left(=\sqrt{\dfrac{1}{1+F}}\right)$

44

이산화탄소 가스의 비중은?
(단, 0℃, 1기압 기준)

① 1.34　　　　　② 1.41
③ 1.52　　　　　④ 1.63

*비중

물질의 비중 $=\dfrac{\text{물질의 분자량}}{29}=\dfrac{44}{29}=1.52$

*참고

- 이산화탄소(CO_2)의 분자량 $= 12+16\times2 = 44g$
- C의 원자량 : 12g, O의 원자량 : 16g

45

90°곡관의 반경비가 2.0일때 압력손실계수는 0.27이다. 속도압이 $14mmH_2O$라면 곡관의 압력손실 (mmH_2O)은?

① 7.6　　　　　② 5.5
③ 3.8　　　　　④ 2.7

*곡관의 압력손실($\triangle P$)

$\triangle P=\left(\xi\times\dfrac{\theta}{90}\right)VP=\left(0.27\times\dfrac{90}{90}\right)\times14=3.8mmH_2O$

여기서,
ξ : 압력손실계수($\xi=1-R$)　R : 정압회복계수
θ : 곡관의 각도[°]
VP : 속도압 $[mmH_2O]$

46

흡인풍량이 $200m^3/\text{min}$, 송풍기 유효전압이 $150\ mmH_2O$, 송풍기 효율이 80%, 여유율이 1.2인 송풍기의 소요 동력은?
(단, 송풍기 효율과 여유율을 고려함)

① 4.8kW　　　　② 5.4kW
③ 6.7kW　　　　④ 7.4kW

*송풍기 소요동력(H)

$H=\dfrac{Q\times\triangle P}{6120\eta}\times\alpha=\dfrac{200\times150}{6120\times0.8}\times1.2=7.4kW$

여기서,
H : 송풍기 소요동력$[kW]$
Q : 송풍량$[m^3/\text{min}]$
$\triangle P$: 송풍기 유효압력$[mmH_2O]$
η : 송풍기 효율
α : 여유율 (주어지지 않으면, $\alpha=1$)

47

덕트 직경이 $30cm$ 이고 공기유속이 $5m/\sec$일 때 레이놀드수(Re)는?
(단, 공기의 점성계수는 20℃에서 $1.85\times10^{-5}\ kg/\sec\cdot m$, 공기밀도는 20℃에서 $1.2kg/m^3$)

① 97300　　　　② 117500
③ 124400　　　④ 135200

*레이놀즈 수

$Re=\dfrac{\rho VD}{\mu}=\dfrac{1.2\times5\times0.3}{1.85\times10^{-5}}=97300$

여기서,
Re : 레이놀즈 수
ρ : 유체 밀도$[kg/m^3]$
V : 유속$[m/s]$
D : 직경$[m]$
μ : 점성계수$[kg/m\cdot s]$

48
마스크 성능 및 시험방법에 관한 설명으로 틀린 것은?

① 배기변의 작동 기밀시험 : 내부의 압력이 상압으로 돌아올 때까지 시간은 5초 이내 어야 한다.
② 불연성시험: 버너 불꽃의 끝부분에서 $20mm$ 위치의 불꽃온도를 $800±50℃$로 하여 마스크를 초당 $6±0.5cm$의 속도로 통과시킨다.
③ 분진포집효율시험 : 마스크에 석영분진함유 공기를 매분 $30L$의 유량으로 통과시켜 통과 전후의 석영농도를 측정한다.
④ 배기저항시험 : 마스크에 공기를 매분 $30L$의 유량으로 통과시켜 마스크의 내외의 압력차를 측정한다.

*배기변의 작동 기밀시험
내부의 압력이 상압으로 돌아올 때까지 시간은 15초 이내어야 한다.

49
$80\mu m$인 분진 입자를 중력 침강실에서 처리하려고 한다. 입자의 밀도는 $2g/cm^3$, 가스의 밀도는 $1.2 kg/m^3$, 가스의 점성계수는 $2.0\times 10^{-3} g/cm \cdot s$일 때 침강속도는?
(단, Stokes's 식 적용)

① $3.49\times 10^{-3} m/sec$ ② $3.49\times 10^{-2} m/sec$
③ $4.49\times 10^{-3} m/sec$ ④ $4.49\times 10^{-2} m/sec$

*스토크스(Stokes) 법칙에 의한 침강속도

$$V = \frac{gd^2(\rho_1-\rho)}{18\mu}$$
$$= \frac{980cm/sec^2 \times (80\times 10^{-4}cm)^2 \times (2-0.0012)g/cm^3}{18\times 2.0\times 10^{-3} g/cm\cdot sec}$$
$$= 3.4823 cm/sec \times \left(\frac{0.01m}{1cm}\right) ≒ 3.49\times 10^{-2} m/sec$$

여기서,
V : 침강속도$[cm/sec]$
g : 중력가속도$[=980cm/sec^2]$
d : 입자 직경$[cm]$
ρ_1 : 입자 밀도$[g/cm^3]$
ρ : 공기 밀도$[g/cm^3]$
μ : 공기 점성계수$[g/cm \cdot sec]$

*참고
- $1m=100cm=10^6\mu m \rightarrow 1\mu m=10^{-4}cm$
- $1kg=1000g$, $1m^3=10^6 cm^3$
- $1.2kg/m^3=0.0012g/cm^3$

50
차광 보호크림의 적용화학물질로 가장 알맞게 짝지어진 것은?

① 글리세린, 산화제이철
② 벤드나이드, 탄산 마그네슘
③ 밀랍 이산화티탄, 염화비닐수지
④ 탈수라노린, 스테아린산

*피부보호 도포제

보호제	설명
피막형 피부보호제	분진, 유리섬유 등에 대한 장해 예방
소수성 피부보호제	내수성 피막을 만들고 소수성으로 산을 중화하는 방식으로 밀랍, 파라핀, 탄산 마그네슘 등에 대한 장해 예방
광과민성 물질차단 피부보호제	자외선 등에 대한 장해 예방
수용성 물질차단 피부보호제	수용성 물질 등에 대한 장해 예방
지용성 물질차단 피부보호제	지용성 물질 등에 대한 장해 예방
차광성 물질차단 피부보호제	글리세린, 산화제이철 등에 대한 장해 예방

48.① 49.② 50.①

51

작업장에서 메틸에틸케톤(MEK : 허용기준 $200ppm$)이 $3L/hr$로 증발하여 작업장을 오염시키고 있다. 전체 (희석)환기를 위한 필요 환기량은?
(단, $K=6$, 분자량= 72 메틸에틸케톤 비중 = 0.805 21℃, 1기압 상태 기준)

① 약 $160m^3/min$ ② 약 $280m^3/min$
③ 약 $330m^3/min$ ④ 약 $410m^3/min$

*노출기준에 따른 전체환기량(Q)

$$Q= \frac{24.1\times S\times G\times K\times 10^6}{M\times TLV}$$
$$= \frac{24.1\times 0.805\times 3\times 6\times 10^6}{72\times 200}$$
$$= 24250.63m^3/hr\times \left(\frac{1hr}{60min}\right) = 404.18 ≒ 410m^3/min$$

여기서,
Q : 전체환기량 $[m^3/hr]$
S : 유해물질의 비중
G : 유해물질의 시간당 사용량 $[L/hr]$
K : 안전계수(혼합계수)
M : 유해물질의 분자량
TLV : 유해물질의 노출기준 $[ppm]$
24.1 : $1atm$, 21℃에서 공기의 부피 $[L]$
$\left(온도보정 : 24.1\times \frac{273+t}{273+21}\right)$
여기서, t : 실제공기의 온도 $[℃]$

*참고
• 1hr=60min

52

보호구의 보호 정도를 나타내는 할당보호계수(APF)에 관한 설명으로 가장 거리가 먼 것은?

① 보호구 밖의 유량과 안의 유량 비(Q_o/Q_i)로 표현된다.
② APF를 이용하여 보호구에 대한 최대사용 농도를 구할 수 있다.
③ APF가 100인 보호구를 착용하고 작업장에 들어가면 착용자는 외부유해물질로부터 적어도 100배만큼의 보호를 받을 수 있다는 의미이다.
④ 일반적인 PF 개념의 특별한 적용으로 적절히 밀착이 이루어진 호흡기보호구를 훈련된 일련의 착용자들이 작업장에서 착용하였을 때 기대되는 최소 보호정도치를 말한다.

*할당보호계수(APF)

$$APF \geq \frac{C_{air}}{PEL} = HR$$

여기서,
APF : 할당보호계수
C_{air} : 기대되는 공기 중 농도
PEL : 노출기준
HR : 위해비

*보호계수(PF)

$$PF = \frac{C_o}{C_i}$$

여기서,
PF : 보호계수
C_o : 보호구 밖의 농도
C_i : 보호구 안의 농도

53

지적온도(optimum temperature)에 미치는 영향인자들의 설명으로 가장 거리가 먼 것은?

① 작업량이 클수록 체열 생산량이 많아 지적온노는 낮아진다.
② 여름철이 겨울철보다 지적온도가 높다.
③ 더운 음식물, 알콜, 기름진 음식 등을 섭취하면 지적온도는 낮아진다.
④ 노인들보다 젊은 사람의 지적온도가 높다.

51.④ 52.① 53.④

*지적온도의 특징
① 작업량이 클수록 체열 생산량이 많아 지적온도는 낮아진다.
② 여름철이 겨울철보다 지적온도가 높다.
③ 더운 음식물, 알콜, 기름진 음식 등을 섭취하면 지적온도는 낮아진다.
④ 노인들보다 젊은 사람의 지적온도가 낮다.

54
송풍기 배출구의 총합정압은 $20mmH_2O$이고, 흡입구의 총압전압은 $-90mmH_2O$이며 송풍기 전후의 속도압은 $20mmH_2O$이다. 이 송풍기의 실효정압 (mmH_2O)은?

① -130
② -110
③ $+130$
④ $+110$

*송풍기 정압(FSP)
$FSP = SP_{out} - TP_{in} = 20 - (-90) = 110mmH_2O$
여기서,
SP_{out} : 배출구 정압$[mmH_2O]$
TP_{in} : 흡입구 전압$[mmH_2O]$

55
주물사, 고온가스를 취급하는 공정에 환기시설을 설치하고자 할 때, 덕트의 재료로 가장 적당한 것은?

① 아연도금 강판
② 중질 콘크리트
③ 스테인레스 강판
④ 흑피 강판

*덕트(송풍관)의 재질
① 주물사, 고온가스 : 흑피 강판
② 유기용제 : 아연도금 강판
③ 강산, 염소계 용제 : 스테인레스스틸 강판
④ 알칼리 : 강판
⑤ 전리방사선 : 중질 콘크리트

56
공기 중의 사염화탄소 농도가 0.3% 라면 정화통의 사용 가능 시간은?
(단, 사염화탄소 0.5%에서 100분간 사용 가능한 정화통 기준)

① 166분
② 181분
③ 218분
④ 235분

*방독마스크 유효시간(파괴시간)
$$유효시간 = \frac{표준유효시간 \times 시험가스\ 농도}{작업장\ 공기\ 중\ 유해가스\ 농도}$$
$$= \frac{100 \times 0.5}{0.3} = 166.67 ≒ 166분$$

57
덕트 주관에 $45°$로 분지관이 연결되어 있다. 주관과 분지관의 반송속도는 모두 $18m/s$이고, 주관의 압력손실계수는 0.2이며, 분지관의 압력손실계수는 0.28이다. 주관과 분지관의 합류에 의한 압력손실 (mmH_2O)은?
(단, 공기밀도 $=1.2kg/m^3$)

① 9.5
② 8.5
③ 7.5
④ 6.5

*합류관 압력손실$(\triangle P)$
밀도가 $1.2kg/m^3$이므로, 비중량은 $1.2kg_f/m^3$이다.
$$VP = \frac{\gamma V^2}{2g} = \frac{1.2 \times 18^2}{2 \times 9.8} = 19.84mmH_2O$$
$$\therefore \triangle P = \triangle P_1 + \triangle P_2 = (\xi VP_1) + (\xi VP_2)$$
$$= (0.2 \times 19.84) + (0.28 \times 19.84) = 9.5mmH_2O$$

여기서,
$\triangle P$: 압력손실$[mmH_2O]$
$\triangle P_1$: 주관의 압력손실$[mmH_2O]$
$\triangle P_2$: 분지관의 압력손실$[mmH_2O]$
ξ : 압력손실계수$(\xi = 1-R)$
  R : 정압회복계수
VP : 속도압$[mmH_2O]$

58

움직이지 않는 공기 중으로 속도 없이 배출되는 작업조건(작업공정 : 탱크에서 증발)의 제어속도 범위 (m/s)는?
(단, ACGIH 권고 기준)

① 0.1~0.3
② 0.3~0.5
③ 0.5~1.0
④ 1.0~1.5

*제어속도 범위(ACGIH)

작업조건	작업공정 사례	제어 속도 $[m/s]$
움직이지 않는 공기 중 속도없이 배출되는 작업조건 조용한 대기 중에 실제 거의 속도가 없는 상태로 발산하는 경우의 작업조건	- 탱크에서 증발, 탈지시설 - 액면에서 발생하는 가스나 증기 흡	0.25~0.5
비교적 조용한 대기 중 저속도로 비산하는 작업조건	- 용접, 도금작업 - 스프레이 도장 - 주형을 부수고 모래를 터는 장소	0.5~1.0
발생 기류가 높고 유해물질이 활발하게 발생하는 작업조건	- 스프레이 도장, 용기 충전 - 분쇄기 - 컨베이어 적재	1.0~2.5
초고속 기류가 있는 작업장소에 초고속으로 비산하는 경우	- 회전 연삭작업 - 연마작업 - 블라스트 작업	2.5~10

59

다음 중 덕트 설치 시 압력손실을 줄이기 위한 주요사항과 가장 거리가 먼 것은?

① 덕트는 가능한 한 상향구배를 만든다.
② 덕트는 가능한 한 짧게 배치하도록 한다.
③ 가능한 한 후드의 가까운 곳에 설치한다.
④ 밴드의 수는 가능한 한 적게 하도록 한다.

*덕트설치 시 주요원칙
① 공기가 아래로 흐르도록 하향구배를 만든다.
② 구부러짐 전후에는 청소구를 만든다.
③ 밴드는 가능하면 완만하게 구부리며, 90°는 피한다.
④ 덕트는 가능한 한 짧게 배치하도록 한다.
⑤ 가급적 원형 덕트를 사용하고, 사각 덕트 사용 시 정방형을 사용한다.
⑥ 가능한 한 후드와 가까운 곳에 설치한다.
⑦ 밴드의 수는 가능한 한 적게 하도록 한다.
⑧ 수분이 응축될 경우 덕트 내로 들어가지 않도록 하며 경사나 배수구를 마련한다.
⑨ 덕트와 송풍기 연결부위는 진동을 고려하여 유연한 재질로 한다.
⑩ 후드는 덕트보다 두꺼운 재질을 선택한다.
⑪ 직경이 다른 덕트 연결 시 경사 30° 이내의 테이퍼를 부착한다.
⑫ 송풍기를 연결할 때 최소 덕트 직경의 6배는 직선구간으로 한다.
⑬ 곡관은 직관보다 0.76mm 정도 두꺼운 재질을 선택한다.
⑭ 곡률반경은 최소 덕트 직경의 1.5 이상, 주로 2.0을 사용한다.

60

다음 중 작업환경개선에서 공학적인 대책과 가장 거리가 먼 것은?

① 환기
② 대체
③ 교육
④ 격리

*작업환경 개선의 공학적 대책
① 대치(대체)
② 격리
③ 환기
④ 교육 - 가장 소극적 대책으로 가장 관계가 적기 때문에 위 4개 중 가장 거리가 멀다.

58.② 59.① 60.③

제 4과목 : 물리적유해인자관리

61

다음 중 인공조명 시에 고려하여야 할 사항으로 옳은 것은?

① 폭발과 발화성이 없을 것
② 광색은 야광색에 가까울 것
③ 장시간 작업 시 광원은 직접조명으로 할 것
④ 일반적인 작업 시 우상방에서 비치도록 할 것

*인공조명 시 고려사항
① 광원 또는 전등의 휘도를 줄인다.
② 광원을 시선에서 멀리 위치시킨다.
③ 광원 주위를 밝게 하여 광도비를 적정하게 한다.
④ 눈이 부신 물체와 시선과의 각을 크게한다.
⑤ 가급적 간접 조명이 되도록할 것
⑥ 경제적이며 취급이 용이할 것
⑦ 조도는 작업상 충분히 유지시킬 것
⑧ 조도는 균등히 유지할 수 있을 것
⑨ 광색은 주광색에 가깝게 할 것
⑩ 폭발성 또는 발화성이 없을 것

62

다음 중 재질이 일정하지 않으며 균일하지 않으므로 정확한 설계가 곤란하고 처짐을 크게 할 수 없으며 고유진동수가 10Hz 전후밖에 되지 않아 진동방지보다는 고체음의 전파방지에 유익한 방진재료는?

① 방진고무 ② felt
③ 공기용수철 ④ 코르크

*코르크
재질이 일정하지 않으며 균일하지 않으므로 정확하게 설계할 수 없고, 처짐을 크게 할 수 없으며 고유 진동수가 10Hz 전후로 고체음의 전파방지에 유용하게 사용할 수 있다.

63

음의 세기레벨이 $80dB$에서 $85dB$로 증가하면 음의 세기는 약 몇 배가 증가하겠는가?

① 1.5배 ② 1.8배
③ 2.2배 ④ 2.4배

*음의 세기레벨(SIL)

$$SIL = 10\log\left(\frac{I}{I_o}\right)$$

$$80 = 10\log\left(\frac{I_A}{10^{-12}}\right) \Rightarrow I_A = 10^{-4}\,W/m^2$$

$$85 = 10\log\left(\frac{I_B}{10^{-12}}\right) \Rightarrow I_B = 3.16 \times 10^{-4}\,W/m^2$$

$$\therefore 증가 = \frac{I_B - I_A}{I_A} = \frac{3.16 \times 10^{-4} - 10^{-4}}{10^{-4}} = 2.2배$$

여기서,
SIL : 음의 세기레벨(음의 강도)$[dB]$
I : 대상음의 세기$[W/m^2]$
I_o : 최소가청음세기($=10^{-12}\,[W/m^2]$)

64

고압환경의 영향 중 2차적인 가압 현상에 관한 설명으로 틀린 것은?

① 4기압 이상에서 공기 중의 질소가스는 마취 작용을 나타낸다.
② 이산화탄소의 증가는 산소의 독성과 질소의 마취 작용을 촉진시킨다.
③ 산소의 분압이 2기압을 넘으면 산소중독 증세가 나타난다.
④ 산소중독은 고압산소에 대한 노출이 중지되어도 근육경련, 환청 등 후유증이 장기간 계속된다.

*2차적 가압현상(화학적 장해)
고압 하의 대기가스 독성 때문에 나타나는 현상으로, 다음 3가지 현상이 발생한다.

질소 가스 마취	① 공기 중 질소가스는 4기압을 넘으면 마취 작용을 일으킨다. ② 사고력, 판단력, 기억력 저하, 불안, 공포감, 마약효과 등 증상이 일어난다. ③ 질소 마취증상은 대기압 조건으로 복귀하면 사라진다. (가역적이다.) ④ 질소가스 마취 증상이 있는 근로자에게 질소를 헬륨으로 대치한 공기를 호흡시키면 예방된다.
산소 중독	① 산소분압이 2기압을 넘으면 산소중독 증상이 일어난다. ② 시력장애, 정신혼란, 근육경련 등 증상이 일어난다. ③ 산소중독 증상은 고압산소에 대한 노출이 중지되면 증상이 즉시 멈춘다.
이산 화탄 소 중독	① 산소의 중독과 질소의 마취작용을 증가시키는 역할을 한다. ② 고압환경에서의 이산화탄소 농도가 0.2%를 초과해서는 안된다.

65

다음 중 진동증후군(HAVS)에 대한 스톡홀름 워크숍의 분류로서 틀린 것은?

① 진동증후군의 단계를 0부터 4까지 5단계로 구분하였다.
② 1단계는 가벼운 증상으로 하나 또는 그 이상의 손가락 끝부분이 하얗게 변하는 증상을 의미한다.
③ 3단계는 심각한 증상으로 하나 또는 그 이상의 손가락 가운뎃마디 부분까지 하얗게 변하는 증상이 나타나는 단계이다.
④ 4단계는 매우 심각한 증상으로 대부분의 손가락이 하얗게 변하는 증상과 함께 손끝에서 땀의 분비가 제대로 일어나지 않는 등의 변화가 나타나는 단계이다.

*진동증후군(HAVS)에 대한 스톡홀름 워크숍 분류

단계	증상 및 징후
0단계	- 증상이 없음
1단계	- 가벼운 증상 - 하나 이상의 손가락 끝부분이 하얗게 변하는 증상
2단계	- 보통 증상 - 하나 이상의 손가락 중간부위 이상이 때때로 나타나는 증상
3단계	- 심각한 증상 - 대부분 수지들 전체에 빈번하게 나타나는 증상
4단계	- 매우 심각한 증상 - 대부분의 손가락이 하얗게 변하는 증상 - 위의 증상과 동시에 손끝에서 땀의 분비가 제대로 일어나지 않는 등 변화

66

현재 총 흡음량이 $1200\,sabins$인 작업장의 천장에 흡음물질을 첨가하여 $2800\,sabins$을 더할 경우 예측되는 소음감소량(dB)은 약 얼마인가?

① 3.5   ② 4.2
③ 4.8   ④ 5.2

*실내소음 저감량(NR)

$$NR = SPL_1 - SPL_2 = 10\log\left(\frac{A_2}{A_1}\right) = 10\log\left(\frac{A_1 + A_\alpha}{A_1}\right)$$
$$= 10\log\left(\frac{1200 + 2800}{1200}\right) = 5.2\,dB$$

64.④ 65.③ 66.④

67

어떤 음의 발생원의 Sound Power가 $0.006W$이면 이때 음향 파워레벨은?

① $92dB$
② $94dB$
③ $96dB$
④ $98dB$

음향파워레벨(PWL)

$$PWL = 10\log\left(\frac{W}{W_o}\right) = 10\log\left(\frac{0.006}{10^{-12}}\right) = 97.78 ≒ 98dB$$

여기서,
W : 대상음원의 음향파워 $[W]$
W_o : 기준음향파워 $(= 10^{-12}[W])$

68

시간당 $150kcal$ 열량이 소요되는 작업을 하는 실내 작업장이다. 다음 온도 조건에서 시간당 작업휴식 시간비로 가장 적절한 것은?

- 흑구온도 : 32℃
- 건구온도 : 27℃
- 자연습구온도 : 30℃

작업강도 작업휴식시간비	경 작업	중등 작업	중 작업
계속 작업	30.0	26.7	25.0
매시간 75%작업, 25% 휴식	30.6	28.0	25.9
매시간 50%작업, 50% 휴식	31.4	29.4	27.9
매시간 25%작업, 75% 휴식	32.2	31.1	30.0

① 계속작업
② 매시간 25% 작업, 75%휴식
③ 매시간 50% 작업, 50%휴식
④ 매시간 75% 작업, 25%휴식

고온의 노출기준(ACGIH) 단위 : ℃, WBGT

작업강도 작업 휴식시간비	경작업	중등작업	중작업
계속작업	30.0	26.7	25.0
매시간 75% 작업, 25% 휴식	30.6	28.0	25.9
매시간 50% 작업, 50% 휴식	31.4	29.4	27.9
매시간 25% 작업, 75% 휴식	32.2	31.1	30.0

① 경작업
200kcal까지의 열량이 소요되는 작업을 말하며, 앉아서 또는 서서 기계의 조정을 하기 위하여 손 또는 팔을 가볍게 쓰는 일 등을 뜻함
② 중등작업
시간당 200~350kcal의 열량이 소요되는 작업을 말하며, 물체를 들거나 밀면서 걸어다니는 일 등을 뜻함
③ 중작업
시간당 350~500kcal의 열량이 소요되는 작업을 말하며, 곡괭이질 또는 삽질하는 일 등을 뜻함

습구흑구온도지수(WBGT)

① 태양광선이 내리쬐는 옥외 장소
$WBGT(℃)$
$= 0.7×자연습구온도+0.2×흑구온도+0.1×건구온도$

② 태양광선이 내리쬐지 않는 옥내 또는 옥외 장소
$WBGT(℃) = 0.7×자연습구온도+0.3×흑구온도$

$WBGT(℃) = 0.7×자연습구온도+0.3×흑구온도$
$= 0.7×30+0.3×32 = 30.6℃$

경작업에 $WBGT(℃)$가 30.6℃이므로,
∴ 매시간 75% 작업, 25% 휴식

69

소음계(Sound Level Meter)로 소음측정 시 A 및 C 특성으로 측정하였다. 만약 C 특성으로 측정한 값이 A 특성으로 측정한 값보다 훨씬 크다면 소음의 주파수 영역은 어떻게 추정이 되겠는가?

① 저주파수가 주성분이다.
② 중주파수가 주성분이다.
③ 고주파수가 주성분이다.
④ 중 및 고주파수가 주성분이다.

*소음의 주파수 영역
$dB(A) \ll dB(C)$: 저주파 성분
$dB(A) \approx dB(C)$: 고주파 성분

70

다음 중 피부 투과력이 가장 큰 것은?

① α선
② β선
③ X선
④ 레이저

*전리방사선 인체투과력 순서
중성자 > X선 or γ > β > α

71

청력 손실차가 다음과 같을 때, 6분법에 의하여 판정하면 청력손실은 얼마인가?

| 500Hz에서 청력 손실차는 8 |
| 1000Hz에서 청력 손실차는 12 |
| 2000Hz에서 청력 손실차는 12 |
| 4000Hz에서 청력 손실차는 22 |

① 12
② 13
③ 14
④ 15

*6분법
평균청력손실 = $\dfrac{a+2b+2c+d}{6}$
$= \dfrac{8+2\times12+2\times12+22}{6} = 13$

여기서
a : 옥타브밴드 중심주파수 500Hz에서의 청력손실[dB]
b : 옥타브밴드 중심주파수 1000Hz에서의 청력손실[dB]
c : 옥타브밴드 중심주파수 2000Hz에서의 청력손실[dB]
d : 옥타브밴드 중심주파수 4000Hz에서의 청력손실[dB]

72

불활성가스 용접에서는 자외선량이 많아 오존이 발생한다. 염화계 탄화수소에 자외선이 조사되어 분해될 경우 발생하는 유해물질로 맞은 것은?

① $COCl_2$(포스겐)
② HCl(염화수소)
③ NO_3(삼산화질소)
④ $HCHO$(포름알데히드)

*포스겐($COCl_2$)
불활성가스 용접에서는 자외선량이 많아 오존이 발생한다. 염화계 탄화수소에 자외선이 조사되어 분해될 경우 발생하는 유해물질

73

저온에 의한 1차적 생리적 영향에 해당하는 것은?

① 말초혈관의 수축
② 혈압의 일시적 상승
③ 근육긴장의 증가와 전율
④ 조직대사의 증진과 식욕항진

*저온에서의 생리적 현상

저온의 1차적 생리적 현상	저온의 2차적 생리적 현상
① 피부혈관 수축 ② 체표면적 감소 ③ 근육긴장의 증가 및 떨림 ④ 화학적 대사작용 증가	① 표면조직 냉각 ② 식욕 항진 ③ 순환기능 감소 ④ 혈압 상승 ⑤ 말초 냉각

74

해면 기준에서 정상적인 대기 중의 산소분압은 약 얼마인가?

① $80mmHg$
② $160mmHg$
③ $300mmHg$
④ $760mmHg$

70.③ 71.② 72.① 73.③ 74.②

*분압
정상적인 공기 중 산소함유량은 21vol%이므로,
∴ 산소 분압$[mmHg] = 760mmHg \times$ 산소 성분비
$= 760 \times 0.21 = 160mmHg$

75

감압병의 예방 및 치료의 방법으로 적절하지 않은 것은?

① 잠수 및 감압방법은 특별히 잠수에 익숙한 사람을 제외하고는 1분에 $10m$ 정도씩 잠수하는 것이 안전하다.
② 감압이 끝날 무렵에 순수한 산소를 흡입시키면 예방적 효과와 함께 감압시간을 25% 가량 단축시킬 수 있다.
③ 고압환경에서 작업 시 질소를 헬륨으로 대치할 경우 목소리를 변화시켜 성대에 손상을 입힐 수 있으므로 할로겐 가스로 대치한다.
④ 감압병의 증상을 보일 경우 환자를 원래의 고압환경에 복귀시키거나 인공적 고압실에 넣어 혈관 및 조직 속에 발생한 질소의 기포를 다시 용해시킨 후 천천히 감압한다.

*감압병(잠함병, 케이슨병) 예방 및 치료
① 고압환경에서 작업시간을 제한한다.
② 1분에 $10m$ 정도씩 잠수하는 것이 안전하다.
③ 감압이 끝날 쯤 순수한 산소를 흡입하면 감압시간이 25% 정도 단축된다.
④ 고압환경에서 작업하는 작업자에게 질소 대신 헬륨을 대치한 공기를 호흡시킨다.
⑤ 감압병 증상이 발생한 작업자는 바로 원래의 고압환경 상태로 복귀시키거나 인공고압실에서 천천히 감압시킨다.

76

소음성 난청에 영향을 미치는 요소의 설명으로 틀린 것은?

① 음압 수준 : 높을수록 유해하다.
② 소음의 특성 : 고주파음이 저주파음보다 유해하다.
③ 노출시간 : 간헐적 노출이 계속적 노출보다 덜 유해하다.
④ 개인의 감수성 : 소음에 노출된 사람이 똑같이 반응한다.

*소음성 난청에 영향을 미치는 인자

영향인자	설명
소음 크기	음압수준이 클수록 영향이 크다.
개인 감수성	소음에 노출된 사람이 전부 똑같이 반응하지 않으며, 감수성이 높은 사람이 극소수로 존재한다.
소음의 주파수 구성	고주파음이 영향이 크다.
소음의 발생 특성	지속적 소음 노출이 간헐적 소음 노출보다 영향이 크다.

77

살균 작용을 하는 자외선의 파장범위는?

① $220 \sim 254mm$
② $254 \sim 280mm$
③ $280 \sim 315mm$
④ $315 \sim 400mm$

*자외선의 생물학적 작용

분류	생물학적 작용
피부 장해	- 피부암 발생 • 280~315nm의 파장에서 피부암이 발생할 수 있다. • 옥외 작업을 하면서 콜타르의 유도체, 벤조피렌, 안트라센 화합물과 상호작용하여 피부암을 유발시킨다. - 피부의 비후 : 자외선에 의해 진피 두께가 두꺼워진다. - 피부홍반 형성 및 색소 침착 : 200~290nm에서 홍반작용이 강하게 발생한다.
눈 장해	- 240~310nm 파장에서 백내장 및 결막염을 일으킨다. - 급성각막염 발생 : 자외선 살균취급자, 전기용접자 등에서 자외선에 의한 전광성 안염(전기성 안염)이 발생한다.
비타민 D 생성	- 280~320nm의 파장에서 비타민 D가 생성된다.
살균 작용	- 254~280nm의 파장에서 강한 살균작용을 한다. - 254nm 파장 부근에서 살균작용이 가장 강하다.
전신 건강 장해	- 적혈구, 백혈구, 혈소판이 증가한다. - 2차적 증상으로 두통, 피로, 불면, 흥분, 체온 상승이 나타난다.

78
다음 설명에 해당하는 진동방진재료는?

> 여러 가지 형태로 된 철물에 견고하게 부착할 수 있는 반면, 내구성, 내약품성이 약하고 공기 중의 오존에 의해 산화 된다는 단점을 가지고 있다.

① 코르크 ② 금속스프링
③ 방진고무 ④ 공기스프링

*방진고무
① 여러 형태로 철물에 부착이 가능하다.
② 공진 시 진폭이 지나치게 커지지 않는다.
③ 고무 자체 내부 마찰로 적당한 저항을 갖는다.
④ 고주파 진동의 차진에 양호하다.
⑤ 공기 중 오존에 의해 산화된다.
⑥ 내구성, 내유성, 내열성, 내약품성이 약하다.
⑦ 소형, 중형 기계에 많이 사용된다.
⑧ 열화되기 쉽다.

79
다음과 같은 작업조건에서 1일 8시간동안 작업하였다면, 1일 근무시간 동안 인체에 누적된 열량은 얼마인가?
(단, 근로자의 체중은 $60kg$이다.)

> - 작업대사량 : $+1.5 kcal/kg \cdot hr$
> - 대류에 의한 열전달 : $+1.2 kcal/kg \cdot kr$
> - 복사열 전달 : $+0.8 kcal/kg \cdot hr$
> - 피부에서의 총 땀 증발량 : $300 g/hr$
> - 수분증발열 : $580 cal/g$

① $242 kcal$ ② $288 kcal$
③ $1152 kcal$ ④ $3072 kcal$

*1일 근무시간 동안 인체에 누적된 열량
작업대사량 = $1.5 kcal/kg \cdot hr \times 60kg \times 8hr = 720 kcal$
대류에 의한 열전달 = $1.2 kcal/kg \cdot hr \times 60kg \times 8hr = 576 kcal$
복사열 전달 = $0.8 kcal/kg \cdot hr \times 60kg \times 8hr = 384 kcal$
열량 합계 = $720 + 576 + 384 = 1680 kcal$

증발에 의한 열손실 = $300 g/hr \times 580 cal/g \times \left(\dfrac{1 kcal}{1000 cal}\right) \times 8hr$
$= 1392 cal$

∴ 누적 열량 = 열량 합계 − 증발에 의한 열손실
$= 1680 - 1392 = 288 kcal$

80
소리의 크기가 $20 N/m^2$ 이라면 음압레벨은 몇 $dB(A)$인가?

① 100 ② 110
③ 120 ④ 130

*음압수준(SPL)
$$SPL = 20\log\left(\dfrac{P}{P_o}\right) = 20\log\left(\dfrac{20}{2\times10^{-5}}\right) = 120 dB$$
여기서,
SPL : 음압수준(음압도, 음압레벨)$[dB]$
P : 대상음의 음압$[N/m^2]$
P_o : 기준음압$(= 2\times10^{-5} [N/m^2])$

78.③ 79.② 80.③

제 5과목 : 산업독성학

81
기도와 기관지에 침착된 먼지는 점막 섬모운동과 같은 방어작용에 의해 정화되는데, 다음 중 정화작용을 방해하는 물질이 아닌 것은?

① 카드뮴(Cd)
② 니켈(Ni)
③ 황화합물(SO_x)
④ 이산화탄소(CO_2)

*점액 섬모운동
기초적인 방어기전이며 점액 섬모운동에 의한 배출 시스템으로 폐포로 이동하는 과정에서 이물질을 제거하는 과정이며, 기관지에서의 방어기전을 의미한다. 정화작용을 방해하는 물질은 카드뮴, 니켈, 황화합물 등이 있다.

82
다음 중 피부의 색소를 감소시키는 물질은?

① 페놀 ② 구리
③ 크롬 ④ 니켈

*페놀
피부와 접촉으로 피부의 색소변성을 발생시켜 피부의 색소를 감소시키는 물질이다.

83
다음 중 진폐증 발생에 관여하는 요인이 아닌 것은?

① 분진의 크기   ② 분진의 농도
③ 분진의 노출기간 ④ 분진의 각도

*진폐증 발생의 관여요인
① 분진의 크기
② 분진의 농도
③ 분진의 노출기간
④ 분진의 종류

84
다음 중 납중독을 확인하는 시험이 아닌 것은?

① 소변 중 단백질
② 혈중의 납 농도
③ 말초신경의 신경전달 속도
④ ALA(Amino Levulinic Acid) 축적

*납중독 확인 시험사항
① 혈중 납 농도
② 헴(Heme)의 대사
③ 말초신경의 신경 전달속도
④ Ca-EDTA 이동시험
⑤ ALA(Amino Levulinic Acid) 축적

81.④ 82.① 83.④ 84.①

85
다음 중 유병률(P)은 10% 이하이고, 발생률(I)과 평균이환기간(D)이 시간 경과에 따라 일정하다고 할 때 다음 중 유병률과 발생률 사이의 관계로 옳은 것은?

① $P = \dfrac{1}{D^2}$ ② $P = \dfrac{I}{D}$
③ $P = I \times D^2$ ④ $P = I \times D$

*유병률(P)과 발생률(I)의 관계
유병률(P) = 발생률(I) × 평균이환기간(D)

86
다음 중 피부 독성에 있어 경피흡수에 영향을 주는 인자와 가장 거리가 먼 것은?

① 개인의 민감도 ② 용매(vehicle)
③ 화학물질   ④ 온도

*피부 독성에 있어 경피흡수의 영향인자
① 개인의 민감도
② 용매
③ 화학물질

87
주요 원인 물질은 혼합물질이며, 건축업, 도자기 작업장, 채석장, 석재공장 등의 작업장에서 근무하는 근로자에게 발생할 수 있는 진폐증은?

① 석면폐증 ② 용접공폐증
③ 철폐증   ④ 규폐증

*규폐증(Silicosis)
① 이산화규소(SiO_2, 유리규산, 석영) 분진의 흡입에 의해 발생하는 진폐증
② 건축업, 도자기 작업장, 채석장, 석재공장 등에서 많이 발생한다.
③ 폐암, 폐결핵의 합병증을 일으키며 폐하엽 부위에 많이 생긴다.
④ 산화규소결정체
　: 함유율 1% 이하, 노출기준 $10mg/m^3$ 이하
⑤ 결정체 트리폴리 : 노출기준 $0.1mg/m^3$ 이하
⑥ 이집트의 미라에서도 발견된 오랜 질병이다.

88
다음 중 급성 중독자에게 활성탄과 하제를 투여하고 구토를 유발시키며, 확진되면 Dimercaprol로 치료를 시작하려는 유해물질은?
(단, 쇼크의 치료는 강력한 정맥 수액제와 혈압상승제를 사용한다.)

① 납(Pb)   ② 크롬(Cr)
③ 비소(As) ④ 카드뮴(Cd)

*비소중독의 치료사항
① 급성중독 시 활성탄 및 하제를 투여하여 구토를 유발시킨 후 BAL을 투여한다.
② 급성중독 시 dimercaprol 약제를 처치한다.
③ 만성중독 시 작업을 중지시킨다.
④ 비소폭로가 심할 땐 전체 수혈을 시행한다.
⑤ 쇼크 치료는 강력한 혈압상승제 및 정맥수액제를 사용한다.

89
다음 중 유해화학물질의 노출기간에 따른 분류 가운데 만성 독성에 해당되는 기간으로 가장 적절한 것은?
(단, 실험동물에 외인성 물질을 투여하는 경우이다.)

① 1일 이상 ~ 14일 이상
② 30일 이상 ~ 60일 정도
③ 3개월 이상 ~ 1년 정도
④ 1년 이상 ~ 3년 정도

* **유해화학물질의 노출기간에 따른 분류**
  ① 급성독성물질 : 1~14일의 단기간
  ② 아급성독성물질 : 1년 이상의 장기간
  ③ 만성독성물질: 3개월~1년 정도

90
다음 중 작업장에서 일반적으로 금속에 대한 노출경로를 설명한 것으로 틀린 것은?

① 대부분 피부를 통해서 흡수되는 것이 일반적이다.
② 호흡기를 통해서 입자상 물질 중의 금속이 흡수된다.
③ 작업장 내에서 휴식시간에 음료수, 음식 등에 오염된 채로 소화관을 통해서 흡수될 수 있다.
④ 4-에틸납은 피부로 흡수될 수 있다.

일반적인 금속은 대부분 호흡기를 통해서 흡입된다.

91
다음 설명에 해당하는 중금속의 종류는?

> 이 중금속 중독의 특징적인 증상은 구내염, 정신 증상, 근육 진전이다. 급성 중독 시 우유나 계란의 흰자를 먹이며, 만성 중독시 취급을 즉시 중지하고 BAL을 투여한다.

① 납   ② 크롬
③ 수은   ④ 카드뮴

* **수은(Hg)의 특징**
  ① 상온에서 유일하게 액체상태로 존재하는 금속이다.
  ② 뇌산 수은(뇌홍)의 제조에 사용된다.
  ③ 온도계 제조, 농약 및 살충제 제조업, 치과용 아말감 산업, 페인트 제조업 등에 노출된다.
  ④ 연금술, 의약품 등에 가장 오래 사용해온 중금속 중 하나이며, 17세기 유럽에서 신사용 중절모자를 제작하는 데 사용하여 근육경련을 일으킨 사례가 있다.
  ⑤ 소화관으로는 2~7% 정도의 소량으로 흡수한다.
  ⑥ 금속 형태는 뇌, 혈액, 심근에 많이 분포한다.

* **수은중독의 증세**
  ① 대표적인 증상은 구내염, 근육진전, 정신증상, 식욕부진, 신기능부전 등이 있다.
  ② 시신경장애, 정신이상, 보행장애, 수족신경마비, 신기능부전 증상이 있다.
  ③ 혀가 떨리거나 수전증 증상이 있다.
  ④ 소화관으로 약 7% 이하 소량으로 흡수되며, 금속 형태는 뇌, 심근, 혈액에 많이 분포되어 있다.
  ⑤ 주로 신장에 축적된다.
  ⑥ 유기수은의 독성은 무기수은의 독성보다 훨씬 강하다.
  ⑦ 메틸수은은 미나마타병을 일으킨다.
  ⑧ 전리된 수소이온은 단백질을 침전시키고 -SH기를 가진 효소작용을 억제하여 독성을 나타낸다.

* **수은중독 치료사항**

급성 중독	① 우유와 계란흰자를 먹인다. ② BAL을 투여한다. ③ 위세척을 한다. ④ 마늘을 섭취한다.
만성 중독	① 수은 취급을 즉시 중지한다. ② BAL을 투여한다. ③ N-acetyl-D-penicillamine을 투여한다. ④ 하루 10L 등장식염수를 공급한다. ⑤ 땀을 흘리게 하여 수은배설을 촉진시킨다. ⑥ 진전증세에 genascopalin을 투여한다.

92
유기용제의 화학적 성상에 따른 유기용제의 구분으로 볼 수 없는 것은?

① 신나류   ② 글리콜류
③ 케톤류   ④ 지방족 탄화수소

* **유기용제의 분류**

산화함유계열	탄화수소계열	기타
① 케톤류 ② 글리콜류 ③ 알코올류 ④ 에테르류	① 지방족류 ② 방향족류	① 크레졸류 ② 테레핀류 ③ 니트로파라핀류 등

93

페노바비탈은 디란틴을 비활성화시키는 효소를 유도함으로써 급·만성의 독성이 감소될 수 있다. 이러한 상호작용을 무엇이라고 하는가?

① 상가작용
② 부가작용
③ 단독작용
④ 길항작용

*혼합물의 화학적 상호작용

작용	설명
상가 작용	두 유해인자의 독성합만큼 독성 결과를 나타내는 작용(3+3=6) ex) 일반적인 화학물질
상승 작용	두 유해인자의 독성합보다 결과가 커짐을 나타내는 작용(3+3=20) ex) 에탄올과 사염화탄소 등
길항 작용	두 유해인자가 서로의 작용을 방해하는 것(3+3=0) ex) 페노바비탈과 디란틴 등 - 길항작용의 종류 ① 배분적 길항작용 물질의 흡수 및 대사 등에 변화를 일으켜 독성이 낮아진다. ② 화학적 길항작용 화학적인 상호반응에 의해 독성이 낮아진다. ③ 기능적 길항작용 생체 내 서로 반대되는 기능을 가져 독성이 낮아진다. ④ 수용적 길항작용 두 화학물질이 같은 수용체에 결합하여 독성이 낮아진다.
독립 작용	두 유해인자가 서로 다른 조직 또는 기관에 영향을 미치는 작용 ex) 톨루엔과 황산, 납과 황산, 질산과 카드뮴 등
가승 작용	독성이 없는 물질을 독성이 있는 물질과 혼합하면 독성이 강해지는 작용 (3+0=10) ex) 이소프로필알코올과 사염화탄소 등

94

생물학적 모니터링(Biological monitoring)에 관한 설명으로 틀린 것은?

① 근로자 채용 후 검사 시기를 조정하기 위하여 실시한다.
② 건강에 영향을 미치는 바람직하지 않은 노출상태를 파악하는 것이다.
③ 최근 노출량이나 과거로부터 축적된 노출량을 간접적으로 파악한다.
④ 건강상의 위험은 생물학적 검체에서 물질별 결정인자를 생물학적 노출지수와 비교하여 평가된다.

*생물학적 모니터링 정의와 목적

① 정의
근로자의 유해인자에 대한 노출정도를 소변, 호기, 혈액 중에서 그 물질이나 대사산물을 측정 함으로써 노출 정도를 추정하는 방법이며, 측정을 통해 노출의 정도나 건강위험을 평가한다.

② 목적
㉠ 유해물질에 노출된 근로자의 정보 자료의 노출근거 자료로 활용
㉡ 개인보호구의 효율성, 기술적 대책, 관리 및 평가
㉢ 작업장 근로자 보호 전략 수립
㉣ 건강에 영향을 미치는 바람직하지 않은 노출상태 파악
㉤ 건강상 위험은 생물학적 검체에서 물질별 결정인자를 생물학적 노출지수와 비교하여 평가

95

화학물질의 독성 특성을 설명한 것으로 틀린 것은?

① 혈액의 독성물질이란 임파액과 호르몬의 생산이나 그 정상 활동을 방해하는 것을 말한다.
② 중추신경계 독성물질이란 뇌, 척수에 작용하여 마취작용, 신성넘, 성신상해 등을 일으킨다.
③ 화학성 질식성 물질이란 혈액중의 혈색소와 결합하여 산소운반능력을 방해하여 질식시키는 물질을 말한다.
④ 단순 질식성 물질이란 그 자체의 독성은 약하나 공기 중에 많이 존재하면 산소분압을 저하시켜 조직에 필요한 산소공급의 부족을 초래하는 물질을 말한다.

혈액의 독성물질이란 여러 가지 의약품이나 화약약품 또는 어떤 종의 동식물의 독성 물질이 혈액에 작용하여 인체에 중독증세가 일어나는 것으로 임파액과 호르몬의 생산 등과 무관하다.

96
흡인된 분진이 폐 조직에 축적되어 병적인 변화를 일으키는 질환을 총괄적으로 의미하는 용어는?

① 천식 ② 질식
③ 진폐증 ④ 중독증

*진폐증
흡인된 분진이 폐 조직에 축적되어 병적인 변화를 일으키는 질환을 총괄적으로 의미하는 용어

97
작업장의 유해물질을 공기 중 허용농도에 의존하는 것 이외에 근로자의 노출상태를 측정하는 방법으로, 근로자들은 조직과 체액 또는 호기를 검사해서 건강장애를 일으키는 일이 없이 노출될 수 있는 양을 규정한 것은?

① LD ② SHD
③ BEI ④ STEL

*생물학적 노출지수(폭로지수, BEI)
혈액, 소변, 호기 등 생체시료로부터 유해물질 그 자체 또는 유해물질의 대사산물 및 생화학적 변화를 반영하는 지표를 말하며, 근로자의 전반적인 노출량 평가할 때 이에 대한 기준으로 사용하며, 작업환경측정에서 설정한 허용기준(TLV)보다 훨씬 적은 기문을 가지고 있다.

98
크롬으로 인한 피부궤양 발생 시 치료에 사용하는 것과 가장 관계가 먼 것은?

① 10% BAL 용액
② sodium citrate 용액
③ sodium thiosulfate 용액
④ 10% CaNa2EDTA 연고

*크롬중독의 치료사항
① 섭취 시 응급조치로 우유 및 비타민C를 섭취한다.
② 크롬 폭로 시 즉시 중단하고 만성 크롬중독인 경우 특별한 치료방법이 없다.
③ 크롬으로 인한 피부궤양 발생 시 Sodium Citrate 용액, Sodium Thiosulfate 용액, 10% CaNa2EDTA 연고 등을 사용하여 치료한다.

99
유해화학물질의 생체막 투과 방법에 대한 다음 내용에 해당하는 것은?

운반체의 확산성을 이용하여 생체막을 통과하는 방법으로 운반체는 대부분 단백질로 되어있다. 운반체의 수가 가장 많을 때 통과속도는 최대가 되지만 유사한 대상물질이 많이 존재하면 운반체의 결합에 경합하게 되어 투과속도가 선택적으로 억제된다. 일반적으로 필수영양소가 이 방법에 의하지만 필수영양소와 유사한 화학물질이 침투하여 운반체의 결합에 경합함으로서 생체막에 화학물질이 통과하여 독성이 나타나게 된다.

① 여과 ② 촉진확산
③ 단순확산 ④ 능동투과

*촉진확산
운반체의 확산성을 이용하여 생체막을 통과하는 방법으로 운반체는 대부분 단백질로 되어있다. 운반체의 수가 가장 많을 때 통과속도는 최대가 되지만 유사한 대상물질이 많이 존재하면 운반체의 결합에 경합하게 되어 투과속도가 선택적으로 억

제된다. 일반적으로 필수영양소가 이 방법에 의하지만 필수영양소와 유사한 화학물질이 침투하여 운반체의 결합에 경합함으로서 생체막에 화학물질이 통과하여 독성이 나타나게 된다.

100
유기성 분진에 의한 진폐증에 해당하는 것은?

① 규폐증 ② 탄소폐증
③ 활석폐증 ④ 농부폐증

*분진 종류에 따른 진폐증 분류

무기성(광물성)분진에 의한 진폐증 (교원성 진폐증)	유기성 분진에 의한 진폐증 (비교원성 진폐증)
① 규폐증 ② 규조토폐증 ③ 탄소폐증 ④ 석면폐증 ⑤ 용접공폐증 ⑥ 탄광부 진폐증 ⑦ 베릴륨폐증 ⑧ 철폐증 ⑨ 활석폐증 ⑩ 흑연폐증 ⑪ 주석폐증 ⑫ 칼륨폐증 ⑬ 바륨폐증	① 농부폐증 ② 연초폐증 ③ 면폐증 ④ 설탕폐증 ⑤ 목재분진폐증 ⑥ 모발분진 폐증

100.④

제 1과목 : 산업위생학개론

01
16세기경 "모든 물질은 독이 있다. 다만 그 양이 문제이다"라고 말한, 독성학의 아버지로 불리는 사람은?

① Ulrich Ellenbog
② Pilny the Elder
③ Agricola
④ Paracelsus

*파라셀수스(Philippus Paracelsus)
물질 독성의 양-반응 관계에 대한 언급 및 "모든 물질은 그 양에 따라 독이 될 수도 있고 치료약이 될 수 있다."라고 주장한 독성학의 아버지이다.

02
산업위생 통계에 대한 용어 중 측정 시 발생되는 계통오차의 종류와 가장 거리가 먼 것은?

① 외계오차
② 기계오차
③ 우발오차
④ 개인오차

*계통오차
오차의 크기와 부호를 추정할 수 있고 보정할 수 있는 오차

종류	설명
외계오차 (환경오차)	측정 및 분석 시 온도나 습도와 같이 알려진 외계의 영향으로 생기는 오차
기계오차 (기기오차)	측정 및 분석 기기의 부정확성으로 발생된 오차
개인오차	측정하는 개인의 선입관으로 발생된 오차

03
다음 작업대사율이 3.0, 안정 시 소모열량이 800kcal, 기초대사량이 600kcal일 경우 작업 시 소요열량은 몇 kcal인가?

① 2,400
② 2,500
③ 2,600
④ 2,700

*에너지 대사율(작업 대사율, RMR)
$$RMR = \frac{작업대사량(안정\ 시\ 열량)}{기초대사량}$$
$$= \frac{작업\ 시\ 소비에너지 - 안정\ 시\ 소비에너지}{기초대사량}$$
$$3 = \frac{작업\ 시\ 소비에너지 - 800}{600}$$
∴ 작업 시 소비에너지 = $2600 kcal$

04
다음 중 피로물질이라고 할 수 없는 것은?

① 크레아틴
② 젖산
③ 글리코겐
④ 초성포도당

*피로물질의 종류
① 크레아틴
② 젖산
③ 초성포도당
④ 시스테인

01.④ 02.③ 03.③ 04.③

05

플리커 테스트(flicker test)의 용도로 가장 적절한 것은?

① 진동 측정
② 소음 측정
③ 피로도 측정
④ 열중증 판정

*점멸-융합 테스트(Flicker Test)
피로의 생리학적 측정방법의 하나이며 인간의 지각 기능을 측정하는 검사이다.

06

다음 중 실질적인 재해의 정도를 가장 잘 나타내는 재해지표는?

① 강도율
② 천인율
③ 도수율
④ 결근율

*강도율
연근로시간 1000시간당 근로손실일수이며, 실질적인 재해의 정도를 가장 잘 나타내는 재해지표이다.

07

재해원인 분석방법 중 사고의 유형, 기인물 등 분류항목을 큰 순서대로 도표화하는 통계적 원인분석은 무엇인가?

① 파레토도
② 특성요인도
③ 크로스 분석
④ 관리도

*파레토도
사고의 유형, 기인물 등 분류항목을 큰 순서대로 도표화하는 통계적 재해원인 분석방법

08

근로자로부터 40cm 떨어진 10kg의 물체를 바닥으로부터 150cm 들어 올리는 작업을 1분에 5회씩 8시간 실시할 때 AL은 4.6kg, MPL은 13.8kg, RWL은 3.3kg이라면 들기지수(LI)는 얼마인가? (단, 박스의 손잡이는 양호하다.)

① 4.61
② 3.03
③ 2.72
④ 1.76

*중량물 취급지수(LI)
$$LI = \frac{물체\ 무게[kg]}{RWL[kg]} = \frac{10}{3.3} = 3.03$$

09

연평균 근로자수가 200명인 사업장에서 1년에 12명의 재해자가 발생하였으며 연근로시간이 1인당 2,500시간이었다. 이 사업장의 연천인율은 얼마인가?

① 24
② 36
③ 48
④ 60

*연천인율
$$연천인율 = \frac{연간\ 재해자수}{연평균\ 근로자수} \times 10^3 = \frac{12}{200} \times 10^3 = 60$$

05.③ 06.① 07.① 08.② 09.④

10
산업재해를 평가하기 위한 지표가 아닌 것은?

① 강도율
② 유병률
③ 도수율
④ 환산재해율

*산업재해 평가지표
① 강도율
② 도수율
③ 환산재해율
④ 연천인율
⑤ 종합재해지수

11
영상표시단말기(VDT)의 작업자세로 틀린 것은?

① 발의 위치는 앞꿈치만 닿을 수 있도록 한다.
② 눈과 화면의 중심 사이의 거리는 $40cm$ 이상이 되도록 한다.
③ 윗 팔과 아랫 팔이 이루는 각도는 90도 이상이 되도록 한다.
④ 아래팔은 손등과 일직선을 유지하여 손목이 꺾이지 않도록 한다.

발의 전면이 바닥면에 닿는 자세를 취할 것

12
온도 $25℃$, 1기압 하에서 분당 $100mL$ 씩 60분 동안 채취한 공기 중에서 벤젠이 $5mg$ 검출되었다. 검출된 벤젠은 약 몇 ppm인가?
(단, 벤젠의 분자량은 78이다.)

① 15.7
② 26.1
③ 157
④ 261

*질량농도(mg/m^3)와 용량농도(ppm)의 환산

$$mg/m^3 = \frac{5mg}{0.1L/min \times 60min \times \left(\frac{1m^3}{1000L}\right)} = 833.33 mg/m^3$$

$$\therefore ppm = mg/m^3 \times \frac{부피}{분자량} = 833.33 \times \frac{24.45}{78} = 261 ppm$$

*참고

- $1m^3 = 1000L$
- $100mL/min = 0.1L/min$
- 1atm, 25℃의 부피 = 24.45L

13
산업위생의 목적과 거리가 먼 것은?

① 작업환경의 개선
② 작업자의 건강보호
③ 직업병 치료와 보상
④ 작업조건의 인간공학적 개선

*산업위생의 목적
① 작업환경개선 및 직업병의 근원적 예방
② 최적의 작업환경·작업조건의 인간공학적 개선
③ 작업자의 건강보호 및 생산성(작업능률) 향상
④ 작업자들의 육체적·정신적·사회적 건강유지 및 증진
⑤ 산업재해의 예방 및 직업성 질환 유소견자의 작업전환

14
산업피로를 가장 적게 하고 생산량을 최고로 올릴 수 있는 경제적인 작업속도를 무엇이라 하는가?

① 지적속도
② 산소섭취속도
③ 산소소비속도
④ 작업효율속도

*지적속도
피로를 가장 적게하고, 생산량을 최고로 올릴 수 있는 경제적인 작업속도

15
아연과 황의 유해성을 주장하고 먼지 방지용마스크로 동물의 방광을 사용토록 주장한이는?

① Pliny
② Ramazzini
③ Galen
④ Paracelsus

*플리니(Pliny the Elder)
기원전 1세기에 황과 아연의 건강 유해성을 주장하였고, 먼지 마스크로 동물의 방광막 사용을 주장하였다.

16
산업위생의 정의에 있어 4가지 주요 활동에 해당하지 않는 것은?

① 관리(control)
② 평가(evaluation)
③ 인지(recognition)
④ 보상(compensation)

*산업위생의 정의(AIHA)
근로자나 일반 대중에게 질병, 건강장애와 안녕방해, 심각한 불쾌감 및 능률 저하 등을 초래하는 작업환경요인과 스트레스를 예측, 측정, 평가하고 관리하는 과학과 기술이다.

17
에틸벤젠($TLV-100ppm$)을 사용하는 작업장의 작업시간이 9시간일 때에는 허용기준을 보정하여야 한다. OSHA 보정방법과 Breif&Scala 보정방법을 적용하였을 때 두 보정된 허용기준치 간의 차이는 약 얼마인가?

① 2.2ppm
② 3.3ppm
③ 4.2ppm
④ 5.6ppm

*OSHA 보정방법

허용기준 $= TLV \times \dfrac{8}{H}$

$= 100 \times \dfrac{8}{9} = 88.9 ppm$

*Brief와 Scala 보정방법

허용기준 $= TLV \times \dfrac{8}{H} \times \dfrac{24-H}{16}$

$= 100 \times \dfrac{8}{9} \times \dfrac{24-9}{16} = 83.3 ppm$

∴ 차이 $= 88.9 - 83.3 = 5.6 ppm$

18
산업안전보건법상 제조 등 금지 대상 물질이 아닌 것은?

① 황린 성냥
② 청석면, 갈석면
③ 디클로로벤지딘과 그 염
④ 4-니트로디페닐과 그 염

*제조 등 금지 대상 유해물질의 종류
① β-나프틸아민과 그 염
② 4-니트로디페닐과 그 염
③ 백연을 포함한 페인트
 (포함된 중량의 비율이 2% 이하인 것은 제외)
④ 벤젠을 포함하는 고무풀
 (포함된 중량의 비율이 5% 이하인 것은 제외)
⑤ 석면
⑥ 폴리클로리네이티드 터페닐
⑦ 황린 성냥
⑧ ①, ②, ⑤ 또는 ⑥에 해당하는 물질을 포함한 화합물
 (포함된 중량의 비율이 1% 이하인 것은 제외)
⑨ 그 밖에 보건상 해로운 물질로서 산업재해보상보험 및 예방심의위원회의 심의를 거쳐 고용노동부장관이 정하는 유해물질

19

근골격계질환 작업위험요인의 인간공학적 평가방법이 아닌 것은?

① OWAS
② RULA
③ REBA
④ ICER

---

*인간공학적 작업분석 및 평가도구
① JSI
② RULA
③ REBA
④ OWAS
⑤ 3DSSPP

20

어느 사업장에서 톨루엔($C_6H_5CH_3$)의 농도가 0℃일 때 $100ppm$ 이었다. 기압의 변화 없이 기온이 25℃로 올라갈 때 농도는 약 몇 mg/m^3로 예측되는가?

① $325mg/m^3$
② $346mg/m^3$
③ $365mg/m^3$
④ $376mg/m^3$

---

*질량농도(mg/m^3)와 용량농도(ppm)의 환산

$$mg/m^3 = ppm \times \frac{분자량}{부피} = 100 \times \frac{92}{24.45} = 376mg/m^3$$

*참고
- 톨루엔($C_6H_5CH_3$)의 분자량
  $= 12 \times 6 + 1 \times 5 + 12 + 1 \times 3 = 92g$
- C의 원자량 : 12g, H의 원자량 : 1g
- 1atm, 25℃의 부피 = 24.45L

제 2과목 : 작업위생측정 및 평가

21

산소결핍 위험장소에서는 산소 농도나 가연성 물질 등의 농도를 측정하여야 한다. 가연성 물질의 경우 농도 수준이 어느 정도로 유지되어야 하는가?

① 폭발한계의 10% 이하
② 폭발한계의 15% 이하
③ 폭발한계의 20% 이하
④ 폭발한계의 25% 이하

산소결핍 위험장소에서는 산소 농도나 가연성 물질 등의 농도를 측정하여야 한다. 가연성 물질의 경우 농도 수준이 폭발한계의 10% 이하로 유지되어야 한다.

22

다음 중 분자량 표시방법으로 1mppcf와 같은 것은?

① 25입자/mL
② 35입자/mL
③ 50입자/mL
④ 100입자/mL

*1mppcf
공기 중의 $1ft^3$ 속에 들어 있는 백만개 단위입자수를 의미하며, 35입자/mL값과 동일하다.

23

흡광광도 측정에서 최초광의 95%가 흡수될 경우 흡광도는?

① 1.0
② 1.3
③ 1.5
④ 1.8

*흡광도

$$흡광도 = \log\frac{1}{투과율} = \log\frac{1}{1-0.95}$$
$$= \log\frac{1}{0.05} = 1.3$$

24

원자흡광광도법의 구성 순서로 맞는 것은?

① 시료원자화부 - 광원부 - 측광부 - 단색화부
② 시료원자화부 - 파장선택부 - 시료부 - 측광부
③ 광원부 - 파장선택부 - 시료부 - 측광부
④ 광원부 - 시료원자화부 - 단색화부 - 측광부

*원자흡광광도법 구성 순서
광원부 → 시료원자화부 → 단색화부 → 측광부

21.① 22.② 23.② 24.④

25

다음 중 가스크로마토그래피와 액체크로마토그래피(고성능)에 대한 설명으로 맞는 것은 어느 것인가?

① 가스크로마토그래피와 액체크로마토그래피의 고정상은 가스이다.
② 액체크로마토그래피에 사용되는 시료는 휘발성인 것으로 분자량이 500 이하이다.
③ 가스크로마토그래피는 시료의 회수가 용이하여 열안정성의 고려가 필요 없는 장점이 있다.
④ 가스크로마토그래피의 분리기전은 흡착, 탈착, 분배이다.

> ① 가스크로마토그래피와 액체크로마토그래피의 고정상은 고체, 액체이다.
> ② 가스크로마토그래피에 사용되는 시료는 휘발성인 것으로 분자량이 500 이하이다.
> ③ 액체크로마토그래피는 시료의 회수가 용이하여 열안정성의 고려가 필요 없는 장점이 있다.

26

산소결핍 위험장소에서의 산소농도나 가연성 물질 등의 농도 측정시기가 틀린 것은?

① 작업 당일 일을 시작하기 전
② 교대제 작업의 경우 마지막 교대조가 작업을 시작하기 전
③ 작업종사자의 전체가 작업장소를 떠났다가 들어와 다시 작업을 개시하기 전
④ 근로자의 신체나 환기장치 등에 이상이 있을 때

> 교대제 작업의 경우 매 교대조가 작업을 시작하기 전에 산소농도나 가연성 물질 등의 농도를 측정한다.

27

가스상 물질에 대한 시료채취방법 중 순간 시료채취방법을 사용할 수 없는 경우와 가장 거리가 먼 것은?

① 오염물질의 농도가 시간에 따라 변할 때
② 반응성이 없는 가스상 오염물질일 때
③ 시간가중평균치를 구하고자할 때
④ 공기 중 오염물질의 농도가 낮을 때

> 반응성이 없는 가스상 오염물질은 연속 시료채취방법으로 한다.

28

그라인딩 작업 시 발생되는 먼지를 개인 시료 포집기를 사용하여 유리섬유여과지로 포집하였다. 이때의 먼지농도(mg/m^3)는?
(단, 포집 전 유속은 $1.5L/\min$, 여과지 무게는 $0.436mg$, 4시간의 포집하는 동안 유속 $1.3L/\min$, 여과지의 무게는 $0.948mg$)

① 약 1.5 ② 약 2.3
③ 약 3.1 ④ 약 4.3

> *질량농도(mg/m³)
>
> $$평균 유속 = \frac{포집 전 유속 + 포집 후 유속}{2}$$
> $$= \frac{1.5+1.3}{2} = 1.4L/\min$$
> $$\therefore mg/m^3 = \frac{(0.948-0.436)mg}{1.4L/\min \times 240\min \times \left(\frac{1m^3}{1000L}\right)} = 1.5mg/m^3$$
>
> *참고
> - 4hr = 240min
> - 1m³ = 1000L

25.④ 26.② 27.② 28.①

29

유량, 측정시간, 회수율 및 분석에 의한 오차가 각각 $18\%, 3\%, 9\%, 5\%$ 일 때 누적오차는?

① 약 18% ② 약 21%
③ 약 24% ④ 약 29%

*누적오차

$$E_c = \sqrt{E_1^2 + E_2^2 + \cdots + E_n^2}$$
$$= \sqrt{18^2 + 3^2 + 9^2 + 5^2} = 20.95 ≒ 21\%$$

여기서,
$E_1, E_2, \cdots, E_n$: 각 요소에 대한 오차[%]

30

음압레벨이 $105dB(A)$인 연속소음에 대한 근로자 폭로 노출시간(시간/일) 허용기준은?
(단, 우리나라 고용노동부의 허용기준)

① 0.5 ② 1
③ 2   ④ 4

*소음작업
1일 8시간 작업을 기준하여 85dB 이상의 소음이 발생하는 작업

① 강렬한 소음작업

데시벨(이상)	발생시간(1일 기준)
90dB	8시간 이상
95dB	4시간 이상
100dB	2시간 이상
105dB	1시간 이상
110dB	30분 이상
115dB	15분 이상

② 충격 소음작업

데시벨(이상)	발생시간(1일 기준)
120dB	10000회 이상
130dB	1000회 이상
140dB	100회 이상

31

캐스케이드 임팩터(Cascade Impactor)에 의하여 에어로졸을 포집할 때 관여하는 충돌이론에 대한 설명이 잘못된 것은?

① 충돌이론에 의하여 차단점 직경(cutpoint diameter)을 예측할 수 있다.
② 충돌이론에 의하여 포집효율 곡선의 모양을 예측할 수 있다.
③ 충돌이론은 스토크스 수(stokes number)와 관계 되어 있다.
④ 레이놀즈 수(Reynolds Number)가 200을 초과하게 되면 충돌이론에 미치는 영향은 매우 크게 된다.

레이놀즈 수(Reynolds Number)가 500~3000 사이 일 때 충돌이론에 미치는 영향이 매우 크게 되어 분리성능이 우수한 임팩터를 설계가 가능하다.

32

1회 분석의 우연오차의 표준편차를 σ라 하였을 때 n회의 평균치의 표준편차는?

① σ/n ② $\sigma\sqrt{n}$
③ $\sqrt{n}/\sigma$ ④ $\sigma/\sqrt{n}$

*표준오차(SE)

$$SE = \frac{SD}{\sqrt{N}} = \frac{\sigma}{\sqrt{n}}$$

여기서,
SE : 표준오차
SD : 표준편차
N : 측정치의 개수

29.② 30.② 31.④ 32.④

33

작업장의 현재 총 흡음량은 $600\,sabins$이다. 천장과 벽 부분에 흡음재를 사용하여 작업장의 흡음량을 $3000\,sabins$ 추가하였을 때 흡음 대책에 따른 실내 소음의 저감량(dB)은?

① 약 12   ② 약 8
③ 약 4   ④ 약 3

*실내소음 저감량(NR)

$$NR = SPL_1 - SPL_2 = 10\log\left(\frac{A_2}{A_1}\right) = 10\log\left(\frac{A_1 + A_\alpha}{A_1}\right)$$
$$= 10\log\left(\frac{600+3000}{600}\right) = 7.78 ≒ 8dB$$

34

작업 환경 측정 결과 측정치가 5, 10, 15, 15, 10, 5, 7, 6, 9, 6의 10개일 때 표준편차는?
(단, 단위 = ppm)

① 약 1.13   ② 약 1.87
③ 약 2.13   ④ 약 3.76

*표준편차(SD)

$$\overline{X} = \frac{5+10+15+15+10+5+7+6+9+6}{10} = 8.8$$

$$\therefore SD = \sqrt{\frac{\sum_{i=1}^{N}(X_i - \overline{X})^2}{N-1}}$$

$$= \sqrt{\frac{(5-8.8)^2+(10-8.8)^2+(15-8.8)^2+(15-8.8)^2+(10-8.8)^2+(5-8.8)^2+(7-8.8)^2+(6-8.8)^2+(9-8.8)^2+(6-8.8)^2}{10-1}}$$

$$≒ 3.76$$

여기서,
X_i : 측정치
$\overline{X}$: 측정치의 산술평균값
N : 측정치의 개수

35

작업환경공기 중의 벤젠농도를 측정한 결과 $8mg/m^3$, $5mg/m^3$, $7mg/m^3$, $3ppm$, $6mg/m^3$이었을 때, 기하평균은 약 몇 mg/m^3인가?
(단, 벤젠의 분자량은 78이고, 기온은 25℃이다.)

① 7.4   ② 6.9
③ 5.3   ④ 4.8

*기하평균

$$mg/m^3 = ppm \times \frac{분자량}{부피} = 3 \times \frac{78}{24.45} = 9.57mg/m^3$$

$$\therefore GM = \sqrt[n]{X_1 \times X_2 \times \cdots \times X_n}$$
$$= \sqrt[5]{8 \times 5 \times 7 \times 9.57 \times 6} = 6.9mg/m^3$$

여기서,
X : 측정치
N : 측정치의 개수

*참고
- 1atm, 25℃의 부피 = 24.45L

36

태양광선이 내리쬐지 않는 옥내에서 건구온도가 30℃, 자연습구온도가 32℃, 흑구온도가 35℃일 때, 습구흑구온도지수(WBGT)는?
(단, 고용노동부 고시를 기준으로 한다.)

① 32.9℃   ② 33.3℃
③ 37.2℃   ④ 38.3℃

*습구흑구온도지수(WBGT)
① 태양광선이 내리쬐는 옥외 장소
$WBGT$(℃)
$= 0.7 \times$자연습구온도$+ 0.2 \times$흑구온도$+ 0.1 \times$건구온도

② 태양광선이 내리쬐지 않는 옥내 또는 옥외 장소
$WBGT$(℃) $= 0.7 \times$자연습구온도$+ 0.3 \times$흑구온도

$WBGT$(℃) $= 0.7 \times$자연습구온도$+ 0.3 \times$흑구온도
$= 0.7 \times 32 + 0.3 \times 35 = 32.9$℃

33.② 34.④ 35.② 36.①

37

어떤 음의 발생원의 음력(sound power)이 $0.006 W$일 때, 음력수준(sound power level)은 약 몇 dB인가?

① 92 ② 94
③ 96 ④ 98

음향파워레벨(PWL)

$$PWL = 10\log\left(\frac{W}{W_o}\right) = 10\log\frac{0.006}{10^{-12}} = 98 dB$$

여기서
PWL : 음향파워레벨(음력수준)$[dB]$
W : 대상음원의 음향파워$[W]$
W_o : 기준음향파워$(= 10^{-12}[W])$

38

다음 중 수동식 시료채취기(passive sampler)의 포집원리와 가장 관계가 없는 것은?

① 확산 ② 투과
③ 흡착 ④ 흡수

연속시료채취법 종류

시료 채취법	설명
능동식 시료 채취법	① 공기 시료채취펌프를 이용하여 흡착튜브, 전처리된 여과지, 임펀저와 같이 시료채취미디어를 통해 공기와 오염물질을 채취하는 방법 ② 흡착관을 사용한 능동식 시료채취방법의 일반적 시료 채취 유량 기준은 0.2L/min 이하 ③ 흡수액을 사용한 능동식 시료채취방법의 일반적 시료 채취 유량 기준은 1.0L/min 이하
수동식 시료 채취법	① 가스상 물질의 확산원리를 이용한다. ② 포집원리는 확산, 투과, 흡착 등이 있다. ③ 결핍(Starvation)현상이란 수동식 시료채취기 사용 시 최소의 기류가 있어야 하는데, 최소의 기류가 없을 경우 표면에서 오염물질이 제거되어 농도가 없어지거나 감소하는 현상으로 결핍현상을 방지하기 위해 최소 기류속도 0.05~0.1m/sec를 유지해야 한다.

39

다음 중 검지관법에 대한 설명과 가장 거리가 먼 것은?

① 반응시간이 빨라서 빠른 시간에 측정결과를 알 수 있다.
② 민감도가 낮기 때문에 비교적 고농도에만 적용이 가능하다.
③ 한 검지관으로 여러 물질을 동시에 측정할 수 있는 장점이 있다.
④ 오염물질의 농도에 비례한 검지관의 변색층 길이를 읽어 농도를 측정하는 방법과 검지관 안에서 색변화와 표준 색표를 비교하여 농도를 결정하는 방법이 있다.

검지관 장단점

장점	① 사용이 간편하다. ② 반응시간이 빨라서 빠른 시간에 측정 결과를 알 수 있다. ③ 숙련된 전문가가 아니여도 어느 정도 숙지되면 사용이 가능하다. ④ 맨홀 등 밀폐공간에서 산소가 부족하거나 폭발성 가스로 인해 안전이 문제가 될 때 유용하게 사용이 가능하다.
단점	① 민감도가 낮으며 비교적 고농도에 적용이 가능하다. ② 특이도가 낮다. ③ 단시간 측정만 가능하다. ④ 미리 측정 대상물질이 동정이 되어야 측정이 가능하다. ⑤ 색이 시간에 따라 변화하므로 제조자가 정한 시간에 읽어야 한다. ⑥ 한 검지관으로 단일 물질만 측정할 수 있어 각 오염물질에 맞는 검지관을 선정하여야 한다. ⑦ 색변화가 선명하지 않아 주관적으로 읽을 수 있어 판독자에 따라 변이가 심하다.

37.④ 38.④ 39.③

40

공장 내 지면에 설치된 한 기계로부터 $10m$ 떨어진 지점의 소음이 $70dB(A)$일 때, 기계의 소음이 $50dB(A)$로 들리는 지점은 기계에서 몇 m 떨어진 곳인가?
(단, 점음원을 기준으로 하고, 기타 조건은 고려하지 않는다.)

① 50
② 100
③ 200
④ 400

*거리감쇠(점음원 기준)

$SPL_1 - SPL_2 = 20\log\left(\dfrac{r_2}{r_1}\right)$

$70 - 50 = 20\log\dfrac{r_2}{10}$

$\therefore r_2 = 100m$

여기서,
SPL_1 : 음원으로부터 r_1 떨어진 지점의 음압레벨[dB]
SPL_2 : 음원으로부터 r_2 떨어진 지점의 음압레벨[dB]
    ($r_2 > r_1$)
$SPL_1 - SPL_2$: 거리감쇠치[dB]

산업위생관리기사 필기 기출문제
제 3과목 : 작업환경관리대책

41

0℃, 1기압인 표준상태에서 공기의 밀도가 $1.293kg/Sm^3$ 라고 할 때 25℃, 1기압에서의 공기밀도는 몇 kg/m^3 인가?

① $0.903kg/m^3$
② $1.085kg/m^3$
③ $1.185kg/m^3$
④ $1.411kg/m^3$

＊밀도 보정

보일-샤를의 법칙 공식에서 압력이 동일하므로,

$$\frac{P_1V_1}{T_1} = \frac{P_2V_2}{T_2} \Rightarrow \frac{V_1}{T_1} = \frac{V_2}{T_2}$$

$\rho(밀도) = \frac{m(질량)}{V(부피)}$ 관계에 따라 밀도와 부피는 반비례 관계이므로,

$\frac{1}{T_1\rho_1} = \frac{1}{T_2\rho_2}$ 에서

$\therefore \rho_2 = \frac{T_1\rho_1}{T_2} = \frac{(273+0) \times 1.293}{(273+25)} = 1.185kg/m^3$

＊참고
- 절대온도(K)=273+섭씨온도(℃)
- Sm^3에서 S는 Standard, 즉 표준상태(1atm, 0℃)를 의미한다.

42

어느 작업장에서 크실렌(Xylene)을 시간당 2리터(2L/hr) 사용할 경우 작업장의 희석환기량(m^3/min)은?
(단, 크실렌의 비중은 0.88, 분자량은 106, TLV는 100ppm이고 안전계수 K는 6, 실내온도는 20℃이다.)

① 약 200
② 약 300
③ 약 400
④ 약 500

＊노출기준에 따른 전체환기량(Q)

$$Q = \frac{24.1 \times S \times G \times K \times 10^6}{M \times TLV}$$

$$= \frac{24.1 \times \frac{273+20}{273+21} \times 0.88 \times 2 \times 6 \times 10^6}{106 \times 100}$$

$$= 23927.39m^3/hr \times \left(\frac{1hr}{60min}\right) = 398.79 ≒ 400m^3/min$$

여기서,
Q : 전체환기량[m^3/hr]
S : 유해물질의 비중
G : 유해물질의 시간당 사용량[L/hr]
K : 안전계수(혼합계수)
M : 유해물질의 분자량
TLV : 유해물질의 노출기준[ppm]
24.1 : $1atm$, 21℃에서 공기의 부피[L]

$$\left(온도보정 : 24.1 \times \frac{273+t}{273+21}\right)$$

여기서, t : 실제공기의 온도[℃]

＊참고
- 1hr=60min

43

작업장내 열부하량이 $10000kcal/hr$ 이며, 외기온도 20℃ 작업장내 온도는 35℃이다. 이 때 전체 환기를 위한 필요한 환기량(m^3/min)은?
(단, 정압비열은 $0.3kcal/m^3 \cdot ℃$)

① 약 37
② 약 47
③ 약 57
④ 약 67

41.③ 42.③ 43.①

*발열 시 필요환기량(Q)

$$Q = \frac{H_s}{C_p \times \Delta t} = \frac{10000 kcal/hr \times \left(\frac{1hr}{60min}\right)}{0.3 \times (35-20)} = 37 m^3/min$$

여기서,
Q : 필요환기량 $[m^3/hr]$
H_s : 발열량 $[kcal/hr]$
C_p : 공기의 비열 $[kcal/hr \cdot ℃]$
  (주어지지 않으면 $C_p = 0.3$)
Δt : 외부공기와 작업장 내 온도차 $[℃]$

*참고
• 1hr=60min

44

1기압 동점성계수(20℃)는 $1.5 \times 10^{-5} (m^2/sec)$ 이고 유속은 $10 m/sec$, 관반경은 $0.125 m$일 때 Reynold 수는?

① 1.67×10^5
② 1.87×10^5
③ 1.33×10^4
④ 1.37×10^5

*레이놀즈 수

$$Re = \frac{\rho VD}{\mu} = \frac{VD}{\nu}$$
$$= \frac{10 \times 0.125 \times 2}{1.5 \times 10^{-5}} = 166666.67 ≒ 1.67 \times 10^5$$

여기서,
Re : 레이놀즈 수
ρ : 유체 밀도 $[kg/m^3]$
V : 유속 $[m/s]$
D : 직경 $[m]$
μ : 점성계수 $[kg/m \cdot s]$
ν : 동점성계수 $[m^2/s]$

*참고
• D=2R(직경=2×반경)

45

유입계수 $C_e = 0.82$인 원형 후드가있다. 덕트의 원면적이 $0.0314 m^2$이고 필요 환기량 Q는 $30 m^3/min$ 이라고 할 때 후드정압은?
(단, 공기밀도 $1.2 kg/m^3$ 기준)

① $16 mm H_2O$
② $23 mm H_2O$
③ $32 mm H_2O$
④ $37 mm H_2O$

*후드의 정압(SP_h)

$Q = AV$에서,
$$V = \frac{Q}{A} = \frac{30}{0.0314}$$
$$= 955.41 m/min \times \left(\frac{1min}{60sec}\right) = 15.92 m/sec$$

밀도가 $1.2 kg/m^3$이므로, 비중량은 $1.2 kg_f/m^3$이다.

$$VP = \frac{\gamma V^2}{2g} = \frac{1.2 \times 15.92^2}{2 \times 9.8} = 15.52 mmH_2O$$

$$\therefore SP_h = VP(1+F) = VP\left(1 + \frac{1}{C_e^2} - 1\right)$$
$$= 15.52\left(1 + \frac{1}{0.82^2} - 1\right) = 23 mmH_2O$$

여기서,
SP_h : 후드의 정압 $[mmH_2O]$
VP : 속도압(동압) $[mmH_2O]$
F : 압력손실계수 $\left(= \frac{1}{C_e^2} - 1\right)$
C_e : 유입계수 $\left(= \sqrt{\frac{1}{1+F}}\right)$

46

유효전압이 $120 mmH_2O$, 송풍량이 $306 m^3/min$인 송풍기의 축동력이 $7.5 kW$일 때 이 송풍기의 전압 효율은?
(단, 기타 조건은 고려하지 않음)

① 65%
② 70%
③ 75%
④ 80%

송풍기 소요동력(H)

$H = \dfrac{Q \times \triangle P}{6120\eta} \times \alpha$ 에서,

$\therefore \eta = \dfrac{Q \times \triangle P \times \alpha}{6120 \times H} = \dfrac{306 \times 120 \times 1}{6120 \times 7.5} = 0.8 = 80\%$

47

고열 발생원에 대한 공학적 대책 방법 중 대류에 의한 열흡수 경감법이 아닌 것은?

① 방열
② 일반환기
③ 국소환기
④ 차열판 설치

차열판 설치는 반사성을 이용해 복사열원을 차단, 격리시키는 방법이다.

48

송풍량(Q)이 $300 m^3/\min$일 때 송풍기의 회전속도는 $150 RPM$이었다. 송풍량을 $500 m^3/\min$으로 확대시킬 경우 같은 송풍기의 회전속도는 대략 몇 rpm이 되는가?
(단, 기타 조건은 같다고 가정함)

① 약 200rpm
② 약 250rpm
③ 약 300rpm
④ 약 350rpm

송풍기 상사법칙

종류	회전수(N)	직경(D)
풍량(Q)	$\dfrac{Q_2}{Q_1} = \dfrac{N_2}{N_1}$	$\dfrac{Q_2}{Q_1} = \left(\dfrac{D_2}{D_1}\right)^3$
풍압(P)	$\dfrac{P_2}{P_1} = \left(\dfrac{N_2}{N_1}\right)^2$	$\dfrac{P_2}{P_1} = \left(\dfrac{D_2}{D_1}\right)^2$
동력[H]	$\dfrac{H_2}{H_1} = \left(\dfrac{N_2}{N_1}\right)^3$	$\dfrac{H_2}{H_1} = \left(\dfrac{D_2}{D_1}\right)^5$

$\dfrac{P_2}{P_1} \propto \dfrac{H_2}{H_1} \propto \dfrac{\rho_2}{\rho_1} \propto \dfrac{T_1}{T_2}$

여기서,
Q_1 : 변경 전 풍량[$m^3/\min$]
Q_2 : 변경 후 풍량[$m^3/\min$]
N_1 : 변경 전 회전수[rpm]
N_2 : 변경 후 회전수[rpm]
P_1 : 변경 전 풍압[mmH_2O]
P_2 : 변경 후 풍압[mmH_2O]
D_1 : 변경 전 회전차 직경[m]
D_2 : 변경 후 회전차 직경[m]
H_1 : 변경 전 동력[kW]
H_2 : 변경 후 동력[kW]
ρ_1, ρ_2 : 변경 전·후 비중
T_1, T_2 : 변경 전·후 절대온도[K]

$\dfrac{Q_2}{Q_1} = \dfrac{N_2}{N_1}$ 에서,

$\therefore N_2 = N_1 \times \dfrac{Q_2}{Q_1} = 150 \times \dfrac{500}{300} = 250 rpm$

49

페인트 도장이나 농약 살포와 같이 공기 중에 가스 및 증기상 물질과 분진이 동시에 존재하는 경우 호흡보호구에 이용되는 가장 적절한 공기 정화기는?

① 필터
② 요오드를 입힌 활성탄
③ 금속산화물을 도포한 휠싱단
④ 만능형 캐니스터

만능형 캐니스터
방진마스크와 방독마스크의 기능을 합한 공기정화기로, 페인트 도장이나 농약 살포와 같이 공기 중에 가스 및 증기상 물질과 분진이 동시에 존재하는 경우 사용된다.

47.④ 48.② 49.④

50
작업환경의 관리원칙인 대치 개선 방법으로 옳지 않은 것은?

① 성냥 제조시 황린 대신 적린을 사용함
② 세탁시 화재 예방을 위해 석유 나프타 대신 퍼클로로에틸렌을 사용함
③ 땜질한 납을 oscillating-type sander로 깎던 것을 고속회전 그라인더를 이용함
④ 분말로 출하되는 원료를 고형상태의 원료로 출하함

> 땜질한 납을 고속회전 그라인더로 깎던 것을 oscillating-type sander를 이용한다.

51
귀덮개 착용 시 일반적으로 요구되는 차음 효과는?

① 저음에서 15dB 이상, 고음에서 30dB 이상
② 저음에서 20dB 이상, 고음에서 45dB 이상
③ 저음에서 25dB 이상, 고음에서 50dB 이상
④ 저음에서 30dB 이상, 고음에서 55dB 이상

> *귀덮개의 차음효과(방음효과)
> ① 저음역 20dB 이상
> ② 고음역 45dB 이상

52
강제 환기를 실시할 때 환기효과를 제고할 수 있는 필요 원칙을 모두 고른 것은?

> ㉠ 배출구가 창문이나 문 근처에 위치하지 않도록 한다.
> ㉡ 배출공기를 보충하기 위하여 청정공기를 공급한다.
> ㉢ 공기 배출구와 근로자의 작업위치 사이에 오염원이 위치하여야 한다.
> ㉣ 오염물질 배출구는 오염원으로부터 가까운 곳에 설치하여 점환기 현상을 방지한다.

① ㉠, ㉡
② ㉠, ㉡, ㉢
③ ㉠, ㉡, ㉣
④ ㉠, ㉡, ㉢, ㉣

> *전체환기(강제환기) 시설 설치 시 기본원칙
> ① 오염물질 사용량을 조사하여 필요환기량을 계산할 것
> ② 배출공기를 보충하기 위하여 청정공기를 공급할 것
> ③ 오염물질 배출구는 가능한 한 오염원에 가까운 곳에 설치하여 점환기 효과를 얻을 것
> ④ 공기배출구와 근로자의 작업위치 사이에 오염원이 위치해야할 것
> ⑤ 필요 환기량은 오염물질이 충분히 희석될 수 있는 양으로 설계할 것
> ⑥ 공기가 급기구를 통하여 들어와서 오염물질이 있는 영역을 통과하여 배기구로 빠져나가도록 설계할 것
> ⑦ 건물 밖으로 배출된 오염공기가 안으로 재유입되지 않도록 배출 높이를 적절하게 설계하고 창문이나 문 근처에 위치하지 않도록 할 것
> ⑧ 오염된 공기는 작업자가 호흡하기 전 충분히 희석되도록 할 것
> ⑨ 오염원 주위에 다른 작업 공정이 있으면 공기배출량을 공급량보다 약간 크게 하여 음압을 형성하여 주위 근로자에게 오염 물질이 확산 되지 않도록 한다.
> ⑩ 오염원 주위에 근로자의 작업공간이 존재할 경우에는 배기를 급기보다 약간 많이 한다.

53
다음 중 전체 환기를 실시하고자 할 때, 고려해야 하는 원칙과 가장 거리가 먼 것은?

① 필요 환기량은 오염물질이 충분히 희석될 수 있는 양으로 설계한다.
② 오염물질이 발생하는 가장 가까운 위치에 배기구를 설치해야 한다.
③ 오염원 주위에 근로자의 작업공간이 존재할 경우에는 급기를 배기보다 약간 많이 한다.

④ 희석을 위한 공기가 급기구를 통하여 들어와서 오염물질이 있는 영역을 통과하여 배기구로 빠져나가도록 설계해야 한다.

*전체환기(강제환기) 시설 설치 시 기본원칙
① 오염물질 사용량을 조사하여 필요환기량을 계산할 것
② 배출공기를 보충하기 위하여 청정공기를 공급할 것
③ 오염물질 배출구는 가능한 한 오염원에 가까운 곳에 설치하여 점환기 효과를 얻을 것
④ 공기배출구와 근로자의 작업위치 사이에 오염원이 위치해야할 것
⑤ 필요 환기량은 오염물질이 충분히 희석될 수 있는 양으로 설계할 것
⑥ 공기가 급기구를 통하여 들어와서 오염물질이 있는 영역을 통과하여 배기구로 빠져나가도록 설계할 것
⑦ 건물 밖으로 배출된 오염공기가 안으로 재유입되지 않도록 배출 높이를 적절하게 설계하고 창문이나 문 근처에 위치하지 않도록 할 것
⑧ 오염된 공기는 작업자가 호흡하기 전 충분히 희석되도록 할 것
⑨ 오염원 주위에 다른 작업 공정이 있으면 공기배출량을 공급량보다 약간 크게 하여 음압을 형성하여 주위 근로자에게 오염 물질이 확산 되지 않도록 한다.
⑩ 오염원 주위에 근로자의 작업공간이 존재할 경우에는 배기를 급기보다 약간 많이 한다.

54

재순환 공기의 CO_2농도는 $900ppm$이고 급기의 CO_2농도는 $700ppm$일 때, 급기 중의 외부공기 포함량은 약 몇 %인가?
(단, 외부공기의 CO_2농도는 $330ppm$이다.)

① 30% ② 35%
③ 40% ④ 45%

*급기 중 외부공기 포함량(Q_A)
$$Q_A = \frac{C_r - C_s}{C_r - C_0} \times 100 = \frac{900 - 700}{900 - 330} \times 100 = 35\%$$

여기서,
Q_A : 급기 중 외부공기 포함량[%]
C_r : 재순환 공기 중 이산화탄소 농도
C_s : 급기 중 이산화탄소 농도
C_0 : 외부 공기 중 이산화탄소 농도

55

송풍기의 동작점에 관한 설명으로 가장 알맞은 것은?

① 송풍기의 성능곡선과 시스템 동력곡선이 만나는 점
② 송풍기의 정압곡선과 시스템 효율곡선이 만나는 점
③ 송풍기의 성능곡선과 시스템 요구곡선이 만나는 점
④ 송풍기의 정압곡선과 시스템 동압곡선이 만나는 점

*송풍기의 동작점
송풍기의 성능곡선과 시스템의 요구곡선이 만나는 점

56

다음 중 입자상 물질을 처리하기 위한 공기 정화장치와 가장 거리가 먼 것은?

① 사이클론
② 중력집진장치
③ 여과집진장치
④ 촉매산화에 의한 연소장치

*집진장치의 종류(입자상 물질 처리시설의 종류)
① 중력집진장치
② 관성력집진장치
③ 원심력집진장치(사이클론)
④ 세정집진장치
⑤ 여과집진장치
⑥ 전기집진장치

57

공기 중의 포화증기압이 $1.52mmHg$인 유기용제가 공기 중에 도달할 수 있는 포화농도는 약 몇 ppm인가?

① 2000 ② 4000
③ 6000 ④ 8000

*포화증기농도

포화증기농도$[ppm] = \dfrac{증기압(분압)}{760mmHg} \times 10^6$

$= \dfrac{1.52}{760} \times 10^6 = 2000ppm$

58

그림과 같은 작업에서 상방흡인형의 외부식후드의 설치를 계획하였을 때 필요한 송풍량은 약 $m^3/\min$인가?

(단, 기온에 따른 상승기류는 무시함, $P = 2(L+W)$, $V_c = 1m/s$)

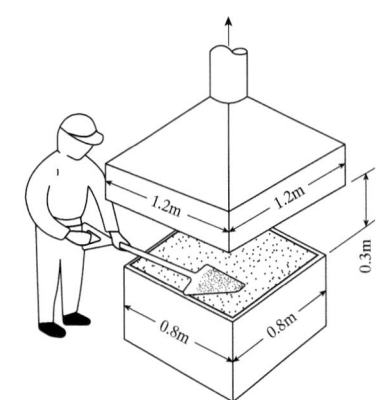

① 100 ② 110
③ 120 ④ 130

*$H/L \leq 0.3$인 외부형 캐노피 후드의 필요송풍량(Q)

$H/L = \dfrac{0.3}{1.2} = 0.25$

59

온도 $125℃$, $800mmHg$인 관내로 $100m^3/\min$의 유량의 기체가 흐르고 있다. 표준상태에서 기체의 유량은 약 몇 $m^3/\min$ 인가?

(단, 표준상태는 $20℃$, $760mmHg$로 한다.)

① 52 ② 69 ③ 77 ④ 83

*유량 보정

$Q = AV$이므로, $Q \propto V$ 비례관계이다.

$\dfrac{P_1V_1}{T_1} = \dfrac{P_2V_2}{T_2} \Rightarrow \dfrac{P_1Q_1}{T_1} = \dfrac{P_2Q_2}{T_2}$ 에서,

$\therefore Q_2 = \dfrac{P_1Q_1T_2}{T_1P_2}$

$= \dfrac{800 \times 100 \times (273+20)}{(273+125) \times 760} = 77.49 ≒ 77m^3/\min$

60

전기집진장치의 장점으로 옳지 않은 것은?

① 가연성 입자의 처리에 효율적이다.
② 넓은 범위의 입경과 분진농도에 집진효율이 높다.
③ 압력손실이 낮으므로 송풍기의 가동비용이 저렴하다.
④ 고온 가스를 처리할 수 있어 보일러와 철강로 등에 설치할 수 있다.

*전기집진장치의 장단점

장점	① 집진효율이 99.9% 정도로 높다. (0.01μm 정도 미세분진 포집 용이) ② 광범위한 온도범위에서 적용 가능하다. ③ 고온가스 처리가 가능하여 보일러 등에 설치할 수 있다. ④ 압력손실이 낮다. ⑤ 대용량 가스처리가 가능하다. ⑥ 운전 및 유지비가 저렴하다. ⑦ 넓은 범위 입경과 분진농도에 집진효율이 높다.
단점	① 설치비용이 많이 들고, 설치공간을 많이 차지한다. ② 설치 후 운전조건의 변화를 유연하게 대처하기 어렵다. ③ 기체상 물질제거가 곤란하다. ④ 가연성 입자 처리가 곤란하다.

제 4과목 : 물리적유해인자관리

61
전기성 안염(전광선 안염)과 가장 관련이 깊은 비전리 방사선은?

① 자외선 ② 적외선
③ 가시광선 ④ 마이크로파

*자외선의 생물학적 작용

분류	생물학적 작용
피부 장해	– 피부암 발생 • 280~315nm의 파장에서 피부암이 발생할 수 있다. • 옥외 작업을 하면서 콜타르의 유도체, 벤조피렌, 안트라센 화합물과 상호작용하여 피부암을 유발시킨다. – 피부의 비후 : 자외선에 의해 진피 두께가 두꺼워진다. – 피부홍반 형성 및 색소 침착 : 200~290nm에서 홍반작용이 강하게 발생한다.
눈 장해	– 240~310nm 파장에서 백내장 및 결막염을 일으킨다. – 급성각막염 발생 : 자외선 살균취급자, 전기용접자 등에서 자외선에 의한 전광성 안염(전기성 안염)이 발생한다.
비타민 D 생성	– 280~320nm의 파장에서 비타민 D가 생성된다.
살균 작용	– 254~280nm의 파장에서 강한 살균작용을 한다. – 254nm 파장 부근에서 살균작용이 가장 강하다.
전신 건강 장해	– 적혈구, 백혈구, 혈소판이 증가한다. – 2차적 증상으로 두통, 피로, 불면, 홍분, 체온 상승이 나타난다.

62
도르노선(Dorno-ray)에 대한 내용으로 옳은 것은?

① 가시광선의 일종이다.
② 280 ~ 315Å 파장의 자외선을 의미한다.
③ 소독작용, 비타민 D 형성 등 생물학적 작용이 강하다.
④ 절대온도 이상의 모든 물체는 온도에 비례하여 방출한다.

*자외선의 분류

분류	파장	발생
UV-C	100~280nm (1000~2800 Å)	피부의 색소침착
UV-B (도르노선)	280~315nm (2800~3150 Å)	소독작용, 비타민 D형성 (건강선, 생명선) 피부노화, 홍반, 각막염, 피부암 유발
UV-A (근자외선)	315~400nm (3150~4000 Å)	피부노화 촉진, 백내장

63
18℃ 공기 중에서 800Hz인 음의 파장은 약 몇 m인가?

① 0.35 ② 0.43
③ 3.5 ④ 4.3

*음의 파장(λ)

$C = f \times \lambda$

$$\therefore \lambda = \frac{C}{f} = \frac{331.42 + 0.6t}{f} = \frac{331.42 + 0.6 \times 18}{800} = 0.43m$$

여기서
C : 음속$[m/\sec](=331.42+0.6t)$
f : 주파수$[1/\sec = Hz]$
λ : 파장$[m]$
t : 음전달 매질의 온도$[℃]$

61.① 62.③ 63.②

64

음향출력이 $1000W$ 인 음원이 반자유공간(반구면파)에 있을 때 $20m$ 떨어진 지점에서의 음의 세기는 약 얼마인가?

① $0.2\,W/m^2$
② $0.4\,W/m^2$
③ $2.0\,W/m^2$
④ $4.0\,W/m^2$

*음의 세기(I)

$$I = \frac{음향출력}{2\pi R^2} = \frac{1000}{2\pi \times 20^2} = 0.4\,W/m^2$$

65

$1000Hz$ 에서의 음압레벨을 기준으로 하여 등청감곡선을 나타내는 단위로 사용되는 것은?

① mel
② bell
③ sone
④ phon

*phon
감각적인 음의 크기를 나타내는 양으로 1000Hz의 순음의 크기와 평균적으로 같은 크기로 느끼는 1000Hz 순음의 음 세기레벨을 1phon으로 정의하고 있으며, 등청감곡선을 나타내는 단위이다.

66

음원으로부터 $40m$ 되는 지점에서 음압수준이 $75dB$ 로 측정되었다면 $10m$ 되는 지점에서의 음압수준 (dB)은 약 얼마인가?

① 84
② 87
③ 90
④ 93

*거리감쇠(점음원 기준)

$$SPL_1 - SPL_2 = 20\log\left(\frac{r_2}{r_1}\right)$$

$$SPL_1 - 75 = 20\log\frac{40}{10}$$

$$\therefore SPL_1 = 75 + 20\log\frac{40}{10} = 87dB$$

여기서,
SPL_1 : 음원으로부터 r_1 떨어진 지점의 음압레벨$[dB]$
SPL_2 : 음원으로부터 r_2 떨어진 지점의 음압레벨$[dB]$
$(r_2 > r_1)$
$SPL_1 - SPL_2$: 거리감쇠치$[dB]$

67

다음에서 설명하는 고열장해는?

> 이것은 작업환경에서 가장 흔히 발생하는 피부장해로서 땀띠(prickly heat)라고도 말하며, 땀에 젖은 피부 각질층이 떨어져 땀구멍을 막아 한선 내에 땀의 압력으로 염증성 반응을 일으켜 붉은 구진(papules) 형태로 나타난다.

① 열사병(heat stroke)
② 열 허탈(heat collapse)
③ 열 경련(heat cramps)
④ 열 발진(heat rashes)

*열발진(열성발진, Heat Rashes)
이것은 작업환경에서 가장 흔히 발생하는 피부장해로서 땀띠(prickly heat)라고도 말하며, 땀에 젖은 피부 각질층이 떨어져 땀구멍을 막아 한선 내에 땀의 압력으로 염증성 반응을 일으켜 붉은 구진(papules) 형태로 나타난다.

68

10시간 동안 측정한 누적 소음노출량이 300%일 때 측정시간 평균 소음 수준은 약 얼마인가?

① 94.2dB(A)　　　② 96.3dB(A)
③ 97.4dB(A)　　　④ 98.6dB(A)

*시간가중평균소음수준(TWA)

$$TWA = 16.61\log\left(\frac{D}{100}\right) + 90$$

$$TWA = 16.61\log\left(\frac{D}{12.5T}\right) + 90$$

$$\therefore TWA = 16.61\log\left(\frac{300}{12.5 \times 10}\right) + 90 = 96.3dB(A)$$

여기서,
TWA : 시간가중평균 소음수준$[dB(A)]$
D : 누적소음노출량[%]
100 : 8시간 기준 노출시간/일
T : 작업시간$[hr]$

69
자연조명에 관한 설명으로 옳지 않은 것은?

① 창의 면적은 바닥 면적의 15 ~ 20%정도가 이상적이다.
② 개각은 4 ~ 5°가 좋으며, 개각이 작을수록 실내는 밝다.
③ 균일한 조명을 요구하는 작업실은 동북 또는 북창이 좋다.
④ 입사각은 28° 이상이 좋으며, 입사각이 클 수록 실내는 밝다.

*채광 및 조명방법
① 창의 방향은 많은 채광을 요구할 경우 남향이 좋으며 조명이 평등을 요구하는 작업실의 경우 북향 또는 동북향이 좋다.
② 창의 높이는 클수록 효과적이다.
③ 창의 면적은 밧바닥의 면적의 $15~20\%\left(\frac{1}{5} \sim \frac{1}{7}\right)$가 적당하다.
④ 실내 각점의 개각은 4~5°가 좋으며, 개각이 클 수록 실내는 밝다.
⑤ 입사각은 28° 이상이 좋으며, 입사각이 크면 클 수록 실내는 밝다.
⑥ 개각 1°가 감소할 때 입사각으로 2~5° 증가가 필요하다.

70
전리방사선 중 전자기방사선에 속하는 것은?

① α선　　　　② β선
③ γ선　　　　④ 중성자

*전리방사선의 종류

전자기 방사선	입자 방사선
① γ선 ② X-Ray(X선)	① α선 ② β선 ③ 중성자

71
전리방사선에 의한 장해에 해당하지 않는 것은?

① 참호족　　　② 피부장해
③ 유전적 장해　④ 조혈기능 장해

*참호족(침수족, Trench Foot, Immersion Foot)
① 참호족과 침수족은 국소 부위의 산소결핍 때문이며, 한랭에 의한 모세혈관벽이 손상이 발생한다.
② 참호족은 직장온도가 35℃ 이하로 저하되는 경우이며 조직 내부의 온도가 10℃에 도달하면 조직 표면이 얼게되는 현상이다.
③ 침수족은 작업자의 발이 한랭환경에 장시간 노출되는 것과 동시에 지속적으로 습기 또는 물에 잠기게 되면 발생하는 현상이다.
④ 참호족과 침수족의 임상증상은 거의 비슷하나, 발생시간은 침수족이 참호족에 비해 긴 편이다.

72
이온화 방사선과 비이온화 방사선을 구분하는 광자 에너지는?

① 1eV　　　　② 4eV
③ 12eV　　　 ④ 15.6eV

* 전리방사선과 비전리방사선의 구분
광자에너지의 강도 12eV를 전리방사선과 비전리방사선의 경계선으로 두어, 12eV 이하의 에너지를 가지는 방사선을 비전리방사선(전자파), 12eV 이상이면 전리방사선(이온화방사선)으로 구분한다.

73
지적환경(potimum working environment)을 평가하는 방법이 아닌 것은?

① 생산적(productive) 방법
② 생리적(physiological) 방법
③ 정신적(psychological) 방법
④ 생물역학적(biomechanical) 방법

* 지적환경 평가법
① 생리적 방법
② 생산적 방법
③ 정신적 방법

74
전리방사선의 흡수선량이 생체에 영향을 주는 정도를 표시하는 선당량(생체실효선량)의 단위는?

① R   ② Ci
③ Sv   ④ Gy

* Sv(Sievert)
선당량(생체실효선량)의 단위이며, 1Sv=100rem이다.

75
다음에서 설명하고 있는 측정기구는?

작업장의 환경에서 기류의 방향이 일정하지 않거나 실내 0.2~0.5m/s 정도의 불감기류를 측정할 때 사용되며 온도에 따른 알코올의 팽창, 수축원리를 이용하여 기류속도를 측정한다.

① 풍차풍속계
② 카타(Kata)온도계
③ 가열온도풍속계
④ 습구흑구온도계(WBGT)

* 카타온도계
기류를 냉각시켜 기류 측정하고, 0.2~0.5m/sec 정도 불감기류 측정 시 기류속도 측정하고, 알코올 눈금이 100°F(37.8℃)에서 95°F(35℃)까지 내려가는데 소요되는 시간을 4~5회 측정, 평균하여 카타 상수값으로 이용 및 간접적으로 풍속 측정

76
일반소음의 차음효과는 벽체의 단위표적면에 대하여 벽체의 무게를 2배로 할 때 또는 주파수가 2배로 증가될 때 차음은 몇 dB 증가 하는가?

① $2dB$ ② $6dB$
③ $10dB$ ④ $15dB$

* 차음 수직입사(질량법칙)
$TL = 20\log(m \times f) - 43$
여기서, 벽체의 무게 2배만 고려한다면 차음재의 면밀도 m만 고려하면 된다.
$\therefore TL = 20\log(m) = 20\log2 = 6dB$

여기서, 주파수 2배만 고려한다면 입사 주파수 f만 고려하면 된다.
$\therefore TL = 20\log(f) = 20\log2 = 6dB$

여기서,
m : 차음재의 면밀도$[kg/m^2]$
f : 입사 주파수$[Hz]$

73.④ 74.③ 75.② 76.②

77
인체에 미치는 영향이 가장 큰 전신진동의 주파수 범위는?

① 2 ~ 100Hz
② 140 ~ 250Hz
③ 275 ~ 500Hz
④ 4000Hz 이상

*진동수에 따른 구분
① 전신진동 : 2~100Hz (공해진동 : 1~90Hz)
② 국소진동 : 8~1500Hz
③ 인간이 느끼는 최소 진동역치 : 55±5dB
④ 수직진동 : 4~8Hz
⑤ 수평진동 : 1~2Hz
⑥ 전신은 4Hz, 두부와 견부는 20~30Hz, 안구는 60~90Hz 진동에 공명한다.

78
음력이 1.2W인 소음원으로부터 35m 되는 자유공간 지점에서의 음압수준(dB)은 약 얼마인가?

① 62
② 74
③ 79
④ 121

*음압수준(SPL)과 음향파워레벨(PWL)의 관계식
[무지향성 점음원, 자유공간(공중, 구면파)]

$$SPL = PWL - 20\log r - 11$$
$$= 10\log \frac{W}{W_o} - 20\log r - 11$$
$$= 10\log \frac{1.2}{10^{-12}} - 20\log 35 - 11 = 78.91 ≒ 79 dB$$

여기서,
SPL : 음압수준[dB]
PWL : 음향파워레벨[dB]
r : 소음원으로부터의 거리[m]
W : 대상음원의 음향파워[W]
W_o : 기준음향파워(= 10^{-12}[W])

79
인체와 작업환경과의 사이에 열교환의 영향을 미치는 것으로 가장 거리가 먼 것은?

① 대류(convection)
② 열복사(radiation)
③ 증발(evaporation)
④ 열순응(acclimatization to heat)

*열평형 방정식
$\triangle S = M \pm C \pm R - E$

여기서,
$\triangle S$: 생체 열용량 변화
M : 작업대사량
C : 대류에 의한 열교환
R : 복사에 의한 열교환
E : 증발에 의한 열교환

80
전신진동 노출에 따른 인체의 영향에 대한 설명으로 옳지 않은 것은?

① 평형감각에 영향을 미친다.
② 산소 소비량과 폐환기량이 증가한다.
③ 작업수행 능력과 집중력이 저하된다.
④ 저속노출 시 레이노드 증후군(Raynaud's phenomenon)을 유발한다.

*레이노드 증상(Raynaud)
한랭환경에서 국소진동에 노출되면 발생하는 현상으로 손과 발가락의 감각마비 증상이 나타난다. 청색증이라고도 명칭을 불리우며, 심하면 극심한 통증이 발생한다. 주로 진동공구, 착암기, 해머 등 공구를 장기간 사용한 근로자에게 발생한다.

CBT 복원 제 2회

산업위생관리기사 필기 기출문제

제 5과목 : 산업독성학

81
납에 노출된 근로자가 납중독 되었는지를 확인하기 위하여 소변을 시료로 채취하였을 경우 측정할 수 있는 항목이 아닌 것은?

① 델타-ALA
② 납 정량
③ coproporphyrin
④ protoporphyrin

*납중독 진단검사
① 혈액검사
② 빈혈검사
③ 뇨중 Coprophyrin(코프로포르피린) 배설량 측정
④ 뇨중 δ-ALA(헴의 전구물질) 측정
⑤ 뇨중 납량 측정
⑥ 혈중 납량 측정
⑦ 혈중 ZPP(Zinc Protoporphyrin) 측정

82
남성 근로자의 생식독성 유발요인이 아닌 것은?

① 풍진
② 흡연
③ 망간
④ 카드뮴

*생식독성
생식기능 및 능력에 대한 유해영향을 일으키거나 태아의 발육에 유해한 영향을 주는 성질이다.

남성근로자의 생식독성 유발요인	여성근로자의 생식독성 유발요인
흡연, 음주, 고온, 전리방사선, 망간, 카드뮴, 납, 농약, 염화비닐, 알킬화제, 유기용제, 항암제, 호르몬제, 마취제, 마이크로파 등	흡연, 음주, 납, 카드뮴, 망간, X선, 고열, 풍진, 매독, 알킬화제, 유기인제 농약, 마취제, 항암제, 항생제, 스테로이드계 약물 등

83
화학물질을 투여한 실험동물의 50%가 관찰 가능한 가역적인 반응을 나타내는 양을 의미하는 것은?

① ED_{50}
② LC_{50}
③ LE_{50}
④ TE_{50}

*ED_{50}
피실험동물 50%가 일정한 반응을 일으키는 양

84
일산화탄소 중독과 관련이 없는 것은?

① 고압산소실
② 카나리아새
③ 식염의 다량투여
④ 카르복시헤모글로빈(carboxyhemoglobin)

식염의 다량투여는 고열장애(고온장애)와 연관있다

81.④ 82.① 83.① 84.③

85
생물학적 모니터링에 관한 설명으로 옳지 않은 것을 모두 고른 것은?

(A) : 생물학적 검체인 호기, 소변, 혈액 등에서 결정인자를 측정하여 노출 정도를 추정하는 방법이다.
(B) : 결정인자는 공기 중에서 흡수된 화학물질이나 그것의 대사산물 또는 화학물질에 의해 생긴 비가역적인 생화학적 변화이다.
(C) : 공기 중의 농도를 측정하는 것이 개인의 건강위험을 보다 직접적으로 평가할 수 있다.
(D) : 목적은 화학물질에 대한 현재나 과거의 노출이 안전한 것인지를 확인하는 것이다.
(E) : 공기 중 노출기준이 설정된 화학물질의 수만큼 생물학적 노출기준(BEI)이 있다.

① (A), (B), (C) ② (A), (C), (D)
③ (B), (C), (E) ④ (B), (D), (E)

(B) 결정인자는 공기 중에서 흡수된 화학물질이나 그것의 대사산물 또는 화학물질에 의해 생긴 가역적인 생화학적 변화이다.
(C) 공기 중의 농도를 측정하는 것이 개인의 건강위험을 보다 간접적으로 평가할 수 있다.
(E) 공기 중 노출기준이 설정된 화학물질의 수가 생물학적 노출기준(BEI)보다 많다.

86
카드뮴에 노출되었을 때 체내의 주요 축적 기관으로만 나열한 것은?

① 간, 신장
② 심장, 뇌
③ 뼈, 근육
④ 혈액, 모발

*카드뮴 축적
간, 신장, 장관벽에 축적된다.

87
직업성 피부질환에 영향을 주는 직접적인 요인에 해당되는 것은?

① 연령
② 인종
③ 고온
④ 피부의 종류

*직업성 질환의 원인

직접원인	간접원인
① 물리적 환경요인(고온)	① 작업강도와 작업시간
② 화학적 환경요인	② 고온다습한 작업환경
③ 부자연스러운 자세와 단순 반복 작업 등의 작업요인	③ 성별
	④ 연령
	⑤ 인종
	⑥ 피부의 종류

88
접촉에 의한 알레르기성 피부감작을 증명하기 위한 시험으로 가장 적절한 것은?

① 첩포시험
② 진균시험
③ 조직시험
④ 유발시험

*첩포시험
알레르기성 접촉 피부염의 진단 방법이며 가장 중요한 임상시험이다.

89
다음 표는 A작업장의 백혈병과 벤젠에 대한 코호트 연구를 수행한 결과이다. 이 때 벤젠의 백혈병에 대한 상대위험비는 약 얼마인가?

	백혈병 발생	백혈병 비발생	합계(명)
벤젠 노출군	5	14	19
벤젠 비노출군	2	25	27
합계	7	39	46

① 3.29　　　　　② 3.55
③ 4.64　　　　　④ 4.82

*상대위험도(비교위험도)

상대위험도
$= \dfrac{\text{노출군에서 질병발생률}}{\text{비노출군에서 질병발생률}}$
$= \dfrac{\left(\dfrac{5}{19}\right)}{\left(\dfrac{2}{27}\right)} = 3.55$

90

다음 중 중절모자를 만드는 사람들에게 처음으로 발견되어 hatter's shake라고 하며 근육경련을 유발하는 중금속은?

① 카드뮴　　　② 수은
③ 망간　　　　④ 납

*수은(Hg)의 특징
① 상온에서 유일하게 액체상태로 존재하는 금속이다.
② 뇌산 수은(뇌홍)의 제조에 사용된다.
③ 온도계 제조, 농약 및 살충제 제조업, 치과용 아말감 산업, 페인트 제조업 등에 노출된다.
④ 연금술, 의약품 등에 가장 오래 사용해온 중금속 중 하나이며, 17세기 유럽에서 신사용 중절모자를 제작하는 데 사용하여 근육경련을 일으킨 사례가 있다.
⑤ 소화관으로는 2~7% 정도의 소량으로 흡수한다.
⑥ 금속 형태는 뇌, 혈액, 심근에 많이 분포한다.

91

크롬으로 인한 피부궤양 발생 시 치료에 사용하는 것과 가장 관계가 먼 것은?

① 10% BAL 용액
② sodium citrate 용액
③ sodium thiosulfate 용액
④ 10% CaNa2EDTA 연고

*크롬중독의 치료사항
① 섭취 시 응급조치로 우유 및 비타민C를 섭취한다.
② 크롬 폭로 시 즉시 중단하고 만성 크롬중독인 경우 특별한 치료방법이 없다.
③ 크롬으로 인한 피부궤양 발생 시 Sodium Citrate 용액, Sodium Thiosulfate 용액, 10% CaNa2EDTA 연고 등을 사용하여 치료한다.

92

유해물질과 생물학적 노출지표 물질이 잘못 연결된 것은?

① 납 - 소변 중 납
② 페놀 - 소변 중 총 페놀
③ 크실렌 - 소변 중 메틸마뇨산
④ 일산화탄소 - 소변 중 carboxyhemglobin

*화학물질의 생물학적 노출지표물질

화학물질	대사산물(측정대상물질)
벤젠	뇨 중 t,t-뮤코닉산(뮤콘산) 뇨 중 S-페닐머캅토산 혈액 중 벤젠
톨루엔	뇨 중 o-크레졸 혈액 중 톨루엔
크실렌	뇨 중 메틸마뇨산
납	혈액 중 납 뇨 중 납 혈액 중 아연 프로토포르피린 뇨 중 델타아미노레불린산
일산화탄소	혈액 중 카복시헤모글로빈(COHb)
트리클로로 에틸렌	뇨 중 삼염화초산
에틸벤젠	뇨 중 만델산
노말헥산	뇨 중 2,5-헥산디온
클로로벤젠	뇨 중 총 4-클로로카테콜
페놀	뇨 중 페놀
디메틸포름 아미드	뇨 중 N-메틸포름아미드
이황화탄소	뇨 중 TTCA 뇨 중 이황화탄소
크롬	뇨 중 크롬
메틸 노말부틸 케톤	뇨 중 2,5-헥산디온
삼염화 에틸렌	뇨 중 삼염화초산 (트리클로로초산) 뇨 중 삼염화에탄올

93

직업성 천식을 유발하는 물질이 아닌 것은?

① 실리카
② 목분진
③ 무수트리멜리트산(TMA)
④ 톨루엔디이소시안산염(TDI)

*직업성 천식 유발물질
① 목분진
② 무수트리멜리트산(TMA)
③ 톨루엔디이소시안산염(TDI)
④ 메틸렌디페닐디이소사이아네이트(MDI)
⑤ 백금, 니켈, 크롬, 알루미늄
⑥ 항생제, 소화제
⑦ 밀가루, 커피가루, 라텍스, 응애, 진드기, 곡물가루, 쌀겨, 메밀가루, 카레, 동물 털 및 분비물
⑧ 산화무수물, 송진연무, 반응성 및 아조 염료 등

94

근로자의 유해물질 노출 및 흡수 정도를 종합적으로 평가하기 위하여 생물학적 측정이 필요하다. 또한 유해물질 배출 및 축적 속도에 따라 시료 채취시기를 적절히 정해야 하는데, 시료채취 시기에 제한을 가장 작게 받는 것은?

① 요중 납
② 호기중 벤젠
③ 혈중 총 무기수은
④ 요중 총 페놀

반감기가 긴 물질(중금속)에 대해서 시료채취시기는 중요하지 않다. (납은 중금속이다.)

95

포르피린과 헴(heme)의 합성에 관여하는 효소를 억제하며, 소화기계 및 조혈계에 영향을 주는 물질은?

① 납
② 수은
③ 카드뮴
④ 베릴륨

*납(Pb)
포르피린과 헴(heme)의 합성에 관여하는 효소를 억제하며, 소화기계 및 조혈계에 영향을 준다.

96
망간에 관한 설명으로 틀린 것은?

① 호흡기 노출이 주경로이다.
② 언어장애, 균형감각상실 등의 증세를 보인다.
③ 전기용접봉 제조업, 도자기 제조업에서 발생된다.
④ 만성중독은 3가 이상의 망간화합물에 의해서 주로 발생한다.

> 망간의 만성중독은 7가 이상의 망간화합물에 의해서 주로 발생한다.

97
벤젠에 관한 설명으로 틀린 것은?

① 벤젠은 백혈병을 유발하는 것으로 확인된 물질이다.
② 벤젠은 지방족 화합물로서 재생불량성 빈혈을 일으킨다.
③ 벤젠은 골수독성(myelotoxin)물질이라는 점에서 다른 유기용제와 다르다.
④ 혈액조직에서 벤젠이 유발하는 가장 일반적인 독성은 백혈구 수의 감소로 인한 응고작용 결핍 등이다.

> *벤젠(C_6H_6)
> ① 방향족 탄화수소 중 저농도에 장기간 노출되어 만성중독을 일으키는 경우에 가장 위험하다.
> ② 만성장해로서 조혈장해(백혈구 감소, 재생불량성 빈혈 등)를 가장 잘 유발시킨다.
> ③ 혈액조직에서 벤젠이 유발하는 독성작용은 백혈구 수의 감소로 인한 응고 작용 결핍 등이다.
> ④ 벤젠은 영구적인 혈액장애를 일으킨다.
> ⑤ 벤젠은 주로 페놀로 대사되며 페놀은 벤젠의 생물학적 노출지표로 이용된다.
> ⑥ 벤젠에 지속적으로 노출되면, 급성골수성 백혈병에 걸릴 수 있다.

98
공기 중 입자상 물질의 호흡기계 축적기전에 해당하지 않는 것은?

① 교환　　　　② 충돌
③ 침전　　　　④ 확산

> *여과포집원리(채취기전)
> ① 직접차단(간섭)
> ② 관성충돌
> ③ 중력침강
> ④ 확산
> ⑤ 정전기침강
> ⑥ 체질

99
ACGIH에서 발암물질을 분류하는 설명으로 틀린 것은?

① Group A1 : 인체발암성 확인물질
② Group A2 : 인체발암성 의심물질
③ Group A3 : 동물발암성 확인물질, 인체발암성 모름
④ Group A4 : 인체발암성 미의심 물질

> *미국산업위생전문가협의회(ACGIH)의 발암물질 구분
>
> | 구분 | 설명 |
> |---|---|
> | A1 | - 인체 발암 확인물질
- 석면, 베릴륨, 우라늄, 벤지딘, 염화비닐 등 |
> | A2 | - 인체 발암이 의심되는 물질 |
> | A3 | - 동물 발암성 확인물질 |
> | A4 | - 인체 발암성 미분류 물질 |
> | A5 | - 인체 발암성 미의심 물질 |

100
중금속 취급에 의한 직업성 질환을 나타낸 것으로 서로 관련이 가장 적은 것은?

① 니켈 중독 - 백혈병, 재생불량성 빈혈
② 납 중독 - 골수침입, 빈혈, 소화기장애
③ 수은 중독 - 구내염, 수전증, 정신장애
④ 망간 중독 - 신경염, 신장염, 중추신경장해

*니켈중독의 증세
① 급성중독
접촉성 피부염, 복통, 설사, 두통, 현기증, 폐렴, 폐부종, 전신중독 유발

② 만성중독
폐암, 비강암, 비중격천공증 유발

100.①

제 1과목 : 산업위생학개론

01

다음 중 피로에 의하여 신체에 쌓이게 되는 피로물질은?

① 이산화탄소(CO_2)
② 젖산(lactic acid)
③ 지방산(fatty acid)
④ 아미노산(amino acid)

*피로물질의 종류
① 크레아틴
② 젖산
③ 초성포도당
④ 시스테인

02

다음 중 산업피로의 대책으로 적당하지 않은 것은?

① 작업의 숙련도를 높인다.
② 작업과정에 따라 적절한 휴식시간을 삽입한다.
③ 작업환경을 정리정돈한다.
④ 휴식은 장시간 휴식하는 것이 여러번 나누어 휴식하는 것보다 효과적이다.

*산업피로의 예방과 대책
① 작업과정에 적절한 간격으로 휴식시간을 둔다.
② 각 개인에 따라 작업량을 조절한다.
③ 개인의 숙련도 등에 따라 작업속도를 조절한다.
④ 불필요한 동작을 피하여 에너지 소모를 적게 한다.
⑤ 작업시작 전후에 간단한 체조를 한다.
⑥ 동적인 작업과 정적인 작업을 적절하게 혼합하여 배치한다.
⑦ 커피, 홍차, 엽차 및 비타민 B을 공급한다.
⑧ 야간근무의 연속일수는 2~3일로 한다.
⑨ 작업 환경을 정리, 정돈한다.

03

다음 중 산업위생 관련 기관의 약자와 명칭이 잘못 연결된 것은?

① ACGIH : 미국산업위생협회
② OSHA : 산업안전보건청(미국)
③ NIOSH : 국립산업안전보건연구원(미국)
④ IARC : 국제암연구소

*ACGIH
미국정부산업위생전문가협의회

04

다음 중 '도수율'에 관한 설명으로 옳지 않은 것은?

① 산업재해의 발생빈도를 나타낸다.
② 연근로시간 합계 100만 시간당의 재해발생건수이다.
③ 사망과 경상에 따른 재해강도를 고려한 값이다.
④ 일반적으로 1인당 연간근로시간수는 2,400시간으로 한다.

도수율 및 연천인율은 사망과 경상에 따른 재해강도를 고려하지 않은 값이다.

01.② 02.④ 03.① 04.③

05

왼손을 주로 사용하는 근로자의 오른손 평균 힘은 40kP이고, 왼손의 평균 힘은 50kP이다. 이 근로자가 무게 4kg인 상자를 두 손으로 들어올릴 경우 작업강도(%MS)는 얼마인가?

① 1
② 3
③ 5
④ 7

*작업강도(%MS)

$$\%MS = \frac{RF}{MS} \times 100 = \frac{4 \div 2}{40} \times 100 = 5\%MS$$

여기서,
RF : 작업 시 한 손에 요구되는 힘
MS : 근로자가 가지고 있는 약한 손의 최대 힘

06

작업의 강도가 클수록 작업시간이 짧아지고 휴식시간이 길어지며 실동률은 감소한다. 작업대사율(RMR)이 6일 때 실동률(%)은 얼마인가? (단, 사이토와 오시마의 공식을 이용한다.)

① 70
② 65
③ 60
④ 55

*실동률
실동률 $= 85 - (5 \times RMR) = 85 - (5 \times 6) = 55\%$

07

다음 [그림]은 작업의 시작 및 종료 시의 산소소비량을 나타낸 것이다. ①과 ②의 의미를 올바르게 나열한 것은?

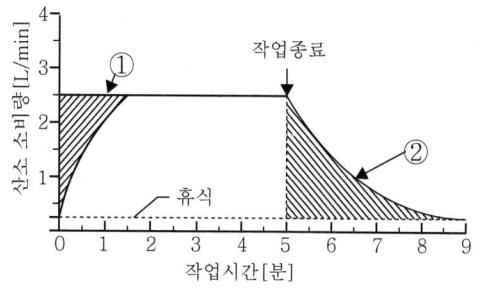

작업시간 및 종료시의 산소 소비량

① ① 작업부채, ② 작업부채 보상
② ① 작업부채 보상, ② 작업부채
③ ① 산소부채, ② 산소부채 보상
④ ① 산소부채 보상, ② 산소부채

*산소부채(Oxygen Debt)
작업이 끝난 후에 남아있는 젖산을 제거하기 위해서는 산소가 더 필요하며, 이때 동원되는 산소소비량이다.

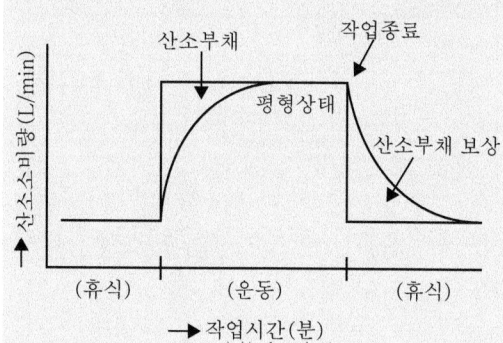

08

산업재해로 인한 직접손실비용이 300만원 발생하였다면, 총 재해손실비는 얼마로 추정되는가? (단, 하인리히의 재해손실비 산출기준에 따른다.)

① 600만원
② 900만원
③ 1,200만원
④ 1,500만원

*하인리히의 재해손실비(1:4법칙)
재해손실비 = 직접비 + 간접비(1:4)
       = 직접비 + 4×직접비
       = 5×직접비
       = 5×300 = 1500만원

09
근로자의 건강진단과 관련하여 건강관리 구분 판정인 'D1'이 의미하는 것은?

① 직업병 유소견자
② 일반질병 유소견자
③ 직업병 요관찰자
④ 일반질병 요관찰자

*건강진단 결과 건강관리 구분

건강관리 구분		내용
A		건강관리상 사후관리가 필요없는 근로자 (건강한 근로자)
C	C_1	직업성 질병으로 진전될 우려가 있어 추적검사 등 관찰이 필요한 근로자 (직업병 요관찰자)
	C_2	일반질병으로 진전될 우려가 있어 추적관찰이 필요한 근로자 (일반질병 요관찰자)
D	D_1	직업성 질병의 소견을 보여 사후관리가 필요한 근로자 (직업병 유소견자)
	D_2	일반 질병의 소견을 보여 사후관리가 필요한 근로자 (일반질병 유소견자)
R		건강진단 1차 검사결과 건강수준의 평가가 곤란하거나 질병이 의심되는 근로자 (제2차 건강진단 대상자)

10
18세기 영국의 Percivall Pott에 의해 보고된 최초의 직업성 암의 원인물질로 옳은 것은 어느 것인가?

① 검댕(soot)   ② 수은(mercury)
③ 아연(Zinc)   ④ 납(lead)

*포트(Percivall Pott)
직업성 암을 최초로 보고하였으며, 어린이 굴뚝청소부에게 많이 발생하는 음낭암을 발견하여 암의 원인물질은 검댕속 여러 종류의 PAH(다환 방향족 탄화수소)으로 이후 1788년에 굴뚝청소부법을 제정하도록 하였다.

11
상시근로자수가 100명인 A 사업장의 연간 재해발생 건수가 15건이다. 이때의 사상자가 20명 발생하였다면 이 사업장의 도수율은 약 얼마인가?
(단, 근로자는 1인당 연간 2200시간을 근무하였다.)

① 68.18   ② 90.91
③ 150.00   ④ 200.00

*도수율
$$도수율 = \frac{재해건수}{연근로 총시간수} \times 10^6$$
$$= \frac{15}{100 \times 2200} \times 10^6 = 68.18$$

12
최대작업영역(maximum working area)에 대한 설명으로 맞는 것은?

① 양팔을 곧게 폈을 때 도달할 수 있는 최대영역
② 팔을 위 방향으로만 움직이는 경우에 도달할 수 있는 작업영역
③ 팔을 아래 방향으로만 움직이는 경우에 도달할 수 있는 작업영역
④ 팔을 가볍게 몸체에 붙이고 팔꿈치를 구부린 상태에서 자유롭게 손이 닿는 영역

*정상작업역 · 최대작업역
① 정상 작업역(표준영역)
 ㉠ 윗팔(상완)을 자연스럽게 수직으로 늘어뜨린 채, 아래팔(전완)만으로 편하게 뻗어 파악할 수 있는 영역
 ㉡ 팔을 가볍게 몸에 붙이고 팔꿈치를 구부린 상태에서 자유롭게 손이 닿는 영역
 ㉢ 움직이지 않고 전박과 손으로 조작할 수 있는 범위
② 최대 작업역(최대영역)
 ㉠ 윗팔(상완)과 아래팔(전완)을 곧게 수평으로 펴서 파악할 수 있는 영역
 ㉡ 어깨에서부터 팔을 뻗어 도달하는 최대영역
 ㉢ 움직이지 않고 상지를 뻗어 닿는 범위

13

상시 근로자 수가 1000명인 사업장에 1년 동안 6건의 재해로 8명의 재해자가 발생하였고, 이로 인한 근로손실일수는 80일이었다. 근로자가 1일 8시간씩 매월 25일씩 근무하였다면, 이 사업장의 도수율은 얼마인가?

① 0.03 ② 2.50
③ 4.00 ④ 8.00

*도수율

$$도수율 = \frac{재해건수}{연근로 총시간수} \times 10^6$$
$$= \frac{6}{1000 \times 8 \times 25 \times 12} \times 10^6 = 2.5$$

14

하인리히의 사고연쇄반응 이론(도미노 이론)에서 사고가 발생하기 바로 직전의 단계에 해당하는 것은?

① 개인적 결함
② 사회적 환경
③ 선진 기술의 미적용
④ 불안전한 행동 및 상태

*하인리히의 사고발생 도미노 5단계
1단계 : 선천적 결함(사회적 환경 및 유전적 요소)
2단계 : 개인적 결함
3단계 : 불안전한 행동 · 불안전한 상태(인적원인과 물적원인)
4단계 : 사고
5단계 : 상해(재해)

15

최근 실내공기질에서 문제가 되고 있는 방사성 물질인 라돈에 관한 설명으로 옳지 않은 것은?

① 무색, 무취, 무미한 가스로 인간의 감각에 의해 감지할 수 없다.
② 인광석이나 산업폐기물을 포함하는 토양, 석재, 각종 콘크리트 등에서 발생할 수 있다.
③ 라돈의 감마(γ)-붕괴에 의하여 라돈의 딸핵종이 생성되며 이것이 기관지에 부착되어 감마선을 방출하여 폐암을 유발한다.
④ 우라늄 계열의 붕괴과정 일부에서 생성될 수 있다.

*라돈
① 라듐이 α-붕괴되어 생성되는 물질이다.
② 방사성 기체로 폐암을 일으키는 물질이다.
③ 건축자재로부터 방출되거나 하수도, 벽의 틈새 및 방바닥 갈라진 부분, 인광석이나 산업폐기물을 포함하는 토양, 석재, 각종 콘크리트 등에서 실내로 유입 되기도 한다.
④ 무색, 무취, 무미한 가스로 인간의 감각에 의해 감지할 수 없다.
⑤ 우라늄 계열의 붕괴과정 일부에서 생성될 수 있다.

13.② 14.④ 15.③

16

다음 중 재해예방의 4원칙에 관한 설명으로 옳지 않은 것은?

① 재해발생과 손실의 관계는 우연적이므로 사고의 예방이 가장 중요하다.
② 재해발생에는 반드시 원인이 있으며, 사고와 원인의 관계는 필연적이다.
③ 재해는 예방이 불가능하므로 지속적인 교육이 필요하다.
④ 재해예방을 위한 가능한 안전대책은 반드시 존재한다.

*재해예방의 4원칙

원칙	설명
예방가능의 원칙	천재지변을 제외한 모든 재해는 예방이 가능하다.
손실우연의 원칙	사고의 결과가 생기는 손실은 우연히 발생한다.
대책선정의 원칙	재해는 적합한 대책이 선정되어야 한다.
원인연계의 원칙	재해는 직접원인과 간접원인이 연계되어 일어난다.

17

산업안전보건법령상의 "충격소음작업"은 몇 dB 이상의 소음이 1일 100회 이상 발생되는 작업을 말하는가?

① 110　　② 120
③ 130　　④ 140

*소음작업
1일 8시간 작업을 기준하여 85dB 이상의 소음이 발생하는 작업

18

산업안전보건법령상 시간당 $200 \sim 350 kcal$의 열량이 소요되는 작업을 매시간 50%작업, 50%휴식 시의 고온노출 기준(WBGT)은?

① 26.7℃　　② 28.0℃
③ 28.4℃　　④ 29.4℃

*고온의 노출기준(ACGIH)　　단위 : ℃, WBGT

작업강도 작업 휴식시간비	경작업	중등작업	중작업
계속작업	30.0	26.7	25.0
매시간 75% 작업, 25% 휴식	30.6	28.0	25.9
매시간 50% 작업, 50% 휴식	31.4	29.4	27.9
매시간 25% 작업, 75% 휴식	32.2	31.1	30.0

① 경작업
200kcal까지의 열량이 소요되는 작업을 말하며, 앉아서 또는 서서 기계의 조정을 하기 위하여 손 또는 팔을 가볍게 쓰는 일 등을 뜻함

② 중등작업
시간당 200~350kcal의 열량이 소요되는 작업을 말하며, 물체를 들거나 털면서 걸어다니는 일 등을 뜻함

③ 중작업
시간당 350~500kcal의 열량이 소요되는 작업을 말하며, 곡괭이질 또는 삽질하는 일 등을 뜻함

19

산업안전보건법령상 사무실 공기의 시료채취 방법이 잘못 연결된 것은?

① 일산화탄소 – 전기화학검출기에 의한 채취
② 이산화질소 – 캐니스터(canister)를 이용한 채취
③ 이산화탄소 – 비분산적외선검출기에 의한 채취
④ 총부유세균 – 충돌법을 이용한 부유세균 채취기로 채취

*시료채취 및 분석방법

오염물질	시료채취방법	분석방법
미세먼지 (PM10)	PM10샘플러를 장착한 고용량 시료채취기에 의한 채취	중량분석(천칭의 해독도 : $10\mu g$)
초미세먼지 (PM2.5)	PM2.5샘플러를 장착한 고용량 시료채취기에 의한 채취	중량분석(천칭의 해독도 : $10\mu g$)
이산화탄소 (CO_2)	비분산적외선검출기에 의한 채취	검출기의 연속 측정에 의한 직독식 분석
일산화탄소 (CO)	비분산적외선검출기 또는 전기화학검출기에 의한 채취	검출기의 연속 측정에 의한 직독식 분석
이산화질소 (NO_2)	고체흡착관에 의한 시료채취	분광광도계로 분석
포름알데히드 (HCHO)	2,4-DNPH가 코팅된 실리카겔관이 장착된 시료채취기에 의한 채취	2,4-DNPH - 포름알데히드 유도체를 HPLC UVD 또는 GC-NPD로 분석
총휘발성 유기화합물 (TVOC)	고체흡착관 또는 캐니스터로 채취	① 고체흡착열탈착법 또는 고체흡착용매추출법을 이용한 GC로 분석 ② 캐니스터를 이용한 GC 분석
라돈	라돈연속검출기(자동형), 알파트랙(수동형), 충전막 전리함(수동형)측정 등	3일 이상 3개월 이내 연속 측정 후 방사능감지를 통한 분석
총부유세균	충돌법을 이용한 부유세균채취기로 채취	채취·배양된 균주를 세어 공기체적당 균주 수로 산출
곰팡이	충돌법을 이용한 부유세균채취기로 채취	채취·배양된 균주를 세어 공기체적당 균주 수로 산출

*발암성 정보물질의 표기

표기	내용
1A	사람에게 충분한 발암성 증거가 있는 물질
1B	시험동물에서 발암성 증거가 충분히 있거나, 시험동물과 사람 모두에서 제한된 발암성 증거가 있는 물질
2	사람이나 동물에서 제한된 증거가 있지만, 구분1로 분류하기에는 증거가 불충분한 물질

20

산업안전보건법령상 발암성 정보물질의 표기법 중 '사람에게 충분한 발암성 증거가 있는 물질'에 대한 표기방법으로 옳은 것은?

① 1 ② 1A
③ 2A ④ 2B

20.②

제 2과목 : 작업위생측정 및 평가

21

측정값이 17, 5, 3, 13, 8, 7, 12 및 10일 때 통계적인 대푯값 9.0은 다음 중 어느 통계량에 해당되는가?

① 산술평균
② 중간값(median)
③ 최빈값(mode)
④ 기하평균

> *중앙값(중앙치)
> 여러 개의 측정치를 크기 순서로 배열했을 때 중앙에 위치하는 값을 말하며, 측정치가 짝수일 때에는 중앙에 위치한 두 값의 평균을 내어 중앙값으로 계산한다.
> 3, 5, 7, 8, 10, 12, 13, 17
> $\therefore$ 중앙값 $= \dfrac{8+10}{2} = 9$

22

폴리카보네이트 재질에 레이저빔을 쏘아 공극을 일직선으로 만든 막 여과지로 투과전자현미경 분석을 위한 석면의 채취에 이용되는 것은?

① nucleopore 여과지
② cellulose ester 여과지
③ polytrafluroethylene 여과지
④ PVC 여과지

> *nucleopore 여과지
> 폴리카보네이트 재질에 레이저빔을 쏘아 공극을 일직선으로 만든 막 여과지로 투과전자현미경 분석을 위한 석면의 채취에 이용되는 것

23

알고 있는 공기 중 농도를 만드는 방법인 Dynamic Method에 관한 내용으로 틀린 것은?

① 만들기가 복잡하고 가격이 고가이다.
② 온습도 조절이 가능하다.
③ 소량의 누출이나 벽면에 의한 손실은 무시할 수 있다.
④ 대게 운반용으로 제작하기가 용이하다.

> *Dynamic Method
> ① 희석공기와 오염물질을 연속적으로 흘려주어 연속적으로 일정한 농도를 유지하면서 만드는 방법이다.
> ② 소량의 누출이나 벽면에 의한 손실은 무시할 수 있다.
> ③ 만들기가 복잡하고, 가격이 고가이다.
> ④ 다양한 농도범위에서 제조 가능하다.
> ⑤ 온습도 조절이 가능하다.
> ⑥ 운반용으로 제작되지 않는다.
> ⑦ 가스, 증기, 에어로졸 등 다양한 실험이 가능하다.
> ⑧ 지속적인 모니터링이 필요하다.

24

공장 내부에 소음 (대당 $PWL = 85dB$)을 발생시키는 기계가 있다. 이 기계 2대가 동시에 가동될 때 발생하는 PWL의 합은?

① $86dB$
② $88dB$
③ $90dB$
④ $92dB$

*합성소음도(L)

$$L = 10\log\left(10^{\frac{L_1}{10}} + 10^{\frac{L_2}{10}} + \cdots + 10^{\frac{L_n}{10}}\right)$$

$$= 10\log\left(10^{\frac{85}{10}} \times 2\right) = 88 dB$$

L : 합성소음도$[dB]$
$L_1, L_2, \cdots L_n$ = 각 소음원의 소음$[dB]$

25

흡수용액을 이용하여 시료를 포집할 때 흡수효율을 높이는 방법과 거리가 먼 것은?

① 용액의 온도를 높여 오염물질을 휘발 시킨다.
② 시료채취유량을 낮춘다.
③ 가는 구멍이 많은 Fritted 버블러 등 채취 효율이 좋은 기구를 사용한다.
④ 두 개 이상의 버블러를 연속적으로 연결하여 용액의 양을 늘린다.

*흡수액의 흡수효율을 높이기 위한 방법
① 채취속도를 낮춘다.(=채취유량을 낮춘다.)
② 흡수액의 양을 늘린다.
③ 액체의 교반을 강하게 한다.
④ 두 개 이상의 임펀저나 버블러를 연속적(직렬)으로 연결한다.
⑤ 가는 구멍이 많은 프리티드(Fritted) 버블러 등을 사용하여 채취효율이 좋은 기구를 사용한다.
⑥ 용액의 온도를 낮추어 오염물질 휘발성을 제한시킨다.
⑦ 기포와 액체의 접촉면적을 크게한다.

26

가스상 물질의 연속시료 채취방법 중 흡수액을 사용한 능동식 시료채취방법(시료채취 펌프를 이용하여 강제적으로 공기를 매체에 통과시키는 방법)의 일반적 시료 채취 유량 기준으로 가장 적절한 것은?

① 0.2L/분 이하   ② 1.0L/분 이하
③ 5.0L/분 이하   ④ 10.0L/분 이하

*능동식 시료채취 유량 기준
① 흡수액 : 1.0L/min 이하
② 흡착관 : 0.2L/min 이하

27

측정결과를 평가하기 위하여 "표준화 값"을 산정할 때 적용되는 인자는?
(단, 고용노동부 고시 기준)

① 측정농도와 노출기준
② 평균농도와 표준편차
③ 측정농도와 평균농도
④ 측정농도와 표준편차

*표준화 값(Y)

$$Y = \frac{TWA \text{ 또는 } STEL(\text{측정농도})}{\text{허용기준}(\text{노출기준})}$$

28

근로자 개인의 청력 손실 여부를 알기 위하여 사용하는 청력 측정용 기기를 무엇이라고 하는가?

① Audiometer
② Sound level meter
③ Noise dosimeter
④ Impact sound level meter

*측정용 기기
① Audiometer
근로자 개인의 청력 손실 여부를 알기 위하여 사용하는 청력 측정용 기기

② Noise Dosimeter
근로자 개인의 노출량을 측정하는 기기

29

작업환경의 감시(monitoring)에 관한 목적을 가장 적절하게 설명한 것은?

① 잠재적인 인체에 대한 유해성을 평가하고 적절한 보호대책을 결정하기 위함
② 유해물질에 의한 근로자의 폭로도를 평가하기 위함
③ 적절한 공학적 대책수립에 필요한 정보를 제공하기 위함
④ 공정변화로 인한 작업환경 변화의 파악을 위함

*감시(monitoring)의 목적
잠재적인 인체에 대한 유해성을 평가하고 적절한 보호대책을 결정하기 위함

30

다음 기체에 관한 법칙 중 일정한 온도조건에서 부피와 압력은 반비례한다는 것은?

① 보일의 법칙
② 샤를의 법칙
③ 게이-루삭의 법칙
④ 라울트의 법칙

*보일의 법칙
일정한 온도조건에서 부피와 압력은 반비례한다.
$P_1 V_1 = P_2 V_2$

31

태양광선이 내리 쬐는 옥외작업장에서 온도가 다음과 같을 때, 습구흑구 온도지수는 약 몇 ℃인가? (단, 고용노동부 고시를 기준으로 한다.)

건구온도 : 30℃
흑구온도 : 32℃
자연습구온도 : 28℃

① 27
② 28
③ 29
④ 31

*습구흑구온도지수(WBGT)
① 태양광선이 내리쬐는 옥외 장소
$WBGT(℃) = 0.7 \times 자연습구온도 + 0.2 \times 흑구온도 + 0.1 \times 건구온도$

② 태양광선이 내리쬐지 않는 옥내 또는 옥외 장소
$WBGT(℃) = 0.7 \times 자연습구온도 + 0.3 \times 흑구온도$

$WBGT(℃)$
$= 0.7 \times 자연습구온도 + 0.2 \times 흑구온도 + 0.1 \times 건구온도$
$= 0.7 \times 28 + 0.2 \times 32 + 0.1 \times 30 = 29℃$

32

수은의 노출기준이 $0.05 mg/m^3$ 이고 증기압이 $0.0018 mmHg$인 경우, VHR(Vapor Hazard Ratio)는 약 얼마인가?
(단, 25℃, 1기압 기준이며, 수은 원자량은 200.59 이다.)

① 306
② 321
③ 354
④ 389

*증기 위험비(VHR)

$VHR = \dfrac{C}{TLV} = \dfrac{\frac{P}{760} \times 10^6}{TLV}$

$= \dfrac{\frac{0.0018}{760} \times 10^6}{0.05 \times \frac{24.45}{200.59}} = 388.61 ≒ 389$

여기서,
C : 최고농도(포화농도)$[ppm] = \dfrac{P[mmHg]}{760[mmHg]} \times 10^6$
P : 화학물질의 증기압(분압)$[mmHg]$
TLV : 노출기준$[ppm]$

*참고
- $ppm = mg/m^3 \times \dfrac{부피}{분자량}$
- 1atm, 25℃의 부피 = 24.45L

33

유기용제 작업장에서 측정한 톨루엔 농도는 65, 150, 175, 63, 83, 112, 58, 49, 205, 178 ppm 일 때, 산술평균과 기하평균값은 약 몇 ppm인가?

① 산술평균 108.4, 기하평균 100.4
② 산술평균 108.4, 기하평균 117.6
③ 산술평균 113.8, 기하평균 100.4
④ 산술평균 113.8, 기하평균 117.6

*산술평균·기하평균
산술평균
$= \dfrac{65+150+175+63+83+112+58+49+205+178}{10}$
$= 113.8 ppm$

GM
$= \sqrt[N]{X_1 \times X_2 \times \cdots \times X_n}$
$= \sqrt[10]{65 \times 150 \times 175 \times 63 \times 83 \times 112 \times 58 \times 49 \times 205 \times 178}$
$= 100.4 ppm$

여기서,
X: 측정치
N: 측정치의 개수

34

원통형 비누거품미터를 이용하여 공기시료채취기의 유량을 보정하고자 한다. 원통형 비누거품미터의 내경은 $4cm$이고 거품막이 $30cm$의 거리를 이동하는데 10초의 시간이 걸렸다면 이 공기시료채취기의 유량은 약 몇 $(cm^3/\sec)$인가?

① 37.7
② 16.5
③ 8.2
④ 2.2

*유량(Q)
$Q = \dfrac{단면적 \times 이동거리}{이동시간} = \dfrac{\frac{\pi}{4} \times 4^2 \times 30}{10} = 37.7 cm^3/\sec$

*참고
- 원형 단면적 공식: $\dfrac{\pi}{4} \times 지름^2$

35

어느 작업장에 9시간 작업시간 동안 측정한 유해인자의 농도는 $0.045 mg/m^3$일 때, 95%의 신뢰도를 가진 하한치는 얼마인가?
(단, 유해인자의 노출기준은 $0.05 mg/m^3$, 시료채취 분석오차는 0.132이다.)

① 0.768
② 0.929
③ 1.032
④ 1.258

*95%의 신뢰도를 가진 하한치(LCL)
$Y = \dfrac{TWA \text{ 또는 } STEL}{허용기준(노출기준)} = \dfrac{0.045}{0.05} = 0.9$
$\therefore LCL = Y - SAE = 0.9 - 0.132 = 0.768$

여기서,
Y: 표준화 값
TWA: 시간가중평균값
$STEL$: 단시간 노출값
SAE: 시료채취 분석오차

36

화학공장의 작업장 내에 먼지 농도를 측정하였더니 5, 6, 5, 6, 6, 6, 4, 8, 9, 8 ppm일 때, 측정치의 기하평균은 약 몇 ppm인가?

① 5.13
② 5.83
③ 6.13
④ 6.83

*기하평균
$GM = \sqrt[N]{X_1 \times X_2 \times \cdots \times X_n}$
$= \sqrt[10]{5 \times 6 \times 5 \times 6 \times 6 \times 6 \times 4 \times 8 \times 9 \times 8} = 6.13 ppm$

여기서,
X: 측정치
N: 측정치의 개수

33.③ 34.① 35.① 36.③

37

작업환경공기 중 A물질($TLV\ 10ppm$) $5ppm$, B물질($TLV\ 100ppm$)이 $50ppm$, C물질($TLV\ 100ppm$)이 $60ppm$ 있을 때, 혼합물의 허용농도는 약 몇 ppm 인가?
(단, 상가작용 기준)

① 78　　② 72　　③ 68　　④ 64

＊혼합물의 허용농도
혼합물의 허용농도
$$= \frac{f_1 + f_2 + \cdots + f_n}{\frac{f_1}{TLV_1} + \frac{f_2}{TLV_2} + \cdots + \frac{f_n}{TLV_n}}$$
$$= \frac{5 + 50 + 60}{\frac{5}{10} + \frac{50}{100} + \frac{60}{100}} = 72ppm$$

여기서,
f : 액체 혼합물에서의 각 성분 무게(중량, 비율)
TLV : 해당 물질의 노출기준

38

작업장에서 오염물질 농도를 측정했을 때 일산화탄소(CO)가 0.01% 이었다면 이 때 일산화탄소 농도(mg/m^3)는 약 얼마인가? (단, $25℃$, 1기압 기준이다.)

① 95　　　　　　② 105
③ 115　　　　　　④ 125

＊질량농도(mg/m³)와 용량농도(ppm)의 환산
$$ppm = 0.01\% \times \frac{10000ppm}{1\%} = 100ppm$$
$$\therefore mg/m^3 = ppm \times \frac{분자량}{부피} = 100 \times \frac{28}{24.45} = 115mg/m^3$$

＊참고
- $1 = 100\% = 1000000ppm(1\% = 10000ppm)$
- 일산화탄소(CO)의 분자량 $= 12 + 16 = 28g$
- C의 원자량 : 12g, O의 원자량 : 16g
- 1atm, 25℃의 부피 $= 24.45L$

39

공장 내 지면에 설치된 한 기계로부터 $10m$ 떨어진 지점의 소음이 $70dB(A)$일 때, 기계의 소음이 $50dB(A)$로 들리는 지점은 기계에서 몇 m 떨어진 곳인가?
(단, 점음원을 기준으로 하고, 기타 조건은 고려하지 않는다.)

① 50　　　　　　② 100
③ 200　　　　　　④ 400

＊거리감쇠(점음원 기준)
$$SPL_1 - SPL_2 = 20\log\left(\frac{r_2}{r_1}\right)$$
$$70 - 50 = 20\log\frac{r_2}{10}$$
$$\therefore r_2 = 100m$$

여기서,
SPL_1 : 음원으로부터 r_1 떨어진 지점의 음압레벨$[dB]$
SPL_2 : 음원으로부터 r_2 떨어진 지점의 음압레벨$[dB]$
　　　$(r_2 > r_1)$
$SPL_1 - SPL_2$: 거리감쇠치$[dB]$

40

Low Volume Air Sampler로 작업장 내 시료를 측정한 결과 $2.55mg/m^3$이고, 상대농도계로 10분간 측정한 결과 155이고, dark count가 6일 때 질량농도의 변환계수는?

① 0.27　　　　　　② 0.36
③ 0.64　　　　　　④ 0.85

＊질량농도 변환계수(K)
$$K = \frac{중량분석\ 실측값}{\frac{측정\ 결과값}{측정\ 시간} - dark\ count\ 수치}$$
$$= \frac{2.55}{\frac{155}{10} - 6} = 0.27mg/m^3$$

제 3과목 : 작업환경관리대책

41
축류송풍기에 관한 설명으로 가장 거리가 먼 것은?

① 전동기와 직결할 수 있고, 또 축방향 흐름이기 때문에 관로 도중에 설치할 수 있다.
② 가볍고 재료비 및 설치비용이 저렴하다.
③ 원통형으로 되어 있다.
④ 규정 풍량 범위가 넓어 가열공기 또는 오염공기의 취급에 유리하다.

> 규정 풍량 범위가 넓지 않아 가열공기 또는 오염공기의 취급에 부적합하다.

42
방진마스크에 대한 설명으로 옳은 것은?

① 무게 중심은 안면에 강한 압박감을 주는 위치여야 한다.
② 흡기 저항 상승률이 높은 것이 좋다.
③ 필터의 여과효율이 높고 흡입저항이 클수록 좋다.
④ 비휘발성 입자에 대한 보호만 가능하고 가스 및 증기의 보호는 안된다.

> *방진마스크의 +비조건(선정조건)
> ① 흡·배기 저항(+상승률)이 낮을 것
> ② 여과재 포집효율이 높을 것
> ③ 시야가 확보될 것(하방시야가 60도 이상 될 것)
> ④ 중량이 가벼울 것
> ⑤ 안면 밀착성이 클 것
> ⑥ 피부접촉 부위가 부드러울 것
> ⑦ 침입률 1% 이하까지 정확히 평가 가능할 것
> ⑧ 사용 후 손질이 간단할 것
> ⑨ 무게중심은 안면에 강한 압박감을 주지 않는 위치에 있을 것
> ⑩ 여과재로서 면, 모, 합성섬유, 유리섬유, 금속섬유 등이 있다.

43
직경이 $10cm$ 인 원형 후드가 있다. 관내를 흐르는 유량이 $0.2m^3/s$ 라면 후드 입구에서 $20cm$ 떨어진 곳에서의 제어속도(m/s)는?

① 0.29
② 0.39
③ 0.49
④ 0.59

> *필요송풍량(Q)
>
> | 조건 | 필요송풍량 공식 |
> |---|---|
> | ① 자유공간 위치, 플랜지 미부착 | $Q = V(10X^2 + A)$ |
> | ② 자유공간 위치, 플랜지 부착 | $Q = 0.75 V(10X^2 + A)$ |
> | ③ 바닥면 위치, 플랜지 미부착 | $Q = V(5X^2 + A)$ |
> | ④ 바닥면 위치, 플랜지 부착 | $Q = 0.5 V(10X^2 + A)$ |
>
> 여기서,
> Q : 필요송풍량$[m^3/min]$
> A : 후드의 개구면적$[m^2]$
> V : 제어속도$[m/min]$
> X : 후드 중심선으로부터 발생원까지의 거리$[m]$
>
> 문제에 후드위치 및 플랜지에 대한 언급이 없으므로 기본식인 ①식 사용
>
> $A = \dfrac{\pi d^2}{4} = \dfrac{\pi \times 0.1^2}{4} = 7.85 \times 10^{-3} m^2$
>
> $Q = V(10X^2 + A)$
>
> $\therefore V = \dfrac{Q}{10X^2 + A} = \dfrac{0.2}{10 \times 0.2^2 + 7.85 \times 10^{-3}} = 0.49 m/sec$

41.④ 42.④ 43.③

44

1 기압, 온도 15℃ 조건에서 속도압이 $37.2mmH_2O$ 일 때 기류의 유속$(m/\sec)$은?
(단, 15℃, 1기압에서 공기의 밀도는 $1.225kg/m^3$ 이다.)

① 24.4
② 26.1
③ 28.3
④ 29.6

*동압(속도압, VP)
밀도가 $1.225kg/m^3$ 이므로, 비중량은 $1.225kg_f/m^3$ 이다.
$VP = \dfrac{\gamma V^2}{2g}$ 에서,

$\therefore V = \sqrt{\dfrac{2gVP}{\gamma}} = \sqrt{\dfrac{2 \times 9.8 \times 37.2}{1.225}} = 24.4 m/\sec$

여기서,
VP : 동압 $[mmH_2O]$
V : 속도 $[m/\sec]$
γ : 공기의 비중량 $[kg_f/m^3]$
g : 중력가속도 $[9.8 m/s^2]$

45

사무실에서 일하는 근로자의 건강장해를 예방하기 위해 시간당 공기교환횟수는 6회 이상 되어야한다. 사무실의 체적이 $150m^3$일 때 최소 필요한 환기량 $(m^3/\min)$은?

① 9
② 12
③ 15
④ 18

*시간당 공기교환 횟수(ACH)
$ACH = \dfrac{Q}{V}$ 에서,

$\therefore Q = ACH \times V$
$= 6 \times 150 = 900 m^3/hr \times \left(\dfrac{1hr}{60\min}\right) = 15 m^3/\min$

여기서,
Q : 필요환기량 $[m^3/hr]$
V : 작업장 용적 $[m^3]$

46

덕트 내 공기의 압력을 측정하는 데 사용하는 장비는?

① 피토관
② 타코미터
③ 열선 유속계
④ 회전날개형 유속계

*국소배기장치의 압력 측정기기
① 피토관
② U자 마노미터
③ 경사 마노미터
④ 아네로이드 게이지
⑤ 마그네헬릭 게이지

47

연기발생기 이용에 관한 설명으로 가장 거리가 먼 것은?

① 오염물질의 확산이동 관찰
② 공기의 누출입에 의한 음과 축수상자의 이상음 점검
③ 후드로부터 오염물질의 이탈 요인 규명
④ 후드 성능에 미치는 난기류의 영향에 대한 평가

*발연관의 적용
① 오염물질의 확산이동 관찰
② 후드로부터 오염물질의 이탈 요인 규명
③ 후드 성능에 미치는 난기류의 영향에 대한 평가
④ 덕트 접속부 공기 누출입 및 집진장치의 배출부에서 기류 유입 유무 판단
⑤ 작업장 내 공기의 유동현상과 이동방향 파악 가능
⑥ 대략적인 후드 성능의 평가

48

입자의 침강속도에 대한 설명으로 틀린 것은?
(단, stoke's 법칙 기준)

① 입자직경의 제곱에 비례한다.
② 입자의 밀도차에 반비례한다.
③ 중력가속도에 비례한다.
④ 공기의 점성계수에 반비례한다.

①, ②, ③은 산소가 결핍된 장소로 송기마스크를 사용해야 한다.

*스토크스(Stokes) 법칙에 의한 침강속도

$$V = \frac{gd^2(\rho_1 - \rho)}{18\mu}$$

여기서,
V : 침강속도 $[cm/sec]$
g : 중력가속도 $[= 980 cm/sec^2]$
d : 입자 직경 $[cm]$
ρ_1 : 입자 밀도 $[g/cm^3]$
ρ : 공기 밀도 $[g/cm^3]$
μ : 공기 점성계수 $[g/cm \cdot sec]$

49

정상류가 흐르고 있는 유체 유동에 관한 연속방정식을 설명하는데 적용된 법칙은?

① 관성의 법칙
② 운동량의 법칙
③ 질량보존의 법칙
④ 점성의 법칙

*연속 방정식
정상류(비압축성 정상유동)로 흐르는 한 단면의 유체의 무게는 다른 단면을 통과하는 무게와 동일해야 하는 질량보존의 법칙을 적용한 법칙이다.
$Q = AV$, $Q = A_1V_1 = A_2V_2$

50

방독마스크를 효과적으로 사용할 수 있는 작업으로 가장 적절한 것은?

① 맨홀 작업
② 오래 방치된 우물 속의 작업
③ 오래 방치된 정화조 내 작업
④ 지상의 유해물질 중독 위험작업

51

직경이 $400mm$인 환기시설을 통해서 $50m^3/min$의 표준 상태의 공기를 보낼 때, 이 덕트 내의 유속은 약 몇 m/sec인가?

① 3.3
② 4.4
③ 6.6
④ 8.8

*유량(Q)
$Q = AV = \frac{\pi d^2}{4} \times V$에서,
$\therefore V = \frac{4Q}{\pi d^2}$
$= \frac{4 \times 50}{\pi \times 0.4^2} = 397.89 m/min \times \left(\frac{1min}{60sec}\right) = 6.6 m/sec$

*참고
• 1m=1000mm → 400mm=0.4m
• 1min=60sec

52

개구면적이 $0.6m^2$인 외부식 사각형 후드가 자유공간에 설치되어 있다. 개구면과 유해물질 사이의 거리는 $0.5m$이고 제어속도가 $0.8m/s$일 때, 필요한 송풍량은 약 몇 m^3/min인가?
(단, 플랜지를 부착하지 않은 상태이다.)

① 126
② 149
③ 164
④ 182

*필요송풍량(Q)

조건	필요송풍량 공식
① 자유공간 위치, 플랜지 미부착	$Q = V(10X^2 + A)$
② 자유공간 위치, 플랜지 부착	$Q = 0.75 V(10X^2 + A)$
③ 바닥면 위치, 플랜지 미부착	$Q = V(5X^2 + A)$
④ 바닥면 위치, 플랜지 부착	$Q = 0.5 V(10X^2 + A)$

여기서,
Q : 필요송풍량 $[m^3/min]$
A : 후드의 개구면적 $[m^2]$
V : 제어속도 $[m/min]$
X : 후드 중심선으로부터 발생원까지의 거리 $[m]$

자유공간 위치, 플랜지 미부착이므로,
$Q = V(10X^2 + A)$
$= 0.8 \times (10 \times 0.5^2 + 0.6)$
$= 2.48 m^3/sec \times \left(\dfrac{60sec}{1min}\right) = 149 m^3/min$

53

후드의 유입계수가 0.7이고 속도압이 $20 mmH_2O$ 일 때, 후드의 유입손실은 약 몇 mmH_2O인가?

① 10.5   ② 20.8
③ 32.5   ④ 40.8

*유입손실($\triangle P$)

$\triangle P = F \times VP = \left(\dfrac{1}{C_e^2} - 1\right) \times VP$
$= \left(\dfrac{1}{0.7^2} - 1\right) \times 20 = 20.8 mmH_2O$

여기서,
$\triangle P$: 유입손실 $[mmH_2O]$
F : 유입손실계수 $\left(= \dfrac{1}{C_e^2} - 1\right)$
C_e : 유입계수 $\left(= \sqrt{\dfrac{1}{1+F}}\right)$
VP : 속도압 $\left[mmH_2O\right]\left(= \dfrac{\gamma V^2}{2g}\right)$

54

회전수가 $600 rpm$이고, 동력은 $5 kW$인 송풍기의 회전수를 $800 rpm$으로 상향조정하였을 때, 동력은 약 몇 kW인가?

① 6   ② 9
③ 12   ④ 15

*송풍기 상사법칙

종류	회전수(N)	직경(D)
풍량(Q)	$\dfrac{Q_2}{Q_1} = \dfrac{N_2}{N_1}$	$\dfrac{Q_2}{Q_1} = \left(\dfrac{D_2}{D_1}\right)^3$
풍압(P)	$\dfrac{P_2}{P_1} = \left(\dfrac{N_2}{N_1}\right)^2$	$\dfrac{P_2}{P_1} = \left(\dfrac{D_2}{D_1}\right)^2$
동력(H)	$\dfrac{H_2}{H_1} = \left(\dfrac{N_2}{N_1}\right)^3$	$\dfrac{H_2}{H_1} = \left(\dfrac{D_2}{D_1}\right)^5$

$\dfrac{P_2}{P_1} \propto \dfrac{H_2}{H_1} \propto \dfrac{\rho_2}{\rho_1} \propto \dfrac{T_1}{T_2}$

여기서,
Q_1 : 변경 전 풍량 $[m^3/min]$
Q_2 : 변경 후 풍량 $[m^3/min]$
N_1 : 변경 전 회전수 $[rpm]$
N_2 : 변경 후 회전수 $[rpm]$
P_1 : 변경 전 풍압 $[mmH_2O]$
P_2 : 변경 후 풍압 $[mmH_2O]$
D_1 : 변경 전 회전차 직경 $[m]$
D_2 : 변경 후 회전차 직경 $[m]$
H_1 : 변경 전 동력 $[kW]$
H_2 : 변경 후 동력 $[kW]$
ρ_1, ρ_2 : 변경 전·후 비중
T_1, T_2 : 변경 전·후 절대온도 $[K]$

$\dfrac{H_2}{H_1} = \left(\dfrac{N_2}{N_1}\right)^3$ 에서,

$\therefore H_2 = H_1 \left(\dfrac{N_2}{N_1}\right)^3 = 5 \times \left(\dfrac{800}{600}\right)^3 = 11.85 ≒ 12 kW$

55

20℃의 송풍관 내부에 $480 m/min$으로 공기가 흐르고 있을 때, 속도압은 약 몇 mmH_2O인가? (단, 0℃ 공기 밀도는 $1.296 kg/m^3$로 가정한다.)

① 2.3   ② 3.9
③ 4.5   ④ 7.3

*동압(속도압, VP)

$V = 480 m/\min \times \left(\dfrac{1\min}{60\sec}\right) = 8 m/\sec$

밀도가 $1.296 kg/m^3$이므로, 비중량은 $1.296 kg_f/m^3$이다.
보일-샤를의 법칙을 이용하여 비중량을 보정하면,

$\dfrac{P_1 V_1}{T_1} = \dfrac{P_2 V_2}{T_2}$ $[P_1 = P_2]$

$\dfrac{V_1}{T_1} = \dfrac{V_2}{T_2}$ [부피(V)와 비중량(γ)은 반비례 관계]

$\dfrac{1}{T_1 \gamma_1} = \dfrac{1}{T_2 \gamma_2}$ 에서,

$\gamma_2 = \dfrac{T_1 \gamma_1}{T_2} = \dfrac{(273+0) \times 1.296}{(273+20)} = 1.208 kg_f/m^3$

$\therefore VP = \dfrac{\gamma V^2}{2g} = \dfrac{1.208 \times 8^2}{2 \times 9.8} = 3.9 mmH_2O$

여기서,
VP : 동압$[mmH_2O]$
V : 속도$[m/\sec]$
γ : 공기의 비중량$[kg_f/m^3]$
g : 중력가속도$[9.8 m/s^2]$

*참고

- $1\min = 60\sec$
- 밀도 $\propto$ 비중량, 밀도 $= \dfrac{질량}{부피}$, 비중량 $\propto \dfrac{1}{부피}$
- 절대온도(K)=273+섭씨온도(℃)

56
다음 그림이 나타내는 국소배기장치의 후드 형식은?

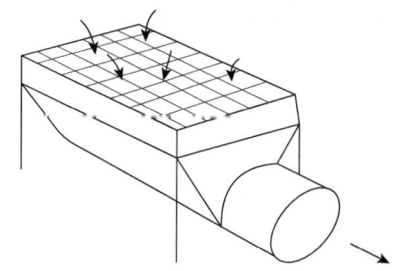

① 측방형   ② 포위형
③ 하방형   ④ 슬롯형

*국소배기장치의 후드 형식

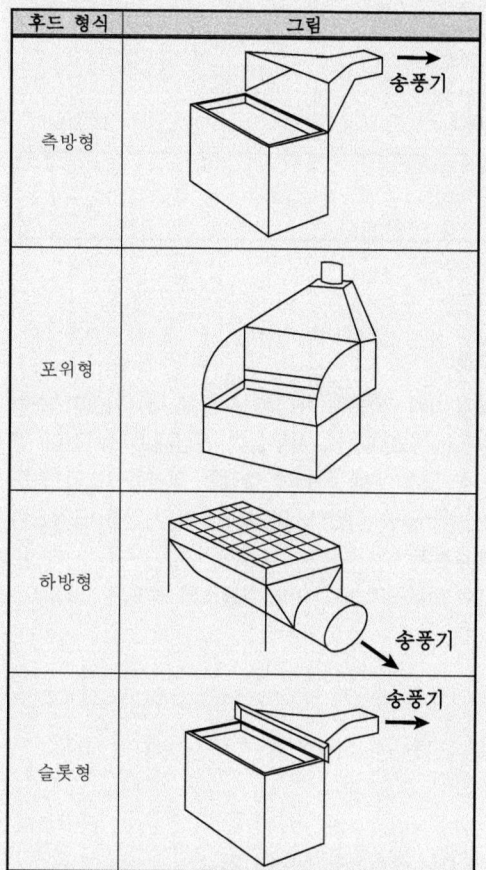

후드 형식	그림
측방형	
포위형	
하방형	
슬롯형	

57
0℃, 1기압에서 A기체의 밀도가 $1.415 kg/m^3$ 일 때, 100℃, 1기압에서 A기체의 밀도는 몇 kg/m^3 인가?

① 0.903   ② 1.036
③ 1.085   ④ 1.411

*밀도 보정
보일-샤를의 법칙 공식에서 압력이 동일하므로,

$\dfrac{P_1 V_1}{T_1} = \dfrac{P_2 V_2}{T_2} \Rightarrow \dfrac{V_1}{T_1} = \dfrac{V_2}{T_2}$

$\rho(밀도) = \dfrac{m(질량)}{V(부피)}$ 관계에 따라 밀도와 부피는 반비례 관계이므로,

56.③ 57.②

$\dfrac{1}{T_1\rho_1} = \dfrac{1}{T_2\rho_2}$ 에서,

$\therefore \rho_2 = \dfrac{T_1\rho_1}{T_2} = \dfrac{(273+0)\times 1.415}{(273+100)} = 1.036 kg/m^3$

*참고
- 절대온도(K)=273+섭씨온도(℃)
- Sm^3에서 S는 Standard, 즉 표준상태(1atm, 0℃)를 의미한다.

58

오후 6시 20분에 측정한 사무실 내 이산화탄소의 농도는 $1200 ppm$, 사무실이 빈상태로 1시간이 경과한 오후 7시 20분에 측정한 이산화탄소의 농도는 $400 ppm$ 이었다. 이 사무실의 시간당 공기교환 횟수는?
(단, 외부공기 중의 이산화탄소의 농도는 $330 ppm$ 이다.)

① 0.56 ② 1.22
③ 2.52 ④ 4.26

*시간당 공기교환 횟수(ACH)
$ACH = \dfrac{\ln(C_1 - C_0) - \ln(C_2 - C_0)}{t}$
$= \dfrac{\ln(1200-330) - \ln(400-330)}{1} = 2.52 ACH$

여기서,
ACH : 시간당 공기교환 횟수[회/hr]
C_1 : 측정 초기 농도
C_2 : 시간 경과 후 CO_2 농도
C_0 : 외부 CO_2 농도
t : 경과된 시간[hr]

59

송풍기 깃이 회전방향 반대편으로 경사지게 설계되어 충분한 압력을 발생시킬 수 있고, 원심력송풍기 중 효율이 가장 좋은 송풍기는?

① 후향날개형 송풍기
② 방사날개형 송풍기
③ 전향날개형 송풍기
④ 안내깃이 붙은 축류 송풍기

*터보형(후향 날개형, 한계부하형) 송풍기
① 송풍기의 날이 회전방향에 반대되는 쪽으로 기울어진 모양이다.
② 송풍량이 증가하여도 동력이 증가하지 않는다.
③ 압력 변동이 있어도 풍량의 변화가 비교적 적다.
④ 하향구배 특성으로 풍압이 바뀌어도 풍량의 변화가 적다.
⑤ 소음이 크며, 구조가 가장 크다.
⑥ 고농도 분진 함유 공기를 이송시킬 경우 깃 뒷면에 분진이 퇴적하여 효율이 떨어진다.
⑦ 장소의 제약을 받지 않으며 송풍기 중 효율이 가장 좋은 편이다.
⑧ 송풍기를 병렬로 배치해도 풍량에 지장이 없다.

60

국소환기시설에 필요한 공기송풍량을 계산하는 공식 중 점흡인에 해당하는 것은?

① $Q = 4\pi \times x^2 \times V_c$
② $Q = 2\pi \times L \times x \times V_c$
③ $Q = 60 \times 0.75 \times V_c(10x^2 + A)$
④ $Q = 60 \times 0.5 \times V_c(10x^2 + A)$

*점흡인 송풍량(Q)
$Q = 4\pi x^2 V_c$

여기서,
x : 발생원과 후드 사이의 거리
V_c : 제어속도

제 4과목 : 물리적유해인자관리

61
고압환경의 영향 중 2차적인 가압 현상에 관한 설명으로 틀린 것은?

① 4기압 이상에서 공기 중의 질소가스는 마취작용을 나타낸다.
② 이산화탄소의 증가는 산소의 독성과 질소의 마취 작용을 촉진시킨다.
③ 산소의 분압이 2기압을 넘으면 산소중독 증세가 나타난다.
④ 산소중독은 고압산소에 대한 노출이 중지되어도 근육경련, 환청 등 후유증이 장기간 계속된다.

*2차적 가압현상(화학적 장해)
고압 하의 대기가스 독성 때문에 나타나는 현상으로, 다음 3가지 현상이 발생한다.

질소 가스 마취	① 공기 중 질소가스는 4기압을 넘으면 마취작용을 일으킨다. ② 사고력, 판단력, 기억력 저하, 불안, 공포감, 마약효과 등 증상이 일어난다. ③ 질소 마취증상은 대기압 조건으로 복귀하면 사라진다. (가역적이다.) ④ 질소가스 마취 증상이 있는 근로자에게 질소를 헬륨으로 대치한 공기를 호흡시키면 예방된다.
산소 중독	① 산소분압이 2기압을 넘으면 산소중독 증상이 일어난다. ② 시력장애, 정신혼란, 근육경련 등 증상이 일어난다. ③ 산소중독 증상은 고압산소에 대한 노출이 중지되면 증상이 즉시 멈춘다.
이산화탄소 중독	① 산소의 중독과 질소의 마취작용을 증가시키는 역할을 한다. ② 고압환경에서의 이산화탄소 농도가 0.2%를 초과해서는 안된다.

62
다음 중 소음대책에 대한 공학적 원리에 대한 설명으로 틀린 것은?

① 고주파음은 저주파음보다 격리 및 차폐로써의 소음감소 효과가 크다.
② 넓은 드라이브 벨트는 가는 드라이브 벨트로 대치하여 벨트 사이에 공간을 두는 것이 소음 발생을 줄일 수 있다.
③ 원형 톱날에는 고무 코팅재를 톱날측면에 부착시키면 소음의 공명현상을 줄일 수 있다.
④ 덕트 내에 이음부를 많이 부착하면 흡음효과로 소음을 줄일 수 있다.

덕트 내에 이음부를 많이 부착하면 마찰 저항력에 의하여 소음이 발생하고, 흡음재를 많이 부착하여야 흡음효과로 소음을 줄일 수 있다.

63
다음 중 소음성 난청에 영향을 미치는 요소에 대한 설명으로 틀린 것은?

① 음압수준이 높을수록 유해하나.
② 저주파음이 고주파음보다 더 유해하다.
③ 계속적 노출이 간헐적노출보다 더 유해하다.
④ 개인의 감수성에 따라 소음반응이 다양하다.

*소음성 난청에 영향을 미치는 인자

영향인자	설명
소음 크기	음압수준이 클수록 영향이 크다.
개인 감수성	소음에 노출된 사람이 전부 똑같이 반응하지 않으며, 감수성이 높은 사람이 극소수로 존재한다.
소음의 주파수 구성	고주파음이 영향이 크다.
소음의 발생 특성	지속적 소음 노출이 간헐적 소음 노출보다 영향이 크다.

64

다음의 빛과 밝기의 단위를 설명한 것으로 옳은 것은?

> 1루멘의 빛이 $1ft^2$의 평면상에 수직방향으로 비칠 때, 그 평면의 빛의 양, 즉 조도를 (A)이라 하고 $1m^2$의 평면에 1루멘의 빛이 비칠 때의 밝기를 1 (B) 라고 한다.

① A : 푸트캔들(Footcandle), B : 럭스(Lux)
② A : 럭스(Lux), B : 푸트캔들(Footcandle)
③ A : 캔들(Candle), B : 럭스(Lux)
④ A : 럭스(Lux), B : 캔들(Candle)

*풋 캔들(Foot Candle)

1lumen의 빛이 $1ft^2$의 평면상에 수직으로 비칠 때 그 평면의 빛 밝기이다.

$$풋 캔들(ft\ cd) = \frac{lumen}{ft^2}$$

$1ft\ cd = 10.8 Lux$
$1Lux = 0.093 ft\ cd$

*럭스(Lux)

1lumen의 빛이 $1m^2$의 평면상에 수직으로 비칠 때의 밝기

$$조도(Lux) = \frac{lumen}{m^2}$$

65

다음 중 사람의 청각에 대한 반응에 가깝게 음을 측정하여 나타낼 때 사용하는 단위는?

① $dB(A)$
② PWL(Sound Power Level)
③ SPL(Sound Pressure Level)
④ SIL(Sound Intensity Level)

*dB(A)
A청감보정회로(A특성)은 사람의 청각에 대한 반응에 가깝게 음을 측정하여 나타낼 때 사용하는 단위

66

다음 중 자외선에 관한 설명으로 틀린 것은?

① 비전리 방사선이다.
② 태양광선, 고압수은증기등, 전기용접 등이 배출원이다.
③ 구름이나 눈에 반사되며, 고층구름이 낀 맑은 날에 가장 많다.
④ 태양에너지의 52%를 차지하며 보통 700~1400nm 파장을 말한다.

자외선은 태양에너지의 5%를 차지하며, 보통 100~400nm의 파장을 말하며, 태양에너지의 52%를 차지하며 보통 700~1400nm 파장은 적외선이다.

67

다음 중 진동에 대한 설명으로 틀린 것은?

① 전신진동에 노출 시에는 산소소비량과 폐환기량이 감소한다.
② 60~90Hz 정도에서는 안구의 공명현상으로 시력장해가 온다.
③ 수직과 수평진동이 동시에 가해지면 2배의 자각현상이 나타난다.

④ 전신진동의 경우 3Hz 이하에서는 급성적 증상으로 상복부의 통증과 팽만감 및 구토 등이 있을 수 있다.

전신진동에 노출 시에는 산소소비량과 폐환기량이 증가한다.

68

다음 중 국소진동으로 인한 장해를 예방하기 위한 작업자에 대한 대책으로 가장 적절하지 않은 것은?

① 작업자는 공구의 손잡이를 세게 잡고 있어야 한다.
② 14℃ 이하의 옥외작업에서는 보온대책이 필요하다.
③ 가능한 공구를 기계적으로 지지(支持)해 주어야 한다.
④ 진동공구를 사용하는 작업은 1일 2시간을 초과하지 말아야 한다.

작업자는 공구의 손잡이를 너무 세게 잡지 않아야 한다.

69

다음 중 Tesla(T)는 무엇을 나타내는 단위인가?

① 전계강도
② 자장강도
③ 전리밀도
④ 자속밀도

*테슬라(Tesla, T)
자속밀도의 단위

70

화학적 질식제로 산소결핍장소에서 보건학적 의의가 가장 큰 것은?

① CO
② CO_2
③ SO_2
④ NO_2

일산화탄소(CO)는 화학적 질식제로 산소결핍장소에서 보건학적 의의가 가장 크다.

71

작업장의 습도를 측정한 결과 절대습도는 $4.57\,mmHg$, 포화습도는 $18.25\,mmHg$이었다. 이 작업장의 습도 상태에 대한 설명으로 맞는 것은?

① 적당하다.
② 너무 건조하다.
③ 습도가 높은 편이다.
④ 습도가 포화상태이다.

*상대습도

$$상대습도[\%] = \frac{절대습도}{포화습도} \times 100$$
$$= \frac{4.57}{18.25} \times 100 = 25.04\%$$

사람이 활동하기 좋은 상대습도는 30~60%이므로, 25.04%면 ∴너무 건조하다.

72

소독작용, 비타민 D형성, 피부색소침착 등 생물학적 작용이 강한 특성을 가진 자외선(Dorno 선)의 파장 범위는?

① $1000\,Å \sim 2800\,Å$
② $2800\,Å \sim 3150\,Å$
③ $3150\,Å \sim 4000\,Å$
④ $4000\,Å \sim 4700\,Å$

68.① 69.④ 70.① 71.② 72.②

*자외선의 분류

분류	파장	발생
UV-C	100~280nm (1000~2800 Å)	피부의 색소침착
UV-B (도르노선)	280~315nm (2800~3150 Å)	소독작용, 비타민 D형성 (건강선, 생명선) 피부노화, 홍반, 각막염, 피부암 유발
UV-A (근자외선)	315~400nm (3150~4000 Å)	피부노화 촉진, 백내장

73

다음 중 저온에 의한 장해에 관한 내용으로 틀린 것은?

① 근육 긴장이 증가하고 떨림이 발생한다.
② 혈압은 변화되지 않고 일정하게 유지된다.
③ 피부 표면의 혈관들과 피하조직이 수축된다.
④ 부종, 저림, 가려움, 심한 통증 등이 생긴다.

*한랭환경(저온)에 의한 장해
① 근육 긴장이 증가하고 떨림이 발생한다.
② 혈압이 일시적으로 감소되며 신체 내 열을 보호한다.
③ 피부 표면의 혈관들과 피하조직이 수축된다.
④ 부종, 저림, 가려움, 심한 통증 등이 생긴다.
⑤ 말초혈관이 수축된다.
⑥ 갑상선을 자극하여 호르몬 분비가 증가한다.
⑦ 피부의 급성 일과성 염증반응은 한랭에 대한 폭로를 중지하면 2~3시간 이내에 없어진다.
⑧ 피부나 피하조직을 냉각시키는 환경온도 이하에서는 감염에 대한 저항력이 떨어지며 회복과정에 장해가 온다.
⑨ 저온환경에서는 근육활동, 조직대사가 증가되어 식욕이 항진된다.

74

다음의 설명에서 ( )안에 들어갈 알맞은 숫자는?

( )기압 이상에서 공기 중의 질소가스는 마취작용을 나타내서 작업력의 저하, 기분의 변환, 여러 정도의 다행증(多幸症)이 일어난다.

① 2 ② 4 ③ 6 ④ 8

*2차적 가압현상(화학적 장해)
고압 하의 대기가스 독성 때문에 나타나는 현상으로, 다음 3가지 현상이 발생한다.

질소가스마취	① 공기 중 질소가스는 4기압을 넘으면 마취작용을 일으킨다. ② 사고력, 판단력, 기억력 저하, 불안, 공포감, 마약효과 등 증상이 일어난다. ③ 질소 마취증상은 대기압 조건으로 복귀하면 사라진다. (가역적이다.) ④ 질소가스 마취 증상이 있는 근로자에게 질소를 헬륨으로 대치한 공기를 호흡시키면 예방된다.
산소중독	① 산소분압이 2기압을 넘으면 산소중독 증상이 일어난다. ② 시력장애, 정신혼란, 근육경련 등 증상이 일어난다. ③ 산소중독 증상은 고압산소에 대한 노출이 중지되면 증상이 즉시 멈춘다.
이산화탄소중독	① 산소의 중독과 질소의 마취작용을 증가시키는 역할을 한다. ② 고압환경에서의 이산화탄소 농도가 0.2%를 초과해서는 안된다.

75

다음 중 체온의 상승에 따라 체온조절중추인 시상하부에서 혈액온도를 감지하거나 신경망을 통하여 정보를 받아 들여 체온 방산작용이 활발해지는 작용은?

① 정신적 조절작용(spiritual thermo regulation)
② 물리적 조절작용(physical thermo regulation)
③ 화학적 조절작용(chemical thermo regulation)
④ 생물학적 조절작용(biological thermo regulation)

*물리적 조절작용(Physical Thermo Regulation)
인체와 환경 사이의 열평형에 의하여 인체는 적절한 체온을 유지하려고 노력하는데 기본적인 열평형 방정식에 있어 신체 열용량의 변화가 0보다 크면 생성된 열이 축적되고 체온조절중추인 시상하부에서 혈액온도를 감지하거나 신경망을 통하여 정보를 받아들여 체온 방산작용이 활발히 시작하는 작용

76

사무실 책상면으로부터 수직으로 $1.4m$의 거리에 $1000cd$(모든 방향으로 일정하다.)의 광도를 가지는 광원이 있다. 이 광원에 대한 책상에서의 조도(intensity of illumination, Lux)는 약 얼마인가?

① 410　② 444　③ 510　④ 544

*조도(Lux)
$$조도[Lux] = \frac{광도[lumen]}{거리^2[m^2]} = \frac{1000}{1.4^2} = 510 Lux$$

77

피부로 감지할 수 없는 불감기류의 최고 기류범위는 얼마인가?

① 약 $0.5m/s$ 이하　② 약 $1.0m/s$ 이하
③ 약 $1.3m/s$ 이하　④ 약 $1.5m/s$ 이하

*불감기류
0.5m/sec 이하의 기류

78

소음작업장에서 각 음원의 음압레벨이 $A=110dB$, $B=80dB$, $C=70dB$ 이다. 음원이 동시에 가동될 때 음압레벨(SPL)은?

① $87dB$　② $90dB$
③ $95dB$　④ $110dB$

*합성소음도(L)
$$L = 10\log\left(10^{\frac{L_1}{10}} + 10^{\frac{L_2}{10}} + \cdots + 10^{\frac{L_n}{10}}\right)$$
$$= 10\log\left(10^{\frac{110}{10}} + 10^{\frac{80}{10}} + 10^{\frac{70}{10}}\right) = 110dB$$

L : 합성소음도$[dB]$
$L_1, L_2, \cdots L_n$ = 각 소음원의 소음$[dB]$

79

작업자 A의 4시간 작업 중 소음노출량이 76%일 때, 측정시간에 있어서의 평균치는 약 몇 $dB(A)$인가?

① 88　② 93
③ 98　④ 103

*시간가중평균소음수준(TWA)
$$TWA = 16.61\log\left(\frac{D}{100}\right) + 90$$
$$TWA = 16.61\log\left(\frac{D}{12.5T}\right) + 90$$
$$\therefore TWA = 16.61\log\left(\frac{76}{12.5\times 4}\right) + 90 = 93dB(A)$$

여기서,
TWA : 시간가중평균 소음수준$[dB(A)]$
D : 누적소음노출량$[\%]$
100 : 8시간 기준 노출시간/일
T : 작업시간$[hr]$

80

$6N/m^2$의 음압은 약 몇 dB의 음압수준인가?

① 90　② 100
③ 110　④ 120

*음압수준(SPL)
$$SPL = 20\log\left(\frac{P}{P_o}\right) = 20\log\left(\frac{6}{2\times 10^{-5}}\right) = 109.54 ≒ 110dB$$

여기서
SPL : 음압수준(음압도, 음압레벨)$[dB]$
P : 대상음의 음압$[N/m^2]$
P_o : 기준음압$(= 2\times 10^{-5}[N/m^2])$

76.③ 77.① 78.④ 79.② 80.③

제 5과목 : 산업독성학

81
다음 중 특정한 파장의 광선과 작용하여 광알러지성 피부염을 일으킬 수 있는 물질은?

① 아세톤(acetone)
② 아닐린(aniline)
③ 아크리딘(acridine)
④ 아세토니트릴(acetonitrile)

*아크리딘($C_{13}H_9N$)
특정한 파장의 광선과 작용하여 광알러지성 피부염을 일으키는 물질

82
급성중독시 우유와 계란의 흰자를 먹여 단백질과 해당 물질을 결합시켜 침전시키거나, BAL(dimer caprol)을 근육주사로 투여하여야 하는 물질은?

① 납
② 수은
③ 크롬
④ 카드뮴

*수은중독 치료사항

급성 중독	① 우유와 계란흰자를 먹인다. ② BAL을 투여한다. ③ 위세척을 한다. ④ 마늘을 섭취한다.
만성 중독	① 수은 취급을 즉시 중지한다. ② BAL을 투여한다. ③ N-acetyl-D-penicillamine을 투여한다. ④ 하루 10L 등장식염수를 공급한다. ⑤ 땀을 흘리게 하여 수은배설을 촉진시킨다. ⑥ 진전증세에 genascopalin을 투여한다.

83
소변 중 화학물질 A의 농도는 $28mg/mL$, 단위시간(분)당 배설되는 소변의 부피는 $1.5mL/\min$, 혈장중 화학물질 A의 농도가 $0.2mg/mL$라면 단위시간(분)당 화학물질 A의 제거율$(mL/\min)$은 얼마인가?

① 120 ② 180 ③ 210 ④ 250

*화학물질 제거율

$$제거율 = \frac{뇨 중 화학물질 농도 \times 분당 소변 배설량}{혈장 중 화학물질 농도}$$
$$= \frac{28 \times 1.5}{0.2} = 210 mL/\min$$

84
다음 중 유기용제와 그 특이증상을 짝지은 것으로 틀린 것은?

① 벤젠 - 조혈장애
② 염화탄화수소 - 시신경장애
③ 메틸부틸케톤 - 말초신경장애
④ 이황화탄소 - 중추신경 및 말초신경장애

*유기용제별 특이증상
① 벤젠 - 조혈장애
② 염화탄화수소, 염화비닐 - 간장애
③ 메틸부틸케톤 - 말초신경장애
④ 이황화탄소 - 중추신경 및 말초신경장애, 생식기능장애
⑤ 메탄올(메틸알코올) - 시신경장애
⑥ 노말헥산 - 다발성 신경장애(앉은뱅이 증후군)
⑦ 톨루엔 - 중추신경장애
⑧ 에틸렌글리콜에테르 - 생식기장애
⑨ 알코올, 에테르류, 케톤류 - 마취작용

81.③ 82.② 83.③ 84.②

85
다음 설명 중 ( ) 안에 들어갈 용어로 올바른 순서대로 나열된 것은?

> 산업위생에서 관리해야 할 유해인자의 특성은 (ⓐ) 이나 (ⓑ), 그 자체가 아니고 근로자의 노출 가능성을 고려한 (ⓒ) 이다.

① ⓐ 독성, ⓑ 유해성, ⓒ 위험
② ⓐ 위험, ⓑ 독성, ⓒ 유해성
③ ⓐ 유해성, ⓑ 위험, ⓒ 독성
④ ⓐ 반응성, ⓑ 독성, ⓒ 위험

산업위생에서 관리해야 할 유해인자의 특성은 독성이나 유해성, 그 자체가 아니고 근로자의 노출 가능성을 고려한 위험이다.

86
다음 중 수은의 배설에 관한 설명으로 틀린 것은?

① 유기수은화합물은 땀으로도 배설된다.
② 유기수은화합물은 대변으로 주로 배설된다.
③ 금속수은은 대변보다 소변으로 배설이 잘된다.
④ 무기수은화합물의 생물학적 반감기는 2주 이내이다.

*수은배설
① 금속수은은 대변보다 소변으로 배설이 잘 된다.
② 금속수은 및 무기수은의 배설경로는 서로 상이하지 않다.
③ 유기수은 화합물은 땀, 대변으로 배설된다.
④ 유기수은은 담즙을 통하여 소화관으로 배설되기도 하지만 소화관에서 재흡수되기도 한다.

87
체내에 노출되면 metallothionein 이라는 단백질을 합성하여 노출된 중금속의 독성을 감소시키는 경우가 있는데 이에 해당되는 중금속은?

① 납   ② 니켈   ③ 비소   ④ 카드뮴

카드뮴이 체내에 노출되면 metallothionein 이라는 단백질을 합성하여 노출된 중금속의 독성을 감소시킨다.

88
생물학적 모니터링을 위한 시료채취시간에 제한이 없는 것은?

① 소변 중 아세톤
② 소변 중 카드뮴
③ 호기 중 일산화탄소
④ 소변 중 총 크롬(6가)

반감기가 긴 물질(중금속)에 대해서 시료채취시기는 중요하지 않다. (카드뮴은 중금속이다.)

89
납의 독성에 대한 인체실험 결과, 안전흡수량이 체중 kg 당 $0.005mg$ 이었다. 1일 8시간 작업시의 허용농도(mg/m^3)는?
(단, 근로자의 평균 체중은 $70kg$, 해당 작업시의 폐환기율은 시간당 $1.25m^3$으로 가정한다.)

① 0.030   ② 0.035
③ 0.040   ④ 0.045

*체내흡수량(안전흡수량, 안전폭로량, SHD)

$$SHD = C \times T \times V \times R$$

$$\therefore C = \frac{SHD}{T \times V \times R}$$

$$= \frac{70kg \times 0.005mg/kg}{8hr \times 1.25m^3/hr \times 1.0} = 0.035mg/m^3$$

85.① 86.④ 87.④ 88.② 89.②

여기서,
C : 농도$[mg/m^3]$
T : 노출시간$[hr]$
V : 폐환기율, 호흡률$[m^3/hr]$
R : 체내잔류율(일반적으로 1.0)
SHD : 체중당흡수량×체중$[mg]$

90
화학물질에 의한 암발생 이론 중 다단계 이론에서 언급되는 단계와 거리가 먼 것은?

① 개시 단계　　② 진행 단계
③ 촉진 단계　　④ 병리 단계

*화학물질에 의한 다단계 암 발생이론
① 개시 단계
② 진행 단계
③ 촉진 단계
④ 전환 단계

91
염료, 합성고무경화제의 제조에 사용되며 급성중독으로 피부염, 급성방광염을 유발하며, 만성중독으로는 방광, 요로계 종양을 유발하는 유해물질은?

① 벤지딘　　　② 이황화탄소
③ 노말헥산　　④ 이염화메틸렌

*벤지딘
급성중독으로 피부염, 급성방광염과 만성중독으로 방광암, 요로계 종양을 유발하는 유해물질

92
직업성 천식이 유발될 수 있는 근로자와 거리가 가장 먼 것은?

① 채석장에서 돌을 가공하는 근로자
② 목분진에 과도하게 노출되는 근로자
③ 빵집에서 밀가루에 노출되는 근로자
④ 폴리우레탄 페인트 생산에 TDI를 사용하는 근로자

*직업성 천식 유발물질
① 목분진
② 무수트리멜리트산(TMA)
③ 톨루엔디이소시안산염(TDI)
④ 메틸렌디페닐디이소사이아네이트(MDI)
⑤ 백금, 니켈, 크롬, 알루미늄
⑥ 항생제, 소화제
⑦ 밀가루, 커피가루, 라텍스, 응애, 진드기, 곡물가루, 쌀겨, 메밀가루, 카레, 동물 털 및 분비물
⑧ 산화무수물, 송진연무, 반응성 및 아조 염료 등

93
베릴륨 중독에 관한 설명으로 틀린 것은?

① 베릴륨의 만성중독은 Neighborhood cases 라고도 불리운다.
② 예방을 위해 X선 촬영과 폐기능 검사가 포함된 정기 건강검진이 필요하다.
③ 염화물, 황화물, 불화물과 같은 용해성 베릴륨 화합물은 급성중독을 일으킨다.
④ 치료는 BAL 등 금속배설 촉진제를 투여하며, 피부병소에는 BAL 연고를 바른다.

*베릴륨중독의 치료사항
① 급성 베릴륨폐증이면 즉시 작업을 중단한다.
② 금속배출촉진제 Chelating Agent를 투여한다.
③ BAL 등 금속배설 촉진제와 BAL연고는 절대 투여를 금지시킨다.

94
이황화탄소를 취급하는 근로자를 대상으로 생물학적 모니터링을 하는데 이용될 수 있는 생체 내 대사산물은?

① 소변 중 마뇨산
② 소변 중 메탄올
③ 소변 중 메틸마뇨산
④ 소변 중 TTCA(2-thiothiazolidine-4-carboxylic acid)

*화학물질의 생물학적 노출지표물질

화학물질	대사산물(측정대상물질)
벤젠	뇨 중 t,t-뮤코닉산(뮤콘산) 뇨 중 S-페닐머캅토산 혈액 중 벤젠
톨루엔	뇨 중 o-크레졸 혈액 중 톨루엔
크실렌	뇨 중 메틸마뇨산
납	혈액 중 납 뇨 중 납 혈액 중 아연 프로토포피린 뇨 중 델타아미노레불린산
일산화탄소	혈액 중 카복시헤모글로빈(COHb)
트리클로로에틸렌	뇨 중 삼염화초산
에틸벤젠	뇨 중 만델산
노말헥산	뇨 중 2,5-헥산디온
클로로벤젠	뇨 중 총 4-클로로카테콜
페놀	뇨 중 페놀
디메틸포름아미드	뇨 중 N-메틸포름아미드
이황화탄소	뇨 중 TTCA 뇨 중 이황화탄소
크롬	뇨 중 크롬
메틸노말부틸케톤	뇨 중 2,5-헥산디온
삼염화에틸렌	뇨 중 삼염화초산 (트리클로로초산) 뇨 중 삼염화에탄올

95

다음 중 생물학적 모니터링에서 사용되는 약어의 의미가 틀린 것은?

① B- background, 직업적으로 노출되지 않은 근로자의 검체에서 동일한 결정인자가 검출될 수 있다는 의미
② Sc- susceptibility(감수성), 화학물질의 영향으로 감수성이 커질 수 도 있다는 의미
③ Nq - nonqualitative, 결정인자가 동 화학물질에 노출되었다는 지표일 뿐이고 측정치를 정량적으로 해석하는 것은 곤란하다는 의미
④ Ns - nonspecific(비특이적), 특정 화학물질 노출에서 뿐만 아니라 다른 화학물질에 의해서도 이 결정인자가 나타날 수 있다는 의미

*생물학적 모니터링 약어(사용용어)
① B : Background
② Sc : Susceptibility
③ Nq : Nonquantitatively
④ Ns : Nonspecific
⑤ Sq : Semiquantitatively

96

다음 중 카드뮴의 중독, 치료 및 예방대책에 관한 설명으로 틀린 것은?

① 소변 속의 카드뮴 배설량은 카드뮴 흡수를 나타내는 지표가 된다.
② BAL 또는 Ca-EDTA등을 투여하여 신장에 대한 독작용을 제거한다.
③ 칼슘대사에 장해를 주어 신결석을 동반한 증후군이 나타나고 다량의 칼슘배설이 일어난다.
④ 폐활량 감소, 잔기량 증가 및 호흡곤란의 폐증세가 나타나며, 이 증세는 노출기간과 노출농도에 의해 좌우된다.

*카드뮴중독의 증세
① 급성중독
  ㉠ 폐렴, 간장해, 신장장해, 체중감소, 복통, 근육통, 치통 증상
  ㉡ 초기에 기침, 두통, 인두부 통증 현상이 나타나며 시간이 지날수록 폐수종, 호흡곤란 증상으로 사망에 이를 수 있다.
② 만성중독
  ㉠ 신장기능장해(단백뇨 다량 배설, 신석증 유발 등)

ⓛ 골격계장해(골절, 골다공증, 골연화증 등)
ⓒ 폐기능장해(폐기종, 만성폐기능장해 등)
ⓔ 자각증상(기침, 체중감소, 식욕부진 등)
ⓜ 칼슘대사장해 : 다량의 칼슘배설

*카드뮴중독의 치료사항
① 안정을 취하고 동시에 산소흡입, 스테로이드를 투여한다.
② 비타민 D를 피하 주사한다.
③ BAL 및 Ca-EDTA 등 배설촉진제는 신장 독성을 증가시키므로 절대 투여를 금지한다.

97
다음 중 실험동물을 대상으로 투여 시 독성을 초래하지는 않지만 관찰 가능한 가역적인 반응이 나타나는 양을 의미하는 용어는?

① 유효량(ED)   ② 치사량(LD)
③ 독성량(TD)   ④ 서한량(PD)

*유효량(ED)
실험동물을 대상으로 투여 시 독성을 초래하지는 않지만 관찰 가능한 가역적인 반응이 나타나는 양

98
유해화학물질의 노출기준으로 정하고 있는 기관과 노출기준 명칭의 연결이 옳은 것은?

① OSHA - REL   ② AIHA - MAC
③ ACGIH - TLV   ④ NIOSH - PEL

① OSHA 노출기준 - PEL
② AIHA 노출기준 - WEEL
③ NIOSH 노출기준 - REL

99
급성 전신중독을 유발하는데 있어 그 독성이 가장 강한 방향족 탄화수소는?

① 벤젠(Benzene)   ② 크실렌(Xylene)
③ 톨루엔(Toluene)   ④ 에틸렌(Ethylene)

*톨루엔($C_6H_5CH_3$)
① 방향족 탄화수소 중 급성전신중독을 일으키는데 독성이 가장 강하다.
② 벤젠보다 더 강력한 중추신경억제제이다.
③ 영구적인 혈액장애나 골수장애가 일어나지 않는다.
④ 주로 간에서 o-크레졸로 되어 뇨로 배설된다.

100
사업장에서 노출되는 금속의 일반적인 독성기전이 아닌 것은?

① 효소억제
② 금속평형의 파괴
③ 중추신경계 활성억제
④ 필수금속 성분의 대체

*중금속의 독성기전

독성기전	설명
효소의 억제	대부분의 중금속은 단백질과 직접적으로 반응하여 효소구조 및 기능을 변화시킨다.
금속 평형의 파괴	어떠한 중금속이 지나치게 공급되면 생물학적 단계의 필수금속이 과잉 및 고갈된다.
필수 금속성분 대체	필수금속과 화학적으로 유사한 중금속이 필수금속을 대체한다.
간접 영향	대부분의 중금속은 세포성분의 역할을 변화시킨다.

97.① 98.③ 99.③ 100.③

제 1과목 : 산업위생학개론

01

근로자로부터 $40cm$ 떨어진 물체($9kg$)를 바닥으로부터 $150cm$ 들어 올리는 작업을 1분에 5회씩 1일 8시간 실시하였을 때 감시기준(AL, action limit)은 얼마인가?
(단, H는 수평거리, V는 수직거리, D는 이동거리, F는 작업빈도계수이다.)

$$AL(kg) = 40\left(\frac{15}{H}\right)(1-0.004|V-75|)\left(0.7+\frac{7.5}{D}\right)\left(1-\frac{F}{12}\right)$$

① 2.6kg ② 3.6kg
③ 4.6kg ④ 5.6kg

*감시기준(AL)
$AL(kg)$
$= 40\left(\frac{15}{H}\right)(1-0.004|V-75|)\left(0.7+\frac{7.5}{D}\right)\left(1-\frac{F}{12}\right)$
$= 40\left(\frac{15}{40}\right)(1-0.004|0-75|)\left(0.7+\frac{7.5}{150}\right)\left(1-\frac{5}{12}\right)$
$= 4.6kg$

02

다음 중 사고예방대책의 기본원리가 다음과 같을 때 각 단계를 순서대로 올바르게 나열한 것은?

ⓐ 분석평가
ⓑ 시정책의 적용
ⓒ 안전관리 조직
ⓓ 시정책의 선정
ⓔ 사실의 발견

① ⓒ→ⓔ→ⓐ→ⓓ→ⓑ
② ⓒ→ⓔ→ⓓ→ⓑ→ⓐ
③ ⓔ→ⓒ→ⓓ→ⓑ→ⓐ
④ ⓔ→ⓓ→ⓒ→ⓑ→ⓐ

*하인리히의 사고방지 5단계
1단계 : 안전조직
2단계 : 사실의 발견
3단계 : 분석평가
4단계 : 시정방법 선정
5단계 : 시정책 적용

03

다음 중 유해인자와 그로 인하여 발생되는 직업병이 올바르게 연결된 것은?

① 크롬 - 간암
② 이상기압 - 침수족
③ 석면 - 악성중피종
④ 망간 - 비중격천공

*석면에 의한 직업병
① 악성중피종 ② 석면폐증 ③ 폐암

04

diethyl ketone($TLV = 200ppm$)을 사용하는 근로자의 작업시간이 9시간일 때 허용기준을 보정하였다. OSHA보정법과 Brief and Scala 보정법을 적용하였을 경우 보정된 허용기준치 간의 차이는?

① 5.05 ② 11.11
③ 22.22 ④ 33.33

01.③ 02.① 03.③ 04.②

*OSHA 보정방법

허용기준 $= TLV \times \dfrac{8}{H}$
$= 200 \times \dfrac{8}{9} = 177.78 ppm$

*Brief와 Scala 보정방법

허용기준 $= TLV \times \dfrac{8}{H} \times \dfrac{24-H}{16}$
$= 200 \times \dfrac{8}{9} \times \dfrac{24-9}{16} = 166.67 ppm$

∴ 차이 $= 177.78 - 166.67 = 11.11 ppm$

05

육체적 작업능력(PWC)이 $16 kcal/\min$인 근로자가 1일 8시간 동안 물체를 운반하고 있고, 이때의 작업대사량은 $9 kcal/\min$이고, 휴식시의 대사량은 $1.5 kcal/\min$이다. 다음 중 적정휴식시간과 작업시간으로 가장 적합한 것은?

① 매시간당 25분 휴식, 35분 작업
② 매시간당 29분 휴식, 31분 작업
③ 매시간당 35분 휴식, 25분 작업
④ 매시간당 39분 휴식, 21분 작업

*Hertig의 적정휴식시간·작업시간

휴식시간 $= 60 \times \dfrac{\dfrac{PWC}{3} - 작업대사량}{휴식대사량 - 작업대사량}$

$= 60 \times \dfrac{\dfrac{16}{3} - 9}{1.5 - 9} = 29.33분 ≒ 29분$

작업시간 $= 60분 - 휴식시간 = 60 - 29 = 31분$

06

NIOSH에서 제시한 권장무게한계가 $6 kg$이고, 근로자가 실제 작업하는 중량물의 무게가 $12 kg$라면 중량물 취급지수는 얼마인가?

① 0.5
② 1.0
③ 2.0
④ 6.0

*중량물 취급지수(LI)

$LI = \dfrac{물체\ 무게[kg]}{RWL[kg]} = \dfrac{12}{6} = 2$

07

60명의 근로자가 작업하는 사업장에서 1년 동안에 3건의 재해가 발생하여 5명의 재해자가 발생하였다. 이때 근로손실일수가 35일이었다면 이 사업장의 도수율은 약 얼마인가?
(단, 근로자는 1일 8시간씩 연간 300일을 근무하였다.

① 0.24
② 20.83
③ 34.72
④ 83.33

*도수율

도수율 $= \dfrac{재해건수}{연근로 총시간수} \times 10^6$

$= \dfrac{3}{60 \times 8 \times 300} \times 10^6 = 20.83$

08

산업안전보건법상 용어의 정의에서 산업재해를 예방하기 위하여 잠재적 위험성을 발견하고 그 개선대책을 수립할 목적으로 고용노동부장관이 지정하는 자가 하는 조사·평가를 무엇이라 하는가?

① 위험성평가
② 안전·보건진단
③ 작업환경측정·평가
④ 유해성·위험성조사

*안전·보건진단

산업재해를 예방하기 위하여 잠재적 위험성을 발견하고 그 개선대책을 수립할 목적으로 고용노동부장관이 지정하는 자가 하는 조사·평가이다.

05.② 06.③ 07.② 08.②

09

다음 중 피로를 가장 적게 하고, 생산량을 최고로 올릴 수 있는 경제적인 작업속도를 무엇이라 하는가?

① 완속속도　　② 지적속도
③ 감각속도　　④ 민감속도

*지적속도
피로를 가장 적게하고, 생산량을 최고로 올릴 수 있는 경제적인 작업속도

10

18세기 영국의 외과의사 Pott에 의해 직업성 암(癌)으로 보고되었고, 오늘날 검댕 속에 다환방향족 탄화수소가 원인인 것으로 밝혀진 지병은?

① 폐암　　② 음낭암
③ 방광암　　④ 중피종

*포트(Percivall Pott)
직업성 암을 최초로 보고하였으며, 어린이 굴뚝청소부에게 많이 발생하는 음낭암을 발견하여 암의 원인 물질은 검댕속 여러 종류의 PAH(다환 방향족 탄화수소)으로 이후 1788년에 굴뚝청소부법을 제정하도록 하였다.

11

산업피로를 예방하기 위한 작업자세로서 부적당한 것은?

① 불필요한 동작을 피하고 에너지 소모를 줄인다.
② 의자는 높이를 조절할 수 있고 등받이가 있는 것이 좋다.
③ 힘든 노동은 가능한 기계화하여 육체적 부담을 줄인다.
④ 가능한 동적(動的)인 작업보다는 정적(靜的)인 작업을 하도록 한다.

동적 작업을 늘리고 정적 작업을 줄이는 것이 바람직한 작업자세이다.

12

작업이 어렵거나 기계·설비에 결함이 있거나 주의력의 집중이 혼란된 경우 및 심신에 근심이 있는 경우에 재해를 일으키는 자는 어느 분류에 속하는가?

① 미숙성 누발자　　② 상황성 누발자
③ 소질성 누발자　　④ 반복성 누발자

*재해 누발자의 종류

종류	내용
상황성 누발자	작업이 어렵거나 기계·설비에 결함이 있거나 주의력의 집중이 혼란된 경우 및 심신에 근심이 있는 경우에 재해를 일으키는 자
소질성 누발자	주의력이 산만 및 지속 불능, 저지능, 주의력 범위의 협소, 불규칙 흐리멍텅, 경시, 경솔, 부정확, 흥분, 도전 결여, 소심적 결여, 감각 운동의 부적당 등인 사람
미숙성 누발자	기능 미숙, 환경 미숙 등인 사람
습관성 누발자	신경 과민, 슬럼프 등인 사람

13

산업안전보건법에 근로자의 건강보호를 위해 사업주가 실시하는 프로그램이 아닌 것은?

① 청력보존 프로그램
② 호흡기보호 프로그램
③ 방사선 예방관리 프로그램
④ 밀폐공간 보건작업 프로그램

방사선 예방관리 프로그램은 존재하지 않는다.

14

미국산업위생학술원(AAIH)에서 채택한 산업위생전문가의 윤리강령 중 근로자에 대한 책임과 가장 거리가 먼 것은?

① 위험요소와 예방조치에 대하여 근로자와 상담해야 한다.
② 근로자의 건강보호가 산업위생전문가의 1차적인 책임이라는 것을 인식해야 한다.
③ 위험요인의 측정, 평가 및 관리에 있어서 외부의 압력에 굴하지 않고 근로자 중심으로 판단한다.
④ 근로자와 기타 여러 사람의 건강과 안녕이 산업위생전문가의 판단에 좌우된다는 것을 깨달아야 한다.

*산업위생전문가의 윤리강령(근로자에 대한 책임)
① 근로자의 건강보호가 산업위생전문가의 일차적 책임임을 인지한다.
② 근로자와 기타 여러 사람의 건강과 안녕이 산업위생전문가의 판단에 좌우한다는 것을 깨달아야 한다.
③ 위험요인의 측정·평가 및 관리에 있어서 외부 영향력에 굴하지 않고 중립적 태도를 취한다.
④ 건강의 유해요인에 대한 정보와 필요한 예방조치에 대해 근로자와 대화한다.

15

분진발생 공정에서 측정한 호흡성 분진의 농도가 다음과 같을 때 기하평균농도는 약 몇 mg/m^3 인가?

| 측정농도(단위 : mg/m^3) 2.5 2.8 3.1 2.6 2.9 |

① 2.62
② 2.77
③ 2.92
④ 3.03

*기하평균
$$GM = \sqrt[N]{X_1 \times X_2 \times \cdots \times X_n}$$
$$= \sqrt[5]{2.5 \times 2.8 \times 3.1 \times 2.6 \times 2.9} = 2.77 mg/m^3$$
여기서,
X : 측정치
N : 측정치의 개수

16

작업관련질환은 다양한 원인에 의해 발생할 수 있는 질병으로 개인적인 소인에 직업적요인이 부가되어 발생하는 질병을 말한다. 다음 중 직업관련질환에 해당하는 것은?

① 진폐증
② 악성중피종
③ 납중독
④ 근골격계질환

*직업관련질환의 종류
① 근골격계 질환
② 직업관련성 뇌·심혈관 질환

17

최대 작업력을 설명한 것으로 맞는 것은?

① 작업자가 작업할 때 전박을 뻗쳐서 닿는 범위
② 작업자가 작업할 때 사지를 뻗쳐서 닿는 범위
③ 작업자가 작업할 때 어깨를 뻗쳐서 닿는 범위
④ 작업자가 작업할 때 상지를 뻗쳐서 닿는 범위

*정상작업역·최대작업역
① 정상 작업역(표준영역)
 ㉠ 윗팔(상완)을 자연스럽게 수직으로 늘어뜨린 채, 아래팔(전완)만으로 편하게 뻗어 파악할 수 있는 영역
 ㉡ 팔을 가볍게 몸에 붙이고 팔꿈치를 구부린 상태에서 자유롭게 손이 닿는 영역
 ㉢ 움직이지 않고 전박과 손으로 조작할 수 있는 범위

14.③ 15.② 16.④ 17.④

② 최대 작업역(최대영역)
  ㉠ 윗팔(상완)과 아래팔(전완)을 곧게 수평으로 펴서 파악할 수 있는 영역
  ㉡ 어깨에서부터 팔을 뻗어 도달하는 최대영역
  ㉢ 움직이지 않고 상지를 뻗어 닿는 범위

18

외국의 산업위생역사에 대한 설명 중 인물과 업적이 잘못 연결된 것은?

① Galen – 구리광산에서 산 증기의 위험성 보고
② Georgious Agricola – 저서인 "광물에 관하여"를 남김
③ Pliny the Elder – 분진방지용 마스크로 동물의 방광사용 권장
④ Alice Hamilton – 폐질환의 원인물질을 Hg, S 및 염이라 주장

*해밀턴(Alice Hamilton)
미국의 여의사로 현대적 의미의 최초 산업 위생전문가(혹은 최초 산업의학자)라고 하며 1910년 납공장을 시작으로 40여년간 각종 직업병을 발견하고 작업환경개선에 힘썼으며 하버드 대학 교수로 재직하였다. 그녀의 이름을 인용하여 미국 신시내티에 있는 NIOSH 연구소를 일명 이 사람 연구소라고도 한다.

19

직업병을 판단할 때 참고하는 자료로 적합하지 않은 것은?

① 업무내용과 종사시간
② 발병 이전의 신체이상과 과거력
③ 기업의 산업재해 통계와 산재보험료
④ 작업환경측정 자료와 취급물질의 유해성 자료

산재보험료는 직업병을 판단하기 어렵다.

20

다음은 미국 ACGIH에서 제안하는 TLV-STEL을 설명한 것이다. 여기에서 단기간은 몇분인가?

근로자가 자극, 만성 또는 불가역적 조직장애, 사고유발, 응급 시 대처능력의 저하 및 작업능률 저하 등을 초래할 정도의 마취를 일으키지 않고 단 시간 동안 노출될 수 있는 농도이다.

① 5분 ② 15분
③ 30분 ④ 60분

*단시간노출기준(STEL)
근로자가 1회에 15분간 유해인자에 노출되는 경우의 기준으로 이 기준 이하에서는 1회 노출 간격이 1시간 이상인 경우에 1일 작업시간 동안 4회까지 노출이 허용될 수 있는 기준을 말한다.

제 2과목 : 작업위생측정 및 평가

21

어느 옥외 작업장의 온도를 측정한 결과, 건구온도 30℃, 자연습구온도 26℃, 흑구온도 36℃를 얻었다. 이 작업장의 WBGT는?
(단, 태양광선이 내리쬐지 않는 장소)

① 28℃
② 29℃
③ 30℃
④ 31℃

*습구흑구온도지수(WBGT)
① 태양광선이 내리쬐는 옥외 장소
$WBGT(℃)$
$= 0.7 \times 자연습구온도 + 0.2 \times 흑구온도 + 0.1 \times 건구온도$

② 태양광선이 내리쬐지 않는 옥내 또는 옥외 장소
$WBGT(℃) = 0.7 \times 자연습구온도 + 0.3 \times 흑구온도$

$WBGT(℃) = 0.7 \times 자연습구온도 + 0.3 \times 흑구온도$
$= 0.7 \times 26 + 0.3 \times 36 = 29℃$

22

수은(알킬수은 제외)의 노출기준은 $0.05mg/m^3$이고 증기압은 $0.0029mmHg$이라면 VHR(Vapor Hazard Ratio)은?
(단, 25℃, 1기압 기준, 수은 원자량 200.6)

① 약 330
② 약 430
③ 약 530
④ 약 630

*증기 위험비(VHR)

$$VHR = \frac{C}{TLV} = = \frac{\frac{P}{760} \times 10^6}{TLV}$$

$$= \frac{\frac{0.0029}{760} \times 10^6}{0.05 \times \frac{24.45}{200.6}} = 626.13 ≒ 630$$

여기서,
C : 최고농도(포화농도)$[ppm] = \frac{P[mmHg]}{760[mmHg]} \times 10^6$
P : 화학물질의 증기압(분압)$[mmHg]$
TLV : 노출기준$[ppm]$

*참고

- $ppm = mg/m^3 \times \frac{부피}{분자량}$
- 1atm, 25℃의 부피 = 24.45L

23

알고 있는 공기 중 농도를 만드는 방법인 Dynamic Method에 관한 내용으로 틀린 것은?

① 만들기가 복잡하고 가격이 고가이다.
② 온습도 조절이 가능하다.
③ 소량의 누출이나 벽면에 의한 손실은 무시할 수 있다.
④ 대게 운반용으로 제작하기가 용이하다.

*Dynamic Method
① 희석공기와 오염물질을 연속적으로 흘려주어 연속적으로 일정한 농도를 유지하면서 만드는 방법이다.
② 소량의 누출이나 벽면에 의한 손실은 무시할 수 있다.
③ 만들기가 복잡하고, 가격이 고가이다.
④ 다양한 농도범위에서 제조 가능하다.
⑤ 온습도 조절이 가능하다.

21.② 22.④ 23.④

⑥ 운반용으로 제작되지 않는다.
⑦ 가스, 증기, 에어로졸 등 다양한 실험이 가능하다.
⑧ 지속적인 모니터링이 필요하다.

24
어떤 음의 발생원의 Sound Power가 $0.006\,W$이면 이때 음향 파워레벨은?

① $92dB$
② $94dB$
③ $96dB$
④ $98dB$

∗음향파워레벨(PWL)

$$PWL = 10\log\left(\frac{W}{W_o}\right) = 10\log\left(\frac{0.006}{10^{-12}}\right) = 97.78 ≒ 98dB$$

여기서,
W : 대상음원의 음향파워[W]
W_o : 기준음향파워($=10^{-12}[W]$)

25
유형, 측정시간, 회수율, 분석에 의한 오차가 각각 10%, 5%, 10%, 5%일 때의 누적오차와 회수율에 의한 오차를 10%에서 7%로 감소(유형, 측정시간, 분석에 의한 오차율은 변화없음)시켰을 때 누적오차와의 차이는?

① 약 1.2%
② 약 1.7%
③ 약 2.6%
④ 약 3.4%

∗누적오차

$$E_c = \sqrt{E_1^2 + E_2^2 + \cdots + E_n^2}$$

변화 전 누적오차 $= \sqrt{10^2 + 5^2 + 10^2 + 5^2} = 15.81\%$
변화 후 누적오차 $= \sqrt{10^2 + 5^2 + 7^2 + 5^2} = 14.11\%$
∴ 누적오차의 차이 $= 15.81 - 14.11 = 1.7\%$

여기서,
$E_1, E_2, \cdots, E_n$: 각 요소에 대한 오차[%]

26
임핀저(impinger)로 작업장 내 가스를 포집하는 경우, 첫 번째 임핀저의 포집효율이 90%이고 두 번째 임핀저의 포집효율은 50%이었다. 두 개를 직렬로 연결하여 포집하면 전체 포집효율은?

① 93%
② 95%
③ 97%
④ 99%

∗총집진율(직렬설치)
$\eta_T = \eta_1 + \eta_2(1 - \eta_1) = 0.9 + 0.5(1 - 0.9) = 0.95 = 95\%$

여기서,
η_1 : 1차 집진장치 집진율
η_2 : 2차 집진장치 집진율

27
용접작업 중 발생되는 용접흄을 측정하기 위해 사용할 여과지를 화학천칭을 이용해 무게를 재었더니 $70.11mg$이었다. 이 여과지를 이용하여 $2.5L/\min$의 시료채취 유량으로 120분간 측정을 실시한 후 잰 무게는 $75.88mg$이었다면 용접흄의 농도는?

① 약 $13mg/m^3$
② 약 $19mg/m^3$
③ 약 $23mg/m^3$
④ 약 $28mg/m^3$

∗질량농도(mg/m^3)

$$mg/m^3 = \frac{(75.88 - 70.11)mg}{2.5L/\min \times 120\min \times \left(\frac{1m^3}{1000L}\right)} = 19.23mg/m^3$$

∗참고
• $1m^3 = 1000L$

28
작업환경의 감시(monitoring)에 관한 목적을 가장 적절하게 설명한 것은?

24.④ 25.② 26.② 27.② 28.①

① 잠재적인 인체에 대한 유해성을 평가하고 적절한 보호대책을 결정하기 위함
② 유해물질에 의한 근로자의 폭로도를 평가하기 위함
③ 적절한 공학적 대책수립에 필요한 정보를 제공하기 위함
④ 공정변화로 인한 작업환경 변화의 파악을 위함

*감시(monitoring)의 목적
잠재적인 인체에 대한 유해성을 평가하고 적절한 보호대책을 결정하기 위함

29
금속제품을 탈지 세정하는 공정에서 사용하는 유기용제인 trichloroethylene의 근로자 노출농도를 측정하고자 한다. 과거의 노출농도를 조사해본 결과, 평균 $40ppm$이었다. 활성탄관($100mg/50mg$)을 이용하여 $0.14L/$분으로 채취하였다. 채취해야 할 최소한의 시간(분)은?
(단, trichloroethylene의 분자량: 131.39, 25℃, 1기압, 가스크로마토그래피의 정량한계(LOQ)는 $0.4mg$이다.)

① 10.3　　　　② 13.3
③ 16.3　　　　④ 19.3

*채취 최소시간
$$mg/m^3 = ppm \times \frac{분자량}{부피} = 40 \times \frac{131.39}{24.45} = 214.05 mg/m^3$$
$$부피 = \frac{LOQ}{농도} = \frac{0.4mg}{214.95 mg/m^3 \times \left(\frac{1m^3}{1000L}\right)} = 1.86L$$
$$\therefore 최초 채취시간 = \frac{1.86L}{0.14L/min} = 13.3 min$$
여기서, LOQ : 정량한계[mg]

30
어느 작업장의 온도가 18℃ 이고, 기압이 $770mmHg$, Methylethyl Ketone(분자량=72)의 농도가 $26ppm$ 일 때 mg/m^3 단위로 환산된 농도는?

① 64.5　　　　② 79.4
③ 87.3　　　　④ 93.2

*질량농도(mg/m^3)와 용량농도(ppm)의 환산
18℃, $770mmHg$에 대한 부피 보정(보일-샤를의 법칙)
$\frac{P_1 V_1}{T_1} = \frac{P_2 V_2}{T_2}$ 에서,
$$V_2 = \frac{P_1 V_1 T_2}{T_1 P_2} = \frac{760 \times 22.4 \times (273+18)}{(273+0) \times 770} = 23.57 L$$
$$\therefore mg/m^3 = ppm \times \frac{분자량}{부피} = 26 \times \frac{72}{23.57} = 79.4 mg/m^3$$

*참고
- 문제 조건은 일반대기이므로,
  - 초기압력(P_1) : 1atm(=760mmHg)
  - 초기온도(T_1) : 0℃[=(273+0)K]
  - 초기부피(V_1) : 22.4L

31
기기 내의 알콜이 위의 눈금에서 아래 눈금까지 하강하는데 소요되는 시간을 측정하여 기류를 직접적으로 측정하는 기기는?

① 열선 풍속계　　　② 카타 온도계
③ 액정 풍속계　　　④ 아스만 통풍계

*카타온도계
기류를 냉각시켜 기류 측정하고, 0.2~0.5m/sec 정도 불감기류 측정 시 기류속도 측정하고, 알코올 눈금이 100°F(37.8℃)에서 95°F(35℃)까지 내려가는데 소요되는 시간을 4~5회 측정, 평균하여 카타 상수값으로 이용 및 간접적으로 풍속 측정

32
다음 내용이 설명하는 막여과지는?

- 농약, 알칼리성 먼지, 콜타르피치 등을 채취한다.
- 열, 화학물질, 압력 등에 강한 특성이 있다.
- 석탄건류나 증류 등의 고열 공정에서 발생되는 다핵방향족탄화수소를 채취 하는데 이용된다.

① 은 막여과지 ② PVC 막여과지
③ 섬유상 막여과지 ④ PTFE 막여과지

*PTFE 막 여과지(테프론)
① 열, 화학물질, 압력 등에 강한 특성을 가지고 있다.
② 석탄건류나 증류 등의 고열 공정에서 발생하는 다핵방향족 탄화수소를 채취하는데 이용한다.
③ 농약, 알칼리성 먼지, 콜타르피치 등을 채취하는데 $1\mu m$, $2\mu m$, $3\mu m$의 여러 가지 구멍 크기를 가지고 있다.

33
가스크로마토그래피의 검출기에 관한 설명으로 옳지 않은 것은?
(단, 고용노동부 고시를 기준으로 한다.)

① 약 850℃ 까지 작동가능 해야 한다.
② 검출기는 시료에 대하여 선형적으로 감응해야 한다.
③ 검출기는 감도가 좋고 안정성과 재현성이 있어야 한다.
④ 검출기의 온도를 조절할 수 있는 가열기구 및 이를 측정할 수 있는 측정기구가 갖추어져야 한다.

가스크로마토그래피의 검출기는 약 400℃까지 작동가능 해야 한다.

34
음파 중 둘 또는 그 이상의 음파의 구조적 간섭에 의해 시간적으로 일정하게 음압의 최고와 최저가 반복되는 패턴의 파는?

① 발산파 ② 구면파
③ 정재파 ④ 평면파

*정재파
둘 또는 그 이상의 음파의 구조적 간섭에 의해 시간적으로 일정하게 음압의 최고와 최저가 반복되는 패턴의 파

35
다음 중 수동식 시료채취기(passive sampler)의 포집원리와 가장 관계가 없는 것은?

① 확산 ② 투과
③ 흡착 ④ 흡수

*연속시료채취법 종류

시료 채취법	설명
능동식 시료 채취법	① 공기 시료채취펌프를 이용하여 흡착튜브, 전처리된 여과지, 임핀저와 같이 시료채취미디어를 통해 공기와 오염물질을 채취하는 방법 ② 흡착관을 사용한 능동식 시료채취방법의 일반적 시료 채취 유량 기준은 0.2L/min 이하 ③ 흡수액을 사용한 능동식 시료채취방법의 일반적 시료 채취 유량 기준은 1.0L/min 이하
수동식 시료 채취법	① 가스상 물질의 확산원리를 이용한다. ② 포집원리는 확산, 투과, 흡착 등이 있다. ③ 결핍(Starvation)현상이란 수동식 시료채취기 사용 시 최소의 기류가 있어야 하는데, 최소의 기류가 없을 경우 표면에서 오염물질이 제거되어 농도가 없어지거나 감소하는 현상으로 결핍현상을 방지하기 위해 최소 기류속도 0.05~0.1m/sec를 유지해야 한다.

36
다음 중 빛의 산란 원리를 이용한 직독식 먼지 측정기는?

① 분진광도계
② 피에조벨런스
③ β-gauge계
④ 유리섬유여과분진계

*분진광도계(산란광식)
빛의 산란 원리를 이용한 직독식 먼지측정기

37
흡착제를 이용하여 시료를 채취할 때 영향을 주는 인자에 관한 설명으로 옳지 않은 것은?

① 습도가 높으면 파과 공기량(파과가 일어날 때까지의 공기 채취량)이 작아진다.
② 시료채취속도가 낮고 코팅되지 않은 흡착제일수록 파과가 쉽게 일어난다.
③ 공기 중 오염물질의 농도가 높을수록 파과용량(흡착제에 흡착된 오염물질의 양)은 증가한다.
④ 고온에서는 흡착대상오염물질과 흡착제의 표면 사이 또는 2종 이상의 흡착 대상 물질 간 반응속도가 증가하여 분리한 조건이 된다.

*고체흡착제를 이용하여 시료채취할 때 영향인자

영향인자	설명
온도	고온일수록 흡착대상 오염물질과 흡착제의 표면 사이의 반응속도가 증가하여 흡착 성질을 감소하며 파과가 일어나기 쉽다. (흡착은 발열반응이다.)
습도	습도가 높으면 파과공기량이 적어지고, 극성 흡착제를 사용할 때 수증기가 흡착되기 때문에 파과가 일어나기 쉽다.
오염물질 농도	공기 중 오염물질의 농도가 높을수록 파과용량[흡착제에 흡착된 오염물질의 양(mg)]은 증가하나 파과공기량은 감소한다.
시료채취속도 (시료채취유량)	시료채취속도가(시료채취유량) 높고 코팅된 흡착제일수록 파과가 일어나기 쉽다.
흡착제의 크기	입자의 크기가 작을수록 표면적이 증가하여 채취효율이 증가하나 압력강하가 심하다.
흡착관의 크기 (튜브의 내경)	흡착제의 양이 많아지면 전체 흡착제의 표면적이 증가하여 채취용량이 증가하므로 쉽게 파과가 발생하지 않는다.
혼합물	혼합기체의 경우 각 기체의 흡착량은 단독 성분이 있을 때보다 감소된다.

38
통계집단의 측정값들에 대한 균일성과 정밀성의 정도를 표현하는 것으로 평균값에 대한 표준편차의 크기를 백분율로 나타낸 것은?

① 정확도
② 변이계수
③ 신뢰편차율
④ 신뢰한계율

*변이계수(CV)
통계집단의 측정값들에 대한 균일성과 정밀성의 정도를 표현하는 것으로 평균값에 대한 표준편차의 크기를 백분율로 나타낸 값

36.① 37.② 38.②

39

공장 내 지면에 설취된 한 기계로부터 $10m$ 떨어진 지점의 소음이 $70dB(A)$일 때, 기계의 소음이 $50dB(A)$로 들리는 지점은 기계에서 몇 m 떨어진 곳인가?
(단, 점음원을 기준으로 하고, 기타 조건은 고려하지 않는다.)

① 50
② 100
③ 200
④ 400

*거리감쇠(점음원 기준)

$$SPL_1 - SPL_2 = 20\log\left(\frac{r_2}{r_1}\right)$$

$$70 - 50 = 20\log\frac{r_2}{10}$$

$$\therefore r_2 = 100m$$

여기서,
SPL_1 : 음원으로부터 r_1 떨어진 지점의 음압레벨$[dB]$
SPL_2 : 음원으로부터 r_2 떨어진 지점의 음압레벨$[dB]$
    $(r_2 > r_1)$
$SPL_1 - SPL_2$: 거리감쇠치$[dB]$

40

온도표시에 관한 내용으로 틀린 것은?

① 냉수는 4℃ 이하를 말한다.
② 실온은 1~35℃를 말한다.
③ 미온은 30~40℃를 말한다.
④ 온수는 60~70℃를 말한다.

*온도 표시
① 온도의 표시는 셀시우스(Celcius) 법에 따라 아라비아 숫자의 오른쪽에 ℃를 붙인다. 절대온도는 °K로 표시하고 절대온도 0°K는 -273℃로 한다.
② 상온은 15~25℃, 실온은 1~35℃, 미온은 30~40℃로 하고, 찬 곳은 따로 규정이 없는 한 0~15℃의 곳을 말한다.
③ 냉수는 15℃ 이하, 온수는 60~70℃, 열수는 약 100℃를 말한다.

제 3과목 : 작업환경관리대책

41

공기정화장치의 한 종류인 원심력 제진장치의 분리계수(separation fator)에 대한 설명으로 옳지 않은 것은?

① 분리계수는 중력가속도와 반비례한다.
② 사이클론에서 입자에 작용하는 원심력을 중력으로 나눈 값을 분리계수라 한다.
③ 분리계수는 입자의 접선방향속도에 반비례한다.
④ 분리계수는 사이클론의 원추하부 반경에 반비례한다.

*분리계수(Separation Factor)

분리계수 = $\dfrac{원심력}{중력} = \dfrac{V^2}{Rg}$

여기서,
V : 입자의 원주속도(입자의 접선방향속도)
R : 입자의 회전반경(입자의 원추하부반경)
g : 중력가속도($= 9.8 m/s^2$)

42

다음과 같은 조건에서 오염물질의 농도가 200ppm까지 도달하였다가 오염물질 발생이 중지되었을때, 공기 중 농도가 200ppm에서 19ppm으로 감소하는데 얼마나 걸리는가?
(단, 1차반응, 공간부피 $V = 3000 m^3$, 환기량 $Q = 1.17 m^3/\sec$)

① 약 89분
② 약 100분
③ 약 109분
④ 약 115분

*농도 C_1에서 C_2까지 감소하는 데 걸린 시간(t)

$t = -\dfrac{V}{Q}\ln\left(\dfrac{C_2}{C_1}\right)$

$= -\dfrac{3000 m^3}{1.17 m^3/\sec \times \left(\dfrac{60 sec}{1 min}\right)}\ln\left(\dfrac{19}{200}\right) = 100.59 ≒ 100 min$

여기서,
C_1 : 유해물질 처음농도
C_2 : 유해물질 노출기준

43

0℃, 1기압인 표준상태에서 공기의 밀도가 $1.293 kg/Sm^3$라고 할 때 25℃, 1기압에서의 공기밀도는 몇 kg/m^3인가?

① $0.903 kg/m^3$
② $1.085 kg/m^3$
③ $1.185 kg/m^3$
④ $1.411 kg/m^3$

*밀도 보정

보일-샤를의 법칙 공식에서 압력이 동일하므로,

$\dfrac{P_1 V_1}{T_1} = \dfrac{P_2 V_2}{T_2} \Rightarrow \dfrac{V_1}{T_1} = \dfrac{V_2}{T_2}$

$\rho(밀도) = \dfrac{m(질량)}{V(부피)}$ 관계에 따라 밀도와 부피는 반비례 관계이므로,

$\dfrac{1}{T_1 \rho_1} = \dfrac{1}{T_2 \rho_2}$ 에서,

$\therefore \rho_2 = \dfrac{T_1 \rho_1}{T_2} = \dfrac{(273+0) \times 1.293}{(273+25)} = 1.185 kg/m^3$

*참고

- 절대온도(K)=273+섭씨온도(℃)
- Sm^3에서 S는 Standard, 즉 표준상태(1atm, 0℃)를 의미한다.

41.③ 42.② 43.③

44

어느 실내의 길이, 폭, 높이가 각각 $25m$, $10m$, $3m$ 이며 실내에 1시간당 18회의 환기를 하고자 한다. 직경 $50cm$의 개구부를 통하여 공기를 공급하고자 하면 개구부를 통과하는 공기의 유속$(m/\sec)$은?

① 13.7　　　　② 15.3
③ 17.2　　　　④ 19.1

＊시간당 공기교환 횟수(ACH)

$ACH = \dfrac{Q}{V}$ 에서,

$Q = ACH \times V = 18 \times (25 \times 10 \times 3) = 13500 m^3/hr$
$= 13500 m^3/hr \times \left(\dfrac{1hr}{3600 \sec}\right) = 3.75 m^3/\sec$

$Q = AV_{(유속)}$ 에서,

$\therefore V_{(유속)} = \dfrac{Q}{A} = \dfrac{Q}{\dfrac{\pi d^2}{4}} = \dfrac{3.75}{\dfrac{\pi \times 0.5^2}{4}} = 19.1 m/\sec$

여기서,
Q : 필요환기량$[m^3/hr]$
V : 작업장 용적$[m^3]$
$A \left(= \dfrac{\pi d^2}{4}\right)$: 개구부의 원형 단면적$[m^2]$
d : 개구부의 직경$[m]$

＊참고
- 용적(부피)=길이×폭×높이
- 1hr=3600sec

45

어느 작업장에서 크실렌(Xylene)을 시간당 2리터$(2L/hr)$ 사용할 경우 작업장의 희석환기량$(m^3/\min)$은?
(단, 크실렌의 비중은 0.88, 분자량은 106, TLV는 $100ppm$ 이고 안전계수 K는 6, 실내온도는 $20℃$ 이다.)

① 약 200　　　② 약 300
③ 약 400　　　④ 약 500

＊노출기준에 따른 전체환기량(Q)

$Q = \dfrac{24.1 \times S \times G \times K \times 10^6}{M \times TLV}$

$= \dfrac{24.1 \times \dfrac{273+20}{273+21} \times 0.88 \times 2 \times 6 \times 10^6}{106 \times 100}$

$= 23927.39 m^3/hr \times \left(\dfrac{1hr}{60\min}\right) = 398.79 ≒ 400 m^3/\min$

여기서,
Q : 전체환기량$[m^3/hr]$
S : 유해물질의 비중
G : 유해물질의 시간당 사용량$[L/hr]$
K : 안전계수(혼합계수)
M : 유해물질의 분자량
TLV : 유해물질의 노출기준$[ppm]$
24.1 : $1atm$, $21℃$에서 공기의 부피$[L]$
$\left(온도보정 : 24.1 \times \dfrac{273+t}{273+21}\right)$
여기서, t : 실제공기의 온도$[℃]$

＊참고
- 1hr=60min

46

작업장내 열부하량이 $10000kcal/hr$이며, 외기온도 $20℃$ 작업장내 온도는 $35℃$이다. 이 때 전체 환기를 위한 필요한 환기량$(m^3/\min)$은?
(단, 정압비열은 $0.3kcal/m^3 \cdot ℃$)

① 약 37　　　② 약 47
③ 약 57　　　④ 약 67

＊발열 시 필요환기량(Q)

$Q = \dfrac{H_s}{C_p \times \Delta t} = \dfrac{10000kcal/hr \times \left(\dfrac{1hr}{60\min}\right)}{0.3 \times (35-20)} = 37 m^3/\min$

여기서,
Q : 필요환기량$[m^3/hr]$
H_s : 발열량$[kcal/hr]$
C_p : 공기의 비열$[kcal/hr \cdot ℃]$
　　(주어지지 않으면 $C_p = 0.3$)
Δt : 외부공기와 작업장 내 온도차$[℃]$

44.④ 45.③ 46.①

*참고
- 1hr=60min

47

1기압 동점성계수(20℃)는 $1.5 \times 10^{-5}(m^2/\text{sec})$ 이고 유속은 $10m/\text{sec}$, 관반경은 $0.125m$일 때 Reynold 수는?

① 1.67×10^5
② 1.87×10^5
③ 1.33×10^4
④ 1.37×10^5

*레이놀즈 수

$$Re = \frac{\rho VD}{\mu} = \frac{VD}{\nu}$$
$$= \frac{10 \times 0.125 \times 2}{1.5 \times 10^{-5}} = 166666.67 ≒ 1.67 \times 10^5$$

여기서,
Re : 레이놀즈 수
ρ : 유체 밀도$[kg/m^3]$
V : 유속$[m/s]$
D : 직경$[m]$
μ : 점성계수$[kg/m \cdot s]$
ν : 동점성계수$[m^2/s]$

*참고
- D=2R(직경=2×반경)

48

흡인풍량이 $200m^3/\text{min}$, 송풍기 유효전압이 $150 mmH_2O$, 송풍기 효율이 80%, 여유율이 1.2인 송풍기의 소요 동력은?
(단, 송풍기 효율과 여유율을 고려함)

① 4.8kW
② 5.4kW
③ 6.7kW
④ 7.4kW

*송풍기 소요동력(H)

$$H = \frac{Q \times \Delta P}{6120\eta} \times \alpha = \frac{200 \times 150}{6120 \times 0.8} \times 1.2 = 7.4 kW$$

여기서,
H : 송풍기 소요동력$[kW]$
Q : 송풍량$[m^3/\text{min}]$
ΔP : 송풍기 유효압력$[mmH_2O]$
η : 송풍기 효율
α : 여유율 (주어지지 않으면, $\alpha=1$)

49

산소가 결핍된 밀폐공간에서 작업하려고 한다. 다음 중 가장 적합한 호흡용 보호구는?

① 방진마스크
② 방독마스크
③ 송기마스크
④ 면체 여과식 마스크

*송기마스크
산소가 결핍된 환경(산소농도 18% 미만) 또는 유해물질의 농도가 높거나 독성이 강한 작업장에서 사용하는 호흡용 보호구이다.

50

$80\mu m$인 분진 입자를 중력 침강실에서 처리하려고 한다. 입자의 밀도는 $2g/cm^3$, 가스의 밀도는 $1.2 kg/m^3$, 가스의 점성계수는 $2.0 \times 10^{-3} g/cm \cdot s$ 일 때 침강속도는?
(단, Stokes's 식 적용)

① $3.49 \times 10^{-3} m/\text{sec}$
② $3.49 \times 10^{-2} m/\text{sec}$
③ $4.49 \times 10^{-3} m/\text{sec}$
④ $4.49 \times 10^{-2} m/\text{sec}$

47.① 48.④ 49.③ 50.②

*스토크스(Stokes) 법칙에 의한 침강속도

$$V = \frac{gd^2(\rho_1 - \rho)}{18\mu}$$
$$= \frac{980 cm/sec^2 \times (80 \times 10^{-4} cm)^2 \times (2 - 0.0012) g/cm^3}{18 \times 2.0 \times 10^{-3} g/cm \cdot sec}$$
$$= 3.4823 cm/sec \times \left(\frac{0.01 m}{1 cm}\right) ≒ 3.49 \times 10^{-2} m/sec$$

여기서,
V : 침강속도 $[cm/sec]$
g : 중력가속도 $[= 980 cm/sec^2]$
d : 입자 직경 $[cm]$
ρ_1 : 입자 밀도 $[g/cm^3]$
ρ : 공기 밀도 $[g/cm^3]$
μ : 공기 점성계수 $[g/cm \cdot sec]$

*참고

- $1m = 100cm = 10^6 \mu m \rightarrow 1\mu m = 10^{-4} cm$
- $1kg = 1000g$, $1m^3 = 10^6 cm^3$
- $1.2kg/m^3 = 0.0012 g/cm^3$

51
다음 작업환경관리의 원칙 중 대체에 관한 내용으로 가장 거리가 먼 것은?

① 분체 입자를 큰 입자로 대치한다.
② 성냥 제조시에 황린 대신 적린을 사용한다.
③ 보온재료로 석면 대신 유리섬유나 암면 등을 사용한다.
④ 광산에서 광물을 채취할 때 습식 공정 대신 건식 공정을 사용하여 분진 발생량을 감소시킨다.

광산에서 광물을 채취할 때 건식 공정 대신 습식 공정을 사용하여 분진 발생량을 감소시킨다.

52
다음 중 비극성용제에 대한 효과적인 보호 장구의 재질로 가장 옳은 것은?

① 면
② 천연고무
③ Nitrile 고무
④ Butyl 고무

*보호구 재질에 따른 적용물질

보호구 재질	적용물질
Neoprene 고무	비극성용제, 산, 부식성물질
Vitron	비극성용제
Nitrile	비극성용제
Butyl 고무	극성용제
천연고무(Latex)	극성용제, 수용성 용액
가죽	찰과상 예방 (용제에 사용 불가능)
면	고체상물질 (용제에 사용 불가능)
Polyvinyl Chloride(PVC)	수용성 용액
Ethylene Vinyl Alcohol	화학물질 취급 작업

53
송풍기의 동작점에 관한 설명으로 가장 알맞은 것은?

① 송풍기의 성능곡선과 시스템 동력곡선이 만나는 점
② 송풍기의 정압곡선과 시스템 효율곡선이 만나는 점
③ 송풍기의 성능곡선과 시스템 요구곡선이 만나는 점
④ 송풍기의 정압곡선과 시스템 동압곡선이 만나는 점

*송풍기의 동작점
송풍기의 성능곡선과 시스템의 요구곡선이 만나는 점

54
덕트 설치 시 주요사항으로 옳은 것은?

① 구부러짐 전, 후에는 청소구를 만든다.
② 공기 흐름은 상향구배를 원칙으로 한다.
③ 덕트는 가능한 한 길게 배치하도록 한다.
④ 밴드의 수는 가능한 한 많게 하도록 한다.

*덕트설치 시 주요원칙
① 공기가 아래로 흐르도록 하향구배를 만든다.
② 구부러짐 전후에는 청소구를 만든다.

③ 밴드는 가능하면 완만하게 구부리며, 90°는 피한다.
④ 덕트는 가능한 한 짧게 배치하도록 한다.
⑤ 가급적 원형 덕트를 사용하고, 사각 덕트 사용 시 정방형을 사용한다.
⑥ 가능한 한 후드와 가까운 곳에 설치한다.
⑦ 밴드의 수는 가능한 한 적게 하도록 한다.
⑧ 수분이 응축될 경우 덕트 내로 들어가지 않도록 하며 경사나 배수구를 마련한다.
⑨ 덕트와 송풍기 연결부위는 진동을 고려하여 유연한 재질로 한다.
⑩ 후드는 덕트보다 두꺼운 재질을 선택한다.
⑪ 직경이 다른 덕트 연결 시 경사 30° 이내의 테이퍼를 부착한다.
⑫ 송풍기를 연결할 때 최소 덕트 직경의 6배는 직선구간으로 한다.
⑬ 곡관은 직관보다 0.76mm 정도 두꺼운 재질을 선택한다.
⑭ 곡률반경은 최소 덕트 직경의 1.5 이상, 주로 2.0을 사용한다.

*정압조절평형법(정압균형유지법, 유속조절평형법)의 장단점

장점	① 설계가 정확할 때 가장 효율적인 시설이 된다. ② 유속의 범위가 적절하면 덕트의 폐쇄가 일어나지 않는다. ③ 잘못 설계된 분지관, 최대저항 경로선정이 잘못되어도 설계 시 쉽게 발견할 수 있다. ④ 침식·부식·분진퇴적으로 인한 축적현상이 없어 덕트의 폐쇄가 일어나지 않는다.
단점	① 설계가 복잡하고 시간이 오래걸린다. ② 시설 설치 후 잘못된 유량을 고치기 어렵다. ③ 효율 개선 시 전체적으로 수정하여야 한다. ④ 설계유량 산정을 잘못할 경우 수정은 덕트 크기 변경을 필요로 한다. ⑤ 때에 따라 전체 필요한 최소유량보다 더욱 초과될 수 있다.

55

총압력손실 계산법 중 정압조절평형법에 대한 설명과 가장 거리가 먼 것은?

① 설계가 어렵고 시간이 많이 걸린다.
② 예기치 않은 침식 및 부식이나 퇴적문제가 일어난다.
③ 송풍량은 근로자나 운전자의 의도대로 쉽게 변경되지 않는다.
④ 설계시 잘못 설계된 분지관 또는 저항이 가장 큰 분지관을 쉽게 발견할 수 있다.

56

다음 중 차음보호구인 귀마개(Ear Plug)에 대한 설명과 가장 거리가 먼 것은?

① 차음효과는 일반적으로 귀덮개보다 우수하다.
② 외청도에 이상이 없는 경우에 사용이 가능하다.
③ 더러운 손으로 만짐으로써 외청도를 오염시킬 수 있다.
④ 귀덮개와 비교하면 제대로 착용하는데 시간은 걸리나 부피가 작아서 휴대하기 편리하다.

차음효과는 귀덮개가 귀마개보다 우수하다.

57

테이블에 붙여서 설치한 사각형 후드의 필요환기량 (m^3/min)을 구하는 식으로 적절한 것은?
(단, 플렌지는 부착되지 않았고, $A(m^2)$는 개구면적, $X(m)$는 개구부와 오염원 사이의 거리, $V(m/sec)$는 제어속도이다.)

① $Q = V \times (5X^2 + A)$
② $Q = V \times (7X^2 + A)$
③ $Q = 60 \times V \times (5X^2 + A)$
④ $Q = 60 \times V \times (7X^2 + A)$

*필요송풍량(Q)

조건	필요송풍량 공식
① 자유공간 위치, 플랜지 미부착	$Q = V(10X^2 + A)$
② 자유공간 위치, 플랜지 부착	$Q = 0.75V(10X^2 + A)$
③ 바닥면 위치, 플랜지 미부착	$Q = V(5X^2 + A)$
④ 바닥면 위치, 플랜지 부착	$Q = 0.5V(10X^2 + A)$

여기서,
Q : 필요송풍량 $[m^3/min]$
A : 후드의 개구면적 $[m^2]$
V : 제어속도 $[m/min]$
X : 후드 중심선으로부터 발생원까지의 거리 $[m]$

바닥면 위치, 플랜지 미부착이므로,
$Q[m^3/\sec] = V(5X^2 + A)$
$\therefore Q[m^3/min] = 60V(5X^2 + A)$

58
다음 중 강제환기의 설계에 관한 내용과 가장 거리가 먼 것은?

① 공기가 배출되면서 오염장소를 통과하도록 공기배출구와 유입구의 위치를 선정한다.
② 공기배출구와 근로자의 작업위치 사이에 오염원이 위치하지 않도록 주의하여야 한다.
③ 오염물질 배출구는 가능한 한 오염원으로부터 가까운 곳에 설치하여 '점 환기'의 효과를 얻는다.
④ 오염원 주위에 다른 작업 공정이 있으면 공기배출량을 공급량보다 약간 크게 하여 음압을 형성하여 주위 근로자에게 오염물질이 확산되지 않도록 한다.

*전체환기(강제환기) 시설 설치 시 기본원칙
① 오염물질 사용량을 조사하여 필요환기량을 계산할 것
② 배출공기를 보충하기 위하여 청정공기를 공급할 것
③ 오염물질 배출구는 가능한 한 오염원에 가까운 곳에 설치하여 점환기 효과를 얻을 것
④ 공기배출구와 근로자의 작업위치 사이에 오염원이 위치해야할 것
⑤ 필요 환기량은 오염물질이 충분히 희석될 수 있는 양으로 설계할 것
⑥ 공기가 급기구를 통하여 들어와서 오염물질이 있는 영역을 통과하여 배기구로 빠져나가도록 설계할 것
⑦ 건물 밖으로 배출된 오염공기가 안으로 재유입되지 않도록 배출 높이를 적절하게 설계하고 창문이나 문 근처에 위치하지 않도록 할 것
⑧ 오염된 공기는 작업자가 호흡하기 전 충분히 희석되도록 할 것
⑨ 오염원 주위에 다른 작업 공정이 있으면 공기배출량을 공급량보다 약간 크게 하여 음압을 형성하여 주위 근로자에게 오염 물질이 확산 되지 않도록 한다.
⑩ 오염원 주위에 근로자의 작업공간이 존재할 경우에는 배기를 급기보다 약간 많이 한다.

59
다음 중 작업환경 개선의 기본원칙인 대체의 방법과 가장 거리가 먼 것은?

① 시간의 변경 ② 시설의 변경
③ 공정의 변경 ④ 물질의 변경

*작업환경 개선의 기본원칙인 대체(대치)의 방법
① 공정의 변경
② 시설의 변경
③ 물질의 변경

60
조용한 대기 중에 실제로 거의 속도가 없는 상태로 가스, 증기, 흄이 발생할 때, 국소환기에 필요한 제어속도범위로 가장 적절한 것은?

① $0.25 \sim 0.5 m/\sec$ ② $0.1 \sim 0.25 m/\sec$
③ $0.05 \sim 0.1 m/\sec$ ④ $0.01 \sim 0.05 m/\sec$

*제어속도 범위(ACGIH)

작업조건	작업공정 사례	제어 속도 [m/s]
움직이지 않는 공기 중 속도없이 배출되는 작업조건 조용한 대기 중에 실제 거의 속도가 없는 상태로 발산하는 경우의 작업조건	- 탱크에서 증발, 탈지시설 - 액면에서 발생하는 가스나 증기 흄	0.25~0.5
비교적 조용한 대기 중 저속도로 비산하는 작업조건	- 용접, 도금작업 - 스프레이 도장 - 주형을 부수고 모래를 터는 장소	0.5~1.0
발생 기류가 높고 유해물질이 활발하게 발생하는 작업조건	- 스프레이 도장, 용기 충전 - 분쇄기 - 컨베이어 적재	1.0~2.5
초고속 기류가 있는 작업장소에 초고속으로 비산하는 경우	- 회전 연삭작업 - 연마작업 - 블라스트 작업	2.5~10

제 4과목 : 물리적유해인자관리

61

수심 $40m$에서 작업을 할 때 작업자가 받는 절대압은 어느 정도인가?

① 3기압 ② 4기압
③ 5기압 ④ 6기압

*절대압
작용압은 수심이 $10m$ 깊어질 때 마다 1기압씩 더해진다.
$40m$에서 작업하므로, 작용압은 4기압이다.
∴ 절대압 = 작용압 + 1기압 = 4 + 1 = 5기압

62

소음계(Sound Level Meter)로 소음측정 시 A 및 C 특성으로 측정하였다. 만약 C 특성으로 측정한 값이 A 특성으로 측정한 값보다 훨씬 크다면 소음의 주파수 영역은 어떻게 추정이 되겠는가?

① 저주파수가 주성분이다.
② 중주파수가 주성분이다.
③ 고주파수가 주성분이다.
④ 중 및 고주파수가 주성분이다.

*소음의 주파수 영역
$dB(A) \ll dB(C)$: 저주파 성분
$dB(A) \approx dB(C)$: 고주파 성분

63

다음 중 한랭환경으로 인하여 발생되거나 악화되는 질병과 가장 거리가 먼 것은?

① 동상(Frostbite)
② 지단자람증(Acrocyanosis)
③ 케이슨병(Caisson disease)
④ 레이노드씨 병(Raynaud's disease)

*감압병(잠함병, 케이슨병, Decompression)
급격한 감압 시 혈액 속 질소가 혈액과 조직에 기포를 형성하여 혈액순환 장해와 조직 손상을 일으킨다.

64

다음 중 피부 투과력이 가장 큰 것은?

① α선 ② β선
③ X선 ④ 레이저

*전리방사선 인체투과력 순서
중성자 > X선 or γ > β > α

65

다음 중 국소진동으로 인한 장해를 예방하기 위한 작업자에 대한 대책으로 가장 적절하지 않은 것은?

① 작업자는 공구의 손잡이를 세게 잡고 있어야 한다.
② 14℃ 이하의 옥외작업에서는 보온대책이 필요하다.
③ 가능한 공구를 기계적으로 지지(支持)해 주어야 한다.
④ 진동공구를 사용하는 작업은 1일 2시간을 초과하지 말아야 한다.

작업자는 공구의 손잡이를 너무 세게 잡지 않아야 한다.

66

청력 손실차가 다음과 같을 때, 6분법에 의하여 판정하면 청력손실은 얼마인가?

> 500Hz에서 청력 손실차는 8
> 1000Hz에서 청력 손실차는 12
> 2000Hz에서 청력 손실차는 12
> 4000Hz에서 청력 손실차는 22

① 12
② 13
③ 14
④ 15

*6분법

평균청력손실 $= \dfrac{a+2b+2c+d}{6}$
$= \dfrac{8+2\times 12+2\times 12+22}{6} = 13$

여기서
a : 옥타브밴드 중심주파수 500Hz에서의 청력손실[dB]
b : 옥타브밴드 중심주파수 1000Hz에서의 청력손실[dB]
c : 옥타브밴드 중심주파수 2000Hz에서의 청력손실[dB]
d : 옥타브밴드 중심주파수 4000Hz에서의 청력손실[dB]

67

대상음의 음압이 $1.0 N/m^2$일 때 음압레벨(Sound Presssure Level)은 몇 dB 인가?

① 91
② 94
③ 97
④ 100

*음압수준(SPL)

$SPL = 20\log\left(\dfrac{P}{P_o}\right) = 20\log\left(\dfrac{1}{2\times 10^{-5}}\right) = 94 dB$

여기서
SPL : 음압수준(음압도, 음압레벨)[dB]
P : 대상음의 음압[N/m^2]
P_o : 기준음압($=2\times 10^{-5}[N/m^2]$)

68

가청 주파수 최대 범위로 맞는 것은?

① $10 \sim 80,000 Hz$
② $20 \sim 2,000 Hz$
③ $20 \sim 20,000 Hz$
④ $100 \sim 8,000 Hz$

*정상청력을 가진 사람의 가청주파수 영역
20~20000Hz

69

단위시간에 일어나는 방사선 붕괴율을 나타내며, 초당 3.7×10^{10}개의 원자붕괴가 일어나는 방사능 물질의 양으로 정의되는 것은?

① R
② Ci
③ Gy
④ Sv

*큐리(Ci)
$1 Ci = 3.7\times 10^{10} Bq$

66.② 67.② 68.③ 69.②

70

인체와 환경 사이의 열평형에 의하여 인체는 적절한 체온을 유지하려고 노력하는데 기본적인 열평형 방정식에 있어 신체 열용량의 변화가 0보다 크면 생산된 열이 축적되게 되고 체온조절중추인 시상하부에서 혈액온도를 감지하거나 신경망을 통하여 정보를 받아들여 체온 방산작용이 활발히 시작된다. 이러한 것은 무엇이라 하는가?

① 정신적 조절작용(spiritual thermo regulation)
② 물리적 조절작용(physical thermo regulation)
③ 화학적 조절작용(chemical thermo regulation)
④ 생물학적 조절작용(biological thermo regulation)

*물리적 조절작용(Physical Thermo Regulation)
인체와 환경 사이의 열평형에 의하여 인체는 적절한 체온을 유지하려고 노력하는데 기본적인 열평형 방정식에 있어 신체 열용량의 변화가 0보다 크면 생성된 열이 축적되고 체온조절중추인 시상하부에서 혈액온도를 감지하거나 신경망을 통하여 정보를 받아들여 체온 방산작용이 활발히 시작하는 작용

71

진동증후군(HAVS)에 대한 스톡홀름 워크숍의 분류로서 틀린 것은?

① 진동증후군의 단계를 0부터 4까지 5단계로 구분하였다.
② 1단계는 가벼운 증상으로 하나 또는 그 이상의 손가락 끝부분이 하얗게 변하는 증상을 의미한다.
③ 3단계는 심각한 증상으로 하나 또는 그 이상의 손가락 가운뎃마디 부분까지 하얗게 변하는 증상이 나타나는 단계이다.
④ 4단계는 매우 심각한 증상으로 대부분의 손가락이 하얗게 변하는 증상과 함께 손끝에서 땀의 분비가 제대로 일어나지 않는 등의 변화가 나타나는 단계이다.

*진동증후군(HAVS)에 대한 스톡홀름 워크숍 분류

단계	증상 및 징후
0단계	- 증상이 없음
1단계	- 가벼운 증상 - 하나 이상의 손가락 끝부분이 하얗게 변하는 증상
2단계	- 보통 증상 - 하나 이상의 손가락 중간부위 이상이 때때로 나타나는 증상
3단계	- 심각한 증상 - 대부분 수지들 전체에 빈번하게 나타나는 증상
4단계	- 매우 심각한 증상 - 대부분의 손가락이 하얗게 변하는 증상 - 위의 증상과 동시에 손끝에서 땀의 분비가 제대로 일어나지 않는 등 변화

72

다음의 빛과 밝기의 단위로 설명한 것으로 ㉠, ㉡에 해당하는 용어로 맞는 것은?

1루멘의 빛이 $1ft^2$의 평면상에 수직방향으로 비칠 때, 그 평면의 빛의 양, 즉 조도를 (㉠)(이)라 하고, $1m^2$의 평면에 1루멘의 빛이 비칠 때의 밝기를 1(㉡)(이)라고 한다.

① ㉠ : 캔들(Candle), ㉡ : 럭스(Lux)
② ㉠ : 럭스(Lux), ㉡ : 캔들(Candle)
③ ㉠ : 럭스(Lux), ㉡ : 푸트캔들(Footcandle)
④ ㉠ : 푸트캔들(Footcandle), ㉡ : 럭스(Lux)

*풋 캔들(Foot Candle)
1lumen의 빛이 $1ft^2$의 평면상에 수직으로 비칠 때 그 평면의 빛 밝기이다.
풋 캔들$(ft\ cd) = \dfrac{lumen}{ft^2}$

*럭스(Lux)
1lumen의 빛이 $1m^2$의 평면상에 수직으로 비칠 때의 밝기
조도$(Lux) = \dfrac{lumen}{m^2}$

73
온열지수(WBGT)를 측정하는데 있어 관련이 없는 것은?

① 기습
② 기류
③ 전도열
④ 복사열

*WBGT 고려대상
① 기온
② 상대습도
③ 복사열
④ 기류

74
자연조명에 관한 설명으로 틀린 것은?

① 창의 면적은 바닥 면적의 15~20% 정도가 이상적이다.
② 개각은 4~5°가 좋으며, 개각이 작을수록 실내는 밝다.
③ 균일한 조명을 요하는 작업실은 동북 또는 북창이 좋다.
④ 입사각은 28° 이상이 좋으며, 입사각이 클수록 실내는 밝다.

*채광 및 조명방법
① 창의 방향은 많은 채광을 요구할 경우 남향이 좋으며 조명이 평등을 요구하는 작업실의 경우 북향 또는 동북향이 좋다.
② 창의 높이는 클수록 효과적이다.
③ 창의 면적은 방바닥의 면적의 15~20%$\left(\frac{1}{5} \sim \frac{1}{7}\right)$가 적당하다.
④ 실내 각점의 개각은 4~5°가 좋으며, 개각이 클수록 실내는 밝다.
⑤ 입사각은 28° 이상이 좋으며, 입사각이 크면 클수록 실내는 밝다.
⑥ 개각 1°가 감소할 때 입사각으로 2~5° 증가가 필요하다.

75
다음의 설명에서 ( )안에 들어갈 알맞은 숫자는?

( )기압 이상에서 공기 중의 질소가스는 마취작용을 나타내서 작업력의 저하, 기분의 변환, 여러 정도의 다행증(多幸症)이 일어난다.

① 2
② 4
③ 6
④ 8

*2차적 가압현상(화학적 장해)
고압 하의 대기가스 독성 때문에 나타나는 현상으로, 다음 3가지 현상이 발생한다.

질소 가스 마취	① 공기 중 질소가스는 4기압을 넘으면 마취작용을 일으킨다. ② 사고력, 판단력, 기억력 저하, 불안, 공포감, 마약효과 등 증상이 일어난다. ③ 질소 마취증상은 대기압 조건으로 복귀하면 사라진다. (가역적이다.) ④ 질소가스 마취 증상이 있는 근로자에게 질소를 헬륨으로 대치한 공기를 호흡시키면 예방된다.
산소 중독	① 산소분압이 2기압을 넘으면 산소중독 증상이 일어난다. ② 시력장애, 정신혼란, 근육경련 등 증상이 일어난다. ③ 산소중독 증상은 고압산소에 대한 노출이 중지되면 증상이 즉시 멈춘다.
이산화탄소 중독	① 산소의 중독과 질소의 마취작용을 증가시키는 역할을 한다. ② 고압환경에서의 이산화탄소 농도가 0.2%를 초과해서는 안된다.

73.③ 74.② 75.②

76

작업장에서 사용하는 트리클로로에틸렌을 독성이 강한 포스겐으로 전환시킬 수 있는 광화학 작용을 하는 유해 광선은?

① 적외선
② 자외선
③ 감마선
④ 마이크로파

***자외선**
트리클로로에틸렌을 독성이 강한 포스겐($COCl_2$)으로 전환시킬 수 있는 광화학 작용을 하는 방사선이다.

77

인공호흡용 혼합가스 중 헬륨 - 산소 혼합가스에 관한 설명으로 틀린 것은?

① 헬륨은 고압하에서 마취작용이 약하다.
② 헬륨은 분자량이 작아서 호흡저항이 적다.
③ 헬륨은 질소보다 확산속도가 작아 인체 흡수 속도를 줄일 수 있다.
④ 헬륨은 체외로 배출되는 시간이 질소에 비하여 50%정도 밖에 걸리지 않는다.

헬륨은 질소보다 확산속도가 크므로 인체 흡수속도를 높일 수 있다.

78

옥타브밴드로 소음의 주파수를 분석하였다. 낮은 쪽의 주파수가 $250Hz$이고, 높은 쪽의 주파수가 2배인 경우 중심주파수는 약 몇 Hz인가?

① 250
② 300
③ 354
④ 375

*주파수 관계식
$f_L = \dfrac{f_C}{\sqrt{2}}$ 에서,
$\therefore f_C = \sqrt{2}\, f_L = \sqrt{2} \times 250 = 354 Hz$

여기서
f_C : 중심 주파수[Hz]
f_L : 하한 주파수[Hz]

79

사무실 책상면으로부터 수직으로 $1.4m$의 거리에 $1000cd$(모든 방향으로 일정하다.)의 광도를 가지는 광원이 있다. 이 광원에 대한 책상에서의 조도(intensity of illumination, Lux)는 약 얼마인가?

① 410
② 444
③ 510
④ 544

*조도(Lux)
조도[Lux] = $\dfrac{광도[lumen]}{거리^2[m^2]}$ = $\dfrac{1000}{1.4^2}$ = $510 Lux$

80

다음 중 음의 세기라벨을 나타내는 dB의 계산식으로 옳은 것은?
(단, I_0 =기준음향의 세기, I=발생음의 세기)

① $dB = 10\log \dfrac{I}{I_0}$
② $dB = 20\log \dfrac{I}{I_0}$
③ $dB = 10\log \dfrac{I_0}{I}$
④ $dB = 20\log \dfrac{I_0}{I}$

*음의 세기레벨(SIL)
$SIL = 10\log \left(\dfrac{I}{I_o} \right)$

여기서,
SIL : 음의 세기레벨(음의 강도)[dB]
I : 대상음의 세기[W/m^2]
I_o : 최소가청음세기(= $10^{-12}[W/m^2]$)

산업위생관리기사 필기 기출문제
제 5과목 : 산업독성학

81
인체 내 주요 장기 중 화학물질 대사능력이 가장 높은 기관은?

① 폐
② 간장
③ 소화기관
④ 신장

*간(간장)
화학물질 대사능력이 가장 높다.

82
다음 표는 A작업장의 백혈병과 벤젠에 대한 코호트 연구를 수행한 결과이다. 이 때 벤젠의 백혈병에 대한 상대위험비는 약 얼마인가?

	백혈병	백혈병없음	합계
벤젠노출	5	14	19
벤젠비노출	2	25	27
합계	7	39	46

① 3.29
② 3.55
③ 4.64
④ 4.82

*상대위험도(비교위험도)
상대위험도
$= \dfrac{\text{노출군에서 질병발생률}}{\text{비노출군에서 질병발생률}}$
$= \dfrac{\left(\frac{5}{19}\right)}{\left(\frac{2}{27}\right)} = 3.55$

83
탈지용 용매로 사용되는 물질로 간장, 신장에 만성적인 영향을 미치는 것은?

① 크롬
② 유리규산
③ 메탄올
④ 사염화탄소

*사염화탄소(CCl_4)
① 피부를 통해 인체에 흡수된다.
② 고농도로 폭로되면 간이나 신장에 장해가 일어나 혈뇨, 단백뇨, 황달의 증상이 생긴다.
③ 간에 대한 독성작용이 심하여 중심소엽성 괴사를 일으킨다.
④ 가열하면 포스겐과 염산(염화수소)로 분해된다.
⑤ 탈지용 용매로 사용된다.

84
단백질을 침전시키며 thiol(-SH)기를 가진 효소의 작용을 억제하여 독성을 나타내는 것은?

① 수은
② 구리
③ 아연
④ 코발트

*수은중독의 증세
① 대표적인 증상은 구내염, 근육진전, 정신증상, 식욕부진, 신기능부전 등이 있다.
② 시신경장애, 정신이상, 보행장애, 수족신경마비, 신기능부전 증상이 있다.
③ 혀가 떨리거나 수전증 증상이 있다.
④ 소화관으로 약 7% 이하 소량으로 흡수되며, 금속형태는 뇌, 심근, 혈액에 많이 분포되어 있다.
⑤ 주로 신장에 축적된다.
⑥ 유기수은의 독성은 무기수은의 독성보다 훨씬 강하다.
⑦ 메틸수은은 미나마타병을 일으킨다.

81.② 82.② 83.④ 84.①

⑧ 전리된 수소이온은 단백질을 침전시키고 -SH기를 가진 효소작용을 억제하여 독성을 나타낸다.

*헤모글로빈
적혈구에서 철이 포함된 산소를 운반하는 붉은색 단백질이다.

85
가스상 물질의 호흡기계 축적을 결정하는 가장 중요한 인자는?

① 물질의 농도차
② 물질의 입자분포
③ 물질의 발생기전
④ 물질의 수용성 정도

*가스상 물질 호흡기계 축적 결정인자
물질의 수용성 정도

86
입자상물질의 종류 중 액체나 고체의 2가지 상태로 존재할 수 있는 것은?

① 흄(fume)
② 미스트(mist)
③ 증기(vapor)
④ 스모크(smoke)

*스모크(연기, smoke)
유해물질의 불완전연소로 만들어진 에어로졸의 혼합체이며, 액체나 고체의 2가지 상태로 존재할 수 있다.

87
적혈구의 산소운반 단백질을 무엇이라 하는가?

① 백혈구
② 단구
③ 혈소판
④ 헤모글로빈

88
중금속 취급에 의한 직업성 질환을 나타낸 것으로 서로 관련이 가장 적은 것은?

① 니켈 중독 – 백혈병, 재생불량성 빈혈
② 납 중독 – 골수침입, 빈혈, 소화기장애
③ 수은 중독 – 구내염, 수전증, 정신장애
④ 망간 중독 – 신경염, 신장염, 중추신경장해

*니켈중독의 증세
① 급성중독
접촉성 피부염, 복통, 설사, 두통, 현기증, 폐렴, 폐부종, 전신중독 유발

② 만성중독
폐암, 비강암, 비중격천공증 유발

89
다음 표과 같은 망간 중독을 스크린하는 검사법을 개발하였다면, 이 검사법의 특이도는 얼마인가?

구분		망간중독진단		합계
		양성	음성	
검사법	양성	17	7	24
	음성	5	25	30
합계		22	32	54

① 70.8%
② 77.3%
③ 78.1%
④ 83.3%

*측정타당도

구분		질병(실제값)		합계
		양성	음성	
검사법	양성	A	B	A+B
	음성	C	D	C+D
합계		A+C	B+D	-
비고		① 민감도 = $\frac{A}{A+C}$ ② 특이도 = $\frac{D}{B+D}$ ③ 가양성률 = $\frac{B}{B+D}$ ④ 가음성률 = $\frac{C}{A+C}$		

특이도 = $\frac{D}{B+D} = \frac{25}{32} = 0.781 = 78.1\%$

90

진폐증의 독성병리기전에 대한 설명으로 틀린 것은?

① 진폐증의 대표적인 병리소견은 섬유증(fibrosis)이다.
② 섬유증이 동반되는 진폐증의 원인물질로는 석면, 알루미늄, 베릴륨, 석탄분진, 실리카 등이 있다.
③ 폐포탐식세포는 분진탐식 과정에서 활성산소유리기에 의한 폐포상피세포의 증식을 유도한다.
④ 콜라겐 섬유가 증식하면 폐의 탄력성이 떨어져 호흡곤란, 지속적인 기침, 폐기능 저하를 가져온다.

*폐포탐식세포
분식탐식 과정에서 활성산소유리기에 의한 섬유모세포의 증식을 유도한다.

91

페노바비탈은 디란틴을 비활성화시키는 효소를 유도함으로써 급·만성의 독성이 감소될 수 있다. 이러한 상호작용을 무엇이라고 하는가?

① 상가작용　　② 부가작용
③ 단독작용　　④ 길항작용

*혼합물의 화학적 상호작용

작용	설명
상가작용	두 유해인자의 독성합만큼 독성 결과를 나타내는 작용(3+3=6) ex) 일반적인 화학물질
상승작용	두 유해인자의 독성합보다 결과가 커짐을 나타내는 작용(3+3=20) ex) 에탄올과 사염화탄소 등
길항작용	두 유해인자가 서로의 작용을 방해하는 것(3+3=0) ex) 페노바비탈과 디란틴 등 - 길항작용의 종류 ① 배분적 길항작용 물질의 흡수 및 대사 등에 변화를 일으켜 독성이 낮아진다. ② 화학적 길항작용 화학인인 상호반응에 의해 독성이 낮아진다. ③ 기능적 길항작용 생체 내 서로 반대되는 기능을 가져 독성이 낮아진다. ④ 수용적 길항작용 두 화학물질이 같은 수용체에 결합하여 독성이 낮아진다.
독립작용	두 유해인자가 서로 다른 조직 또는 기관에 영향을 미치는 작용 ex) 톨루엔과 황산, 납과 황산, 질산과 카드뮴 등
가승작용	독성이 없는 물질을 독성이 있는 물질과 혼합하면 독성이 강해지는 작용 (3+0=10) ex) 이소프로필알코올과 사염화탄소 등

92
진폐증을 일으키는 물질이 아닌 것은?

① 철 ② 흑연
③ 베릴륨 ④ 셀레늄

*분진 종류에 따른 진폐증 분류

무기성(광물성)분진에 의한 진폐증 (교원성 진폐증)	유기성 분진에 의한 진폐증 (비교원성 진폐증)
① 규폐증 ② 규조토폐증 ③ 탄소폐증 ④ 석면폐증 ⑤ 용접공폐증 ⑥ 탄광부 진폐증 ⑦ 베릴륨폐증 ⑧ 철폐증 ⑨ 활석폐증 ⑩ 흑연폐증 ⑪ 주석폐증 ⑫ 칼륨폐증 ⑬ 바륨폐증	① 농부폐증 ② 연초폐증 ③ 면폐증 ④ 설탕폐증 ⑤ 목재분진폐증 ⑥ 모발분진 폐증

93
유해화학물질이 체내에서 해독되는 중요한 작용을 하는 것은?

① 효소 ② 임파구
③ 체표온도 ④ 적혈구

*유해물질 흡수, 분포, 대사작용
① 대부분 유해물질은 간에서 대사되며 대사작용에 의해 유해물질 독성이 증가 또는 감소된다.
② 유해물질이 체내에서 해독되는 경우 효소가 가장 중요한 작용을 한다.
③ 흡수된 유해물질은 수용성으로 대사된다.
④ 체내로 흡수된 유해물질은 혈액을 통해 신체 각 부위 조직으로 운반된다.
⑤ 유해물질의 분포량은 혈중농도에 대한 투여량으로 산출된다.

⑥ 반감기 : 유해물질의 혈장농도가 50%로 감소하는데 소요되는 시간

94
자극성 접촉피부염에 관한 설명으로 틀린 것은?

① 작업장에서 발생빈도가 가장 높은 피부질환이다.
② 증상은 다양하지만 홍반과 부종을 동반하는 것이 특징이다.
③ 원인물질은 크게 수분, 합성 화학물질, 생물성 화학물질로 구분할 수 있다.
④ 면역학적 반응에 따라 과거 노출경험이 있을 때 심하게 반응이 나타난다.

접촉피부염은 면역학적 반응에 따라 과거 노출경험과 무관하다.

95
동물실험에서 구해진 역치량을 사람에게 외삽하여 "사람에게 안전한 양"으로 추정한 것을 SHD(Safe Human Dose)라고 하는데 SHD계산에 활용되지 않는 항목은?

① 배설률 ② 노출시간
③ 호흡률 ④ 폐흡수비율

*체내흡수량(안전흡수량, 안전폭로량, SHD)
$SHD = C \times T \times V \times R$

여기서,
C : 농도$[mg/m^3]$
T : 노출시간$[hr]$
V : 폐환기율, 호흡률$[m^3/hr]$
R : 체내잔류율(일반적으로 1.0)
SHD : 체중당흡수량×체중$[mg]$

96
화학물질의 독성 특성을 설명한 것으로 틀린 것은?

① 혈액의 독성물질이란 임파액과 호르몬의 생산이나 그 정상 활동을 방해하는 것을 말한다.
② 중추신경계 독성물질이란 뇌, 척수에 작용하여 마취작용, 신경염, 정신장해 등을 일으킨다.
③ 화학성 질식성 물질이란 혈액중의 혈색소와 결합하여 산소운반능력을 방해하여 질식시키는 물질을 말한다.
④ 단순 질식성 물질이란 그 자체의 독성은 약하나 공기 중에 많이 존재하면 산소분압을 저하시켜 조직에 필요한 산소공급의 부족을 초래하는 물질을 말한다.

혈액의 독성물질이란 여러 가지 의약품이나 화약 약품 또는 어떤 종의 동식물의 독성 물질이 혈액에 작용하여 인체에 중독증세가 일어나는 것으로 임파액과 호르몬의 생산 등과 무관하다.

97
유기용제 중독을 스크린 하는 다음 검사법의 민감도(sensitivity)는 얼마인가?

구 분		실제값(질병)		합계
		양성	음성	
검사법	양성	15	25	40
	음성	5	15	20
합계		20	40	60

① 25.0% ② 37.5%
③ 62.5% ④ 75.0%

*측정타당도

구분		질병(실제값)		합계
		양성	음성	
검사법	양성	A	B	$A+B$
	음성	C	D	$C+D$
합계		$A+C$	$B+D$	-
비고		① 민감도 = $\frac{A}{A+C}$ ② 특이도 = $\frac{D}{B+D}$ ③ 가양성률 = $\frac{B}{B+D}$ ④ 가음성률 = $\frac{C}{A+C}$		

민감도 = $\frac{A}{A+C} = \frac{15}{20} = 0.75 = 75\%$

98
카드뮴의 노출과 영향에 대한 생물학적 지표를 맞게 나열한 것은?

① 혈중 카드뮴 - 혈중 ZPP
② 혈중 카드뮴 - 뇨중 마뇨산
③ 혈중 카드뮴 - 혈중 포프피린
④ 뇨중 카드뮴 - 뇨중 저분자량 단백질

카드뮴 - 뇨중 저분자량 단백질

99
장기간 노출된 경우 간 조직제포에 섬유화증상이 나타나고, 특징적인 악성변화로 간에 혈관육종(hemangio-sarcoma)을 일으키는 물질은?

① 염화비닐 ② 삼염화에틸렌
③ 메틸클로도로폼 ④ 사염화에틸렌

*염화비닐(C_2H_3Cl)
① 간에 혈관육종을 일으킨다.
② 장기간 노출되면 간조직 세포에 섬유화 증상이 발생한다.
③ 장기간 흡입한 작업자에게 레이노 현상이 나타나며 자체 독성보단 대사산물에 의한 독성작용이 있다.

100

카드뮴 중독의 발생 가능성이 가장 큰 산업작업 또는 제품으로만 나열된 것은?

① 니켈, 알루미늄과의 합금, 살균제, 페인트
② 페인트 및 안료의 제조, 도자기 제조, 인쇄업
③ 금, 은의 정련, 청동 주석 등의 도금, 인견제조
④ 가죽제조, 내화벽돌 제조, 시멘트제조업, 화학비료공업

*카드뮴의 특징
① 니켈, 알루미늄과의 합금, 살균제, 페인트, 납광물, 아연 제련, 축전기 전극제조 등에서 노출될 수 있다.
② 1945년 일본에서 이타이이타이병 중독사건이 발생한 적이 있다.

100.①

2025 합격비법 '산업위생관리기사 필기 기출문제'

초판발행　2024년 12월 03일
편 저 자　이태랑
발 행 처　오스틴북스
등록번호　제 396-2010-000009호
주　소　경기도 고양시 일산동구 백석동 1351번지
전　화　070-4123-5716
팩　스　031-902-5716
정　가　33,000원
I S B N　979-11-93806-55-5 (13500)

이 책 내용의 일부 또는 전부를 재사용하려면
반드시 오스틴북스의 동의를 얻어야 합니다.